普通高等教育能源动力类专业“十三五”规划教材

水电站

主　编　龚成勇
副主编　韩　伟　李琪飞　何香如　李正贵　赵廷红
主　审　李仁年

西安交通大学出版社
XI'AN JIAOTONG UNIVERSITY PRESS

内容简介

本书以水利水电工程专业所需的水电站设计基本知识为基础，包括了水电站机组及主要设备、输水系统及其建筑物和构筑物、厂房布置及其设计、水电站相关的数值模拟等四大块的教学内容。系统地介绍与水电站相关的机械机组设备、水流系统特征、水电站辅助设备、电流系统及其电气设备、水电站建筑物和构筑物等内容。既介绍水电站基本知识、设计基本思路和基本技能等，也试图提高读者运用所学的理论知识去解决实际工程问题的能力，以更好地从事本专业的工程设计、施工、运行管理以及科学研究工作。

本书既可以作为水利水电工程专业教材，也可供相关专业的师生作为教学参考资料和有关工程技术人员的参考资料。

图书在版编目(CIP)数据

水电站/龚成勇主编. —西安：西安交通大学出版社，2017.8(2023.1 重印)
ISBN 978-7-5605-9688-4

Ⅰ.①水… Ⅱ.①龚… Ⅲ.①水力发电站-高等学校-教材 Ⅳ.①TV7

中国版本图书馆 CIP 数据核字(2017)第 107280 号

书　　名　水电站
主　　编　龚成勇
副 主 编　韩　伟　李琪飞　何香如　李正贵　赵廷红
责任编辑　田　华

出版发行　西安交通大学出版社
(西安市兴庆南路 1 号　邮政编码 710048)
网　　址　http://www.xjtupress.com
电　　话　(029)82668357　82667874(市场营销中心)
(029)82668315(总编办)
传　　真　(029)82668280
印　　刷　西安日报社印务中心

开　　本　787mm×1092mm　1/16　**印张**　32.875　**字数**　807 千字
版次印次　2017 年 11 月第 1 版　2023 年 1 月第 6 次印刷
书　　号　ISBN 978-7-5605-9688-4
定　　价　58.00 元

如发现印装质量问题，请与本社市场营销中心联系。
订购热线：(029)82665248　(029)82667874
投稿热线：(029)82664954　QQ：190293088
读者信箱：190293088@qq.com

前 言

“水电站”是水利工程及相关专业的核心课程，包括了水电站机组及主要设备、输水系统及其建筑物和构筑物、厂房布置及其设计、水电站相关的数值模拟等四大块的教学内容。系统地介绍与水电站相关的机械机组设备、水流系统特征、水电站辅助设备、电流系统及其电气设备、水电站建筑物和构筑物等内容。既介绍水电站基本知识、设计基本思路和基本技能等知识，也试图提高读者运用所学的理论知识去解决实际工程问题的能力，以更好地从事本专业的工程设计、施工、运行管理以及科学研究工作。

本书的特点如下。

1.内容的系统完整性。水电站课程具有涉及的内容比较繁杂、知识构成广泛、内容的交叉性强、基础知识跨度大、工程实践性强等特点。本书以水电站工程设计为主线，将水电站机组性能、输水系统水力计算与结构设计、厂房布置及其建筑物结构设计和主要电气及其辅助设备构筑物等主要内容整合起来，做到内容完整，脉络清楚，重点突出。

2.知识面广，且注重重点知识的介绍。为了保证内容的完整性，我们将各部分内容融入了以工程设计为主线的系统中，在内容上以水轮发电机组、水电站输水系统、水电站厂房设计、水电站相关的数值模拟等四大块为主要内容，利用工程设计逻辑性将知识点呈现出来，尽力做到“面要宽，点要实”。

3.知识点的拓展性。水电站知识的系统性的构建必须保证知识的完整性，随着水电行业的发展，相关知识更新较快，本书在传统专业知识的基础上增加水力发电行业的历史、水电建设现状和行业规划、水能规划基本知识、水泵水轮机及其抽水蓄能电站、潮汐能水电站等相关内容，以便帮助读者拓展相应知识。

4.创新性。本书的创新性主要表现为以下 5 个方面：

(1)将快速发展的水泵水轮机及其抽水蓄能电站的内容与常规水轮机和水电站相关知识融合起来，既注重基础知识的讲述，也拓展读者视野，保证了知识的完整性；

(2)编写过程中引用最新现行规范，并参考一些最新的成果；

(3)增加了有关水电站设计的新方法，例如数值模拟仿真分析等内容；

(4)引用了大量的示意图和工程简图，增强了本书的可读性和实践性；

(5)章节构造采用模块式设计，其基本构架模式为：摘要→阅读指南→内容→思考题与练习。理清了读者学习的思路。

5.引用并借鉴了大量的参考文献，保证了内容选材上的科学性、合理性。

本书由兰州理工大学副校长李仁年教授规划、主审，由兰州理工大学能源与动力工程学院水利水电工程系龚成勇主编并统稿、校稿，由韩伟、李琪飞、何香如、李正贵（西华大学）、赵廷红任副主编。本书的编写得到了能源与动力工程学院教师的大力支持，水利水电工程系全系教师的鼎力帮助。编写过程中引用了一些相关资料，对其著者深表谢意。

由于编者学识和水平有限，书中难免有疏漏和不妥之处，望读者批评指正。

编　者

2016年10月于兰州

目 录

绪　论

本章摘要：

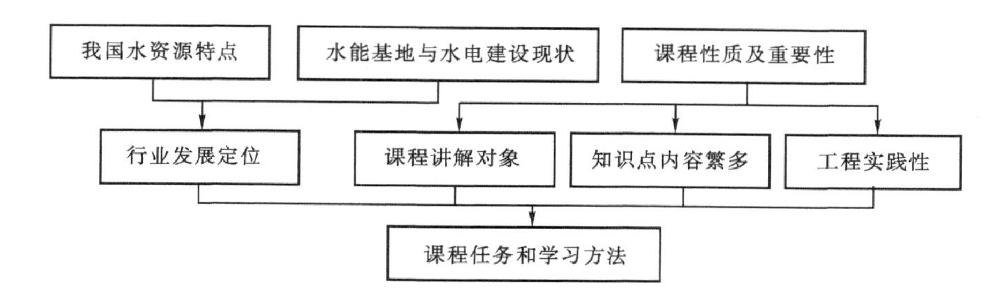

阅读指南：

通过本章学习，读者应了解中国水资源和水能分布特点、水电建设概况、水电行业发展现状和趋势及规划分析。了解水电站设计基本流程的同时，要理解"水电站"课程的重要性，并了解学习该课程的学习方法。

0.1　我国水资源与水力发电概况

0.1.1　中国水能资源储量与分布

我国水能资源在地区分布上很不均匀，全国可开发的水能资源多集中在西南地区(68%)，其次是中南地区(15%)，以下依次为西北地区(10%)、华东地区(4%)、东北地区(2%)、华北地区(1%)。水资源分布按水系分，长江水系居首，占全国40%；其次为雅鲁藏布江水系和西南国际水系，长江是我国水能资源最丰富的水系，其水能资源主要分布在干流中、上游及乌江、雅砻江、大渡河、汉水、资水、沅江、湘江、赣江、清江等众多支流上。长江水系目前建成和正在建的大型水电站有全国最大的水电站三峡电站、葛洲坝水电站和丹江口、龚嘴、柘溪、凤滩、乌江渡、铜街子、隔河岩、五强溪、东江、万安、安康等水电站。西南地区西江上游的红水河段、澜沧江等也是水能资源的"富矿区"，近年建设的水电站有天生桥、鲁布革、大化、岩滩、漫湾等水电站。黄河中上游也是开发条件较优越的水能资源分布区，因此是中华人民共和国成立以来较早开发利用的河流，先后建设的有龙羊峡、刘家峡、八盘峡、盐锅峡、青铜峡、三门峡等水电站。西藏的雅鲁藏布江及其他河流水能资源虽很丰富，但地处偏远，开发难度较大。东部诸河水能资源所占比重小，但开发条件好，该地区电力、能源紧张，应该优先、充分利用尚未开发的水能资源。从发展趋势看，今后重点建设的水力发电基地是：黄河中上游、南盘江、红水河、长江中上游、大渡河、雅砻江、金沙江、乌江、澜沧江和湘西及闽浙赣水电基地。

0.1.2 中国水能资源特点

中国水能资源有四大特点。

一是资源总量十分丰富，但人均资源量并不富裕。我国水能资源丰富，总量位居世界首位。根据全国水力资源复查成果，我国大陆水力资源理论蕴藏量在1万kW及以上河流上的水力资源理论蕴藏量年电量为60829亿kW·h，平均功率为6.94亿kW；理论蕴藏量在1万kW及以上河流上单站装机容量500 kW及以上水电站的技术可开发装机容量为54164万kW，年发电量为24740亿kW·h。虽然我国可开发的水电资源约占世界总量的15%，但人均资源量只有世界均值的70%左右，并不富裕。到2050年左右中国达到中等发达国家水平时，如果人均装机从现有的0.252 kW增加到1 kW，总装机约为15亿kW，即使6.76亿kW的水能蕴藏量开发完毕，水电装机也只占总装机的30%～40%。水电的比例虽然不高，但是作为电网不可或缺的调峰、调频和紧急事故簧用的主力电源，水电是保证电力系统安全、优质供电的重要而灵活的工具，因此重要性远高于30%～40%。

二是水电资源分布不均衡，与经济发展的现状极不匹配。从河流看，我国水电资源主要集中在长江、黄河的中上游，雅鲁藏布江的中下游，珠江、澜沧江、怒江和黑龙江上游，这七条江河可开发的大、中型水电资源都在1000万kW以上，总量约占全国大、中型水电资源量的90%。全国大中型水电100万kW以上的河流共18条，水电资源约为4.26亿kW，约占全国大、中型水电资源量的97%。

按行政区划分，我国水电资源主要集中在经济发展相对滞后的西部地区。西南、西北11个省、市、自治区，包括云、川、藏、黔、桂、渝、陕、甘、宁、青、新，水电资源约为4.07亿kW，占全国水电资源量的78%，其中，云、川、藏三省区共2.9473亿kW，占57%。而经济相对发达、人口相对集中的东部沿海11省、市，包括辽、京、津、冀、鲁、苏、浙、沪、穗、闽、琼，仅占6%。改革开放以来，沿海地区经济高速发展，电力负荷增长很快，目前东部沿海11省、市的用电量已占全国的51%。这一态势在相当长的时间内难以逆转。为满足东部经济发展和加快西部开发的需要，加大西部水电开发力度和加快“西电东送”步伐已经进行了国家层面的部署。

三是江、河来水量的年内和年际变化大。中国是世界上季风最显著的国家之一，冬季多由北部西伯利亚和蒙古高原的干冷气流控制，干旱少水，夏季则受东南太平洋和印度洋的暖湿气流控制，高温多雨。受季风影响，降水时间和降水量在年内高度集中，一般雨季2～4个月的降水量能达到全年的60%～80%。降水量年际间的变化也很大，年径流最大与最小比值，长江、珠江、松花江为2～3倍，淮河达15倍，海河更达20倍之多。这些不利的自然条件，要求我们在水电规划和建设中必须考虑年内和年际的水量调节，根据情况优先建设具有年调节和多年调节水库的水电站，以提高水电的供电质量，保证系统的整体效益。

四是大型电站比重大，建坝成本不可忽视。各省（区）单站装机10 MW以上的大型水电站有203座，其装机容量和年发电量占总数的80%左右，而且，70%以上的大型电站集中分布在西南四省。中国地少人多，建水库往往受淹没损失的限制，而在深山、峡谷、河流中建水库，虽可减少淹没损失，但需建高坝，工程较艰巨。

0.1.3　当前中国十三大水电基地水能资源分析

1. 金沙江水电基地

金沙江为长江的上游河流，发源于青海省境内唐古拉山北麓，流经青海、西藏、云南、四川4个省区，全长2326 km，落差3279.5 m，金沙江水能蕴藏量达1.12亿kW，约占全国水能蕴藏量的16.7%。干流可开发装机容量约7500万kW，是我国水电资源最集中的河段。金沙江分为上、中、下游三段，玉树至石鼓为上游段，石鼓至雅砻江口为中游段，雅砻江口至宜宾为下游段。近期和中期水电开发主要集中在金沙江的中下游段。

2. 雅砻江水电基地

雅砻江是长江上游金沙江的最大支流，是我国规划的13个大水电基地之一，其水能资源蕴藏量居四川之首，达3340万kW，可开发装机容量2700万kW。据有关部门勘察规划，这里可开发339座电站，仅在其干流呷衣寺至江口河段即拟定了21级开发，可装机容量近2400万kW，全部建成后年发电量超过1400亿kW·h。1999年12月建成的二滩电站位于雅砻江下游，总装机容量为330万kW。

3. 大渡河水电基地

大渡河是岷江最大的支流，发源于青海省境内，流经四川金川、丹巴、泸定、石棉、甘洛等城镇，河道全长1062 km，天然落差4177 m，流域面积7.74 km^2，年均径流量488亿m^3，可开发容量约2340万kW。

大渡河被列入我国十三大水电基地，也是凉山州水能资源最为丰富的三大河流之一，它具有落差大、流速快、切割深、水质优、泥沙少及适宜水电开发的优势。

4. 乌江水电基地

乌江是长江南岸最大的支流，全长1037 km，集中落差2124 m，多年平均水量534亿m^3，是我国十三大水电基地之一。根据前国家计委《关于乌江干流规划报告审查意见的复函》，乌江干流梯级开发方案按普定、引子渡、洪家渡、东风、索风营、乌江渡、构皮滩、思林、沙陀、彭水10个梯级考虑。

5. 长江上游水电基地

长江水量丰富，水流落差大，水能资源丰富，根据近期普查成果，全流域水能资源理论蕴藏量平均功率为27781亿kW，年发电量为24336亿kW·h，约占全国总量的40%，其中技术可开发量为25627亿kW，年发电量为11879亿kW·h，约占全国总量的48%；经济可开发量为22832亿kW，年发电量为10498亿kW·h，约占全国总量的60%。长江流域水能资源的89.4%集中在上游地区。开发可再生的水能资源对于我国能源发展战略无疑具有重要意义。

6. 澜沧江水电基地

澜沧江是世界第九、亚洲第五大河流，自北向南，被称为“东方多瑙河”，干流长4800多m，天然落差很大，可开发利用量6400万kW，中国境内澜沧江全长2153 km，天然落差是583 km，云南境内澜沧江总装机容量很大，分别在乌弄龙等，在西南总装机容量是758亿kW。

7. 黄河上游水电基地

黄河上游水能资源十分丰富，尤其是黄河上游龙羊峡至青铜峡河段，河道距离918 km，自然落差 1343 m,有利于水电开发,被称为中国水电“富矿区”。1953 年,国家对黄河上游水电资源开发规划了 25 座电站,总装机容量为 1700 万 kW。其中在青海境内有 13 座,包括龙羊峡、李家峡、拉西瓦、尼那、山坪、直岗拉卡、康扬、公伯峡、苏只、黄丰、积石峡、大河家、寺沟峡水电站,目前除山坪、黄丰、大河家、寺沟峡 4 座电站没有开发外,已建成并开始投运或正在建设的有 9 座大中小型水电站。2008 年投产的拉西瓦水电站是黄河流域最大的水电站,装机容量为 420 万 kW。

8. 黄河中游北干流水电基地

黄河流过黄土高原时,含沙量剧增,河水由清变浑,虽然部分河段水电资源蕴藏丰富,但开发有一定难度。

黄河中游北干流是指托克托县河口镇至禹门口(龙门)干流河段,通称托龙段,全长 725 km,总落差 600 m,具备建高坝条件,且水能资源比较丰富,规划装机容量 609.2 万 kW,保证出力 125.8 万 kW,年发电量 192.9 亿 kW·h,既为煤电基地供水及引黄灌溉创造条件,同时又可拦截泥沙,减少下游淤积,减轻三门峡水库防洪负担。

黄河中游河段已建成万家寨、天桥、三门峡、小浪底 4 座大中型水利枢纽,主要功能是对黄河水沙进行调节、防御大洪水和保障缺水地区供水。小浪底是黄河中游最大的水利枢纽,兼有防洪、减淤、供水、发电等多种功能,库容排在龙羊峡之后,是黄河上第二大水库。

9. 湘西水电基地

湘西的沅、资、澧水,可建大中型水电站 32 处,共可装机 572 万 kW。沅江发源于贵州省云雾山鸡冠岭,干流长 1033 km,流域面积 89163 km^2,为湖南第二大河。沅江流域地处山区,水力资源蕴藏量达 537 万 kW,是我国湘西水电基地的主体部分,五强溪水电站即在本段。

10. 南盘江、红水河水电基地

南盘江全长 927 km,总落差 1854 m,其中天生桥至纳贡仅 18.4 km 就集中落差达 184 m。南盘江与北盘江在贵州蔗香汇合后称为红水河,其干流全长 659 km,落差 254 m。红水河干流在广西石龙三江口与柳江汇合称为黔江,黔江全长 123 km。

南盘江、红水河开发的重点是贵州兴义至广西桂平段,是全国水电开发的“富矿”之一。该段长 1143 km,落差 692 m,水能蕴藏量为 860 万 kW。该河段水量丰沛,落差集中,上游适建高坝,下游宜修建径流式中低水头电站。电站的修建可对下游防洪、灌溉发挥一定的作用,实现“西电东送”,待全部建成后,可使下游河段渠化通航。

11. 闽、浙、赣水电基地

闽、浙、赣水电基地包括福建、浙江、江西三省,水能资源理论蕴藏量约为 2330 万 kW,可开发装机容量约 1680 万 kW。

福建境内山脉纵横、溪流密布、雨量丰沛、河流坡降大,水能资源理论蕴藏量 1046 万 kW,可开发装机容量 705 万 kW,主要集中在闽江水系,其次是韩江、九龙江、交溪等水系。

浙江全省水能资源理论蕴藏量 606 万 kW,可开发的装机容量为 466 万 kW。钱塘江是境内最大的水系,全流域可开发的装机容量为 193 万 kW,此外瓯江全长 376 km,中上游多峡谷,落差大,水量丰沛,可开发的装机容量为 167 万 kW,飞云江可开发的装机容量为 40 万 kW。

江西水能资源理论蕴藏量为 682 万 kW,可开发的装机容量为 511 万 kW。赣江是本省水能资源最丰富的河流，全长 769 km，可开发装机容量为 220 万 kW。

12. 东北水电基地

东北水电基地包括黑龙江干流河段、牡丹江干流河段、第二松花江上游、鸭绿江流域（含浑江干流）和嫩江流域。这些河段、流域规划装机容量为 1131.55 万 kW，年发电量为 308.68 亿 kW·h。

黑龙江干流全长 2890 km，天然落差为 313 m，水能资源蕴藏量为 640.2 万 kW。黑龙江的水能资源开发所选择的电站坝址均在上游河段。

牡丹江为松花江下游右岸一大支流，全长 705 km，天然落差 869 m，水能资源蕴藏量为 51.68 万 kW，可开发水能资源装机总容量为 107.1 万 kW（包括镜泊湖及几座小水电站）。

13. 怒江水电基地

怒江干流中下游河段全长 742 km，天然落差 1578 m，水能资源十分丰富，水资源占云南省总量的 47%，水能资源可开发装机容量达 4200 万 kW，是我国重要的水电基地之一。

0.2 水力发电行业现状分析

0.2.1 水电在我国电力体系中的战略地位和作用

我国常规能源资源以煤炭和水能为主，水能资源仅次于煤炭，居十分重要的地位。如果按世界一些国家水力资源以 200 年计算其资源储量，我国水能剩余可开采总量在常规能源构成中超过 60%，水能在能源资源中的地位和作用重大。长期以来，我国一次能源结构中煤炭占主导地位。今后相当长时期内，以煤炭为主的格局不会改变。但由于火电造成的大气环境问题，水电的发展受到我国政府的高度重视。

水电是可再生能源，水电开发在国民经济和社会发展中具有重要的地位和作用，世界上绝大多数国家都是优先发展水电。我国是世界水能资源最为丰富的国家，但目前的开发利用率仅为 27%。对水电开发现状和能源结构分析可以看出大力发展水电既是我国能源战略的必然选择，也是我国可持续发展的选择。

世界各国开发水电众多成功及成熟的经验表明，水电以可靠、廉价、经济可行、社会和谐与环境友好的方式开发和发展是可行的。以《可再生能源法》和《北京宣言》为指导，促进水电以可持续的、更加绿色的方式发展对发展中国家具有战略意义。

0.2.2 中国水电的特点

我国水电业有以下一些主要特点。

(1)投资大、工期长、投资回收慢。建设大型水电的周期一般是 2 年截流，而后 5 年第一台机组发电，此后每半年投产一台。加上水电发电量受季节的影响，且水电的输电距离一般比较远，因此，大型水电建设普遍具有投资金额巨大、工期较长和资金回收较慢的特点。

(2)大型水电站项目长期效益好，短期效益差。大型水电站前期建设因为涉及庞大的建设资金和移民的安置费，单位千瓦投资在 8500 元以上，投资前期的效益并不明显。但是在水电站稳定运行之后，成本低廉，一般是 0.04～0.09 元/千瓦时，而火电成本是 0.24 元/千瓦时左右,在近年煤炭价格大幅上涨的行情下,水电的竞争优势十分明显。

(3)小水电比重较大,发展迅猛。我国小水电资源极其丰富,可开发量约1.3亿kW,居世界首位。同时,小水电资源一大宝贵优势是其分布上的足够广泛性,它分布于1600多个县,超过2/3的国土面积,主要分布在长江上中游、黄河上中游和珠江上游的退耕还林区、天然林保护区、自然保护区和水土流失重点防治区。目前,全国有三亿人口主要靠小水电供电。

(4)水电分布极不平衡,水电开发尚不充分。我国的水资源虽然十分丰富,但过去相当长一段时间内水电建设力度却不足,造成水力资源没有得到充分开发利用。目前,我国水资源开发利用率只有20%左右,其中水力资源总量占全国80%以上的西部地区开发利用程度更低。因此,我国水电发展潜力巨大。可以预计,随着对环境要求的提高,水资源丰富地区水电在电网中的比重还会增加,将来对水电供电的可靠性,对水电站水库的调节能力要求也会更高。

0.2.3 中国水电行业发展存在的主要问题

目前我国水电行业的发展也受到以下一些因素的困扰。

(1)投入不足,资金筹措困难。水电建设是资金密集型产业,需要的建设资金多,而多年来资金始终是困扰水电发展的制约因素。近年来,通过征收电力建设资金,实行集资办电和多种电价政策,合理利用外资,部分缓解了水电建设资金短缺的矛盾,但与需要相比,这个问题还远没有解决。国家应在水电政策上继续倾斜,进一步扩大投融资渠道。

(2)水库移民安置任务重。我国人多地少,修建水电站常有一定数量的库区群众需要迁移安置,这是水电建设中一个十分突出的问题。在人口稠密地区,这一矛盾尤为突出。水库移民安置是一项政策性很强的工作。以往由于移民经费安排过少,补偿不足,以致建成后常在这方面存在许多遗留问题。这些年来,情况则相反,移民补偿要求普遍较高,有的甚至极不合理,使电站建设增加了许多困难。这两种情况无疑都是不当的,需要认真总结经验,合理兼顾各方面利益,做好规划,妥善处理。

(3)缺乏完善的开发管理机制,政出多头。水电既是国民经济的基础产业,又是河流综合开发的重要组成部分,涉及面广,需要协调好发电与其他各治水、用水部门的关系,同时要处理好干支流、上下游、左右岸的关系。因此,需要加强流域综合规划和统一管理,协调各方利益,按照市场规律,进行资源合理配置。对水电开发,国家发改委、水利部、国电力公司(原电力部)均有一定职能,由此导致的多方管理也使相关政策难以落到实处。

0.3 "十三五"期间水力发电行业规划

0.3.1 水利行业"十三五"面临形势

生态环保压力不断加大。随着经济社会的发展和人们环保意识的提高,特别是生态文明建设,对水电开发提出了更高要求;随着水电开发的不断推进和开发规模的扩大,剩余水电开发条件相对较差,敏感因素相对较多,面临的生态环境保护压力加大。

移民安置难度持续提高。我国待开发水电主要集中在西南地区大江大河上游，经济社会发展相对滞后，移民安置难度加大。同时，有关方面希望水电开发能够扶贫帮困，促进地方经济发展，由此将脱贫致富的期望越来越多地寄托在水电开发上，进一步加大了移民安置的难度。

水电开发经济性逐渐下降。大江大河上游河段水电工程地处偏远地区，制约因素多，交通条件差，输电距离远，工程建设和输电成本高，加之移民安置和生态环境保护的投入不断加大，水电开发的经济性变差，市场竞争力显著下降。此外，对水电综合利用的要求越来越高，投资补助和分摊机制尚未完全建立，加重了水电建设的经济负担和建设成本。

抽水蓄能规模亟待增加。总量偏小，目前仅占全国电力总装机的1.5%，而能源结构的转型升级要求抽水蓄能占比快速大幅提高；支持抽水蓄能发展的政策不到位，投资主体单一，电站运行管理体制机制尚未理顺，部分已建抽水蓄能电站的作用和效益未能充分有效发挥，需要统筹发挥抽水蓄能电站作用。

0.3.2　水利行业“十三五”发展目标

全国新开工常规水电和抽水蓄能电站各6000万kW左右，新增投产水电6000万kW，2020年水电总装机容量达到3.8亿kW，其中常规水电3.4亿kW，抽水蓄能4000万kW，年发电量1.25万亿kW·h时，折合标煤约3.75亿吨，在非化石能源消费中的比重保持在50%以上。“西电东送”能力不断扩大，2020年水电送电规模将达到1亿kW。预计2025年全国水电装机容量将达到4.7亿kW，其中常规水电3.8亿kW，抽水蓄能约9000万kW；年发电量1.4万亿kW·h。

“十三五”期间，抽水蓄能电站新增投产1697万kW，均位于东北、华北、华东、华中和华南等经济中心及新能源大规模发展和核电不断增长区域。抽水蓄能电站作为保障电力系统安全稳定运行的特殊电源及最环保、能量转换效率最高、最具经济性大规模开发的储能设施，可提高供电稳定运行水平，优化人民生活质量；并可通过增加风电、太阳能、核电等的利用率及改善火电、核电的运行条件，节约化石能源消耗，减少温室气体排放和污染物，保护生态环境。

“十三五”期间，水电建设将带动水泥、钢材的消费。水电建设和运行期间还将为地方经济社会发展增加大量的税费收入，初步测算，“十三五”期间新投产水电运行期年均税费可达300亿元。此外，电站建设对改善当地基础设施建设、拉动就业、促进城镇化发展都具有积极作用。

继续推进雅砻江两河口、大渡河双江口等水电站建设，增加“西电东送”规模，开工建设雅砻江卡拉、大渡河金川、黄河玛尔挡等水电站。加强跨省界河水电开发利益协调，继续推进乌东德水电站建设，开工建设金沙江白鹤滩等水电站。加快金沙江中游龙头水库研究论证，积极推动龙盘水电站建设。另外，着力打造藏东南“西电东送”接续能源基地。

0.3.3　“十三五”期间水电在能源结构调整中的作用

目前，我国的能源结构依然以化石能源为主，清洁能源所占比重不高，在清洁能源领域，水电占据重要位置。据统计，2015年全国水电发电量约为1.1万亿kW·h，占全国发电量的19.4%，在非化石能源中的比重达73.7%。由于光电和风电发电的不稳定性，以及核电的安全性等原因，水电将成为代替火电，弥补风电、光电不足的重要选择。

当前坚持绿色发展，建设生态文明原则，要控制中小流域开发，强化环评和环境影响的跟踪评价，特别提出了提高流域生态修复技术的要求，这是在之前的规划文件中很少提及的。由此可见，坚持科学开发水能资源，建设环境友好型工程，重视生态修复，保障水电可持续发展依然是"重头戏"。

水电作为可再生能源领域的生力军，现在更需要发挥其特有的调节作用。由于风电、光电自身不能调节，电力系统调节能力不足，导致弃风、弃光现象发生。尽管火电相对稳定，发电成本较低，在我国能源结构中占据主要位置，但是火电带来的环境污染问题，却不得不引起重视。水电的功能定位已经发生改变，除了自身提供清洁可再生能源外，还需配合风电、光电、核电等清洁能源和电力运行，提高清洁能源利用率。2020 年，我国非化石能源消费比重达到 15%是硬指标。这需要进一步优化能源结构，大力发展新能源，弃风、弃光率控制在合理水平。水电完全可以替代火电来更好地调节风电、光电的出力波动。

要做好龙头水库的建设工作，主要是龙头水库可以在丰水期把用不完的水储存起来，在枯水期使用，这样通过更好地调节水量，可以最大限度保证梯级水电的稳定性，提高水能资源利用率。同时，增强梯级水电调节能力，梯级水电可以更好地与风电、光电实现多能互补。

抽水蓄能电站作为保障电力系统安全稳定运行的特殊电源，是具有最环保、能量转换效率最高、最具经济性大规模开发的储能设施。它能提高供电稳定运行水平，可作为风电、太阳能、核电等的有效调节电源。

0.4 水电建设与环境保护

经过多年的探索实践，结合我国水电开发与环境保护的总体情况，形成了“生态优先、统筹考虑、适度开发、确保底线”等原则共识，明确了我国水电开发环境管理的重要思路。

0.4.1 按照“生态优先、统筹考虑、适度开发、确保底线”的原则，全面落实水电开发的生态保护工作

1.生态优先

(1)在开发理念上做到生态保护优先。世界各个国家和地区在水电建设生态环境管理方面有很多成功的经验，如瑞典和欧盟建立了“绿色水电”认证制度，美国开展了“低影响水坝”评估，不丹则为了保护森林植被而基本将水电站建在地下。总体来看，这些经验的核心就是坚持生态优先，这对我国的水电开发具有重要的指导和参考意义。

(2)在制定开发规划时做到生态优先。河流水电开发规划应与流域综合规划、生态环境保护规划等相关规划相协调，并同步开展规划环评工作。水电开发规划环评要按照生态优先的原则，论证水电规划拟定的开发强度、开发方式、开发时序的环境合理性，提出规划的优化调整方案以及生态保护对策措施，要保留必要的生态空间，避让重要的生态敏感区。

(3)在决策过程中体现生态优先。水电建设必须以水电开发规划和规划环评作为基本依据，科学、合理、有序地推进。对流域干支流开发与保护统筹考虑不够的不开发，对流域生态系统影响较大的不开发，对生态环保措施不落实的不开发，对生态环境保护资金投入不足的不开发。要确保生态流量、生态措施和生态资金得到充分保障，干流水生生态系统功能和结构基本

稳定，河流健康得到整体维护。

2. 统筹考虑

（1）要统筹考虑经济效益和生态效益、局部利益和整体利益、当前利益和长远利益。要客观和系统地评估水电开发活动的生态环境影响。要认真对待水电开发对地区历史文化，特别是少数民族地区历史文化带来的影响。要让水电开发建设成为当地群众脱贫致富的难得机遇。要确保流域生态安全和增强流域可持续发展能力。

（2）要统筹考虑干支流、上下游的水电开发与生态保护问题。要做好干流开发和支流开发规划的有机衔接，尽快建立和完善水电资源开发生态保护机制，积极开展“干流开发、支流保护”生态补偿试点。要根据当地生产、生活、生态以及景观需水的要求，科学确定水电站的下泄生态流量，研究制定优化运行方式，最大限度地减轻对下游水资源利用及生态环境的不利影响。

（3）要统筹考虑单个电站环境影响和流域水电开发累积环境影响。要进一步深化对水电站分层取水、珍稀特有鱼类人工驯养繁殖和放流、河流生境修复等关键技术的研究，提高生态环境保护措施的针对性和有效性。要深入研究论证水电梯级开发对全流域的整体性、累积性生态环境影响，并从流域层面制定预防或减轻环境影响的对策措施，探索建立流域性的水电开发生态环境保护机构和环境管理机制。

3. 适度开发

（1）把握好流域水电开发的强度。水电开发规划必须优先考虑流域生态保护的需求，充分保障生态用水，满足生物生存空间和通道等的要求。要避免水电开发超出河流生态系统的自我修复能力，确保河流生态系统功能有效发挥。

（2）把握好流域水电开发的尺度。水电开发要减少占用天然河道的长度，根据不同珍稀生物的生活习性以及人文自然景观特征，保留充足和必要的天然河段，要防止“吃干榨尽”式的开发，避免水电开发各梯级首尾相连、河流水体湖库化，尽最大努力来维护河流生态系统的健康。

（3）把握好流域水电开发的速度。要根据区域能源供给需求程度和生态环境的敏感程度，明确各水电梯级开发的先后顺序。要避免干流、支流水电项目遍地开花的现象，积极做好水电的有序开发。

4. 确保底线

（1）坚持法律政策的底线。严禁在依法划定的自然保护区、风景名胜区等禁止开发的区域，国家和地方主体功能区规划、生态功能区划等确定的禁止开发区域以及濒危、珍稀、特有保护动植物的重要生境等生态敏感区，布局水电梯级。对于可能直接导致敏感目标消失或珍稀物种灭绝的梯级电站要坚决取消。

（2）坚持公众环境权益的底线。水电开发要重视公众参与，强化社会监督，充分尊重和保障广大人民群众的知情权、监督权和受益权。对涉及公众环境权益的水电开发规划和水电项目，应当采取便于公众知悉的方式，公开有关信息，充分听取公众意见。

（3）坚持流域生态系统健康的底线。水电开发必须维护好河流生态系统功能的整体性和河流健康稳定，减少梯级开发对生态系统的扰动和破坏，要为子孙后代留下一片发展的空间，确保河流水电开发的可持续和对经济社会发展的支撑能力。

0.4.2 切实强化水电开发环境管理工作

(1)做好流域水电开发规划环评的管理。要积极推动有关部门和地方搭建流域综合规划平台,发挥规划环评对流域水电开发规划的指导作用。对环境承载能力较强的地区,可对水电资源进行重点开发;对条件复杂、环境敏感的河流或河段,要考虑现阶段减缓不利环境影响的技术和能力,慎重规划开发水电资源;对部分生态脆弱地区和重要生态功能区,要根据功能定位,实行限制开发;对国家级自然保护区、风景名胜区及其他具有特殊保护价值的地区,原则上禁止开发水电资源。

(2)严格水电建设项目的环境准入。水电项目的"四通一平"相关工程环评和水电项目环评必须以流域水电开发规划和规划环评为依据。要加强环境保护设计,特别要落实好低温水鱼类保护,陆生珍稀动、植物保护,施工期水土保持和移民安置等环境保护措施,落实生态流量,确保相关保护措施的有效性,最大限度地减小水电建设对生态环境的不利影响。要做好水电建设项目环评的公众参与,对生态影响问题突出、公众反映强烈的水电规划所涉及的项目,应慎重审批其环评文件。

(3)加强水电项目建设全过程监管。水电建设项目必须严格执行环境保护设施与主体工程同时设计、同时施工、同时投入使用的环境保护"三同时"制度,同步进行环境保护总体设计、招标设计、技术施工设计,制定并落实施工期环境监理计划。工程竣工后,应按规定程序申请环保验收,验收通过后工程方能投入正式使用。要研究制定电站优化运行方式,积极推进建立重点流域水电开发生态环境保护机构和管理制度。

(4)深入开展水电开发环境影响的基础研究。加强流域生态的基础调查和研究工作,开展综合、系统性的流域动、植物及生境调查,建立河流生态监测体系,推动开展流域生态保护规划。开展已建电站的环境影响后评价和流域水电开发的回顾性评价研究,开展在建电站的环境影响跟踪监测,研究水电开发对相关区域、流域生态系统的整体影响,为流域后续规划实施和优化开发提供经验借鉴,对水电开发的环境管理进行持续改进。

0.5 "水电站"课程的重要性和学习方法

0.5.1 "水电站"课程的重要性

"水电站"是水利水电工程专业的主要专业课程之一,该课程是一门综合性、实践性很强的专业课程,也是工程实践性课程。其目的和任务是培养学生初步掌握水轮机的工作原理、性能、构造、选型和水电站建筑物设计的基本理论、方法、技能,且在获得水轮机的类型、构造、特性、选型及主要附属设备的基本知识后,主要掌握水电站专用建筑物的型式、构造、布置、尺寸拟定及水力计算和结构计算原理,为今后从事水利水电工程技术工作打下基础。

水电站是水、机、电的综合体,其内容繁杂、涉及面广,水电站建筑物空间结构复杂,尤其是厂房建筑物,层次多、设备及管道线路复杂,要求学生要有很强的立体概念和空间想象能力。学习"水电站"课程,就是学习与水电站相关的设计基本思想和方法。课程在内容设置上,既保证基本原理、基本方法、基本技巧的学习,同时也设置课程设计实践环节的学习,从水电站枢纽工程的角度去学习该课程，将繁杂的知识内容以工程设计角度融合起来，突出基本原理、基本知识、基本技巧学习的重要性，注重工程技术思想的构建。从这个角度上讲，学习该课程应该先了解水电站设计的基本流程，形成一个整体的脉络，在该脉络的引导下去学习相关的知识。从水电站设计内容分析可知，其设计基本内容包括：

(1)水电站站址选点规划设计(水电站建设基本条件、水电站选址设计、水电站征地移民安置设计、水电站水土保持设计与环境评估)；

(2)水电站水能与机组选型及其厂房设计(水电站整体枢纽布置设计、水电站机组选型及动力设备选型设计与金属结构、水电站输水系统设计、水电站厂房整体布置与建筑物结构设计、水电站环境保护与水土保持设计)；

(3)水电站工程安全监测设计与机组监控设计；

(4)水电站施工组织设计；

(5)水电站概预算设计与水利工程经济分析；

(6)水电站机组运行与调试设计。

将上述设计内容绘制成基本设计流程图如图 0-1 所示。

0.5.2 学习方法

本书的学习方法不是指教育学上的术语，是指学习该课程相关知识的一些推荐做法。本课程的学习方法有很多，针对不同的内容要采用不同的学习方法。从教学环节上讲，必须课前预习，课程讲解过程中抓住学习重点，课后要完成课后习题，阅读相关文献和资料，学习各环节要求做到眼到、手到和心到。

本课程学习方法主要表现在下列 7 个方面。

(1)以知识积累为基础的模式导向的学习方法。着重学习基本理论、基本知识和基本技巧相关的内容。例如，学习水轮机中反击式水轮机流道内水流运动分析、水轮机的基本方程、流道气蚀、水轮机的特性(相似定律)、输水系统水利计算、电站建筑物结构设计等相关的内容需要读者以之前积累的知识为基础去展开学习。这种方法能学到的是基本理论和基本知识。

(2)以重要知识点为中心的发散关联方法。水电站的知识内容比较繁杂、涉及面广，但是课程中还是存在重点和难点的，且重点难点与其他知识之间存在着一定的联系，学习过程中可以重点知识点为中心，用关联学习方法将其他的知识点发散地联系起来，构成知识的系统性。比如课程分为三大块：水轮发电机组及其辅助设备、输水系统和电站厂房设计与布置，如果将三个大知识点独立起来学习和将三个模块关联起来学习效果是不一样的。

(3)结合实际工程观察以感官积累为基础的拓展学习法。一般来讲，所有的学习过程都是数据信息的处理过程，要学习好工程性和实践性比较强的专业课需要有一定量的信息作为支撑。该课程的大部分内容均为与工程实践相关的知识，所以需要读者以实际工程观察的信息积累去理解相关的内容，实际水电站工程观察是积累相关知识的最好渠道，利用观察信息的筹备积累帮助学习课本知识，甚至提出新的问题。

(4)以工程资料归类综合分析的学习方法。学习该课程除了观察现有水电站工程，收集相关信息以外，另一种信息来源主要是现有的工程资料的分析，通过水电站工程资料的整理可以获得对水电站的认识，也可以提出相关的问题，这有利于学习本课程。

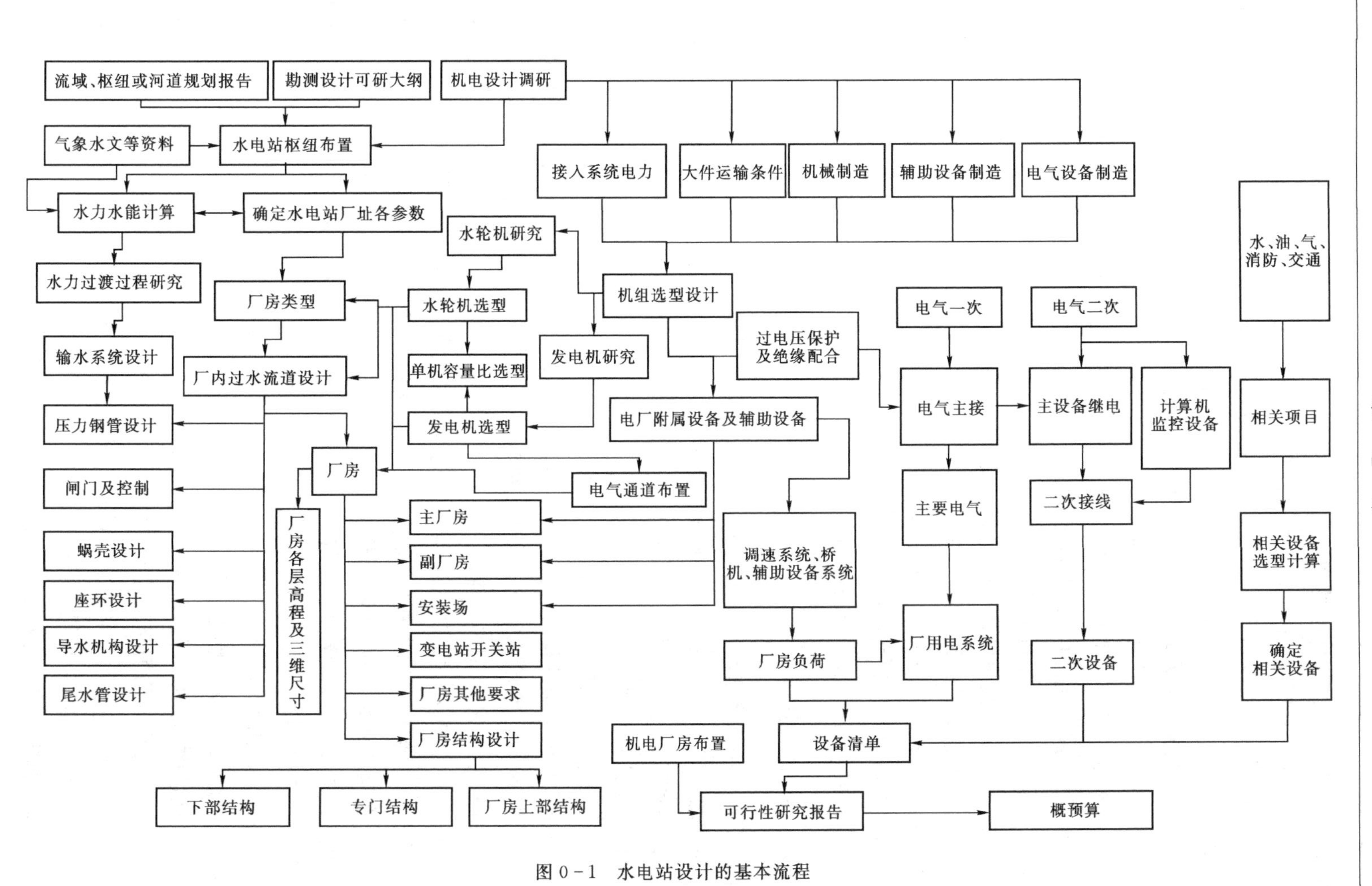

图0-1 水电站设计的基本流程

(5)以工程设计为主线的追踪学习方法。该课程的工程实践性注定了通过水电站工程设计为主线的追踪学习方法的可行性,教学实践证明,这是一种行之有效的方法,希望读者能积极采用,如果不能参与实际工程项目设计,也要注重课程设计的学习,以帮助学习课本知识。

(6)以科学研究为导向的学习方法。实践证明,科学研究是教学内容拓展的最大舞台,科学问题的提出有力地加深了教学内容的深度。在教学和科研相长的趋势愈来愈明显的今天,课程学习也需要读者积极参与到相关的科学研究当中去,即使不能参与科学研究实践,也要查阅大量的科学研究资料,帮助准确定位学习目标,了解发展方向。

(7)整体综合分析方法。采用综合分析的学习方法就是将本课程知识进行综合考虑,采用多种方法以形成系统的学习过程。即把所能用到的方法统筹进来,系统地掌握相关的知识,进而形成完整的知识构架。

思考题与练习

0.1　简述我国水资源对水能分布的影响。

0.2　简述“十三五”期间水电站建设与水利行业发展的关系。

0.3　简单说说水电站设计的基本流程和任务。

0.4　试谈谈如何处理水电建设与环境保护的关系。

0.5　你如何制定学习“水电站”课程的计划,预期目标有哪些?

第1章 水电站的保证率、出力及装机容量

本章摘要：

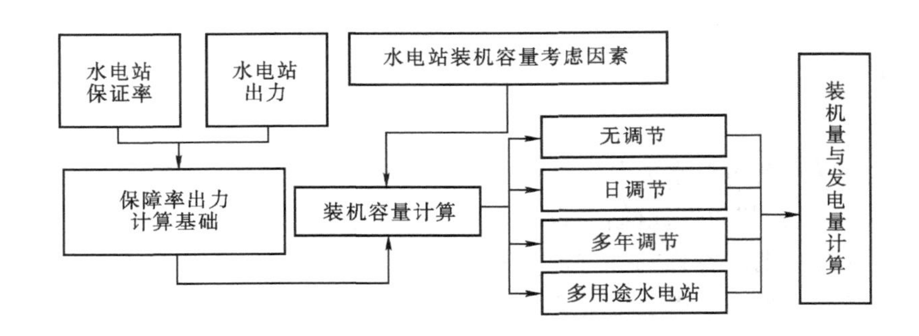

阅读指南：

水能资源计算是水电站设计的主要依据。本章从水能资源计算入手，介绍了水电站保证率、保证出力、装机容量计算、发电量等内容，为学习水电站规划设计提供了有力保证，使读者更系统地了解水电站设计的过程。

1.1 水电站设计保证率

水库的设计保证率是设计水库时用以确定水库的兴利、防洪和核算水工物安全的依据。设计保证率就是设计保证程度，是在设计电站时就预先选定的，又称为设计正常用水保证率，或简称设计保证率，用 P 表示。设计保证率是用多日工作期间能保证正常工作的相对日数来表示的，即正常工作年数

$$P=\frac{\text{总日数}-\text{破坏日数}}{\text{总日数}}\times 100\%=\frac{\text{正常工作日数}}{\text{总日数}}\times 100\% \tag{1-1}$$

水电站的设计保证率，应根据水电站所在电力系统的负荷特性、系统中的水电比重、河川径流特性、水库调节性能、水电站的规模及其在电力系统中的作用，以及设计保证率以外时段出力降低程度和保证系统用电可能采取的措施等因素来确定。参照表1-1选用。

表1-1 水电站设计保证率

电力系统中水电容量比重(%)	<25	25～50	>50
水电站设计保证率(%)	80～90	90～95	95～98

1.2 水电站保证出力

水电站设计保证率，相当于水电站相应于设计保证率的枯水期出力就是水电站的保证出力，既为水电站的主要动能之一，同时又是决定水电站装机容量的一个重要依据。因工作条件各不相同，不同的水电站的保证出力的计算方法也不相同，现简单介绍如下。

1.2.1 无调节水电站保证出力的计算

如果水电站上游没有水库或是虽有水库但库容过小，不能将天然来水量重新分配，这就是无调节水电站。山区的微小型引水式水电站及河渠上径流式水电站均属于此类。无调节水电站的引水流量完全取决于天然来水过程，若上游有其他的用水部门取水，则应将这部分流量从天然来水量中扣除。发电水头的确定也比较简单。因为上游水位基本保持不变，一般即采用水库正常水位或引水渠末端的正常水位作为上游水位。下游水位则与下泄流量有关，可从下游水位-流量关系曲线中查得。水头损失 Δh 可用水力学中的相关公式进行估算。

无调节水电站的水能计算，可按已有的长系列水文资料进行，但是小型水电站则常采用丰、平、枯三个代表年。将各年的所有日平均流量由大到小分成若干组，分别统计各年的日平均流量在每组的日数，并统计三年内各组的总日数即累积总日数，再按照分组平均流量的末值计算出力，按照式(1-2)计算

$$N = AQH_{净} \tag{1-2}$$

式中：A 为出力系数，可根据单机容量的大小及传动方式分析确定；Q 为发电日平均流量，m^3/s，其数值等于天然日平均流量减去上游其他部门取水量和水库、渠道损失的流量；$H_{净}$ 为净水头，m，数值等于上、下游水位差扣除水头损失 Δh，即 $H_{净}=Z_{上}-Z_{下}-\Delta h$ 。

然后按照经验频率公式 $P=\frac{m}{n}\times 100\%$ 计算日平均发电流量和日平均出力的频率。根据以上计算结果，可以绘制出水电站日平均发电流量频率曲线和日平均出力频率曲线，曲线中把横坐标 T 的总历时用 365 天或是 8760 小时来表示，则又称为日平均流量历时曲线和日平均出力历时曲线。

无调节水电站的保证出力是指相当于设计保证率的日平均出力。根据选定的设计保证率 P，在 $N-P$ 曲线上即可查得水电站的日平均保证出力 N_P。也可以采用如下简化方法：根据设计保证率先在 $N-P$ 曲线上查得日平均保证流量 Q_P，再利用 $N_P=AQ_PH_P$ 计算水电站的日平均保证出力。

[例 1-1] 某无调节水电站是引水式水电站，根据当地地形及水工建筑物布置情况，得到设计净水头为 24.3 m，并取为常数。水电站下游不远处的水文站有 1993～2015 年共 23 年的日流量实测资料，设计中直接引用了这些资料数据。计算该水电站的保证出力。

解： 对 23 年的平均流量进行频率计算，选得丰、平、枯三个代表年如下：

丰水年($P=25\%$)，2004 年，$Q=21.5\ m^3/s$；平水年($P=50\%$)，1999 年，$Q=13.4\ m^3/s$；枯水年($P=75\%$)，2014 年，$Q=10.2\ m^3/s$

三个代表年的日流量共有 366+365+365=1096 个。将各年日流量资料进行分组（为便

于频率曲线的绘制而采用了变化的组距)，按照递减次序排列，如表 1－2 所示，计算各组中三年总流量个数 n 及累积流量个数 m，并按各组末值流量利用式(1－2)，取 $A=7.5$，计算其对应的出力 N，如表第(2)栏所示。

表 1－2　日平均流量和日平均出力频率(历时)曲线计算表

分组流量 $/m^3\cdot s^{-1}$	组末出力 N/kW	各年分组流量个数			三年统计		频率 P/%	年平均历时/h
		丰水年 2004 年	平水年 1999 年	枯水年 2014 年	分组流量个数	累积流量个数		
(1)	(2)	(3)	(4)	(5)	(6)	(7)	(8)	(9)
～100	18230	0	1	0	1	1	0.1	8
99.0～90.0	16400	2	1	0	3	4	0.4	32
89.9～80.0	14580	0	1	1	2	6	0.5	49
79.9～70.0	12760	1	0	0	1	6	0.6	56
69.9～60.0	10940	3	3	2	8	15	1.4	120
59.9～55.0	10020	1	1	0	2	16	1.6	136
54.9～50.0	9110	5	2	2	9	26	2.4	208
49.9～45.0	8200	6	1	0	7	33	3.0	263
44.9～40.0	7290	5	1	0	7	40	3.7	320
39.9～35.0	6380	18	2	1	22	62	5.7	496
34.9～30.0	5470	19	3	2	23	85	7.8	680
29.9～25.0	4560	27	2	2	37	122	11.1	975
24.9～20.0	3650	73	8	9	98	120	20.1	1758
19.9～18.0	3280	36	16	4	49	269	24.5	2150
17.9～16.0	2920	35	9	25	82	351	32.0	2806
15.9～14.0	2550	47	22	30	98	449	41.0	3589
13.9～12.0	2190	54	21	49	160	609	55.6	4868
11.9～10.0	1820	13	57	61	119	728	66.4	5818
9.9～8.0	1460	11	45	44	112	840	76.6	6714
7.9～6.0	1090	10	57	95	190	1030	94.0	8233
5.9～4.0	730		85	33	61	1091	99.5	8720
3.9～2.0	370		28	5	5	1096	100.0	8760
总计		366	365	365	1096			

按照表格即可绘制日平均流量和日出力频率曲线，如图 1－1 所示。由已知设计保证率

$P=75\%$，从图中可查得 $Q_P=8.7\ m^3/s$，$N_P=1590\ kW$。因为 $H_净=24.3$ 为常数，采用简化方法计算 $N_P=AQ_PH_P=7.5\times8.7\times24.3=1590\ kW$，两种方法结果相等。

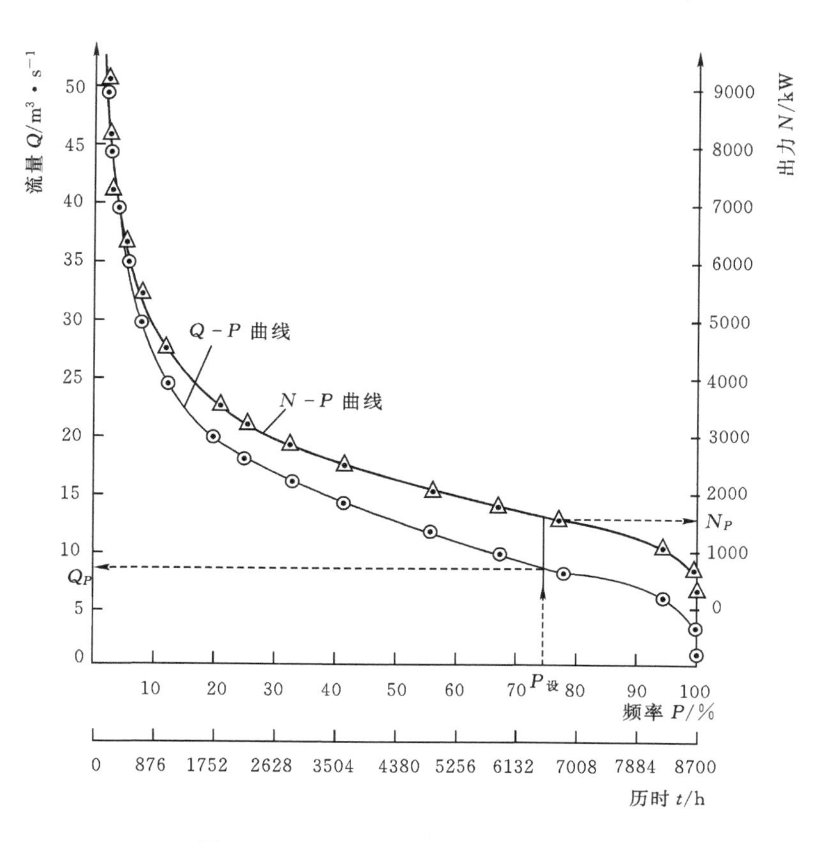

图 1-1　日平均流量和日出力频率曲线

1.2.2　日调节水电站保证出力的计算

日调节水电站具有一些调蓄库容，仅能进行日内调节，调节一日内的天然流量以适应日负荷变化的需要。某些小型坝式水电站、混合式水电站以及具有日调节的引水式水电站，属于此类。日调节水电站的保证出力计算方法与无调节水电站的基本相同。区别仅在于无调节水电站的上游水位固定不变，而日调节水电站的上游水位则在正常水位和最低水位之间有小幅度变化，计算时采用其平均水位。

1.2.3　年调节水电站保证出力的计算

以发电为主的年调节水库只要供水期发电得到保证，则全年工作就有保证。因此，年调节水电站的保证出力是指相应于设计保证率的年供水期的平均出力。根据保证率的定义，这里的设计保证率采用的是年保证率。

计算保证出力是在水库正常蓄水位和死水位已定的情况下进行的。对于年调节水电站来说，比较精确的计算方法是利用已有的全部水文资料，通过径流调节算出每年供水期的平均出力，然后对这些出力进行频率计算，做出年供水期平均出力的频率曲线，该曲线上相应于设计保证率的年供水期平均出力，即为年调节水电站的保证出力。

对于小型水电站而言，一般并不做上述逐年调节计算，而是按照设计保证率选一个枯水代表年，算出该年的供水期平均出力，用该值作为年调节水电站的保证出力。在采用该法时，目前多用等流量法进行调节计算，亦即先求出供水期的平均调节流量 Q_P，按此流量求出各月出力，再以各月的平均值作为年调节水电站的保证出力。

供水期的发电用水为水库兴利库容的蓄水加上供水期天然来水量并扣除水量损失和从库区引走的水量，即

$$Q_P = \frac{W_{供} + V_{兴} - W_{损} - V_{引}}{T_{供}} \tag{1-3}$$

式中：Q_P 为水电站枯水代表年供水期的调节流量，m^3/s；$W_{供}$ 为供水期天然来水量，m^3；$V_{兴}$ 为水库兴利库容，m^3；$W_{损}$ 为水量损失，m^3；$V_{引}$ 为从库区引走的水量，m^3，例如城市供水、工业用水等；$T_{供}$ 为供水期，s。

如暂不考虑水量损失和库区引水，上式可简化为

$$Q_P = \frac{W_{供} + V_{兴}}{T_{供}} \tag{1-4}$$

必须注意，供水期是指天然流量小于调节流量的时期。在求出调节流量之前，需先假定供水期，按照公式(1-3)或(1-4)求调节流量 Q_P，再根据 Q_P 检验假定的供水期是否合理，一般试算一两次即可确定。

为了简化，可以在求得 Q_P 后，只计算水电站在供水期的平均水头 H_P，而用公式

$$N_P = AQ_P H_P \tag{1-5}$$

直接计算年调节水电站的保证出力。

如上所述，可以看出，在进行年调节水电站的水能计算之前，必须先选定（或拟定）水库的正常蓄水位和死水位。

[例 1-2] 某坝后式水电站设计保证率为 85%，属于年调节水库，兴利库容为 3150 万 m^3，死库容为 1050 万 m^3，库区无其他部门引水。枯水代表年月平均流量资料如表 1-3 第(1)、(2)栏所示。求此水电站的保证出力。

表 1-3　某年调节水电站枯水代表年出力计算表

月份	天然来水/$m^3 \cdot s^{-1}$	发电用水/$m^3 \cdot s^{-1}$	多余水量		不足水量		月末水库蓄水/万 m^3	月平均蓄水/万 m^3	月平均水位/m	下游水位/m	水头/m	出力/kW
			流量/$m^3 \cdot s^{-1}$	水量/万 m^3	流量/$m^3 \cdot s^{-1}$	水量/万 m^3						
(1)	(2)	(3)	(4)	(5)	(6)	(7)	(8)	(9)	(10)	(11)	(12)	(13)
2							1050					
3	7.50	4.90	2.60	682			1732	1390	25.50	1.50	24.00	823
4	6.50	4.90	1.60	422			2154	1943	28.50	1.50	27.00	926
5	5.00	4.90	0.10	26			2180	2167	29.50	1.50	28.00	960

续表 1-3

月份	天然来水/$m^3 \cdot s^{-1}$	发电用水/$m^3 \cdot s^{-1}$	多余水量		不足水量		月末水库蓄水/万 m^3	月平均蓄水/万 m^3	月平均水位/m	下游水位/m	水头/m	出力/kW
			流量/$m^3 \cdot s^{-1}$	水量/万 m^3	流量/$m^3 \cdot s^{-1}$	水量/万 m^3						
(1)	(2)	(3)	(4)	(5)	(6)	(7)	(8)	(9)	(10)	(11)	(12)	(13)
6	12.00	4.90	0.60	158			4042	3111	32.40	1.50	30.90	1060
7	5.50	4.90	0.60	158			4200	4121	34.80	1.50	33.30	1140
8	3.90	3.90	0	0			4200	4200	35.00	1.30	33.70	920
9	2.35	3.60			1.25	327	3873	4037	34.50	1.30	33.20	837
10	0.85	3.60			2.75	720	3153	3513	33.00	1.30	31.70	799
11	1.20	3.60			2.75	720	3153	3513	33.00	1.30	31.70	743
12	1.00	3.60			2.60	681	144	2184	29.70	1.30	28.40	716
1	1.65	3.60			1.95	610	1334	1590	26.80	1.30	25.50	643
2	2.50	3.58			1.08	284	1050	1192	24.60	1.30	23.30	583

解：对枯水代表年进行径流年调节和出力计算(见表 1-3)，具体步骤如下。

水库按等流量调节，先假定供水期为当年 10 月至次年 2 月，供水期 5 个月的天然来水量：

$$W_{供}=(0.85+1.20+1.00+1.65+2.5)\times30.4\times24\times3600=1890\times10^4\ m^3$$

调节流量为：

$$Q_P=\frac{W_{供}+V_{兴}}{T_{供}}=\frac{(1890+3150)\times10^4}{5\times30.4\times24\times3600}=3.84\ m^3/s$$

此流量与天然来水比较，发现 9 月份应为供水期，应重新计算供水期为当年 9 月至次年 2 月共 6 个月的天然来水量 $W_{供}=2510\times10^4\ m^3$；调节流量 $Q_P=3.60\ m^3/s$。检验结果，知枯水期定为当年 9 月至次年 2 月是合理的，将 $Q_P=3.60\ m^3/s$ 填入表 1-3 第(3)栏供水月份内。

再设 3～7 月为蓄水期，该期间也按等流量调节，其调节流量为：

$$Q_{调}=\frac{W_{供}-W_{兴}}{T_{蓄}}=\frac{(7.5+6.5+5.0+12.0+5.5)\times30.4\times24\times3600\times10^4-3150\times10^4}{5\times30.4\times24\times3600}$$

$$=4.90\ m^3/s$$

将此值与天然来水量进行比较，可以看出蓄水期取得合理。将此 $Q_{调}$ 填入表 1-3 第(3)栏蓄水月份内。

从表 1-3 中可以看出，8 月份天然流量为 3.9 m^3/s，此值大于供水期的调节流量 3.6 m^3/s，又小于蓄水期的调节流量 4.9 m^3/s，因此 8 月份可按照天然来水发电，水库既不蓄水，也不供水，保持满蓄。

然后逐月进行水量平衡计算，求出每个月平均需水量，查库容曲线得各月的平均库水位，再由各月调节流量查得下游水位，算出每月平均水头和平均出力，供水期的平均出力为水电站保证出力 $N_P=\dfrac{837+799+743+716+643+583}{6}=720\ kW$

以上计算未考虑水量损失及水头损失，故结果偏大。

当求出供水期调节流量 $Q_P=3.60\ m^3/s$ 以后，也可以按照公式($N_P=AQ_PH_P$)直接计算 N_P。此时应先求供水期的平均库容 $V_{供}=V_{死}+\frac{1}{2}V_{兴}=1050\times10^4+\frac{1}{2}\times3150\times10^4=2625\times10^4\ m^3$，查库容曲线得到供水期平均库水位 $Z_{上}=30.90\ m$，$Z_{下}=1.30\ m$，暂不计水头损失，则得 $H_P=30.90-1.30=29.60\ m$，由此可得：$N_P=AQ_PH_P=7\times3.60\times29.60=745\ kW$

比较两种方法计算的结果易知，两种保证出力均合理。

1.2.4 多年调节水电站保证出力的计算

在多年调节兴利库容已定的情况下，求多年调节水电站的保证出力，为了简化计算，通常在长系列水文资料中选取一个枯水代表年组。当水库蓄满以后出现的枯水年组不止一个时，一般选择一个最枯的，即组内供水期调节流量为最小的枯水年组作为枯水代表年组。若不考虑库区的引水和水库水量损失，计算调节流量的公式可以简化为

$$Q_{调}=\frac{W_{供}+V_{兴}}{T_{供}} \tag{1-6}$$

式中：$Q_{调}$ 为枯水代表年组计算调节流量，m^3/s；$W_{供}$ 为枯水代表年组供水期的天然来水量，m^3；$V_{兴}$ 为枯水代表年组兴利库容，m^3；$T_{供}$ 为枯水代表年组供水期，s。

求出枯水年组供水期的平均库容 $V_{供}=V_{死}+\frac{1}{2}V_{兴}$，及其相应的供水期平均库水位，即可求得供水期的平均水头 H，进而可得水电站供水期的平均出力：$N=AQ_{调}H$。

这样求出的出力 N，其相应的频率为 $P=\frac{n}{n+1}\times100\%$，其中 n 为水文系列的总年数。在一般情况下，这样求得的频率常大于水电站的设计保证率(年保证率)，则可让枯水代表组的最末一年(或几年)遭受破坏，求出新的 $T_{供}$ 和 $W_{供}$，重新按照式(1-6)计算其余年份的平均调节流量 $Q_{调}$，再校核此调节流量的频率是否符合保证率的要求。若符合，则所求的 N 即为 N_P。如果水电站的设计保证率较低，则可能还需要考虑次枯的枯水年份，因为在最枯的枯水年份组中破坏一年或几年以后，次枯的枯水年组的调节流量可能相对地小了。有时，枯水年组前面的丰水年组的水量不足以蓄满 $V_{兴}$，则前、后两个枯水年组再加上中间的丰水年组便合成一个计算用的枯水年组。同时，需要对全部长系列水文资料做调节计算以求得多年调节水电站的保证出力。

1.2.5 灌溉水库水电站保证出力的计算

以灌溉为主结合发电的水电站，是小型水电站的常规类型。这类水电站的工作情况是多种多样的，它取决于灌区灌溉用水的特点，灌溉用水与天然来水的配合情况以及灌溉与发电的结合程度等。这类水电站的基本特点是水电站的运行服从灌溉需要，在满足灌溉的前提下，尽可能多发电。

以灌溉为主的年调节水库，除非灌溉设计保证率过低，发电的枯水代表年一般按灌溉枯水代表年考虑。在调节年度内，天然来水开始大于用水的月份为蓄水期的起点，不同年份，蓄水期的起点并不强求一致。保证出力的计算方法则随着灌溉用水与发电用水的结合情况而不同。当为多年调节水库时，可采用长系列的来水资料表进行调节计算，而发电流量就等于灌溉

流量，只有在水库蓄满后，天然来水大于灌溉用水时，才使发电流量等于天然流量。

现按灌溉与发电用水的结合情况分别介绍各种水电站保证出力的计算方法。

1. **灌溉与发电用水不结合**

灌溉与发电用水不结合的水库，其灌溉引水口的位置多在大坝上游，而电站则建成河床式或坝后式。水库正常蓄水位和死水位的确定主要考虑灌溉要求，但如灌溉引水后剩余的水量仍很多，则可结合发电要求确定正常蓄水位和死水位。在兴利库容已经确定的条件下，应从各月（或旬）入库天然流量扣除相应的灌溉用水量，再按照等流量调节，计算水电站的保证出力。这种处理方法，对年调节水库和多年调节水库都一样，如表 1－4 所示为一个年调节水电站的案例。

表 1－4　某年调节水电站枯水代表年扣除灌溉用水后供水期出力计算表

月份	天然来水/$m^3 \cdot s^{-1}$	扣除上游灌溉用水后流量/$m^3 \cdot s^{-1}$	调节流量/$m^3 \cdot s^{-1}$	月末水库蓄水量/$m^3 \cdot s^{-1}$	月平均蓄水量/$m^3 \cdot s^{-1}$	水库月末平均水位/m	下游水位/m	水头/m	月平均出力/kW	保证出力/kW
(1)	(2)	(3)	(4)	(5)	(6)	(7)	(8)	(9)	(10)	(11)
7				2000						$N_P = \frac{\sum N}{7} = \frac{2537}{7} = 363$ kW
8	1.45	0.90	1.80	1760	1880	285.5	246.0	39.5	499	
9	1.05	0.50	1.80	1420	1590	283.5	246.0	37.5	474	
10	0.95	0.40	1.80	1050	1235	278.5	246.0	32.5	410	
11	1.65	1.65	1.80	1010	1030	275.5	246.0	29.5	372	
12	1.00	1.00	1.80	800	910	272.5	246.0	26.0	382	
1	0.85	0.85	1.80	550	680	266.0	246.0	20.0	252	
2	1.61	1.65	1.80	500	525	262.0	16.0	20.2		
合计									2537	

注：① $V_{兴}$＝1500 万 m^3，$V_{死}$＝500 万 m^3，$P_{设}$＝75%。

②本例中未考虑水库水量损失。

2. **灌溉与发电用水结合**

利用坝式水电站尾水在水库下游引水灌溉，或修建渠首水电站，属于此类。这类水电站保证出力的计算，当为年调节时，通常是根据来水和灌溉用水的相关情况及年内分配特点选择丰、平、枯三个代表年，对每个代表年按等流量调节进行计算。如果按全年均匀下泄，蓄水出现水库蓄满必须弃水的情况，则可分为蓄水期、供水期两段，各段分别按等流量下泄。但不论是水库蓄水回供水，还是供水期灌溉期的调节流量应至少等于灌溉流量。

［例 1－3］　某水库周围属丘陵区，植被良好。其兴建目的是为了从水库下游引水灌溉，同时为了解决电力排灌、农副业加工及照明用电，故拟建坝后式小型水电站。要求确定水库的

兴建库容和水电站的保证出力。

(1)建设要求。

(a)本水库主要任务为灌溉,灌溉面积为4.7万亩,适当满足发电要求;(b)本水库为单独运行,不考虑其他补偿调节;(c)灌溉设计保障率(年保证率)$P_{灌}=80\%$,发电设计保证率(历时保证率)$P_{电}=70\%$。

(2)基本数据。

(a)水库有关数据:水库坝址以上集水面积为41.5 km^2。根据淤沙需要,确定水库死库容为1316 m^3,相应的设计死水位为39.1 m。电站下游平均水位为15.5 m。(b)水文数据:利用坝址以上的集水面积内实测降雨资料及附近水文站径流资料,分析得到下列数据:

多年平均年雨量 $\bar{P}=2140$ mm,$C_{V_x}=0.25$;多年平均年径流 $\bar{R}=1455$ mm,$\bar{W}=6033$ 万 m^3,$C_{V_y}=0.35$;多年平均年蒸发量 $\bar{E}=1450$ mm,多年最大蒸发量 $E_m=1610$ mm。

(c)各代表年的来水和用水资料:按 $P=10\%$、$P=50\%$和 $P=90\%$选择1992~1993年、1999~2000年和2003~2004年作为丰、平、枯三个代表年,各年的来水与灌溉用水资料如表1-4中(3)、(4)两栏所示。

(3)兴利库容和正常蓄水位的确定。

为了满足灌溉的需要和发电的适当要求,需要对枯水代表年(2003~2004)来、用水过程按等流量法进行完全年调节计算,以求出灌溉结合发电的兴利库容 $V_{兴}$,如表1-4的前八栏,由表中计算可得 $V_{兴}=1654$ 万 m^3。现对前八栏的计算做如下介绍。

(a)水量损失:包括水库的渗漏与蒸发损失,按当地经验,每月损失水量可按当月平均库容的1.5%计算。为简化计算,不逐月分别计算,而设每月的损失水量为一个常数,因此每月损失水量均按年平均库容计算,即 $V_{供}=V_{死}+\frac{1}{2}V_{兴}$。根据分析,先假设 $V_{兴}=1700$ 万 m^3,则年平均库容 $V_{供}=1316+\frac{1}{2}\times1700=2166$ 万 m^3,而每月损失水量为 $2166\times0.015=32.49$ 万 m^3,采用整数为32万 m^3;(b)水库下泄水量:在一年之内水库各月下泄水量之和应等于年来水总量与年总损失水量之差,即总下泄量 $Q_{泄}=3570-12\times32=3186$ 万 m^3,把该总下泄量分配到12个月。2003年9月、11月,2004年3月~5月,灌溉用水量较大,水库即按第(4)栏的灌溉水量下泄。其余7个月按均匀下泄分配,即207万 m^3。为保持水量平衡,2004年2月增加1万 m^3 的下泄量,即208万 m^3;(c)水库存水:将来水量减去水量损失,再减去水库下泄量,得到正值则填写到第(7)栏,负值填写到第(8)栏中。因为水库是一次运行,对两栏分别求和,得1654万 m^3,即为进行完全年调节所需的兴利库容;(d)检查原计算的水量损失:年平均库容 $=1316+\frac{1}{2}\times1654=2143$ 万 m^3,每月损失水量 $=2143\times0.015=32.2$ 万 m^3,因此原先拟定每月损失水量为32万 m^3 是合理的。

(4)保证出力的计算。

灌溉水库水电站常常没有明显的发电供水期,因此设计保证率多采用历时保证率。先要对丰、平、枯三个代表年做完全年调节计算,计算按照表1-5进行。现将表1-5中第(9)栏及(A)(B)(C)各分组的计算介绍如下。

表1-5　水电站各代表年径流调节及出力计算

代表年名称	年·月	来水量/万 m^3	灌溉水量/万 m^3	水量损失/万 m^3	水库下泄水量/万 m^3	水库存放/万 m^3		月末库容/万 m^3	月平均库容/万 m^3	月平均水位/m	水头损失/m	月平均水头/m	发电流量/万 m^3	月平均出力/kW
						+	−							
(1)	(2)	(3)	(4)	(5)	(6)	(7)	(8)	(9)	(10)	(11)	(12)	(13)	(14)	(15)
(A)枯水年(2003～2004)	2003.5							1316						
	6	1241	0	32	207	1002		2318	1817	43.0	0.5	26.0	0.79	149
	7	766	81	32	207	527		2845	3582	49.4	0.5	31.4	0.79	174
	8	269	171	32	207	30		2875	2860	49.4	0.5	33.4	0.79	185
	9	363	236	32	236	90		2970	2923	49.8	0.5	33.8	0.90	213
	10	206	171	32	207		33	2937	2954	49.9	0.5	33.9	0.79	187
	11	62	245	32	245		215	2722	2830	49.3	0.5	33.3	0.93	217
	12	34	192	32	207		205	2517	2620	48.0	0.5	32.0	0.79	177
	2004.1	180	107	32	207		59	2459	2488	47.3	0.5	31.3	0.79	173
	2	51	136	32	208		189	2269	2364	46.4	0.5	30.4	0.79	175
	3	99	545	32	454		478	1791	2030	44.3	0.5	28.3	2.07	411
	4	9	439	32	439		462	1329	4560	41.0	0.5	25.0	1.67	292
	5	290	271	32	271		13	1316	1323	39.1	0.5	23.1	1.03	167
	总计	3570	2595	384	3186	1654	1654							2513
(B)平水年(1999～2000)	1999.5							1316						
	6	1821	0	32	799	996		2306	1811	42.9	0.5	26.9	3.04	572
	7	1074	232	32	800	242		2548	2427	46.9	0.5	30.9	3.04	657
	8	1137	23	32	800	305		2853	2701	48.5	0.5	32.5	3.04	691
	9	949	138	32	800	117		2070	2912	49.7	0.5	33.7	3.04	718
	10	162	352	32	352		222	2748	2859	49.3	0.5	33.3	1.34	313
	11	17	108	32	278		293	2455	2602	47.8	0.5	31.8	1.06	236
	12	16	179	32	278		294	2161	2308	46.1	0.5	30.1	1.06	223
	2000.1	46	180	32	278		264	1896	2029	44.3	0.5	28.3	1.06	210
	2	25	217	32	279		286	1611	1754	42.5	0.5	26.5	1.06	197
	3	322	326	32	326		36	1575	1593	41.3	0.5	25.3	1.24	220
	4	173	247	32	279		138	1437	1506	40.6	0.5	24.6	1.06	183
	5	279	378	32	368		121	1316	1377	39.6	0.5	23.6	1.40	231
	总计	6021	2370	384	5637	1654	1654							4451

续表 1-5

代表年名称	年·月	来水量/万 m^3	灌溉水量/万 m^3	水量损失/万 m^3	水库下泄水量/万 m^3	水库存放/万 m^3		月末库容/万 m^3	月平均库容/万 m^3	月平均水位/m	水头损失/m	月平均水头/m	发电流量/万 m^3	月平均出力/kW
						+	−							
(1)	(2)	(3)	(4)	(5)	(6)	(7)	(8)	(9)	(10)	(11)	(12)	(13)	(14)	(15)
(C)丰水年(1992～1993)	1992.4								1316					
	5	1026	128	32	915	79		1395	1356	39.5	0.5	23.5	3.48	573
	6	1559	0	32	915	612		2007	1701	42.1	0.5	26.1	3.48	637
	7	1191	328	32	916	243		2250	2129	45.0	0.5	29.0	3.48	706
	8	1285	29	32	916	337		2507	2419	46.8	0.5	30.8	3.48	750
	9	133	108	32	916	383		2970	2779	48.9	0.5	32.8	3.48	799
	10	354	303	32	476		154	2816	2893	49.5	0.5	33.5	1.82	427
	11	81	81	32	477		428	2388	2602	47.8	0.5	31.8	1.82	405
	12	151	89	32	477		358	2030	2209	45.5	0.5	29.5	1.82	376
	1993.1	187	129	32	477		322	1708	1869	43.2	0.5	27.2	1.82	347
	2	325	28	32	477		184	1524	1616	41.4	0.5	25.4	1.82	324
	3	393	263	32	477		116	1408	1466	40.2	0.5	24.2	1.82	308
	4	419	121	32	477		92	1316	1362	39.5	0.5	23.5	1.82	299
	总计	9300	1607	384	7916	1654	1654							5951

(a)各代表年各月的水量损失采用同一数值，每个月的水量损失按库容的 1.5%计，即为 32 万 m^3。

(b)水库下泄水量计算，原则上按等流量下泄，即在满足各月灌溉用水量的前提下，各月的下泄水量尽量均匀。如果按全年均匀下泄汛期出现水库蓄满必须弃水的情况，则分成蓄水期和供水期两段，分别按各段平均下泄，现以表 1-5(C)分组中计算为例：

蓄水期(5～9 月)每月的下泄水量：

$$Q_{泄}=\frac{(5\sim9\text{ 月总水量})-(5\sim9\text{ 月总损失水量})-V_{兴}}{5}=\frac{6392-160-1654}{5}=916(\text{或 }915)\text{万 m}^3$$

供水期(10～4 月)每月的下泄水量：

$$Q_{泄}=\frac{(10\sim4\text{ 月总水量})-(10\sim4\text{ 月总损失水量})-V_{兴}}{7}=\frac{1908-224-1654}{7}\approx477\text{ 万 m}^3$$

而在表 1-5(B)分组中，供水期的 1999 年 10 月、2000 年 3 月和 5 月，灌溉用水量较大，计算时应先满足这三个月的灌溉用水要求，其余 5 个月按照均匀下泄。

(c)月平均库容$=\frac{1}{2}$(上月末库容＋本月末库容)。

(d)月平均水位：由表中(10)栏数据查 $Z-V$ 曲线可得。

(e)水头损失：粗估按平均 0.5 计算。

(f)月平均水头：(13)栏＝(1)栏－15.5－(12)栏。由于本水电站水头较高，在计算月平均水头时采用电站下游水位 15.5 简化计算。

(g)发电流量$=\frac{\text{水库下泄水量}}{\text{月的秒数}}$，每月秒数按 30.4×86400＝262500 s 计算。

(h)月平均出力：按照公式 $N=7QH_{净}$ 计算。

将表计算所得的月平均出力(共 36 个)按从大到小顺序排列，并用公式 $P=\frac{m}{n}\times100\%$计算出 12 个出力的频率，如表 1-6 所示。利用该表数据绘制该电站的月平均出力频率曲线，如图 1-2 所示，再按照水电站的保证率 $P_{电}=70\%$，从图中查得水电站的保证出力为 $N_P=240$ kW。

表 1-6　水电站月平均出力频率曲线计算表

序号	出力/kW	频率/%	序号	出力/kW	频率/%	序号	出力/kW	频率/%
1	799	2.8	13	376	36.1	25	213	69.4
2	750	5.6	14	347	38.9	26	210	72.2
3	718	8.3	15	324	41.7	27	197	75.0
4	706	11.1	16	313	44.4	28	187	77.8
5	691	13.9	17	308	47.2	29	185	80.6
6	657	26.7	18	299	50.0	30	183	83.3
7	637	19.4	19	292	52.8	31	177	86.1
8	573	22.2	20	236	55.6	32	174	88.9

续表 1-6

序号	出力/kW	频率/%	序号	出力/kW	频率/%	序号	出力/kW	频率/%
9	572	25.0	21	231	58.3	33	173	91.7
10	427	27.8	22	223	51.1	34	168	94.4
11	411	30.6	23	220	63.9	35	167	97.2
12	405	33.3	24	217	66.7	36	149	100.0

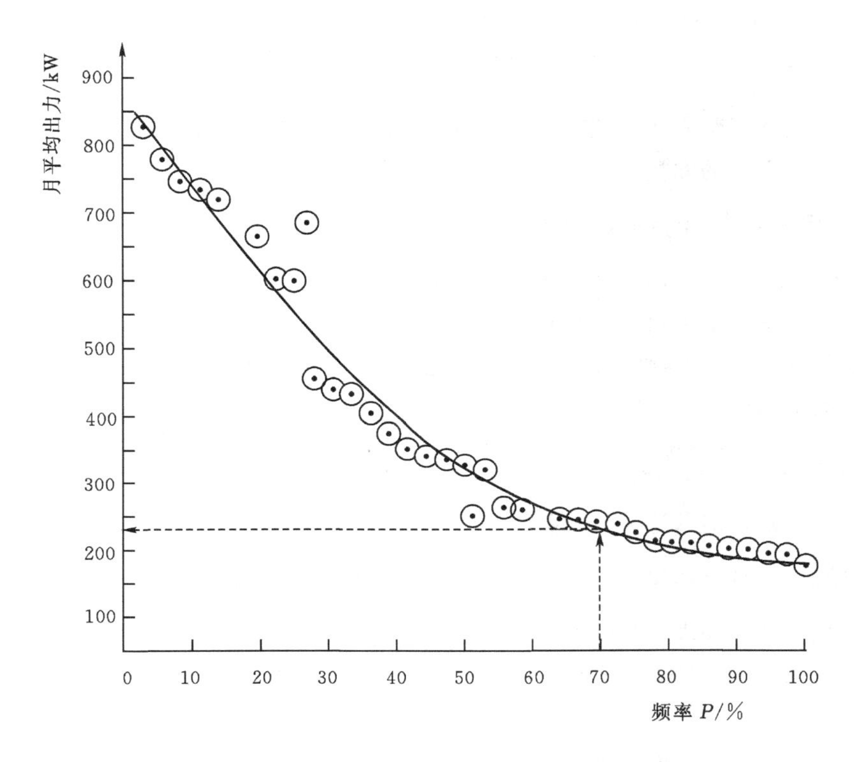

图 1-2　电站的月平均出力频率曲线

值得注意的是，灌溉用水与发电用水完全结合的水电站的工作条件是各式各样的。在一般情况下，设计保证率都可以采用历时保证率，这是因为在各代表年或长系列中，常找不到专为发电供水的时期，不能按照年保证率求出枯水代表年发电供水期的平均出力作为保证出力。若灌溉期较短，可以在枯水代表年中找到发电供水期，也可以按年保证率来计算水电站的保证出力。

3. 灌溉与发电用水部分结合

某些灌溉为主结合发电的水库，一方面需从水电站上游取走部分水量供灌溉用，同时也利用发电尾水进行灌溉，显然，它属于上述两种情况的联合，在规划时先从天然来水中扣除上游供水，然后再按灌溉与发电用水结合的情况，进行分析计算。

1.3　水电站装机容量计算

装机容量是水电站的重要参数，反映水电站的规模、水资源的利用程度、水电站效益及供电可靠性等重要问题。装机容量的选择，应根据电力负荷要求、河流来水量、水电站的落差、水库调节性能、综合利用要求、水电站在地方电力系统中的作用、环境保护需求、经济社会发展规划等，通过技术经济比较，综合分析，合理确定。在水电站规划设计中，只有在水电站装机容量初步确定后，才能进一步选择水轮发电机组的型式、台数、单机容量，以及水电站引水建筑物断面尺寸和厂房的主要尺寸等。

水电站装机容量，是由它的最大工作容量、备用容量和重复容量三者组成的。其中最大工作容量的确定方法如前所述。备用容量中的负荷备用容量通常为系统最大负荷的5%，一般应由一个或几个靠近负荷中心、机组调节性能较好的大水电站承担。系统的事故备用容量为系统最大负荷的10%，这部分备用容量在水、火电站间的分配，通常可按水、火电站最大工作容量的比例进行初步分配。最后应根据各电站的特点、大小和系统负荷分布情况等因素确定。

1.3.1　水电站装机容量简介

水电站装机容量选定得是否合理，主要可从电力系统工作的可靠性和经济性两方面来分析论证。在初步选定装机容量及机组型式、台数和单机容量后，即可绘制电力系统容量平衡图。电力系统工作的可靠性，必须通过容量平衡图进行分析和检验。

水电站的重复容量，可通过动能经济计算来确定。一般在无调节水电站或调节性能较差的水电站，常须设置重复容量。调节性能好的水电站由于平均的年弃水时间短，一般不需设置重复容量。

根据水电站的最大工作容量、备用容量和重复容量，即可初步选定水电站的装机容量。然后，还应结合机组型式、台数和单机容量选择，以及枢纽布置条件等，通过多方面的分析论证予以最后确定。

1.根据电力系统容量平衡图检验可靠性

制订设计枯水年电力系统容量平衡图的目的，主要是检验所选择的装机容量及机组，能否在设计水平年情况下保证系统正常供电。所制订的容量平衡图，亦可作为以后水、火电站联合运行的依据。通过容量平衡进行检验的具体项目如下。

(1)检查全年内，系统负荷是否全部被各电站所承担，在哪些时间里因容量受阻而影响工作。

(2)检查全年内，是否都有足够的容量承担系统调频所需的负荷备用，在各个时期由水电站还是由火电站担负这项任务。

(3)检查全年内，是否都有足够的容量作为系统的事故备用容量，各个时期的事故备用容量在水电站和火电站上如何分配。

(4)检查除工作容量、负荷备用容量和事故备用容量外，全年内是否尚有足够的容量，使系统中各电站所有机组都能够得到计划检修。

(5)检查水利综合利用对于水库供水的要求是否得到满足。例如,为满足航运的要求,在通航季节内水库应有某一固定的均匀流量下泄,故要求水电站有一部分容量在基荷工作。

因水电站每年来水不同,故在制订系统容量平衡图时,一般应研究两个典型年度,即设计枯水年和中水年的情况。中水年的容量平衡图用来表示运行期间最常见的一般情况。对于低水头水电站,有时还要作出丰水年的容量平衡图,以检查机组在各月份的受阻情况。

2.关于经济性的分析

可以从下面几个方面分析所选装机容量的经济性。

(1)水电站的经济指标和效益。水电站的总投资、单位投资、单位电能成本和投资回收年限等经济效益指标,都可用来检验、分析装机容量经济性的因素。如果各项指标都很优越,则应考虑加大装机容量(或预留机组)的可能性和合理性。

(2)利用容量平衡图检验装机容量的设置及其利用是否经济合理。在系统容量平衡图上,如果除去检修部分外,空闲面积过大,则往往是装机容量偏大,利用程度不高;如果空闲容量很大,但安排的检修机组容量线超出了空闲部位,则说明单机容量可能偏大了。需要增加机组台数,减小单机容量或另外增设检修备用容量。

(3)装机容量年利用小时数和设备利用率。常用装机容量年利用小时数来分析装机容量选择的经济合理性。装机容量年利用小时数的含义:水电站以全部装机容量满载运行时,发出多年平均年发电量 E 需要的小时数。它在数值上等于多年平均年发电量除以装机容量。装机容量年利用小时数是一个折算值,不能将它和机组实际的年运行小时数混为一谈。装机容量年利用小时数这个指标过大或过小都不合适。过小,说明设备利用率低,可能是装机容量选得偏大;过大,设备利用率虽高,但水力资源利用程度太低,可能装机容量偏小。装机容量年利用小时数的大小,还没有一个合适标准。通常认为以能达到下面将要提到的某些数据,是比较合适的。

(4)水能资源的利用程度。充分利用水力资源以节约其它能源,是我国当前的能源政策。所以水能资源的利用程度,应作为检验水电站装机容量合理性的一个因素。水能资源利用程度,一般用径流利用率或水能利用率来反映。

1.3.2 水电站装机容量估算

水电站装机容量的选择,应根据设计水平年的供电发展、电力系统的负荷特性、水电与其他类型电之间的比重、水电站的特点和作用等,通过各种代表年的系统电力电量平衡即经济比较分析确定,本书仅简单介绍估算方法。

1.水电站装机容量的组成

水电站装机容量的组成

$$N_{装机} = N_{必需} + N_{重复} \tag{1-7}$$

式中:$N_{必需}$为水电站必须容量,指维系电力系统正常供电所需设置的容量;$N_{重复}$为水电站重复容量,它可以利用水电站汛期弃水为系统增发电能,起减少火电煤耗(或其他燃料消耗)的作用,但是不增加容量效益。

$$N_{必需} = N_{工作} + N_{事故} + N_{负荷} + N_{检修} \tag{1-8}$$

式中:$N_{工作}$为水电站工作容量,指设计枯水年份负荷紧张时水电站能投入电力系统正常工作的容量；$N_{负荷}$ 为水电站负荷备用容量，指水电站担负电力系统一天内瞬时负荷波动和计划外的负荷增加所需要的备用容量；$N_{事故}$ 为水电站事故备用容量，是电力系统中发电设备发生事故时为保证正常供电所需要的备用容量；$N_{检修}$ 为检修备用容量，是在一年内的低负荷季节，不能满足电力系统全部机组按年计划检修而必须增设的备用容量。

另外，若拟建水电站接近电力系统负荷中心，或处于两个相互连接的区域性电力系统之间，常设置一台在枯水期作为调相运行。汛期利用多余的下泄水量发电，或作为调相运行，称之为相容量。

值得注意的是，若在供电区域系统中，存在抽水蓄能电站容量，在估算水电站装机容量时，应该考虑抽水蓄能电站的装机容量、工作模式，以及抽水蓄能电站在供电系统中的作用，科学合理地将上述各种容量进行调整。

2. 水电站装机容量估算

水电站的工作容量除与水电站本身出力大小有关外，还与电力系统的负荷水平、负荷特性及水电站的工作位置等因素有关。若假定日负荷曲线尖峰部分的负荷持续曲线可用一指数曲线来描述，则水电站担任系统尖峰负荷的工作容量可按下列公式估算

$$N_{工作} = \left[\frac{K_{月} \cdot N_{保证}}{P_{最大}(\gamma - \beta)}\right]^{\frac{\gamma-\beta}{1-\beta}} \cdot P_{最大}(1 - \beta) \tag{1-9}$$

式中：$P_{最大}$ 为电力系统中的最大负荷；$K_{月}$ 为水电站月调节系数；γ、β 分别为平均日负荷率和最小日负荷率。简单介绍这些参数的近似估算方法如下。

(1)设计水平年系统需电量估算。设计水平年系统需电量估算一般可按系统用电量 E_0 和平均增长率 p 来估算，即

$$E = E_0 (1 + p)^n \tag{1-10}$$

式中：n 为至设计水平年的年数。

电力系统最大负荷应根据该系统历年资料及设计水平年的电力用户结构，编制负荷曲线求定。在初步计算时一般可按照下列公式估算

$$P_{最大} = \frac{E}{T} \tag{1-11}$$

式中：T 为最大负荷年利用小时数，应根据电力系统中用户结构及年用电量增长率等因素选用，一般可取 6000～6500 小时，重工业比重大的地区选用大值；年用电量增长率快的，可略减小。作初略估算时，建议取 6000 小时左右。

(2)γ 和 β 数值的估算。γ 为电力系统中日平均负荷与最大负荷的比值，β 为电力系统日最小负荷与最大负荷的比值，当无实际调查资料时，可参考表 1－7 进行选用。

表 1－7　无调查资料时的系统需求统计

项目	系统类型	Ⅰ	Ⅱ	Ⅲ	Ⅳ	Ⅴ	Ⅵ
1	工业用电比重	95%	90%	85%	80%	75%	70%
2	农业用电比重	0.5%	1.0%	2.0%	2.5%	4.0%	4.5%
3	生活照明用电比重	3.5%	7.0%	11%	14.5%	17%	20%

续表 1-7

项目			系统类型 Ⅰ	Ⅱ	Ⅲ	Ⅳ	Ⅴ	Ⅵ
4	γ	冬季	0.925	0.895	0.965	0.835	0.820	0.775
		夏季	0.910	0.910	0.880	0.855	0.830	0.795
5	β	冬季	0.800	0.800	0.740	0.710	0.680	0.610
		夏季	0.840	0.800	0.780	0.750	0.710	0.650

当作初步估算时，可用$\frac{\gamma-\beta}{1-\beta}=\frac{1}{2}$，则式(1-9)可简化为

$$N_{工作}=\sqrt{2K_{月}\cdot N_{保证}\cdot P_{最大}(1-\beta)} \tag{1-12}$$

(3)$K_{月}$数值的估算。$K_{月}$数值的估算可按照下列公式计算

$$K_{月}=\frac{K_{系}-d_{火电}\cdot K_{火}}{d_{水电}} \tag{1-13}$$

式中：$K_{系}$为系统月调节系数，一般取1.10～1.15；$K_{火}$为火电厂月调节系数，一般取1.05～1.07；$d_{火电}$和$d_{水电}$分别为电力系统火电和水电占该系统总容量的比重。

若拟建水电站不是单独担任电力系统峰值时，可分别按下列方法进行估算。

(1)若拟建水电站和电力系统中已建及同期兴建的其他水电站共同担任尖峰负荷时，可由各水电站的保证出力和式(1-12)计算总工作容量，再按各水电站保证出力的比值分配工作容量。

(2)若电力系统中已有水电站担任尖峰负荷，拟建水电站在该水电站工作位置的下面担任部分峰值，则可由各水电站保证出力的总和计算出总的工作容量，然后扣除其他水电站的工作容量，即得拟建电站的工作容量。

(3)若拟建水电站因水电站综合利用要求，需要担任一定基荷，应从保障处理中扣除此基荷的出力，再利用式(1-11)计算担任尖峰的工作容量，拟建水电站的工作容量等于担任尖峰和基荷容量之和。

3.水电站备用容量的估算

(1)事故备用容量的估算。电力系统事故备用容量应根据该系统装机的事故机率来确定。事故备用容量一般可取电力系统最大负荷的10%，但不得小于系统中最大一台机组容量。拟建水电站担任的事故备用容量不得超过电力系统事故备用容量的50%，一般可按拟建水电站工作容量与电力系统最大负荷的比例分配。

若拟建水电站的事故备用容量工作所需水量占水利库容的比重较大时，应研究设置专门的事故备用库容，该库容一般置于死水位以下(根据正常运行情况选择死水位时，应考虑到这个要求)，库容等于事故备用容积工作7～10天所需的水量。

(2)负荷备用容量的估算。电力系统负荷容量一般可采用系统最大负荷的5%。若拟建水电站为电力系统的主力电站，靠近负荷中心，调节性能好，可担任电力系统中全部负荷备用容量；对于调节性能差、离负荷中心远的水电站，应尽量少分配甚至不让其担任负荷备用容量。

(3)检修备用容量的估算。电力系统检修容量可用下列公式估算

$$N_{检修}=\frac{N_{火电}\times 30+N_{水电}\times 15}{365} \tag{1-14}$$

式中：$N_{水电}$、$N_{火电}$分别为电力系统中水、火电站的总装机容量；15、30分别为水电机组和火电机组的检修天数。

电力系统所需检修容量一般首先利用负荷较小月份的空间容量，尽可能不设置专门的检修备用容量。当电力系统中农业负荷比较大时(如用电量超过总用电量的5%)，可设置部分检修备用容量，初步估算时其值建议为检修容量的$\frac{1}{3}$左右，分配原则与事故备用容量相同。

(4)重复容量的确定。若拟建水电站有下列情况之一者，应研究设置重复容量的可能性和经济性。

(a)拟建水电站水库调节性能表，设置重复容量可获得较大的季节性电能。

(b)拟建水电站的供电系统中已建或拟建水电比重大，按必需容量决定的装机容量使水电站水量利用率较低，则其装机容量一般还应由设置重复容量的经济性决定。

(c)发电流量由其他供水任务决定的水库，电站保证出力很小，但有较多的季节性电能，设置重复容量可得的年利用小时数往往较高。

(d)供电系统具有设置大量季节性电力用户的条件，季节性电能可得到较好的利用。

重复容量的确定，应根据增加的额外投资、获得的季节性电能以及季节性电能利用的条件综合确定。一般可用拟建水电站设置重复容量的补充利用小时数的经济性确定。

(5)预留机组经济合理性的研究。在水电站装机容量确定后，有下列情况时，应研究预留机组的经济合理性。

(a)在远景规划中，上游将有调节性能较好的水库投入，可增加本水电站的动能效益。

(b)在水力资源缺乏而电力系统负荷增长较快的地区，要求设计水电站承担远景更多的尖峰负荷。

(c)在设计水平年的供电范围内，本电站的径流利用程度低，而远景由于系统负荷和供电电源结构的变化，可提高水量利用程度。

(d)在供电系统负荷中心，若拟建抽水蓄能电站或已建抽水蓄能电站，对拟建水电站电能利用效益应综合分析，甚至要合理规划运行模式。

1.4　水电站多年平均发电量计算

多年平均发电量是指水电站在多年工作期间，平均每年所能产生的电能量，它反映水电站长期工作的动能效益，是水电站的重要动能指标之一。

水电站在正常蓄水位、死水位和装机容量确定以后，为了精确地求出多年平均发电量，理应按长系列水文资料逐时段进行出力计算，求出各年的发电量，并算出其多年平均值。但是，长系列法工作量较大，在小型水电站的规划中，一般采用简化计算方法。由于水电站的调节性能不同，所采用的计算方法也不同，现简单介绍如下。

1.4.1 无调节、日调节水电站多年平均发电量的计算

无调节、日调节水电站多年平均发电量的计算可采用绘制代表水电站长期工作状态的出力历时曲线的办法。如图 1－3 所示为某水电站出力历时曲线，出力历时曲线与出力、时间坐标所包围的全部面积，即为该电站多年平均年发电量的理想值。如水电站装机容量为 $N_{装1}$，则多年平均年发电量$\bar{E}_{年1}$，如图 1－3 中阴影面积所示。阴影面积以上表示可以利用的电能，但是由于装机容量的限值，只好放弃。如电站装机容量由 $N_{装1}$ 增加到 $N_{装2}$（$N_{装2}=N_{装1}+\Delta N_1$），则年平均发电量将由$\bar{E}_{年1}$增加到$\bar{E}_{年2}=\bar{E}_{年1}+\Delta\bar{E}_1$。一般而言，装机容量愈大，平均年发电量增大的速度愈小，即 $\Delta N_2=\Delta N_1$，$\Delta\bar{E}_2<\Delta\bar{E}_1$。可假设若干装机容量方案，分别计算各方案的多年平均发电量，绘制 $N_{装}$-$\bar{E}_{年}$ 关系曲线，如图 1－4 所示。在确定了水电站装机容量之后，即可利用该曲线求出多年平均发电量，如图中的虚线及箭头所示。对所设不同装机容量的 $\bar{E}_{年}$ 的计算，也可以采用列表法计算。

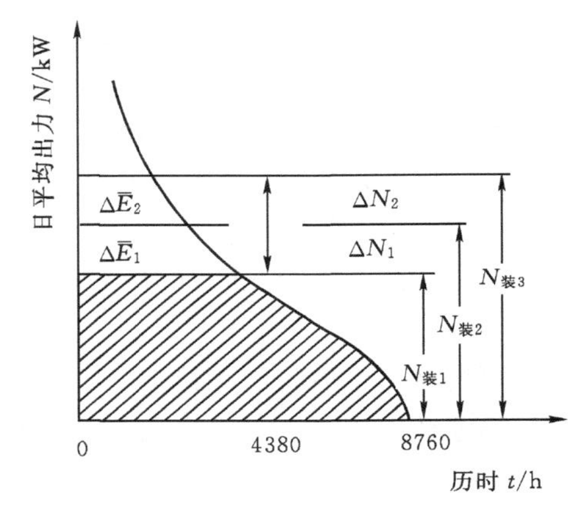

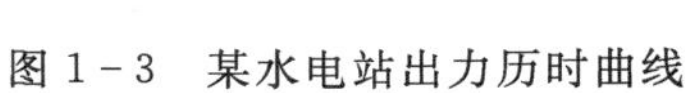
图 1－3 某水电站出力历时曲线

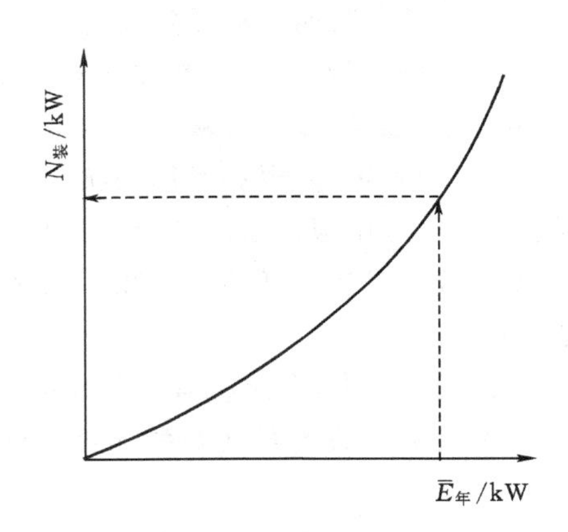

图 1－4 装机容量与多年平均年发电量的关系曲线

1.4.2 年调节水电站多年平均发电量的计算

年调节水电站多年平均发电量的计算，比较常见的方法是选择丰、平、枯 3 个代表年，首先计算这 3 年的发电量，加以平均，即得多年平均年发电量。有时，可采用更为简化的方法，即只计算平水年的发电量，并以此值作为水电站的多年平均年发电量。

第一年的发电量，以各月电量的总和。各月发电量按下式计算

$$E_{月}=730N_{月} \tag{1-15}$$

式中：$E_{月}$ 为月发电量，kW·h；$N_{月}$ 为月平均出力，kW；730 为每月的小时数，每月按照 30.4 天计。

年发电量为

$$E_{年}=\sum_{i=1}^{12}E_i=730\sum_{i=1}^{12}\overline{N}_i \tag{1-16}$$

式中：E_i、$\overline{N}_i$分别为月发电量和月平均出力。

若采用丰、平、枯三个代表年计算多年平均发电量，则

$$\bar{E}_{年} = \frac{E_{年(丰)} + E_{年(平)} + E_{年(枯)}}{3} \tag{1-17}$$

若采用平水年法，则

$$\bar{E}_{年} = E_{年(平)} \tag{1-18}$$

必须指出，由于装机容量的限制，丰水年甚至排水年，会有一定的弃水。因此，按照式(1-17)计算的年发电量可能偏大。实际计算时，凡是月平均出力大于装机容量 $N_{装}$ 的，都应以 $N_{装}$ 代替，由此可得

$$E_{年} = 730\left[\sum_{i=1}^{m} \overline{N}_i + (12-i)N_{装}\right] \tag{1-19}$$

式中：m 为月平均出力低于装机容量的月数。

1.4.3　多年调节水电站多年平均发电量的计算

具有多年调节性的水电站，在计算多年平均发电量时，可以选一段连续水文年代表长系列，称为代表年期，并以这一代表年期内各年发电量的平均值作为多年平均发电量。代表年应能代表多年的平均发电量的情况，必须满足下列条件：

(1)代表年期内包括丰、平、枯三种水量年份；

(2)代表年期内径流均值和 C_V 与多年系列的均值和 C_V 基本一致；

(3)代表年期内水库要完成一次以上的调节循环，即水库至少要蓄满一次和放空一次。

思考题与练习

1.1　什么是水电站设计保障率，对水电站设计有什么意义？

1.2　什么是水电站保证出力，如何计算，其对水电站设计和运行的指导意义有哪些？

1.3　水电站多年平均发电量的基本意义是什么，如何从电力系统的角度来理解其具体含义，对水电站的设计有什么样的指导性作用？

1.4　水电站设计保证率、保证出力和多年平均发电量之间关系如何同时指导设计水电站？

第 2 章

水轮机类型、构造及其工作原理和水轮机流道特性

本章摘要：

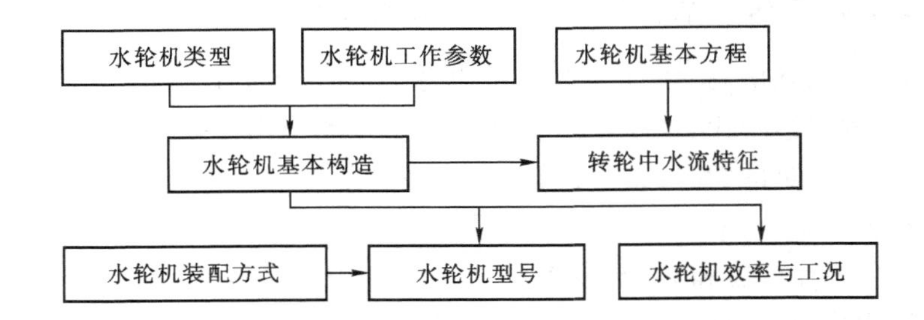

阅读指南：

学习作为水电站的核心设备——水轮机的基本知识：水轮机主要类型、工作原理、工作参数、基本构造、反击式水轮机转轮中水流分析、水轮机基本方程、水轮机型号、水轮机效率与工况等，为水轮机选型和厂内输水系统流道设计作好准备。

2.1 水轮机的主要类型

水轮发电机组是水电站的核心设备，机组的类型、尺寸大小和装配方式对水电站的投资、建设、施工、运行等各方面起到控制性的作用，甚至可以说水电站所有工作都是围绕水轮发电机组开展的，其中水轮机是将水能转化成旋转机械能的设备，因此目前大部分水电站教材均以水轮机组介绍开始。本书只介绍水轮机的基本知识，不介绍陆地水电站之外前沿的知识，比如潮流能水轮机。

水轮机种类很多，目前常按照水流能量的转换特征的不同而将其分为两大类，即反击式和冲击式。其中，每一大类根据转轮区内水流的流动特征和转轮的结构特征的不同又可分成多种型式，现分别描述如下。

2.1.1 反击式水轮机

反击式水轮机转轮区内的水流在通过转轮叶片时，始终是连续的充满整个转轮的有压流动，并在转轮空间曲面型叶片的约束下，连续不断的改变流速的大小和方向，从而对转轮叶片

产生一个反作用力，驱动转轮旋转。当水流通过水轮机后，其动能和势能(包括位能和压能)大部分被转换成转轮的旋转机械能。

反击式水轮机按转轮区内水流相对于主轴流动方向的不同，可分为混流式、轴流式、斜流式和贯流式四种。此外根据转轮叶片是否可转动，又将轴流式、斜流式和贯流式分别分为定桨式和转桨式。

1. 混流式水轮机

如图 2-1 所示，水流从四周沿径向流进转轮，然后近似以轴向流出转轮。混流式水轮机也曾被称为辐轴流式水轮机，又因其由美国工程师弗朗西斯(Francis)于 1847 年发明，故又称为弗朗西斯水轮机。混流式水轮机的应用水头范围广(约 20～700 m)、结构简单、运行稳定且效率高，是现代应用最广泛的一种水轮机。目前，最高水头已应用到 734 m，在奥地利伊斯林(Hausling)水电站；最大单机容量已达 716 MW，在美国大古力(Grand Coulee)水电站；我国单机容量 700 MW 的机组在三峡电站于 2003 年首台运行发电，2009 年 32 台全部投入运行，运行稳定，设计制造技术已经成熟，向家坝水电站于 2006 年 11 月 26 日正式开工建设，8 台 800 MW 机组于 2014 年 7 月 10 日全面投产发电。

2. 轴流式水轮机

如图 2-2 所示，水流在导叶与转轮之间由径向流动转变为轴向流动，而在转轮区内水流保持轴向流动。轴流式水轮机的应用水头约为 3～80 m，目前最高水头已应用到 88.4 m，在意大利那姆比亚水电站；国内已应用的最高水头为 77 m，在陕西石门水电站。

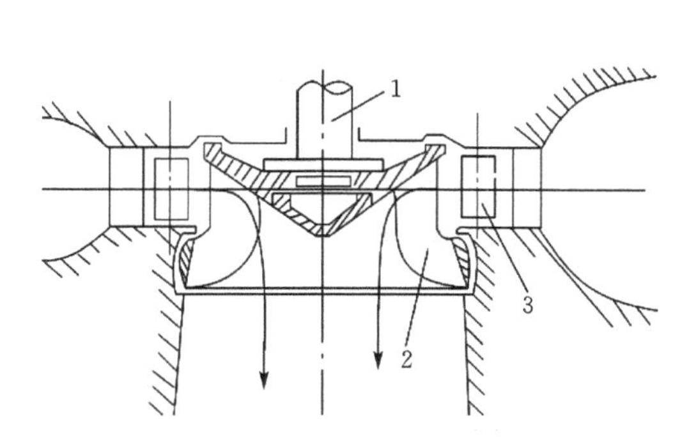

图 2-1　混流式水轮机

1—主轴；2—叶片；3—导叶

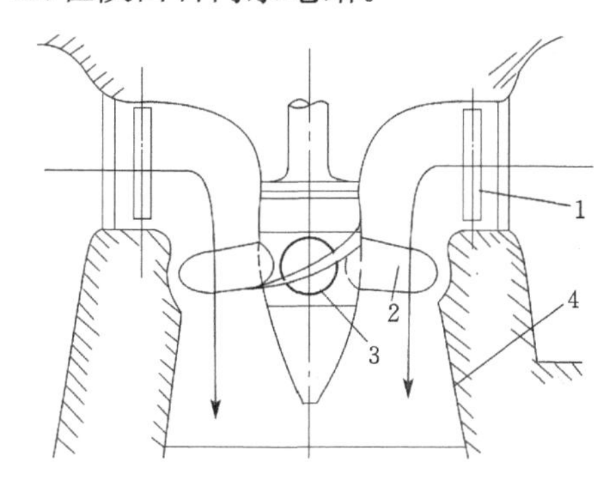

图 2-2　轴流式水轮机

1—蜗壳；2—导叶；3—叶片；4—尾水管

轴流式水轮机在中低水头、大流量水电站中得到了广泛应用。根据其转轮叶片在运行中能否转动，可分为轴流定桨式和轴流转桨式两种。轴流定桨式水轮机的转轮叶片是固定不动的，因而结构简单、造价较低，但它在偏离设计工况时效率会急剧下降，因此主要适用于水头较低、出力较小以及水头变化幅度较小的水电站。轴流转桨式水轮机是由奥地利工程师卡普兰(Kaplan)在 1920 年发明的，故又称为卡普兰水轮机，其转轮叶片可根据运行工况的改变而转动，从而扩大了高效率区的范围，提高了运行的稳定性。但是，这种水轮机需要有一个操作叶片转动的机构，因此其结构较复杂、造价较高，一般应用于水头、出力均有较大变化幅度的大中型水电站。目前，轴流转桨式水轮机最大单机容量为 200 MW，在福建水口水电站；最大转轮直径为 11.3 m，在湖北葛洲坝水电站，其单机容量为 170 MW。

3. 斜流式水轮机

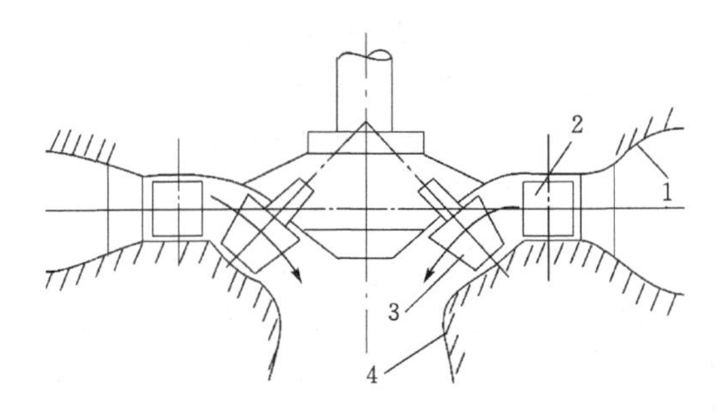

图 2-3 斜流式水轮机

1—蜗壳；2—导叶；3—叶片；4—尾水管

如图 2-3 所示，水流在转轮区内沿着与主轴成某一角度的方向流动。斜流式水轮机的转轮叶片大多做成可转动的形式，具有较宽的高效率区，适用水头约为 40～200 m。斜流式水轮机是为了提高轴流式水轮机的适用水头而在轴流转桨式水轮机的基础上改进提出的新机型，是由瑞士工程师德里亚（Deriaz）于 1956 年发明的，故又称德里亚水轮机，其结构形式及性能特征与轴流转桨式水轮机类似，但由于其倾斜桨叶操作机构的结构特别复杂，加工工艺要求和造价均较高，因此一般只在大中型水电站中使用，目前应用还不普遍。世界上容量最大的斜流式水轮机安装在前苏联的泽雅（Zeya）水电站，装机功率为 215 MW，设计水头为 78.5 m。

4. 贯流式水轮机

如图 2-4 至图 2-7 所示，贯流式水轮机是一种流道近似为直筒状的卧轴式水轮机，不设引水蜗壳，叶片可采用固定的或可转动的两种。根据其发电机装置形式的不同，可分为全贯流式和半贯流式两类。

全贯流式水轮机（见图 2-4）的发电机转子直接安装在转轮叶片的外缘。它的优点是流道平直、过流量大、效率高。但由于转轮叶片外缘的线速度大、周线长，因此其旋转密封很困难，目前很少使用。

半贯流式水轮机有轴伸式、竖井式和灯泡式等形式，如图 2-5～图 2-7 所示。其中轴伸式和竖井式结构简单、维护方便，但效率较低，一般只用于小型水电站。目前广泛使用的是灯泡贯流式水轮机，其结构紧凑、稳定性好、效率较高。灯泡贯流式机组的发电机布置在被水绕流的钢制灯泡体内，水轮机与发电机可直接联接，也可通过增速装置联接。

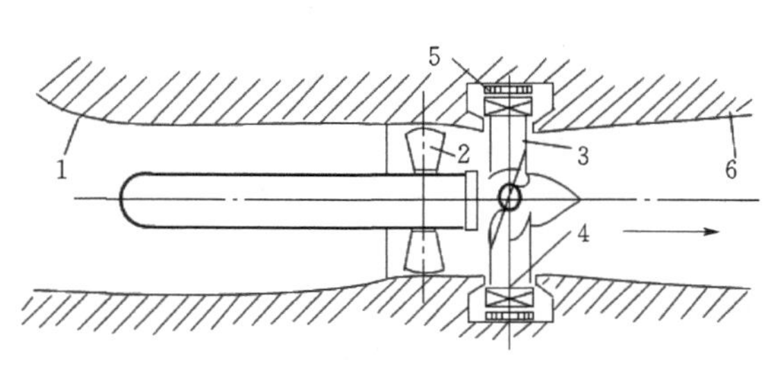

图 2-4 全贯流式水轮机（纵剖面图）

1—进水管；2—导叶；3—叶片；4—发电机转子；5—发电机定子；6—尾水管

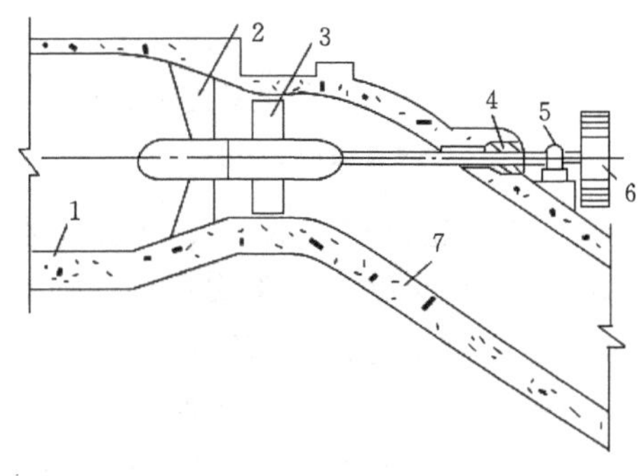

图 2-5 轴伸贯流式水轮机（纵剖面图）

1—进水管；2—固定导叶；3—叶片；4—止水套；5—轴承座；6—增速装置；7—尾水管

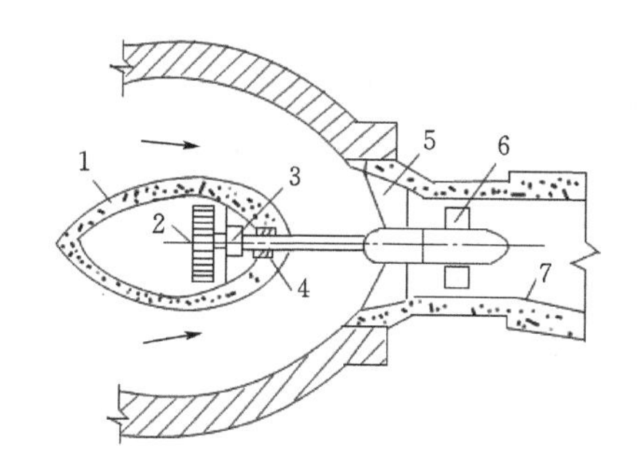

图 2-6　竖井贯流式水轮机(水平剖面图)
1—竖井;2—增速装置;3—轴承座;
4—止水套;5—固定导叶;6—叶片;7—尾水管

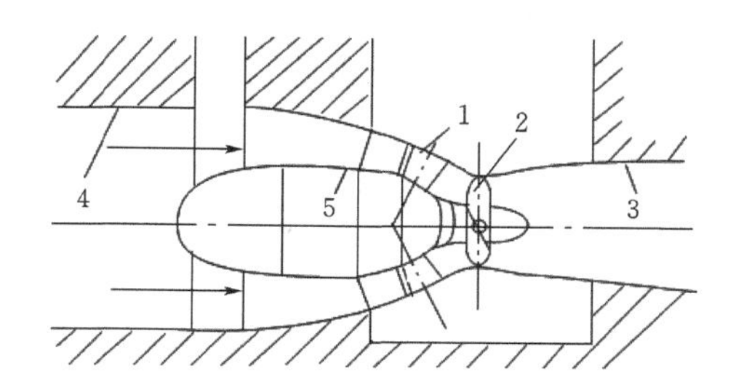

图 2-7　灯泡贯流式水轮机(纵剖面图)
1—导叶;2—叶片;
3—尾水管;4—进水管;5—灯泡体

贯流式水轮机的适用水头为 1~25 m。它是低水头、大流量水电站的一种专用机型,由于其卧轴式布置及流道形式简单,所以土建工程量小、施工简便,因而在开发平原地区河道和沿海地区潮汐等水力资源中得到了广泛的应用。在已运行的灯泡贯流式水电站中,总装机容量最大的是美国石岛(Rock Island)水电站,总装机 410.2 MW,单机容量 51.3 MW,转轮直径 7.4 m,设计水头 12.1 m;单机容量最大的是日本只见(Tadami)水电站,达 65.8 MW,转轮直径 6.7 m,最大水头 20.7 m;转轮直径最大的是美国悉尼墨累(Sidney A. Murray Jr.)水电站,达 8.2 m。目前,我国自行研制的最大灯泡贯流式水轮机直径为 7 m,单机容量为 50 MW,广西桥巩水电站规划采用单机容量为 57 MW 的灯泡贯流式机组。

2.1.2　冲击式水轮机

冲击式水轮机的转轮始终处在大气中,来自压力钢管的高压水流在进入水轮机之前已转变成高速自由射流,该射流冲击转轮的部分轮叶,并在轮叶的约束下发生流速大小和方向的改变,从而将其动能大部分传递给轮叶,驱动转轮旋转。在射流冲击轮叶的整个过程中,射流内的压力基本保持为大气压不变,而转轮出口流速明显地减小。显然,冲击式水轮机仅利用了水流的动能。由于转轮不是整周进水,因此其过流量较小。

冲击式水轮机按射流冲击转轮的方式不同,可分为水斗式、斜击式和双击式三种。

1. 水斗式水轮机

如图 2-8 所示,从喷嘴出来的高速自由射流沿转轮圆周切线方向垂直冲击轮叶。水斗式水轮机也称为切击式水轮机,又因其由美国工程师培尔顿(Pelton)于 1889 年发明,故又称为培尔顿水轮机。水斗式水轮机适用于高水头、小流量的水电站,特别是当水头超过 600 m 时,由于结构强度和空化等条件的限制,混流式水轮机已不大适用,大多采用这种机型。大型水斗式水轮机的应用水头约为 300~1700 m,小型水斗式

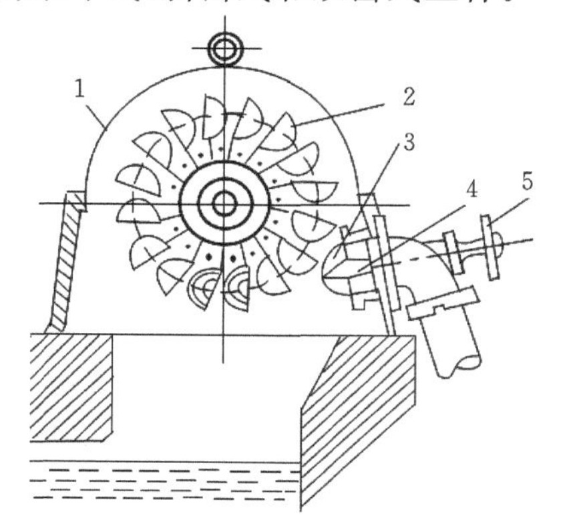

图 2-8　水斗式水轮机
1—机壳;2—轮叶;3—喷嘴;4—喷针;5—控制机构

水轮机的应用水头约为40～250 m。

目前，最高水头在奥地利的莱塞克(Reissek)水电站已达 1767 m，我国天湖水电站的设计水头为 1022.4 m；单机容量最大的已达 315 MW，在挪威的悉・西马(Si・Sima)水电站，其设计水头为 885 m。

2. 斜击式水轮机

如图 2-9 所示，从喷嘴出来的自由射流沿着与转轮旋转平面成一角度的方向，从转轮的一侧进入轮叶再从另一侧流出轮叶。与水斗式水轮机相比，斜击式水轮机过流量较大，但效率较低，因此这种水轮机一般多用于中小型水电站，适用水头一般为 20～300 m。

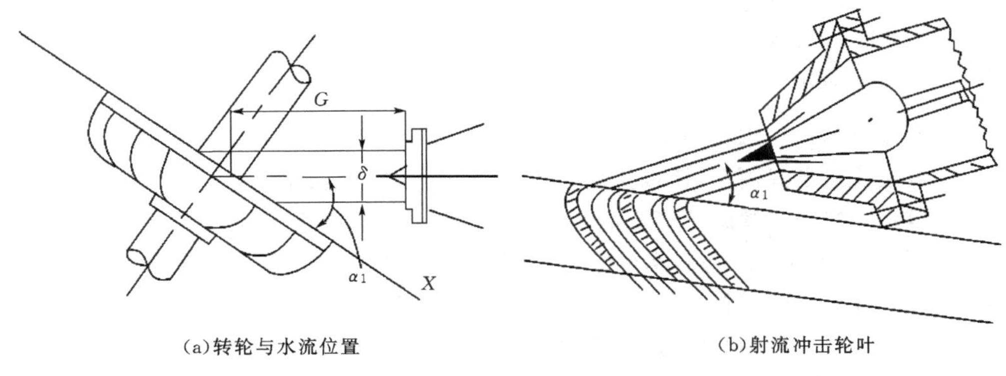

(a)转轮与水流位置　　(b)射流冲击轮叶

图 2-9　斜击式水轮机

3. 双击式水轮机

如图 2-10 所示，从喷嘴出来的射流先后两次冲击转轮叶片。这种水轮机结构简单、制作方便，但效率低、转轮叶片强度差，仅适用于单机出力不超过 1000 kW 的小型水电站。适用水头一般为 5～100 m。

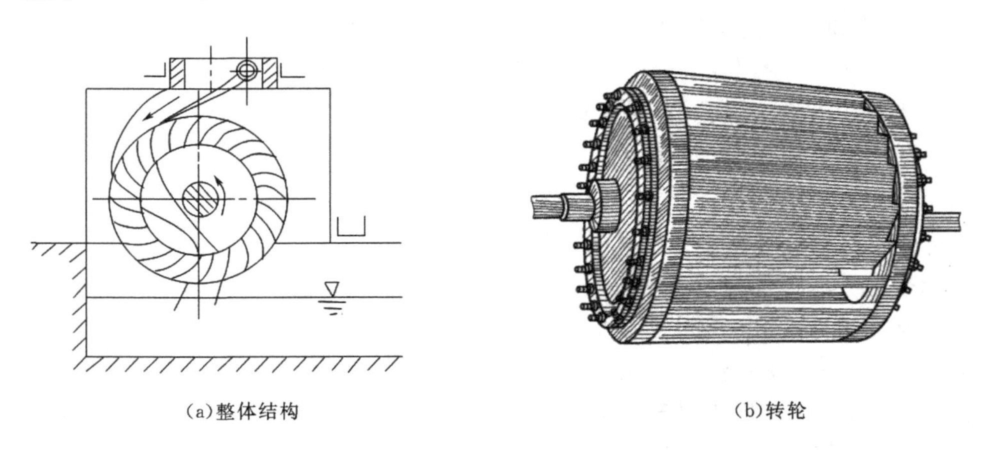

(a)整体结构　　(b)转轮

图 2-10　双击式水轮机结构示意图

除上述各种机型外，随着抽水蓄能电站和潮汐电站的发展，可逆式水轮机正愈来愈多地得到应用，与上述各种机型的差异在于其可以反向转动运行。抽水蓄能电站的可逆式水轮机(通常称为水泵水轮机)的常用型式有混流式和斜流式。其中,混流式水泵水轮机的适用水头一般为 30～700 m,是目前抽水蓄能电站中应用最广泛的机型;斜流式水泵水轮机的适用水轮机水头较低,其叶片与导叶可联动以适应水头的较大幅度变化,但操作较复杂。潮汐电站的可逆式水轮机的常用型式为灯泡贯流转桨式,其大型机组既可双向发电又可双向抽水。

综上所述,水轮机的主要类型如图 2－11 所示。

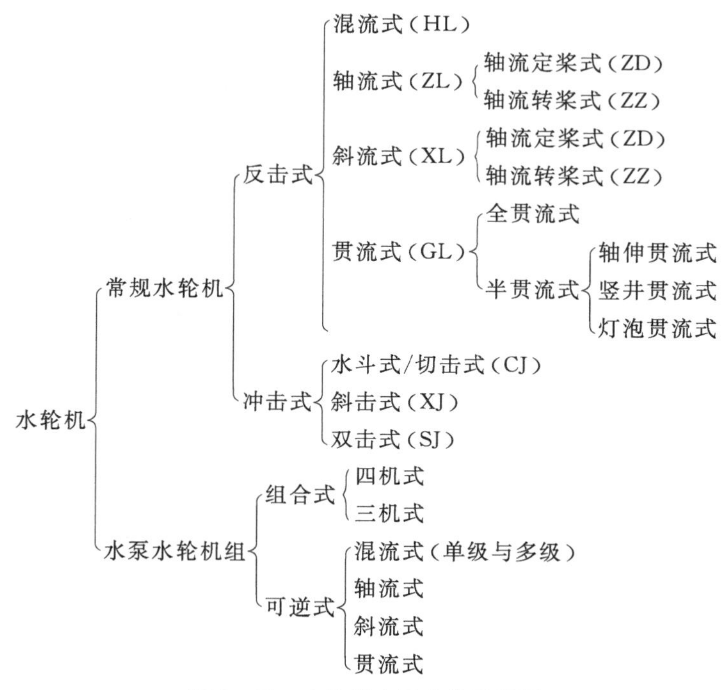

图 2－11　水轮机主要分类示意图

在上述各种水轮机中,对于同一类型的水轮机,由于其适用水头和流量的不同,其转轮被设计成不同的几何形状。把转轮直径不同但几何形状相似的水轮机归纳起来,组成一个系列,称为“轮系”。此外,按照水轮机布置方式的不同,机组装置形式可分为立式和卧式两种,一般大中型机组都布置成立式。

在生产管理上,有时按转轮直径 D_1 及其额定出力 N_r 的大小将水轮机分为大、中、小型。大、中、小型水轮机的划分界限是相对的,它随着水电设备生产能力的发展而变更。目前将单机出力 $N_r \leqslant 10000$ kW 并且其转轮直径 $D_1 \leqslant 2.0$ m 的混流式、$D_1 \leqslant 3.3$ m 的轴流式或贯流式、$D_1 \leqslant 1.5$ m 的冲击式水轮机称为小型水轮机,其余的称为大中型水轮机。

2.2　水轮机的工作参数

水轮机的任一工作状况(简称工况)以及在该工况下的工作性能可采用水轮机的水头、流量、转速、出力和效率等工作参数以及这些参数之间的关系来描述。现将这些参数的含义分述如下。

2.2.1 水头

水轮机的水头，也称工作水头、净水头，是指单位重量水体通过水轮机时的能量减小值，常用 H 表示，单位 m。如图 2-12 所示，水头 H 为水轮机进口断面 $A—A$ 和出口断面 $B—B$ 的单位重量水体的能量之差。可写成

$$H = E_A - E_B = \left(Z_A + \frac{p_A}{\gamma} + \frac{\alpha_A V_A^2}{2g}\right) - \left(Z_B + \frac{p_B}{\gamma} + \frac{\alpha_B V_B^2}{2g}\right) \tag{2-1}$$

式中：E 为单位重量水体的能量，m；Z 为相对某一基准的位置高度，m；p 为相对压力，N/m^2 或 Pa；V 为断面平均流速，m/s；α 为断面动能不均匀系数；γ 为水的重度，常将其表示为 ρg，$\gamma=\rho g\approx 9810\ N/m^3=9.81\ kN/m^3$，其中 ρ 为水的密度，其值为 1000 kg/m^3；g 为重力加速度，其值常约取为 9.81 m/s^2。下标 A 或 B 者，分别表示 A、B 两点的相应参数。

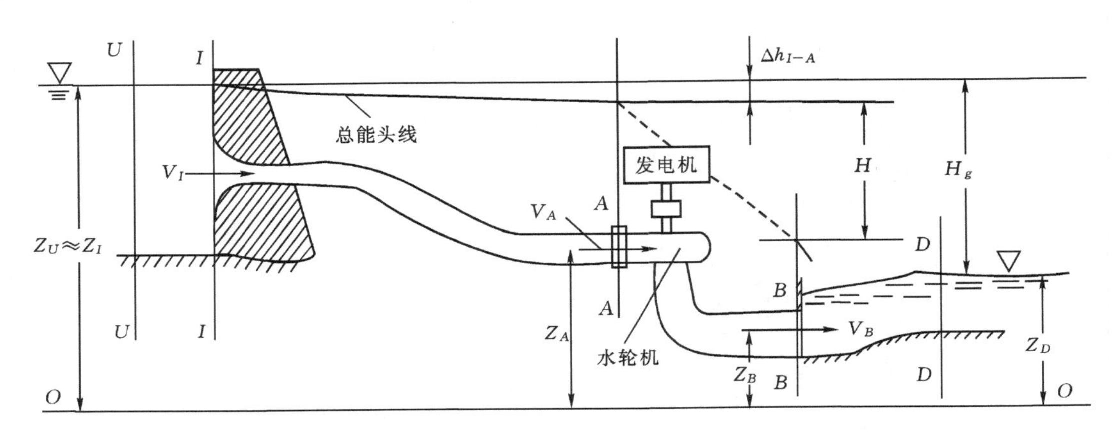

图 2-12 水电站水轮发电机组装置原理图

与水轮机水头 H 密切相关的是水电站毛水头 H_g，当忽略上、下游 $U—U$，$D—D$ 断面处的大气压差异和行进流速差异时，$H_g = E_U - E_D = Z_U - Z_D$，即为上、下游的水位差。因此，$H_g$ 也常称为水电站静水头。断面 $U—U$、$A—A$ 和断面 $B—B$、$D—D$ 之间的伯努利方程为

$$E_U = E_A + \Delta h_{U-A} \tag{2-2}$$

$$E_B = E_D + \Delta h_{B-D} \tag{2-3}$$

式中：Δh_{U-A} 为断面 $U—U$ 至断面 $A—A$ 的总水头损失，m；由于断面 $U—U$ 至断面 $I—I$ 行进流速水头损失很小，可忽略，因此 Δh_{U-A} 可改取为 Δh_{I-A}；Δh_{B-D} 为断面 $B—B$ 至断面 $D—D$ 的总水头损失，m。

将式(2-2)和式(2-3)代入式(2-1)得

$$H = H_g - \Delta h_{U-A} - \Delta h_{B-D} \tag{2-4}$$

在实际计算中，可忽略式(2-4)中的 Δh_{B-D} 项，即相当于把水轮机的出口断面改取在有一定距离的下游 $D—D$ 断面处。此时，水轮机水头 H 可表示为

$$H = H_g - \Delta h_{I-A} \tag{2-5}$$

式中：Δh_{I-A} 为包括进口局部水头损失在内的引水道总水头损失，m。

对冲击式水轮机，以单嘴水斗式为例(见图 2-13)，其工作水头定义为喷嘴进口断面与射

流中心线跟转轮节圆相切处的单位重量水流能量之差

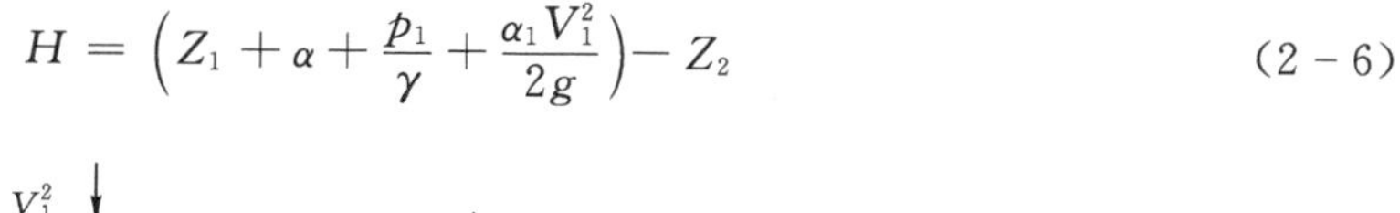

$$H=\left(Z_1+\alpha+\frac{p_1}{\gamma}+\frac{\alpha_1 V_1^2}{2g}\right)-Z_2 \tag{2-6}$$

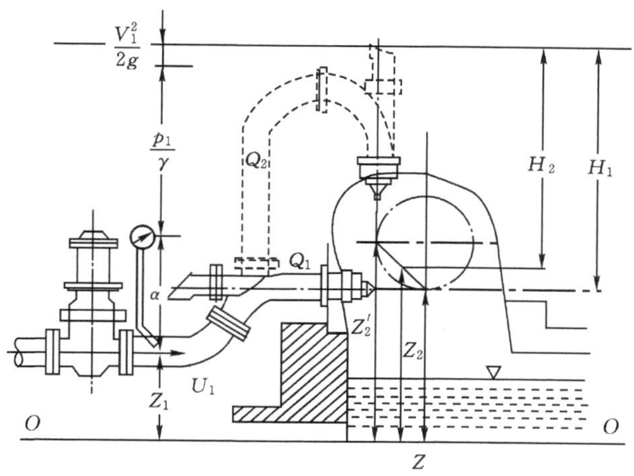

图 2－13　卧轴水斗式水轮机的工作水头

水轮机水头随着水电站上、下游水位的变化而变化。为此，常用下列 4 个特征水头来表征水轮机的运行范围和工作特性。这些特征水头由水能计算确定。

(1)最大水头 H_{max}是允许水轮机运行的最大净水头。它对水轮机结构的强度设计有决定性的影响。水轮机运行过程中允许出现的最大净水头，由水轮机叶片强度和空化条件影响。水轮机选型时，常用水库正常蓄水位或设计洪水位(无压引水式水电站为压力前池正常水位)与下游最低水位(1/3 装机容量或一台机组满载运行时相应的尾水位)之差减去引水系统损失所得的净水头作为 H_{max}。

(2)最小水头 H_{min}是保证水轮机安全、稳定运行的最小净水头。水轮机运行中允许出现的最小净水头，由机组效率和运行稳定性确定。选型时，常用水库死水位(无压引水为前池正常水位)与下游高水位(全部机组或电站保证出力工作时的下游尾水位)之差减去引水系统损失所得的净水头作为 H_{min}。

(3)平均水头 H_{av}是在一定期间内(视水库调节性能而定)，所有可能出现的水轮机水头的加权平均值，是水轮机在其附近运行时间最长的净水头，为水电站历年各月(月、日)净水头出力或电能的加权平均值，为

$$H_{av}=\frac{N_1H_1+N_2H_2+\cdots+N_nH_n}{N_1+N_2+\cdots+N_n} \tag{2-7}$$

或

$$H_{av}=\frac{E_1H_1+E_2H_2+\cdots+E_nH_n}{E_1+E_2+\cdots+E_n} \tag{2-8}$$

式中：H_i、E_i、N_i 分别为计算时段的平均值。

(4)设计水头 H_r 是水轮机发出额定出力时所需要的最小净水头。选型时，应通过经济动态评价确定。初算时，可用河床式水电站：$H_r=0.9H_a$；坝后式水电站：$H_r=0.95H_a$。

2.2.2　流量

水轮机的流量是指单位时间内通过水轮机的水体体积，常用 Q 表示，单位：m^3/s。在设计水头 H_r 下，水轮机以额定转速、额定出力运行时所对应的过水流量称为设计流量（也称额定流量）Q_r。设计流量是水轮机发出额定出力时所需要的最大流量。

2.2.3　转速

水轮机的转速是水轮机转轮在单位时间内的旋转周数，常用 n 表示，单位：r/min。对于大中型水轮发电机组，水轮机主轴与发电机主轴用法兰接头直接刚性连接，所以水轮机转速必须与发电机的标准同步转速相等，即必须满足下列关系式

$$f = \frac{nP}{60} \tag{2-9}$$

式中：f 为电网规定的电流频率，单位 Hz，我国电网 $f=50$ Hz；P 为发电机磁极对数。

由此可得，机组转速与发电机磁极对数的关系式为

$$n = \frac{3000}{P} \tag{2-10}$$

对于不同磁极对数的发电机，其标准同步转速如表 2－1 所示。对于主轴直接联接的水轮机发电机组，发电机的同步转速也就是该机组及其水轮机的额定转速 n。

表 2－1　磁极对数与同步转速关系表

磁极对数 P	3	4	5	6	7	8	9
同步转速 n(r/min)	1000	750	600	500	428.6	375	333.3
磁极对数 P	10	12	14	16	18	20	22
同步转速 n(r/min)	300	250	214.3	187.5	166.7	150	136.4
磁极对数 P	24	26	28	30	32	34	36
同步转速 n(r/min)	125	115.4	107.1	100	93.8	88.2	83.3
磁极对数 P	38	40	42	44	46	48	50
同步转速 n(r/min)	79	75	71.4	68.2	65.2	62.5	60

2.2.4　出力和效率

水轮机的输入功率为单位时间内通过水轮机的水流的总能量，用 N_w 表示，则

$$N_w = \gamma QH = 9.81QH \tag{2-11}$$

水轮机的输出功率为水轮机主轴传递给发电机的功率，常称为水轮机出力，用 N 表示，单位：kW。

由于水流通过水轮机时存在一定的能量损耗，所以水轮机出力 N 总是小于其输入功率 N_w，通常把 N 与 N_w 的比值称为水轮机的效率，用 η 表示，即

$$\eta = \frac{N}{N_w} = \frac{N}{\gamma QH} \tag{2-12}$$

当今各型水力机械的效率已达到很高水平。例如，大中型水轮机的最高效率，轴流式已达

到 95%以上，混流式已达到 96%以上，冲击式在 93%左右。水力机械的特征效率包括最高效率、额定效率、加权平均效率。

由式(2-12)，水轮机出力可写成

$$N = N_w \eta = \eta\gamma QH = 9.81\eta QH\,(\text{kW}) \tag{2-13}$$

根据动量矩定理，水轮机出力 N 还可写成

$$N = M\omega = M\frac{2\pi r}{60}(\text{W}) = \frac{nM}{9550}(\text{kW}) \tag{2-14}$$

式中：ω 为水轮机旋转角速度，rad/s；M 为水轮机主轴输出的旋转力矩，N·m。

在设计水头、设计流量和额定转速下，水轮机主轴输出功率称为水轮机的额定出力 N_r。

2.3 水轮机的基本构造

2.3.1 混流式水轮机

图 2-14 是大型混流式水轮机的结构图。来自压力钢管的水流经过蜗壳 1、座环 2、导叶 3、转轮 4 及尾水管 5 排入下游。通常将上述部件 1～5 统称为水轮机的过流部件。过流部件是水轮机进行能量转换的主体(其核心是转轮)，它们直接影响水轮机运行效率的高低和运行

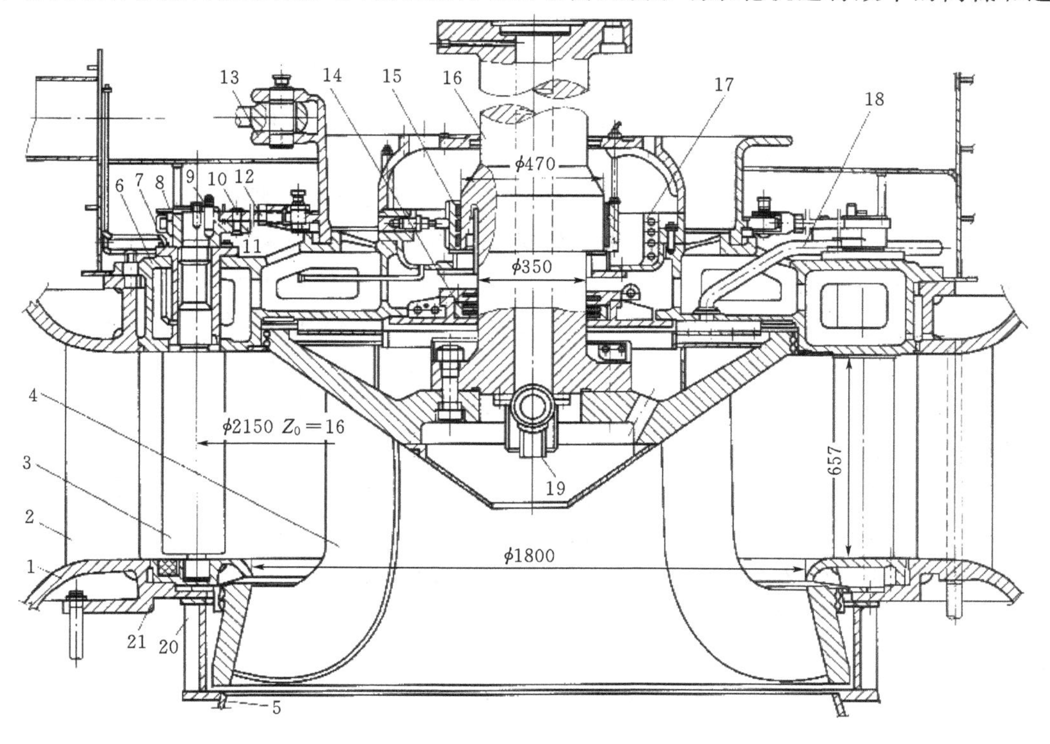

图 2-14　混流式水轮机结构图(单位：mm)

1—蜗壳；2—座环；3—导叶；4—转轮；5—尾水管；6—顶盖；7—上轴套；

8—连接板；9—分半键；10—剪断销；11—拐臂；12—连杆；13—控制环；14—密封装置；

15—导轴承；16—主轴；17—油冷却器；18—顶盖排水管；19—补气装置；20—基础环；21—底环

性能的好坏。

1. 蜗壳

蜗壳是一个形如蜗牛的壳体，其作用是使水流产生圆周运动并引导水流均匀地、轴对称地进入座环。其详细介绍见2.8节。

2. 座环

座环(见图2-15)由上环、下环及均匀分布在四周的若干个支柱组成。其上、下环的外缘与蜗壳的出水边固定联接。座环的作用是支承水轮发电机组的重量及蜗壳上部部分混凝土的重量，并将此巨大的荷载通过支柱传给厂房基础。因此，座环必须有足够的强度和刚度。由于座环支柱立于过水流道中，为了减小水力损失，将支柱断面形状做成翼形，并力求沿蜗壳形成的水流流线安置。座环支柱也称固定导叶，其个数通常是活动导叶个数的1/2。

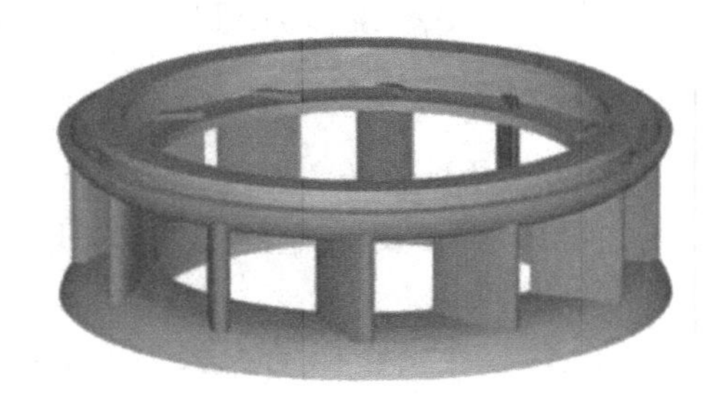

图2-15 座环三维模型

3. 导水机构

导水机构由导叶及其操作机构组成(见图2-14)。导叶沿圆周均匀分布在座环和转轮之间的环形空间内，其上、下端轴颈分别支撑在顶盖和底环内的轴套上，它能绕本身轴线转动。为了减小水力损失，导叶的断面形状设计为翼形。即导水机构由导叶及其转动机构(包括转臂、连杆和控制环等)组成，而控制环的转动是由油压接力器来操作的，如图2-16所示。导叶也称活动导叶，以区别于固定导叶。

导水机构的主要作用是形成与改变进入转轮的水流速度矩并按照电力系统所需的功率调节水轮机流量，在关闭位置能切断水流使水轮机停止运行。表征流量调节过程中导叶所处位置的特征参数是导叶开度 a_0，常用单位：mm。导叶开度 a_0 为任意两个相邻导叶间的最短距离。导叶最大开度用 a_{0max} 表示，相当于导叶位于径向位置时的开度，如图2-17中虚线所示。水轮机在 a_{0max} 开度下运行时水力损失很大，因此在实际运行中导叶允许的最大开度小于 a_{0max}，它通常由效率、出力和空化等因素综合决定，对于不同的水轮机有不同的数值。一般来说，水轮机的应用水头越高，导叶允许的最大开度与转轮直径 D_1 的比值越小。

导叶的转动是通过其操作机构控制的。如图2-14所示，每个导叶的上轴颈穿过水轮机的顶盖6由键9固定在拐臂11上，拐臂通过连接板8和连杆12与控制环13相连接。导叶操作机构的传动原理如图2-18所示，当接力器活塞移动时，推拉杆即带动控制环转动，从而使导叶发生转动，达到调节开度(即调节流量)的目的。接力器活塞的移动是由调速器调节其两侧油压来控制的，详见5.5节。

当导叶被杂物卡住而不能关闭时，将会严重影响水轮机的工作。为此，在拐臂11与连接板8之间采用了剪断销10连接(见图2-14)，当个别导叶卡死时，则该导叶上的剪断销被剪断，从而使被卡的导叶脱离操作机构的控制，而其余的导叶仍能正常关闭。

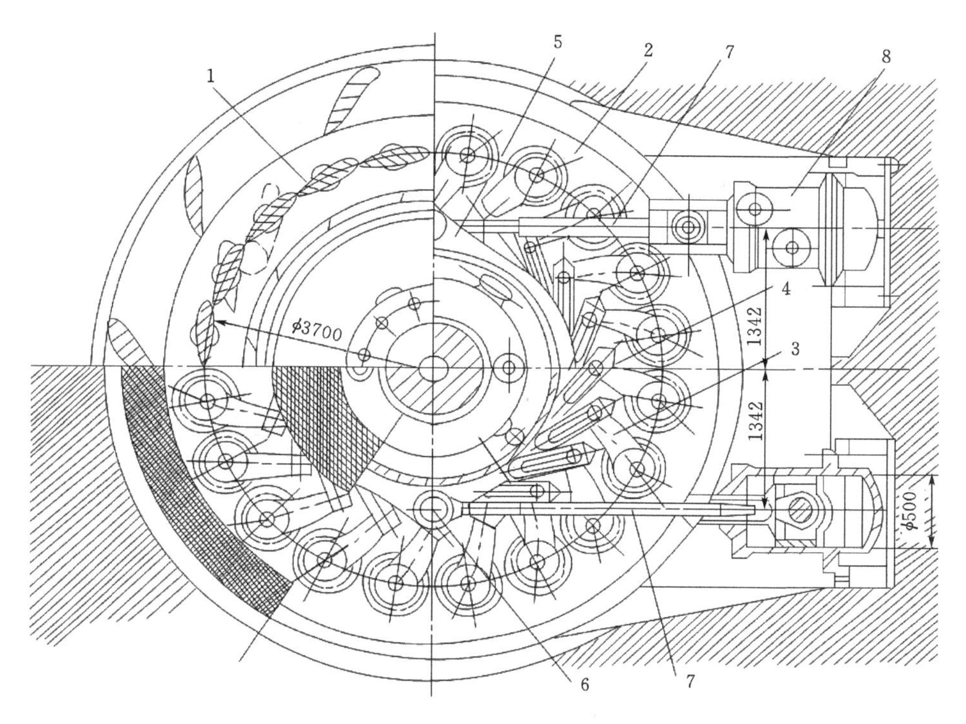

图2-16　水轮机导水机构结构图(单位:mm)

1—导叶;2—顶盖;3—拐臂;4—连杆;5—控制环;6—销轴;7—推拉杆;8—接力器

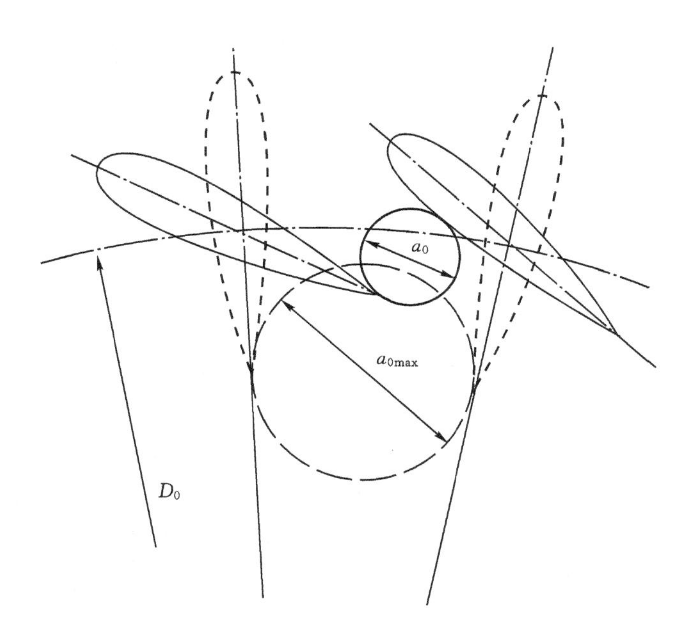

图2-17　导叶的开度示意图

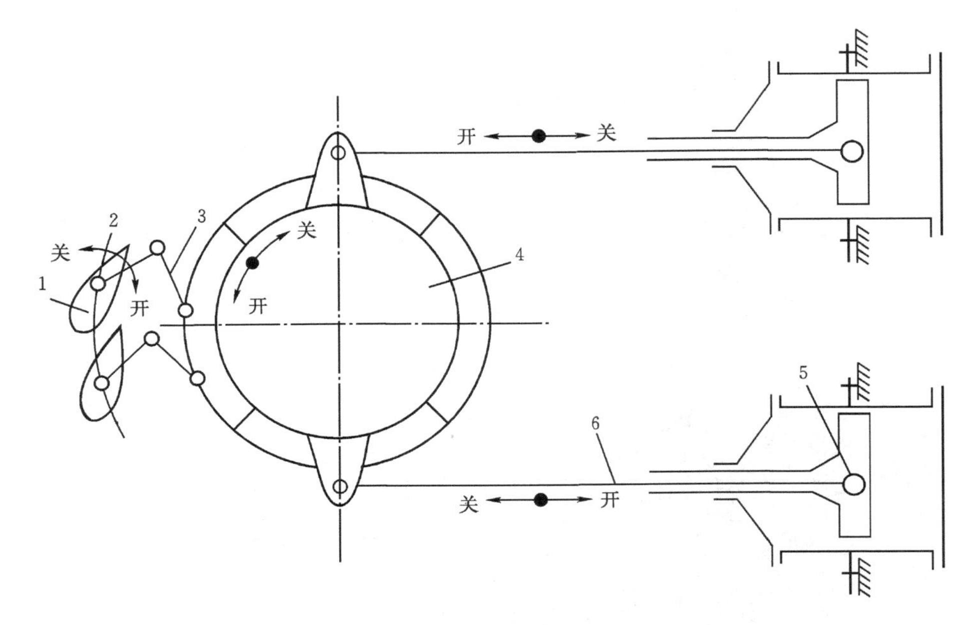

图 2-18 导叶操作机构传动原理图

1—导叶;2—拐臂;3—连杆;4—控制环;5—接力器活塞;6—推拉杆

导叶的主要几何参数如下。

(1)导叶数 Z_0。它一般与转轮直径有关,当转轮直径 $D_1=1.0\sim2.25$ m 时,$Z_0=16$;当 $D_1=2.5\sim8.5$ m 时,$Z_0=24$。

(2)导叶相对高度$\frac{\overline{b}_0}{D_1}$。它主要与水轮机型式有关。适用水头愈高的水轮机$\frac{\overline{b}_0}{D_1}$愈小。一般对于混流式水轮机,$\frac{\overline{b}_0}{D_1}=0.1\sim0.39$;对于轴流式水轮机,$\frac{\overline{b}_0}{D_1}=0.35\sim0.45$。

(3)导叶轴分布圆直径 D_0。它应满足导叶在最大可能开度时不碰到固定导叶及转轮。一般 $D_0=(1.13\sim1.16)D_1$。

4. 转轮

混流式水轮机的转轮(见图 2-19)由上冠 1,叶片 2,下环 3,止漏环 4、5 和泄水锥 6 组成。上冠外形为曲面圆台体,其上端用法兰盘与主轴联接,下端用螺钉(或焊接)与泄水锥联接。在法兰盘四周开设有几个减压孔,以便将经过上冠外缘渗入冠体上侧的积水排入尾水管。大型机组在与上冠连接的主轴端常装有补气装置,以便向泄水锥下侧的水流低压区补气。泄水锥的作用是引导径向水流平顺地过渡成轴向流动,以消除径向水流的撞击及旋涡。

转轮叶片是沿圆周均匀分布的固定于上冠和下环之间的若干个扭曲面体,其进水边扭曲度较小,而出水边扭曲度较大,其断面形状为翼形。叶片的数目通常在 12~21 片之间。

止漏环也称迷宫环,由固定部分和转动部分组成。在转轮上冠和下环的边缘处均安装着止漏环的转动部分,它与相对应的固定部分之间形成一系列忽大忽小的空间或迷宫状的直角转弯,以增长渗径,加大阻力,从而减小渗漏损失。

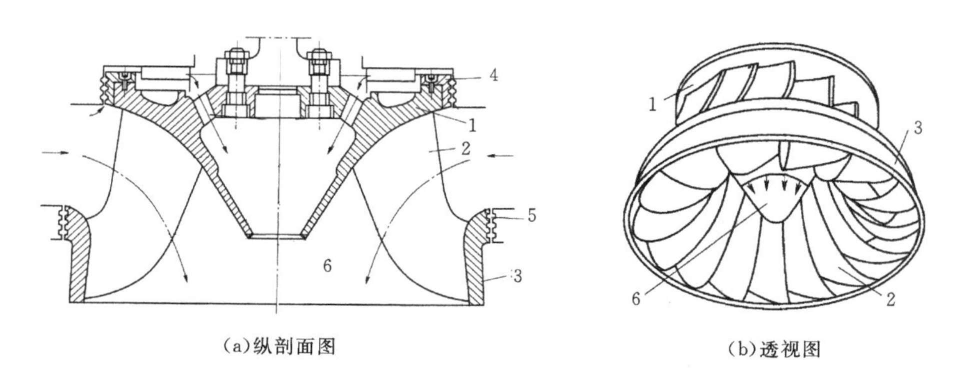

图 2-19　混流式水轮机的转轮

1—上冠;2—叶片;3—下环;4、5—止漏环;6—泄水锥

5. 尾水管

尾水管的作用是将通过转轮的水流排入下游并回收转轮出口水流的部分能量,详见 2.8.2节。

2.3.2　轴流式水轮机

轴流式水轮机的导水部件和主轴等与混流式水轮机基本相同,两者构造上的主要区别在于转轮。轴流式水轮机转轮如图 2-20 所示,它由轮毂、叶片和泄水锥组成。

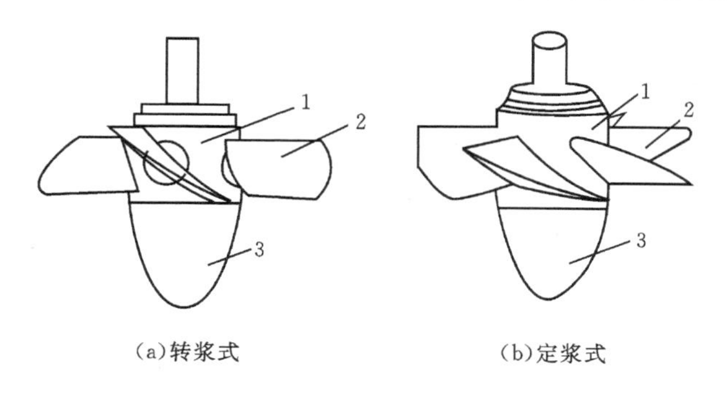

图 2-20　轴流式水轮机的转轮

1—轮毂;2—叶片;3—泄水锥

图 2-21 是大型轴流转桨式水轮机的结构图。轴流式水轮机许多零部件的结构与混流式水轮机基本相同,其主要区别表现在转轮(包括转轮的流道、叶片及转桨机构)和转轮室上。

轴流式水轮机的叶片(或称桨叶)是沿轮毂四周径向均匀分布的略有扭曲的翼形曲面体,其内侧弧线短,曲度和厚度较大,外侧弧线长,较薄而平整。叶片数一般为 4～8 片,叶片数愈多,适用水头愈大。

定桨式转轮的叶片固定在轮毂上。叶片的安放角 φ 始终固定在设计工况时的最优位置,通常定义此时 $\varphi=0°$。

转桨式转轮的叶片用球面法兰与轮毂连接。叶片可根据工况的改变而转动,以保持最优

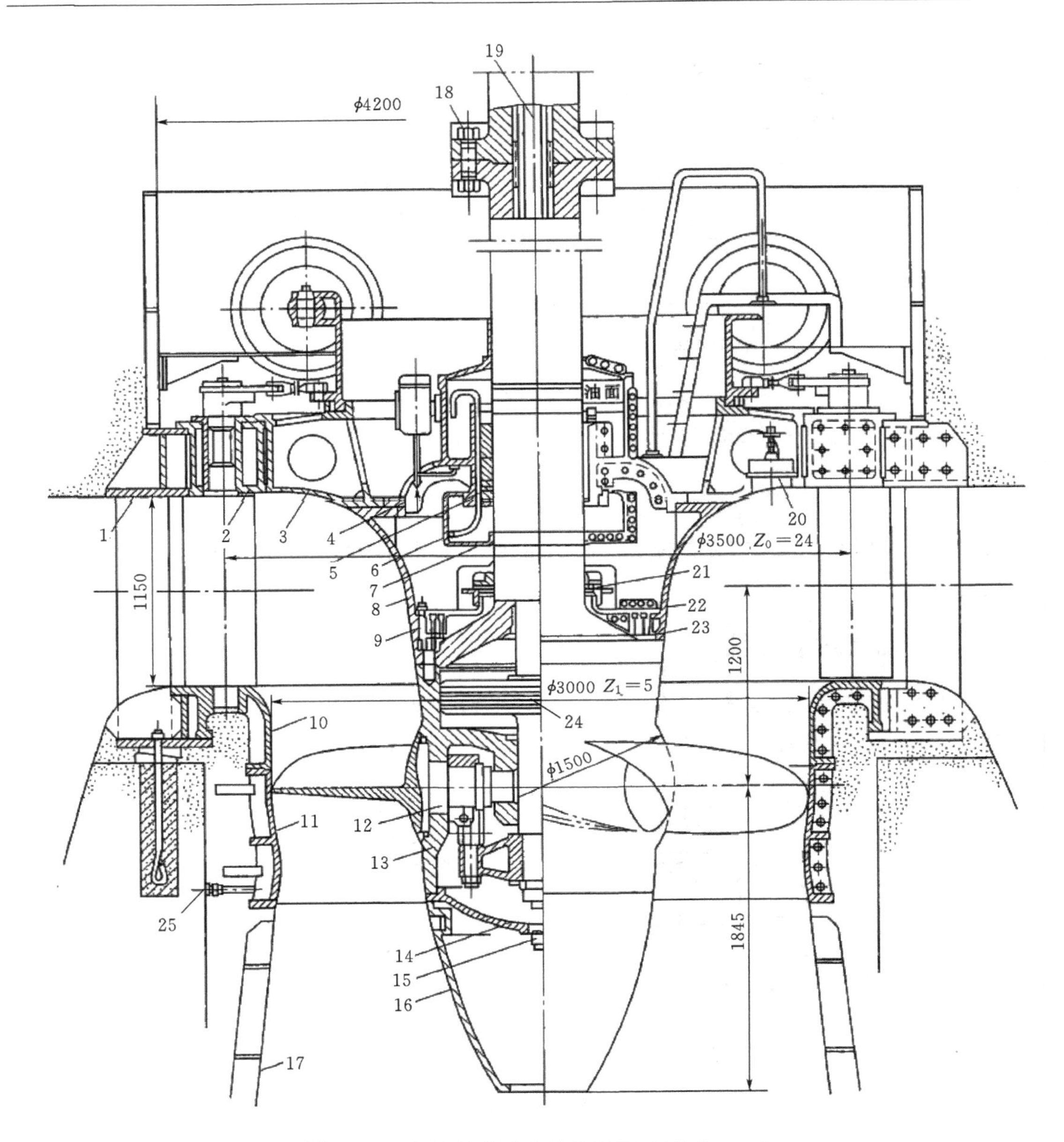

图 2-21　轴流转桨式水轮机结构图(单位:mm)

1—座环;2—顶环;3—顶盖;4—轴承座;5—导轴承;6—升油管;7—转动油盆;8—支承盖;9—橡皮密封环;10—底环;11—转轮室;12—叶片;13—轮毂;14—轮毂端盖;15—放油阀;16—泄水锥;17—尾水管里衬;18—主轴连接螺栓;19—操作油管;20—真空破坏阀;21—炭精密封;22、23—梳齿形止漏环;24—转轮接力器;25—千斤顶

的安放角。安放角 $\varphi>0°$,即叶片安放斜度大于设计工况的最优安放斜度,表示叶片往开启方向转动;$\varphi<0°$则反之。φ 一般在$-15°\sim+20°$,如图 2-22 所示。叶片转动的操作机构安装在轮毂内,其传动原理如图 2-23 所示,当主轴中心操作油管中的油压发生改变时,转轮接力器的活塞 8 发生上、下移动,从而带动连杆 6 和转臂 5 使叶片 1 转动。叶片的转动与导叶的转动

在调速器的控制下协联动作，以达到最优的运行工况。

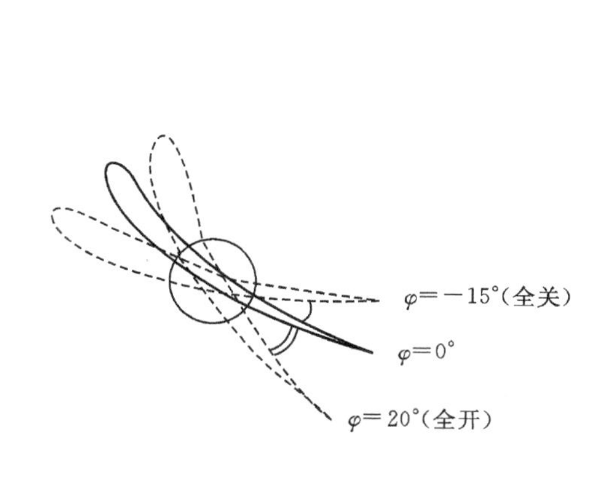

图 2-22　叶片的安放角

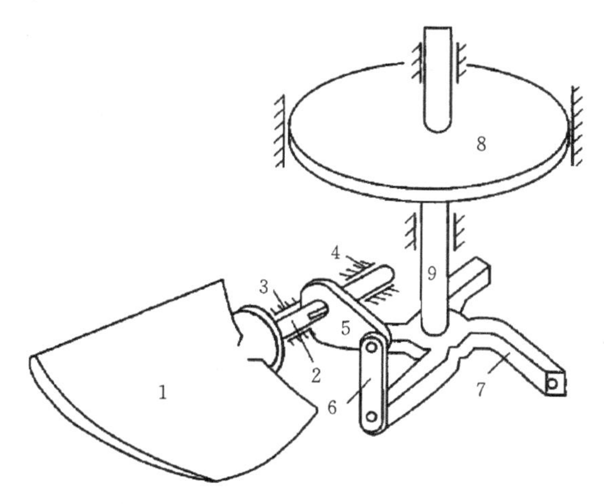

图 2-23　叶片转动操作机构示意图

1—叶片；2—枢轴；3、4—轴承；5—转臂；6—连杆；7—操作架；8—转轮接力器活塞；9—活塞杆

由于轮毂直径加大会影响转轮的流道尺寸，恶化水流状态，所以轮毂直径 d_g 与转轮直径 D_1 的比值 $\frac{d_g}{D_1}$(简称轮毂比)一般限制在 0.33～0.55。由于叶片转动的操作机构复杂、安装困难，所以转桨式转轮一般只用于大中型机组。

轴流式水轮机的转轮室 11(见图 2-21)内壁经常承受很大的脉动水压力，因此，常在其外侧布筋并用拉紧器或千斤顶 25 等将其固定在外围混凝土上。在叶片转动轴线以上的转轮室内表面通常做成圆柱形，以便于转轮的安装和拆卸，在叶片转动轴线以下的转轮室内表面通常做成球形曲面，以保证叶片转动时其外缘间隙为较小的定值，从而减小水流的漏损。

2.3.3　斜流式水轮机

图 2-24 是斜流式水轮机的结构图。斜流式水轮机的埋设部件蜗壳 1、座环 2、导水机构 4、尾水管 29 以及主轴 27、导轴承 21 等与混流式和高水头轴流转桨式水轮机基本相同。而主要不同的是其叶片转动轴线与水轮机主轴成45°～60°的锥角，叶片数介于混流式和轴流式之间，约为 8～12 片，其轮毂 26 外表面及转轮室 5 内表面基本上为球形曲面。

斜流式水轮机的转轮叶片操作机构常用的有两种形式：一种是与轴流转桨式类似的活塞式接力器的操作机构，这种结构较复杂，应用较少；另一种是利用刮板接力器 28 或环形接力器带动操作盘 7 转动，然后通过滑块 10、转臂 11 带动叶片 6 转动，这种结构较简单，目前应用较多，但其接力器油路密封要求较高。

对于斜流式水轮机，值得注意的是：当由于轴向水推力和温度变化等引起水轮机轴向位移时，其叶片不得与转轮室内壁接触。对此所采用的对策是装设轴向位移信号继电保护装置，以便在轴向位移超出允许范围时可自动紧急停机。

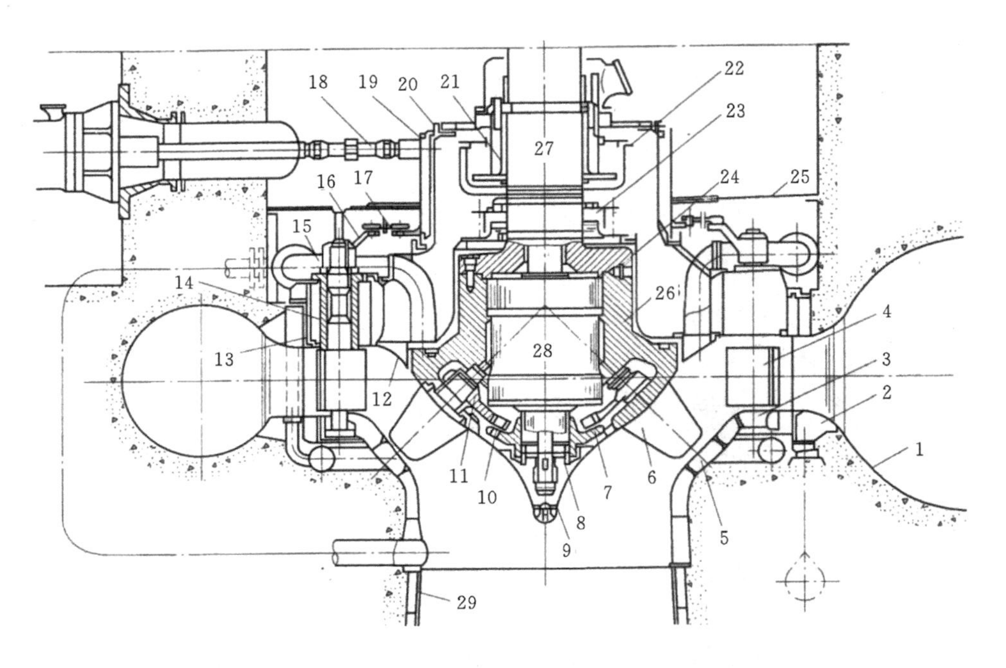

图 2-24 斜流式水轮机结构图

1—蜗壳；2—座环；3—底环；4—导叶；5—转轮室；6—叶片；7—操作盘；8—下端盘；9—泄水锥；10—滑块；11—转臂；12—顶盖；13—顶环；14—轴套；15—水压平衡管；16—拐臂；17—连杆；18—推拉杆；19—控制环；20—支撑架；21—导轴承；22—油盆；23—主轴密封；24—键；25—盖板；26—轮毂；27—主轴；28—刮板接力器；29—尾水管

2.3.4 灯泡贯流式水轮机

图 2-25 是典型灯泡贯流式水轮机组的结构图。这种机型实质上是一种无蜗壳、无弯肘形尾水管的卧轴布置的轴流式水轮机。其发电机安装在灯泡形机壳 15 内，从而使机组主轴很短、结构很紧凑。机壳 15 由前支柱 16 和后支柱 4 固定在外壳上。导叶 2 采用斜向圆锥形布置。转轮叶片 1 有定桨和转桨两种型式，叶片的形状及其转动操作机构与轴流转桨式相似，叶片数常为 4 片。机组的转动部分由径向导轴承 6、7 支撑，并用推力轴承 8 限制轴向位移。进水管 17 近似为渐缩型圆直管，尾水管 20 近似为渐扩型圆直管。

灯泡形壳体可放在转轮的进水侧或尾水侧。当水头低时，灯泡体放在进水侧的机组效率较高；当水头高时，灯泡体放在尾水侧的机组强度和运行稳定性较好。

当水头较低而机组容量又较大时，若水轮机与发电机的主轴直接联接，则发电机将因转速较低而直径较大，这会导致灯泡体尺寸过大而使流道水力损失增加。为此常在水轮机与发电机之间设置齿轮增速传动机构，使发电机转速比水轮机转速大 3～10 倍，从而缩小发电机尺寸，减小灯泡体尺寸，改善流道的过流条件。但这种增速机构结构复杂，加工工艺要求较高，传动效率一般较低，因此目前仅应用于小型贯流式机组。

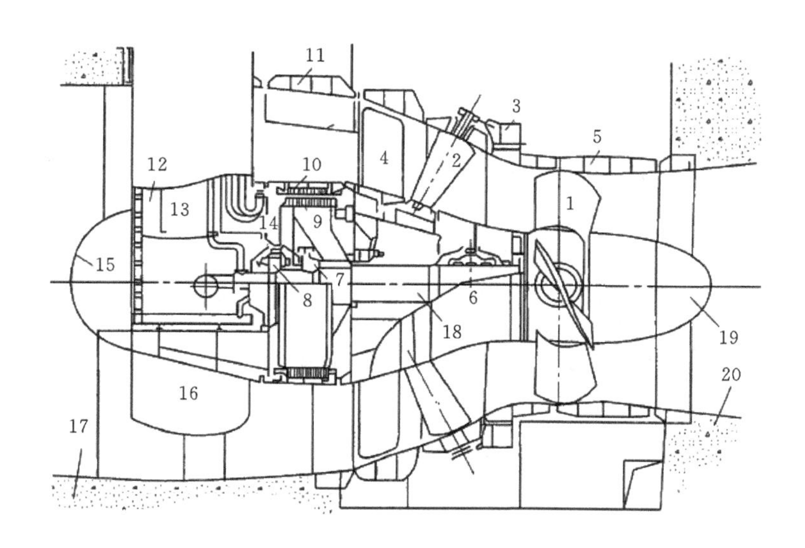

图 2-25　灯泡贯流式水轮机组结构图

1—转轮叶片；2—导叶；3—调速环；4—后支柱；5—转轮室；6、7—导轴承；8—推力轴承；9—发电机转子；10—发电机定子；11、13—检修进人孔；12—管道通道；14—母线通道；15—发电机机壳；16—前支柱；17—进水管；18—主轴；19—泄水锥；20—尾水管

2.3.5　水斗式水轮机

水斗式水轮机是冲击式水轮机中最常用的一种。如图 2-26 所示，是双喷嘴水斗式水轮机的结构图，水斗式水轮机由喷管、折流板、转轮、机壳及尾水渠等组成。高压水流自水管引入喷管，经过喷嘴将水流的压能转变为射流的动能，高速射流冲击转轮做功后，自由落入尾水槽流向下游河道。

水斗式水轮机的转轮由轮盘和沿轮盘圆周均匀分布着的叶片所组成，叶片的形状像水斗，故称为水斗式水轮机。水斗由两个半勺形的内表面和略带倾斜的出水边形成，中间用分水刃分开。为了避免前一水斗妨碍射流冲击后一水斗，在叶片的尖端留有缺口，缺口的大小由射流直径确定，如图 2-27 所示。为了增强水斗的强度和刚度，在水斗背面加有横筋和纵筋。水斗与轮盘连接的方式有螺栓连接、整体铸造和焊接等，大中型水轮机多采用后两种连接方式。

针形阀门(简称针阀)的喷针头通过在喷嘴内的移动控制水轮机的过水流量。当机组突然丢弃全部负荷时，若针阀快速关闭会形成水管内过大的水锤压力，若增大针阀的关闭时间又会使机组的转速急剧升高，为此在喷嘴外边装置了可以转动的折流板，如图 2-26 所示。

当机组丢弃全部负荷时，折流板首先转动，在 1～2 s 内使射流全部偏向，不再冲击转轮，针阀则可缓慢地在 5～10 s 或更长时间内关闭。

机壳的作用是把水斗中排出的水导入尾水槽内。由于机壳上还固定着喷管和轴承等，机壳要有一定的刚度，所以机壳一般均为铸钢件。为了防止水流随转轮飞溅到上方造成附加损失，机壳内还设置了导流板，如图 2-26 所示。

水斗式水轮机工作时，由于水流在以主轴中心到射流中心为半径的圆周上切向冲击转轮，所以水斗式水轮机也称切击式水轮机。水斗式水轮机的装置方式有卧轴式和立轴式两种。对

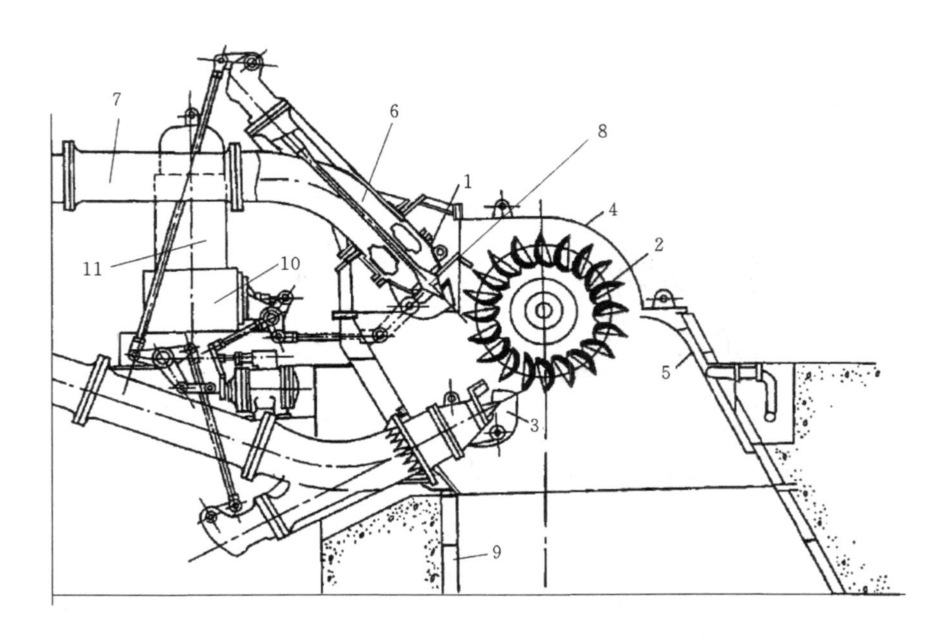

图 2-26 双喷嘴水斗式水轮机结构图

1—喷嘴；2—转轮；3—折流板；4—机壳；5—导流板；6—喷嘴管；7—压力管道；8—喷针；9—尾水槽；10—接力器；11—调速器

一定水头和容量的机组，当增加喷嘴数目时，可以增加机组的转速，从而减小机组的尺寸，降低机组的造价。水斗式水轮机的转轮轮叶的示意图如图 2-27 所示。

中小型水斗式水轮机通常采用卧轴式装置，为了使结构简化，一般一个转轮上只配置 1～2 个喷嘴，当需要增加到 4 个喷嘴时，转轮就需要增加到两个。对大型的水斗式水轮机多采用立轴式装置，这样不仅使厂房占地面积减小，也便于装设较多的喷嘴和双转轮。

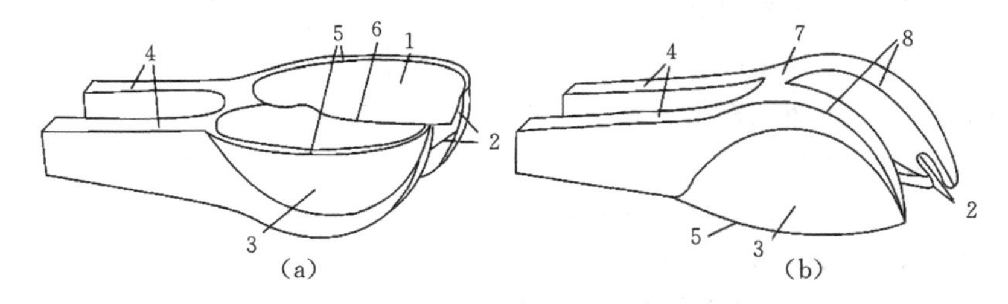

图 2-27 水斗式水轮机的转轮轮叶

1—内表面；2—缺口；3—背面；4—水斗柄；5—出水边；6—分水刃；7—横肋；8—纵肋

2.3.6 水泵水轮机

水泵水轮机常用型式有混流式和斜流式。图 2-28 是大型斜流式水泵水轮机的结构图。主要由转轮 3～5、蜗壳 6、座环 7、导叶 28 等部件组成。

1. 转轮

混流可逆式水力机械转轮需要适应水泵和水轮机两种工况要求，其特征形状与离心泵更

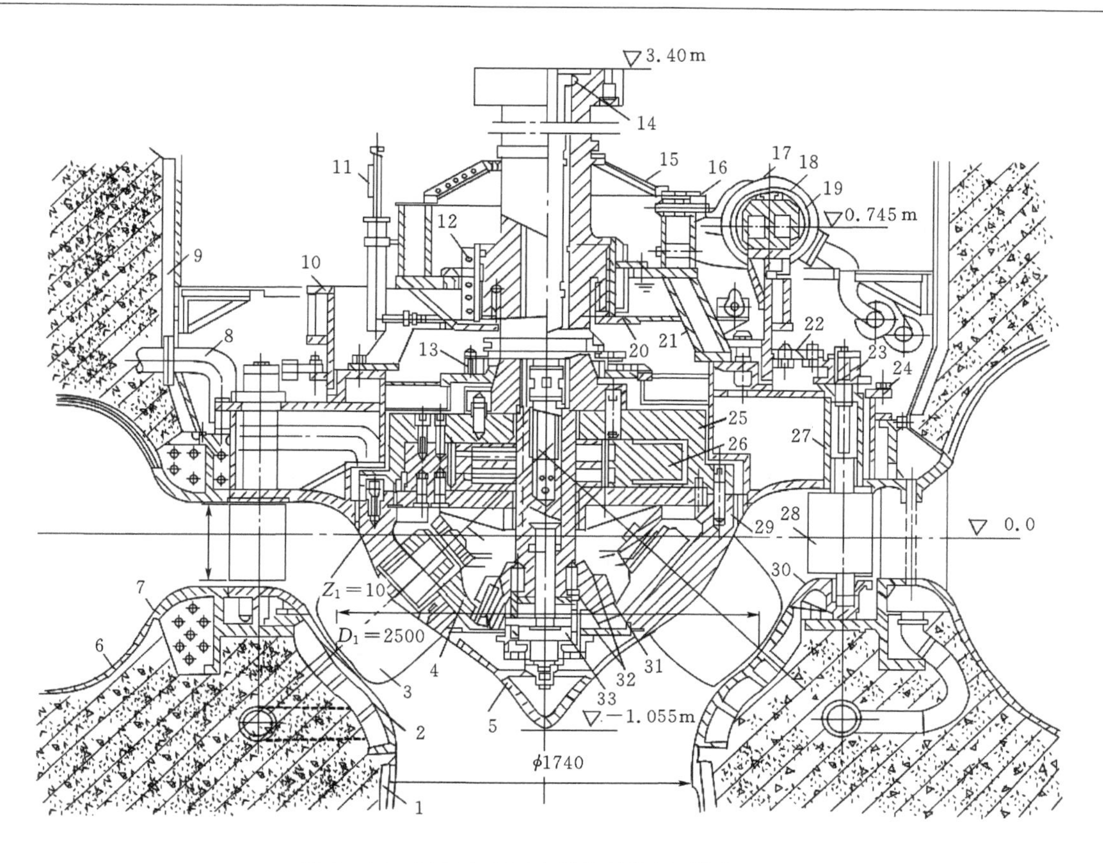

图 2-28　斜流式水泵水轮机结构图(单位:mm)

1—尾水管里衬;2—转轮室;3—叶片;4—转臂;5—泄水锥;6—蜗壳;7—座环;8—水压平衡器;9—基坑里衬;10—控制环;11—油位计;12—导轴承;13—主轴密封;14—主轴;15—轴承盖;16—螺栓;17—接力器活塞缸;18—紧固螺栓;19—接力器活塞;20—油箱;21—轴承座;22—连杆;23—导叶臂;24—顶盖;25—刮板接力器缸盖;26—刮板接力器;27—套筒;28—导叶;29—转轮体;30—底环;31—操作盘;32—下端盖;33—凸轮转向机构

为相似。高水头转轮外形十分扁平,如图 2-29 所示为我国某省 25 万 kW 混流式水泵水轮机转轮模型,其进口直径与出口直径的比率为 2∶1,转轮进口宽度(导叶高度)在直径的 10%以下;叶片数少但薄而长,包角很大,能达到180°或更高。很多混流可逆式机组都使用 6~7 个叶片,近年来向更高水头发展,使用到 8~9 片。因为可逆式机组的过流量相对较小,水轮机工况进口处叶片角度只有10°~12°。为改善水轮机工况和水泵工况的稳定性,叶片角度常作成后

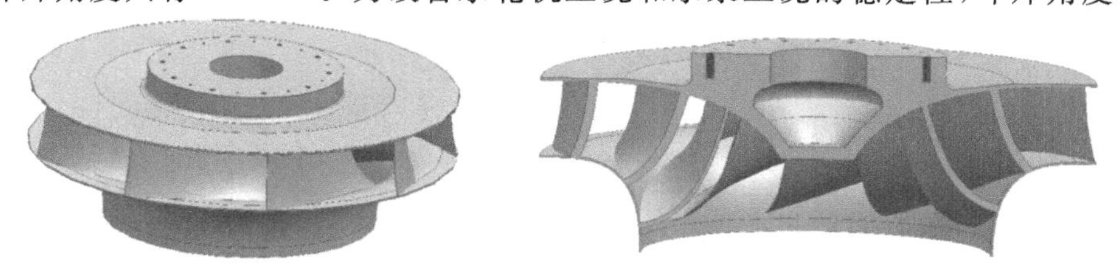

图 2-29　我国某省 25 万 kW 混流式水泵水轮机转轮模型

倾式，而不是在一个垂直面上。

2. 导叶

导叶如图 2-28 中 28 所示，为适应双向水流，活动导叶的叶型多近似为对称形状，头尾都做成渐变形圆头。导叶选择的原则：①为承受水泵工况水流的强烈撞击，使用数目较少而强度较高的导叶；②按强度要求选取最小的厚度；③导叶长度不宜过大，以求减小静态和动态水力矩。高水头机组的导叶转角不大，导叶分布圆直径可选成与常规水轮机接近。当水轮机运行时，座环叶片的尾流会影响导叶流道内水流态，故在圆周分布上有一个导叶相对固定叶片的最优位置(角度)，这个位置要通过水力模型试验确定。

3. 蜗壳

蜗壳如图 2-28 中 6 所示，水轮机工况要求在结构条件和经济条件许可下采用较大的断面，以使水流能均匀进入转轮四周；水泵工况要求蜗壳的扩散度不能过大，以免水流产生脱离。通过国内外研究试验及实践经验证明，高水头可逆式机组的蜗壳断面选取应介于水轮机和水泵两种工况要求之间，并更多满足水轮机工况的要求。

4. 尾水管

可逆式水力机械在水轮机工况运行时要求尾水管断面为缓慢扩散型，在水泵工况运行时要求吸水管为收缩型，因为两者流动方向是相反的，在断面规律上不存在矛盾。不过水泵工况要求在转轮进口前有更大程度的收缩，以保证进口水流流速分布均匀。

5. 座环

座环(见图 2-28 中 7)既是一个重要的固定过流部件又是机组的基本结构部件。座环的高程和水平决定整个机组的安装位置。

6. 顶盖、底环

高水头机组的顶盖和底环(底环常和泄水环做成整体)要承受很大水压力，为保证转轮密封和导轴承稳定性，顶盖和底环都必须具有很大刚度，使变形减至最小。

7. 导水控制机构

多数可逆式水力机械采用和常规水轮机一样的导水机构，用一对直线接力器通过控制环来操作导叶。由于可逆式水力机械在运行中增减负荷很急速，水力振动大，水泵工况运行时水流对导叶的冲击也很大，故导叶和调节机构的结构都需比常规水轮机更坚固些。有些可逆式水轮机采用单元接力器，其优点：①每个导叶的操作机构减到最小尺寸，动作灵活；②每个接力器只控制一个导叶，导叶可以设计成有自关趋势；③导叶和接力器始终是联接的，由于接力器的缓冲作用使导叶不会晃动或失控，不需剪断或拉断装置；④顶盖上部空间增大，便于维护修理。

2.4 常规水轮机型号

根据我国《水轮机、蓄能泵和水泵水轮机型号编制方法》(GB/T 28528—2012)规定，水轮机的型号由 4 部分组成，如图 2-30 及表 2-2 所示，每一部分用短横线“-”隔开。

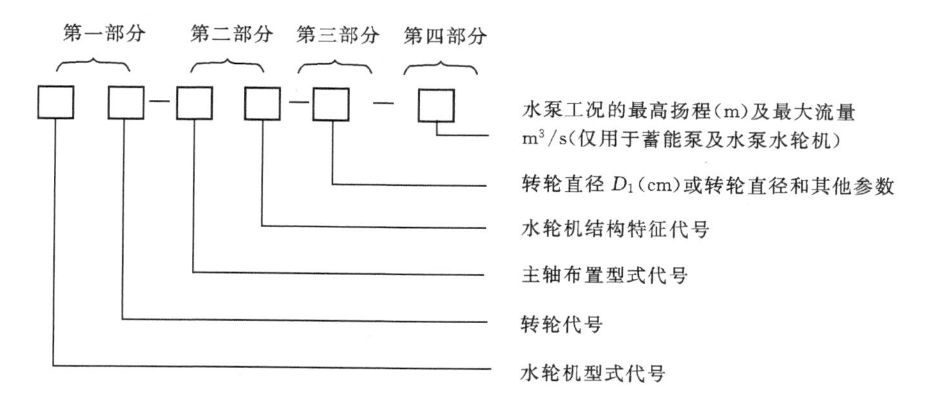

图 2-30　水轮机型号排列顺序规定

表 2-2　水轮机型号编制规则

第一部分			第二部分				第三部分	第四部分
水轮机型式		注释	主轴布置型式		引水部件特征			
型式	符号		型式	符号	特征	符号		
混流式	HL	采用水轮机比转速或转轮代号表示。当用比转速代号表示时，其代号统一由归口单位编制，用阿拉伯数字表示，当用转轮代号表示时，可由制造厂自行编号	立式	L	金属蜗壳	J	转轮标称直径或转轮标称直径和其他参数组合(cm)	泵工况最高扬程、最大流量
轴流定桨式	ZD		卧式	W	混凝土蜗壳	H		
轴流转桨式	ZZ		其他主轴非垂直布置形式	W	全贯流式	Q		
轴流调桨式	ZT				灯泡式	P		
斜流式	XL				竖井式	S		
贯流定桨式	GD				轴伸式	Z		
贯流转桨式	GZ				罐式	G		
贯流调桨式	GT				虹吸式	X		
冲击(水斗)式	CJ				明槽式	M		
斜击式	XJ				有压明槽式	My		
双击式	SJ							

第一部分由汉语拼音字母与阿拉伯数字组成，其中拼音字母表示水轮机型式，阿拉伯数字表示转轮型号，入型谱(水轮机系列型谱见表 3-3、表 3-4)的转轮型号为比转速数值，未入型谱的转轮型号为各单位自己的编号，旧型号为模型转轮的编号。水泵水轮机在水轮机型式代表符号后加“B”表示，可逆式水轮机在水轮机型式代表符号后加“N”表示。

第二部分由两个汉语拼音字母组成，分别表示水轮机主轴布置型式和结构特征。

第三部分是阿拉伯数字，表示以 cm 为单位的水轮机转轮的标称直径或转轮标称直径和其他参数组合。对于水斗式和斜击式水轮机，该部分表示为：$\frac{\text{转轮标称直径(cm)}}{\text{每个转轮上的喷嘴数}\times\text{设计射流直径(cm)}}$；对于双击式水轮机，该部分表示为：转轮标称直径(cm)/转轮宽度(cm)。如果在同一根轴上装有一个以上的转轮，则在水轮机牌号的第一部分前加上转轮数。

第四部分由原型水泵在电站实际使用范围内的最高扬程(m)和最大流量(m^3/s)组成。

各种型式水轮机的转轮标称直径(简称转轮直径，常用 D_1 表示)规定如下(见图 2-31)。

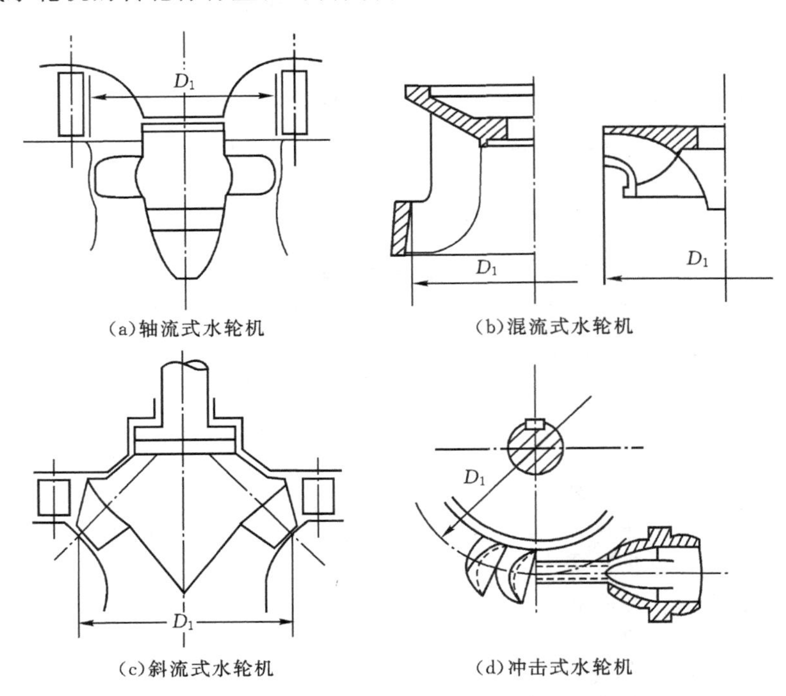

图 2-31　各型水轮机的转轮标称直径示意图

(1)对混流式水轮机是指其转轮叶片进水边的最大直径。

(2)对轴流式、斜流式和贯流式水轮机是指与转轮叶片轴线相交处的转轮室内径。

(3)对冲击式水轮机是指转轮与射流中心线相切处的节圆直径。

反击式水轮机的转轮标称直径 D_1 的尺寸系列规定如表 2-3 所示。双击式水轮机转轮尺寸：转轮直径 D_1(cm)＝32、40、50、63；转轮宽度(不包括中间隔板厚度)B(cm)＝8、10、13、16、20、25、32、40、50、63、80。

表 2-3　反击式水轮机转轮标称直径系列　　单位：cm

25	30	35	(40)	42	50	60	71	(80)	84
100	120	140	160	180	200	225	250	275	300
330	380	410	450	500	550	600	650	700	750
800	850	900	950	1000					

注：表中括号内的数字仅适用于轴流式水轮机，其中系列 25～330 为中小型水轮机产品系列谱。

水轮机型号示例如下。

(1)HL220－LJ－450，表示混流式水轮机，转轮型号为 220，立轴，金属蜗壳，转轮标称直径为 450 cm。

(2)ZZ560－LH－800，表示轴流转桨式水轮机，转轮型号为 560，立轴，混凝土蜗壳，转轮标称直径为 800 cm。

(3)QJ20－L－$\frac{170}{2\times15}$，表示切击式水轮机，转轮型号为 20，立轴，转轮标称直径为 170 cm，2 个喷嘴，设计射流直径为 15 cm。

(4)XLB245－LJ－250，表示转轮型号为 245 的斜流式水泵水轮机，立轴，金属蜗壳，转轮直径为 250 cm。

(5)GD600－WP－300，表示转轮型号为 600 的贯流定桨式水轮机，卧轴，灯泡式引水，转轮直径为 300 cm。

(6)2CJ20－W－120/2×10，表示转轮型号为 20 的水斗式水轮机，一根轴上装有 2 个转轮，卧轴，转轮直径为 120 cm，每个转轮具有 2 个喷嘴，设计射流直径为 10 cm。

(7)SJ115－W－40/20，表示转轮型号为 115 的双击式水轮机，卧轴，转轮直径为 40 cm，转轮宽度为 20 cm。

(8)HLN560－LJ－450－408－615/57.7，表示转轮型号为 560 的可逆式混流水泵水轮机，立轴，金属蜗壳，转轮直径为 408 cm，水泵在电站实际适用范围内的最高扬程为 615 m，最大流量为 57.7 m^3/s。

2.5　反击式水轮机中的水流运动

在水轮机正常运行时表征其工作状态的水头 H、流量 Q、出力 N 和转速 n 等参数始终处于不断变化之中，而且由于转轮内存在一定数量的叶片以及水流在叶片正、反面的运动状态互不相同，因此，水流在反击式水轮机转轮中的运动是一种非恒定的、沿圆周方向非轴对称的、复杂的三维空间流动。对于这样的一种运动要用精确的数学方法来描述至今还存在一定的困难，目前均采用计算机数值模拟的方法求得数值解。但是根据运动学理论可知，不论空间运动的速度场有多复杂，都可以通过其中各点的速度三角形来描述。可见，水轮机转轮中任一点的速度和分速度按平行四边形法则构成矢量三角形。水流在转轮中运动的速度三角形通常由牵连速度 $\boldsymbol{U}$(即水流随转轮旋转作圆周运动的速度)、相对速度 $\boldsymbol{W}$(即水流在转轮叶片流道内相对转轮运动的速度)和绝对速度 $\boldsymbol{V}$(即水流相对于地面的运动速度)组成，即

$$\boldsymbol{V}=\boldsymbol{W}+\boldsymbol{U} \tag{2-15}$$

若转轮中任一点速度按照上式进行分解，并将其旋转放正即得如图 2－32 所示速度三角形，其中夹角 α、β 分别称为绝对速度 $\boldsymbol{V}$ 和相对速度 $\boldsymbol{W}$ 的方向角。

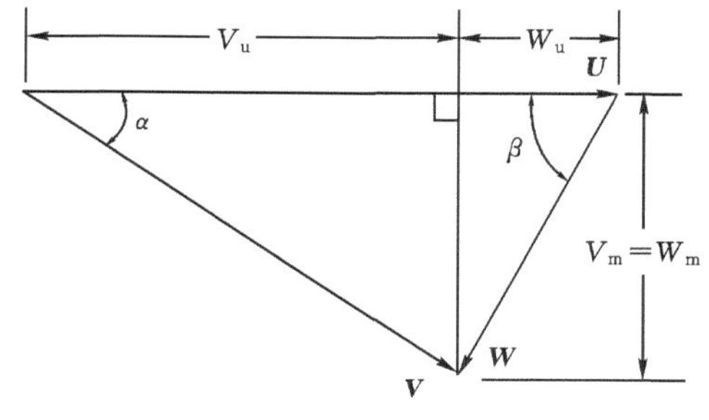

图 2－32　速度三角形

水流在水轮机转轮进、出口处的运动速度三角形是研究水轮机工作过程和进行水轮机转轮水力设计的最重要的依据之一。但由于水流在转轮中运动的极端复杂性，这种依据的有效

性是以下列假定条件为基础的。

(1)假定转轮叶片无限多、无限薄。由此可认为水流在转轮中的运动是均匀的、轴对称的，其相对运动轨迹与叶片翼型断面的中线(或称为骨线)所构成的空间扭曲面相重合。

(2)假定水流在进入转轮之前的运动是均匀的、轴对称的。

(3)假定水轮机在所研究的工况下保持稳定运动，即水轮机的特征参数 H、Q、N 和 n 等保持不变，从而水流在水轮机各过流部件中的运动为恒定流动。在此情况下，水流在水轮机转轮中的相对运动或绝对运动的流线和迹线相重合。流线即在某一瞬时水流流动的方向线，在这根线上每一点处的流体质点在同一时刻的速度方向都和这根线的切线方向重合；而迹线即为某一流体质点的运动轨迹线。值得注意的是相对运动的流线、迹线与绝对运动的流线、迹线是不同的。

根据上述假定，对于混流式水轮机，可以认为任一水流质点在转轮中的运动是沿着某一喇叭形的空间曲面(称之为流面)而作的螺旋形曲线运动，流面即为由某一流线绕主轴旋转而成的回转曲面。在整个转轮流道内有无数个这样的流面，如图 2-33 所示为某一中间流面。根据流动的轴对称性可知，任一水流质点在转轮进口的运动状态及其流动到转轮出口的运动状态可由同一时刻该流面上任意进、出口点的速度三角形表示。将图 2-33 中所示的流面旋转展开成如图 2-34 所示，并在其中任一叶片的进、出口点绘出速度三角形，此即表示了在所研究工况下水流在转轮进、出口处的运动状态。

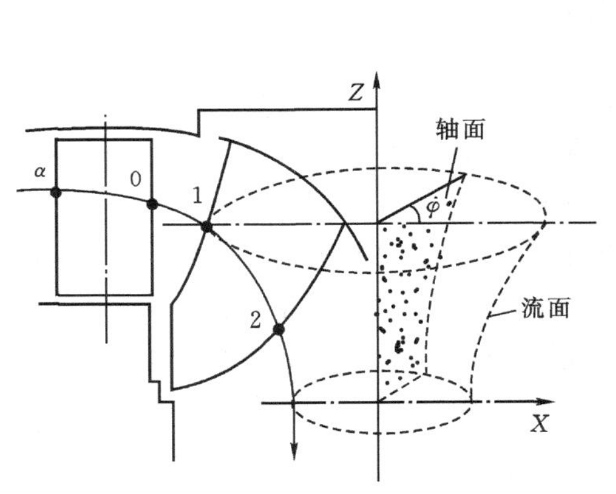

图 2-33　混流式水轮机转轮内的流面和轴面

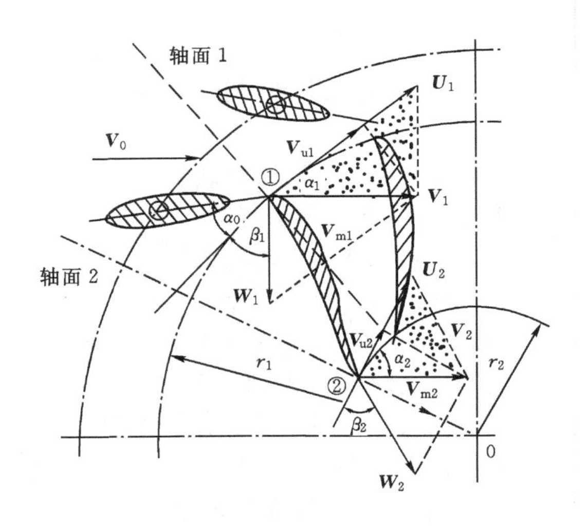

图 2-34　流面展开图

为了分析上的方便，常将绝对速度 $\boldsymbol{V}$ 沿圆周运动速度 $\boldsymbol{U}$ 方向和垂直于 $\boldsymbol{U}$ 的方向做正交分解(见图 2-32)，可得到如下两个分速度。

(1)圆周分速度$\boldsymbol{V}_u$。这个分速度是个重要参数，它与研究点位置的半径 r 的乘积$\boldsymbol{V}_u r$ 称为速度矩。

(2)轴向分速度$\boldsymbol{V}_m$。水流的轴面流动动能不可能转换成转轮旋转的旋转机械能。所谓轴面，就是转轮的旋转中心线与通过研究点的径向线所构成的平面(见图 2-33)。同样将轴面分速度$\boldsymbol{V}_m$分解成为径向分速度$\boldsymbol{V}_r$和轴向分速度$\boldsymbol{V}_z$。即有

$$\boldsymbol{V}=\boldsymbol{V}_u+\boldsymbol{V}_m=\boldsymbol{V}_u+\boldsymbol{V}_r+\boldsymbol{V}_z \tag{2-16}$$

同理相对速度 $\boldsymbol{W}$ 也可作同样的分解，即

$$\boldsymbol{W}=\boldsymbol{W}_u+\boldsymbol{W}_m=\boldsymbol{W}_u+\boldsymbol{W}_r+\boldsymbol{W}_z \tag{2-17}$$

即得混流式水轮机转轮中任一点的速度与分速度的空间矢量关系，如图 2－35 所示。

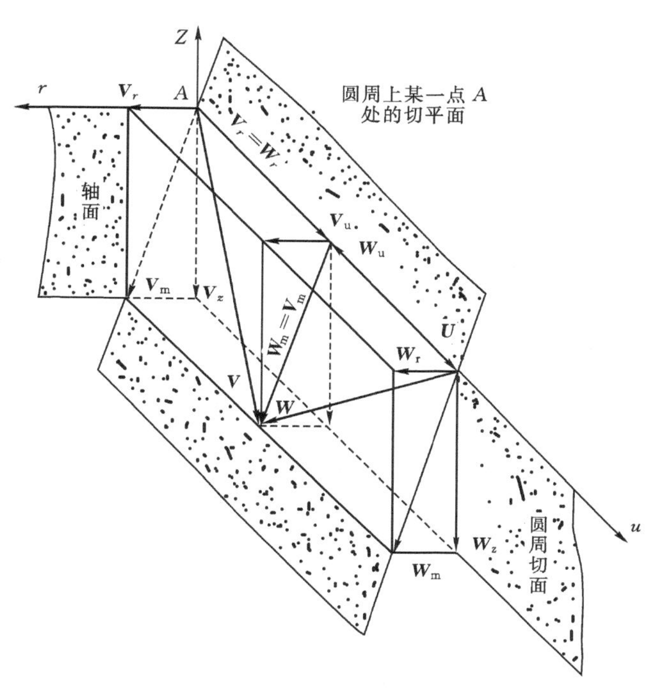

图 2－35　速度三角形中各速度及其分速度的关系

对于轴流式水轮机和贯流式水轮机，水流从轴向流进和流出转轮，其径向流速很小，可以忽略不计，即$\boldsymbol{V}_r\approx 0$。因此，水流在轴流式和贯流式水轮机转轮中的运动可认为是圆柱层流动，即流面为一系列的圆柱面。流面上任一点水流的圆周速度 $\boldsymbol{U}$ 相等，轴面分速度$\boldsymbol{V}_m$也相等。采用与混流式水轮机一样的方法，即有：$\boldsymbol{U}_1=\boldsymbol{U}_2$，$\boldsymbol{V}_{m1}=\boldsymbol{V}_{m2}$。

易得 $\boldsymbol{V}=\boldsymbol{V}_u+\boldsymbol{V}_z$；$\boldsymbol{W}=\boldsymbol{W}_u+\boldsymbol{W}_z$；$\boldsymbol{V}_m=\boldsymbol{V}_z=\boldsymbol{W}_m=\boldsymbol{W}_z$。

按照上述的推导可以绘制出轴流式水轮机转轮叶片进、出口速度的三角形如图 2－36 所示。具体的绘制方法为，取轴流式水轮机转轮室中直径 D 的圆柱流面，并将其沿圆周展开，图中 β_{e2} 称为叶片出口安放角，即叶片断面骨线在出口处的切线与该点圆周切线的夹角。

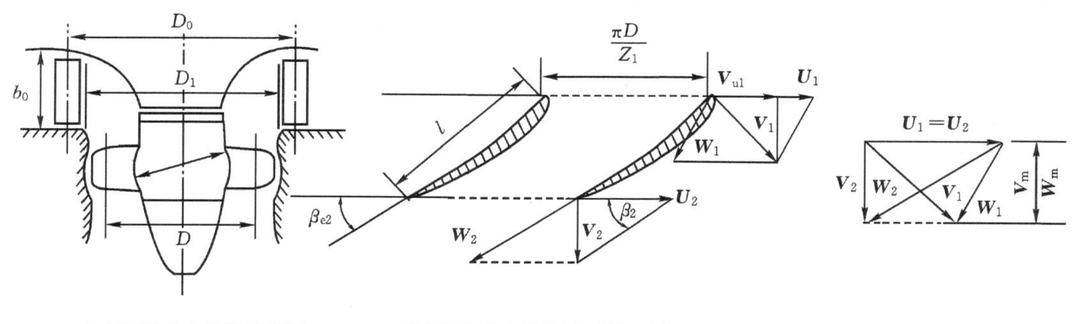

(a)轴流式水轮机示意图　(b)轴流式水轮机流面展开图　(c)轴流式水轮机转轮进、出口速度三角形关系

图 2－36　轴流式水轮机转轮进、出口速度三角形

根据上述混流式和轴流式转轮进、出口速度三角形的讲解，可以拓展到斜流式水轮机和贯流式水轮机转轮进、出口的速度三角形，斜流式水轮机转轮的流面构成的空间体为圆台，而贯流式水轮机转轮的流面为圆柱。

2.6　水轮机的基本方程

水轮机的基本方程是描述水轮机转轮内能量转换关系的数学方程式，它是水轮机转轮设计和运行工况分析的理论依据。利用动量矩定理可导出水轮机的基本方程式。

由式(2-16)知转轮中任一点处水流的绝对速度 **V** 可分解为$\mathbf{V}_u$、$\mathbf{V}_m$两个分速度，其中轴面分速度$\mathbf{V}_m$与水轮机轴线相交或平行，对水轮机轴线不产生动量矩，因此，根据动量矩定理，单位时间内转轮流道上全部水流的质量对水轮机轴线的动量矩变化等于在该质量上所有外力对同一轴线的力矩总和，即有

$$\frac{\mathrm{d}\left(\sum mV_u r\right)}{\mathrm{d}t}=\sum M_\omega \tag{2-18}$$

式中：$\sum mV_u r$ 为转轮流道上所有水流质点的动量矩总和，其中 m、V_u、r 分别表示任一水流质点的质量、圆周分速度和所处位置的半径；$\sum M_\omega$ 为作用在转轮流道内全部水流质点上的外力矩总和；m 为 $\mathrm{d}t$ 时间内通过水轮机转轮的水体质量，当进入转轮的有效流量为 Q_e 时，则 $m=\frac{\gamma Q_e}{g}\mathrm{d}t$。下面考察水流通过转轮时的动量矩变化情况。

为了便于分析，假定在所考察的 $t\sim t+\mathrm{d}t$ 时段内水流在转轮流道内的运动为均匀、轴对称的恒定流动。在此条件下，可在转轮流道内沿 t 时刻的某一流线取一个微小流束进行流量矩变化分析。如图 2-37 所示，在 t 时刻转轮流道内的微小流束 $a—b$，经过 $\mathrm{d}t$ 后，到 $t+\mathrm{d}t$ 时刻，该流束运动到 $c—d$。由于该流束内各水流质点的 V_u 和 r 值在 $\mathrm{d}t$ 时间内发生了变化，导致该流束动量矩变化，其变化量为该流束在 $c—d$ 位置的动量矩(用 M_{c-d}表示)减去其在 $a—b$ 位置的动量矩(用 M_{a-b}表示)。根据恒定流假定可知，$c—d$ 和 $a—b$ 的重合部位 $b—c$ 段的水流在 $\mathrm{d}t$ 时间内动量矩不变，因此上述 $M_{c-d}-M_{a-b}$ 可以改写为 $M_{b-d}-M_{a-c}$。设该流束的流量为 q，则根据连续性方程知 $b—d$ 段和 $a—c$ 段水流的质量均为$\frac{\gamma q\mathrm{d}t}{g}$。令 $\mathrm{d}t$ 无限小，则流速 $a—c$ 段和 $b—d$ 段水流质点的速度矩可以分别用转轮进、出口水流质点的速度矩 $V_{u_1}r_1$ 和 $V_{u_2}r_2$ 表示。从而可得该流束在 t 时刻的单位时间内动量变化为

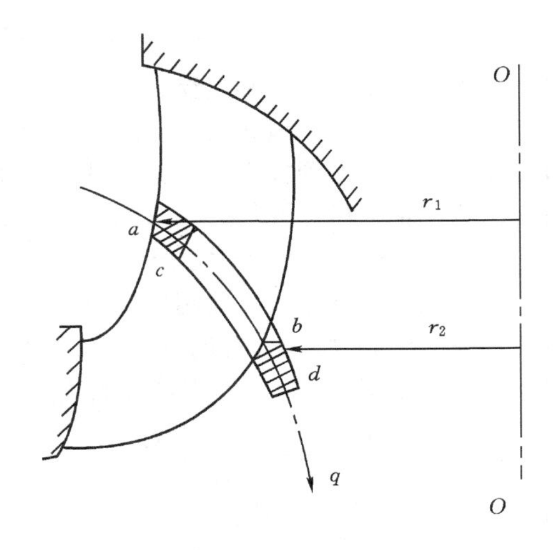

图 2-37　水流通过转轮时的动量变化示意图

$$\frac{M_{c-d}-M_{a-b}}{\mathrm{d}t}=\frac{M_{b-d}-M_{a-c}}{\mathrm{d}t}=\frac{\gamma q}{g}(V_{u_2}r_2-V_{u_1}r_1)$$

如果在 t 时刻通过整个转轮流道的有效流量为 Q_e，并假定整个转轮流道内任一流束的转轮进、出口水流质点的速度矩分别为 $V_{u_1}r_1$ 和 $V_{u_2}r_2$，则整个转轮流道内水流在 t 时刻的单位时间内动量矩变化为

$$\frac{\mathrm{d}\left(\sum mV_u r\right)}{\mathrm{d}t}=\frac{\gamma\sum q}{g}(V_{u_2}r_2-V_{u_1}r_1)=\frac{\gamma Q_e}{g}(V_{u_2}r_2-V_{u_1}r_1)\tag{2-19}$$

上述动量矩的变化是由 t 时刻作用在转轮流道内全部水体上的所有外力对水轮机轴线的总力矩引起的。下面分析这些外力及其形成力矩的情况。

(1)重力。重力的合力与水轮机轴线重合(立轴情况)或相交(卧轴情况)，不产生力矩。

(2)上冠、下环的内表面对水流的压力。由于这些内表面均为旋转面，其压力是轴对称的，压力的合力与水轮机轴线相交，不产生力矩。

(3)转轮外的水流在水轮机转轮进、出口对转轮流道内水流的水压力。此压力的作用面也可看成旋转面，压力的合力与轴线相交，也不产生力矩。

(4)转轮流道上固体边界表面对水流的摩擦力。此摩擦力对水轮机轴线所形成的力矩数量相对较小，可以忽略不计。摩擦力的影响是使水流在转轮内产生摩阻水头损失。

(5)转轮叶片对水流的作用力。此作用力迫使水流改变运动速度的大小和方向，对水轮机轴线将产生力矩，用 M' 表示。

由此可见，所有外力对转轮流道内水体的总作用力矩即为转轮叶片对水流作用力矩，即 $\sum M_\omega=M'$。而水流对转轮叶片的反作用力矩 $M=-M'$，结合式(2-18)和式(2-19)可得

$$M=\frac{\gamma Q_e}{g}(V_{u_1}r_1-V_{u_2}r_2)\tag{2-20}$$

式(2-20)给出了水流对转轮的作用力矩与水流本身的动量矩变化之间的关系，即为转轮中水流能量转换为旋转机械能的平衡关系。根据式(2-20)可得水流传给转轮的有效功率 N_e 为

$$N_e=\frac{\gamma Q_e}{g}(V_{u_1}r_1-V_{u_2}r_2)\omega=M\omega\tag{2-21}$$

即

$$N_e=\frac{\gamma Q_e}{g}(V_{u_1}U_1-V_{u_2}U_2)\tag{2-22}$$

水流传给转轮的有效功率 N_e 可写成 $\eta_H\gamma Q_e H$ 形式，当 $Q_e\neq0$ 时将其代入式(2-21)和式(2-22)可得

$$\eta_H H=\frac{\omega}{g}(V_{u_1}r_1-V_{u_2}r_2)\tag{2-23}$$

及

$$\eta_H H=\frac{1}{g}(V_{u_1}U_1-V_{u_2}U_2)\tag{2-24}$$

根据速度三角形图 2-32 所示的关系 $V_u=V\cos\alpha$，所以式(2-24)可改写成

$$\eta_H H=\frac{1}{g}(U_1V_1\cos\alpha_1-U_2V_2\cos\alpha_2)\tag{2-25}$$

式(2-23)也可用环量表示为

$$\eta_H H=\frac{\omega}{2\pi g}(\Gamma_1-\Gamma_2)\tag{2-26}$$

式中:Γ 为速度环量,$\Gamma=2\pi V_u r$。Γ 可看作是速度矩 $V_u r$ 沿圆周转动一圈所做的功。

式(2-23)~式(2-25)均称为水轮机的基本方程式。它们给出了单位重量水流的有效出力 $\eta_H H$ 与转轮进、出口运动参数之间的关系。水轮机基本方程式的推导虽然基于混流式水轮机的流态分析,但却适用于各种反击式和冲击式水轮机,它是能量守恒定理适用于水轮机能量转换过程的一种具体表现形式。

上述推导的基本方程式表明,水流对转轮做功的必要条件是水流通过转轮时其速度矩(或环量)发生变化。其中转轮出口水流的速度矩 $V_{u_1} r_1$ 是由蜗壳、座环和导叶形成的(其中主要是导叶),而转轮出口水流速度矩 $V_{u_2} r_2$ 表示出口速度矩损失。转轮的作用是控制出口水流矩 $V_{u_2} r_2$ 的大小,实现水流能量的最有效转换。

根据图 2-33 所示的转轮进、出口速度三角形和余弦定理可得

$$W_1^2 = V_1^2 + U_1^2 - 2U_1 V_1 \cos\alpha_1 = V_1^2 + U_1^2 - 2U_1 V_{u_1},$$

$$W_2^2 = V_2^2 + U_2^2 - 2U_2 V_2 \cos\alpha_2 = V_2^2 + U_2^2 - 2U_2 V_{u_2}$$

将上列关系式代入式(2-24)或式(2-25)可得另一种形式的水轮机的基本方程式

$$\eta_H H = \frac{V_1^2 - V_2^2}{2g} + \frac{U_1^2 - U_2^2}{2g} - \frac{W_1^2 - W_2^2}{2g} \tag{2-27}$$

2.7 水轮机的效率及最优工况

2.7.1 水轮机的效率

在前文 2.2 节介绍过,水轮机的效率 η 表示水轮机的出力 N 与水流输入功率 N_ω 的比值。而 N_ω 与 N 的差值正是水轮机能量转换过程中所产生的能量损失。这些损失常常按特性分解为下列几种:水力损失、容积损失和机械损失。相应于各类损失的效率分别称为水力效率 η_H、容积效率 η_V 和机械效率 η_m,现分别介绍如下。

1. 水力损失和水力效率

水流经过水轮机的蜗壳、座环、导水机构、转轮及尾水管等过流部件时,由于摩擦、撞击、涡流、脱流等所产生的能量损失统称为水力损失。水力损失是水轮机能量损失的主要部分。

设水轮机的水头为 H,流量为 Q,水力损失为 $\sum \Delta H$,则水轮机的效率水头 H_e 和水力效率 η_H 为

$$H_e = H - \sum \Delta H \tag{2-28}$$

$$\eta_H = \frac{\gamma Q\left(H - \sum \Delta H\right)}{\gamma QH} = \frac{H_e}{H} \tag{2-29}$$

2. 容积损失和容积效率

进入水轮机的流量不可能全部进入转轮做功,其中有一部分流量 $\sum q$ 会从水轮机的旋转部分与固定部分之间的缝隙(如混流式水轮机的上、下止漏环间隙,轴流式水轮机的桨叶与转轮室之间的缝隙)中漏损。这一小部分流量对转轮不做功,所以称之为容积损失。进入水轮机的有效流量为

$$Q_e = Q - \sum q \tag{2-30}$$

在同时考虑水力损失和容积损失之后，水流传给转轮的功率称之为有效功率 N_e，即

$$N_e = \gamma(Q - \sum q)(H - \sum \Delta H) = \gamma Q_e H_e \tag{2-31}$$

而容积效率为

$$\eta_V = \frac{\gamma(Q - \sum q)H_e}{\gamma Q H_e} = \frac{Q - \sum q}{Q} = \frac{Q_e}{Q} \tag{2-32}$$

3. 机械损失和机械效率

水流作用在转轮上的有效功率 N_e 不可能全部转换成出力 N，其中有一小部分功率 ΔN_m 消耗在各种机械损失上，如轴承及轴封处的摩擦损失、转轮外表面与周围水体之间的摩擦损失等，因此水轮机的出力 N 为

$$N = N_e - \Delta N_m \tag{2-33}$$

而机械效率为

$$\eta_m = \frac{N_e - \Delta N_m}{N_e} = \frac{N}{N_e} \tag{2-34}$$

由式(2－28)～式(2－34)可整理得

$$N = \gamma Q H \eta_H \eta_V \eta_m \tag{2-35}$$

故水轮机的总效率 η 为

$$\eta = \eta_H \eta_V \eta_m \tag{2-36}$$

从以上分析可知，水轮机效率 η 是衡量水轮机能量转换性能的综合指标。它与水轮机的型式、结构尺寸、加工工艺及运行工艺等多种因素有关。目前原型水轮机效率大多由模型试验成果经适当的理论换算后获取。

如图 2－38 所示给出了反击式水轮机在一定的转轮直径 D_1、转速 n 和水头 H 下，改变其流量时，效率和出力的关系曲线。图中也标出了各种损失随出力变化的情况。

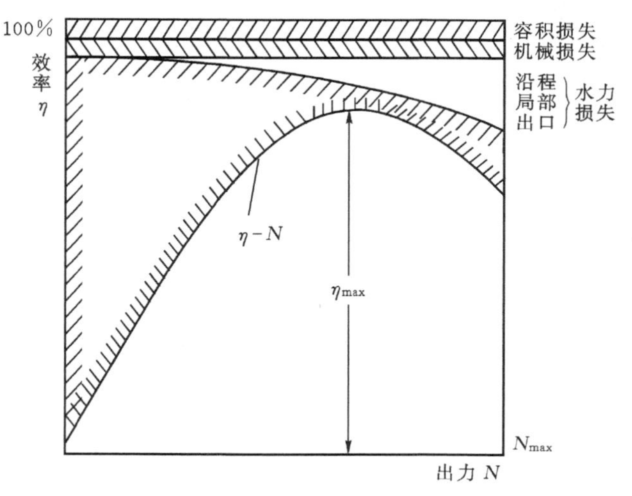

图 2－38　水轮机效率与出力的关系曲线

2.7.2 水轮机的最优工况

水轮机的最优工况即效率 η 最高的工况。从图 2-38 可见，对效率大小起决定性作用的是水力损失，而水力损失的大小主要取决于水轮机进口水流的撞击损失和转轮出口尾水管内的涡流损失。因此，最优工况即为撞击损失和涡流损失均最小的工况。下面分别介绍出现最优工况的两个基本条件。为了简单起见，忽略叶片对水流的排挤作用。

1. 无撞击进口

当转轮进口水流相对于$\boldsymbol{W}_1$的方向与叶片的骨线在进口处的切线方向一致时，称为无撞击进口。此时，水流的进口角 β_1 与叶片进口安放角 β_{e_1} 相等，水流对于叶片不发生撞击和脱流，其进口绕流平顺，水头损失最小。所谓水流进口角 β_1（也称进口相对流速$\boldsymbol{W}_1$的方向角）即进口相对速度$\boldsymbol{W}_1$与圆周速度切线的夹角，而叶片进口安放角 β_{e_1} 即叶片翼型断面骨线在进口处切线与圆周切线的夹角。如图 2-39 所示给出了 β_1 和 β_{e_1} 3 种相对关系（分别为：$\beta_1>\beta_{e_1}$ 正撞击进口，$\beta_1=\beta_{e_1}$ 无撞击进口和 $\beta_1<\beta_{e_1}$ 负撞击进口）时，转轮进口速度三角形和流道进口的水流流动状况。

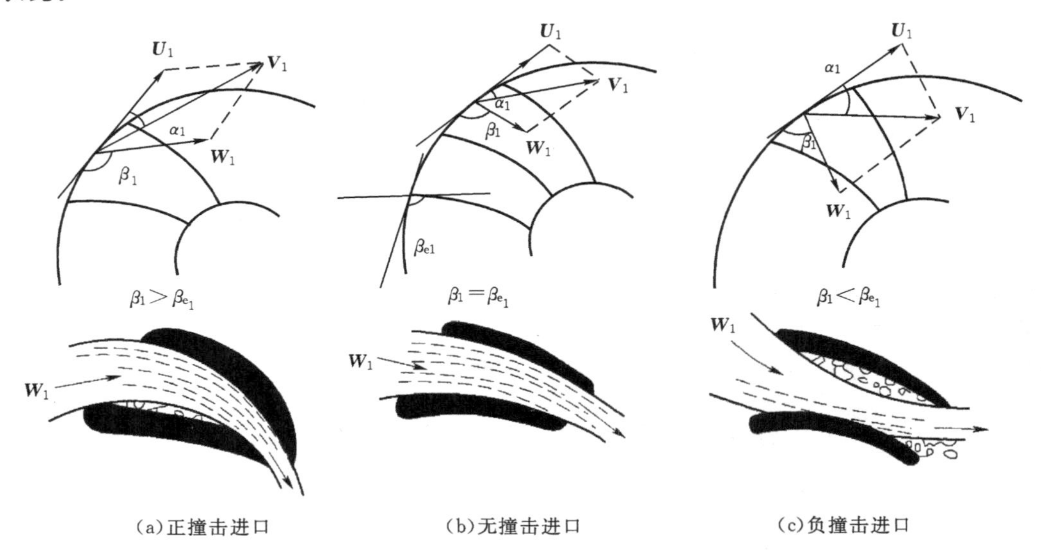

图 2-39 转轮进口处的水流运动状态

2. 法向出口

当水流在转轮出口处的绝对速度$\boldsymbol{V}_2$的方向角 $\alpha_2=90°$时，成法向出口，如图 2-40 所示。此时$\boldsymbol{V}_2$与$\boldsymbol{U}_2$垂直，$\boldsymbol{V}_{u_2}=0$，$\Gamma_2=0$，即水流脱离转轮后沿着轴向流出而无旋转运动，不会在尾水管中产生涡流现象，从而提高了尾水管的效率。此外，当转轮过流量相等时，法向出口情况的$\boldsymbol{V}_2$数值最小，则与 V_2^2 成正比的所有摩擦损失也最小。

试验研究表明，对高水头水轮机，其能量损失主要发生在引水部件内，最优的转轮出流应为法向出口。但对中、低水头水轮机，其能量损失主要发生在尾水管和转轮内，若取 α_2 略小于 90°，使水流在转轮出口略带正向（即与转轮旋转相同方向）圆周分速度$\boldsymbol{V}_{u_2}$，则水流在离心力的作用下紧贴尾水管管壁流动，避免产生脱流现象，反而会减少尾水管水头损失，使水轮机效率

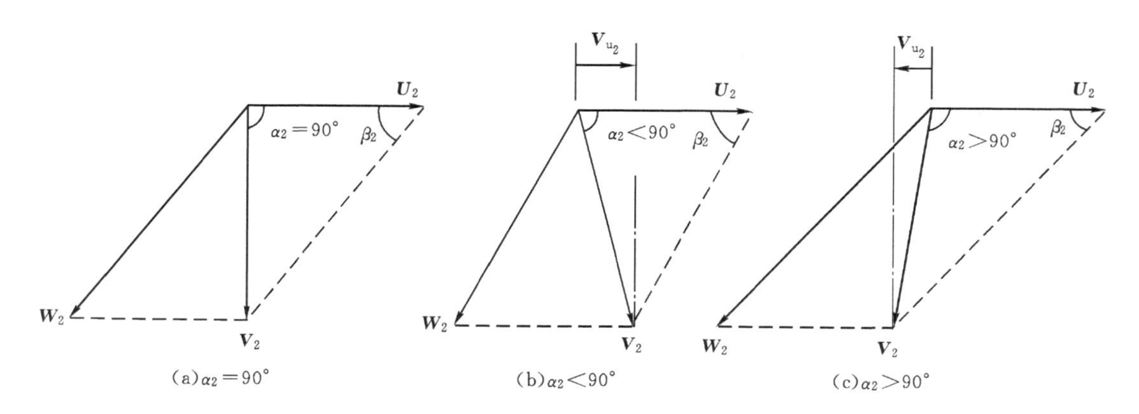

图 2-40　转轮出口处的速度三角形比较

略有提高。

水轮机在最优工况运行时，不但效率最高，而且稳定性和空化性能也好。但是在实际运行中，水头、流量和出力总是不断变化的，不可避免地会偏离最优工况运行，从而效率降低，空化加剧，稳定性变差。因此，在实际运行中，水轮机的运行工况范围均有一定的限制。对转桨式水轮机来说，由于调速器在调节导叶开度时能自动调节转轮叶片的转角，使水轮机在不同工况下仍能达到或接近最优工况，因此转桨式水轮机具有比较宽广的高效率工作区。

2.8　水轮机的蜗壳和尾水管

水轮机蜗壳结构是水轮机的重要部件，也是水电站厂房中的重要建筑物，它的任务是向水轮机提供平稳水流和承受水轮发电机组的静动荷载。蜗壳结构直接影响机组的稳定安全运行，是电站建设中重要的技术经济问题。当前正是我国水电站建设前所未有的繁荣时期，其规模和技术水平发展迅速，已位居世界前列。水轮机蜗壳结构也是这样，三峡水电站等大型水电站为 700 MW，向家坝水电站单机容量已达 840 MW。尤其近年来我国结合一批特大型水电站的建设，对蜗壳结构的设计和研究，开展了长期、大量的工作，取得了丰富成果，实现了技术革新。本书只介绍水轮机蜗壳的基本知识、设计基本思想和设计技能。除此之外蜗壳设计相关内容在本课程的课程设计部分通过实践过程进一步加强，有时间且感兴趣的读者可以参考相关的文献资料加深学习。

2.8.1　水轮机蜗壳

2.8.1.1　蜗壳设计的基本要求

水轮机蜗壳是反击式水轮机(除贯流式机组外)的重要引水部件。为了提高水轮机的效率及其运行的安全稳定性，通常对蜗壳设计提出了如下基本要求：

(1)过水表面应光滑、平顺，水力损失小；

(2)保证水流均匀、轴对称的进入导水机构；

(3)水流在进入导水机构前应具有运行的环量，以保证在主要的运行工况下水流能以较小的冲角进入固定导叶和活动导叶，减少导水机构的水力损失；

(4)具有合理的断面形状和尺寸,以降低厂房投资以便于导水机构的接力器和传动机构的布置;

(5)具有必要的强度及合适的材料,以保证结构上的可靠性和抵抗水流的冲刷。

2.8.1.2 蜗壳的型式及其主要参数的选择

1.蜗壳的型式

蜗壳根据材料可分为金属蜗壳和混凝土蜗壳两种。当水头小于40 m时多采用钢筋混凝土浇制成的蜗壳,称为混凝土蜗壳;当水头大于40 m时,由于混凝土结构不能承受过大的内水压力,常采用钢板焊接或铸钢蜗壳,统称为金属蜗壳。

混凝土蜗壳一般用于大、中型低水头水电站,它实际上是直接在厂房下部大体积混凝土中做成的蜗形空腔。当采用钢板衬砌二级混凝土预应力等措施后,混凝土蜗壳的适用水头范围可以大于40 m,目前最大用到80 m。

金属蜗壳按其制造方法又可分为焊接、铸焊和铸造三种类型。金属蜗壳的结构形式取决于水轮机的水头和尺寸,对于尺寸较大的中、低水头混流式水轮机一般都采用钢板焊接结构(见图2-41)。为了节约钢板,钢板厚度应根据蜗壳断面受力不同而不同,通常蜗壳进口断面厚度较大,愈接近蜗壳的鼻端则厚度愈小。对于转轮直径 $D_1<3$ 的高水头混流式水轮机,一般采用铸焊或铸造结构,如图2-42所示,即为分成四块的铸钢蜗壳。

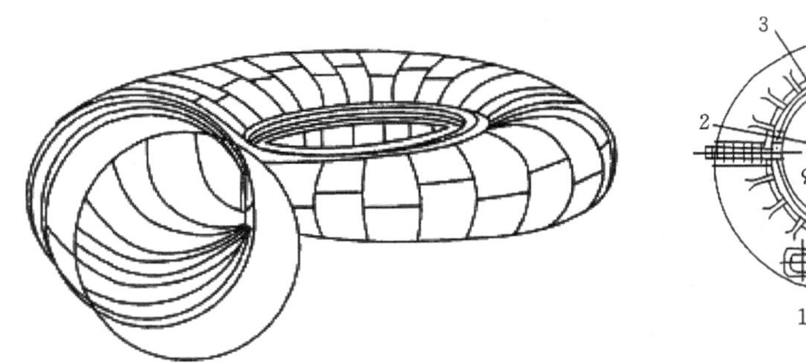

图2-41 钢板焊接蜗壳

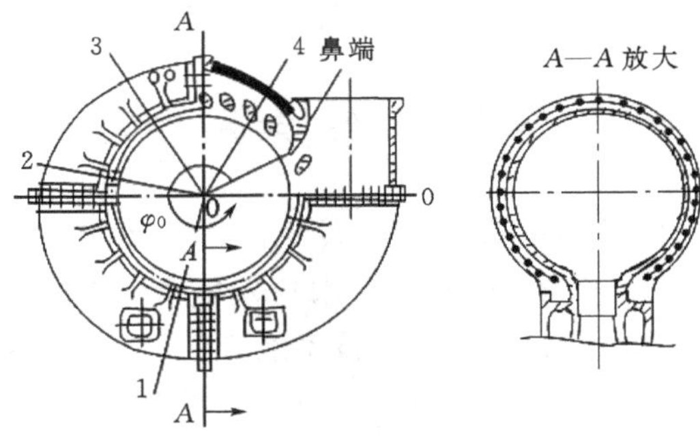

图2-42 分四块铸造的蜗壳

铸造蜗壳的刚度较大,能承受一定的外压力,故常作为水轮机的支承点并在其上面直接布置导水机构及其传动装置。铸造蜗壳一般不全部埋入混凝土。焊接蜗壳的刚度较小,常埋入混凝土,在上半圆周外壁铺设沥青、毛毡或泡沫塑料等形成一定厚度的软性层,或在其内部按最大工作水头充压的情况下浇注混凝土,以减小金属蜗壳和外围混凝土间力的传递。

2.蜗壳的断面形状

金属蜗壳的断面尺寸均做成圆形的,以改善其受力条件。金属蜗壳与座环的联接方式根据座环的上、下环结构形式不同而有所不同。如图2-43所示为其与有蝶形边座环的联接方式,图中 α 一般为55°。在蜗壳的尾部,为使其出水边与座环上、下蝶形边仍保持相切联接,其断面形状常做成椭圆形,如图2-44所示中3、4断面。该图中给出了5个不同断面的形状,其中0为进口断面,5个断面的平面的位置如图2-42所示。

蜗壳的进口断面为经过转轮中心线与引水导中心线垂直的过水断面,如图2-42所示和如图2-47中的0—0所示。

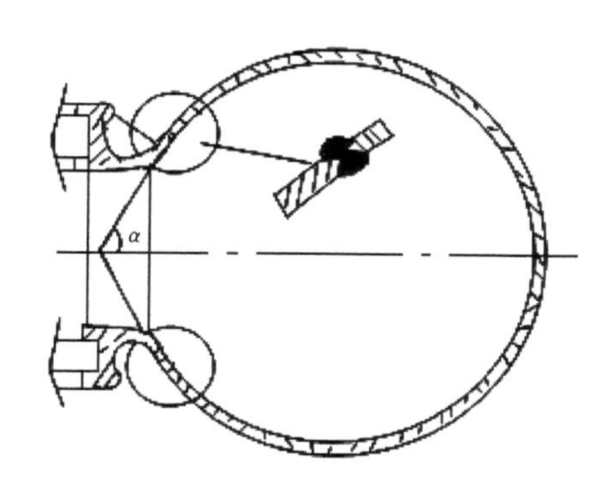

图 2-43　金属蜗壳与有蝶形边座环的联接

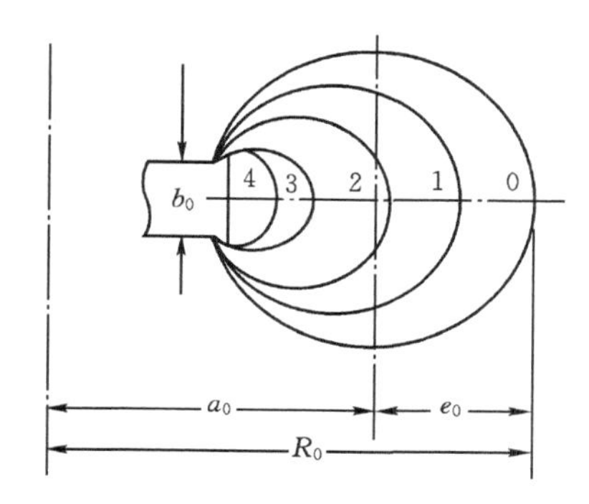

图 2-44　金属蜗壳的断面形状

混凝土蜗壳的断面做成梯形，以便于施工和减少其径向尺寸，降低厂房的土建投资。这种蜗壳的进口断面有四种，如图 2-45 所示，图(a)和(b)是两种($m=n$，$m>n$)常用形式，其优点是便于布置导水机构接力器及其传动机构和可以降低水轮机层的地面高程，缩短主轴长度。

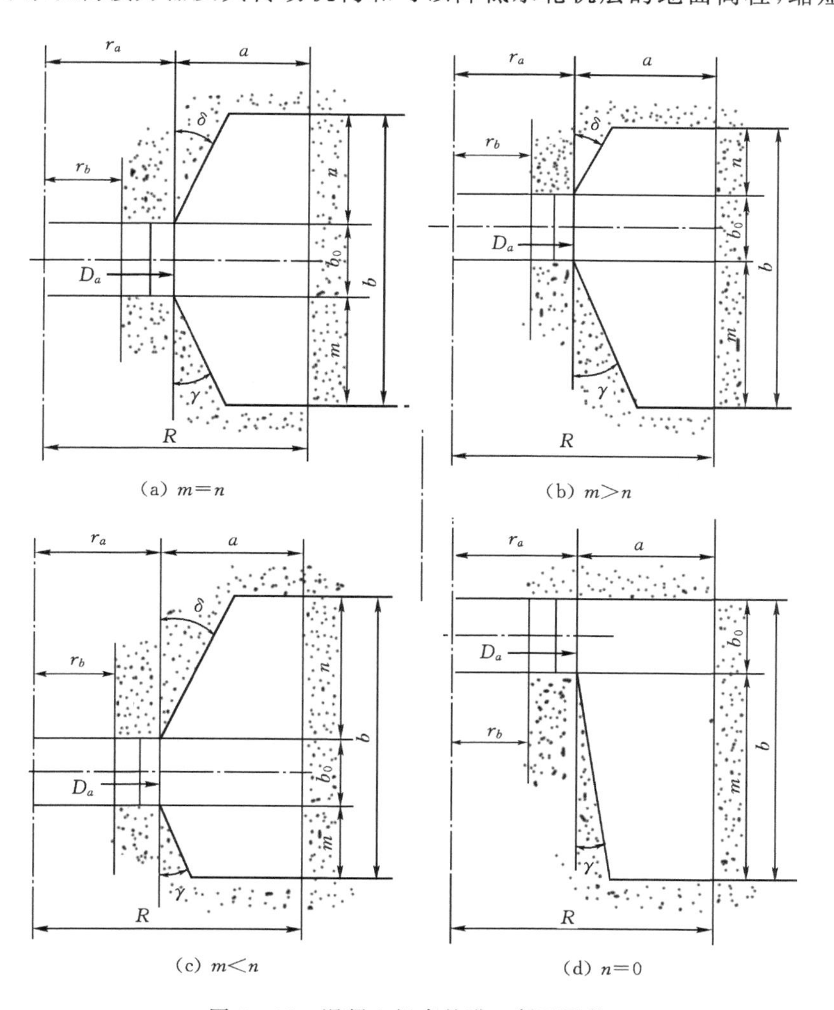

图 2-45　混凝土蜗壳的进口断面形状

当尾水管高度较小、地基岩石开挖困难时，可采用图(c)的形式。图(d)中 $n=0$ 的形式，由于其断面过分下伸对水流进入导水机构不利，故很少采用。

混凝土蜗壳进口断面形状的选择应满足下列条件：

(1) δ 一般为 $20°\sim30°$，常取 $\delta=30°$；

(2) 当 $n=0$ 时，$\gamma=10°\sim15°$，$\frac{b}{a}=1.5\sim1.7$，可得 2.0；

(3) 当 $m>n$ 时，$\gamma=10°\sim20°$，$\frac{b-n}{a}=1.2\sim1.7$，可得 1.85；

(4) 当 $m\leqslant n$ 时，$\gamma=20°\sim35°$，$\frac{b-m}{a}=1.2\sim1.7$，可得 1.85。

当混凝土蜗壳的进口断面确定以后，其中间断面形状可由各断面的顶角点及底角点的变化规律来确定。通常采用直线变化规律，如图 2-46(a) 中 AB、CD 虚线或向内弯的抛物线变化规律，如图 2-46(b) 中 EF、GH 虚线。直线变化规律对设计及施工比较方便，而抛物线变化规律的水力条件较好。

3. 蜗壳的包角 φ_0

从蜗壳鼻端至蜗壳进口断面 0—0 之间的夹角，常用 φ_0 表示。蜗壳的鼻端即为与蜗壳末端联接在一起的那一个特殊固定导叶的出水边，如图 2-42 和图 2-47 所示。

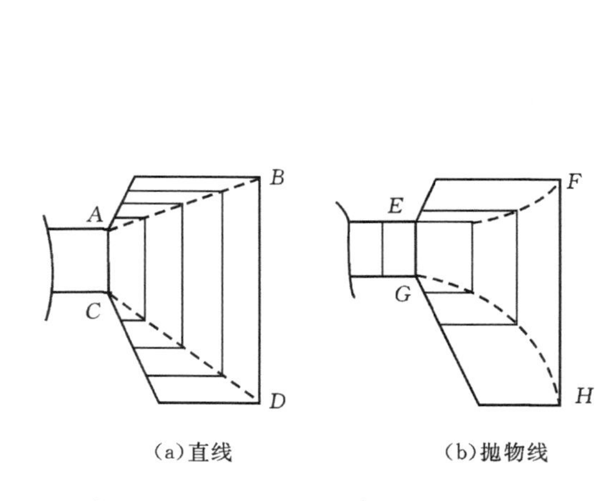

图 2-46 混凝土蜗壳的断面变化规律

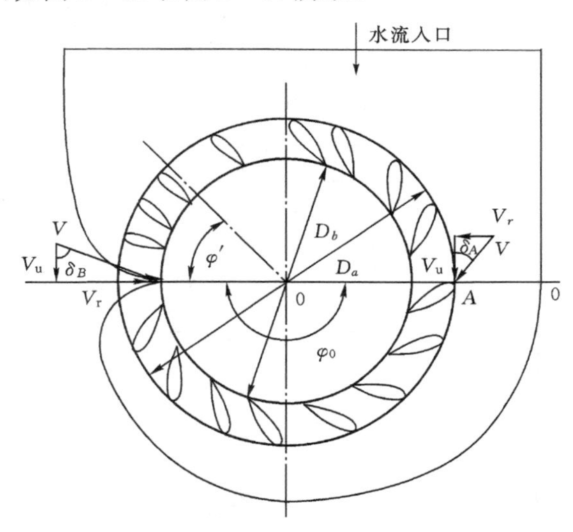

图 2-47 $\varphi_0=180°$的混凝土蜗壳

对于金属蜗壳，由于其过水流量较小，允许的流速较大，因此其外形尺寸对厂房造价影响较小。为了获得良好的水力性能以及考虑到其结构和加工工艺的限制，一般采用 $\varphi_0=345°$。

对于混凝土蜗壳，由于其过水流量较大，允许的流速较小，因此其外形尺寸常成为厂房大小的控制尺寸，直接影响厂房的土建投资，通常采用 $\varphi_0=180°\sim270°$，此时有一部分水流未进入蜗壳流道，从而缩小了蜗壳的进口断面尺寸，在非蜗形流道部分水流从引水道直接进入座环和导叶，形成导水机构的非对称的入流，加重了导叶的负担，此外，非蜗形流道处的固定导叶需要承受较大的上部荷载，因此在非蜗形流道处，固定导叶断面形状常需要特殊设计，如图2-47所示。

4. 蜗壳进口断面的平均流速 V_c

当蜗壳断面形状和包角 φ_0 确定以后，蜗壳进口断面的平均流速 V_c 是确定蜗壳尺寸的主要参数。对于相同的过流量，V_c 选得大，则蜗壳断面就小，但是水力损失增大。V_c 值可以根据水轮机设计水头 H_r 从图 2-48 中的经验曲线查取，一般情况下，可取图中的中间值；对金属蜗壳和有钢板里衬的混凝土蜗壳，可取上值；当布置上不受限制时也可以取下值，但是 V_c 不应小于引水流道中的流速。

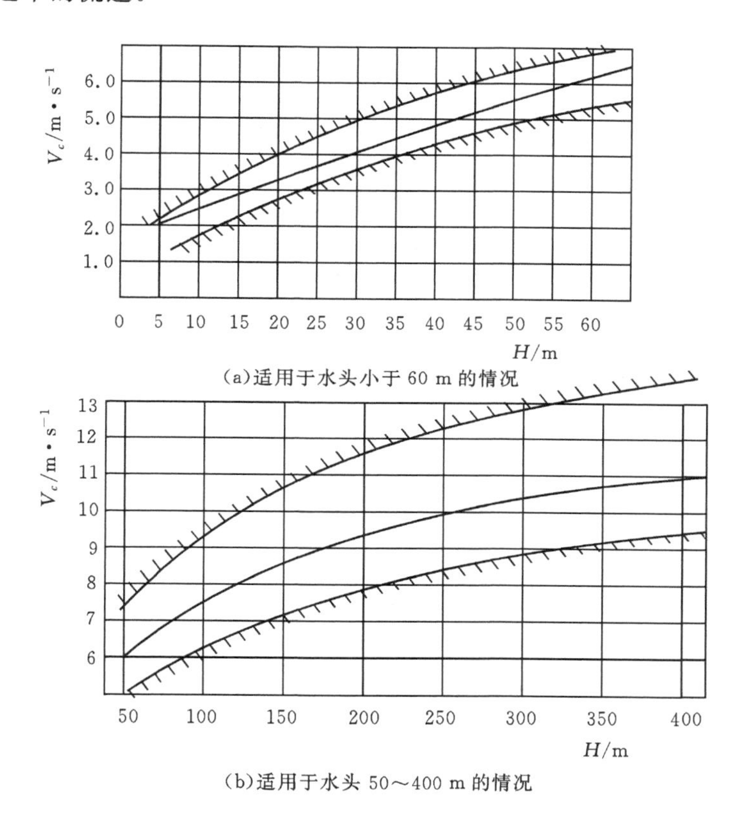

图 2-48　蜗壳进口断面平均流速曲线

2.8.1.3　蜗壳的水力计算

蜗壳水力计算的目的是确定蜗壳各个断面的几何形状和尺寸，并绘制蜗壳的平面和断面的单线图。这是水电站厂房布置设计的一项重要工作。

蜗壳水力计算是在已知水轮机设计水头 H_r 及其相应的最大引用流量 M_{max}、导叶高度 b_0、座环固定导叶外径 D_a 和内径 D_b 以及选定蜗壳进口断面的形状、包角 φ_0 和平均流速 V_c 的情况下进行的。根据这些已知参数可以求出进口断面的尺寸，但其他断面尺寸计算尚需依据水流在蜗壳中的运动规律才能进行。

1. 蜗壳中的水流运动

水流进入蜗壳后，受到蜗壳内壁的约束而形成一种旋转流动。为便于分析，将蜗壳中各点的水流运动速度 $\mathbf{V}$ 分解成径向分速度 $\mathbf{V}_r$ 和圆周分速度 $\mathbf{V}_u$ 表示，如图 2-47 和图 2-49 所示。根据蜗壳中水流必须均匀地、轴对称地流进导水机构的基本要求，则在座环进口四周各点处的

水流径向分速度$\boldsymbol{V}_{\mathrm{r}}$值应等于一个常数。即

$$\boldsymbol{V}_{\mathrm{r}}=\frac{M_{\max}}{\pi D_a b_0}=\text{常数} \tag{2-37}$$

对于圆周分速度$\boldsymbol{V}_{\mathrm{u}}$沿径向的变化规律，目前常用的有下列两种假定(见图 2-49)。

(1)任一断面上沿径向各点的水流速度矩等于一个常数，即

$$V_{\mathrm{u}}r=K \tag{2-38}$$

式中:r为研究点位置的半径;K为常数，蜗壳内任一点的K相等，因此，通常称为蜗壳常数。

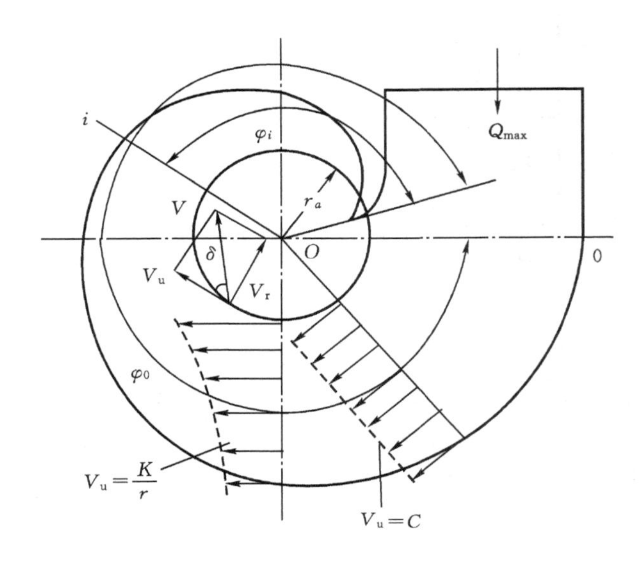

图 2-49 蜗壳中的水流运动

(2)任一断面上沿径向各点的水流圆周分速度等于一个常数，即

$$V_{\mathrm{u}}=C \tag{2-39}$$

式中:C为常数。

当采用式(2-38)假定时，可使得导水机构进口的水流环量分布满足均匀、轴对称的要求。而采用式(2-39)时，则不能保证进入导水机构水流环量的轴对称，从而可能导致转轮径向的不平衡，影响水轮机运行的稳定性。但是采用式(2-39)设计的蜗壳在尾部流速较小，断面尺寸较大，有利于减小水头损失，并便于加工制造。

在水电站设计时，蜗壳尺寸最终应采用水轮机制造厂家给定的数据。在初步设计估算时，建议采用式(2-39)假定，因为其水力计算方法简单，而计算结果与式(2-38)假定的计算结果很接近，能够满足厂房初步设计的精度要求。

2.金属蜗壳的水力计算

(1)对于任一断面，为了保证流量均匀地进入导水机构，则通过任一断面i的流量应为

$$Q_i=Q_{\max}\frac{\varphi_i}{360} \tag{2-40}$$

式中:φ_i为从蜗壳鼻端至断面i的包角，单位为"°"(度)，如图 2-49 所示。

如近似取断面i的过水面积为一个紧靠在固定导叶外侧的完整的圆形断面面积，如图

2－50所示（图中 $r_a=\dfrac{D_a}{2}$，$r_b=\dfrac{D_b}{2}$），则根据式（2－39）和（2－40）易得：

断面半径

$$\rho_i=\sqrt{\frac{Q_i}{\pi V_c}}=\sqrt{\frac{Q_{\max}\varphi_i}{360\pi V_c}} \tag{2-41}$$

断面中心距

$$a_i=r_a+\rho_i \tag{2-42}$$

断面中心距

$$R_i=r_a+2\rho_i \tag{2-43}$$

（2）对于进口断面，将 $\varphi_i=\varphi_0$ 代入式（2－40）～式（2－43）即可求出该断面的 Q_0、ρ_0、a_0 和 R_0，因 V_c 单位为 m/s，所以 Q_0 单位为 m^3，其它单位为 m。

利用式（2－40）～式（2－43），根据计算要求，取若干个 φ_i 断面计算，并可绘制出蜗壳断面单线图（见图 2－44）和平面单线图（见图 2－51）。由于上述计算公式求出的是圆形断面尺寸，因此在蜗壳尾部需按照圆形面积法将其近似修正成相应的椭圆形断面的尺寸。

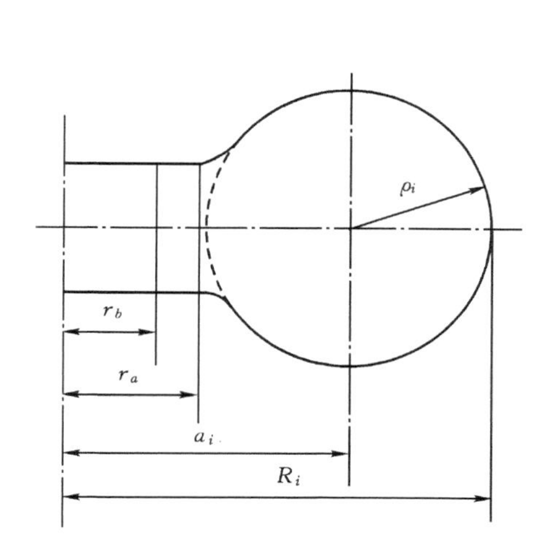

图 2－50　金属蜗壳的水力计算简图

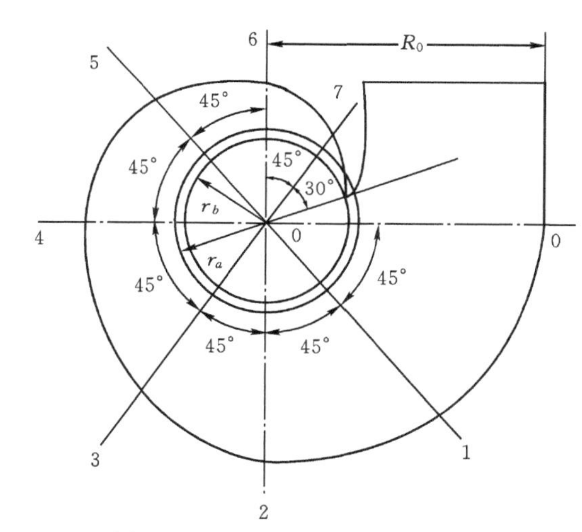

图 2－51　金属蜗壳的平面单线图
0～7—蜗壳 8 个断面的平面位置

3.混凝土蜗壳的水力计算

（1）确定进口断面的尺寸。根据式（2－40）可得进口断面的面积为

$$F_0=\frac{Q_0}{V_c}=\frac{Q_{\max}\varphi_0}{360V_c} \tag{2-44}$$

式中：F_0 为进口断面的面积。根据选定的进口断面形状，即可求出面积 F_0 的断面尺寸，如图 2－52 中的 a、b、m、n 及 R_0 所示，单位均为 m。

（2）确定中间断面的顶角点、底角点变化规律。如图 2－52（a）所示，若采用直线变化规律，则 AG、CH 直线（图中用虚线表示）的方程为

对 AG 直线

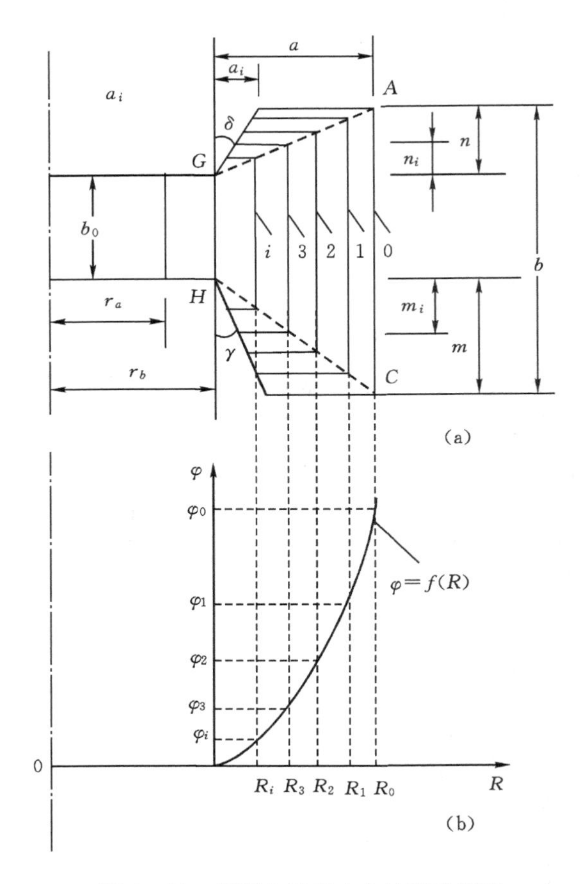

图 2-52　混凝土蜗壳水力计算示意图

$$n_i = k_1 a_i \tag{2-45}$$

对 CH 直线

$$m_i = k_2 a_i \tag{2-46}$$

式中：k_1、k_2 为系数，可由进口断面尺寸确定，$k_1=\dfrac{n}{a}$，$k_2=\dfrac{m}{a}$。

(3)绘制 $\varphi=f(R)$ 辅助曲线。在进口断面内作出若干个中间断面，如图 2-52(a)中的 0，1，2，3，…，i 断面，其外半径为 R_i（$i=1,2,3,\cdots$）。由于 $a_i=R_i-r_a$，因此，结合式(2-45)和式(2-46)可求出对应每一 R_i 的中间断面的 a_i、m_i、n_i 及 $b_i=b_0+m_i+n_i$，从而求出各中间断面的面积为

$$F_i = a_i b_i - \frac{1}{2}m_i^2\tan\gamma - \frac{1}{2}n_i^2\tan\delta \qquad i=1,2,3,\cdots \tag{2-47}$$

又根据式(2-39)、式(2-40)及式(2-44)可得各中间断面面积 F_i 与其包角 φ_i 的关系为

$$\varphi_i = \frac{\varphi_0}{F_0}F_i \tag{2-48}$$

将对应的每一个 R_i 求出的 φ_i 值绘成如图 2-52(b)所示，并光滑连成曲线，即得 $\varphi=f(R)$ 的辅助线。

(4)根据计算需要,选定若干个 φ_i(一般每隔15°、30°或45°取一个),如图 2-52 所示查出 R_i 即断面尺寸,并可绘制出蜗壳的断面单线图,如图 2-52 所示,以及蜗壳平面单线图,如图 2-53所示。在绘制平面单线图时,其进口宽度 $B=R_0+D_1$,D_1 为转轮直径,其鼻端的非蜗形流道曲面边界一般由模型试验确定。

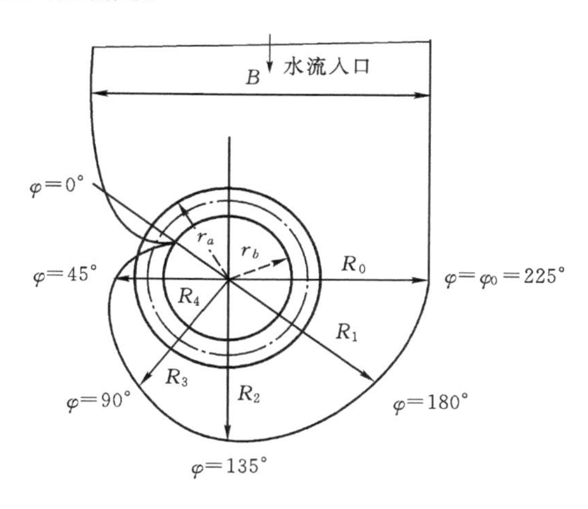

图 2-53　混凝土蜗壳的平面单线图

2.8.2　尾水管的作用、型式及其主要尺寸确定

尾水管是反击式水轮机的重要过流部件,其型式和尺寸在很大程度上影响到水电站下部土建工程的投资和水轮机运行的效率及稳定性。因此合理选择尾水管的型式和尺寸,在水电站设计中具有重要的意义。

2.8.2.1　尾水管的作用

为了说明尾水管在水轮机运行中的作用,下面首先分析如图 2-54 所示的两台水轮机的水能利用情况。假定这两台水轮机的转轮型号、直径 D_1、流量 Q 以及上、下游水位等参数均完全相同,其中一台未安设尾水管,另一台为安设尾水管的水轮机(为了方便比较,尾水管出口淹没深度取为零)。根据水轮机工作原理,若忽略进水槽中的流速水头,则单位重量水流通过这两台水轮机时,其转轮所获得的能量均可表示为

$$E=E_1-E_2=\left(H_1+\frac{p_a}{\gamma}\right)-E_2 \tag{2-49}$$

式中:E_1、E_2 为转轮进、出口单位质量水流的能量;H_1 为转轮进口相对于基准面 5—5 的净水头值,即为电站总水头值;p_a 为大气压力。

分析式(2-49)可以易得,两台水轮机在进水口水能 $E_1=H_1+\frac{p_a}{\gamma}$ 相等,水轮机所利用的有效水能 E 直接取决于出口能量损失 E_2,若 E_2 愈小,则水轮机转轮效率就愈高。

1. 未安设尾水管的水轮机

该情况下水轮机如图 2-54(a)所示,转轮出口压力 p_2 为大气压 p_a,因此转轮出口 2—2 断面的单位能量 E_{2A} 为

$$E_{2A} = H_2 + \frac{p_a}{\gamma} + \frac{a_2 V_2^2}{2g} \tag{2-50}$$

将式(2-50)代入式(2-49)可得未安设尾水管水轮机转轮从水中所获得的单位能量 E_A 为

$$E_A = E_1 - E_{2A} = \left(H_1 + \frac{p_a}{\gamma}\right) - E_{2A} = \left(H_1 + \frac{p_a}{\gamma}\right) - \left(H_2 + \frac{p_a}{\gamma} + \frac{a_2 V_2^2}{2g}\right) = H_1 - (H_2 + h_{v2}) \tag{2-51}$$

式中：h_{v2}为转轮出口的动能，$h_{v2} = \frac{a_2 V_2^2}{2g}$。

由式(2-51)可知，未安装尾水管水轮机所利用的水能 E_A 占水轮机总水头值 H_1 的一部分，其余部分表现为转轮出口位置水头和出口动能 h_{v2}已经全部损失。

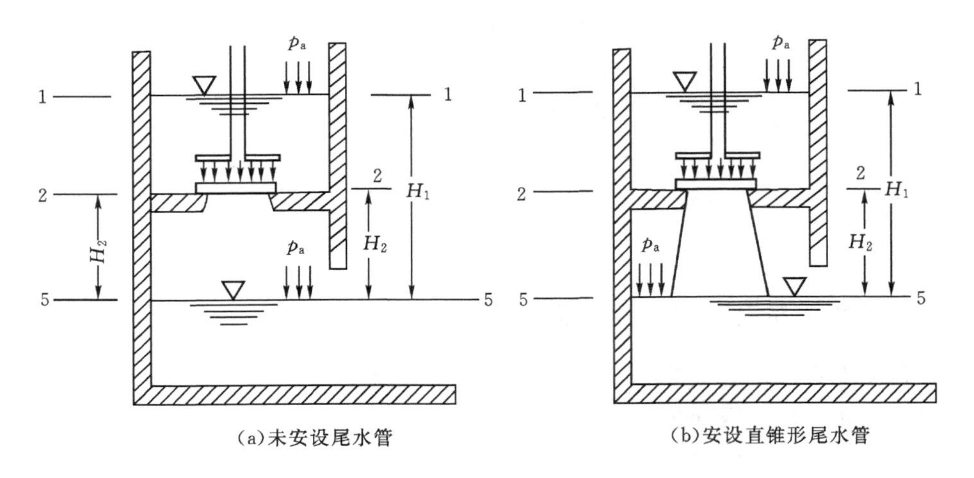

图 2-54　尾水管作用分析简图

2. 安设尾水管的水轮机

该情况下水轮机如图 2-54(b)所示，转轮出口 2—2 断面的单位能量 E_{2B}为

$$E_{2A} = H_2 + \frac{p_2}{\gamma} + \frac{a_2 V_2^2}{2g} \tag{2-52}$$

又根据 2—2 断面和基准面 5—5 断面的能量方程

$$H_2 + \frac{p_2}{\gamma} + \frac{a_2 V_2^2}{2g} = 0 + \frac{p_a}{\gamma} + \frac{a_5 V_5^2}{2g} + \Delta h_{2-5} = H_2 + \frac{p_2}{\gamma} + h_{v2} = \frac{p_a}{\gamma} + h_{v5} + \Delta h_{2-5} \tag{2-53}$$

式中：h_{v5}为尾水管出口动能，$h_{v5} = \frac{a_5 V_5^2}{2g}$。

整理式(2-53)，可得

$$\frac{p_2}{\gamma} = \frac{p_a}{\gamma} - H_2 - (h_{v2} - h_{v5} - \Delta h_{2-5}) \tag{2-54}$$

由式(2-52)、式(2-54)代入式(2-49)可得安设尾水管水轮机转轮从水中所获得的单位能量为

$$E_B = E_1 - E_{2B} = \left(H_1 + \frac{p_a}{\gamma}\right) - \left(\frac{p_a}{\gamma} + h_{v5} + \Delta h_{2-5}\right) = H_1 - h_{v5} - \Delta h_{2-5} = H_1 - (h_{v5} + \Delta h_{2-5}) \quad (2-55)$$

由式(2-51)和式(2-55)可得

$$\Delta E = E_B - E_A = [H_1 - (h_{v5} + \Delta h_{2-5})] - [H_1 - (H_2 + h_{v2})] = H_2 + (h_{v2} - h_{v5} - \Delta h_{2-5}) \quad (2-56)$$

分析式(2-56)可知，当安设尾水管后，水轮机利用的水能增加了 ΔE。ΔE 值即为尾水管所回收的转轮出口的水能，它包括转轮出口至下游水位的位置水头 H_2 和转轮出口的部分动能。

比较式(2-56)和式(2-54)可得，$\Delta E = \frac{p_a - p_2}{\gamma}$。这说明尾水管回收转轮出口水能的途径是使转轮2—2断面出现压力降低，形成真空，增加转轮的利用水头。因此，常将式(2-56)中的 H_2 称为静力真空，它表示尾水管利用转轮出口至下游水位的净水头值所产生的真空值；而将 $h_{v2} - h_{v5} - \Delta h_{2-5}$ 称为动力真空，它表示尾水管利用其逐渐扩散的断面式水流动能减小所产生的真空值。

综上所述，尾水管的作用可以归纳为：

(1)汇集并引导转轮出口水流排到下游；

(2)当 $H_2 > 0$ 时，利用这一高度水流所具有的位能；

(3)回收转轮出口的部分动能。

由于尾水管所产生的静力真空 H_2 主要取决于水轮机的安装高程，与尾水管的性能无直接关系，所以衡量尾水管性能好坏的主要指标是看它对转轮出口动能的回收利用程度，这常用尾水管的动能恢复系数 η_ω 来表征

$$\eta_\omega = \frac{h_{v2} - h_{v5} - \Delta h_{2-5}}{h_{v2}} \quad (2-57)$$

由式(2-57)可知，尾水管的动能恢复系数 η_ω 表示尾水管回收转轮出口水流动能的相对值。如果尾水管出口面积无穷大，则 $V_5 = 0$，且假定其内部总水力损失 $\Delta h_{2-5} = 0$，则 $\eta_\omega = 100\%$，表示尾水管能全部回收转轮出口的水流动能。在实际情况下 η_ω 约为80%左右。

根据上述分析，尾水管的总水能损失为其出口动能损失和内部水力损失之和，即

$$\sum h = h_{v5} + \Delta h_{2-5} = \zeta_\omega h_{v2} \quad (2-58)$$

式中：$\sum h$、ζ_ω 为尾水管的总水能损失及其系数。

将式(2-58)带入式(2-57)可得尾水管动能恢复系数 η_ω 的另一种表示形式，即

$$\eta_\omega = 1 - \zeta_\omega \quad (2-59)$$

尾水管动能恢复系数 η_ω 是进行不同型式的尾水管性能比较的重要参数。但是对于不同型式的水轮机，由于其转轮出口的 h_{v2} 的大小不同，即使利用相同性能的尾水管，其回收动能的绝对值大小也不同。例如对于低水头轴流式水轮机，其 h_{v2} 值可达总水头 H 的40%；而对于高水头混流式水轮机，其 h_{v2} 值还不到总水头 H 的1.0%。由此可见，尾水管性能的好坏对于低水头水轮机是极其重要的，直接影响水轮机的效率；而对于高水头水轮机，从保证机组效率的角度上，它的影响不大。

2.8.2.2　**尾水管的型式及其主要尺寸确定**

尾水管型式很多，但是目前最常用的有直锥形、弯锥形和弯肘形三种形式，如图 2－54～图 2－56 所示。其中直锥形尾水管结构简单，性能最好（η_ω 可达 80%～85%），但是其下部开挖工程量较大，因此一般运用于小型水轮机。弯锥形尾水管比直锥形尾水管多了一段圆形等直径的弯管，它常用于小型卧式水轮机中，由于其转弯段水力损失较大，所以其性能较差，η_ω 约为 40%～60%。弯肘形尾水管不但可减少尾水管的开挖深度，而且具有良好的水力性能，η_ω 可达 75%～80%，因此除了贯流式机组外，几乎所有的大中型水轮机均采用这种型式的尾水管。

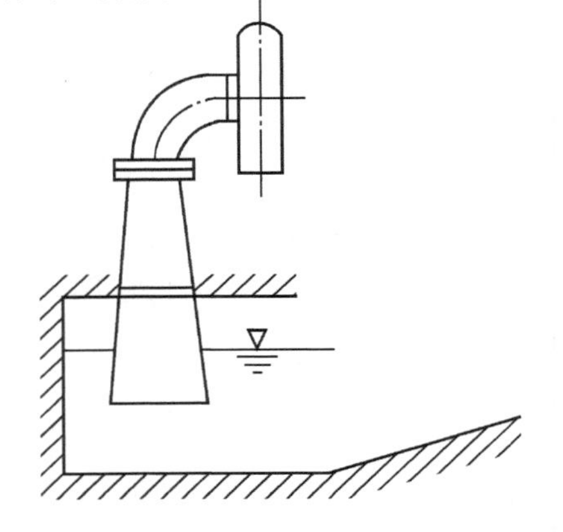

图 2－55　弯锥形尾水管

弯肘形尾水管由进口直锥段、中间肘管段和出口扩散段三部分组成。由于弯肘形尾水管内的水流极其复杂，实际上常常依据模型试验和分析来确定其形状和尺寸。现已有定型化资料可供初步设计时选用，如表 2－4 所示，在实际的水电站设计时，应采用水轮机制造厂提供的尺寸。

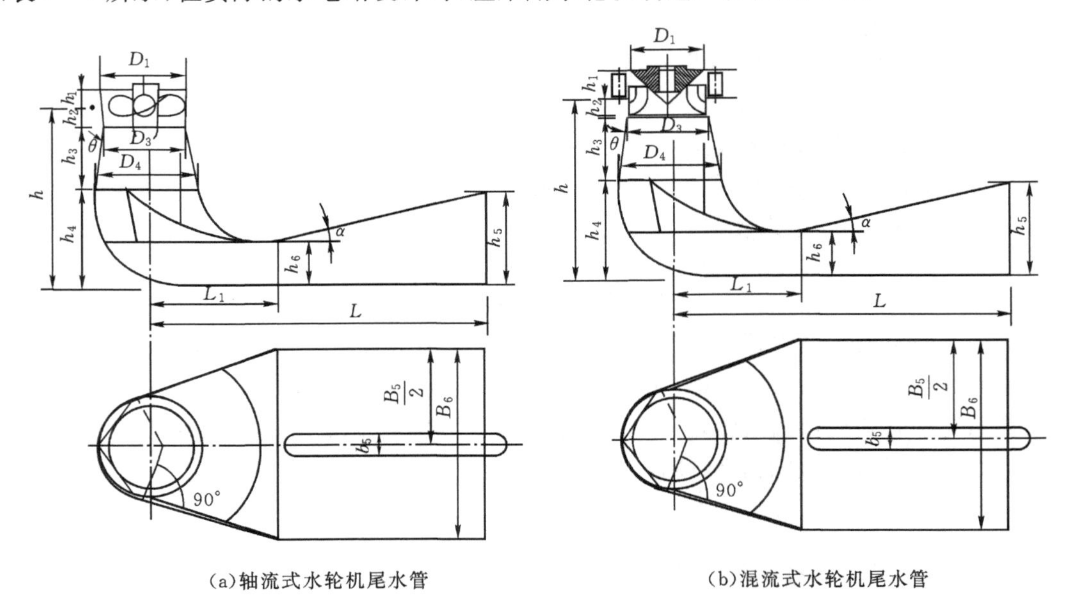

(a)轴流式水轮机尾水管　　(b)混流式水轮机尾水管

图 2－56　弯肘形尾水管

表 2－4　推荐的尾水管尺寸表

$\frac{h}{D_1}$	$\frac{L}{D_1}$	$\frac{B_5}{D_1}$	$\frac{D_4}{D_1}$	$\frac{h_4}{D_1}$	$\frac{h_6}{D_1}$	$\frac{L_1}{D_1}$	$\frac{h_5}{D_1}$	肘形型式	使用范围
2.2	4.5	1.808	1.10	1.10	0.574	0.94	1.30	金属里衬肘管 $\frac{h_4}{D_1}=1.1$	混流式 $D_1>D_2$

续表 2－4

$\frac{h}{D_1}$	$\frac{L}{D_1}$	$\frac{B_5}{D_1}$	$\frac{D_4}{D_1}$	$\frac{h_4}{D_1}$	$\frac{h_6}{D_1}$	$\frac{L_1}{D_1}$	$\frac{h_5}{D_1}$	肘形型式	使用范围
2.3	4.5	2.420	1.20	1.20	0.600	1.62	1.27	标准混凝土肘管	轴流式
2.6	4.5	2.720	1.35	1.35	0.675	1.82	1.22	标准混凝土肘管	混流式 $D_1 \leqslant D_2$

对于如图 2－56 所示的混流式水轮机的尾水管，在一般情况下，其尺寸根据表 2－4 确定。如图 2－56 所示的 h_1、h_2 可按转轮型号从结构上确定。

下面简要介绍弯肘形尾水管各部分形状和尺寸的选择方法。

1．进口直锥段

进口直锥段是一段垂直的圆锥形扩散管，其内壁设置金属里衬，以防止旋转水流和涡带脉动压力对管壁的破坏。其单边扩散角 θ 的最优值：对于混流式水轮机，$\theta=7°\sim9°$；对于转桨式水轮机，$\theta=8°\sim10°$，轮毂比 $\frac{d_g}{D_1}>0.45$ 时，取下限值。

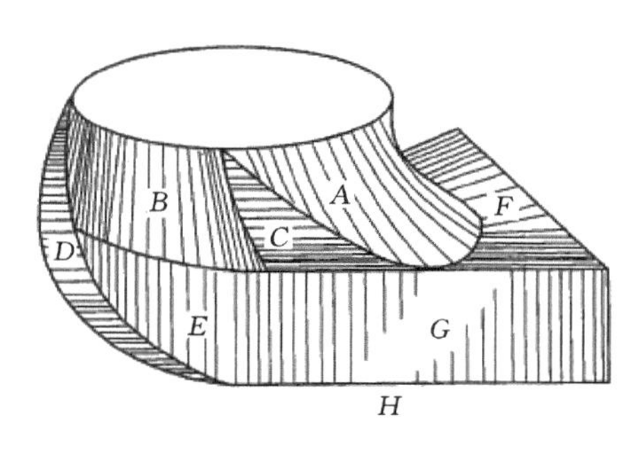

图 2－57　标准混凝土肘管的透视图

2．中间弯肘段（肘管）

中间弯肘段常称为肘管，它是一段90°转弯的变截面弯管，其进口断面为圆形，出口断面为矩形，如图 2－57 所示。水流在肘管中的运动很复杂，其压力和流速的分布很不均匀，因而产生的水力损失较大，直接影响尾水管的性能。但是目前尚无法采用理论计算的办法来完成肘管断面形状及其尺寸的设计，因此通常只能经过反复试验后才能找到一些性能良好的肘管形式。为了便于实际工程设计应用，目前已有一些定型的标准肘管。

表 2－4 推荐使用的标准混凝土肘管的尺寸如图 2－58 和表 2－5 所示。其中所列的数据对应 $h_4=D_4=1000$ mm，应用时乘以选定的 h_4（或与之相等的 D_4）即可得到所需数值。

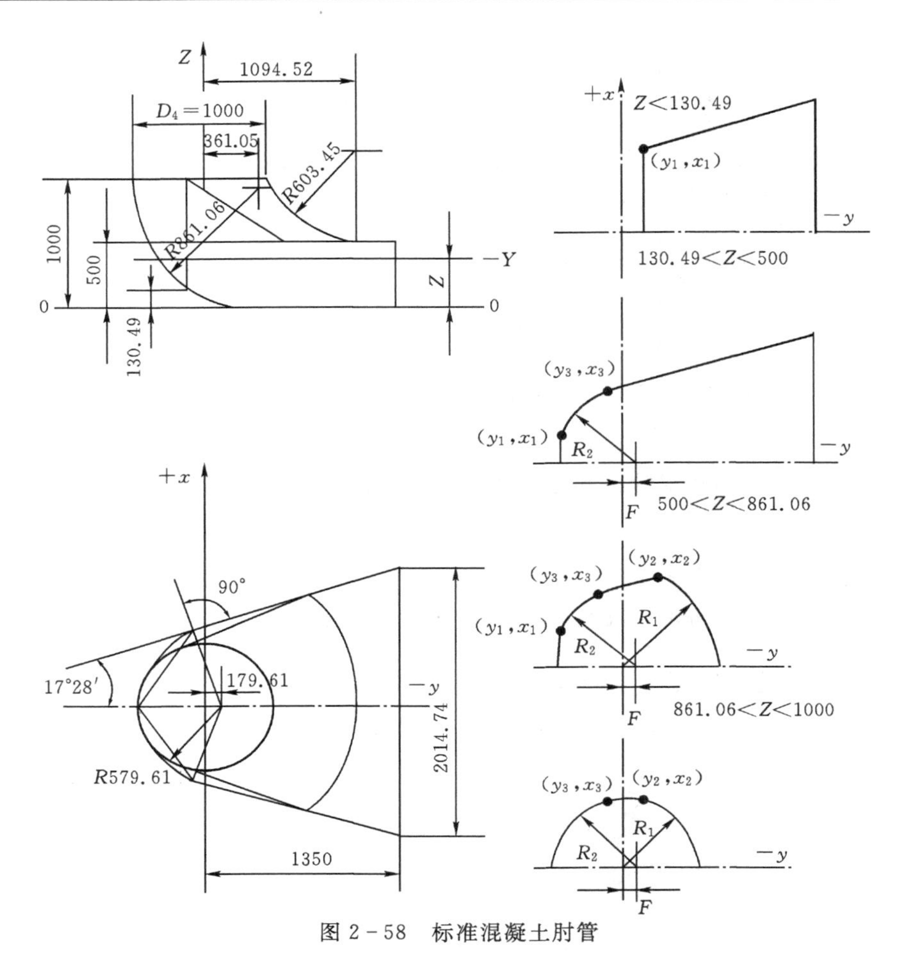

图 2-58 标准混凝土肘管

表 2-5 标准混凝土肘管尺寸表

Z	y_1	x_1	y_2	x_2	y_3	x_3	R_1	R_2	F
50	−71.90	605.20							
100	41.70	569.45							
150	124.56	542.45			94.36	552.89		579.61	79.61
200	190.69	512.72			94.36	552.89		579.61	79.61
250	245.60	479.77			94.36	552.89		579.61	79.61
300	292.12	444.70			94.36	552.89		579.61	79.61
350	331.94	408.13			94.36	552.89		579.61	79.61
400	366.17	370.44			94.36	552.89		579.61	79.61
450	395.57	331.91			94.36	552.89		579.61	79.61
500	420.65	292.72	−732.66	813.12	94.36	552.89	1094.52	579.61	79.61
550	441.86	251.18	−457.96	720.84	99.93	545.79	854.01	571.65	71.65

续表 2-5

Z	y_1	x_1	y_2	x_2	y_3	x_3	R_1	R_2	F
600	459.48	209.85	−344.72	679.36	105.50	537.70	761.82	563.69	63.69
650	473.74	168.80	−258.78	646.48	111.07	530.10	696.36	555.73	55.73
700	484.81	128.09	−187.07	618.07	116.65	522.51	645.71	547.77	47.77
750	492.81	87.76	−124.36	592.50	122.22	514.92	605.41	539.80	39.80
800	497.84	47.86	−67.85	568.80	127.79	507.32	572.92	531.84	31.84
850	499.94	8.00	−15.75	546.65	133.36	499.73	546.87	523.88	23.88
900	500.00	0.00	33.40	525.33	138.93	492.13	526.40	515.92	15.92
950	500.00	0.00	81.50	504.36	144.50	484.54	510.90	507.96	7.96
1000	500.00	0.00	150.07	476.95	150.07	476.95	500.00	500.00	0.00

由于肘管形状太复杂，所以肘管内一般不设金属里衬，但是当水头大于 150 m 或尾水管内平均流速达到 6 m/s 时，为防止高速水流、特别是高含沙水流对肘管内壁混凝土的冲刷和磨蚀，一般应设金属里衬。此时为便于里衬钢板成形，里衬形状常由进口圆形经椭圆过渡到出口矩形，这种肘管也已有定型尺寸，读者可参阅有关设计手册。

3. 出口扩散段

出口扩散段是一段水平放置、两侧平行，顶板仰角为 α 的矩形扩散管。其顶板的仰角一般取 $\alpha=10°\sim13°$。当出口宽度过宽时，可按照水工结构要求加设中间支墩，支墩的厚度一般取 $b_5=(1.5\sim0.15)B_5$，并考虑尾水闸门布置的需要，如图 2-56 所示。出口扩散段内通常不加设金属里衬。

4. 尾水管的高度

尾水管的高度 h 是指水轮机底环平面至尾水管底板的高度，如图 2-56 所示，它是决定尾水管性能的主要参数，增加 h 可提高尾水管的效益，但是将增加厂房土建投资；减少 h 会影响尾水管的工作性能，降低水轮机效率，甚至影响机组运行的稳定性。根据实践经验，高度 h 应满足如下要求：对转桨式水轮机，$h\geqslant2.3D_1$，最低不能低于 $2.0D_1$；对于高水头混流式水轮机（$D_1>D_2$），$h\geqslant2.2D_1$；对于低水头混流式水轮机（$D_1<D_2$），$h\geqslant2.6D_1$，最低不低于 $2.3D_1$。

5. 尾水管的水平长度

尾水管的水平长度 L 是指机组中心线至尾水管出口断面的距离，如图 2-56 所示。增大 L 可使尾水管出口面积增大，从而降低尾水管的出口动能损失，但是过分增大 L 将使尾水管的内部水力损失以及厂房尺寸增大。通常取 $L=(3.5\sim4.5)D_1$。

2.8.2.3　尾水管局部尺寸变动

在水电站设计时，有时为了满足施工方便、厂房布置紧凑及适应地形、地质条件等实际的工程要求，需要对上述推荐的尾水管尺寸作适当的变动，但是这些变动不可对尾水管的性能指标造成严重影响，有些尺寸的变动（如高度 h 小于推荐的下限值）需经过水轮机厂商的同意，并需经过充分的论证或试验后方才可以确定。下面介绍一些常用的尺寸变动形式及其允许变动的范围。

(1)当厂房底部岩石开挖受到限制，又需要保持尾水管高度时，允许将出口扩散段底板向上倾斜，如图2-59所示，其倾斜角β一般不超过6°～12°(高水头水轮机可取上限值)。试验证明，这种变动对尾水管性能影响不大。在特殊情况下，也有β值较大的(目前国内最大取到39.8°)，此时尾水管性能靠加大高度h和长度L来保证。

(2)对于大中型反击式水轮机，由于蜗壳的尺寸较大，机组段长度在很大程度上取决于蜗壳的宽度。而蜗壳的宽度在机组的中心线两侧是不对称的，若采用对称的尾水管则可能增加厂房机组段的长度。此时常采用不对称布置的尾水管，及将出口扩散段的中心线向蜗壳进口侧偏心布置，如图2-59所示，偏心距d由厂房布置决定。偏移后肘管的水平长度L_1和各断面形状保持不变，只是其水平出水段的中心线移动了一个角度φ及其两侧的长度变得不等了。

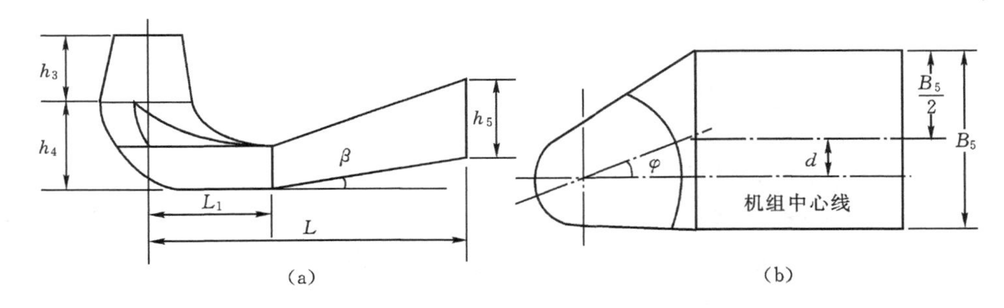

图2-59　尾水管的局部尺寸变动

(3)在地下水电站中，为了保证岩石的稳定，常将尾水管水平扩散段的断面做成高而窄的形状。例如，将$h=2.6D_1$的标准尾水管变成$h=3.5D_1$、$B_5 \geqslant (1.5 \sim 2.0)D_1$的高窄形时，经试验证明，其性能指标和运行稳定性均未受到影响，也不会增大电站的土建投资。

(4)在地下水电站中，为了适应地形、地质条件及厂房布置的要求，常需采用超长度的尾水管(目前国内最长的取到$L=108D_1$)，此时需对转轮出口的真空度大小及机组的抬机可能性进行充分的理论论证或试验研究。从国内已建成的长尾水管运行情况看，部分尾水管效率有所下降，但是未影响机组的稳定运行。对于轴流式机组，抬机的危险性较大，虽在甩掉负荷时转轮出口的真空度较大，尚未发生反水锤抬机的现象。

2.9　水轮机的空化及空化系数

效率、空化和稳定性是现代水轮机的三大性能指标。效率关系到对水能的利用程度，空化影响水力机组的寿命，而稳定性关系到机组是否能够安全正常运行，由此可见水轮机稳定性的重要性。但由于人们对水轮机稳定性的认识比较晚，加之问题本身复杂，难点多，牵涉多个学科，需要先进的测试仪器等，使得我们对稳定性的认识远没有对效率和空化的认识深刻。因此，水轮机运行的稳定性，一直是困扰水电厂电力生产的难点问题，直接影响到水电厂能否稳定乃至安全生产，关系到国民经济的命脉。随着水轮机单机容量的提高，机组尺寸的增加，相对刚度的减弱，有些电站的水轮机出现不同程度的振动，如国外的大古力、塔贝拉和古里电站，国内的岩滩和五强溪等电站，导致转轮叶片裂纹，尾水管壁撕裂，有的甚至引起厂房或相邻水工建筑物发生共振，危及电站安全运行，所以稳定性问题日益突出。

在20世纪初期，空化开始被发现并逐步成为水力机械设计、运行中必须考虑的重要因素之一。随着水轮机不断地向大容量、高水头、高比转速方向发展，空化对水轮机的危害性也愈加显著。因此，空化已成为目前水轮机发展的一大障碍，空化问题的研究也正是国内外关注的重要课题之一。

2.9.1　水流的空化

水轮机的空化现象是水流在能量转换过程中产生的一种特殊现象。大约在20世纪初，发现轮船的高速金属螺旋桨在很短时间内就被破坏，后来在水轮机中也发生了转轮叶片遭受破坏的情况，空化现象就开始被人们发现和重视。

水轮机的工作介质是液体。液体的质点并不像固体那样围绕固定位置振动，质点的位置迁移较容易发生。在常温下，液体就显示了这种特性。液体质点从液体中离析的情况取决于该种液体的空化特性。例如，水在一个标准大气压作用下，温度达到100 ℃时，发生沸腾空化，而当周围环境压力降低到0.24 mH_2O(1 mH_2O=9806 Pa)时，空化现象即可发生。图2-60表示了水的空化压力与温度关系曲线。

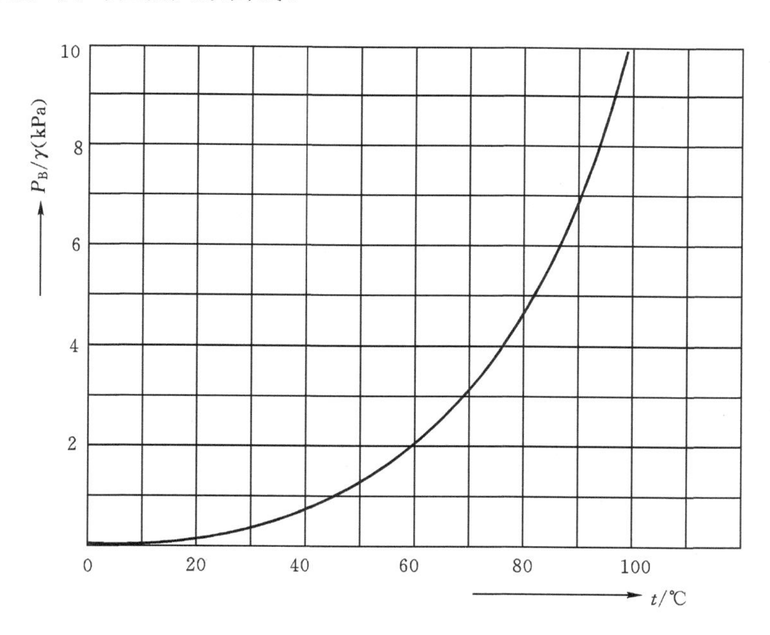

图2-60　水温与饱和气泡压力关系曲线

2.9.1.1　空蚀机理

由于液体具有汽化特性，因此当液体在恒压下加热，或在恒温下用静力或动力方法降低其周围环境压力时，都能使液体达到汽化状态。但在研究空化和空蚀时，对于由这两个不同条件形成的液体汽化现象在概念上是不同的。任何一种液体在恒定压力下加热，当液体温度高于某一温度时，液体开始汽化，形成汽泡，称为沸腾。

我们以前通常所讲的气蚀现象，实际上包括了空化和空蚀两个过程。空化乃是在液体中形成空穴使液相流体的连续性遭到破坏，它发生在压力下降到某一临界值的流动区域中。在空穴中主要充满着液体的蒸汽以及从溶液中析出的气体。当这些空穴进入压力较低的区域时,就开始发育成长为较大的气泡,然后,气泡被流体带到压力高于临界值的区域,气泡就将溃灭,这个过程称为空化。空化过程可以发生在液体内部,也可以发生在固定边界上。空蚀是指由于空泡的溃灭,引起过流表面的材料损坏。在空泡溃灭过程中伴随着机械、电化、热力、氧化等过程的作用。空蚀是空化的直接后果,空蚀只发生在固体边界上。

针对水轮机,所谓空化是指水轮机流道内流动水体中的微小气泡在形成、发展、溃裂过程中对水轮机过流部件表面所产生的物理化学侵蚀作用。下面从气泡的生成入手简要介绍空化的物理过程。

在一定的压力下,当水的温度升高到某一数值时便开始沸腾(或称空化)。对于一般平原地区,环境气压为一个标准大气压,水开始空化的温度为 100 ℃。试验表明,当气压降低到 0.24 mH_2O时,水在 20 ℃时便开始发生空化。可见,水开始空化的温度与环境气压有关。通常把水在一定温度下开始汽化的临界压力称为空化压力。

表 2-6 列出了水的空化压力与温度的关系,表中 P_B 是以帕(Pa)为单位的绝对空化压力,γ 是水的重度,P_B/γ 为以米水柱(mH_2O)表示的空化压力。

表 2-6 水在各种温度下的空化压力

温度 t/℃	0	5	10	20	30	40	50	60	70	80	90	100
空化压力加 P_B/γ(mH_2O)	0.06	0.09	0.12	0.24	0.43	0.75	1.26	2.03	3.17	4.83	7.15	10.33

注:γ 是水的重度,其值可约取为 9806 N/m^3;1 mH_2O=9806 Pa=9806 N/m^2。

由上述可见,对于某一温度的水,当压力下降到某一空化压力时,水就开始产生空化现象。通过水轮机的水流,如果在某些地方流速增高了,根据水力学的能量方程知道,必然引起该处的局部压力降低,如果该处水流速度增加很大,以致使压力降低到在该水温下的汽化压力时,则此低压区的水开始空化,便会产生空蚀。

2.9.1.2 空蚀作用型式

目前认为,水流在水轮机流道中运动所产生的空蚀是一个比较复杂的过程。其空蚀对金属材料表面的侵蚀破坏主要有机械作用、高温氧化作用和电化作用三种,以机械作用为主。

1.机械作用

水流在水轮机流道中运动可能发生局部的压力降低,当局部压力低到汽化压力时,水就开始空化,而原来溶解在水中的极微小的(直径约为 10^{-5}~10^{-4} mm)空气泡也同时开始聚集、逸出。从而,就在水中出现了大量的由空气及水蒸气混合形成的气泡(直径在 0.1~2.0 mm 以下)。这些气泡随着水流进入压力高于空化压力的区域时,一方面由于气泡外动水压力的增大,另一方面由于汽泡内水蒸气迅速凝结使压力变得很低,从而使气泡内外的动水压差远大于维持气泡成球状的表面张力,导致气泡瞬时溃裂(溃裂时间约为几百分之一或几千分之一秒)。在气泡溃裂的瞬间,其周围的水流质点便在极高的压差作用下产生极大的流速向汽泡中心冲击,形成巨大的冲击压力(其值可达几十甚至几百个大气压)。在此冲击压力作用下,原来气泡内的气体全部溶于水中,并与一小股水体一起急剧收缩形成聚能高压"水核"。而后水核迅速膨胀冲击周围水体,并一直传递到过流部件表面,致使过流部件表面受到一小股高速射流的撞击。这种撞击现象是伴随着运动水流中气泡的不断生成与溃裂而产生的,它具有高频(最高频率可达23万次/秒)脉冲的特点,从而对过流部件表面材料造成破坏,这种破坏作用称为空蚀的“机械作用”。

2. 高温氧化作用

发生空化和空蚀时,气泡使金属材料表面局部出现高温是发生化学作用的主要原因。这种局部出现的高温可能是气泡在高压区被压缩时放出的热量,或者是由于高速射流撞击过流部件表面而释放出的热量。据试验测定,在气泡凝结时,局部瞬时高温超过300 ℃,这种高温和高压促进了气泡对金属材料表面的氧化腐蚀作用,在金属表面的晶粒中会形成温差热电偶,即在冷热晶粒间产生电位差,从而对金属表面造成“电解侵蚀作用”。

3. 电化作用

在发生空化和空蚀时,局部受热的材料与四周低温的材料之间,会产生局部温差,形成热电偶,材料中有电流流过,引起热电效应,产生电化腐蚀,破坏金属材料的表面层,使它发暗变毛糙,加快了机械侵蚀作用。

根据对空化的多年观测认为:空化破坏主要是由其机械剥蚀作用形成的,而其高温氧化和电化作用则主要表现为加速了其机械剥蚀作用的破坏进程,即空化和空蚀破坏主要是机械破坏,高温氧化和电化作用是次要的。

空化对金属表面的破坏程度与时间有关。在初始阶段,由于金属材料固有的抵御能力,一般仅表现为表面失去光泽而变暗;尔后随着时间的增长,表面变毛糙并逐渐出现麻点;接着表面逐渐成为疏松的海绵蜂窝状,空化区域的深度和广度也逐渐增加,严重时甚至可能造成水轮机叶片的穿孔破坏。

在机械作用的同时,高温氧化和电化腐蚀加速了机械破坏过程。空化和空蚀在破坏开始时,一般是金属表面失去光泽而变暗,接着是变毛糙而发展成麻点,一般呈针孔状,深度在1～2 mm;再进一步使金属表面十分疏松成海绵状,也称为蜂窝状,深度为3 mm到几十毫米。空蚀严重时,可能造成水轮机叶片的穿孔破坏。空化和空蚀的存在对水轮机运行极为不利,其影响主要表现在以下几方面:

(1)破坏水轮机的过流部件,如导叶,转轮,转轮室,上、下止漏环及尾水管等;

(2)降低水轮机的出力和效率,因为空化和空蚀会破坏水流的正常运行规律和能量转换规律,并会增加水流的漏损和水力损失;

(3)空化和空蚀严重时,可能使机组产生强烈的振动、噪音及负荷波动,导致机组不能安全稳定运行;

(4)缩短了机组的检修周期,增加了机组检修的复杂性;空化和空蚀检修不仅耗用大量钢材,而且延长工期,影响电力生产。

2.9.2　水轮机空化的类型

由于水力机械中的水流是比较复杂的,因此可以在不同部位及不同条件下形成空化初生。在对各种类型的水力机械空化区的观察和室内试验成果可知,空化经常在绕流体表面的低压区或流向急变部位出现,而最大空蚀区位于平均空穴长度的下游端,但整个空蚀区是由最大空蚀点在上、下游延伸相对宽的一个范围内。所以,导流面的空蚀部分并非是引起空化观察现象的低压点,而低压点在空蚀区的上游,即在空穴的上游端。

根据空化和空蚀发生的条件和部位的不同，一般可分为以下四种类型。

1. 翼型空化和空蚀

翼型空化和空蚀是由于水流绕流叶片引起压力降低而产生的。叶片背面的压力往往为负压，其压力分布如图 2－61 所示。当背面低压区的压力降低到环境汽化压力以下时，便发生空化和空蚀。这种空化和空蚀与叶片翼型断面的几何形状密切相关，所以称为翼型空化和空蚀。翼型空化和空蚀是反击式水轮机主要的空化和空蚀形态。翼型空化和空蚀与运行工况有关，当水轮机处在非最优工况时，会诱发或加剧翼型空化和空蚀。

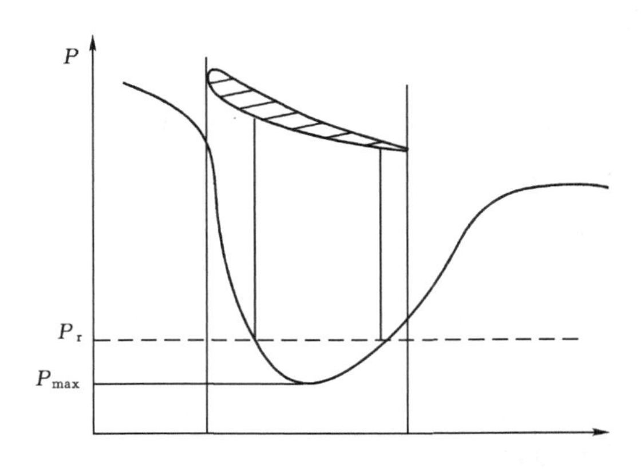

图 2－61　沿叶片背面压力分布

根据对国内许多水电站水轮机的调查，混流式水轮机的翼型空化和空蚀主要可能发生在如图 2－62(a)所示的 $A \sim D$ 四个区域。A 区为叶片背面下半部出水边；B 区为叶片背面与下环靠近处；C 区为下环立面内侧；D 区为转轮叶片背面与上冠交界处。轴流式水轮机的翼型空化和空蚀主要发生在叶背面的出水边和叶片与轮毂的连接处附近，如图 2－62(b)所示。

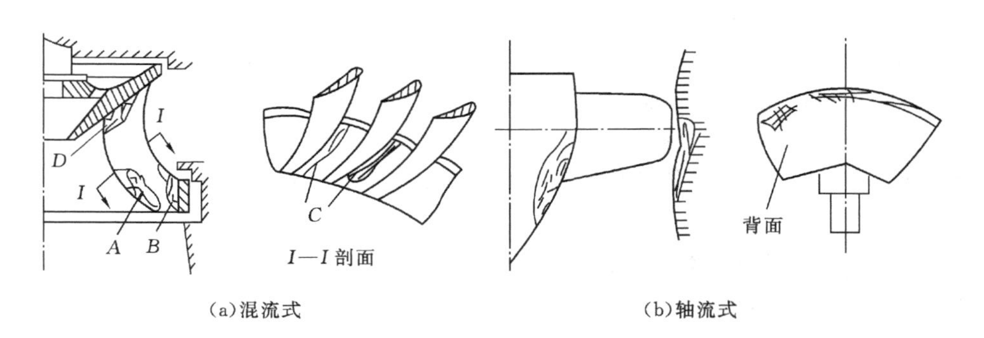

(a)混流式　　(b)轴流式

图 2－62　水轮机翼型空蚀的主要部位

2. 间隙空化和空蚀

间隙空化和空蚀是当水流通过狭小通道或间隙时引起局部流速升高，压力降低到一定程度时所发生的一种空化和空蚀形态，如图 2－63 所示。间隙空化和空蚀主要发生在混流式水轮机转轮上、下迷宫环间隙处，轴流转桨式水轮机叶片外缘与转轮室的间隙处，叶片根部与轮毂间隙处，以及导水叶端面间隙处。

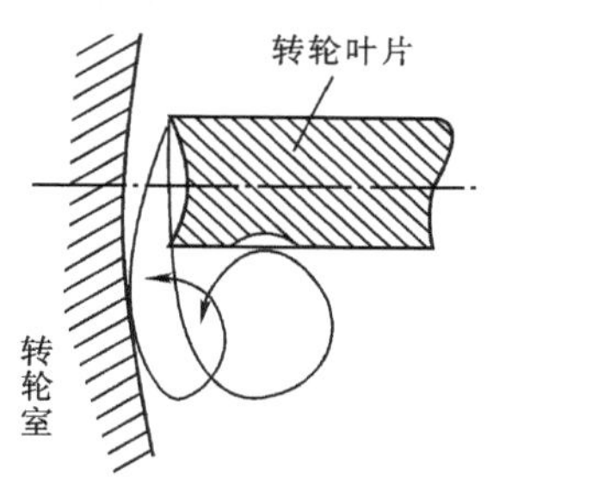

(a)轴流式水轮机的叶片端部

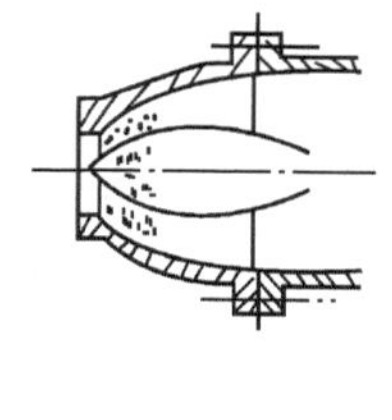

(b)水斗式水轮机喷嘴

图 2－63　间隙空化和空蚀

3. 局部空化和空蚀

当水流经过水轮机过流部件表面某些凹凸不平的部位时，会因局部脱流而产生空蚀，这种气蚀称为局部空蚀。局部空蚀常发生在限位销、螺钉孔、焊接缝、尾水管补气架以及混流式水轮机转轮上冠减压孔等处与水流相对运动方向相反的一侧，如图2－64所示。

局部空化和空蚀主要是由于铸造和加工缺陷形成表面不平整、砂眼、气孔等所引起的局部流态突然变化而造成的。例如，转桨式水轮机的局部空化和空蚀一般发生在转轮室连接的不光滑台阶处或局部凹坑处的后方；其局部空化和空蚀还可能发生在叶片固定螺钉及密封螺钉处，这是因螺钉的凹入或突出造成的。混流式水轮机转轮上冠泄水孔后的空化和空蚀破坏，也是一种局部空化和空蚀。

4. 空腔空化和空蚀

当反击式(特别是混流式)水轮机在非最优工况运行时，转轮出口水流具有一定的圆周分速度，从而使水流在尾水管中产生旋转，当达到一定程度时则形成一股真空涡带，如图 2－65 所示，这种涡带以低于水轮机转速的频率在尾水管中作非轴对称的旋转，其中心真空空腔周期性地冲击在尾水管的管壁上，造成尾水管管壁的空蚀破坏，这种形式的空蚀称为空腔空蚀。空腔空蚀会引起或加剧机组的轴向振动和尾水管管壁振动，还会引起转轮出口压力的强烈脉动以及在尾水管内产生强烈的噪音，情况严重时，会引起机组出力的大幅度摆动。

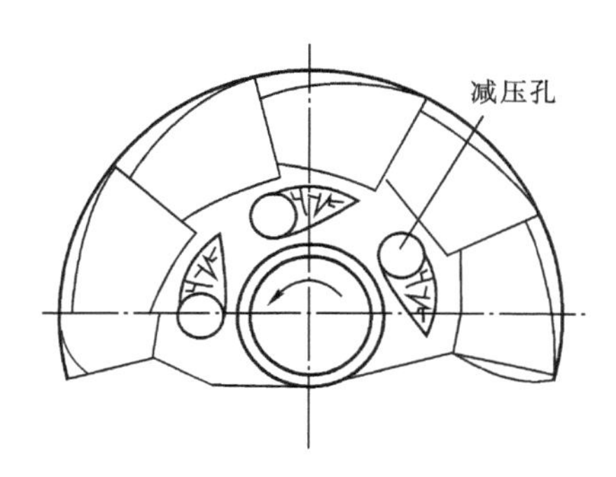

图 2－64　减压孔口的局部空蚀

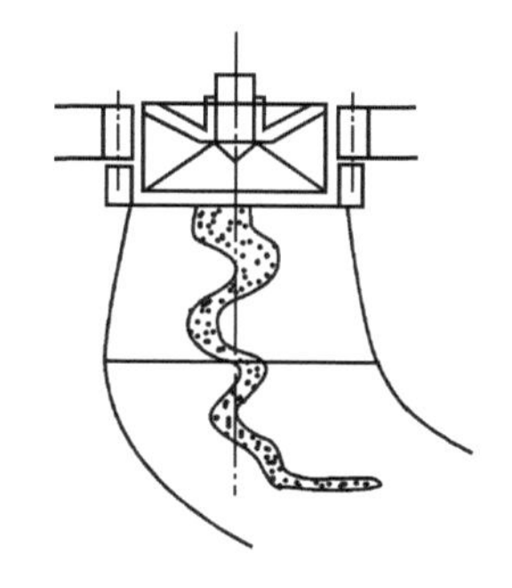

图 2－65　空腔空蚀涡带的形状

空腔空化和空蚀是反击式水轮机所特有一种旋涡空化，尤其以反击式水轮机最为突出。

当反击式水轮机在一般工况运行时，转轮出口总具有一定的圆周分速度，使水流在尾水管产生旋转，形成真空涡带。当涡带中心出现的负压小于汽化压力时，水流会产生空化现象，而旋转的涡带一般周期性地与尾水管壁相碰，引起尾水管壁产生空化和空蚀。

空腔空化和空蚀的发生一般与运行工况有关。在较大负荷时，尾水管中涡带形状呈柱状，如图 2-65 所示，几乎与尾水管中心线同轴，直径较小也较为稳定，尤其在最优工况时，涡带甚至可消失。但在低负荷时，空腔涡带较粗，呈螺旋形，而且自身也在旋转，这种偏心的螺旋形涡带，在空间极不稳定，将发生强烈的空腔空化和空蚀。

综上所述，混流式水轮机的空化和空蚀主要是翼型空化和空蚀，而间隙空化和空蚀、局部空化和空蚀是次要的；而转桨式水轮机是以间隙空化和空蚀为主；对于冲击式水轮机的空化和空蚀主要发生在喷嘴和喷针处，而在水头的分水刃处由于承受高速水流而常常有空蚀发生。在上述四种空化和空蚀中，间隙空化和空蚀、局部空化和空蚀一般只产生在局部较小的范围内，翼型空化和空蚀则是最为普遍和严重的空化和空蚀现象，而空腔空化和空蚀对某些水电站可能比较严重，以致影响水轮机的稳定运行。

我国的河流含沙量很多。通过大量的实践证明，泥沙对水轮机的磨损会加剧空蚀的破坏作用。水流中含沙量越大，沙粒越硬，水轮机过流部件表面的损坏就越严重。这种空蚀与磨损联合作用造成的损坏程度远比清水气蚀或单纯的泥沙磨损更大。因此，多泥沙河流的水电站机组应对空蚀与磨损的联合破坏作用给予特别的重视，并采取一些预防和补救措施。

2.9.3 水轮机的空化系数与吸出高度

2.9.3.1 水轮机的空化系数

关于评定水轮机空化和空蚀的标准，除了常用测量空蚀部位的空蚀面积和空蚀深度的最大值和平均值外，我国目前采用空蚀指数来反映空蚀破坏程度。空蚀指数是指单位时间内叶片背面单位面积上的平均空蚀深度，用符号 K_h 表示

$$K_h = \frac{V}{FT} \tag{2-60}$$

式中：V 为空蚀体积，$m^2 \cdot mm$；T 为有效运行时间，不包括调相时间，h；F 为叶片背面总面积，m^2；K_h 为水轮机的空蚀指数，10^{-4} (mm/h)；如果运行时间用年表示，空蚀指数单位为 mm/a。

为了区别各种水轮机的空化和空蚀破坏程度，表 2-7 中按值大小将 K_h 分为五级。

表 2-7 空蚀等级表

空蚀等级	空蚀指数 K_h		空蚀程度
	10^{-4} (mm/h)	mm/a	
Ⅰ	<0.0577	<0.05	轻微
Ⅱ	0.0577～0.115	0.05～0.1	中等
Ⅲ	0.115～0.577	0.1～0.5	较严重
Ⅳ	0.577～1.15	0.5～1.0	严重
Ⅴ	>1.15	>1.0	极严重

如前所述，在水轮机的各类空蚀中，对水轮机影响最大、破坏最严重的是翼型空蚀。所以，水轮机空蚀性能的好坏通常由其翼型空蚀性能决定。除了运行稳定性外，衡量水轮机性能好坏有两个重要参数，一个参数是效率，表示能量性能；另一个参数是空化系数，表示空化性能。所以，一个好的水轮机转轮必须同时具备良好的能量性能和空化性能，既要效率高，能充分利用水能，又要空化系数小，使水轮机在运行中不易发生空蚀破坏。所以一般用水轮机的空蚀系数作为衡量水轮机翼型空蚀性能的指标。下面从分析叶片正、背面的压力分布入手，推导水轮机的空蚀系数以及水轮机不发生翼型空蚀的条件。

如图2-66所示(图中 P_a 为大气压)，当水流以相对速度$\boldsymbol{W}_1$进入叶片流道时，在叶片进口边缘处，部分流速水头转变成压力水头，使其压力 P_1 大于进口前的 P_a，接着水流沿叶片进口边缘向两侧绕流，由于其速度水头的恢复及弯曲绕流产生的离心力的作用使水流在叶片正、背面上的局部压力均突然下降。然后，水流沿叶片两侧相对流动，由于水流与叶片的相互作用，使叶片背面压力不断下降，而叶片正面压力则逐渐回升。随后由于水流不断地对叶片做功，致使叶片两侧的水流压力均逐渐下降，在叶片背面接近出口边的某点 K 处压力 P_K 降到最低值。最后，叶片正、背面的水流压力趋向一致，在出口边处汇合流动。

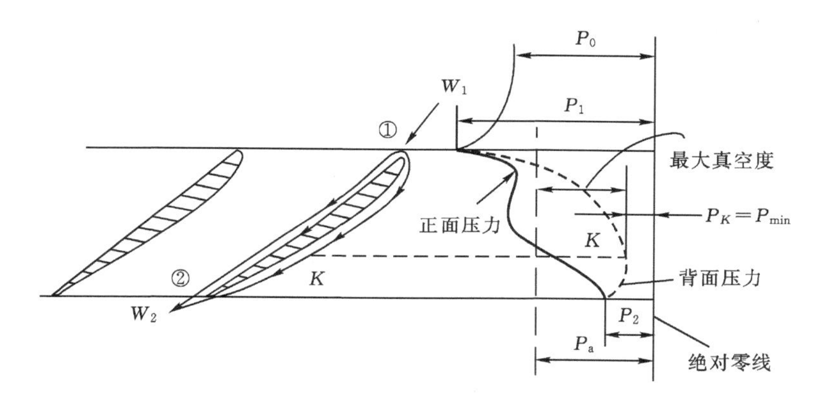

图2-66　叶片正、背面的压力分布

如果上述最低压力 P_K 降低到空化压力 P_B，则翼型空化将首先在 K 点发生。可见，最低压力 P_K 是研究翼型空化的控制参数。为此，式(2-61)列出 K 点和叶片2点水流相对运动的伯努力方程式(见图2-67)

$$Z_K+\frac{P_K}{\gamma}+\frac{W_K^2}{2g}-\frac{U_K^2}{2g}=Z_2+\frac{p_2}{\gamma}+\frac{W_2^2}{2g}-\frac{U_2^2}{2g}+h_{K-2} \tag{2-61}$$

式中：h_{K-2}为由 K 到2点的水头损失。由于 K 点和2点非常接近，故可近似地认为 $U_K\approx U_2$，$h_{K-2}\approx 0$，此外，当取下游水面 $a—a$ 为基准面时，从发生空化危险的 K 点到 a 的垂直高度 Z_K 常称为水轮机的吸出高度(或称静力真空)，并用 H_s 表示。则式(2-61)可改写为

$$\frac{P_K}{\gamma}=\frac{P_2}{\gamma}-(H_s-Z_2)-\frac{W_K^2-W_2^2}{2g} \tag{2-62}$$

为了求出2点的压力，可取叶片出口处2点与下游断面 a 点间水流绝对运动的伯努利方程式

$$Z_2+\frac{P_2}{\gamma}+\frac{V_2^2}{2g}=\frac{P_a}{\gamma}+\frac{V_a^2}{2g}+\Delta h_{2-a} \tag{2-63}$$

式中：Δh_{2-a}为由 2 点到 a 点的水头损失，由于出口流速很小可以认为 $V_a \approx 0$，则上式可写成

$$\frac{P_2}{\gamma} + Z_2 = \frac{P_a}{\gamma} + Z_a + \Delta h_{2-a} - \frac{V_2^2}{2g} \quad (2-64)$$

将式(2-64)代入式(2-62)可得

$$\frac{P_K}{\rho g} = \frac{P_a}{\rho g} - H_s - \left(\frac{V_2^2}{2g} + \frac{W_K^2 - W_2^2}{2g} - \Delta h_{K-a}\right) \quad (2-65)$$

式中：$\Delta h_{K-a} = \Delta h_{K-2} + \Delta h_{2-a}$，由于 K 点和 2 点非常接近，$h_{K-2} \approx 0$，$\Delta h_{K-a} = \Delta h_{2-a}$则上式改写为

$$\frac{P_K}{\rho g} = \frac{P_a}{\rho g} - H_s - \left(\frac{V_2^2}{2g} + \frac{W_K^2 - W_2^2}{2g} - h_{2-a}\right) \quad (2-66)$$

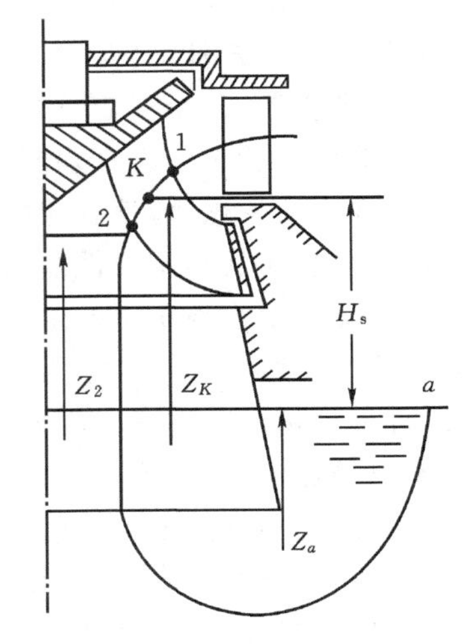

图 2-67 翼型空化和空蚀发生条件分析

将 Δh_{2-a}写成 $\Delta h_{2-a} = \zeta_\omega \dfrac{V_2^2}{2g}$，$\zeta_\omega$ 为尾水管的水头损失系数，将 $\gamma = \rho g$ 由式(2-64)可得 P_2 的表达式

$$\frac{P_2}{\gamma} = \frac{P_a}{\gamma} - Z_2 - (1 - \zeta_\omega)\frac{V_2^2}{2g} \quad (2-67)$$

将式(2-67)代入式(2-65)，并利用式(2-59)引入尾水管动能恢复系数 η_ω 可得

$$\frac{P_K}{\gamma} = \frac{P_a}{\gamma} - H_s - \left(\frac{W_K^2 - W_2^2}{2g} + \eta_\omega \frac{V_2^2}{2g}\right) \quad (2-68)$$

或写成

$$\begin{aligned} h_{Kv} &= \frac{W_K^2 - W_2^2}{2g} + \eta_\omega \frac{V_2^2}{2g} \\ H_{Kv} &= H_s + h_{Kv} \\ H_{Kv} &= \frac{p_a - p_K}{\gamma} \end{aligned} \quad (2-69)$$

式中：H_{Kv}为 K 点真空值；h_{Kv}为 K 点动力真空值。

由式(2-69)可见，K 点真空值 H_{Kv} 由静力真空 H_s 和动力真空 h_{Kv} 两部分组成。由于吸出高度 H_s 的大小取决于水轮机的安装高度，因此当水轮机的安装高程确定后，在 H_{Kv} 中能够反映水轮机本身空化性能的只有动力真空 h_{Kv}，动力真空是由转轮及尾水管中的水流运动形成的，其值与转轮叶片的几何形状、水轮机的运行工况以及尾水管的性能密切相关。但是，如果直接利用 h_{Kv} 值表征水轮机的空化性能是不完善的，因为 h_{Kv} 值与水头 H 成正比。同一台水轮机，当工作水头 H 不同时，动力真空 h_{Kv} 值也不同，这就不能确切反映此水轮机的空化特性，也不便于对不同水轮机的空化性能进行比较。为此将 h_{Kv}除以水头 H。使之成为一个无因次系数，并用 σ 表示

$$\sigma = \frac{h_{Kv}}{H} = \frac{W_K^2 - W_2^2}{2gH} + \eta_\omega \frac{V_2^2}{2gH} \quad (2-70)$$

我们将 σ 称为水轮机的空化系数，它表示转轮中最易发生翼型空化的 K 点处的相对动力真空值。σ 值愈大，水轮机愈易发生空化，空化性能愈差。

几何形状相似的水轮机在相似工况下的 σ 值相同，故可用 σ 值来评价不同型号水轮机的

空化性能。σ 值随水轮机工况的改变而改变，故又可用 σ 值来评价同一型号水轮机在不同工况下的空化性能。

在设计和应用水轮机时，总是力图提高叶片流道内水流相对速度以提高其过流能力，以及提高尾水管的动能恢复系数 η_ω，以提高水轮机的效率。但是这都将会增大水轮机空化的危险性。可见，提高水轮机的过流能力及能量性能与改善水轮机的空化性能是相互矛盾的。在设计和应用水轮机时，如何合理地协调解决这一矛盾是水轮机研究中的一个重要课题。

对于空化系数 σ 的确定，由于其影响因素较为复杂，要直接利用理论计算或直接在叶片流道中测量都是很困难的，目前常用的方法是通过水轮机模型空化试验来求取。当 σ 值已知时，叶片背面最低压力 $\frac{P_K}{\gamma}$ 即可由式(2－68)求出

$$\frac{P_K}{\gamma}=\frac{P_a}{\gamma}-H_s-\sigma H \tag{2-71}$$

即

$$\sigma=\frac{\frac{P_a}{\gamma}-\frac{P_K}{\gamma}-H_s}{H} \tag{2-72}$$

令 σ_p 为电站水轮机空化系数，即

$$\sigma_p=\frac{\frac{P_a}{\rho g}-\frac{P_v}{\rho g}-H_s}{H} \tag{2-73}$$

式中：P_v 为设计工况下水电站水轮机中的平均压力。

将式(2－73)减去式(2－72)得

$$\sigma_p-\sigma=\frac{P_K-P_v}{\gamma H} \tag{2-74}$$

由式(2－74)可知，σ_p 和 σ 都是无因次量，该值与水轮机工作轮翼型的几何形态、水轮机工况和尾水管性能有关。对某一几何形状既定的水轮机(包括尾水管相似)，在既定的某一工况下，其 σ 值是定值。对于几何形状相似的水轮机(包括尾水管相似)，根据相似理论在相似工况点($n_{11}=\frac{nD_1}{\sqrt{H}}$相等)速度三角形相似，则各速度的相对值相等。在相似工况点，尾水管恢复系数亦相等，所以 σ 相等。由此可知，σ 是反映水轮机空化的一个相似准则。

由式(2－73)可知，当下游水面为大气压力时，电站空化系数 σ_p 仅取决于转轮相对于下游水面的相对高度，σ_p 仅表示离开空化起始点的表征值。

由式(2－74)可知，当 K 点压力 σ_p 降至相应温度的空化压力 P_v 时，则水轮机的空化处于临界状态，此时 $\sigma_p=\sigma$；当 $\sigma_p>\sigma$ 时，则工作轮中最低压力点的压力 $P_K>P_v$，工作轮中不会发生空化；当 $\sigma_p<\sigma$ 时，则工作轮中最低压力点 $P_K<P_v$，工作轮中将发生空化。通过以上分析可知，可通过选择适当的 H_s 值来保证水轮机在无空化的条件下运行。综上所述，水轮机不发生翼型空化的基本条件是 $\frac{P_K}{\gamma}$ 不小于对应温度下水的空化压力 $\frac{P_B}{\gamma}$，即

$$\frac{P_K}{\gamma}\geqslant\frac{P_B}{\gamma} \tag{2-75}$$

2.9.3.2　水轮机空化的防护

如前所述，空化对水轮机的危害极大，因此近代各国对空化防护均作了大量的研究。虽然

至今尚未找到完善的解决方法，但已总结出不少有效的防空化经验。目前常采用的措施主要有以下三个方面。

1. 设计制造

采用合理的翼型以尽可能使叶片背面的压力分布趋向均匀，并缩小低压区范围。在加工时尽量提高翼型曲线的精度和叶片表面的光洁度，以保证叶片具有平滑的流线型断面形状。必要时，应选用耐蚀、耐磨性能较好的材料。

2. 运行维护

拟定合理的水电站运行方式，尽可能避免在空化严重的工况区运行。在发生空腔空化时，可采取在尾水管进口补气的办法以破坏尾水管中的真空涡带。对于遭受破坏的叶片，一般采用不锈钢焊条补焊或采用非金属涂层（如环氧树脂、环氧金刚砂、氯丁橡胶等）作为叶片的保护层。

3. 工程措施

选择合理的水轮机安装高程，确保叶片流道内最低压力不低于空化压力。对于多泥沙河流上的水电站，应设置沉沙、排沙设施，以防止粗颗粒沙进入水轮机。

2.10　水轮机的吸出高程及安装高程

2.10.1　水轮机的吸出高程

如上节所述，水轮机在某一工况下，其最低压力点 K 处的动力真空是一定的，但其静力真空 H_s 却与水轮机的装置高程有关，因此，可通过选择适宜的吸出高度 H_s 来控制 K 点的真空值，以达到避免发生翼型气蚀的目的。

由式(2-71)、式(2-75)可得，避免发生翼型气蚀的吸出高度 H_s 为

$$H_s \leqslant \frac{P_a}{\gamma} - \frac{P_B}{\gamma} - \sigma H \tag{2-76}$$

式中：$\frac{P_a}{\gamma}$为水轮机安装位置的大气压。考虑到标准海平面的平均大气压为10.33 mH_2O，在高程3000 m以内，每升高900 m大气压降低1 mH_2O，因此当水轮机安装位置的高程为∇m时，有$\frac{P_a}{\gamma}=10.33-\frac{\nabla}{900}(mH_2O)$；$\frac{P_B}{\gamma}$为汽化压力，其值与通过水轮机水流的温度及水质有关。考虑到水电站压力管道中的水温一般为5～20 ℃，则对于含气量较小的清水质，可取0.09～0.24 mH_2O；σ为水轮机实际运行的气蚀系数，σ值通常由模型试验获取，但考虑到水轮机模型气蚀试验的误差及模型与原型之间尺寸不同的影响，对模型气蚀系数σ_m须作修正，取$\sigma=\sigma_m+\Delta\sigma$或$\sigma=K_\sigma\sigma_m$。

在实际应用时常将式(2-76)简写成

$$\frac{P_a}{\gamma} = 10.0 - \frac{\nabla}{900} - (\sigma_m + \Delta\sigma)H \tag{2-77}$$

或

$$\frac{P_a}{\gamma} = 10.0 - \frac{\nabla}{900} - K_\sigma \sigma_m H \tag{2-78}$$

式中：∇为水轮机安装位置的海拔高程，在初始计算时可取为下游平均水位的海拔高程；σ_m 为模型气蚀系数，各工况的 σ_m 值可从该型号水轮机模型综合特性曲线中查取；$\Delta\sigma$ 为气蚀系数的修正值，可根据设计水头 H_r 由图 2-68 中查取；K_σ 为气蚀系数的安全系数，一般可取 $K_\sigma=1.1\sim1.35$；H 为水轮机水头，一般取为设计水头 H_r。轴流式水轮机还应用最小水头 H_{min}，混流式水轮机还应用最大水头 H_{max} 及其对应工况的 σ_m 进行校核计算。

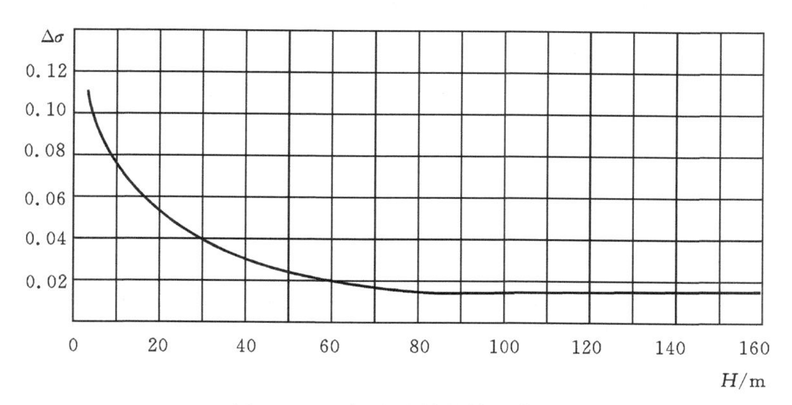

图 2-68　气蚀系数的修正曲线

HL310、HL230、HL110 型水轮机的 σ_m 无法查到，则可用其装置气蚀系数 σ_z 代替式(2-77)中的($\sigma_m+\Delta\sigma$)和式(2-78)中的 $K_\sigma\sigma_m$。这 3 种型号转轮的 σ_z 值可由水轮机系列型谱表 3-4 中查取。

水轮机的吸出高度 H_s 的准确定义是从叶片背面压力最低点 K 到下游水面的垂直高度。但是 K 点的位置在实际计算时很难确定，而且在不同工况 K 点的位置亦有所变动。因此，在工程上为了便于统一，对不同类型和不同装置形式的水轮机吸出高度 H_s 作如下规定(见图 2-69)。

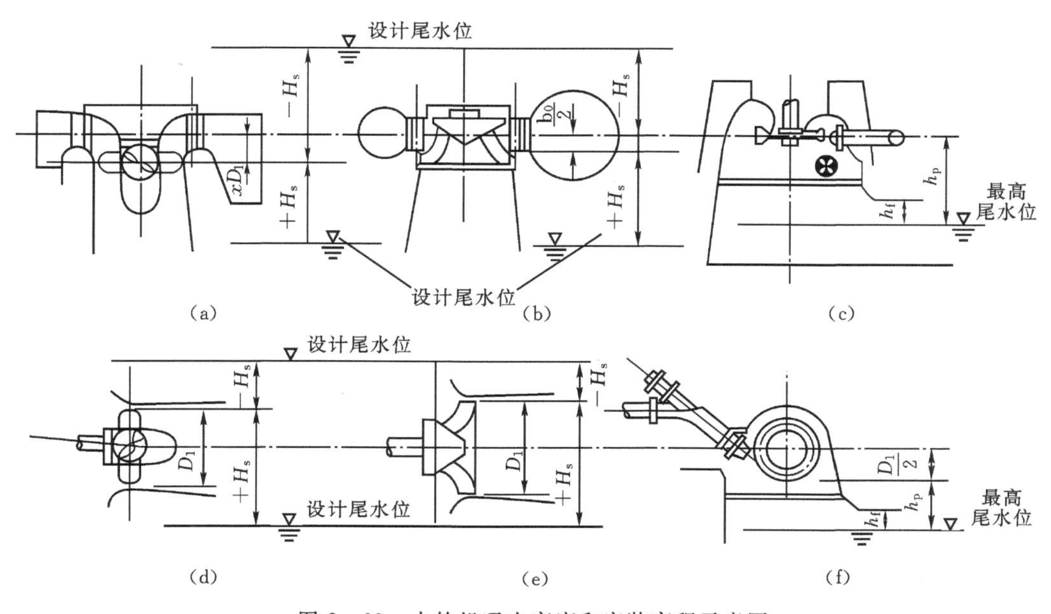

图 2-69　水轮机吸出高度和安装高程示意图

(1)立轴混流式水轮机的 H_s 为导叶下部底环平面到设计尾水位的垂直高度。

(2)立轴轴流式水轮机的 H_s 为转轮叶片轴线到设计尾水位的垂直高度。

(3)卧轴反击式水轮机的 H_s 为转轮叶片的最高点到设计尾水位的垂直高度。

如果计算得出的 H_s 为正,则表示上述指定的水轮机部位可装置在尾水位以上;如果 H_s 为负,则表示上述指定的水轮机部位需装置在尾水位以下。当 $H_s<0$ 时,它所发挥的作用不再是产生静力真空,而是产生适当的正压以抵消过大的动力真空。

根据我国已运行的60个大中型水电站的情况统计,大部分水电站的 $H_s=0\sim3.5$ m,少部分水电站的 $H_s=-2.0\sim0.0$ m,最小的 $H_s=-8$ m。但在抽水蓄能电站中,可逆式水泵水轮机的吸出高度一般都很小,H_s 可达 $-60\sim-10$ m。

2.10.2　水轮机的安装高程

在水电站厂房设计中,水轮机的安装高程 Z_s 是一个控制性标高,只有 Z_s 确定以后才可以确定相应的其他高程。对立轴反击式水轮机,Z_s 是指导叶中心的位置高程;对立轴水斗式水轮机,Z_s 是指喷嘴中心高程;对卧轴水轮机,Z_s 是指主轴中心线的位置高程。Z_s 的计算方法如下。

1. 立轴混流式水轮机

$$Z_s = \nabla_w + H_s + \frac{b_0}{2} \tag{2-79}$$

式中:∇_w 为设计尾水位,m; b_0 为导叶高度,m。

2. 立轴轴流式水轮机

$$Z_s = \nabla_w + H_s + xD_1 \tag{2-80}$$

式中:D_1 为转轮标称直径,m;x 为轴流式水轮机的高度系数,可从表 2-8 中查取。

表 2-8　轴流式水轮机的高度系数

转轮型号	ZZ360	ZZ440	ZZ460	ZZ560	ZZ600
x	0.3835	0.3960	0.4360	0.4085	0.4830

3. 卧轴反击式水轮机

$$Z_s = \nabla_w + H_s - \frac{D_1}{2} \tag{2-81}$$

4. 水斗式水轮机

立轴

$$Z_s = \nabla_{wm} + H_p \tag{2-82}$$

卧轴

$$Z_s = \nabla_{wm} + H_p + \frac{D_1}{2} \tag{2-83}$$

式中:∇_{wm} 为最高尾水位,m。

式(2-82)、式(2-83)中 H_p 称为排出高度,如图 2-69 所示,它是使水轮机安全稳定运行、避开变负荷时的涌浪、保证通风和防止尾水渠中的水流飞溅及涡流而造成转轮能量损失所必需的高度。根据经验统计，$H_p=(0.1\sim0.15)D_1$，对立轴机组取较大值，对卧轴机组取较小值。在确定 H_p 时，要注意保证必要的通风高度，以免在尾水渠中产生过大的涌浪和涡流，一般 h_t 不宜小于 0.4 m。

确定水轮机安装高程的尾水位 ∇_w 通常称为设计尾水位。设计尾水位可根据表 2－9 的水轮机过流量从下游水位与流量关系曲线中查取。

表 2－9　确定设计尾水位的水轮机过流量

电站装机台数	水轮机的过流量
1 台或 2 台	1 台水轮机 50％的额定流量
3 台或 4 台	1 台水轮机的额定流量
5 台及以上	1.5～2 台水轮机的额定流量

思考题与练习

2.1　水轮机是什么工作原理，根据该原理如何对水轮机分类？

2.2　水泵水轮机与常规水轮机的区别有哪些？

2.3　混流式水轮机的结构，按水流流经的路径主要由几部分组成？

2.4　导水机构的主要作用是什么？导叶漏水量大，可能造成哪些后果？

2.5　水轮机转轮下环的作用是什么？混流式水轮机主轴的作用是什么？混流式水轮机转轮上冠的主要作用是什么？水轮机剪断销被剪断的原因有哪些？

2.6　座环的作用是什么？迷宫环起什么作用？泄水锥的主要作用是什么？

2.7　导叶断面形状为翼形，首端较厚，尾端较薄的优点是什么？

2.8　转轮由几部分组成，叶片是什么形状？水轮机顶盖的作用是什么？

2.9　尾水管的作用主要是什么？反击式水轮机为什么要装设尾水管？什么叫尾水管的恢复系数？

2.10　蜗壳水力计算的任务是什么？尾水管的型式有哪几种，请说明体型参数。

2.11　立式混流式水轮机从作用和安装上划分，它由哪几部分组成？

2.12　水轮机转动部分组装应达到的基本要求是什么？

2.13　我国对水轮机转轮的标称直径是如何规定的？

2.14　我国水轮机型号主要由哪几部分组成？

2.15　反击型水轮机能量损失按其产生原因分为哪几种？

2.16　水轮机泥沙磨损有哪些危害？反击式水轮机水力损失按部位分为哪些？

2.17　水轮机空化侵蚀的特征是什么？产生水头损失的根源是什么？

2.18　什么是水轮机最优工况？

2.19　影响水轮机空化破坏程度的因素有哪些？转轮叶片出口背面为什么容易产生空化？

2.20　水轮机基本工作参数包括哪些主要参数？各有什么意义？

2.21　水轮机发出额定出力时的最低水头是什么水头？什么叫水轮机的净水头？什么是水轮机的设计水头？水轮机的净水头如何解释？

2.22　水轮机安装高程如何确定？如何确定水轮机的吸出高程？

2.23　试举例说明反击式水轮机转轮内水流运动的特征。

2.24　研究水轮机转轮进、出口水流速度三角形的意义是什么？研究水轮机基本方程的目的是什么？推导利用什么定理？基本方程的表达式有几种？

第3章

水轮机特性及其选型设计

本章摘要：

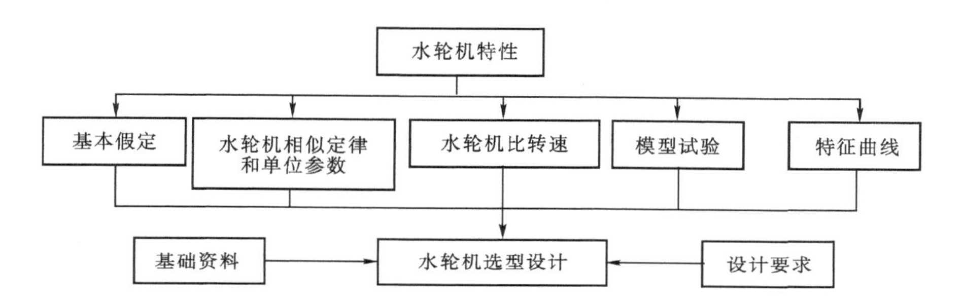

阅读指南：

水轮机选型设计是水电站工程设计的主要内容。本章主要介绍水轮机相似定律、水轮机特性及其单位参数、水轮机比转速、水轮机模型试验及其特征曲线的绘制等基础知识，并合理的将其应用到水轮机选型设计当中，帮助读者掌握水轮机机组选型设计相关的知识。

3.1 水轮机的相似原理及单位参数

水轮机在各种工况下运行的特性可以用水头 H、流量 Q、转速 n、出力 N、效率 η 以及气蚀系数 σ 等参数以及这些参数之间的关系来描述。但是由于这些参数之间的关系非常复杂，因此至今还需要采用实验研究和理论分析相结合的办法才能获得比较完整的水轮机特性。

水轮机的试验可以分为原型试验和模型试验两种。由于模型水轮机尺寸可以做得比较小，因此模型试验具有制作快、费用低、试验方便及易于保证测量精度等优点。同时，由于模型试验一般在实验室进行，模型机组的各种工作参数可任意改变以达到不同的研究目的。目前各种型号水轮机的特性均是通过模型试验获得的。而原型试验则主要用于检测实际运行机组的设计、制造、安装及运行维护的质量情况。

如何将模型水轮机的试验成果应用到原型水轮机上去，这是水轮机相似原理所要解决的问题。水轮机的相似原理包括相似水轮机之间的相似条件和相似定律两方面的内容。

3.1.1 相似条件

要使两个水轮机保持相似，必须使其水流运动满足流体力学的相似条件，即必须满足几何相似、运动相似及动力相似三个条件。先分别介绍如下。

1.几何相似

几何相似是指两个水轮机过流通道表面的所有对应角相等及所有对应线性尺寸成比例，如图 3-1 所示，其数学表达式为

$$\beta_{e_1} = \beta_{e_2 M}; \beta_{e_2} = \beta_{e_0 M}; \varphi = \varphi_M; \cdots \tag{3-1}$$

$$\frac{D_1}{D_{1M}} = \frac{b_0}{b_{0M}} = \frac{a_0}{a_{0M}} = \cdots = 常数 \tag{3-2}$$

式中：β_{e_1}、β_{e_2}、φ 为转轮叶片的进口安放角、出口安放角和可转动叶片的转角；D_1、b_0、a_0 为转轮直径、导叶高度和导叶开度。下标标有 M 者表示模型水轮机的参数，否则表示原型水轮机参数。

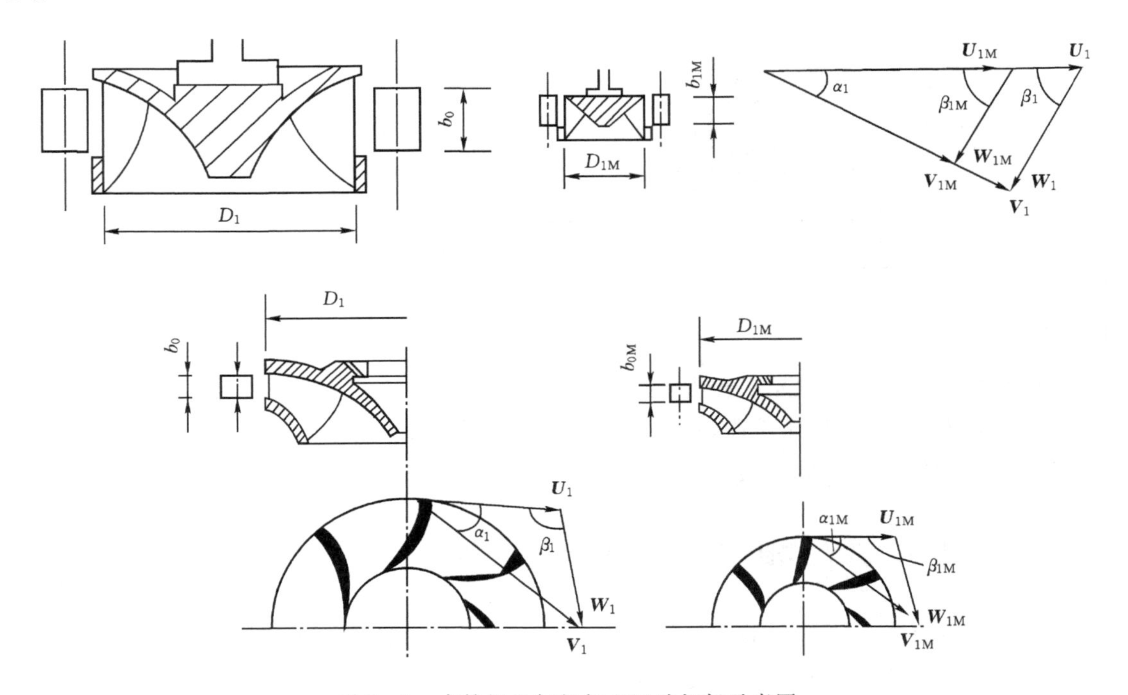

图 3-1 水轮机几何相似和运动相似示意图

2.运动相似

运动相似的必要性是几何相似。运动相似是指两个水轮机过流通道内所有对应的水流速度方向相同、大小成比例，即各点的速度三角形相似，如图 3-1 所示。其数字表达式为

$$\alpha_1 = \alpha_{1M}; \beta_1 = \beta_{1M}; \alpha_2 = \alpha_{2M}; \cdots \tag{3-3}$$

$$\frac{V_1}{V_{1M}} = \frac{U_1}{U_{1M}} = \frac{W_1}{W_{1M}} = \frac{V_2}{V_{2M}} = \cdots = 常数 \tag{3-4}$$

3.动力相似

动力相似的必要条件是几何相似和运动相似。动力相似是指两个水轮机过流通道内所有对应点的水流质点所受到的作用力均是同名力（如压力、惯性力、粘滞力、重力、摩擦力等），而

且各同名力方向相同，大小成比例。

严格意义上，要两台水轮机过流通道完全满足流体力学相似，不但要保证上述三个相似条件成立，而且还要保证其边界条件、起始条件的相似，这在实际模型中是难以做到的。(1)几何相似还包括过流通道表面的粗糙度 Δ 的相似，即$\dfrac{\Delta}{D_1}=\dfrac{\Delta_M}{D_{1M}}$，一般难以做到。(2)由于水轮机模型及原型中的流动介质一般均为水，所以粘滞力相似难以保证。目前在水轮机模型试验时主要是保证水流的惯性力和压力相似，对于粗糙度、粘滞力等次要因素，首先不计其影响，待模型试验成果转换成原型时，再根据经验对有关参数作适当修改。通过各种近似处理后，模型和原型水轮机之间只能保持近似的力学相似。下面所提到的“相似”均含有这种近似性。

3.1.2　相似定律

具有几何相似、尺寸不同的水轮机所形成的系列称为水轮机系列，简称系列或轮系。同一系列水轮机保持运动相似的工作状态简称为水轮机的相似工况。水轮机在相似工况下运行时，其各参数(水头 H、流量 Q、转速 n 等)之间的固定关系称为水轮机的相似定律，或称为相似律、相似公式。在介绍这些定律之前，首先给出水轮机流道内任一点的流速和水轮机有效水头 $H\eta_H$ 之间的关系，可以从水轮机基本方程(2-24)导出。

由上述的相似条件可知，在任一相似工况下，同一系列水轮机流道内各点的速度三角形存在一定的比例关系，即

$$V_{u_1} \propto U_1 ; V_{u_2} \propto U_2 ; U_1 \propto U_2 \tag{3-5}$$

将式(3-5)代入水轮机基本方程(2-24)，合并各项的比例系数，并将流速写成有压流动中常用的形式，可得任一点流速与有效水头 $H\eta_H$ 的关系为

$$V_x = K_{ux} \sqrt{2gH\eta_H} \tag{3-6}$$

式中：V_x 为水轮机流道内任一点的速度或分速度，m/s；K_{ux}为对应于 V_x 的流速系数。

1. 流速相似定律

根据式(3-6)，水流在转轮进口的圆周速度 U_1 可写成

$$U_1=\frac{\pi D_1 n}{60}=K_{ux}\sqrt{2gH\eta_H}$$

即

$$\frac{D_1 n}{\sqrt{H\eta_H}}=\frac{60K_{u_1}\sqrt{2g}}{\pi}=84.6K_{u_1}$$

同样，对于模型水轮机可写成

$$\frac{D_{1M} n_M}{\sqrt{H_M \eta_{HM}}}=\frac{60K_{u_1 M}\sqrt{2g}}{\pi}=84.6K_{u_1 M}$$

当忽略粗糙度和粘滞性等不相似的影响时，相似水轮机的相似工况下有 $K_{u_1}=K_{u_1 M}$，故可得

$$\frac{D_1 n}{\sqrt{H\eta_H}} = \frac{D_{1M} n_M}{\sqrt{H_M \eta_{HM}}} = 常数 \tag{3-7}$$

式(3－7)称为水轮机的转速相似定律，它表示相似水轮机在相似工况下其转速与转轮直径成反比，而与有效水头的平方根成正比。

2. 流量相似定律

通过水轮机的有效流量可按照下列公式计算

$$Q_{\eta_V}=V_{m_1}F_1 \tag{3-8}$$

式中：V_{m_1} 为转轮进口处的水流轴面流速；F_1 为转轮进口处的过水断面面积。

根据式(3－6)，V_{m_1} 可写成 $V_{m_1}=K_{vm_1}\sqrt{2gH\eta_H}$

而 F_1 可写成 $F_1=\pi D_1 b_0 f=\pi f\overline{b_0}D_1^2=\alpha D_1^2$

式中：$\overline{b_0}$为导叶相对高度，$\overline{b_0}=\dfrac{b_0}{D_1}$；$f$ 为转轮进口的叶片排挤系数；α 为综合系数，$\alpha=\pi f\overline{b_0}$。

将 V_{m_1} 和 F_1 的表达式代入式(3－8)中，可得$\dfrac{Q\eta_V}{D_1^2\sqrt{H\eta_H}}=\alpha K_{vm_1}\sqrt{2g}$

同样，对于模型水轮机也可写出$\dfrac{Q_M\eta_{VM}}{D_{1M}^2\sqrt{H_M\eta_{HM}}}=\alpha_M K_{vm_1M}\sqrt{2g}$

对于相似水轮机有 $\alpha=\alpha_M$，当忽略粗糙度和粘滞性等不相似的影响时，有 $K_{vm_1}=K_{vm_1M}$，故可得

$$\frac{Q\eta_V}{D_1^2\sqrt{H\eta_H}}=\frac{Q_M\eta_{VM}}{D_{1M}^2\sqrt{H_M\eta_{HM}}}=\text{常数} \tag{3-9}$$

式(3－9)称为水轮机的流量相似定律，表示相似水轮机在相似工况下其有效流量与转轮直径的平方成正比，与其有效水头的平方根成正比。

3. 出力相似定律

水轮机出力为 $N=\gamma QH\eta$

设式(3－9)右端的常数为 C，则可得 $Q=\dfrac{CD_1^2\sqrt{H\eta_H}}{\eta_V}$，将其代入上式，并考虑到 $\eta=\eta_H\eta_V\eta_m$，得到 $\dfrac{N}{D_1^2(H\eta_H)^{\frac{3}{2}}\eta_m}=\gamma C$。同理对模型水轮机可得$\dfrac{N_M}{D_{1M}^2(H_M\eta_{HM})^{\frac{3}{2}}\eta_m}=\gamma C$

由此，可得

$$\frac{N}{D_1^2(H\eta_H)^{\frac{3}{2}}\eta_m}=\frac{N_M}{D_{1M}^2(H_M\eta_{HM})^{\frac{3}{2}}\eta_m}=\text{常数} \tag{3-10}$$

式(3－10)称为水轮机的出力相似定理，表示相似水轮机在相似工况下其有效出力(N/η_m)与转轮直径成正比，与有效水头的$\dfrac{3}{2}$次方成正比。

3.1.3 单位参数

如果直接利用上述导出的相似定律式(3－7)、式(3－9)和式(3－10)进行原型与模型水轮机之间转换，在实用上尚存在如下问题。

(1)上述相似定律公式中包含了水轮机的水力效率 η_H、容积效率 η_V 和机械效率 η_m，它们很难从总效率 η 中分离出来，即很难分别获得它们的数值，尤其对于原型水轮机就连总效率 η

也是未知的。

(2)在进行水轮机模型试验时，由于试验设备条件及试验要求的不同，所采用的模型转轮直径 D_{1M} 及试验水头 H_M 各不相同，因此，试验所得到的模型参数也各不相同。这既不便于应用，也不便于同一系列水轮机不同模型试验成果的比较，更难以进行不同系列水轮机性能的比较。

对于问题(1)，在实际应用中采取的处理办法是，先假定 $\eta_H=\eta_{HM}$，$\eta_V=\eta_{VM}$，$\eta_m=\eta_{mM}$ 和 $\eta=\eta_M$，然后据此换算出原型水轮机参数，最后，根据经验作适当的修正，以保证原型水轮机参数的计算精度。

对于问题(2)常采用的处理方法是将任一模型试验所得到的参数按照相似定律换算成 $D_{1M}=1.0$ m 和 $H_M=1.0$ m 的标准条件下的参数，并把这些参数统称为单位参数。

容易由式(3－7)、式(3－9)和式(3－10)得出相应的单位参数的表达式，分别为

$$n'_1=\frac{D_1 n}{\sqrt{H}} \tag{3-11}$$

$$Q'_1=\frac{Q}{D_1^2\sqrt{H}} \tag{3-12}$$

$$N'_1=\frac{N}{D_1^2\ (H)^{\frac{3}{2}}} \tag{3-13}$$

$$M'_1=\frac{M}{D_1^3 H} \tag{3-14}$$

式(3－11)～式(3－14)中 n'_1、Q'_1、N'_1 和 M'_1 分别为转轮直径 $D_1=1.0$ m 的水轮机在水头 $H=1.0$ m 时的转速、流量、出力和力矩，并常用与流速 n、流量 Q、出力 N 相同的单位表示，分别称为水轮机的单位转速、单位流量和单位出力。其表达式中的 D_1、H 必须采用 m 为单位。

同一系列的水轮机，在相似工况下单位参数相等。单位参数代表了同一系列水轮机的性能，因此可通过一些特征工况(如最优工况)的单位参数来评价不同系列的水轮机性能。水轮机在最优工况下的单位参数称为最优单位参数，常分别以 n'_{10}，Q'_{10} 和 N'_{10} 表示，在水轮机系列谱表 3－3～表 3－5 中列出了最优单位参数的数值。

3.2　水轮机的效率换算及单位参数修正

3.2.1　水轮机的效率换算

在 3.1 节推导单位参数的表达式时，曾假定原型和模型水轮机在相似工况下效率相等，但实际上两者是有差别的，这主要由以下三方面因素造成。

(1)原型和模型水轮机的金属加工的精度基本相同，即过流表面粗糙度基本相同。但对于直径较大的原型水轮机，其过流表面的相对粗糙度较小，因此其水力损失较小，水力效率 η_H 较高。

(2)原型和模型水轮机中的过流介质均为水，即其黏滞力相同。但对于使用水头较高的原

型水轮机，其水流的黏滞力与惯性力(或压力)的比值较小，因此其相对水力损失较小，水力效率 η_H 较高。

(3)基于加工精度的限制，模型水轮机的容积损失和机械损失不可能按其所需要的相似关系缩小，因此原型水轮机的 η_V 和 η_H 均较高。

由于以上原因，原型水轮机的总效率高于模型水轮机的总效率。对于大型水轮机，有时差值可达 7%以上。

反击式水轮机的效率修正，有下述两种方法，供需双方商定任选其一计算即可。

第一种方法，根据模型最高效率来修正。

混流式水轮机效率修正值 $\Delta\eta$ 计算公式(Moody 公式)为

$$\begin{aligned}\eta_{max} &= 1-(1-\eta_{Mmax})\left(\frac{D_{1M}}{D_1}\right)^{\frac{1}{5}} \\ \Delta\eta &= K(\eta_{max}-\eta_{Mmax}) = K(1-\eta_{Mmax})\left[1-\left(\frac{D_{1M}}{D_1}\right)^{\frac{1}{5}}\right]\end{aligned} \tag{3-15}$$

轴流式水轮机效率修正值 $\Delta\eta$ 计算公式(Hutton 公式)为

$$\begin{aligned}\eta_{max} &= 1-(1-\eta_{Mmax})\left[0.3+0.7\left(\frac{D_{1M}}{D_1}\right)^{\frac{1}{5}}\left(\frac{H_M}{H}\right)^{\frac{1}{10}}\right] \\ \Delta\eta &= K(\eta_{max}-\eta_{Mmax}) = 0.7K(1-\eta_{Mmax})\left[1-\left(\frac{D_{1M}}{D_1}\right)^{\frac{1}{5}}\left(\frac{H_M}{H}\right)^{\frac{1}{10}}\right]\end{aligned} \tag{3-16}$$

式中：η_{Mmax} 为模型水轮机的最高效率(转桨式水轮机为叶片在不同转角条件下的最高效率)；K 为系数，$K=0.5\sim1.0$，由供需双方商定，一般改造机组取小值，新机组取大值；H_M 为模型水轮机水头，单位 m。

第二种方法，根据过流流态(雷诺数)来修正(国际电工委员会标准 IEC995/ IEC60193 推荐公式)。

$$\Delta\eta_h = \delta_{ref}\left[\left(\frac{Re_{Ref}}{Re_m}\right)^{0.16}-\left(\frac{Re_{Ref}}{Re_p}\right)^{0.16}\right] \tag{3-17}$$

$$\delta_{ref} = \frac{1-\eta_{h,opt,m}}{\left(\frac{Re_{Ref}}{Re_{opt,m}}\right)^{0.16}+\left(\frac{1-V_{ref}}{V_{ref}}\right)} \tag{3-18}$$

式中：$\Delta\eta_h$ 为模型效率换算为原型效率的修正值；δ_{ref} 为标准的可换算为原型效率的修正值；Re_{Ref} 为标准的雷诺数；Re_m 为测点模型雷诺数；Re_p 为测点原型雷诺数；$Re_{opt,m}$ 为模型最优效率点雷诺数；$Re_{h,opt,m}$ 为模型最优效率；V_{ref} 为标准的损失分布系数(轴流转桨、斜流转桨和贯流转桨式水轮机取 0.8，混流和轴流定桨、斜流定桨和贯流定桨式水轮机取 0.7)。

对过去已有的模型试验曲线和注明雷诺数和水温的模型试验资料，建议按式(3-19)计算

$$\Delta\eta = (1-\eta_{h,opt,m})V_m\left(1-\frac{Re_m}{Re_p}\right) \tag{3-19}$$

式中：$V_m=V_{h,opt,m}=V_{ref}$；$Re_m=Re_{ref}=7\times10^6$；$\delta_m=\delta_{h,opt,m}=\delta_{ref}$。详细可参见《大中型水轮机选用导则》(DL/T 445—2002)或《水轮机基本技术条件》(GB/T 15468—2006)显然，采用式(3-15)、式(3-16)进行修正比较简单。

3.2.2　单元参数 n'_1，Q'_1 的修正

在式(3-11)和式(3-12)中未包括水轮机的效率，考虑到原型和模型水轮机的效率不同，在进行单位参数换算时，n_1'、Q_1'需作适当的修正。在最优工况下，原型水轮机的单位参数n'_{10}、Q'_{10}可用如下两式换算

$$n'_{10} = n'_{10M}\sqrt{\frac{\eta_{max}}{\eta_{Mmax}}} \tag{3-20}$$

$$Q'_{10} = Q'_{10M}\sqrt{\frac{\eta_{max}}{\eta_{Mmax}}} \tag{3-21}$$

式中：n'_{10M}、Q'_{10M}为模型水轮机在最优工况下的单位参数。

根据单位力矩和单位流量、单位转速的关系

$$M'_1 = 93705\frac{\eta Q'_1}{n'_1} \tag{3-22}$$

容易得到最优工况下原型水轮机的单位力矩的换算公式

$$M'_{10} = M'_{10M}\frac{\eta_{max}}{\eta_{Mmax}} \tag{3-23}$$

对非最优工况下原型水轮机的单位参数 n'_1、Q'_1 用如式(3-24)、式(3-25)修正

$$n'_1 = n'_{1M} + \Delta n'_1 \tag{3-24}$$

$$Q'_1 = Q'_{1M} + \Delta Q'_1 \tag{3-25}$$

式中：$\Delta n'_1$ 为单位转速修正值，$\Delta n'_1 = n'_{10} - n'_{10M}$；$\Delta Q'_1$ 为单位流量修正值，$\Delta Q'_1 = Q'_{10} - Q'_{10M}$。

在一般情况下，$\Delta Q'_1$ 相对于 Q'_1 很小，因此，在实际应用时常可不作单位流量修正。对于单位转速，当其修正值 $\Delta n'_1 < 0.03\Delta n'_{10M}$时，也可不作修正。

3.3　水轮机的比转速

3.3.1　水轮机比转速的概念

水轮机的单位参数 n'_1、Q'_1 和 N'_1 只能分别从不同的方面反映水轮机的性能。为了找到一个能综合反映水轮机性能的单位参数，提出了比转速的概念。

由式(3-11)、式(3-13)消去 D_1 可得 $n'_1\sqrt{N'_1} = \frac{n\sqrt{N}}{H^{\frac{5}{4}}}$。对于同一系列水轮机，在相似工况下其 n'_1 和 N'_1 均为常数，因此，$n'_1\sqrt{N'_1}$ = 常数，这个常数就称为水轮机的比转速，常用 n_s 表示，即

$$n_s = \frac{n\sqrt{N}}{H^{\frac{5}{4}}} \tag{3-26}$$

式中：n 以 r/min 计；H 以 m 计；N 以 kW 计。从上式可见，比转速 n_s 是一个与 D_1 无关的综合单位参数，它表示同一系列水轮机在 H=1 m，N=1 kW 时的转速。

如果将 $N=9.81HQ\eta$、$n=\frac{n'_1\sqrt{H}}{D_1}$ 和 $Q_1=Q'_1D_1^2\sqrt{H}$ 代入式(3-26)，可导出 n_s 的另外两个公式

$$n_s = 3.13\frac{n\sqrt{Q\eta}}{H^{\frac{3}{4}}} \qquad (\mathrm{m}\cdot\mathrm{kW}) \tag{3-27}$$

$$n_s = 3.13n'_1\sqrt{Q'_1\eta} \qquad (\mathrm{m}\cdot\mathrm{kW}) \tag{3-28}$$

另外，如果在式(3-26)中 N 定义为马力，对应比转速 n_s(用马力计算)与上述 n_s(用千瓦计算)的换算关系为

$$n_s(\mathrm{ft}\cdot\mathrm{HP})=\frac{n\sqrt{N(\mathrm{HP})}}{H^{\frac{5}{4}}}=\frac{7}{6}\frac{n\sqrt{N(\mathrm{kW})}}{H^{\frac{5}{4}}}=\frac{7}{6}n_s(\mathrm{m}\cdot\mathrm{kW}) \tag{3-29}$$

有时还会遇到英制单位的比转速，由于 1 ft=0.3048 m，1 英制马力=0.7453 kW，则有

$$n_s(\mathrm{ft}\cdot\mathrm{HP})=\frac{n\sqrt{N(\text{英制马力})}}{H^{\frac{5}{4}}(\mathrm{ft})}=0.2624n_s(\mathrm{m}\cdot\mathrm{kW}) \tag{3-30}$$

由式(3-26)～式(3-28)可见，n_s 综合反映了水轮机工作参数 n、H、N 或 Q 之间的关系，也反映了单位参数 n'_1、N'_1 或 Q'_1 之间的关系，因此，n_s 是一个重要的综合参数，它代表同一系列水轮机在相似工况下运行的综合性能。目前国内大多采用比转速 n_s 作为水轮机系列分类的依据。但由于 n_s 随工况变化而变化，所以通常规定采用设计工况或最优工况下的比转速作为水轮机分类的特征参数。现代各型水轮机的比转速范围约为：水斗式：$n_s=10\sim70$；混流式：$n_s=60\sim350$；斜流式：$n_s=200\sim450$；轴流式：$n_s=400\sim900$；贯流式：$n_s=600\sim1100$。随着新技术、新工艺、新材料的不断发展和应用，各型水轮机的比转速值也正在不断地提高。出现这种趋势的原因可从以下两方面说明。

(1)由式(3-26)可见，当 n、H 一定时，提高 n_s，对于相同尺寸的水轮机，可提高其出力，或者可采用较小尺寸的水轮机发出相同的出力。

(2)当 H、N 一定时，提高 n_s 可增大 n，从而可使发电机外形尺寸减小，同时可使机组零部件的受力减小，即可减小零部件的尺寸。总之，提高比转速 n_s 对提高机组动能效益及降低机组造价和厂房土建投资都具有重要的意义。

3.3.2 比转速与水轮机的关系

近代在水电工程中不断提高同一类型水轮机的应用水头。或者说，对于已确定的水头，倾向于选用更高比转速的水轮机。例如，在世界范围内从 20 世纪 60 年代至 80 年代，混流式水轮机应用比转速提高了 17%，轴流转桨式水轮机提高了 15%，冲击式水轮机提高了 9%，这种倾向的原因是使用高比转速水轮机能带来经济效益。因为从水轮机本身看来，随着比转速的提高，在相同出力与水头的条件下，能够缩减水轮机的尺寸，这样，能降低水轮机的成本及节约动力厂房的投资。或者，对既定的水轮机尺寸，在相等水头条件下，提高比转速能够增加水轮机的出力。对于发电机，由于水轮机比转速提高则提高了发电机转速，从而可以用较小的磁极数，也缩小了发电机的尺寸，从而使电机成本降低。因此无论从动能或经济的观点来看，提高水轮机的比转速都是有利的。

1. 比转速与水轮机几何参数

比转速与水轮机的几何参数，可从水轮机转轮几何形状和使用条件来说明。水轮机比转速与转轮几何形状之间大致有如下的变化规律。不同型号的水轮机，具有不同的比转速。由上述分析可知，水轮机的 n_s 越高，则 Q 越大。在一定的流速下，其所需过流断面的面积越大，要求导叶的相对高度$\frac{b_0}{D_1}$大(见图 3-2)，转轮叶片数少，因此比转速将直接影响转轮的几何形状。

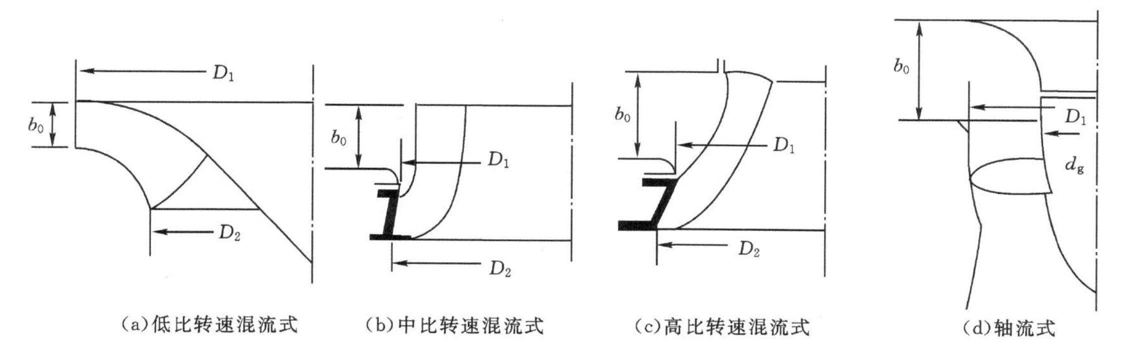

(a)低比转速混流式　(b)中比转速混流式　(c)高比转速混流式　(d)轴流式

图 3-2　不同比转速水轮机的转轮形状

2. 水轮机导叶相对高度与比转速的近似关系

混流式

$$\frac{b_0}{D_1} \approx 0.1 + 0.00065 n_s \tag{3-31}$$

轴流式

$$\frac{b_0}{D_1} \approx 0.44 - \frac{21.47}{n_s} \tag{3-32}$$

转轮进、出口直径比$\frac{D_1}{D_2}$随比转速 n_s 的增加而减小。$\frac{D_1}{D_2}$对不同比转速具有一个水力性能最优的比值，其近似关系

$$\frac{D_1}{D_2} = \frac{1}{0.96 + 0.00038 n_s} \tag{3-33}$$

由式(3-27)可见，当 H 一定时，n_s 的大小取决于 n 的大小。由于近代水轮机的 η 已达到较高的水平，进一步提高 η 已很有限，因此，提高 n_s 的主要途径是采用新型的水轮机机构、改善过流部件的水力设计，如采取增大$\frac{b_0}{D_1}$、缩短流道长度、减小叶片数(见图 3-2)和减缓翼型弯曲程度，(即减小 β_1(见图 3-3))等措施，以提高水轮机的 n、Q 值。

3. 比转速与水轮机性能

水轮机性能一般是指水轮机能量、空化等水力性能。根据统计资料，取水轮机额定工况的空化系数 σ 和该工况的比转速之间的关系如图 3-4 所示，图中绘出了不同形式的水轮机可能偏差的范围。但在 n、Q 增大的同时，转轮出口流速 V_2 也随之增大(见图 3-3)，从而对尾水管性能的要求明显提高，而且最致命的是水轮机气蚀性能将明显变差，如式(2-70)及图 3-4 所

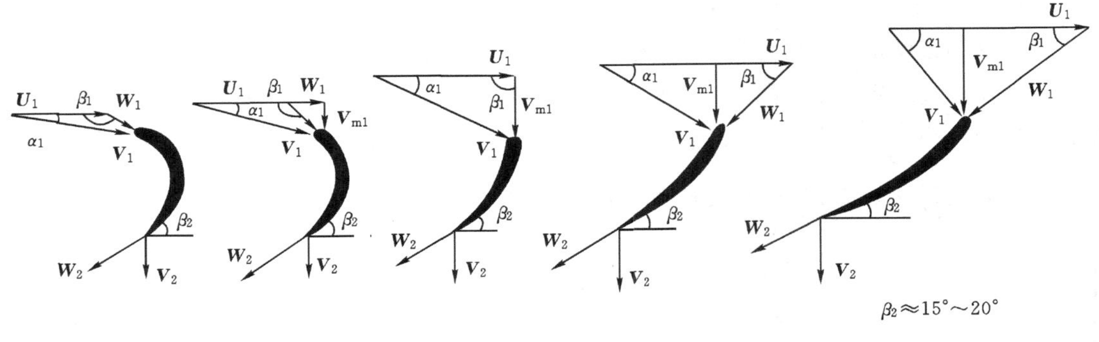

图 3-3 不同比转速水轮机的进、出口速度三角形

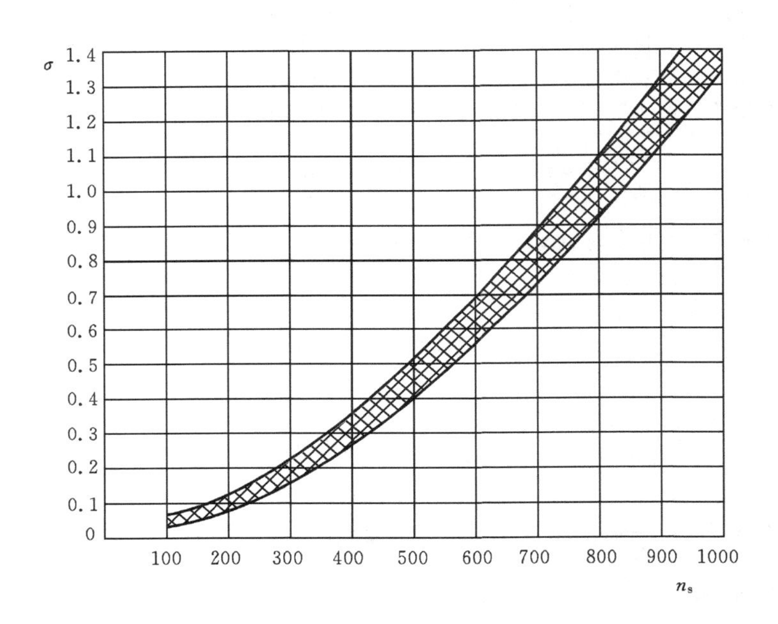

图 3-4 满负荷时空化系数与比转速的关系

示，图中气蚀系数的平均值可按下述经验公式给出。

$$\sigma = \frac{(n_s + 30)^{1.8}}{20000} \tag{3-34}$$

式(3-34)指出，在高水头电站中，如采用高比转速的水轮机，即使保证了机组的强度条件，还要有较大的淹没深度，这将会增大厂房的开挖深度和土建投资。因此，对于高比转速水轮机，气蚀条件是限制其应用水头范围的主要因素，n_s 越高，适用水头 H 越低。

此外，在水泵专业和水轮机专业所使用的比转速表达方式有所不同，对于水泵专业，其比转速定义如下

$$n_s = \frac{n\sqrt{Q}}{H^{\frac{3}{4}}} = n'_1\sqrt{Q'_1} \tag{3-35}$$

3.4　水轮机的模型试验

水轮机的模型试验是按一定比例将原型水轮机缩小成模型水轮机，然后通过试验测出模型水轮机各工况下的工作参数，再应用相似公式换算出该轮系水轮机在各相似工况下的综合参数（如 n'_1、Q'_1、η 和 σ 等）。这些综合参数在水轮机设计、选择和运行中都有着重要的作用。

水轮机模型试验主要有能量试验、气蚀试验、飞逸特性试验和轴向水推力特性试验等几种。由于篇幅所限，本章只介绍反击式水轮机的能量试验，其他试验可以参考相关图书以及下一章水泵水轮机试验相关内容。

水轮机效率是水轮机能量转换性能的主要综合指标，因此，模型水轮机的能量试验主要是确定模型水轮机在各种工况下的运行效率。水轮机的能量试验台如图 3－5 所示。

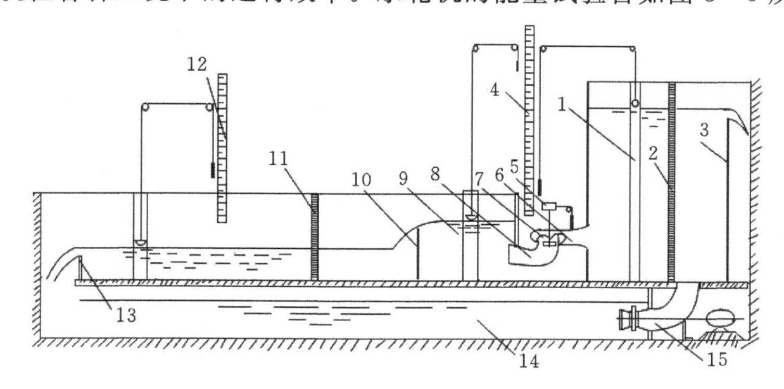

图 3－5　反击式水轮机能量试验台

1—压力水箱；2、11—消能栅；3、10—溢流板；4—标尺；5—测功器；6—引水管；7—模型水轮机；8—尾水管；9—尾水槽；12—浮筒水位计；13—测流堰板；14—回水槽；15—水泵

3.4.1　模型试验参数的测量方法

1. 水头 H_M 测量

模型水轮机 7 的工作水头 H_M 为上游压力水箱 1 与下游尾水槽 9 的水位差。图 3－5 中是通过上、下游浮筒将水位传送到标尺 4 上进行 H_M 测量的。在试验时，H_M 必须保持恒定。为此，在上、下游装置了溢流板 3 和 10，溢流板高度可小幅度调节。压力水箱由水泵 15 供水，并通过消能栅 2 使水流均匀地进入引水管 6。

2. 流量 Q_M 测量

通过模型水轮机的流量 Q_M 用测流堰板 13 进行测量。为了保证测量精度，一般先用容积法对堰板进行率定，给出堰顶水深与流量的关系曲线（$h-Q_M$）。在试验时则是由浮筒水位计 12 测出堰槽水位，算出堰顶水深 h，然后由 $h-Q_M$ 曲线查取 Q_M 值。为了提高堰槽水位的测量精度，常在堰槽前部设置消能栅 11 以平稳堰槽内的水流。水流通过堰板后，流入回水槽 14，以便试验用水的循环利用。

3. 转速 n_M 测量

模型水轮机的转速 n_M 通常可用机械转速表在水轮机主轴的顶端直接测量。为了提高精度，目前多用电磁脉冲器或电力频率计数器进行测量。

4. 功率 N_M 测量

这里 N_M 是指模型水轮机输出的轴功率，采用测功器 5 进行测量。常用的测功器有机械式和电磁式两种(见图 3－6)，其测量原理类似，都是通过测量制动力矩求出功率 N_M。

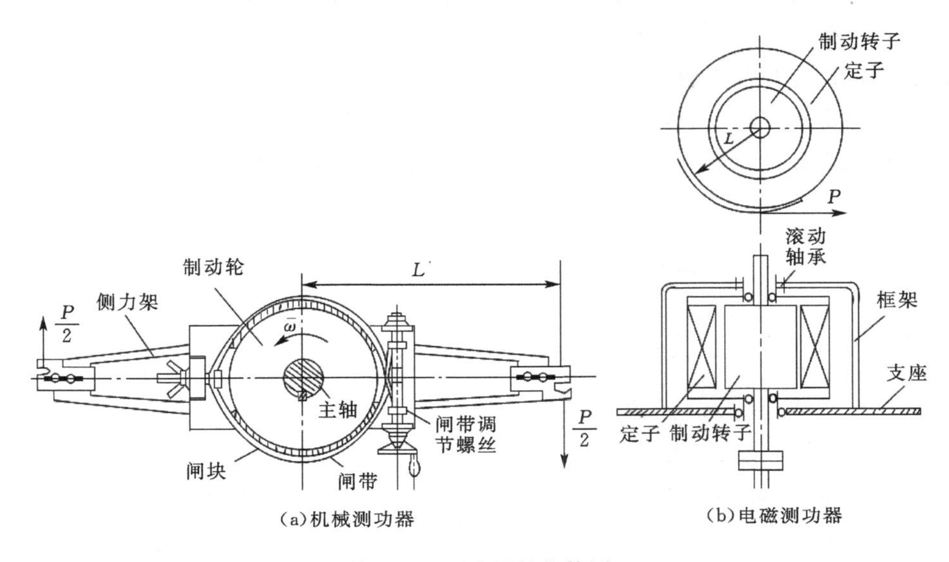

图 3－6　测功器结构简图

机械测功器的工作原理是在主轴上装一制动轮，在制动轮周围设置闸块，在闸块外围加闸带，闸带可由端部的调节螺丝控制以改变制动轮和闸块之间的摩擦力，闸带装置在测功架上，在主轴转动时可改变负荷(拉力 P)使测功架保持不动，则此时的制动力矩即为 $M=PL$，L 为制动力臂。结合此时所测得的 n_M 便可计算出模型水轮机的轴功率为

$$N_M = M\omega = \frac{PLn_M}{9.5493} \tag{3-36}$$

式中：各参数常用单位 M 为 N·m；P 为 N；L 为 m；n_M 为 r/min。

电磁测功器是用磁场形成制动力矩，基本原理与机械测功器相同。

3.4.2　综合参数计算与试验成果整理

为了获得水轮机全部工作范围内的能量特性，必须在不同的导叶开度下进行试验。一般从最小开度到最大开度之间选取 8～10 个开度，在每个开度下逐渐改变负荷 P 做 6～10 个工况点的试验，测出每个工况点的工作参数 H_M、Q_M、n_M 和 N_M，然后求出每个工况点模型水轮机的 η、n_1'和 Q_1'。

模型水轮机从水流输入的功率为 $N_{wM}=9.81Q_M H_M$，其效率 η_M 为

$$\eta_M = \frac{N_M}{N_{wM}} = \frac{kPn_M}{Q_M H_M} \tag{3-37}$$

式中：k为系数，$k=\dfrac{L}{9.5493\times 9.81}$；$H_M$单位为L/s；其他参数单位同前。单位参数$n_1'$、$Q_1'$可由式(3-11)和式(3-12)求出。表3-1是水轮机能量试验的一种记录表。

表3-1　模型能量试验记录表　　　转轮型号：________

直径$D_{1M}=$　　(m)；转角$\varphi_M=$　　(对转桨式)；系数$k=$										
导叶开度a_{0M}/mm	试验工况序号	水头H_M/m	转速n_M/r·min^{-1}	制动力P/N	堰上水深h/mm	流量Q_M/L·s^{-1}	单位流量Q'_{1M}/L·s^{-1}	单位转速n_1'/r·min^{-1}	效率η/%	备注
a_{0M1}	1 2 3 ⋮									
a_{0M2}	1 2 3 ⋮									

对于转桨式水轮机，一般每隔5°取一个固定转角φ_M，对每一φ_M值进行上述各种开度下的若干工况点的试验，并计算其相应的综合参数。

3.5　水轮机的特性曲线及其绘制

3.5.1　水轮机的特性曲线

表示水轮机各参数之间的曲线称为水轮机的特性曲线。它可分为线型特性曲线和综合特性曲线两大类，分别介绍如下。

3.5.1.1　线型特性曲线

线型特性曲线是在假定某些参数为常数的情况下另两个参数之间的关系曲线。线型特性曲线又分为工作特性曲线、水头特性曲线和转速特性曲线。

1. 工作特性曲线

水轮机在实际运行中，转轮直径D_1是一定的，而且转速n也必须是保持恒定的，当电力系统负荷发生变化时，电厂必须改变水轮机的流量以相应的调节水轮机的出力。在这种情况下，为了了解水轮机效率随流量计出力的变化关系，常绘制出D_1、H和n均为常数时的$\eta=f(N)$、$\eta=f(Q)$及$Q=f(N)$曲线。这些曲线统称为水轮机的工作特性曲线，其中$\eta=f(N)$称为效率特性曲线，$Q=f(N)$称为流量特性曲线，如图3-7、图3-8所示。图中a点称为空载运行工况点，即$n=n_r$，$N=0$的工况点，a点对应的流量Q_k称为空载流量；c点称为最高效率点，即最优工况点；d点为极限出力点。转桨式水轮机的效率特性曲线实质上是各种转角φ的定桨式水轮机效率特性曲线的外包络线，其高效区较为宽广，故一般在正常运行范围内不存在极限出力点。水轮机工作特性曲线反映了水轮机在水头不变的情况下的实际运行特性。

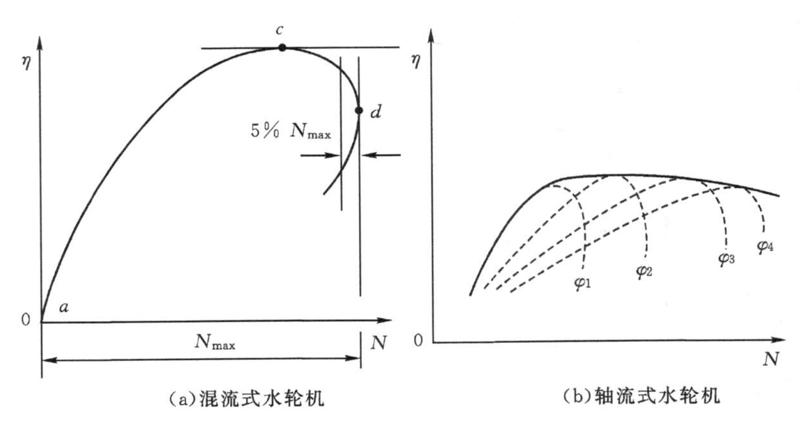

(a)混流式水轮机　　(b)轴流式水轮机

图 3-7　效率特性曲线 $\eta=f(N)$

2.水头特性曲线

为了了解水轮机在导叶开度 a_0 一定时 N 和 η 随 H 的变化关系，需绘制在 D_1、n 和 a_0 均为常数时的 $N=f(H)$ 及 $\eta=f(H)$ 曲线。这些曲线称为水轮机的水头特性曲线，如图 3-9 所示。图中 H_k 表示对应导叶开度下的空载水头。水轮机水头特性曲线常用来研究水头变化对水轮机工作性能的影响。

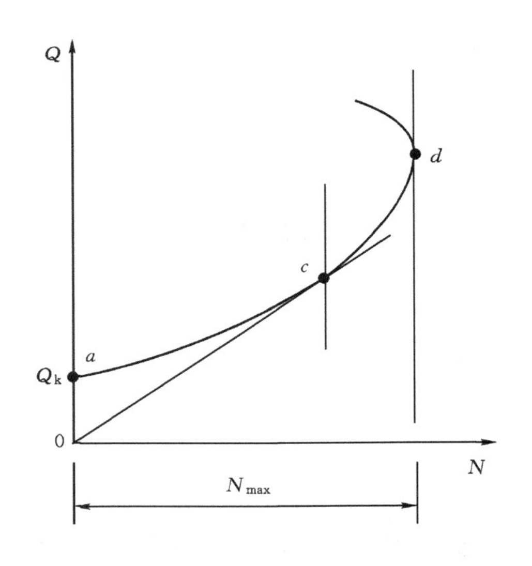

图 3-8　混流式水轮机流量特性曲线 $Q=f(N)$

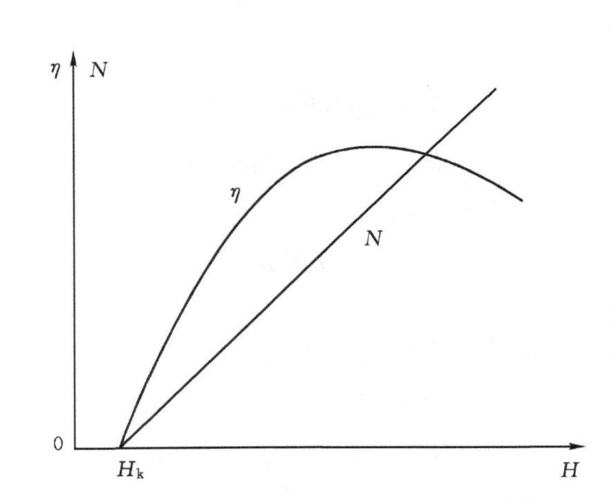

图 3-9　水轮机水头特性曲线

3.转速特性曲线

在 D_1、H 和 a_0 均为常数时绘制的 $Q=f(n)$、$N=f(n)$ 和 $\eta=f(n)$ 水轮机关系曲线统称为水轮机的转速特征曲线，如图 3-10 所示。其中 $Q=f(n)$ 曲线的形状与水轮机的比转速 n_s 密切相关。当 n_s 不同时，该曲线的变化规律也不同，如图 3-11 所示。

转速特性曲线虽不能反映原型水轮机的实际运行情况，但是通过这些曲线可以看出 Q、

N、n 和 a_0 的变化规律。

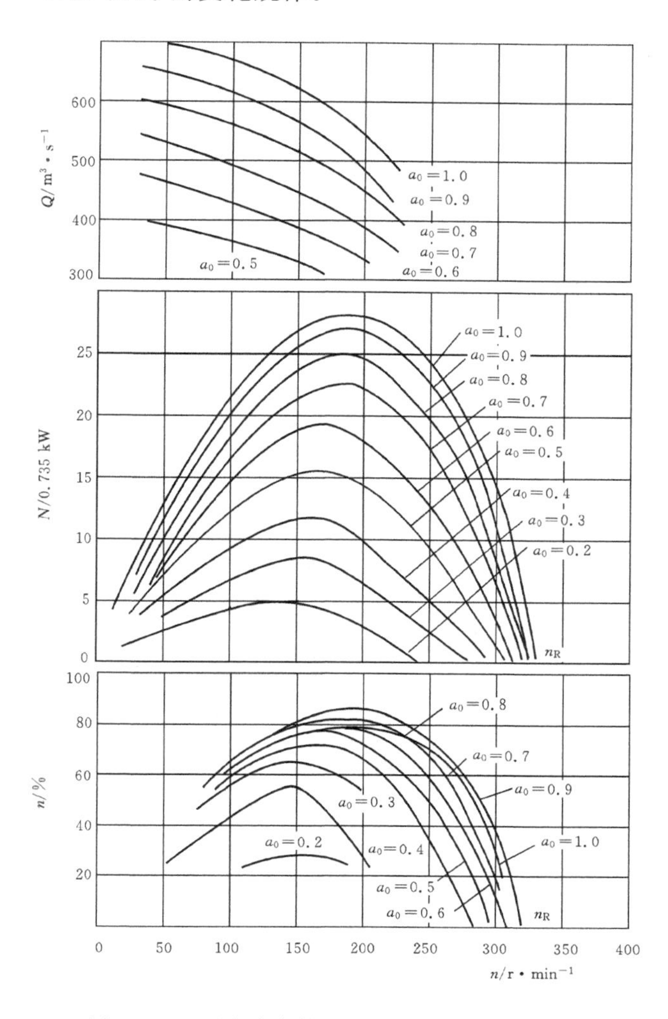

图 3-10　混流式水轮机($n_s=170$)转速特性曲线

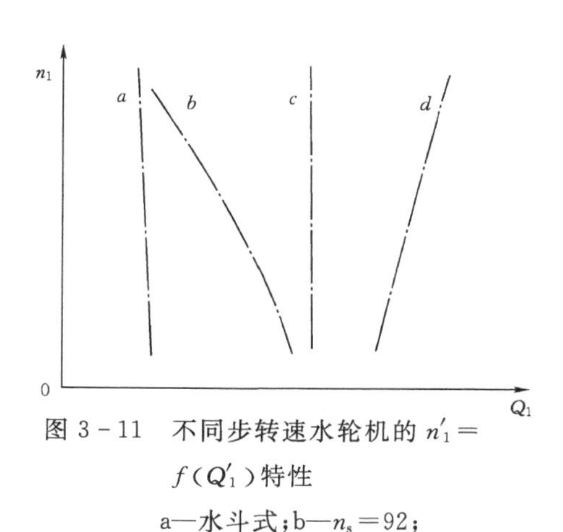

图 3-11　不同步转速水轮机的 $n'_1=f(Q'_1)$ 特性

a—水斗式；b—$n_s=92$；c—$n_s=292$；d—$n_s=442$

3.5.1.2　**综合特性曲线**

综合特性曲线是多参数之间的关系曲线，能较完整地描述水轮机各种运行工况的特性。综合特性曲线可分为模型(主要)综合特性曲线和运转综合特性曲线。

1. 模型综合特性曲线

模型综合特性曲线，简称综合特性曲线，是以单位转速 n'_1 和单位流量 Q'_1 为纵、横坐标而绘制的几组等值曲线，如图 3-12 和图 3-13 所示。图中常绘制有下列等值线：(1)等效率 η 线；(2)导叶(或喷针)等开度 a_0 线；(3)等气蚀系数 σ 线；(4)混流式水轮机的出力限制线；(5)转桨式水轮机转轮等转角 φ 线。

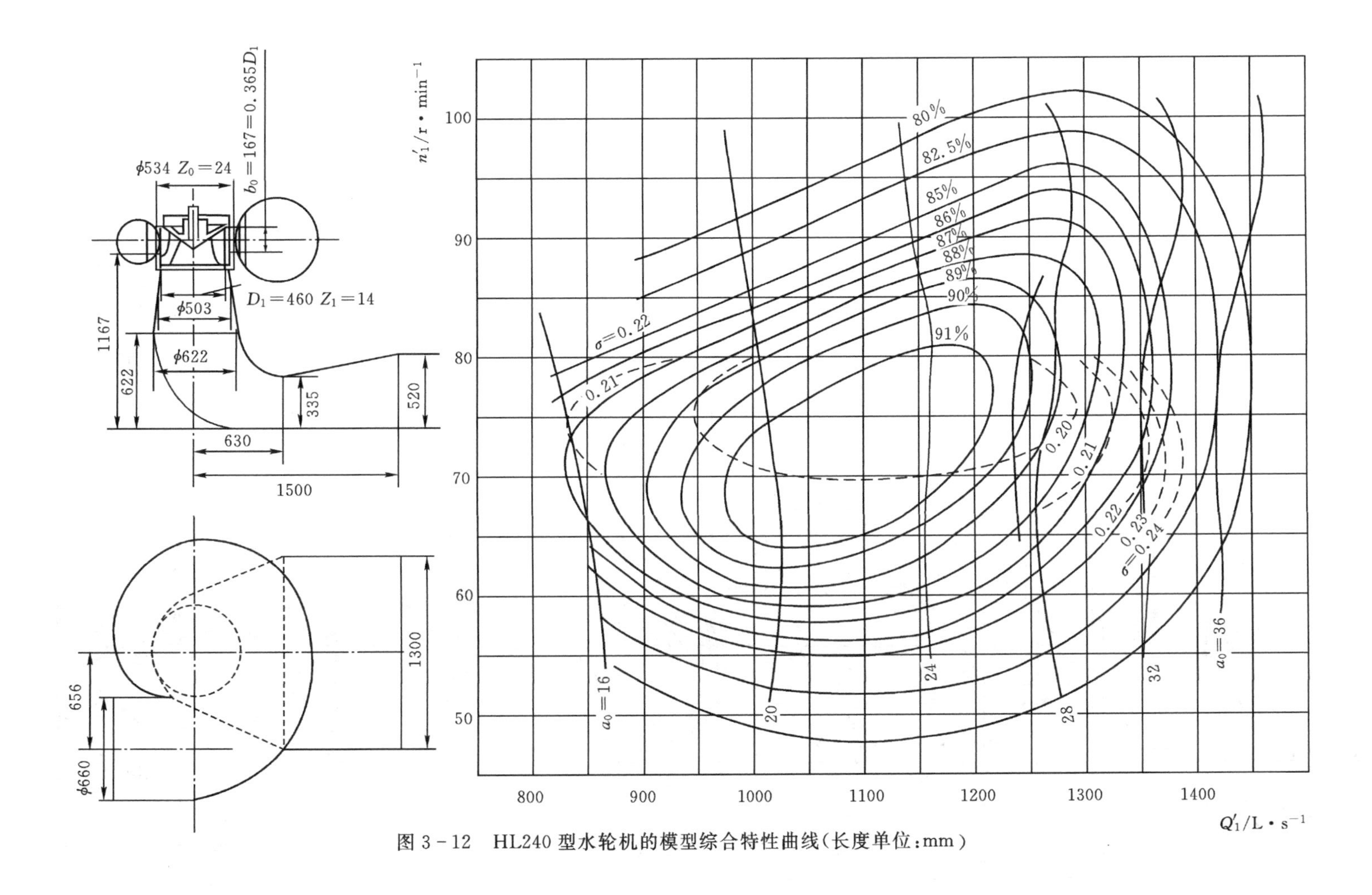

图 3-12　HL240 型水轮机的模型综合特性曲线(长度单位:mm)

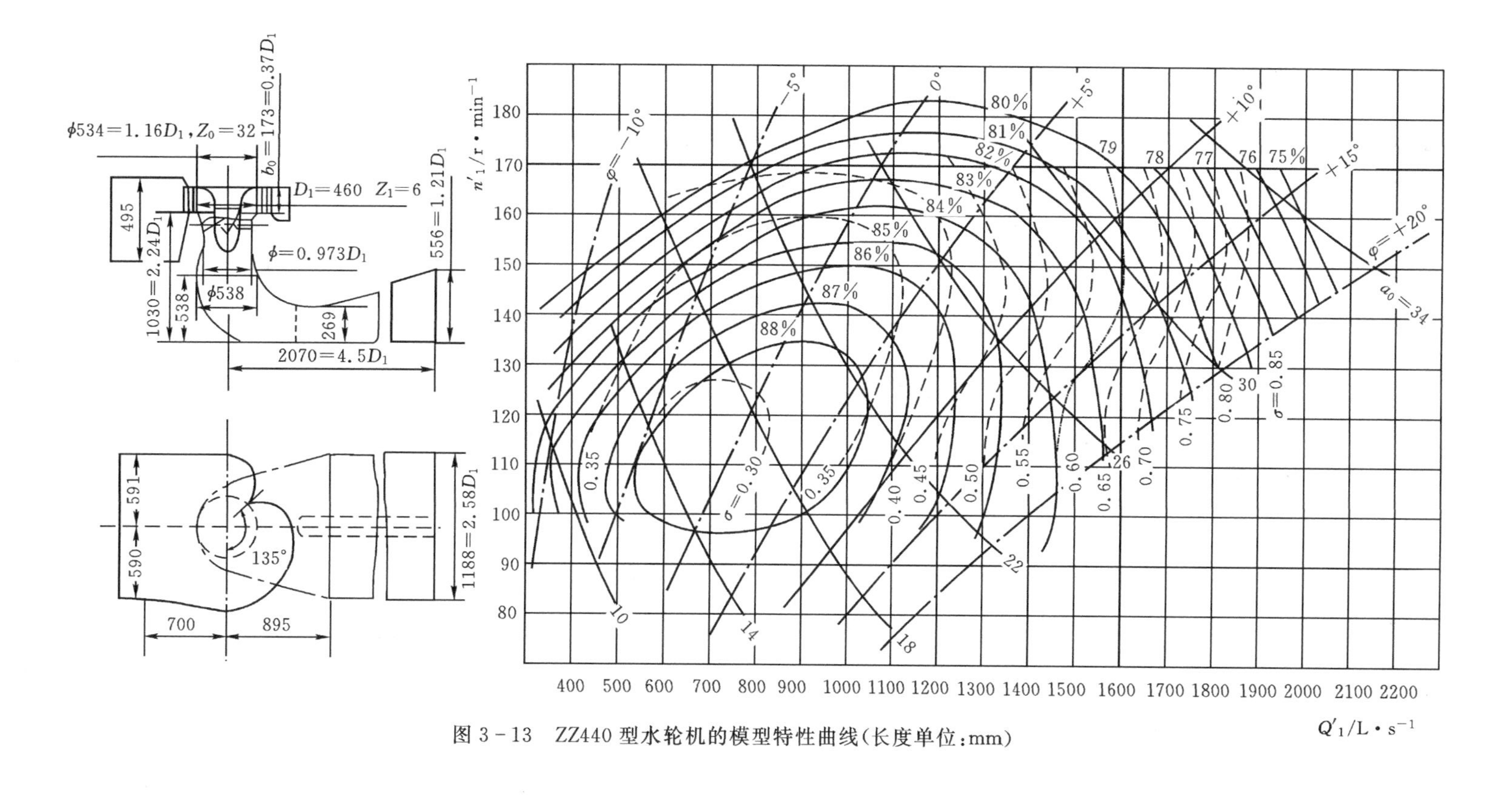

图 3-13　ZZ440 型水轮机的模型特性曲线(长度单位:mm)

2. 运转综合特性曲线

运转综合特性曲线，简称运转特性曲线，是以转轮直径 D_1 和转速 n 为常数时，以水头 H 和出力 N 为纵、横坐标而绘制的几组等值曲线，如图 3－14 所示。图中常绘制有下列等值线：(1)等效率 η 线；(2)等吸出高度 H_s 线；(3)出力限制线。此外有时也绘制导叶(或喷针)等开度 a_0 线、转桨式水轮机转轮等转角 φ 线。

运转综合特性曲线是针对具体的原型水轮机绘制的。与模型综合特性曲线相比，它更直观的反映了原型水轮机在各种工况下的特性，更便于查用。运转综合特性曲线在水电站设计和运行管理中有着重要的指导作用。

目前，在水轮机有关手册和制造厂产品目录中一般都提供模型综合特性曲线。一个轮系的水轮机有一份模型综合特性曲线。而上述的各种线型曲线和运转综合特性曲线都是根据原型水轮机的实际情况由其模型综合特性曲线换算出来的。

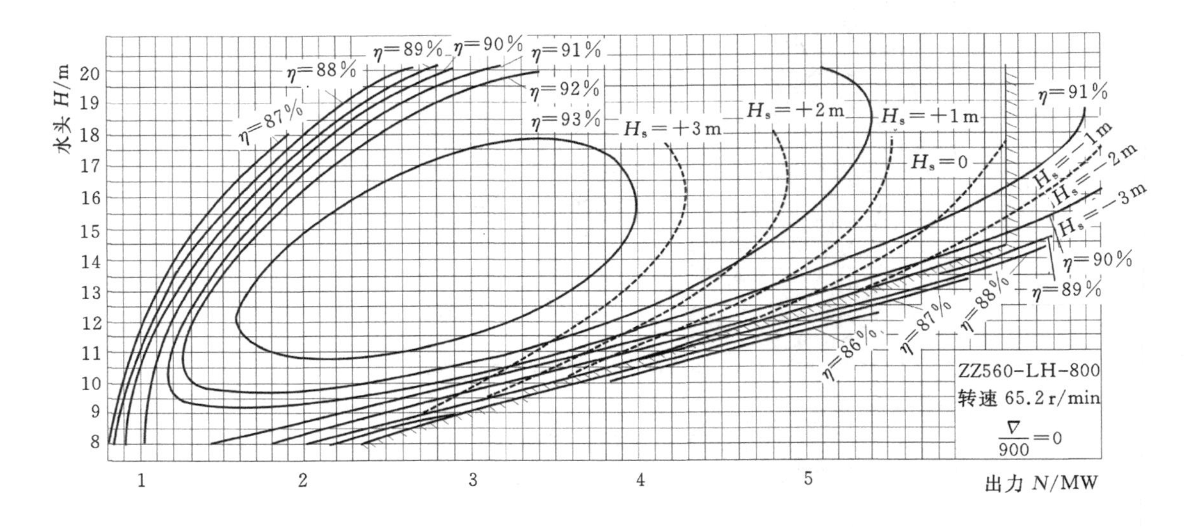

图 3－14　ZZ560 水轮机(D_1＝8 m，n＝62.5 r/min)运转综合特性曲线

3.5.2　综合特性曲线的绘制

3.5.2.1　混流式水轮机的模型综合特性曲线

1. 等开度线的绘制

等开度线即 $a_0=f(n'_1,Q'_1)$ 的等值线。根据表 3－1 中数据，将同一开度下的 n'_1、Q'_1 数据点绘制在以 n'_1、Q'_1 为纵、横坐标的图上并把同一开度点连接成光滑曲线，即得到等开度线。如图 3－12 和图 3－15(a)中所示的 a_0＝16 mm、a_0＝20 mm，a_0＝24 mm，a_0＝28 mm 和 a_0＝32 mm 的等开度线。

2. 等效率线的绘制

等效率线即 $\eta=f(n'_1,Q'_1)$ 的等值线。首先根据表 3－1 数据绘制出各开度下的 $\eta=f(n'_1)$，如图 3－15(a)所示。然后在 $\eta=f(n'_1)$ 的横坐标上任取一 η 值(如 η＝87%)，通过该点作垂线与各开度下的 $\eta=f(n'_1)$ 曲线相交于 b_1、b'_1、b_2、b'_2 等点，再将这些点分别投影并绘制于图中相应的等开度线上，并将其连接成一条光滑的曲线，这就是 $\eta=87\%$ 的等效率线。同样，取不同的效率值可绘制出相应的等效率线，如图 $\eta=91\%$，$\eta=90\%$，…，$\eta=80\%$ 的等效率线。

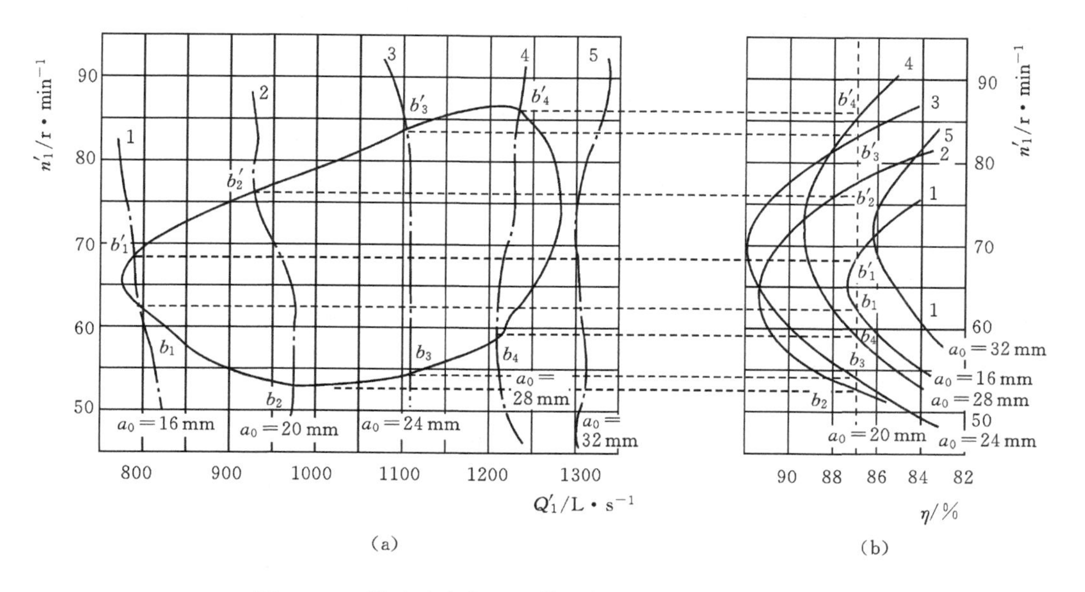

图 3-15　混流式水轮机的等开度线和等效率线的绘制

3. 出力限制线

出力限制线又称 5% 出力储备线或称 95% 出力限制线。水轮机的单位出力可按照式(3-38)计算

$$N'_1=\frac{N}{D^2H^{\frac{3}{2}}}=\frac{9.81QH\eta}{D^2H^{\frac{3}{2}}}=9.91Q'_1\eta \tag{3-38}$$

在绘制等效率线的 $n'_1-Q'_1$ 图上(见图 3-12)任取一 n'_1 值(如 $n'_1=75$ r/min)，并作一水平线与等效率线相交出一系列的交点，将每个交点的 η、Q'_1 值分别代入上式求出 N'_1，并绘制出 $N'_1=f(Q'_1)$ 曲线，如图 3-16 所示。图中 p 点为最大单位出力 N'_{1max} 点，其相应流量为

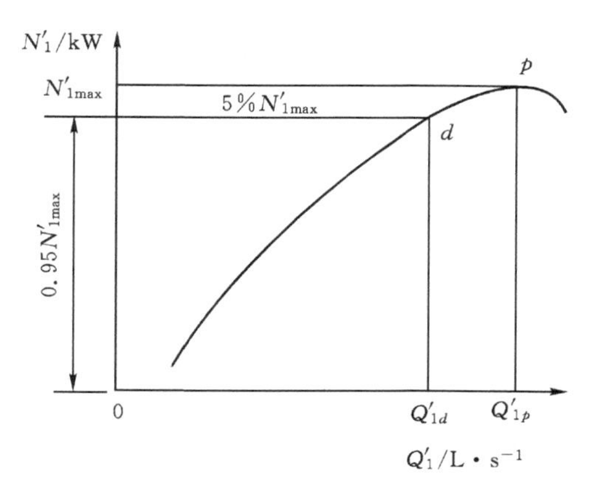

图 3-16　$N'_1=f(Q'_1)$ 的辅助曲线

Q'_{1p}。在 p 点左侧 N'_1 随 Q'_1 增大而增大，在 p 点右侧 N'_1 随 Q'_1 增大而减小。因此当水轮机处于 p 点及其右侧运行时，如果电力系统要求机组增大出力，则调速器将增大导叶开度以增大 Q'_1，但其结果反而使得 N'_1 降低，此时调速器将更大地增加导叶开度，造成水轮机调节的恶性循环。为了避免这种情况，规定水轮机不能处于 p 点及其右侧运行，并需要留有5% N'_{1max} 的出力储备，如图 3－16 所示中的 d 点。根据与 d 点相应的单位流量 Q'_{1p} 和前取的 n'_1 值（$n'_1=75$ r/min），在图 3－12 中即可绘制出出力限制线的一点。同样，可找出其他的 n'_1 值相对应的出力工况点，将这些点连接成光滑曲线，并得出力限制线。在模型综合特性曲线图上，出力限制线右边常打上阴影线。

4. 等气蚀系数线的绘制

通过水轮机的气蚀试验可获得不同工况的水轮机的气蚀系数 σ，将各工况点的 σ 值绘制于图 $n'_1-Q'_1$ 上，可得出等气蚀系数线，如图 3－12 中的 $\sigma=0.20$，$\sigma=0.21$ 等曲线。

3.5.2.2 轴流式水轮机的模型综合特性曲线

轴流定桨式水轮机的叶片安放角 φ 固定不变。因此，轴流定桨式水轮机的模型综合特性曲线的绘制与混流式水轮机完全相同。如图 3－17 所示给出了 ZD760 型水轮机在叶片安放角为 $\varphi=5°$、$\varphi=10°$、$\varphi=15°$时的三个模型的综合特性曲线。由图 3－17 所示可见，φ 值越大的水轮机过流量也越大，但效率有所降低，因此，可根据流量和效率来选择合适的 φ 值。

轴流转桨式水轮机的叶片可转动，因此，在绘制其模型综合特性曲线时，需先将若干个固定 φ 值的模型综合特性曲线绘制在同一张 $n'_1-Q'_1$ 上，然后绘出这些固定的 φ 值的各等效线的外包络线，这些外包络线便是转桨式水轮机的等效率线。如图 3－13 所示为 ZZ440 型水轮机的模型综合特性曲线，在图 3－13 中除了等效线、等开度线和等气蚀系数线外，还标出了不同 φ 值的等转角线。

3.5.3 混流式水轮机的运转综合特性曲线

1. 等效率线的绘制

在水轮机工作水头变化范围内取 4～6 个包括 H_{max}、H_r、H_{min} 在内的 H 值，绘出对应每个 H 值的效率曲线 $\eta=f(N)$，如图 3－18(a)所示。在该图中作出某一效率值（如 $\eta=91\%$）的水平线，它与图中的各等值线 H 相交，读出所有的交点的 H、N 值，并将其绘制在 $H-N$ 坐标上，把它们连成光滑曲线，这就是该等效率（$\eta=91\%$）的等效率线，如图 3－18(b)所示。同理可作出其它 η 值的等效率线，如图 3－14 所示。

2. 出力限制线的绘制

出力限制线表示水轮机在不同水头下实际允许发出的最大出力。由于水轮机与发电机配套运行，所以水轮机最大出力受到发电机额定出力和水轮机 5%出力储备线的双重限制。

发电机额定出力 N_{gr} 的限制即为水轮机的额定出力 N_r 的限制（$N_r=\frac{N_{gr}}{\eta_{gr}}$，$\eta_{gr}$ 为发电机的额定效率），因此，在运转综合特性曲线上，$H\geqslant H_r$ 时的出力限制线为 $N=N_r$ 的一段垂直线，如图 3－19 所示。由于 H_r 是水轮机发出额定出力的最小水头，所以当 $H<H_r$ 时，水轮机的出力受 5%出力储备线的限制。在相应的模型综合特性曲线图中 5%出力储备线上找出相应

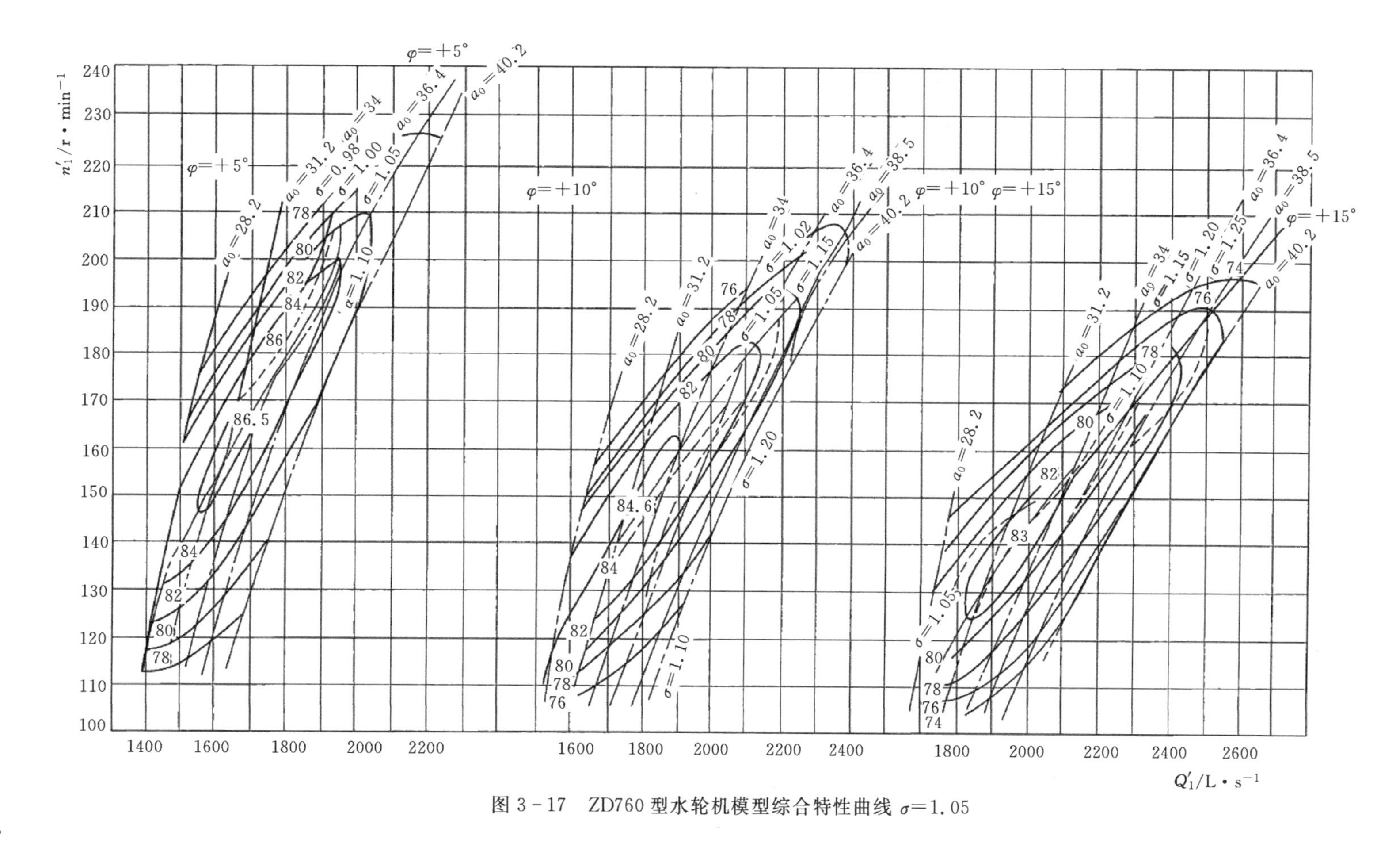

图 3-17　ZD760 型水轮机模型综合特性曲线 σ=1.05

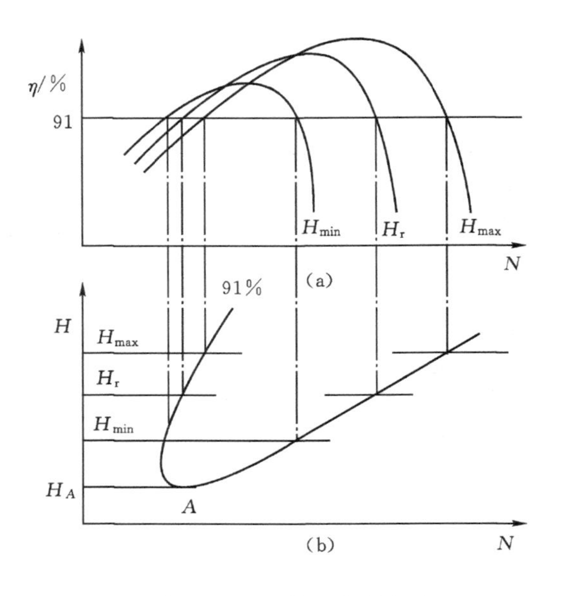

图 3-18 等效率线的绘制

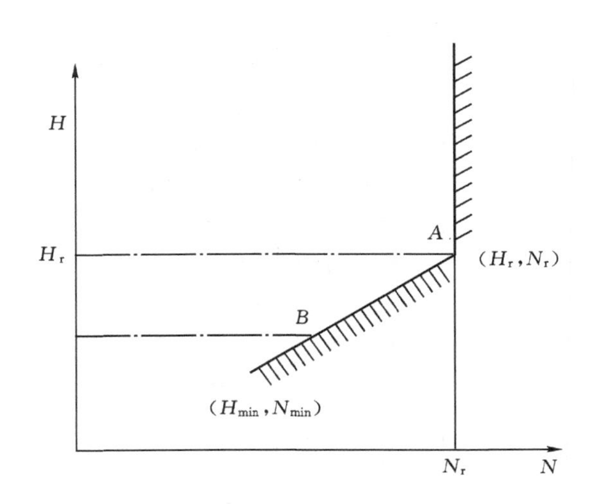

图 3-19 出力限制线的绘制

于 H_{min} 的工况点，然后求出对应的 $N_{min}=9.81\eta D_1^2 Q'_1 H_{min}^{\frac{3}{2}}$（其中 $\eta=\eta_M+\Delta\eta$）。在图 3-19 中把 H_r、N_r 点（图中 A 点）与 H_{min}、N_{min} 点（图中的 B 点）连成直线，即得 $H<H_r$ 时的出力限制线。

3. 等吸出高度线的绘制

等吸出高度线的绘制步骤如下。

(1)绘制各水头下的 $Q'_1=f(N)$ 辅助线，如图 3-20 所示。

(2)求出各水头下的 n'_{1M} 值，并在相应的模型综合特性曲线上查出 n'_{1M} 水平线与各等气蚀系数 σ 线的所有交点坐标 Q'_1、σ 值，填入表 3-2 中。

表 3-2 吸出高度计算表

$H_{max}=$						$H_r=$	$H=$	$H_{min}=$
$n'_{1M}=\frac{nD_1}{\sqrt{H}}-\Delta n'_1$；$H_s=10-\frac{\nabla}{900}-(\sigma+\Delta\sigma)$								
σ	Q'_1	N	$\sigma+\Delta\sigma$	$(\sigma+\Delta\sigma)H$	H_s			

(3)在 $Q'_1=f(N)$ 辅助线上查出相应于上述各 Q'_1 的 N 值，填入表 3-2 中。

(4)计算出相应于上述各 σ 的 H_s 值，填入表 3-2 中。

(5)根据表中对应的 H_s、N 作出 $H_s=f(N)$ 曲线，如图 3-21(a)所示。

(6)在 $H_s=f(N)$ 图中任取某 H_s（如 $H_s=-3$ m），作一条水平线与曲线相交，记下 H_s、N 值，并点绘于 $H-N$ 坐标上，将各点连成光滑曲线，即为某 H_s 值（图中为 $H_s=-3$ m）的等吸出高度线，如图 3-21(b)所示。

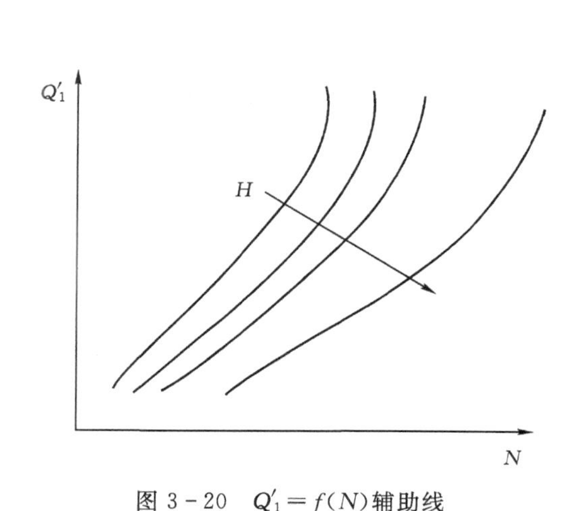

图3-20　$Q'_1=f(N)$辅助线

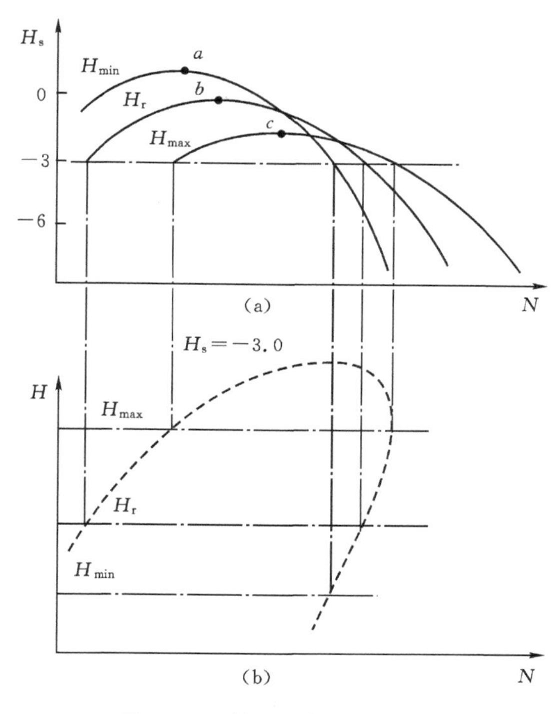

图3-21　等吸出高度线的绘制

3.6　水轮机的选型设计

水轮机选型设计是水电站设计中的一项重要工作。它不仅包括水轮机型号的选择和有关参数的确定，还应认真分析与选型设计有关的各种因素，如水轮发电机的制造、安装、运输、维护、电力用户的要求以及水电站枢纽布置、土建施工、工期安排等。因此在选型设计过程中应广泛征集水工、机电、施工和运行等多方面的意见，列出可能选择的待选方案，进行各种方案之间的动能比较和综合分析，以力求选出在技术上先进、可靠，经济上合理的水轮机。

3.6.1　水轮机选型设计的内容及其基本资料

1. 水轮机选型设计的主要内容

(1)选择水轮发电机的台数及单机容量；

(2)选择水轮机的型号及装配方式；

(3)确定水轮机的轴功率、转轮直径、同步转速、吸出高度、安装高程的主要参数；

(4)绘制水轮机的运转综合特性曲线；

(5)确定蜗壳和尾水管的型式及尺寸；

(6)选择调速器及油压设备；

(7)估算发电机的尺寸等有关参数；

(8)提出在特性上或结构上的某些要求，进行设备投资总概算等。

2. 水轮机选型设计的基本要求

水轮机设计要求要充分考虑水电站在水能、水文地质、工程地质、枢纽布置和电力系统等多方面的条件，使最终优选方案有较高的技术经济水准。

(1)水轮机的能量特性好。额定水头保证发出的额定出力、额定水头以下的机组受阻容量小，水电站全厂机组平均效率高。

(2)水轮机性能要与水电站整体运行方式和谐一致，运行稳定、灵活、可靠。要有良好的抗空蚀、抗耐磨性能，特别是对于多泥沙河流条件尤其如此。

(3)水轮发电机组的结构设计科学、合理，便于安装、操作、检修和维护。

(4)机组制造供货、大部件运输有规划落实，设计中的主要技术要求要有制造商的技术水平和生产实力的保证。

(5)有适度合理的经济节省原则。

3. 水轮机选型设计所必需的基本资料

(1)国家和地方所指定的有关水电建设的方针、政策等文件资料。

(2)水轮机设备的制造水平及产品技术资料。

(3)水电站有关技术资料。包括河流开发方案，水库调节性能，枢纽布置，地形、地质资料，河流水质泥沙资料；水电站的流量及水头；水电站上、下游水位以及下游水位-流量曲线；水电站总装机容量和机组在电力系统中的地位及运行方式等。

(4)运输情况及安装技术条件等资料。

(5)国内外设计、施工和运行的同类型水轮机及其水电站的有关资料。

3.6.2 机组台数及单机容量的选择

若水电站单机容量相等，水电站总装机容量等于机组台数和单机容量的乘积；若单机容量不同，总装机容量等于各种单机容量与对应机组台数乘积的代数和。在总装机容量确定的情况下，可以拟定不同的机组台数方案。当机组台数不同时，则机组单机容量不同，水轮机的转轮直径、转速也不同，有时甚至水轮机的型号也会改变，从而影响到水电站的工程投资、运行效率、运行条件以及产品供应。因此，在选择水轮机台数时，应从以下几个方面综合考虑。

1. 机组台数与设备制造的关系

当选定的机组台数较多时，机组单机容量较小，尺寸也较小，对制造能力和运输条件的要求较低，但是单位千瓦所消耗的材料较多，加工制造的工作量较大，故总的制造造价较高。

2. 机组台数与水电站投资的关系

机组台数较多时，不仅机组本身的单位千瓦造价较高，而且增加了闸门、管道、调速设备等辅助设备及电气设备的套数，电气结线也较为复杂，厂房的总平面尺寸也较大，机组的安装维护工作量也将增加，因此从这方面看，水电站的单位千瓦投资将随着机组台数的增加而增加。但是从另一方面看，选用机组的尺寸小则厂房的起重能力、安装场地、机坑开挖工程量等都可减小，则由此可减小水电站的投资。总的来说，大多数情况下，水电站的投资随机组台数增多而增大。

3. 机组台数与水电站运行效率的关系

当机组台数不同时，水电站的平均效率也不同。对于单台机组，大机组的效率较高；对于整个电站，机组台数多时，在运行中可通过改变运行方式避开低效率区，有可能使总平均效率较高。如图 3-22 所示为选用不同的机组台数时一装机容量为 40 万 kW 的水电站，水轮机 $\eta=f(N)$的工作特性曲线，从图中可以看出，当选择一台 40 万 kW 的机组时，只有在满负荷情况时，水轮机的效率最高，其他负荷情况下效率均偏低；当选用 2 台 20 万 kW 的机组时，水电站的平均效率有所提高，但是还有较大的低效率区，当选用 4 台 10 万 kW 的机组时，运行效率比较平稳，使水电站在$\frac{1}{4}$、$\frac{1}{2}$、$\frac{3}{4}$及满负荷情况下工作时都能达到最高效率。由此看来，较多的机组台数能使水电站保持较高的平均效率，但当台数增加到一定程度时，对水电站的平均运行效率就不会有显著的影响了。

当水电站在电力系统中担任基荷时，引水流量比较固定，选择台数少，可使水轮机较长时间内以最优工况运行，使得水电站保持较高的平均效率。如水电站担任电力系统峰荷，由于负荷经常变化，而且幅度较大，为使每台机组都能以高效率工作，则需要较多的机组台数。

此外，由于水轮机类型不同，机组台数对水电站平均效率的影响也不同。如轴流转桨式水轮机，由于其高效区较广，单机效率变化比较平稳，故机组台数的增减对水电站的平均效率影响不大。但对轴流定桨式水轮机，当出力变化时效率变化比较剧烈，因此增加机组的台数，对于提高水电站的平均效率就有比较显著的影响了。

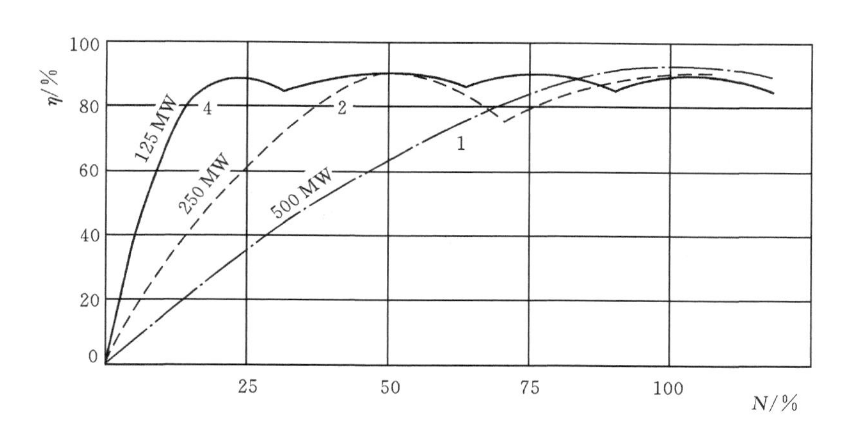

图 3-22　不同机组台数的水电站效率比较

4. 机组台数与水电站运行维护工作的关系

当水电站机组台数较多时，水电站的运行方式机动灵活，易于调度，每台机组的事故影响较小，检修工作也易于安排。但是运行、检修、维护的总的工作量及年运行费用和事故率将随机组台数的增多而增大，因此机组台数不宜太多。

5. 机组台数与电力系统的关系

选择机组台数，要注意使单机容量低于系统的事故备用容量。这是为了保证电力系统的运行安全性，而电力系统中低于事故备用容量的机组的事故发生不会形成过大的冲击影响。

6. 机组台数与电气主接线的关系

现行水电站电气主接线以扩大单元方式多见，故其机组台数为偶数有利。但对于大型水轮机的情形，主变器最大容量也有所限制，故单元接线为主要采用方式，机组的台数也就不一定是偶数了。

上述各种因素是相互联系又相互对立的,可能不能同时满足,所以在选择机组台数时应针对具体情况,经技术经济比较确定。为了制造、安装、运行维护及设备的供应方便,在一个水电站中应尽可能地选用相同型号的机组。大中型水电站机组采用扩大单元接线,为了使电气主接线对称,大多数情况下机组台数用偶数,我国已经建成的中型水电站一般选用 4~6 台机组,大中型水电站一般选用 6~8 台机组。对于巨型水电站,由于最大单机容量的限制,机组台数经常较多,例如目前国内机组最多的三峡水电站,装有 32 台 70 万 kW 的混流式机组,总装机容量 2240 万 kW。对于中小型水电站,为了保证运行的可靠性、灵活性,机组台数一般不少于 2 台。

3.6.3 水轮机的型号及装置方式的选择

3.6.3.1 型号的选择

水轮机型号的选择是在已知机组单机容量和各种特征水头的情况下进行的,一般可采用下列两种方法。

1. 根据水轮机系列型谱选择

在水轮机选择中,起作用的是水头,每一种型号的水轮机都有一定的水头适应范围。上限水头是根据其结构强度及气蚀特性等条件决定的,一般不允许超出,而下限水头由经济因素决定。根据已知的水电站水头,可直接从水轮机型谱表(表 3-3~表 3-8)中选出合适的水轮机型号。有时可能选出两种使用的型号,则可将两种机型均列入比较方案。

表 3-3 大中型轴流式转轮参数(暂行系列型谱)

试用水头范围 H/m	转轮型号		转轮叶片数 Z_1	轮毂比 $\frac{d_g}{D_1}$	导叶相对高度 $\frac{\bar{b}_0}{D_1}$	最优单位转速 n'_{10}/r·min^{-1}	推荐使用的最大单位流量 Q'_1/L·s^{-1}	模型空蚀系数 σ_M
	适用型号	旧型号						
3~8	ZZ600	ZZ55,4K	4	0.33	0.438	142	2000	0.70
10~22	ZZ560	ZZA30,ZZ005	5	0.40	0.400	130	2000	0.59~0.77
15~26	ZZ460	ZZ105,5K	5	0.50	0.382	116	1750	0.60
20~36(40)	ZZ440	ZZ587	6	0.50	0.375	115	1650	0.38~0.65
30~35	ZZ360	ZZ79	8	0.55	0.350	107	1300	0.23~0.40

注:适用转轮直径 D_1>1.4 m 的轴流式水轮机。

表 3-4 大中型混流式转轮参数(暂行系列型谱)

适用水头范围 H/m	转轮型号		导叶相对高度 $\frac{\bar{b}_0}{D_1}$	最优单位转速 n'_{10}/r·min^{-1}	推荐使用的最大单位流量 Q'_1/L·s^{-1}	模型空蚀系数 σ_M
	适用型号	旧型号				
<30	HL310	HL365,Q	0.391	88.3	1400	0.360*
25~45	HL240	HL123	0.365	72.0	1240	0.200
35~65	HL230	HL263,H_2	0.315	71.0	1110	0.170*
50~85	HL220	HL720	0.250	70.0	1150	0.133
90~125	HL200	HL741	0.200	68.0	960	0.1000
	HL180	HL662(改型)	0.200	67.0	860	0.085

续表 3-4

适用水头范围 H/m	转轮型号		导叶相对高度 $\frac{\bar{b}_0}{D_1}$	最优单位转速 n'_{10}/r·min^{-1}	推荐使用的最大单位流量 Q'_1/L·s^{-1}	模型空蚀系数 σ_M
	适用型号	旧型号				
110～150	HL160	HL638	0.224	67.0	670	0.065
140～200	HL110	HL129,E_2	0.118	61.5	380	0.055
180～250	HL120	HLA41	0.120	62.5	380	0.060
230～320	HL100	HLA45	0.100	61.5	280	0.045

注:(1)表中*表示装置空蚀系数 σ_z;

(2)适用转轮直径 $D_1 \geqslant 1.0$ m 的轴流式水轮机。

表 3-5 ZD760 转轮参数

转轮叶片数 Z_1	4			最优单位转速 n'_{10}/r·min^{-1}	165	148	140
导叶相对高度 $\frac{\bar{b}_0}{D_1}$	0.45			推荐使用的最大单位流量 Q'_1/L·s^{-1}	1670	1795	1965
叶片装置角 φ/°	5	10	15	模型空蚀系数 σ_M	0.99	0.99	1.15

注:ZD760 适用水头 9 m 以下的轴流定桨式转轮。

表 3-6 混流式水轮机模型转轮主要参数

转轮型号	推荐使用水头范围 H/m	模型转轮			导叶相对高度 $\frac{\bar{b}_0}{D_1}$	最优工况					限制工况		
		试验水头 H/m	直径 D_1	叶片数 Z_1		单位转速 n'_{10}/r·min^{-1}	单位流量 Q'_1/L·s^{-1}	效率 η/%	空蚀系数 σ_M	比转速 n_s	单位流量 Q'_1/L·s^{-1}	效率 η/%	空蚀系数 σ_M
HL310	<30	0.305	390	15	0.391	88.3	1220	89.6		355	1400	82.6	0.360*
HL260	10～25		385	15	0.378	72.5	1180	89.4		286	1370	82.8	0.280
HL240	25～45	4.00	460	14	0.365	72.0	1100	92.0	0.200	275	1240	90.4	0.200
HL230	35～65	0.305	404	15	0.315	71.0	913	90.7		247	1110	85.2	0.17*
HL220	50～85	0.305	460	14	0.250	70.0	1000	91.0	0.115	255	1150	89.0	0.133
HL200	90～125	3.00	460	14	0.20	68.0	800	90.7	0.088	210	950	89.4	0.088
HL180	110～150	4.00	460	14	0.20	67.0	720	92.0	0.075	207	860	89.5	0.083
HL160	110～150	4.00	460	17	0.224	67.0	580	91.0	0.057	187	670	89.0	0.065
HL120	180～250	4.00	380	15	0.12	62.5	320	90.5	0.05	122	380	88.4	0.065
HL110	140～200	0.305	540	17	0.118	61.5	313	90.4		125	380	86.8	0.055①
HL100	230～320	4.00	400	17	0.10	61.5	255	90.5	0.017	101	305	86.5	0.07

注:表中①表示装置空蚀系数 σ_z。

表 3-7　轴流式水轮机模型转轮主要参数

转轮型号	推荐使用水头范围 H/m	模型转轮				导叶相对高度 $\frac{\bar{b}_0}{D_1}$	最优工况					限制工况		
		试验水头 H/m	直径 D_1	叶片数 Z_1			单位转速 n'_{10}/r·min^{-1}	单位流量 Q'_1/L·s^{-1}	效率 η/%	空蚀系数 σ_M	比转速 n_s	单位流量 Q'_1/L·s^{-1}	效率 η/%	空蚀系数 σ_M
ZZ600	3～8	1.5	195	0.333	4	0.488	142	1030	85.5	0.32	518	2000	77.0	0.70
ZZ560	10～22	3.0	460	0.40	4	0.40	130	940	89.0	0.30	438	2000	81.0	0.75
ZZ460	15～26	15.0	195	0.50	5	0.382	116	1050	85.0	0.24	418	1750	79.0	0.60
ZZ440	20～36 (40)	3.5	460	0.50	6	0.375	115	800	89.0	0.30	375	1650	81.0	0.72
ZZ360	30～55		350	0.55	8	0.35	107	750	88.0	0.16		1300	81.0	0.41
ZZ760	2～6				4	0.45	165	1670						0.99

注：ZD760 的空蚀系数为 0.99 的条件是 $\varphi=+5°$。

表 3-8　水斗式水轮机模型转轮主要参数

使用水头 H/m	转轮型号		水斗数 Z_1	最优工况单位转速 n'_{10}/r·min^{-1}	推荐单位最大流量 Q'_1/L·s^{-1}	空蚀系数 σ_M
	新型号	旧型号				
100～260	CJ22	Y_1	20	40	45	8.66
400～600	CJ20	P_2	20～22	39	30	11.30

2. 套用机组

根据国内设计、施工或已经运行的水电站资料，在实际水头接近、技术经济指标相当的情况下，可优先套用已经生产过的机组，这样可以节约设计的工作量，并可以尽早供货，供水电站提前投入运行。若某些水电站采用新型水轮机时，既无现成的水轮机型谱，又没有相应的转轮模型综合特性曲线可参考，就需要用比转速法来选型。

3.6.3.2　装置方式的选择

在大中型水电站，其水轮发电机的尺寸一般比较大，安装高程也较低，因此其装置方式多采用竖轴式，即水轮机的轴和发电机在同一铅垂线上，并通过法兰盘联接，这样使发电机的安装位置较高不易受潮，机组的传动效率较高，而且水电站厂房面积较小，设备布置较方便。

对于转轮直径小于 1 m、吸出高度 H_s 为正值的水轮机，常采用卧轴装置，以降低厂房高度，而且卧式机组安装、检修及运行维护也比较方便。

3.6.3.3　水轮机性能与应用特点的比较

相同水头有不同型式的水轮机可以选用，因此可以通过粗略比较不同机组的一些性能与运行特点，帮助选择更合适的机组类型。

1.贯流式水轮机与轴流式水轮机的比较

(1)贯流式水轮机水流顺畅,过流条件好,过流截面相同时单位流量大,无蜗壳和弯形尾水管,流道损失小,运行效率比轴流式水轮机高。

(2)贯流式水轮机可布置在坝体或闸墩内,可不设专门的厂房,土建工程量小且适应于狭窄地形条件。

(3)贯流式水轮机因为安装高程的需要,从引水室入口到尾水管沿线均需要开挖一定的深度,而轴流式水轮机只需开挖尾水管部分,故贯流式水轮机相应的开挖量比较大。

(4)贯流式水轮机能很好适用于潮汐电站,流道具有双向的特征,可以用作双向发电机组,也可以作为抽水蓄能运行时的发电工况或抽水工况机组。

(5)灯泡贯流式水轮发电机全部处于水下,要求严密的封闭结构和良好的通风防潮措施,维护、检修较困难。此外,机组转动惯量小,稳定性较差,不适宜在电力系统中作调频运行。

2.轴流式水轮机与混流式水轮机的比较

(1)轴流转桨式水轮机适用于水头与负荷变化较大的水电站,能在较宽广的工况范围内稳定、高效率运行,平均效率高于混流式水轮机。

(2)相同条件下,轴流式水轮机比转速高于混流式水轮机,有利于减少机组的尺寸。

(3)轴流式水轮机气蚀系数高,约为同水头混流式水轮机的两倍,为了保证气蚀性能,需增大厂房开挖量。

(4)长尾水管情形,紧急关机时,轴流式水轮机更容易出现抬机现象。

(5)轴流式水轮机轴向水推力系数约为混流式水轮机的 2～4 倍,推力轴承荷载大。

(6)轴流转桨式水轮机的转轮和受油器等部件结构复杂、造价高。

3. 混流式水轮机与水斗式水轮机的比较

(1)混流式水轮机单位流量比水斗式水轮机的大,但是当水流为高含沙水流时,为了缓解空化和磨损压力,混流式水轮机所采用的单位流量反而比水斗式水轮机的小。

(2)混流式水轮机最高效率比水斗式水轮机的高,且混流式水轮机效率对水头变化不敏感,适用于水头变化小、作调频运行的电站。

(3)水斗式水轮机的转轮工作于最高尾水位上,水头的利用率低于混流式,但也因此能简化厂房排水设施,甚至取消尾水闸门。

(4)水斗式水轮机转轮在大气压力下运转,气蚀轻,且针阀、喷嘴和水斗为空蚀多发部位,检修与更换容易。

(5)水斗式水轮机的折向器与制动喷嘴能较大降低飞逸转速。

(6)水斗式水轮机无轴向推力,可简化轴承结构。

具体选择水轮机型式,确定比转速时,一定要注意结合设计电站的具体应用条件。例如,多泥沙河流水轮机的设计,为减轻过机泥沙对过流部件的磨损,一般应采用较低比转速参数。降低比转速的目的是为了减小流道中的水流速度。

3.6.4　反击式水轮机的主要参数选择

在机组台数和型号确定以后,可进一步确定各方案的转轮直径 D_1、转速 n 及吸出高程 H_s、所选择的 D_1、n 应满足在设计水头 H_r 下发出水轮机的额定出力 N,并在加权平均水头

H_{av}运行时效率较高;所选择的吸出高度应满足防止水轮机气蚀的要求和水电站开挖深度的经济合理性。下面分别介绍参数选择的两种方法及选择步骤。

3.6.4.1 **用应用范围选择水轮机的主要参数**

如图 3-23 所示为 HL220 水轮机的应用范围图,该图以水轮机的单机出力 D_1 及水头 H 为纵坐标、横坐标,图中绘出了若干平行的斜线,与垂直线构成许多斜方格,每一方格中注有水轮机的标准同步转速,在图的右上边的斜方格中注有水轮机的标称直径 D_1。平行四边形的上、下两边为出力界限,左、右两边为适用的水头范围。

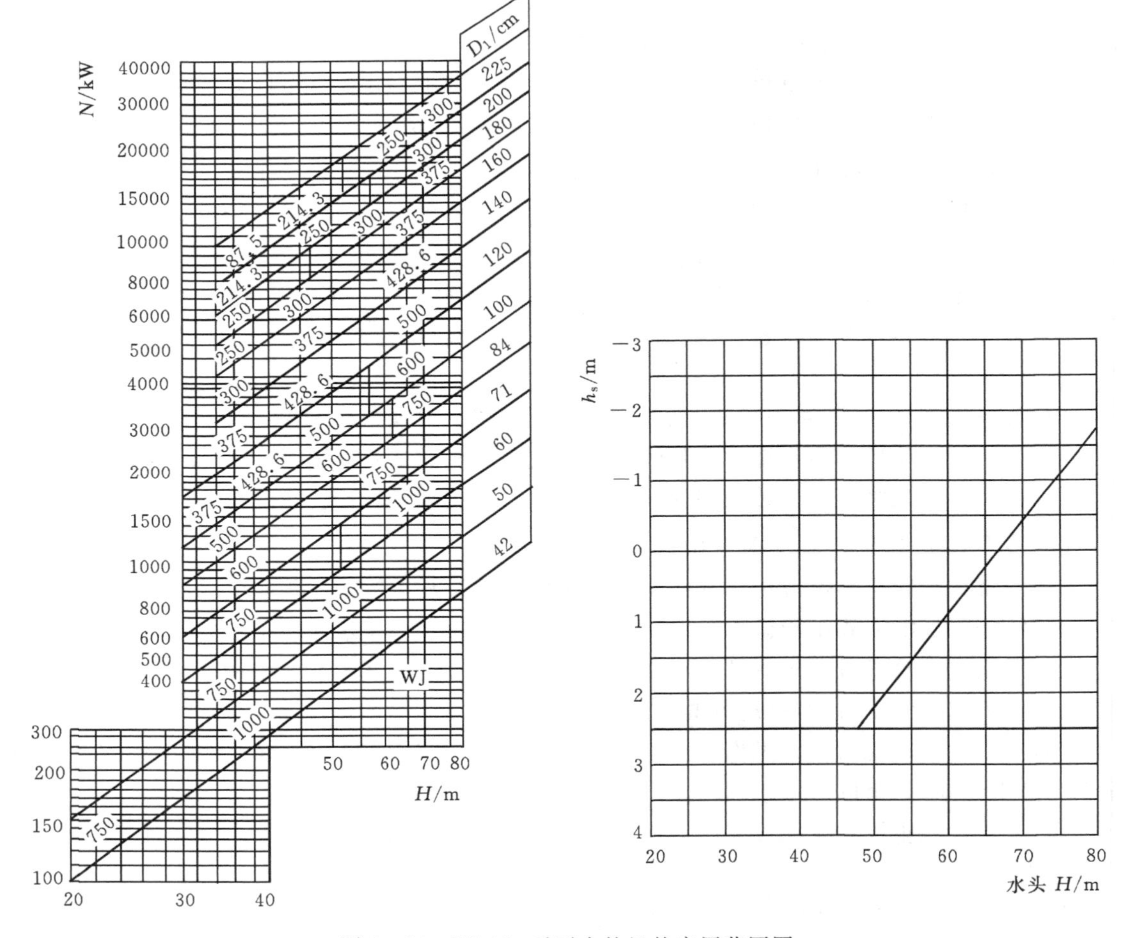

图 3-23 HL220 系列水轮机的应用范围图

在应用时,根据给定的设计水头 H_r 和额定出力 N_r 可在选定系列的应用范围内直接查出所需的 D_1 和 n 值。当 H_r、N_r 的坐标点正好落在斜线上时,这说明上、下两种 D_1 和 n 值都适用,为了使水轮机的容量有一定的富余,一般可选较大的直径。

在每种系列应用范围图的旁边给出了 $h_s=f(H)$的关系曲线,图中 h_s 代表水轮机的装置高程为零时的最大吸出高程,应用时,根据设计水头 H_r 可查得对应的 h_s 值。若所选水轮机的装置高程 $\Delta>0$,则其吸出高度 H_s 为

$$H_s = h_s - \frac{\nabla}{900}$$

对于混流式水轮机，当 N 和 H 变化时，气蚀系数 σ 变化不大，故在 $h_s=f(H)$ 图中只绘制出一条曲线，如图 3－23 所示。对于转桨式水轮机，当 N 和 H 变化时，气蚀系数 σ 变化较大，故在 $h_s=f(H)$ 图中绘制出两条曲线，如图 3－24 所示。应用时，可按照 N_r 和 H_r 坐标点在应用范围图的斜上方格中的位置，按比例地在两条 $h_s=f(H)$ 曲线之间找到相应的点，从而确定 h_s 值。

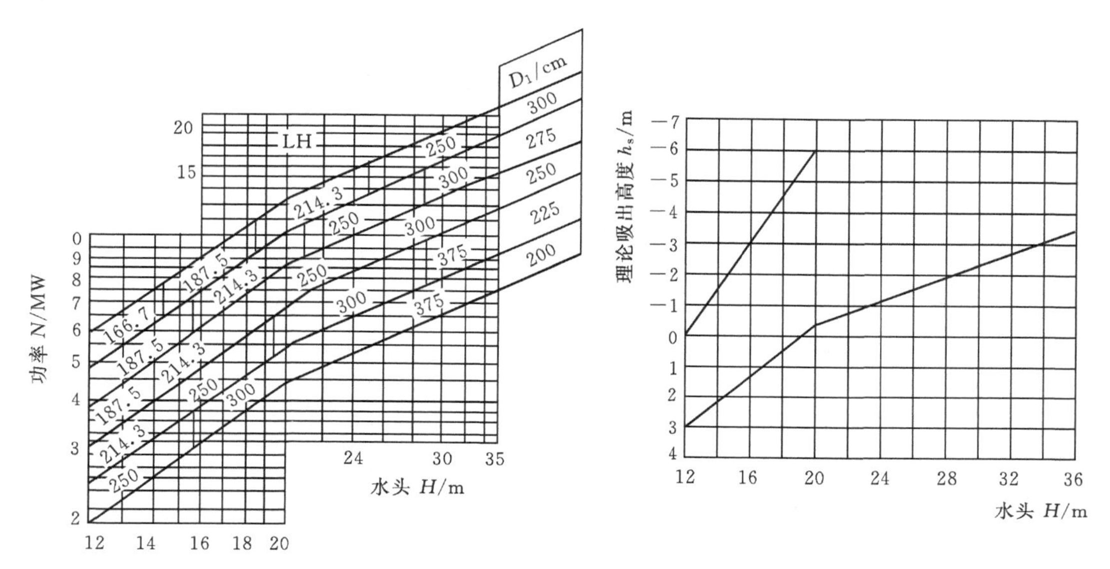

图 3－24　ZZ440 系列水轮机的应用范围图

在水轮机产品目录和有关手册中，载有系列水轮机的应用范围，可供选择使用。利用应用范围图选择水轮机简单易行，但是较粗略，一般多用于小型水电站的水轮机选型设计。

3.6.4.2　**用模型综合特性曲线选择水轮机的主要参数**

首先根据模型综合特性曲线，利用相似公式计算出原型水轮机的主要参数，然后把已选定的原型水轮机主要参数换算成模型参数，绘制到模型综合特性曲线上，以检验所选的参数是否合适，如果合适，则这些参数即为所选参数。

1. 转轮直径 D_1 的计算

根据水轮机额定出力 N_r 的计算公式 $N_r=9.81Q'_1D_1^2H_r\sqrt{H_r}\eta$，可得

$$D_1 = \sqrt{\frac{N_r}{9.81Q'_1H_r\sqrt{H_r}\eta}} \tag{3-39}$$

下面对式(3－39)右端各参数的取值作如下说明。

(1) N_r 为水轮机的额定出力。在选型计算时，有时只能给出发电机的额定出力 N_{gr}，则 $N_r=\frac{N_{gr}}{\eta_{gr}}$，$\eta_{gr}$ 为发电机的额定效率。对于大中型发电机，$\eta_{gr}=96\%\sim98\%$；对于中小型发电机 $\eta_{gr}=95\%\sim96\%$。

(2) H_r 为水轮机的设计水头，单位是 m，H_r 与水电站加权平均水头 H_{av} 密切相关，H_{av} 一

般由水能计算确定。H_r 常略小于 H_{av}，大致上存在如下的关系：

对于河床式水电站：$H_r=0.90H_{av}$；

对于坝后式水电站：$H_r=0.95H_{av}$；

对于引水式水电站：$H_r=H_{av}$。

(3)Q'_1 为水轮机的单位流量，单位为 m^3/s。在可能的情况下，Q'_1 应采用最大值，以减小 D_1 值。因此 Q'_1 可取表(3-6)和表(3-7)的限制工况值。对于混流式水轮机，Q'_1 值也可以从模型综合特性曲线的最高效率区相应的出力限制线上选取；对于轴流式水轮机，其限制工况由空蚀条件决定，但是其限制工况的空蚀系数往往过高，如果按照此设计，常会造成水电站的基础开挖方过大，所以有些水电站采用限制水轮机吸出高度的方法来反推 Q'_1 值和 σ 值。当水轮机的限制吸出高度为$[H_s]$时，其相应的装置空蚀系数为

$$\sigma_z=\frac{10-\dfrac{\nabla}{900}-[H_s]}{H} \tag{3-40}$$

相应的 Q'_1 可在其模型综合特性曲线上选取：在图上作一最优单位转速 n'_{10} 的水平线，它与上式求得的 σ_z 的等值线右端相交，该点的 Q'_1 值即为所求，并可求得该点的模型效率 η_M。

(4)η 为上述 Q'_1 工况点相应的原型机组的效率，即 $\eta=\eta_M+\Delta\eta$。但是在 D_1 求出之前，$\Delta\eta$ 无法求出，所以可先设定一个数值，据之求出 D_1 值，根据此 D_1 值再求出 $\Delta\eta$ 及 η 值，若 $\Delta\eta$ 及 η 值与原假定的值比较接近，则 D_1 值正确，否则重新假定 $\Delta\eta$ 及 η 值，重新计算 D_1 值。

将上述各参数代入式(3-39)即可求出 D_1 值。由于水轮机直径 D_1 值已有标准尺寸系列(表)，因此，D_1 值应改取与计算值相近的标称直径。通常 D_1 选用较计算值稍大的标称直径。

2. 转速 n 的计算

根据转速相似定律，可得水轮机转速的计算公式

$$n=\frac{n'_1\sqrt{H}}{D_1} \tag{3-41}$$

为了使水轮机在加权水头下获得最高效率，上式的 n'_1 选用原型水轮机的最优单位转速 n'_{10}，H 选用加权平均水头 H_{av}。

按照式(3-41)求得的水轮机的转速 n 必须与相近的发电机同步转速(见表 2-1)匹配。若 n 的计算值介于两个同步转速之间，则应进行方案比较后确定，一般来说，在保证水轮机处于高效率区工作的前提下，应选用较大的同步转速，以使得机组具有较小的尺寸和重量。

3. 工作范围的检验

按水轮机的最大水头 H_{max}、最小水头 H_{min} 和选定的标准直径 D_1、同步转速 n 可计算出最大、最小单位转速 n'_{1max} 和 n'_{1min}；按设计水头 H_r 和选定 D_1 可计算出水轮机以额定出力 N_r 工作时的最大单位流量 Q'_{1max}。然后在水轮机模型综合特性曲线上绘制出 n'_{1max}、n'_{1min} 和 Q'_{1max} 为常数的直线，这些直线之间所包围的范围即为水轮机的相似工作区，如图 3-25 所示。如果此范围区包含了模型综合特性曲线的高效率区，则所选定的 D_1 值和 n 值是合理的，否则需要适当调整 D_1 值和 n 值，并重新检验其工作范围的合理性。

4. 吸出高度 H_s 的计算

水轮机在不同工况下的空蚀系数 σ 是不同的，在方案比较阶段 H_s 可初步按照设计工况下的 σ 值进行计算。待方案选定以后再进一步根据水轮机的运行条件、厂房的开挖情况进行

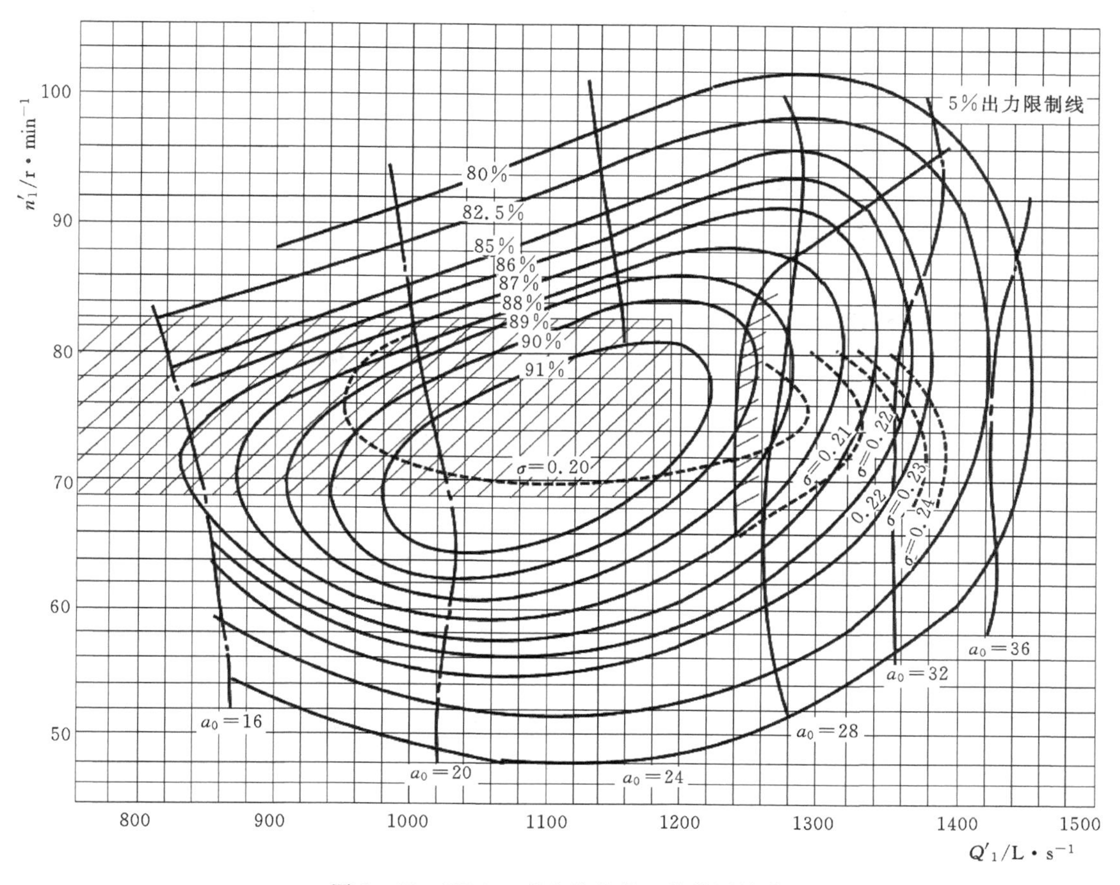

图3-25 HL240型水轮机的工作范围检验

不同 H_s 方案的技术经济比较，选用合理的 H_s 值。

3.6.5 水轮机型号及主要参数选择举例

已知某水电站最大水头 $H_{max}=35.87$ m、最小水头 $H_{min}=24.72$ m、加权平均水头 $H_{av}=30.0$ m、设计水头 $H_r=28.5$ m，水轮机的额定出力 $N_r=17750$ kW，水电站的海拔高程为 $\nabla=24$ m，允许的吸出高程 $H_s\geqslant-4.0$ m。要求选定适合上述条件的水轮机。

3.6.5.1 水轮机型号的选择

根据该水电站的水头变化范围24.72～35.87 m，在水轮机系列型谱表3-3、表3-4中查出合适的机型有HL240和ZZ440两种。现在将这两种水轮机作为初选方案，分别求出相关参数，并对机型比较分析。

3.6.5.2 HL240水轮机方案的主要参数选择

1. 转轮直径 D_1 计算

查表3-6和图3-12可得HL240型水轮机在极限工况下的单位流量 $Q'_1=1240$ L/s $=1.24$ m^3/s，模型机效率 $\eta_M=90.4\%$，由此可初步假定原型水轮机在该工况下的单位流量 $Q'_1=Q'_{1M}=1.24$ m^3/s，效率 $\eta=92.0\%$。

将上述的 Q'_1、η 和 $N_r=17750$ kW、$H_r=28.5$ m 代入式(3－39)可得 $D_1=3.228$ m，选用与之比较接近且偏大的标称直径 $D_1=3.3$ m$=330$ cm。

2. 转速 n 的计算

查表 3－4 可得 HL240 型水轮机在最优工况下的单位转速 $n'_{10M}=72$ r/min，初步假定 $n'_{10}=n'_{10M}=72$ r/min，将已知的 n'_{10} 和 $H_{av}=30.0$ m、$D_1=3.3$ m 代入式(3－41)，可得 $n=119.5$ r/min，选用与之接近而偏大的同步转速 $n=125.0$ r/min。

3. 效率及单位参数的修正

采用上述第一种方法式(3－15)进行效率修正。查表可得 HL240 型水轮机的最优工况下的模型最高效率 $\eta_{Mmax}=92.0\%$，模型转轮直径 $D_{1M}=0.46$ m，根据式(3－15)，可得出原型效率为 $\eta_{max}=94.6\%$，则效率修正 $\Delta\eta=94.6\%-92.0\%=2.6\%$，考虑到模型与原型水轮机在制造工业质量上的差异，常在已求出的 $\Delta\eta$ 值中减去一个修正值 ξ。本例中取 $\xi=1.0\%$，则可得效率修正值为 $\Delta\eta=1.6\%$，由此可得原型水轮机的最优工况和限制工况下的效率为

$$\eta_{max}=\eta_{Mmax}+\Delta\eta=92.0\%+1.6\%=93.6\%$$

$$\eta=\eta_M+\Delta\eta=90.4\%+1.6\%=92.0\%\text{(与之前假定值相同)}$$

单位转速的修正值按照下列公式计算

$$\Delta n'_1=n'_{10M}\left(\sqrt{\frac{\eta_{max}}{\eta_{Mmax}}}-1\right)$$

则

$$\frac{\Delta n'_1}{n'_{10M}}=\sqrt{\frac{\eta_{max}}{\eta_{Mmax}}}-1=\sqrt{\frac{0.936}{0.92}}-1=0.87\%$$

由于 $\frac{\Delta n'_1}{n'_{10M}}<3.0\%$，按照规定单位转速不加修正，同时，单位流量 Q'_1 也可以不加修正。

由上可见，原假定的 $\eta=92.0\%$、$Q'_1=Q'_{1M}$ 和 $n'_{10}=n'_{10M}$ 是正确的，那么上述的计算机选用的 $D_1=3.3$ m$=330$ cm 和 $n=125.0$ r/min 也是正确的。

4. 工作范围检验

满足 $D_1=3.3$ m$=330$ cm 和 $n=125.0$ r/min 后，水轮机的 Q'_{1max} 及各特征水头对应的 n'_1 可以算出来。水轮机在 H_r、N_r 下工作时，其 Q'_1 即为 Q'_{1max}，故

$$Q'_{1max}=\frac{N_r}{9.81D_1^2H_r\sqrt{H_r}\eta}=\frac{17750}{9.81\times3.3^2\times28.5\times\sqrt{28.5}\times0.92}=1.187\ \text{m}^3/\text{s}<1.24\ \text{m}^3/\text{s}$$

则水轮机的最大流量为

$$Q_{max}=Q'_{1max}D_1^2\sqrt{H_r}=1.187\times3.3^2\times\sqrt{28.5}=69.01\ \text{m}^3/\text{s}$$

与特征水位 H_{max}、H_{min} 和 H_r 对应的单位转速为

$$n'_{1min}=\frac{nD_1}{\sqrt{H_{max}}}=\frac{125\times3.3}{\sqrt{35.87}}=68.87\ \text{r/min}$$

$$n'_{1max}=\frac{nD_1}{\sqrt{H_{min}}}=\frac{125\times3.3}{\sqrt{24.72}}=82.97\ \text{r/min}$$

$$n'_{1r}=\frac{nD_1}{\sqrt{H_r}}=\frac{125\times3.3}{\sqrt{28.5}}=77.27\ \text{r/min}$$

在 HL240 型水轮机模型综合特性曲线图上分别绘出 $Q'_{1max}=1.187$ m³/s、$n'_{1min}=68.87$ r/min和 $n'_{1max}=82.97$ r/min 的直线，如图 3－25 所示。由图可见，由这三根直线围成的

水轮机工作范围(图中阴影部分)基本包含了该特征曲线的高效率区。所以对于 HL240 型水轮机方案,所选定的 $D_1=3.3\ \text{m}=330\ \text{cm}$ 和 $n=125.0\ \text{r/min}$ 是合理的。

5. 吸出高度 H_s 的计算

由水轮机的设计工况参数 $n'_{1r}=77.27\ \text{r/min}$、$Q'_{1max}=1.187\ \text{m}^3/\text{s}$,在图 3－25 上查得相应的空蚀系数约为 $\sigma=0.195$,并在图 2－68 上查得空蚀系数的修正值约为 $\Delta\sigma=0.04$,由此可求出水轮机的吸出高度为

$$H_s=10-\frac{\nabla}{900}-(\sigma+\Delta\sigma)H=10-\frac{24}{900}-(0.195+0.04)\times 28.5=3.27\ \text{m}>-4.0\ \text{m}$$

可见,HL240 型水轮机方案的吸出高度满足水电站的要求。

3.6.5.3　ZZ440 **水轮机方案的主要参数选择**

1. 转轮直径 D_1 计算

查表 3－7 可得 ZZ440 型水轮机在极限工况下的单位流量 $Q'_1=1650\ \text{L/s}=1.65\ \text{m}^3/\text{s}$,同时可以查得该工况下的空蚀系数 $\sigma=0.72$。但是允许的吸出高度为 $[H_s]=-4.0\ \text{m}$,其相应的空蚀系数为

$$\sigma=\frac{10-\frac{\nabla}{900}-[H_s]}{H}-\Delta\sigma=\frac{10-\frac{24}{900}-4}{28.5}-0.04=0.45<0.72$$

式中:$\Delta\sigma$ 为空蚀系数修正值,由图 2－68 查得 $\Delta\sigma=0.04$。

在满足 $-4.0\ \text{m}$ 的吸出高度的前提下,从图 3－13 中查得选用工况点($n'_{10}=115\ \text{r/min}$,$\sigma=0.45$)处的单位流量 Q'_1 为 1205 L/s。同时可查得该工况点的模型效率 $\eta_M=86.2\%$,并据此假定水轮机的效率为 89.5%。

将以上的 N_r、H_r、Q'_1、η 各参数代入式(3－39),可得 $D_1=3.32\ \text{m}$,选用与之相近的标称直径 $D_1=3.3\ \text{m}=330\ \text{cm}$。

2. 转速 n 的计算

$$n=\frac{n'_{10}\sqrt{H_{av}}}{D_1}=\frac{115\times\sqrt{30}}{3.3}=190.87\ \text{r/min}$$

选用与之接近而偏大的同步转速 $n=215.3\ \text{r/min}$。

3. 效率及单位参数的修正

采用上述第一种方法式(3－16)进行效率修正。对于轴流转桨式水轮机,必须对其模型综合特性曲线上的每一个转角 φ 的效率进行修正。

叶片转角为 φ 时的原型水轮机的最大效率可用下列公式计算

$$\eta_{\varphi max}=1-(1-\eta_{\varphi Mmax})\left[0.3+0.7\left(\frac{D_{1M}}{D_1}\right)^{\frac{1}{5}}\left(\frac{H_M}{H}\right)^{\frac{1}{10}}\right]$$

根据表 3－7 知 $D_{1M}=0.46\ \text{m}$、$H_M=3.5\ \text{m}$,并已知 $D_1=3.3\ \text{m}$、$H_M=28.5\ \text{m}$,代入上式可算得 $\eta_{\varphi max}=1-0.683(1-\eta_{\varphi Mmax})$。

叶片在不同转角 φ 时的 $\eta_{\varphi Mmax}$ 可由模型综合特性曲线查得,从而可求出相应 φ 值的原型水轮机的最高效率 $\eta_{\varphi max}$。

当选用效率的制造工艺影响修正值 $\xi=1.0\%$ 时,即可计算出不同转角 φ 时的效率修正值 $\Delta\eta_\varphi$。其计算结果如表 3－9 所示。

表 3-9 ZZ440 型水轮机效率修正值计算表

叶片转角 φ/°	−10	−5	0	5	10	15
$\eta_{\varphi Mmax}$/%	84.9	88.0	88.8	88.3	87.2	86.0
$\eta_{\varphi max}$/%	89.7	91.8	92.4	92.0	91.3	90.4
$\eta_{\varphi Mmax}-\eta_{\varphi max}$/%	4.8	3.8	3.6	3.7	4.1	4.4
$\Delta\eta_{\varphi}$/%	3.8	2.8	2.6	2.7	3.1	3.4

由表查得 ZZ440 型水轮机最优工况的模型效率为 $\eta_{\varphi Mmax}=89.0\%$。由于最优工况接近于 $\varphi=0°$等转角线。故可采用 $\Delta\eta_{\varphi}=2.6\%$作为其修正值，从而可得原型最高效率为

$$\eta_{max}=89\%+2.6\%=91.6\%$$

已知在吸出高度−4 m 限制的工况点（$n'_{10}=115$ r/min，$Q'_1=1205$ L/s）处的模型效率为 $\eta_M=86.2\%$，而该工况处于 $\varphi=10°$和 $\varphi=15°$等转角线之间，用内插值法可求出该点的效率修正值 $\Delta\eta_{\varphi}=3.22\%$，由此可求出该工况点的原型水轮机效率为

$$\eta=86.2\%+3.22\%=89.42\%\text{（与之前假定 }\eta=89.5\%\text{值比较相近）}$$

由于$\dfrac{\Delta n'_1}{n'_{10M}}=\sqrt{\dfrac{\eta_{max}}{\eta_{Mmax}}}-1=\sqrt{\dfrac{0.916}{89.0}}-1=1.45\%<3\%$，由此单位转速不作修正，同时，单位流量也可不作修正。

由此可见，以上选用的 $D_1=3.3$ m=330 cm 和 $n=215.3$ r/min 是正确的。

4. 工作范围检验

满足 $D_1=3.3$ m=330 cm 和 $n=215.3$ r/min 后，水轮机的 Q'_{1max}及各特征水头对应的 n'_1可以算出来。水轮机在 H_r、N_r 下工作时，其 Q'_1 即为 Q'_{1max}，故

$$Q'_{1max}=\frac{N_r}{9.81D_1^2H_r\sqrt{H_r}\eta}=\frac{17750}{9.81\times3.3^2\times28.5\times\sqrt{28.5}\times0.8942}$$
$$=1.187\ m^3/s<1.22m^3/s$$

则水轮机的最大流量为

$$Q_{max}=Q'_{1max}D_1^2\sqrt{H_r}=1.22\times3.3^2\times\sqrt{28.5}=70.93\ m^3/s$$

与特征水位 H_{max}、H_{min}和 H_r 对应的单位转速为

$$n'_{1min}=\frac{nD_1}{\sqrt{H_{max}}}=\frac{214.3\times3.3}{\sqrt{35.87}}=118.08\ r/min$$

$$n'_{1max}=\frac{nD_1}{\sqrt{H_{min}}}=\frac{214.3\times3.3}{\sqrt{24.72}}=142.24\ r/min$$

$$n'_{1r}=\frac{nD_1}{\sqrt{H_r}}=\frac{214.3\times3.3}{\sqrt{28.5}}=132.47\ r/min$$

在 ZZ440 型水轮机模型综合特性曲线图上分别绘出 $Q'_{1max}=1.22\ m^3/s=1220$ L/s、$n'_{1min}=142.24$ r/min和 $n'_{1max}=118.08$ r/min 的直线，如图 3-26 所示，由图可见由这三根直线围成的水轮机工作范围（图中阴影部分）仅部分包含了该特征曲线的高效率区。

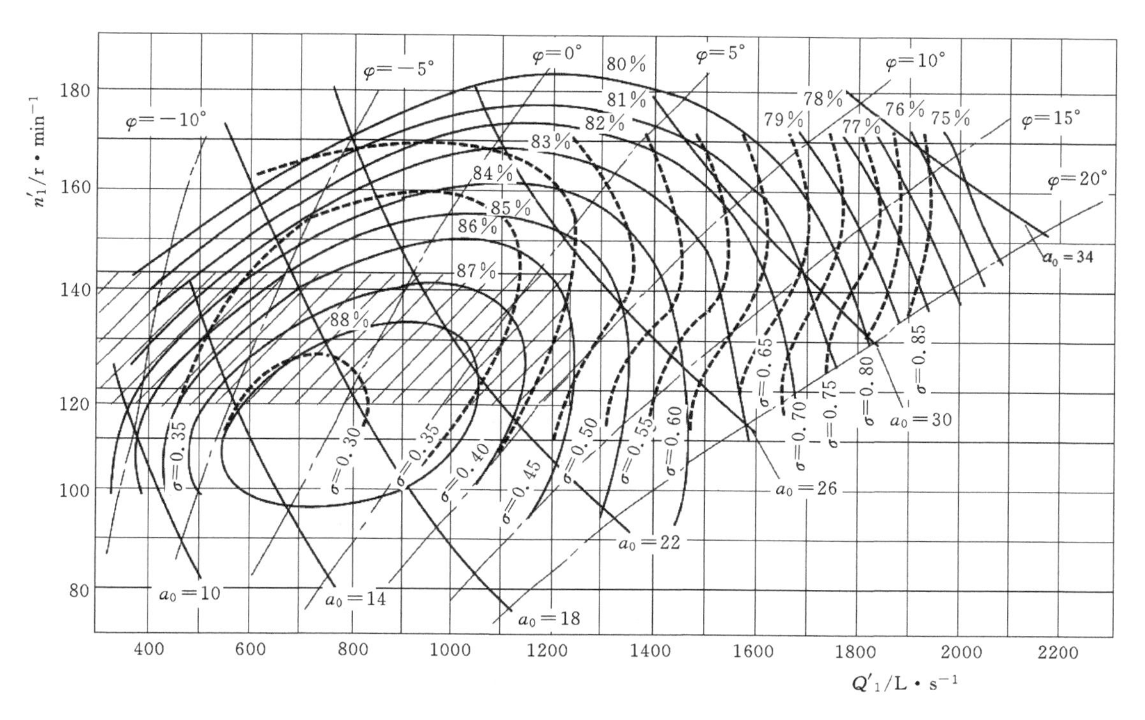

图 3-26 ZZ440 型水轮机的工作范围检验

5. 吸出高度 H_s 的计算

由水轮机的设计工况参数 $n'_{1r}=132.47$ r/min、$Q'_{1max}=1.22$ m^3/s=1220 L/s，在图 3-26 上可查得相应的气蚀系数约为 $\sigma=0.42$，并在图 2-68 上查得气蚀系数的修正值约为 $\Delta\sigma=0.04$，由此可求出水轮机的吸出高度为

$$H_s=10-\frac{\nabla}{900}-(\sigma+\Delta\sigma)H=10-\frac{24}{900}-(0.42+0.04)\times 28.5=-3.14\text{ m}>-4.0\text{ m}$$

可见，ZZ440 型水轮机方案的吸出高度满足水电站的要求。

3.6.5.4 两种方案的比较分析

为了便于比较，现将这两个方案的有关参数列入表 3-10 中。

表 3-10 选型有关参数对比汇总表

序号	项目		HL240	ZZ440
1	模型转轮参数	推荐适用水头范围 H/m	25～45	20～36
2		最优单位转速 n'_{10}/r·min^{-1}	72	115
3		最优单位流量 Q'_{10}/L·s^{-1}	1100	800
4		最高效率 η_{Mmax}/%	92	89
5		气蚀系数 σ	0.195	0.42

续表 3-10

序号	项目		HL240	ZZ440
6	原型水轮机参数	工作水头范围 H/m	24.72～35.87	24.72～35.87
7		转轮直径 D_1/m	3.3	3.3
8		转速 n/ r·min^{-1}	125.0	214.3
9		最高效率 η_{max}/%	94.6	91.6
10		额定出力 N_r/ kW	17750	17750
11		最优单位流量 Q'_{10}/ m^3·s^{-1}	69.01	70.93
12		吸出高度 H_s/m	3.27	-3.14

由表 3-10 所示可见，两种机型方案的水轮机的转轮直径相等，均为 3.3 m，但是 HL240 型水轮机方案的工作范围包含了较多的高效率区域，原型效率较高，气蚀系数较小，安装高程较高，有利于提高年发电量和减小电站厂房的开挖工程量；而 ZZ440 型水轮机方案的机组转速较高，有利于减小发电机尺寸，降低了发电机的造价，但是这种机型的水轮机及其调节系统的造价较高。根据以上分析，在制造供货方面没有问题时，初步选用 HL240 型方案较有利。但是尚需要具体的技术经济比较后才能最终选定合理的方案。

思考题与练习

3.1 何谓水轮机发电机组的最大飞逸转速？

3.2 水轮机相似定律具体含义有哪些？

3.3 什么是水轮机的工作特性曲线？

3.4 什么是水轮机的转速特性曲线？

3.5 水轮机比转速的含义是什么？

3.6 水轮机模型试验的基本步骤有哪些？

3.7 水轮机模型试验台组成部件有哪些？

3.8 如何绘制水轮机综合特性曲线？

3.9 什么是出力限制线，如何绘制？具体含义有哪些？对水轮机选型设计中的作用是什么？

3.10 水轮机选型设计中如何确定水轮机的台数和单台装机容量，两者如何协调？

3.11 水轮机选型设计的主要内容有哪些？

3.12 水轮机装配方式有哪些？

3.13 水轮机特性曲线中高效率区对水轮机选型设计有什么样的指导意义？为什么？

3.14 试讲一讲水轮机选型设计的基本步骤。

第4章

水泵水轮机的工作特性和选型

本章摘要：

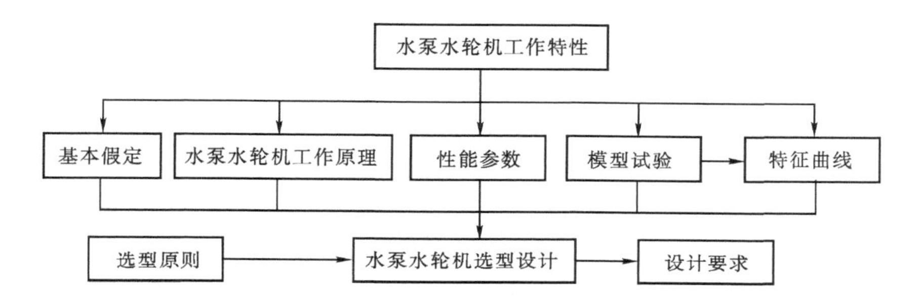

阅读指南：

水泵水轮机选型设计是当前抽水蓄能电站工程设计的主要内容。本章主要介绍水泵水轮机的工作原理、工作特性及其参数、模型试验及其特征曲线、选型原则、选型设计、装配方式等基础知识，也帮助读者掌握水泵水轮机机组选型设计相关的重点知识。

4.1 水泵水轮机的工作特性

4.1.1 水泵水轮机的工作原理

4.1.1.1 水力机械的可逆性

叶片式水力机械具有可逆性，可以双向运行，不论水泵或水轮机都可以反方向旋转，以相反的方式工作。水力机械的可逆性可以从以下两组模型试验结果得到证明。

第一个试验为离心泵作水轮机和水泵两种工况运行，其特性曲线如图4－1所示。图中下标T代表水轮机转向，下标P代表水泵转向，可见双向运行都有较好的效率。离心泵在作水轮机时是一个没有活动导叶的水轮机，在水头和转速已定的条件下，其特性曲线只有一条，也就是开机后只能满负荷运行，没有调节能力。由图可以看出，在$n_P=n_T$条件下，离心泵作水轮机运行时的流量Q_T要比作水泵运行的最优点流量Q_P大。随水头的提高，水轮机工况的出力将继续增大，耗水量也不断增加。

第二个试验为高比转速水轮机作水泵运行，其特性曲线很不理想，如图4－2所示，作水泵运行的效率要比作水轮机低很多。扬程曲线$H-Q$上出现了两个大的驼峰，表示有不稳定现象，所以，高比转速水轮机作水泵运行不是一个理想的可逆式水力机械。

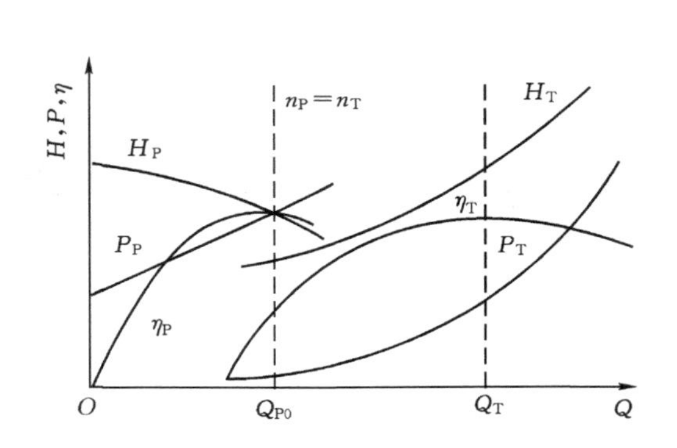

图 4-1 离心泵双向运行时的特性曲线

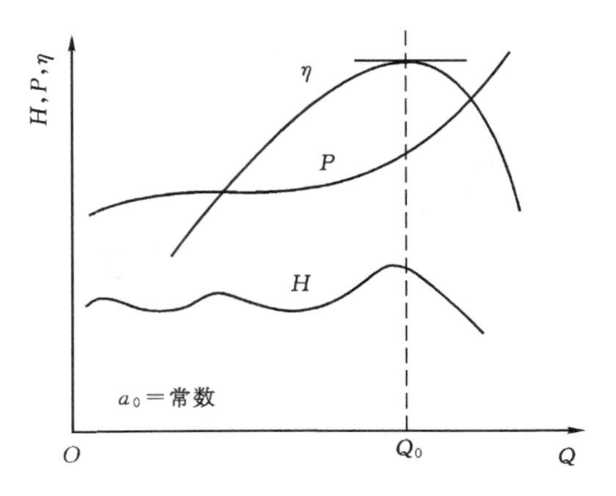

图 4-2 高比转速水轮机作水泵运行时的特性曲线

因此可以说明，常规水泵和常规水轮机虽都可以双向运行，但离心泵的可逆性反映在外特性上比水轮机要好得多。如果在离心泵叶轮四周装上和水轮机一样的活动导叶，则离心泵作水轮机运行时耗水量就会降低，效率还将有所提高，两种工况在最优效率点的水头也会更接近些。因此，目前抽水蓄能电站中广泛使用的混流可逆式水泵水轮机就是以一个离心泵或混流泵的叶轮为基础，配以近似水轮机的活动导叶和固定导叶而形成的。

从理论分析上也可以证明叶片式水力机械的可逆性，即同一机械（叶片系统）在一种情况下可作水轮机运行，在另一种情况下可作水泵运行。

水力机械工作时，转轮叶片对水流中一个微元所产生的力矩为

$$M=\rho\left[\int_{A_2}V_m(V_ur)\mathrm{d}A-\int_{A_1}V_m(V_ur)\mathrm{d}A\right]\pm\frac{\mathrm{d}\omega}{\mathrm{d}t}\int_{V_1}r^2\rho\mathrm{d}V_1\pm\int_{V_1}r\frac{\partial\omega_u}{\partial t}\mathrm{d}V_1 \tag{4-1}$$

式中：M 为力矩；ρ 为水密度；V_m 为轴面流速分量；V_u 为切向流速分量；A 为微元断面积；ω 为角速度；t 为时间；V_1 为微元体积；r 为距旋转轴半径；下标“1”和“2”分别代表出口和进口。各物理量均为一致单位。

通常水泵水轮机可以看作是稳定运转，即

$$\frac{\mathrm{d}\omega}{\mathrm{d}t}=\frac{\partial\omega_u}{\partial t}=0 \tag{4-2}$$

由于水流惯性引起的力矩 $\frac{\mathrm{d}\omega}{\mathrm{d}t}\int_{V_1}r^2\rho\mathrm{d}V_1=0$，由水流流量改变时引起水流相对流速变化产生的力矩 $\int_{V_1}r\frac{\partial\omega_u}{\partial t}\mathrm{d}V_1=0$。不难得到流量的表达式

$$Q=\int v_m\mathrm{d}A$$

则式(4-1)可写为

$$M=\rho Q[(V_ur)_2-(V_ur)_1]$$

式中：Q 为流量，m^3/s。

在水泵工况下，转轮将由电机输入的机械能转换为水流能量，泵出口能量高于进口能量，即 $(V_ur)_2>(V_ur)_1$，故 $M>0$，说明转轮对水流做功。在水轮机工况下，转轮将水流能量转换

为机械能，水轮机进口能量高于出口能量，即$(v_ur)_2<(v_ur)_1$，故$M<0$，说明水流对转轮做功。

4.1.1.2　**水泵水轮机工作原理及流速三角形**

在理想流体中，水流作用的力矩为

$$M=\frac{\rho gQH}{\omega}$$

考虑水力效率之后，在水轮机工况时，式(4-1)将变为常规水轮机的基本方程式

$$H_{\mathrm{T}}\eta_{h\mathrm{T}}=\frac{1}{g}(U_1V_{u_1}-U_2V_{u_2})_{\mathrm{T}} \tag{4-3}$$

式中：$\eta_{h\mathrm{T}}$为水轮机工况水力效率；U为切向速度(m/s)；V_u为流速V在u方向分量(m/s)；下标1、2分别代表进、出口；下标T代表水轮机工况。

如果出口水流为法向，则$V_{u_2}=0$。于是

$$H_{\mathrm{T}}=\frac{1}{\eta_{h\mathrm{T}}g}(U_1V_{u_1})_{\mathrm{T}}=\frac{1}{\eta_{h\mathrm{T}}}\frac{U_{1\mathrm{T}}^2}{g}\left(\frac{V_{u_1}}{u_1}\right)_{\mathrm{T}} \tag{4-4}$$

对于水泵工况，由于叶轮流道为扩散量，要考虑流动旋转的影响，即需对扬程作有限叶片数的修正。和前式相同，考虑水力效率之后，式(4-2)将变为水泵的基本方程式

$$\frac{H_{\mathrm{P}}}{\eta_{h\mathrm{P}}}=\frac{K}{g}(U_2V_{u\infty2}-U_1V_{u\infty1})_{\mathrm{P}} \tag{4-5}$$

式中：$\eta_{h\mathrm{P}}$为水泵工况水力效率；K为有限叶片数修正系数，又称滑移系数；下标∞代表叶片无限多条件；下标P代表水泵工况。

同样，如果水泵叶轮进口水流为法向，则$V_{u\infty1}=0$。于是

$$H_{\mathrm{P}}=\eta_{h\mathrm{P}}K\frac{1}{g}(U_2V_{u\infty2})_{\mathrm{P}}=\eta_{h\mathrm{P}}K\frac{U_{2\mathrm{P}}^2}{g}\left(\frac{V_{u\infty2}}{U_2}\right)_{\mathrm{P}} \tag{4-6}$$

通过以下的分析，可以进一步说明水轮机和水泵双向运行特性的关系。图4-3中实线所示为普通混流式水轮机的进、出口流速三角形，因转轮叶片比较短，可见流道断面变化大，叶片进口角$\beta_{1\mathrm{T}}$也较大(70°～90°)，所以在水轮机工况运行时能产生较大的分量$v_{u\infty1}$。图中虚线表示水轮机作水泵运行时的流速三角形，由于$\beta_{1\mathrm{P}}$角度大，水泵出口的绝对流速$v_{2\mathrm{P}}$很大，因而转

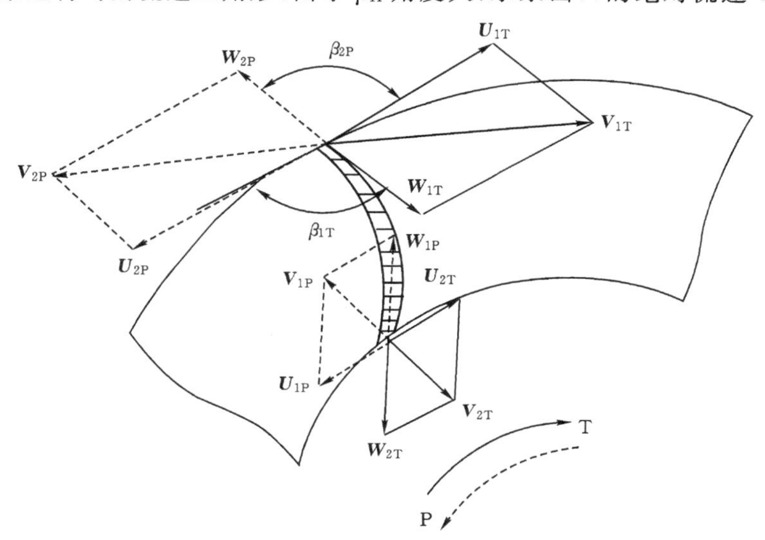

图4-3　混流式水轮机双向运行流速三角形

轮出口和蜗壳中的损失过大，所以这样的转轮作泵运行的效率不高。同时，流道的扩散度过大，也会引起水流脱流，对泵工况的运行性能很不利。

图 4－4 中实线为普通离心泵叶轮的进、出口流速三角形。因泵叶片的流道长而扩散平缓，叶片出口角 β_{2P} 小，可较好地适应叶轮出口和在蜗壳中的流动，能得到较好的性能。图中虚线表示此泵作水轮机运行时的流速三角形，因叶片进口角 β_{1T} 很小，会产生一定的撞击损失，但由于叶片长而流道变化平缓，使水流有足够的空间进行调整，故使作水轮机运行时的效率仍然较高。由图可见这种叶轮在水轮机工况的进口绝对流速小，其 v_{u1} 值比常规水轮机的小，因而为利用同样的水头，叶轮直径必须做得比水轮机直径大才能满足要求。

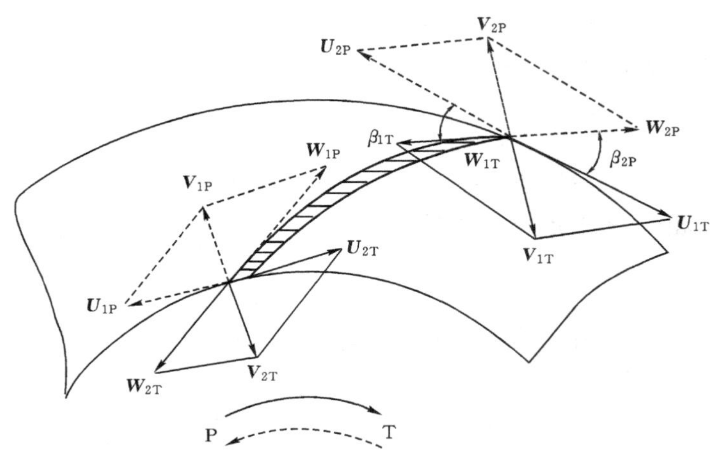

图 4－4　离心泵双向运行流速三角形

在以上分析的基础上所发展出来的可逆式水泵水轮机具有如图 4－5 所示的进、出口流速三角形。转轮基本上为离心泵叶轮形状，配有水轮机型的活动导叶，在两种工况运行时都有优良的水力性能。

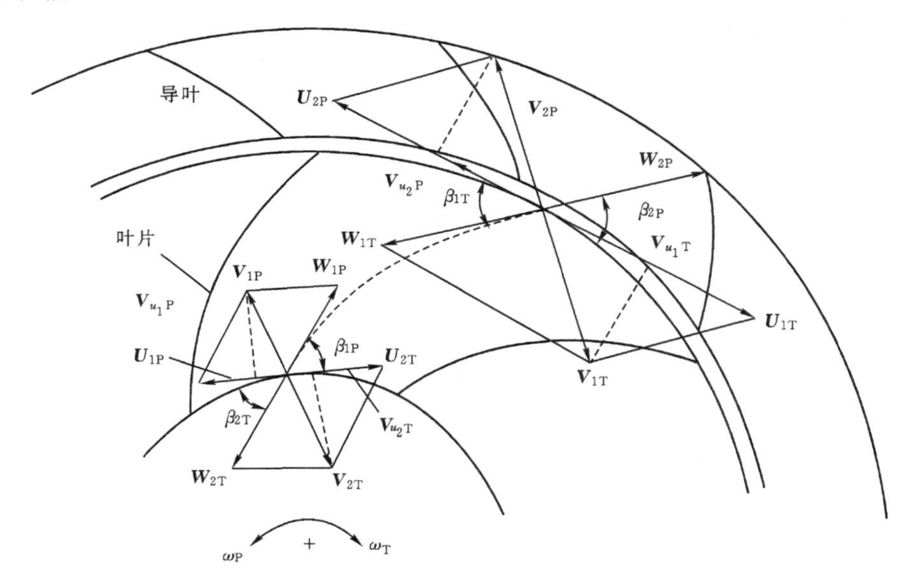

图 4－5　混流可逆式水泵水轮机进、出口流速三角形

4.1.2　水泵水轮机的基本参数

和常规水轮机或水泵一样，可逆式水泵水轮机的基本参数也包括转轮直径、转速、水头或扬程、流量、出力或功率、效率、比转速等。对基本参数之间的关系进行分析将有助于理解水泵水轮机的工作特性。

4.1.2.1　转轮直径

当图 4－3 和图 4－4 中的进口（水泵）及出口（水轮机）水流均为法向时，水轮机和水泵的基本方程式由式（4－4）和式（4－6）表示。假设混流可逆式水泵水轮机和常规水轮机的水头及转速相等，即 $H_P=H_T$ 和 $n_P=n_T$，则两种转轮的直径比值为

$$\frac{D_P}{D_T}=\frac{U_P}{U_T}=\frac{\sqrt{\left(\frac{V_{u_1}}{U_1}\right)_T}}{\sqrt{\left(\frac{V_{u\infty 2}}{U_2}\right)_P K\eta_{hP}\eta_{hT}}} \tag{4-7}$$

在中低比转速范围内，混流式水轮机的 $\left(\frac{V_{u_1}}{U_1}\right)_T$ 约为 0.9，离心泵的 $\left(\frac{V_{u\infty 2}}{U_2}\right)_P$ 约为 0.6，现设 $\eta_{hP}=\eta_{hT}=0.95$ 及 $K=0.8$，代入上式得到 $\frac{D_P}{D_T}=1.44$。

此关系说明在同样的水头和转速下，可逆式水泵水轮机转轮直径为常规水轮机转轮直径的 1.44 倍。

4.1.2.2　转速特性

为了分析方便，在混流可逆式水泵水轮机转轮流速三角形的基础上，假设泵的进口流速三角形和水轮机的出口流速三角形是相似的，即有 $\left(\frac{V_{u\infty 2}}{U_2}\right)_P=\left(\frac{V_{u_1}}{U_1}\right)_T$，并假设在低压边上水泵进口水流和水轮机出口水流都是法向的，则由式（4－4）和式（4－6）可以得到在相同水头 $H_P=H_T$ 条件下两种工况最优点的转速比值为

$$\frac{n_P}{n_T}=\frac{U_P}{U_T}=\sqrt{\frac{1}{K\eta_{hP}\eta_{hT}}} \tag{4-8}$$

现仍用前设的 η_{hP}、η_{hT} 和 K 等数值代入，得到 $\frac{n_P}{n_T}=1.18$。

此关系说明水泵工况如果达到和水轮机同样的水头，转速应比水轮机高约 18%。由于这个特性，有些水泵水轮机不能用同一转速满足两种工况的性能要求，只好使用两种转速，泵工况用高转速，水轮机工况用低转速。以上推导出来的转速关系及反映在两种工况效率的变化趋势，在图 4－6 的实测结果中是很明显的。

4.1.2.3　水头特性

抽水蓄能机组常以电站静水头 H_0 为分析性能的基准，但水泵的理论扬程和水轮机的理论水头都是按转轮内水流运动条件确定的，并且过流部分存在水力损失。可逆式转轮在泵工况时产生的理论扬程为 $H_{PT}=H_0+\sum h_P$

水轮机工况的理论水头为 $H_{TT}=H_0+\sum h_T$

式中：$\sum h_P$ 和 $\sum h_T$ 分别为水泵和水轮机两种工况过流部分（包括水泵水轮机的引水部分、转

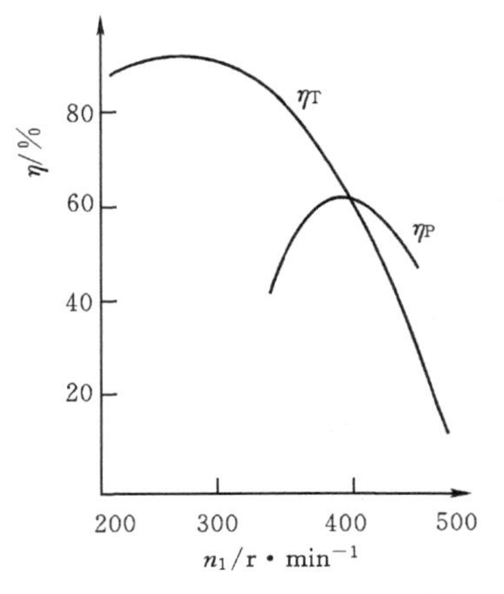

(a)混流式水轮机的双向运转特性

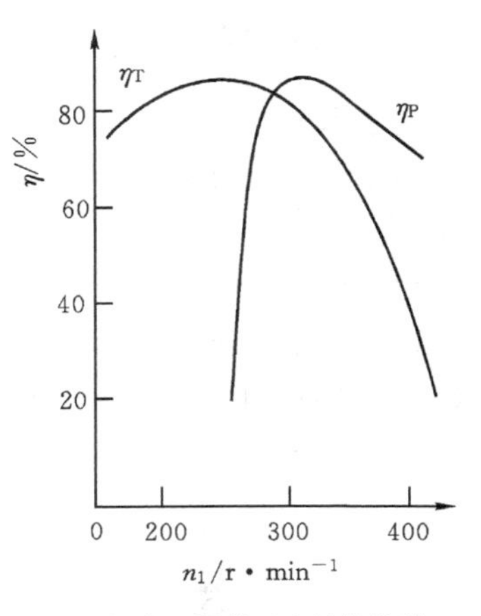

(b)离心泵的双向运转特性

图 4-6 混流式水轮机和离心泵双向运行的效率特性

轮和排水部分)的总水力损失。由前两式可得 $H_{TT}=H_{PT}+\sum(h_P+h_T)$。

此关系说明在相同流量下,水泵的理论扬程应比水轮机的理论水头大 $\sum(h_P+h_T)$。水泵水轮机的有效扬程 H_P 和有效水头 H_T 的关系由以下两式确定:$H_P=H_{PT}K\eta_{hP}$ 和 $H_T=\dfrac{H_{TT}}{\eta_{hT}}$。

如果水泵水轮机在同一转速下运行,即 $U_P=U_T$,并且假设转轮两种工况水流运动相似时,水泵的理论扬程和水轮机的理论水头应是相等的,由上式或由式(4-4)与式(4-6)均可得到

$$\frac{H_P}{H_T}=K\eta_{hP}\eta_{hT} \tag{4-9}$$

同样用前设数值代入,得 $\dfrac{H_P}{H_T}=0.8\times0.95\times0.95=0.722$,即水泵工况最优点的扬程只有水轮机水头的 72%,也就是说水泵扬程和水轮机水头相差约 28%。因而也可以理解在水泵工况时转速必须更高一些才能达到和水轮机工况同样水头的事实。

以上关于转速和水头特点的分析中,都用了转轮高压边两种工况水流流速三角形是相似的假定。实际上两种工况的流速三角形并不完全相似,所以得到的结果有一定的近似性。

4.1.2.4 **流量和功率特点**

在选择和设计抽水蓄能机组时,一方面要求在设计条件下能使水力性能优化,同时也希望能充分利用电动发电机的容量。对电机设计来说,即希望双向运行时的视在功率 S(kVA)相等。

假定水泵工况时电动机的视在功率为 S_M,电动机效率为 η_M,功率因数为 $\cos\theta_M$;水轮机工况时发电机的视在功率为 S_G,发电机效率为 η_G,功率因数为 $\cos\theta_G$,则在两种工况下电机的视在功率分别为

水泵工况
$$S_M=\frac{9.8H_PQ_P}{\eta_P\eta_M\cos\theta_M} \tag{4-10}$$

水轮机工况
$$S_G=\frac{9.8H_TQ_T\eta_T\eta_G}{\cos\theta_G} \tag{4-11}$$

假设水泵工况时电动机端电压比水轮机工况时发电机端电压低 5%,在 $S_M=S_G$ 时其能量

关系为$\frac{H_P Q_P}{H_T Q_T}=0.95\eta_M\eta_G\eta_T\frac{\cos\theta_M}{\cos\theta_G}$。

现取代表性数值$\eta_M=\eta_G=0.97$，$\eta_P=\eta_T=0.90$，$\cos\theta_M=1.0$，$\cos\theta_G=0.85$，则$\frac{H_P Q_P}{H_T Q_T}=0.85$。

在扬程和水头相等($H_P=H_T$)的特殊情况下，水泵工况和水轮机工况的流量关系为$\frac{Q_P}{Q_T}=0.85$。

此比值说明在扬程、水头相等及充分发挥电机作用的条件下，水泵流量约比水轮机流量低15%左右。然而在实践中，抽水蓄能电站两种工况的能量关系可能还与其他因素有关，如抽水和发电时间的限制、抽水和发电功率的限制、电力系统的某些特殊要求以及不同季节抽水和发电的不同要求等，因此式(4-11)也是近似的。国外制造厂曾建议过可供规划设计用的几种参量比值的关系，如图4-7所示。

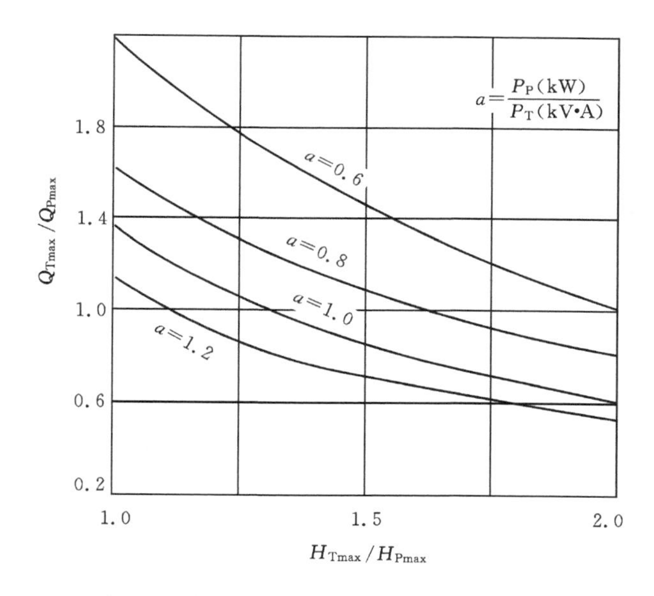

图4-7　抽水蓄能机组的流量、水头和功率关系

4.1.2.5　**单位转速和单位流量**

在抽水蓄能电站机组的选择计算和水泵水轮机的设计计算中，都习惯使用水轮机专业中常用的单位转速和单位流量来表达其水力特性参数。

单位转速

$$n_{11}=\frac{nD}{\sqrt{H}} \tag{4-12}$$

单位流量

$$Q_{11}=\frac{Q}{D^2\sqrt{H}} \tag{4-13}$$

式中：n为转速，r/min；Q为流量，m^3/s；H为工作水头，m；D为转轮名义直径，m。

为了设计转轮和电站选型的需要，希望得到在水泵和水轮机两种工况最高效率点的单位转速最优比值和单位流量最优比值。

从式(4－8)和式(4－11)知道，在水头相等条件下，水泵工况和水轮机工况最优转速是不相同的($n_P > n_T$)，两种工况的最优点流量也不相同($Q_T > Q_P$)。所以在假定转轮低压边进出水流都是法向的情况下，转轮高压边上两种工况的水流速度三角形既不相等也不相似，比较接近实际情况的水流速度三角形如图4－8所示。图中$\triangle ABC$为水泵工况出口速度三角形，由于泵的出口水流有偏转，出口水流角β_{2P}比叶片安放角β要小一些。$\triangle A'B'C'$为水轮机进口速度三角形，假定转轮进口无撞击，则水流角β_{1T}与叶片安放角β相等。另外假定两种工况下绝对速度与切线方向的夹角α是不变的，也就是泵工况的进口角与水轮机工况的出口角是相等的。

由图4－8可知：$\dfrac{V_{m_2P}}{V_{m_1T}}=\dfrac{V_{2P}-V_{u_2\infty P}}{U_{1T}-V_{u_1T}}=\dfrac{V_{2P}-\dfrac{V_{u_2P}}{K}}{U_{1T}-V_{u_1T}}$

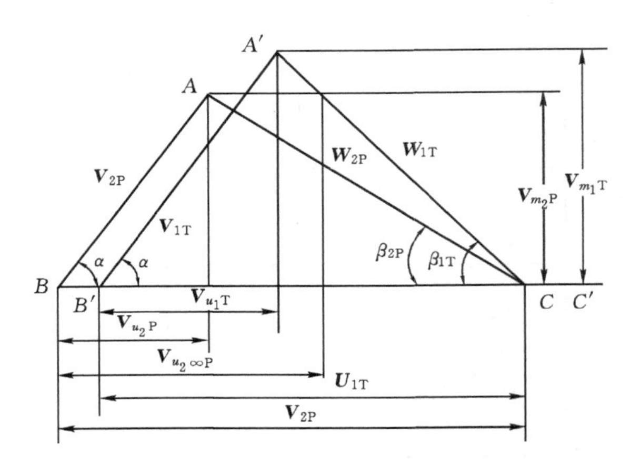

图4－8　混流可逆式转轮高压边速度三角形

因为
$$\frac{V_{m_2P}}{V_{u_2P}}=\frac{V_{m_1T}}{V_{u_1T}} \quad 或 \quad \frac{V_{m_2P}}{V_{m_1T}}=\frac{V_{u_2P}}{V_{u_1T}} \tag{4-14}$$

则有
$$\frac{V_{m_2P}}{V_{u_1T}}=\frac{V_{2P}-\dfrac{V_{u_2P}}{K}}{U_{1T}-V_{u_1T}} \quad 或 \quad \frac{V_{2P}}{V_{u_2P}}-\frac{U_{1T}}{V_{u_1T}}=\frac{1}{K}-1 \tag{4-15}$$

由式(4－4)和式(4－6)，并引用$V_{u_2P}=KV_{u_2\infty P}$，可得
$$V_{u_{1T}}=\frac{\eta_{hT}gH_T}{v_{1T}} \quad 及 \quad V_{u_2P}=\frac{gH_P}{\eta_{hP}u_{2P}} \tag{4-16}$$

并将U用单位转速形式表示，即
$$U=\frac{\pi}{60}nD=\frac{\pi}{60}n_{11}\sqrt{H} \tag{4-17}$$

将式(4－16)和式(4－17)代入式(4－15)，经过简化后得到
$$\frac{n_{11P}}{n_{11T}}=\sqrt{\left(\frac{60}{\pi}\right)^2\frac{(1-K)g}{\eta_{hP}Kn_{11T}^2}+\frac{1}{\eta_{hP}\eta_{hT}}} \tag{4-18}$$

这就是水泵水轮机两种工况下单位转速的最优比值。如将常用的数值$n_{11T}=75\sim80$

(r/min)和 $\eta_{hP}=\eta_{hT}=0.75\sim0.80$ 代入，则得$\frac{n_{11P}}{n_{11T}}=1.12\sim1.16$。

为了求得两种工况下单位流量的最优比值，可将式(4－18)和式(4－19)代入式(4－16)，化简后得到

$$\frac{V_{m_2P}}{V_{u_1T}}=\frac{n_{11P}}{n_{11T}}\sqrt{\frac{H_P}{H_T}}\frac{1}{\eta_{hP}\eta_{hT}} \tag{4-19}$$

由于 V_m 和 Q 成正比，因此上式可写成

$$\frac{Q_{11P}}{Q_{11T}}=\frac{n_{11T}}{n_{11P}}\frac{1}{\mu\eta_{hP}\eta_{hT}} \tag{4-20}$$

此式即为两种工况下最高效率点的单位流量比值。将上述的常用数值代入后可得：$\frac{Q_{11P}}{Q_{11T}}=0.95\sim0.98$。

但是目前生产中使用的$\frac{n_{11P}}{n_{11T}}$比值约为 1.1～1.2，$\frac{Q_{11P}}{Q_{11T}}$比值约为 0.8～0.9，和理论推算的比值相比较，可见单位转速比值相符较好。这是因为水力机械的转速特性和工作水头直接有关，故推算值和实际数值会较接近，而转轮过流量和叶片设计中很多其他因素有关，所以推算值就不容易准确。

另外，式(4－20)表明，两种工况最优点的 Q_{11} 和 n_{11} 比值成反比关系是和现在实际设计相一致的。如图 4－9 就表示了水泵水轮机 Q_{11} 和 n_{11} 比值关系的试验统计值。可以看出，不同转轮的比值大致分布在一个倾斜的带内。

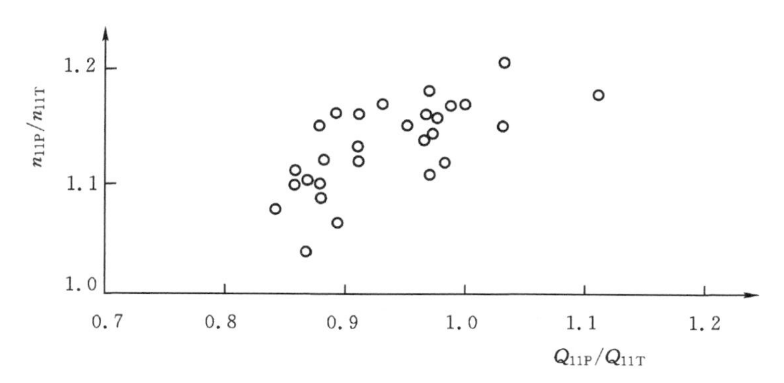

图 4－9　混流可逆式水泵水轮机单位转速和单位流量比值的统计分布

4.1.2.6　比转速

比转速是现代水力机械专业中使用很广泛的水力参数，它代表了水力机组的综合特性。但在水泵专业和水轮机专业中所使用的比转速表达方式有所不同。例如

水泵专业用

$$n_q=\frac{n\sqrt{Q}}{H^{\frac{3}{4}}}=n_{11}\sqrt{Q_{11}}\ \text{或}\ n_s=3.65n_q \tag{4-21}$$

水轮机专业用

$$n_s=\frac{n\sqrt{P}}{H^{\frac{5}{4}}}=3.13n_{11}\sqrt{\eta Q_{11}} \tag{4-22}$$

以上两式中：H 为水头或扬程，m；Q 为流量，m^3/s；P 为功率，kW。为避免产生使用不一致单位的混乱，通常在水泵比转速 n_q 后注明(m，m^3/s)。在水轮机比转速 n_s 后注明(m，kW)。显然，括号内的单位是一种说明，而不是比转速的量纲。

目前我国习惯对水泵水轮机的水泵工况和水轮机工况分别使用其专业中常用的比转速表达方式，而没有强求统一。但在国外有些研究者和制造厂则使用统一的公式来表示，即两种工况都用下列公式计算：$n_q=\frac{n\sqrt{Q}}{H^{\frac{3}{4}}}$或 $n_s=\frac{n\sqrt{P}}{H^{\frac{5}{4}}}$。

读者在参阅统计表和曲线时需十分注意所用比转速公式的定义。

由最优单位转速和单位流量的比值关系，同样可以得到两种工况下最优比转速的关系，即

$$\frac{n_{sP}}{n_{sT}}=1.17\frac{n_{11P}\sqrt{Q_{11P}}}{n_{11T}\sqrt{Q_{11T}\eta_T}} \tag{4-23}$$

将前述得到的常用数值$\frac{n_{11P}}{n_{11T}}=1.14$，水轮机效率$\frac{Q_{11P}}{Q_{11T}}=0.96$代入式(4－23)，则$\frac{n_{sP}}{n_{sT}}=1.35$或$\frac{n_q}{n_{sT}}=0.37$。

应该指出，以上的比转速关系是水泵和水轮机两种工况在各自最高效率点的比转速比值，而如前所述，两种工况的最高效率点并不发生在同一转速下。所以在机组选型或机械设计中，如决定使用单一转速的电机，则不可能选到能同时满足两种工况的转速，为首先满足水泵工况的要求，水轮机工况的运行范围就将会某种程度的偏离最优点。因此，对单一转速的水泵水轮机来说，计算水轮机工况的比转速没有很大实际意义，只有在和其他机型方案进行比较时才有用处。如果使用单一转速所带来的水轮机工况效率损失太大，则必须考虑使用双转速电机，即水泵工况时使用高挡转速，水轮机工况时使用低挡转速。

近年来，大容量的可逆式水泵水轮机正向高水头发展，所使用的比转速也不断下降，为选取最合适的比转速可参考现有的一些应用经验，感兴趣的读者可以查看相关的文献进行了解。

4.1.3 水泵水轮机的能量特性

水泵水轮机两种工况的特性参数是通过模型试验得到的。通常将试验得到的参数分别绘成水泵工况和水轮机工况两种曲线，以供水泵水轮机的性能分析和选型使用。

4.1.3.1 水轮机工况特性曲线

水泵水轮机的水轮机工况特性曲线和常规水轮机特性曲线的形式一样，如图 4－10 所示。混流可逆式水泵水轮机在特性曲线上的效率图要比常规水轮机的显得扁平，效率图在大流量区收缩得很慢，和小流量区的效率图接近于对称，因此出力限制线距离效率最高区很远。效率图右边大的原因一般认为是尾水管损失较小，因为对于同样直径的转轮，可逆式水泵水轮机的流量要比常规水轮机的小。

混流可逆式水泵水轮机的转轮形状和离心泵相近，转轮叶片的径向部分比较长，在水轮机飞逸时水流由于离心力所形成的撞击较大，故飞逸转速 n_r 与额定转速 n 的比值较小。图 4－11 表示混流式水泵水轮机和常规水轮机的$\frac{n_r}{n}$比值的比较关系。在中、低比转速范围内，常规水轮机的比值约为 1.7～1.9，而水泵水轮机只有 1.3～1.5。

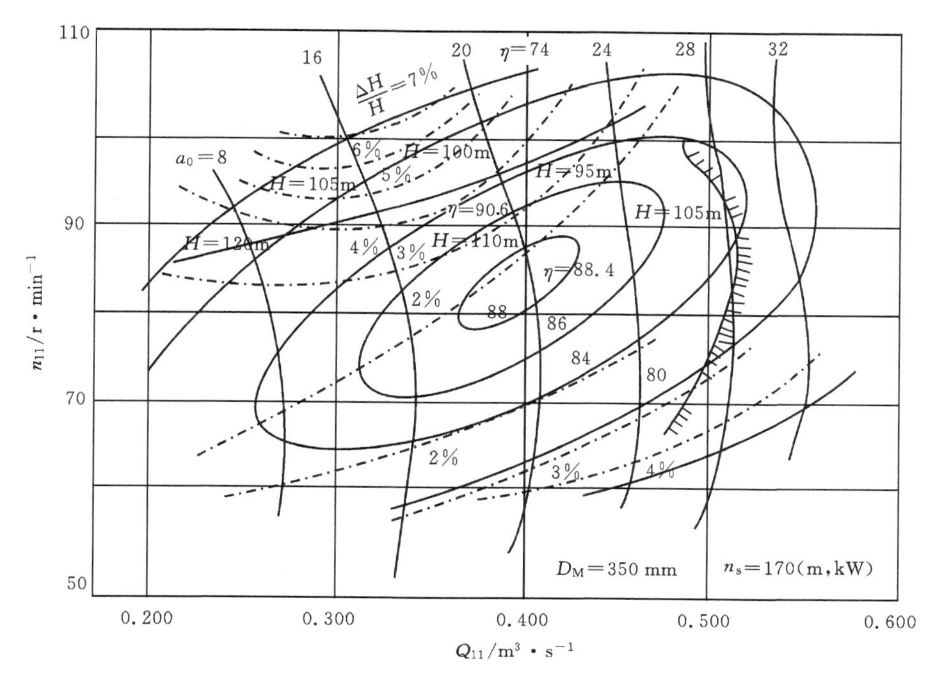

图 4-10　可逆式水泵水轮机的水轮机工况特性曲线

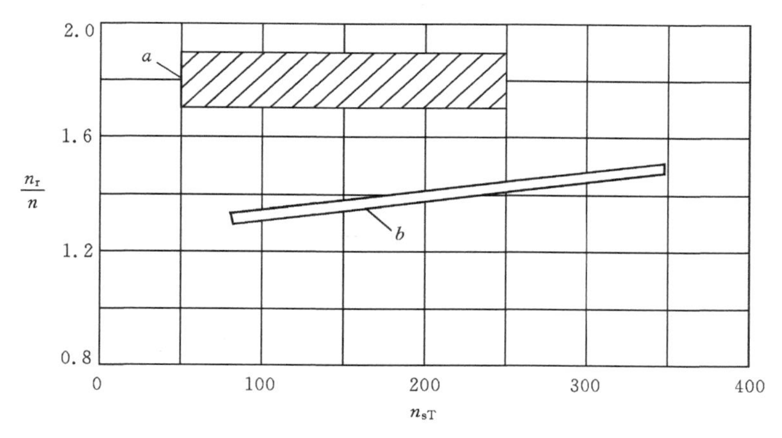

图 4-11　水泵水轮机和常规水轮机的飞逸特性比较

a—混流式水轮机；b—混流式水泵水轮机

水泵水轮机也和常规水轮机一样，使用单位飞逸转速来表示飞逸特性

$$n_{11r}=\frac{n_r D}{\sqrt{H}} \tag{4-24}$$

水泵水轮机的飞逸转速绝对值虽然比较低，但因其转轮直径要比相同水头的水轮机大，故计算出来的单位飞逸转速和常规水轮机仍然是相近的。

4.1.3.2　水泵工况特性曲线

对于水泵水轮机的水泵工况，现在常用的特性曲线表达方式仍然是在恒定转速下实测的模型试验曲线，而不加以任何转换，如图 4－12 所示。水力机械研究者多年以来希望能把水泵工况和水轮机工况的特性曲线绘制在一起，或采用相同的坐标以便进行比较。但是试图把水泵特性画在以 $n_{11}-Q_{11}$ 为坐标的图上并不成功，因为水泵工况的 $H-Q$ 和 $\eta-Q$ 两族曲线随导叶开度变化很小，同时在小流量区等开度线还有些交叉，因此不能像水轮机工况那样在 $n_{11}-Q_{11}$ 坐标上用等开度线来展开效率图。为了对照水泵工况和水轮机工况的特性，现在实用的办法是把水泵工况的 $H-Q$ 曲线包络线换算成一条 $n_{11}-Q_{11}$ 关系曲线，画到水轮机特性曲线上，如图 4－12 中水泵包络线所示。

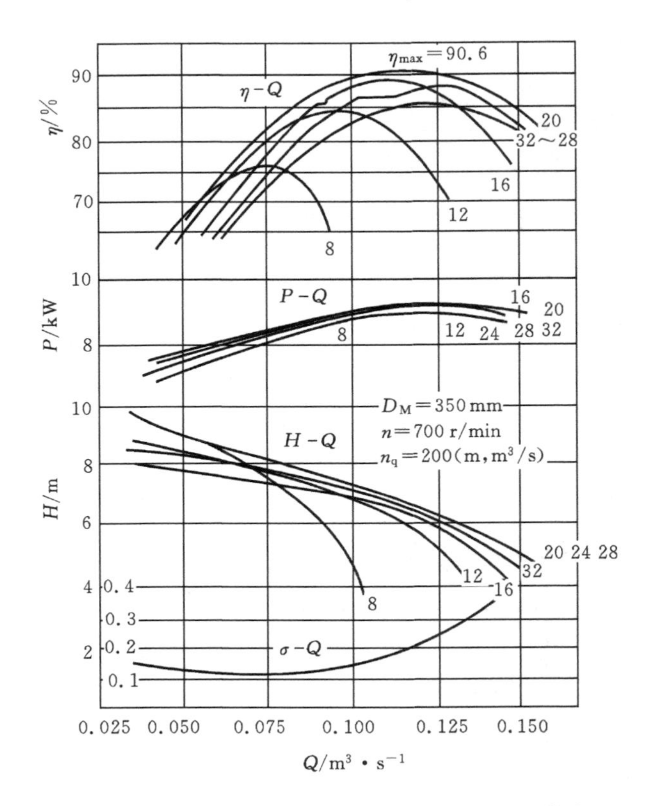

图 4－12　可逆式水泵水轮机的水泵工况特性曲线

为了仍能把水泵工况的特性显示成等效率图的形式，可以改用导叶开度 a_0 来代替纵坐标的单位转速 n_{11}，这样在以 a_0-Q_{11} 为坐标的图上就可以在等 n_{11} 线上绘出等效率图来，如图 4－13 所示。此图上有时还绘有等压力脉动 $\frac{\Delta H}{H}$ 线、等空化系数 σ 曲线等。

4.1.3.3　能量参数的不同表达方式

在分析水力机械能量参数时西方国家多数使用无量纲参数（系数），因为在参数换算时附有度量衡单位换算的问题，国际标准组织（ISO）也多年推荐使用无量纲性能参数。现在国外为表达水泵水轮机性能（一般水泵和水轮机都用同一方式）常用的方式有以下几种。

（1）由流体力学无量纲参数 $\lambda=\dfrac{\Delta P}{\dfrac{\rho U^2}{2}}$ 而导出的压力系数

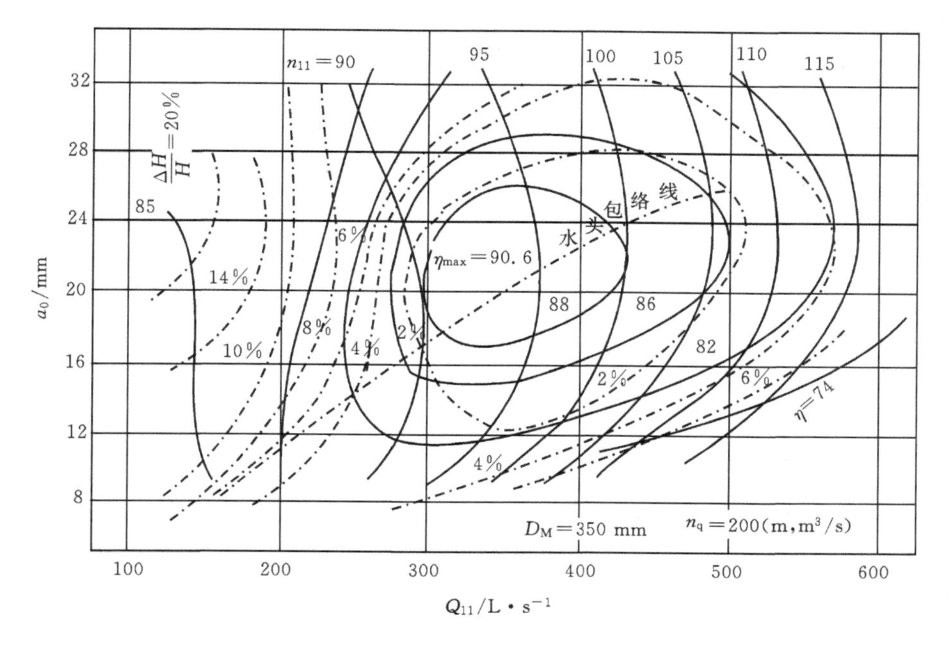

图 4-13　水泵水轮机的水泵工况 a_0-Q_{11} 特性曲线

$$\varphi=\frac{2gH}{U^2} \tag{4-25}$$

和相应的流量系数

$$\varphi=\frac{4Q}{\pi D^2 U} \tag{4-26}$$

式中：参数 Q、H、u 和 D 都是一致的工程单位。

(2)将与压力有关的切线速度 u 和与流量有关的轴面速度分量 c_m 形成一对无量纲系数。

速度系数

$$k_u=\frac{U}{(2gH)^{\frac{1}{2}}} \tag{4-27}$$

流量系数

$$k_{cm}=\frac{D}{\frac{\pi D^2}{4}(2gH)^{\frac{1}{2}}} \tag{4-28}$$

有时为明确基准直径是 D_1，将以上系数分别写成 k_{u1} 和 k_{cm1}。

以上两种无量纲系数之间的关系为

$$\varphi=\frac{1}{k_u^2} \text{ 和 } \varphi=\frac{k_{cm}}{k_u} \tag{4-29}$$

系数 k_{cm}、k_u 和 ϕ、φ 与常用单位量的换算关系为

$$n_{11}=84.7k_u,\ Q_{11}=3.48k_{cm}$$

或

$$n_{11}=\frac{84.7}{\varphi^{\frac{1}{2}}},\ Q_{11}=\frac{3.18\varphi}{\varphi^{\frac{1}{2}}} \tag{4-30}$$

有时还使用无量纲功率系数

$$\lambda = \frac{P}{\frac{\rho u^2 \pi D^2 U}{8}}$$

式中：P 为功率，kW；ρ 为流体密度。在两种运行工况下

水轮机工况 $\lambda = \phi\varphi\eta$

以及水泵工况

$$\lambda = \frac{\phi\varphi}{\eta} \tag{4-31}$$

有的水轮机工况特性曲线画在 $k_{cm}-k_u$（相对于 $Q_{11}\sim n_{11}$）坐标上，有的水泵工况特性曲线画在 $\phi-\varphi$（相对于 $H-Q$）坐标上，同时还标有功率系数 λ。

4.1.4 水泵水轮机的空化特性

4.1.4.1 水泵工况空化的特点

水泵工况空化过程是水泵水轮机空化与空蚀特性的关键，是影响转轮叶片设计和机组造型的重要因素，对水泵工况空化过程的观察是空化试验的重要组成部分。

图 4-14 是低比转速泵在固定开度下的空化试验量测及观察结果。图中参数除空化系数外均为相对值。空化系数曲线 c 代表效率下降 0.5% 的界限，曲线 d 代表效率下降 10% 的界限。泵在 A 点工作时吸水条件没有超过 c 线，故能量特性没有变化。如进口条件变坏，空化

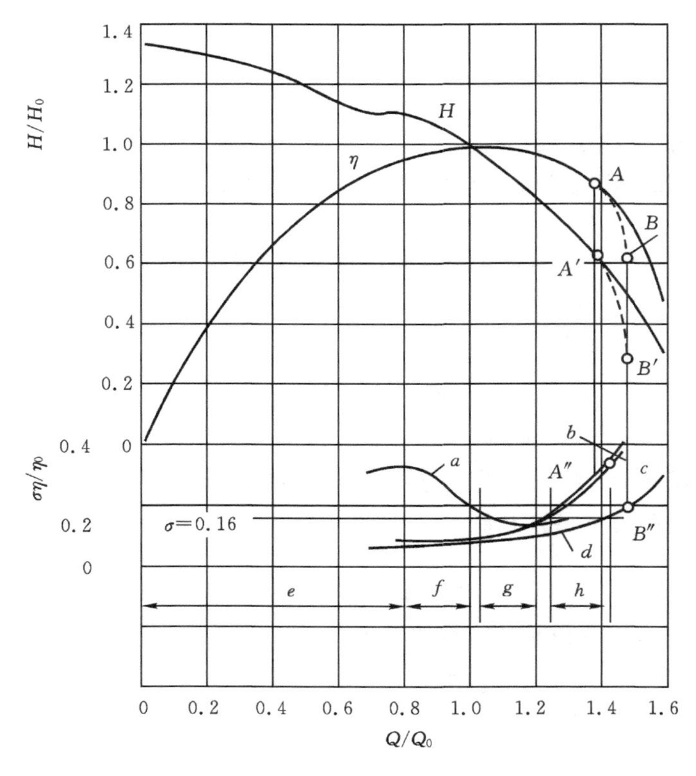

图 4-14 水泵工况空化发展过程

系数到了 d 线，则效率和水头都大幅下降到 B 和 B' 点。

在观察泵水流进口区时看到，在小流量时泵叶片吸力面上有气泡出现，气泡初生点的真空度折算成 σ 值如图上的曲线 a。在大流量时叶片压力面上有气泡出现，其初生点真空度折算成 σ 值为曲线 b。泵在 e 区工作时没有空化发生，在 f 区时进口水流有正冲角，叶片吸力面上有气泡出现；在 g 区时进口水流接近无撞击，故空化最轻，有时称为无空化区；进入 h 区后泵进口水流形成负冲角，故气泡转到压力面上。

从图上可见，在能量特性发生变化以前已可观察到气泡的出现，如果同时用噪声传感器探测泵的进口水流，则在一般情况下都会发现，在能看到气泡以前已可记录到噪声的增强。众所周知，空化现象的发生，首先被“听到”，其次被“看到”，最后才能在外特性上反映出来。

泵工况时叶片进口边的形状对空化的发生有很大影响，叶片形状上微小的差别可以造成空化特性很大的变化，制造厂在设计转轮时应专门研究空化性能好的叶型。图 4－15 示出三种作试验用的叶片型式，叶型的好坏可由进流时叶片头部压力降的大小来判断。显然，在三种叶型中 C 叶片最好，因为它的压力降最小，在空化试验时观察到的气泡群也以叶片 C 上的最少。

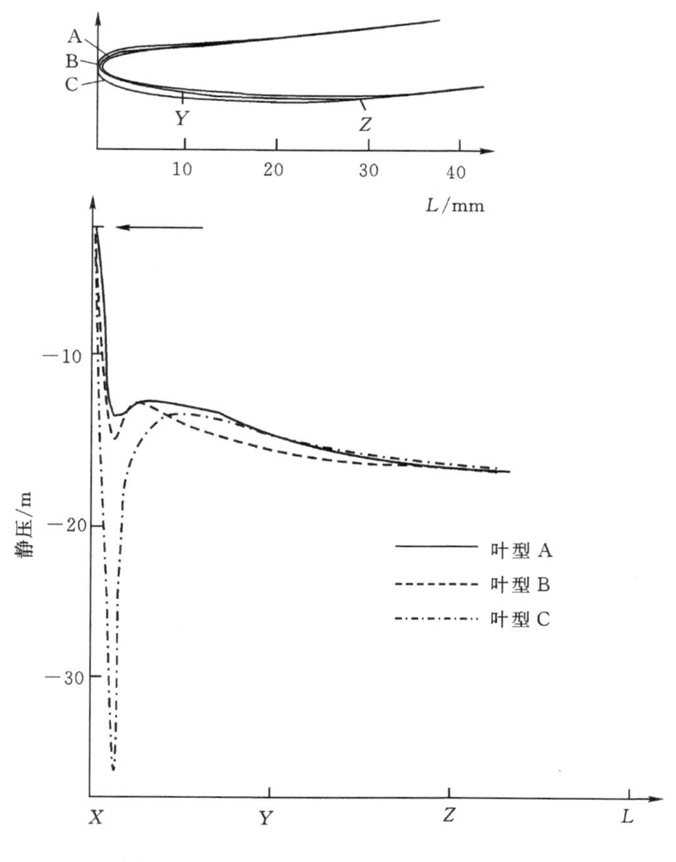

图 4－15　叶片头部线型与压力分布关系

空化气泡在叶片上发展到一定厚度和宽度后能影响叶片流道的流动状态而改变泵的特性

曲线。图 4-16 表示一个混流式水泵水轮机在泵工况时 $H-Q$ 曲线受空化程度的影响。在空化系数大时，如 $\sigma=0.3$，泵在相对流量 0.8 附近转轮内发生流态变化而使特性曲线上出现一个不重合区。空化系数减小后，如 $\sigma=0.1$，不重合区收缩为一条曲线而具有和高比转速水泵相似的驼峰，空化系数再小时，驼峰也消失了。

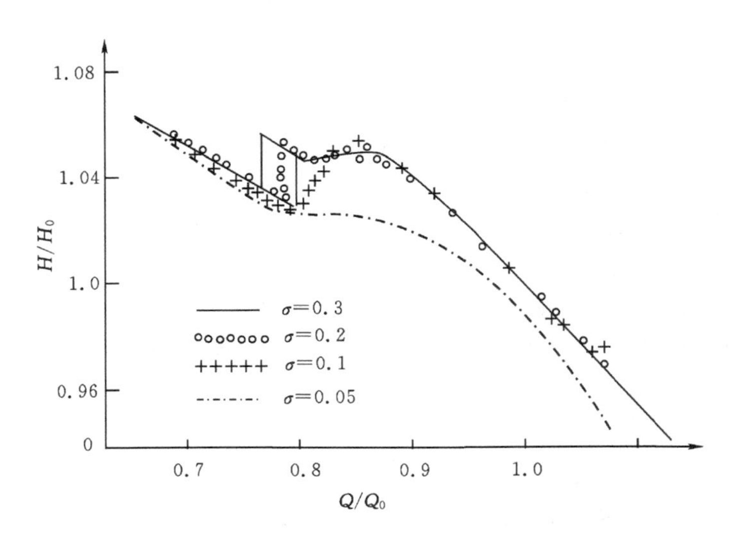

图 4-16　水泵工况扬程曲线受空化影响情况

4.1.4.2　**水泵工况和水轮机工况空化特性的比较**

在水泵水轮机早期应用时，就已发现水泵工况空化性能比水轮机工况空化性能差。在设计水泵水轮机装置时，一般认为如空化条件满足了水泵工况则水轮机工况也就能满足。在研究常规水泵和常规水轮机时就已经知道有这种差别。水力机械首先发生空化的部位，一个是沿叶片表面上的低压区，另一个是叶片头部和水流发生撞击后的脱流区。在水泵上因为进口撞击和低压区都发生在叶片进口处，所以动压降比较大，空化性能差。而在水轮机工况水流撞击发生在进口边上，叶片低压区发生在出口附近，因此动压降比较缓和，空化性能就好些。

从空化系数定义上也可以分析出两种工况是有差别的。水泵空化系数定义为 $\sigma=\dfrac{\Delta h}{H}$。

而
$$\Delta h=\lambda_1\frac{W_1^2}{2g}+\lambda_2\frac{W_2^2}{2g} \tag{4-33}$$

式中：Δh 为泵进口的净正吸入水头，或称空化格量，国外称为 NPSH（Net Positive Suction Head)，m；λ_1 为水流绕流叶片的动压降系效，或称叶栅空化系数；λ_2 为水流进入叶片以前的综合损失系数。据一般研究成果，离心泵的 λ_1 在 0.2～0.4 之间，λ_2 在 0.1～0.4 之间。

水轮机空化系数一般写成

$$\sigma=\frac{1}{H}\left(\lambda\frac{W_1^2}{2g}+\eta_s\frac{V_2^2}{2g}\right) \tag{4-33}$$

式中：λ 为叶栅空化系数；η_s 为尾水管恢复系数。

据一般试验结果，混流式水轮机的 λ 值在 0.05～0.15 之间，η_s 一般为 0.6～0.7。因此可以看出，如水泵的进口相对流速 W_1 和绝对流速 V_1 分别和水轮机出口相对流速 W_2 和绝对流速 V_2 相等，则水泵的空化系数将比水轮机高。图 4-17 表示一台中高比转速模型混流式水泵水轮机两种工况空化试验的实测结果，可见两种工况空化系数的差别是较大的。但对于低比转速（高水头）水泵水轮机，两种工况空化系数的差别一般要小些，在水轮机工况小流量区的空化系数有可能比水泵工况的还大，进行高水头水泵水轮机空化试验时对两种工况都进行全面的试验，才能判定每一个工作范围内最不利的条件。

有些研究者根据统计对水泵工况提出了估算公式，将空化系数表示为比转速的函数

$$\sigma_P = 10^{-3} K n_q^{\frac{4}{3}} \tag{4-34}$$

美国水务局的斯蒂尔策（Steltzer）建议对临界空化系数用 $K=1.17$，奥地利克莱恩（Klein）建议对电站空化系数取 $K=1.4$。另外也有研究者统计了已建成抽水蓄能电站的电站空化系数如图 4-18 所示。

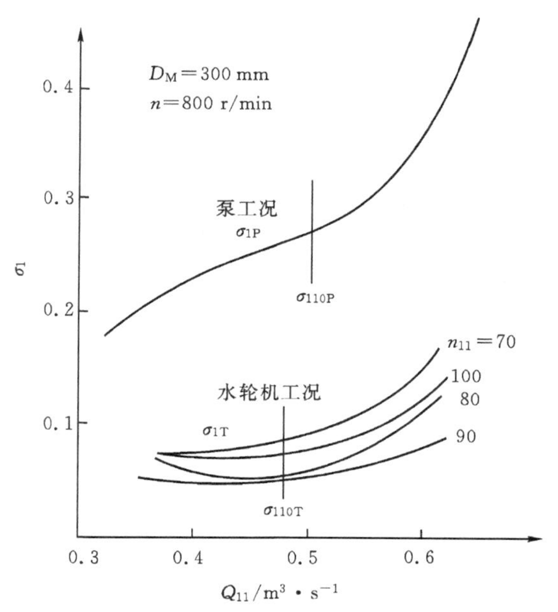

图 4-17　水泵水轮机两种工况空化系数比较

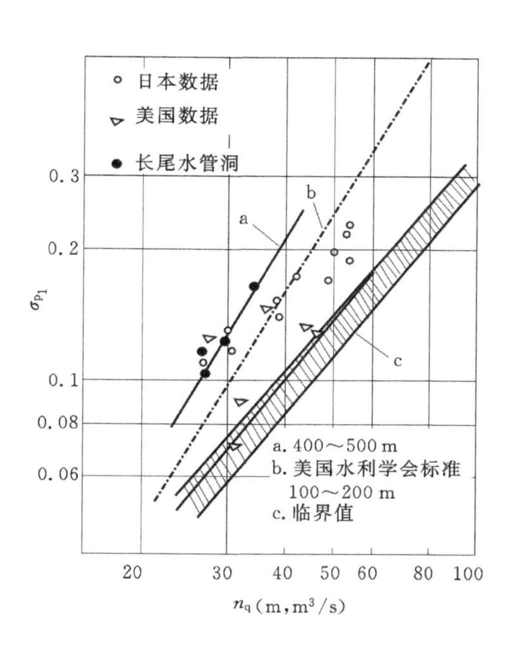

图 4-18　已建成抽水蓄能电站空化系数统计（部分）

国外制造厂统计了在运行中的各种蓄能机组的比转速系数 K 值与电站吸出高度 H_s（负值表示淹没深度）的关系为

$$H_s = 10 - \left(1 - \frac{H_{Pmax}}{12000}\right)\left(\frac{K^{\frac{4}{3}}}{1000}\right) \tag{4-35}$$

此关系绘成如图 4-19 所示的曲线。由于机械设计和土建工程的限制，发展高水头水泵水轮机很可能以 $K=4000$ 为极限。

4.1.4.3　**水头对空化的影响**

水力机械空蚀破坏的程度一般认为与流速的 6 次方成比例，这在非旋转模型的试验设备上已有过很多研究成果，但在旋转模型上由于设备条件的限制，长时间的空蚀试验不容易做得准确。但另一方面，在运行的机组上则有大量的实际观测资料可供分析水头对空蚀的影响。有一个实例可以提供数量上的概念：安装在塞尔维亚的巴斯塔（B. Basta）可逆式水泵水轮机

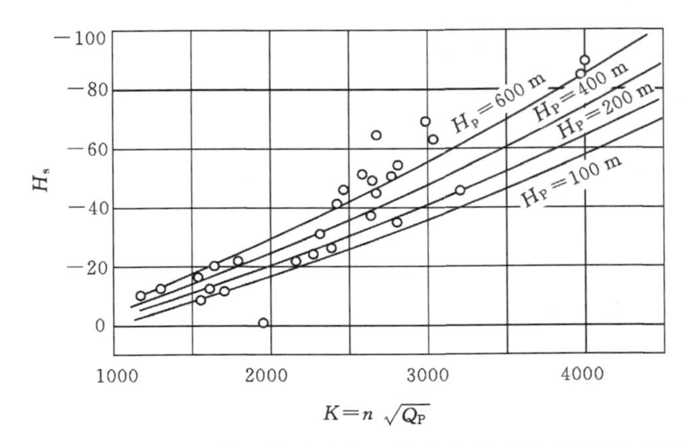

图 4-19　蓄能机组的比转速系数 K 值与电站吸出高度 H_s 的关系

(H=554 m,P=294 MW,n=429 r/min)与安装在日本大平的水泵水轮机的(H=490 m,P=256 MW,n=400 r/min)水力相似,只是前者的转速比后者高 7%。大平机组在运行了数千小时后空蚀不严重,但是巴斯塔机组在运行同样时间后空蚀相当严重,如按 1.07 的 6 次方计算,后者的空蚀损伤应约为前者的 1.5 倍,实际观测大致证实了这种损伤的相对程度。不过影响空化和空蚀的因素很多,巴斯塔水泵水轮机的叶片进口边和出口根部的叶型在经过修整后,转轮局部压力降得以减轻,其后机组的空蚀状况已有改善。

4.1.5　水泵水轮机的压力脉动特性

水流的压力脉动是引起水力机械振动的主要原因之一,特别是在大型机组中,由于结构强度相对较低,水流的不稳定流动导致机组产生振动,会影响正常运行,严重时则能导致构件发生疲劳破坏。近年来已把压力脉动特性作为衡量大型水力机组性能的重要指标。

在水泵水轮机上产生压力脉动的原因可能有以下几方面。

(1)水泵水轮机作为调峰和调频机组启动和停止是频繁的,同时也经常在低负荷下运行,故水轮机工况实际上处于水流条件十分不利的状况下。

(2)水泵工况在小流量区将在进口产生回流,转轮叶片和水流的撞击加剧。

(3)水泵工况出口水流与导叶、固定叶的撞击是产生压力脉动的主要原因。这种撞击可以直接引起机械部件的振动或引起上游管道的共振。

(4)压力脉动还可以由水流的特殊流态引起,如水流绕流叶片产生的卡门涡列,水流自叶片上脱流后的旋涡,由水轮机尾水管涡带引起的水流振荡等。

判断压力脉动的程度主要有两个指标:①压力脉动的振幅,通常用 ΔH 来代表高低峰之间的全振幅绝对值,有时也用$\dfrac{\Delta H}{H}$或 A 来代表全振幅的相对值;②在水流中存在着由不同振源引起的不同压力脉动频率 f,用频谱分析仪可以找出能量最强的一个或几个主要振动频率,并判断出其振型。

4.1.5.1　水泵工况压力脉动

可逆式水泵水轮机的压力脉动特性,需通过全模拟的试验得到,在试验中要测定水泵水轮机若干关键部位的压力脉动数值。图 4-20 所示为模型装置上的各测点编号。试验表明,水泵工况总的压力脉动振幅分布大致如下：吸水管内（1～3 点）的振幅较小；蜗壳内（6～8 点）大一些；固定导叶内更大些，而导叶与转轮之间（5 点）最大，如图 4－21 所示。

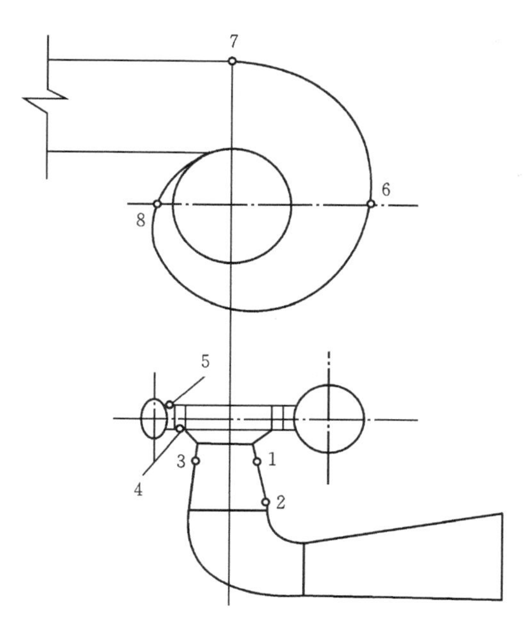

图 4－20　模型水泵水轮机压力脉动测点分布

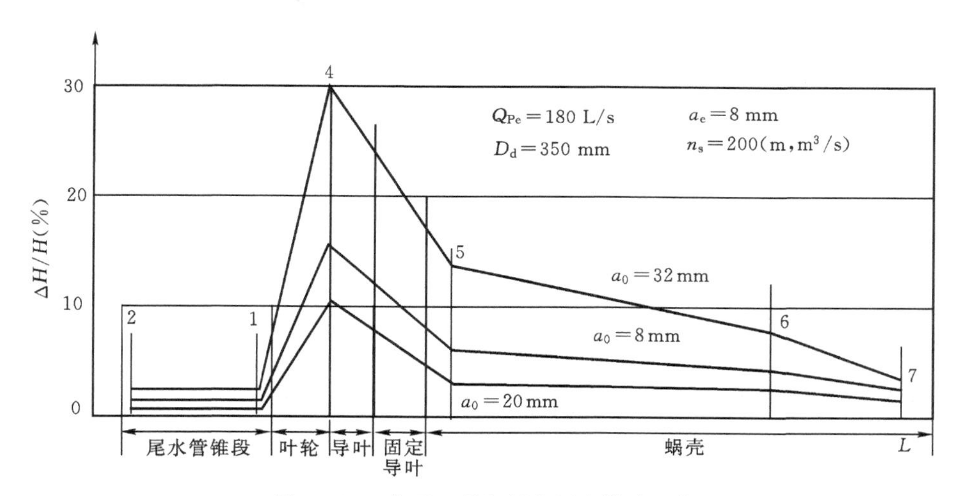

图 4－21　水泵工况各部位压力脉动比较

（1）转轮出口（高压侧）压力脉动。水泵工况转轮出口压力脉动随流量变化的趋势十分明显，如图 4－22 的模型试验结果所示。在效率最高点，转轮出口水流对导叶的撞击最小，故压力脉动出现了$\frac{\Delta H}{H}$的最低点。流量大于最优点时，转轮出口水流对导叶的撞击增加，在导叶的压力面上产生脱流，$\frac{\Delta H}{H}$随 Q 增加而上升。流量小于最优点时转轮出口水流向导叶的另一侧撞击，在导叶的吸力面上产生脱流，$\frac{\Delta H}{H}$随 Q 的减小而上升。同时在流量减小到一定程度时，在转轮进口处会产生振动性很大的回流，产生的振动直接传递到转轮出口。这两种因素都使转轮出口处的$\frac{\Delta H}{H}$增高。此试验转轮的进口回流临界点约为 $0.76Q_0$，流量小于此点时压力脉动值上升很快。

在水轮机专业习惯使用相对振幅$\frac{\Delta H}{H}$来表示振动的强度，现在也用于水泵工况的压力脉动特性，但是泵扬程 H 在此范围内并不是一个常数，相对振幅并不能正确地反映实际振动的大小，所以在图 4-22 上也绘出了 ΔH 的绝对值，以作比较。

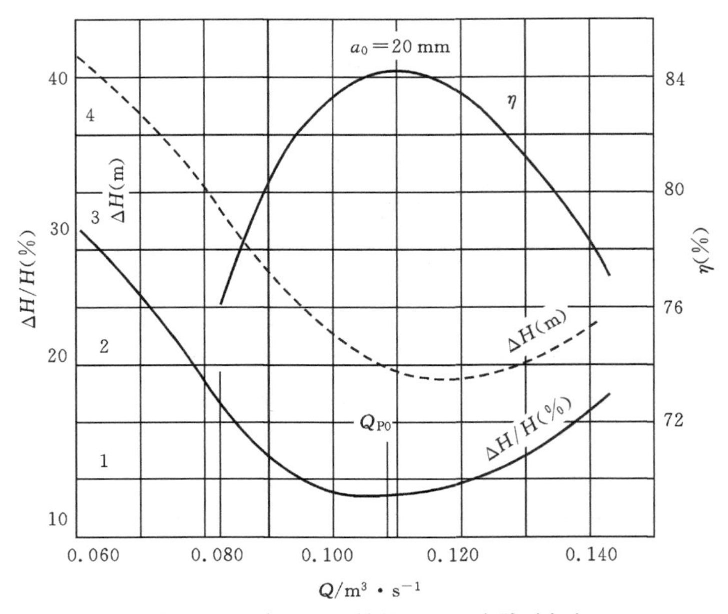

图 4-22　水泵工况转轮出口压力脉动振幅

转轮出口压力脉动的主要频率为叶片频率 f_{Z1}，其次为导叶频率 f_{Z0}，即

$$f_{Z1}=Z_1 f_n \text{及} f_{Z0}=Z_0 f_n$$

式中：f_n 为转速频率；Z_1 为转轮叶片数；Z_0 为导叶叶片数。

此外，还有 2.4 倍 f_{Z1}的高频波动，此频率相当稳定，不随流量而变化，在大开度时有$\frac{1}{8}f_{Z1}$的低频波动。

(2)压力脉动与导叶位置关系。水泵水轮机作水泵运行时，要按实际流量大小将导叶开度调整到水流撞击最小的位置。故实际运行中的压力脉动和恒定导叶开度 $a_0=20$ mm(见图 4-26)测得的数据不完全一样。另外，随导叶开度的变化，导叶内缘与转轮之间的距离也在变化，这使得压力脉动的条件有所改变。国外研究者测定了离心泵叶轮外径与固定导叶内缘配合的最优关系，寻求从降低压力脉动角度出发的最合适的间隙，结果发现导叶内缘直径 D_4 与叶轮外径 D_d 之比为 1.08 时压力脉动的振幅最小。

参照这一研究成果，将水泵水轮机不同导叶开度的导叶内缘直径 D_4 与转轮直径 D_d 的比值与实测压力脉动振幅绘成如图 4-23 所示的关系，发现在$\frac{D_4}{D_d}=1.105$处压力脉动振幅最小，这个直径比值相当于 350 mm 模型导叶开度口 a_0 = 20 mm 时的位置，也正好是最优开度，这说明在效率最高点时压力脉动的数值也是最小的。

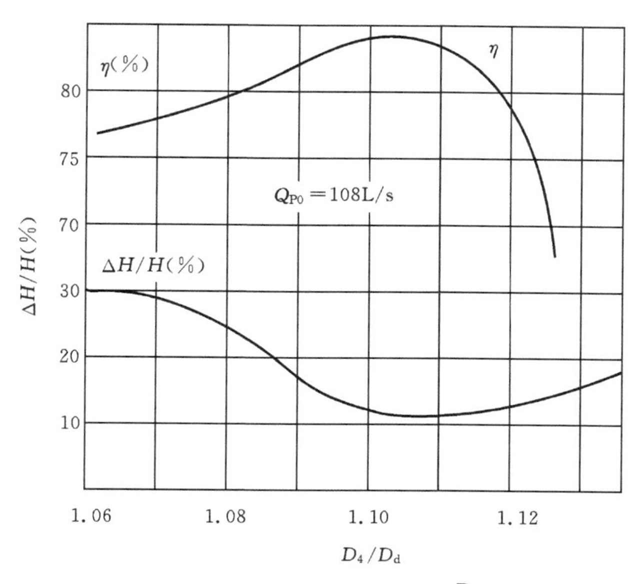

图 4-23　水泵工况压力脉动振幅与 $\frac{D_4}{D_d}$ 比值关系

以上的研究都是在模型装置上进行的，而在真机运行中仍然发现有强烈的由于转轮叶片与导叶之间水流干扰所带来的高频振动，以致在水泵水轮机的结构设计上不得不将转轮与导叶的间隙相当程度的加大，如增大到 1.15～1.20。

(3)水泵空蚀工况下的压力脉动。转轮高压侧的压力脉动随空化的发生有较大的变化，典型规律如图 4-24 所示。在空化系数较大时，叶片吸力面已有气泡产生，但效率和压力脉动值

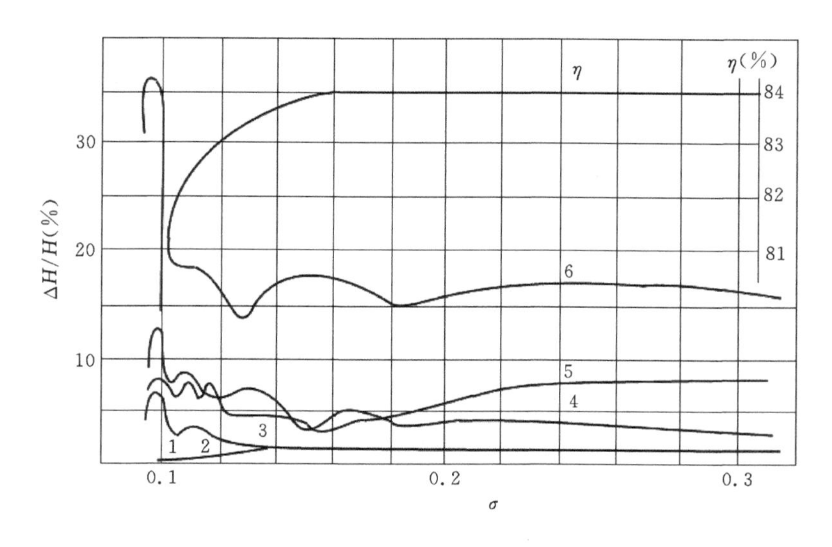

图 4-24　水泵工况空化对压力脉动的影响

测点：1、2—尾水管；3—导叶后；4—导叶前；5、6—蜗壳

尚无变化。在 $\sigma=0.22$ 左右，$\frac{\Delta H}{H}$ 开始有些波动，随 σ 的减小，波动逐渐增大，到 $\sigma=0.1$ 左右，叶片吸力面上气泡已连成一片，形成一个白色的气泡环，此时压力脉动振幅突然上升，$\frac{\Delta H}{H}$ 值达到无空化时的 2～3 倍。空化系数再减小后转轮区即为一片水雾所笼罩。因水中存在的大量气泡有吸收能量的作用，使压力脉动振幅又急速减小，不过此时伴随有很大的空化噪声。

4.1.5.2　**水轮机工况压力脉动**

通过试验表明，可逆式水泵水轮机的水轮机工况压力脉动和常规水轮机一样，主要是由尾水管涡带引起的。试验时测定了如图 4－20 所示各测点的压力，其中在尾水管上 1—3 点的压力脉动振幅比其他各部位都大，因此通常是以尾水锥管上端的压力脉动作为判断水轮机工况压力脉动特性的特征值，进一步的试验说明 1 和 3 点的压力脉动值相差很小，用哪一点都可以。

(1)尾水管水流压力脉动振幅特性在图 4－25 上表示了在尾水锥管 1—3 各测点不同流量时的压力脉动分布规律。在中等开度，如 $a_0=16$ mm，转轮出口水流接近于均匀分布，在最优单位转速 $n_{11}=70\sim80$ 范围，水流为法向出口，压力脉动振幅最小。低于此转速时出口水流具有负的速度矩，高于此转速时出口水流有正的速度矩，都有较大的旋涡形成，故 $\frac{\Delta H}{H}$ 值在较高和较低转速区都有上升。尾水管涡带在低转速区逆旋转方向，在高转速区顺旋转方向。在大开度时，如 $a_0=32$ mm，转轮出口水流具有负速度矩，转速越低负速度矩越大，逆旋转方向的尾水管涡带也愈强烈。由图可见，压力脉动振幅随转速的减小而上升，在小开度时，如 $a_0=8$ mm，转轮出口水流具有正的速度矩。随转速的升高，尾水管中顺旋转方向的涡带也愈发展，使压力脉动振幅值随转速上升而增大。

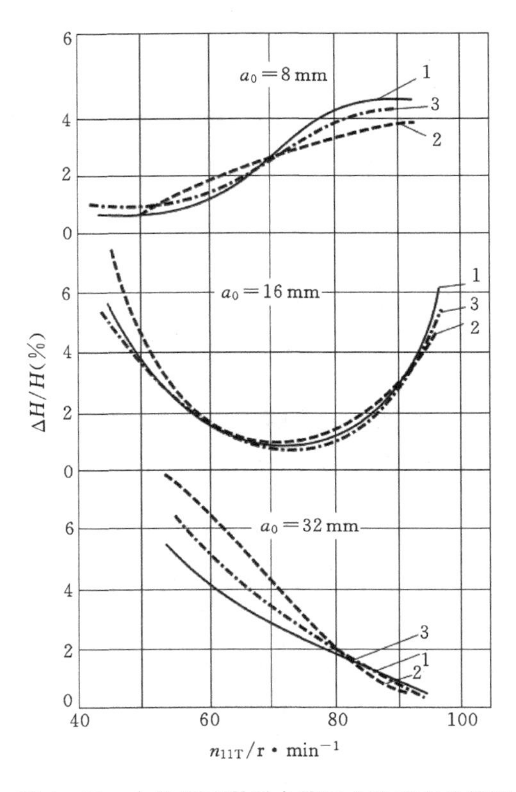

图 4－25　水轮机工况尾水管压力脉动变化情况

1—锥管上端后侧；2—锥管中部；3—锥管上端前侧

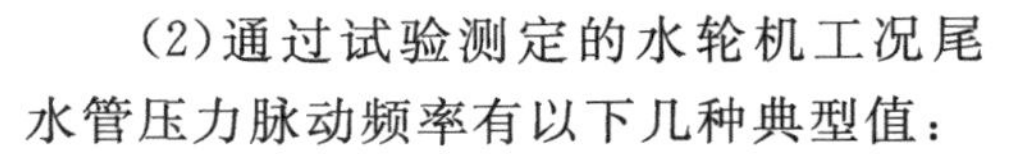

(2)通过试验测定的水轮机工况尾水管压力脉动频率有以下几种典型值：

①大致为转速频率 1/10 的低频率 f_1，一般在小流量和高转速区出现；

②典型的涡带频率 $f_2=(0.25\sim0.4)f_n$；

③中频率 $f_3=(1.8\sim3.6)f_n$，在各种工况下均存在；

④高频率 $f_4=(3.6\sim6)f_n$，主要存在于尾水管内。

图 4－26 表示了在最优单位转速下压力脉动频率随单位流量变化的情况。在小流量区有

f_1 频率出现，此时的压力脉动振幅较高。流量增大后，振幅很快下降，f_1 频率也消失了。在更大流量时，f_1 随振幅的增高再度出现。因此尾水管压力脉动的低频率是和流量状态有关的，而高频率则在各种流量情况下始终存在。

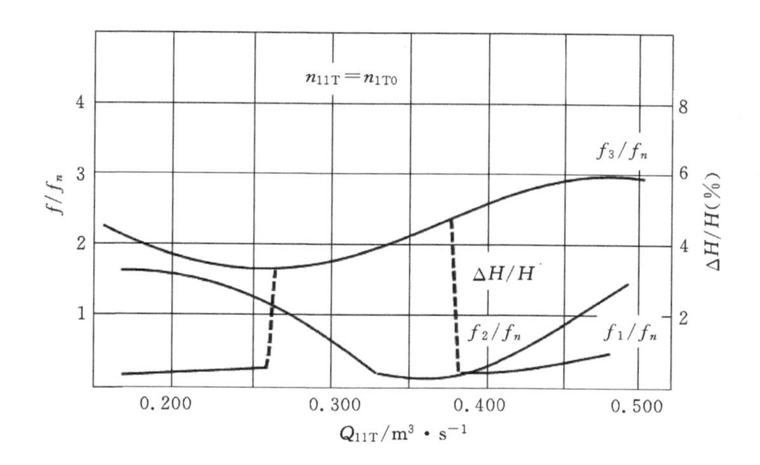

图 4-26　水轮机工况尾水管进口压力脉动振幅频率变化关系

(3)尾水管压力脉动特性在空化状态下，因为水流中产生了大量气泡，水流状态起了变化，使压力脉动的振幅和频率都与无空化时不同。在图 4-27 上表示了随空化系数的减小相对振幅 A 和频率 f 值的变化情况。在空蚀系数较高区域，A 和 f 都有一稳定值。当空蚀系数下降到接近 σ_P 时，A 值突然上升，到临界空化系数 σ_C 时，水流气化严重，涡带直径变得很大，但由于气泡的吸附作用，A 值和频率 f 均随即快速下降。当空蚀系数很小时，尾水管里充满了水雾，A 和 f 值均降到最低点。

σ_P 点是空化状态下压力脉动的一个临界值，此时尾水管内涡带的摆动与局部空化了的水体产生共振，其振荡作用以相同的频率传播到过流部分的每一个部位。

(4)压力脉动特性比较如前所述，大型水力机组压力脉动是表征其水力特性的一个重要指标，在研制新转轮时压力脉动特性是必须考虑的一项重要因素。图 4-28 表示了在发展高水头水泵水轮机过程中试验过的两个转轮水轮机工况的特性曲线。两者的能量特性是很接近的，但由于 B 转轮的压力脉动特性比 A 转轮的好，生产上选用了 B 转轮。

4.1.5.3　压力脉动特性对水泵水轮机的影响

水泵水轮机水流压力脉动对机组运行的不利影响主要有以下几方面。

(1)压力脉动的波峰可能造成对过流部件的瞬时超值载荷，形成过大机械应力。高水头水泵水轮机转轮与导叶之间由于压力脉动所形成的动力负荷很大。在过渡工况时，导叶的动力负荷可达正常工况的 5～6 倍。

(2)压力脉动的波谷可能导致转轮空化的提前发生。

(3)周期性的压力脉动在机组构件上形成交变应力，造成机组某些部件的疲劳破坏。

(4)如果周期性的压力脉动频率与机组构件的自振频率相重合，可能引起机械构件的共振。若与电动发电机电气自振频率重合时，则可引起电功率共振，影响机组和电力系统的稳定运行。

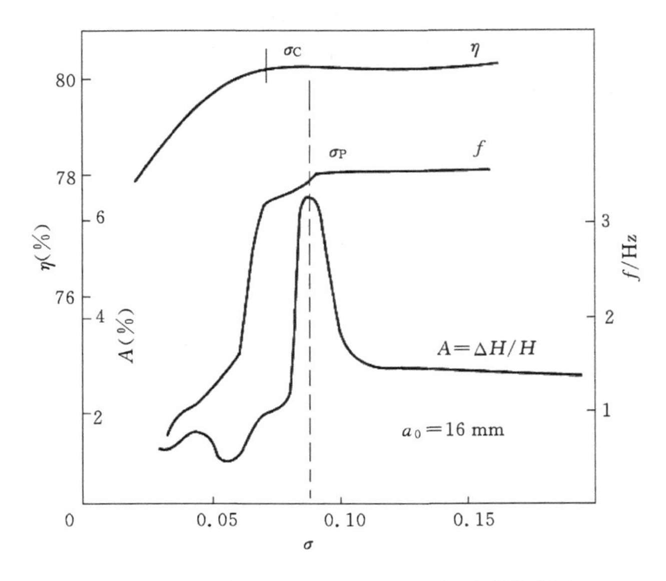

图 4-27 水轮机工况空化对压力脉动的影响

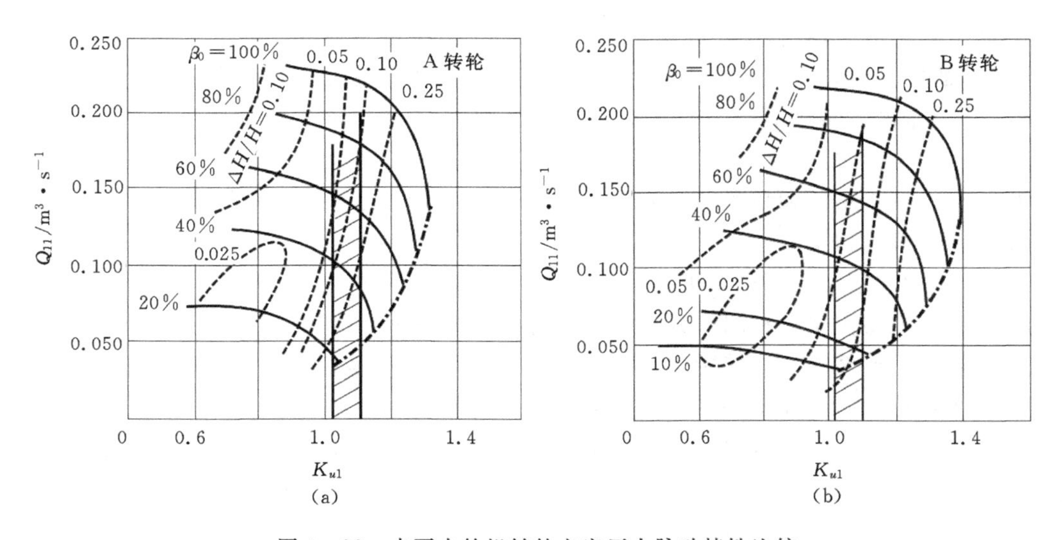

图 4-28 水泵水轮机转轮方案压力脉动特性比较

降低压力脉动水平是现代研制水泵水轮机的一项重要指标。近些年投入运行的广州二期蓄能电站的机组在这方面有很大的改善，在模型上各个测点的压力脉动数值都是较低的，如表 4-1 所示(其中尾水管的三个测点数值相差不多，故也可以使用某一个为代表性测点)。不过有很多蓄能机组的压力脉动振幅要高不少，而多年来也在正常运行。所以那些受压力脉动影响较大的机组可能是由于其某一部位或在某一运行工况产生特别大的振幅，而不一定是压力脉动振幅全面偏高。

表 4-1　可逆式水泵水轮机不同运行工况下的压力振幅(%)

项目	尾水观测点			转轮与导叶之间	
	锥管	肘管外侧	肘管内侧		
水泵最优点	0.25	0.21	0.42	水泵最优点	1.68
水泵零流量	2.1	2.1	2.1	水泵正常最高点	1.73
水轮机额定点	0.3	0.3	0.3	水泵零流量	17.8
水轮机最优点	0.18	0.16	0.15	水轮机额定点	2.9
水轮机部分负荷	1.7	1.5	2.1	水轮机 50%负荷	3.9
水轮机空载	1.1	1.4	1.2	水轮机飞逸	33
水轮机飞逸	5.5	4.2	4.3		

4.1.6　水泵水轮机的力特性

在设计或选择水泵水轮机时，要考虑三方面的力特性，即轴向水推力、径向水推力、导叶水力矩。水泵水轮机作水轮机或水泵运行时，和常规水轮机或水泵一样，将产生轴向水推力；作水泵运行时，由于蜗壳中压力分布比水轮机工况更不均匀，因而产生较大的径向水推力，此径向水推力随运行情况而改变大小，且有一定的随机性；导叶水力矩直接影响水泵水轮机的结构设计和操作控制系统的设计，其变化规律对机组的稳定运行有一定影响。

4.1.6.1　轴向水推力

轴向水推力的形成主要是由于转轮外侧高压面和低压面上的水压力存在差别。对于立式机组，在正常情况下水推力是向下的，此水推力加上转动部件的重量构成推力轴承的负荷。在变动工况下，转轮上、下两侧水压力分布是变化的，故轴向水推力也是变化的。

对可逆式水泵水轮机的轴向水推力目前还没有精确的计算方法。制造厂经常根据某些试验中转轮上冠和下环外侧的压力测量值，得到对水泵水轮机轴向水推力的估算方法。更多的是直接在模型机组上进行轴向推力的测定，然后按真机水头换算并附加某些裕量来确定真机的水推力。用计算方法推求轴向水推力的一种方法如下式所示(见图 4-29)

$$F_a = F_{OC} + F_{IC} - F_B - F_D - F_Q \tag{4-36}$$

式中：F_a 为轴向水推力；F_{OC}为上冠外腔压力所形成的水推力；F_{IC}为上冠内腔压力所形成的水推力；F_B 为下环腔内压力所形成的水推力；F_D 为尾水管对转轮形成的水推力；F_Q 为转轮出口水流对转轮所形成的水推力。

公式的最后两项可以通过简化的公式计算，例如假定了尾水管上端断面上的压力分布是均匀的，就可以计算 F_D；假定了转轮高压侧的流动为径向的，低压侧为轴向的，就可以计算 F_Q。但是公式的头三项 F_{OC}、F_{IC}和 F_B 都与转轮迷宫间隙和平衡孔的设置有关，同时与运行工况也有关，只有在有了具体的转轮设计并积累了各部位的压力分布数据之后才能准确计算，因此这个公式尚不便于作一般估算之用。

为减轻轴向水推力，在有些机组的转轮上开有平衡孔，为寻找平衡孔的最佳位置，研究了如图 4-30(a)所示的各种方案，试验结果如图 4-30(b)所示，可见平衡孔位置 D_3 或 C 是水推力最小的方案，并且水推力的波动范围也是最小的。从这组试验结果还可以看出，全部水轮机

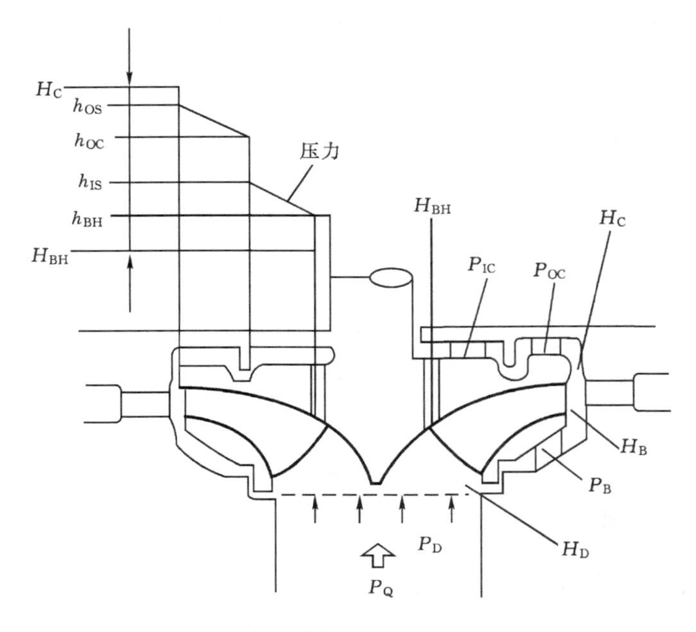

图 4-29　转轮室压力分布示意图

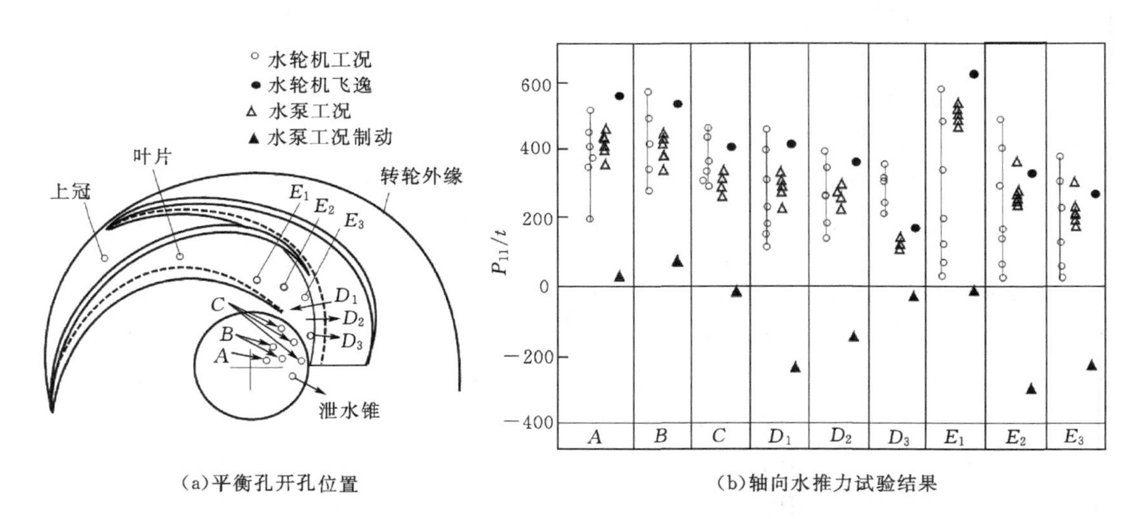

(a)平衡孔开孔位置　　(b)轴向水推力试验结果

图 4-30　平衡孔布置方式和轴向水推力试验结果

工况(包括飞逸情况)和泵的正常工况所产生的轴向水推力都是正值(向下),只有泵制动工况的水推力是负值(向上)。

在混流式水泵水轮机上也使用外部平衡管来控制轴向水推力。平衡管将转轮上方空腔与尾水管连通,并装有可以调节的阀门。图 4-31 为水泵水轮机全特性范围内轴向水推力的模型试验结果,可以看出,平衡管开度大小对轴向力影响是很显著的,在大开度时可以把轴向力降到很小,甚至出现负值。但在实用中平衡管的开度不能太大,否则流量损失会过大。有的抽水蓄能电站在开停机及不稳定工况时把平衡管阀门开大以减轻水推力波动,运行稳定后再关到适当位置。

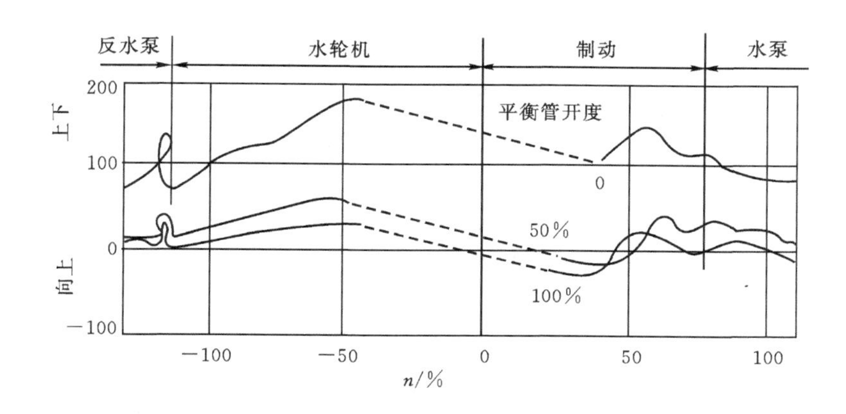

图 4-31　混流式水泵水轮机轴向水推力的全特性

要把轴向力的模型试验结果准确地推算到真机上目前还很困难，因为模型转轮的外部尺寸常常是和真机外部尺寸成一定比例的，而因为决定水压力分布最关键的密封间隙(低雷诺数流动)很难模拟，所以水力条件的全面模拟就十分困难，因此在设计制造中主要依靠在原型机组上的实测数据。

图 4-32 为在高水头水泵水轮机不同运行条件下实测的轴向水推力结果。图(a)为水轮机工况启动过程及甩负荷的水推力变化情况，图(b)为水泵工况的开机及失去电力的水推力情况。每个测点上圆圈的大小代表水推力波动的相对程度。可见两种工况的最大水推力均发生在启动过程中，水泵工况的水推力稍小于水轮机工况，在这个机组上也没有出现向上水推力。

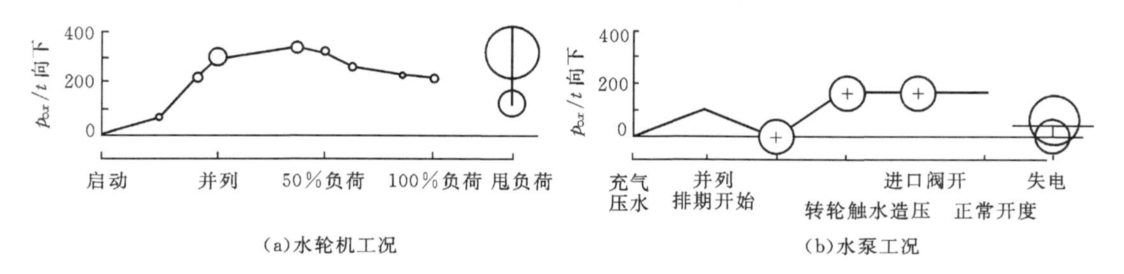

图 4-32　高水头水泵水轮机轴向力实测结果

4.1.6.2　径向水推力

1. 静态径向水推力

通过实践知道，立式水轮机的径向水推力和轴向水推力相比是很小的。多年来在水轮机设计中用相当简单的估算方法所设计的导轴承能符合实际运行要求。

但在离心泵中，因为叶轮出口水流直接进入蜗壳，隔舌前后的旋涡和回流造成叶轮四周很大的水力不对称性，所以径向水推力在水泵设计中是个很重要的因素。当泵流量有变化时，蜗壳内水压分布也随之改变，径向力的大小和方向都有改变。在零流量时，径向力的方向指向隔舌，随流量的增大，径向力逐渐向蜗壳大断面方向转动，幅值可能超过180°。斯捷潘诺夫提出的典型离心泵径向力量测结果如图 4-33 所示，在最优流量时径向水推力系数 K_r 最小，流量大于或小于最优点时，K_r 值都增大，其最大值发生在 $Q=0$ 时。径向力系数定义为

$$K_r = \frac{F_r}{HD_2B_2} \tag{4-37}$$

式中：F_r 为径向力，N；H 为扬程，m；D 为叶轮外径，cm；B_2 为包括前后盖板厚度的叶轮出口宽度，cm。

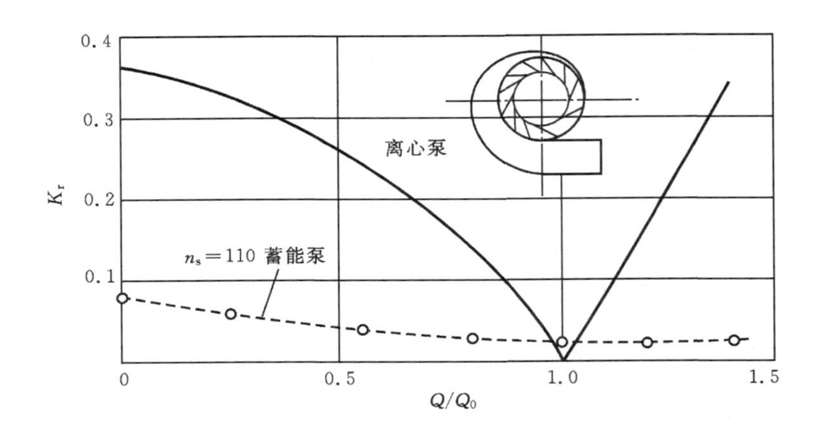

图 4－33 离心泵和蓄能泵径向力特性

蓄能泵多数装有固定导叶，导叶能使叶轮出口的水流趋于均匀，故这种泵的径向水推力要比常规离心泵小很多。可逆式水泵水轮机的活动导叶数目较多，转轮四周水流因受导叶的引导而更趋均匀，故径向力进一步减小。图 4－34 为中比转速水泵水轮机两种工况的径向水推力实测结果。水泵工况的径向力系数 K_r 平均值（中间的曲线）在 0.2～0.6 之间，总的趋势是由小流量向大流量连续下降。水轮机工况的径向力系数 K_r 平均值在 0.3～0.5 之间变化，和水泵工况的数值相差不多，但在大约 $0.5Q_0$ 处出现一个高峰。

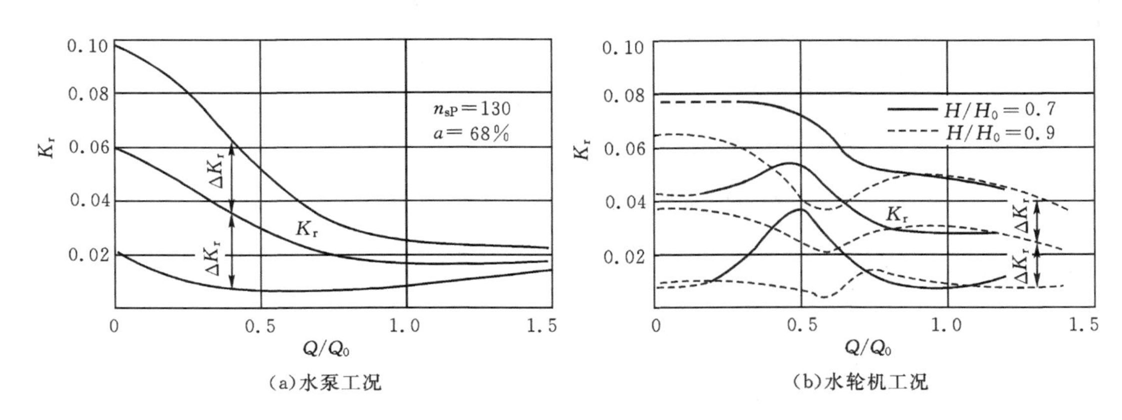

图 4－34 水泵水轮机两种工况的径向水推力特性

水泵水轮机和常规水轮机一样，在飞逸时水流扰动达到最大程度，径向力也在此情况下出现最大值。表 4－2 比较了可逆式水泵水轮机和常规水轮机的径向力系数的情况。

表 4-2　水泵水轮机和常规水轮机径向力系数比较

径向力系数	平均值 K_{rarv}			最大值 K_{rmax}		
转速	n_0	$1.15n_0$	$1.30n_0$	n_0	$1.15n_0$	$1.30n_0$
水泵水轮机 $n_s=130$	0.035	0.06	0.17	0.085	0.11	0.23
水轮机 $n_s=100$	0.02	0.03	0.05	0.06	0.08	0.12

2. 动态径向水推力

径向水推力和轴向水推力的很大不同点在于它受四周压力场的瞬时变化的影响较明显。由实际量测中发现，转轮径向力的一个重要部分是随机分量，在图 4-34 中可以看到围绕平均径向力系数 K_r 的脉动幅度 ΔK_r 值是很大的。

对水泵水轮机径向力动态特性的一项全面研究结果如图 4-35 所示。图中 Q_{110}、n_{110}、a_0、和 P_{r0} 分别为单位流量、单位转速、导叶开度和径向力的选定基准值。脉动值（全振幅）ΔP_{r0} 最高点超过基准值的一半。经过频谱分析，知道径向力脉动值的主要频率是机组旋转频率 f_n。此项研究中还测定了有几个导叶不同步动作（失控）时的转轮径向力脉动值：泵工况在小开度时如有一个导叶不随其他导叶动作，脉动值 ΔP_r 要上升至 2.5 倍；如有两个相邻导叶不关闭则脉动值上升至 4 倍，如有 3 个相邻导叶不关闭则脉动值上升至 5.2 倍。在水轮机工况时，以上三种情况的 ΔP_r 值分别为 P_r 的 2.5、4.3 和 6.5 倍。

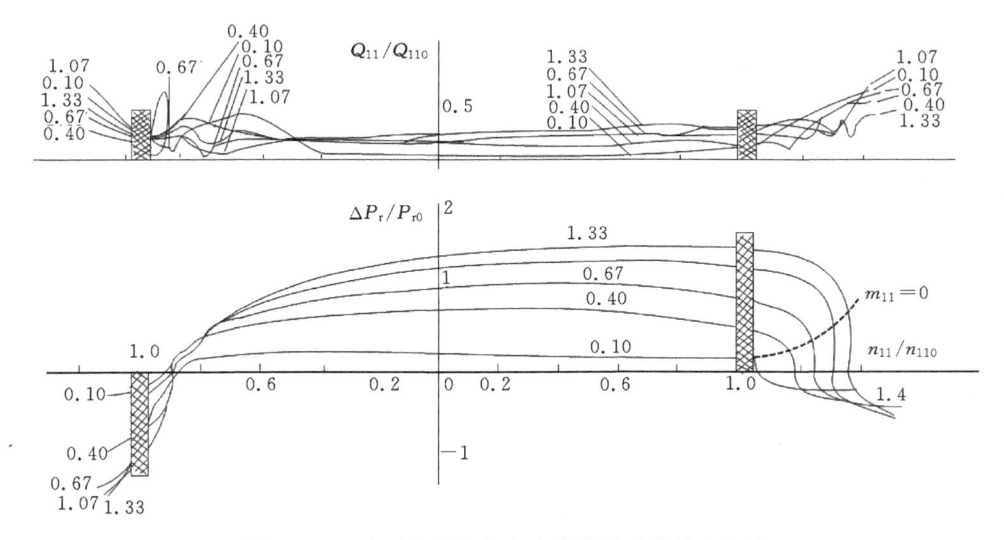

图 4-35　水泵水轮机径向水推力脉动值的全特性

4.2　水泵水轮机试验

4.2.1　水泵水轮机模型试验

水泵水轮机模型试验和常规水轮机模型试验类似，因为同属大型动力设备的模拟试验，对测试精度要求很高，在模型制作、试验调整和测量观测等方面都必须达到很高的标准。可逆式水泵水轮机因为有水轮机和水泵两种工况，所以试验工作量相应比水轮机试验工作量大。水泵水轮机在运行中的一个特点是工况变动幅度大，偏离最优区工作的时间多，因此模型试验的范围比常规水轮机试验要宽，能导致不稳定运行的因素，如空化、压力脉动和噪声，都是重要的测量项目。此外，测定机组在4个象限内工作的全特性曲线，也是可逆式水泵水轮机试验的一项主要要求。

水力机械模型试验今天已经发展到高度完善的程度，在国内外已广泛实行订货单位到制造厂或第三方的试验台上根据试验结果验收机组，一般称为模型验收试验，所以模型验收试验不是单纯地验证机组的水力性能，它也是一个生产环节。目前水泵水轮机试验常包括以下部分：

①水轮机工况性能试验；

②水轮机工况空化试验；

③水轮机工况压力脉动；

④飞逸试验；

⑤水泵工况性能试验；

⑥水泵工况空化试验；

⑦水泵工况压力脉动；

⑧四象限全特性试验；

⑨*S*区特性试验(含非同步导叶改善*S*区试验)；

⑩水轮机工况异常低水头试验；

⑪水泵工况异常低扬程启动试验；

⑫水泵工况驼峰区试验；

⑬水泵工况零流量试验；

⑭导叶水力矩试验；

⑮轴向水推力试验；

⑯压差测流指数试验；

⑰顶盖压力试验。

总的说来，水泵水轮机的模型试验有以下一些基本要求。

4.2.1.1 **模型转轮尺寸**

模型转轮尺寸选取的原则是在现有模型制作工艺条件下能精确形成模型转轮水力线型的最小尺寸，模型的相对尺寸误差应不大于真机的相对尺寸误差，模型的相对表明光洁度不得低于真机的相对表面光洁度。多年来不少国家使用直径为250～300 mm的模型转轮。但为了达到水流状态的模拟，需将模型的雷诺数大大提高，为此可以采用提高试验水头或增大模型转轮直径的方法。现在更多的制造厂使用直径为350～400 mm的模型转轮，个别单位使用更大的尺寸。

4.2.1.2 **试验水头和模型直径**

模型的直径和试验水头都小于真机直径和应用水头，模型的雷诺数要比真机小很多，水流的紊动程度实际上是不模拟的，因而存在一个比尺效应。为保证有必须的模拟条件，需要有规定来确定对试验条件的要求，根据《水轮机、蓄能泵和水泵水轮机模型验收试验 第1部分：通用规定》(GB/T 15613.1—2008)、《水轮机、蓄能泵和水泵水轮机模型验收试验 第 2 部分：常规水力性能试验》(GB/T 15613.2—2008)和《水轮机、蓄能泵和水泵水轮机模型验收试验 第 3 部分：辅助性能试验》(GB/T 15613.3—2008)的相关规定，为了在模型和原型之中得到较好的水力相似，除了考虑模型和原型几何相似及模型和原型表面粗糙度外，整体的要求如下。

从模型试验决定原型性能的一个基本要求乃是模型和原型间必须几何模拟，因此有必要比较两个机械的几何尺寸和所有与水流接触部件的表面粗糙度，并根据相关的参数检查模型和原型间的几何模拟。模型与原型的过流部分都应几何相似，模拟应满足规范的限值范围，并应限定模型尺寸最小值。满足这些最小值的目的在于：

(1)采用正常的制造工艺可保证所需的尺寸精度；

(2)可获得足够测量精度的试验结果。不需考虑其他试验条件是否可接受(例如由于空化试验时空气和气体分离)；

(3)由于采用合适的雷诺数和弗劳德数进行试验，可减少原型与模型间的比尺影响；

(4)不同的最小值彼此是独立的，并且是都应该满足的，通常，模型应尽可能大，若受到试验条件、成本、模型生产周期等条件的限制，可以合理选定模型尺寸，但绝不应比规定的值小。

除了我国的这部分规范外，在设计过程中也可以参考世界上广泛使用的国际电工委员会(IEC)制订的相关规范，现举例如下。

(1)对试验水头和模型直径 IEC193《水轮机模型验收使用国际规程》(1973)建议使用：

模型转轮直径与水头：$D_M>0.35$ m 或 $D_M \cdot H^{\frac{1}{2}}\geqslant 1$

雷诺数：$Re=\dfrac{D_M\sqrt{2gH}}{V}$

式中：D_M 为模型名义直径，m；H 为试验水头，m；V 为水的运动速度，m^2/s。按此要求，如 D_M 为 350 mm，则 H 应为 8 m，取 $V=1\times 106\ m^2/s$，则所需最小 Re 数应为 4.4×10^6。

(2)IEC 497《蓄能泵模型试验国际规程》(1976)对于离心式蓄能泵建议使用：

模型转轮直径与水头：$D_S>0.20$ m　$H>20$ m

雷诺数：$Re=\dfrac{D_S\sqrt{2gH}}{V}\geqslant 5\times 10^6$

式中：D_S 为模型转轮吸入口直径，m。多数蓄能泵的转轮名义直径(即外径 D_d)都为 D_S 的两倍以上，故如按 D_S 计算则最小 Re 数应为 10×10^6 左右，因此蓄能泵规程对 Re 数的要求比水轮机规程的要求要高。不过在离心泵的研究试验中发现水泵的效率(主要是机械效率)随 Re 数不断上升，要到 $Re=2\times 10^7$ 以上才稳定在最高值点。故 IEC 建议的 Re 数还是一个较低的标准。

以上是从效率试验角度来考虑对试验水头的要求，此外在进行空化试验和压力脉动试验时也发现当试验水头低于真机水头时会产生水力特性不模拟的现象。为避免可能存在的比尺效应，近年来国内外制造厂和研究单位均使用真机水头或接近真机水头来作试验。不过这样做，将导致很大的试验台投资和很大的运行成本，因此需要找出一个水力上能较好地模拟，经济上又可行的试验规模。有的制造厂在总结了多年试验结果后得出结论：使用试验水头 50～60 m 就可达到足够精度的效率模拟；使用试验水头 100～120 m 可以达到空化试验模拟的要求；另一个公司的经验是为进行效率试验和压力脉动试验用 60～70 m 水头可以得到和真机同样的特性。

4.2.1.3 试验台循环系统

可逆式水泵水轮机有水轮机和水泵两种工况,试验时循环系统要经常转换水流方向,使用封闭循环式试验台能较好地适应工况切换,所以封闭式试验台已成为通用的型式。为准确地模拟真机水流流态,除保证最低的雷诺数外,还需使模型的进口和出口水流分布基本上符合电站实际情况,故在试验台上应采取措施防止由于管道弯曲或断面变化而引起的流速不均匀性。

封闭式循环系统要有一定的水体积,也就是水流循环一周要有一最低时间的要求,较大的水体积可稳定水流中的波动并吸收由水力损失而形成的热量;较长的循环时间可使游离的小气泡重新溶于水中。循环系统的容积视试验台实际条件而定,一般认为最低限度为在最大试验流量时循环一周不小于 100~120 s。

如图 4-36、图 4-37 所示分别为哈尔滨大电机研究所高二台和瑞士洛桑中立试验台示意图,两者均达到现代高水头模型试验台水平。

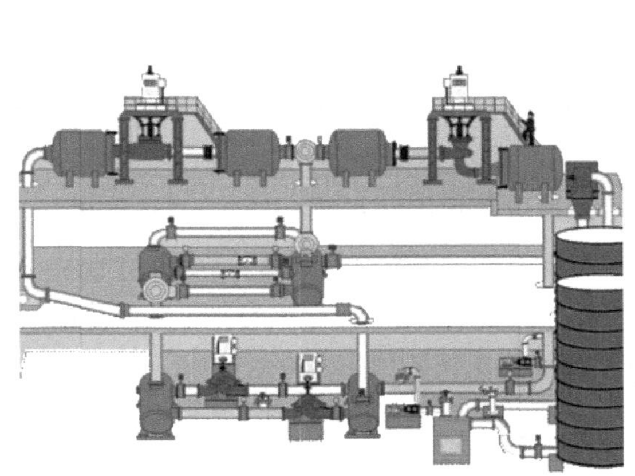

图 4-36 哈尔滨大电机研究所高二台

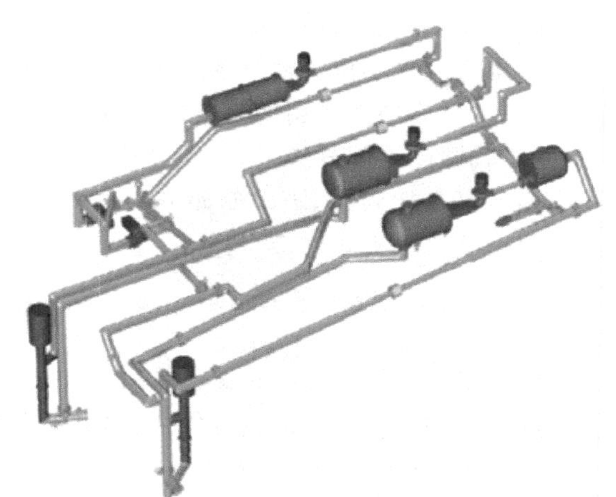

图 4-37 瑞士洛桑中立试验台

4.2.1.4 模型装置

使用两个不同的模型装置在不同的试验台上分别进行效率及空化试验的作法已成过去(研究性试验除外)。今天的工业试验都是在同一试验台上进行同一模型装置的所有试验项目。所有模型装置的设计要考虑到各种量测项目的要求,例如在过流部件的壁面上要提供观测用的透明窗口,在主要部位要有能插入测流探针和光纤窥镜的孔口、测定密封面漏水用的开孔以及转轮室上部的排气、充气开孔等,并采用同步数据采集和数据分析处理系统。

现代的水泵水轮机试验台已广泛采用静压轴承(支座)来支撑主轴及其外套。使用静压轴承除了可提高力矩反应的灵敏度外,还可利用静压分布来测定旋转部分的轴向和径向推力。

为保证在水力上有完善的线型和较高的表面粗糙度,在结构上有精密的配合和灵活的转动性,水泵水轮机模型装置应按照精密设备的条件来设计、加工和调整。

4.2.1.5 非旋转过流部件

转轮中的水流状态及能量转换对水力机械性能有决定性作用,故生产中主要研究工作都集中在转轮上,不过非旋转过流部件如蜗壳、导叶、固定导叶和尾水管的流态并非不重要,这些部件的合理设计对机组性能,尤其是对运行稳定性也有很大的影响,故对这些非旋转部件也应进行专门的试验。每个转轮都应有与之配套的蜗壳、导叶和尾水管,而不应简单地套用标准型部件。非旋转部件在可逆式水泵水轮机上必须能适应双向工作，所以在试验过程中已发展出一系列“可逆式”过流部件的水力线型。

4.2.1.6　**试验台水质要求**

试验台内的水质对进行空化试验有重要影响，按照国际标准，水的含气量应保持在一定数值以下。随空化试验的进行，含气量会逐渐降低，溶解的和掺混的空气含量将发生变化（在试验台不同部位测得的含气量可能不同），故含气量测试仪器应装设在模型装置附近，含气量发生较大变化时应采取补气措施。此外，进行空化试验时要用仪器观测或目测空化气泡的发生和成长过程，故水质必须清澈，无悬浮物。同时为保持试验台内的各种测压孔以及探测仪器正常工作，也要求水质无腐蚀性或结垢现象。

4.2.1.7　**量测精度**

量测精度是模型试验成败的关键，为保证量测数据的可信度，要求对每个量测项目都有至少2台能独立显示的仪器，可互相校核。常用的仪器要按规定用比它精度高至少一个等级的仪器定期进行校准。在IEC试验规范中有详细的规定如何对量测系统进行误差分析。试验误差一般分为系统误差和量测误差（又称或然误差）两部分。如果用电气仪表采集数据，可以在很短的时间内采集很大量的数据并进行平均。根据统计概念，量测误差已自相抵消而可忽略不计，试验误差主要由仪器的系统误差决定。

在各项量测项目中以流量的量测最不稳定，误差最大，因此在试验台设计中要特别制订提高流量量测精度的措施。流量计要经常用容积法或称重法来校准，某些设计完善的试验台上可以在试验进行的同时作流量计的校准。先进的高水头试验台可以控制效率试验误差在±0.2%～0.3%或更低，不少试验台以每个单项的量测误差不大于±0.1%为设计目标。

4.2.1.8　**数据采集和处理**

现代水泵水轮机试验台均使用计算机进行数据采集和处理并直接打印绘图。试验台计算机系统可以按既定程序对常规量测项目进行量测，但在试验过程中常同时进行水流观察或特殊量测，在这种情况下工况点的调整用人工操作是完全合适的，不需要全都采用自动操作。

4.2.1.9　**其他量测要求**

在量测效率和空化特性的同时，还要求测定压力脉动特性，根据压力脉动的振幅和频率特性可以探求水流规律变化的原因。

全特性试验是水泵水轮机特有的试验项目，进行全特性试验时须制定一套不同的循环水泵和测功电机的操作方法，测功装置也需部分改装。有的试验室使用专门的装置测定模型机组的力特性（轴向水推力、径向水推力、导叶水力矩等），也有的结构完善的模型装置可以兼作以上各项力特性试验。

4.2.2　水泵水轮机模型验收试验

水泵水轮机模型验收试验是有用户代表参加的性能试验，在模型试验台上进行模型验收后，使用双方同意的换算公式来推算真机性能，模型试验在整个电站建设过程中是很重要的一个环节。

水泵水轮机模型验收试验对模型机尺寸、试验雷诺数、试验水头、试验转速、试验台及其测试仪表、数据采集和处理系统、试验精度等都有严格的规定，均应按照4.2.1.2节规范中的相关规定与现行的国际标准或双方同意的标准逐项进行。模型验收试验包括以下各步序和有关问题。

(1)验收工作前的工作:情况介绍、试验程序拟定、供方对试验台及试验条件的介绍、计算机数据采集及处理系统的介绍、计算公式及有关系数的检查、详尽的计算示例。

(2)模型验收前的各测试仪器的校准:确认原级校准设备的法定计量单位;流量校准(水轮机和水泵两个流向);水头、力矩、真空等参数测试仪表的校准。

(3)水轮机工况能量特性的验收:验证并确定水轮机工况的最优效率点,根据协议规定的模型原型效率换算公式确定效率修正值;手算一个试验点的各个数据,以检验计算机试验程序的正确性;在电站装置空化系数下进行水轮机能量特性试验;水轮机能量特性验收值与保证值的比较。

(4)水轮机工况空化特性的验收:一般水泵水轮机的空化特性主要受水泵工况特性控制;但对于高水头水泵水轮机两种工况的空化系数相差较少,故水轮机工况的空化特性试验也要进行全面试验;试验包括高、低水头下不同负荷的若干典型工况,记录空化、涡带的形状和大小。对试验用水测定其含气量。

(5)水泵工况能量特性的验收:对于水泵工况,重复对水轮机工况所进行的前两项试验;测定水泵工况在不同开度下的流量、扬程、功率;在电站运行范围内,验收试验在电站空化系数下进行;在非正常运行范围,可在大于电站空化系数下进行;在大小两个开度下检验水泵工况零流量的特性;取满开度及几个大开度检验水泵工况;在高扬程下的运行稳定性;泵工况验收值与保证值的比较,要注意由于电网频率变化造成模型装置转速变化的影响。

(6)水泵工况空化特性的验收:根据电站的不同条件进行验收试验,考虑机组运行台数、扬程及相应尾水位的影响。

(7)各参数测量仪器的再次校准:可在水轮机及水泵工况的效率和空化试验后进行,也可在全部试验完成后进行。

(8)水轮机飞逸特性的验收:在电站装置空化系数下进行飞逸特性测定,并与合同规定值比较。

(9)水轮机工况压力脉动特性的验收:工况点的选定可根据初步试验报告提供的压力脉动特性及有关合同保证条件进行,水泵水轮机在最大和最小水头下部分负荷时压力脉动较大。

(10)水泵工况稳定特性的验收:主要测定转轮与导叶间的压力脉动,在正常运行范围内,要在电站空化系数下进行;除测定正常运行范围的压力脉动外,还可以检查若干个非正常工况,如零流量点的压力脉动。

(11)全特性的验收:全特性试验的工作量很大,在验收试验时可根据初步试验报告提供的结果,检验若干开度的全特性曲线。

(12)导叶水力矩的验收:检验水轮机和水泵工况导叶水力矩随开度的变化情况、水力矩的最大值和水轮机工况下的自关能力。

(13)蜗壳/尾水管压差试验:在水轮机工况记录蜗壳压差,在水泵工况记录尾水管压差,供真机运行中用以检查真机流量之用。这种检测真机流量的方法称为流量系数法,在国外称为Winter Kennedy法。

(14)轴向力、径向力的测试:这项试验的工作量较大,很费时间,一般不进行验收。

(15)模型几何尺寸的检查：为确保模型真机的几何相似，要检查转轮主要尺寸、迷宫密封尺寸、进出口开口尺寸、进出口样板线型、导叶线型、导叶圆直径、座环主要尺寸、蜗壳及尾水管主要尺寸。

应该注意，模型验收试验不仅是一项技术性很强的工作，还涉及商务问题，特别是我国有很多项目都是引进外国设备和技术，故在保证试验数据正确的同时还需注意按合同条款进行工作。

4.2.3　水泵水轮机真机验收试验

4.2.3.1　真机性能试验

根据合同，水泵水轮机在投入运行后的规定时间内应进行真机(原型)性能实测。真机试验的结果如满足保证条件，电站最终从制造厂接收机组，投入正式运营。

效率试验是真机验收试验中技术难度最高、工作量很大的一项试验。欲得到准确的水泵水轮机实际效率，关键是如何最可靠地测出通过机组的流量。因为水轮机流量很大，量测不容易准确，故真机流量的量测一般允许有较大的误差，IEC 规程对于真机效率量测的允许误差为±1.5%，也就是真机的实测效率不超出保证值的±1.5%误差带，即为合格。一般情况，机组出力不低于保证值−5%或入力不大于保证值+5%，也为合格。

进行真机试验使用的量测方法随各电站条件以及设备情况而各异，但主要有以下几方面：真机水头(扬程)的量测通常使用精确压力计；电动发电机出力或入力的量测使用精确功率表，通过电机的电压、电流、功率因数和频率的量测可以推算出电机的损失，因而可得到机组的轴功率值；流量量测的方法最多，是真机试验中的重点项目，在下节简要介绍常用的几种方法。

4.2.3.2　真机流量测量

(1)流速仪法。对于中低水头、过流断面较大的机组，可以在进口的压力钢管内安装一组流速仪，分别测定一个区域内的流速，然后用积分法算出全断面上的流量。对于水头更低的机组流速仪也可以装设在尾水闸门的断面上，也有的蓄能电站在压力铜管和尾水断面都装设流速仪，前者用于量测水轮机工况流量，后者用于量测水泵工况流量。这种方法具有一定精确度，但对水流通道有阻挡作用，装设流速仪时要停机排水，对电站运行有一定干扰。

(2)水击法(或称压力·时间法，国外称 Gibson 法)。如果水泵水轮机的导叶有一定程度的关闭，则在压力钢管中将引起压力上升，在前后两个压力测点之间将出现压差，从所记录的压力变化示波图(压力随时间的变化规律)上可以得到这一关闭过程所带来的动量变化，因而可以算出在两点之间通过的水体大小，除以经历时间即得到流量值。

按 IEC 规程的要求采用水击法时，电站必须具备一定长度的等直径圆管、两测点之间需有必要的距离、机组流量应有最低值等。大体上说这种方法适用于水头较高、流量不太大的电站。水击测量法可以达到相当高的准确度，但其缺点是需要机组最多次的开关，对正常运行影响较大。

(3)超声波法是在压力钢管平直段的两个断面之间装设若干组超声波发送器和接收器。通过钢管的水流将对超声信号产生折射，从信号变化的程度可以计算出通过的流量值。超声波法和水击法一样不需要在过流通道中装设仪器，但超声波法胜于水击法的是机组运行可不受测量工作的干扰。

(4)热力学法(直接温度法)。热力学法量测的基本原理是能量守恒定律(热力学第一定律),热力学法只需测定机组进、出口的温度差别,即可计算出机组的效率。在水轮机工况时大部分水流能量转换为机械能,在水泵工况时大部分机械能转换为水流能量,而各种水力损失(包括水力摩擦、撞击、旋涡)的能量均转换为热量,热量中除极少部分通过机组外壳传递到周围外,主要部分表现为水泵水轮机出口的水温升高。测出进出口的温差便可以求出损失能量,少部分没有用温差测出的损失用辅助方法确定,因而可以计算出机组的效率。热力学法的最大优点是避免了进行大流量的测定,但对量测仪器的精度要求非常高,因为测定的温度差很小,故测量要十分精确,否则相对误差将会过大。现在使用的温度计一般要求精度为±0.001 ℃,分辨率为±0.0003 ℃,压力计精度为0.1%。

4.3 水泵水轮机的选型

4.3.1 水泵水轮机的选型原则

在完成了抽水蓄能电站装机容量的选择后,即可进行水泵水轮机参数的选择。从抽水蓄能电站动能规划设计中确定以下基本指标和数据:

(1)根据电力系统的要求,确定单机容量、机组台数及发电和抽水两种工况的功率因数;

(2)两种工况的最大水头、最小水头和设计水头;

(3)两种工况必须达到的最高效率值和允许的最低值;

(4)每天发电和抽水的时数,如为月调节,一周内的时数分配;

(5)电站设计所允许的最大淹没深度;

(6)引水系统调节保证计算的限制参数。

在进行机型选择和参数计算时,要综合比较,合理地确定水泵水轮机的基本参数。

4.3.1.1 两种工况性能参数的选择和配合

前文已说明,抽水蓄能电站对水轮机工况和水泵工况的参数是不同的,有些电站根据特殊运行要求,可能有意地使两种工况的参数有一定差别。因此,在选定水泵水轮机的特性参数时,要适应电站的具体要求。同时使两种工况的参数得到很好配合,保证水泵水轮机运行时均能具有良好的性能。

因为可逆式水泵水轮机不可能同时保证两种运行工况都处于最优性能范围,故在参数选择时必须有所侧重。因为水泵工作的条件比较难以满足,所以一般先保证水泵工况在最优范围内运行,而水轮机工况就可能要稍许偏离其最优工况范围,如图4-38所示。

4.3.1.2 按最优经济运行效益进行机型比较

水泵水轮机型式的确定原则,主要是应保证抽水蓄能电站长期运行效益明显,因而要在提高电站的平均运行效率上认真分析比较,最后选定机型。如果电站的水轮机工况和水泵工况的运行参数相差很大或电站有专门要求,就应该考虑选用组合式水泵水轮机。对于纯抽水蓄能电站,多考虑使用可逆式水泵水轮机,而对于高水头或超高水头蓄能电站,应该比较单级或多级可逆式水泵水轮机,最后作出决定。

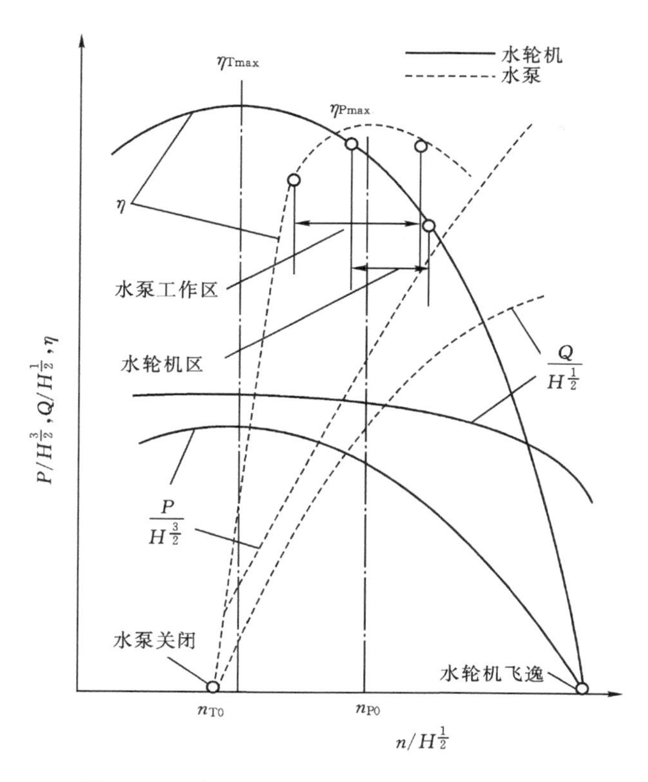

图 4－38　水泵水轮机两种工况的工作特性曲线

4.3.1.3　**抽水蓄能电站的厂区布置对机型的影响**

水泵水轮机的运行性能受到电站引水系统的直接影响。如蓄能电站使用地下厂房，则机组的安装高程不严格受挖深的限制，水泵水轮机参数可以选得高些，有助于提高电站运行效益。蓄能电站的调压室(井)布置(上下游调压室)和压力管道走线与布置对机组的稳定运行将有影响，尤其是在给定工况时，电站的枢纽布置型式也对机组的稳定运行有直接影响。

4.3.2　水泵水轮机的选型计算

4.3.2.1　**机型选择**

根据抽水蓄能电站的工作水头和运行条件，参考图 4－39 选择最合适的基本机型。

如果电站运行水头比较低，则可考虑选用斜流式机组或混流式机组，比较两者的优缺点。斜流式水泵水轮机的机械结构和运行维护复杂一些，但在工作水头变化幅度大的情况下其平均效率要比混流式水泵水轮机高。在中等水头范围内，多数情况下应选择混流式水泵水轮机。

在高水头范围内，应优先考虑单级混流式水泵水轮机。在水头超过 600～700 m 时，单级水泵水轮机的效率已经显得低些，而且转轮结构应力很大，机械制造也有一定困难。如果制造厂可以提供价格不太高的两级可调水泵水轮机，其运行效果肯定是有优点的。对于电网容量很大而机组只要求调峰的场合，则可考虑选用多级无调节的水泵水轮机，这样水头应用范围将不受限制，所选用的机组会有较好的经济效益。

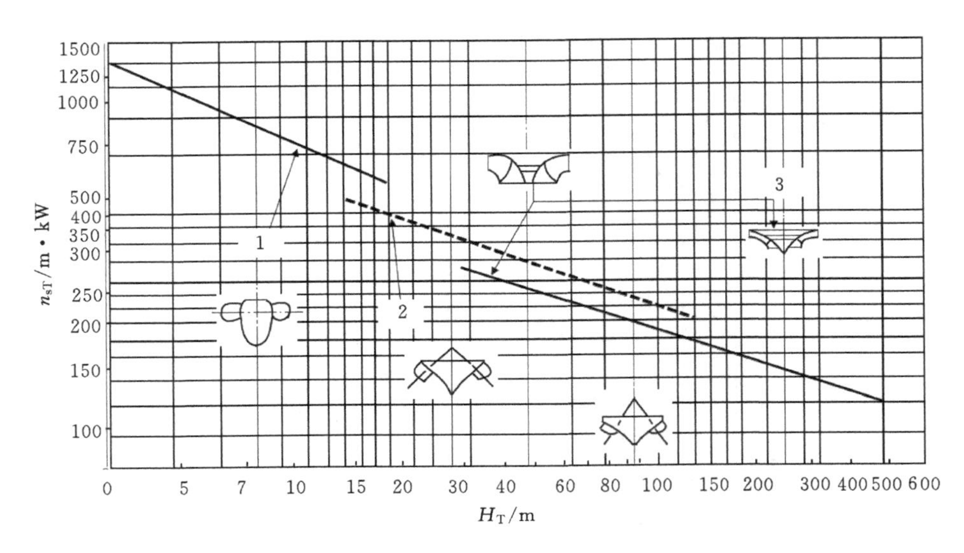

图 4-39 可逆式水泵水轮机水头应用范围
1—轴流式；2—斜流式；3—混流式

4.3.2.2 针对蓄能电站选择水泵水轮机的参数

在规划和可行性阶段，一般还没有厂家提供的参数或曲线，只能根据统计曲线和估算公式，或参考已建成的蓄能机组资料初步选定水泵水轮机的比转速、转轮直径、转速及主要的性能参数，待有了模型曲线后再进行修改计算。

近年来，国内外的研究者对水泵水轮机的特性参数作了很多统计和分析。图 4-40 所示为多种性能参数统计的综合。在水轮机工况（见图 4-40(a)）和水泵工况（见图 4-40(b)）上

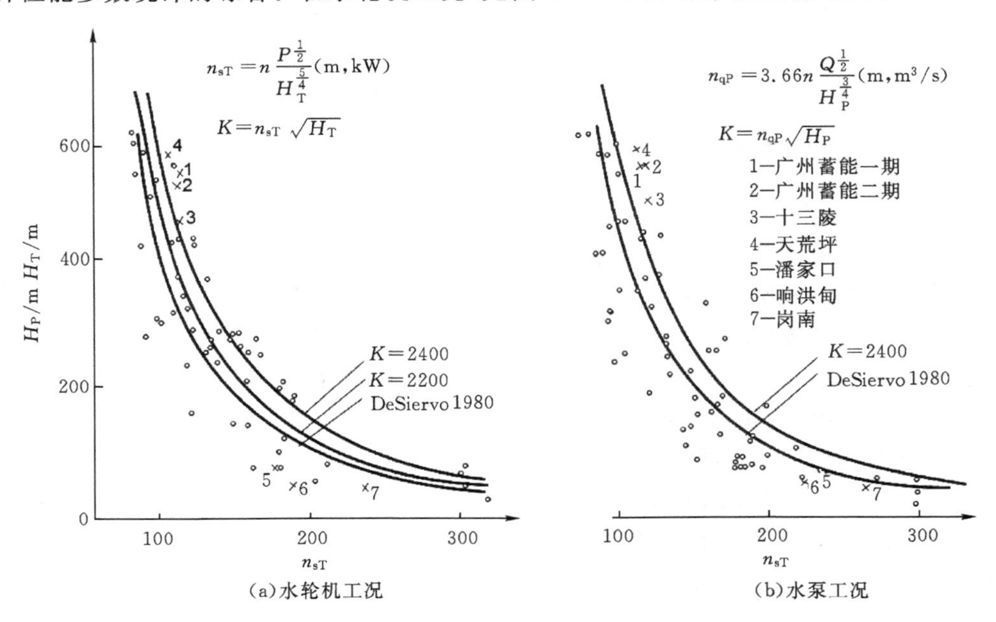

图 4-40 可逆式水泵水轮机水头与比转速统计关系曲线

均标出了1980年意大利DeSiervo所统计的全世界已运行抽水蓄能机组的水头与比转速关系曲线。在两图上另标有$K=2000$和$K=2400$两组曲线，代表近年来的发展趋势。在两图上还标出了我国已建成的7个蓄能电站机组参数点。多数的统计数据都取自不同来源，拟合曲线只能是近似的。另外近年抽水蓄能电站大量使用地下厂房，设计时常有意地超过常规将机组安装高程特别降低，以使机组的比转速得以提高，因而可减少机电设备的造价，所以曲线上数据点的分布不像常规水轮机数据那样有规律。

在选定了水泵水轮机的比转速后，下一步要确定机组的单位转速和单位流量以及空化系数，但是要取得这样的参考资料难度也不小，因为已有数据的分散性比水头资料的分散性更大。图4-41～图4-43分别表示所统计的水泵水轮机$n_{11}-n_s$、$Q_{11}-n_s$、$\sigma-n_s$曲线，可见这些图中的数据点是很分散的。从水力机械研究本身来说，如能获得各种机型的最优点数据，应该可以归纳出比较有规律的一些曲线，对于设计或选择新机型的参考价值会大些，但是现在所能收集到的数据有些是具体电站的设计指标，或机组的额定点数据或最高参数值，而不是水泵水轮机的最优点数据，自然其规律性不可能很强。因此在具体选型过程中就得进行更多的反复试算和比较。

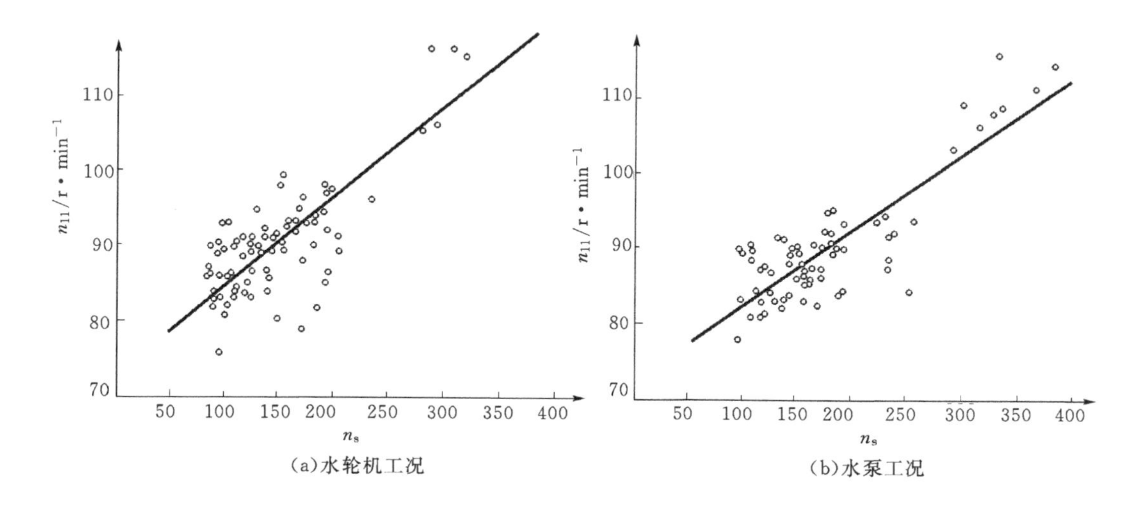

图4-41　可逆式水泵水轮机单位转速与比转速统计关系曲线

在设计点的性能参数选定以后，需要进一步确定机组的工作范围。水泵工况的工作范围包括流量变化幅度和扬程变化幅度。由于水泵的导叶调节的性能差，故其高效率范围比较窄，泵在大流量区(低扬程)要受空化特性的限制，在小流量区(高扬程)又必须避免泵的进口发生回流。在水轮机工况因有导叶的合理调节，一般可以得到较宽阔的高效率工作范围(见图4-38)。

参数选择中常遇到的一个难题是水头变化幅度过大。根据多年的实践经验，国外制造厂认为混流式水泵水轮机的泵工况最大水头和水轮机工况最小水头比值以不超过1.2为宜，最多不能超过1.4。但随着技术的进步，近年制造的一些中低水头蓄能机组有不少超过了这一限度，美国水务局曾建议过单转速水泵水轮机泵工况扬程变化的限制范围如表4-3所示。

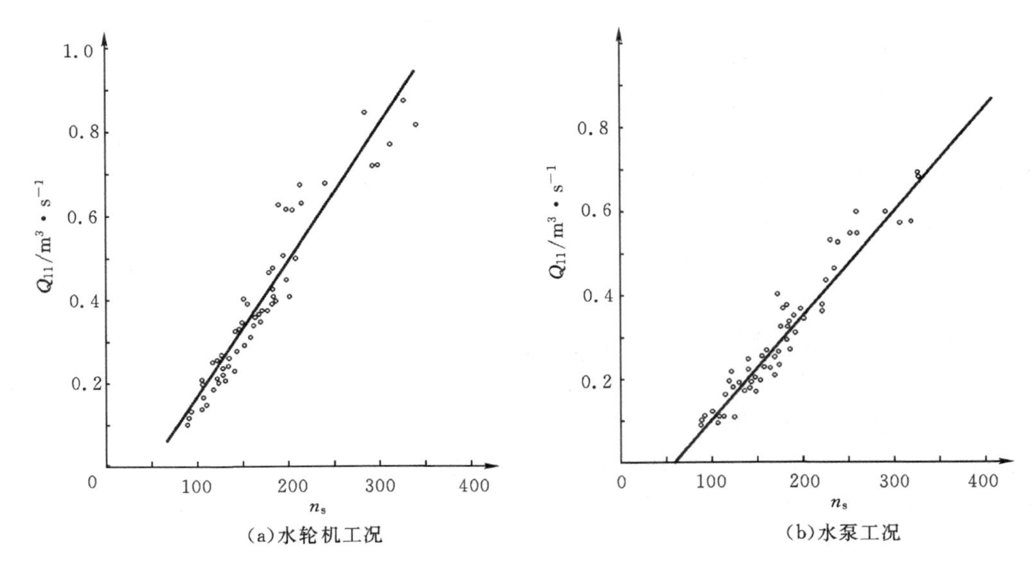

图 4-42 可逆式水泵水轮机单位流量与比转速统计关系曲线

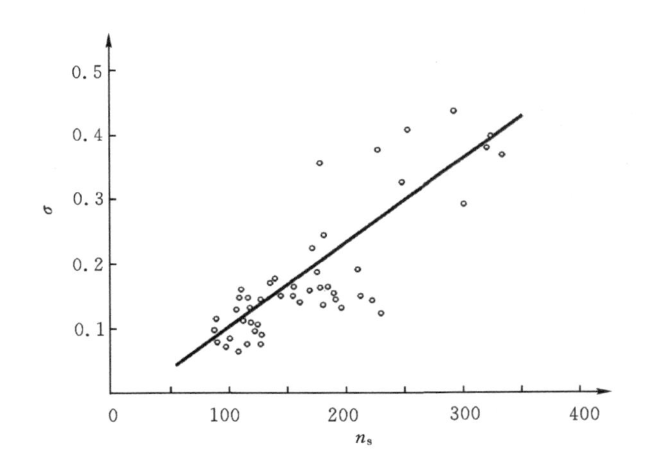

图 4-43 可逆式水泵水轮机空化系数与比转速统计关系曲线

表 4-3 美国水务局建议使用的单转速水泵水轮机工况扬程变化的限制范围

比转速 n_q	<29	30～29	40～68	>68
比转速 n_s	<105	110～140	145～250	>250
扬程比 H_{max}/H_0	1.1	1.15	1.2	1.3
扬程比 H_{min}/H_0	0.95	0.9	0.8	0.7
扬程比 H_{max}/H_{min}	1.15	1.28	1.5	1.85

高水头电站的水头绝对值大，水头变化幅度相对值小些，所以高水头水泵水轮机的运行效益都比较高，这是近年来世界各国主要发展高水头蓄能电站的原因之一。国内外有些水电站考虑在常规水电机组之外增装蓄能机组，从投资方面看是经济的，但常规水电站的水头变化幅度一般都比较大，蓄能机组在这种条件下长期运转，经济效益不见得高。

4.3.2.3　由水泵工况开始进行参数计算

在有了制造厂提供的模型曲线以后，就可以进行具体的选型计算。可逆式水泵水轮机造型的实际过程就是在水轮机工况和水泵工况特性相互矛盾的条件下寻求一个最好的折中方案，因此选型计算不可能十分严格，在每一计算阶段后都需要参考经验数据作一些必要的调整，再进行下一步计算。

可逆式水泵水轮机的性能参数计算可先由水泵工况计算开始，然后校核水轮机工况参数是否满足电站设计要求。也可以先从水轮机工况开始，再校核水泵工况参数情况。两种算法的最终结果应该是比较一致的。

由水泵工况计算开始的步骤如下。

(1)先由水泵工况模型 $H-Q$ 曲线上选取设计点的扬程 H_M 和流量 Q_M。真机的扬程 H 是已知的，故可求出模型和真机的扬程比值 $K_H=\frac{H_M}{H}$

(2)由相似关系知 $K_H=\frac{n_M^2 D_M^2}{n^2 D^2}$

故

$$\sqrt{K_H}=\frac{n_M D_M}{nD} \tag{4-38}$$

式中：有 M 下标的为模型参数，无下标的为原型(真机)参数。

(3)对于抽水蓄能电站一般希望发电和抽水两种工况的电机视在功率相等，故可由式(4-11)得到水泵工况流量

$$Q_P=\frac{0.95\eta_P\eta_M\eta_G H_T\cos\theta_M}{H_P\cos\theta_G} \tag{4-39}$$

(4)由相似关系知

$$K_Q=\frac{Q_M}{Q}=\frac{n_M}{n}\left(\frac{D_M}{D}\right)^2 \tag{4-40}$$

式中的 Q_M 已由特性曲线上得到，故 K_Q 可以求出。

(5)联立求解式(4-38)和式(4-40)，可得真机的转速 n(r/min)和转轮直径 D_1(m)。

(6)在 K_H 和 K_Q 都确定后，在模型曲线上取对应于 H_{max}、H_d 和 H_{min} 三个点的效率 η_M 值。用效率换算公式求出真机效率，接着可以算出三个扬程下的流量、功率和吸出高度等。

(7)使用此 n 和 D_1 数值，计算水轮机工况 H_{max}、H_d 和 H_{min} 三个水头点的单位转速和单位流量值。在水轮机特性曲线上校验其出力 P_T，如功率不符合要求需对 Q_{11} 作些调整。此时 Q_T 和 Q_P 的关系已不一定再符合式(4-39)的比率，但作为选型计算，可以不必返回重算。

(8)把以上各项计算结果列入表 4-4，进行最后的比较。

表 4-4　选型参数计算表

工况	水轮机工况			水泵工况		
	H_{max}	H_d	H_{min}	H_{max}	H_d	H_{min}
H/m						
Q/ $m^3 \cdot s^{-1}$						
η/%						
P/kW						
H_S/m						

(9)针对某些水泵水轮机特性曲线的特点，可能选取最小水头 H_{min} 为水泵工况的设计点更有利，因为在此点以上水泵效率一般均较高。在使用双转速时这样的考虑特别有利。

4.3.2.4　**由水轮机工况开始进行参数计算**

也可以由水轮机工况参数开始计算，然后校核水泵工况的参数。其步骤如下。

(1)直径和转速的估算。在水轮机工况特性曲线上，根据判断选取一对单位转速和单位流量数值作为计算的起点，用水轮机造型公式来计算。

转轮直径

$$D_1 = \sqrt{\frac{P_T}{9.8\eta_T Q_{11T} H_T^{\frac{3}{2}}}} \tag{4-41}$$

转速

$$n = n_{11T} \frac{\sqrt{H_T}}{D_1} \tag{4-42}$$

式中：Q_{11T} 为设计点的单位流量，m^3/s，可取为最优点的 1.1～1.2 倍；n_{11T} 为水轮机工况设计点的单位转速，r/min，可取为最优点单位转速的 1.11～1.15 倍；η_T 为初步估计的设计点真机效率。

选取与计算的转速 n 最接近的同步转速。

(2)水泵工况的校核。在初步选定了转轮直径 D_1 和转速 n 以后，应先校核水泵工况各点的参数，因为水泵工况的最高效率区比水轮机工况窄，为满足水泵工况的要求很可能还需返回来修改水轮机工况参数。将水泵工况的三个扬程 H_{max}、H_d 和 H_{min} 按相似关系换算成模型数值

$$H_M = \left(\frac{n_M}{n}\right)^2 \left(\frac{D_M}{D_1}\right)^2 H = K_M H \tag{4-43}$$

式中：D_M、n_M 分别为模型水泵水轮机的转轮直径和试验转速，已注明在试验曲线上。

在模型曲线上试绘出这三个工作点：计算水头 H_d 点应尽量接近泵的最高效率区；在最大扬程 H_{max} 时泵的流量应不小于发生回洗的界限(约为最优流量的 60%～70%)；在最小扬程 H_{min} 处按空化系数 σ 计算的吸出高度应不超出电站数据的允许限度；对于水头变化幅度小的高水头蓄能电站，有时希望将 H_{min} 点放在效率最高点上，而使 H_d 点向小流量方向偏移，这样能获得较好的运转稳定性。

如果在模型曲线上三个工作点的分布不理想，可以将直径 D_1 或转速 n 适当改变来形成

新的 K_H 值,重新计算。如果只需少量修改 K_H,显然是以改变直径 D_1 为宜,因为如改变转速 n 将牵涉到换一级同步转速,调整幅度势必将过大。这样的试算需重复几次,最后可得到比较好的 D_1 和 n 组合。

(3)流量估算。在直径和转速确定后,按相似关系计算水泵工况的三个扬程点的真机流量

$$Q=\frac{n}{n_M}\left(\frac{D_1}{D_M}\right)^3 Q_M \tag{4-44}$$

(4)校验功率。由模型曲线取这三个点的效率 η_M,由效率换算公式折算成真机效率 η,计算真机水泵工况功率

$$P_T=\frac{9.8HQ}{\eta} \tag{4-45}$$

(5)计算吸出高度。用通用的吸出高度公式计算三个点的吸出高度 H_S 值。

(6)计算流量、效率和功率。根据模型曲线计算水轮机工况三个水头点的流量 Q_T、效率 η_T 和功率 P_T。由于调整水泵参数时改变了原来估算的直径或转速,水轮机出力可能和预期的有些出入,此时可适当调整 Q_{11T}值来保证 P_T 的要求。水轮机工况的最大单位流量基本上不受出力限制线的约束,在此区域效率线比较平缓,调整 Q_{11T}是完全可能的。

(7)列表分析。把以上各计算结果列表进行最后分析。

4.3.2.5　**快速估算方法**

在可行性研究阶段或尚未得到模型曲线时,可参考下述方法粗略估计混流可逆式水泵水轮机的主要参数。

(1)根据水轮机工况额定水头 H_T 查图 4-42 曲线,初步选取水轮机比转速 n_{sT}。$H_T>400$ m 时可考虑用 $K=2400$ 曲线;400 m$\geqslant H_T\geqslant$200 m 时可用 $K=2200$ 曲线;$H_T<200$ m 时可考虑用相当于 $K=2000$ 或 $K=1800$ 的参数。

(2)初步计算单位流量 Q_{11}(m^3/s)和转轮直径 D_1(m)

$$Q_{11}=0.0039n_{sT}-0.15$$

$$D_1=\sqrt{\frac{P}{8.82Q_{11}H_T^{\frac{3}{2}}}}$$

式中:P 为水轮机额定功率(kW)。

(3)初步计算单位转速(r/min):$n_{11}=78.5+0.0039n_{sT}$

选取同步转速 $n=n_{11}\dfrac{H_T^{\frac{1}{2}}}{D_1}$

(4)重新计算水轮机比转速 n_{sT}

$$n_{sT}=\frac{n\sqrt{N}}{H_T^{\frac{5}{2}}}$$

(5)将新的 n_{sT}值代入第(2)步,重新计算单位流量 Q_{11}和转轮直径 D_1。

(6)用水轮机工况额定点比转速 n_{sT}和最大水头 H_{Tmax}计算吸出高度 H_S(m)

$$H_S=9.5-(0.0017n_{sT}^{0.955}-0.008)H_{Tmax}$$

(7)从上述第(3)、(5)和(6)步中得到的同步转速 n、转轮直径 D_1 和 H_S 可作为可行性研究阶段水泵水轮机的主要参数。在第(3)步中可选高一档或低一档的同步转速,这样就出现几

个方案,可供分析比较。

4.3.3 混合式抽水蓄能电站水泵水轮机的选型

混合式抽水蓄能电站多数是在已建成的水电站上增装抽水蓄能机组,以增加电力系统的调峰能力,改善系统的调节能力,使原有发电机组发挥更大的作用。

4.3.3.1 机型选择

混合式抽水蓄能电站一般上游都有很大的水库,发电库容是足够的,但大多数水库具有多年调节功能,因此混合式蓄能电站的水头变化幅度都比较大。在运用上,通常抽水时由水泵水轮机来承担,而发电时则水泵水轮机与常规水轮机共同工作。在机型的选择上要充分考虑电站的这些情况。

对于中低水头的混合式蓄能电站,如果水头在斜流式水泵水轮机的运转范围内则应优先考虑这种机型,因其能适应的水头变化幅度大,可保持总的较高的效率水平。对于中水头蓄能电站,多数以混流式水泵水轮机为主要考虑机型,不过应着重检验其对水头变化的适应能力。

如果常规水电站的任务是以灌溉、给水为主时,倘若要增加电力系统的调峰能力,可以考虑只增装专用的水泵,只在负荷低谷时抽水,发电任务则仍由原有水轮机承担。专用的水泵在选型上比较简单,完全可能具有比水泵水轮机更高的效率水平。

4.3.3.2 电站水量平衡及机组参数选择

混合式蓄能电站机组参数的选择中,也有可能出现两种工况的水量平衡问题。由于发电时有两种机组工作,下泄水量较大,如电站管理上不允许向下游放水,则蓄能机组作水泵运行时得把一天放下来的水都抽回去,所以设计时即应考虑抽水时间要长些。在机组的选型时应尽量将水泵工况的参数选得高些,尤其是流量参数要大些。

4.3.4 水泵水轮机的效率换算

将水力机械模型效率换算到原型(真机)效率的基本方法,在普通水轮机教科书中都有介绍。不过随着近代蓄能机组容量和尺寸的不断增大,换算方法也在不断改进。对水泵水轮机两种工况的效率换算能否用相同的方法,是尚在深入研究的问题。目前在生产上一般采用不完全相同的公式分别对水轮机工况和水泵工况进行换算。

4.3.4.1 水轮机工况效率换算

对于混流式水轮机,过去多少年相沿使用美国工程师穆迪(Moody)所提出的换算公式,其使用最广泛的形式为

$$1-\eta_{max}=(1-\eta_{Mmax})\left(\frac{D_{1M}}{D_1}\right)^{\frac{1}{5}} \tag{4-46}$$

式中:η_{max}、D_1 分别为真机的效率和直径;η_{Mmax}、D_{1M}分别为模型的效率和直径。

公式中使用五次方根比值是根据水轮机实测和模型试验的统计数据归纳而得。穆迪公式使用模型和真机直径比值作为主变数是体现模型和真机过流部件表面粗糙度的不同,因此公式的主要作用是修正摩擦损失的不模拟程度。但是在反击式水轮机中和表面粗糙度基本无关的旋涡损失也占很大比重,这类旋涡损失可以认为在模型上和在真机上是相同的,故 20 世纪 40 年代瑞士阿克瑞(Ackeret)提出了对轴流式水轮机的效率换算公式

$$1-\eta_{max}=(1-\eta_{Mmax})\left[0.5+0.5\left(\frac{Re_{1M}}{Re}\right)^{\frac{1}{5}}\right] \tag{4-47}$$

此公式假定了模型的水力损失中一半为旋涡损失，不作修正；另一半为摩擦损失，用雷诺数的五次方根来换算。使用雷诺数来代替直径比值体现了对水头效应的考虑，后来英国胡顿(Huttan)提出修改，将旋涡损失改为 0.3，摩擦损失改为 0.7。

经过很多研究者的不断改进，20 世纪 70 年代广泛使用对混流式和轴流式水轮机都适用的换算公式为

$$1-\eta=(1-\eta_{M})\left[(1-\varepsilon)+\varepsilon\left(\frac{D_{1M}}{D_1}\right)^{\frac{1}{5}}\left(\frac{H_M}{H}\right)^{\frac{1}{10}}\right] \tag{4-48}$$

式中：系数 ε 代表全部水力损失中摩擦损失所占的比重，对于混流式水轮机和轴流式水轮机以及同一机型在不同工况下，ε 值都是变动的。因此近年来很多研究者用理论分析或统计方法探讨 ε 值的大小和分布方式。图 4-44(a)为不同比转速水轮机和水泵水轮机在最优效率点的 ε 建议值。由图可见，水泵水轮机因为转轮直径相对大些，摩擦损失比重也大些，ε 值在 0.6～0.8 范围内，而常规水轮机的 ε 值在 0.5～0.7 范围内。

4.3.4.2　**水泵工况效率换算**

水泵叶片流道相对的比水轮机叶片流道长，摩擦损失在全部损失中所占比重要比在水轮机中大。可逆式水泵水轮机比常规水泵多了一套导叶和固定叶片，增加了一些撞击损失，故和常规水轮机相比摩擦损失又要小些。图 4-44(b)为不同比转速水泵和水泵水轮机在最优效率点的 ε 建议值。可见水泵水轮机的水泵工况的 ε 值为 0.45～0.5，而常规水泵为 0.6～0.75。

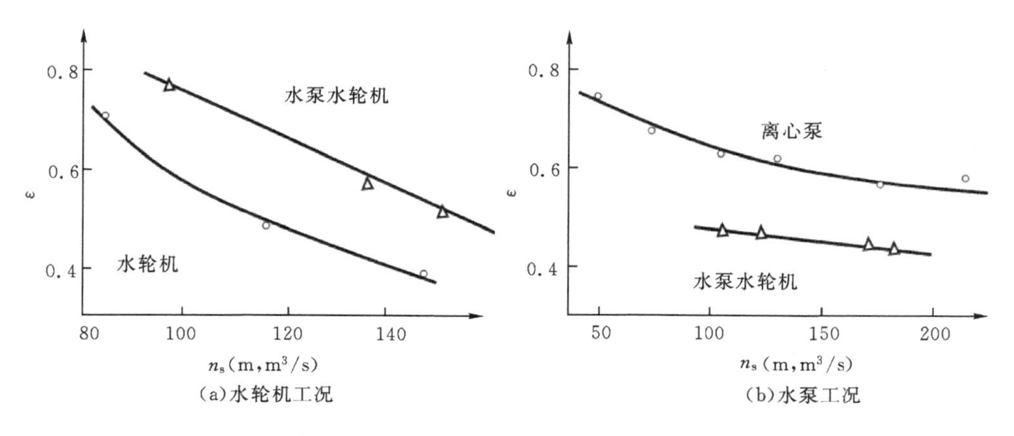

图 4-44　水泵水轮机两种工况的 $\varepsilon-n_s$ 关系

日本日立公司在 1975 年建议将水泵水轮机的泵工况效率换算一律取穆迪五次方根计算后取 $\Delta\eta$ 的一半，这样的计算和式(4-45)是一样的，等于取 $\varepsilon=0.5$。东芝公司 1980 年研究 500 m 水头水泵水轮机时，水轮机和水泵工况都用五次方根公式，其中水轮机工况用 $\Delta\eta$ 的0.6 倍，水泵工况用 $\Delta\eta$ 的 0.5 倍，根据这样计算的结果比用 IEC 推荐公式计算的真机效率要低 0.5%左右。

20 世纪 80 年代国际电工委员会(IEC)推荐公式为

$$1-\eta=(1-\eta_{M})\left[(1-\varepsilon)+\varepsilon\left(\frac{Re_{M}}{Re}\right)^{0.16}\right] \tag{4-49}$$

式中:水轮机工况用 $\varepsilon=0.7$,水泵工况用 $\varepsilon=0.6$。

最近,瑞士 SEW 公司建议用下列公式换算 ,和前述各公式没有本质差别

水轮机工况

$$1-\eta=0.6(1-\eta_{M})\left[1-\left(\frac{D_{1M}\sqrt{H_{M}}}{D_{1}\sqrt{H}}\right)^{0.2}\right] \tag{4-50}$$

水泵工况

$$1-\eta=0.5(1-\eta_{M})\left[1-\left(\frac{D_{1M}\sqrt{H_{M}}}{D_{1}\sqrt{H}}\right)^{0.2}\right] \tag{4-51}$$

4.3.5 运转特性曲线

为表达水泵水轮机两种工况特性的相对关系,可以在水轮机通用的运转特性曲线(以功率为横坐标)上迭加水泵工况特性,但是和在绘制模型特性曲线时一样,发现水泵工况的等效率图不能大范围的展开,应用上不方便。另一种方法是在以水头为横坐标的曲线上画出两种工况的特性,由于可逆式机组两种工况都覆盖基本相同的水头变化范围,这种画法可以较方便地显示在任何运行水头下两种工况的性能状况,图 4-45 是以水头为公共坐标绘制的运转特性曲线。

在水头变化范围为已知的情况下,可从运转特性曲线上检验选型计算中的几项主要指标是否得到满足。

(1)效率。在预期的工作范围内机组效率应不低于设计要求。

(2)吸出高度。在工作范围内,最小的吸出高度应不低于电站允许限度。

(3)功率的匹配。水泵工况的最大功率应略高于水轮机工况的功率(约10%)。电动发电机的设计将以泵工况功率为主要考虑,在图中可以看出在发电工况时提高功率因数(如由0.85提高到 0.9 或 0.95)的超额出力可以有多少。

(4)水量平衡。对于日调节蓄能电站,用两种工况的流量平均值乘以每天的工作小时数可以大致检验一天之内的水量是否平衡。

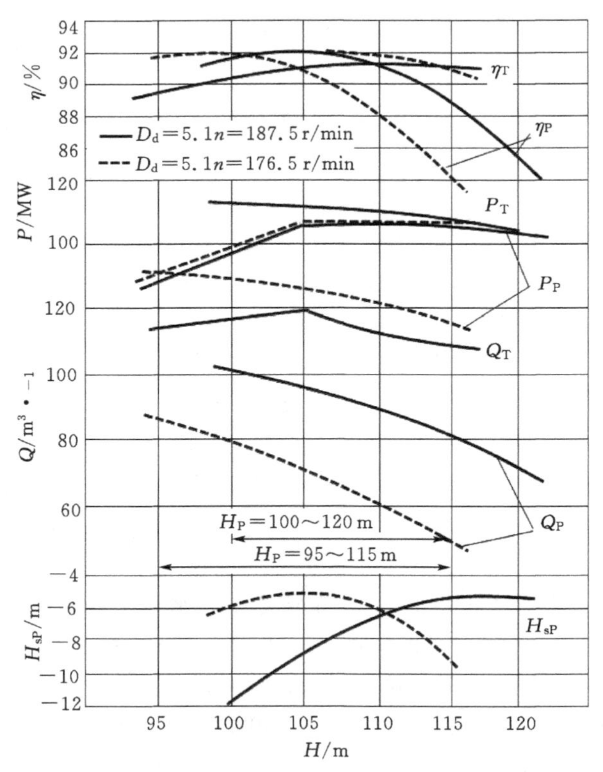

图 4-45 100 MW 的混流式水泵水轮机运转特性曲线

图 4-45 是用容量为 100 MW 的混流式水泵水轮机选型计算结果绘制的运转特性曲线。可以看出,原方案使

用转速为 187.5 r/min(电机 16 对磁极),但在低水头范围内泵工况要求的吸出高度过小,超过了电站设计的限度(−8 m)。故需另外考虑一个转速方案或采用双转速方案。图中的虚线表示将转速降低到 176.5 r/min(18 对磁极)的新特性曲线,使用低转速后可以解决低水头范围的吸出高度问题,但是流量和功率都将随转速而下降,又满足不了在高水头区的要求。所以不得不考虑使用双转速方案。在大约 $H=107$ m(高低转速效率曲线的交叉点)以上使用高转速,在 107 m 以下使用低转速。

从图中还可以看出,水泵流量在切换至低转速后将由原来的 94 m^3/s 降至 68 m^3/s(下降 28%),功率由 110 MW 降至 85 MW(下降 23%),这些变动对于满足电力系统的要求、充分利用电气设备的容量以及蓄能电站的水量平衡等来说是不利的。同时双转速的电机造价较高,而且在运行中要停机切换转速也很不方便,故双转速方案不是理想方案。对于目前考虑的选型实例,最好是要求制造厂提供一个空化性能更好的转轮,在本电站仍争取使用单转速机组。

4.3.6　吸出高度的选择

水泵水轮机在上、下两水库之间工作,两个水库的水位都将有一定的波动,故在不同运行情况下,吸出高度与工作水头的关系是变动的。对于电站设计者来说,需要充分了解在各种运行工况下机组距离发生空化的裕量有多少。

图 4-46 中表示了蓄能电站的四种极限水位位置。将各点的工作水头 H 和吸出高度 H_s 绘在图 4-47 上可以连成一个四边形 1-2-3-4,水泵水轮机的所有运转工况点都将在此四边形之内(此图形不一定是平行四边形,因为 1-3 和 2-4 两个边不一定是平行的)。如果电站水头变化幅度相对于吸出高度较大时,则四边形将为扁平形,如水头变化幅度相对较小时,则四边形将为瘦高形。

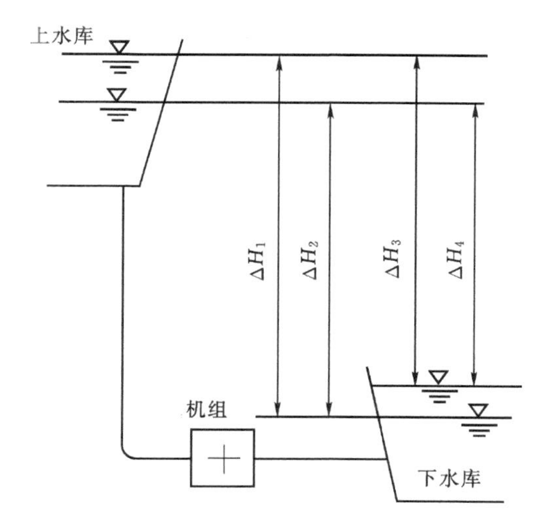

图 4-46　抽水蓄能电站水位变化示意图

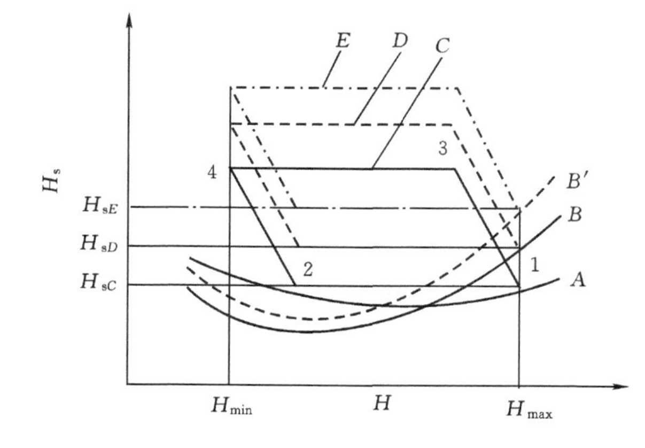

图 4-47　水泵工况按 H_s-H 关系选定吸出高度

由图 4-47 上可见,1 点或 2 点是确定吸出高度的关键点,因为通过 1 和 2 两点的水平线上的所有点都具有最小的吸出高度,如果将所选用的水泵水轮机空化特性曲线折算成吸出高度为曲线 A,则可以看出在 1 点和 2 点都有少量的裕量,机组的吸出高度即可以确定在 H_{sC}。倘若所选机组的空化特性为曲线 B,则必须把四边形向上移动,把吸出高度定在 H_{sD},以保证在 1 点有些裕量。不过从运行条件来判断，若机组每年在 1 点工作的时间很少，估计空蚀的损害不致严重，则仍可保持吸出高度在 H_{sC} 不变，以节省电站工程量及投资。

对于高水头机组，因为空蚀的侵蚀趋势很强烈(现在公认空蚀破坏程度与水头的 2.5～3 次方成比例)，因而要求机组在运行中完全不发生空化，故很多制造厂提供的模型空化曲线上都标有目测的叶片正面和背面发生空化的界。对于高水头水泵水轮机应使运行点 1 和 2 都在空化初生界限以上。按初生空化界限所折算的吸出高度线在图 4-47 上为 B'，则机组吸出高度应该定在 H_{sE} 处。

在图 4-48 上进一步比较了抽水蓄能电站水头变化对水泵水轮机吸出高度的影响：例 1 的水头变化幅度小，设计点可以选在最高效率区；例 2 的水头变化幅度大，机组的安装高程必须取得低些(因为空化系数值大)；例 3 和例 4 虽然只有不大的变化幅度，但因工作范围偏离最优点，空化系数大，装机必须更低些。图的下部虚线表示模型试验中目测的不同程度空化界限，左边的虚线为叶片负压面(背面)，右边为叶片正压面；实线 σ_0 和 $\sigma_{0.5}$ 分别代表用能量法测定的效率无变化点和下降 0.5%的点。

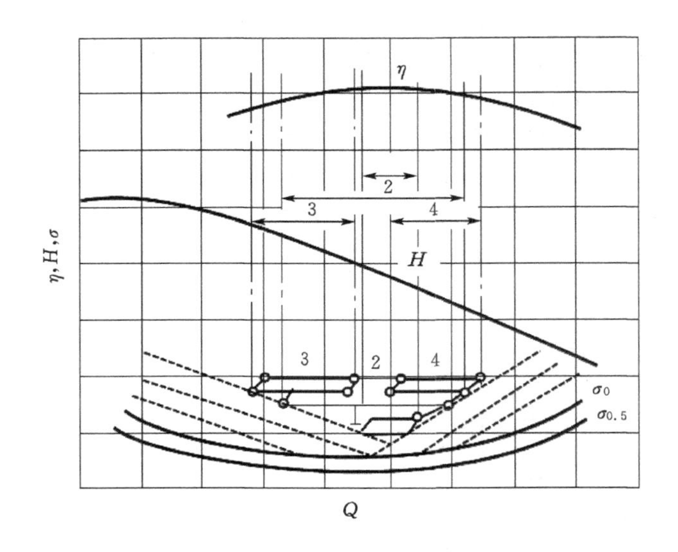

图 4-48　水泵工况水头变化幅度对吸出高度的影响

绘制运行范围平行四边形的目的是为了进一步了解水泵水轮机在不同工作点发生空化的裕量。有了这样比较具体的概念，可以将吸出高度的选择更好地与电站设计的经济性结合起来。上述图例都是针对水泵工况的，同样的方法也可以应用于水轮机空化状况的分析。

思考题与练习

4.1　水泵水轮机的工作特性有哪些？

4.2　水泵水轮机基本参数有哪些？与常规水轮机有什么样的区别？

4.3　什么叫水泵水轮机的能量特性、空化特性、压力脉动特性和力特性？

4.4　水泵水轮机的模型试验与常规水轮机的模型试验的区别有哪些？

4.5　水泵水轮机选型设计的基本原则有哪些？

4.6　水泵水轮机选型设计的基本步骤有哪些？

4.7　水泵水轮机选型设计过程中如何换算水泵水轮机的效率？

4.8　水泵水轮机综合特性曲线有哪些特点？

4.9　水泵水轮机装配方式有哪些型式？

4.10　试讲一讲水泵水轮机选型设计的基本步骤与常规水轮机选型设计的区别。

第5章 水轮机调节

本章摘要:

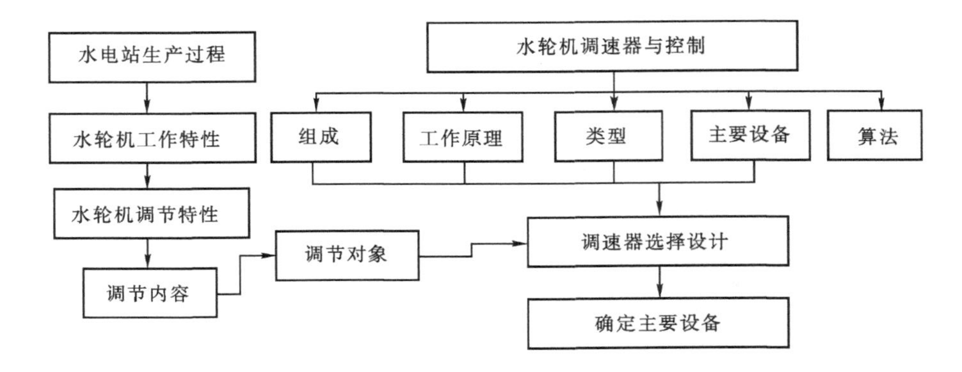

阅读指南:

水电站生产过程、水轮机的工作原理和电力系统的要求等条件是水轮机调节的主要控制因素。本章主要介绍水电站的生产过程、水轮机的调节任务及内容、水轮机调节的特征、水轮机调速器的工作原理、水轮机调速器的主要类型、水轮机调节油压装置的组成和水轮机调速器和油压设备的选型设计等内容,帮助读者了解水轮机的调节设备与水电站工程设计之间的关系。

5.1 水轮机调节系统简介

5.1.1 水电站的生产过程

从图5-1我们可以看到,为了利用河流的能量来发电,必须在建设水电站的地点集中河段的落差,用筑坝的方式实现。通过压力引水道输送水能到水轮机,将水能转变成机械能。水轮机作为交流发电机的原动力,带动发电机旋转,将机械能转变为电能。这种电能自发电机输出送往电网,然后又被送到用户,用户根据自己的需要,将电能转变成各种形式的能量:机械能、光能、热能等。可以看出,水电站生产的全过程是水、机、电的联合生产过程,如图5-2所示。

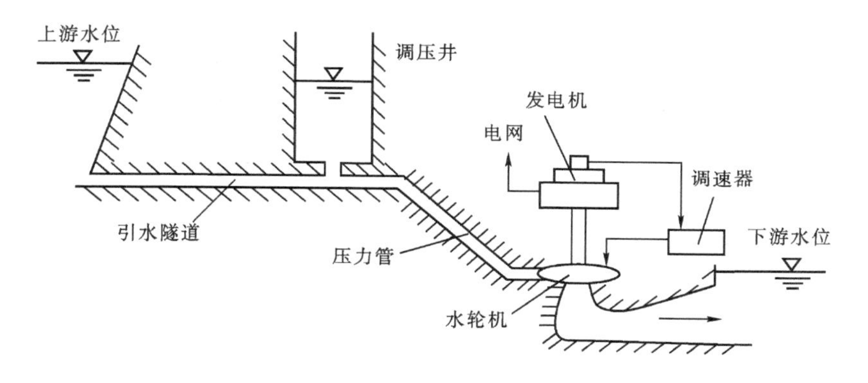

图 5-1　典型水电站示意图

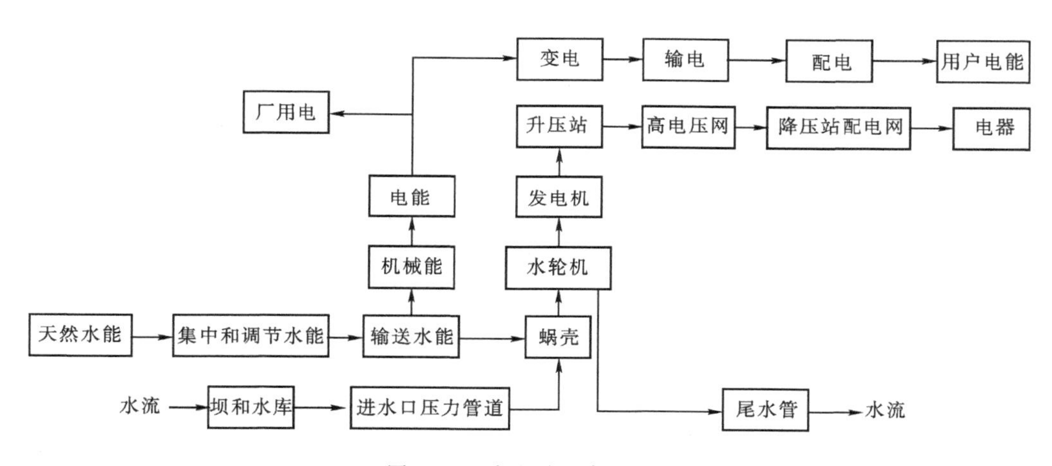

图 5-2　水电站生产过程图

5.1.2　水电站水轮机调节系统

水轮机调节系统由被控制系统（调节对象）和控制系统（调节器）所组成，对水电站而言，调节器就是调速器。由于水电站是一个水、机、电综合的系统，一方面机组与压力引水道有水力上的联系，另一方面又与电力系统有电气上的联系。因而调节对象包括机组（水轮机和发电机）、引水道和电网。根据调节对象的各组成单元和调速器之间的关系，可以画出水轮机调节系统框图，如图 5-3 所示。

与普通水电站一样，调速系统是抽水蓄能电厂的重要控制设备，它根据电网负荷的变化实时调节电厂有功功率的输出，并维持机组转速在规定范围内，从而控制电能频率的稳定，它的可靠运行关系到电能的质量和电网安全。调速器包括控制部件和执行部件，控制对象为水泵水轮机、引水系统和发电电动机等，习惯上把调速器和调速器的控制对象统称为水泵水轮机调速系统。水泵水轮机调速系统是一个非线性和非最小相位系统，它的调节过程是一个复杂的动态过程，其中包括了电气、机械、流体力学等学科领域知识，对它的精细建模仿真是一项非常困难的工作，其中调速器参数的准确测试又是调速器建模与仿真的基础。

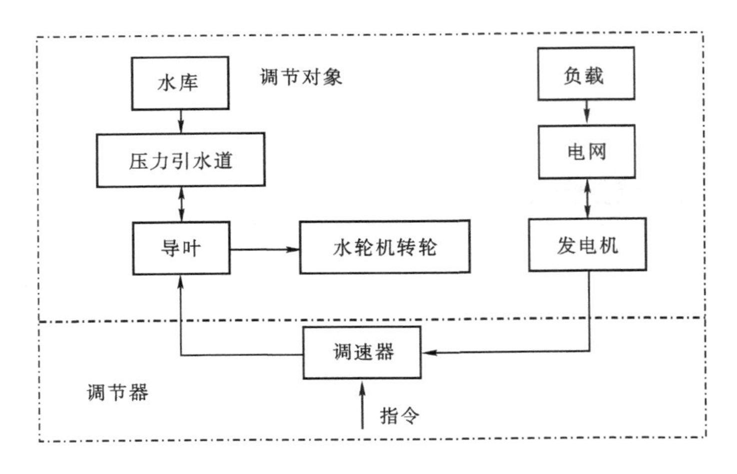

图 5-3 水轮机调节系统框图

水泵水轮机调速系统包括调速器微机部件、机械液压部件、有压引水管道、水泵水轮机组、发电电动机和负载等;延伸来看,还会有更多的环节参与进来,如油压、水压和气压状况等。

从参数测试的任务来看,我们关心的是那些对调节系统动态过程产生影响的因素和变量,比如引水管道的水击、电网负荷的自调节、转轮室内水体的惯性、发电电动机和负载的惯性等;随着辅助系统的完善,油压、气压的脉动和油质等对接力器的影响已到可以忽略的地步;也不需要对所有的运行工况进行测试,只需模拟调速器需要面对的最典型工况或者最不利的工况即可。

水泵水轮机调速系统各部分中,水泵水轮机组段是重点,它决定着参数测试的效果与成败,水泵工况对电网来说是负载,对电网的影响可控。由于水轮机(发电工况)有强非线性,在参数测试中根据输入信号的不同和工况的相异,将水泵水轮机调速系统所受的扰动分为大波动和小波动两种。小波动指的是系统受到微小干扰,系统各参数的变化都不大,可以将调节系统各环节线性化,用线性微分方程来描述;而大波动是指系统受到幅度较大的干扰,参数变化剧烈,超出了线性的范围,不能做线性处理。对小波动过程,一般关心的是水泵水轮机工作的稳定性,即发电的质量;而对大波动,则关心的是系统的安全性,即系统的过渡过程,调速器能否将机组频率安全快速地稳定下来,水压等是否在安全范围内等。从传统的研究来看,稳定性测试属我们需要的参数测试范畴,而机组在过渡过程中的安全性则属调保计算范畴。

5.2 水轮机调节的任务

水轮发电机将水能转换为电能,输送给电力系统供用户使用。电力系统向用户提供的电能应满足一定的要求,频率和电压的变化不能太大,应保持在额定值附近的某一个范围内,否则将影响各用电部门的工作质量。例如,电能频率变化将引起用电设备电动机的转速发生变化,从而影响计时的准确性、车床加工零件的精度、布匹纤维的均匀性等。我国规定的电力系统的频率为 50 Hz,其偏差,大系统不得超过±0.2 Hz,小系统不得超过±0.5 Hz。

电力系统的负荷是不断变化的,包括 1 天之内或者更长时间的周期性变化和以分秒计的短周期的非规律性变化。因此,根据电力系统的要求和水轮发电机出力变化灵活的特点,水轮发电机机组的出力需进行调节，其主要任务为：

(1)根据负荷图的安排，随着负荷变化迅速改变机组的出力，以满足电力系统的要求；

(2)担负电力系统短周期的不可预见的负荷波动，调整电力系统频率。

水电站的水轮发电机磁极对数是固定的，其输出电能的频率决定于机组的转速，因此，欲保持机组供电频率不变，则必须维持机组的转速不变。水轮发电机的转速变化一般不能超过±0.1%～±0.4%。故水轮机调节的基本任务可归纳为：根据电力系统负荷的变化不断调节水轮发电机的出力并维持机组转速在规定范围内。

除了以上的基本任务外，水轮机调节的任务尚有机组的启动、并网和停机等。

水轮发电机组的转速变化可用基本动力方程表示

$$J\frac{\mathrm{d}\omega}{\mathrm{d}t}=M_t-M_g \tag{5-1}$$

式中：J 为机组转动部分的惯性矩；ω 为机组的转动角速度，$\omega=\frac{\pi n}{30}$；n 为机组的转速，r/min；M_t 为水轮机的动量矩；M_g 为发电机的阻力矩；t 为时间。

水轮机的动力矩可用下列式子表示

$$M_t=\frac{\gamma QH\eta}{\omega} \tag{5-2}$$

式中：γ 为水的容重；Q 为水轮机的流量；H 为水轮机的工作水头；η 为水轮机的效率。

在 γ、Q、H、η 中，只有 Q 容易改变，因此通常把 Q 作为水轮机的被调节参数，通过改变 Q 来变化水轮机的动力矩 M_t。

比较式(5-1)和式(5-2)可能出现以下三种情况。

(1)$M_t=M_g$，水轮机的动力矩等于发电机的阻力矩，此时$\frac{\mathrm{d}\omega}{\mathrm{d}t}=0$，$\omega=C$，即机组已恒定转速运行。

(2)$M_t>M_g$，水轮机的动力矩大于发电机的阻力矩，即当发电机负荷减小时出现这种情况，此时$\frac{\mathrm{d}\omega}{\mathrm{d}t}>0$，机组转速上升，在这种情况下，应对水轮机进行调节，减小 Q，从而减小 M_t，以达到 $M_t=M_g$ 的新平衡状态。

(3)$M_t<M_g$，水轮机的动力矩小于发电机的阻力矩，即当发电机负荷增加时出现这种情况，此时$\frac{\mathrm{d}\omega}{\mathrm{d}t}<0$，机组转速下降，在这种情况下，应对水轮机进行调节，增大 Q，从而增大 M_t，以达到 $M_t=M_g$ 的新平衡状态。

反击式水轮机调节的机构为导叶(转桨式水轮机尚有转轮叶片)；冲击式水轮机调节流量的机构为带针阀的喷嘴。导叶和喷嘴的针阀由接力器操作，根据水轮机所需流量的大小，改变导叶或喷嘴的开度。接力器的动作则由调速器操纵，根据调速器的指令工作。

水轮机及其导水结构、接力器和调速器构成了水轮机自动调节系统。与其他原动机的调节系统相比，水轮机的调节系统具有以下特点。

(1)水轮机的工作流量较大，水轮机及其导水结构的尺度也较大，需要较大的力才能推动导水结构，因此调速器需要有放大元件和强大的执行元件(即接力器)；水轮机控制设备是通过水轮机导水机构和轮叶机构来调节水轮机流量及流态的。这种调节需要很大的动力，因此，即使是中小型调速器也大多要采用机械液压执行机构，且采用的常常是一级或二级液压执行机构。液压执行机构的非线性和时间滞后性会影响水轮机调节系统的动态品质。

(2)受自然条件的限制，有些水电站具有较长的引水管道。管道长，水流惯性大，水轮机突然开启或关闭导叶会在压力引水管道中产生水击，而延长关机时间，又会使机组转速过高。这些，都会对水轮机调节系统的动态品质产生不利的影响。

(3)水轮发电机组以水为发电介质，与蒸汽相比，水有较大的密度。同时，水电站的输水系统较长，其中的水体有较大的质量，水轮机调节过程中的流量变化将引起很大的压力变化(即水锤)，从而给水轮机调节带来了很大困难。

(4)水轮机调节系统是一个复杂的非线性控制系统。根据前文介绍易知，水轮机型式多样，其特性是非线性的，加之水轮发电机组有多种工作状态，如：机组开机、机组停机、同期并网前和从电网解列后的空载运行、孤立电网运行、以转速控制和功率控制等控制模式并列于大电网运行、水位和/或流量控制等，造就了水轮机调节系统这一基本属性。

(5)对于轴流式水轮机的导叶和转轮叶片、水斗式水轮机的喷嘴和折流板、带减压阀的混流式水轮机等，需增加一套协调机构，对两个对象进行调节，使调节更困难。

(6)电力系统容量的扩大以及自动化程度的提高，对水轮机调速器的稳定性、速动性、准确性提出了越来越高的要求，调速器的操作功能、自动控制功能不断完善，已经成为水电站综合自动化必不可少的自动装置。

(7)抽水蓄能电站可逆机组调节系统相对比较复杂。由于该类机组的特点：工况变换频繁，且上、下游输水系统管线较长，过渡过程复杂，机组容量大等，使得调节难度增加，甚至每个机组的调节需要专门设计调节策略。

总之，水轮机的调节比其他的原动机(如汽轮机等)的调节要复杂和困难。

5.3　水轮机调节的基本概念

水轮机调节系统的组成元件及各元件的相互关系可用如图 5-4 所示的方块图表示。其中方块表示水轮机调节系统的元件，箭头表示元件间的信号传递关系：箭头朝向方块表示信号输入，箭头离开表示信号输出，前一个元件的输出是后一个元件的输入。从该图可以看出，有导水机构输入的水能经机组转换成电能输送给电力系统。电能的频率 f(亦即机组的转速 n)信号输入调速器的测量单元，测量元件将频率 f 信号转化为位移(或电压)信号输送给加法器(图中的⊗)并与给定的 f_0 值进行比较，判定频率 f 是否有偏差和偏差的方向，根据偏差的情况通过放大器向执行元件发出指令，执行元件根据指令改变导水结构的开度，反馈元件将导叶

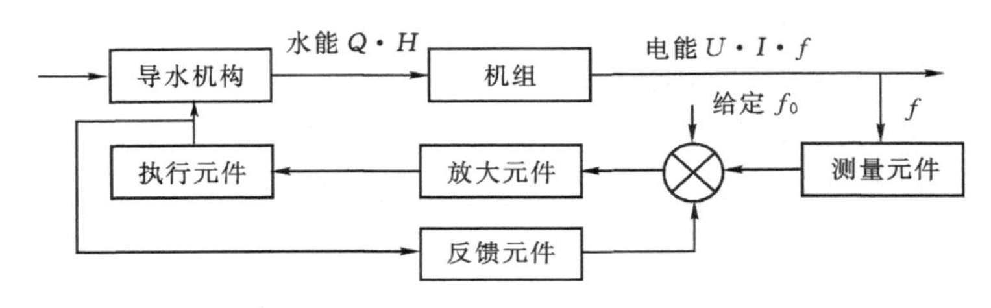

图 5-4　水轮机调节系统方块图

开度的变化情况返回给加法器，以检查开度变化是否符合要求，若变化过头，则发出指令进行修正。

水轮机调节系统方块图中，测量、加法、放大、执行和反馈元件统称为自动调速器。导水机构包括在机组内，称为调节对象。调速器和调节对象构成了水轮机自动调节系统。

水轮机调节系统以频率 f(亦即机组的转速 n)为被调节参数，根据实测 f 与 f_0 间的偏差调节导水机构的开度，从而改变水轮机组的出力和转速(频率)，但要使改变后的频率符合给定值，需要一个调节过程，这个过程又称为调节系统的过渡过程，在这个过程中，频率、开度等参数不断变化。各参数随时间的变化情况，及在经过一段时间以后是否能达到新的平衡状态(即稳定工况)，与调节系统的特性有关，这种特性称为调节系统的动特性。若在经过一段时间之后系统能够达到新的平衡状态，新平衡状态与旧平衡状态的关系，即各参数是否能回复到初始状态，亦与调节系统的特性有关，这种特性称为调节系统的静特性。下面将分别介绍水轮机调节系统的这两种特性。

5.3.1　水轮机调节系统的动特性

水轮机调节系统的动特性可用被调节的参数(例如转速 n)与时间的关系来表示，调节系统的动特性不同，曲线形式也不同，但是可归纳成 5 种形式，如图 5－5 所示。

图 5－5(a)中的机组转速在 $t=t_0$ 时偏离额定转速 n_0 后，在 t_1 时达最大值 n_{max}，然后逐步回复到额定转速 n_0，进入一个新的平衡状态，其过渡过程是一个非周期的衰减过程，无过调节现象(无 $n<n_0$ 情况出现)。

图 5－5(b)是一个周期性衰减振荡，转速 n 在偏离额定转速 n_0 后，经过一个振荡过程进入新的稳定状态。

图 5－5(c)是一个周期性非衰减振荡，转速 n 在偏离额定转速 n_0 后，进入一个持续振荡状态，不能达到一个新的稳定工况。

图 5－5(d)是一个周期性发散振荡，转速 n 的振荡幅值随时间而增大，不能达到一个新的稳定工况。

图 5－5(e)是一个非周期性发散过程，转速 n 一旦偏离额定值 n_0，其与 n_0 的偏差将随时间而增大，不可能达到一个新的稳定状态。

图 5－5(a)、(b)的过渡过程是稳定的，其他 3 种过渡过程是不稳定的。过渡过程能否稳定，取决于调节系统本身的性质。稳定性是对调节系统的基本要求，不稳定的调节系统是不能采用的。

图 5－5 是调节参数 n 与时间的关系曲线。同样，也可绘出其他调节参数，如机组出力 N 和导水机构开度 a 等与时间的关系曲线。对于稳定的调节系统，所有这些关系曲线都是稳定的；对于不稳定的调节系统，所有这些曲线都是不稳定的。

调节系统除应满足稳定性的要求外，其过渡过程曲线还应该有比较好的形状，即具有良好的品质。对过渡过程品质的要求概括起来有以下几个方面。

(1)调节时间要短，即从被调节参数偏离初始平衡状态达到新的平衡状态的时间要短。从理论上讲，过渡过程振荡的完全消失需要很长的时间，但对于工程实际，当转速 n 与额定转速 n_0 的偏离值小于(0.2%～0.4%)n_0，即可认为进入新的平衡状态。

(2)超调量要小，即被调节参数振荡的相对幅值要小。

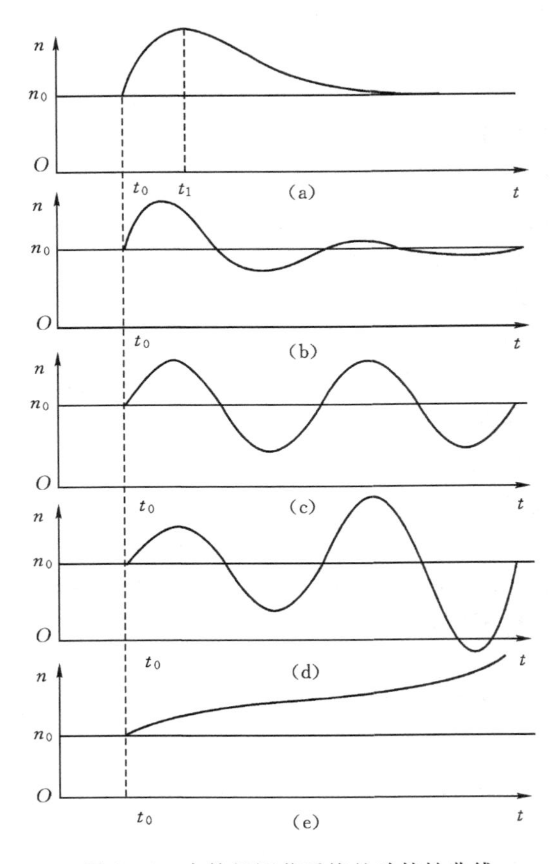

图 5-5 水轮机调节系统的动特性曲线

(3)在第(1)点所述的调节时间内振荡次数要少。

5.3.2 水轮机调节系统的静特性

调节系统的静特性指稳定工况(平衡状态)时各参数之间的关系,通常用机组转速 n 与出力 N 的关系表示。调节系统的静特性有以下两种。

(1)无差特性,如图 5-6(a)所示,机组转速与出力无关,在任何出力情况下,调节系统均能保持机组转速为 n_0。

(2)有差特性,如图 5-6(b)所示,机组出力小时保持较高的转速,机组出力大时则保持较低的转速,即调节前后两个稳定工况间的转速有一微小偏差。偏差的大小通常以相对值 δ 表示,称为调差率(亦称残留不均衡度),即

$$\delta = \frac{n_{max} - n_{min}}{n_0} \tag{5-3}$$

式中:n_{max} 为机组出力为零时的转速;n_{min} 为机组出力为额定值时的转速;n_0 为机组的额定转速。

在工程实践中 δ 一般为 0~0.08。

电力系统是由许多机组组成的,若各机组都是无差调节特性,则负荷在各机组间的分配是

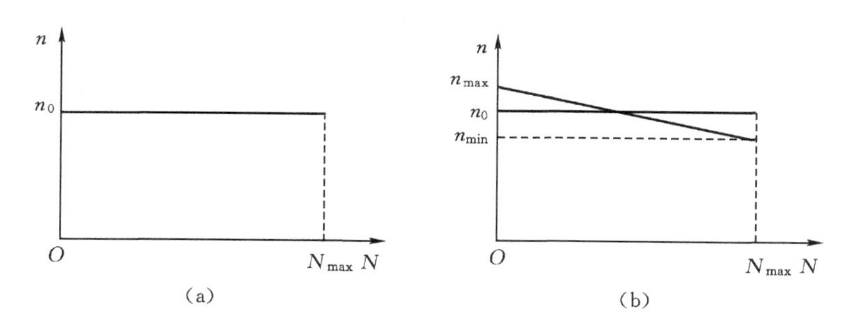

图 5-6　调节系统的静特性

不明确的。图 5-7 为两台具有无差特性机组的并列运行情况。两台机组所分担的负荷 N_1 和 N_2 是不固定的，可以 N_1 大些，N_2 小些，也可相反，有无穷多的组合情况，不管负荷在两台机组之间如何分配，都能保持转速不变，而且负荷会在两台机组之间摆动，因此，除担负调频任务的机组外，一般机组不能采用无差特性。

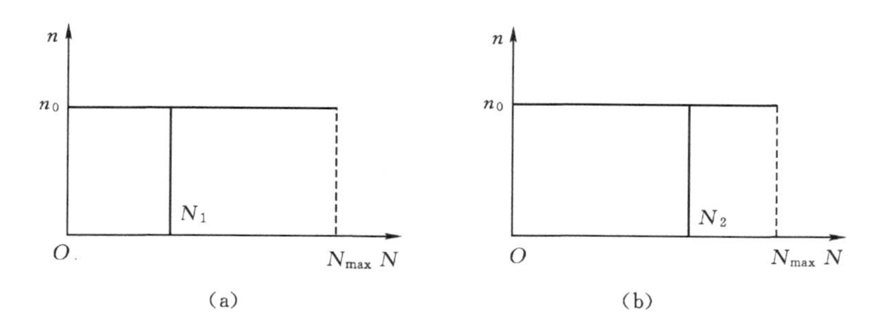

图 5-7　具有无差特性机组的并列运行

图 5-8 为两台具有有差调节特性的机组。若系统的转速(频率)为 n_0，则两台机组所分担的负荷 N_1 和 N_2 是固定不变的，否则便不能保持原有的转速 n_0。若外界负荷增加 ΔN，只需适当降低转速至 n'_0，即可使两台机组分别增加负荷 ΔN_1 和 ΔN_2，并使 $\Delta N_1+\Delta N_2=\Delta N$。$\Delta N_1$ 和 ΔN_2 的大小与转速变化 $\Delta n=n_0-n'_0$ 和机组静特性曲线的斜率(或调差率 δ)有关，Δn 越大，δ 越小，ΔN 越大。故机组采用有差调节特性后，无论在负荷变动前或变动后，都能分担固定的负荷。这就是为什么一般机组都采用有差调节特性的原因。机组的无差或有差调节及

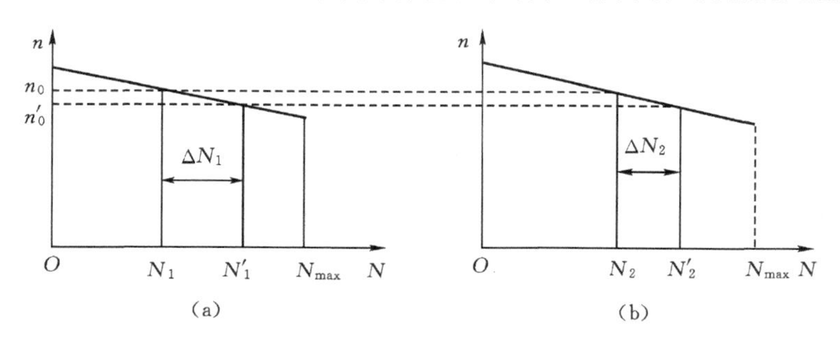

图 5-8　具有有差特性机组的并列运行

调差率 δ 的大小，都可通过整定调速器的参数得到。

5.4　水轮机调速器的工作原理

5.4.1　调速器组成

水轮机的自动调节系统包括调节对象(水轮机及其导水机构)和调速器。调速器的主要组成部分和工作原理如图 5－9 所示，其主要组成部分如下。

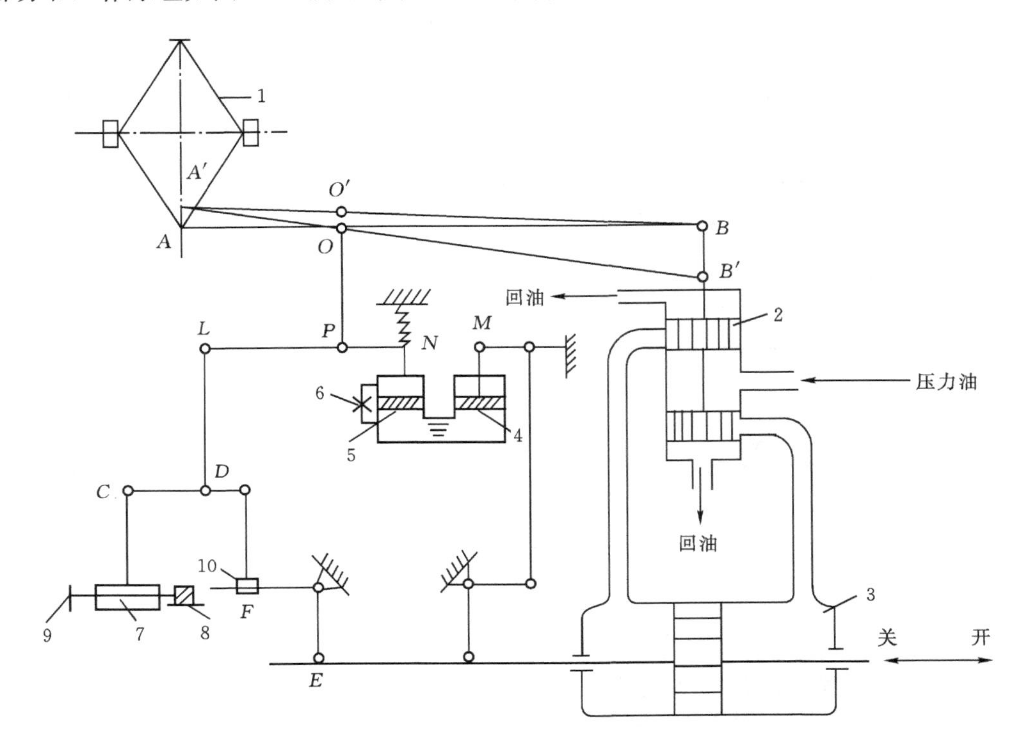

图 5－9　调速器的组成及原理图

1—离心摆；2—主配压阀；3—接力器；4、5—活塞；6—节流孔；7、8、9—变速机构；10—移动滑块

1. 离心摆

离心摆如图 5－9 中的 1 所示，它有两个摆锤，其顶部通过钢带与转轴固定，下部与可沿转轴上下滑动的套筒相连。离心摆用电动机带动旋转，其转速与水轮发电机组转速同步。在转速上升或下降时，摆锤在离心力的作用下带动套筒 A 上下移动。故离心摆是测量和指令元件，测量对象是机组转速，将机组转速信号转换为套筒位移信号。由于离心摆的负载能力很小，不可能直接推动笨重的水轮机导水机构，因此还需要有放大和执行机构。

2. 主配压阀

主配压阀如图 5－9 中的 2 所示，由阀套和两个阀盘组成。阀套右侧中部有压力油孔，顶部和底部各有一个回油孔，此外，阀套左右两侧各有一个油孔分别与接力器 3 的左右两个油腔相连。在机组稳定运行时，两个阀盘所处的位置恰巧堵住与接力器相通的两个油孔，故接力器处于静止状态，此时阀盘连杆顶端位于 B，并用 AOB 杠杆与离心摆的活动套筒 A 相连，故离心摆套筒的位移信号可通过 AOB 杠杆传递给配压阀连杆顶端。配压阀通过液压传动系统将离心摆的信号放大，故配压阀是一个放大机构。

3. 接力器

如图 5－9 中的 3 所示。接力器由油缸和活塞组成。油缸左右各有一个油孔通配压阀。接力器的活塞杆与水轮机的导水机构连接。在机组稳定运行工况时，接力器的油路因被配压阀切断，故接力器的活塞处于静止状态。当需要改变水轮机导水机构的开度时，配压阀使压力油通入接力器的右腔或左腔，使接力器活塞向关闭或开起导水机构的方向移动。配压阀和接力器构成调速器的放大和执行机构。

4. 反馈机构

只有以上 3 种机构虽然可以在负荷变化时关闭或开起水轮机导水机构，但调节过程是不完善的。例如，在负荷减小时，机组转速升高，接力器关闭导水机构，当水轮机的主动力矩 M_t 等于发电机的阻力矩 M_g 时，因机组转速仍高于额定转速，接力器将继续关闭导水机构形成过调节，同时，这样的调节过程也是不稳定的。为了防止过调节和保持调节过程的稳定性，调速器中还必须有反馈机构。反馈机构包括以下几种。

(1)硬反馈机构。图 5－9 中的 $EFDLPO$ 是硬反馈机构。当接力器的活塞向左(关闭方向)移动时，若 C 点和 N 点不动，则 F、D、L、P 各点将向上移动，从而使 O 点上移至 O'，这样就使杠杆 AOB 处于 $A'O'B$ 的位置，配压阀的阀盘回复到初始位置，封堵了通往接力器的油孔，防止了接力器的过调节。硬反馈机构虽然解决了过调节问题，但在调节结束后，使 O 上移至 O'，A 上移至 A'，水轮机的转速高于调节前的转速，不能回复到初始状态，且调节的稳定性差，故只有硬反馈机构的调速器的调节性能仍然是不完善的。

硬反馈机构使水轮机在不同的负荷时有不同的转速，形成了 5.3 节所述的有差调节。

(2)软反馈机构。软反馈机构是一个充满油的缓冲器，如图 5－9 中的 4、5、6 部分所示。4 和 5 是两个活塞，下部充满油，6 是节流孔，改变节流孔的大小可以改变通过节流孔的流量。当接力器向左关闭导水机构时，M 点和活塞 4 向下移动，活塞 5 因下部油压增大则和 N 点一起向上移动，同时，硬反馈的作用使 L 向上移动，N 和 L 点的上移使 O 上移至 O'，B' 上移至 B，配压阀的阀盘又封堵了通往接力器的油孔，使接力器的活塞停止运动。但由于此时 A 点处于 A' 的位置，水轮机的转速仍高于调节前的转速。在 N 点上移时，该处的弹簧受到压缩，弹簧的反力作用于活塞 5，迫使下腔的油经过节流孔 6 缓慢地流入上腔，直至活塞 5 回复到初始位置。活塞 5 和 N 点的下移使 O' 下移至 O，A' 下移至 A，水轮机的转速又回复到调节前的状态。

故软反馈的作用可使机组在不同负荷下运行时保持相同的转速，形成 5.3 节所述的无差调节，同时可提高调节的稳定性。

调差率 δ 的大小可通过移动滑块 10 的位置来完成。改变滑块 10 的位置可改变硬反馈杠杆的传动比，因而可改变 δ。

5.4.2 调速器的工作过程及工作原理

以上介绍调速器的组成时已简单地说明了各组成部分的工作原理。下面以机组减荷为例系统地说明调速器的工作过程。

当机组以稳定工况运行时，离心摆也同步旋转，其滑动套筒位于 A。配压阀 2 的阀盘连杆顶端位于 B，两个阀盘封堵了通向接力器 3 两端的进出油孔，接力器活塞两侧油压平衡，处于静止状态。

当机组负荷减小时，机组转速上升，离心摆的转速亦随之升高，摆锤因离心力的加大向外扩张，带动套筒 A 上移至 A'，将转速的信号转换成位移信号。由于杠杆 AOB 绕 O 旋转，A 点的位移信号转变成 B 点的位移信号，使配压阀阀盘连杆顶端由 B 下移至 B'，阀盘的相应下移打开了配压阀阀套上通向接力器 3 的两个油孔，使压力油进入接力器右侧油腔，同时，接力器的左侧油腔接通回油管排油，接力器右侧的较高油压推动缸体中的活塞向左（关闭水轮机导水机构方向）移动，使水轮机的流量减小，出力下降。接力器活塞向左移动使硬反馈和软反馈机构的 L 点和 N 点上移，从而使 O 上移至 O'，B' 上移至 B，配压阀的阀盘回复到初始位置，重新封堵了通往接力器的两个油孔，使接力器活塞停止运动。此时调节虽似已结束，但离心摆的套筒仍处于 A' 的位置，其转速未能回复到调节前的状态。离心摆转速的恢复要靠软反馈的缓冲器。上升后的 N 点在弹簧反力的作用下使活塞 5 下腔的油经过节流孔 6 流入上腔，从而使 N、O'、A' 诸点下降到要求的位置，整个调节过程结束。若是无差调节，O' 和 A' 可以回复到 O 和 A 的位置；若为有差调节，则 O' 和 A' 不能回复到 O 和 A 的位置。具有硬反馈和软反馈机构的调速器可以通过整定反馈机构的参数改变调差率 δ，做到有差调节（$\delta \neq 0$）和无差调节（$\delta = 0$）。

以上是具有一级放大机构的机械液压调速器的基本工作过程和原理。一般的水轮机调速器因需要巨大的调节功，常具有二级放大机构。目前，电气液压调速器和微机电液调速器的应用日益普遍，它们的工作原理与前述的一级放大机械液压调速器大同小异。

5.5 水轮机调速器的类型

水轮机调速器分类方式很多，按调节功大小分为中小型调速器和大型调速器，大型调速器按配压阀名义直径（mm）区分；按调节控制的机组类型，分为单调式调速器、双调式调速器和冲击式调速器；按其组成元件的工作原理分为三类，即机械液压调速器、电气液压调速器和微机电液调速器。近些年来，高油压组合式中小型调速器的使用越来越广泛。

混流式、轴流定桨式和贯流定桨式水轮发电机组只需要调节导叶开度，采用单调式调速器；斜流式、轴流转桨式、贯流转桨式以及带调压阀的混流式机组，采用双调式调速器；冲击式水轮机同时调节喷针和折流板的行程，适合采用冲击式调速器。

5.5.1 机械液压调速器的特点

前文介绍的调速器就是机械液压调速器，如图 5 - 10 所示，其自动控制部分为机械元件，操作部分为液压系统。机械液压调速器出现较早，现在已经发展得比较成熟完善，其性能可基本满足水电站运行的要求，在过去曾经是大中型水电站广为采用的一种调速器，运行安全可靠。但机械液压调速器机构复杂，制造要求高，造价较高，特别是随着大型机组和大型电网的出现，对系统周波、电站运行自动化等提出了更高的要求，机械液压调速器精度和灵敏度不高的缺点就显得较为突出，故我国 20 世纪 80～90 年代新建的大中型水电站采用电气液压调速器。

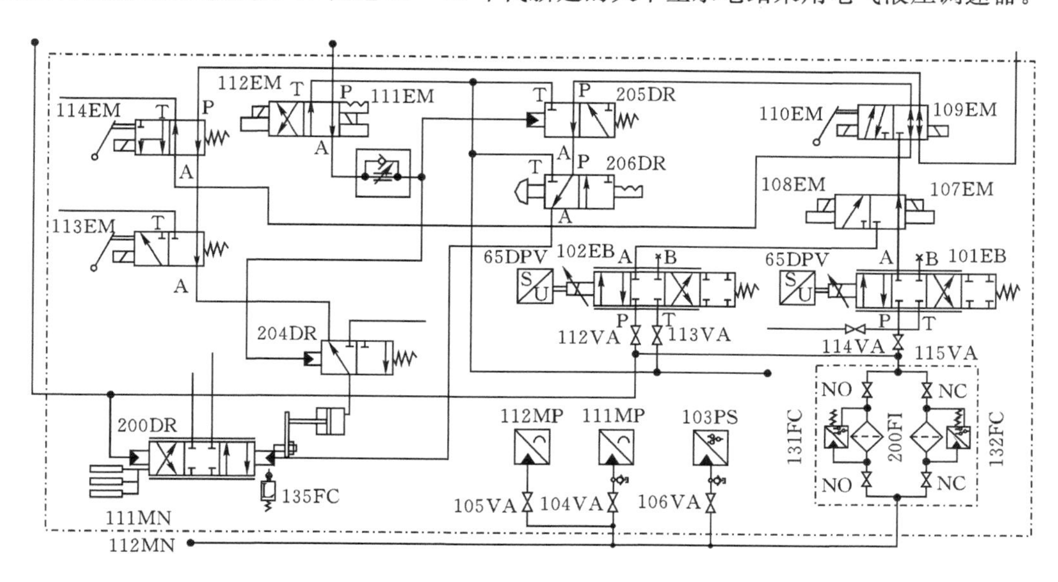

图 5－10　机械液压系统图

5.5.2　电气液压调速器的特点

电气液压调速器是在机械液压调速器的基础上发展起来的，其特点是在自动控制部分用电气元件代替机械元件，即调速器的测量、放大、反馈、控制等部分用电气回路来实现，液压放大和执行机构则仍为机械液压装置。

电气液压调速器与机械液压调速器比较的主要优点有：精度和灵敏度较高；便于实现电子计算机控制和提高调节品质、经济运行及自动化的水平；制造成本较低，便于安装、检修和参数调整。

根据水轮发电机组对调速器的工作容量、可靠性、自动化水平和静、动态品质的不同要求，调速器有不同型号。表 5－1 是我国大中型反击式水轮机调速器的产品系列。

表 5－1　大中型反击式水轮机调速器

型式	单调节调速器		双调节调速器	
	机械液压式	电气液压式	机械液压式	电气液压式
大型	T-100	DT-80 DT-100 DT-150	ST-100 ST-150	DST-80 DST-100 DST-150 DST-200
中性	YT-1800 YT-3000	YDT-1800 YDT-3000		

调速器型号的汉语拼音字母表示：

T——调速器；Y——中型带油压装置；D——电气液压式(机械油压式无代号)；S——双调节，表示轴流转桨式水轮机等需要双调节的调速器。型号中的阿拉伯数字表示：大型调速器主配阀的直径(mm)，如图5-11所示；中型调速器的最高工作油压下的接力器功(kgf·m)。

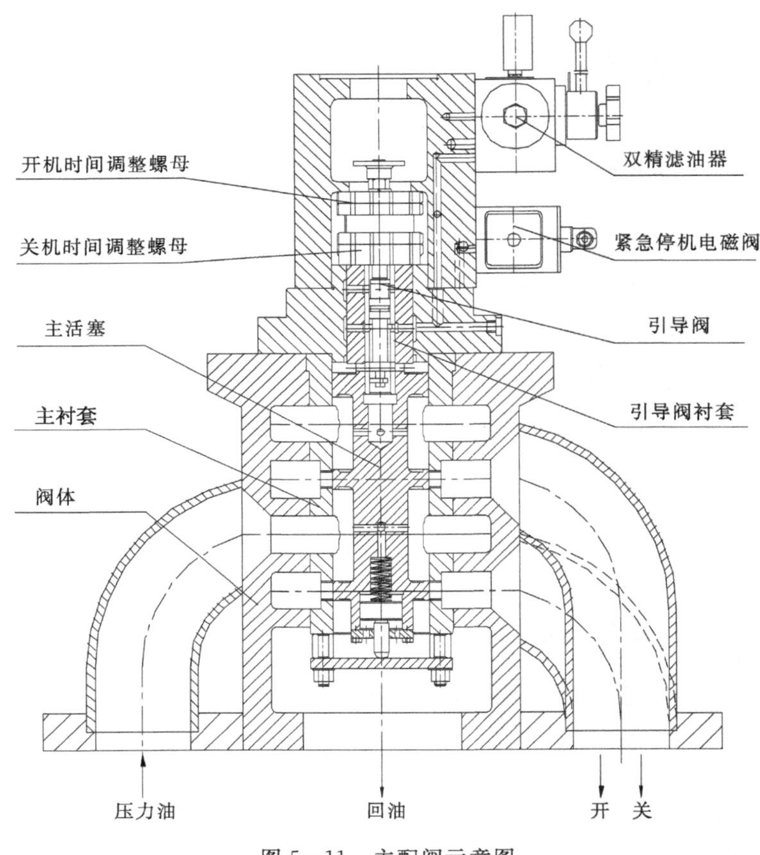

图5-11 主配阀示意图

5.5.3 微机调速器

20世纪80年代开始研制，2000年以后快速发展的微机调速器已经成为我国当前水轮机微机调速器的微机调节器主导产品。尤其是从2000年下半年开始，已开始研制新一代的水轮机调速器的微机调节器——基于现场总线的全数字微机调节器。显然，随着微机技术、网络技术、总线技术的发展，水轮机微机调速器的微机调节器将会得到不断的完善和发展。其总体原则是，充分体现先进性、合理性、完整性和高可靠性的原则，保证整个调速系统安全可靠地工作，并满足如下要求。

(1)适应频繁启停，空载快捷、平稳，大网运行安全可靠，小网运行响应迅速。

(2)高性能和高安全可靠性。

(3)各种运行工况稳定运行，相互跟踪，切换无扰动。

(4)硬件配置合理，各种调节控制功能完备。

(5)全图形、表格、数据的人机操作平台交互性友好。

(6)完善的试验、录波、事件记录、自诊断、帮助等辅助功能。

(7)选用世界知名厂家的兼容性高的最新元器件。

总之,水轮机微机调速器系统的各项性能指标满足国家标准,满足无人值班的要求。操作方便,安全可靠,维护量小,功能齐全,性能优良。保证机组平稳地开机、停机、空载转速调整、负载负荷增减等工况安全、稳定、可靠。

1. 微机调速器的组成

微机调速器主要组成:储能器、电接点压力表、油泵电机、液压站、压力表、电气柜、接力柜、开度表、触摸屏、频率表、手动控制、液压阀等。

电气部分:调速器系统的电气部分采用高性能的可编程控制器,并配以彩色液晶显示器,系统具有良好的人机界面,适于在恶劣的工业现场环境下运行,具有功率控制、转速控制、开度控制、系统频率自动跟踪、防涌浪、自诊断和容错等功能。并提供与电厂计算机监控系统连接的I/O接口和数据通信接口,其通信规约和协议满足监控系统要求,包括硬件和软件。

电气输出部分:电气输出具有步进电机、比例阀、数字阀、伺服阀四种可兼容的输出型式。机械部分主要包括电液转换机构、手动操作机构、引导阀、主配压阀、紧急停机电磁阀组成无明管、静态无油耗的脉宽、脉幅脉宽的控制型式。

控制部分:由于其核心控制器采用可编程逻辑控制器或可编程计算机控制器,使得调速器系统的测量、放大、反馈、控制功能的实现,在可靠性、调节功能和调节品质等方面,都较上述两种调速器有了很大的提高。微机电液调速器的液压放大和执行机构由于采用了伺服比例阀电液随动系统,具有精度高、响应快、出力大的特点,而且抗油污、防卡涩能力强,较传统调速器具有更好的频率响应特性。

2. 水轮机调速器的经典控制算法——PID控制算法

PID控制器具有结构简单、容易实现、控制效果好、鲁棒性强等特点,是迄今为止最稳定的控制方法。它所涉及的参数物理意义明确,理论分析体系完整,并为工程界所熟悉,因而在工业过程控制中得到了广泛应用。

调速系统动态性能具有比例、积分和微分功能;比例、积分和微分的增益是独立的、连续可调的。比例、积分和微分的调整范围适合各受控系统的动态特性。而PID控制器则由比例、积分、微分三个环节组成。它的数学描述为

$$u(t)=K_{\mathrm{p}}\left[e(t)+\frac{1}{T_{\mathrm{i}}}+\frac{\int e(t)\mathrm{d}t}{r!(n-r)!}+T_{\mathrm{d}}\frac{\mathrm{d}e(t)}{\mathrm{d}t}\right] \tag{5-4}$$

$$G_{\mathrm{P}}(s)=\frac{s+56780}{s^3+87.65s^2+1234s+123} \tag{5-5}$$

式中:K_{p}为比例系数;T_{i}为积分时间常数;T_{d}为微分时间常数。算法基本框图如图5-12所示。

在计算机控制系统中,使用的是数字PID控制器,数字PID控制算法通常又分为位置式HD控制算法和增量式PID控制算法。

调节参数自动寻优的功能一般在试验阶段中进行,根据被调节量的变化,自动施加1%的扰动量,经过几次扰动后,由软件自动计算出最优的调节参数K_{p},T_{i},T_{d}。因此调速系统不但

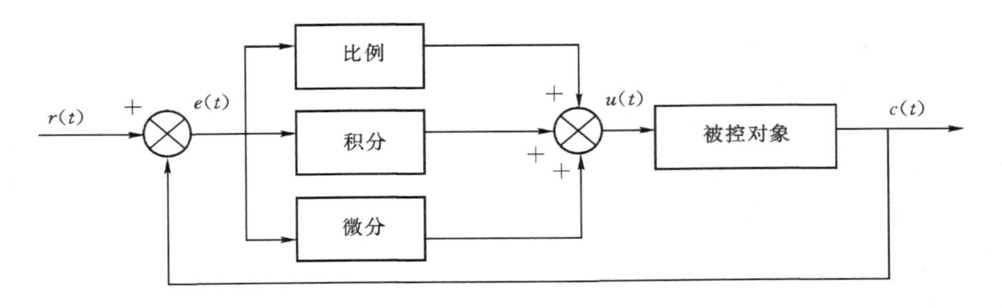

图 5-12　PID 控制系统结构

具有比例、积分、微分功能，而且通过寻优功能能够找到最优的比例、积分、微分的参数，特别是对于水头波动较大的机组的动态稳定性非常明显。将该基本算法与水轮机调节对象进行改进，得到如图 5-13 所示的原理框架图，该类系统在整个调节系统各种工况下都具有优良的静、动态品质。

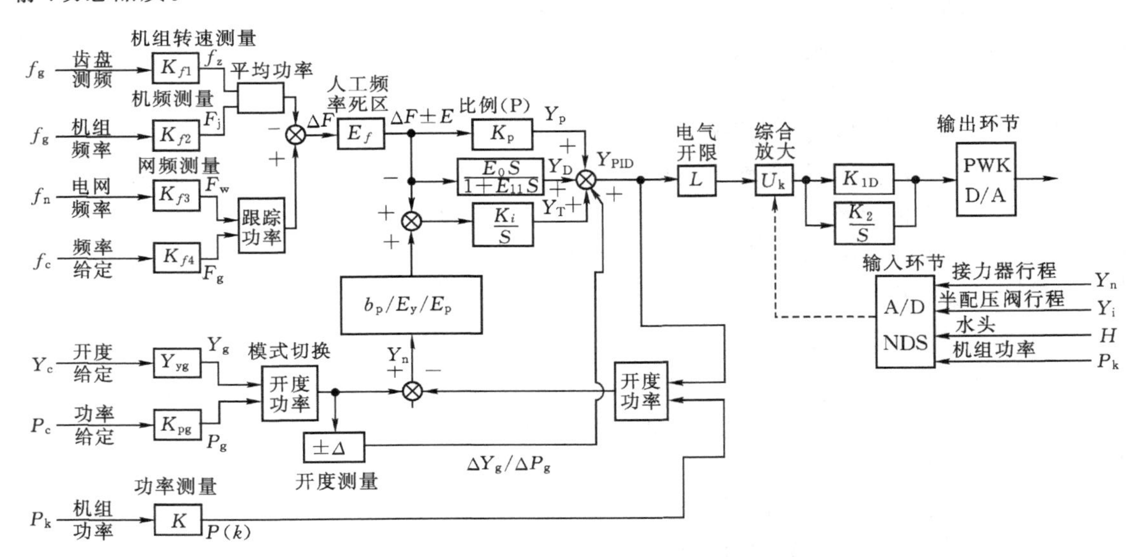

图 5-13　水轮机调节 PID 原理框架图

总之，水轮机调节技术发展趋势是基于现场总线的全数字式微机调速器今后的发展方向。选用技术先进、可靠性高、标准化工业产品、选择余地大的工业控制机（PLC、IPC 等）和系统集成技术构成微机调速器是发展的必然趋势。选择微机调速器的计算机控制器时主要要考虑的因素包括：CPU 运算速度、I/O 和存储容量、编程语言、可靠性、选择空间等。同时，比例伺服阀和电机式电液转换器是微机调速器的主要推广和发展方向。研究、设计、制造具有独立知识产权的高性能和高可靠性的主配压阀和机械液压系统，提高国产微机调速器的可靠性和工艺水平，是国内调速器生产厂家的重要任务。微机调速器的科技创新和开发工作，应针对电力系统对水轮机调速器运行的要求和迫切需要解决的问题进行。在调速器的科研与开发工作中，应把理论密切联系实践作为创新、发展的重要思想，企业应该是科技创新的主体。

5.6 油压装置

油压装置是向调速器提供压力油的设备，是水轮机调速系统的重要组成部分，主要包括压力油箱、集油槽和油泵系统3个部分，如图5-14所示。

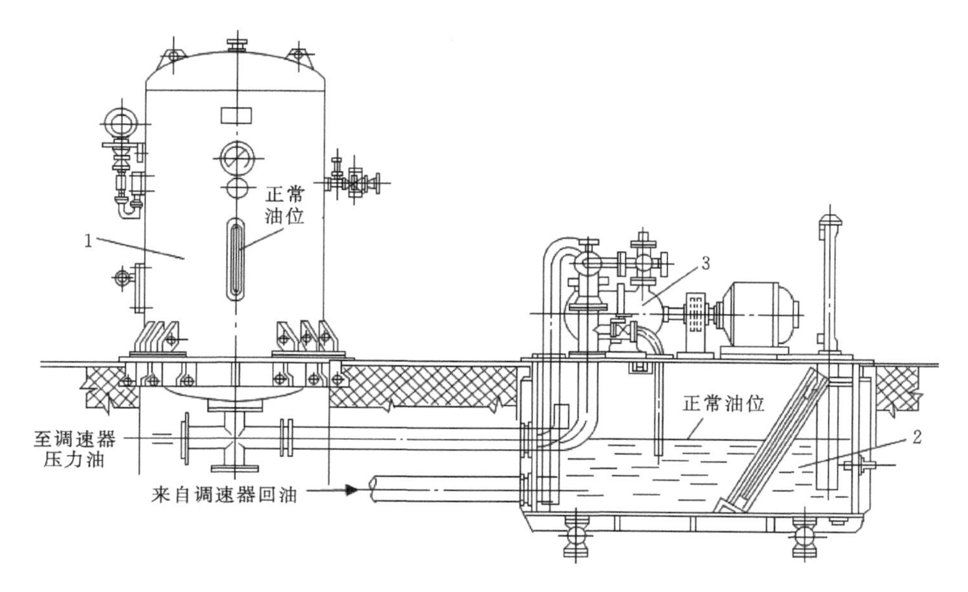

图5-14 图4-7油压装置原理图

1—压力油箱；2—集油槽；3—油泵

压力油箱呈圆筒形，如图5-14中的1所示，功用是向调速器的配压阀和接力器输送压力油。油箱中压缩空气约占2/3，油占1/3，利用空气良好的蓄存和释放能量的特点，减小用油过程中供求不平衡所引起的压力波动。压力油箱中的油由油泵提供，油压一般约为2.5 MPa(25 kg/cm^2)，有的约达4.0 MPa(40 kg/cm^2)，甚至更高。压力油箱通常布置在发电机层楼板上。

集油槽为矩形，如图5-14中的2所示，一般悬挂在发电机楼板之下，功用是收集调速器的回油和漏油。槽中的油面与大气相通。

油泵的功用是将集油槽中的油输送给压力油箱。油泵一般用两台，一台工作，一台备用，布置在集油槽的顶盖上，如图5-14中的3所示。

油压装置上有测量油位、压力等参数的仪表，以决定是否需要向压力油箱供油或补气(由压气系统提供)。油压装置的工作过程是自动的。

中小型调速器的油压装置与调速柜组成一个整体。大型调速器的油压装置因尺寸较大，与调速器的操作柜分开布置，中间用油管连接。

5.7 水轮机调速设备的选择

水轮机的调速设备一般包括调速柜、接力器和油压装置三大部分。中小型调速器中这三部分组合在一起，大型调速器中三者是分开的。中小型调速器的选型主要是根据水轮机的有关参数来确定调速器所需要的调节功,然后根据调节功选择相应容量的调速器。大型调速器因为没有固定的接力器和油压装置等部件,需要分别选择接力器、调速器和油压装置。

中小型调速器按调节功的大小形成标准系列,只要计算出调节功 A,就可以从表 5-1 调速器系列型谱表中选出所需要的调速器。大型调速器按配压阀的直径形成标准系列。选择调速器时应先根据水轮机类型确定是单调还是双调,然后计算调节功和配压阀的直径,在此基础上确定调速器型号。

5.7.1 调节功的计算和接力器的选择

调节功是接力器活塞上的油压作用力与活塞行程的乘积。中小型反击式水轮机的调节功用下列经验公式估算

$$A = (200 \sim 250) Q \sqrt{H_{max} D_1} \tag{5-6}$$

式中:A 为调节功,N·m;H_{max}为最大水头,m;Q 为最大水头下额定出力时的流量,m^3/s;D_1 为水轮机的标称直径,m。

冲击式水轮机调节功的估算

$$A = 9.81 z_0 \left(d_0 + \frac{d_0^3 H_{max}}{6000} \right) \tag{5-7}$$

式中:z_0 为喷嘴数目;d_0 为额定流量时的射流直径,cm。

采用大型调速器的反击式水轮机,一般用两个接力器来操作控制环,一个接力器推,另一个接力器朝相反方向拉,形成力偶,驱使控制环带动导水机构开启或关闭。对采用2.5 MPa额定油压的油压装置及标准导水机构的情况,每个导水机构接力器的直径 d_s 可按下列公式近似计算

$$d_s = \lambda D_1 \sqrt{\frac{b_0}{D_1} H_{max}} \tag{5-8}$$

式中:λ 为计算系数,可由表 5-2 查取;b_0 为导叶高度,m;D 为转轮直径,m。

表 5-2 λ 系数取值表

导叶数 z_0	16	24	32
标准正曲率导叶	0.031~0.034	0.029~0.032	
标准对称导叶	0.029~0.032	0.027~0.030	0.027~0.030

注:(1)若$\frac{b_0}{D_1}$数值相等,但转轮不同时,Q_1'大时取大值;

(2)同一转桨式水轮机,包角大并用标准对称型导叶的取大值,包角大用正曲率导叶的取小值。

当油压装置的额定油压为 4.0 MPa 时,则每个导水机构接力器的直径 d'_s 为

$$d'_s = d_s \sqrt{1.05 \times \frac{2.5}{4.0}} \tag{5-9}$$

由以上计算得到的 d'_s(或 d_s)值便可在标准导叶接力器系列表 5-3 中选择相邻偏大的直径。

表 5-3　导叶接力器系列

接力器直径/mm	250	300	350	400	450	500	550	600
	650	700	750	800	850	900	950	1000

接力器最大行程 S_{max} 可按经验公式计算

$$S_{max} = (1.4 \sim 1.8) a_{0max} \tag{5-10}$$

式中：a_{0max} 为原型水轮机导叶的最大开度，mm；转轮直径 $D_1>5$ m 时使用较小的系数。

两个直缸接力器的总容积

$$V_s = \frac{1}{2}\pi d_s^2 S_{max} \tag{5-11}$$

驱动转桨式水轮机叶片的转轮叶片接力器装在轮毂内，它的直径按下式计算

$$d_c = (0.3 \sim 0.45) D_1 \sqrt{\frac{2.5}{P_0}} \tag{5-12}$$

式中：P_0 为调速器油压装置的额定油压，MPa。

转轮叶片接力器的最大行程 S_{zmax} 由下式计算

$$S_{zmax} = (0.036 \sim 0.072) D_1 \tag{5-13}$$

转轮叶片接力器的容积 V_c 可按下列经验公式计算

$$V_c = \frac{1}{4}\pi d_c^2 S_{zmax} \tag{5-14}$$

式(5-12)和式(5-14)中的系数，当 $D_1>5$ m 时用较小值。

5.7.2　调速器的选择

特小型、小型调速器的选择，只需要按前述方法计算出调节功就可以从型谱中选择相应型号。大型调速器是以配压阀的直径为依据来进行分类的。配压阀的直径一般与通向主接力器的油管直径相等，但有的调速器配压阀的直径较油管直径大一个等级。

初步确定配压阀直径时，按下列公式计算

$$d = \sqrt{\frac{4V_s}{\pi T_s v_m}} \tag{5-15}$$

式中：V_s 为导水机构或折向器接力器的总容积，m^3；v_m 为管内油的流速，m/s，当油压装置的额定油压为 2.5 MPa 时，一般取 $v_m \leqslant 4 \sim 5$ m/s，当管道较短和工作油压较高时选用较大的流速；T_s 为由调节保证计算确定的接力器关闭时间，s。

按式(5-15)计算出大型调速器配压阀的直径 d 后，便可在表 5-1 中选择调速器型号。

在选择具有双重调节的转桨式水轮机的调速器时，通常使转轮叶片接力器的配压阀直径与导水机构接力器的配压阀直径相同。

5.7.3　油压装置的选择

在液压系统的工作压力确定后，油压装置的选择主要是确定其压力油箱的容积。压力油箱的容积应保证调节系统正常工作时和事故关闭时能提供足够的有压油源。选择时先根据机组类型按下列经验公式计算压力油箱的容积 V_k

混流式水轮机

$$V_k = (18 \sim 20)V_s \tag{5-16}$$

转桨式水轮机

$$V_k = (18 \sim 20)V_s + (4 \sim 5)V_c \tag{5-17}$$

对于需要向调压阀和主阀的接力器供油的油压装置，其压力油箱的容积尚须在上述计算得到的容积中增加$(9\sim10)V_t$和$3V_f$，其中V_t为调压阀接力器的容积，V_f为主阀接力器的容积。

当选用的额定油压为2.5 MPa时，可按以上计算得到的压力油箱容积在表5-4中选择相邻偏大的油压装置。

表5-4　油压装置系列型谱

分离式	YZ-1，YZ-1.6，YZ-2.5，YZ-4，YZ-6，YZ-8，YZ-10
组合式	HYZ-0.3，HYZ-0.6，HYZ-1，HYZ-1.6
分离式	YZ-12.5，YZ-16/2，YZ-20/2
组合式	HYZ-2.5，HYZ-4

思考题与练习

5.1　水轮机调节的任务、途径和方法是什么？

5.2　油压装置的运行方式有哪些？各有什么优缺点？如何选择油压装置的运行方式？

5.3　水轮机调速器的作用是什么？它有哪几种类型？

5.4　简述微机调速器的优点。

5.5　简述调速器工作原理。

5.6　简述调速器油压设备工作原理。

5.7　简述调速器选型设计基本内容。

第6章 水电站输水系统建筑物及构筑物设计

本章摘要：

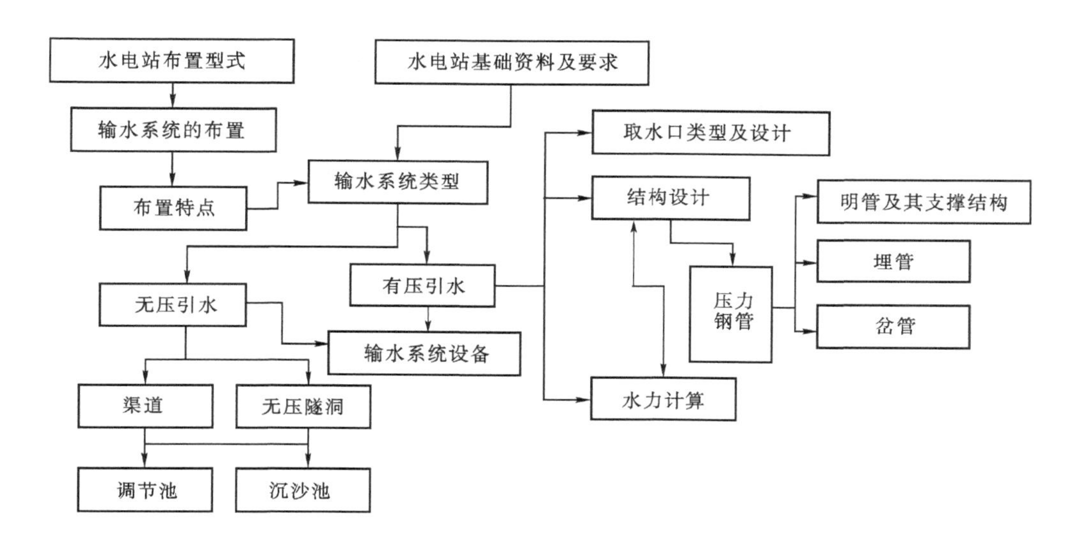

阅读指南：

水电站输水系统是指从水库或河谷将水流输送到水轮机，且将发完电用过的水流引导离开水电站的建筑物、控制调节水流的构筑物和所输送水流所组成的综合体。水电站输水系统与生态与环境、水电站枢纽布置、厂房类型、水流特征、水力发电机组容量及装配型式、地质地形条件、建筑物和构筑物尺寸及结构特征、设计及施工水平、工程造价与效益、运行机制管理等因素相关。本章以水电站输水系统的功能、布置特点、建筑物与构筑物设计、水流特征与水力计算、控制调节水流工程措施为重点，系统地介绍水电站输水系统的基础知识、基本理论，并注重相关建筑物和构筑物的工程设计的知识的介绍。

6.1 水电站的典型布置及组成建筑物

6.1.1 水电站的典型布置型式

水电站的分类方式很多，如按照工作水头分为低水头、中水头和高水头水电站；按水库的调节能力分为无调节（径流式）和有调节（日调节、年调节和多年调节）水电站；按在电力系统中的作用分为基荷、腰荷及峰荷水电站；按照厂房与地面的关系分为地下厂房和地面厂房；按照蓄能与否分为常规水电站和抽水蓄能水电站等。

6.1.1.1　**坝式水电站**

坝式水电站靠坝来集中水头。其中最常见的布置方式是水电站厂房位于非溢流坝坝址处，此称为坝后式水电站，亦称坝式水电站，如图 6-1 所示为示意图。我国丹江口水电站、三峡水电站、向家坝电站(见图 6-2、图 6-3)等也采用这种布置，如图 6-4 所示为这类厂房机

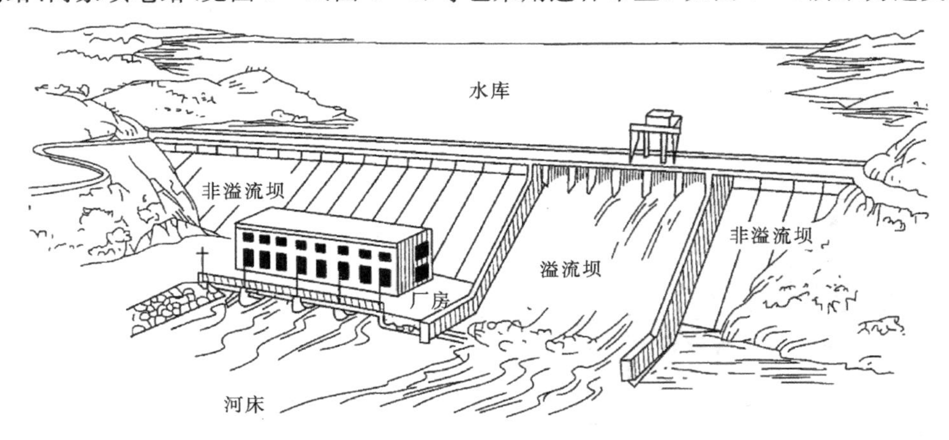

图 6-1　坝式水电站示意图

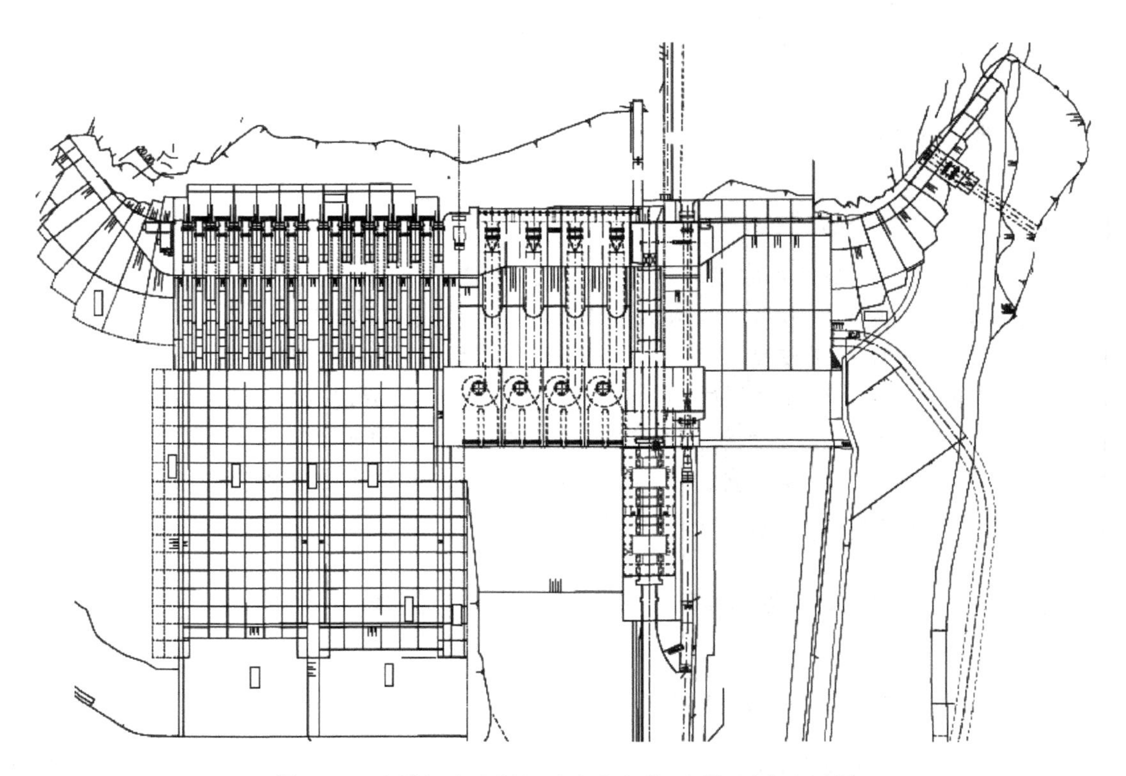

图 6-2　金沙江向家坝坝后式水电站(左岸)厂房布置图

组段横剖图。这种水电站常建于河流中、上游的高山峡谷中，集中的落差为中、高水头。当河谷较窄而水电站机组较多，溢流坝和厂房并排布置有困难时，可将厂房布置在溢流坝下游，或者让溢流水舌挑越厂房顶泄入下游河道，或者让厂房顶兼作溢洪道渲泄洪水。前者称为挑越式水电站，当坝体足够大时，还可将厂房移至坝体空腹内，成为坝内式水电站，如厂房位于溢流坝坝体内的江西上犹江水电站，厂房位于空腹重力拱坝内的湖南风滩水电站。

采用当地材料坝时，厂房可布置在坝趾，由穿过坝基的引水道供水；或布置在坝下游河岸上，由穿过坝肩山体的引水隧洞供水。采用轻型坝时，厂房位置可因坝型、地形的不同而异，布置更为灵活，除上述各种布置方式外，还有颇具特色的安徽佛子岭水电站的连拱坝拱内厂房等。

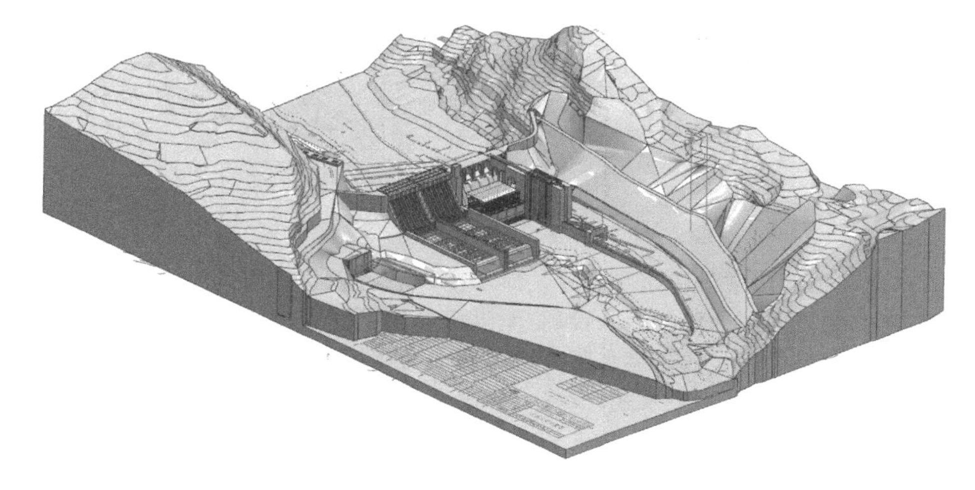

图6-3 金沙江向家坝坝后式水电站三维模型

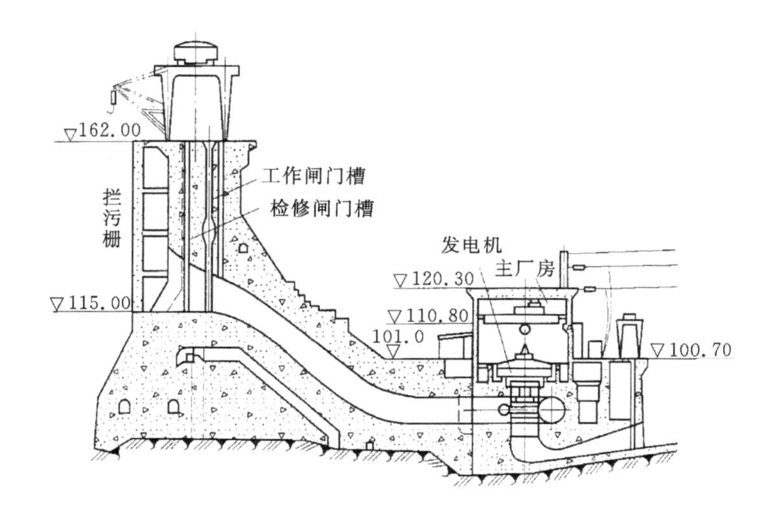

图6-4 (坝后式)水电站厂坝横剖图(单位:m)

6.1.1.2 河床式水电站

河床式水电站的特点：位于河床内的水电站厂房本身起挡水作用，从而成为集中水头的挡水建筑物之一，布置示意图如图 6-5 所示，电站机组段横剖图如图 6-6 所示。长江葛洲坝水电站、广西西津水电站、黄河柴家峡水电站、黄河河口水电站等均属于这类布置型式。这类水电站一般见于河流中、下游，水头较低，流量较大。

图 6-5　河床式水电站布置示意图

河床式水电站枢纽最常见的布置方式是泄水闸(或溢流坝)在河床中部，厂房及船闸分踞两岸，厂房与泄水闸之间用导流墙隔开，以防泄洪影响发电。当泄水闸和厂房均较长，布置上有困难时，可将厂房机组段分散于泄水闸闸墩内而成为闸墩式厂房，如宁夏青铜峡水电站；或通过厂房渲泄部分洪水而成为泄水式厂房(也称混合式厂房)，如黄河柴家峡水电站厂房内均设有排沙底孔，泄水冲沙，如图 6-7、图 6-8 所示。这两种布置方式在泄洪时还可因射流获得增加落差的效益。

6.1.1.3　**引水式水电站**

引水式水电站的引水道较长，并用来集中水电站的全部或相当大一部分水头。根据引水道中的水流是有压流或明流，又分为有压引水式水电站及无压引水式水电站。这种水电站常见于流量小、坡降大的河流中、上游或跨流域外开发方案，最高水头已达 1767 m(奥地利莱塞克水电站)，我国广西天湖水电站最大静水头也达 1074 m。

如图 6-9 所示为有压引水式水电站的示意图。该水电站的建筑物包括水库、水电站进水口、有压引水道(压力隧洞)、调压室、压力管道、厂房枢纽筑物以及尾水渠。

如图 6-10 所示为无压引水式水电站的示意图。其特点是采用了无压引水道——渠道，也有采用无压隧洞的。无压引水道和压力管道的连接处设有压力前池，图示电站还设有日调节池。

坝式、河床式及引水式水电站虽各具特点，但有时它们之间却难以明确划分。从水电站建筑物及其特征的观点出发，一般把引水式开发及筑坝引水混合式开发的水电站统称为引水式水电站。此外，某些坝式水电站也可能将厂房布置在下游河岸上，通过在山体中开凿的引水道供水，这时水电站建筑物及其特征与引水式水电站相似。因此，掌握引水式水电站的组成建筑物及其特性对研究各类水电站有举一反三的重要作用。

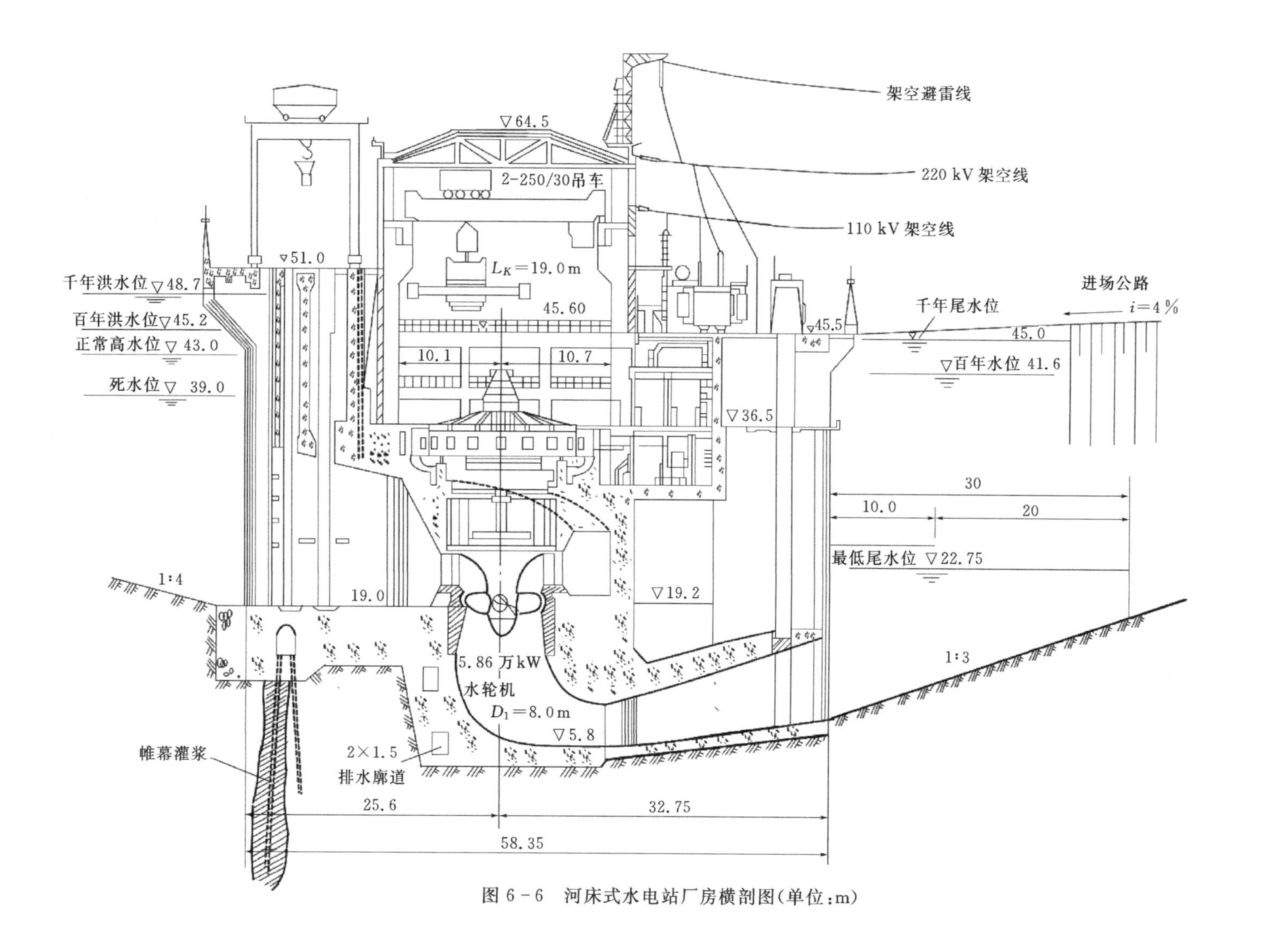

图 6-6　河床式水电站厂房横剖图(单位:m)

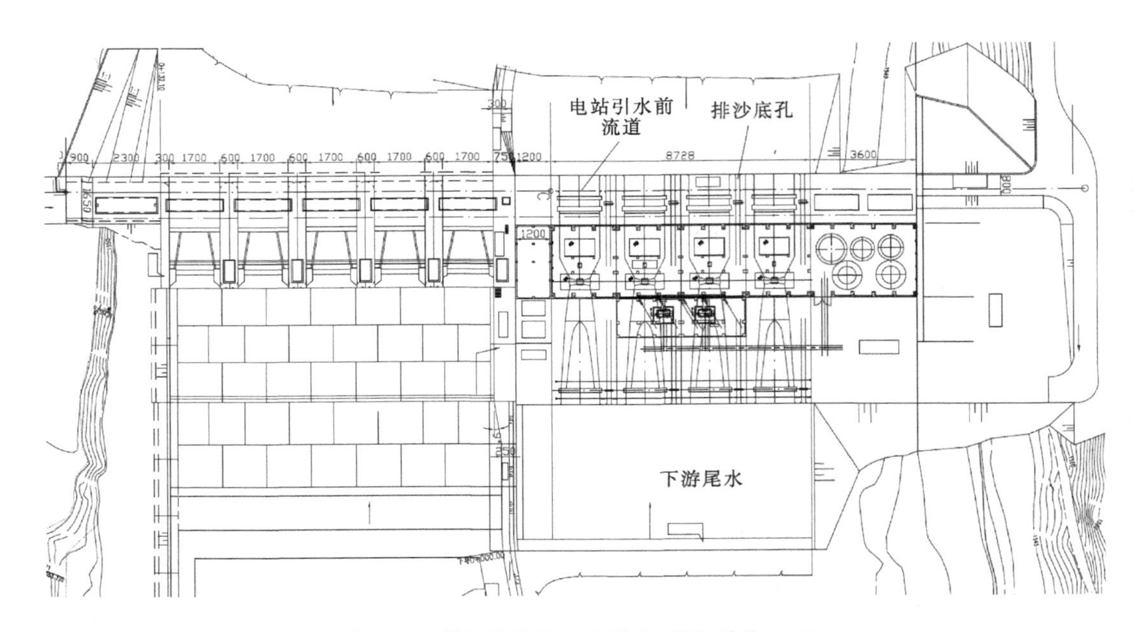

图 6-7 黄河柴家峡水电站布置图(单位:cm)

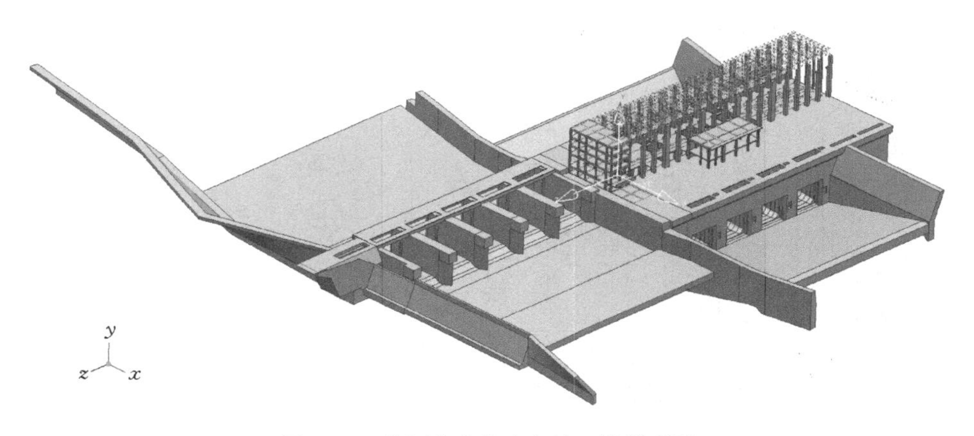

图 6-8 黄河柴家峡水电站三维模型图

6.1.1.4 地下水电站

地下水电站是指引水道的绝大部分、调压井、压力管道、主厂房及其一部分附属硐室、尾水洞等均位于地下的电站。地下水电站的特点是绝大部分的建筑物均设于地下(即山体内),如压力引水隧洞、调压井、高压输水管道(包括主管、分岔管和支管)。调压井上部的交通洞,有时在调压井内管道进口处设置快速闸门,或在管道进口平段设置专门的阀室、阀门及其交通洞,有时在各支管段设置阀门,并有专门的阀室,没有阀室时,就直接在厂房内设置阀门;厂区部分的主副厂房、安装间、母线廊道、主变压器室、出线洞和开关站;尾水系统的尾水连接管、尾水调压室和尾水室,此外还有进厂交通室和通风室等均设在地下。有时主变压器室和开关站设在地面。同地面厂房相比较,地下厂房有以下几方面的优点。

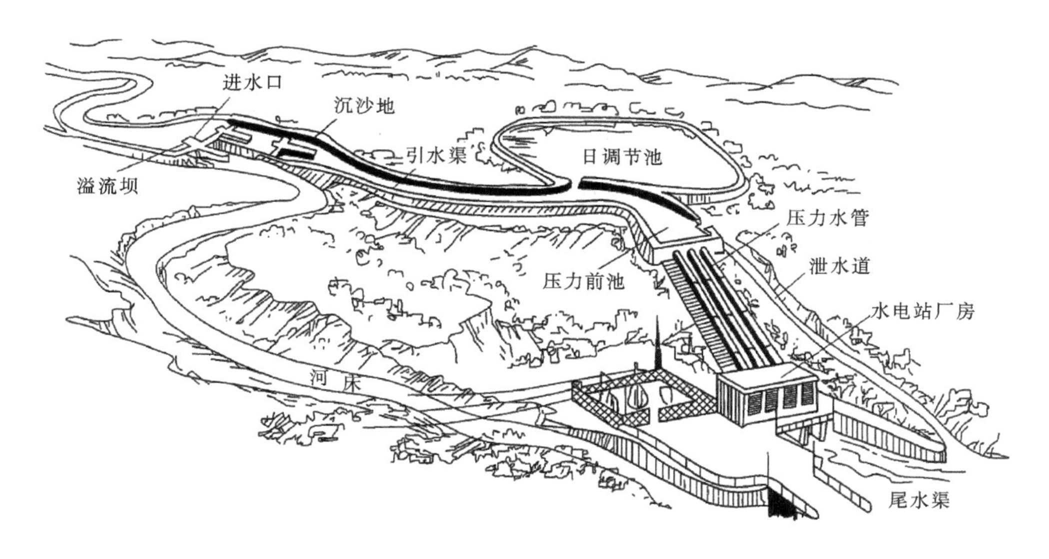

图 6-9　无压引水式水电站示意图

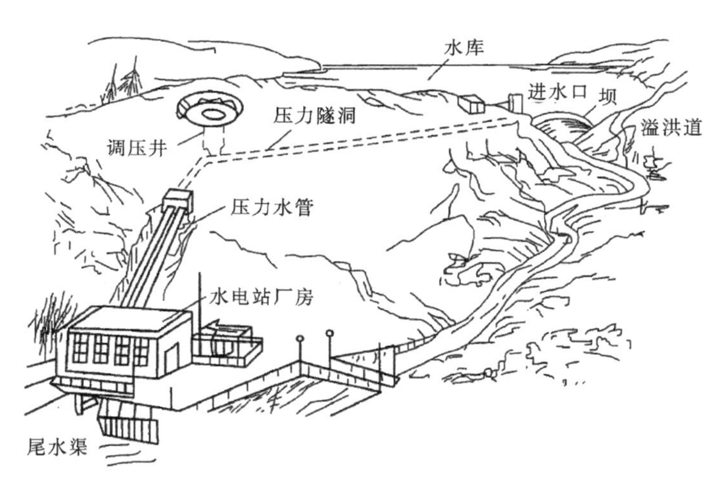

图 6-10　有压引水式水电站示意图

(1)开发河段的选择和建筑物枢纽的布置比较灵活，如果地质条件许可，厂房可设在引水隧洞线路上的任何位置。厂房设在地层深处，地质条件相对较好，还可避开高山峡谷地区的高边坡开挖，节省大量的削坡工作量。

(2)引水隧洞建在地下，可使其线路尽可能成直线布置，缩短长度，因而工程量和投资均可得到节省。在首部式开发布置中，由于缩短了引水道的长度，可用无压或低压的尾水隧洞代替有压的引水道，既减少了水头损失，又改善了动能指标。

(3)岩石条件好的情况下，压力引水道可充分利用岩石的强承载性，内水压力所产生的大部分荷载可传给固岩承担，这样可节省钢材。井式水轮机输水道常较地面式短，将会改善机组调节保证条件，并可减轻输水道和水轮机的结构。

(4)在深山峡谷中电站厂房布设在地下,运行安全,人防条件好,较易解决枢纽布置困难问题,还可避免山崩落石等事故,保存自然条件和保护风景。

(5)地下厂房可全年施工,不受气候条件的影响,有利于缩短电站的建设工期。因而,地下厂房在条件适当和设计施工较好时,工期并不长,造价也并不高。

(6)地下厂房的运行和检修费用较地面厂房节省,一般地讲,地下建筑物的使用年限较长,因为开挖在岩体内的建筑物,其使用年限和折旧年限均比地面的混凝土和钢筋混凝土建筑物的要长久得多,这在经济上就更为有利。

(7)山区河流的水位变幅较大,采用地面厂房,洪水期的水位往往要超过厂房顶部,这样就将增加厂房布置和结构设计方面的复杂性,采用地下厂房后,此类问题就比较容易处理。

(8)地下厂房施工与主坝不干扰,增加工作面,这在高山峡谷地区特别方便。

当然,地下厂房也不可避免地存在一些缺点,主要的有如下几点:

(1)由于安装水轮发电机组和附属设备而需要开挖地下洞室,由于增设交通洞、通风洞、出线洞和阀室等,均将增加厂房的建筑费用;

(2)由于地下厂房的通风防潮而需设置通风设施和空气调节设备,还有照明设备等,也将增加建设和运行费用;

(3)由于变压器和高压开关设备设置在地下,由于防水和排水设施多,均将增加建设和运行费用;

(4)地下工程的地勘试验工作要求精度高,因而工作深度大,工作量也增大,地下工程的施工也较复杂;

(5)如果对采暖、通风、防潮、照明、防噪声等问题处理不当,则地下厂房内的运行条件较地上差,工作人员的工作效率将会受到影响,而且还可能引发某些职业病。

目前地下水电站在大型电站枢纽中经常采用,例如龙滩水电站、长江三峡电站、金沙江向家坝电站、金沙江溪洛渡电站以及大多数新建的抽水蓄能电站均采用地下厂房水电站,如图6-11所示为三峡右岸地下厂房三维图,如图6-12所示为某抽水蓄能电站地下厂房三维图。

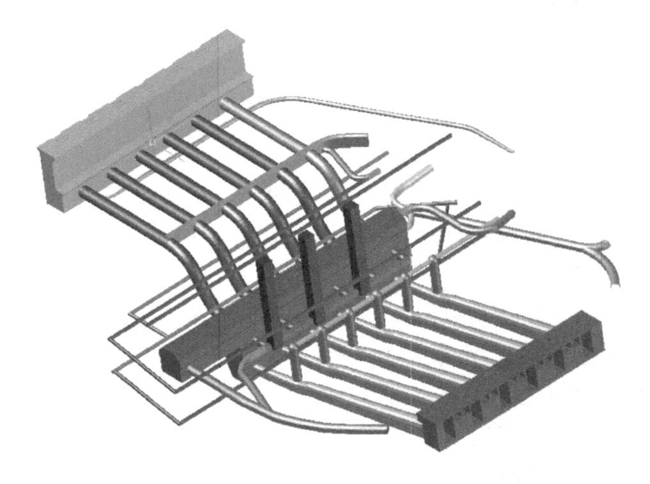

图6-11 三峡右岸地下厂房三维图

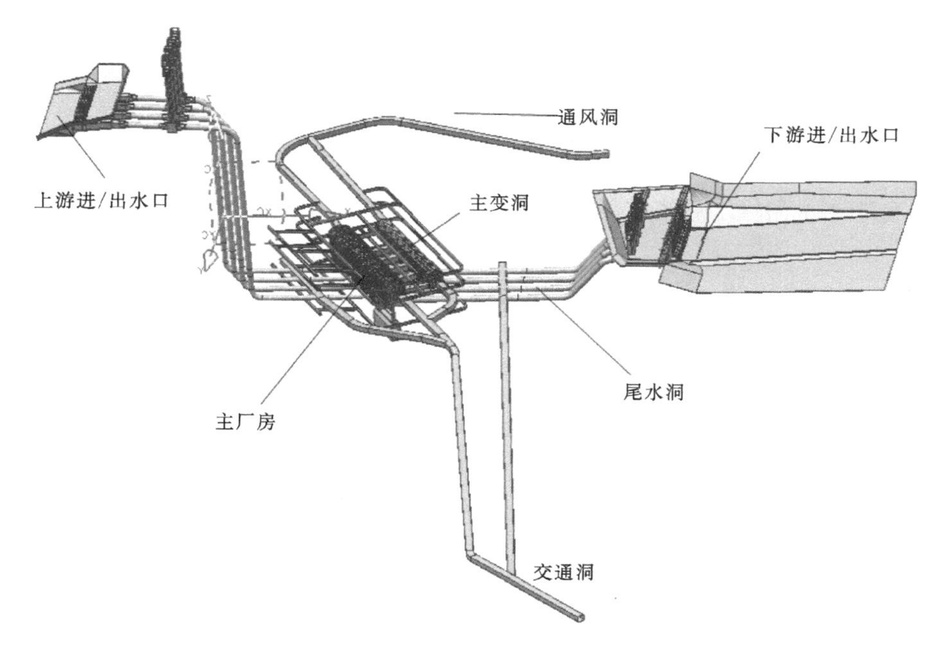

图 6-12　某抽水蓄能电站地下厂房三维图

6.1.2　水电站的基本布置及组成建筑物

从上一节介绍的水电站示例可见，水电站枢纽一般由下列七类建筑物组成。

(1)挡水建筑物：用以拦截河流，集中落差，形成水库，如坝、闸等。

(2)泄水建筑物：用以渲泄洪水，或放水供下游使用，或放水以降低水库水位，如溢洪道、泄洪隧洞、放水底孔等。

(3)水电站进水建筑物：用以按水电站的要求将水引入引水道，如有压或无压进水口。

(4)水电站引水及尾水建筑物：分别用以将发电用水自水库输送给水轮发电机组及把发电用过的水排入下游河道，引水式水电站的引水道还用来集中落差，形成水头。常见的建筑物为渠道、隧洞、管道等，也包括渡槽、涵洞、倒虹吸等交叉建筑物。

(5)水电站平水建筑物：用以平稳由于水电站负荷变化在引水或尾水建筑物中造成的流量及压力(水深)变化，如有压引水道中的调压室、无压引水道中的压力前池等。

水电站的进水建筑物、引水和尾水建筑物以及平水建筑物统称为输水系统。

(6)发电、变电和配电建筑物：包括安装水轮发电机组及其控制、辅助设备的厂房，安装变压器的变压器场及安装高压配电装置的高压开关站。它们常集中在一起，统称为厂房枢纽。

(7)其他建筑物：如过船、过木、过鱼、拦沙、冲沙等建筑物。

本书只介绍水电站输水系统及厂房枢纽，其他建筑物在《水工建筑物》教材中讨论。

6.2 水电站的进水口

6.2.1 水电站的进水口功用和要求

进水口位于水电站输水系统首部，其功用是按负荷要求引进发电用水。进水口应满足下列基本要求。

(1)要有足够的进水能力。在任何工作水位下，进水口都能引进必须的流量。为此，进水口的高程以及在枢纽中的位置必须合理安排，进水口的流道应该平顺并有足够的断面尺寸，要妥善处理结冰、淤积及污塞问题，避免出现吸气旋涡，以防影响进水口的过流能力。

(2)水质要符合要求。进水口应能拦截有害的泥沙、冰块及各种污物。为此，除了合理安排进水口高程外，还要设置必须的拦污、防冰、拦沙、沉沙及冲沙设备。

(3)水头损失要小。进水口应该位置合适、流道平顺、断面尺寸足够、流速较小，合理地减小水头损失。

(4)可控制流量。进水口须设置必要的闸门，以便在事故时紧急关闭，截断水流，避免事故扩大，也为输水系统的检修创造条件，无压引水式水电站引进流量的大小也由进口闸门控制。

(5)满足水工建筑物的一般要求。进水口要有足够的强度、刚度和稳定性，结构简单，施工方便，造型美观，造价低廉，便于运行、维护和检修。

水电站进水口分为有压进水口及无压进水口两大类。有压进水口设在水库水面以下，以引进深层水为主，进水口后接有压隧洞或管道。无压进水口内水流为明流，以引进表层水为主，进水口后一般接无压引水道。

6.2.2 有压进水口的主要类型及适用条件

有压进水口通常由进口段、闸门段及渐变段组成。按照它们的结构特点，有压进水口可分为以下七类。

6.2.2.1 闸门竖井式进水口

闸门竖井式进水口简称洞式进水口，其进口段和闸门井均从山体中开凿而成，如图 6-13 所示。进口段开挖成喇叭形，以使入水平顺。闸门段经渐变段与引水隧洞衔接。这种进水口适用于隧洞进口的地质条件较好、地形坡度适中的情况。当地质条件不好，扩大进口和开挖竖井会引起塌方，地形过于平缓，不易成洞，或过于陡峻，难以开凿竖井时，都不宜采用。洞式进水口充分利用了岩石的作用，钢筋混凝土工程量较少，是一种既经济又安全的结构形式，因而应用广泛。

闸门竖井式进水口在隧洞进口附近的岩体中开挖竖井，井壁衬砌，闸门设在井的底部，井的顶部布置启闭机械及操纵室。这种型式的优点：结构简单，不受风浪和冰的影响，抗震和稳定性好；当地形、地质条件适宜时，工程量较小，造价较低。缺点：竖井开挖比较困难，竖井前的隧洞段检修不便。闸门竖井式进水口适用于地质条件较好、岩体比较完整的情况。

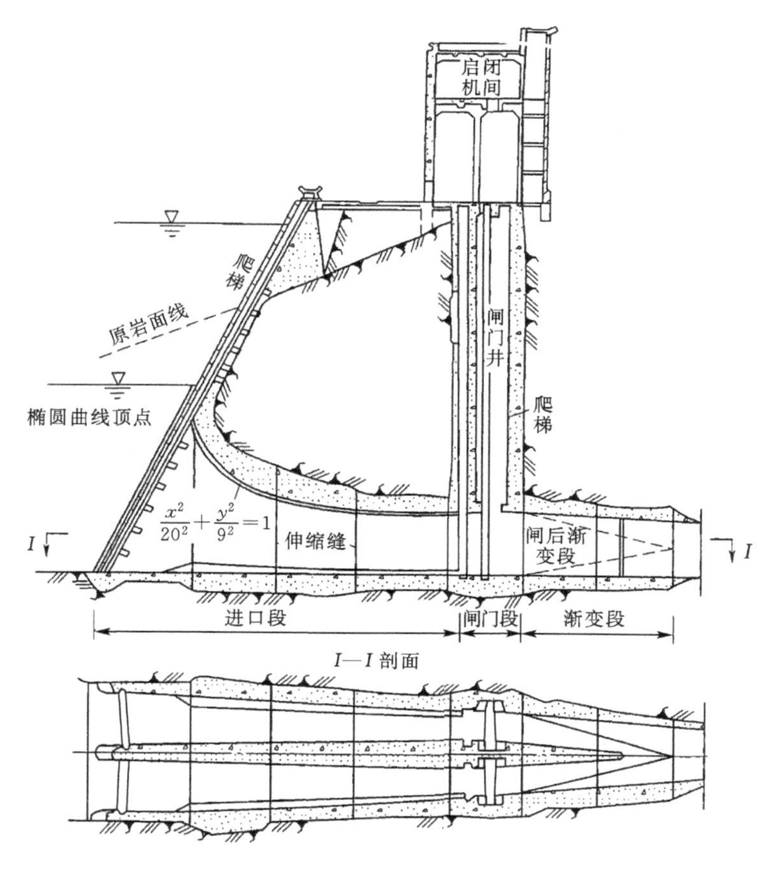

图 6－13　闸门竖井式进水口

6.2.2.2　**塔式进水口**

塔式进水口的进口段和闸门段组成一个竖立于水库边的塔式结构，通过工作桥与岸边相连，如图 6－14 所示。这种进水口适用于洞口附近地质条件较差或地形平缓，从而不宜采用洞式进水口时。采用当地土石材料筑坝或布置坝下涵管也常采用塔式进水口。塔式结构要承受风浪压力及地震力，必须有足够的强度及稳定性。塔式进水口可由一侧进水，如图 6－14 所示；也可由四周进水，然后将水引入塔底岩基的竖井中，如图 6－15 所示。

6.2.2.3　**岸坡式进水口**

当隧洞进口地质条件较差，不宜将喇叭口设在岸边岩体内，或地形陡峻因而不宜采用闸门竖井式进水口时，可采用如图 6－16 所示的岸塔式进水口，其进口段和闸门段均布置在山体之外，形成一个背靠岸坡的塔形结构。这种进水口承受水压力，有时也承受山岩压力，因而需要足够的强度和稳定性，其整体稳定性好于塔式进水口，可减少洞挖跨度，明挖量一般较大。

岸坡式进水口又称为斜卧式进水口，其结构连同闸门槽、拦污栅槽贴靠倾斜的岸坡布置，以减小或免除山岩压力，同时使水压力部分或全部传给山岩承受，如图 6－17 所示。由于检修或事故闸门根据岸坡地形倾斜布置，闸门尺寸和启闭力增大，布置也受到限制，这种进水口使用不多。

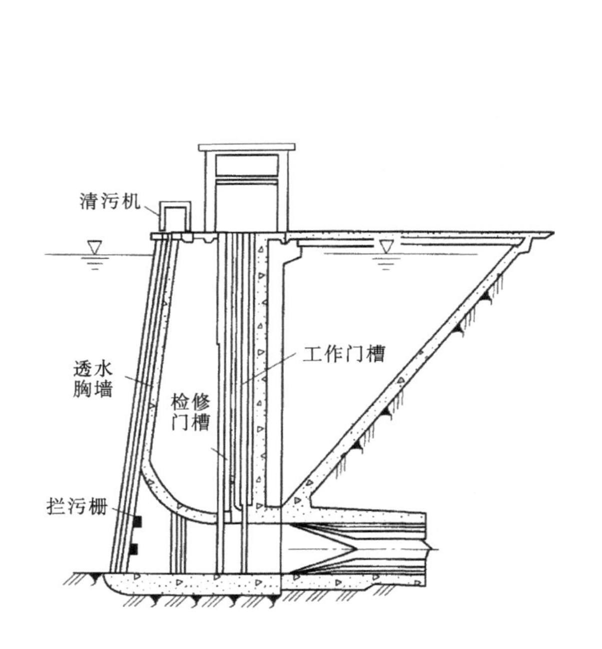

图 6-14 矩形塔式进水口

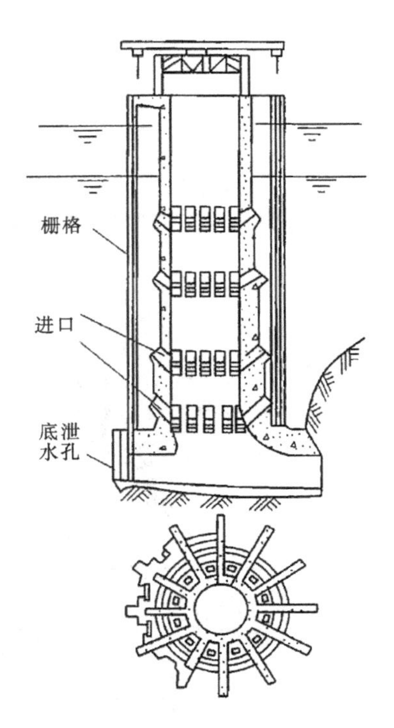

图 6-15 圆形塔式进水口

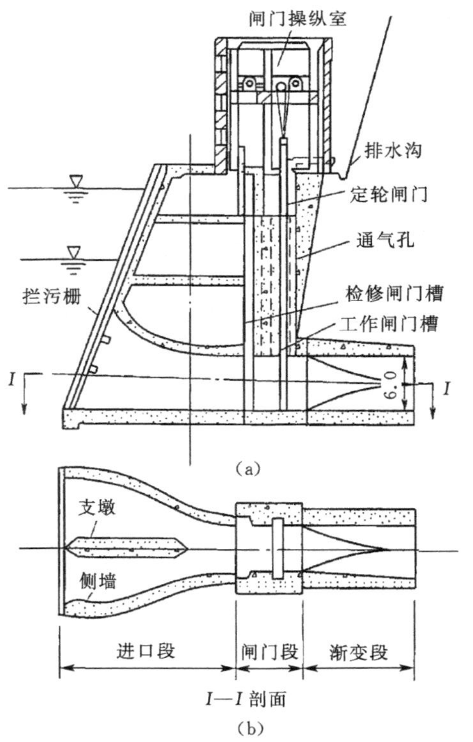

图 6-16 岸塔式进水口

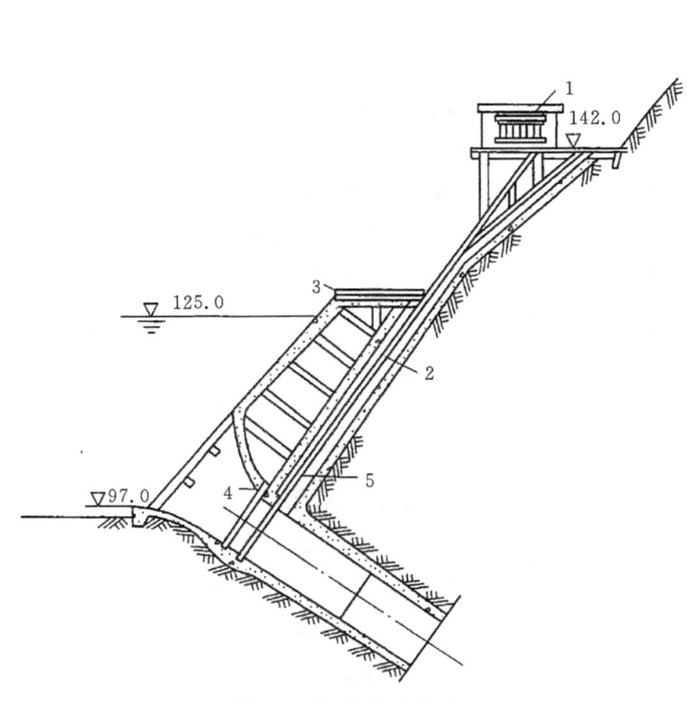

图 6-17 岸坡式进水口

岸塔式进水口和岸坡式进水口结合了塔式进水口的部分特点，在工程上将两种统称为墙式进水口。总体的特点：进口段和闸门段均布置在山体之外，形成一个紧靠在山岩上的墙式建筑物。这种进水口适用于洞口附近地质条件较差或地形陡峻因而不宜采用洞式进水口时。塔式建筑物承受水压力，有时也承受山岩压力，因而需要足够的强度和稳定性，有时可将塔式结构连同闸门槽依山做成倾斜的，以减小或免除山岩压力，同时使水压力部分或全部传给山岩承受。

6.2.2.4　**坝式进水口**

坝式进水口的进口段和闸门段常合二为一，依附在坝体的上游面，与坝体形成一个整体，渐变段衔接紧凑以缩短进水口长度，如图6-4与图6-18所示的重力坝进水口，适用于各种混凝土坝。当水电站压力管道埋设在坝体内时，只能采用这种进水口，坝式进水口的布置应与坝体协调一致，其形状也随坝型不同而异。其引水线路短，水力条件较好，在坝后式和坝内式厂房使用很多。在地形、地质条件适宜，或者由于导污、排沙条件限制时，也有少数采用地下厂房的水电站在岸边布置坝式进水口。

拦污栅装在上游坝面的支承结构上，一般情况下，检修闸门和事故闸门均位于坝体内，但检修闸门也可布置在坝面。当水电站压力管道埋设在坝体内时，只能采用这种进水口，坝式进

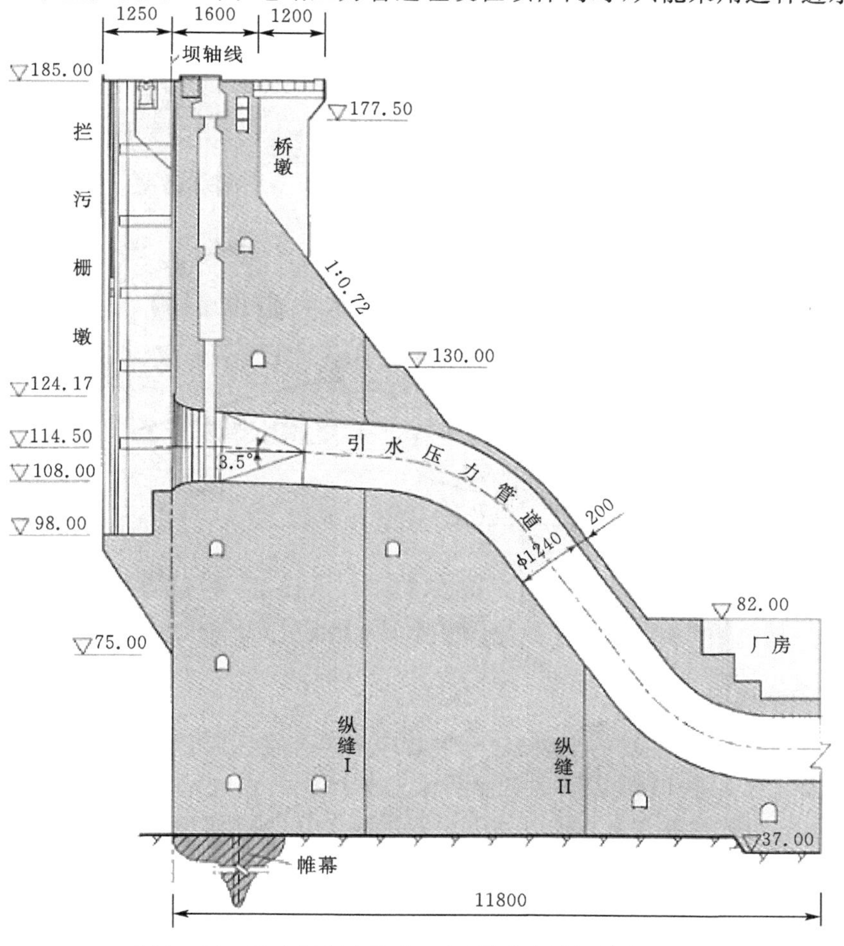

图6-18　重力坝坝上进水口(三峡水电站)(单位:cm)

水口的布置应与坝体协调一致，其形状也随坝型不同而异，如图 6－19 所示，其目的是为了增加进水口的进水面积。

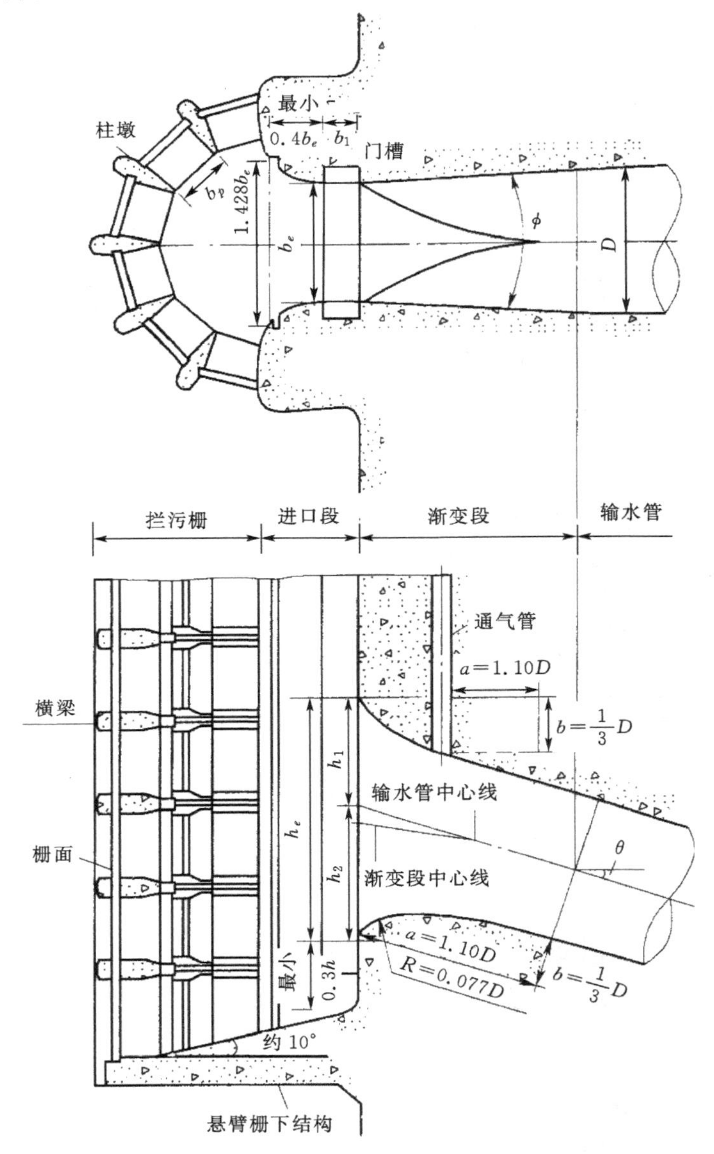

图 6－19　坝式进水口（D 为输水管的直径）

6.2.2.5　河床式进水口

河床式进水口是厂房坝段的组成部分，它与厂房结合在一起，兼有挡水作用，如图 6－20 所示，适用于设计水头在 40 m 以下的低水头大流量河床式水电站。这种进水口的排沙和防污问题较为突出，可通过在进水口前缘坎下设置排沙底孔、排沙廊道等排沙设施，减少通过机组的粗沙。当闸门处的流道宽度太大，使进水口结构设计和闸门结构设计比较困难时，可在流道中设置中墩。

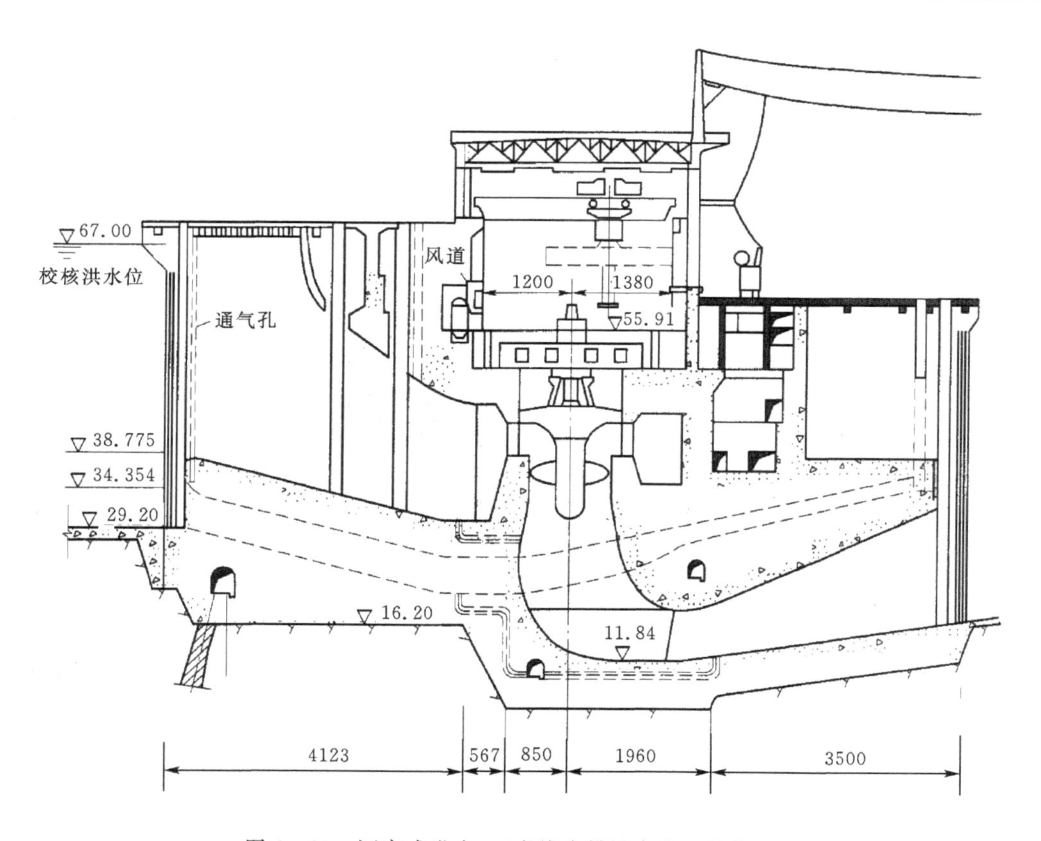

图 6-20　河床式进水口(虚线为排沙底孔)(单位:cm)

6.2.2.6　分层取水进水口

水电站的库建成后,形成很大的水域,库区的水流速度减缓甚至接近静止。当水库水深大于 10 m,年来水总量与水库总库容之比小于 10,正常高水位时水面的平均宽度小于此水位对应的水库最大深度的 70 倍时,水库的水温呈稳定的分层分布状态:表层水温高,密度小;底层密度大,温度低。有的水库上、下层水体最大温差可达 20℃左右。

当水电站的水库消落深度很大时,采用前述有压进水口,为了在最低发电水位时,仍能取到足够的水量,进水口设置在较低位置。但在高水位运行时,此时取水口取出的则是水库深层的水体,水温较低,致使下游河道内水体的温度和含氧量等指标与原天然河道时相比,变化较大。如果下游的生态环境保护和农业灌溉要求电站尾水尽可能少改变天然河道的水温和水质时,应研究采用以下两种形式的分层进水口,经不同方案的技术经济比较,选择安全、经济、可靠的结构形式,以适应不同季节不同水位都能引用水库表层水的要求:一种形式是在水库不同高程分别设置进水口,通过闸门控制分层取水,这种分层取水进水口适用于小型水电站;另一种形式为叠梁闸门控制分层取水进水口,如图 6-21 所示,主要由拦污栅、叠梁闸门、喇叭口段、检修闸门段等组成。进水口设置在较低位置,根据库水位涨落情况,适当增减取水口叠梁的数量,使水库表层水通过叠梁门顶部进入输水道,中低层的低温水则被叠梁挡住。叠梁门门顶的高程满足下泄水温和进水口水力学要求。这种分层取水进水口具有结构形式简单、运行灵活、控制方便等优点,适用于大中型水电站,但水头损失略大。

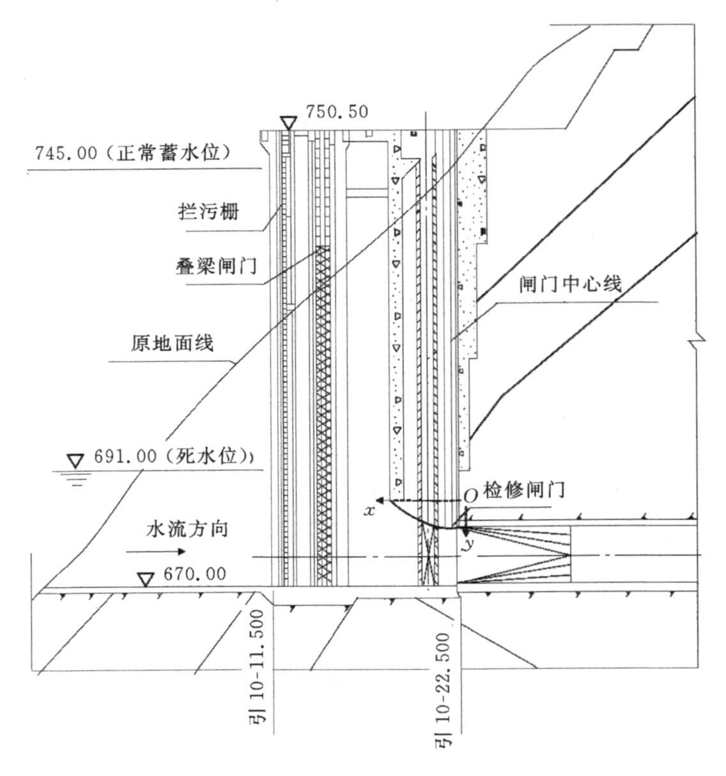

图 6-21 分层取水进水口

6.2.2.7 抽水蓄能电站进(出)水口

抽水蓄能电站的进水口与出水口是合一的。抽水蓄能电站的进(出)水口作为输水建筑物的组成部分,除了满足常规进水口的要求外,至少应具备四个方面的功能:

(1)按照电站机组需要向引水道或尾水道供水;

(2)阻止泥沙和污物,不使其带入进水口;

(3)按照需要向水库出水;

(4)能够中断水流,水流的流向按照双向设计。

抽水蓄能电站因调峰运行的特点,上、下水库都需要一定的调峰库容,一般布置成有压进(出)水口。进(出)水口的型式取决于电站总体布置和建筑物地区的地形、地质条件。按工程布置划分,分为整体式布置和独立布置。整体式布置与坝体相结合,则称坝式进(出)水口;与厂房相结合,则为厂房尾水管出口。独立布置进(出)水口则位于水库库岸。目前常见的抽水蓄能电站进(出)水口多为独立布置,其按水库水流与引水道的关系分为侧式进(出)水口和井式进(出)水口。侧式进(出)水口又可分为侧向竖井式(见图 6-22 和图 6-23)、侧向岸坡式(见图 6-24)和侧向岸塔式;井式进(出)水口(见图 6-25)又可分为开敞井式、半开敞井式和盖板井式。

抽水蓄能电站进(出)水口既要适应水流双向流动,又要适应库水位骤降变化。与常规水电站进水口相比,它的构造和设计有其特点。

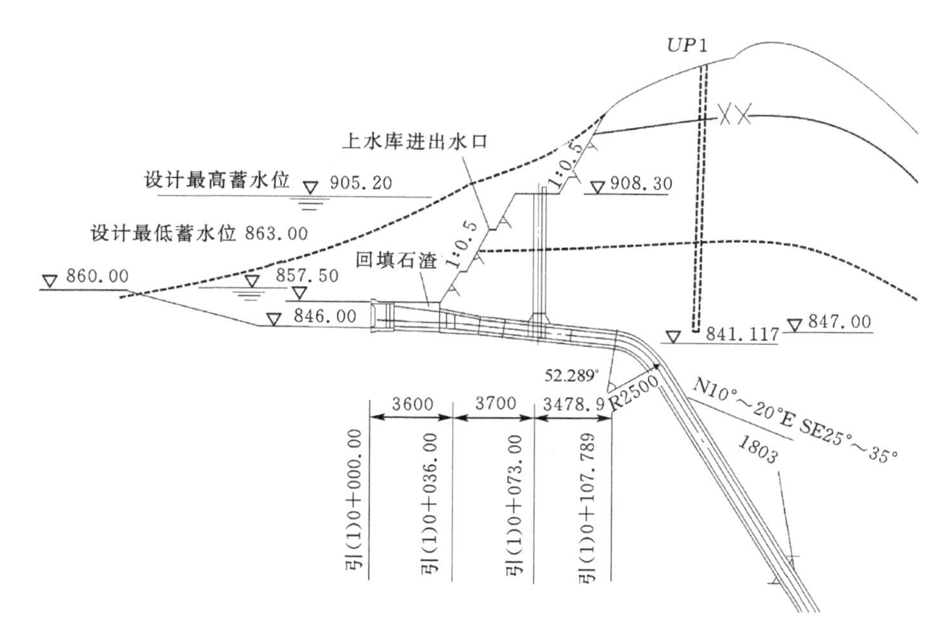

图 6-22　天荒坪抽水蓄能电站上水库进(出)水口(长度单位:cm)

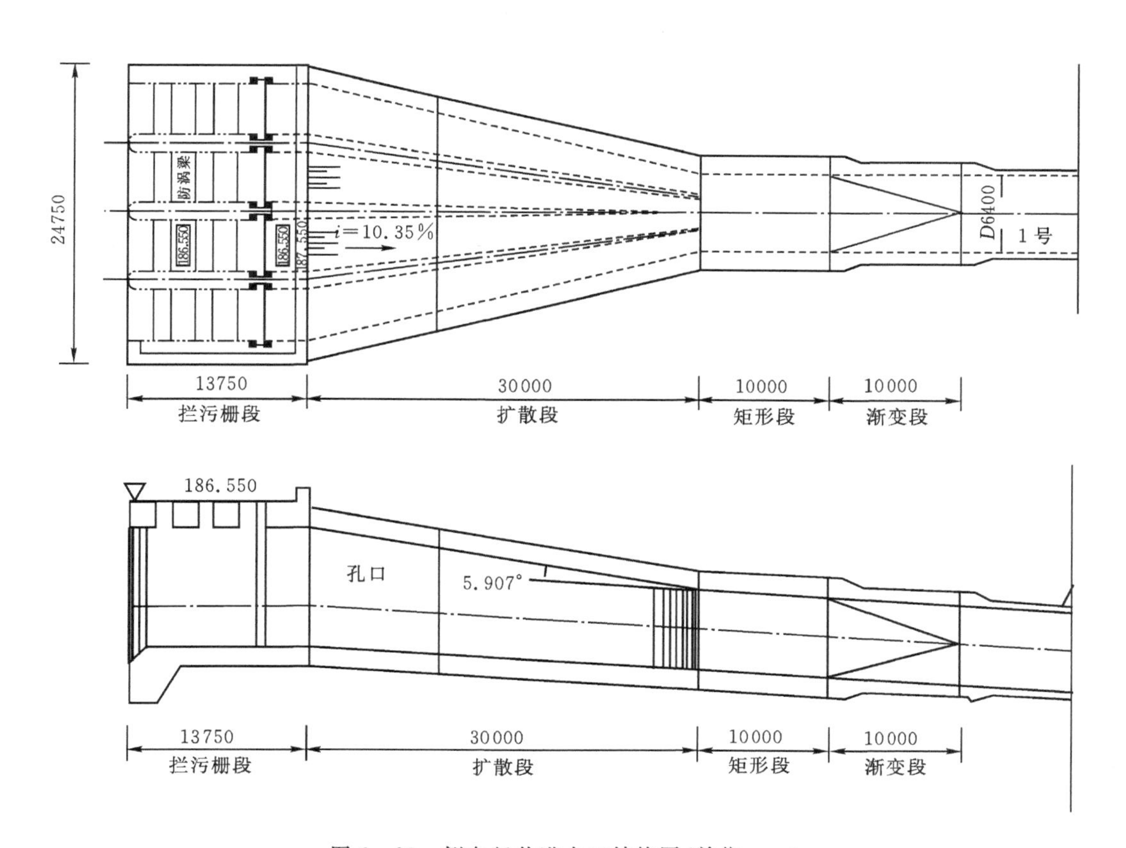

图 6-23　侧向竖井进水口结构图(单位:mm)

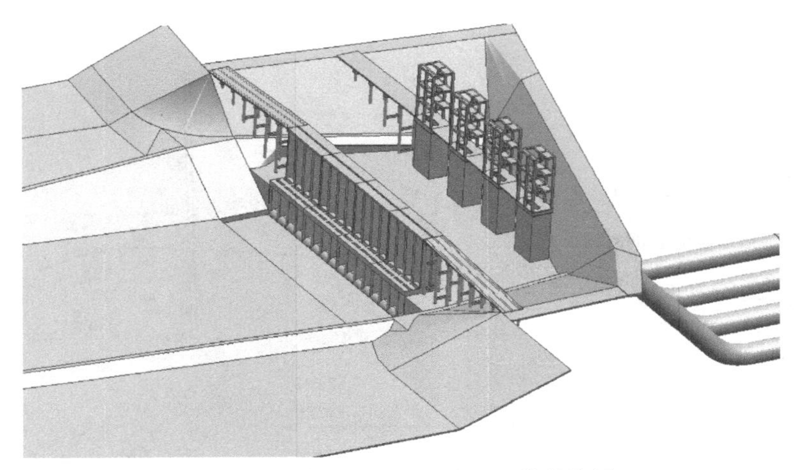

图 6-24　侧向岸坡式进水口三维结构图

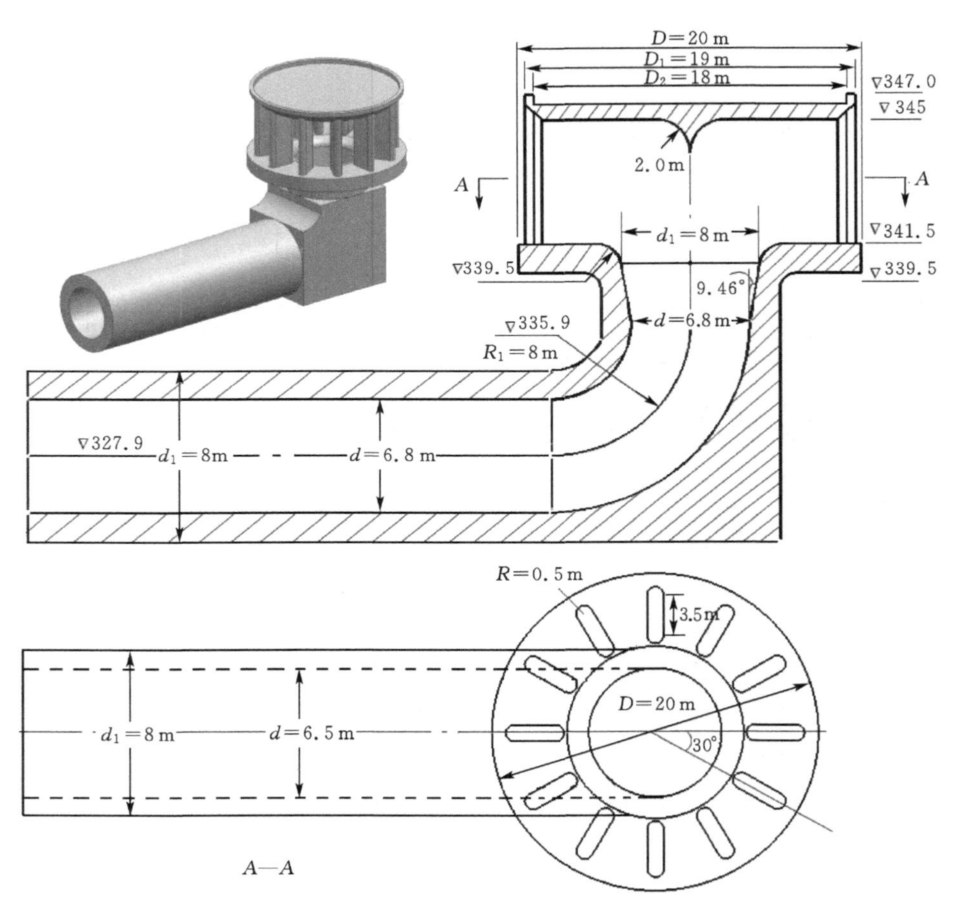

图 6-25　井式进(出)水口结构图

(1)由于水流是双向流动,因此体型轮廓设计要求更为严格。进水时,要逐渐收缩,出水时,应逐渐扩散,全断面上流速尽量均匀,不发生回流、脱离、吸气旋涡。

(2)由于发电和抽水时均要过水,因此水头损失要尽可能小,否则整个系统的总效率将降低。

(3)抽水蓄能电站的上水库和下水库一般库容不大,有时是人工填挖而成,为了尽量减少工程量,要求尽可能地利用库容,进水(出)口顶部的淹没水深均较小,出流时应避免水库环流和库底冲刷。

6.2.3　有压进水口设计

6.2.3.1　有压进水口的位置

水电站进水口在枢纽中的位置,应尽量使水流平顺、对称,不发生回流和旋涡,不出现淤积,不聚集污物,泄洪时仍能正常进水。水流不平顺或不对称,容易出现旋涡;进水口前如有回流区,则漂浮的污物大量聚集,难以清除并影响进水。进水口后接引水隧洞时,还应与洞线布置协调一致,选择地形、地质及水流条件都适宜的位置。

靠近抽水蓄能电站进(出)水口的压力隧洞宜尽量避免弯道,或把弯道布置在离进(出)水口较远处,与进(出)水口连接的隧洞在平面布置上应有不小于30倍洞径的直段。在立面上的弯曲段,因在其平面上仍是对称的,可采用一段较短的整流距离,用以减小弯道水流对进(出)水口出流带来的不利影响。

6.2.3.2　有压进水口的高程

有压进水口应低于运行中可能出现的最低水位,并有一定淹没深度,以避免进水口前出现漏斗状吸气旋涡并防止有压引水道内出现负压,其中前者常为控制条件。漏斗状旋涡会带入空气,吸入漂浮物,引起噪声和振动,减小过流能力,影响水电站的正常发电。某些已建工程的原型观测分析表明,不出现吸气旋涡的临界淹没深度可按下面的戈登(J. L. Gordon)经验公式估算

$$S_{cr} = CV\sqrt{d} \tag{6-1}$$

式中:d为闸门孔口高度,m;V为闸门断面的水流速度,m/s;S_{cr}为闸门门顶低于最低水位的临界淹没深度(m),考虑风浪影响时,计算中采用的最低水位比静水位约低半个浪高;C为经验系数,$C=0.55\sim0.73$,对称进水时取小值,侧向进水时取大值,如图6-26所示为临界淹没深度计算示意图。

对于抽水蓄能电站的进(出)水口,当其进口过流净高度的中心在水库最低水位以下的淹没深度S_m大于一定值时,可避免进流时出现吸气旋涡。S_m可按潘尼诺(B. J. Pennino)定义的进口弗劳德数Fr不超过0.23估算,即

$$Fr = \frac{V}{\sqrt{gS_m}} < 0.23 \tag{6-2}$$

式中:Fr为进口弗劳德数;g为重力加速度,m^2/s;V为进(出)水口进口断面的水流速度,m/s;S_{cr}为进口过流净高度的中心在水库最低水位以下的淹没深度,考虑风浪影响时,计算中采用的最低水位比静水位约低半个浪高。S_{cr}的设计值不应小于进口过流净高度或直径的1/2。

由于影响旋涡产生的因素很多,有些因素无法定量估算,式(6-1)只能用来初估淹没深度。在工程实践中,受地形限制及复杂的行近水流边界条件影响,要求进水口在各种运行情况下完全不产生旋涡是困难的,关键是不应产生漏斗状吸气旋涡。此外,通过水力模型试验研究并采取相应的工程措施,如在旋涡区加设浮排和防涡梁等也有助于避免或消除旋涡。根据统

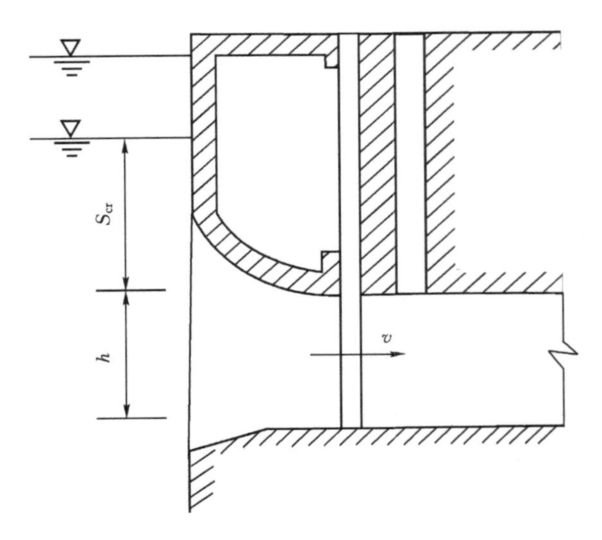

图 6－26　进水口的临界淹没深度示意图

计，国内进水口淹没深度一般大于 0.8d，个别坝式进水口淹没深度仅为 0.5d。

在满足进水口前不产生漏斗状吸气旋涡及引水道内不产生负压的前提下，进水口高程应尽可能高，以改善结构受力条件，降低闸门、启闭设备及引水道的造价，也便于进水口运行维护。

有压进水口的底部高程应高于设计淤积高程。如果这个要求无法满足，则应在进水口附近设排沙孔，以保证进水口不被淤塞，并防止有害的石块进入引水道。

6.2.3.3　**有压进水口的轮廓尺寸**

洞式、岸塔式及塔式进水口的进口段、闸门段和渐变段划分比较明确，进水口的轮廓尺寸主要取决于三个控制断面的尺寸，即拦污栅断面、闸门孔口断面和隧洞断面。拦污栅断面尺寸通常按该断面的水流流速不超过某个极限值的要求来决定。闸门孔口通常为矩形，事故闸门处净过水断面一般为隧洞断面的 1.1 倍左右，检修闸门孔口常与此相等或稍大，孔口宽度略小于隧洞直径，而高度等于或稍大于隧洞直径。隧洞直径一般通过动能经济分析来决定。

进水口的轮廓应能光滑地连接这三个断面，使得水流平顺，流速变化均匀，水流与四周侧壁之间无负压及旋涡。

进口段的作用是连接拦污栅与闸门段。隧洞的进口段常为平底，两侧稍有收缩，上唇收缩较大。两侧收缩曲线常为圆弧，也可用椭圆（$\frac{x^2}{a^2}+\frac{y^2}{b^2}=1$）；上唇收缩曲线目前广泛使用 1/4 椭圆，如图 6－27(a)所示，其长轴口可取 1～1.5D（D 为引水道渐变段末端直径，a、b 分别为椭圆的长轴和短轴），通常取 1.1D；短轴口可取(1/2～1/3)D。一般情况下，椭圆曲线中 $a/b=3\sim4$；当引用流量及流速不大时可用圆弧或双曲线。进口段的长度无一定标准，在满足工程结构布置与水流顺畅的条件下，尽可能紧凑。重要工程的进水口曲线应通过水力模型试验确定。

当引水流量及流速不大时，顶板曲线也可用圆弧曲线，圆弧半径 $R\geqslant D/2$。对重要工程应根据模型试验确定进口曲线。坝式进水口通常采用矩形喇叭口形状，两侧边墙的轮廓可采用椭圆或圆弧等曲线，顶板常采用斜面以便于施工，如图 6－27(b)所示。进口流速不宜太大，一般控制在 1.5 m/s 左右。进口段的长度依满足工程结构布置需要及进水要求控制。

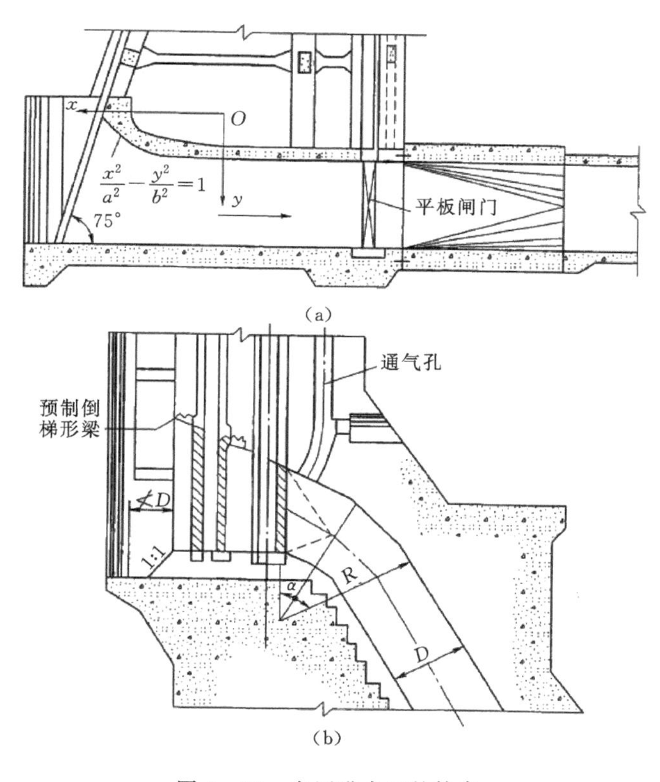

图 6-27　有压进水口的轮廓

闸门段的体型主要决定于所采用的闸门、门槽型式及结构的受力条件，其长度应满足闸门及启闭设备布置需要，并考虑引水道检修通道的要求。

渐变段是由矩形闸门段到圆形隧洞的过渡段。通常采用圆角过渡，如图 6-28 所示，其中 1—1 断面为闸门段，3—3 断面为隧洞。圆角半径 r 可按直线规律变为隧洞半径 R，渐变段的长度一般为隧洞直径的 1.5～2.0 倍，侧面扩散角以 6°～8°为宜，一般不超过10°。

坝式进水口轮廓尺寸拟定的原则同前，但又有其特点。为了适应坝体的结构要求，进水口长度要缩短，进口段与闸门段常合二为一。坝式进水口一般都做成矩形喇叭口状，水头较高时，喇叭开口较小，以减小闸门尺寸以及孔口对坝体结构的影响；水头较低时，孔口开口较大，以降低水头损失。喇叭口的形状常由试验决定，以不出现负压、旋涡且水头损失最小为原则。进水口的中心线可以是水平的，也可以是倾斜的，视与压力管道的连接条件而定。开口较小时，工作闸门可设于喇叭口的中部面，将检修闸门置于喇叭口上游，如图 6-4 和 6-27 所示。该图中还表示了为保证水流平顺各部分所需的最小尺寸。

上述各点均就水电站进水口而言。抽水蓄能电站的进水口在抽水工况时成为出水口，其体型还要利于反向水流的均匀扩散，以防脱流和旋涡。

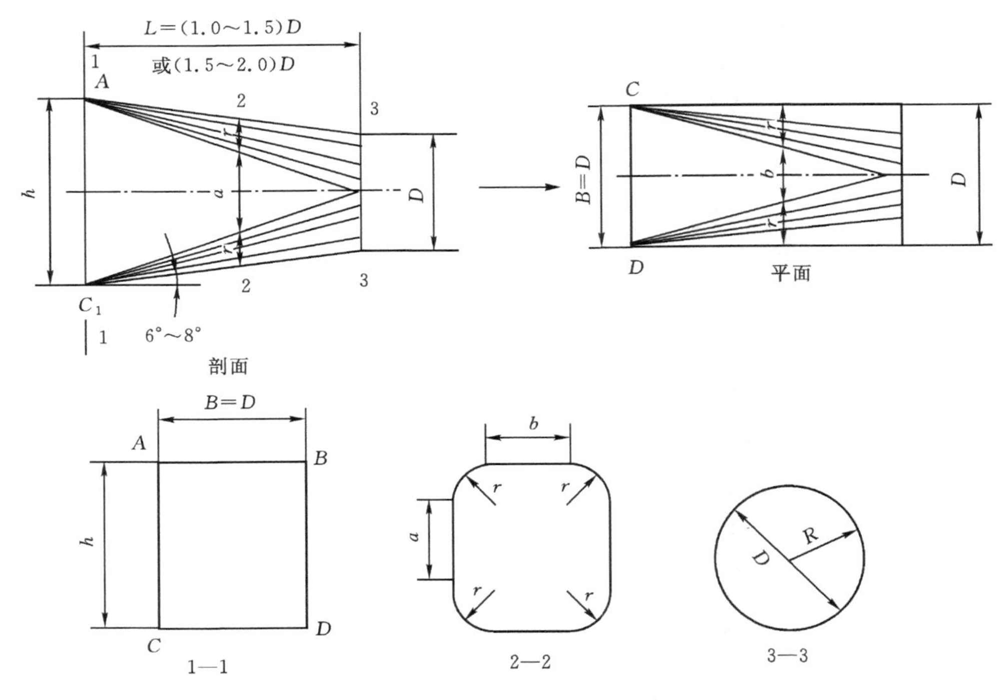

图 6-28 渐变段结构设计示意图

6.2.4 有压进水口的主要设备

有压进水口应根据运行条件设置拦污设备、闸门及启闭设备、通气孔以及充水阀等设备。

6.2.4.1 拦污设备

拦污设备的功用是防止漂木、树枝、树叶、杂草、垃圾、浮冰等漂浮物随水流进入进水口，同时不让这些漂浮物堵塞进水口，影响进水能力。主要的拦污设备是进口处的拦污栅。许多河流洪水期漂浮物骤增，进口处的拦污栅极易堵塞，清污不及，就可能使水电站被迫减小出力甚至停机，压坏拦污栅的事例也曾发生。为了减轻对进口拦污栅的压力，有时在离进水口几十米之外加设一道粗栅或拦污浮排，拦截粗大的漂浮物，并将其引向道流坝，渲泄至下游。拦污浮排可用竹木、钢材或混凝土等材料制作，其中竹木材质的拦污浮排一般仅临时性地使用。

1. 拦污栅的布置及支承结构

拦污栅的立面布置可以是倾斜的或垂直的。闸门竖井式、岸塔式和岸坡式进水口的拦污栅常布置为倾斜的，倾角为60°~70°，如图 6-13、图 6-14、图 6-16 及图 6-17 所示，其优点是过水断面大，且易于清污。塔式进水口的拦污栅可布置为倾斜的或垂直的，这取决于进水口的结构形状。坝式进水口的拦污栅一般为垂直的。

拦污栅在平面上可以布置成直线形或多边形构成的近似半圆形。前者便于清污；后者可以增大拦污栅处的过水断面。闸门竖井式及岸塔式进水口一般采用平面拦污栅，如图 6-13、图 6-14、图 6-16 所示。塔式及坝式进水口则两种均可能采用。坝式进水口采用直线形拦污栅的情况如图 6-4 所示，该电站所有进水口共用一个整体的直线形通仓拦污栅。这种将各个进水口的拦污栅连成一个直线形的整体，不再分隔的通仓拦污栅，适合引用流量较大的机组，它充分利用了进水口前的空间来增大过水断面，在部分栅面被泥沙或污物堵塞时，可通过邻近栅面进水，起到互为备用的作用，且结构简单，施工方便，又便于机械清污。坝式进水口采用多边形拦污栅的情况如图6-18、图6-19所示。

拦污栅的总面积常按电站的引用流量及拟定的过栅流速反算得出，过栅流速是指扣除墩（柱）、横梁及栅条等各种阻水断面后按净面积算出的流速。拦污栅总面积小则过栅流速大，水头损失大，漂浮物对拦污栅的撞击力大，清污亦困难；拦污栅的面积大，则会增加造价，甚至布置困难。为便于机械清污，过栅流速一般限制在1.0～1.2 m/s。当河流污物很少或经粗栅、拦污浮排等措施后，拦污栅前污物很少，而水电站引用流量较大时，过栅流速可适当加大。

拦污栅通常由钢筋混凝土框架结构支承，如图6-13、图6-18及图6-19所示。拦污栅框架由墩（柱）及横梁组成，墩（柱）侧面留槽，拦污栅片插在槽内，上、下两端分别支承在两根横梁上，承受水压时相当于简支梁。横梁的间距一般不大于4 m，间距过大会加大栅片的横断面，但过小会减小净过水断面，增加水头损失。多边形拦污栅离压力管道进口不能太近，以保证水流平顺。拦污栅框架顶部应高出需要清污时的相应水库水位。

2. 拦污栅栅片

拦污栅由若干块栅片组成，每块栅片的宽度一般不超过2.5 m，高度不超过4 m，栅片像闸门一样插在支承结构的栅槽中，必要时可一片片提起检修。栅片的结构如图6-29所示。其矩形边框由角钢或槽钢焊成，纵向的栅条常用扁钢制成，上下两端焊在边框上。沿栅条的长度方向，等距设置几道带有槽口的横隔板，栅条背水的一边嵌入该槽口并加以焊接，不仅固定了位置，也增加了侧向稳定性。栅片顶部设有吊环。

栅条的厚度及宽度由强度计算决定，通常厚8～12 mm，宽100～200 mm。相邻栅条之间的净距b取决于水轮机的型号及尺寸，以保证通过拦污栅的污物不会卡在水轮机过流部件中为原则。该值一般由水轮机制造厂提供，或对于混流式水轮机，取$b\approx\frac{D_1}{30}$；轴流式水轮机，取$b\approx\frac{D_1}{20}$，其中D_1为转轮直径；对冲击式水轮机，$b\approx\frac{d}{5}$，其中d为喷嘴直径。但相邻栅条之间的最大净距不宜超过20 cm，最小净距不宜小于5 cm。栅条的截面形状直接影响水流通过拦污栅时的水头损失。

3. 拦污栅的清污及防冻

拦污栅是否被污物堵塞及其堵塞程度可通过监测栅前、栅后的压力差或水位差来判断，这是因为正常情况下水流通过拦污栅时的水头损失很小，被污物堵塞后则明显增大。发现拦污栅被堵时，要及时清污，以免造成额外的水头损失。堵塞不严重时清污方便，堵塞过多则过栅流速大，水头损失加大，污物被水压力紧压在栅条上，清污困难，处理不当会造成停机或压坏拦污栅的事故。

拦污栅的清污方法随清污设施及污物种类不同而异。人工清污是用齿耙扒掉拦污栅上的污物，一般用于小型水电站的浅水、倾斜拦污栅。大中型水电站常用清污机，如图6-30所示。若污物中的树枝较多，不易扒除时，可利用倒冲的方法使其脱离拦污栅，如引水系统中有调压室或前池，则可先加大水电站出力，然后突弃负荷，造成引水道内短时间反向水流，将污物自拦污栅上冲下，再将其扒走。拦污栅吊起清污方法可用于污物不多的河流，结合拦污栅检修进行，也用于污物（尤其是漂浮的树枝）较多、清污困难的情况。对于后一种情况，可设两道拦污

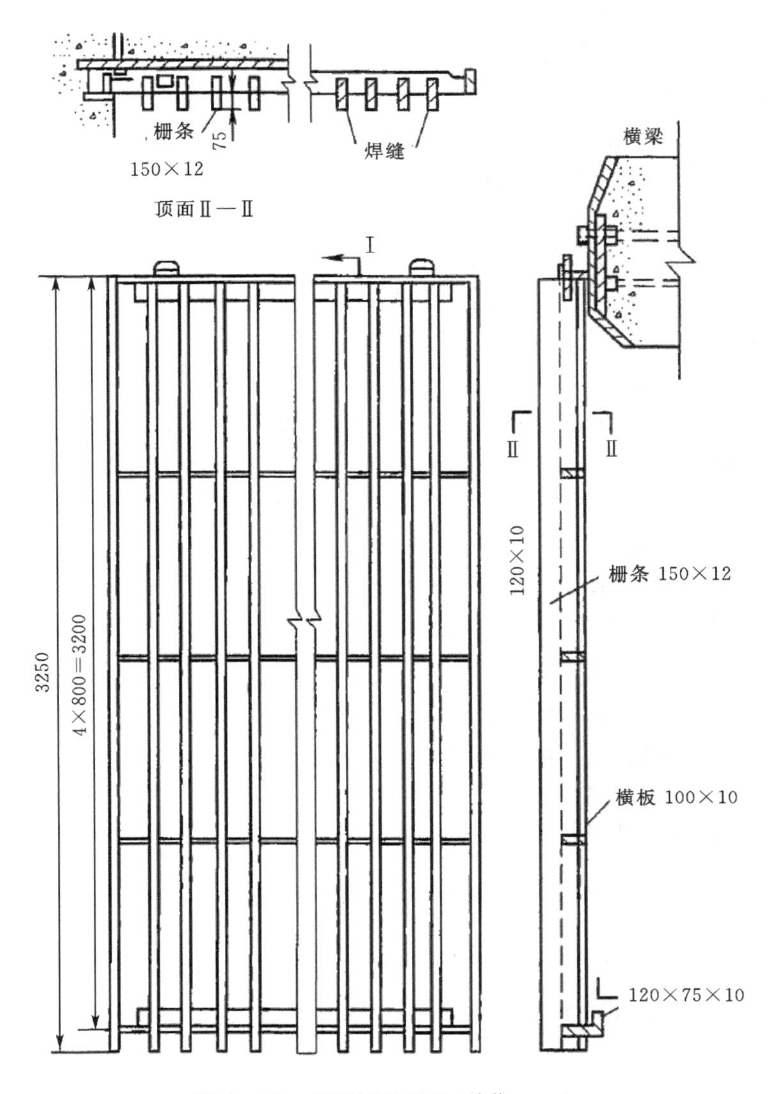

图 6-29　拦污栅的栅片(单位:mm)

栅,一道吊出清出的污物时,另一道可以拦污,以保证清污时水电站仍能正常运行,如四川映秀湾水电站。有的漂浮污物较多的水电站采用回转拦污栅,其拦污网可循环转动,连续清污。

在严寒地区要防止拦污栅封冻。如冬季仍能保证全部栅条完全淹没在水下,则水面形成冰盖后,下层水温高于0℃,栅面不会结冰。如栅条露出水面,则要设法防止栅面结冰。一种方法是在栅面上通过50 V以下电流,形成回路,使栅条发热;另一种方法是将压缩空气用管道通到拦污栅上游侧的底部,从均匀布置的喷嘴中喷出,形成自下向上的挟气水流,将下层温水带至栅面,并增加水流紊动,防止栅面结冰。这时要相应减小水电站引用流量以免吸入大量气泡。在特别寒冷的地区,有时采用室内进水口(包括拦污栅),以便保温。

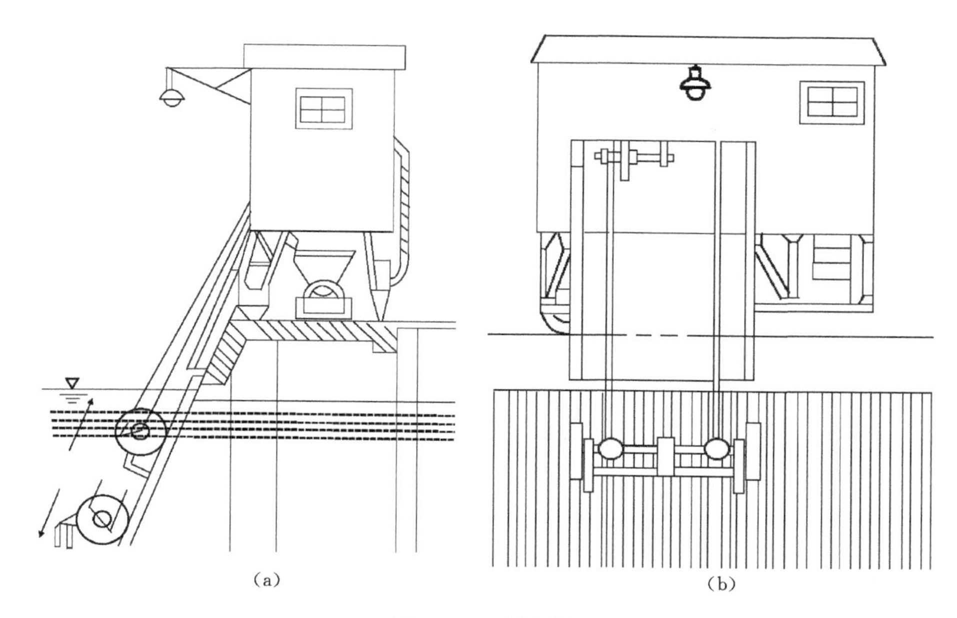

图 6-30　清污机

4. 拦污栅结构设计原理

拦污栅及其支承结构的设计荷载有水压力、清污机压力、漂浮物(漂木及浮冰等)的冲击力、清污机自重、拦污栅及支承结构自重等。拦污栅设计水压力指的是拦污栅可能堵塞情况下的栅前、栅后的压力差,一般可取为 2～4 m 的均匀水压力。有可能严重堵塞时,设计水压力要相应加大。

拦污栅栅片上下两端支承在横梁上,栅条相当于简支梁,设计荷载确定后不难算出所需要的截面尺寸。栅片的荷载传给上下两根横梁,横梁受均布力。横梁、柱墩等按框架结构设计。

6.2.4.2　**闸门及启闭设备**

按工作性质,进水口闸门可分为 3 类:工作闸门、事故闸门和检修闸门。工作闸门可在动水中开启和关闭;事故闸门在动水中关闭,静水中开启;检修闸门在静水中启闭。在厂房机组有快速下门保护要求时,工作闸门或事故闸门还应满足下门速度要求。进水口通常设两道闸门,即事故闸门及检修闸门。当隧洞较短或调压室处另设有事故闸门时,可只设一道检修闸门。事故闸门仅在全开或全关的情况下工作,不用于流量调节,其主要功用是,当机组或引水道内发生事故时迅速切断水流,以防事故扩大。此外,在引水道检修期间,也用以封堵水流。事故闸门常悬挂于孔口上方,以便事故时能在动水中快速(2～3 min)关闭。因事故闸门是在静水中开启,因此应先用充水阀向门后管道中充水,待闸门前后的水压基本平衡后才开启闸门。事实上,闸门前后常因引水道末端的阀门或水轮机导叶漏水产生一定压差,故事故闸门应能在 3～5 m 水压差下开启。事故闸门一般为平板门,因其占据空间小,布置上较为方便,但也有采用弧形门的。周边进水的塔式进水口则常采用圆筒闸门。每套闸门配备一套固定的卷扬式启闭机或油压启闭机,以便随时操作。闸门启闭机应有就地操作和远程操作两套系统,并配有可靠电源。闸门应能吊出进行检修。

有压进水口的检修闸门设在事故闸门上游侧,在检修事故闸门及其门槽时用以堵水。一般采用静水启闭的平板门，中小型水电站上也可采用叠梁。几个进水口可合用一扇检修门，合用一台移动式的启闭机（如坝顶门机），或采用临时启闭设备均可。

6.2.4.3 **通气孔及充气阀**

通气孔设在事故闸门之后，其功用是当引水道充水时用以排气，当事故闸门关闭放空引水道时，用以补气以防出现有害的真空。当闸门为前止水时，常利用闸门井兼作通气孔，如图6－13所示。当闸门为后止水时，则必须设专用的通气孔，如图6－19所示。通气孔中常设爬梯，兼作进人孔。

通气孔的面积常按最大进气流量除以允许进气流速得出。最大进气流量出现在事故闸门紧急关闭时，可近似认为等于进水口的最大引用流量。允许进气流速与引水道形式有关，对于露天钢管可取30～50 m/s，坝内钢管及隧洞可取70～80 m/s或更高。通气孔顶端应高出上游最高水位，以防水流溢出。要采取适当措施，防止通气孔因冰冻堵塞，防止大量进气时危害运行人员或吸入周围物件。

充水阀的作用是开启闸门前向引水道充水，平衡闸门前后水压，以便闸门在静水中开启。充水阀的尺寸应根据充水容积、下游漏水量及要求充满的时间等因素来确定。充水阀可安装在专门设置的连通闸门上、下游水道的旁通管上，但较常见的是直接在平板闸门上设充水“小门”，利用闸门拉杆启闭。闸门关闭时，拉杆及充水“小门”重量同时作用，使充水“小门”关闭；提升拉杆而闸门本体尚未提起时即可先行开启充水“小门”，向闸后管道充水，待闸门前后水压基本平衡时，继续提升拉杆，升起闸门本体。由于连接旁通充水阀的管路不便于检修，并且与水库相连，存在一定的安全隐患，加之不容易进行自动控制，故旁通阀充水方法没有闸门上附设充水“小门”的方法流行。过去一些工程不设充水阀而采用局部提升事故闸门的方法向引水道充水。这种办法容易误操作，国内外曾多次发生因充水时闸门提升过高，引水道内紊乱的气、水混流造成闸门井及通气孔向上冒水的事故。

此外，进水口应设有可靠的测压设施，以便监测拦污栅前后的水位差，以及事故闸门、检修闸门在开启前的平压情况。

6.2.5 无压进水口及沉沙池

无压进水口又称为开敞式进水口，一般用于无压引水式水电站。按枢纽组成的不同，无压进水口可分为无坝取水和有坝取水两种。因无坝取水只能引用河流流量的一部分，不能充分利用河流资源，故较少采用。若电站的引用流量占河流流量的比重较大，或者需要拦蓄一部分水量进行日调节时，就要在河流上建造低坝，此种取水方式即为有坝取水，应用较广泛。本书主要介绍有坝取水无压进水口和虹吸式进水口。

6.2.5.1 **有坝取水无压进水口**

如图6－31所示为无压进水口布置示意图，无压进水口一般用于无压引水式水电站，也见于低坝水库的有压引水式水电站，其设计原理与有压进水口相同，但因水库较小，防沙、防污及防冰问题突出，设计中要格外注意以下几点。

（1）枢纽布置。布置设有无压进水口的水力枢纽时，要合理安排拦河闸、坝的位置，尽量维持河流原有的形态及泥沙运动规律。洪水期要使上游冲下来的泥沙（特别是推移质）全部下泄，防止泥沙堆积，同时最好能在进水口前形成一股水流，以便将漂浮物冲至下游。

（2）进水口位置。无压进水口上游无大水库，因而河中流速较大（尤其是洪水期），泥沙、污物等可顺流而下直抵进水口前。平面上的回流作用常使漂浮物聚积于凸岸，剖面上的环流作用则将底层泥沙带向凸岸，而使上层清水流向凹岸。因此，进水口应布置在河流弯曲段的凹岸，以避免漂浮物聚集，防止泥沙淤积以及便于引进清水。

(3)拦污设施。进水口一般均设拦污栅或浮排以拦截漂浮物。当树枝、草根等污物较多时，常设粗、细两道拦污栅，当河中漂木较多时，可设胸墙拦阻漂木。

(4)拦沙、沉沙、冲沙设施。进水口应能防止粒径大于0.25 mm的有害泥沙进入引水道，以免淤积引水道，降低过流能力以及磨损水轮机转轮和过流部件。进水口前常设拦沙坎，截住沿河底滚动的推移质泥沙，并通过冲沙底孔或廊道排至下游。进水口内常设沉沙池，沉积悬移质泥沙中的有害泥沙，再利用冲沙廊道或排沙机械将其清除。

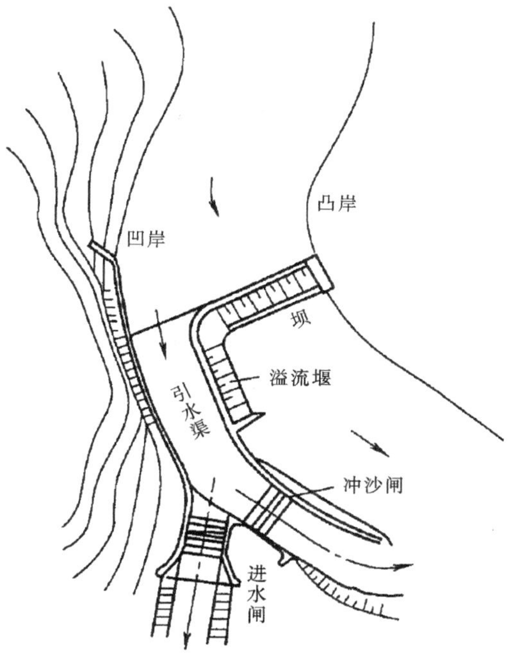

图6-31　无压进水口布置示意图

有坝无压进水口的组成建筑物一般有拦河低坝、进水闸、冲沙闸及沉沙池等，一般布置原则如下。

建造拦河低坝时，要充分考虑泥沙的影响，如处理不当会使整个进水口枢纽淤死或冲坏，故原则上要尽量维持河流原有的形态，洪水期要使上游冲下来的泥沙(特别是推移质)基本上全部经冲沙闸下泄，不使其堆积在坝的上、下游。此外还需考虑建筑物的抗磨问题。

进水闸与冲沙闸的相对位置应以"正面进水，侧面排沙"的原则进行布置。应根据自然条件和引水流量的大小确定最佳引水角度，条件许可时应尽量减小引水角度。

冲沙闸与溢流坝之间常设分水墙，以形成冲沙槽，如图6-32所示。

此外，也可设置冲沙廊道，排除进口前的淤沙，图6-33为一双层进水口，上层清水进入渠道，推移质泥沙则堆积在进水口前，通过定期打开底孔冲沙廊道将其冲走。分水墙用来分隔水流，以形成较大的流速。冲沙廊道中的水流流速一般要达到4～6 m/s才能有效地冲沙。

进水闸的底坎高程应高于冲沙廊道进口的底面高程，其高差一般不小于1.0 m，这样可防止底沙进入引水道。另外还可以设置拦沙坎，以在非洪水期、引水系数较大而河道推移质较多的情况下，防止底沙进入引水道。拦沙坎高度约为冲沙槽设计水深的1/4～1/3，最好不小于1.0～1.5 m。

进水口布置时，要尽可能防止有害的泥沙进入引水道。有害的泥沙一般是指粒径大于0.25 mm的泥沙，这类泥沙容易淤积到引水道里，减小引水道的过水能力，而且会磨损水轮机转轮及导叶等过流部件。有害泥沙中的推移质泥沙是沿河底滚动的，所以只要在进水口前设拦沙坎即可防止其进入进水口，但应及时清除拦沙坎前的泥沙，否则堆积过多会使拦沙坎失效。至于有害泥沙中的悬移质泥沙，通常是先使其进入进水口，再设沉沙池将其清除。沉沙池的基本原理是加大过水断面，减小水流的流速及其挟沙能力，使有害泥沙沉淀在沉沙池内。设计沉沙池时首先要确定其过水断面及长度。过水断面取决于池中水流的平均流速，平均流速

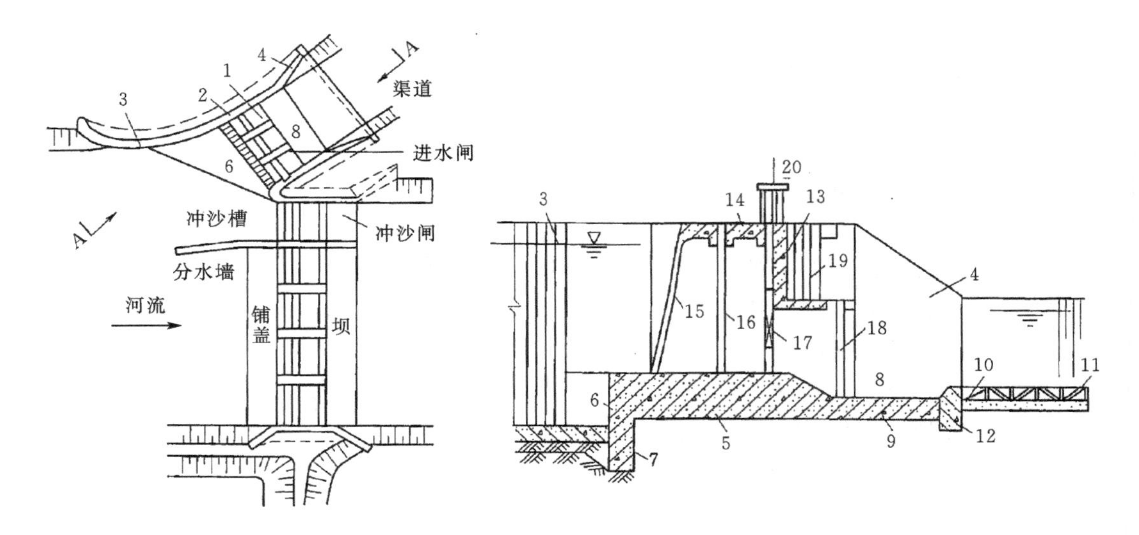

图 6-32　设有冲沙槽的进水口总体布置

1—闸墩；2—边墩；3—上游翼墙；4—下游翼墙；5—闸底扳；6—拦沙坎；7—截水墙；8—消力池；9—护坦；10—穿孔混凝土板；11—乱石海漫；12—齿墙；13—胸墙；14—工作桥；15—拦污栅；16—检修门；17—工作门；18—下游检修门；19—下游闸板存放槽；20—启闭机

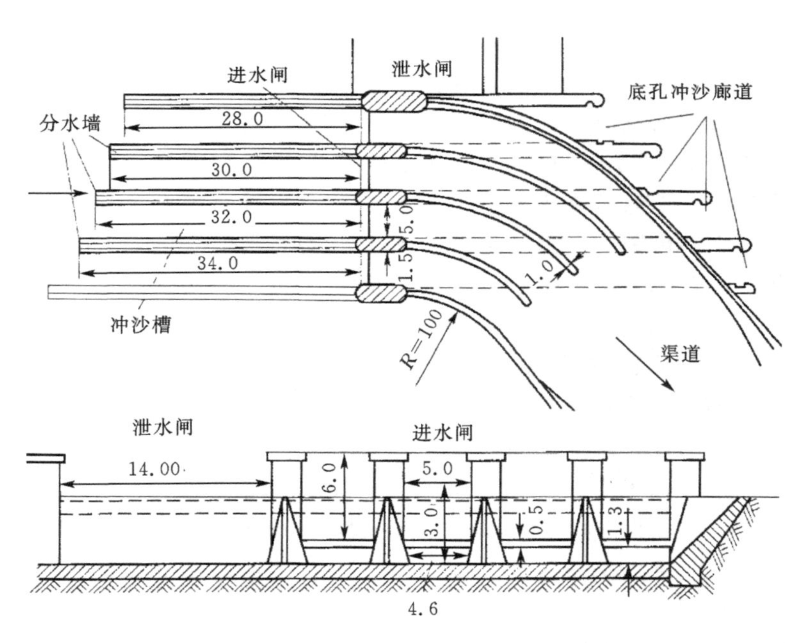

图 6-33　无压双层进水口(单位:m)

一般为 0.25～0.70 m/s,具体视有害泥沙粒径而定。沉沙池的长度及过水断面要通过专门的计算及试验加以确定。沉沙池长度不足,则有害泥沙尚未下沉到池底已流出沉沙池,达不到沉沙的效果;沉沙池过长则造成浪费。

沉沙池中沉淀的泥沙应予以排除,其排沙方式分为连续冲沙、定期冲沙和机械排沙三种,

图6-34为连续冲沙的沉沙池。沉积的泥沙由下层冲沙廊道排至下游河道，在沉沙池口处设置了分流设备，以使池中的水流流速分配均匀，提高沉沙效果。

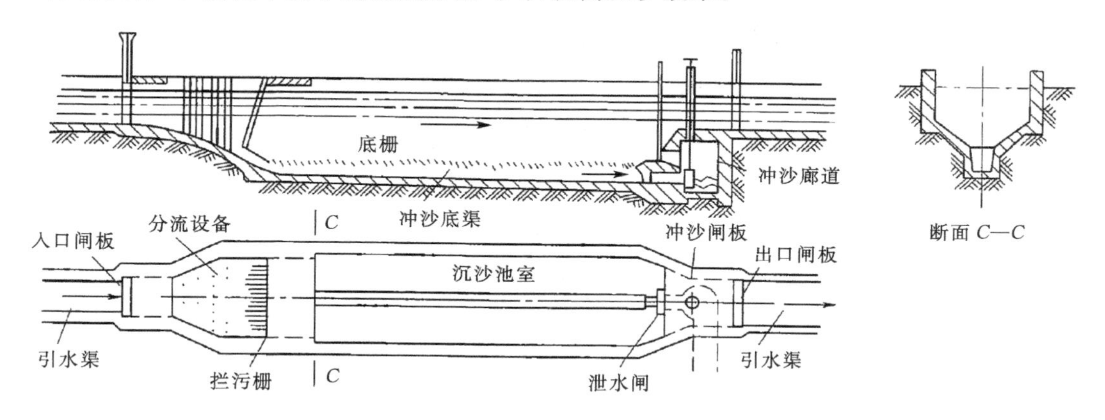

图6-34　连续式冲沙的沉沙池

定期冲沙的沉沙池当泥沙沉积到一定深度时关闭池后闸门，降低池中水位，向原河道中冲沙。冲沙时水电站要停止发电，为了不影响水电站的发电，可采用多室式沉沙池，各室轮流冲沙，如图6-35所示。冲沙时多采用射流，即先关闭沉沙池进口闸门，用冲沙廊道将池水放空，然后再稍开进口闸门，利用闸底的射流将泥沙冲走。机械排沙是用挖泥船、吹泥船等机械设备排除沉积的泥沙。

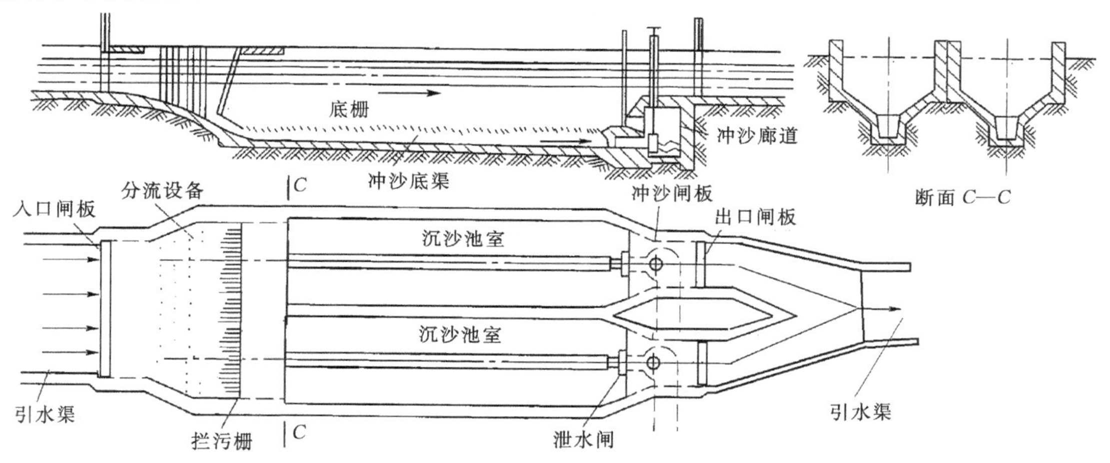

图6-35　带多室式沉沙池的进水口

图6-36为一典型的山区多泥沙河流上引水式水电站的首部枢纽图。无压进水口设于凹岸、进水口前设拦沙坎拦截推移质泥沙，并利用排沙闸冲走堆沙。进水口还筑有束水墙以增大坎前冲沙流速。进口处设粗拦污栅及叠梁槽。引水隧洞入口处设第二道拦沙坎及沉沙池、检修闸门、细拦污栅及事故闸门。在枯水季节河水含沙极少时，拦河闸关闭以抬高水位，水流由隧洞的闸前进水口直接进入引水隧洞。洪水季节则闸门全开，使挟沙洪水顺利下泄，隧洞入口闸门关闭，部分挟沙水流经引渠闸、沉沙池引渠进入沉沙池。引渠上设截沙槽，拦截和排除进入引渠的推移质泥沙。经沉沙池处理后的清水引入隧洞的汛期进水口。

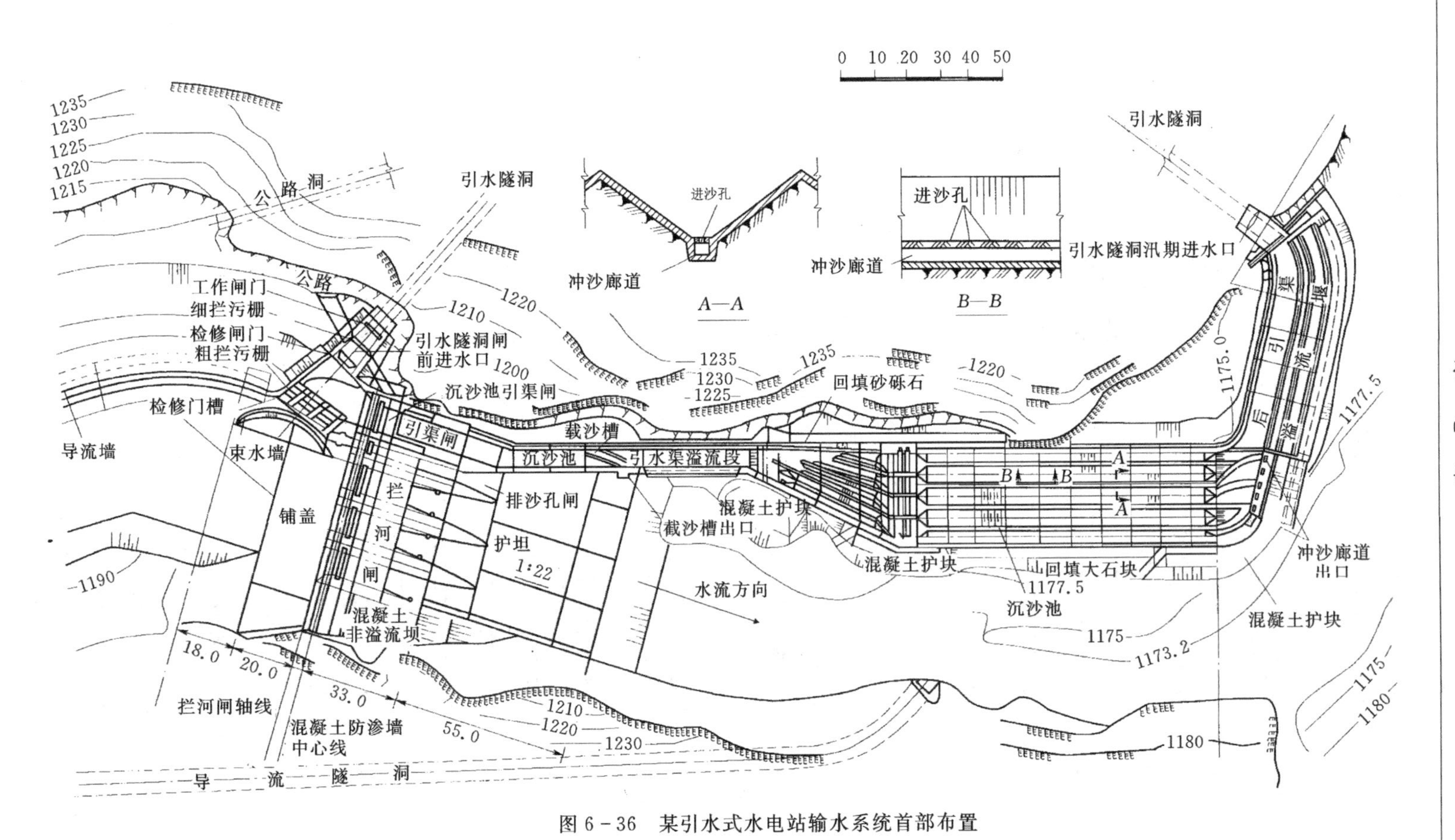

图 6-36 某引水式水电站输水系统首部布置

沉沙池的基本原理是加大过水断面并通过分流墙或格栅形成均匀的低速区，减小水流挟沙能力，使有害泥沙沉积在池内，而让清水进入引水道。沉沙池内水流平均流速一般为0.25～0.70 m/s，视有害泥沙粒径而定。水流流出沉沙池前，挟带的有害泥沙应能沉入池底，这就要求沉沙池有足够的长度。沉沙池的过水断面和长度要通过专门计算及试验来确定。

6.2.5.2　**虹吸式进水口**

水头在20～30 m左右且前池水位变幅不大的无压引水式水电站，采用虹吸式进水口可简化布置，节省投资，在小型水电站中采用较多，如图6-37所示。

虹吸式进水口是利用虹吸原理将发电用水从前池引向压力管道。这种进水口能迅速切断水流而无需闸门及启闭设备，从而使布置简化，操作简便，停机可靠，投资节省。但虹吸式进水口的缺点是虹吸管的型体较复杂，施工质量要求较高。由于水流要越过压力墙顶进入压力管道，故引水道比坝式进水口稍长，工程量相应增多。

虹吸式进水口一般由进口段、驼峰段、渐变段三部分组成。进口段淹没在上游一定的水深下，并安设拦污栅。进口流道为矩形断面的管道，以曲线与驼峰衔接。驼峰段经常处于负压下工作，驼峰高程越高，压力越低。为减低驼峰顶点的负压，断面形状一般采用扁方形。渐变段为扁方形驼峰段和圆形压力水管的过渡段，以使水流平顺进入压力管道。驼峰顶点装有真空破坏阀，并布置有抽气管道、旁通管及阀门等。抽气机或射流抽气泵布置在附近机房内。虹吸式进水口的进口段、驼峰段和渐变段都是埋置在大体积混凝土或浆砌块石中的钢筋混凝土结构，如图6-37所示。

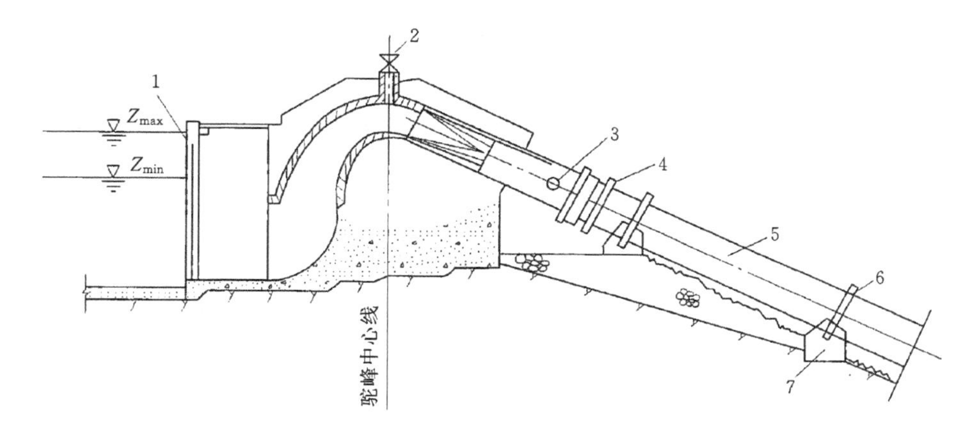

图6-37　虹吸式进水口

1—拦污栅；2—真空破坏阀；3—进人孔；4—伸缩节；5—钢管；6—支承环；7—支墩

6.3　水电站的渠道及隧洞

6.3.1　渠道

6.3.1.1　**渠道的功用、要求及类型**

水电站渠道可当作引水渠，为无压引水式水电站集中落差，形成水头，并向机组输水；也用作尾水渠，将发电用过的水排入下游河道。尾水渠道通常很短，以下主要讨论引水渠道。

对水电站引水渠道的基本要求包括以下几点。

(1)有足够的输水能力。渠道应能随时向机组输送所需的流量,并有适应流量变化的能力。

(2)水质符合要求。要防止有害的污物及泥沙经渠首或由渠道沿线进入渠道,在渠末水电站压力管道进口处还要再次采取拦污排冰、防沙等措施。

(3)运行安全可靠。渠道中既要防冲又要防淤,为此渠内流速要小于不冲流速而大于不淤流速;渠道的渗漏要限制在一定范围内,过大的渗漏不仅造成水量损失,而且会危及渠道的安全;渠道中长草会增大水头损失,降低过水能力,在气温较高易于长草的季节,维持渠中水深大于 1.5 m 及流速大于 0.6 m/s 可抑制水草生长;在渠道中加设护面既可减小糙率,又可防冲、防渗、防草,还有利于维护边坡稳定,但造价较贵;严寒季节,水流中的冰凌会堵塞进水口拦污栅,用暂时降低水电站出力,使渠中流速小于 0.45~0.60 m/s,以迅速形成冰盖的方法可防止冰凌的生成,为了保护冰盖,渠内流速应限制在 1.25 m/s 以下,并防止过大的水位变动。

(4)结构经济合理,便于施工运行。

水电站渠道按其水力特性分为自动调节渠道和非自动调节渠道。简单介绍如下。

1. 自动调节渠道

自动调节渠道如图 6-38 所示,渠顶高程沿渠道全长不变,而且高出渠内可能的最高水位;渠底按一定坡度逐渐降低,断面也逐渐加大;在渠末压力前池处不设泄水建筑物。当渠道通过设计流量时,自动调节渠道内的水位为恒定均匀流,水面线平行于渠底,水深为正常水深 h_0。当电站出力减小,水轮机引用流量小于渠道设计流量时,水流为恒定非均匀流,水面形成壅水曲线,引水流量愈小,渠末水深愈大。当水电站停止工作、引用流量为零时,渠末水位与渠首水位齐平,渠道堤顶应高于渠内最高水位,避免发生漫顶溢流现象。

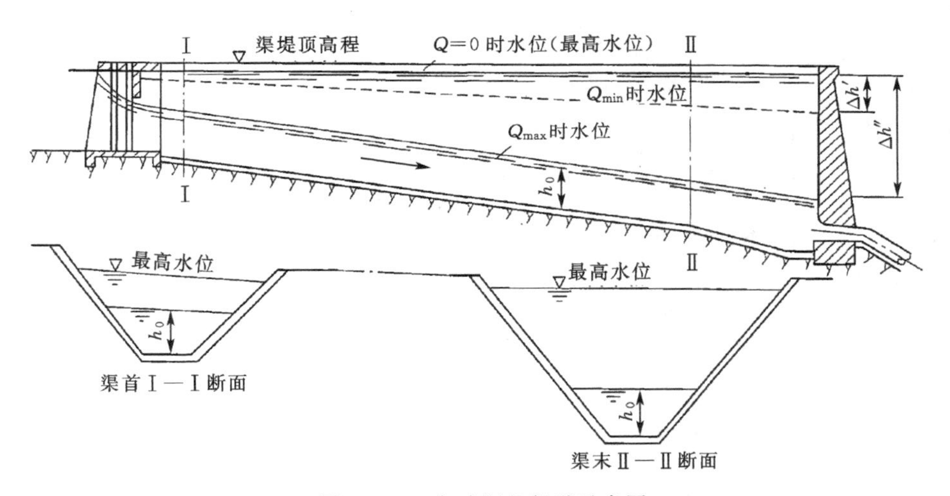

图 6-38 自动调节渠道示意图

自动调节渠道无溢流水量损失,渠道最低水位与最高水位之间的容积可以调节水量。当电站引用流量发生变化时,可由渠内水深和水面比降的相应变化来自动调节,不必通过调整渠首闸门的开度来调节入渠流量,故称自动调节渠道。在引用流量较小时,渠道未能保持较高的水位,因而可获得较高的水头。由于渠道顶部高程沿渠线相等,故工程量较大。只有在渠线较短,地面纵坡较小,进口水位变化不大,而且下游没有灌溉、给水或下一级电站用水的情况下,采用此种类型的渠道才是经济合理的。

2. 非自动调节渠道

非自动调节渠道如图 6－39 所示，渠顶沿渠道长度有一定的坡度，一般与渠底坡度相同。在渠末压力前池处(或压力前池附近)设有泄水建筑物，一般为溢流堰或虹吸式溢水道，用来控制渠首水位的升高和渲泄水量。当渠道通过设计流量时，非自动调节渠道内的水流为恒定均匀流，渠内水深为正常水深，渠末水位略低于溢流堰顶(一般为 3～5 cm)；当水电站出力减小，引用流量小于设计流量时，渠末水位升高并超过溢流堰顶后，多余水量将通过溢流堰泄向下游；当引用流量为零时，全部流量均经溢流堰泄向下游。渠道末端的顶部高程应高于全部流量下泄时的渠末水位。为了减少无益弃水，应根据电站负荷的变化，通过调整渠首闸门的开度来调节入渠流量，故称非自动调节渠道，实际工程中大多数发电渠道都属此类渠道。

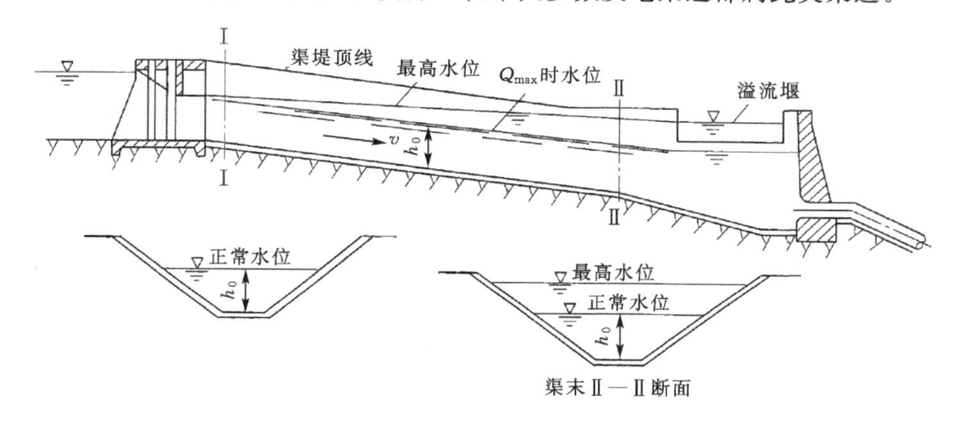

图 6－39　非自动调节渠道示意图

自动调节渠道渠末不设溢流堰。当水电站引用流量为零时，渠中水位是水平的，因而堤顶基本上是水平的，渠道断面向下游逐渐加大。自动调节渠道只用于渠线很短的情况，进口可只设检修闸门。

6.3.1.2　**渠道的水力计算特点**

渠道水力计算的基本原理及方法已在水力学中讲过，水力计算可分为恒定流计算及非恒定流计算两种，它们是决定渠道尺寸及拟定水电站运行方式的基础。

1. 恒定流计算

对于给定的渠道断面形状、底坡及糙率，利用谢才公式可求出均匀流下正常水深 h_n，h_n 与流量 Q 之间的关系曲线，如图 6－40 中的曲线①。

根据给定的断面，假定一系列临界水深 h_c 可算得与其相对应的流量 Q，从而做出 h_c-Q 关系曲线，即曲线②。

对于给定的渠首设计水深 h_1(即水库为设计低水位、闸门全开下的渠首水深)，利用水力学中非均匀流水面曲线的计算方法可求出渠道通过不同流量时渠末的水深 h_2，从而绘出 h_2-Q 关系曲线，即曲线③。

根据渠末溢流堰的实际尺寸，按堰流公式可以得出渠末水深 h_2(等于堰顶至渠底的高度 h_w 加上堰上水头)与溢流流量 Q_w 的关系曲线 h_2-Q_w，即曲线④。

这几根曲线的关系及意义如下。

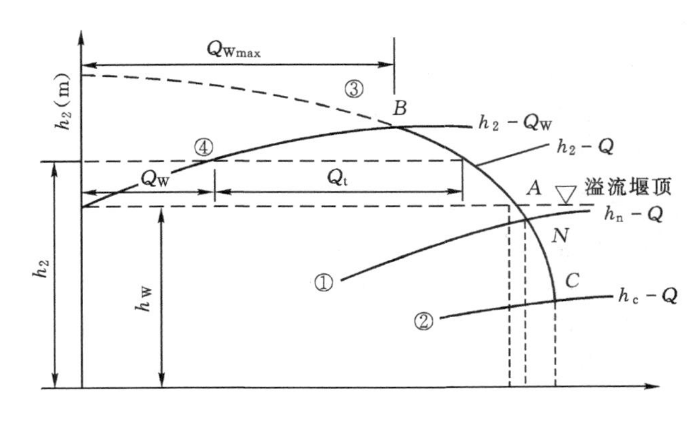

图 6-40　渠末水深与流量关系

曲线①与曲线③的交点 N 表示 $h_n=h_2$，渠内发生均匀流。此时的流量相应于渠道的设计流量 Q_d。

若水电站引用流量大于 Q_d，$h_n<h_2$，渠中出现降水曲线，且随着流量的增加，h_2 迅速减小。h_2 的极限值是临界水深 h_c，即曲线②与曲线③的交点 C。此时的流量 Q_c 为给定渠首水深 h_1 下渠道的极限过水能力。一般取水电站的最大引用流量 Q_{max} 为渠道的设计流量 Q_d（而不是令 Q_{max} 等于 Q_c），这是因为：(a)使渠道经常处于壅水状态工作，以增加发电水头；(b)避免因流量增加不多而水头显著减小的现象；(c)使渠道的过水能力留有余地，以防止渠道淤积、长草或实际糙率大于设计采用值时，水电站出力受阻（即发不出额定出力）。

水电站引用流量小于 Q_{max}（即 Q_d）时，$h_2>h_d$，渠中出现壅水曲线，渠末水位随流量减小而上升。当水电站引用流量等于 Q_A 时，即曲线②与堰顶高程线的交点 A 处，$h_2=h_w$，刚好不溢流，此时给出无弃水下的渠末最高水位。引用流量更小时，$h_2>h_w$，发生溢流。令通过水轮机的流量为 Q_t，溢流流量为 Q_W，通过渠道的流量为 Q_t+Q_W，渠末水位 h_2 可由图中查出。当水电站停止运行（$Q_t=0$）时，通过渠道的流量全部由溢流堰溢走，相应于曲线③与曲线④的交点 B，这就是溢流堰在恒定流情况下的最大溢流流量 Q_{Wmax}，相应水位为恒定流下渠末最高水位。曲线③交点 B 以左部分无意义。

当水库水位变动或闸门开度不同因而渠首水深 h_1 在一定范围内变化时，可取几个典型 h_1 值进行非均匀流计算，得出相应的 h_2-Q 曲线，进行综合分析。

2. 非恒定流计算

非恒定流计算的目的是研究水电站负荷变化，因而引用流量改变引起的渠中水位和流速的变化过程，其计算内容包括：

(1)水电站突然丢弃负荷后渠内涌波，即求渠道沿线的最高水位，以决定堤顶高程；

(2)水电站突然增加负荷后渠内涌波，求得最低水位，以决定渠末压力管道进口高程；

(3)水电站按日负荷图工作时，渠道中水位及流速的变化过程，以研究水电站的工作情况。

非恒定流计算的基本原理已在水力学中讲过，工程实际中已普遍采用一维明渠非恒定流的特征线法利用计算机进行分析，具体计算可参见有关书籍。

6.3.1.3　**渠道的设计**

1. 引水渠道路线选择

引水渠道路线由引水高程和水电站厂房位置确定，渠线确定时应遵循以下原则。

(1)渠线应尽量短而直,以减小水头损失,降低造价。渠线转弯时,其转弯半径不小于5倍渠道设计水面宽度。

(2)渠线大致沿等高线布置,渠线挖填方数量应尽可能保持平衡以减小工程量。无压隧洞、渡槽、倒虹吸等渠系交叉建筑物可根据地形需要修建。渠末应有较陡峻的倾斜地形,以利于集中落差和布置压力管道。

(3)渠线应选择在地质条件较好的地段,以确保整个电站的运行安全。

2. 渠道的断面型式

水电站引水渠道一般盘山修建,沿线的地形和地质条件不同,渠道的断面型式亦不同。渠道断面一般为梯形或矩形,岩基上修建的渠道多采用矩形断面,为减小其宽度多采用窄深式,土基上的渠道一般采用梯形断面。另外,按建筑条件不同,渠道又可分为挖方渠道和半挖方渠道,如图6-41所示。

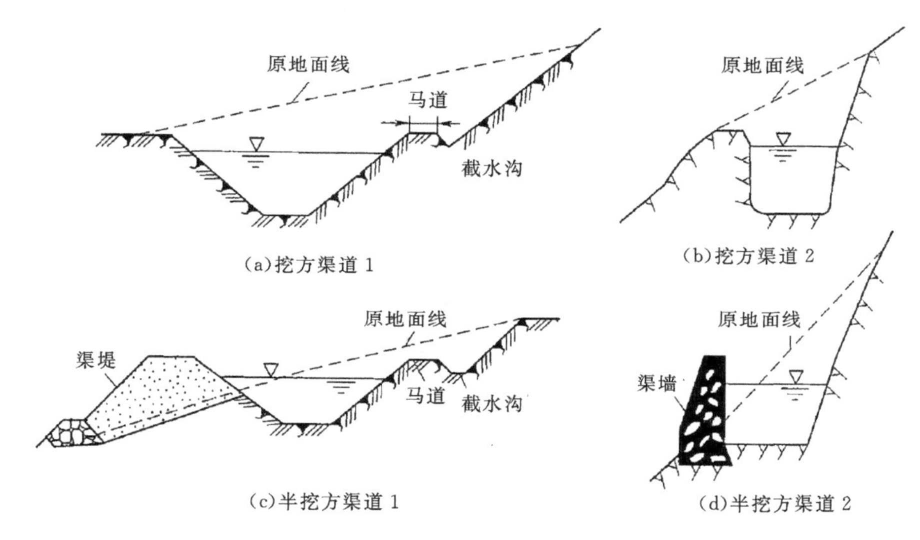

图6-41 渠道断面型式

渠道高度等于最大水深加安全超高,渠道堤顶宽度和超高可参考表6-1确定,若渠顶有交通要求时,应视需要而定。渠道边坡可根据土质条件、开挖深度或填筑高度确定,边坡系数可参考相关的设计标准确定。

表6-1 渠道超高和顶宽

流量/$m^3 \cdot s^{-1}$	50~10	10~5	5~2	2~0.5	<0.5
渠顶超高/m	1.0~0.6	0.45	0.40	0.30	0.20
梁堤顶宽/m	2~1.5	1.5~1.25	1.25~1.0	1.0~0.8	0.8~0.5

3. 渠道的断面尺寸

从前文介绍可知,渠道一般为梯形断面,边坡的坡度取决于地质条件及护面情况。在岩石中开凿的渠道边坡可近于垂直而成为矩形断面。从水力条件出发,希望采用"水力最优断面",

即给定过水断面面积下湿周最小的断面（水力学中已经证明，这时水力半径 R 为水深的一半）。在实际应用中，常常因技术、经济原因，不得不放弃这种水力最优断面。例如，边坡平缓的土质渠道按最优水力断面求出的底宽常因不足以安排施工机械而必须加大；边坡较陡的深挖方渠道则宜缩小底宽以减小渠道水位以上的“空”挖方。

决定渠道断面尺寸时，先拟定几个满足防冲、防淤、防草等技术条件的方案，经动能经济比较，最终选出最优方案。动能经济计算常采用“系统计算支出最小法”，其过程简述如下。

如某一方案渠道断面为 $F(\mathrm{m}^2)$，按均匀流通过设计流量 Q_d 的条件求出其底坡 i，进而得出该方案渠道及有关建筑物的投资 K_h。受渠末溢流堰的限制，渠道运行过程中渠末水深偏离正常水深很小，可近似假定渠末水深等于正常水深，从而得出这一方案的水头损失 $\Delta h=iL$，L 为渠道长度。这一方案的年电能损失为

$$\Delta E = 9.81\eta Q_d \Delta h T \tag{6-3}$$

式中：η 为机组效率，可近似当作常数；T 为水电站年利用小时。

这部分损耗了的电能必须由系统中的替代电站发出。替代电站一般为火电站，为了发出 ΔE，必须增加装机，多耗煤。增加装机的投资 $K_t=\Delta E k_e$，其中 k_e 为火电站单位电能投资；煤耗支出为 $\Delta E B_c$，其中 B_c 为单位电能的煤耗支出[元/(kW · h)]。则水、火电站的计算支出分别为

$$C_h = (\rho_b + p_h)K_h = P_h K_h \tag{6-4}$$

$$C_t = (\rho_b + p_t)\Delta E k_e + \Delta E B_c = \Delta E P_t \tag{6-5}$$

式中：ρ_b 为额定投资效益系数；p_h、p_t 为水电站及火电站的年运行费率；P_h 为水电站的计算支出系数，$P_h=\rho_b+p_h$；P_t 为火电站的计算支出系数，$P_t=(\rho_b+p_h)k_e+B_c$。

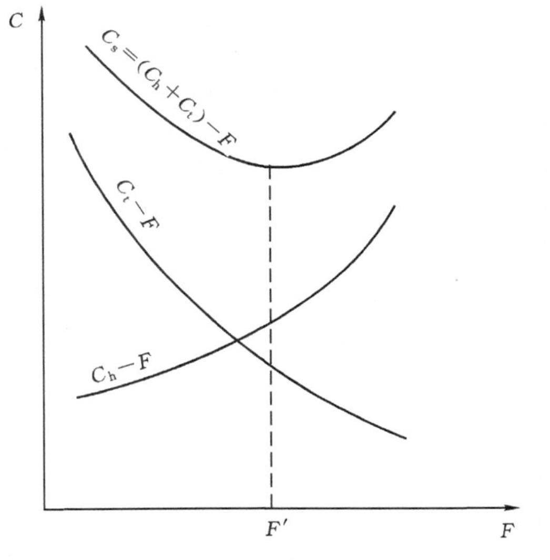

图 6-42 各横断面方案的动能经济计算示意图

对断面不同的每一方案计算相应的 C_h、C_t，及系统计算支出 $C_s=C_h+C_t$，从而可绘出 C_h-F，C_t-F 及 C_s-F 的关系曲线，如图 6-42 所示。C_s 曲线最低点所对应的 F' 即为最经济的断面尺寸。由于 C_s 在最低点附近变化缓慢，通常将断面 F 稍选小些，以减小工程量，而几乎不影响动能经济计算的成果。

我国的工程实践表明，水电站渠道的经济流速约为 1.5～2.0 m/s，粗略估算渠道断面尺寸时可作参考。

6.3.2 压力前池及日调节池

6.3.2.1 压力前池

1. 压力前池的作用

压力前池是引水渠道和压力管道（或称压力水管）之间的连接结构，它的作用包括：①加宽和加深渠道以满足压力管道进水口的布置要求；②向各压力管道均匀分配流量并加以必要的控制；③清除水中的污物、泥沙及浮冰；④宣泄多余水量。此外，当水电站负荷变化而水轮机引

用流量迅速改变时，压力前池的容积可以起一定的调节作用，反射压力水管中的水锤波，同时抑制渠道内水位的过大波动。正因如此，压力前池是无压引水系统中的平水建筑物。

2. 压力前池的位置选择与布置方式

(1)位置选择。压力前池的位置，应根据地形、地质条件和运用要求，并结合渠道线路、压力管道、厂房等建筑物及其本身泄水建筑物的相互位置综合考虑确定，力求做到布置紧凑合理，水流平顺通畅，运行协调灵活，结构安全经济。压力前池通常布置在陡峻山坡的顶部，故应特别注意地基的稳定和渗漏问题。压力前池一旦失事，将直接危及陡坡下的厂房。因此，应尽可能将压力前池布置在天然地基的挖方中，而不应放在填方上。对于岩基也应注意岩层的倾角和其中是否存在可能导致滑坡的夹泥层。在保证前池稳定的前提下，前池应尽可能靠近厂房，以缩短压力管道的长度。

(2)布置方式。图 6-43 为压力前池的几种布置型式，图 6-44 表示每种布置型式中引水渠道与压力前池的连接方式。图 6-44(a)的特点是渠道、压力前池、压力管道的轴线一致，水流平顺，水量分配均匀，水头损失小，但泄水道通常采用侧堰型式，对排沙、排冰不利。图 6-44(c)的特点是渠道轴线垂直于压力管道轴线，前池中水流、水力损失大，转角处还可能形成死水区而使泥沙淤积，但泄水道可做成正堰，对排水、排冰、排污有利。图 6-44(b)中的渠线与压力管道轴线斜交，比较能适应地形、地质条件，而水流、开挖量、排沙、排冰等条件都介于前述两者之间，这种布置在工程中采用较多。

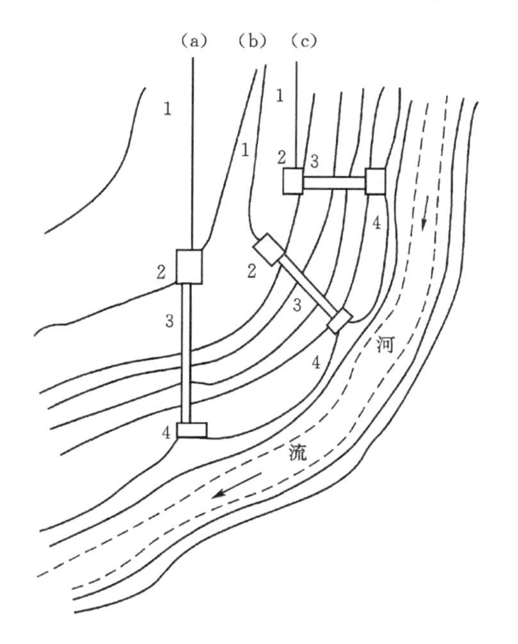

图 6-43　压力前池的布置型式

1—渠道；2—压力前池；3—压力管道；4—厂房

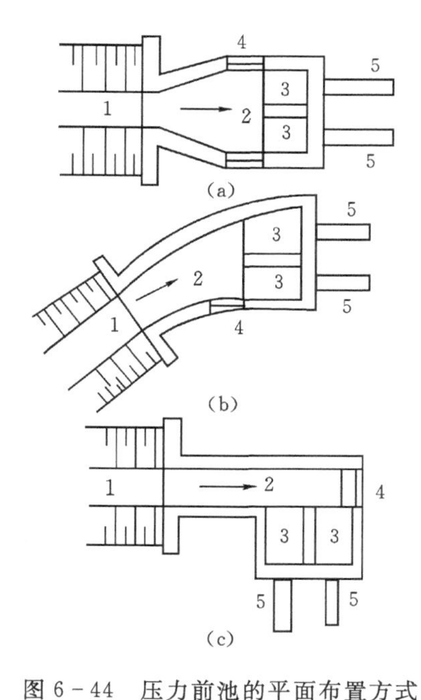

图 6-44　压力前池的平面布置方式

1—引水渠；2—前室；3—进水室；4—溢流堰；5—压力管道

3. 压力前池各组成部分的构造、尺寸及结构设计原则

(1)组成。图 6-45 所示是北京模式口水电站压力前池布置图，由图可知压力前池主要由前室，进水室，压力墙，泄水建筑物，排污、排沙、排冰建筑物组成。

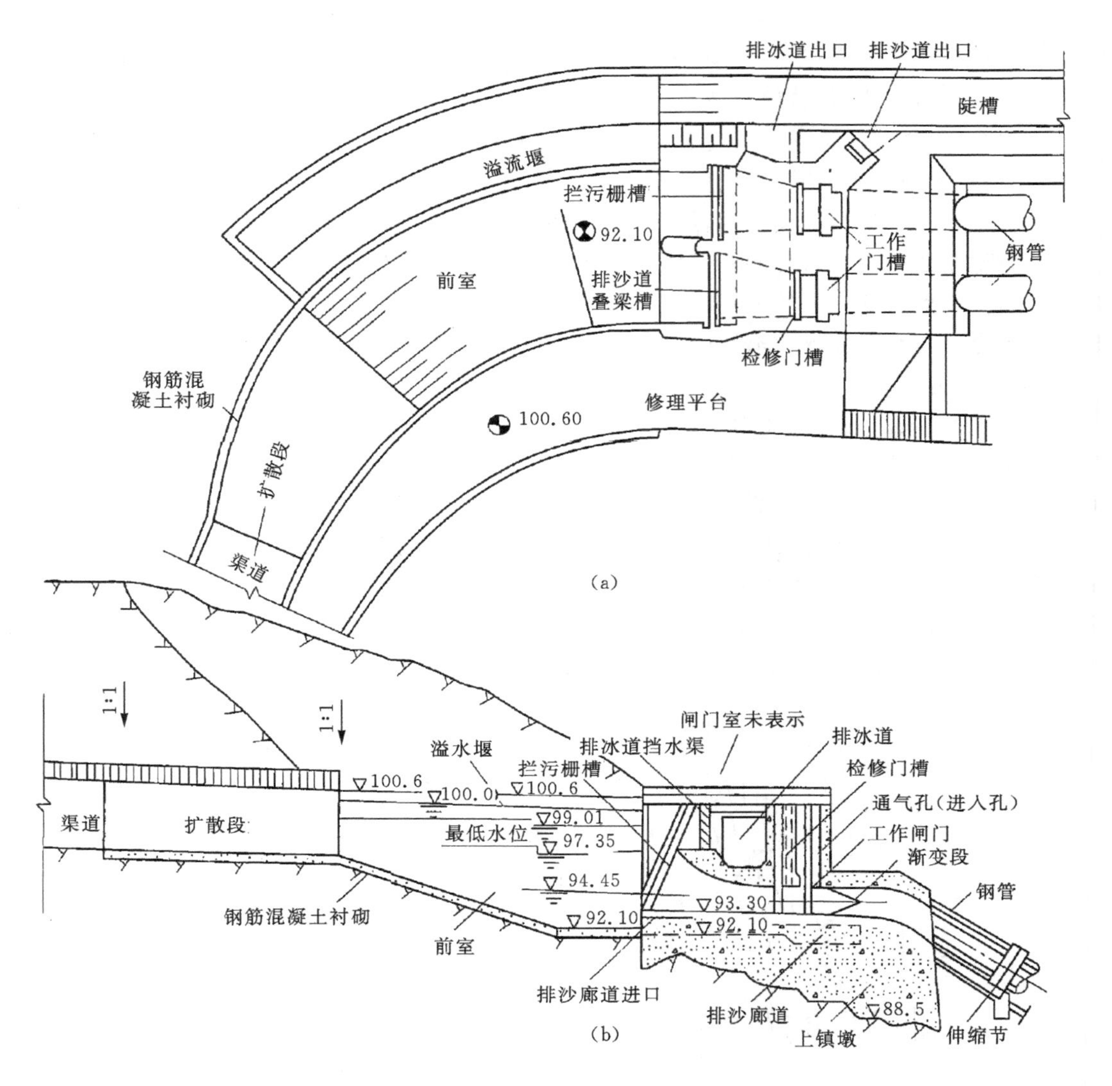

图 6-45 模式口水电站压力前池布置图

(2)各组成部分的构造和尺寸。

①前室。前室是引水渠道末端与进水室之间的扩大加深部分,如图 6-45 所示。其主要作用是将渠道断面过渡至进水室所需要的宽度和深度。前室应有一定的容积和水深,以满足沉沙的要求。前室在平面上以 $\beta=10°\sim15°$ 的扩散角逐渐加宽,β 过大,则水流因扩散过快而在两侧形成旋涡;β 过小则将增大长度而使造价增加。为了减小池身的长度又不过分加大扩散角度,可在前室进口端设置分流墩,如图 6-46(a)所示。若分流墩的夹角为 γ,则前室的扩散角可以加大至 $2\beta+\gamma$。在立面上前室以 1∶3～1∶5 的坡度向下延伸,直至所需要的宽度和深度。为了便于沉沙、排沙,防止有害泥沙进入进水室,前室末端底板高程应低于进水室底板高程 0.5 m 以上。当水中含沙量较大时,宜适当加大此高差。当渠线与管线不一致时,为防止水流出现死水区,产生涡流,造成过大的水头损失和局部淤积,应采用平缓的曲线连接并加设

导流墙，如图 6-46(b)所示。前池宽度 B 约为进水室宽度的 1.0～1.5 倍，其长度为其宽度的 2.5～3.0 倍。

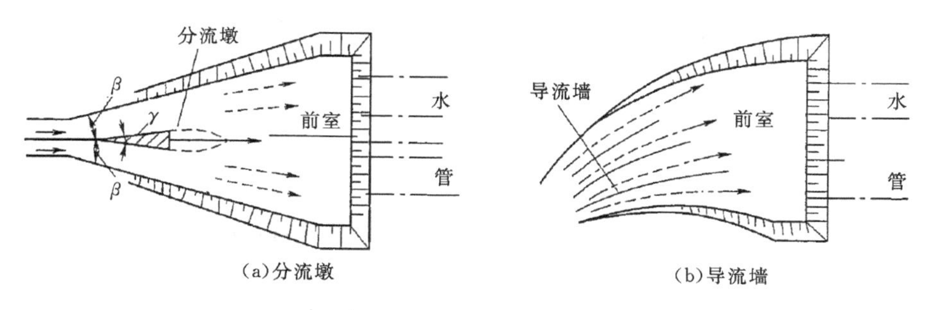

图 6-46　分流墩与导流墙

②进水室。进水室是压力前池最主要的组成部分，上游与前室相接，下游为埋设压力管道进口段的压力墙。当布置有两条以上的压力管道时，应以隔墩分成若干独立的进水室，每一进水室都设有拦污栅、检修闸门、工作闸门、通气孔、旁通管、工作桥和启闭设备等，如图 6-47 所示。这样，当一条压力管道或由此压力管道供水的机组发生事故或需要检修时，不致影响其他

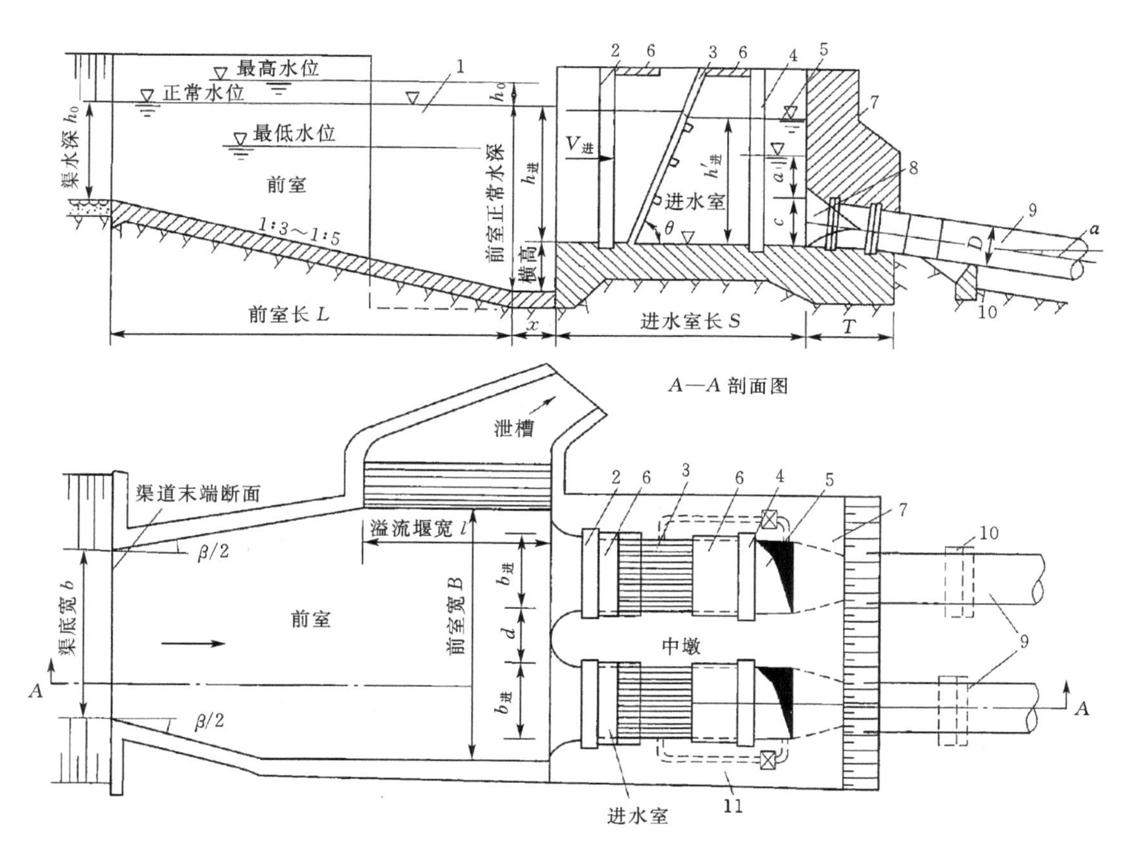

图 6-47　压力前池的构造与尺寸

1—溢流堰；2—检修闸门；3—拦污栅；4—工作闸门；5—通气孔；6—工作桥；
7—压力墙；8—压力水管进口；9—压力水管；10—支墩；11—旁通管

机组的正常运行。

（Ⅰ）进水室中特征水位的确定。设计进水室时，需要确定进水室的几个特征水位。

a. 进水室正常水位 $Z_{进}$。此水位近似取引水渠道通过水电站最大引用流量 Q_{max} 时的渠末正常水位 Z_c 减去各种水头损失，即门槽

$$Z_{进} = Z_c - (\Delta h_{进} + \Delta h_{门槽} + \Delta h_{栅} + \cdots) \tag{6-6}$$

式中：Z_c 在渠道纵坡、断面及渠末断面位置已定的情况下，可通过明渠均匀流公式求得；$\Delta h_{进}$、$\Delta h_{门槽}$、$\Delta h_{栅}$ 表示进口、闸门槽和拦污栅的水头损失。

b. 进水室最高水位 Z_{max}。对于自动调节渠道，可认为与渠首最高水位相同，或按水电站突然丢弃全负荷时产生的最大涌波高程计算；对于非自动调节渠道，等于溢流堰顶高程加上最大溢流水深。溢流堰下泄最大流量常取水电站最大引用流量。

c. 进水室最低水位 Z_{min}。进水室中最低水位取以下两种情况中的较低水位。

第一种情况是枯水期渠道流量为水电站最小引用流量时的渠末水深。

第二种情况是水轮机突然增加负荷，此时应根据运行中可能出现的最不利情况计算池中最低水位。如计算所得非恒定流的落波高为 $\Delta h'_2$，而增加负荷前池中水位为 Z_0，则进水室中最低水位为

$$Z_{min} = Z_0 - \Delta h_2 \tag{6-7}$$

（Ⅱ）进水室各部分高程的确定。为了防止压力管道进口产生漏斗状的吸气旋涡，压力管道顶部应有足够的淹没深度，管顶高程 $\nabla_{管顶} = Z_{min} - d_0$，$d_0$ 依式（6－1）计算，且不得小于 0.5 m。

当直径为 D 的压力管道轴线与水平线的倾角为 α（α 一般不大于45°）时，进水室底板高程

$$\nabla_{进底} = Z_{min} - d_0 - \frac{P}{\cos\alpha} \tag{6-8}$$

压力前池围墙顶部高程 $\nabla_{墙顶} = Z_{min} + \delta$，$\delta$ 为安全超高，可按表 6－1 确定。

（Ⅲ）进水室尺寸拟定。进水室的宽度 $B_{进}$ 与压力管道直径、条数以及水电站的最大引用流量 Q_{max} 有关。每一个独立的进水室宽度 $b_{进}$ 应满足以下条件

$$b_{进} > \frac{Q_{max}}{V_{进}\ h_{进}} \tag{6-9}$$

$$h_{进} = Z_{进} - \nabla_{进底}$$

式中：$V_{进}$ 为拦污栅的允许过栅流速，一般不超过 1.0～1.2 m/s；$h_{进}$ 为进水室入口的水深。

通常采用 $b_{进} = (1.5 \sim 1.8)D$。若压力管道条数为 n，隔墩厚度为 d，则进水室总宽度为

$$B_{进} = nb_{进} + (n-1)d \tag{6-10}$$

对于浆砌石隔墩，$d = 0.8 \sim 1.0$ m；对于混凝土隔墩，$d = 0.5 \sim 0.6$ m。

进水室的长度主要取决于拦污栅、检修闸门、工作闸门、通气孔、工作桥和启闭设备等的布置需要。对于小型电站，进水室的长度，一般取 3～5 m。

③压力墙。压力墙是进水室末端的挡水墙，也是压力管道进口的闸墙，一般用混凝土或浆砌石筑成。压力墙常见的构造型式有两种，一种如图 6－45 所示，在压力墙中布置有闸门和通气孔，闸门高度较小；另一种如图 6－47 所示，压力墙与工作闸门之间，为一开敞水井，可作为通气孔，此型式闸门较高。

④泄水道。泄水道通常设于渠末或前池的边墙上，其型式有溢流堰和虹吸管等。图 6－47 所

示为堰顶不设闸门的溢流堰。溢流堰顶高程应略高于前室中的正常水位(一般约 5 cm 左右)，以防止电站正常运行时发生溢流现象。溢流堰的布置可为正堰或侧堰，下游布置有泄水陡槽和消能设施。溢流堰的断面形状一般为流线型的实用堰。当前室的最高水位确定后，溢流堰的长度 L 为

$$L = \frac{Q_{max}}{Mh_a^{\frac{3}{2}}} \tag{6-11}$$

式中：h_a 为堰顶允许最大溢流深度；M 为溢流堰流量系数。也可以先确定 L 再求出 h_a，从而确定前室的最高水位。

⑤冲沙道和排冰道。渠道中水流挟带的泥沙沉积于前室中，故应在前室的最低处设置排砂管、冲沙廊道等排砂设施，其进口方向可与管道的进口方向相同，两者分上下层排列，如图 6-45所示。也可布置在前室最低处的一侧。

排冰道用来排除进入压力前池的冰凌，其底槛应位于前室正常水位以下，用叠梁闸门进行控制，如图 6-45 所示。

与有压引水进水口一样，压力前池的主要设备有拦污栅、检修闸门、工作闸门、通气孔、旁通管、启闭设备和清污机等。

6.3.2.2　日调节池

担任峰荷的水电站一日之内的引用流量在 0～Q_{max}变化，而引水渠道是按 Q_{max}设计的，这意味着一天内的大部分时间，渠道的过水能力没有得到充分利用。如渠道下游沿线有合适的地形建造日调节池，如图 6-9 所示，则情况可大为改善。日调节池与前池之间的渠道仍按 Q_{max}设计，但日调节池上游的渠道可按较小的流量进行设计，当日调节池足够大时(该容量可按水电站的工作方式通过流量调节计算求得)，设计流量接近于水电站的平均流量。运行过程中，水电站引用流量大于平均流量时，日调节池予以补水，水位下降；水电站引用流量小于平均流量时，多余的水注入日调节池，使水位回升，这样，上游渠道可以终日维持在平均流量左右。当引水渠道较长、水电站负荷变幅较大时，增设日调节池有可能降低整个输水系统的造价并改善其运行条件。显然，日调节池越靠近压力前池，其作用越大。

当河中含有泥沙时，日调节池很容易被淤积，所以在含沙量大的季节中，最好使水电站担任基荷，而将日调节池进口封闭。

6.3.3　隧洞

发电隧洞包括引水隧洞和尾水隧洞，它是水电站最常见的输水建筑物之一。与渠道相比，隧洞具有以下优点：

(1)可以采用较短的路线，避开沿线不利的地形、地质条件；

(2)有压隧洞能适应水库水位的大幅度升降及水电站引用流量的迅速变化；

(3)不受冰冻影响，沿程无水质污染；

(4)运行安全可靠。

隧洞的主要缺点是对地质条件、施工技术及机械化的要求较高，单价较贵，工期较长。但随着现代施工技术和设备的不断改进，以及隧洞衬砌设计理论的不断提高，这些缺点正被逐渐克服。因此，隧洞获得了越来越广泛的应用。

6.3.3.1　**隧洞路线选择**

1.总体布置

隧洞路线直接影响其造价大小、施工难易、安全可靠程度以及工程效益。原则上,洞线应尽可能布置成进口与厂房或厂房与尾水出口间的最短直线,但实际上常由于种种原因而弯曲。

(1)水工隧洞在枢纽中的布置应根据枢纽的任务、隧洞用途、地形、地质、施工、运行等条件综合研究并经技术经济比较后方能确定。

(2)在合理选定洞线方案的基础上,根据地形、地质及水流条件,选定进口段的结构型式,确定闸门在隧洞中的布置。

(3)确定洞身纵坡及洞身断面形状和尺寸。

(4)根据地形、地质、尾水位等条件及建筑物之间的相互关系选定出口位置、高程及调压控制方式。

2.线路选择

引水隧洞的线路选择是设计中的关键,它关系到隧洞的造价、施工难易、工程进度、运行可靠性等方面。因此,应该在勘测工作的基础上拟定不同方案,考虑各种因素,进行技术经济比较后选定。选择洞线的一般原则和要求如下。

(1)隧洞的线路应尽量避开不利的地质构造,如围岩可能不稳定及地下水位高、渗水量丰富的地段,以减小作用于衬砌上的围岩压力和外水压力。洞线要与岩层层面、构造破碎带和节理面有较大的夹角,在整体块状结构的岩体中,其夹角不宜小于30°;在层状岩体中,特别是层间结合疏松的高倾角薄岩层,其夹角不宜小于45°。在高地应力地区,应使洞线与最大水平地应力方向尽量一致,以减小隧洞的侧向围岩压力。

(2)洞线在平面上应力求短直,这样既可减小工程费用,方便施工,又可有良好的水流条件。若因地形、地质、枢纽布置等原因必须转弯时,应以曲线相连。对于低流速的隧洞,其曲率半径不宜小于5倍洞径或洞宽,转角不宜大于60°,弯道两端的直线段长度也不宜小于5倍洞径或洞宽。

高流速的有压隧洞,转弯半径大于5倍洞径,由弯道引起的压力分布不均,有的达到弯道末端10倍洞径以上,甚至影响到出口水流不对称,流速分布不均。因此,设置弯道时其转弯半径及转角最好通过试验确定。

(3)进、出口位置合适。隧洞的进、出口在开挖过程中容易塌方且易受地震破坏,应选在覆盖层、风化层较浅,岩石比较坚固、完整的地段,避开有严重顺坡卸荷裂隙、滑坡或危岩的地带。引水隧洞的进口应力求水流顺畅,避免在进口附近产生串通性或间歇性旋涡。出口位置应与调压室的布置相协调,有利于缩短压力管道的长度。

(4)隧洞应有一定的埋藏深度,包括:洞顶覆盖厚度和傍山隧洞岸边一侧的岩体厚度,统称为围岩厚度。围岩厚度涉及开挖时的成洞条件,运行中在内、外水压力作用下围岩的稳定性,结构计算的边界条件和工程造价等。对于有压隧洞,当考虑弹性抗力时,围岩厚度应不小于3倍洞径。根据以往的工程经验,对于较坚硬完整的岩体,有压隧洞的最小围岩厚度应不小于$0.4H$(H为洞顶压力水头),如不加衬砌,顶部和侧向的厚度应分别不小于$1.0H$和$1.5H$。一般洞身段围岩厚度较厚,但进、出口则较薄,为增大围岩厚度而将进、出口位置向内移动会增加明挖工程量,延长施工时间。一般情况,进、出口顶部岩体厚度不宜小于1倍洞径或洞宽。

(5)隧洞的纵坡,应根据运用要求、上下游衔接、施工和检修等因素综合分析比较以后确定。无压隧洞的纵坡应大于临界坡度。有压隧洞的纵坡主要取决于进、出口高程,要求全线洞顶在最不利的条件下保持不小于 2 m 的压力水头。有压隧洞不宜采用平坡或反坡,因其不利于检修排水。为了便于施工期的运输及检修时排除积水,有轨运输的坡度一般为 0.3%～0.5%,但不应大于 1%;无轨运输的坡度为 0.3%～1.5%,最大不宜超过 2%。

(6)对于长隧洞,选择洞线时还应注意利用地形、地质条件,布置一些施工支洞、斜井、竖井,以便增加工作面,有利于改善施工条件,加快施工进度。

总之,引水隧洞路线选择应该综合考虑地质及地形条件、地下水条件、施工条件、水力条件、工程造价、运行管理等多方面因素。

6.3.3.2　**隧洞的水力计算**

就水力特性而言,隧洞可以是无压的或有压的,发电隧洞中以后者居多。要避免在隧洞中出现时而无压时而有压的不稳定工作状态。无压隧洞的水力计算与渠道相同,以下只讨论有压隧洞的水力计算。

有压隧洞的水力计算包括恒定流及非恒定流。恒定流计算常用曼宁公式,其目的是研究隧洞断面、引用流量及水头损失之间的关系,以便选定隧洞尺寸。非恒定流计算的目的是求出隧洞沿线的最大、最小内水压力,分别用以设计隧洞衬砌及决定隧洞高程,隧洞各点高程都应在最小压力线以下,以保证不出现负压。根据输水系统的组成情况和水力特性,非恒定流计算又分为以下 3 种情况。

(1)当引水隧洞末端(或尾水隧洞首端,下同)无调压井时,隧洞的非恒定流计算即水锤计算,见本书 7.1 节。

(2)当隧洞末端建有能充分反射水锤波的调压室(如简单圆筒式调压室)时,隧洞内的压力受库水位及调压室涌浪水位控制。可按本书 7.2 节所述方法求出调压室内的最高及最低水位,则水库最高水位与调压室最高水位的连线就是隧洞的最大内水压力坡降线,而水库最低水位与调压室最低水位连线为隧洞的最小内水压力坡降线,如图 6-48 所示。

(3)隧洞末端虽设有调压室,但其反射水锤波效果较差(如阻抗式调压室阻抗孔口较小)

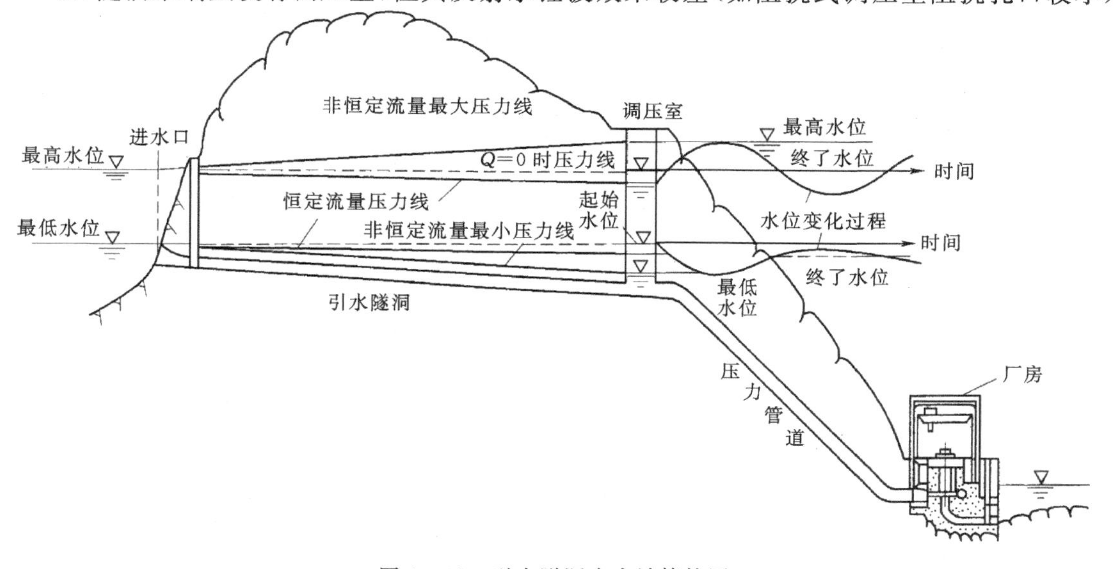

图 6-48　引水隧洞水力计算简图

时，隧洞内的压力取决于水锤及调压室水位波动的共同作用。此时应取整个输水系统进行水锤、调压室水位波动联合分析，详见本书7.2节。

6.3.3.3 **引水隧洞组成及断面设计**

隧洞由进口段和洞身段组成。

(1)进口段。有压隧洞进口段包括进口喇叭口、闸门室、通气孔、平压管和渐变段等几个部分，本章前文已介绍了相关内容，不再赘述。

(2)洞身段。

①洞身断面型式。洞身断面型式取决于水流流态、地质条件、施工条件及运行要求等。有压隧洞一般均采用圆形断面，如图6-49(a)、(b)、(c)、(g)所示，原因是圆形断面的水流条件和受力条件都较为有利。当围岩条件较好，内水压力不大时，为了施工方便，也可采用无压隧洞常用的断面型式。无压隧洞常采用的断面型式为如图6-49(d)、(e)、(f)、(h)、(i)所示的断面。

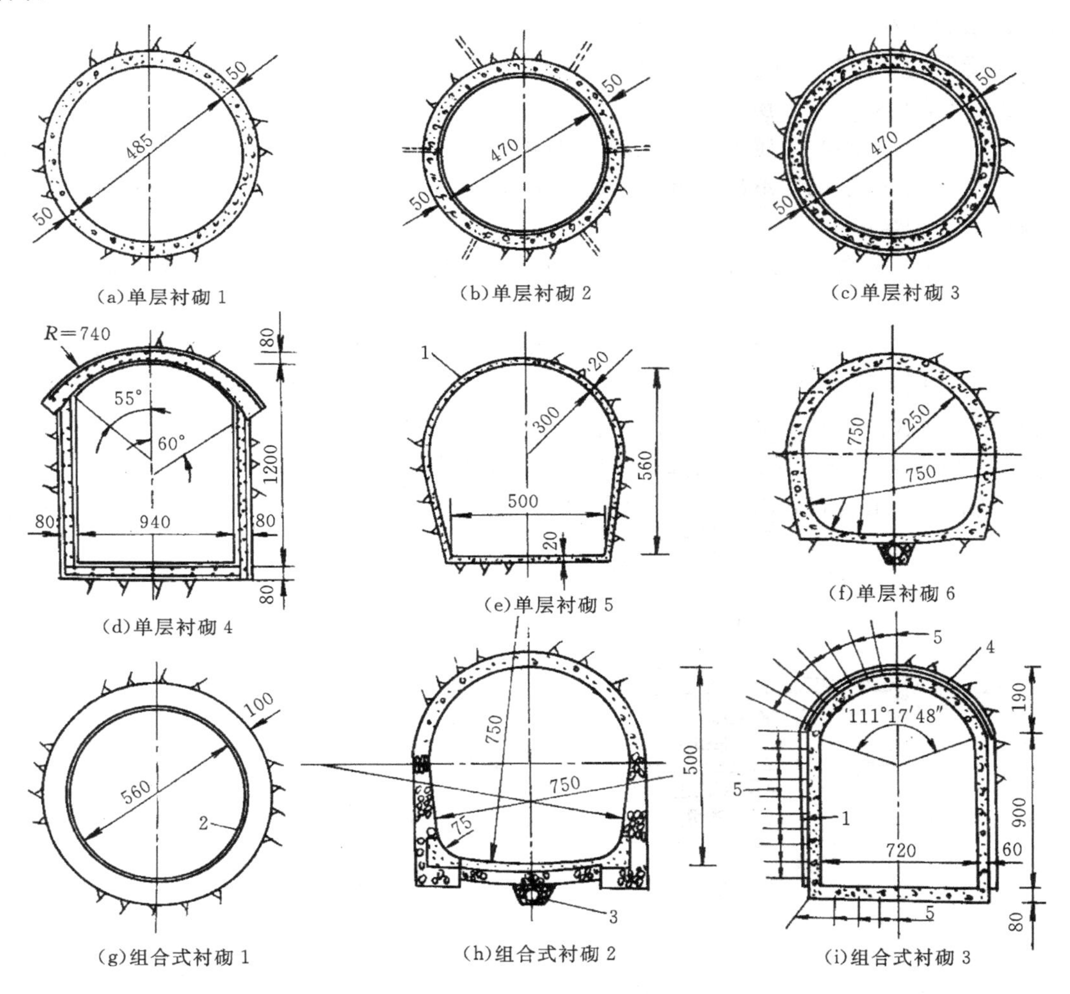

图6-49 断面型式及衬砌类型(单位:cm)

1—喷混凝土；2—$\delta=16$ mm钢板；3—$\phi25$ cm排水管；4—$\phi20$ cm钢筋网喷混凝土；5—锚筋

本书对隧洞的衬砌不作详细介绍，图中只标注出衬砌的示意图，读者可以查看相关的文献进行学习。

②洞身断面尺寸。洞身断面尺寸应根据运用要求、泄流量、作用水头及纵剖面布置，通过水力计算确定，有时还要进行水工模型试验验证。有压隧洞水力计算的主要任务是核算泄流能力及沿程压坡线。对于无压隧洞主要是计算其泄流能力及洞内水面线，当洞内的水流流速大于 15～20 m/s 时，还应研究由于高速水流引起的掺气、冲击波及空蚀等问题。

有压隧洞泄流能力按管流计算

$$Q = \mu W \sqrt{2gH} \tag{6-12}$$

式中：μ 为考虑隧洞沿程阻力和局部阻力的流量系数；W 为隧洞出口的断面面积，m^2；H 为作用水头，m。

洞内的压坡线，可根据能量方程分段推求。为了保证洞内水流处于有压状态，如前所述，洞顶应有 2 m 以上的压力余幅。

在确定隧洞断面尺寸时，还应考虑到洞内施工和检查维修等方面的需要，圆形断面的内径不小于 1.8 m，非圆形洞的断面不小于 1.5 m×1.8 m。发电隧洞的断面尺寸应根据动能经济计算来选定，其基本原理与前述渠道相同。每米长隧洞的水头损失可由曼宁公式求得

$$\Delta h = \frac{n^2 Q^2}{R^{\frac{4}{3}} F^2} \tag{6-13}$$

式中：n、Q、R、F 分别为隧洞的糙率、流量、水力半径及过水断面面积。

每米长隧洞的电能损失为

$$\Delta E = \int_0^T 9.81\eta Q \Delta h \mathrm{d}t = \frac{9.81\eta n^2}{R^{\frac{4}{3}} F^2} \int_0^T Q^3 \mathrm{d}t \tag{6-14}$$

式中：T 为水电站年运行小时数，其他字母意义及单位同前。

由水能计算可得出：年内流量 Q 的历时曲线，如图 6－50（本例中 $T=8760$ 小时）所示。立方后得出 Q^3 的历时曲线。该曲线以下的面积即式（6－14）中的积分值。若令$\overline{Q}^3$ 表示 Q^3 的平均值，即

$$\overline{Q}^3 = \frac{1}{T}\int_0^T Q^3 \mathrm{d}t \tag{6-15}$$

则式（6－14）变为

$$\Delta E = \frac{9.81\eta n^2 \overline{Q}^3}{R^{\frac{4}{3}} F^2}$$

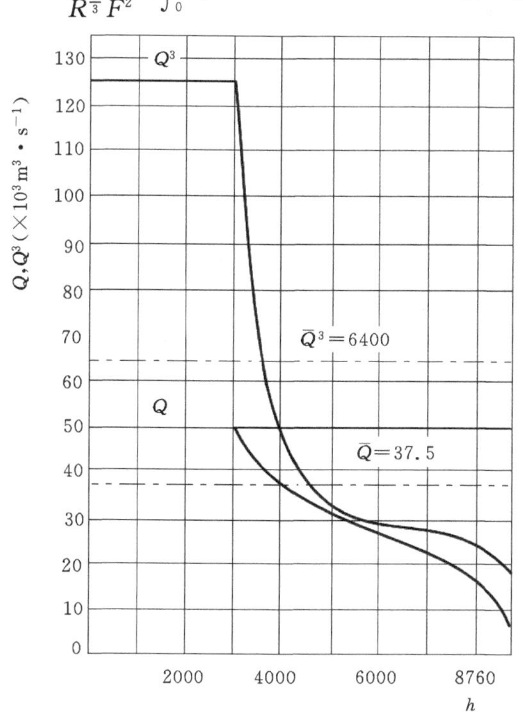

图 6－50　流量历时曲线

决定隧洞断面尺寸时，先拟定几个具有可比性的方案，求出每个方案的水电站及替代电站的计算支出 C_h 及 C_t，然后选择系统计算支出 $C_s=C_h+C_t$ 最小所对应的断面。

根据经验，有压隧洞中的经济流速一

般在 4 m/s 左右，粗略估计隧洞直径时可作参考。

6.4 水电站的压力管道

6.4.1 水电站压力管道概述

水电站压力管道是指从水库、前池或调压室向水轮机输送水量的管道。压力管道集中了水电站的全部或大部分水头，其特点为坡度较陡、内水压力较大、承受动水压力，且靠近水电站厂房。因此它必须是安全可靠的，若万一发生事故，也应有防止事故扩大的措施，以保证电站设施和运行人员的安全。

6.4.1.1 压力管道的功用和结构型式

1. 压力管道功用、分类与路线布置要求

(1)压力管道功用。从其定义可知，水电站的压力管道的功用是输送水能。由于内水压力是压力管道的主要荷载，且数值较大，运行过程中可能爆裂，埋式的压力管道在放空时在围岩压力作用下可能失稳，从而危及厂房，造成严重后果。因此，压力管道的布置应综合考虑所处地形、地质、制作、安装、运行等条件，与水库、前池、调压室及厂房等枢纽总体布置协调，以提高水电站运行的安全性和经济性。

(2)压力管道分类与结构型式。按照管道材料、管道布置及周围介质的不同，管道分类不同，结构型式也不同，本书就从管道分类和结构型式两方面介绍。

水电站压力管道按照材料可分为钢管、钢筋混凝土管、钢衬钢筋混凝土管、木管和高分子材料管等类型，其中前三种比较可靠，简单介绍如下。

①压力钢管。钢管具有强度高、防渗性能好等许多优点，常用于大中型水电站中。若压力钢管布置在地面以上则称为明钢管；埋于岩土中称为地下埋管；布置于坝体混凝土中称为坝内钢管，当混凝土将压力管完全包围又称之为坝内埋管，当混凝土未完全包围压力管道，管道置于坝体下游面，将其称之为坝后背管。

②钢筋混凝土管。钢筋混凝土管具有造价低、可节约钢材、能承受较大外压和经久耐用等优点，通常用于内压不高的中小型水电站。除了普通钢筋混凝土管外，尚有预应力和自应力钢筋混凝土管、钢丝网水泥管和预应力钢丝网水泥管等。其中普通钢筋混凝土管因易于开裂，一般用在水头 H 和钢管内径 D 的乘积 $HD<50\ m^2$ 的情况下，预应力和自应力钢筋混凝土管的 HD 值可超过 200 m^2；预应力钢丝网水泥管由于抗裂性能好，抗拉强度较高，HD 值可超过 300 m^2。值得说明的是，位于岩体中的现浇钢筋混凝土管道，在内水压力作用下，钢筋混凝土与围岩联合受力，工作状态与隧洞相似，按照隧洞一类对待。

③钢衬钢筋混凝土管。钢衬钢筋混凝土管是在钢筋混凝土管内衬以钢板构成。在内水压力作用下钢衬与外包钢筋混凝土联合受力，从而可减少钢材的厚度，适用于大 HD 值管道情况。由于钢衬可以防渗，外包钢筋混凝土可按照允许开裂设计，以充分发挥钢筋的作用。

(3)水电站输水压力管道的布置要求。压力管道是引水系统的一个组成建筑物。压力钢管的布置应根据其形式，当地的地形、地质条件和工程的总体布置要求确定，其基本原则可归纳如下。

①尽可能选择短而直的路线。这样不但可以缩短管道的长度，降低造价，减小水头损失，

而且可以降低水锤压力，改善机组的运行条件。因此，明钢管常敷设在陡峭的山坡上，以缩短平水建筑物(如果有的话)和水电站厂房之间的距离。

②尽量选择良好的地质条件。明钢管应敷设在坚固而稳定的山坡上，以免因地基滑动引起管道破坏；支墩和镇墩应尽量设置在坚固的岩基上，表面的覆盖层应予以清除，以防支墩和镇墩发生有害的位移。地下埋管应设置在良好的岩体中，其好处是可利用围岩承担部分内水压力；开挖时可不用或少用支护以减小施工费用和加快施工进度；良好的岩层裂隙水一般不发育，钢管受外压失稳的威胁较小。

③尽量减少管道的起伏波折，避免出现反坡，以利于管道排空；管道任何部位的顶部应在最低压力线以下，并有2 m的裕度。若因地形限制，为了减少挖方而将明管布置成折线时，在转弯处应敷设镇墩，管轴线的曲率半径应不小于3倍管径。明钢管的底部至少应高于地表0.6 m，以便安装检修；若直管段超过150 m，中间也敷设镇墩。地下埋管的坡度应便于开挖、出碴和钢管安装检修。

④避开可能发生山崩或滑坡的地段。明管应尽可能沿山脊布置，避免布置在山水集中的山谷之中，若明管之上有坠石或可能崩塌的峭壁，则应事先清除。

⑤明钢管的首部应安设事故闸门，并应考虑设置事故排水和防冲设施，以免钢管发生事故时危及水电站设备和运行人员的安全。

2. 压力管道布置型式

水电站输水压力管道的布置型式有以下几种。

(1)坝内埋管。压力钢管埋设在混凝土坝体内，其平面位置宜位于坝段中央，布置的型式有以下三种。

①斜式，如图6-51所示。采用这种布置型式时，进水口高程较高，上部管道内内水压力较小。管道轴线平行于大坝主应力线，降低了孔口应力，减少了钢管周围钢筋的用量。进口闸门及启闭设备的造价较低，运行管理较方便。缺点是弯道多，常用于坝后式水电站厂房。

②平式，如图6-52所示。采用这种布置型式时，进水口高程较低，进水口闸门承受的水头较高，闸门结构复杂，管道内内水压力较大，但是管线短，弯道少，水头损失和水锤压力均较小。常用于混凝土薄拱坝、支墩坝及较低的重力坝坝后式水电站。

③竖井式，如图6-53所示。当进水口与厂房水平距离较近且垂直高差较大时，宜采用该种布置型式。此时管道长度较短，但是弯道曲率半径小，水头损失较大，管道孔洞对坝体应力影响较大。常用于坝内式厂房和地下式厂房。

(2)坝后背管。坝内埋管安装时与大坝施工干扰较大，且影响坝体强度，为此，进水口后的压力钢管近于水平穿过上部坝体后，沿着坝下游面敷设，并以弯管段及水平段与水轮机蜗壳连接，这种敷设在混凝土坝下游面的压力管道，称之为坝后背管，如图6-54所示。坝后背管的平面位置宜位于坝段中央，对于拱坝宜沿着径向布置。坝后背管比布置在坝内式的钢管稍长，常用于宽缝坝、支墩坝及薄拱坝的坝后式厂房。其结构型式有下游面明钢管和钢筋混凝土管两种类型，前者管壁要承受全部的内水压力，壁厚较大，用钢材量多。当钢材直径和水头值很大时，因管壁很厚，焊接困难，此时可以采用钢衬钢筋混凝土管，由钢管和钢筋混凝土共同承担内水压力，进而节约钢材用量。

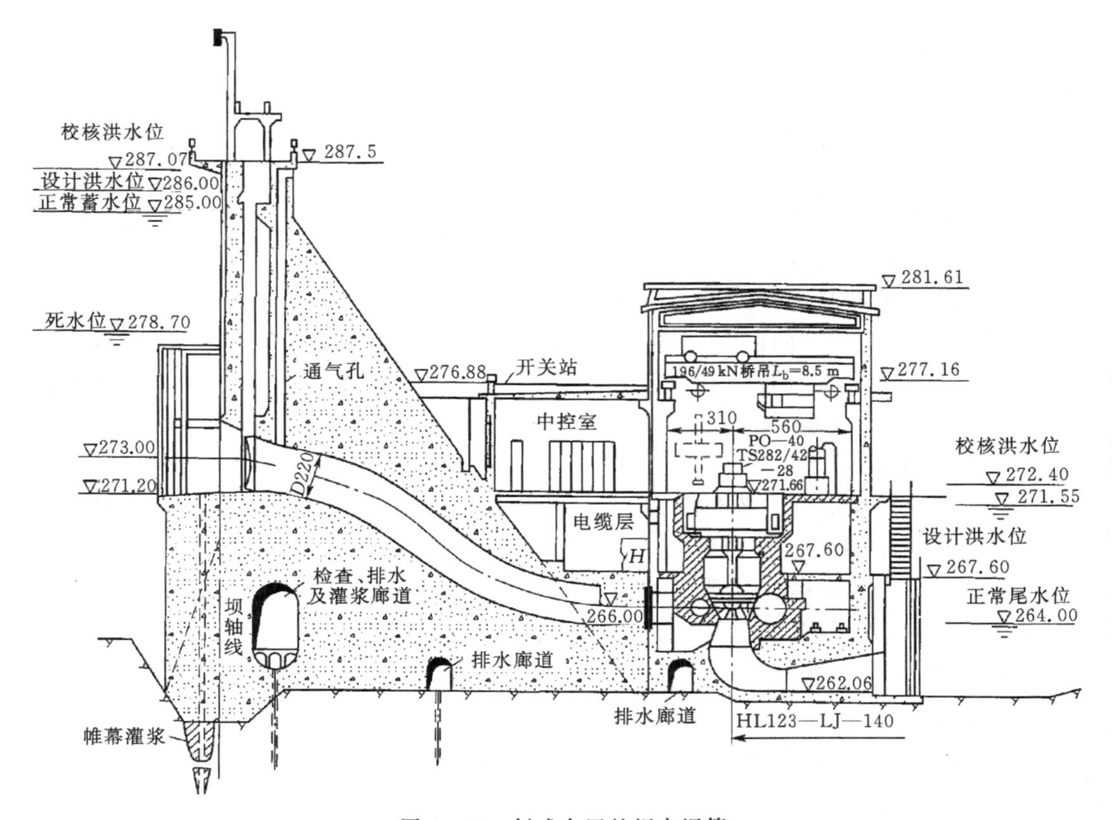

图 6-51 斜式布置的坝内埋管

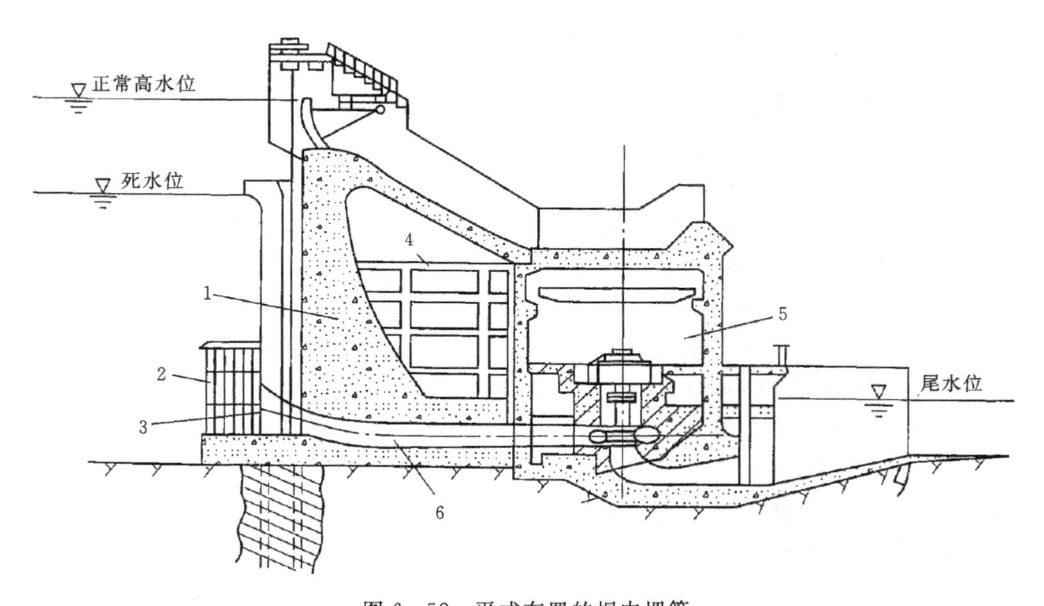

图 6-52 平式布置的坝内埋管

1—溢流拱坝;2—拦污栅;3—进水口;4—副厂房;5—主厂房;6—压力管道

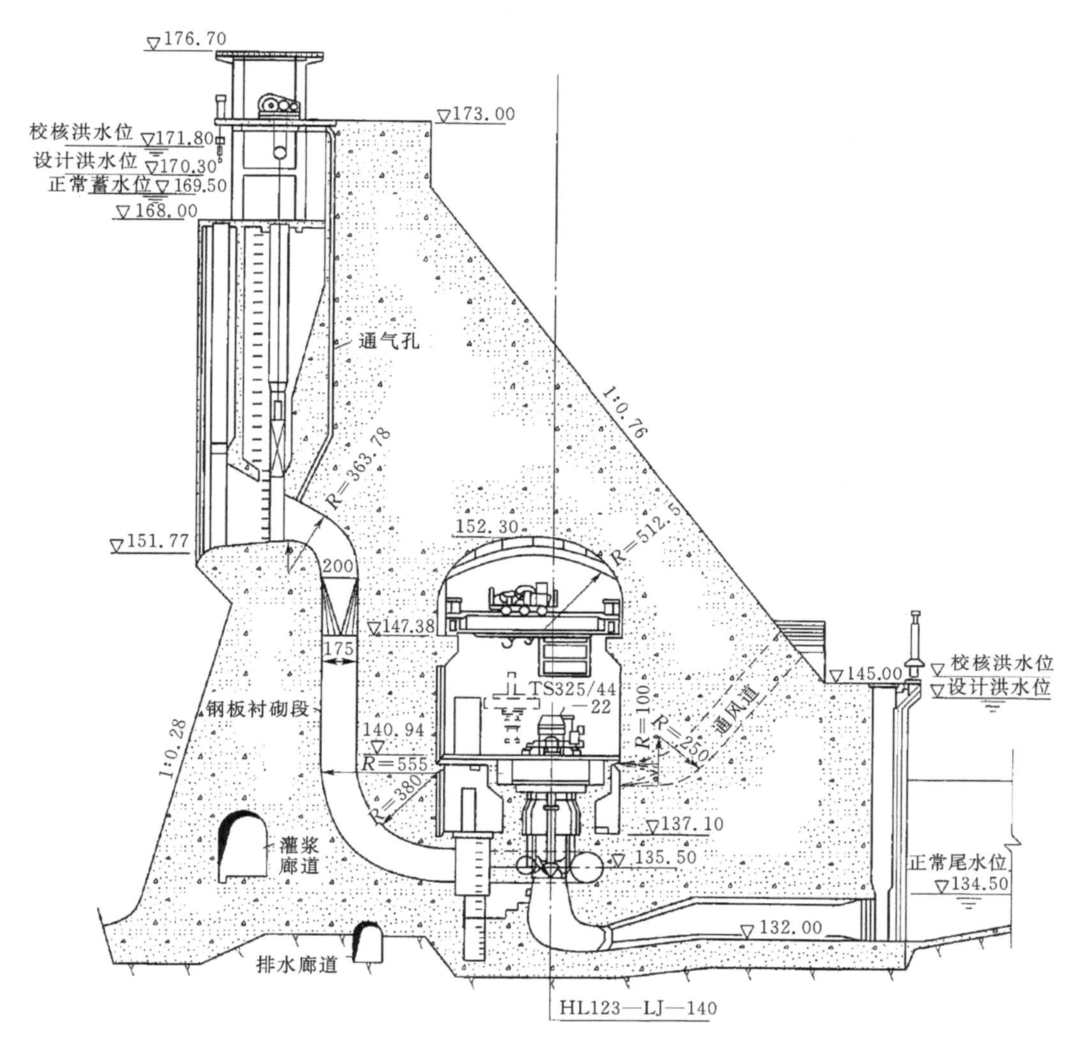

图6-53 竖井式布置的坝内埋管

(3)明管。暴露在大气中的压力管道称为明管。同样根据管道材料不同,常有以下两种。

①明钢管。直径较大的钢管由钢板卷制焊接成焊接钢管,广泛应用于中、高水头水电站。高水头、小流量、直径在1.0 m以下的地面压力管道也可以采用无缝钢管,但是造价较高。

②钢筋混凝土明管。根据前文讲述的有关钢筋混凝土管的特点,易知,该类压力管道造价较低,经久耐用,可就地制造,但是管壁承受拉应力能力较差,只适用于水头较低、管径较小的中、小型水电站。

(4)地下埋管。钢管与围岩之间填筑混凝土或水泥砂浆的压力管道称为地下埋管。当地形条件不宜布置成明管或电站布置在地下时,往往将压力管道布置到地下,称为地下埋管,它由钢管、钢管与围岩回填的混凝土以及围岩共同承担内水压力。其布置型式有平洞、斜井和竖井等三种主要布置型式。

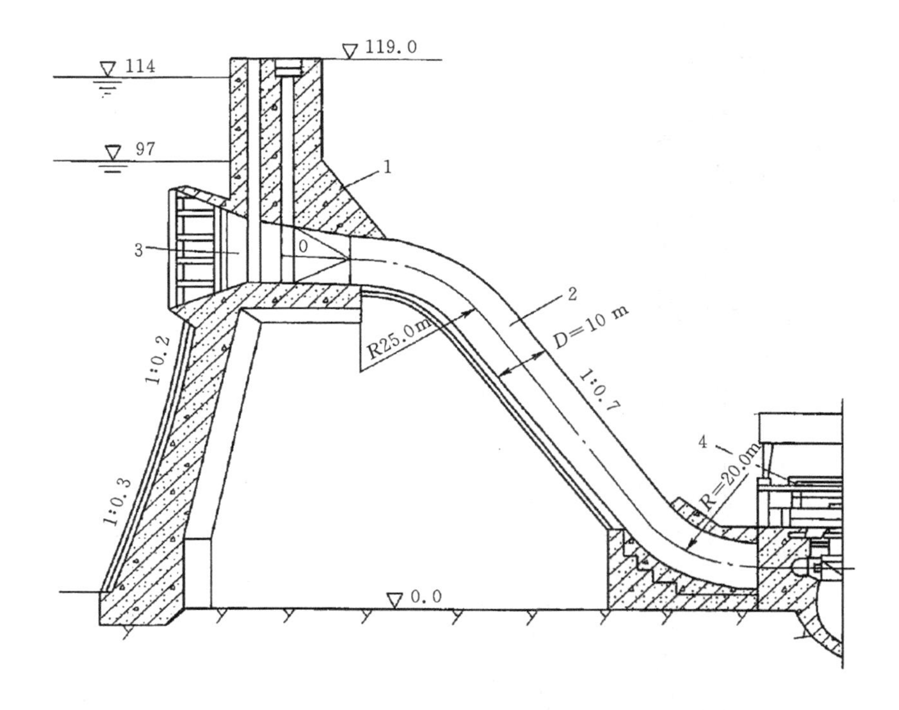

图 6-54　坝后背管

1—坝;2—压力管道;3—进水口;4—厂房

6.4.1.2　**压力管道的布置方式**

1.压力管道供水方式

根据水电站机组选型设计的内容讲解以及水电站规划设计原则可知,水电站的机组往往不止一台。水电站输水系统中压力管道向水电站厂房内水轮机供水的方式,一般有以下三种。

(1)单机供水,又称单元供水,一条压力管道只向一台水轮机供水,即单管单机供水,如图6-55(a)和(d)所示。这种供水方式结构简单,工作可靠,管道检修或发生事故只影响一台机组工作,其余机组可照常运行。这种布置方式除水头较高和机组容量较大者外,一般只在进口设置事故闸门,不设蜗壳进口阀门。单机供水所需的管道根数较多,需要较多的钢材,适用于以下两个特征:单机流量较大,若几台机组共用一根输水管,则管径较大,管壁较厚,制造和安装困难;压力管道较短,几台机组共用一根压力管道,在管身上节约管材不多,且需要增加岔管、弯管和阀门,并使其灵活性和安全性降低。坝内钢管一般较短,通常都采用单元供水。

(2)集中供水。全部机组集中用一根压力管道输水供水,如图6-55(b)和(e)所示。用一根输水压力管道代替几根管道,管身管材较省,但是需设置结构复杂的分岔管,并需在每台机组前面设置事故阀门,以保证在任意一台机组检修或发生事故时不致影响其他机组运行。这种类型供水方式的灵活性和可靠性不如单元供水,一旦输水压力管道的主管道发生事故或进行检修,需要全水电厂停机,对于跨流域开发的梯级电站,这同时会给下游梯级的供水带来困难。

从工程实践可知,集中输水供水方式适用于单机流量不大,管道较长的情况。对于地下埋管，由于运行可靠，同时又因不宜平行开挖几根距离不远的管井，较多地采用这种输水供水方式。

(3)分组供水。采用数根管道，每根管道向几台机组输水供水，如图 6－55(c)和(f)所示。这种输水供水的特点介于单元供水和集中供水之间，适用于压力管道较长、机组台数较多或容量较多的情况。

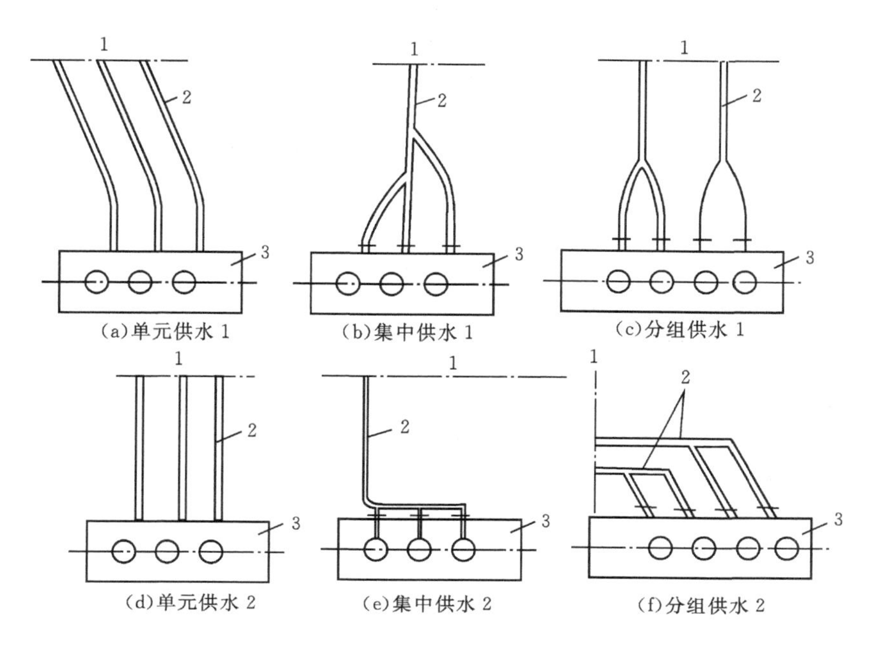

图 6－55　压力管道的供水方式和进水方式

1—前池或调压室；2—压力管道；3—厂房

2. 压力管道供水进水方式

输水系统的压力管道引水方向与主厂房长度方向之间的关系有三种方式：正向引进、侧向引进和斜向引进，分别介绍如下。

(1)正向引进。压力管道轴线与水电站主厂房纵轴垂直，如图 6－55(c)和(d)所示。这种方式管线短、水头损失小，但是当压力管道爆裂时，高压水流直冲水电站厂房，威胁厂房安全，故采用明管方式时，应设置事故排水和防冲等防护设施，多用于中低水头水电站。

(2)侧向引进。压力管道曲线与水电站主厂房纵轴平行，如图 6－55(a)、(b)和(e)所示。当地面水电站厂房因某种原因需垂直于等高线布置时，宜采用侧向引进。当地面水电站厂房平行于等高线布置时，侧向引进可避免管道爆裂时水流直冲厂房。侧向引进管线较长，水头水损较大，多用于中、高型水头水电站。

(3)斜向引进。压力管道轴线与水电站主厂房纵轴斜交布置，如图 6－55(f)所示。受地形、地质条件、引水系统和厂房布置要求限制时，压力管道可采用这种布置方式，多用于分组供水、集中供水的水电站。

3. 压力管道经济直径

(1)水力计算。压力管道的水力计算包括恒定流计算和非恒定流计算两种。

①恒定流计算。恒定流计算主要是为了确定管道的水头损失。管道的水头损失对于水电站装机容量的选择、电能的计算、经济管径的确定以及调压室稳定断面计算等都是不可缺少的。水头损失包括摩阻损失和局部损失两种。

(a)摩阻损失。管道中的水头损失与水流形态有关。水电站压力管道中的水流的雷诺数 Re 一般都超过 3400,因而水流处于紊流状态,摩阻水头损失可用曼宁公式或斯柯别公式计算。

曼宁公式应用方便,在我国应用较广。该公式中,水头损失与流速平方成正比,这对于钢筋混凝土管和隧洞这类糙率较大的水道是适用的。对于钢筋,由于糙率较小,水流未能完全进入阻力平方区,但随着时间的推移,管壁因锈蚀糙率逐渐增大,按流速平方关系计算摩阻损失仍然是可行的。曼宁公式因一般水力学书中均可找到,此处从略。

斯柯别根据 198 段水管的 1178 个实测资料,推荐用以下公式计算每米长铜管的摩阻损失

$$i = am\frac{V^{1.9}}{D^{1.1}} \tag{6-16}$$

式中:a 为水头损失系数,焊接管用 0.00083;m 为考虑水头损失随使用年数 t 的增加而增大的系数,$m=e^{kt}$,清水取 $k=0.01$,腐蚀性水可取 $k=0.015$。

(b)局部损失。在流道断面急剧变化处,水流受边界的扰动,在水流与边界之间和水流的内部形成旋涡,在水流质量强烈的混掺和大量的动量交换过程中,在不长的距离内造成较大的能量损失,这种损失通常称为局部损失。压力管道的局部损失发生在进口、门槽、渐变段、弯段、分岔等处。压力管道的局部损失往往不可忽视,尤其是分岔的损失有时可能达到相当大的数值。局部损失的计算公式通常表示为

$$\Delta h = \xi\frac{V^2}{2g} \tag{6-17}$$

式中:系数 ξ 可查有关水力学手册。

②非恒定流计算。管道中的非恒定流现象通常称为水锤。进行非恒定流计算的目的是为了推求管道各点的动水压强及其变化过程,为管道的布置、结构设计和机组的运行提供依据。非恒定流计算的内容见本书后续章节水锤计算的相关内容。

(2)管径的确定。压力管道的直径应通过动能经济计算确定。在本章 6.3 节中已经研究了决定渠道和隧洞经济断面的方法,其基本原理对压力管道也完全适用,可以拟定几个不同管径的方案,进行比较,选定较为有利的管道直径,也可以将某些条件加以简化,推导出计算公式,直接求解。

为输送既定的发电流量,压力管道可选择不同的直径。直径愈小,管道用材愈少,造价愈低,但管中流速愈大,水头损失和电能损失愈大;反之,直径愈大,管道用材愈多,造价愈大,但电能损失愈小。因此,压力管道的直径需进行经济比较确定。

影响经济直径的因素很多,除动能经济因素外,还有水轮机调节、泥沙磨蚀、材料设备及施工等因素,至今没有规范认可的通用公式,通常先参考已建工程参数选择相近的几种直径,再进行技术经济比较,选定最优直径。对不重要的工程或缺乏可靠的技术经济资料,或在可行性研究和初步设计阶段时,可采用以下方法确定管道直径。

①用彭德舒公式来初步确定大、中型压力钢管的经济直径

$$D = \sqrt[7]{\frac{5.2Q_{\max}^3}{H}} \tag{6-18}$$

式中：Q_{max}为钢管的最大设计流量，m^3/s；H 为设计水头，m。

②经济流速选择管径

$$D = 1128\sqrt{\frac{Q_P}{V_c}}\ (\text{mm}) \tag{6-19}$$

式中：V_c 为经济流速，明钢管为 4～6 m/s，钢筋混凝土管为 2～4 m/s，坝内埋管为 5～6 m/s，下埋管为 3～4.5 m/s；Q_P 为设计流量，m^3/s。

③经验公式

$$D = 639Q_P^{0.45}(\text{mm}) \tag{6-20}$$

6.4.2　钢管的材料、容许应力

6.4.2.1　钢管的材料

钢管的材料应符合规范的要求。钢管的受力构件有管壁、加劲环、支承环及支座的滚轮和支承板等。管壁、加劲环、支承环和岔管的加强构件等应采用经过镇静熔炼的热轧平炉低碳钢或低合金钢制造。近年来，我国一些大型水电站已开始采用屈服点为 60～80 kgf/mm^2 的高强度钢材制造钢管。

对于焊接管，钢材的基本性能包括机械性能、加工性能和化学成分等方面。

1. 机械性能

机械性能一般指钢材的屈服点 σ_s、极限强度 σ_b、断裂时的延伸率 ε 和冲击韧性 a_k。在屈服点 σ_s 内，钢材的应力和应变存在线性关系，即处于弹性工作状态。当应力超过 σ_s 时，材料发生蠕变，即使外荷载不再增加，变形仍然发展，形成所谓流幅。对于普通低碳钢，当相对变形 ε 达到 2.5%～3%后，材料进入第三工作阶段，即自动强化阶段，钢材重新获得承受较高荷载的能力。极限强度 σ_b 是与试件破坏前的最大荷载相对应的应力。

流幅的存在是普通碳素钢的一个重要特性，它能使结构应力趋于均匀，排除结构因局部应力太大而过早破坏。因此，流幅是提高结构物安全度的一种因素。

当应力达到 σ_s 时，虽然不会引起结构破坏，但因变形过大，结构物可能已无法正常工作，σ_s 应认为是容许使用应力的上限。普通低碳钢的极限强度 σ_b 超过 σ_s 值 55%～95%。若 σ_s 较低，由于变形等因素的限制，容许应力不能采用得过高，材料的充分利用受到限制；若 σ_s 较高，则材料的塑性降低，因此，σ_s 与 σ_b 的最优比值(最优屈强比)在 0.5～0.7 范围内。

延伸率 ε 是试件实际破坏时的相对变形值，代表材料的塑性性能。普通碳素钢的 ε 约为 20%～24%。

钢材的脆性破坏和时效硬化趋向及材料抗重复荷载和动荷载的性能应根据运行条件，经钢材夏比(V 形缺口)冲击试验确定。

2. 加工性能

钢材的加工性能主要指辊轧、冷弯、焊接等方面的性能，应通过样品试验确定。

冷弯性能对于制造钢管的钢材特别重要，因为制造钢管的基本作业是辊轧和弯曲。经过冷作的钢板因有塑性变形，故发生冷强，继而时效硬化，钢材变脆。

焊接性能指钢材在焊接后的性能，应保证焊缝不开裂，也不降低焊缝及相邻母材的机械性能，如强度、延伸率、冲击韧性等。

钢管在制造过程中，辊轧、弯曲、焊接等工艺使材料的塑性降低，并产生一定的内应力。为了消除上述不良影响，当管壁超过一定厚度时需进行消除内应力处理。

3.化学成分

钢材的化学成分影响钢材的强度、延伸率和焊接性能。当碳素钢的含碳量超过0.22%时，硬度急剧上升，σ_s 上升，塑性和冲击韧性降低，可焊性恶化。硅的存在有同样影响，因此其含量应限制在0.2%以内。镍和锰能够提高钢材的机械性能。

硫的存在降低钢材的强度，使钢材热脆，含硫量高的钢材不宜进行热处理。磷的存在使钢材冷脆，含磷量高的钢材不宜用于制作在低温下工作的钢结构。溶解于钢材中的氮和氧也使钢材变脆。对以上各种杂质都应加以限制。

6.4.2.2　**容许应力**

钢材的强度指标一般用屈服点 σ_s 表示。钢材的容许应力[σ]可用 σ_s 除以安全系数 K 获得，或用 σ_s 的某一百分比表示。不同的荷载组合及不同的内力、应力特性应采用不同的容许应力。压力钢管的容许应力按表6-2采用。

表6-2　钢管容许应力

<table>
<tr><td colspan="2">应力区域</td><td colspan="2">膜应力区</td><td colspan="4">局部应力区</td></tr>
<tr><td colspan="2">荷载组合</td><td>基本</td><td>特殊</td><td colspan="2">基本</td><td colspan="2">特殊</td></tr>
<tr><td colspan="2">内力性质</td><td colspan="2">轴力</td><td>轴力</td><td>轴力和弯矩</td><td>轴力</td><td>轴力和弯矩</td></tr>
<tr><td rowspan="3">容许应力[σ]</td><td>明钢管</td><td>$0.55\sigma_s$</td><td>$0.7\sigma_s$</td><td>$0.67\sigma_s$</td><td>$0.85\sigma_s$</td><td>$0.80\sigma_s$</td><td>$1.0\sigma_s$</td></tr>
<tr><td>地下埋管</td><td>$0.67\sigma_s$</td><td>$0.9\sigma_s$</td><td></td><td></td><td></td><td></td></tr>
<tr><td>坝内埋管</td><td>$0.67\sigma_s$</td><td>$0.8\sigma_s$
$0.9\sigma_s$</td><td></td><td></td><td></td><td></td></tr>
</table>

对于高强度钢材，若屈服点 σ_s 与抗拉强度 σ_b 之比值(屈强比)大于0.67，应以 $\sigma_s=0.67\sigma_b$ 计算容许应力。坝内埋管膜应力区在特殊荷载组合下的容许应力取为 $0.9\sigma_s$ 者，仅适用于按明管校核情况，其余情况均用 $0.80\sigma_s$。参阅《水电站压力钢管设计规范》(NB/T 35056—2015)。

6.4.2.3　**其他材料**

1.防腐蚀材料

钢管暴露在空气当中，会因氧化而锈蚀，内壁会被泥沙磨蚀或因水的化学作用而发生电化学腐蚀，锈蚀和电化学腐蚀与钢材材质(化学成分)、水质(PH值)及周围介质(泥沙、气候、日光)等条件有关。进行防腐蚀设计时，应尽量采用保护年限较长的涂装材料和严格的施工工艺，以延长钢管的使用寿命。

钢管的防腐蚀措施主要有金属热喷涂和涂料保护两种形式。在涂料涂装和热喷金属涂装前，必须对钢板表面进行除锈预处理。钢管内壁涂料配套请参考表6-3所示，暴露在大气中的明钢管外壁涂料可参考表6-4所示。内外壁也可用热喷金属喷涂(如喷锌)，这样虽能有效延长保护周期，但是操作劳动强度大，因此适用于防腐要求较高的钢管。

表6-3　管内壁涂料配套表

序号	涂层系统	涂料种类	涂层厚度/μm
1	底层	环氧沥青厚浆型防锈底漆	125
	面层	环氧沥青厚浆型防锈面漆	125
2	底层	超厚浆型环氧沥青防锈底漆	250
	面层	超厚浆型环氧沥青防锈面漆	250
3	底层	无机富锌	100
	面层	超厚浆型环氧沥青	350
4	一次成膜漆	无溶剂环氧树脂漆	800
5	一次成膜漆	改性环氧使用砂浆	1000
6	底层	改性环氧	100
	中间层	改性环氧玻璃鳞片	400
	面层	改性环氧玻璃微珠	600

表6-4　管外壁涂料配套表

序号	涂层系数	涂料种类	涂层厚度/μm
1	底层	环氧富锌	125
	中间层	环氧云铁	125
	底层	氯化橡胶	
2	底层	无机富锌	250
	中间层	环氧云铁	
	底层	丙烯酸聚氨酯	250
3	底层	无机富锌	100
	中间层	厚浆无溶剂环氧	
	底层	丙烯酸聚氨酯	350

2. 止水材料

伸缩节止水材料可选用橡胶、油浸麻、石棉、聚四氟乙烯、碳纤维等。法兰及进人孔止水材料可选用橡胶、聚四氟乙烯、石棉、铅等。

3. 垫层

坝内埋管设垫层时，钢管外包垫层材料可选用聚氨酯软木、聚苯乙烯泡木板、聚乙烯塑料板等。垫层材料稳定变形模量适宜的范围为0.5～5.0 N/mm^2，垫层厚度常使用的范围为4～50 mm。垫层材料应具有材料稳定性、设计要求物理力学特性、耐久性、防腐性、可粘贴性及经济性。

6.4.3 压力管道的组成部件及构造要求

6.4.3.1 压力管道的组成部件

1.管壳

明钢管和埋管主要组成部分是管壳，可采用钢板组焊。若条件具备，也可用整卷工艺。管壳分直管段、弯管段、锥管段及岔管段。为便于制作、运输和安装，管壳应根据运输和安装条件在工厂制成单件，运到现场，经分段焊接而成。焊缝按其重要性可分为一类焊缝、二类焊缝和三类焊缝等三种，按其位置可分为纵缝和横缝。平行管轴线的焊缝为纵缝，垂直管轴线的焊缝为横缝，如图 6－56 所示。除凑合节外，直管、弯管及锥管均应制成安装段，锥管段钢衬和岔管宜制成整体或短段，不宜在现场焊接纵缝。直管段横缝间距不宜小于 500 mm，弯管段和岔管段横缝间距不宜小于 10 倍管壁厚度、300 mm、$3.5\sqrt{rt}$（r 为钢管内半径；t 为钢管壁厚）等三者的最大值。纵缝不应布置在钢管横断面的水平轴线和铅垂轴线上，与上述轴线间夹角应大于 10°。相邻管段的纵缝应相互错开，其弧线错距不应小于 300 mm，且应避免十字焊缝。

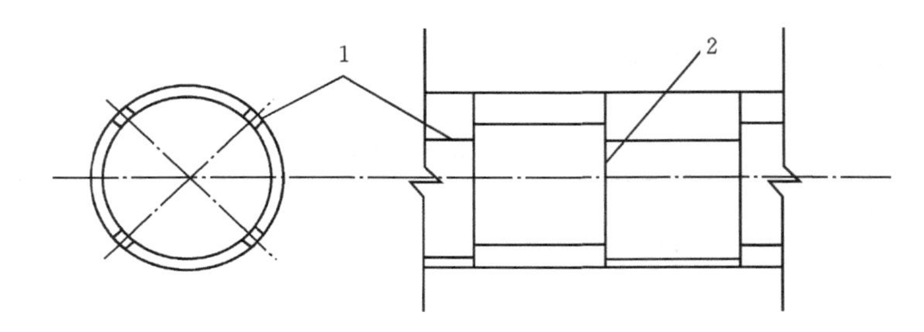

图 6－56　钢管焊缝位置图

1—纵缝；2—横缝

钢管管壁厚度一般经结构分析确定。管壁的结构厚度取为计算厚度加 2 mm 的锈蚀裕度。考虑制造工艺、安装、运输等要求，管壁的最小结构厚度不宜小于下式确定的数值，也不宜小于 6 mm

$$\delta \geqslant \frac{D}{800}+4 \tag{6-21}$$

式中：D 为钢管直径，mm。

为了消除辊卷和焊接引起的残余应力，当钢板厚度超过一定数值时，应按规范要求做热处理。钢管安装完毕后的椭圆度（相互垂直的两管径的最大差值与标准管径之比）不得超过 0.5%，且不超过 40 mm。

钢管转弯半径不应小于 3 倍管径。弯管相邻管节转折角不宜大于10°，过大，水流条件差，局部应力大；过小，管节数多，焊缝间距小，影响强度。弯管首尾应为半节，使相邻管节在接缝处的相贯线形状相同，如图 6－57 所示。锥管的锥顶角不宜大于 7°，在立面上宜倾斜，保持底坡一致，以便放空积水，如图 6－58 所示。

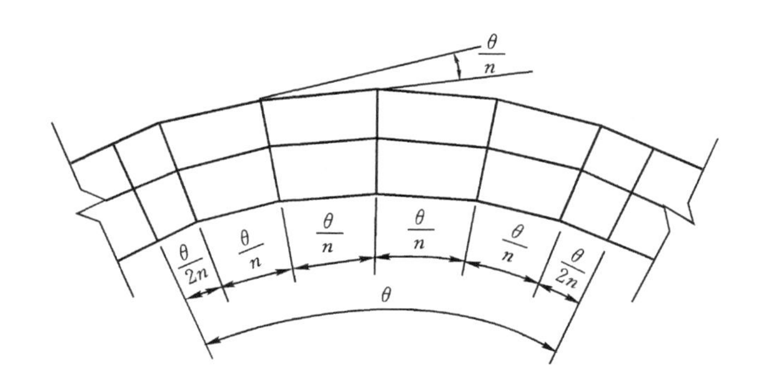

图 6-57　弯管分节图

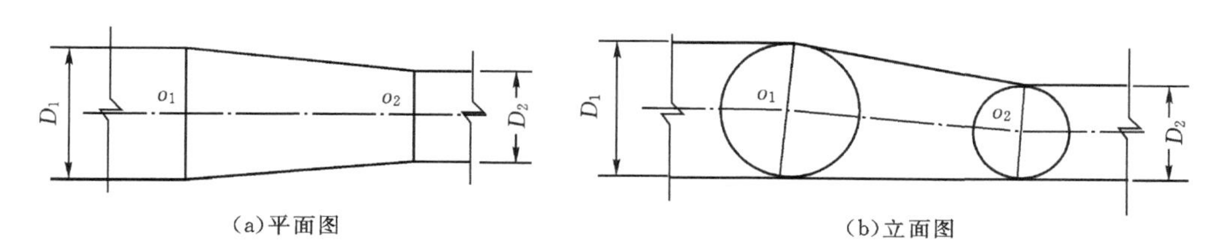

图 6-58　锥管结构图

明管和岔管宜做水压试验，压力值应不小于 1.25 倍正常运行情况最高内水压力的设计值，也不小于特殊工作运行情况最高内水压力，水压试验应分级加载缓慢增压。水压试验的目的是：①以超载内压暴露结构缺陷，检查结构整体安全度；②在缓慢加载条件下，缺陷尖端发生塑性变形，使缺陷尖部钝化与卸载后产生预应力；③水压试验时焊接残余应力和不连续部位的峰值应力可能达到屈服，退压后得以削减。对重要的钢管还要作必要的原形观测，以监视管道运行状态，预测异常情况，并积累资料。

2. 刚性环(加劲环)

为增加薄壁钢管的刚度，保证钢管的抗外压稳定，有时需在支承环之间的管壁外侧每隔一定距离设置刚性环。对于明钢管，可采用包焊在管周的矩形或工字型加劲环，如图 6-59(a)所示。对于埋管，若为光面管，弯管处必须设置加劲环，其他管段则每隔 10～20 m 应设置一

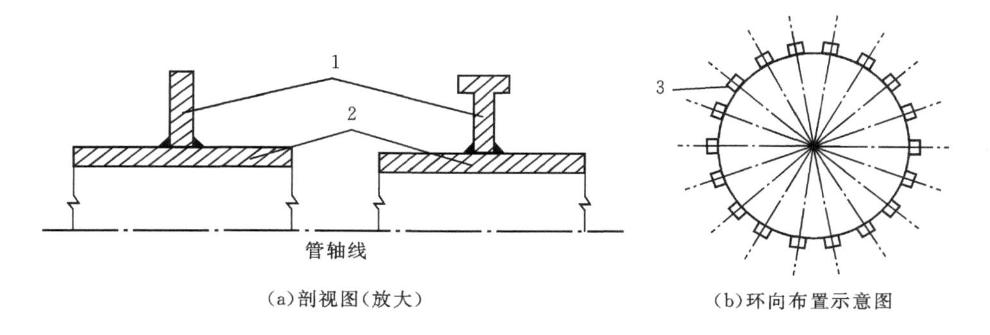

图 6-59　刚性环

1—加劲环Ⅰ；2—管壁；3—锚环

道加劲环，在加劲环靠近管壁处宜开设串浆孔，以提高混凝土浇筑和接触灌浆质量。由于加劲环会影响回填混凝土密实，也可采用锚环，如图 6－59(b)所示。

3. 支承环

为防止支墩直接接触管壁，并加强支承钢管的强度和刚度，支承处的钢管应设支承环。支承环沿管周箍设，其断面型式可为工字型、T 型、矩形，如图 6－60 所示。滑动支座的支承环直接搁在支墩上，滚动式或摇摆式支座的支承环通常采用侧支承方式，两支点的距离比管径大。当钢管置于隧洞或深槽内，支座宽度受限制时，可采用两支点距离比管径小的下支承型式，如图 6－70 所示。

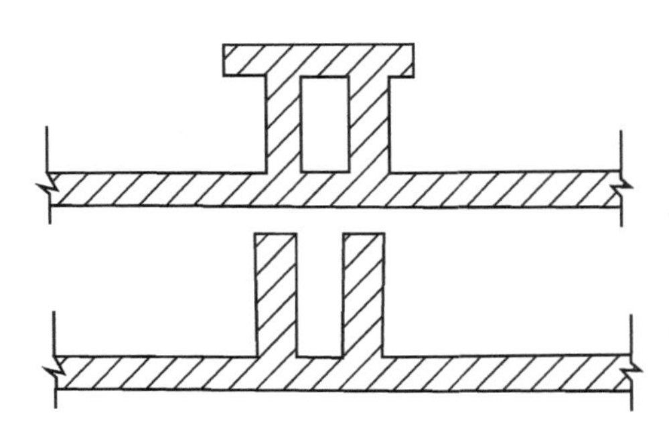

图 6－60　支承环断面

4. 伸缩节

为避免明钢管管壁在温度变化及支座不均匀沉陷时产生过大的应力，在紧靠镇墩的下游侧需设伸缩节。常用的伸缩节型式为套筒式伸缩节、压盖式限位伸缩节、套筒式波纹密封全封闭式伸缩节、波纹管式伸缩节等。图 6－61 所示为套筒式伸缩节，由一个带法兰的内套管、一个带法兰和挡环的外套管和一个带法兰的调压圈组成。内外套管、挡环与调压圈之间形成填料盒，内装止水填料构成止水圈，旋紧调压螺栓就能推动调压圈压紧止水填料。露天钢筋混凝土管，不设伸缩节。

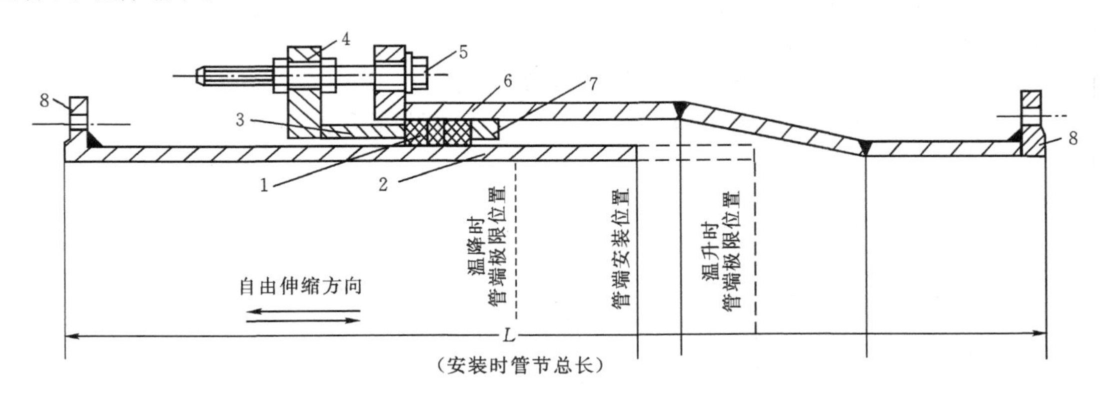

图 6－61　单向套筒式伸缩节结构剖面

1—填料；2—内套管；3—调压圈；4—调压圈法兰；5—调压螺栓；6—外套管；7—挡环；8—法兰

5. 进人孔

为便于检修管道内部，凡能进人的钢管均应设置进人孔，其位置宜设在镇墩的上游侧管道上。进人孔多安装在水平轴线下方45°处，人孔间距可取为150 m，不宜超过300 m。人孔可做成圆形或椭圆形，直径或短轴不得小于450 mm，常用的结构型式如图6-62所示。

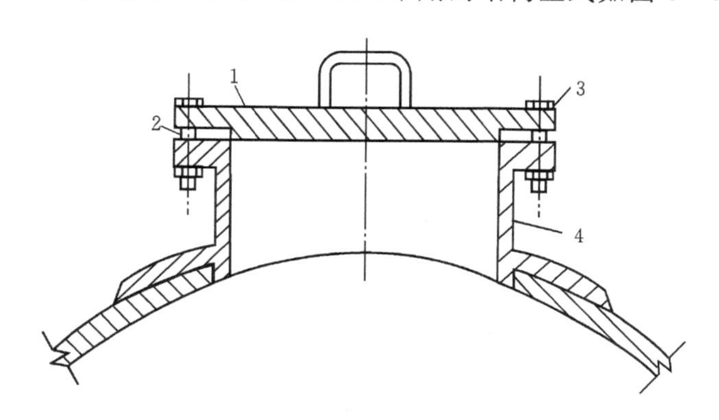

图6-62　进人孔

1—孔盖；2—垫圈；3—螺栓；4—接管

6. 通气孔与通气阀

为避免压力管道在放空或运行时发生真空，管道应能及时补气，运行充水时需要排气。管道最高点也可能滞积压缩空气，因此压力管道应设有自动进气、排气装置，其位置应位于快速闸门(阀)和事故闸门(阀)下游。压力管道水头较低时，常采用通气孔或通气井，出口不应设在启闭室内，并应高于校核洪水位。进水口较深时，可采用通气阀，在正常运行时保持关闭状态，发生负压时开启，自动补气，充水时则自动排气。

7. 排水设施

压力管道检修时，低于导水叶底部高程的水需设排水管排入尾水管或尾水渠。地下水压较高地段的地下埋管，应布设排水洞、排水孔等排水系统，以降低钢管的外水压力。

6.4.3.2　**闸门(阀)**

阀门的类型很多，有平板阀、蝴蝶阀、球阀、圆筒阀、针阀和锥阀等，但作为水电站压力管道上的阀门，最常用的是蝴蝶阀和球阀，极小型电站有时用平板阀。压力管道首端和水轮机前要设置控制闸门(阀)，设置时应满足以下要求。

1. 必须设置快速闸门(阀)和必要的检修闸门

明管、坝内埋管、坝后背管以及水轮机前不设置进水阀的地下埋管，在管道首端必须设置快速闸门(阀)和必要的检修闸门。通常设置闸门，只有在闸门布置困难时才采用闸阀。闸门(阀)用于事故紧急关闭和检修放空管道，关闭时间不能超过发电机的允许飞逸时间，一般为2 min。

2. 根据情况设事故闸门(阀)

水轮机前设置进水阀的地下埋管，除应在管道首端设置必要的检修闸门外，还应根据工程具体情况决定是否在埋管首端设置事故闸门(阀)。若布置事故闸门(阀)，宜布置必要的通道，以便检修、更换闸门(阀)。

3. 必须有远方和现场操作装置

钢管首端的快速闸门(阀)和事故闸门(阀)必须有远方(中央控制室)和现场操作装置,操作装置必须有可靠电源。

4. 水轮机前需设闸阀控制

压力管道采用联合供水或分组供水时,水轮机前需设闸阀控制,称主阀。主阀的作用是紧急事故关闭以及在检修或停机时间较长时截断水流。设主阀后,机组事故或停机检修不影响其他机组运行。水头高于 120 m 或压力管道较长的单独供水方式,经技术经济比较也可设主阀。常用的主阀型式如下。

图 6-63　蝴蝶阀

(1)蝴蝶阀。如图 6-63 所示,活门为一圆盘,可绕水平轴或垂直轴旋转。这种阀门启闭力小,操作简便、迅速,体积小,重量轻,价格便宜,应用很广。缺点是开启时水头损失大,止水不严密,不能部分开启。适用于直径较大而水头不高的情况。

(2)球阀。如图 6-64 所示,外壳呈球形,与水管直径相同的管状活门和球面形挡水板构成了可旋转式阀体。开启时,管状活门轴线与水管轴线一致,活门成为水管的一部分。活门旋转90°后,球面形挡水板使阀门关闭。球阀开启时无水头损失,止水严密,能承受高压。缺点是结构复杂,体积大,重量大,价格贵。适用于管径较小,水头较高的情况。

(3)闸阀。如图 6-65 所示,活门为一块由框架和面板构成的楔形、矩形或环形闸板,通过沿闸槽上下移动进行启闭。闸阀全开时水头损失小,止水严密,造价较低。缺点是外形尺寸较大,重量大,启闭力大,启闭速度缓慢,适用于小直径的压力钢管。

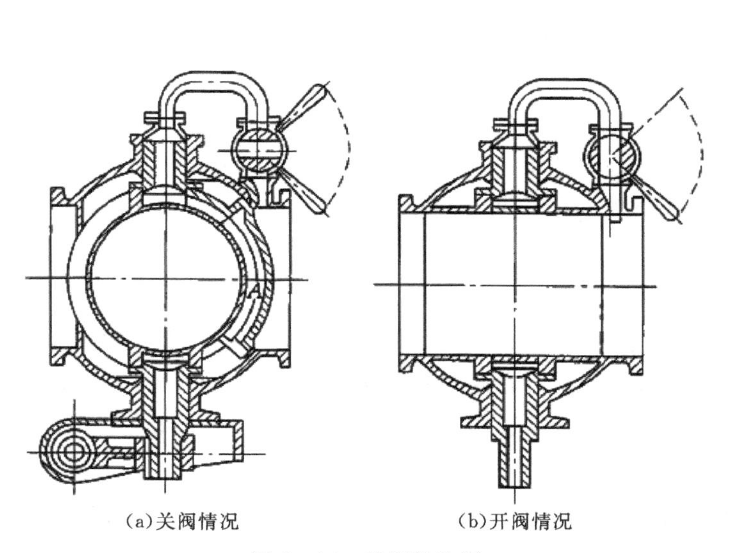

图 6-64　球阀结构图

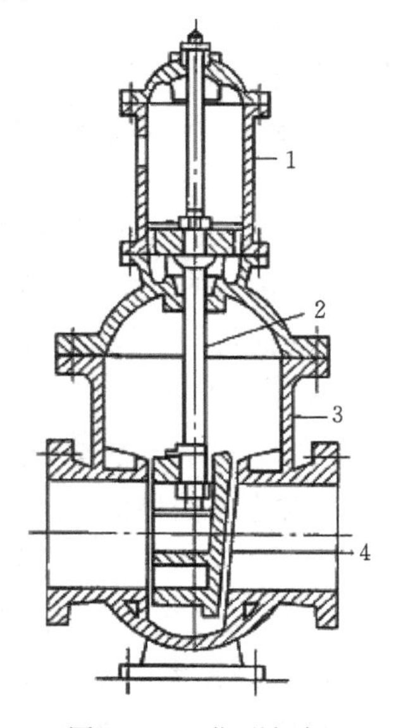

图 6-65　楔形闸阀

1—接力器;2—闸门柄;3—壳;4—闸门

6.4.4　明钢管的敷设方式、镇墩、支墩

6.4.4.1　明钢管的敷设方式

明钢管是薄壁结构，通常需支承在一系列的墩座上。墩座分镇墩和支墩两种，支墩又称支座。镇墩的作用是用以固定钢管，承受管轴方向传来的作用力，不允许钢管发生任何方向的位移和转角。支墩布置在镇墩之间，起支承和架空钢管作用，以减小钢管的跨度，承受管重和水重的法向力。支墩允许钢管沿轴向位移，并承受由此引起的钢管与支墩间的摩擦力。

明钢管的敷设方式有以下两种。

(1)连续式。两镇墩间的管身连续敷设，中间不设伸缩节，如图 6 - 66(a)所示。由于钢管两端固定，不能移动，温度变化时，管身将产生很大的轴向温度应力，因而需增加管壁厚度和镇墩重量，故只在隧洞或厂房中温度变化小、长度短的明管或分岔管处采用。

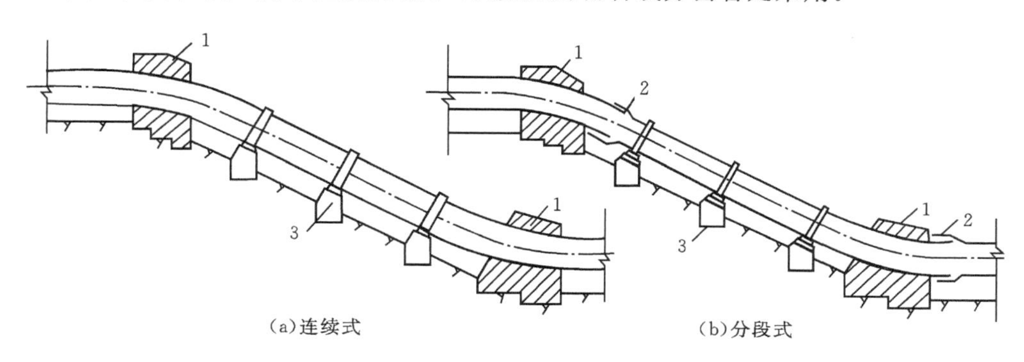

图 6 - 66　明钢管的敷设方式

1—镇墩；2—伸缩节；3—支墩

(2)分段式。两镇墩间的管段用伸缩节分开，温度变化时钢管可沿轴向伸缩移动，从而降低温度应力，如图 6 - 66(b)所示。伸缩节构造较复杂，容易漏水，常布置在镇墩以下第一节管的横向接缝处，以减小伸缩节内水压力，利于上镇墩稳定，亦便于管道自下而上安装。当管道纵坡较缓或为了改善下镇墩的受力条件，也可布置在两镇墩的中间部位。当管道纵坡很陡时，伸缩节的位置应综合考虑钢管轴向应力、轴向稳定及安装条件等因素确定。明钢管一般宜采用分段式敷设。

明钢管一般敷设底面高出地表不小于 0.6 m，这样使管道受力明确，管身离开地面也易于维护和检修。建议采用分段式，其原因为：由于伸缩节的存在，在温度变化时，管身在轴向可以自由伸缩，由温度变化引起的轴向力仅为管壁和支墩间的摩擦力和伸缩节的摩擦力。

为了减小伸缩节的内水压力和便于安装钢管，伸缩节一般布置在管段的上端，靠近上镇墩处，这样布置也常常有利于镇墩的稳定。伸缩节的位置可以根据具体情况进行调整。若直管段的长度超过 150 m，可在其间加设镇墩；若其坡度较缓，也可不加镇墩，而将伸缩节置于该管段的中部。

6.4.4.2　明钢管的镇墩和支墩

1. 镇墩

镇墩一般布置在压力管道轴线转弯处。当直线段长度大于 150 m 时，宜在其间加设镇

墩。若直线管段纵坡很缓且管段长度不超过 200 m，也可不加设中间镇墩，而将伸缩节置于管段中央。

(1)镇墩的型式。镇墩一般为混凝土重力式结构，宜设置在稳固的岩基上，其底面宜做成台阶式，以节省工程量。若镇墩基础为土基或软弱岩基，除应满足承载力及稳定等要求外，尚应考虑地基不均匀沉降对钢管应力的影响，镇墩底面宜做成水平。按固定水管的方式不同，镇墩可分为以下两种型式。

①封闭式。如图 6－67(a)所示，钢管埋设在混凝土体中。镇墩施工常分两期进行，初期浇筑混凝土基座，敷设钢管后再浇筑二期混凝土。在镇墩表面应布置温度钢筋，钢管周围应设环向钢筋和一定数量的锚筋，并在弯管端部设置止推环。其优点为构造简单，用钢量省，水管能较好固定，因此应用较普遍。

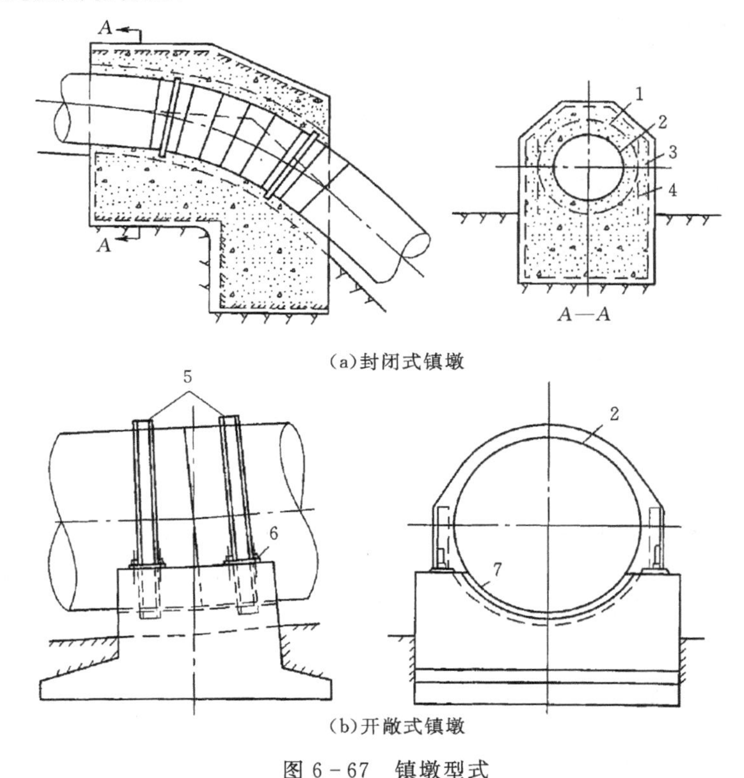

(a)封闭式镇墩

(b)开敞式镇墩

图 6－67　镇墩型式

1—环向钢筋；2—钢管；3—温度钢筋；4—锚筋；5—锚定环；6—锚栓；7—灌浆

②开敞式。如图 6－67(b)所示，利用锚杆将钢管固定在混凝土管座上。镇墩处的管壁受力不均匀，锚杆施工复杂，其优点是便于检查维修，在我国应用较少。

镇墩混凝土强度等级不应低于 C15。在寒冷地区，墩底应深埋至冻土线以下，并规定混凝土的抗冻标号。

(2)镇墩的设计。镇墩是重力式结构，在主要外荷载轴向力 $\sum A$ 的作用下，镇墩以自重来平衡外力作用而保持稳定。设计时必须满足抗滑稳定、抗倾覆稳定和地基承载能力等要求。

①镇墩上作用力分析。作用在镇墩上的力，主要是由明钢管传来的轴向力 $\sum A$、剪力 N

及弯矩 M。除此以外，还有自重和由此产生的地震惯性力以及较小的土压力、风压力等，如图 6－68 所示。图中 $\sum A'$、$\sum A''$ 分别为以伸缩节为界的镇墩上、下游管段传来的轴向力。轴向力的计算公式如表 6－5 所示。分段式明钢管正常运行工况时各种轴向力作用于镇墩的方向如图 6－69 所示。轴向力的方向以指向镇墩下游为正，反之为负。上、下游管段传来的剪力 N_1、N_2 分别等于镇墩与相邻支墩间半跨管道水重加管重的法向分力。弯矩 M_1、M_2 则可取为 $\left(\frac{1}{11}\sim\frac{1}{12}\right)ql^2\cos\alpha$，式中 q 为镇墩上、下游管段单位管长的水重与管重之和，α 为上、下游管道的倾角。

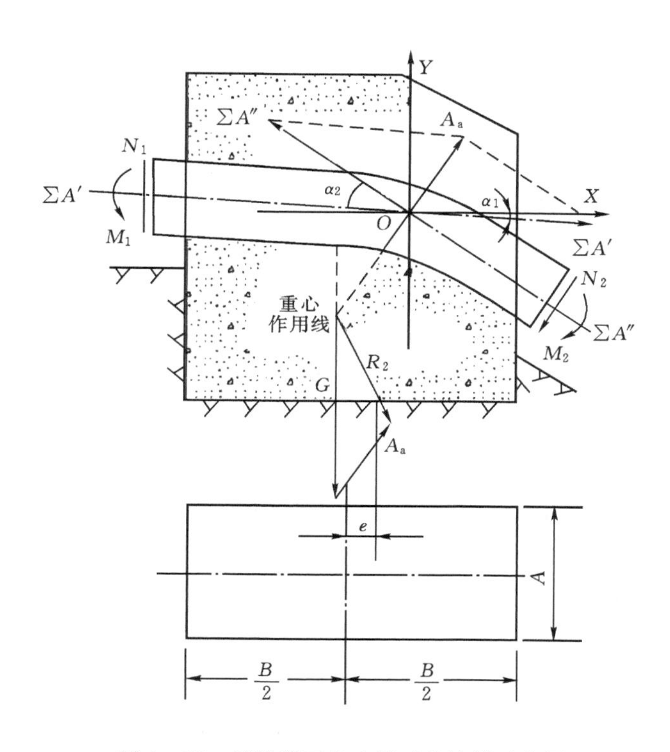

图 6－68　镇墩底面为水平时的计算示意图

镇墩的计算工况分为正常运行和校核运行两种。前者荷载为正常运行情况下经常承受的或按设计原则应考虑的荷载，通常只考虑轴向力的作用，并以满水温升为控制条件。后者是指镇墩所承受的临时性荷载以及发生事故时所承受的荷载，包括水压试验、地震情况、放空或检修情况、特殊水击压力情况以及附近的支墩失事等。

②求轴向分力。取水管轴线交点为坐标原点，以水平顺水流方向为坐标横轴 X 正方向，垂直向上为纵轴 Y 正方向，如图 6－68 所示，则可求出镇墩所受轴向力在 X 轴及 Y 轴上的分力 $\sum X$ 和 $\sum Y$

$$\sum X=\sum X'+\sum X''=\sum A'\cos\alpha_1+\sum A''\cos\alpha_2 \tag{6-22}$$

$$\sum Y=\sum Y'+\sum Y''=\sum A'\sin\alpha_1+\sum A''\sin\alpha_2 \tag{6-23}$$

③ 镇墩的尺寸确定。进行镇墩设计时，应首先计算弯管段的几何尺寸，以便确定镇墩的

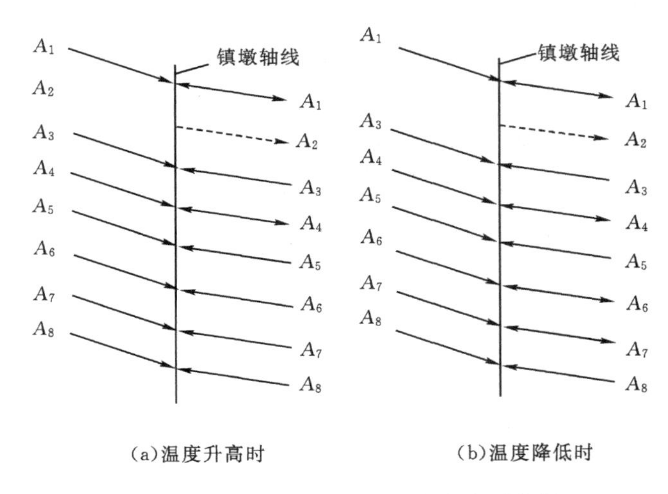

图 6－69 作用于镇墩上的轴向力示意图

最小尺寸。镇墩的尺寸须满足下列要求：能承受所有的荷载作用，满足稳定要求；满足地基的承载能力要求；能将明钢管的转弯段可靠地包住。

为使钢管受力均匀，镇墩上游面应垂直管轴，钢管的外包混凝土厚度不宜小于管径的0.4～0.8倍。为维护、检修方便，明管距地面、管槽的距离不应小于600 mm。在土基上的镇墩，底面常做成水平；在良好的岩基上，常将镇墩底面做成倾斜的台阶形，并使倾斜面与作用在镇墩上的合力方向接近垂直，以利镇墩稳定。镇墩地基应坚实、稳定、可靠，在寒冷地区，墩底面应埋在冻土线以下。根据结构上的要求拟定出尺寸后，求出镇墩的重心位置及其重量 G。

④合力作用点及偏心距。利用图解法或数解法求出镇墩底面合力作用点位置及偏心距 e，应保证偏心距 e 在镇墩底宽的三分点以内，即偏心距

$$e = \left|\frac{\sum M}{\sum Y + G} - \frac{B}{2}\right| < \frac{B}{6} \tag{6-24}$$

式中：$\sum M$ 为各作用力对某计算点力矩的总和；B 为镇墩底面沿管轴方向长度。

⑤抗滑稳定校核。镇墩的抗滑稳定应满足下列要求

$$K_c = \frac{f\left(\sum Y + G\right)}{\sum X} \geqslant [K_c] \tag{6-25}$$

式中：K_c 为抗滑稳定安全系数；$[K_c]$为抗滑稳定安全系数允许值；f 为镇墩与地基间的摩擦系数。

⑥地基应力计算。根据所需的重量可初步拟定镇墩的轮廓尺寸。对初拟的轮廓尺寸进行地基应力校核，以保证总的合力作用点在镇墩底宽的3分点之内，避免镇墩底面出现拉应力；软基上镇墩的地基反力应力求均匀，以减小不均匀沉陷，其值不应超过地基的容许承载力。

要求地基上均为压应力，且其最大值不超过地基的允许应力$[\sigma_r]$。地基应力可按偏心受压公式进行计算。

$$\sigma = \left|\frac{\sum Y + G}{AB}\right|\left(1 + \frac{6e}{B}\right) \leqslant [\sigma_r] \tag{6-26}$$

式中符号同前。

由图 6－68 可知，当弯管凸向上方时，镇墩需要有足够的重量来平衡轴向力合力的垂直分力，故需要较大的体积。靠近厂房的最后一个镇墩，作用力 A_3 的数值最大，但从下游侧作用在镇墩上的 A_3 会被 A_2 所平衡。因此，引起镇墩滑动的力要比其他镇墩大得多，镇墩体积也较大。

软基上镇墩的底面必须在土冻线以下；对有软弱夹层的地基，还应验算通过地基内部发生深层滑动的可能。

在岩基上，为了减小镇墩的尺寸，可将底面做成倾斜的台阶形，使倾斜面与合力接近垂直，抗滑稳定计算可沿倾斜面进行，但这样做必须以地基充分可靠、滑动面不会通过地基内部为前提。

封闭式混凝土镇墩的表层应配置温度钢筋，以防混凝土开裂而丧失锚固作用；对于管道弯曲段向上凸起处的镇墩(见图 6－67(a))，轴向力的合力向上，仅靠管道上部混凝土的重量不足以平衡此合力，尚需设置锚筋以固定管道。

开敞式镇墩需用锚定环将管道固定在混凝土底座上，如图 6－67(b)所示；锚定环附近的管身应力不易精确计算，容许应力应降低 10%。

2. 支墩

支墩宜在两镇墩间等间距布置，其间距应通过钢管应力分析，并考虑安装条件、支墩型式及地基条件等因素，经技术经济比较确定。一般间距 6～15 m，最大可达 25 m。直径特别大的钢管，由于荷载大，支墩间距可能减少。设有伸缩节的一跨，间距宜缩短。

(1)支墩的型式。为便于钢管的安装和维护，支墩高度应使钢管底部高出其下地表面 0.6 m。常用的支墩型式有以下几种。

①滑动支墩。钢管因受力及温度变化而伸缩时，沿支座顶面滑动。滑动支墩可分为鞍型滑动支墩和平面滑动支墩两种，如图 6－70(a)和图 6－70(b)所示。对于鞍型滑动支墩，钢管直接支承在顶部为鞍形的混凝土支墩上，β 在 90°～135°之间。为减小摩擦，可在鞍型支座表面铺设石墨、石棉或油毡等材料；直径较大的钢管，可在鞍型支座表面衬钢板，并涂润滑剂。这种型式支墩的优点是结构简单，施工方便，缺点是摩擦力较大，管身受力不均匀，鞍型支座边缘处的钢管会产生较大的弯矩，适用于 $D \leqslant 1$ m 无支承环的钢管及 $D \leqslant 2$ m 有支承环的钢管。对于直径较小的钢管，支承环直接搁置在鞍型支墩上的两根小钢轨上。对于平面滑动支墩，支墩处的管身四周加设刚性支承环，环的两侧支承在墩座上。当钢管伸缩时支承环沿支墩滑动，从而避免管壁摩擦。这种型式支墩适用于 $D=1 \sim 3$ m 有支承环的钢管。滑动支墩的摩擦系数一般为 0.3～0.5。目前我国有些工程平面滑动支墩的滑块采用聚四氟乙烯制成，其实验室的摩擦系数为 0.1。

②滚动支墩。如图 6－70(c)所示。钢管通过数个滚轮支承在支墩表面的钢垫板上。滚轮外侧设防止横向移动的侧挡板。滚动支墩的摩擦系数小，一般为 0.1，适用于 $D>2$ m 的钢管。

③摇摆支墩。如图 6－70(d)所示。支承环与支墩间用可以摆动的短柱连接，摆柱的下端与支墩铰接，上端以圆弧面与支承环的外伸圆弧钢板接触。钢管伸缩时，短柱以铰为中心前后摆动，摩擦力很小，承载能力增大，适用于 $D>4$ m 的钢管。摇摆支墩构造较复杂，造价较高。

(2)支墩的作用力及分析。作用在支墩上的力，除支墩自重外，主要有每跨管重和水重的

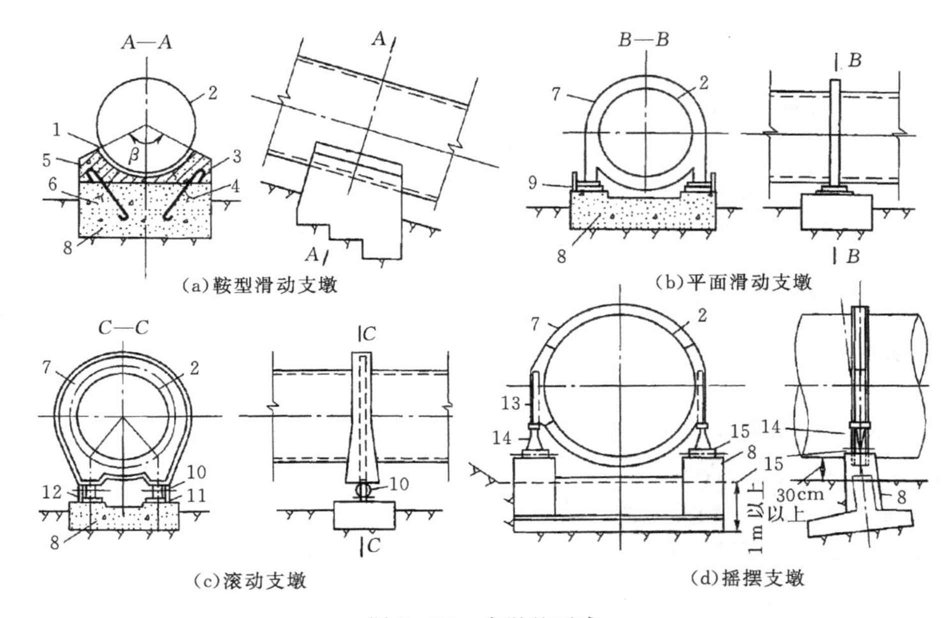

(a)鞍型滑动支墩　(b)平面滑动支墩　(c)滚动支墩　(d)摇摆支墩

图 6-70　支墩的型式

1—钢板；2—铜管；3—插筋；4—锚筋；5—二期混凝土；6—一期混凝土；7—支承环；8—支墩；9—滑动面；10—滚轮；11—钢垫板；12—侧挡板；13—支柱；14—摆柱；15—转轴

法向分力 $Q_n\cos\alpha$ 以及温度变化时钢管对支墩的摩擦力 A_7。支墩结构分析的原则、方法与镇墩相似。

①作用力分析。作用在支墩上的力如图 6-71 所示，主要有以下 3 个力：

作用在支墩上的钢管自重和水重的法向分力 $Q_n\cos\alpha=(q_s+q_w)L\cos\alpha$；钢管与支墩间的摩擦力 A_7 以及支墩自重 G。

②求水平与垂直分力。以支承面中心为坐标原点，取横轴 X 为水平向，顺流向为正；纵轴 Y 为垂直向，向上为正，则作用在支墩上的水平分力和垂直分力为

$$\sum X = A_7\cos\alpha - Q_s\cos\alpha\sin\alpha \tag{6-27}$$

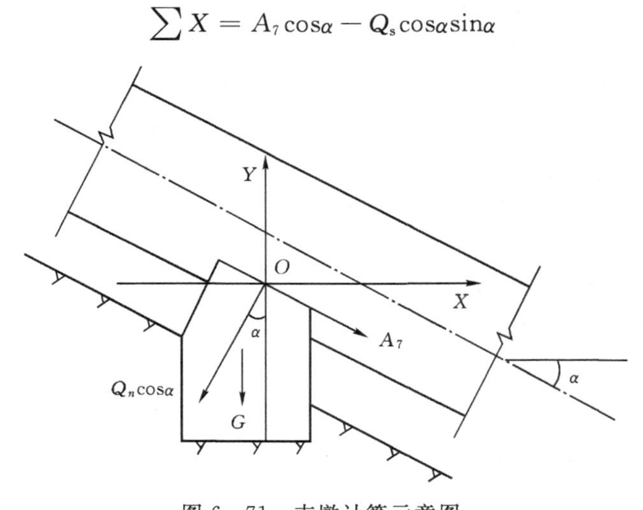

图 6-71　支墩计算示意图

$$\sum Y = A_7 \sin\alpha - Q_s \cos^2\alpha + G \tag{6-28}$$

(3)支墩抗滑稳定及地基承载力校核。支墩的抗滑稳定及地基承载力校核方法与镇墩相同。

温度升高时，A_7 朝向水管上端，取负号；温度降低时，A_7 朝向水管下端，取正号。计算时，按对稳定最不利情况取 A_7 为正号或负号。

支墩底面合力作用点也不应超过基础底面的 3 分点。当镇、支墩置于土基或半岩基上时，除应满足稳定及承载力要求外，必须研究基础不均匀沉陷对钢管内力的影响。支墩设计时，应尽量避免产生不均匀沉陷。

6.4.5　明钢管管身的应力分析及结构设计

6.4.5.1　明钢管的荷载

作用在分段式明钢管及墩座上的力按作用方向可分为轴向力、法向力与径向力三种。具体分类及名称如下。

(1)内水压力。

①正常蓄水位的静水压力 P_1；②正常工作情况最高压力 P_2，包括正常蓄水位运行时的静水压力加上该钢管供水的全部机组丢弃全部或部分负荷时的水锤压力；③特殊运行工作情况最高压力 P_3，最高发电水位，丢弃全负荷；④水压试验内水压力 P_4，应不小于 1.25 倍正常运行情况最高内水压力。

(2)钢管结构自重 Q_{s1}。

(3)钢管内的满水重 Q_{w1}。

(4)由温度变化引起的荷载 A_T，是温度对分段敷设的明钢管，即伸缩节和支墩的摩擦力。

(5)钢管充水、放水过程中，管内部分水重。

(6)管道直径变化处、转弯处及作用在堵头、闸阀、伸缩节上的内水压力(静水压力+水锤压力)A_T。

(7)弯道离心力 A_L。

(8)镇墩、支墩不均匀沉降引起的力 P_c。

(9)风荷载 P_f。

(10)雪荷载 P_x。

(11)施工荷载 P_s。

(12)地震荷载 P_z。

(13)管道放空时通气设备造成的管内气压差 P_q。

根据管壁、镇墩、支墩的主要作用力计算公式及受力简图(见表 6-5)，可以得到明钢管荷载计算汇总表，如表 6-6 所示。镇墩、支墩不均匀沉降引起的力 P_c、风荷载 P_f、雪荷载 P_x、施工荷载 P_s、地震荷载 P_z 及管道放空时通气设备造成的管内气压差 P_q 等荷载的计算方法可参考有关规范。直径和跨度很大而水头不很高、管壁较薄的钢管部分充水时，会在钢管引起较大的弯曲应力，需要考虑充水、放水过程中管内部分水重 Q_3 的情况；当支承环较大、间距较小时，部分充水产生的管壳弯曲应力可基本消除，不必计算。

表 6-5　作用在分段式明钢管及墩座上的力

序号	作用力方向	作用力名称	计算公式	作用力符号				结构受力部位			作用力示意图	备　注
				上段		下段		管壁	支墩	镇墩		
				温度								
				升	降	升	降					
1	管轴线方向	钢管自重分力	$A_1=\sum(q_sL)\sin\alpha$	+	+	+	+	√		√	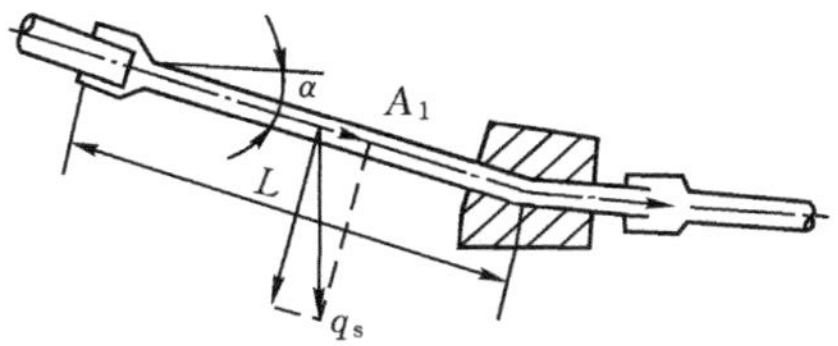	q_s 为每米管长钢管自重
2		关闭的阀门和堵头上的力	$A_2=\frac{\pi D_0^2}{4}P$	±	±	±	±	√		√	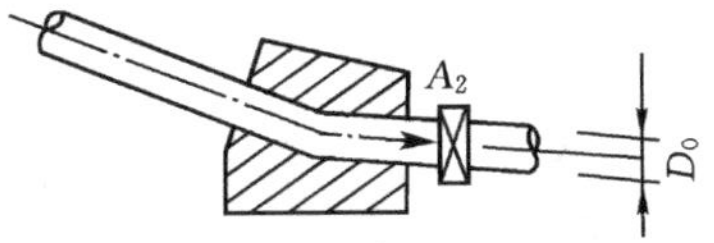	D_0 为钢管内径；p 为内水压强；阀门全开，此力不存在
3		弯管上的内水压力	$A_3=\frac{\pi D_0^2}{4}P$	+	+	−	−	√		√	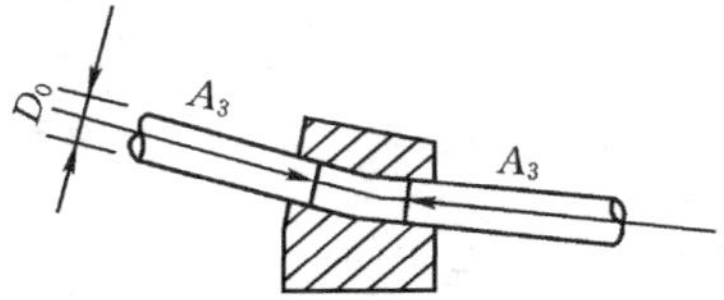	
4		渐缩管的内水压力	$A_4=\frac{\pi(D_{01}^2-D_{02}^2)}{4}P$	+	+	+	+	√		√	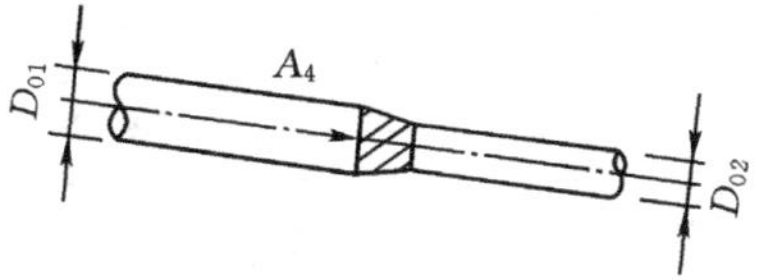	D_{01}、D_{02} 为渐缩管最大和最小直径

续表 6-5

序号	作用力方向	作用力名称	计算公式	作用力符号				结构受力部位			作用力示意图	备注
				上段		下段		管壁	支墩	镇墩		
				温度								
				升	降	升	降					
5	管轴线方向	伸缩节端部的内水压力	$A_5=\frac{\pi(D_1^2-D_2^2)}{4}P$	+	+	−	−	√		√	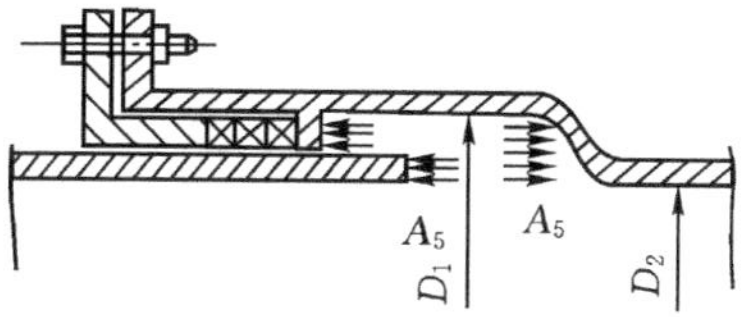	D_1、D_2 为套管式伸缩节内管外径和内径
6		温度变化时伸缩节止水填料的摩擦力	$A_6=\pi D_1 b_1 \mu_1 P$	+	−	−	+	√		√	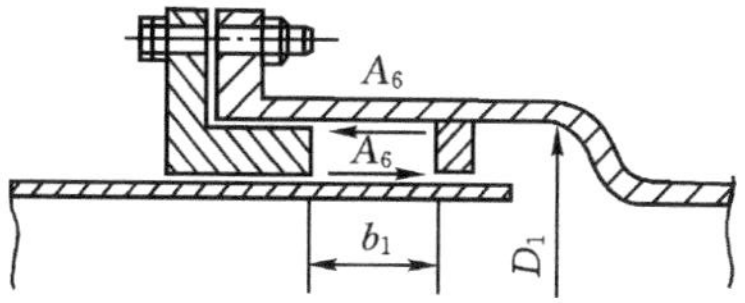	μ_1 为伸缩节止水填料与钢管摩擦系数；b_1 为填料沿管轴长度
7		温度变化时支座对钢管的摩擦力	$A_7=\sum(qL)f\cos\alpha$	+	−	−	+	√	√	√	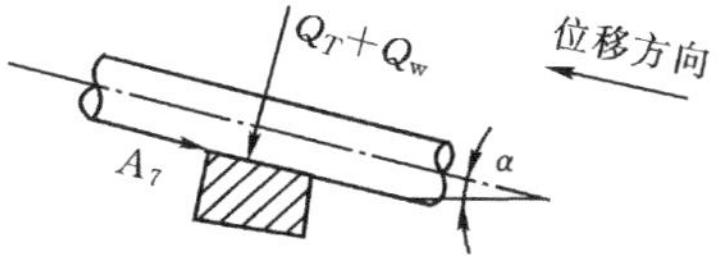	f 为支座对管壁的摩擦系数，L 为支承环间距
8		弯管中水的离心力的分力	$A_8=\frac{\pi D_0^2}{4}\frac{v_0^2}{g}\gamma_w$	+	+	−	−	√		√	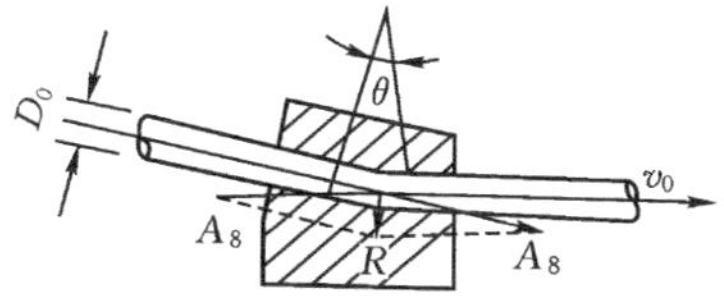	v_0 为管中平均流速；R 为离心力；A_8 为离心力在管轴方向的分力

续表 6-5

序号	作用力方向	作用力名称	计算公式	作用力符号				结构受力部位			作用力示意图	备注
				上段		下段						
				温度								
				升	降	升	降	管壁	支墩	镇墩		
9	垂直管轴线方向	钢管自重分力	$Q_s = q_s L\cos\alpha$					√	√	√	Q_s+Q_w, α, L_i, L_{i+1}	q_s 为每米管长钢管的自重
10		钢管中水重分力	$Q_w = q_w L\cos\alpha$					√	√	√		q_w 为每米管长内水重
11	径向	内水压力	$P = H\gamma_w$					√		√	p	H 为水头，算到计算截面管道中心

表 6-6　明钢管荷载计算公式

<table>
<tr><th rowspan="2">序号</th><th rowspan="2">作用力方向</th><th rowspan="2" colspan="2">作用力名称</th><th rowspan="2">计算公式</th><th colspan="4">指向</th><th colspan="3">受力部位</th></tr>
<tr><th colspan="2">上段</th><th colspan="2">下段</th><th>管壁</th><th>支墩</th><th>镇墩</th></tr>
<tr><td>1.1</td><td>径向</td><td colspan="2">内水压力强度 P</td><td>$P=\gamma H$</td><td colspan="2"></td><td colspan="2"></td><td>√</td><td></td><td>√</td></tr>
<tr><td>2.1</td><td rowspan="2">垂直管轴</td><td colspan="2">钢管自重的分力 Q_s</td><td>$Q_s=q_s L\cos\alpha$</td><td colspan="2"></td><td colspan="2"></td><td>√</td><td>√</td><td>√</td></tr>
<tr><td>2.2</td><td colspan="2">管内水重的分力 Q_w</td><td>$Q_w=q_w L\cos\alpha$</td><td colspan="2"></td><td colspan="2"></td><td>√</td><td>√</td><td>√</td></tr>
<tr><td>3.1</td><td rowspan="9">平行管轴</td><td colspan="2">钢管自重的分力 A_1</td><td>$A_1=\sum(q_s L)\sin\alpha$</td><td colspan="2">顺</td><td colspan="2">顺</td><td>√</td><td></td><td>√</td></tr>
<tr><td>3.2</td><td colspan="2">关闭的阀门及阀头上的力 A_2</td><td>$A_2=\dfrac{\pi D_0^2 P}{4}$</td><td colspan="2">顺或逆</td><td colspan="2">顺或逆</td><td>√</td><td></td><td>√</td></tr>
<tr><td>3.3</td><td colspan="2">渐缩管上的内水压力 A_3</td><td>$A_3=\dfrac{\pi(D_{max}^2-D_{min}^2)P}{4}$</td><td colspan="2">顺</td><td colspan="2">顺</td><td>√</td><td></td><td>√</td></tr>
<tr><td>3.4</td><td colspan="2">伸缩节端部的内水压力 A_4</td><td>$A_4=\dfrac{\pi(D_1^2-D_2^2)P}{4}$</td><td colspan="2">顺</td><td colspan="2">逆</td><td>√</td><td></td><td>√</td></tr>
<tr><td>3.5</td><td colspan="2">弯管上内水压力的分力 A_5</td><td>$A_5=\dfrac{\pi D_0^2 P}{4}$</td><td colspan="2">顺</td><td colspan="2">逆</td><td>√</td><td></td><td>√</td></tr>
<tr><td>3.6</td><td colspan="2">弯管上水流离心力的分力 A_6</td><td>$A_6=\dfrac{\pi D_0^2\gamma_w v_0^2}{4g}$</td><td colspan="2">顺</td><td colspan="2">逆</td><td>√</td><td></td><td>√</td></tr>
<tr><td>3.7</td><td rowspan="3">温度作用</td><td>温变时伸缩节止水填料的摩擦力 A_7</td><td>$A_7=\pi D_1 b_P \mu_P P$</td><td>顺</td><td>逆</td><td>逆</td><td>顺</td><td>√</td><td></td><td>√</td></tr>
<tr><td rowspan="2">3.8</td><td rowspan="2">温变时支座垫板与钢管间或支座上下垫板间的摩擦力 A_8</td><td>$A_{81}=\sum(q_s+q_w)L\mu\cos\alpha$</td><td>顺</td><td>逆</td><td>逆</td><td>顺</td><td>√</td><td></td><td>√</td></tr>
<tr><td>$A_{82}=(q_s+q_w)L\mu\cos\alpha$</td><td>逆</td><td>顺</td><td>顺</td><td>逆</td><td></td><td>√</td><td></td></tr>
<tr><td></td><td></td><td colspan="3">情　况</td><td>温升</td><td>温降</td><td>温升</td><td>温降</td><td colspan="3"></td></tr>
</table>

注：(1)“上段”和“下段”分别指镇墩上游侧和下游侧管段，管段从伸缩节断开。

(2)“顺”和“逆”分别表示发电工况顺水流方向和逆水流方向，序号 3.2 作用力及顺水流抬高的管段的其他作用力指向应具体判断。

表 6-5 和表 6-6 中各计算式中符号的含义：P 为内水压力设计值；γ_w 为水的重度；H 为计算截面管轴处内水压力作用水头（包括静水压力和水锤压力）；q_s 为单位管长钢管自重设计值；q_w 为单位管长管内水重设计值；L 为支墩间距；α 为管轴与水平面夹角；D_0 为钢管内径；D_{max} 和 D_{min} 为渐缩管的最大内径和最小内径；D_1 和 D_2 为伸缩节内套管的外径和内径；v_0 为机组满负荷时钢管内水流流速；g 为重力加速度；b_p 为伸缩节止水填料长度；μ_p 为伸缩节止水填料与钢管间的摩擦系数；μ 为支座垫板与钢管间或支座上下垫板间的摩擦系数。

明钢管结构设计计算工况与荷载组合。进行明钢管结构分析时，必须根据工程具体情况按不同计算工况对上述荷载进行可能的最不利组合。直管段管身结构分析时的计算工况与荷载组合，如表 6-7 所示。

表 6-7 明钢管结构设计计算工况与荷载组合

荷载				P_1	P_2	P_3	P_4	A_1	A_2	A_4	A_5	A_6	A_7	Q_s	Q_w	Q_3	P_c	P_f 或 P_x	P_s	P_z	P_q
荷载组合	基本荷载组合	正常运行工况	一		√			√		√	√	√	√	√	√		√				
			二	√				√	√	√	√	√	√	√	√		√	√			
		放空工况																			√
	特殊荷载组合	特殊运行工况				√		√		√	√	√	√	√	√		√				
		水压试验工况					√	√	√	√	√			√	√						
		施工工况						√				√	√	√				√	√		
		充水工况						√						√		√					
		地震工况		√				√		√	√	√	√	√	√		√			√	

6.4.5.2 **管壁厚度的估算**

在进行钢管应力的分析时，需要先设定钢管管壁的厚度。明钢管属于薄壳结构，内水体压力所产生的管壁环向应力 σ_θ 是管壁的主要应力，可按该应力初步设计确定管壁厚度，然后再进行详细计算，校核管壁厚度是否满足强度和稳定性要求。

预设管壁厚度为 δ(mm)，在均匀内水压力 P(N/mm²)作用下可求得管壁环向拉应力为

$$\sigma_\theta = \frac{Pr}{\delta} \tag{6-29}$$

式中：r 为钢管内半径，mm。

根据钢管管壁的应力应小于钢管允许应力[σ]的要求

$$\sigma_\theta = \frac{Pr}{\delta} \leqslant \varphi[\sigma] \tag{6-30}$$

易得管壁厚度满足

$$\delta \geqslant \frac{Pr}{\varphi[\sigma]} \tag{6-31}$$

式中：φ 为焊缝系数，双面对接焊时，取 0.95；若单面对接焊、有垫板时，取 0.90。

因计算中未考虑轴向力及法向力所产生的应力，[σ]数值降低 20%左右。考虑锈蚀、磨蚀及钢板厚度的负偏差，管壁的厚度应比计算厚度增加 2 mm。为了偏安全计，计算管重时，δ 取结构厚度；强度及稳定校核时，δ 取计算厚度。此外，需考虑制造、运输、安装等要求，保证必须的刚度，满足表 6-8 所列管壁最小厚度(包括壁厚裕量)的要求。

表 6-8 管壁最小厚度

管壁内径/mm	<1600	1600～3200	3300～4800	4900～6400	6500～8000	8100～9600	9700～11200	11300～12800	12900～14400
最小厚度/mm	6	8	10	12	14	16	18	20	22

6.4.5.3　明钢管直管段管身应力分析

钢管支承在一系列支墩的直线管段在法向力的作用下，相当于一根连续梁。支墩处设有支承环，由于抗外压需要，支承环之间有时还加有刚性环(加劲环)。

一般情况下，最后一跨的应力最大。根据受力特点常选四个断面进行应力分析，如图6-72所示。

①跨中断面①—①：只有弯距作用，且弯距最大，无局部应力，受力最简单，应力为整体膜应力。

②支承环旁管壁膜应力区边缘，断面②—②：弯距和剪力共同作用，均按最大值计算，应力为局部膜应力。

③加劲环及其旁管壁，断面③—③：由于加劲环的约束，存在局部应力，因此包括局部膜应力和局部膜应力加弯曲应力两种情况。

④支承环及其旁管壁，断面④—④：应力最复杂，存在弯距和剪力(支承反力)的作用，有局部应力，因此包括局部膜应力和局部膜应力加弯曲应力两种情况。

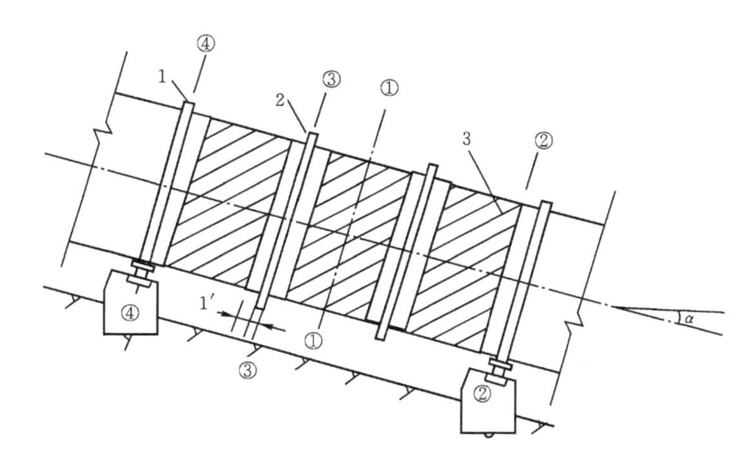

图6-72　明钢管应力分析的基本部位
1—支承环；2—加劲环；3—膜应力区

明钢管应力分析方法有结构力学法和弹性力学法两种。在多数情况下，采用结构力学法可以满足精度要求。弹性力学法考虑了水重及管重在横断面上产生的弯矩和剪力，计算精度较高，但是比较繁琐。在水头较低、支承环间距较大的情况下，对于支承环及其旁管壁是否按弹性力学计算，应根据如图6-73所示进行判别。

钢管中的应力呈三向应力状态。自钢管上切取微小管壁如图6-74所示，以钢管轴线方向为x轴，半径方向为r轴，管壁环向为θ轴，作为应力方向的坐标轴，则在微元体上作出3个方向的正应力σ_x、σ_r、σ_θ及6个剪应力。

1.跨中断面①—①的应力计算

(1)环向应力$\sigma_{\theta 1}$。如图6-75所示，沿轴线切取单位长度管段，在计算点取微小弧段$ds=rd\theta$，该点内水压力为P'，则由力的平衡条件知该点的环向拉力T为

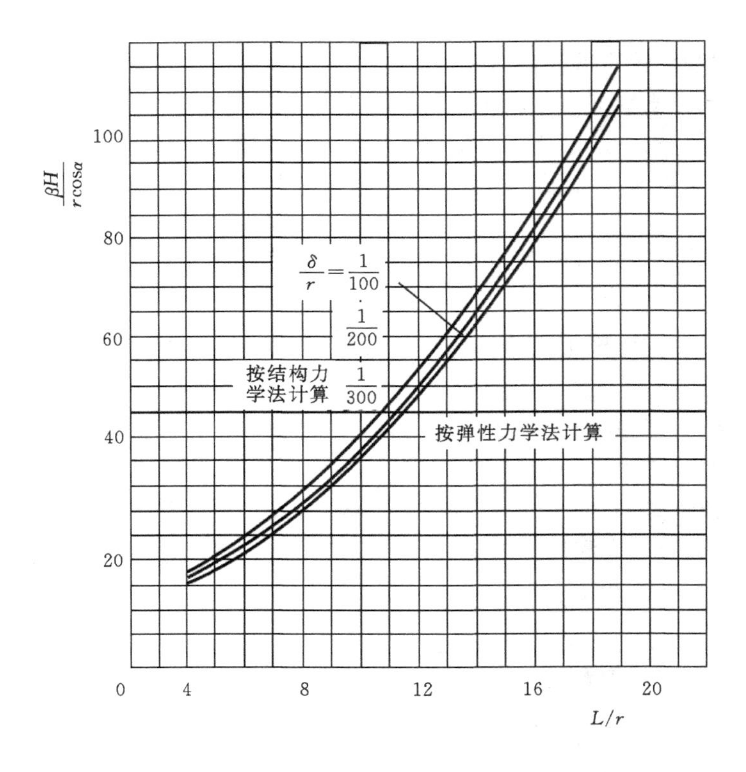

图 6-73　支承环及旁管壁应力计算判别方法图

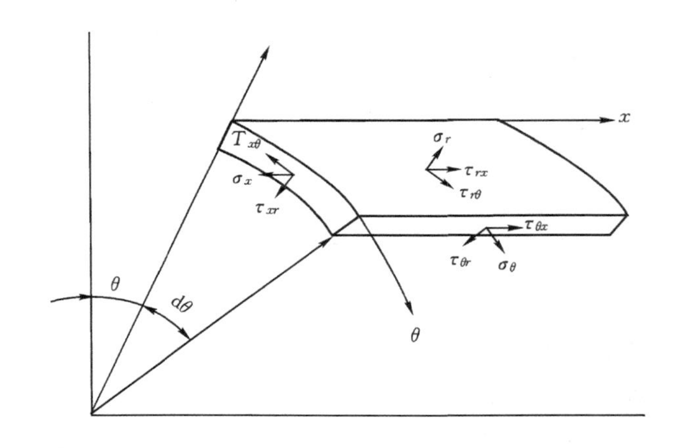

图 6-74　管壁上应力计算坐标系与应力

$$T\mathrm{d}\theta = P'r\mathrm{d}\theta \tag{6-32}$$

对于倾斜压力管道，如图 6-76 所示，以 θ 表示管壁某个计算点的半径与垂直线的夹角，r 为管壁的平均半径，则计算点的内水压力为

$$P' = \gamma(H - r\cos\alpha\cos\theta) \tag{6-33}$$

故 $T=\gamma(H-r\cos\alpha\cos\theta)r$。

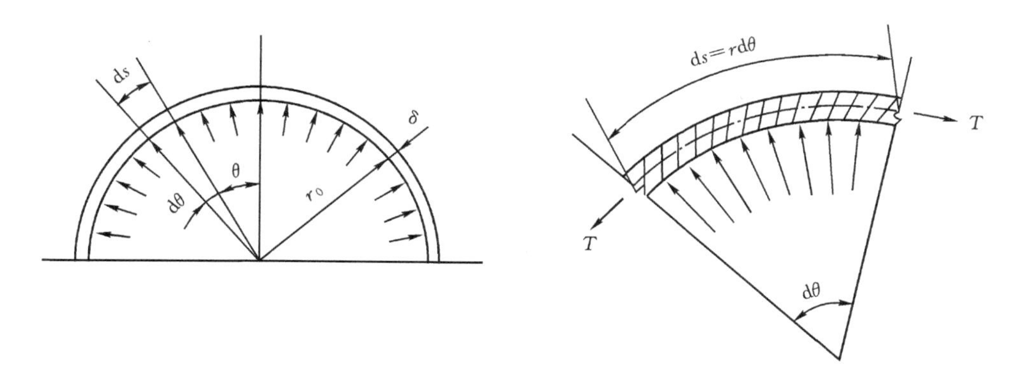

图 6-75　环向应力计算简图

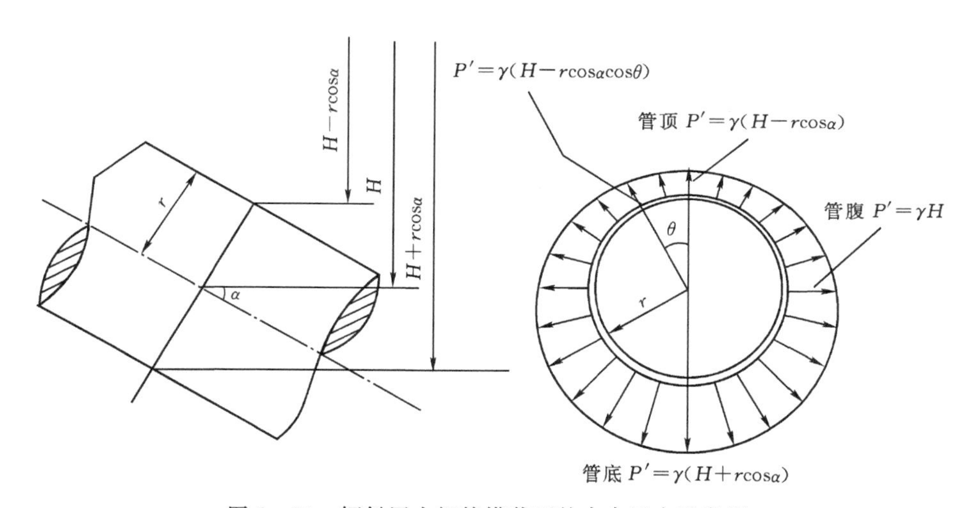

图 6-76　倾斜压力钢管横截面的内水压力示意图

考虑压力钢管为薄壳结构，σ_{θ_1} 沿管壁厚度上均匀分布，则该点的环向应力 σ_{θ_1} 为

$$\sigma_{\theta_1}=\frac{T}{\delta\times 1}=\frac{\gamma(H-r\cos\alpha\cos\theta)r}{\delta} \tag{6-34}$$

以计算截面管道中心的内水压力 $P=\gamma H$ 代入上式易得

$$\sigma_{\theta_1}=\frac{Pr}{\delta}\left(1-\frac{r}{H}\cos\alpha\cos\theta\right) \tag{6-35}$$

当压力钢管中水头较高，管径较小，上式中 $\frac{r}{H}\cos\alpha\cos\theta\leqslant 0.05$ 时，可忽略不计，所以上式变为

$$\sigma_{\theta_1}=\frac{Pr}{\delta} \tag{6-36}$$

压力钢管自重在管壁中引起的环向应力值很小，计算中一般忽略不计。

(2)轴向应力 σ_x。分析可知，跨中断面的轴向应力 σ_x 由以下两个部分组成。

①由轴向力引起的轴向应力 σ_{x_1}：设计算情况下各轴向力之和为 $\sum A$，则

$$\sigma_{x_1}=\frac{\sum A}{2\pi r\delta} \tag{6-37}$$

②由法向力引起的轴向应力 σ_{x_2}：分段式明钢管可视为支承在镇墩和一系列支墩上的多跨连续空心梁，下端固定在镇墩上，上端伸缩节可视为自由端，支墩通常为等跨布置，如图 6－77 所示。在钢管自重和管内水重组成的法向均布荷载作用下，钢管上将产生弯矩 M 和剪力 F。M 和 F 值可按照连续梁求得，参考《水电站压力钢管设计规范》(NB/T 35056—2015)，在距伸缩节三跨以上可按照两端固结计算。

跨中 $$M=0.04167QL\cos\alpha$$

支墩处 $$M=-0.08333QL\cos\alpha,F=0.5Q\cos\alpha$$

而 $$Q=Q_w+Q_s$$

式中：Q_w 为每跨管内水重，N；Q_s 为每跨钢管自重，N。

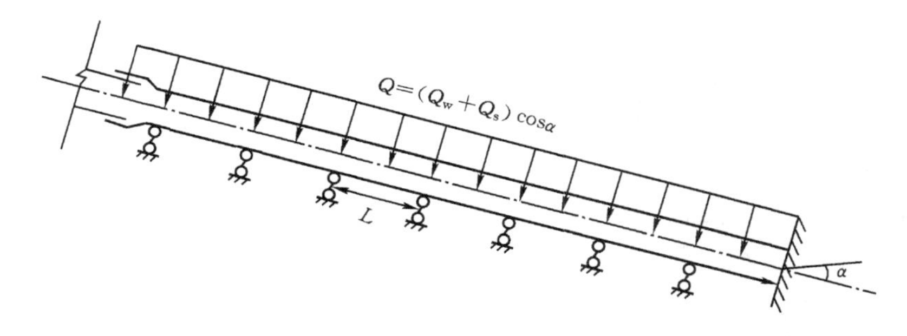

图 6－77　轴向应力计算图

由法向应力引起的弯曲正应力

$$\sigma_{x_2}=-\frac{M}{\pi r^2\delta}\cos\theta \tag{6-38}$$

如果同时计入地震作用，则轴向应力 σ_{x_2} 为

$$\sigma_{x_2}=\frac{1}{\pi r^2\delta}(-M\cos\theta+M_e\sin\alpha)$$
$$M_e\approx\frac{0.5K_H M}{\cos\alpha} \tag{6-39}$$
$$n_e=0.5K_H$$

式中：M_e 为地震作用下的连续梁弯矩，N・mm；K_H 为水平地震荷载系数，其值根据《水电工程水工建筑物抗震设计规范》(NB 35047—2015)取；n_e 为地震系数，当设计烈度为 7 度、8 度、9 度时，分别取 0.05、0.1、0.2。

(3)轴径向应力 σ_r。内水压力作用下管壁上产生的径向应力 σ_r 数值较小，一般忽略不计。

(4)剪切力 τ_{x_θ}。因为跨中不产生剪切力，所以 $\tau_{x_\theta}=0$。

2. 支承环旁管壁膜应力区边缘断面②—②的管壁应力计算

断面②—②靠近支承环，但还在支承环影响范围之外，其环向应力 σ_{θ_1}、径向应力 σ_r 与轴向应力 σ_{x_1}、σ_{x_2} 的计算方法与断面①—①同，只是 M 的方向和绝对值不同。

该断面处由管重和水重的法向分力引起剪力 V，需计算由此引起的剪应力 τ_{x_θ}

$$\tau_{x_\theta} = \frac{VS}{Jb} = \frac{1}{\pi r\delta}V\sin\theta \tag{6-40}$$

$$J = \pi r^3 b$$

$$b = 2\delta$$

$$S = 2r^2\delta\sin\theta$$

式中：J 为管横断面的惯性矩，mm^4；b 为受剪断面宽度，mm；S 为计算点水平线以上管壁面积对重心轴的静面矩，mm^3。

如果同时计入地震力作用，则剪应力为

$$\tau_{x_\theta} = \frac{1}{\pi r\delta}(V\sin\theta - V_e\cos\theta)$$

$$V_e \approx \frac{0.5K_H V}{\cos\alpha} \tag{6-40a}$$

式中：V_e 为地震力作用下的连续梁剪力；其余符号意义同前。

3. 加劲环及其旁管壁断面③—③的管壁应力计算

钢管承受内水压力时，管壁将向外移。由于加劲环的约束，环附近管壁发生局部弯曲，因而产生了局部应力，其变形如图 6-78 所示。

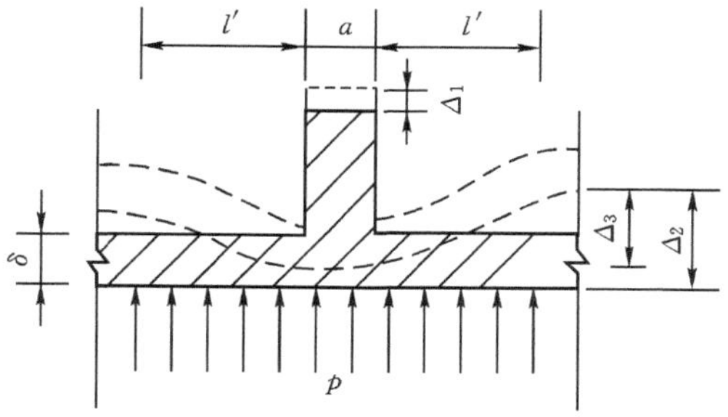

加劲环对管壁的影响只限于环附近一段范围内。环变形时对管壁的影响长度，每侧为 l'，l' 称为管壁等效翼缘宽度。由弹性理论分析可知

$$l' = \frac{\sqrt{r\delta}}{\sqrt[4]{3(1-\mu^2)}} \approx 0.78\sqrt{r\delta} \tag{6-41}$$

图 6-78　加劲环及其旁管壁变形示意图

式中：μ 为钢材泊松比，取 0.3。

加劲环两侧 l' 范围以外的管壁已不受加劲环的影响，也就不存在局部应力。因此，加劲环及其旁管壁的全部有效截面积 F 为环自身净面积 F_k' 加上两侧 l' 翼缘长的管壁断面积，如图 6-79所示。

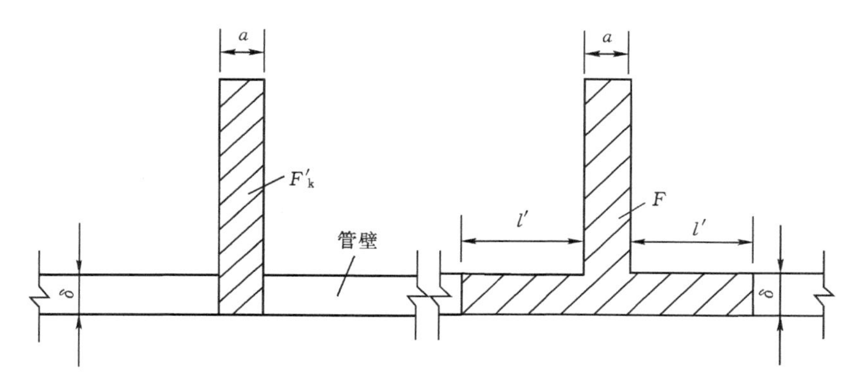

图 6-79　支承环或加劲环的计算断面

在内水压力的作用下，由于弯曲应力是轴对称的，管壁圆周各处的弯矩及剪力强度都相等。设想将环与其旁的管壁切开，根据变形相容条件可证明，在切口处存在着均布的径向弯矩和剪力。因此，除内水压力 P 外，环还要承受由管壁传来的因加劲环约束而产生的弯矩 M_1 和剪力 V_1，如图 6-80 所示。此外，环还受轴向力 $\sum A$ 的作用。

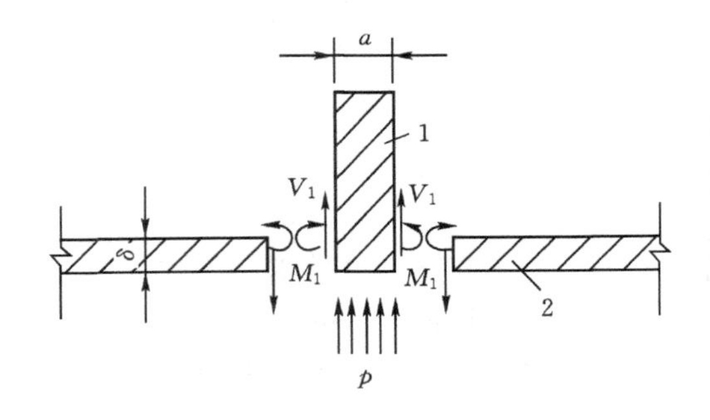

图 6-80 内水压力作用下加劲环受力图
1—加劲环；2—管壁

(1)环向应力 σ_{θ_2}。在内水压力 Pa 和剪力 $2V_1$ 的作用下，加劲环向外的径向变位为 Δ_1，加劲环影响范围以外的管壁在内水压力作用下的径向变位为 Δ_2；若没有弯矩 M_1 及剪力 V_1 的作用，全部管壁都将有相同的变位 Δ_2，但是在弯矩 M_1 及剪力 V_1 的作用下，管壁与加劲环连接处的变位应该与加劲环的变位 Δ_1 相同，因此在加劲环的约束下，管壁在弯矩 M_1 及剪力 V_1 的作用下，在断面③—③处产生的变位为 Δ_3，根据连续条件知 $\Delta_3=\Delta_2-\Delta_1$，进而可求得

$$M_1 = \frac{1}{2}\beta l'^2 P \tag{6-42}$$

$$V_1 = \beta l' P \tag{6-43}$$

$$\beta = \frac{F_k' - at}{F_k' + 2l'\delta} \tag{6-44}$$

式中：β 为反映加劲环相对刚性的参数；a 为加劲环宽度，mm。

则在径向的均匀内水压力 Pa 和两侧径向剪力 $2V_1$ 的共同作用下，环向应力 σ_{θ_2} 为

$$\sigma_{\theta_2} = \frac{r(Pa + 2V_1)}{F_k'}$$

将式(6-43)代入上式得

$$\sigma_{\theta_2} = \frac{r(Pa + 2\beta l'P)}{F_k'} = \frac{Pr(a + 2\beta l')}{F_k'}$$

由式(6-44)得 $F_k'=\dfrac{\delta(a+2\beta l')}{1-\beta}$

故

$$\sigma_{\theta_2} = \frac{Pr}{\delta}(1-\beta) \tag{6-45}$$

(2)轴向应力 σ_{x_1}、σ_{x_2} 及 σ_{x_3}。断面③—③由轴向力及法向力引起的轴向应力 σ_{x_1} 及 σ_{x_2} 的计算同断面②—②。

由弯矩 M_1 在加劲环旁管壁内外缘引起的局部弯曲应力 σ_{x_3} 为

$$\sigma_{x_3} = \pm\frac{6M_1}{\delta^2}$$

将式(6-42)和式(6-41)代入上式，并取 $\mu_s=0.3$，得

$$\sigma_{x_3} = \pm\frac{1.16r\beta Pr}{\delta} \tag{6-46}$$

管壁内缘 σ_{x_3} 取(+)号,外缘取(−)号。

将式(6-36)代入式(6-45)得 $\sigma_{x_3}=\pm0.816\beta\sigma_{\theta_1}$。

由上式可知,由于加劲环的约束,内水压力所产生的最大局部弯曲应力等于其所产生的最大环向正应力的 1.816 倍。若环断面很大,$\beta\approx1$;若不设加劲环,$\beta\approx0$,不存在局部弯曲应力。等效翼缘内的管壁 $\sigma_x=\sigma_{x_1}+\sigma_{x_2}+\sigma_{x_3}$。

(3)剪应力 τ_{θ_x} 及 τ_{x_r}。由管重和管内水重在管壁产生的剪力 V 引起的剪应力 $\tau_{\theta x}$ 用式(6-39)计算。

$$\tau_{\theta_x}=\tau_{x_\theta}$$

由剪力 V_1 引起的剪应力 τ_{x_r} 较小,可忽略不计。

4. 支承环及其旁管壁断面④—④的应力计算

由于支承环与加劲环在型式上具有相同的特点,因而断面④—④的管壁应力 σ_{x_1}、σ_{x_2}、σ_{x_3}、σ_{θ_2}、τ_{θ_x}、τ_{x_θ}、τ_{x_r} 的计算方法与断面③—③相同。

断面④—④与断面③—③的不同在于支承环要传递管重、水重产生的法向力给支墩,并由此引起支承反力,从而在支承环内产生附加应力。支承环支承型式和结构不同,应力状态也不同。

(1)支承环的支承型式。水电站明钢管支承环的支承型式有侧支承和下支承两种型式,其结构型式如图 6-81 所示。图中点划线为支承环有效截面重心轴,它与圆心距离为半径 R,支墩支承点至支承环有效截面重心轴距离为 b,则支承反力为 $\frac{Q}{2}\cos\alpha$。

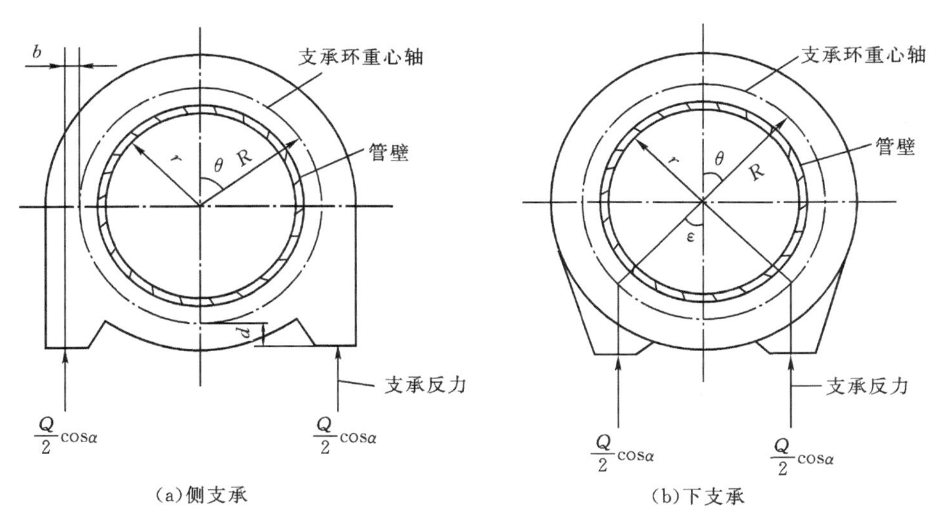

图 6-81　支承环的支承型式

(2)支承环的内力计算。支承环所承受的主要荷载有由管重和水重法向分力产生的剪力以及支墩每侧的支承反力,如图 6-81 所示。明钢管一般都是倾斜布置,支承反力为 $\frac{Q}{2}\cos\alpha$,管重和水重在支承环两侧管壁产生的剪应力为 $\tau_{x_\theta}=\frac{Q}{2\pi r\delta}\sin\theta\cos\alpha$,管壁单位圆周长度上的剪力为 $V_{x_\theta}=2\tau_{x_\theta}\times\delta\times1=\frac{Q}{\pi r}\sin\theta\cos\alpha$。

在以上荷载作用下的支承环为一个对称荷载作用下的圆环，是一个三次超静定结构，可用结构力学中的弹性中心法求得任一截面的弯矩 M_R、轴力 T_R 和剪力 N_R。支承环的内力计算公式见表 6－9。从表中可以看出支承环的内力除取决于它的几何尺寸及荷载以外，还与支点的位置有关，实践证明，对于侧支承，当 $\frac{b}{R}=0.04$ 时，环上最大正、负弯矩近似相等，且值最小，如图 6－82 所示，故钢材的利用最为经济。

表 6－9 支承环内力的计算公式

计算情况	内力及反力	支承环支承型式	
		侧支承	下支承
正常情况（管重和管内水重作用）	N_R	$Q\cos\alpha(K_1+B_1K_2)$	$Q\cos\alpha(K_7+B_0K_2)$
	T_R	$Q\cos\alpha(K_5+CK_6)$	$Q\cos\alpha(K_8+C_0K_6)$
	M_R	$QR\cos\alpha\left(K_3+\frac{b}{R}K_4\right)$	$QR\cos\alpha(K_7-0.5K_2D_3+E_0)$
地震情况（横向地震力作用）	N_R	$n_eQ(K_{11}-B_4K_6)$	$n_eQ\left[K_9+\frac{K_6}{2}\left(A_a+\frac{A_bd}{R}-B_3\right)\right]$
	T_R	$n_eQ(K_{13}+C_4K_2)$	$n_eQ\left[K_{10}+K_2\left(C_1-0.5\frac{A_bd}{R}+C_3\right)\right]$
	M_R	$n_eQR\left(K_{11}+\frac{R+b}{R+d}K_{12}\right)$	$n_eQ\left[K_9+0.5\left(A_a+\frac{A_bd}{R}\right)K_6\right]$
	P	$\frac{n_eQ(R+d)}{2(R+b)}$	$\frac{n_eQ}{2\sin\varepsilon}\left(\frac{d}{R}+1\right)$

注：(1)对于侧支承，当 $\frac{b}{R}=0.04$ 时，最大正弯矩等于最大负弯矩的绝对值，使支承环材料可以得到充分利用。

(2)支承环上最大的正负弯矩出现在 $\frac{dM_R}{d\theta}=0$ 处，侧支承不同的 $\frac{b}{R}$ 和下支承不同的 ε 值，其最大的正负弯矩位置不同。

(3)式中系数 $K_1\sim K_{13}$、A_a、A_b、$B_0\sim B_4$、$C_0\sim C_4$、D_3、E_0 可查《水电站压力钢管设计规范》(NB/T 35056—2015)得到。

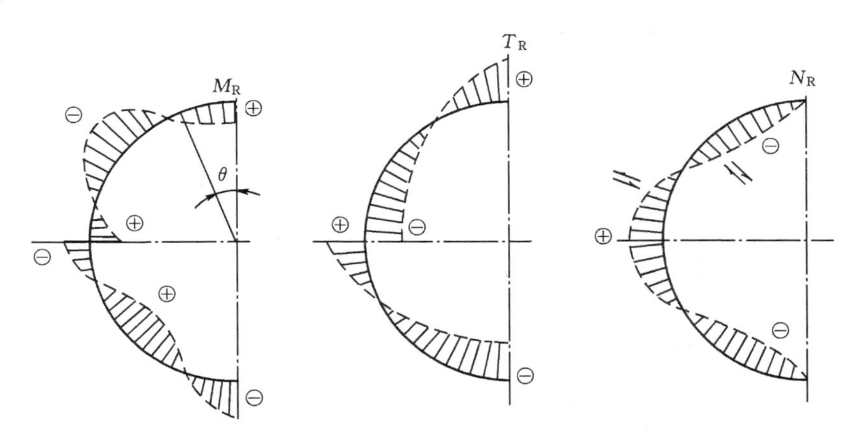

图 6－82 支承环各断面内力示意图

5. σ_{θ_3}、σ_{θ_4}、τ_{θ_r} 的计算

当支承环的内力确定后，由此产生的应力分别为

$$\sigma_{\theta_3} = \frac{N_R}{F} \tag{6-47}$$

$$\sigma_{\theta_4} = \frac{M_R Z_R}{J_R} \tag{6-48}$$

$$\tau_{\theta_r} = \frac{T_R S_R}{J_R a} \tag{6-49}$$

式中：F 为包括等效翼缘的支承环有效面积，mm^2；J_R 为环有效截面对重心轴的惯性距，mm^4；S_R 为环有效截面上，计算点以外部分截面对重心轴的面积距，mm^3；Z_R 为环有效截面上，计算点至重心轴的距离，mm。

通过分析，明钢管四个基本部位的管壁应力结构力学法的计算公式汇总于表 6-10 中。

表 6-10　管壁应力结构力学法的计算公式汇总

应力所在断面	应力分析部位				计算公式
	跨中	支承环旁管壁膜应力区边缘	加劲环及其旁管壁	支承环及其旁管壁	
纵断面	σ_{θ_1}	σ_{θ_1}			$\sigma_{\theta_1}=\frac{Pr}{\delta}\left(1-\frac{r}{H}\cos\alpha\cos\theta\right)$
			σ_{θ_2}	σ_{θ_2}	$\sigma_{\theta_2}=\frac{Pr}{\delta}(1-\beta)$
				σ_{θ_3}	$\sigma_{\theta_3}=\frac{N_R}{F}$
				σ_{θ_4}	$\sigma_{\theta_4}=\frac{M_R Z_R}{J_R}$
				τ_{θ_r}	$\tau_{\theta_r}=\frac{T_R S_R}{J_R a}$
			τ_{θ_x}	τ_{θ_x}	$\tau_{\theta_x}=\tau_{x_\theta}$
横断面	σ_{x_1}	σ_{x_1}	σ_{x_1}	σ_{x_1}	$\sigma_{x_1}=\frac{\sum A}{2\pi r\delta}$
	σ_{x_2}	σ_{x_2}	σ_{x_2}	σ_{x_2}	$\sigma_{x_2}=\frac{1}{\pi r^2\delta}(-M\cos\theta+Me\sin\theta)$
			σ_{x_3}	σ_{x_3}	$\sigma_{x_3}=\pm 1.816\frac{\beta Pr}{\delta}$
		τ_{x_θ}	τ_{x_θ}	τ_{x_θ}	$\tau_{x_\theta}=\frac{1}{\pi r\delta}(V\sin\theta-Ve\cos\theta)$

6.4.5.4　**强度校核**

钢材是一种比较均匀、具有弹塑性的金属材料，各计算点的相当应力应符合下列要求。

(1)按平面问题计算应满足下式要求

$$\sqrt{\sigma_x^2+\sigma_\theta^2-\sigma_x\sigma_\theta+3\tau_{x\theta}^2}\leqslant\varphi[\sigma] \tag{6-50}$$

(2)按空间结构计算应满足下式要求

$$\sqrt{\sigma_x^2+\sigma_\theta^2+\sigma_r^2-\sigma_x\sigma_\theta-\sigma_\theta\sigma_r-\sigma_x\sigma_r+3(\tau_{\mathrm{k}}^2+\tau_{\theta\gamma}^2+\tau_{\mathrm{k}\gamma}^2)}\leqslant\varphi[\sigma] \tag{6-51}$$

式中：σ_θ、σ_x、σ_r 分别为轴向、环向、径向正应力，N/mm²，以拉应力为正。

强度计算应分段进行。计算校核点应选在 σ_θ、σ_x 值较大处，剪应力一般不控制。同一跨内一般采用相同的管壁厚度。正常情况下应力计算点位置如图 6-83 所示，各计算断面控制点的计算公式如表 6-11 所示。

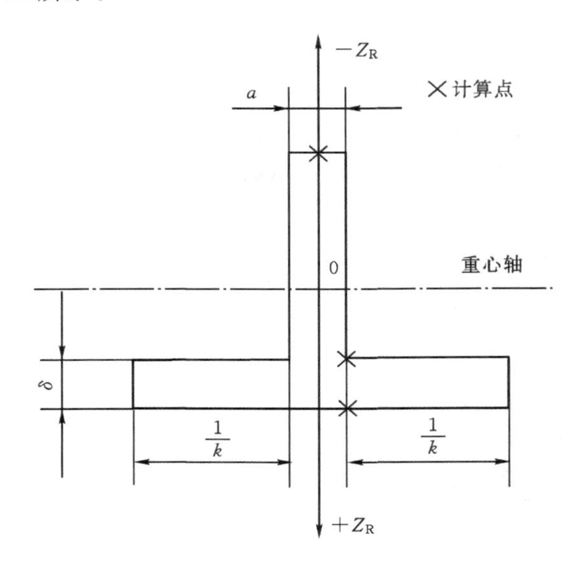

图 6-83 应力计算点

表 6-11 断面控制点的计算公式

断面	计算点位置 / 应力	跨中	支承环旁膜应力区边缘	加劲环及其旁管壁
		跨中附近 $\theta=0°$ 管壁外缘	下游侧支座处 $\theta=180°$管壁外缘	下游侧支座附近 $\theta=180°$管壁外缘
纵断面	σ_{θ_1}	$\frac{Pr}{\delta}$	$\frac{Pr}{\delta}\left(1-\frac{r}{H}\cos\alpha\right)$	
	σ_{θ_2}			$\frac{Pr}{\delta}(1-\beta)$
横断面	σ_{x_1}	$\frac{\sum A}{2\pi r\delta}$	$\frac{\sum A}{2\pi r\delta}$	$\frac{\sum A}{2\pi r\delta}$
	σ_{x_2}	$-\frac{M}{\pi r^2\delta}$	$\frac{M}{\pi r^2\delta}$	$\frac{M}{\pi r^2\delta}$
	σ_{x_3}			$-1.816\frac{\beta Pr}{\delta}$

注：支承环旁管壁应力通常在 $\theta=0°$、$\theta=180°$、$\frac{\mathrm{d}M_R}{\mathrm{d}\theta}=0$ 和支承点处最大。

6.4.5.5 明钢管的抗外压稳定分析

水电站运行过程中，由于负荷变化会在引水道中产生负水锤，从而可能在明钢管中出现负压。明钢管放空时由于通气孔失灵也可能产生真空。明钢管是一种薄壁结构，能承受较大的内水压力，但在管外大气压力作用下可能丧失稳定，管壁被压瘪。因此，必须根据钢管处于真空状态时，不致产生不稳定变形的条件来校核管壁厚度或采取相应措施。

1. 光面管临界外压及管壁最小厚度

设钢材弹性模量为 E_s，钢管内径为 D，内半径为 r，管壁厚度为 δ，单位管长管壁的惯性矩为 J，钢管抗外压稳定临界压力计算值为 P_{cr}，将钢管近似作为一均匀和无限长的圆筒进行分析，则由壳体理论可得

$$P_{cr} = \frac{3E_s J}{r^3} \tag{6-52}$$

对于不设加劲环的分段式光面钢管，$J=\frac{1}{12}\delta^3$，则

$$P_{cr} = 2E_s \left(\frac{\delta}{D_0}\right)^3 \tag{6-53}$$

为使无加劲环的明钢管（光面管）不失稳，应满足下列要求

$$P_{cr} \geqslant K_c P_{0r} \tag{6-54}$$

式中：K_c 为抗外压稳定安全系数，明管的光面管管壁、加劲环间的管壁和加劲环均取 2.0；P_{0r} 为径向均布外压力标准值，N/mm^2。

长圆筒的钢管应属平面形变问题，上式中的 E_s 应以 $E_s'=\frac{E_s}{1-\mu_s^2}$ 代入。若采用 $E_s=2.06\times10^5$（N/mm^2），抗外压稳定安全系数 K_c 取 2.0，明钢管外压力标准值最大为一个大气压力，即 $P_{0r}=0.1$（N/mm^2），则由式(6-54)可知在大气压力作用下，光面明钢管管壁能保持稳定的管壁厚度应满足

$$\delta \geqslant \frac{1}{130} D_0 \tag{6-55}$$

管壁最小厚度除应满足上述结构稳定要求外，还需考虑制造工艺、安装、运输等要求管壁保证的必需刚度，因此管壁的最小结构厚度还应满足规范的要求，如表 6-8 所示。

2. 带加劲环的明钢管抗外压稳定分析

当管壁厚度不能满足抗外压稳定要求时，可通过增加管壁厚度和设置加劲环两种措施来增加管壁刚度。如直径为 1300 mm 的钢管，δ 必须不小于 10 mm 才不会失稳，这对中、低水头的压力钢管是不经济的。因此，通常在管壁外面设置加劲环，增加附近管壁的刚度，从而提高临界外压。

如果设置的加劲环间距太长或加劲环断面过小、刚性不够，钢管仍可能失稳。因此，设加劲环后，需校核加劲环间管壁及加劲环自身两方面的稳定问题。

如图 6-84 所示，加劲环的间距为 l，将断面①与②之间包括加劲环在内的钢管作为独立的圆环，计算长度为 l，则加劲环抗外压稳定临界压力 P_{cr} 按下列两式中的小值取用。

$$P_{cr1} = \frac{3E_s J_R}{R^3 l} \tag{6-56}$$

$$P_{cr1} = \frac{\sigma_s F}{rl} \tag{6-57}$$

式中：R 为加劲环有效断面重心轴线半径，mm；σ_s 为钢材的屈服点，N/mm^2；其他符号意义同前。

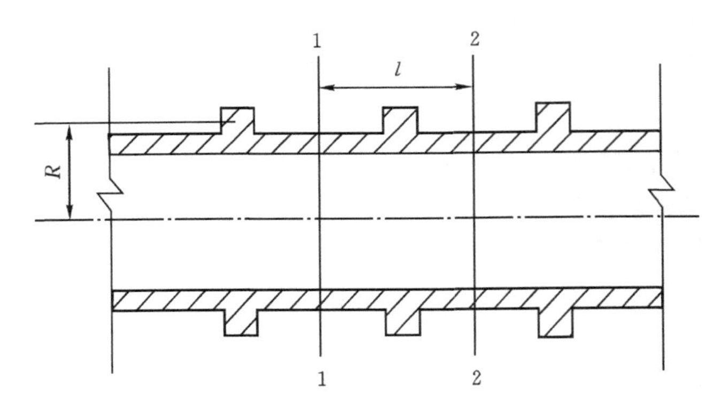

图 6－84 带有加劲环的钢管剖面

利用上式可校核加劲环自身的稳定并确定加劲环的断面和间距。显然，加劲环断面越大，间距亦可以越大。但当间距过大时，环及其近旁管壁虽可满足弹性稳定，但远离加劲环的管壁已不再受到环的约束，加劲环中间的管段仍属光面钢管，可能失去稳定，皱曲成波浪形，如图 6－85 所示。

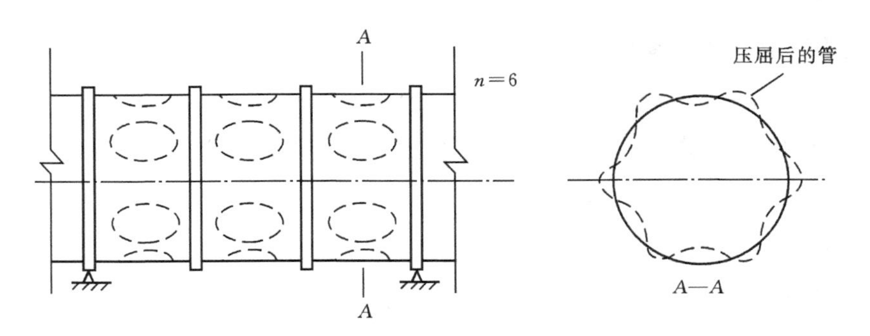

图 6－85 管壁屈曲波形示意图

对于加劲环中间管壁，可用米赛斯公式计算临界外压力 P_{cr}

$$P_{cr}=\frac{E_s\delta}{(n^2-1)\left(1+\frac{n^2l^2}{\pi^2r^2}\right)^2r}+\frac{E_s}{12u_s^2}\left[n^2-1+\frac{2n^2-1-u_s}{1+\frac{n^2l^2}{\pi^2r^2}}\right]\left(\frac{\delta}{r}\right)^3 \tag{6-58}$$

$$n=2.74\left(\frac{r}{l}\right)^{0.5}\left(\frac{r}{\delta}\right)^{0.25}$$

式中：n 为相应于最小临界压力的波数，取与计算值相近的整数。

应用式(6－58)计算 P_{cr} 的工作量较大，为此，绘成明管临界外压计算的曲线供初步计算时查用，如图 6－86 所示。当计算出 P_{cr} 后，按式(6－54)进行验算。

[例 6－1] 某水电站明钢管，在 3 号镇墩与 4 号镇墩间共 6 跨，采用侧支承滚动支墩。支墩间距 8400 mm，管道轴线倾角45°，钢管内径 1900 mm，采用 16MnR 钢。在 3 号镇墩以下 2000 mm 处，设有套筒式伸缩节，填料沿钢管轴线方向长度 200 mm。伸缩节断面包括水击升压在内的压力水头为 106630 mm。最下一跨跨中断面最大静水头为 123080 mm，水击压力为

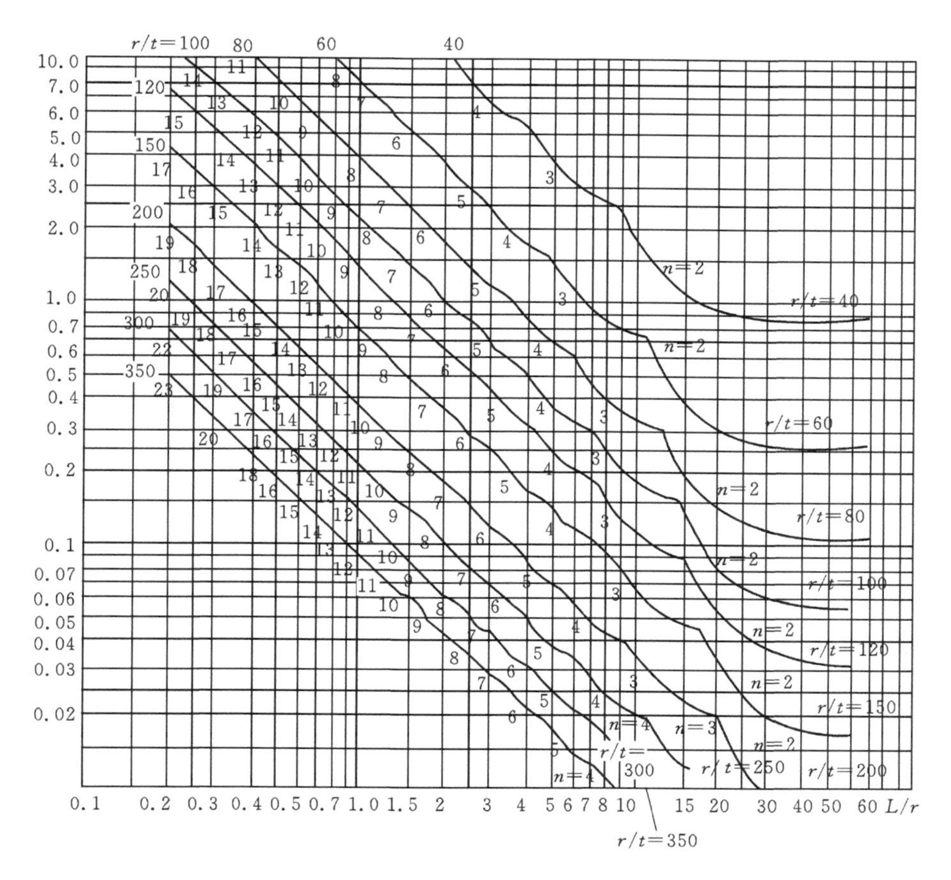

图 6-86　明管临界外压力曲线

36920 mm，计及安全系数后的外压力为 0.196 N/mm²。要求按正常运行工况(一)和放空工况对最下一跨进行结构分析并拟定主要结构尺寸。

解：(一)初定管壁厚度

由内水压力初估管壁厚度，考虑单面对接焊，焊缝系数 $\varphi=0.90$，膜应力区的允许应力 $[\sigma]$ 降低 20%，即

$$[\sigma]=0.8\times0.55\sigma_s=0.8\times0.55\times345=151.8\ (\text{N/mm}^2)$$

$$\delta=\frac{Pr}{[\sigma]}=\frac{9.81\times10^{-6}\times(123080+36920)\times1900}{0.9\times2\times151.8}=10.9\ (\text{mm})$$

取计算厚度 $\delta=12$ mm。考虑锈蚀等因素，管壁结构厚度初定为 $\delta=14$ mm。

根据表 6-8 可知，满足构造要求的光面管管壁最小厚度为 8 mm，取计算厚度 12 mm 时能满足最小厚度要求。

(二)核算加劲环设置条件及间距

若不设加劲环，临界外压力 P_{cr} 为

$$P_{cr}=2E_s\left(\frac{\delta}{D_0}\right)^3=2\times2.06\times10^5\times\left(\frac{12}{1900}\right)^3=0.104(\text{N/mm}^2)<K_cP_{0r}=0.196(\text{N/mm}^2)$$

不满足稳定要求，需设加劲环。

先考虑支承环兼加劲环，即加劲环间距 $l=8400$ mm，钢管内半径 $r=950$ mm，由 $\frac{l}{r}=\frac{8400}{950}=8.8$，$\frac{r}{\delta}=\frac{950}{12}\approx 80$，查临界外压力曲线可得最小临界压力的波数 $n=3.0$，$P_{cr}=0.363(\text{N/mm}^2)>K_cP_{0r}=0.196(\text{N/mm}^2)$。可见，不必另设加劲环，以支承环兼作加劲环即可满足要求。

（三）钢管受力分析

1.径向力的计算

跨中断面 $P=\gamma H=9.81\times 10^{-6}\times 160000=1.57(\text{N/mm}^2)$

2.法向力的计算

(1)每米钢管重 q_s

初步估计支承环、伸缩节等附件重量约为钢管自重的10%，钢材重度 $\gamma_s=7.85\times 10^{-5}(\text{N/mm}^2)$，钢管平均直径 $D=1900+14=1914(\text{mm})$，则

$$q_s=\pi D t\gamma_s=3.14\times 1914\times 14\times 7.85\times 10^{-5}\times 1.1=7.27(\text{N/mm})$$

(2)每米管长水重 q_w

$$q_w=\frac{1}{4}\pi D_0^2\gamma_w=\frac{1}{4}\times 3.14\times 1900^2\times 9.81\times 10^{-6}=27.8(\text{N/mm})$$

(3)每跨管重和水重的法向分力

$$Q\cos\alpha=(q_s+q_w)L\cos\alpha=(7.27+27.8)\times 8400\times\cos 45°=208305(\text{N})$$

3.轴向力的计算

(1) 钢管自重的轴向分力 A_1

$$A_1=\sum(q_sL)\sin\alpha=7.27\times(8400\times 6-2000)\times\sin 45°=248770.676(\text{N})$$

(2) 伸缩节端部内水压力 A_2

伸缩节内套管外径 D_1 和内径 D_2 分别取1928 mm和1900 mm，则

$$A_1=\frac{\pi}{4}(D_1^2-D_2^2)\gamma_w H=\frac{3.14}{4}\times(1928^2-1900^2)\times 9.81\times 10^{-6}\times 106630=88013\ (\text{N})$$

(3)温度变化时伸缩节止水填料的摩擦力 A_6

查规范可知，填料与管壁的摩擦系数 $\mu_1=0.3$ 则

$$A_6=\pi D_1 b_1\mu_1 P=3.14\times 1928\times 200\times 0.3\times 106630\times 9.81\times 10^{-6}=379959(\text{N})$$

(4)温度变化时支墩对钢管的摩擦力 A_7

计算断面以上共有5个支墩，取支墩对管壁的摩擦系数 $f=0.1$，则

$$A_7=\sum(q_s+q_w)L\cos\alpha f=5\times(7.27+27.8)\times 8400\times\cos 45°\times 0.1=104153(N)$$

以上轴向力对计算断面均为压力，因此，总轴向力为

$$\sum A=A_1+A_2+A_6+A_7=-(248808+88013+379959+104153)=-820933(\text{N})$$

（四）管壁应力分析

1.跨中断面①—①

正常运行工况(一)的计算点为 $\theta=0°$断面的管壁外缘。

(1)环向应力 σ_{θ_1}

$$\sigma_{\theta_1}=\frac{Pr}{\delta}=\frac{1.57\times 950}{12}=124.29(\text{N/mm}^2)$$

(2)轴向应力 σ_{x_1}

由轴向力引起的轴向应力 σ_{x_1} 和法向力引起的轴向应力 σ_{x_2} 为

$$\sigma_{x_1}=\frac{\sum A}{2\pi r\delta}=\frac{-820933}{2\times3.14\times950\times12}=-11.47(\text{N/mm}^2)$$

$$\sigma_{x_2}=-\frac{M}{\pi r^2\delta}$$

从伸缩节至计算跨共 6 跨，按两端固结计算，则

$$M=0.04167QL\cos\alpha=0.04167\times208305\times8.4=72912583\ (\text{N}\cdot\text{mm})$$

$$\sigma_{x_2}=-\frac{72912583}{3.14\times950^2\times12}=-2.144\ (\text{N/mm}^2)$$

(3)强度校核。跨中断面 $\tau_{x_\theta}=0$，则相当应力

$$\sigma=\sqrt{\sigma_x^2+\sigma_\theta^2-\sigma_x\sigma_\theta}=\sqrt{(-2.144)^2+124.29^2+2.144\times124.29}=126.59\ (\text{N/mm}^2)$$

$$\varphi[\sigma]=0.9\times0.55\times345=170.78\ (\text{N/mm}^2)$$

$\sigma<\varphi[\sigma]$，强度条件满足。

2. 支承环旁管壁膜应力区边缘断面②—②

正常运行工况计算点为下支座附近 $\theta=180°$ 的管壁外缘。近似取跨中断面的计算水头为该断面的计算水头。

(1)环向应力 σ_{θ_1}

$$\sigma_{\theta_1}=\frac{Pr}{\delta}\left(1-\frac{r}{H}\cos\alpha\right)=\frac{1.57\times950}{12}\left(1+\frac{950}{163700}\times\cos45°\right)$$
$$=124.80\ (\text{N/mm}^2)$$

(2)轴向应力 σ_x

$$\sigma_{x_1}=\frac{\sum A}{2\pi r\delta}=-11.47(\text{N/mm}^2)$$

$$\sigma_{x_2}=\frac{M}{\pi r^2\delta}$$

该计算点弯距为

$$M=-0.08333QL\cos\alpha=-0.08333\times208305\times8400=-145807667(\text{N}\cdot\text{mm})$$

则 $\sigma_{x_2}=\dfrac{-145807667}{3.14\times950^2\times12}=-4.29(\text{N/mm}^2)$

$$\sigma_x=\sigma_{x_1}+\sigma_{x_2}=-11.47-4.29=-15.76(\text{N/mm}^2)$$

(3)强度校核

$\theta=180°$断面的剪应力 $\tau_{x\theta}=0$，则

$$\sigma=\sqrt{\sigma_x^2+\sigma_\theta^2-\sigma_x\sigma_\theta}=\sqrt{(-15.76)^2+124.8^2+15.76\times124.8}=133.38(\text{N/mm}^2)$$

$\sigma<\varphi[\sigma]$，强度条件满足。

3. 支承环及其近旁管壁断面④—④

(1)拟定支承环断面尺寸

初定支承环断面如图 6-87 所示，$a=12$ mm，$h=100$ mm，$a'=12$ mm，$b=100$ mm，则

$$l'=0.78\sqrt{r\delta}=0.78\sqrt{950\times12}=83\ \text{mm}$$

$$l''=1.56\sqrt{r\delta}+a=2\times83+12=178\text{ mm}$$

支承环截面

$$F_k{}'=a'b+(h+\delta)\times a=12\times100+(100+12)\times12=2544(\text{mm}^2)$$

支承环有效截面积

$$F_k=a'b+ah+l''\delta=12\times100+12\times100+178\times12=4536(\text{mm}^2)$$

由图 6-87 可求得支承环重心轴至钢管内壁的距离 $L_g=50(\text{mm})$，则重心轴至钢管中心的距离 $R=r+L_g=950+50=1000(\text{mm})$。经计算可得支承环有效截面对重心轴的惯性矩 $J_R=10.92\times10^6(\text{mm}^4)$

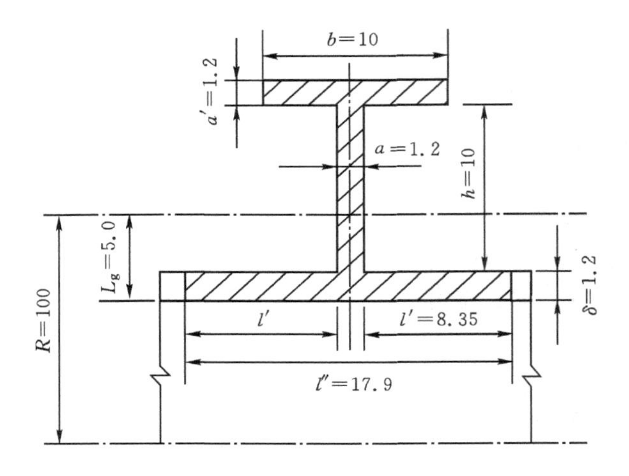

图 6-87　支承环断面(单位:cm)

反应加劲环相对刚性的参数 β_R

$$\beta_R=\frac{F_k{}'-a\delta}{F}=\frac{2544-12\times12}{4536}=0.5291$$

(2)环向应力 σ_θ

①由内水压力引起的环向应力 σ_{θ_2}:近似采用跨中断面计算水头值,则

$$\sigma_{\theta_2}=\frac{Pr}{\delta}(1-\beta_R)=\frac{1.57\times950}{12}\times(1-0.5291)=58.53(\text{N/mm}^2)$$

②由支承环横截面上轴力 N_R 引起的环向应力 σ_{θ_3} 为

$$\sigma_{\theta_3}=\frac{N_R}{F}$$

$$N_R=Q\cos\alpha(K_1+B_1K_2)$$

由《水电站压力钢管设计规范》(NB/T 35056—2015)得到 K_1、K_2，并按照下列式子求得 B_1

$$B_1=\frac{r}{R}-\frac{b}{R}$$

支承环采用侧支承方式 $\frac{b}{R}=0.04$ 时，最大弯矩点在 $\theta=61°41'20''$ 及 $\theta=118°18'40''$，$Q\cos\alpha=208305$ N，$B_1=\frac{r}{R}-\frac{b}{R}=\frac{950}{1000}-0.04=0.91$。列表 6-12 进行 σ_{θ_3} 计算，计算断面为 $\theta=0°$、

$\theta=90°$、$\theta=180°$及最大弯矩点断面。

表 6－12　σ_{θ_3} 计算表

计算角 θ/°	K_1	K_2	$K_1+B_1K_2$	N_R/N	σ_{θ_3}/N·mm^{-2}
0°	－0.23873	0.31831	0.05093	10609	2.34
61°41′20″	－0.26408	0.15096	－0.12671	－26394	－5.82
90°－	0.25000	0	－0.25000	－52076	－11.48
90°＋	0.25000	0	0.25000	52076	11.48
118°18′40″	0.26408	－0.15096	0.12671	26394	5.82
180°	0.23873	0.31831	－0.05093	－10609	－2.34

③由支承环横截面上弯矩 M_R 引起的环向应力 σ_{θ_4}

$$\sigma_{\theta_4}=\frac{M_R Z_R}{J_R}$$

$$M_R=WR\cos\alpha\left(K_3+\frac{b}{R}K_4\right)$$

列表 6－13 进行 σ_{θ_4} 计算，计算断面同表 6－12，计算点分别选在管内壁、管外壁及环外壁三处。其中 $J_R=10.92\times10^6$（mm^4），Z_R 值分别为

管内壁：$Z_{R_1}=L_g=50$（mm）

管外壁：$Z_{R_2}=L_g-\delta=50-12=38$（mm）

环外壁：$Z_{R_3}=-(\delta+h+a'-L_g)=-(12+100+12-50)=-74$（mm）

表 6－13　$\sigma_{\theta 4}$ 计算表

计算角 θ/°	K_3	K_4	M_R/N·mm	$\sigma_{\theta 4}$/N·mm^{-2}		
				管内壁	管外壁	环外壁
0°	0.01127	－0.06831	1778425	8.14	6.19	12.05
61°41′20″	0.01408	0.09904	－2107713	－9.65	－7.33	14.28
90°－	0	0.25000	2083050	9.54	7.25	－14.12
90°＋	0	－0.25000	2083050	－9.54	－7.25	14.12
118°18′40″	0.01408	－0.09904	2107713	9.65	7.33	－14.28
180°	－0.01127	0.06831	－1778425	8.14	－6.19	12.05

④ τ_{θ_r} 及 τ_{θ_x} 忽略不计。

（3）轴向应力 σ_x

①$\sigma_{x_1}=\dfrac{\sum A}{2\pi r\delta}=-11.47$（N/$mm^2$）。

②轴向应力 σ_{x_2} 按下式进行计算，并列于表 6－14 中。

$$\sigma_{x_2}=\frac{-M\cos\theta}{\pi r^2\delta}=\frac{0.08333QL\cos\alpha}{\pi r^2\delta}=\frac{0.08333\times208305\times8400}{3.14\times950^2\times12}\cos\alpha=4.27\cos\alpha$$

式中:管内壁取正值,管外壁取负值。

表 6-14　σ_{x_2} 计算表

计算角 θ/°	σ_{x_2} /N·mm^{-2}
0°	4.27
61°41′20″	2.03
90°−	0
90°+	0
118°18′40″	−2.03
180°	−4.27

③τ_{x_θ}忽略不计。

(4)强度校核

考虑到允许应力采用数值的不同,分别按只计轴力与计轴力加弯矩两种情况校核。

①只考虑轴力产生的应力。

各计算点的$\sum\sigma_\theta=\sigma_{\theta_2}+\sigma_{\theta_3}$,管壁内、外缘计算点的$\sum\sigma_x=\sigma_{x_1}+\sigma_{x_2}$,环外壁$\sum\sigma_x=0$,列表计算如表 6-15 所示。

表 6-15　只考虑轴力时的相当应力计算表

计算角 θ/°	$\sum\sigma_\theta$ /N·mm^{-2}		$\sum\sigma_x$/N·mm^{-2}		σ/N·mm^{-2}	
	管内、外壁	环外壁	管内、外壁	环外壁	管内、外壁	环外壁
0°	60.87		−7.2	0	64.77	60.87
61°41′20″	52.71		−9.44	0	58.01	52.71
90°−	47.05		−11.47	0	53.71	47.05
90°+	70.01		−11.47	0	76.39	70.01
118°18′40″	64.35		−13.50	0	72.05	64.35
180°	56.19		−15.74	0	65.49	56.19

只计轴力时,最大相当应力在$\theta=90°$断面管壁内、外缘,此处$\sigma=73.39$ (N/mm^2)。而

$$\varphi[\sigma]=0.9\times0.67\times345=208.04\ (\mathrm{N/mm^2})$$

$\sigma<\varphi[\sigma]$,强度条件满足。

②考虑轴力加弯矩产生的应力。

各计算点的$\sum\sigma_\theta=\sigma_{\theta_2}+\sigma_{\theta_3}+\sigma_{\theta_4}$,管壁内、外缘计算点的$\sum\sigma_x=\sigma_{x_1}+\sigma_{x_2}+\sigma_{x_3}$,环外壁$\sum\sigma_x=0$,列表计算如表 6-16 所示。

表6-16 考虑轴力加弯矩时的相当应力计算表

计算角 θ/°	$\sum\sigma_\theta$/N·mm^{-2}			$\sum\sigma_x$/N·mm^{-2}			σ /N·mm^{-2}		
	管内壁	管外壁	环外壁	管内壁	管外壁	环外壁	管内壁	管外壁	环外壁
0°	69.01	67.06	48.82	112.23	−126.63	0	98.05	170.36	48.82
61°41′20″	43.06	45.38	66.99	109.99	−128.87	0	96.00	156.57	66.99
90°−	56.59	54.30	32.93	107.96	−130.90	0	93.53	164.90	32.93
90°+	60.47	62.76	84.13	107.96	−130.90	0	93.72	171.14	84.13
118°18′40″	74.00	71.68	50.07	105.93	−132.93	0	94.12	179.82	50.07
180°	48.05	50.00	68.24	103.69	−135.17	0	89.88	165.92	68.24

考虑轴力加弯矩时，最大相当应力在 $\theta=118°18'40''$ 断面管壁外缘，此处 $\sigma=179.82$ (N/mm^2)，而

$$\varphi[\sigma]=0.9\times0.85\times345=263.93\ (\text{N/mm}^2)$$

$\sigma<\varphi[\sigma]$，强度条件满足。

(五)抗外压稳定分析

1.管壁抗外压稳定分析

如前所述，当设置间距为8400 mm的支承环(兼作加劲环)时管壁的抗外压稳定临界压力值为 $P_{cr}=0.363$ (N/mm^2)，因此 $P_{cr}=0.363$ (N/mm^2) $>K_cP_{0r}=0.196$ (N/mm^2)，故管壁部分不会失稳。

2.支承环抗外压稳定分析

$$P_{cr1}=\frac{3E_sJ_R}{R^3l}=\frac{3\times2.06\times10^5\times10.92\times10^6}{1000^3\times8400}=0.80\ (\text{N/mm}^2)$$

$$P_{cr2}=\frac{\sigma_sF}{rl}=\frac{345\times4536}{860\times8400}=0.1961\ (\text{N/mm}^2)$$

取 P_{cr1} 和 P_{cr2} 中的小值作为支承环的抗外压稳定临界压力值，即 $P_{cr2}=0.1961$ (N/mm^2)略大于 $K_cP_{0r}=0.196$ (N/mm^2)，故支承环不会失稳。

6.4.6 地下埋管

明管有很多优点，但当引水式水电站压力管道需要埋设于山体内或坝式水电站的压力管道需要穿越坝体时，宜采用埋管。埋管有地下埋管和坝内埋管两种型式，由钢管和其周围岩体或混凝土结构共同承担内水压力。

6.4.6.1 埋管的特点

1.地下埋管的特点

地下埋管由钢管、混凝土衬圈、围岩共同承担内水压力，是引水式水电站中应用较广泛的一种压力管道。随着压力管道 HD 值的日益增大，设计和制作明管技术上难于实现以及环境保护的需要，在大中型常规水电站中，越来越趋向于将压力管道从地面转入地下。在地下厂房及抽水蓄能电站中，地下埋管更是得到了广泛的应用，如我国已建成最大的天荒坪抽水蓄能电

站，装机容量为180万kW，发电平均水头约570 m，采用的是地下埋管。

地下埋管与明管相比具有以下优点。

(1)布置灵活方便。地下埋管埋设在山体岩石内，地质条件优于地表，管线位置选择比较灵活自由，且能缩短管道长度。因地形、地质条件、技术等原因不宜修建明管的地方，常可布置成地下埋管。

(2)减少钢衬壁厚。不仅岩性好的围岩可以利用围岩承担大部分内水压力，岩性较差的围岩，只要采取适当措施，也可承担部分内水压力。利用围岩承担内水压力减少钢衬壁厚，一方面可以降低造价，另一方面可方便钢衬的制造、焊接和安装，增强钢衬质量，加快安装速度。

(3)运行安全可靠。地下埋管的运行不受外界条件影响，管道的超载能力大，维护简单。

地下埋管虽有很多优点，但也存在缺点，不仅构造较复杂，施工难度较大，在地下水压力较高的地方，钢衬还可能因承受较大的外压而失稳。

2. 坝内埋管的特点

坝内埋管由钢管和外围混凝土共同承担内水压力，是混凝土坝坝式水电站中运用最广泛的一种压力管道，几十年来，我国已建成许多大型坝式水电站，如新安江水电站、龙羊峡水电站、漫湾水电站等，其压力管道均为坝内埋管。在20世纪60年代以前，混凝土坝坝式水电站多采用坝内埋管。

采用坝内埋管的布置方式，具有引水道长度短、水头损失小、机组调节保证条件好、结构紧凑简单、工程投资省、运行管理方便等优点，但同时也存在当管道受力变形后，管周坝体混凝土中产生裂缝对坝体的应力分布不利；管道钢衬受周围坝体混凝土约束，不能充分变形，从而影响材料强度的发挥，造成浪费以及坝体与管道的施工干扰较大，影响施工进度等缺点。

6.4.6.2　埋管的布置和构造

1. 地下埋管的布置和构造

地下埋管的线路和进出口位置应尽量选择地形、地质条件优良的地段，具备成洞条件并与调压室和厂房的总体布置协调。埋管轴线应尽量与岩层构造面垂直，避开断层、滑坡、地下水压力和涌水量很大等地质不良地段。在地下水位较高的地区，应采取防渗、排水等措施，减少钢管的外水压力，以避免钢衬在外水压力作用下丧失稳定而破坏。有利的地形能减少管道长度，从而节约投资和改善机组运行条件，同时便于施工。地下埋管顶部和侧向覆盖围岩应有足够厚度，以便更多地利用围岩分担内水压力。

地下埋管宜采用单管多机引水方式，以减少主管条数。若管道较短、引用流量大、机组台数多或工程地质条件不宜开挖大断面洞室以及受分期发电要求等限制，则经技术经济比较，可采用分组引水方式或单管单机引水方式。多根管道线路布置时，邻管间岩体应满足施工期和运行期的稳定及强度要求。并列的主管宜同期建设，避免出现一管已运行，邻管尚在开挖爆破的情况。

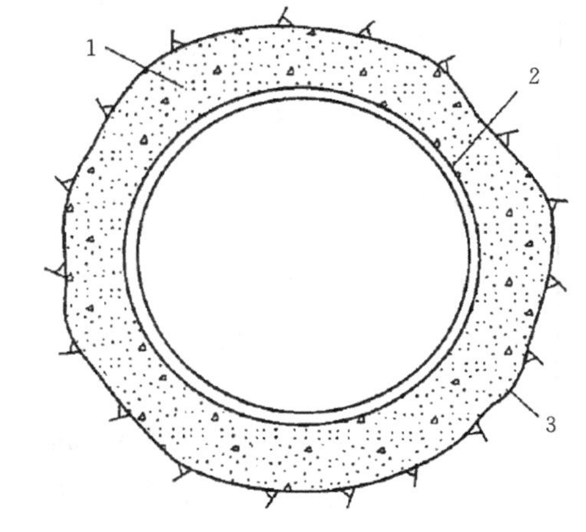

图6-88　地下埋管横剖面示意图

1—混凝土；2—钢管；3—围岩

地下埋管的结构型式如图6-88所示，钢管与围岩之间填筑混凝土及水泥砂浆。近几十年来，国内外不少电站，当地质条件和岩体较好时，即使 *HD* 值很大，也采用了钢筋混凝土衬砌的结构，运行情况良好。为了避免钢筋混凝土衬砌在高水压作用下发生渗漏，常采用混凝土衬砌内圈加设钢板衬砌的结构型式。随着岩石力学的发展，围岩不再被视为荷载，而是作为承载结构，加之隧洞成型、喷锚支护等施工技术的进展，出现了开挖后不衬砌的压力管道。压力管道不衬砌的前提是围岩的最小主应力大于内水压力，为此，洞线常定得很低，以加大洞顶覆盖厚度，使围岩有足够的压应力，如图 6－89 所示。

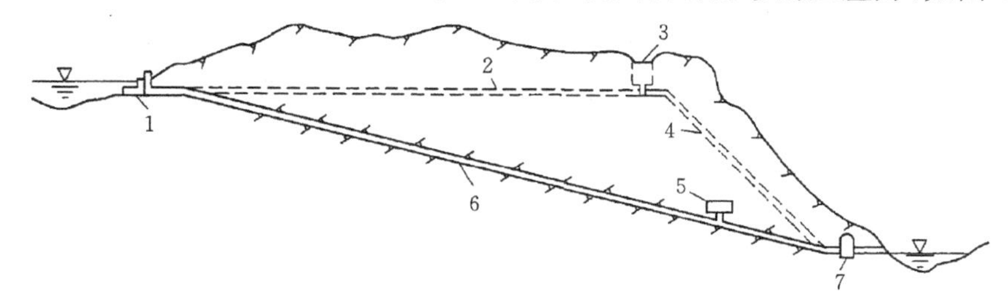

图 6－89　不衬砌压力管道

1—进水口；2—引水隧洞；3—调压井；4—不衬砌压力斜井；5—气垫式调压室；6—不衬砌高压管道；7—厂房

地下埋管是钢衬与岩体之间用混凝土及水泥砂浆回填后共同受力的组合结构，其施工程序是先开挖、安装钢衬，再回填混凝土和进行灌浆等。洞井开挖可采用不同方法，但应尽量减少爆破松动影响。钢管管节一般在工厂将数小节焊成一大节，再在洞内焊接安装环缝。钢管管壁与围岩之间的径向净空尺寸，视施工方法和开挖、回填、焊接、有无钢筋和锚固加劲构件等结构布置而定。凡钢管就位以后需要在管外进行焊接作业，则净空尺寸应不小于 0.6 m。为确保钢管抗外压稳定宜设加劲环。光面管的弯管处必须设置加劲环，其他管段每隔 20～30 m 应设置一道加劲环，加劲环外缘距岩壁不应小于 0.4 m。与混凝土衬砌段连接的钢管始末端必须设置阻水环，并且对混凝土衬砌末端配置过渡钢筋。

钢管与围岩间的混凝土传递径向力而不承受环向拉力，其强度等级不应低于 C15。回填混凝土应密实、均匀并与围岩及钢衬紧密结合，在钢管安装支腿、阻水环、加劲环附近必须加强振捣，并在加劲环靠近管壁处开设串通孔，以减小钢管、混凝土、围岩间的施工缝隙。在地下水丰富的地层施工时，要特别注意地下水冲走水泥浆而影响混凝土密实。回填混凝土的缺陷会引起钢衬的局部弯曲，特别不利，是造成地下埋管失事的重要原因。

地下埋管宜按回填灌浆、固结灌浆、接触灌浆的顺序进行。平洞倾斜角小于45°的斜井，应对混凝土衬圈顶拱作回填灌浆。回填灌浆应在衬圈混凝土浇筑后至少 14 天以后才能进行，灌浆压力不得小于 0.2 N/mm^2，也不得大于钢管抗外压临界压力。地下埋管宜进行围岩固结灌浆，其灌浆压力不应小于 0.5 N/mm^2。对于高强钢管宜在钢管安装前进行围岩固结灌浆。在结构分析中，若考虑钢管与围岩共同承受内水压力，且缝隙超过设计允许值，应进行接触灌浆。接触灌浆宜安排在温度最低时段进行，以减少缝隙值，其灌浆压力宜采用 0.2 N/mm^2。接触灌浆应在顶拱回填灌浆后至少 14 天以后才能进行，钢管在接触灌浆中的变形不得超过设计允许值。钢管壁上宜预设灌浆孔，并在管外焊接补强板。灌浆过程中，应进行监测，防止发生钢管失稳事故。灌浆后，全部灌浆孔必须严密封堵，以防止运行过程中内水外渗成外水压力而造成事故。

2. 坝内埋管的布置和构造

坝内埋管的平面位置宜位于坝段中央，其布置应考虑钢管对坝体稳定和应力的影响，管径一般不宜大于坝段宽度的三分之一，这样管外两侧混凝土较厚，受力均匀。管线在坝体铅垂面中的布置应进行方案比较，布置时应遵循的原则是尽量缩短管道的长度，以减少工程量和水头损失；减少管道空腔对坝体稳定和坝体应力的不利影响，特别要减小因管道引起的坝体内拉应力区范围和拉应力值；减少管道安装和坝体混凝土施工间的相互干扰，有利于管道本身的安装、施工和坝体混凝土施工（包括接触灌浆）。

进水口的拦污栅一般布置在坝体上游延伸部位以增加过水断面，检修闸门和工作闸门通常布置在坝体内，紧接其后的是渐变段，然后接管道的上水平段和上弯段。坝内埋管上水平段及通气孔和旁通阀等附属部件的布置必须满足进水口布置的所有要求。

坝内埋管的结构型式主要有两种：一种是钢管与坝体混凝土浇筑在一起，钢管和外围钢筋混凝土联合作用共同承担内水压力。这种结构型式可以充分发挥钢管外围混凝土的承载作用，减少钢管管壁厚度，特别适合埋设较深的坝内埋管，是坝内埋管的主要结构型式。另一种是钢管与混凝土之间用油毛毡、玻璃棉等材料制成的软垫层隔开，以避免钢管的径向变位引起周围混凝土开裂，如福建省水口水电站的部分管段就采用了设软垫层的结构型式。这种结构型式的优点是受力明确，坝体孔口应力较小，钢筋用量较少，但管身钢材用量较多。

坡度较陡的管段可采用摞节法，坡度较缓以及坡度虽较陡但工程进度要求分期施工的管段，可在坝体内预留钢管安装槽，钢管可在槽台内一次组装。为了满足安装钢管和回填混凝土的要求，要保证槽壁两侧及底部最小净距不宜小于 1.0 m。根据需要在槽上布置插筋、键槽及锚固钢管的埋件。当钢管跨越坝体纵缝时，应局部调整纵缝，使其与管轴线垂直。要灌浆的纵缝，应在管周的混凝土缝面上设置止浆片。钢管起始端必须设置埋入坝体混凝土的阻水环，并设置排水设施。

回填管周混凝土时，应有严格的温控措施并限制混凝土浇筑上升速度，确保管周混凝土浇筑密实，防止出现空洞。钢管与坝体混凝土之间应进行接触灌浆，灌浆压力宜采用 0.2 N/mm^2。钢管壁上预设的灌浆孔应在管外焊接补强板，灌浆后，全部灌浆孔必须严密封堵。

6.4.6.3　地下埋管结构分析

钢板衬砌的地下埋管，在钢管与围岩之间回填混凝土，由钢管、混凝土衬砌、围岩共同承受内水压力。当钢管承受内压膨胀后，部分内水压力依次传递到混凝土及围岩上。图 6－90 为地下埋管在内压作用下荷载的传递和变形情况示意图，下半部为承受内水压力后的位置。在承受内水压力前，钢衬与混凝土衬圈存在缝隙 Δ_1，混凝土衬圈与围岩间缝隙为 Δ_2，混凝土衬圈外有一层施工爆破造成的厚为 b_R 的岩石破碎区，如图 6－90 中上半部分所示。钢衬承受内水压力后发生径向位移，使混凝土衬圈产生环向拉应力，从而产生径向裂缝，将部分内压沿径向从钢衬传递给围岩，并使围岩产生向外的径向位移并形成围岩抗力，从而使地下埋管在内压作用下得到平衡，如图 6－90 中下半部分所示。

1. 荷载和计算工况

地下埋管的荷载、荷载组合和计算工况如表 6－17 所示。

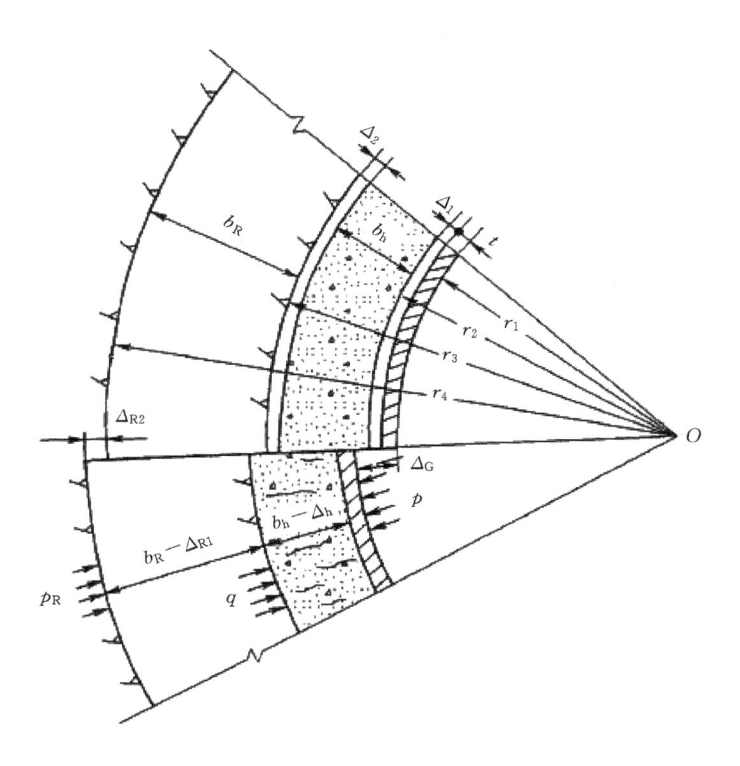

图 6－90　地下埋管在内压作用下的计算简图

表 6－17　地下埋管的荷载、荷载组合和计算工况

<table>
<tr><th rowspan="2">序号</th><th rowspan="2" colspan="2">荷载</th><th colspan="2">基本荷载组合</th><th colspan="3">特殊荷载组合</th></tr>
<tr><th>正常运行工况</th><th>放空工况</th><th>特殊运行工况</th><th>水压试验工况</th><th>施工工况</th></tr>
<tr><td rowspan="3">1</td><td rowspan="3">内水压力</td><td>正常工况最高压力</td><td>√</td><td></td><td></td><td></td><td></td></tr>
<tr><td>特殊工况最高压力</td><td></td><td></td><td>√</td><td></td><td></td></tr>
<tr><td>水压试验内水压力</td><td></td><td></td><td></td><td>√</td><td></td></tr>
<tr><td>2</td><td colspan="2">地下水压力</td><td></td><td>√</td><td></td><td></td><td></td></tr>
<tr><td>3</td><td colspan="2">施工荷载</td><td></td><td></td><td></td><td></td><td>√</td></tr>
<tr><td>4</td><td colspan="2">管道放空造成的管内外气压差</td><td></td><td>√</td><td></td><td></td><td></td></tr>
</table>

2.钢衬应力及厚度计算公式

假定钢管、混凝土及围岩均在弹性极限内工作，围岩视为完全弹性体且各向同性。根据钢管、混凝土取围岩变形相容条件知

$$\delta+\Delta_1+b_h+\Delta_2+b_R+\Delta_{R2}=\Delta_G+\delta-\Delta_h+b_R-\Delta_{R1}$$

经整理得

$$\Delta_G=\Delta_1+\Delta_2+\Delta_h+\Delta_{R1}+\Delta_{R2} \tag{6-59}$$

式中：b_h 为承压前混凝土衬砌厚度；Δ_h 为承压后混凝土衬圈的压缩值；Δ_{R1} 为承压后破碎区围岩的压缩值；Δ_{R2} 为承压后完整区围岩的径向位移；Δ_G 为承压后钢衬的径向位移。

由于围岩单位抗力系数 K_0 一般是根据工程类比和少量试验得出的，比较粗略，因此不必考虑混凝土和围岩破碎区的压缩。令 $\Delta=\Delta_1+\Delta_2$，则式(6-59)变为

$$\Delta_G = \Delta + \Delta_{R2} \tag{6-60}$$

设已开裂的混凝土衬圈与破碎区围岩之间的径向接触应力即围岩抗力为 P_0，则根据力的平衡条件，钢管与混凝土衬圈之间的接触应力为

$$P_h = \frac{r_3}{r_2}P_0 \tag{6-61}$$

式中：r_2 为混凝土衬砌内半径，mm；r_3 为混凝土衬砌外半径，mm，即隧洞开挖半径。

钢管在内压 P 和外压 P_h 作用下的环向正应力 σ_θ 近似为

$$\sigma_\theta = \frac{(P+P_h)r_1}{\delta} \tag{6-62}$$

由于地下埋管属于平面应变问题，则钢衬的径向位移

$$\left.\begin{aligned}\Delta_G &= \frac{\sigma_\theta r_1}{E_s'} = \frac{(P+P_h)r_1^2}{\delta E_s'}\\ E_s' &= \frac{E_s}{1-u_s^2}\end{aligned}\right\} \tag{6-63}$$

式中：E_s 为钢材的弹性模量；E_s' 为平面应变问题的钢材弹性模量；μ_s 为钢材的泊松比；r_1 为钢管内半径。

以 P_r 表示完整区围岩与破碎区围岩之间的径向接触应力，则

$$P_r=\frac{1000K_0}{r_4}\Delta R_2$$

式中：r_4 为围岩破碎区外半径，mm，坚硬完整围岩可取 $r_4=r_3$，破碎软弱围岩可取 $r_4=7r_1$，中等围岩内插选取。

又 $P_r=\frac{r_3}{r_4}P_0$，根据式(6-62)可得

$$\Delta R_2 = \frac{P_h r_2}{1000K_0} \tag{6-64}$$

式中：围岩单位抗力系数 K_0 的单位为 N/mm^2。

将式(6-63)、式(6-64)代入式(6-60)得

$$\frac{\sigma_\theta r_1}{E_s'}=\Delta+\frac{P_r r_2}{1000K_0}$$

令 $r_2=r_1$ 代入上式经移项整理后得

$$P_h = 1000K_0\left(\frac{\sigma_\theta}{E_s'}-\frac{\Delta}{r_1}\right) \tag{6-65}$$

将式(6-65)代入式(6-62)，得钢管的环向正应力的计算公式为

$$\sigma_\theta = \frac{Pr_1+1000K_0\Delta}{\delta+\dfrac{1000K_0 r_1}{E_s'}} \tag{6-66}$$

若在给定钢管材料的允许应力[σ]的条件下，则可得到设计钢衬厚度 δ 的计算公式

$$\delta = \frac{Pr_1}{[\sigma]\varphi} + 1000K_0\left(\frac{\Delta}{[\sigma]\varphi} - \frac{r_1}{E_s'}\right) \tag{6-67}$$

钢管的轴向应力是 $\sigma_x = \mu_s\sigma_\theta + \Delta t_s \alpha_s E_s'(1+\mu_s)$

式中：Δt_s 为钢管施工温度与最低运行温度差；α_s 为钢材的线膨胀系数。

由于轴向应力一般为拉应力，且数值不大，故通常不必计算。

3. 缝隙计算

由式(6-66)可知，缝隙值 Δ 大小对钢衬应力有很大影响，缝隙值越大，钢衬应力越大，且增加很快。由工程实践可知，缝隙值 Δ 的变化很大，产生缝隙的原因很多，影响较大的是施工缝隙 Δ_0、钢管冷缩缝隙 Δ_s 及围岩冷缩缝隙 Δ_R，总的缝隙为

$$\Delta = \Delta_0 + \Delta_s + \Delta_R \tag{6-68}$$

(1)施工缝隙 Δ_0。施工缝隙是混凝土浇筑或接触灌浆施工完成、水化热消失、温度恢复正常时，钢衬与混凝土衬圈间的缝隙和混凝土衬圈与围岩间的缝隙的总和。它由混凝土及水泥浆收缩与施工不良所造成，其数值大小主要取决于施工质量。较陡的斜井或竖井有利于保证混凝土质量和减少施工缝隙；浇筑混凝土的水化热消失后，在低温时进行接触灌浆能有效减少施工缝隙；降低混凝土浇注的人仓温度和对钢衬进行冷却，也能取得较好的效果。根据国内外埋管的原型观测资料分析，混凝土衬圈浇筑密实并进行可靠的回填和接触灌浆，Δ_0 可取 0.2 mm。

(2)钢管冷缩缝隙 Δ_s。钢管冷缩缝隙是钢管通水后，因水温较低，由钢管冷缩而形成的钢衬与混凝土衬圈间的缝隙，该缝隙取决于钢管起始温度与最低运行温度之差 Δt_s。钢管起始温度是管壁环向应力 σ_θ 为 0 且 $\Delta=\Delta_0$ 时的温度。如无资料，可近似用平均地温。最低运行温度近似用最低水温。冬季时钢管冷缩缝隙值最大

$$\Delta_s = (1+\mu_s)\alpha_s \Delta t_s r_1 \tag{6-69}$$

式中符号意义同前。

(3)围岩冷缩缝隙 Δ_R。围岩冷缩缝隙是钢管投入运行后，因水温低于围岩原始温度，围岩降温冷缩形成的缝隙。围岩冷缩缝隙 Δ_R 按下式计算

$$\Delta_R = a_d \Delta t_R r_3 \Delta'_R \tag{6-70}$$

式中：a_d 为围岩的膨胀系数(1/℃)；Δt_R 为壁表面岩石起始温度与最低温度之差(℃)，如无实测资料，可近似用平均地温与最低 3 个月水温之差；Δ'_R 为围岩破碎区相对半径影响系数，可从表 6-18 或图 6-91 由 $\frac{r_4}{r_1}$ 值查得。

表 6-18　围岩破碎区相对半径影响系数

$\frac{r_4}{r_1}$	1	2	3	5	7	9	10	11
Δ'_R	0	0.8389	1.460	2.312	2.822	3.089	3.151	3.170

4. 地下堰管结构分析方法

影响钢衬应力的因素很多，由式(6-8)和式(6-9)可知，缝隙值和覆盖围岩完整度及厚度是影响钢衬应力的主要因素。根据缝隙判别条件和覆盖围岩厚度条件，地下埋管结构分析方

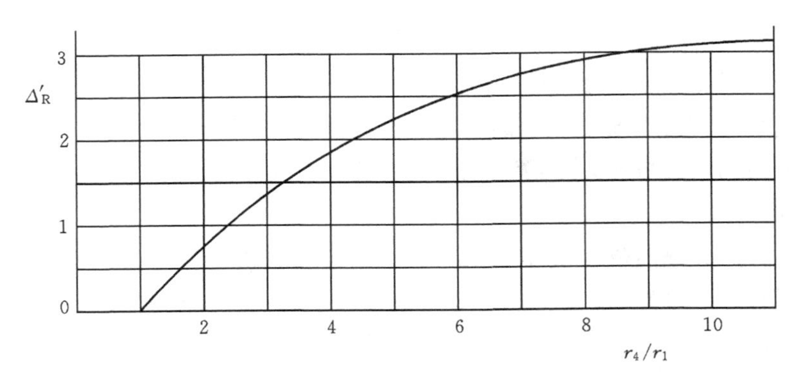

图 6-91 Δ'_R 与$\frac{r_4}{r_1}$的关系曲线

法，可分为钢管与围岩共同承受内水压力和钢管单独承受内水压力两种。

缝隙判别条件

$$\frac{\varphi[\sigma]r_1}{E'_{s1}} > \Delta \tag{6-71}$$

覆盖围岩厚度条件：设围岩为均匀弹性体，有较大的抗拉强度，受内压前围岩内无初应力，受内压后围岩不产生裂缝，则根据弹性理论可按弹性厚壁圆筒考虑。由弹性理论知，当筒壁厚度大于等于3倍洞挖直径时，计算结果与无限厚的厚壁圆筒差别不大，因此钢管上覆盖岩层最小厚度的第一个要求是

$$H_d \geqslant 6r_3 \tag{6-72}$$

式中：H_d 为垂直于管轴的最小覆盖岩层厚度，mm，不应计入全风化层和强风化层厚度，如图6-92所示，这是一种控制围岩中应力的方法。

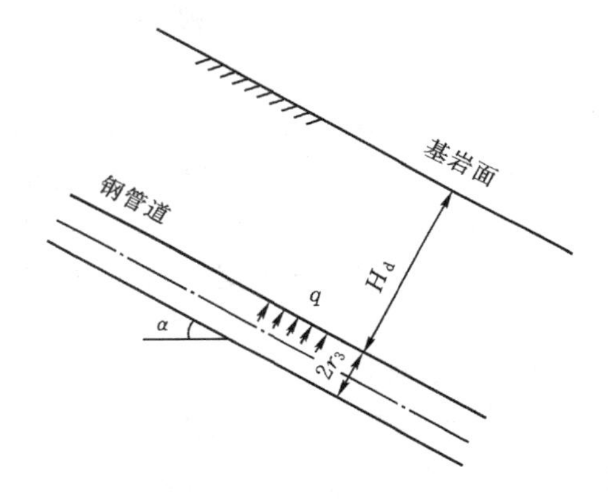

图 6-92 地下埋管覆盖厚度

根据上抬理论，要求上覆岩体的重量大于或等于内水压力作用下产生的上抬力，岩石间的剪力为额外的安全储备，则钢管上覆盖围岩最小厚度的第二个要求是

$$q < r_d H_d \cos\alpha$$

即

$$H_d > \frac{q}{r_d \cos\alpha} \tag{6-73}$$

$$\sigma_{\theta 1} = \frac{Pr_1 + 1000K_{01}\Delta_{s1}}{\delta + \dfrac{1000K_{01}r_1}{E'_s}}$$

$$q = \frac{r_1 P - \sigma_\theta}{r_3} \tag{6-74}$$

$$\Delta_{s1} = (1 + \mu_s)a_s \Delta t_{s1} r_1$$

式中：r_d 为围岩重度较小值，N/mm^3；q 为围岩所分担的最大内水压力，N/mm^2；$\sigma_{\theta 1}$ 为内水压力

作用下钢管承受的最小环向正应力，N/mm²；K_{01}为围岩单位抗力系数最大可能值，N/mm³；α为管轴与水平面夹角，$\alpha \leqslant 60°$，若$\alpha > 60°$，则取$\alpha = 60°$；Δ_{s1}为最高水温情况下钢管最小冷缩缝隙；Δt_{s1}为钢管起始温度与最高水温之差，可为负值。

(1)钢管与围岩共同承受内水压力情况。

①同时满足缝隙判别条件和全部覆盖围岩厚度条件，钢管厚度δ按下式计算

$$\delta = \frac{Pr_1}{\varphi[\sigma]} + 1000K_0\left(\frac{\Delta}{\varphi[\sigma]} - \frac{r_1}{E'_s}\right) \tag{6-75}$$

相应钢管最大环向应力σ_θ按下式校核

$$\sigma_\theta = \frac{Pr_1 + 1000K_0\Delta}{\delta + \dfrac{1000K_0 r_1}{E'_s}\varphi[\sigma]} \leqslant \varphi[\sigma] \tag{6-76}$$

式中：K_0为围岩单位抗力系数较小值，N/mm³。

②满足式(6-13)和式(6-14)，但不满足式(6-15)。令$q = r_d H_d \cos\alpha$，则钢管厚度δ按下式计算

$$\delta = \frac{(Pr_1 - qr_3)1000K_{01}r_1}{E'_s(qr_3 + 1000K_{01}\Delta_{s1})} \tag{6-77}$$

或不计岩石抗力，用明管的允许应力计算壁厚，取二者之小值。

(2)钢管单独承受内水压力情况。

①满足式(6-72)但不满足式(6-71)，则钢管厚度δ按下式计算

$$\delta = \frac{Pr_1}{\varphi[\sigma]} \tag{6-78}$$

以上各式中[σ]均按地下埋管取值。

②不满足式(6-72)，钢管厚度δ仍按式(6-78)计算，但式中[σ]按明管取值。

5.抗外压稳定分析

地下埋管的钢衬和明管一样也存在外压作用下的失稳问题。从国内外地下埋管的运行情况看，在地下埋管发生的事故中，钢管的破坏大多因外压失稳造成。

作用在地下埋管钢衬上的外压除在钢材与混凝土之间进行接触灌浆而产生的灌浆压力、回填混凝土时的流态混凝土压力外，还有压力管道沿线的地下水及因钢板裂缝、灌浆孔漏堵导致内水外渗而造成的外水压力等。

明管位于大气之中不受约束，失稳时管壳可以自由变形。地下埋管的钢衬在外压作用下变形受到外部混凝土衬圈的约束，其变形性能与明管有较大差异。从钢衬失稳特征来看，地下埋管钢衬的临界压力与材料的屈服点和初始缝隙值有直接关系。

(1)光面管抗外压稳定计算。由于影响地下埋管钢衬稳定的很多因素如缝隙值、围岩开裂深度、固结灌浆效果、钢管的椭圆度、回填混凝土质量、外压的分布、初始缝隙的大小等很难精确定量，埋管的失稳问题极为复杂，不可能得出精确的解答，因此通常采用以下公式计算。

①经验公式

$$P_{cr} = 620\left(\frac{\delta}{r_1}\right)^{1.7}\sigma_s^{0.25} \tag{6-79}$$

式中：P_{cr}为钢管抗外压稳定的临界压力计算值，N/mm；σ_s为钢材的屈服点，N/mm²。

式(6-79)在一定程度上反映了各种影响因素，适用于初步计算。

②理论公式。理论公式很多，其中阿姆斯特兹公式的假定比较合理，计算成果与试验值很接近，而且稍偏安全。阿姆斯特兹假定管壳失稳时呈不对称屈曲，即当均布的外压力达到临界值时，管壁某处与混凝土脱开，产生较大的变位 η_s，其余部位则与外壁贴合，如图 6－93 所示。失稳部位管壁呈 3 个半波形状，一个半波向内，两个半波向外。当钢管折曲最大处的应力达到屈服极限，钢管即被压屈而失去稳定。根据薄壳理论，阿姆斯特兹导出了下述公式求算光面管的临界压力。

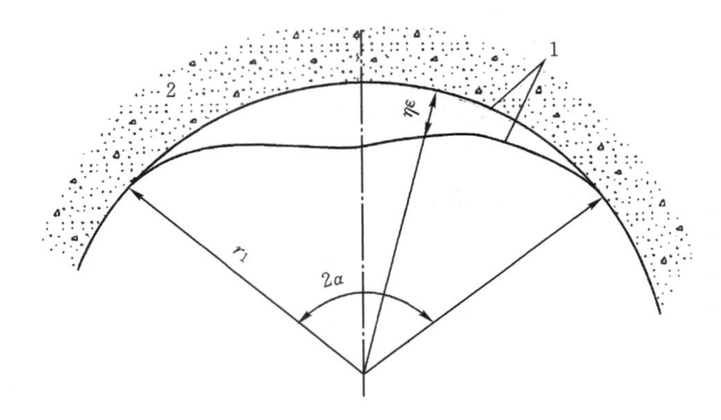

图 6－93　埋管钢衬压屈简图

1—钢衬；2—混凝土

$$P_{cr}=\frac{\sigma_N}{\frac{r_1}{\delta}\left[1+0.35\frac{r_1(\sigma_{s0}-\sigma_N)}{\delta E_s{}'}\right]} \tag{6-80}$$

σ_N 用试算法由式(6－81)求解

$$\left(E_s{}'\frac{\Delta'}{r_1}+\sigma_N\right)\left[1+12\left(\frac{r_1}{\delta}\right)^2\frac{\sigma_N}{E_s{}'}\right]^{\frac{3}{2}}=3.46\frac{r_1}{\delta}(\sigma_{s0}-\sigma_N)\left[1-0.45\frac{r_1(\sigma_{s0}-\sigma_N)}{\delta E_s{}'}\right] \tag{6-81}$$

$$\sigma_{s0}=\frac{\sigma_s}{\sqrt{1-\mu_s+\mu_s^2}}$$

$$\Delta_p=\frac{qr_3}{1000K_{01}}\left(1-\frac{M_d}{E_d}\right)$$

式中：Δ'为缝隙，包括施工缝隙 Δ_0、钢管冷缩缝隙 Δ_s 及围岩冷缩缝隙 Δ_R 及围岩塑性压缩缝隙 Δ_p；Δ_p 为围岩塑性压缩缝隙值，mm；M_d 为围岩变形模量，N/mm^2；E_d 为围岩弹性模量，N/mm^2；σ_{s0}为平面应变问题的钢材屈服点，N/mm^2；σ_N 为由外压引起的管壁屈曲部分的平均应力，N/mm^2。

(2)加劲环式钢管抗外压稳定计算。加劲环式钢管抗外压稳定分析包括加劲环间管壁和加劲环两个部分的稳定分析。

①加劲环间管壁的稳定分析。地下埋管加劲环间的管壁失稳时，因加劲环的存在，管壁屈曲波数一般较多，波幅较小，管壁与混凝土之间存在一定的初始缝隙，对管壁变形的约束作用不大，故临界外压仍采用明管的相应公式按第 5 章所述方法计算。

②加劲环的稳定分析。加劲环的临界压力按钢管在外压作用下加劲环内平均压应力不超过钢料屈服点的条件来计算。

$$P_{cr}=\frac{\sigma_s F}{r_1 l} \tag{6-82}$$

式中：F 为加劲环的有效截面面积，$F=ha+\delta(a+1.56\sqrt{r_1\delta})$，mm^2；$h$ 为加劲环高度，mm；a

为加劲环厚度，mm；l 为加劲环间距，mm。

地下埋管的抗外压稳定按式(6-77)进行验算，式中 K_c 对光面管管壁取2.0，加劲环和加劲环间管壁取1.8。

6.4.7　混凝土坝体压力管道

6.4.7.1　混凝土坝体压力管道的特点、类型和布置

混凝土坝体压力管道是依附于混凝土坝身，即埋设在坝体内或固定在坝面上，并与坝体成为一体的压力输水管道。其特点是结构紧凑简单，引水长度最短，水头损失小，机组调节保证条件好，造价低，运行管理集中方便，但是管道安装会干扰坝体施工，坝内埋管空腔削弱坝体，使坝体应力恶化。

混凝土重力坝和坝内钢管及坝后厂房是应用非常广泛的传统型式，近年来混凝土坝下游面压力管道也逐渐得到应用，混凝土坝坝式水电站采用坝体管道的愈加普遍。常见的混凝土坝体压力管道分为两种：坝内埋管、坝体下游面钢管(坝后背管)。

6.4.7.2　坝内埋管

坝内埋管的特点是管道穿过混凝土坝体，全部埋在坝体内。

1.坝内埋管的布置

坝内埋管在坝体内的布置原则：尽量缩短管道的长度；减少管道空腔对坝体应力的不利影响，特别要减少因管道引起的坝体内拉应力区的范围和拉应力值；还应减少管道对坝体施工的干扰并有利于管道本身的安装和施工。在立面上，坝内埋管有以下三种典型的布置型式。

(1) 倾斜式布置。管轴线与下游坝面近于平行并尽量靠近下游坝面，如图6-94所示。其优点是进水口位置较高，承受水压小，有利于进水口的各种设施布置；管道纵轴与坝体内较大的主压应力方向平行，可以减轻管道周围坝体的应力恶化；与坝体施工干扰较少。缺点是管道较长，弯段多。此外，管道与下游坝面间的混凝土厚度较小。

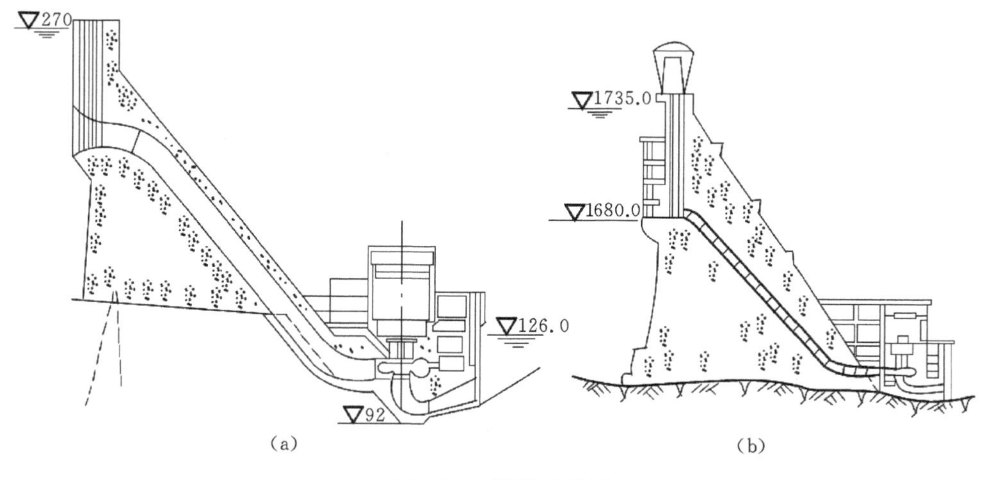

图6-94　倾斜式布置

(2) 平式和平斜式布置。管道布置在坝体下部，如图6-95所示。优缺点与倾斜式布置相反。对于拱坝，坝体厚度不大，而管径却较大时，常采用这种布置方式。

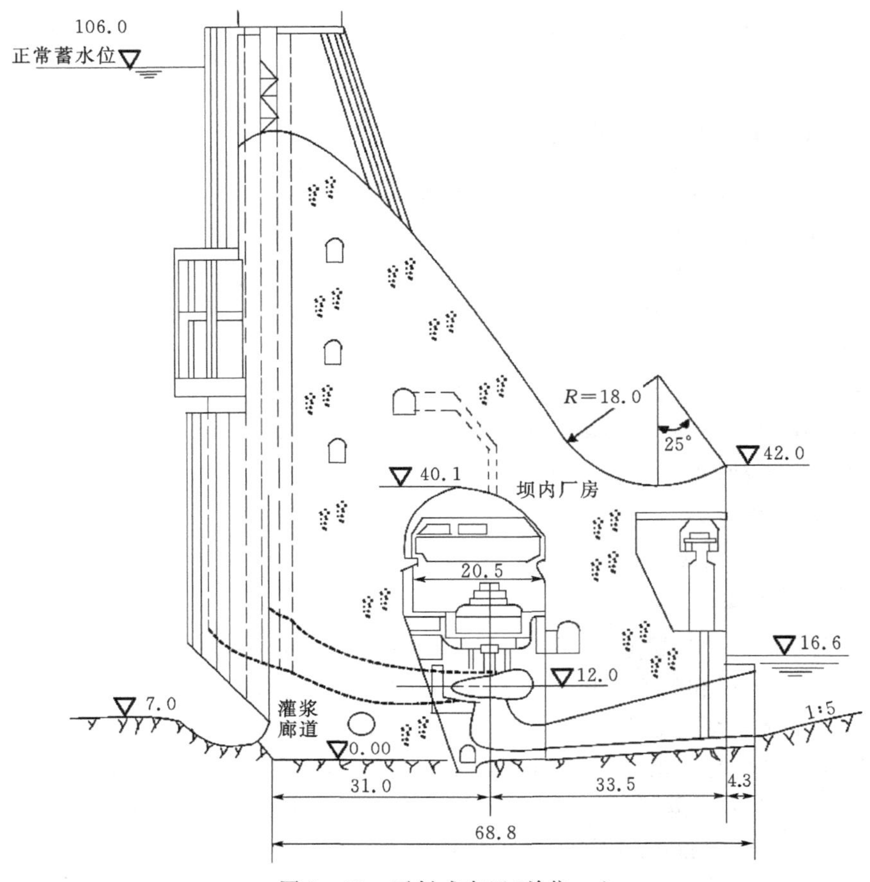

图 6-95 平斜式布置(单位:m)

(3) 竖直式布置。管道的大部分竖直布置,如图 6-96 所示。这种布置通常适用于坝内厂房,或者为了避免钢管安装对坝体施工的干扰,在坝体内预留竖井,后期在井内安装钢管。缺点是管道曲率大,水头损失大,管道空腔对坝体应力不利。

在平面上,坝内埋管最好布置在坝段中央,管径不宜大于坝段宽度的三分之一。这样,管外两侧混凝土较厚,且受力对称。通常在这种情况下,厂坝之间有纵缝,厂房机组段间横缝与坝段间的横缝相互错开,如图 6-97(a)所示。坝与厂房之间不设纵缝而厂坝连成整体时,由于二者横缝也必须在一条直线上,管道在平面上不得不转向一侧布置,这时钢管两侧外包混凝土厚度不同,如图 6-97(b)所示。

坝内埋管(以及其它型式的坝体管道)采用坝式进水口,其布置和设施必须满足进水口的所有要求。进水口的拦污栅一般布置在坝体悬臂上以增加过水面积,检修闸门及工作闸门槽通常布置在坝体内,紧接门槽后是由矩形变为圆形的渐变段,然后接管道的上水平段或上弯段;有时渐变段可与上弯段合并,渐变段直接连接斜直段。

进水口位于坝体内,过水断面较大,宜做成窄高型,渐变段要尽量短,以便较快过渡到圆形断面,这样有利于闸门结构及坝体应力。

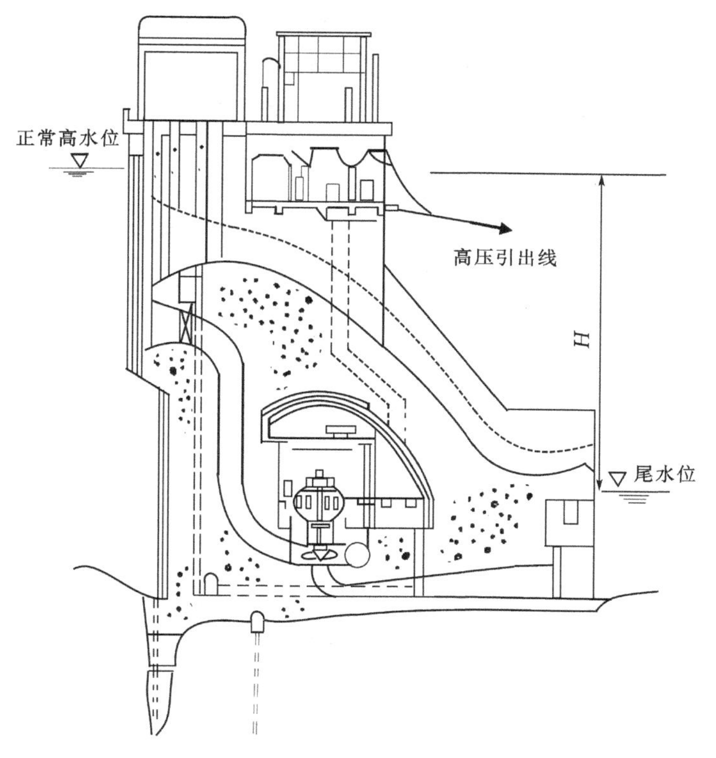

图 6-96 竖直式布置

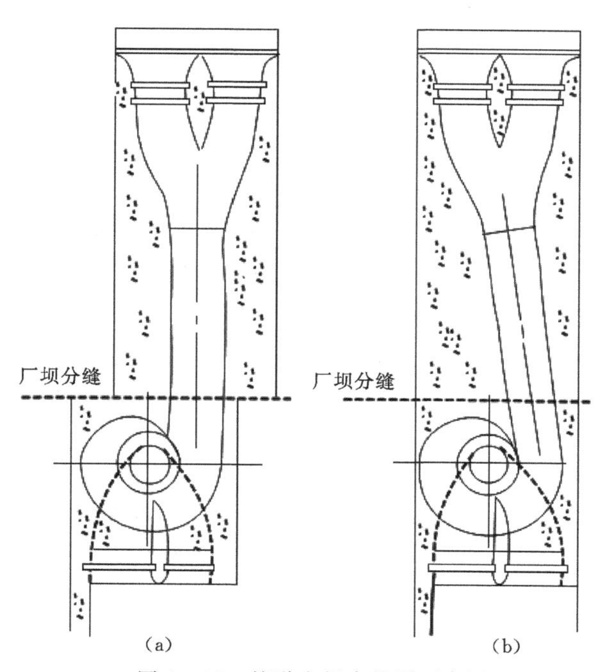

图 6-97 管道在坝内的平面布置

应注意保证通气孔的必要面积和出口高程及合理位置，以免进气时产生巨大吸入气流，影响通气孔出口附近设备及运行人员安全。应使进口处所设充水阀和旁通管面积不过大，以免充水时从通气孔向外溢水和喷水，影响厂坝之间电气设备的正常运行。

2. 坝内埋管的结构计算

坝内埋管的结构计算可以用有限元方法或近似解析法，下面主要介绍近似解析法。从与管道轴线方向垂直的平面内截取单位厚度，并假定其属于轴对称平面应变问题，其计算简图如图 6 - 98 所示。根据钢管、钢筋和混凝土的变形协调关系，推导出计算公式。其计算步骤如下。

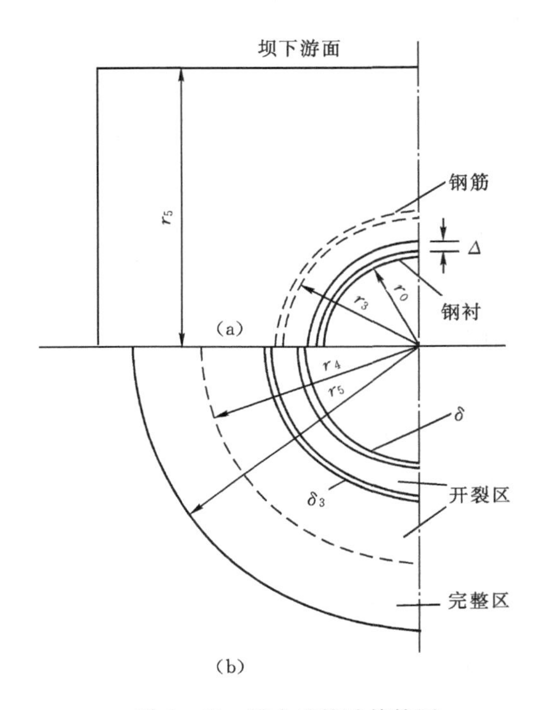

图 6 - 98　坝内埋管计算简图

(1)判断混凝土开裂情况。在内水压力作用下，钢管外围混凝土可能有未开裂、开裂但未裂穿和裂穿三种情况。首先，假定钢管的壁厚 δ 和外围钢筋的数量(将钢筋折算成连续的壁厚 δ_3)，根据图 6 - 99 判别混凝土的开裂情况。

若混凝土未裂穿，可由下式进一步推求混凝土的相对开裂深度 $\psi=r_4/r_5$

$$\psi\frac{1-\psi^2}{1+\psi^2}\left\{1+\frac{E'}{E'_c}\left(\frac{\delta}{r_0}+\frac{\delta_3}{r_3}\right)\left[\ln\left(\psi\frac{r_5}{r_3}\right)+\frac{1+\psi^2}{1-\psi^2}+\mu'_c\right]\right\}=\frac{P-E'\Delta t/r_0^2}{\sigma_{st}}\frac{r_0}{r_5}\quad(6-83)$$

$$E'=E_s/(1-\mu^2);E_c{}'=E_c/(1-\mu_c^2);\mu'_c=\mu_c/(1-\mu_c)$$

式中：P 为内水压强；r_0、r_3 为钢管和钢筋层半径；E_s、μ 为钢材的弹性模量和泊松比；E_c、μ_c 为混凝土的弹性模量和泊松比；σ_{ct} 为判断混凝土开裂的拉应力取值；Δ 为钢管与混凝土间的缝隙。

式(6 - 83)中的 ψ 有双解，取其小值。若 $\psi<r_0/r_5$，表示混凝土未开裂；若 $\psi>1$，则混凝土已裂穿。ψ 可用试算求解，也可查压力钢管设计规范中的曲线得到。

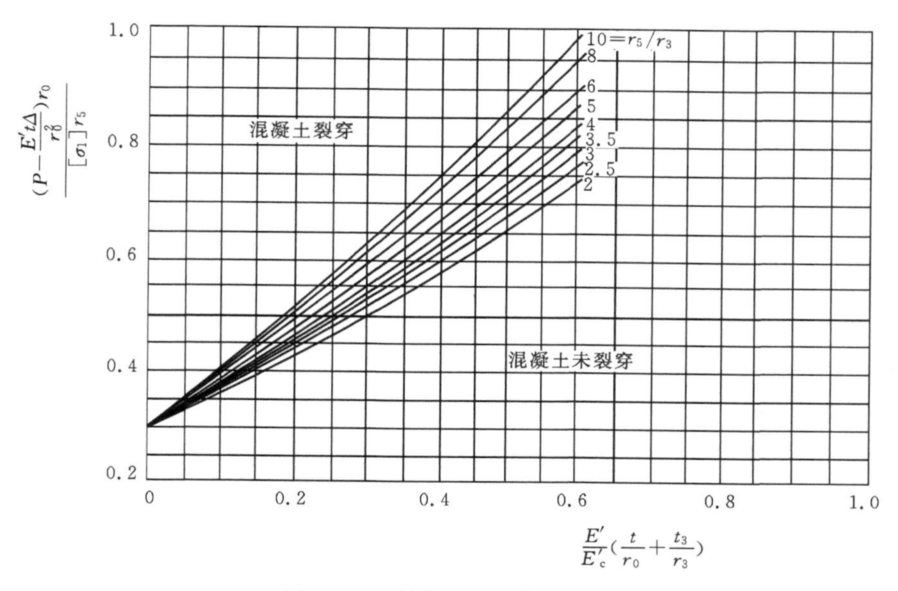

图 6-99　混凝土开裂情况判断图

(2)计算各部分应力。

①混凝土未开裂。混凝土分担的内水压强

$$P_1=\frac{P-\dfrac{E'\Delta\delta}{r_0^2}}{1+\dfrac{E'\delta}{E'_c r_0}\left(\dfrac{r_5^2+r_0^2}{r_5^2-r_0^2}+\mu'_c\right)} \tag{6-84}$$

混凝土内缘的环向应力

$$\sigma_c=\frac{P_1(r_5^2+r_0^2)}{r_5^2-r_0^2} \tag{6-85}$$

钢筋的应力可用下式计算

$$\sigma_3=\frac{E_s}{E_c}\sigma_c \tag{6-86}$$

钢管的环向应力

$$\sigma_1=\frac{(P-P_1)r_0}{\delta} \tag{6-87}$$

②混凝土未裂穿。混凝土部分开裂,钢筋应力

$$\sigma_3=\frac{E'}{E'_c}\frac{r_s}{r_3}[\sigma_l]\left\{m\left[\ln\left(\psi\frac{r_s}{r_3}\right)+n\right]\right\} \tag{6-88}$$

$$m=\psi\frac{1-\psi^2}{1+\psi^2};\ n=\frac{1+\psi^2}{1-\psi^2}+\mu'_c$$

钢管的环向应力

$$\sigma_1=\frac{\sigma_3 r_3}{r_0}+\frac{E'\delta}{r_0} \tag{6-89}$$

③混凝土裂穿。此时混凝土不能参与承载,钢管传给混凝土的内水压强

$$P_1=\frac{P-\dfrac{E'\Delta\delta}{r_0^2}}{1+\dfrac{r_3}{\delta_3}\dfrac{\delta}{r_0}} \tag{6-90}$$

钢管的环向应力

$$\sigma_1=\frac{(P-P_1)r_0}{\delta} \tag{6-91}$$

钢筋的环向应力

$$\sigma_3=\frac{P_1}{\delta_3}r_0 \tag{6-92}$$

上述计算为内水压力作用下的应力计算。除此以外，坝体荷载也会在孔口周围产生附加环向应力。应将这两种作用产生的环向应力叠加，再进行配筋计算。如果求出的钢筋数量不超过并接近假定的钢筋数量，则认为满足要求。否则应重新假定钢筋数量，再进行上述计算，直到满意为止。

3. 坝内埋管钢衬的抗外压稳定性

坝内埋管钢衬抗外压失稳分析的原理和方法与地下埋管钢衬相同。坝内埋管钢衬的外压荷载主要有外水压力、施工时的流态混凝土压力和灌浆压力。施工期临时荷载不宜作为设计控制条件，应靠加设临时支撑，控制混凝土浇筑高度等工程措施来解决。钢衬所受外水压力来源于从钢衬始端沿钢衬外壁向下的渗流。渗流水压力可假定沿管轴线直线变化。

为安全计，钢衬最小外压力不小于 0.2 MPa。钢衬上游段承受的内压值小，管壁薄，但钢衬外渗流水压大，是抗外压失稳的重点。应该在钢衬首端采取阻水环等防渗措施，并在阻水环后设排水措施，这样可以比较有效地降低钢衬外渗压。接缝灌浆可减小缝隙，也有利于钢衬抗外压失稳。坝内埋管钢衬在放空时外压失稳的事故比较少见。

6.4.7.3　坝后背管

为了解决钢管安装与坝体混凝土浇筑的矛盾，一些大型坝后式水电站将钢管布置在混凝土坝的下游坝面上，形成下游面管道，或称为坝后背管。下游面管道除进水口后一小段管道穿过坝体外，主要部分沿坝下游面铺设，如图 6-100 所示。

与坝内埋管相比，下游面管道有如下优点：便于布置；减少管道空腔对坝体的削弱，有利于坝体安全；坝体施工不受管道施工与安装的干扰，可以提高坝体施工的质量，并加快进度和提前发电；管道可以随机组的投产先后分期施工，有利于合理安排施工进度，且减少投资积压，机组台数较多时，效益更为显著。

混凝土坝下游面管道有两种结构型式：坝下游面明钢管和坝下游面钢衬钢筋混凝土管。

(1)坝下游面明钢管。现场安装工作量小，进度快，与坝体施工干扰小。但当钢管直径和水头很大时，会引起钢管材料和工艺上的技术困难。敷设在下游坝面上的明管一旦失事，水流直冲厂房，后果严重。

(2)坝下游面钢衬钢筋混凝土管。管道是内衬钢板外包钢筋混凝土的组合结构，用坝下游面的键槽及锚筋与坝体固定。钢衬与外包混凝土之间不设垫层，紧密结合，二者共同承受内水压力等荷载。这种管道结构的优点是：

①管道位于坝体外，允许管壁混凝土开裂，使钢衬和钢筋可以充分发挥承载作用；

②利用钢筋承载，减少了钢板厚度，避免采用高强钢引起的技术和经济问题；

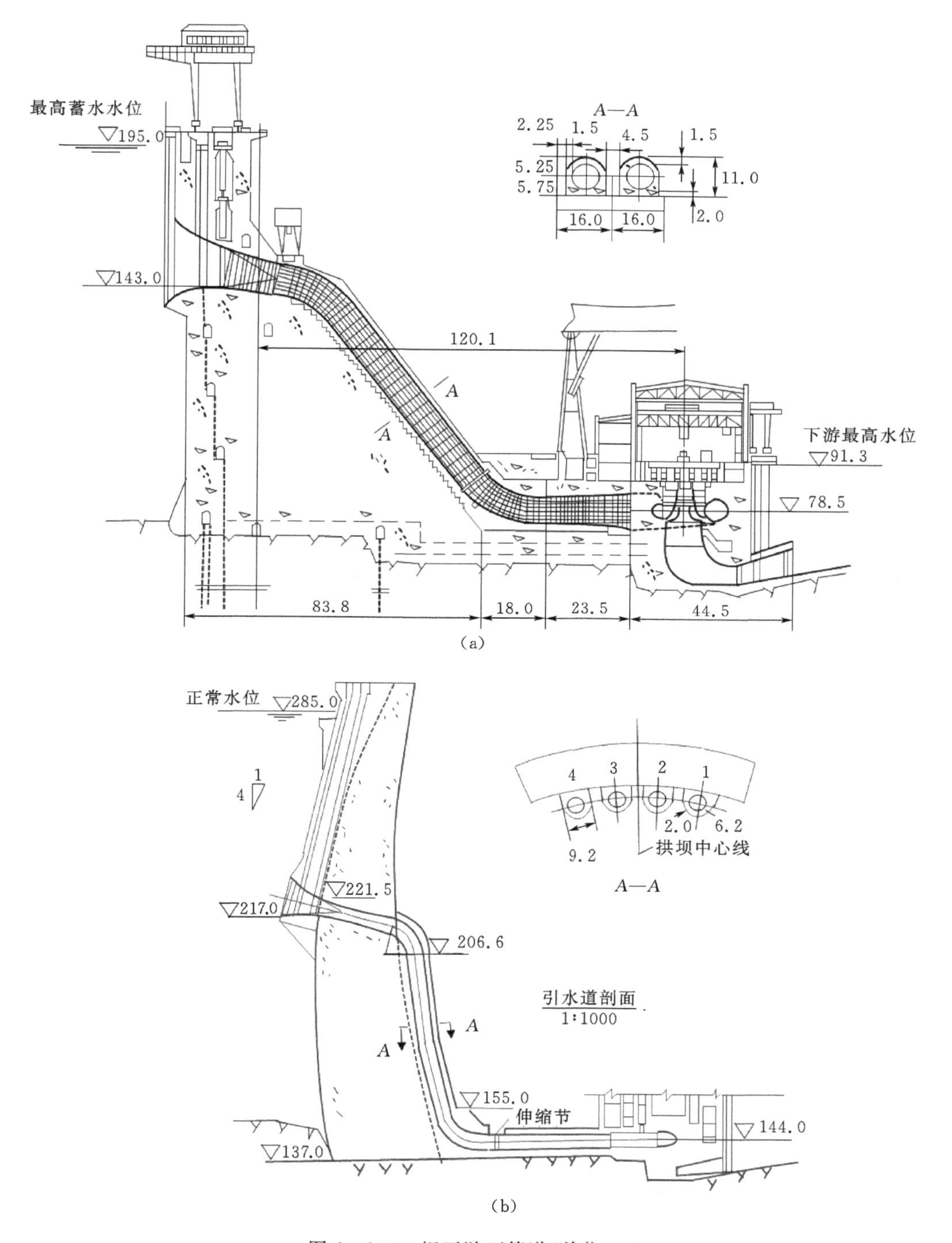

图6-100　坝下游面管道(单位:m)

③环向钢筋接头是分散的,工艺缺陷不会集中,因此可以避免钢管材质及焊缝缺陷引起的集中破裂口带来的严重后果;

④减少外界因素对管道破坏的可能性,在严寒地区有利于管道防冻。

6.4.8 分岔管

6.4.8.1 分岔管设计要求、布置型式及其构造

当压力管道采用联合供水或分组供水方式时，一条主管需分出几条支管与各台机组连接，主管末端需要设置岔管。

1.岔管的设计要求

岔管一般位于压力管道末端，靠近厂房，一方面，承受的内水压力最大；另一方面，岔管用于分配水流，水流方向和流态有较大改变，使岔管处的水流情况和受力情况都较复杂，从而导致岔管结构上趋于复杂，大多是一个被加强的复杂曲面的壳体。因此，岔管设计应满足如下要求。

(1)结构合理，不应产生过大的应力集中和变形。为此，各管节的转角不宜过大，加强构件和管壁的刚度比不宜太悬殊。

(2)水流平顺，水头损失小，避免或减少涡流和振动。岔管的水头损失在整个引水系统中占较大比重，应采用平顺的外型轮廓并降低分岔处的流速，分岔后流速宜逐步加快。

(3)制作、运输、安装方便。岔管焊缝集中，加强构件刚度及尺寸较大，管壳会产生相当大的焊接初应力，给岔管的制作、运输、安装带来了一系列困难，设计中应予以足够重视。

(4)运行安全可靠。岔管处内水压力最大。

(5)经济合理。岔管管壁厚，构件尺寸大，结构复杂，焊接工艺要求高，因此造价也较高。

2.岔管布置型式

岔管的布置型式通常有以下四种。

(1)非对称Y形。当主管斜向分出几条支管，且主管与支管流量不相等，或两条支管的轴线因故不能作对称布置时，通常采用非对称Y形布置，如图6－101(a)所示。

(2)对称Y形。当一条主管对称地分为两条相同支管，分岔后压力管道轴线方向不变且正向引进厂房时，通常采用对称Y形布置，如图6－101(b)所示。

(3)三岔形。当一条主管直接分为三条相同支管，分岔后压力管道轴线方向不变且正向引进厂房时，通常采用三岔形布置，如图6－101(c)所示。

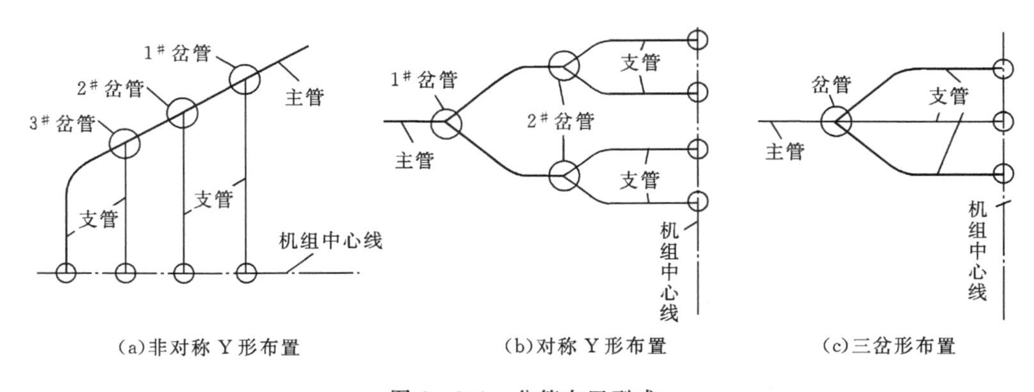

(a)非对称Y形布置　(b)对称Y形布置　(c)三岔形布置

图6－101 岔管布置型式

(4)上述各种布置型式的组合。当机组台数较多时，可采用此种布置方式。我国已建成中

小型电站钢岔管的布置型式以非对称 Y 形布置居多，主要是因为非对称 Y 形布置灵活简便，且钢岔管规模较小。

岔管的主管、支管中心线宜布置在同一高程上，使结构简单。三梁岔管和贴边岔管的主管、支管底部也可布置在同一高程上。岔管的最底部宜设置排水管，便于岔管维护，排水管接口应与管壁焊缝和加强构件错开。

3. 分岔管的结构型式

根据岔管布置型式、制作材料及承受不平衡力的加强方式不同，岔管有多种结构型式。

(1)贴边岔管。如图 6－102 所示，在主、支管相贯线两侧一定范围内用补强板焊贴加固。岔管的不平衡力由管壁和补强板共同承担。补强板可以贴在外壁或内壁，也可以内外壁都贴。

贴边岔管为组合薄壳结构，应力情况较复杂，但构造简单、施工方便，适用于埋藏在较好岩体中的中低水头、$\frac{d}{D}\leqslant 0.5$(D、d 为主、支管在其轴线交点处的直径)的地下埋管。

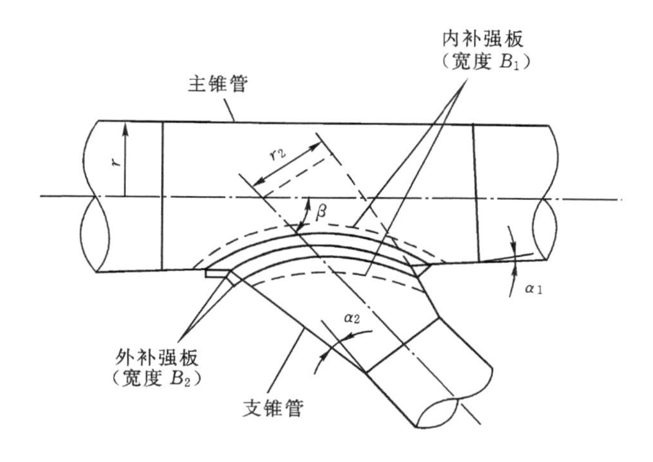

图 6－102　贴边岔管

(2)三梁岔管。如图 6－103 所示，在岔管主、支管三条相贯线外侧各设置加强梁，由这三根梁构成的空间梁是加强结构，它们共同承担不平衡力。通常将沿两支管相贯线的梁称为 U 梁，沿主、支管相贯线的梁称为腰梁。

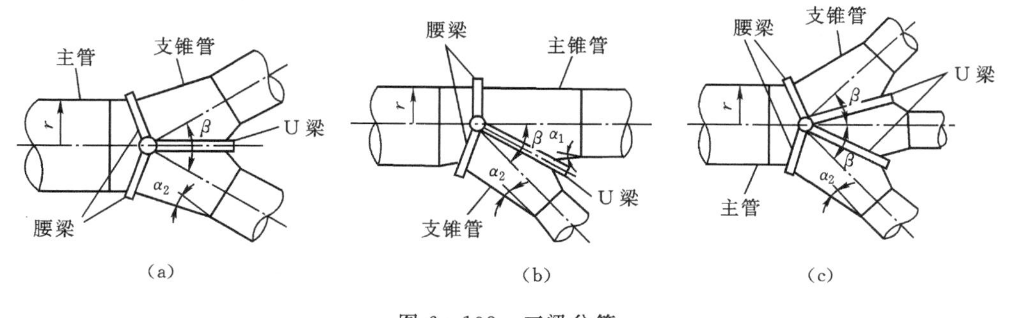

图 6－103　三梁岔管

三梁岔管应用较早，运行安全可靠，各种布置型式均能适用。随着我国水电建设的发展，

钢管 PD 值日渐增大，导致三梁岔管的加强梁断面加大，给岔管的制作、运输和安装带来困难，若为埋管，将增加地下工程量，目前已较少使用，但可用于中、小型岔管。

(3)月牙肋岔管。如图 6-104 所示，月牙肋岔管是在三梁岔管基础上发展起来的一种新型岔管，是由相切于同一公切球的主锥管、支锥管组成的圆锥管和沿支锥管相贯线内插一焊接在管壁上的月牙状肋板组成的。这不仅从结构上改善了三梁岔管腰部转折处的应力状态，使得取消两根腰梁成为可能，而且从体型上改善了水流流态，避免了涡流，扩大了分岔区的过流面积，使水头损失减小。月牙肋岔管是目前国内应用得最多的岔管型式，大、中、小型水电站压力管道都适用。

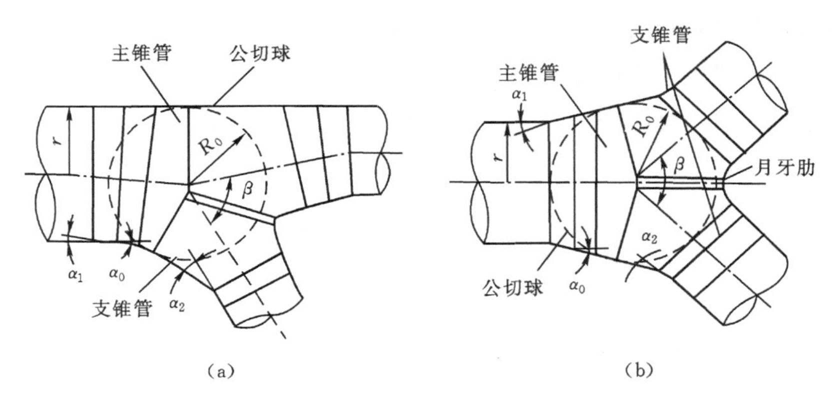

图 6-104　月牙肋岔管

(4)球形岔管。如图 6-105 所示，球形岔管的主、支管均直接与球壳相接，各管道的轴线通过球心，沿连接处的相贯线设圆形补强环，内部则设导流板以改善水流条件，导流板上设平压孔，不承受内水压力。球形岔管的优点是布置灵活，支管可为任意方向，球壳受力均匀，在内水压力作用下，球壳应力仅为同直径圆管管壳环向应力的一半。缺点是工艺复杂，球壳制造不便，补强环要用锻钢制作，造价较高，水头损失较大。球形岔管适用于高水头电站。

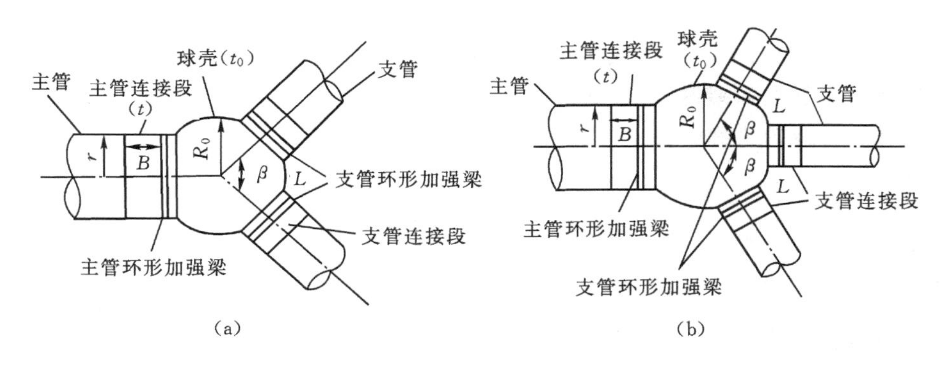

图 6-105　球形岔管

(5)无梁岔管。如图 6-106 所示，无梁岔管是球形岔管的一种演进。为避免管壁与球壳急剧转折所产生的很大的应力集中，主、支管先与逐渐扩大的锥管相接，锥管再与中心的球壳较平顺地连接，不设置任何加强构件。无梁岔管不仅克服了补强环与管壳刚度不协调的缺点，而且可充分发挥壳体结构的承载能力，结构合理，外形尺寸小，运输、安装均较方便。对埋管情况，有利于利用围岩的弹性抗力。缺点是体型较复杂，球壳片须模型成型，工艺复杂，在球壳顶部和底部易产生涡流，分岔处水流较紊乱，为此需在岔管内部设置导流板。无梁岔管在我国 20 世纪 80 年代开始采用，适用于大、中、小型地下埋管。

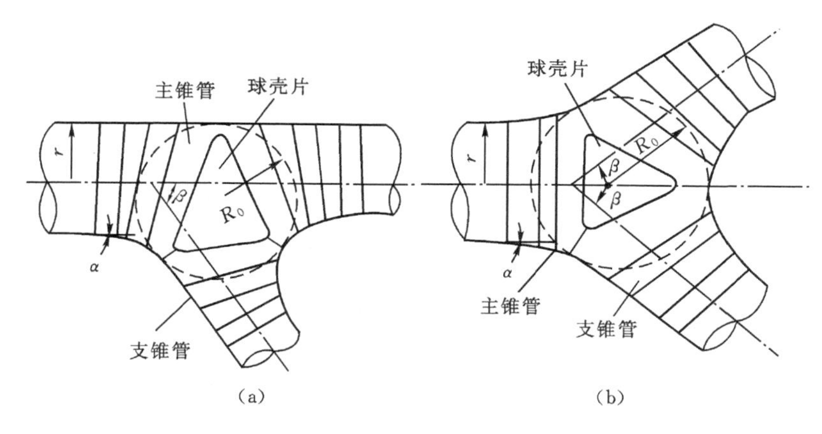

图 6－106　无梁岔管

(6)钢衬钢筋混凝土岔管。钢衬钢筋混凝土岔管是一种较新的水电站压力管道岔管结构型式，由钢岔管和外包钢筋混凝土两者共同承受内水压力。这种结构不仅可以节省钢板用量，使选材和工艺要求更简单，降低造价，而且结构安全性也较高。

(7)钢筋混凝土岔管。钢筋混凝土岔管是与围岩结合成整体的钢筋混凝土结构，要求围岩有很高的承载力和抗渗能力，并在岔管外作高压固结灌浆，通常应用于高水头大容量抽水蓄能电站的岔管。

6.4.8.2　**常用岔管设计**

1. 贴边岔管设计计算

贴边岔管常用在中、低水头地下埋管，其典型布置型式是非对称 Y 形，如图 6－101(a)和图 6－102 所示。

(1)体形参数。如图 6－102 所示，贴边岔管的体形参数有分岔角 β，主管、支管腰线折角 α_1、α_2，支管半径与主管半径的比值 $\frac{d}{D}$。根据规范规定，分岔角 β 宜采用45°～60°，主管腰线折角 α_1 宜采用 0°～7°、支管腰线折角 α_2 宜采用 5°～10°，支管半径与主管半径的比值 $\frac{d}{D}$ 不宜大于 0.5，不得大于0.7。

(2)岔管管壁厚度估算。贴边岔管管壁厚度可近似按柱(锥)壳膜应力区来计算，其计算公式如下。

膜应力区的管壁厚度

$$\delta = \frac{K_1 Pr}{[\sigma]_1 \varphi \cos a} \qquad (6-93)$$

式中：P 为内水压力，N/mm²；r 为该节钢管最大内半径，mm；K_1 为岔管膜应力区应力计算系数，按表 6－19 取值；$[\sigma]_1$ 为岔管允许应力值，N/mm²，完全露天的明岔管和埋在露天镇墩中的岔管，按表 6－20 取值；在满足埋深的情况下，可计入岩石抗力，取值同明岔管；若不计入岩石抗力，根据地质条件，允许应力可比明岔管提高10%～30%；若不满足埋深的情况下，不计岩石抗力，取值同明岔管；φ 为焊缝系数；α 为该节钢管半锥顶角。

表 6-19 贴边岔管 K_1 值表

d/D \ β	45°～50°	50°～55°	55°～65°
0.5	1.4	1.35～1.4	1.3
0.6	1.5	1.45	1.4
0.7			1.5

表 6-20 允许应力取值

应力区域	部位	荷载组合	
		基本	特殊
膜应力区	膜应力区的管壁及小偏心受拉的加强构件	$0.5\sigma_s$	$0.7\sigma_s$
局部应力区	距承受弯距的加强构件 $3.5\sqrt{rt_0}$ 以内及转角点处管壁	$0.8\sigma_s$	$1.0\sigma_s$
	承受弯距的加强构件	$0.67\sigma_s$	$0.8\sigma_s$

(3)计算相贯线坐标。以主管为锥形管、支管为圆管为例，设计时均按管壁中面进行计算。这种型式岔管的平面布置图如图6-107所示，其相贯线 ab 为二元二次曲线。以主管、支管的轴线交点为坐标原点，主管轴线为 X 轴，建立坐标系，则相贯线方程式为

$$y^2 + Axy - (Bx^2 - Cx + D) = 0 \tag{6-94}$$

式中：$A=2\cot\beta$；$B=1+\dfrac{1}{\tan^2\theta\sin^2\beta}$；$C=\dfrac{2R_0}{\tan^2\theta\sin^2\beta}$；$D=\dfrac{R_0^2-R_2^2}{\sin^2\beta}$；$R_0$ 为锥管大头半径，mm；R_2 为圆管半径，mm；θ 为锥管锥底角，(°)。

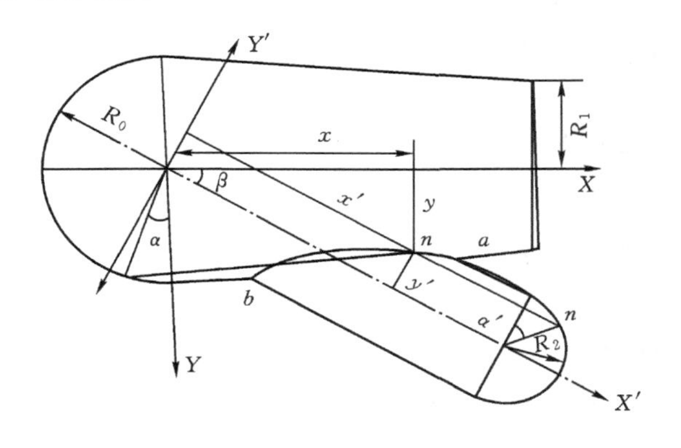

图 6-107 岔管的平面布置图

相贯线锐角区 a 点坐标为

$$x_a=\frac{R_0\cos\beta+R_2}{\sin\beta+\cot\beta\cos\beta} \tag{6-95}$$

$$y_a=R_0\left(1-\frac{1}{\tan\beta\tan\theta+1}\right)-\frac{R_2}{\sin\beta\tan\theta+\cos\beta} \tag{6-96}$$

相贯线钝角区 b 点的坐标为

$$x_b=\frac{R_0\cos\beta-R_2}{\sin\beta+\cot\beta\cos\beta} \tag{6-97}$$

$$y_b=R_0\left(1-\frac{1}{\tan\beta\tan\theta+1}\right)+\frac{R_2}{\sin\beta\tan\theta+\cos\beta} \tag{6-98}$$

求得 a、b 坐标后，以 x 为变量，$x_b\leqslant x\leqslant x_a$，按式(6－95)计算，即可求得相贯线上任何一点的坐标。

(4)展开计算。展开计算包括圆支管展开和主锥管展开计算两部分。

①圆支管展开计算。为方便计算，进行圆支管展开计算时，应另外建立坐标系。以主管、支管的轴线交点为坐标原点，圆支管轴线为 X'轴，如图6－107所示，则相贯线上任何一点的 X'、Y'坐标与原坐标 X、Y 之间存在下列转换关系

$$x'=x\cos\beta+y\sin\beta \tag{6-99}$$

$$y'=x\sin\beta+y\cos\beta \tag{6-100}$$

将相贯线上任何一点 n 的坐标(x,y)按式(6－99)和式(6－100)转换成 X'、Y'坐标系中的坐标(x',y')，并计算出该点对应于截面圆的圆心角 α'

$$\alpha'=\arccos\left(\frac{y'}{R_2}\right) \tag{6-101}$$

通过坐标换算计算，同时可得相贯线上 a、b 两点的新坐标位置，即 $a(x_a',y_a')$ 和 $b(x_b',y_b')$。

设展开图的坐标系为 X_1、Y_1，展开图上的横坐标轴线 X_1 与圆支管平口端的展开图形重合，如图6－108所示。支管最短母线在岔管的锐角部位，通过 a 点，令该管节最短母线长为 l_a，则相贯线 ab 的展开曲线上各点位置由下式计算

$$x_1=\pi R_2\frac{\alpha'}{180°} \tag{6-102}$$

$$y_1=x_a'-x'+l_a \tag{6-103}$$

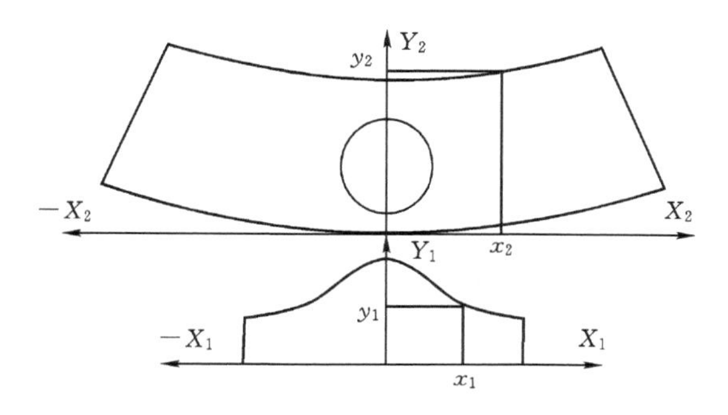

图6－108　主锥管和圆支管展开图

②主锥管展开计算。主锥管进口的计算半径为 R_0，出口的计算半径为 R_1，其展开图形为

扇形。设展开图的坐标系为 X_2、Y_2。

进口展开曲线在坐标系 X_2、Y_2 中的各点坐标是

$$y_2 = \frac{R_0}{\cos\theta}\{1-\cos[(180°-\alpha)\cos\theta]\} \tag{6-104}$$

$$x_2 = \frac{R_0}{\cos\theta}\sin[(180°-\alpha)\cos\theta] \tag{6-105}$$

出口展开曲线在坐标系 X_2、Y_2 中的各点坐标是

$$y_2 = \frac{R_1}{\cos\theta}\{1-\cos[(180°-\alpha)\cos\theta]\}+\frac{R_0-R_1}{\cos\theta} \tag{6-106}$$

$$x_2 = \frac{R_1}{\cos\theta}\sin[(180°-\alpha)\cos\theta] \tag{6-107}$$

$$\gamma' = \cos\theta\left[\arccos\left(\frac{y}{R_0-\cot\theta}\right)\right]$$

主、支管相贯线的展开曲线为蛋形，在坐标系 X_2、Y_2 中的各点坐标是

$$y_2 = \frac{R_0}{\cos\theta}-\left(\frac{R_0}{\cos\theta}-\frac{x}{\sin\theta}\right)\cos\gamma' \tag{6-108}$$

$$x_2 = \left(\frac{R_0}{\cos\theta}-\frac{x}{\sin\theta}\right)\sin\gamma' \tag{6-109}$$

$$\gamma' = \cos\theta\left[\arccos\left(\frac{y}{R_0-\cot\theta}\right)\right] \tag{6-110}$$

上式中，$x_b \leqslant x \leqslant x_a$，$y$ 为对应于 x 按式(6-95)的计算值。

(5)结构分析方法。贴边岔管为组合薄壳结构，中、小型贴边岔管按本节所述方法确定补强板结构尺寸和进行最大应力验算，对于重要工程则需作有限元法计算。当支管半径不大于主管半径的二分之一时，在管道内壁或外壁，或内外壁焊接补强板，如图 6-109 所示，图中 A_d 为补强板截面面积，A_e 为主管破口截面面积。分岔处的不平衡力由补强板和管壁共同承担。

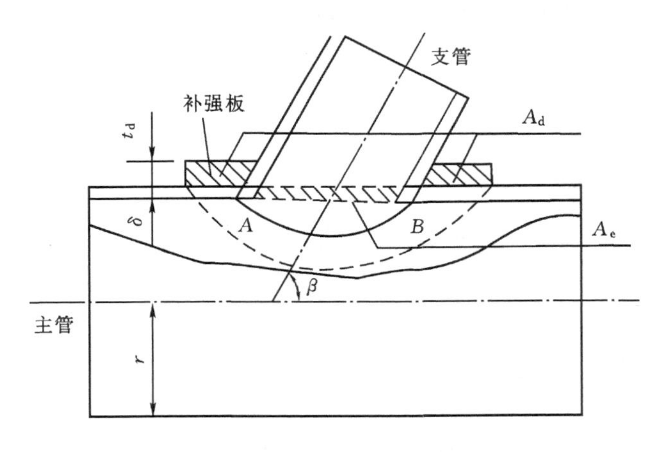

图 6-109 贴边岔管补强板剖面图

确定补强板的尺寸时可先确定岔管壁厚 δ，再由式(6-111)求主管膜应力 σ_0，然后按《水电站压力钢管设计规范》(NB/T 35056—2015)要求计算孔口应力集中和转角部位的应力衰减变化，进而按岔管允许应力要求选定补强板的尺寸。补强板的尺寸由层数、厚度和宽度组成，

其中层数为 1～2 层，厚度一般采用与管壁等厚，宽度取 0.2～0.4d。锐角贴边外缘的最大主拉应力值可按经验公式(6-112)验算。

$$\sigma_0 = \frac{PD}{2\delta} \tag{6-111}$$

$$\sigma_{max} = \frac{PD}{2\delta}\left\{(1-0.585\sin^2\beta)\left[1+5.05\left(\frac{d}{D}\right)^{\frac{4}{3}}\right]-398.9a_2\left(\frac{d}{D}\right)^{\frac{1}{2}}\frac{\cos\alpha_2}{\beta^2}\right\}(1-1.5\tan\alpha_1) \tag{6-112}$$

式中：α_1 为主管半锥顶角；α_2 为支管半锥顶角。

由于补强板的刚度较小，在内水压力作用下，可以发生较大的向外位移，因此贴边岔管一般用于地下埋管。

2. 月牙肋岔管设计计算

月牙肋岔管是三梁岔管的一种发展，它是用嵌入管内的月牙肋板代替三梁岔管的 U 形梁，并取消了腰梁，可用在大、中、小型水电站压力管道，其典型布置型式有对称 Y 形和非对称 Y 形两种，如图 6-104 所示。

(1)岔管体形参数和管壁厚度估算。如图 6-104 所示，月牙肋岔管的体形参数有分岔角 β、钝角区腰线折角 α_0、主锥管腰线转折角 α_1、支锥管腰线折角 α_2 和最大公切球半径 R_0。根据《水电站压力钢管设计规范》(NB/T 35056—2015)规定，分岔角 β 宜采用55°～90°，钝角区腰线折角 α_0 宜采用10°～15°、主锥管腰线折角 α_1 宜采用10°～15°，支锥管腰线折角 α_2 不宜大于20°，最大公切球半径 R_0 宜取主管半径的 1.1～1.2 倍。

月牙肋岔管的壁厚分别考虑膜应力区和局部应力区两种情况，按式(6-93)和式(6-113)计算，取两者中的大值为设计值。

局部应力区的管壁厚度为

$$\delta_0 = \frac{K_2 Pr}{[\sigma]_2\varphi\cos a} \tag{6-113}$$

式中：K_2 为岔管局部应力区应力计算系数，可查图 6-110 取值；$[\sigma]_2$ 为岔管允许应力值，N/mm^2，同贴边岔管，按表 6-20 取值。

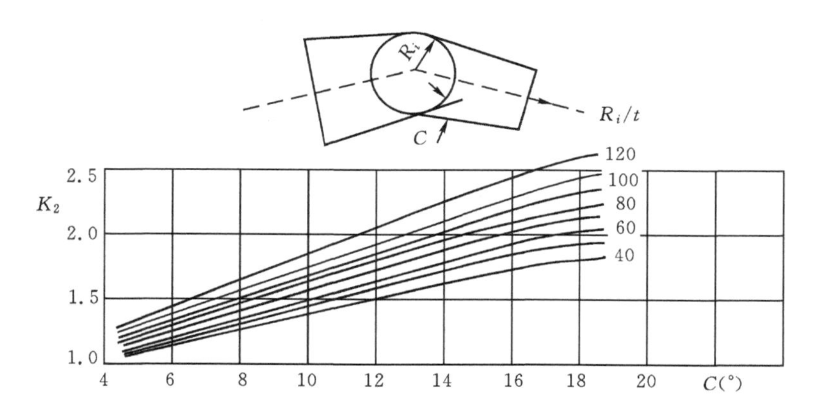

图 6-110　应力集中系数 K_2 参考曲线

(2)岔管结构分析方法。

①基本设计原理。如图 6－111 所示，为一个 Y 形布置的月牙肋岔管，QE_0 为相贯线，是一条椭圆曲线，月牙肋设置在此相贯线上。在相贯线处，由于管壳互相切割，不再形成完整的圆形，使理想的受力状态被破坏。在内水压力作用下，相贯线上的任何一点将产生包括垂直分力和水平分力的不平衡力。相贯线上管壳破口的不平衡力反向作用到月牙肋上，成为月牙肋的荷载。相贯线上任何一点 Z 处有两个支管的不平衡反力，令其合力为 q；该处还承受来自管端的轴向力，也可合成一值 q'，将 q 和 q' 向量合成，得到作用在 Z 点上的合成荷载 $\bar{q}$ 及其方向。Z 点沿相贯线位置不同，$\bar{q}$ 大小及其方向也随之变化。如果把从肋端 Q 到 Z 之间的荷载求和，可得出作用在 QZ 这一段肋上的总荷载 R 及其作用线。过 Z 点作正交于此作用线的直线得到垂足 C。如果以 C 的轨迹作为月牙肋的轴心线，则月牙肋将只承受轴心拉力。根据结构设计理论，可以求得肋板的截面尺寸。

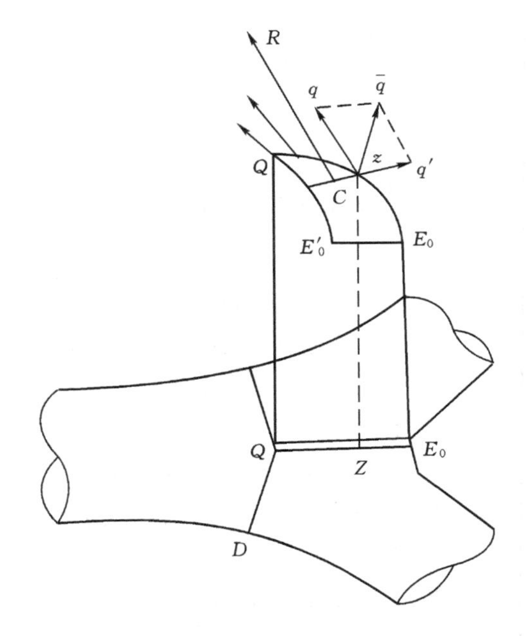

图 6－111　月牙肋岔管受力分析

②基本假定。由于岔管在不同的运行状态下荷载将随之变化，许多情况下作用在管口上的轴向应力难于精确计算；肋板不仅具有环向应力和轴向应力，而且还存在弯曲应力和剪应力；管内压力和管口应力究竟对肋板产生多大荷载，也是个复杂的问题，因此岔管的受力情况较复杂。对于非对称 Y 形岔管，其受力情况则更复杂。为便于计算，作如下基本假定。

a. 由于岔管一般都埋在钢筋混凝土镇墩或岩体中，因此，内水压力是主要荷载。设计时，忽略轴向力、岔管结构自重、温度荷载等次要荷载，只计入内水压力荷载。

b. 管壁处于膜应力状态，管壁破口处的不平衡力传到肋上，作为肋的荷载。

c. 肋上各横截面处于中心受拉状态，合力通过横截面图形心。

(3) 岔管壳体体型设计。岔管体形按管壁中面进行设计，其方法和步骤如下。

①根据厂区枢纽布置和岔管体形参数要求，拟定岔管主、支锥管腰线转折角 α_1、α_2、α_3 和分岔角 β。考虑岔管三端为圆柱管，两腰线应平行，绘制布置草图，如图 6－112 所示。

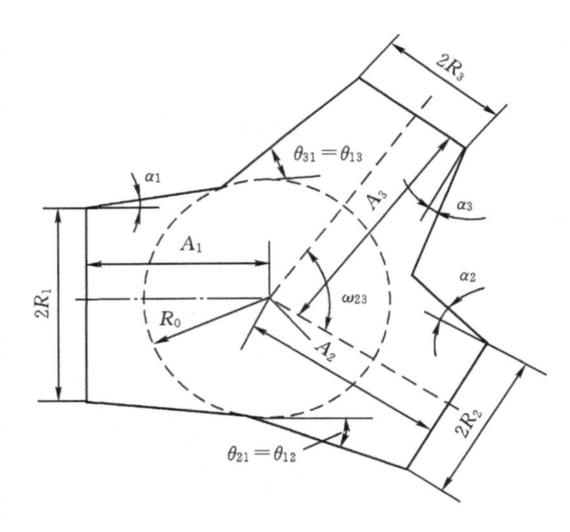

图 6－112　月牙肋岔管体型参数

②计算腰线转折角 θ_{12}、θ_{13}。

对于对称 Y 形岔管

$$\theta_{13}=\omega_{23}-(2\alpha_1+\alpha_2+\alpha_3)-\theta_{12} \tag{6-114}$$

$$\theta_{12}=\theta_{13}=\frac{1}{2}[\omega_{23}-(2\alpha_1+\alpha_2+\alpha_3)] \tag{6-115}$$

对于非对称 Y 形岔管

$$\begin{aligned}\theta_{12}&=0\\ \theta_{13}&=\omega_{23}-(2\alpha_1+\alpha_2+\alpha_3)\end{aligned} \tag{6-116}$$

式中：ω_{23} 为Ⅱ、Ⅲ两锥管轴线的夹角。

计算求得的腰线转折角 θ_{12}、θ_{13} 应满足《水电站压力钢管设计规范》(NB/T 35056—2015)规定的岔管体形参数要求。

③根据岔管管节焊缝间距要求，拟定轴线长 A_i，按下式计算公切球半径 R_0

$$R_0=R_i\cos\alpha_i+A_i\sin\alpha_i\ (i=1,2,3) \tag{6-117}$$

式中：R_i 为Ⅰ、Ⅱ、Ⅲ锥管进口公切球半径，如图 6-112 所示。

计算求得的最大公切球半径 R_0 应满足《水电站压力钢管设计规范》(NB/T 35056—2015)规定的岔管体型参数要求。

④计算三锥相交处腰线长 S_{ij} ($i,j=1,2,3$ 且 $i\neq j$)，如图 6-113 所示。

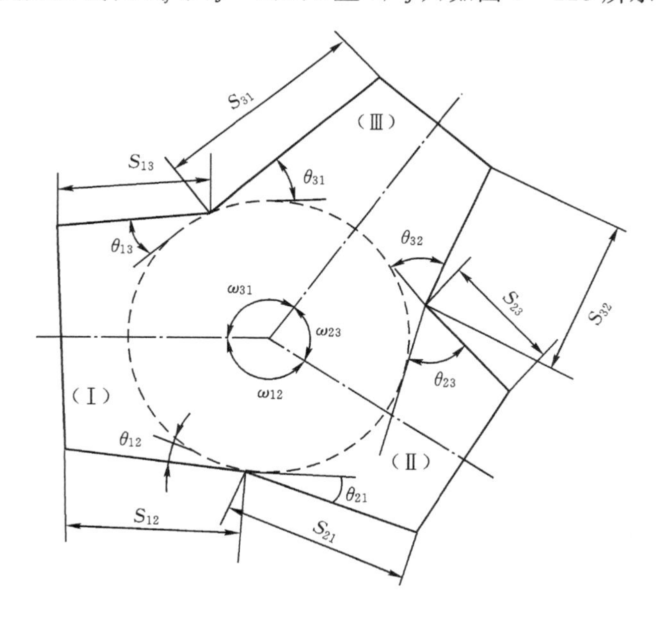

图 6-113　月牙肋岔管体型参数

$$S_{ij}=\frac{A_i}{\cos\alpha_i}-R_0\left(\tan\frac{\theta_{ij}}{2}+\tan\alpha_i\right) \tag{6-118}$$

其中，$\theta_{ij}=\theta_{ji}$；$\omega_{ij}=\omega_{ji}=180°-(\theta_{ij}+\alpha_i+\alpha_j)$；岔管处其他管节腰线长、轴线长、各节之间的公切球半径计算可参考有关书籍。

(4)肋板设计。肋板设计和应力计算采用结构力学法。设计时，将肋板单独取出，作为脱离体进行分析。计算并绘出体型，再进行截面强度校核，其设计方法与步骤如下。

①计算夹角 ρ_y。计算三锥两两相交的相贯线与三锥轴线的夹角 ρ_{ij} ($i,j=1,2,3$ 且 $i\neq j$)，如图 6-114 所示。

$$\tan\rho_{ij} = \frac{\cos\alpha_j - \cos\alpha_i \cos\omega_{ij}}{\cos\alpha_i \sin\omega_{ij}} \tag{6-119}$$

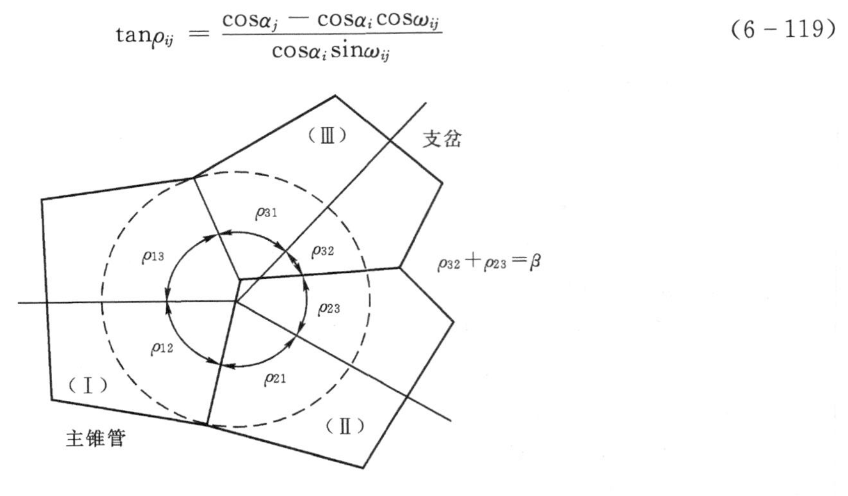

图 6-114　三锥两两相交相贯线与三锥轴线的夹角

②计算坐标 X、Z 和圆心角 θ_{ic}。计算三锥相交处相贯线交点 c 的坐标(x,z)(肋板顶点的位置)和底圆圆心角 θ_{ic}。以公切圆圆心为坐标原点,以轴线方向为 z 轴,垂直于 z 轴方向为 x 轴,径向方向为 y 轴,如图6-115所示,共有主锥、主岔锥和支岔锥 3 个坐标系。三锥相交处相贯线交点在支岔锥参考系 x_3、y_3、z_3 中的坐标值计算公式为

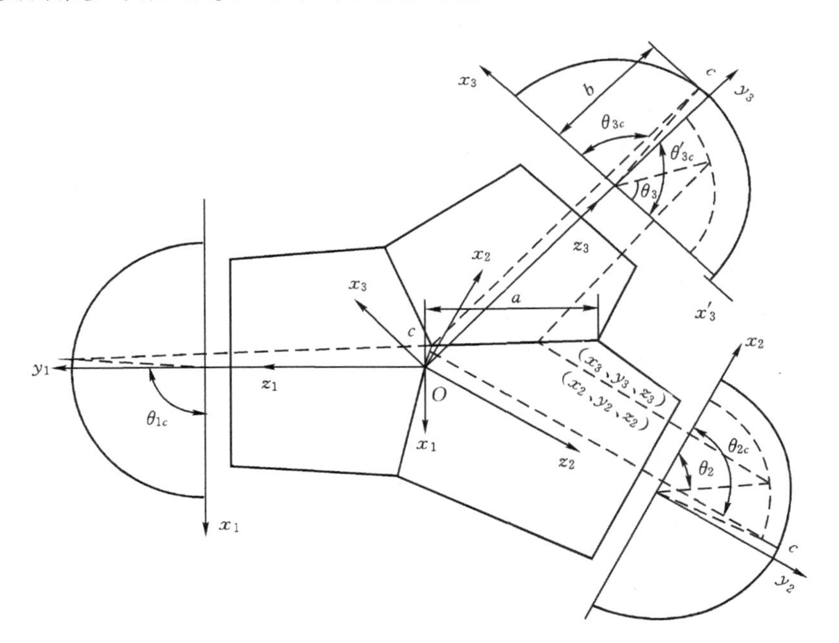

图 6-115　肋板计算图

$$x_{3c} = R_0\left[\frac{\cos\omega_{23}\sin(\alpha_3-\alpha_1)-\cos\omega_{13}\sin(\alpha_3-\alpha_2)-\sin(\alpha_2-\alpha_1)}{\cos\alpha_1\sin\omega_{23}+\cos\alpha_2\sin\omega_{31}+\cos\alpha_3\sin\omega_{12}}\right] \tag{6-120}$$

$$z_{3c} = R_0\left[\frac{\sin(\alpha_3-\alpha_2)\sin\omega_{13}-\sin(\alpha_3-\alpha_1)\sin\omega_{23}}{\cos\alpha_1\sin\omega_{23}+\cos\alpha_2\sin\omega_{31}+\cos\alpha_3\sin\omega_{12}}\right] \tag{6-121}$$

式中：$\cos\theta_{3c}=\dfrac{x_{3c}}{R_3+(A_3-z_{3c})\tan\alpha_3}$；$\theta'_{3c}=180°-\theta_{3c}$。

由坐标变换式即可求得该点在主锥、主岔锥坐标系中的坐标值(x_{1c},z_{1c})、(x_{2c},z_{2c})和相应的底圆圆心角 θ_{ic}

$$\begin{cases} x_1 = -x_3\sin(\omega_{31}-90°)-z_3\cos(\omega_{31}-90°) \\ y_1 = -x_3\sin(\omega_{31}-90°)-z_3\cos(\omega_{31}-90°) \end{cases} \tag{6-122}$$

$$\begin{cases} x_2 = x_3\sin(90°-\omega_{31})+z_3\cos(90°-\omega_{23}) \\ y_2 = -x_3\cos(90°-\omega_{23})+z_3\cos(90°-\omega_{23}) \end{cases} \tag{6-123}$$

同时

$$\cos\theta_{ic} = \frac{x_{ic}}{R_i+(A_i-z_{ic})\tan\alpha_i} \tag{6-124}$$

③计算水平投影长 a 和距离 $2b$。计算肋板中面与主岔、支岔中面相贯线的水平投影长 a，顶端与底端距离 $2b$，如图 6－115 所示。

$$a = \frac{[R_3+(A_3-z_{3c})\tan\alpha_3](1-\cos\theta_{3c})}{(1+\cot\rho_{32}\tan\alpha_3)\sin\rho_{32}} = \frac{[R_3+(A_2-z_{2c})\tan\alpha_3](1-\cos\theta_{2c})}{(1+\cot\rho_{23}\tan\alpha_2)\sin\rho_{23}} \tag{6-125}$$

$$b = [R_3+(A_3-z_{3c})\tan\alpha_3]\sin\theta'_{3c} = [R_2+(A_2-z_{2c})\tan\alpha_2]\sin\theta'_{2c} \tag{6-126}$$

④ 计算坐标 x_4、y_4。计算两个支管相贯线坐标(x_4,y_4)，如图 6－116 所示。以肋板中面与主岔、支岔中面相交曲线上各点的坐标值为相贯线坐标(x_4,y_4)，其计算公式如下

$$x_4 = \frac{[R_2+(A_2-z_{2c})\tan\alpha_2](\cos\theta_2-\cos\theta_{2c})}{(1+\cot\rho_{23}\tan\alpha_2\cos\theta_2)\sin\rho_{23}} = \frac{[R_3+(A_3-z_{3c})\tan\alpha_3](\cos\theta_3{}'-\cos\theta_{3c}{}')}{(1+\cot\rho_{23}\tan\alpha_2\cos\theta_3{}')\sin\rho_{23}} \tag{6-127}$$

$$\begin{aligned} y_4 &= \frac{[R_2+(A_2-z_{2c})\tan\alpha_2](1+\cot\rho_{23}\tan\alpha_2\cos\theta_{2c}\cos\theta_2-\cos\theta_{2c})}{(1+\cot\rho_{23}\tan\alpha_2\cos\theta_2)\sin\rho_{23}} \\ &= \frac{[R_3+(A_3-z_{3c})\tan\alpha_3](\cos\theta_3{}'-\cos\theta_{3c}{}')}{(1+\cot\rho_{23}\tan\alpha_2\cos\theta_3{}')\sin\rho_{23}} \end{aligned} \tag{6-128}$$

(5)对肋板中央截面的作用力。计算两支管(主岔、支岔两锥)对肋板中央截面的作用力，如图 6－116 所示。

①主岔锥(Ⅱ)作用于肋板中央截面上的垂直分力 V_2

$$V_2 = PR''^2_2\left[\frac{\cot\rho_{23}}{G_2^2\cos^2\alpha_2}\left(-C_2+\frac{1}{2}C_2^2+C_{2c}-\frac{1}{2}C_{2c}^2\right)+\frac{\tan\alpha_2}{2G_2}(C_2-C_{2c})\right] \tag{6-129}$$

②主岔锥(Ⅱ)作用于肋板中央截面上的水平分力 H_2

$$H_2 = H_{21}+H_{22}+H_{23} \tag{6-130}$$

式中：$H_{21}=\dfrac{PR''^2_2\cos\rho_{23}}{2\cos^2\alpha_2}[-D_{2c}+T_2(E_2-E_{2c})]$；$H_{22}=\mu PR''^2_2\tan\alpha_2\sin\rho_{23}[F_{2c}-T_2G_2(E_2-E_{2c})]$；$H_{23}=-\mu PR''^2_2\sin\rho_{23}[-G_2F_{2c}+T_2G_2(E_2-E_{2c})]$。而

$G_2=\tan\alpha_2\cot\rho_{23}$；$R'_2=R_2+(A_2-z_{2c})\tan\alpha_2$；$R''_2=R'_2+(1+G_2\cos\theta_{2c})$；$C_2=\dfrac{1}{1+G_2}$；

$C_{2c}=\dfrac{1}{1+G_2\cos\theta_{2c}}$；$D_{2c}=\dfrac{\sin\theta_{2c}(G_2+\cos\theta_{2c})}{(1-G_2^2)(1+G_2\cos\theta_{2c})^2}$；$T_2=\dfrac{2}{(1-G_2^2)^{\frac{3}{2}}}$；$E_2=\arctan\dfrac{1+G_2}{\sqrt{1-G_2^2}}$；

$$E_{2c}=\arctan\frac{\tan\left(\dfrac{90^\circ-\theta_{2c}}{2}\right)+G_2}{\sqrt{1-G_2^2}};\ F_{2c}=\frac{\sin\theta_{2c}}{(1-G_2^2)(1+G_2\cos\theta_{2c})}。$$

③计算支岔锥(Ⅲ)作用于肋板中央截面的作用力 V_3、H_3。将上述各式中 α_2、ρ_{23}、R_2、A_2、z_{2c}、θ_{2c}、G_2、R'_2、R''_2、C_2、C_{2c}、D_{2c}、T_2、E_2、E_{2c}、F_{2c}代以对应的 α_3、ρ_{32}、R_3、A_3、z_{3c}、θ_{3c}、G_3、R'_3、R''_3、C_3、C_{3c}、D_{3c}、T_3、E_3、E_{3c}、F_{3c},即可求得 V_3、H_{31}、H_{32}、H_{33}、H_3 的数值。

④计算作用于肋板中央截面的作用力。垂直分力为 $V=V_2+V_3$,水平分力为 $H=H_2+V_3$。

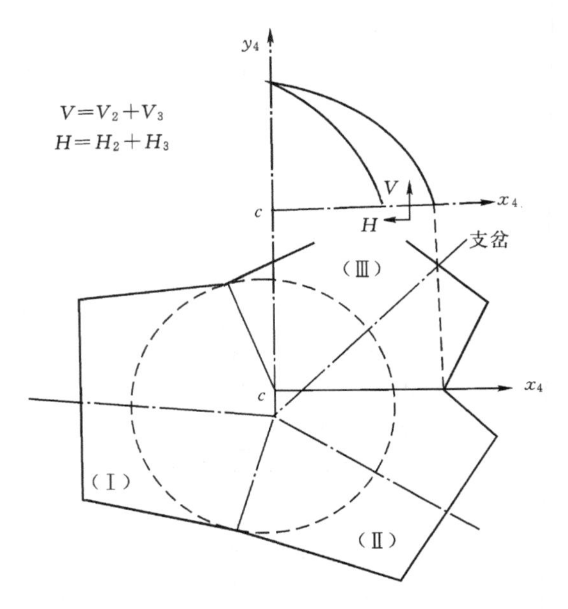

图 6-116 月牙肋岔管计算简图

(6)计算肋板宽度(B_w)和厚度(t_w)。如前所述,先求出垂足 c 的轨迹,即可确定肋板的宽度。由于肋的外缘必须与管壳焊接在一起,所以 z 点的肋宽 B_w 至少应为两倍 cz 长。求得肋宽 B_w 后,再根据规定的强度理论,定出该处肋板的厚度 δ_w,见式(6-131)。

$$\delta_w=\frac{R}{B_w[\sigma]_1}\tag{6-131}$$

规范规定,肋板中截面宽度(B_T)可按岔管分岔角由图 6-118 曲线查得,图中 a 为相贯线水平投影长。肋板中截面厚度的计算公式为

$$\delta_T=\frac{V}{B_T[\sigma]_1}+\Delta C\tag{6-132}$$

式中:ΔC 为壁厚裕量;$[\sigma]_1$ 可按照表 6-20 采用。肋厚应不小于管壁厚度的 2 倍。

由式(6-131)可知,通过计算求得的肋板各断面的厚度可能不一样。一般而言,中央截面处的内力最大,故为使肋板等厚,可以该截面的厚度来确定肋板厚度。当肋板中央截面宽度、肋板厚度及相贯线确定之后,其余各截面的肋板宽度按以下方法确定,即将图 6-117 中的 BAB' 三点视为一抛物线,按 $y^2=\dfrac{y_0^2}{x_0}(x_0-x)$ 计算内缘尺寸,其中 $y_0=b$,$x_0=a-B_T$。肋板外缘可根据管壁相贯线适当留有余幅,如图 6-117 所示。内、外缘尺寸确定后,即可求得任一断面的肋板宽度。

(7) 肋板强度校核。肋板尺寸确定后,按下式对截面进行应力校核

$$\sigma=\frac{V}{B_T\delta_T}\tag{6-133}$$

$$\tau=\frac{2H}{B_T\delta_T}\tag{6-134}$$

主应力

$$\sigma_1=\frac{1}{2}(\sigma+\sqrt{\sigma^2+4\tau^2})\tag{6-135}$$

$$\sigma_2 = \frac{1}{2}(\sigma - \sqrt{\sigma^2 + 4\tau^2}) \tag{6-136}$$

对于大型岔管，肋板尺寸拟订后，宜再用有限元法作整体弹性应力分析计算，求得肋板各截面(特别是中央截面)的应力分布情况，再对肋板宽度和厚度尺寸作出修正。

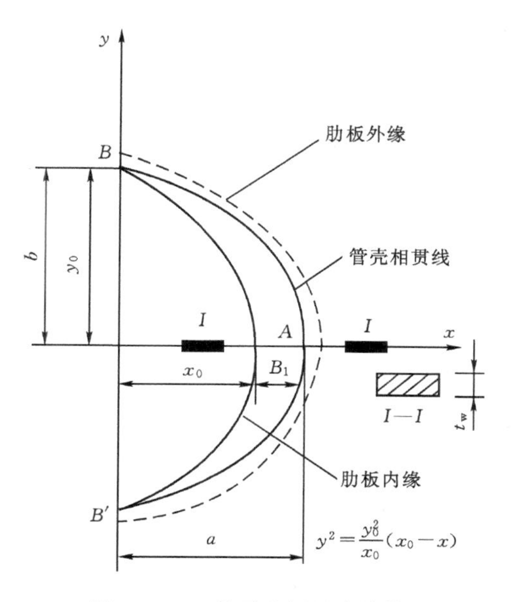

图 6-117　月牙肋板尺寸计算图

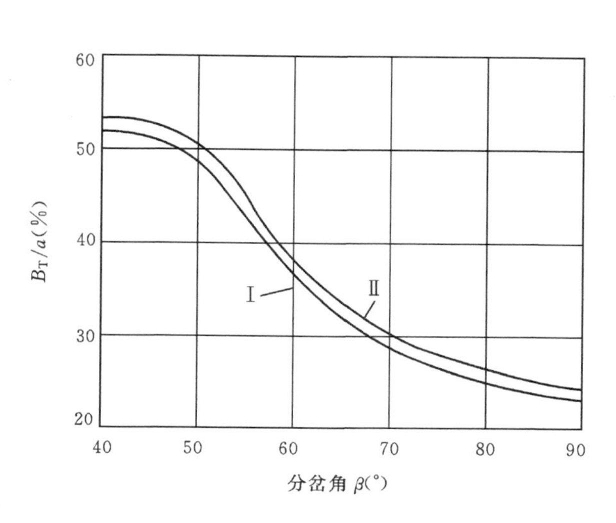

图 6-118　$\beta - B_T/a$ 关系曲线图

Ⅰ—试验工况；Ⅱ—运行工况

3. 三梁岔管、球形岔管

(1)三梁岔管。三梁岔管的典型布置型式为对称 Y 形、非对称 Y 形和三岔形，如图 6-103 所示。主管宜采用圆柱管。对称 Y 形的分岔角 β 宜采用60°～90°，非对称 Y 形的分岔角 β 宜采用45°～70°。分岔后支锥管的腰线转折角 α_1、α_2 可采用 0°～15°，一般采用 5°～12°。三梁岔管的壁厚，按式(6-93)和式(6-113)计算，取两者中的大值为设计值。

如图 6-119 所示，三梁岔管在分岔处的 A—A 截面，由于管壳互相切割，不再是两个完整圆环壳的组合。这种形状的结构虽然是封闭的，可以承受一定内水压力，但由于每个支管的圆柱壳在 E、F 处被割去了一段圆弧，这段圆弧原来对圆柱壳在 E、F 两点施加的环拉力 T 不复存在，使理想的受力条件被破坏，岔管在内压作用下将产生很大弯矩，变形也会很大，而承载能力较小。环拉力 T 通常称为不平衡力。如果在管壳互相切割处用一种构件加固，用以承担在内水压作用下产生的不平衡力，那么不完整的圆柱壳的受力状态将接近完整的圆柱壳而得到改善，这就是三梁岔管设计的基本原理。

为此，沿主管和支管的相贯线 AD 和 AD' 用腰梁加强，沿两支管的相贯线 AC 用 U 梁加强，将 U 梁和腰梁端部连接点焊接在一起，如图 6-120 所示。

三梁岔管是一复杂的空间结构体系，精确计算较困难，对于初步计算或 HD 值较小的中小型岔管，为简化计算，常采用一些假定，然后用结构力学方法作近似计算。

求作用在加强梁的荷载时，只考虑管壳传来的膜应力，且仅计算管壁环向拉力产生的竖向荷载，并忽略支锥管锥角影响。以对称 Y 形岔管为例，两支管管壳被割裂处由内水压力产生

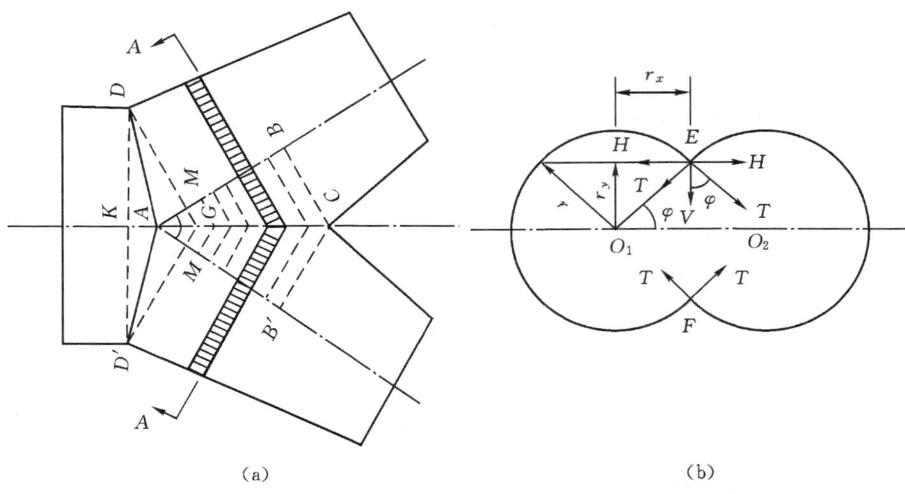

(a) (b)

图 6-119 岔管受力分析

的竖向荷载呈三角形分布，如图 6-119(a)中阴影所示，这部分荷载由设在相贯线 AC 上的 U 梁承担，作用在 U 梁上一侧的竖向荷载的总和为水平投影面积 $ABCB'$乘以内水压力。同样道理，对于 AD 相贯线上的腰梁，由支管引起的作用在腰梁上的竖向荷载，可用内水压力乘以 AMD 的面积来表示，主管引起的作用在腰梁上的荷载可用内水压力乘以 AKD 的面积来表示。这样，AD 线上腰梁所承受的总竖向荷载等于内水压力乘以 $AKDM$ 的面积。AD'线腰梁上的铅直荷载与 AD 线腰梁上的铅直荷载相同。

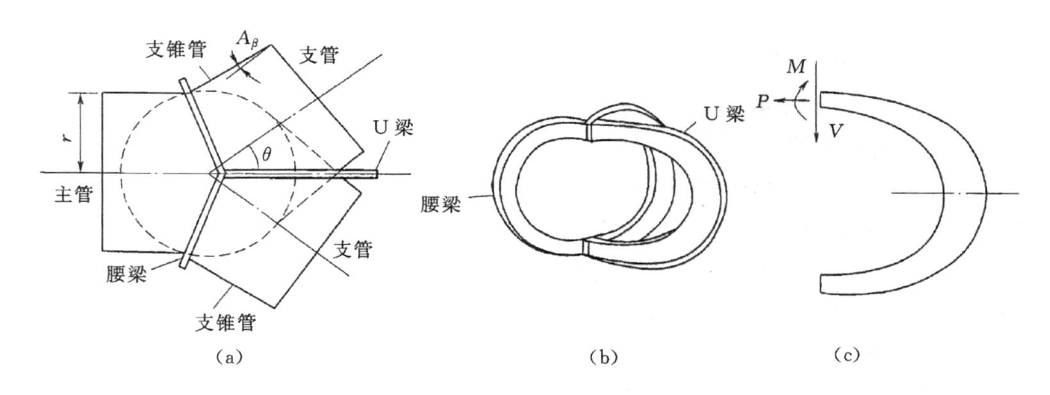

(a) (b) (c)

图 6-120 Y形三梁岔管加强模式

将 U 梁和腰梁的荷载按上述方法设定后，就可以对加固梁系进行内力分析。U 梁和腰梁在端点是焊接连接的，为简化计算，将 U 梁与腰梁的接点视作铰接，并将两个腰梁视作位于同一平面内的完整圆环，在接点处切开，三根梁分别取隔离体，如图 6-120(c)所示。根据连接点变位协调方程和竖向力的平衡方程，即可求出连接点的内力，从而求出每根梁的内力和应力。具体计算可参考有关书籍。

在计算中，需先设定加强梁的截面尺寸，进行上述内力分析，校核其强度，不满足要求时，要重新设定截面进行计算。

上述的结构分析方法，近似将不平衡环拉力作为加强梁的荷载，荷载仅与内水压力和岔管的几何形状有关。实际上，岔管壳体与加强梁是一个联合承受内水压力的复杂结构，管壳传给梁系的力，也就是梁所受的荷载，是与二者的结构形状、刚度、变形等有关的。因此，用上述方法设计出来的加强梁系，不仅实际应力与计算值不同，而且不能使破口的管壳恢复理想的均匀膜拉应力状态，故用这种方法不能算出分岔处管壳的真正应力。因管壁和加强梁刚度悬殊而产生的管壳局部应力更难于准确计算。

通过模型试验、原型观测和三维有限元计算可知，用上述简化方法所得的加强梁的应力值偏大，且管壁实测最大应力可达主管理论膜应力的 1.5～2.0 倍。因此，岔管处主、支管的管壁应适当地比直管段加厚。

(2)球形岔管。球形岔管的典型布置型式为对称 Y 形和三岔形，如图 6－105 所示。球形岔管是通过球面壳体进行分岔，其结构布置如图 6－121 所示。

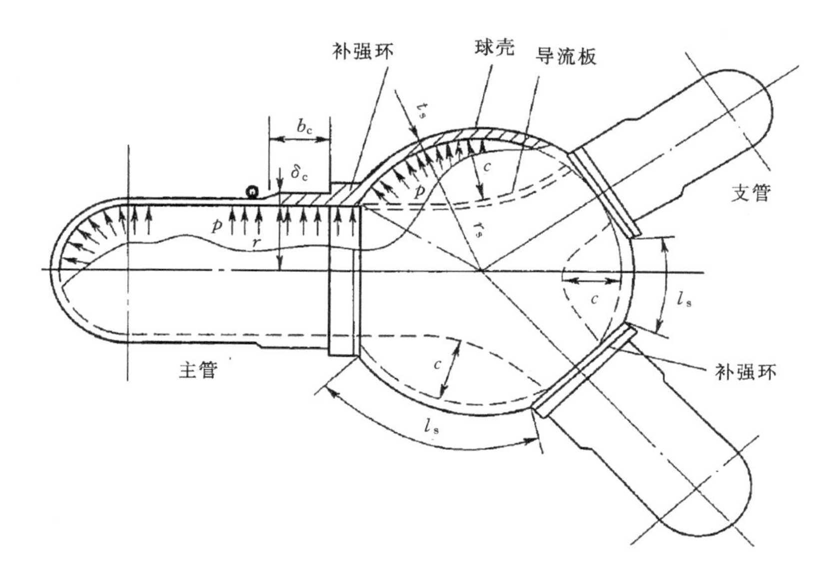

图 6－121　球形岔管结构布置及基本尺寸

对称 Y 形球形岔管的分岔角 β 宜采用60°～90°，三岔形球形岔管的分岔角 β 宜采用50°～70°。为使主、支管开孔后球壳的局部应力互相不影响，并有必要的焊接空间，球壳最小半径 r_s 宜取主管半径 r 的 1.3～1.6 倍，在满足下列条件时宜取小值。

①相临孔口间的净距 l_s(不包括补强环的弧长)应大于 300 mm，且满足下式要求

$$l_s \geqslant \frac{\pi\sqrt{r_s\delta_s}}{\sqrt[4]{3(1-\mu_s^2)}} = 3.43\sqrt{r_s\delta_s} \tag{6-137}$$

式中：δ_s 为球壳壁厚，mm。

②在满足主、支管布置要求的情况下，尽可能均匀布置支管，既满足 l_s 要求，又可减小球径。

③球壳与内部导流板间的最小空间 c 可取 300～500 mm。

在均匀内水压力作用下，球壳的膜应力是各向均匀的且仅为同半径圆柱管壳环向应力的一半，因此球壳壁厚可按下式计算

$$\delta_s = \frac{K_1 P r_s}{2\varphi[\sigma]} \tag{6-138}$$

式中：φ 为焊缝系数；$[\sigma]$为设计允许应力；K_1 为系数，取 1.1～1.2。

球形岔管结构简单，受力比较明确。球壳被主、支管割裂开孔后，壳体中的应力、变位均发生不利的影响，为使球壳尽量维持原状，需在球壳开孔处增设补强环加固。补强环是一个圆环形梁，其断面和形状应尽量使球壳开孔后的变位与不开孔时的变位相同或相近，且同时使与补强环连接的钢管的径向变位相协调，使得球壳及主、支管接近于理想的膜应力状态。

主、支管与补强环连接处管壁应适当加厚成过渡段，其厚度 δ_s 和长度 b_c 可按下式计算

$$\delta_c \approx 3.43 \frac{r\delta_s}{r_s} \tag{6-139}$$

$$b_c \geqslant 1.54\sqrt{r\delta_c} \tag{6-140}$$

上述基本尺寸确定后，将补强环、球壳及圆柱壳取为三个隔离体，将三者互相连接处的内力及外荷载（内水压力）作为隔离体的荷载，然后按连接处的变位协调方程和力的平衡方程解出连接处的内力，从而求解补强环、球壳及圆柱壳的应力。

思考题与练习

6.1　什么是水电站输水系统，一般主要包括哪些建筑物和构筑物及其设备？

6.2　坝后式和河床式水电站枢纽的特点是什么？其组成建筑物有哪些？水电站有哪些组成建筑物？无压引水式和有压引水式水电站枢纽的特点是什么？其组成建筑物有哪些？

6.3　有压进水口基本类型有哪些，说说其结构特征和设计要求；如何启动进水口的位置、高程和轮廓尺寸，说说设计的思路；什么是平水建筑物，水电站的平水建筑物设计主要考虑哪些方面的因素？

6.4　输水系统中主要设备包括哪些，请说明其功能；沉沙池的作用有哪些，设计沉沙池的基本要求有哪些？

6.5　水电站渠道按照其水力特性可分为哪些型式？水电站隧洞布置原则有哪些？渠道水力计算的内容有哪些？渠道和隧洞的断面尺寸如何确定？

6.6　镇墩作用是固定管道，不允许管道在镇墩处发生任何位移，按水管在镇墩上的固定方式可分为哪些型式？

6.7　压力管道、渠道、隧洞的布置原则有哪些，管道供水方式有哪些？

6.8　压力水管的功用、特点是什么？压力水管的类型有几种？各适用什么条件？

6.9　压力水管的供水方式、引进方式、敷设方式有哪几种？各自的优、缺点和适用条件是什么？

6.10　如何计算压力钢管的经济直径，其水力计算的作用有哪些？

6.11　压力水管的线路选择布置原则是什么？镇墩、支墩的类型有哪些？

6.12　管身应力计算主要内容有哪些，举例说明其过程；加劲环的作用是什么？

6.13　岔管类型有哪些，如何设计岔管，主要的设计内容有哪些？

6.14　某水电站明钢管，在 3 号镇墩与 4 号镇墩间共 5 跨，采用侧支承滚动支墩。支墩间距 9.6 m，管道轴线倾角38°，钢管内径 2.1 m，采用 16MnR 钢。在 3 号镇墩以下 2.0 m 处，设

有套筒式伸缩节，填料沿钢管轴线方向长度 0.25 m。伸缩节断面包括水击升压在内的压力水头为 120 m。最下一跨跨中断面最大静水头 145 m，水击压力 39 m，计及安全系数后的外压力为 0.195 N/mm^2。要求按正常运行工况(一)和放空工况对最下一跨进行结构分析并拟定主要结构尺寸。

第 7 章

水电站输水系统水锤与调压室设计

本章摘要：

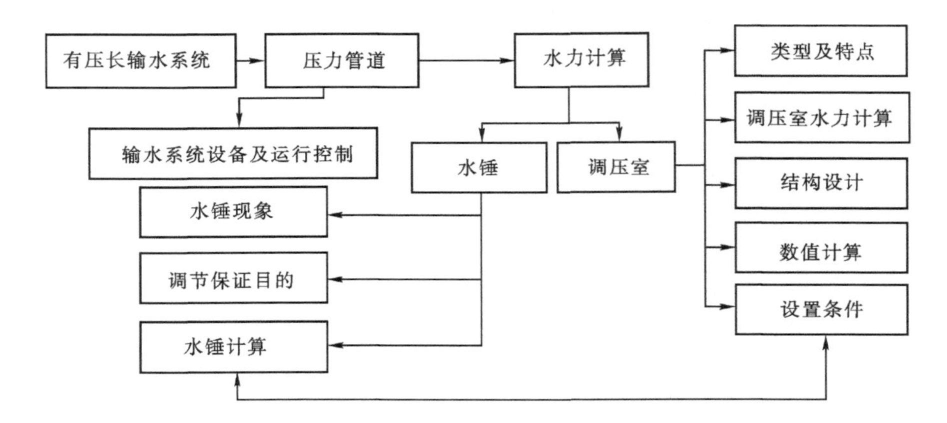

阅读指南：

水电站输水系统的水锤危害备受关注，理论研究和工程应用的意义重大。本章以水电站输水系统的水锤现象、调节保证计算、水锤基本方程及其求解、调压室功能作用及其设置条件和工作原理、调压室水力计算及其结构计算等为主要内容，帮助读者学习水电站输水系统设计过程中的水动力学计算及其结构设计相关知识，达到理解水电站输水系统设计和水流之间的关系以及输水系统对水电站运行的影响。

7.1 水电站的水锤与调节保证

7.1.1 水电站工况特征及调节保证计算任务

7.1.1.1 水电站的不稳定工况

机组在稳定运行时，水轮机的出力与负荷相互平衡，这时机组转速不变，水电站有压引水系统（压力隧洞、压力管道、蜗壳及尾水管）中水流处于恒定流状态。

在实际运行过程中，电力系统的负荷有时会发生突然变化（如因事故突然丢弃负荷，或在较短的时间内启动机组或增加负荷），这破坏了水轮机与发电机负荷之间的平衡，机组转速就会发生变化。此时水电站的自动调速器迅速调节导叶开度，改变水轮机的引用流量，使水轮机的出力与发电机负荷达到新的平衡，机组转速恢复到原来的额定转速。由于负荷的变化而引起导叶开度、水轮机流量、水电站水头、机组转速的变化，称为水电站的不稳定工况。其主要表现为以下现象。

(1) 引起机组转速的较大变化。由于发电机负荷的变化是瞬时发生的，而导叶的启闭需要一定时间，水轮机出力不能及时地发生相应变化，因而破坏了水轮机出力和发电机负荷之间的平衡，导致了机组转速的变化。丢弃负荷时，水轮机在导叶关闭过程中产生的剩余能量将转化为机组转动部分的动能，从而使机组转速升高，反之增加负荷时机组转速降低。

(2) 在有压引水管道中发生“水锤”现象。当水轮机流量发生变化时，管道中的流量和流速也要发生急剧变化，由于水流惯性的影响，流速的突然变化使压力水管、蜗壳及尾水管中的压力随之变化，即产生水锤。导叶关闭时，在压力管道和蜗壳中将引起压力上升，尾水管中则造成压力下降。反之导叶开启时，在压力管道和蜗壳内引起压力下降，而在尾水管中引起压力上升。

(3) 在无压引水系统(渠道、压力前池)中产生水位波动现象。

7.1.1.2　**调节保证计算的任务**

水锤压力和机组转速变化的计算，一般称为调节保证计算。调节保证计算的任务及目的如下。

(1)计算有压引水系统的最大和最小内水压力。最大内水压力作为设计或校核压力管道、蜗壳和水轮机强度的依据之一；最小内水压力作为压力管道线路布置、防止压力管道中产生负压和校核尾水管内真空度的依据。

(2)计算丢弃负荷和增加负荷时的机组转速变化率，并检验其是否在允许范围内。

(3)选择水轮机调速器合理的调节时间和调节规律，保证压力和转速变化不超过规定的允许值。

(4)研究减小水锤压力及机组转速变化率的措施。

7.1.2　水锤现象

在水电站运行过程中，为了适应负荷变化或由于事故原因，而突然启闭水轮机导叶时，由于水流具有较大惯性，进入水轮机的流量迅速改变，流速的突然变化使压力水管、蜗壳及尾水管中的压力随之变化，这种变化是交替升降的一种波动，这种现象称为水锤。

要正确解释和理解水锤现象及其实质，在研究水锤过程中必须考虑水的压缩性及管壁弹性的影响。为了便于说明问题，假定水管材料、管壁厚度、直径沿管长不变，不计管道摩阻损失，阀门突然关闭，如图7-1所示。水锤现象有下面几个典型的过程。

(1)$t=0\sim\frac{L}{a}$。当阀门突然关闭(即关闭时间 $T_s=0$)后，在 dt_1 时段内，紧靠阀门处管段 dx_1 中的水体首先发生变化，流速由 V_0 变为零，压力上升为 $H_0+\Delta H$；与此同时，水体被压缩，水的密度变为 $\rho+\Delta\rho$，管壁膨胀，从而腾出了空间，得以容纳 dx_1 以上管段仍以 V_0 速度流动来的水体。也就是说，在 dt_1 时段内，dx_1 管段以上仍未受到水锤的影响。之后依次再经 dt_2，dt_3，…时段，在 dx_2，dx_3，…管段中流速、压力将相继发生同样的变化，如图7-1(a)所示。

这样，一段接一段地将阀门关闭的影响向上游传播，压力增加如同波一样自阀门 A 处沿管道逐渐向上游传播，这就是水锤波，其传播速度称之为水锤波速 a，变化的压力 ΔH 称为水锤压力。使压力增加的波为增压波，使压力降低的波叫降压波。经过$\frac{L}{a}$时间，水锤波达到管道

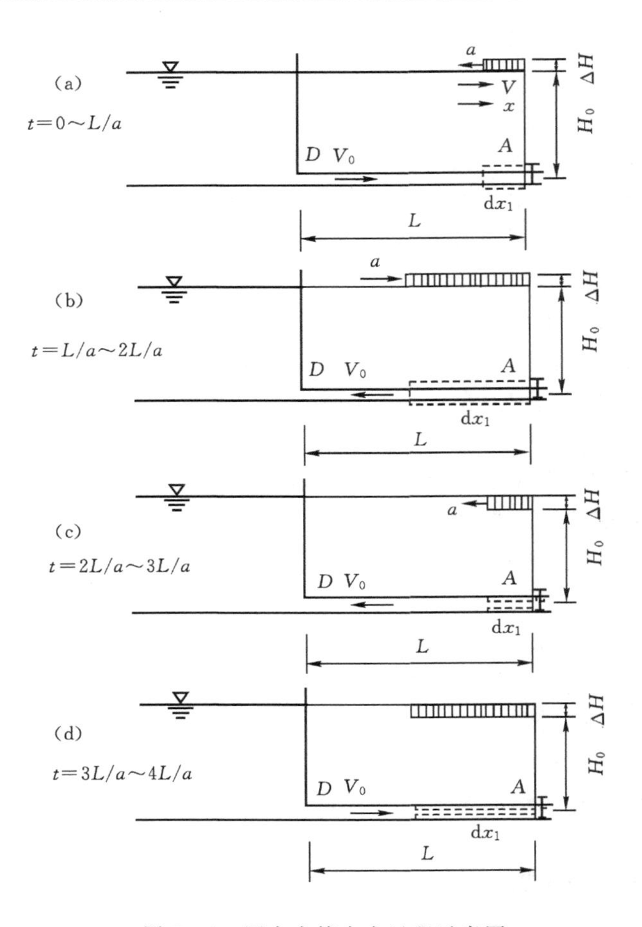

图 7-1　压力水管水击过程示意图

进口处，此时，整个水管内的流速 V_0 降为零，压力上升为 $H_0+\Delta H$。

(2)$t=\dfrac{L}{a}\sim\dfrac{2L}{a}$。当 $t=\dfrac{L}{a}$时，水锤波将传至水库点 D 处，由于 D 点右端管道内压力为 $H_0+\Delta H$，而左端水库保持不变为 H，因此“边界”处的水体不能保持平衡，管道中的水体在 ΔH 压差作用下将逆流向水库。在 $t=\dfrac{L}{a}$后的 dt_1 时段内，首先是紧靠水库 dx_n 管段内发生变化，流速将由 0 变为 $-V_0$，压力由 $H_0+\Delta H$ 变为 H_0；管壁及水体随着水锤压力的消失恢复至原状。同理再经 dt_2，dt_3，…时段，在相应 dx_{n-1}，dx_{n-2}，dx_{n-3}…管段中将发生同样的变化，如图 7-1(b)所示。直到 $t=2L/a$ 时刻，整个管道中的压力、流速、管径及水的密度均恢复到初始状态。这说明，水锤波在水库处要发生反射，反射特点是“等值异号”反射，即反向波与入射波的数值相同，均为 $|\Delta H|$，但符号相反，升压波反射为降压波。

(3) $t=\dfrac{2L}{a}\sim\dfrac{3L}{a}$。当 $t=\dfrac{2L}{a}$时，水锤波传播到阀门处 A 点，由于阀门已关闭，加之水流的惯性作用，管道中的水继续流向水库。在 $t=\dfrac{2L}{a}\sim\dfrac{3L}{a}$时段内，首先是紧靠阀门 dx_1 管段内发生变化，依次传到 dx_2，dx_3，…管段，到 $t=\dfrac{3L}{a}$时刻，流速将由 $-V_0$ 变为 0，压力由 H_0变为 H_0-

ΔH，管径为 $D-\Delta D$，水的密度变为 $\rho-\Delta\rho$。当阀门全关闭时，水锤波在阀门处的反射特点是"等值同号"反射，即反向波与入射波的数值和符号不变，从水库传来降压波仍反射为降压波。

(4) $t=\frac{3L}{a}\sim\frac{4L}{a}$。当 $t=\frac{3L}{a}$ 时，水锤波又回到水库处 D 点，由于管道压力比水库低 ΔH，则 D 点压力不能维持平衡，因此水库的水又向阀方向流动，这时水库将阀门反射回来的降压波又反射为升压波，到 $t=\frac{4L}{a}$ 时，管道流速将由 0 变为 V_0，压力由 $H_0-\Delta H_0$ 变为 H_0，管径、水密度都恢复到初始状态。

$T=\frac{4L}{a}$ 称为水锤波的"周期"。每经一个周期，水锤现象就重复一次上述过程。水锤波在管中传播一个来回的时间 $t_r=\frac{2L}{a}$，称之为"相"，两个相为一个周期 $T=2t_r$。

阀门突然开启时，水锤现象与上述情况相反。如果不存在水力摩阻，则上述的水锤过程将无休止地反复下去，但由于水力摩阻的存在，水锤过程不可能无休止地振荡下去，压力波因摩擦损失而逐渐衰减，在一定时段内逐渐消失。综上所述，我们可以初步得出以下几点结论。

(1) 水锤压力实际上是由于水流速度变化而产生的惯性力。当突然启闭阀门时，由于启闭时间短、流量变化快，因而水锤压力往往较大，而且整个变化过程是较快的。

(2) 由于管壁具有弹性和水体的压缩性，水锤压力将以弹性波的形式沿管道传播。

(3) 水锤波同其它弹性波一样，在波的传播过程中，外部条件发生变化处(即边界处)均要发生波的反射。其反射特性(指反射波的数值及方向)决定于边界处的物理特性。

7.1.3　水锤基本方程及边界条件

为求解水锤压力升高问题，需要建立基本方程。基本方程与相应的边界条件联立，用解析方法或数值计算方法求解水锤值及其变化过程。

7.1.3.1　水锤基本方程

对有压管道而言，不论在何种情况下都应满足水流的运动方程及连续方程。当水管材料、厚度及直径沿管长不变时，其运动方程为

$$g\frac{\partial H}{\partial x}+\frac{\partial V}{\partial t}+V\frac{\partial V}{\partial x}+\frac{f}{2D}V|V|=0 \tag{7-1}$$

$$V\frac{\partial H}{\partial x}+\frac{\partial H}{\partial t}+V\sin\alpha+\frac{a^2}{g}\frac{\partial V}{\partial x}=0 \tag{7-2}$$

将管道材料及水体当作弹性体考虑，其连续方程为

$$\frac{\partial H}{\partial t}+\frac{a^2}{g}\frac{\partial V}{\partial x}+V\frac{\partial H}{\partial x}=0 \tag{7-3}$$

上述三式中：H 为压力水头；V 为管道中的流速，向下游为正；a 为水锤波传播速度；f 为水流摩擦阻力系数；D 为管道直径；x 为距离，其正方向与流速取为一致；t 为时间。

上式中，因流速 V 与波速 a 相比数量较小，故可忽略 $V\frac{\partial V}{\partial x}$ 和 $V\frac{\partial H}{\partial x}$ 项。另外，为了简化计算，使方程线性化，忽略摩擦阻力的影响。当 x 轴改为取阀门端为原点，向上游为正时，如图 7-2所示，方程(7-1)、(7-2)可简化为

$$g\frac{\partial H}{\partial x}=\frac{\partial V}{\partial t} \tag{7-4}$$

$$\frac{\partial H}{\partial t}=\frac{a^2}{g}\frac{\partial V}{\partial x} \tag{7-5}$$

式(7-4)和式(7-5)为一组双曲线型偏微分方程,其通解为

$$\Delta H=H-H_0=F(t-\frac{x}{a})+f(t+\frac{x}{a}) \tag{7-6}$$

$$\Delta V=V-V_0=-\frac{g}{a}\left[F(t-\frac{x}{a})-f(t+\frac{x}{a})\right] \tag{7-7}$$

式中:H_0和V_0为初始水头和流速;F和f分别为两个波函数,其量纲与水头H相同,故可视为压力波。$F(t-\frac{x}{a})$表示以波速a沿x轴负方向传播的压力波,即逆水流方向移动的压力波,称为逆流波;$f(t+\frac{x}{a})$表示以波速a沿x轴正方向传播的压力波,即顺水流方向移动的压力波,称为顺流波。

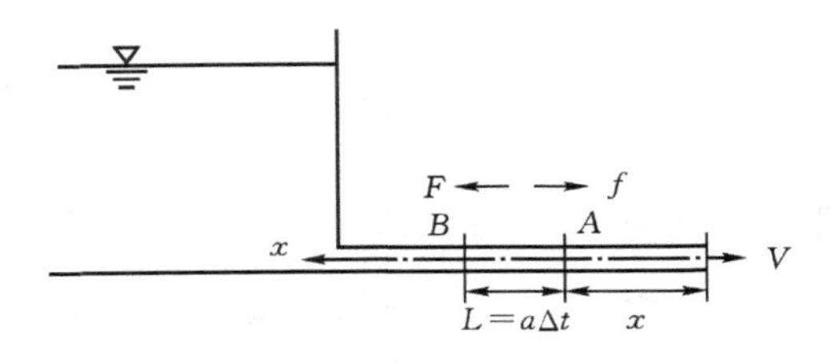

图 7-2 水击计算示意图

任何断面任何时刻的水锤压力值等于两个方向相反的压力波之和,而流速值为两个压力波之差再乘以$\frac{-g}{a}$。

如果知道了t时刻在x位置处的水锤波函数$F(t-\frac{x}{a})$,则当时间变为$t_1=t+\Delta t$时,研究$x_1=x+a\Delta t$处的逆流波函数

$$F(t_1-\frac{x_1}{a})=F\left(t+\Delta t-\frac{x+a\Delta t}{a}\right)=F(t-\frac{x}{a})$$

其值不变,证明了$F(t-x/a)$沿逆水流方向的传播特性。反之研究$t_1=t+\Delta t$时刻在位置$x_1=x+a\Delta t$处的顺流波函数,可以证明$f(t+\frac{x}{a})$沿顺水流方向的传播特性。

7.1.3.2 **水锤波的传播速度**

在水锤过程的分析与计算中,波速是一个重要的参数。它的大小与管壁材料、厚度、管径、管道的支承方式以及水的弹性模量等有关。由水流的连续方程并考虑水体和管壁的弹性后,可导出水锤波的传播速度为

$$c=\frac{\sqrt{\frac{E_w g}{\gamma}}}{\sqrt{1+\frac{2E_w}{rK}}} \tag{7-8}$$

式中:E_w为管壁材料的纵向弹性模量(钢材$E_w=2.06\times10^5$ MPa,铸铁$E_w=0.98\times10^5$ MPa,混凝土$E_w=2.06\times10^4$ MPa);γ为水的容重;g为重力加速度;r为管道内径;$\sqrt{\frac{E_w g}{\gamma}}$为声波在水中的传播速度,随水温度和压力的升高而加大,一般可取为1435 m/s;K为抗力系数。对以下不同的情况取不同的数值。

1.明钢管

$$K = K_s = \frac{E_s\delta_s}{r^2} \tag{7-9}$$

式中：E_s 和 δ_s 为钢材弹性模量和管壁厚度。若管道在轴向不能自由伸缩（平面形变问题），则 E_s 应代以 $\frac{E_s}{1-\mu^2}$ 为泊松比。对有加劲环的情况，可近似地取 $\delta_s=\delta_0+\frac{F}{l}$，$\delta_0$ 为管壁的实际厚度，F 和 l 为加劲环的截面积和间距。

2.岩石中的不衬砌隧洞

$$K = \frac{100K_0}{r} \tag{7-10}$$

式中：K_0 为岩石的单位抗力系数。

3.埋藏式钢管（见图 7-3）

$$K = K_s + K_c + K_f + K_r \tag{7-11}$$

式中：K_s 为钢材的抗力系数，用式（7-9）计算，$r=r_1$，E_c 代以 $\frac{E_c}{1-\mu_c^2}$ 为泊松比；K_c 为回填混凝土的抗力系数，若混凝土已开裂，忽略其径向压缩，可近似地令 $K_c=0$，若未开裂，则

$$K_c = \frac{E_c}{(1-\mu_c^2)r_1}\ln\frac{r_2}{r_1} \tag{7-12}$$

式中：E_c、μ_c 为混凝土的弹性模量和泊松比；K_f 为环向钢筋的抗力系数。

$$K_f = \frac{E_s f}{r_1 r_f} \tag{7-13}$$

式中：f、r_f 为每厘米长管道中钢筋的截面积和钢筋圈的半径；K_r 为围岩的抗力系数，用式（7-10）计算，$r=r_1$。

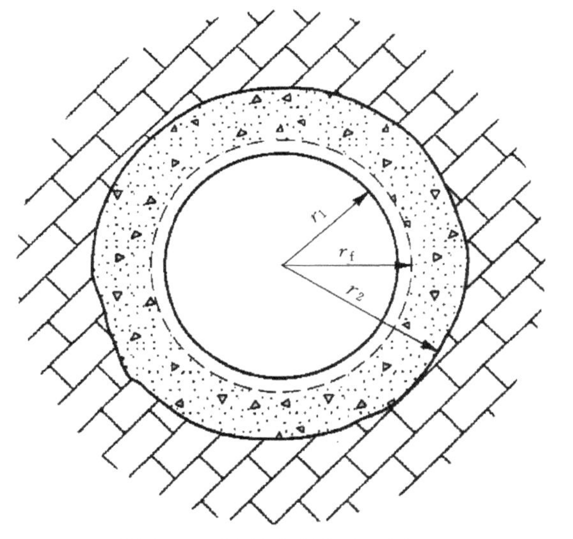

图 7-3　埋藏式钢管示意图

应该指出，除均质薄壁管外，各组合管的水锤波速一般只能近似地确定，这与一些原始数据（如围岩的弹性抗力系数 K_0 等）的精度不高有关。对于最大水锤压强出现在第一相末的高水头水电站，水锤波速对最大水锤压强影响较大，应尽可能选择符合实际情况而又略微偏小的水锤波速以策安全。水锤波速对以后各相水锤压强的影响逐渐减小，对于大多数水电站，最大水锤压强出现在开度变化接近终了时刻，在这种情况下，过分追求水锤波速的精度是没有必要的，而且一般也是难于做到的。这些在学习了后面的有关部分以后即可理解。在缺乏资料的情况下，明钢管的水锤波速可近似地取为 1000 m/s，埋藏式钢管的水锤波速可近似地取为 1200 m/s。

7.1.3.3　**直接水锤和间接水锤**

水锤有两种类型：直接水锤和间接水锤。

1. 直接水锤

水锤波在管道中传播一个来回的时间为$\frac{2L}{a}$,称为“相”。当水轮机开度的调节时间 $T_s \leqslant \frac{2L}{a}$时,由水库处异号反射回来的水锤波尚未到达阀门之前,阀门开度变化已经终止,水管末端的水锤压力只受开度变化直接引起的水锤波的影响,这种水锤称为直接水锤。

由于水管末端未受水库反射波的影响,因此基本方程(7-6)和(7-7)中的波函数 $f\left(t+\frac{x}{a}\right)=0$,然后从二式中消去 $f\left(t-\frac{x}{a}\right)$得直接水锤公式

$$\Delta H = H - H_0 = -\frac{a}{g}(V - V_0) \tag{7-14}$$

公式(7-14)只适用于 $T_s \leqslant \frac{2L}{a}$的情况,由此式可得出如下结论。

(1) 当阀门关闭时,管内流速减小,$V-V_0<0$ 为负值,ΔH 为正,产生正水锤;反之当开启阀门时,即 $V-V_0>0$,ΔH 为负,产生负水锤。

(2) 直接水锤压力值的大小只与流速变化 $V-V_0$ 的绝对值和水管的水锤波速 a 有关,而与开度变化的速度、变化规律和水管长度无关。

当管道中起始流速 $V_0=4$ m/s,$a=1000$ m/s,终了流速 $V=0$ 时,压力升高值为:$\Delta H=\frac{-(V-V_0)a}{g}=\frac{-1000\times(0-4)}{9.81}=407.7$ m,因此在水电站中应当避免直接水锤。

2. 间接水锤

若水轮机开度的调节时间 $T_s \leqslant \frac{2L}{a}$,当阀门关闭过程结束前,水库异号反射回来的降压波已经到达阀门处,因此水管末端的水锤压力是由向上游传播的水锤波 F 和反射回来的水锤波 f 叠加的结果,这种水锤称为间接水锤。降压波对阀门处产生的升压波起着抵消作用,使此处的水锤值小于直接水锤值。

发生间接水锤时,水锤压力波的消减、增加过程是十分复杂的。间接水锤是水电站中经常发生的水锤现象,也是要研究的主要对象。

工程中最关心的是最大水锤压力。由于水锤压力产生于阀门处,从上游反射回来的降压波也是最后才达到阀门,因此最大水锤压力总是发生在紧邻阀门的断面上。下面应用前面的水锤连锁方程(7-11)和(7-12)及管道边界条件,推求阀门处各相水锤压力的计算公式。

7.1.3.4 水锤计算的连锁方程

利用基本方程求解水锤问题,必须利用已知的初始条件和边界条件。初始条件是水轮机开度未发生变化时的情况,此时管道中为恒定流,压强和流速都是已知的。

若已知断面 A(见图 7-2)在时刻 t 的压力为 H_t^A,流速为 V_t^A,由式(7-6)和式(7-7)消去 f 后,得

$$H_t^A - H_0 - \frac{a}{g}(V_t^A - V_0) = 2F(t - \frac{x}{a})$$

同理可写出 $\Delta t=\frac{L}{a}$时刻后 B 点的压力和流速的关系

$$H_{t+\Delta t}^{B}-H_{0}-\frac{a}{g}(V_{t+\Delta t}^{B}-V_{0})=2F(t+\Delta t-\frac{x+L}{a})$$

由于 $F[(t+\Delta t)-\frac{x+L}{a}]=F(t-\frac{x}{a})$，由上述二式得

$$H_{t+\Delta t}^{B}-H_{t}^{A}=\frac{a}{g}(V_{t+\Delta t}^{B}-V_{t}^{A}) \tag{7-15}$$

同理

$$H_{t+\Delta t}^{A}-H_{t}^{B}=-\frac{a}{g}(V_{t+\Delta t}^{A}-V_{t}^{B}) \tag{7-16}$$

方程(7-15)和(7-16)为水锤连锁方程。连锁方程给出了水锤波在一段时间内通过两个断面的压力和流速的关系。但前提应满足水管的材料、管壁厚度、直径沿管长不变。水锤连锁方程(7-15)和(7-16)用相对值来表示为

$$\xi_{t}^{A}-\xi_{t+\Delta t}^{B}=2\rho(v_{t}^{A}-v_{t+\Delta t}^{B}) \tag{7-17}$$

$$\xi_{t}^{B}-\xi_{t+\Delta t}^{A}=-2\rho(v_{t}^{B}-v_{t+\Delta t}^{A}) \tag{7-18}$$

式中：$\rho=\frac{aV_{0}}{2gH_{0}}$，称为管道特性系数；$\xi_{i}=\frac{\Delta H}{H_{0}}=\frac{H-H_{0}}{H_{0}}$，称为水锤压力相对值；$v=\frac{V}{V_{max}}$为管道相对流速。

上述两种水锤连锁方程，针对水轮机调节过程中的开度变化对水锤的影响表示不够明显，因此应该考虑将连锁方程改写成与导水机构相对开度相关的形式，介绍如下。

A 点的边界条件较为复杂，决定于节流机构的出流规律。从水力学中可知，水斗式水轮机喷嘴的边界条件可表达为

$$v=\tau\sqrt{1+\zeta}$$

式中：v 为管道中的相对流速，$v=\frac{V}{V_{max}}$；V 为管道中任意时刻的流速；V_{max}为最大流速；τ 为喷嘴的相对开度，$\tau=\frac{w}{w_{max}}$；w 为喷嘴任意时刻的过水面积；w_{max}为最大面积；ζ 为水锤相对压强；$\zeta=\frac{H-H_{0}}{H_{0}}$，$H$ 为管末任意时刻的压力水头，H_0 为初始水头。

$v=\tau\sqrt{1+\zeta}$所表达的出流规律对反击式水轮机并不适合，根据这一边界条件导出的水锤计算公式，只适用于水斗式水轮机，对反击式水轮机，只能用于水锤的粗略计算。

根据水力学相关的知识可导出丢弃负荷时压力管道末端第一相、第二相和任意相末的水锤方程

$$\tau_{1}\sqrt{1+\zeta_{1}}=\tau_{0}-\frac{1}{2\rho}\zeta_{1} \tag{7-19}$$

$$\tau_{2}\sqrt{1+\zeta_{2}}=\tau_{0}-\frac{1}{2\rho}\zeta_{1}-\frac{1}{2\rho}\zeta_{2} \tag{7-20}$$

$$\tau_{n}\sqrt{1+\zeta_{n}}=\tau_{0}-\frac{1}{\rho}\sum_{i=1}^{n-1}\zeta_{i}-\frac{1}{2\rho}\zeta_{n} \tag{7-21}$$

式中：τ_1、τ_2、τ_n 为第一相、第二相和第 n 相末的相对开度；τ_0 为初始开度；ζ_1、ζ_2、ζ_i 为第一相、第二相和第 n 相末管道末端的水锤相对压强；ρ 为水锤常数，$\rho=\frac{cV_{max}}{2gH_{0}}$。

利用式(7－19)～式(7－21)可求出任意相末的水锤,但必须连锁求解,例如,欲求第 n 相末的 ζ_n,必须先依次求出 ζ_1, ζ_2,…,ζ_{n-1},故式(7－19)～式(7－21)也称为水锤的连锁方程,应用起来不够方便,常设法予以简化。

7.1.3.5 **水锤的边界条件**

应用水锤基本方程计算压力管道中水锤时,首先要确定其初始条件和边界条件。

1. *初始条件*

当管道中水流由恒定流变为非恒定流时,把恒定流的终了时刻看作为非恒定流的开始时刻,即当 $t=0$ 时,管道中任何断面的流速 $V=V_0$,如不计水头损失,水头 $H=H_0$。

2. *边界条件*

(1)管道进口。管道进口处一般指水库或压力前池。水库水位变化比较慢,在水锤计算中不计风浪的影响,认为水库水位为不变的常数是足够精确的。

压力前池的水位变化情况与渠道的调节类型有关。自动调节渠道的前池水位变化虽大,但与管道中水锤计算时间相比,变化还是缓慢的。非自动调节渠道,水位变化较小,一般只有几米,在水锤计算中也认为前池水位不变。所以管道进口边界条件为

$$H_{\mathrm{p}}=H_0$$

(2)分岔管。分岔管的水头应该相同,即

$$H_{\mathrm{p1}}=H_{\mathrm{p2}}=H_{\mathrm{p3}}=\cdots=H_{\mathrm{p}}$$

分岔处的流量应符合连续条件,即

$$\sum Q=0$$

(3)分岔管的封闭端。在不稳定流的过程中,当某一机组的导叶全部关闭,或某一机组尚未装机,而岔管端部用闷头封死,其边界条件为

$$Q_{\mathrm{p}}=0$$

(4)调压室。把调压室作为断面较大的分岔管,其边界条件为调压室内有自由水面,而隧洞、调压室与压力管道的交点和分岔管相同。

(5)水轮机。水电站压力管道出口边界为水轮机,水轮机分冲击式和反击式两种,两种型式的水轮机对水锤的影响不同。

①冲击式水轮机。冲击式水轮机的喷嘴是一个带针阀的孔口。水轮机转速变化对孔口出流没有影响,对冲击式水轮机来说,喷嘴全开时断面积为 $w_{\max}$,流量系数为 φ_0,根据水力学的孔口出流规律,过流量为

$$Q_{\max}=\varphi_0 w_{\max}\sqrt{2gH_0}$$

当孔口关至 w_i 时 $Q_i=\varphi w_i\sqrt{2g(H_0+\Delta H)}$

一般假定:$\varphi_0=\varphi$,均为流量系数,所以

$$\frac{Q_i}{Q_{\max}}=\frac{\varphi w_i\sqrt{2g(H_0+\Delta H)}}{\varphi_0 w_{\max}\sqrt{2gH_0}}=\tau_i\sqrt{1+\xi_i^A}$$

式中:$\tau_i=w_i/w_{\max}$,称为相对开度;$\xi=\Delta H_i/H_0$为任意时刻水锤压力相对值。

而$\dfrac{Q_i}{Q_{\max}}=\dfrac{FV_i}{FV_{\max}}=v_i^A=q_i^A$,所以

$$v_i^A=q_i^A=\tau_i\sqrt{1+\xi_i^A} \tag{7-22}$$

这是冲击式水轮机喷嘴的出流规律，也即阀门处 A 点的边界条件。

② 反击式水轮机。反击式水轮机有如下特点。

(a) 反击式水轮机有蜗壳、尾水管及导水叶，过流特性与孔口出流不完全相同。

(b) 反击式水轮机的转速与水轮机的流量互相影响。

(c) 流量突然改变时，不仅在压力管道中，而且在蜗壳、尾水管中也发生水锤。尾水管中发生的水锤现象与蜗壳相反，即导水叶关闭时发生负水锤，开启时发生正水锤。蜗壳、尾水管中的水锤影响水轮机的流量，继而又对水锤产生影响。

由此可见，反击式水轮机的过水能力与水头 H、导叶开度 a 和转速 n 有关。即 $Q=Q(H,a,n)$，需要综合运用管道水锤计算方程、水轮机运转特性曲线、水轮机机组转速方程等进行求解，因此增加了问题的复杂性。为了简化计算，常假定压力管道出口边界条件为冲击式水轮机，然后再加以修正。

7.1.3.6　**开度按直线规律变化**

水轮机导叶和阀门的关闭规律与调速系统的特性有关，实际的关闭规律如图 7-4 所示。从全开($\tau_0=1.0$)到全关($\tau=0$)的全部历时为 T_z，曲线开始一段接近水平，关闭的速度极慢，这是由调节机构的惯性所决定的，在这段过程中，引起的水锤压力很小，对水锤计算没有多大实际意义。在接近关闭终了时，阀门的关闭速度又逐渐减慢，曲线向后延伸，这种现象只对阀门关闭接近终了时的水锤压力有影响。因此为了简化计算，常取阀门关闭过程的直线段加以适当延长，得到 T_s，T_s 称为有效关闭时间。在缺乏资料的情况下，可近似取 $T_s=(0.6\sim0.95)T_z$。

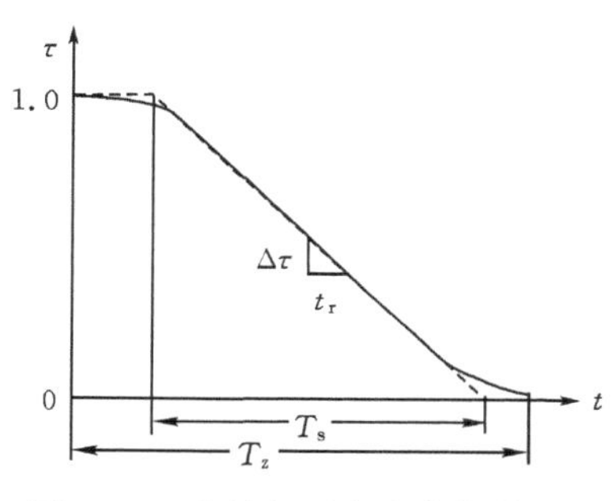

图 7-4　水轮机开度变化规律

直线规律关闭时，一个相长 $t_r=\dfrac{2L}{a}$，一个相的开度变化 $\Delta\tau=\mp\dfrac{t_r}{T_s}=\mp\dfrac{2L}{aT_s}$，负号表示阀门关闭；正号表示阀门开启。

7.1.4　简单管水锤的解析计算

简单管是指压力管道的管径、管壁材料和厚度沿管长不变。

解析法的要点是采用数学解析的方法，引入一些符合实际的假定，直接建立最大水锤压力的计算公式。该方法简单易行，物理概念清楚，可直接得出结果。

7.1.4.1　**计算水管末端各相水锤压力的公式**

1. 第一相末的水锤压力

(1) 设阀门为 A 点，水库为 B 点，水锤波从 A 到 B 点的连锁方程为

$$\xi_0^A-\xi_t^B=2\rho(v_0^A-v_t^B)$$

边界和初始条件：$t=0$ 时，$\xi_0^A=0$；在水库进水口 B 点，$\xi_t^B=0$

所以

$$2\rho(v_0^A-v_t^B)=0$$

$$v_0^A=v_t^B$$

将 A 点边界条件 $v_0^A=\tau_0\sqrt{1+\xi_0^A}$ 代入上式

$$v_0^A=v_t^B=\tau_0$$

(2) 水锤波从 B 到 A 的连锁方程

$$\xi_t^B-\xi_{2t}^A=-2\rho(v_t^B-v_{2t}^A)$$

因 $\xi_t^B=0, v_t^B=\tau_0$ 和 A 点边界条件 $v_{2t}^A=\tau_{2t}\sqrt{1+\xi_{2t}^A}$，上式变为

$$-\xi_{2t}^A=-2\rho(\tau_0-\tau_{2t}\sqrt{1+\xi_{2t}^A})$$

因 $2t=t_r=\dfrac{2L}{a}$ 为一个相长，用 1 表示第一相末，得到

$$\tau_1\sqrt{1+\xi_1^A}=\tau_0-\frac{\xi_1^A}{2\rho} \tag{7-23}$$

2. 第二相末的水锤压力

(1) 写出水锤波从 $A\to B$ 的连锁方程式

$$\xi_{2t}^A-\xi_{3t}^B=2\rho(v_{2t}^A-v_{3t}^B)$$

由 B 点的边界条件得 $\xi_{3t}^B=0$，上式可改写成

$$\xi_{2t}^A/2\rho=\tau_{2t}\sqrt{1+\xi_{2t}^A}-v_{3t}^B$$

所以

$$v_{3t}^B=\tau_{2t}\sqrt{1+\xi_{2t}^A}-\frac{\xi_{2t}^A}{2\rho}$$

(2) 写出水锤波从 $B\to A$ 的连锁方程式

$$\xi_{3t}^B-\xi_{4t}^A=-2\rho(v_{3t}^B-v_{4t}^A)$$

把 $\xi_{3t}^B=0, v_{3t}^B=\tau_{2t}\sqrt{1+\xi_{2t}^A}-\dfrac{\xi_{2t}^A}{2\rho}$，和 $v_{4t}^A=\tau_{4t}\sqrt{1+\xi_{4t}^A}$ 代入上式，并用 2 代替 $4t$ 表示第二相末，得

$$\tau_2\sqrt{1+\xi_2^A}=\tau_0-\frac{\xi_1^A}{\rho}-\frac{\xi_2^A}{2\rho} \tag{7-24}$$

3. 第 n 相末的水锤压力

用同样原理可以得出以后任意 n 相末的水锤压力计算公式，其一般公式为

$$\tau_n\sqrt{1+\xi_n^A}=\tau_0-\frac{1}{\rho}\sum_{i=1}^{n-1}\xi_i^A-\frac{\xi_n^A}{2\rho} \tag{7-25}$$

利用式(7-23)～式(7-25)，可以依次求出各相末阀门处的水锤压力，得出水锤压力随时间的变化关系。

上面是阀门关闭情况，当阀门或导叶开启时，管道中的流速增加，压力降低，产生负水锤，其相对值用 y 表示，用同样的方法可求出各相末计算公式。此时 $v_t^A=\tau_t^A\sqrt{1-y_t}$，求出的 y 本身为负值。

$$\tau_1\sqrt{1-y_1}=\tau_0+\frac{y_1}{2\rho} \tag{7-26}$$

$$\vdots$$

$$\tau_n\sqrt{1-y_n}=\tau_0+\frac{1}{\rho}\sum_{i=1}^{n-1}y_i+\frac{y_n}{2\rho} \tag{7-27}$$

上述水锤压力计算公式的条件：① 没有考虑管道摩阻的影响，因此只适用于不计摩阻(如水头较高、管道较短等)的情况；② 采用了孔口出流的过流特性，只适用于冲击式水轮机，对反击式水轮机必须另作修改；③ 这些公式在任意开关规律下都是正确的，可以用来分析非直线

开关规律对水锤压力的影响。

7.1.4.2　水锤波在水管特性变化处的反射

水锤发生后，水锤波在水管末端和水管特性变化处（水管进口、分岔、变径段、阀门等）都要发生反射。当入射波到达水管特性变化处之后，一部分以反射波的形式折回，一部分以透射波的形式继续向前传播。

反射波与入射波的比值称为反射系数，以 r 表示。透射波与入射波的比值称为透射系数，以 s 表示，两者的关系为

$$s-r=1 \tag{7-28}$$

1. 水锤波在水管末端的反射

水锤波在水管末端的反射特性取决于水管末端的出流规律。对于水斗式水轮机，其喷嘴的出流规律为 $v=\tau\sqrt{1+\xi}$，当 $v=\tau\sqrt{1+\xi}$时，可近似地取为 $v=\tau(1+\xi/2)$。在入射波未达到的时刻，$\xi_0=0$，$v_0=\tau$。

设有一入射波 f 传到阀门后发生反射，产生一反射波 F 折回，由方程（7－7）得

$$F-f=-\frac{a}{g}(V-V_0)=-\frac{aV_{\max}}{g}\left[\tau\left(1+\frac{1}{2}\xi\right)-\tau\right]=-\frac{aV_{\max}}{2g}\tau\xi$$

阀门处的水锤压力为入射波与反射波的叠加结果，根据式（7－6）

$$\Delta H=H_0\xi=F+f$$

以上二式消去 ξ，简化后得阀门的反射系数为

$$r=\frac{F}{f}=\frac{1-\rho\tau}{1+\rho\tau} \tag{7-29}$$

根据水锤常数和任意时刻的开度，可利用式（7－29）确定阀门在任意时刻的反射系数。当阀门完全关闭时，$\tau=0$，$r=1$，阀门处发生同号等值反射。

2. 水锤波在管径变化处的反射

如图7－5所示的变径管，入射波 F_1从1管传来，在变径处发生反射。反射波为 f_1，透射波为 F_2，由方程（7－6）和（7－7）及水流在变径处的连续性，可推导出反射系数

$$r=\frac{\rho_2-\rho_1}{\rho_1+\rho_2} \tag{7-30}$$

式中：$\rho_1=\dfrac{a_1V_1}{2gH_0}$；$\rho_2=\dfrac{a_2V_2}{2gH_0}$；$r$ 为正表示反射是同号的，其结果是使管1中水锤压力的绝对值增大；反之，r 为负表示反射是异号的，其结果是使水管1中水锤压力的绝对值减小。

若管2断面趋近于零，则 $\rho_2\to\infty$，$r=1$，为同号等值反射，这相当于水管末端阀门完全关闭情况。若管2断面为无限大，则 $V_2=0$，$\rho_2=0$，$r=-1$，为异号等值反射，这相当于水库处的情况。

3. 水锤波在分岔处的反射

如图7－6所示，入射波 F_1从1管传来，在分岔处发生反射，反射波为 f_1，透射波为 F_2和 F_3，根据基本方程（7－6）和（7－7）及此处水流的连续性，导出反射系数为

$$r=\frac{\rho_2\rho_3-\rho_1\rho_2-\rho_3\rho_1}{\rho_1\rho_2+\rho_2\rho_3+\rho_3\rho_1} \tag{7-31}$$

式中：$\rho_i=\dfrac{a_iQ}{2gH_0A_i}$，$Q$ 为总管流量，A 为水管断面积。

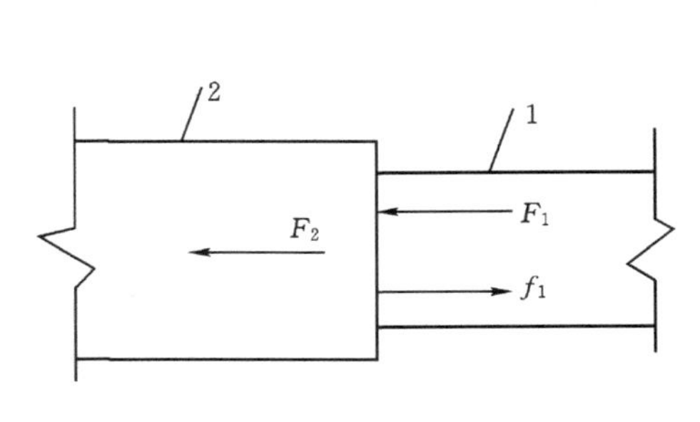

图 7-5 变径管

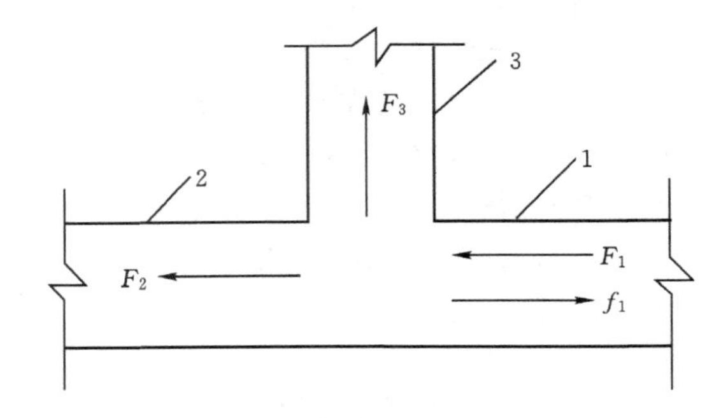

图 7-6 分岔管

7.1.4.3 开度依直线变化的水锤

进行水锤计算，最重要的是求出其最大值。在开度依直线规律变化情况下，不必用连锁方程求出各相末水锤，再从中找出最大值，可用简化方法直接求出。

1. 开度依直线变化的水锤类型

当阀门开度依直线规律变化时，根据最大压力出现的时间可归纳为两种类型。

① 最大水锤压力出现在第一相末，$\xi_{max}^A=\xi_1^A$，如图 7-7(a)所示，称为第一相水锤。

② 最大水锤压力出现在第一相以后的某一相，其特点是最大水锤压力接近极限值 ξ_m，即 $\xi_m>\xi_1$，如图 7-7(b)所示，称为极限水锤。产生这两种水锤现象的原因是由于阀门的反射特性不同造成的，阀门处的反射特性可由其反射系数确定。

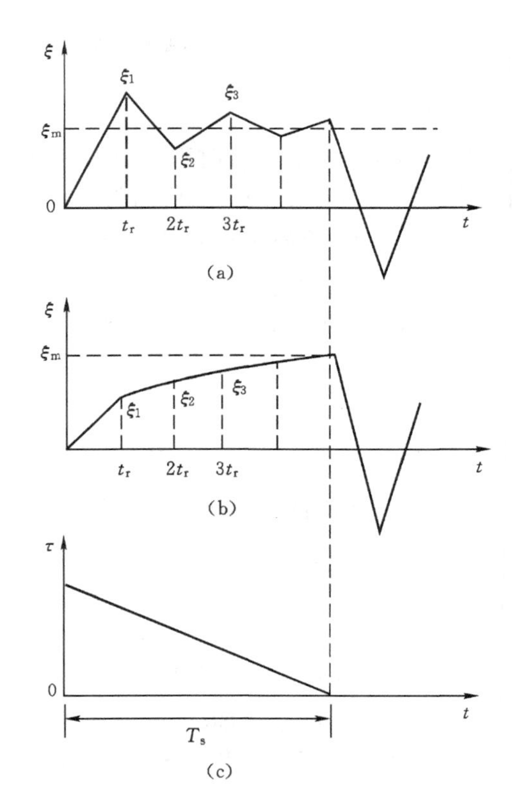

图 7-7 开度为直线关闭时的水击类型

(1)第一相水锤。根据式(7-30)，当 $\rho\tau_0<1$ 时，r 为正，水锤波在阀门处的反射为同号。在阀门关闭过程中，阀门处任意时刻的水锤压力由三部分组成：阀门不断关闭所产生的升压波、经水库反射回来的压力波、经阀门反射向上游的压力波。

① 第一相中，根据水库异号反射的特性，升压波到达水库后反射回的降压波还未到达阀门处，因此该处水锤压力即是阀门关闭所产生的升压波，在第一相末达到 ξ_1^A。

② 第二相末，水库传来的降压波到达阀门处，如果此时阀门处具有同号反射的特性，则在该处反射仍为降压波，两个降压波之和将超过第二相中由于阀门关闭所产生的升压波，因而第二相末的水锤压力 $\xi_2^A<\xi_1^A$。

③ 第三相末，由于第二相中阀门同号反射

回去的降压波，经水库异号反射为升压波，这两个升压波共同作用，又使阀门处的水锤压力开始升高，$\xi_3^A > \xi_2^A$。

根据阀门同号反射的规律，水锤压力将环绕某一 ξ_m^A 值上下波动，最后趋于 ξ_m^A。由于最大水锤压力出现在第一相末，$\xi_1^A > \xi_m^A$，故称为第一相水锤。

(2)极限水锤。根据式(7-30)，当 $\rho\tau_0 > 1$ 时，r 为负，水锤波在阀门处的反射为异号。在阀门关闭过程中，阀门处任意时刻的水锤压力仍由上述三部分组成。

第一相末，水库反射回的降压波还未到达阀门处，该处水锤压力只是阀门关闭所产生的升压波，即 ξ_1^A。

第二相末，水库传来的降压波到达阀门处，因阀门处为异号反射，则在该处反射为升压波，它和在第二相中阀门继续关闭产生的升压波共同作用，使第二相中阀门处的水锤压力继续升高，使 $\xi_2^A > \xi_1^A$。在以后各相，阀门处水锤压力逐渐增加，趋近某一极限值 ξ_m^A。由于最大水锤压力为 ξ_m^A，$\xi_m^A > \xi_1^A$，故称为极限水锤。

2.开度依直线变化时水锤的简化计算

当调节阀门按直线规律启闭，τ_t 与 τ_0 的关系为

当阀门关闭时

$$\tau_t = \tau_0 - \frac{t_r}{T_s'} = \tau_0 - \frac{2L}{aT_s} \tag{7-32}$$

当阀门开启时

$$\tau_t = \tau_0 + \frac{t_r}{T_s'} = \tau_0 + \frac{2L}{aT_s} \tag{7-33}$$

$$\Delta\tau = \begin{cases} -2L/aT_s & \text{关闭} \\ 2L/aT_s & \text{开启} \end{cases}$$

(1)第一相水锤计算的简化公式。当 $\xi_1^A < 0.5$ 时，$\sqrt{1+\xi_1} \approx 1 + \frac{\xi_1}{2}$，则式(7-23)可简化为

$$\tau_1\left(1 + \frac{\xi_1}{2}\right) = \tau_0 - \frac{\xi_1}{2\rho}$$

令 $\sigma = -\rho\Delta\tau = \pm\frac{LV_{max}}{gH_0T_s}$，$\sigma$ 称为水锤特性常数，关闭时 σ 用正值，开启时 σ 为负值。考虑到 τ_1 和 τ_0 的关系，代入上式可解得第一相末水锤压力值如下。

关闭阀门时

$$\xi_1^A = \frac{2\sigma}{1 + \rho\tau_0 - \sigma} \tag{7-34}$$

开启阀门时

$$y_1^A = \frac{2\sigma}{1 + \rho\tau_0 + \sigma} \tag{7-35}$$

发生第一相水锤的条件是 $\rho\tau_0 < 1$，对于丢弃负荷情况，$\tau_0 = 1$，有 $\rho = \frac{aV_{max}}{2gH_0} < 1$。若 $a = 1000$ m/s，$V_{max} = 5$ m/s，则 $H_0 > 250$ m，故在丢弃负荷的情况下，只有高水头电站才有可能出现第一相水锤。

(2)极限水锤计算简化公式。根据式(7-24)，第 n 相和第 $n+1$ 相末的水锤压力计算公

式为

$$\tau_n \sqrt{1+\xi_n^A} = \tau_0 - \frac{\xi_n^A}{2\rho} - \frac{1}{\rho}\sum_{i=1}^{n-1}\xi_i^A$$

$$\tau_{n+1}\sqrt{1+\xi_{n+1}^A} = \tau_0 - \frac{\xi_{n+1}^A}{2\rho} - \frac{1}{\rho}\sum_{i=1}^{n}\xi_i^A$$

上二式相减，得

$$\tau_{n+1}\sqrt{1+\xi_{n+1}^A} - \tau_n \sqrt{1+\xi_n^A} = -\frac{\xi_{n+1}^A - \xi_n^A}{2\rho} - \frac{1}{\rho}\xi_n^A = -\frac{\xi_{n+1}^A + \xi_n^A}{2\rho}$$

如果水锤波传播的相数 n 足够多，可认为 $\xi_n^A = \xi_{n+1}^A = \xi_m^A$，上式可以简化为

$$(\tau_{n+1} - \tau_n)\sqrt{1+\xi_m^A} = \Delta\tau \sqrt{1+\xi_m^A} = -\frac{\xi_m^A}{\rho}$$

设 $\sigma = -\Delta\tau\rho$，上式可写为

$$\sigma \sqrt{1+\xi_m^A} = \xi_m^A$$

解得

$$\xi_m^A = \frac{\sigma}{2}(\sigma \pm \sqrt{\sigma^2+4}) \tag{7-36}$$

当水锤压力 $\xi_m^A \leqslant 0.5$ 时，$\sqrt{1+\xi_i^A} = 1 + \frac{\xi_i^A}{2}$，可得到更为简化的近似公式

$$\xi_m^A = \frac{2\sigma}{2-\sigma} \tag{7-37}$$

$$y_m^A = \frac{2\sigma}{2+\sigma} \tag{7-38}$$

(3) 间接水锤类型的判别条件。仅用 $\rho\tau_0$ 大于还是小于 1 作为判别水锤类型的条件是近似的。水锤的类型除与 $\rho\tau_0$ 有关，还与 σ 有关。很明显，这两种情况的分界条件必须是 $\xi_{max}^A = \xi_1^A$。将式(7－24)的 ξ_1^A 值用 ξ_{max}^A 代替，得

$$\tau_1\sqrt{1+\xi_m^A} = \tau_0 - \frac{\xi_m^A}{2\rho}$$

将式 $\sigma \sqrt{1+\xi_m^A} = \xi_m^A$ 代入上式，则

$$\frac{\xi_m^A}{\sigma}\tau_1 = \tau_0 - \frac{\xi_m^A}{2\rho}$$

以 $\tau_1 = \tau_0 + \Delta\tau$、$\sigma = -\Delta\tau\rho$ 代入上式得

$$\xi_m^A = \frac{2\sigma}{2 - \frac{\sigma}{\rho\tau_0}}$$

将上式代入式 $\sigma \sqrt{1+\xi_m^A} = \xi_m^A$ 中，解得 σ 值为

$$\sigma = \frac{4\rho\tau_0(1-\rho\tau_0)}{1-2\rho\tau_0} \tag{7-39}$$

如果公式(7－39)满足，则 $\xi_m^A = \xi_1^A$。公式(7－39)代表一根曲线，如图 7－8 所示。

图中同时绘出了 $\sigma = \rho\tau_0$ 的直线。曲线表示极限水锤和第一相水锤的分界线，直线 $\sigma = \rho\tau_0$ 表示第一相水锤和直接水锤的分界线。共有五个分区：Ⅰ区为极限正水锤；Ⅱ区为第一相正水锤；Ⅲ区为直接水锤；Ⅳ区为极限负水锤；Ⅴ区为第一相负水锤。

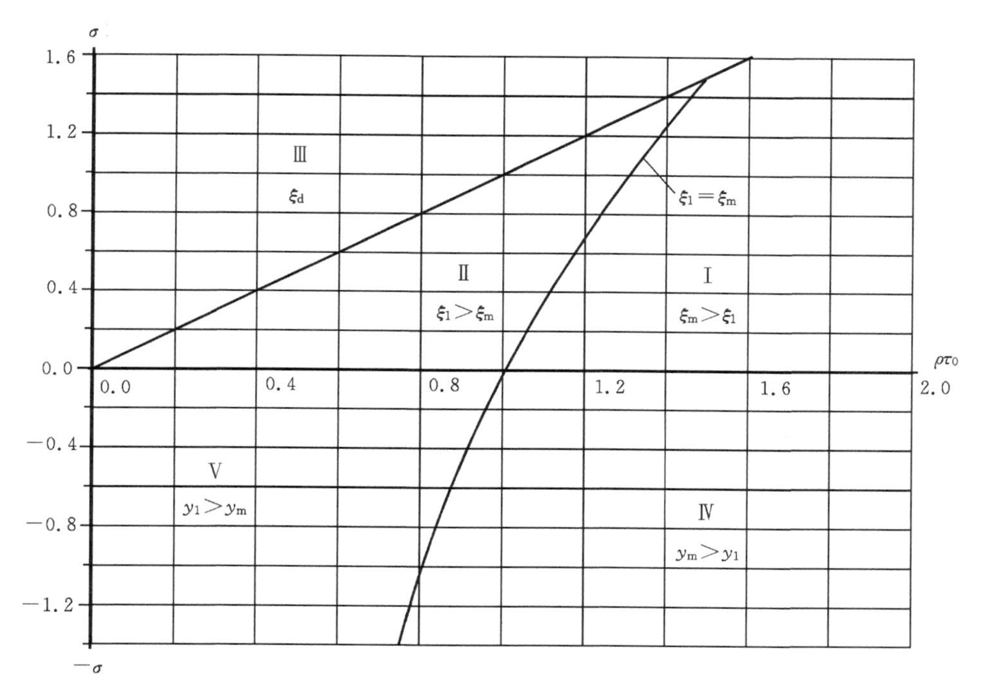

图7-8　水锤类型

简单判别方法：

①$\rho\tau_0<1$时，常发生第一相水锤；

②$\rho\tau_0>1.5$时，常发生极限水锤；

③$1<\rho\tau_0<1.5$时，则随σ值的不同而发生第一相或极限水锤，个别情况下发生直接水锤，此时按图7-9判别。

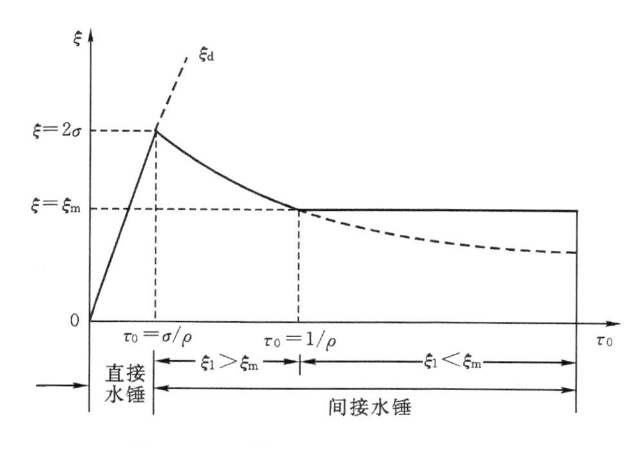

图7-9　起始开度对水锤压力的影响

最后，为了方便水锤压力的计算，将计算公式汇总于表7-1中。

表 7－1　水锤压力计算公式汇总表

		开度		计算公式	近似公式
		起始	终了		
关闭	直接水锤	τ_0	τ_k	$\tau_k\sqrt{1+\xi}=\tau_0-\frac{1}{2\rho}\xi$	$\xi=\frac{2\rho(\tau_0-\tau_k)}{1+\rho\tau_k}$
		τ_0	0	$\xi=2\rho\tau_0$	$\xi=2\rho\tau_0$
		1	0	$\xi=2\rho$	$\xi=2\rho$
	间接水锤	τ_0	0	$\xi_m=\frac{\sigma}{2}(\sigma+\sqrt{\sigma^2+4})$	$\xi_m=\frac{2\sigma}{2-\sigma}$
		τ_0		$\tau_1\sqrt{1+\xi_1}=\tau_0-\frac{1}{2\rho}\xi_1$	$\xi_1=\frac{2\sigma}{1+\rho\tau_0-\sigma}$
		1		$\tau_1\sqrt{1+\xi_1}=1-\frac{1}{2\rho}\xi_1$	$\xi_1=\frac{2\sigma}{1+\rho-\sigma}$
		τ_0		$\tau_n\sqrt{1+\xi_n}=\tau_0-\frac{1}{\rho}\sum_{i=1}^{n-1}\xi_i-\frac{1}{2\rho}\xi_n$	$\xi_n=\frac{2(n\sigma-\sum_{i=1}^{n-1}\xi_i)}{1+\rho\tau_0-n\sigma}$
开启	直接水锤	τ_0	τ_k	$\tau_k\sqrt{1-y}=\tau_0+\frac{1}{2\rho}y$	$y=\frac{2\rho(\tau_k-\tau_0)}{1+\rho\tau_k}$
		τ_0	1	$\sqrt{1-y}=\tau_0+\frac{1}{2\rho}y$	$y=\frac{2\rho(1-\tau_0)}{1+\rho}$
		0	1	$\sqrt{1-y}=\frac{1}{2\rho}y$	$y=\frac{2\rho}{1+\rho}$
	间接水锤	τ_0	1	$y_m=\frac{\sigma}{2}(\sqrt{\sigma^2+4}-\sigma)$	$y_m=\frac{2\sigma}{2+\sigma}$
		τ_0	1	$\tau_1\sqrt{1-y_1}=\tau_0+\frac{1}{2\rho}y_1$	$y_1=\frac{2\sigma}{1+\rho\tau_0+\sigma}$
		0	1	$\tau_1\sqrt{1-y_1}=\frac{1}{2\rho}y_1$	$y_1=\frac{2\sigma}{1+\sigma}$
		τ_0	1	$\tau_n\sqrt{1-y_n}=\tau_0+\frac{1}{\rho}\sum_{i=1}^{n-1}y_i+\frac{1}{2\rho}y_n$	$y_n=\frac{2(n\sigma-\sum_{i=1}^{n-1}y_i)}{1+\rho\tau_0+n\sigma}$

7.1.4.4　起始开度对水锤的影响

水电站可能在各种不同的负荷情况下运行，当机组满负荷运行时，起始开度 $\tau_0=1$；当机组只担任部分负荷运行时，$\tau_0<1$。因此机组由于事故丢弃负荷时的起始开度 τ_0 可能有各种数值。从前面的水锤压力计算公式可以绘制出图 7－9。图中的曲线和分界点说明了起始开度对水锤压力的影响。

由于极限水锤 $\xi_m^A=\frac{2\sigma}{2-\sigma}$只与 σ 有关，而与 τ_0 无关，图中 ξ_m^A 是一根平行于 τ_0 轴的水平线。

对第一相水锤 $\xi_1^A=\frac{2\sigma}{1+\rho\tau_0-\sigma}$，随着 τ_0 的减小而增大，所以在图中表示为一根曲线。

对直接水锤 $\xi_d^A=2\rho\tau_0$，为一通过坐标轴原点的直线，其斜率为 2ρ。图中三条曲线的交点如下。

(1)直接水锤和第一相水锤。令 $\xi_d^A=2\rho\tau_0$ 和 $\xi_1^A=\frac{2\sigma}{1+\rho\tau_0-\sigma}$相等，可以解出：$\tau_0=\frac{\sigma}{\rho}$。

(2)第一相水锤和末相水锤。令 $\xi_1^A=\dfrac{2\sigma}{1+\rho\tau_0-\sigma}$和 $\xi_m^A=\dfrac{2\sigma}{2-\sigma}$相等,可以解出:$\tau_0=\dfrac{1}{\rho}$。因此可得出以下结论。

①当起始开度 $\tau_0>\dfrac{1}{\rho}$,$\rho\tau_0>1$ 时,$\xi_m>\xi_1$,最大水锤压力发生在阀门关闭的终了,即极限水锤。

②当起始开度$\dfrac{\sigma}{\rho}<\tau_0<\dfrac{1}{\rho}$时,$\xi_1>\xi_m$,最大水锤压力发生在第一相末。

③当起始开度 $\tau_0<\dfrac{\sigma}{\rho}$时,发生直接水锤。但由于直接水锤压力的大小与初始开度成正比,所以不一定是最大的水锤值。

④当阀门起始开度为临界开度 $\tau_0=\dfrac{\sigma}{\rho}$时,发生最大直接水锤,由 $\xi_d^A=2\rho\tau_0$ 得

$$\xi_m=2\rho\tau_0=2\sigma$$

水轮机存在空转流量 Q_{xx}、相应的空转开度为 τ_{xx}、水轮机在该开度下运行,不能输出功率,能量仅消耗于克服摩阻。因此,机组不可能在小于 τ_{xx} 开度下运行。如果 $\tau_{xx}>\dfrac{\sigma}{\rho}$,说明该机组不可能发生直接水锤。

另外,阀门实际关闭规律并非直线,根据水轮机调速器特性,关闭终了时存在延缓现象,因此初始开度时的实际关闭时间要长于 $\tau_0 T_s$,水锤压力比计算值要小,一般不起控制作用。

7.1.4.5　开度变化规律对水锤压力的影响

前面有关第一相或极限水锤的一些概念及计算公式是在假定阀门开度按直线变化条件下求得的。在水电站运行实践中,阀门的启闭不完全是按直线的,而往往采用非直线的规律。图 7-10绘出了三种不同的关闭规律,三种规律都具有相同的关闭时间,同时绘出了与之相应的三种水锤压力变化过程线。由图可以看出,开度的变化规律不同,水锤压力的变化过程也不同。

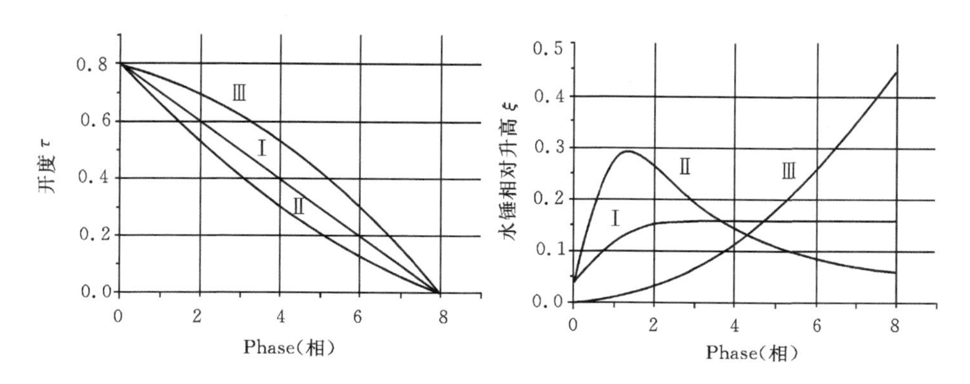

图 7-10　开度变化规律对水锤压力的影响

曲线Ⅱ表示开始阶段关闭速度较快,因此水锤压力迅速上升到最大值,而后关闭速度减慢,水锤压力逐渐减小;曲线Ⅲ的规律与曲线Ⅱ相反,关闭速度是先慢后快,而水锤压力是先小后大。水锤压力的上升速度随阀门的关闭速度的加快而加快,最大压力出现在关闭速度较快

的那一时段末尾。从图中可以看出，关闭规律Ⅰ较为合理，最不利的是规律Ⅲ。

由此可见，通过调速器或针阀等设备，采取比较合理的启闭规律，可以作为减小水锤压力和解决调节保证问题的措施之一。在高水头电站中常发生第一相水锤，可以采取先慢后快的非直线关闭规律，以降低第一相水锤值；在低水头水电站中常发生极限水锤，可采取先快后慢的非直线关闭规律，以降低末相水锤值。

7.1.4.6　**水锤压力沿管长的分布**

以上讨论的都是水管末端 A 点（阀门或导叶处）的水锤压力。在进行压力管道强度设计时，不仅需要计算管道末端的压力，而且需要探讨管道沿线各点的最大正水锤压力和最大负水锤压力的分布情况，以便进行管道的强度设计及检验管道内部是否有发生真空的可能。

第一相水锤和极限水锤沿管长的分布规律是不同的，下面分别予以讨论。

1. 极限水锤压力的分布规律

理论研究证明，极限水锤无论是正水锤还是负水锤，管道沿线的最大水锤压力均按直线规律分布，如图 7－11 中实线所示。若管道末端 A 点的最大水锤为 ξ_m^A 和 y_m^A，则任意点 C 点的最大水锤为

$$\xi_{max}^C=\frac{l}{L}\xi_m^A \tag{7-40}$$

和

$$y_{max}^C=\frac{l}{L}y_m^A \tag{7-41}$$

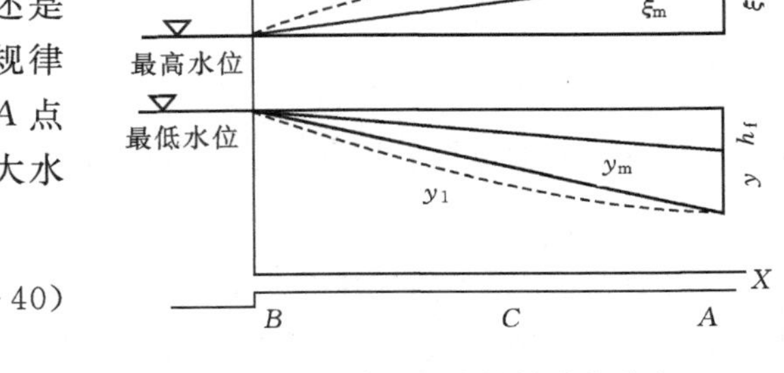

图 7－11　水锤压力沿管道的分布

2. 第一相水锤压力的分布规律

研究证明，第一相水锤压力沿管线不按直线规律分布，正水锤压力分布曲线是向上凸的，负水锤压力分布曲线是往下凹的，如图 7－11 中的虚线所示。任意点 C 的最大水锤升压值发生在 A 点的最大水锤升压传到 C 点时，即比 A 点出现最大水锤升压滞后$\frac{L-l}{a}$，其值为

$$\xi_{max}^C=\xi_{\frac{2L}{a}}^A-\xi_{\frac{2L}{a}-\frac{2l}{a}}^A \tag{7-42}$$

式中：$\xi_{\frac{2L}{a}}^A$为第一相末 A 点的水锤压力，即 ξ_1^A 可直接用简化公式求得；$\xi_{\frac{2L}{a}-\frac{2l}{a}}^A$为第一相终了前$\frac{2l}{a}$秒时 A 点的水锤压力，可用第一相水锤简化公式求得，只需用 $\tau_{t_r-\frac{2l}{a}}$代替式中的 τ_1 即可。

式(7－42) 的近似表达式为

$$\xi_{max}^C=\frac{2\sigma}{1+\rho\tau_0-\sigma}-\frac{2\sigma_{AC}}{1+\rho\tau_0-\sigma_{AC}} \tag{7-43}$$

式中：$\sigma=\frac{LV_{max}}{gH_0T_s}$；$\sigma_{AC}=\frac{(L-l)V_{max}}{gH_0T_s}=\frac{l_{AC}V_{max}}{gH_0T_s}$。

从上面的两式可以看出，等号右端的第一项为管长为 L 时 A 点第一相末的水锤压力，第二项为管长为 $L-l$（相当于水库移至 C 点）时 A 点第一相末的水锤压力，C 点最大水锤压力为两者之差。

对于第一相负水锤，任意点 C 的最大水锤降压为

$$y_{max}^C=y_{\frac{2l}{a}}^A \tag{7-44}$$

式中：$y^A_{\frac{2l}{a}}$为阀门开启$\frac{2l}{a}$时 A 点的负水锤，可用表 7－1 中的公式求解，用 $\tau_{\frac{2l}{a}}$代替式中的 τ_1 即可。$y^A_{\frac{2l}{a}}$相当于管长为 l(即阀门移至 C 点)时的第一相水锤。式(7－34)可近似表示为

$$y^C_{\max} = \frac{2\sigma_{BC}}{1 + \rho\tau_0 - \sigma_{BC}} \tag{7-45}$$

式中：$\sigma_{BC} = \frac{l_{BC}V_{\max}}{gH_0T_s}$

绘制水锤压力沿管线分布图时，应根据管线的布置情况，选择几个代表性的断面，求出各断面上的最大正、负水锤压力。当丢弃负荷时可不计管路的水头损失，在上游最高静水位上绘制水锤压力分布图；当增加负荷时，必须计算开启终了时管路的水头损失与流速水头，在上游最低水位线以下，考虑水头损失、流速水头与负水锤压力，绘制水锤压力分布图。

7.1.5　复杂管道水锤计算

前面所讨论的是简单管道的水锤问题。简单管的直径、管壁厚度和管材料均不随管长而变化，因此整根水管的特性是不变的。在实际工程中，这种简单管是不多见的，常见的是复杂管路系统，共有以下三种类型。

(1) 管壁厚度、直径和材料随水头增加自上而下逐段改变，这种复杂管称为串联管。

(2) 分岔管，这在分组供水和联合供水中经常遇到。

(3) 装有反击式水轮机的管道系统，应考虑蜗壳和尾水管的影响，而且其过流特性与孔口出流不一样，流量不仅与作用水头有关，而且与水轮机的机型和转速有关。

7.1.5.1　串联管水锤的简化计算

由于串联管各管段的 V_0 和 a 不同(见图 7－12)，因此表示水管特性的系数 ρ 和 σ 各异。在实用中常把串联管转化为等价的简单管来计算。所谓等价就是将串联管转化为简单管后应满足管长、相长和管中水体动能等与原管相同的原则。这种简化计算方法称为“等价水管法”。

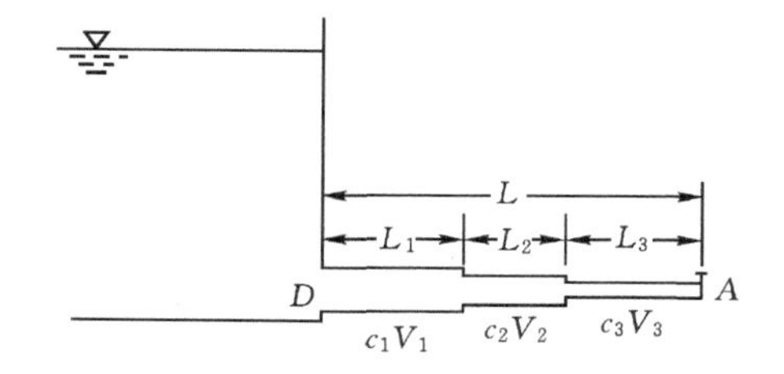

图 7－12　串联管示意图

设一根串联管的管道特性为：L_1, V_1, a_1；L_2, V_2, a_2；…；L_n, V_n, a_n，等价管的总长为：$L = \sum_{i=1}^{n} L_i$。根据管中水体动能不变的要求，则 $LV_m = L_1V_1 + L_2V_2 + \cdots + L_nV_n = \sum L_iV_i$，由此可得加权平均流速

$$V_m = \frac{\sum_{i=1}^{n} L_iV_i}{L} \tag{7-46}$$

根据相长不变的要求，水锤波按平均波速由断面阀门 A 传到水库断面 D 所需的时间等于水锤波在各段传播时间的总和，即

$$\frac{L}{a_m} = \frac{L_1}{a_1} + \frac{L_2}{a_2} + \cdots + \frac{L_n}{a_n} = \sum_{i=1}^{n} \frac{L_i}{a_i}$$

由此可得波速的加权平均值

$$a_{\mathrm{m}}=\frac{L}{\sum_{i=1}^{n}\frac{L_i}{a_i}} \tag{7-47}$$

对于间接水锤，管道的平均特性常数为

$$\rho_{\mathrm{m}}=\frac{a_{\mathrm{m}}V_{\mathrm{m}}}{2gH_0} \tag{7-48}$$

$$\sigma_{\mathrm{m}}=\frac{LV_{\mathrm{m}}}{gH_0T_{\mathrm{s}}} \tag{7-49}$$

$$t_{\mathrm{r}}=\frac{2L}{a_{\mathrm{m}}} \tag{7-50}$$

求出管道平均特性常数后，可按简单管的间接水锤计算公式求出复杂管道的间接水锤值。

7.1.5.2 **分岔管的水锤压力计算**

如图 7-13 所示，分岔管除了管径和管壁厚度沿管轴线变化外，同时还增加了分岔，其水锤压力计算比串联管更复杂。分岔管的水锤计算方法之一是截肢法。这种方法的特点是：当机组同时关闭时，选取总长度最大的一根支管，如图 7-13(a)中的支管 2，将其余的支管截掉，变成图 7-13(b)所示的串联管道，然后用各管段中实际流量求出各管段的流速，再用加权平均的方法求出串联管中的平均流速和平均波速，最后采用串联管的简化公式相应地求出水锤值。

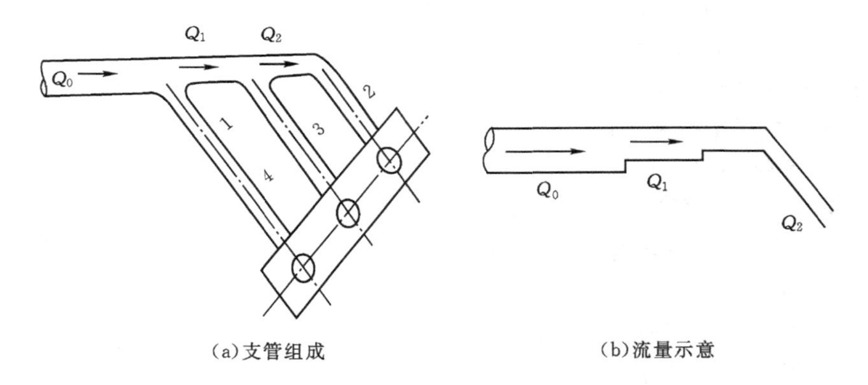

(a)支管组成　　(b)流量示意

图 7-13 分岔管的截肢法

当压力水管的主管较长、支管较短(例如支管长度为主管的 10%以内)时，计算结果误差不大，否则误差较大。

7.1.5.3 **蜗壳、尾水管水锤压力计算**

反击式水轮机的过流部件包含有蜗壳和尾水管。蜗壳和尾水管中的水流现象十分复杂，水锤基本方程主要假定之一是水流为一元流，这一假定对蜗壳和尾水管是不合适的，因此蜗壳和尾水管中的水锤计算一般只能用近似方法。

首先将蜗壳视作压力水管的延续部分，并假想把导叶移至蜗壳的末端，尾水管也作为压力管道的一部分。这样把压力管道、蜗壳和尾水管组合视为一串联管，再将该串联管简化为等价简单管进行计算。

设压力水管、蜗壳及尾水管长度、平均流速和水锤波速分别为 $L_T, V_T, a_T; L_c, V_c, a_c; L_b, V_b, a_b$，则

$$L = L_T + L_c + L_b$$

$$a_m = L / \left(\frac{L_T}{a_T} + \frac{L_c}{a_c} + \frac{L_b}{a_b}\right)$$

$$V_m = \frac{(L_T V_T + L_c V_c + L_b V_b)}{L}$$

于是可求出等价管的特性系数 ρ_m、σ_m，求出管道末端最大水锤压力 ξ 值。然后以管道、蜗壳、尾水管三部分水体动能为权，将水锤压力值 ξ 进行分配，求出压力管道、蜗壳末端和尾水管进口的水锤压力。

压力水管末端最大压力上升相对值为

$$\xi_T = \frac{L_T V_T}{(L_T + L_c + L_b) V_m} \xi \tag{7-51}$$

蜗壳末端最大水锤压力上升相对值

$$\xi_c = \frac{L_T V_T + L_c V_c}{(L_T + L_c + L_b) V_m} \xi \tag{7-52}$$

尾水管在导叶或阀门之后，水锤现象与压力管道相反，其进口处压力下降相对值为

$$y_b = \frac{L_b V_b}{(L_T + L_c + L_b) V_m} \xi \tag{7-53}$$

求出尾水管的负水锤后，应校核尾水管进口处的真空度 H_r，以防水流中断

$$H_r = H_s + y_b H_0 + \frac{V_b^2}{2g} < 8 \sim 9 \text{ m} \tag{7-54}$$

式中：H_s 为水轮机的吸出高度；V_b 为尾水管进口断面在出现 y_b 时的流速。

7.1.6　水锤计算的计算机方法

根据简化水锤方程即数学物理中的波动方程导出的水锤计算连锁方程曾广泛用于计算管道水锤压力，其缺点是不能用于分析复杂管路和复杂边界的水锤，并且不能计入管道摩擦阻力的影响。计算机的飞速发展和应用研究带来了计算上的革命，Gray 和 Streeter 合作首先介绍了用计算机计算管道水锤的特征线法，随后 Streeter 出版了瞬变流专著奠定了用计算机分析管道水锤的基础。用特征线法计算水锤可分析复杂管路，也可处理复杂的边界条件，还可以计入摩擦阻力的影响(在低水头水电站中摩擦阻力的影响较大)。下面主要介绍特征线法的计算机算法。

7.1.6.1　特征线方法

特征线方法是将偏微分方程转化为全微分方程的型式，再对全微分方程进行积分，得到有限差分方程进行数值计算。

首先对 7.1.3 节介绍的水锤基本方程(7-1)和(7-2)进行适当简化。假设管道是水平的，且沿管道长度引水管的直径不变。另外，水锤的发生和衰减过程是在很短的时间内完成

的，所以在式(7－1)中$\frac{\partial v}{\partial x} \ll \frac{\partial v}{\partial t}$，式(7－2)中$\frac{\partial H}{\partial x} \ll \frac{\partial H}{\partial t}$。这样可以得到简化以后的水锤基本方程，分别命名为$L_1$和$L_2$

$$L_1 = g\left(\frac{\partial H}{\partial x}\right) + \frac{\partial v}{\partial t} + \frac{f}{2D} v|v| = 0 \tag{7-55}$$

$$L_2 = \frac{\partial H}{\partial x} + \frac{a^2}{g}\left(\frac{\partial v}{\partial x}\right) = 0 \tag{7-56}$$

引入特征值λ，将上面的两个方程进行线性组合，得

$$L = L_1 + \lambda L_2 = g\left(\frac{\partial H}{\partial x}\right) + \frac{\partial v}{\partial t} + \frac{f}{2D} v|v| + \lambda\left[\frac{\partial H}{\partial t} + \frac{a^2}{g}\left(\frac{\partial v}{\partial x}\right)\right] = 0 \tag{7-57}$$

将其整理为

$$L = \lambda\left[\frac{g}{\lambda}\frac{\partial H}{\partial x} + \frac{\partial H}{\partial t}\right] + \left[\lambda\frac{a^2}{g}\left(\frac{\partial v}{\partial x}\right) + \frac{\partial v}{\partial t}\right] + \frac{f}{2D} v|v| = 0 \tag{7-58}$$

特征线方法就是选择两个不同的实数特征值λ_1和λ_2，使得方程(7－58)成为一组全微分方程，并与方程(7－55)和(7－56)完全等价。设方程(7－58)的解为$v=v(x,t)$和$H=H(x,t)$，则

$$\begin{aligned} \frac{\mathrm{d}H}{\mathrm{d}t} &= \frac{\partial H}{\partial x}\frac{\mathrm{d}x}{\mathrm{d}t} + \frac{\partial H}{\partial t} \\ \frac{\mathrm{d}v}{\mathrm{d}t} &= \frac{\partial v}{\partial x}\frac{\mathrm{d}x}{\mathrm{d}t} + \frac{\partial v}{\partial t} \end{aligned} \tag{7-59}$$

对比方程(7－58)和(7－59)，假如下面的关系成立

$$\frac{\mathrm{d}x}{\mathrm{d}t} = \frac{g}{\lambda} = \lambda\frac{a^2}{g} \tag{7-60}$$

则方程(7－58)可以转化为全微分方程

$$\lambda\frac{\mathrm{d}H}{\mathrm{d}t} + \frac{\mathrm{d}v}{\mathrm{d}t} + \frac{f}{2D} v|v| = 0 \tag{7-61}$$

并且由式(7－60)可以得出

$$\lambda = \pm\frac{g}{a} \tag{7-62}$$

及

$$\frac{\mathrm{d}x}{\mathrm{d}t} = \pm a \tag{7-63}$$

式(7－63)说明，压力管道中的水压力以波的型式传播，其传播速度为a。当其取正值时，水锤压力波向水库方向传播，取负值时水锤波向水轮机方向传播，压力管道中的水锤压力就等于这两种波的叠加。在发生水锤的过程中，压力管道中的水压力分布不仅与时间有关，而且与位置有关，这是由于水锤波在管道中来回传播，管壁的阻力可以使水锤波逐渐减弱，而波的传播与叠加使得不同位置的压力也不尽相同。

当特征值λ分别取正值和负值时，将其代入方程(7－61)，可以得到两组方程，分别用C^+和C^-来命名，即

$$\left.\begin{aligned} &\frac{g}{a}\frac{\mathrm{d}H}{\mathrm{d}t} + \frac{\mathrm{d}v}{\mathrm{d}t} + \frac{f}{2D} v|v| = 0 \\ &\frac{\mathrm{d}x}{\mathrm{d}t} = +a \end{aligned}\right\} C^+ \tag{7-64a}$$

$$\left.\begin{aligned} -\frac{g}{a}\frac{\mathrm{d}H}{\mathrm{d}t}+\frac{\mathrm{d}v}{\mathrm{d}t}+\frac{f}{2D}v\,|v|=0 \\ \frac{\mathrm{d}x}{\mathrm{d}t}=-a \end{aligned}\right\}\ C^- \tag{7-64b}$$

将上述方程的解在 $x-t$ 平面上展开，就不难对它加以形象化说明。因为对于一个给定的管道，a 通常是常数，于是方程(7-64a)在 $x-t$ 平面上画出来是一根直线 AP；同样，方程(7-64b)在 $x-t$ 平面上是另一根直线 BP，如图 7-14 所示。我们将这些 $x-t$ 平面上斜率为 $\pm 1/a$ 的直线分别称为正特征线和负特征线。沿 C^+ 特征线，方程(7-64a)成立；沿 C^- 特征线，方程(7-64b)成立。特征线的实质说明了水锤波沿管路传播的过程。

7.1.6.2　**基本求解方法**

为了用有限差分法求解常微分方程(7-64)，首先将管道在长度方向离散成 N 等份，每一等份的长度为 Δx，每隔 Δt 时间计算一次水锤压力的分布，则在长度方向和时间方向的离散可以形成一个计算网格，如图 7-15 所示。

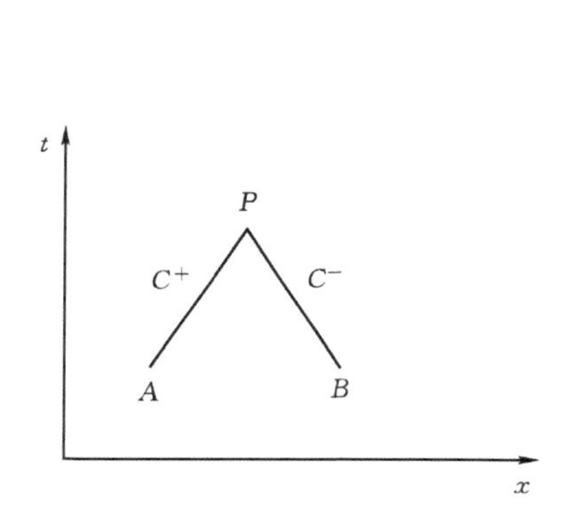

图 7-14　特征线

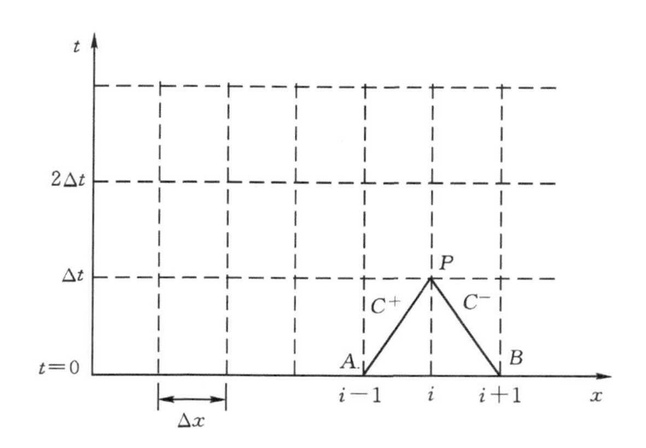

图 7-15　单一管道求解的 $x-t$ 网络图

如果计算的时间步长取为 $\Delta t=\dfrac{\Delta x}{a}$，则网格的对角线斜率为 $+1/a$ 或 $-1/a$，即满足方程(7-64a)或(7-64b)中的第二个方程。如果 A 点的变量 v 和 H 是已知的，那么沿着 C^+ 方向的特征线从 A 到 P 进行积分，同时注意到$\dfrac{a\mathrm{d}t}{g}=\dfrac{\mathrm{d}x}{g}$，并用流量 Q 代替流速 v，可以得到

$$\int_{H_A}^{H_P}\mathrm{d}H+\frac{a}{gA}\int_{Q_A}^{Q_P}\mathrm{d}Q+\frac{f}{2DgA^2}\int_{X_A}^{X_P}Q\,|Q|\,\mathrm{d}x=0 \tag{7-65}$$

同理，对方程组 C^-，$\dfrac{a\mathrm{d}t}{g}=\dfrac{\mathrm{d}x}{g}$，可得

$$\int_{H_A}^{H_P}\mathrm{d}H-\frac{a}{gA}\int_{Q_A}^{Q_P}\mathrm{d}Q-\frac{f}{2DgA^2}\int_{X_A}^{X_P}Q\,|Q|\,\mathrm{d}x=0 \tag{7-66}$$

式中所包含的 $Q|Q|$ 是与 x 有关的变量，在近似计算中可用 A 点或 B 点的值表示。若 Δx 取得足够小，其一次近似即可满足要求，代入 A、B 值得

$$H_P-H_A+\frac{a}{gA}(Q_P-Q_A)+\frac{f\Delta x}{2DgA^2}Q_A\,|Q_A|=0 \tag{7-67a}$$

$$H_P - H_B - \frac{a}{gA}(Q_P - Q_B) - \frac{f\Delta x}{2DgA^2}Q_B|Q_B| = 0 \tag{7-67b}$$

在上面两个方程中，A 点和 B 点的变量值是已知的，而未知量只有 H_P 和 Q_P，两个方程联立可以求解之。

发生水锤过程之前或发生之初(即 $t=0$ 时)，管道中的水流呈稳定流状态，各点的 H、V 是已知的。在 $t=\Delta t$ 时刻，管道中任一点的流动状态可由式(7-67a)和式(7-67b)解出，进而可以再对 $t=2\Delta t$ 时刻的流动状态进行计算。但需要注意的是，对管道两端的边界点，由于只能利用式(7-67a)和式(7-67b)中的一个方程，所以还必须应用管道的边界条件才能求解。引入流量与流速的关系 $Q=VA$(A 为管道断面积)，并将计算过程中与管道特性有关的常数进行简化，令：$B=\frac{a}{gA}$，$R=\frac{f\Delta x}{2gDA^2}$。则方程(7-67)可以写成

$$C^+：H_P = H_A - B(Q_P - Q_A) - RQ_A|Q_A| \tag{7-68a}$$

$$C^-：H_P = H_B + B(Q_P - Q_B) + RQ_B|Q_B| \tag{7-68b}$$

对于特征网格上的任意截面 i 点，上述两个方程可以改写为

$$C^+：H_i = H_{i-1} - B(Q_i - Q_{i-1}) - RQ_{i-1}|Q_{i-1}| \tag{7-69a}$$

$$C^-：H_i = H_{i+1} + B(Q_i - Q_{i+1}) + RQ_{i+1}|Q_{i+1}| \tag{7-69b}$$

令

$$C_{Pi} = H_{i-1} + BQ_{i-1} - RQ_{i-1}|Q_{i-1}| \tag{7-70a}$$

$$C_{Mi} = H_{i+1} - BQ_{i+1} + RQ_{i+1}|Q_{i+1}| \tag{7-70b}$$

代入(7-69)得

$$C^+：H_i = C_{Pi} - BQ_i \tag{7-71a}$$

$$C^-：H_i = C_{Mi} + BQ_i \tag{6-71b}$$

因此可以求解出

$$H_i = \frac{1}{2}(C_{Pi} + C_{Mi}) \tag{7-72a}$$

$$Q_i = \frac{1}{B}(H_i - C_{Mi}) \tag{7-72b}$$

或

$$Q_i = \frac{1}{B}(C_{Pi} - H_i) \tag{7-72c}$$

观察图 7-15 中的网格，可以看到，系统中的两个端点，从第一时步以后，开始影响内部的点。所以，为了求得任意时刻的解，必须引入相应的边界条件。水电站有压引水系统的边界条件见 7.1.3 节。

水锤计算的步骤总结如下。

(1)确定计算时间步长 Δt。由于采用矩形网格进行计算，故一般取 $\Delta t=\Delta x/a$。考虑到水锤波速 a 是确定的，所以关键在于选定 Δx。通常可根据管道布置及精度要求将整个管路系统分成很多管段，各管段的两端或为内点，或为边界点。由于波速随管道特性而变化，而 Δt 又是常数，所以不同管道的管段长 Δx 是不相同的。另外，从数学上可以证明，只有当 $\Delta t \leqslant \frac{\Delta x}{a}$ 时，

差分计算格式才是稳定的。

(2)计算各节点在恒定流状态下(即起始状态)的水压力分布和流量值。

(3)增加一个 Δt,按上述所列的公式计算该时刻管道各内部节点处的水头和流量。

(4)计算同一时刻水轮机处的水头、流量。

7.1.6.3　**计算程序**

根据上面的计算原理,编制了一个简单管道的水锤压力计算程序,读者可以从课程网站上将代码下载下来调试学习,其主要目的是说明计算程序的编制方法。

7.1.6.4　**计算实例**

有一长 400 m 的水轮机管道,直接从水库引水。水轮机阀门在全开状态时,管道内水流流量 56.55 m^3/s,净水头 $H_0=120$ m。管道直径 4 m,其粗糙率系数为 0.012,水锤波速为 1200 m/s。阀门在 2.4 s 中按线性变化规律关闭到 0,求最大水锤压力。

数据文件为:

```
41   900        1     1
     2.4          0.01         400.0        4.00        56.55        0.0
   120.0          0.012       1200.0
     0.0         10.0           20.0        30.0        40.0         50.0        60.0
    70.0         80.0           90.0       100.0       110.0        120.0       130.0
   140.0        150.0          160.0       170.0       180.0        190.0       200.0
   210.0        220.0          230.0       240.0       250.0        260.0       270.0
   280.0        290.0          300.0       310.0       320.0        330.0       340.0
   350.0        360.0          370.0       380.0       390.0        400.0
```

计算结果:阀门处最大水锤压力 225.7691 m,最小水锤压力 15.6038 m,相当于水头压力升高 105.7691 m,降低 104.3962 m。阀门处水压力的变化过程如图 7-16 所示。

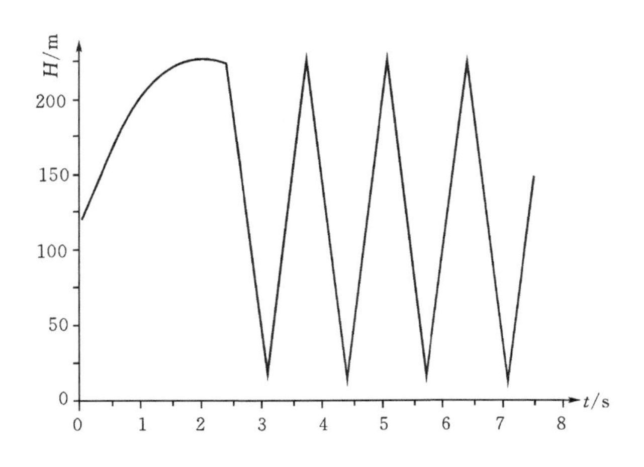

图 7-16　阀门处水压力变化过程

7.1.7 机组转速变化计算

机组与电力系统解列后负荷变为零，此时多余的能量转化为机械能，使机组转速上升，水轮机调节机构开始关闭导叶，水轮机的引用流量逐渐减小，机组出力逐渐下降，同时在引水系统产生水锤压力。当关闭到空转开度时出力变为零。导叶关闭过程中所产生的能量，完全被机组转动部分所消耗，造成机组转速的升高。

在机组调节过程中，转速变化通常以相对值表示，称为转速变化率 β，又称为暂态不均衡率。

丢弃负荷时

$$\beta = \frac{n_{max} - n_0}{n_0} \tag{7-73}$$

增加负荷时

$$\beta = \frac{n_0 - n_{min}}{n_0} \tag{7-74}$$

式中：n_0为机组额定转速；n_{max}为丢弃负荷后的最高转速；n_{min}为增加负荷后的最低转速。

7.1.7.1 机组运动方程

机组作为刚体绕主轴旋转，其运动方程为

$$J\frac{d\omega}{dt} = M_t - M_g = M \tag{7-75}$$

式中：ω 为机组角速度；M_t 为作用于机组上的动力矩；M_g 为作用于机组上的阻力矩；M 为不平衡力矩；J 为机组转动部分的惯性矩。

负荷不变时，$M_t = M_g$，$M=0$，$\frac{d\omega}{dt}=0$，转速不变；机组丢弃负荷时，$M_t > M_g$，$M>0$，$\frac{d\omega}{dt}>0$，转速上升；增加负荷时，$M_t < M_g$，$M<0$，$\frac{d\omega}{dt}<0$，转速下降。

7.1.7.2 机组转速变化率计算近似公式

1."列宁格勒金属工厂"公式

当丢弃负荷时，假定导叶按直线规律关闭，忽略了转速变化、效率变化等因素的影响，且先不考虑水锤压力升高对出力的影响，则水轮机的出力与时间成直线变化，如图 7-17 所示。

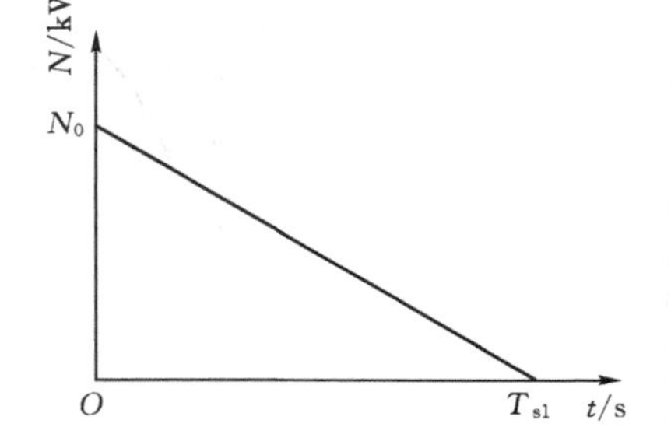

图 7-17 丢弃负荷时出力与时间的关系

当丢弃负荷后，在关闭时间 T_{s1} 内产生多余的能量为

$$E = \frac{102N_0T_{s1}}{2} \tag{7-76}$$

式中：T_{s1}为导叶关闭至空转的时间；对于冲击式和混流式水轮机 $T_{s1}=0.9T_s$；对于轴流式水轮机 $T_{s1}=0.7T_s$；102 为单位转换系数，由出力 N_0的千瓦数变为 $kg \cdot m \cdot s^{-1}$；N_0为机组丢弃负荷前的出力，以 kW 计。

未被发电机输出的能量 E 完全转化为机组转动部分的动能，使其转速增加，其关系式为

$$\frac{102N_0T_{s1}}{2}=J\frac{\omega_{max}^2-\omega_0^2}{2} \tag{7-77}$$

式中：J 为惯性矩，$J=\sum m_ir_i^2=\sum\frac{G_iD_i^2}{4g}=\frac{GD^2}{4g}$，$G$ 为转动部分重量(t)，D 是转动部分惯性直径(m)，如果以 kg 计，$J=1000\frac{GD^2}{4g}$，kg·m·s^2；ω_0 为机组额定角速度，$\omega_0=\frac{\pi n_0}{30}$；$n_0$ 是机组每分钟的额定转速；ω_{max} 为机组最大角速度，$\omega_{max}=\frac{\pi n_{max}}{30}$。

将上述已知值和 $\beta=\frac{n_{max}-n_0}{n_0}$ 代入式(7-77)，得

$$\frac{102N_0T_{s1}}{2}=\frac{GD^2\pi^2}{7.2g}n_0^2\beta(\beta+2)=\frac{GD^2\pi^2}{7.2g}n_0^2(\beta^2+2\beta)$$

解上式并去掉不合理的根得

$$\beta=\sqrt{1+\frac{365N_0T_{s1}}{n_0^2GD^2}}-1 \tag{7-78}$$

在调节过程中由于水锤压力影响，使水轮机出力增加或减少，因此需要考虑水锤修正系数 f，其值根据图 7-18 给出的曲线查得。

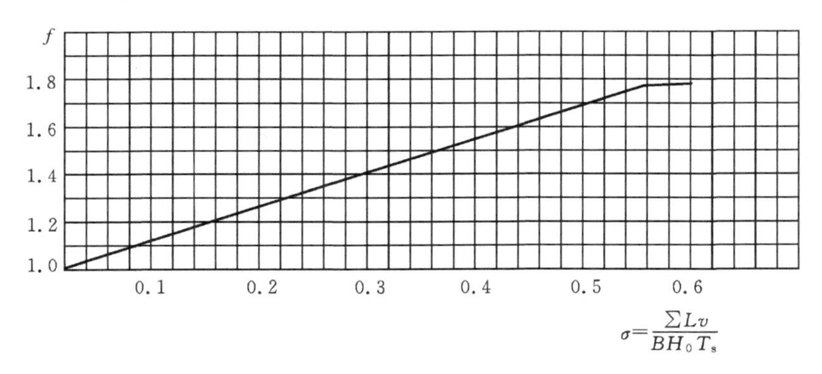

图 7-18　水锤修正系数

丢弃负荷时

$$\beta=\sqrt{1+\frac{365N_0T_{s1}f}{n_0^2GD^2}}-1 \tag{7-79}$$

增加负荷时

$$\beta=1-\sqrt{1-\frac{365N_0T_{s1}f}{n_0^2GD^2}} \tag{7-80}$$

2."长江流域规划办公室"公式

针对"列宁格勒工厂"公式未考虑迟滞时间的缺点，我国"长办"提出了一个修正公式。当水电站突丢负荷后，由于调速系统惯性的影响，导叶经过一小段迟滞时间 T_c 以后才开始关闭动作，如图 7-19 所示。机组转速经历 T_c 和升速时间 T_n。(T_n 定义为水轮机出力自 N_0 降到零时的历时)后达到最大值 n_{max}。

丢弃负荷后多余能量为 $N-t$ 曲线所包围的面积，其值为

$$E = 102(N_0 T_c + \frac{1}{2} N_0 T_n f) \tag{7-81}$$

式中：T_c为调节迟滞时间，$T_c = T_A + 0.5\delta T_a$，$T_A$是导叶不动作时间，电调调速器取 0.1 s，机调调速器取 0.2 s；δ 是调速器残留不均衡度，一般为 0.02～0.06；T_a为机组时间常数，以 s 计，$T_a = \frac{n_0^2 GD^2}{365 N_0}$；$T_n$为升速时间，$T_n = (0.9 - 0.00063 n_s) T_s$，$n_s$ 为比转速；f 为水锤影响系数，可根据管道特性系数，从图 7-20 中查出。

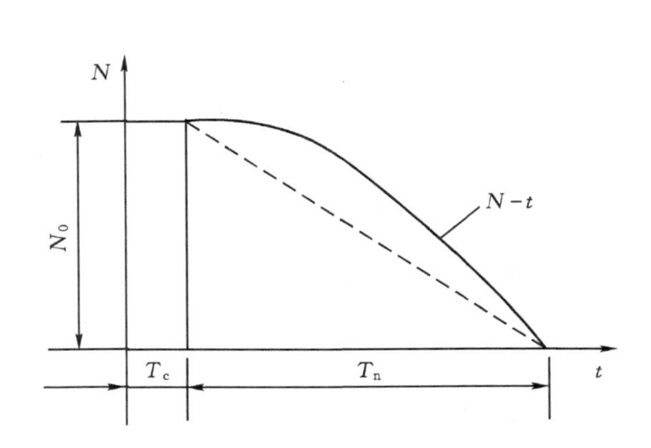

图 7-19　N-t 曲线

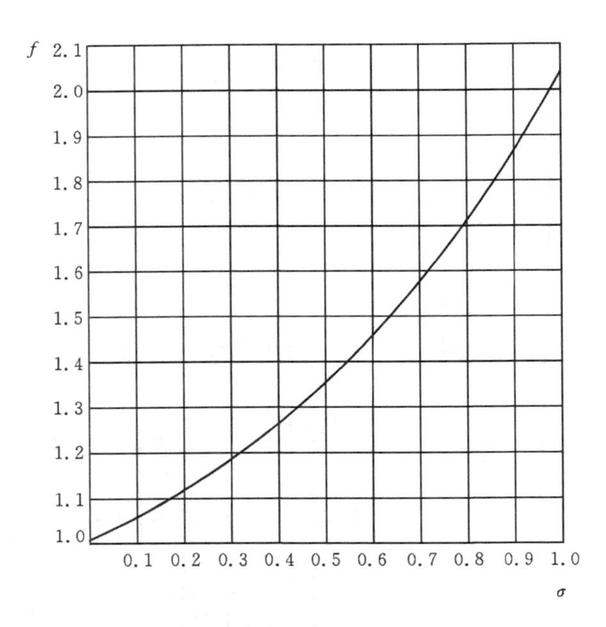

图 7-20　水锤影响系数

机组剩余能量将转化为机组转动部分的动能，转速因而升高。

$$102(N_0 T_c + \frac{1}{2} N_0 T_n f) = \frac{1}{2} J (\omega_{max}^2 - \omega_0^2) \tag{7-82}$$

解出

$$\beta = \sqrt{1 + \frac{365 N_0}{n_0^2 GD^2}(2T_c + T_n f)} - 1 \tag{7-83}$$

7.1.8　调节保证计算标准和改善调节保证的措施

7.1.8.1　调节保证计算标准和计算条件

所谓调节保证计算标准，是指水锤压力和转速变化在技术经济上合理的允许值。这种标准在技术规范中有所规定，但这是在一定时期、一定技术水平和经济条件下制定的，应用时应结合具体情况加以确定。

1. 水锤压力的计算标准

(1)压力升高。水锤压力的最大升高值通常以相对值 $\xi_{max} = (H_{max} - H_0)/H_0$ 表示。H_0与H_{max}分别表示发生水锤前后作用于水轮机的静水头及最大水头值，其限制值主要根据技术经济要求确定，目前一般采用下列数值：

当 $H_0>100$ m 时，$\xi_{max}=0.15\sim0.30$；当 $H_0=40\sim100$ m 时，$\xi_{max}=0.30\sim0.50$；当 $H_0<40$ m 时，$\xi_{max}=0.50\sim0.70$。

(2)压力降低。在压力引水系统的任何位置均不允许产生负压，且应有 2～3 m 水柱高的余压，以保证管道尤其是钢管的稳定，并防止水柱分离。尾水管进口的允许最大真空度为 8 m 水柱高。

2. 转速变化的计算标准

限制机组转速过大的变化主要是为了保证机组正常运行和供电的质量。在丢弃全负荷的情况下，主要是防止机组超过其强度而产生破坏、振动和由于过速引起过电压而造成发电机电气绝缘的损坏。

最大转速变化值通常以相对值 $\beta_{max}=(n_{max}-n_0)/n_0$ 表示。n_0 及 n_{max} 分别表示机组正常转速及调节过程中的最大转速。目前对全丢负荷时机组转速上升的允许值争论较多。考虑到目前国内机组的设计、制造、运行等情况，其允许值 β_{max} 可按以下情况考虑：

①当机组容量占电力系统总容量的比重较大，且担负调频任务时，宜小于 45%；

②当机组容量占电力系统总容量的比重不大或担负基荷时，宜小于 55%；对斗叶式水轮机，宜小于 30%。

③当大于上述值时，应有所论证。

3. 调节保证的计算条件

(1)水锤压强计算条件。管道中的最大内水压强一般控制在以下两种工况。

①上游最高水位时，电站丢弃负荷，此时电站流量和水锤压强都不是最大值，但由于管道中的静水压较高，叠加的结果可能成为控制工况。

②设计水头下电站丢弃负荷。管道中的静水压较低，但电站的流量和水锤压力较大，叠加的结果也可能成为控制工况。

当压力管道为单元供水时，一般按丢弃全负荷考虑；当压力管道为联合供水时，若与管道连接的所有机组由一个回路出线，则应按这些机组同时丢弃全负荷考虑；若这些机组由两个或两个以上回路出线，则应根据具体情况分析而定。

管道中的最小内水压强一般控制在以下两种工况。

①上游最低水位时，电站丢弃负荷。导叶关闭后的正水锤经水库和导叶反射而成为负水锤。

②上游最低水位时，电站最后一台机组投入运行。

(2)转速上升率的控制工况。转速上升率的控制工况通常在设计水头下水电站丢弃全负荷。

7.1.8.2　减小水锤压强的措施

1. 缩短压力管道的长度

缩短压力管道长度，使从进水口反射回来的水锤波能够较早地回到压力管道末端，从而减小水锤值。从管道特性系数 $\sigma=\dfrac{LV_{max}}{gH_0T_s}$ 中可看出，减小 L 可以减小 σ，再从水锤计算近似公式中可看出，σ 减小可使 ξ_m^A 或 ξ_1^A 减小。在较长的引水系统中，设置调压室，是缩短压力管道的常用措施，这将在下一章详细讨论。

2. 减小压力管道中的流速

减小流速可减小压力管道中单位水体的动量，从而减小水锤压力。但是水电站在运行中要求流量是一定的，要减低流速势必要加大管径，增加管道造价。因此用加大管径办法降低水锤压强，往往是不经济的，但在一定条件下，如果适当加大管径后便可不设调压室，还是比较合理的。

3. 延长有效的关闭时间

延长有效的关闭时间 T_s，可使管道内水体动量的变化率减小，从而降低水锤压力。但增大 T_s会使机组转速变化率 β 值增加，甚至超过允许值。要解决这个矛盾，可采取以下措施。

(1)反击式水轮机设置减压阀(空放阀)。如图 7－21 所示，在蜗壳的进口附近装设减压阀。在关闭过程中，导叶按照保证转速变化率不超过允许值所要求的关闭时间 T_s关闭，同时，受到同一调速器控制的减压阀及时打开，向下游泄放部分流量。导叶完全关闭时，减压阀的流量达最大值，以后减压阀逐渐地关闭。整个泄水历时为 T，因而水锤压力可以减小。

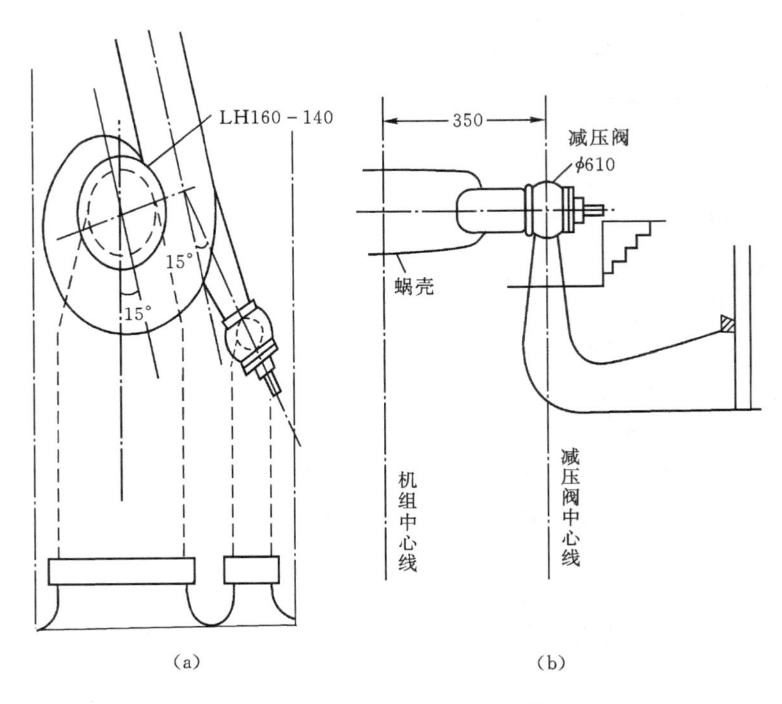

图 7－21　减压阀装置示意图

减压阀在机组增加负荷时不起作用。它构造复杂，造价较贵，需增加厂房尺寸。但是在水头较高、机组台数不多的水电站，设置减压阀有可能省掉调压室，可在技术、经济上获得明显效益。

(2)冲击式水轮机的机组装置偏流器(折流器)。在喷嘴出口装置偏流器，丢弃负荷时，它能以较快速度在 1～2 s 内动作，将射流偏折，离开转轮，防止机组转速变化过大。针阀以较慢速度关闭，从而减小水锤压力。偏流器在增荷时不起作用。偏流器构造简单，造价便宜，且无需增加厂房的尺寸，在水斗式水轮机的机组经常采用。

(3)设置水阻器。水阻器是一种利用水阻消耗能量的设备，它与发电机母线相联，用调速器操作。当机组丢弃负荷时，调速器使水阻器投入，将机组原来输入系统的功率消耗于水阻之中，也就是用水阻代替机组原有的负荷，然后调速器在一个较长时间内将水轮机导叶逐渐关闭。

4.选择合理的调节规律

前面已讨论导叶开度的变化规律对水锤压力的影响，如图7-11所示。由图可以看出，采用合理的关闭规律能有效地降低水锤压力值。在中低水头电站中，最大水锤压强常出现在调节过程终了，水轮机导叶可采取先快后慢的关闭规律，以提高开始阶段的水锤压强，降低终了阶段的水锤值；对于高水头电站，最大水锤压强通常出现在调节过程开始阶段，可采用相反的调节规律。

7.2　调压室

7.2.1　调压室的功用、要求及设置调压室的条件

7.2.1.1　调压室的功用

为了改善水锤现象，常在有压引水隧洞(或水管)与压力管道衔接处建造调压室。调压室利用扩大的断面和自由水面反射水锤波，将有压引水系统分成两段：上游段为有压引水隧洞，调压室使隧洞基本上避免了水锤压力的影响；下游段为压力管道，由于长度较短，从而降低了压力管道中的水锤值，改善了机组的运行条件。根据理论研究和工程实践证明，可以将调压室对水电站的功用分为三个主要方面。

(1)反射水锤波。如果设置合理的调压室，基本上避免(或减少)了压力管道中的水锤波进入有压引水道。

(2)缩短了压力管道的长度，从而减小压力管道及厂房过流部分的水锤压力。

(3)改善机组在电力系统负荷变化时的运行条件及电力系统供电质量。

按照人们的习惯，调压室大部分或全部设置在地面以上的称为调压塔，调压室大部分埋于地面以下的，则称为调压井。

7.2.1.2　对调压室的基本要求

根据调压室的功用，调压室应满足以下基本要求。

(1)调压室的位置应尽量靠近厂房，以缩短压力管道的长度。

(2)调压室能较充分地反射压力管道传来的水锤波。调压室对水锤波的反射愈充分，愈能减小压力管道和引水道中的水锤压力。

(3)调压室的工作必须是稳定的。在负荷变化时，引水道及调压室水体的波动应该迅速衰减，达到新的恒定状态。

(4)正常运行时，水头损失要小。为此调压室底部和压力管道连接处应具有较小的断面积，以减小水流通过调压室底部的水头损失。

(5)工程安全可靠，施工简单方便，造价经济合理。

上述各项要求之间会存在一定程度的矛盾，所以必须根据具体情况统筹考虑各项要求，进行全面的分析比较，审慎地选择调压室的位置、型式及轮廓尺寸。

7.2.1.3 设置调压室的条件

如前所述，在有压引水系统中设置调压室后，一方面使有压引水道基本上避免了水锤压力的影响，减小了压力管道中的水锤压力，改善了机组运行条件，从而减少了它们的造价；但另一方面却增加了设置调压室的造价，所以是否需要设置调压室应进行方案的技术、经济比较来决定。我国《水电站调压室设计规范》(NB/T 35021—2014)建议以下式作为初步判别是否需要设置上游调压室的近似准则

$$T_w = \frac{\sum LV}{gH} \tag{7-84}$$

式中：L 为压力水道(包括蜗壳及尾水管)长度，单位为 m；V 为压力水道中的平均流速，单位为 m/s；g 为重力加速度，取 $g=9.81\ m/s^2$；H 为设计水头，单位为 m；T_w 为压力水道的惯性时间常数，单位为 s。当 $T_w<2\sim4$ s 可不设调压室。

在电力系统单独运行或机组容量在电力系统中所占比重超过 50%时，T_w 宜用小值；对比重小于 10%～20%的电站，可取大值。

计算 T_w 时，采用的流量与水头应为相互对应值，即采用最大流量时，应用与之相对应的额定水头；若采用最小水头，应用与之相对应的流量。

在有压尾水道中，为了避免水轮机停机时连续水流的间断，铺设尾水管调压室的尾水道的临界长度可按下式初步确定

$$L_w = \frac{5T_s}{V}\left(8 - \frac{\nabla}{900} - \frac{V_d^2}{2g} - H_s\right) \tag{7-85}$$

式中：L_w 为压力尾水管的长度，单位为 m；T_s 为水轮机导叶关闭时间，单位为 s；V 为水轮机恒定运行时尾水管水道中的平均流速，单位为 m/s；V_d 为尾水管进口流速，单位为 m/s；∇为水轮机安装高程，单位为 m；H_s 为水轮机的吸出高度，单位为 m。

最终通过调节保证计算，机组丢弃全负荷后尾水管进口的最大真空度不宜大于 8 mH_2O。

7.2.2 调压室的工作原理和基本方程

7.2.2.1 调压室的工作原理

水电站在运行时电力系统负荷会经常发生变化。负荷变化时，机组就需要相应地改变引用流量，从而在引水系统中引起非恒定流现象。压力管道中的非恒定流现象(即水锤现象)在上一章中已经加以讨论。引用流量的变化，在"引水道-调压室"系统中亦将引起非恒定流现象，这正是本节要加以讨论的内容。

当水电站以某一固定出力运行时，水轮机的引用流量 Q_0 保持不变，因此通过整个引水系统的流量均为 Q_0，调压室的稳定水位比上游水位低 Q_0。h_{w0} 为 Q_0 通过引水道时所造成的水头损失。

当电站丢齐全负荷时，水轮机的流量由 Q_0 变为零，压力管道中发生水锤现象。压力管道的水流经过一个短暂的时间后就停止流动。此时，引水道中的水流由于惯性作用仍继续流向调压室，引起调压室水位升高，使引水道始末两端的水位差随之减小，因而其中的流速也逐渐减慢。当调压室的水位达到水库水位时，引水道始末两端的水位差等于零，但其中水流由于惯性作用仍继续流向调压室，使调压室水位继续升高直至引水道中的流速等于零为止，此时调压室水位达到最高点。因为这时调压室的水位高于水库水位，在引水道的始末又形成了新的水

位差，所以水又向水库流去，即形成了相反方向的流动，调压室中水位开始下降。当调压室中水位达到库水位时，引水道始末两端的压力差又等于零，但这时流道水流流速不等于零，由于惯性作用，水位继续下降，直至引水道流速减到零为止，此时调压室水位降低到最低点，此后引水道中的水流又开始流向调压室，调压室水位又开始回升。这样，引水道和调压室中的水体往复波动。由于摩阻的存在，运动水体的能量被逐渐消耗，因此，波动逐渐衰减，最后全部能量被消耗掉，调压室水位稳定在水库水位。调压室水位波动过程如图 6-48 中右上方的一条水位变化过程线所示。当水电站增加负荷时，水轮机引用流量加大，引水道中的水流由于惯性作用，尚不能立即满足负荷变化的需要，调压室需首先放出一部分水量，从而引起调压室水位下降，这样室库间形成新的水位差，使引水道的水流加速流向调压室。当调压室中水位达到最低点时，引水道的流量等于水轮机的流量，但因室库间水位差较大，隧洞流量继续增加，并超过水轮机的需要，因而调压室水位又开始回升，达最高点后又开始下降，这样就形成了调压室水位的上下波动。由于能量的消耗，波动逐渐衰减，最后稳定在一个新的水位。此水位与库水位之差为引水道通过水轮机引用流量的水头损失。水位变化过程如图 6-48 中右下方的一条水位变化过程线所示。

从以上的讨论可知，“引水道-调压室”系统非恒定流的特点是大量水体的往复运动，其周期较长，伴随着水体运动有不大的和较为缓慢的压力变化。这些特点与水锤不同。在一般情况下，当调压室水位达到最高或最低点之前，水锤压力早已大大衰减甚至消失，两者的最大值不会同时出现，因此在初步估算时可将两者分开计算，取其大者。但在有些情况下，如调压室底部的压力变化较快(如阻抗式或差动式调压室)或水轮机的调节时间较长(如设有减压阀或折流板等)，这时水锤压力虽小，但延续时间长，则需进行调压室波动和水锤的联合计算，或将两者的过程线分别求出，按时间叠加，求出各点的最大压力。

在增加负荷或丢弃部分负荷后，电站继续运行，调压室水位的变化影响发电水头的大小，调速器为了维持恒定的出力，随调压室水位的升高和降低，将相应地减小和增大水轮机流量，这进一步激发了调压室水位的变化。因此调压室的水位波动，可能有两种情况：一种是逐步衰减的，波动的振幅随时间而减小；另一种是波动的振幅不衰减甚至随时间而增大，成为不稳定的波动，产生这种现象的调压室其工作是不稳定的，在设计调压室时应予以避免。

研究调压室水位波动的目的主要是：

(1)求出调压室中可能出现的最高和最低涌波水位及其变化过程，从而决定调压室的高度和引水道的设计内水压力及布置高程；

(2)根据波动稳定的要求，确定调压室所需的最小断面面积。

7.2.2.2　调压室的基本方程

如图 7-22 所示为一具有调压室的有压引水系统示意图。当水轮机引用流量 Q 固定不变时，隧洞中的水流为恒定流，通过隧洞的流量即为水轮机引用流量，此时隧洞中的流速 V 和调压室中的水位 Z 均为固定的常数。

当水轮机引用流量 Q 发生变化时，调压室中水位及隧洞中流速均将发生变化，引水道中的流速 V 和调压室的水位 Z 均为时间 t 的函数。

根据水流连续性定律，水轮机在任何时刻所需要的流量 Q 由两部分组成：来自引水道的流量 fV 和调压室流出的流量 $F\frac{\mathrm{d}Z}{\mathrm{d}t}$，此处 F 为调压室的断面面积，$\frac{\mathrm{d}Z}{\mathrm{d}t}$为调压室水位下降速度。

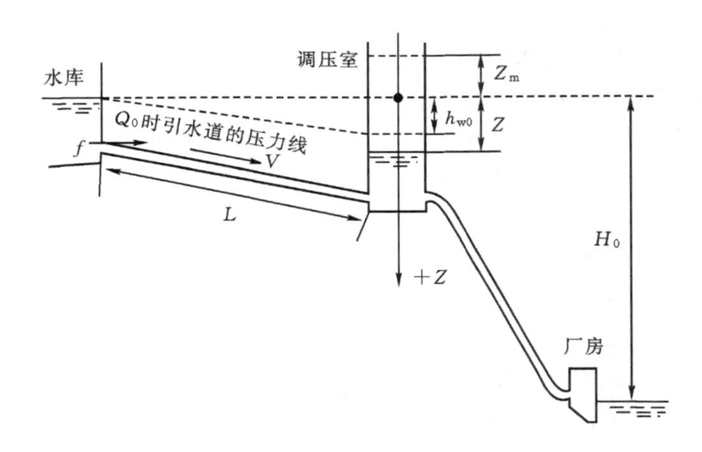

图 7-22 具有调压室的水电站有压引水示意图

由此得水流的连续性方程

$$Q = fV + F\frac{dZ}{dt} \tag{7-86}$$

式中:Z 以水库水位为基准,向下为正。

在引水道内为非恒定流的情况下,如果不考虑引水道和水的弹性变形及调压室中的水体惯性,设 h_w 为引水道中通过流量 Q 时的水头损失,Z 为调压室中瞬时水位与静水位的差值,根据牛顿第二定律,引水道中水体质量与其加速度的乘积等于该水体所受的力,即

$$Lf\frac{\gamma}{g}\frac{dV}{dt} = f\gamma(Z - h_w)$$

由此得出水流的动力方程

$$Z = h_w + \frac{L}{g}\frac{dV}{dt} \tag{7-87}$$

调压室的微小水位波动将引起水轮机水头的变化,从而引起水轮机出力的变化,而机组的负荷不变,因此调速器必须随着水头的变化相应地改变水轮机的流量,以适应负荷不变的要求。如调压室水位发生一微小变化 x,调速器使水轮机的流量相应地改变一微小数值 q,此时压力管道的水头损失为 h_{wm},由此得等式

$$\gamma Q_0(H_0 - h_{w0} - h_{wm0})\eta_0 = \gamma(Q_0 + q)(H_0 - h_w - x - h_{wm})\eta \tag{7-88}$$

当水轮机的水头和流量变化不大时,可近似地假定效率 η 保持不变,即 $\eta = \eta_0$,由此得出力方程

$$Q_0(H_0 - h_{w0} - h_{wm0}) = (Q_0 + q)(H_0 - h_w - x - h_{wm}) \tag{7-89}$$

式中:h_{wm0} 为压力管道通过流量 Q_0 时的水头损失值;h_{w0} 为引水道通过流量 Q_0 时的水头损失值。

式(7-87)、式(7-88)和式(7-89)是进行调压室水力计算的基本方程式。

7.2.3 调压室的基本类型

7.2.3.1 调压室的基本布置方式

根据水电站不同的条件和要求,调压室可以布置在厂房的上游或下游,有些情况下在厂房

的上、下游都需要设置调压室而成为双调压室系统。调压室在引水系统中的布置有以下四种基本方式。

1. 上游调压室（引水调压室）

调压室在厂房上游的有压引水道上，如图 7－23(a)所示，它适用于厂房上游有压引水道比较长的情况，这种布置方式应用最广泛，后面我们还要较详细地讨论。

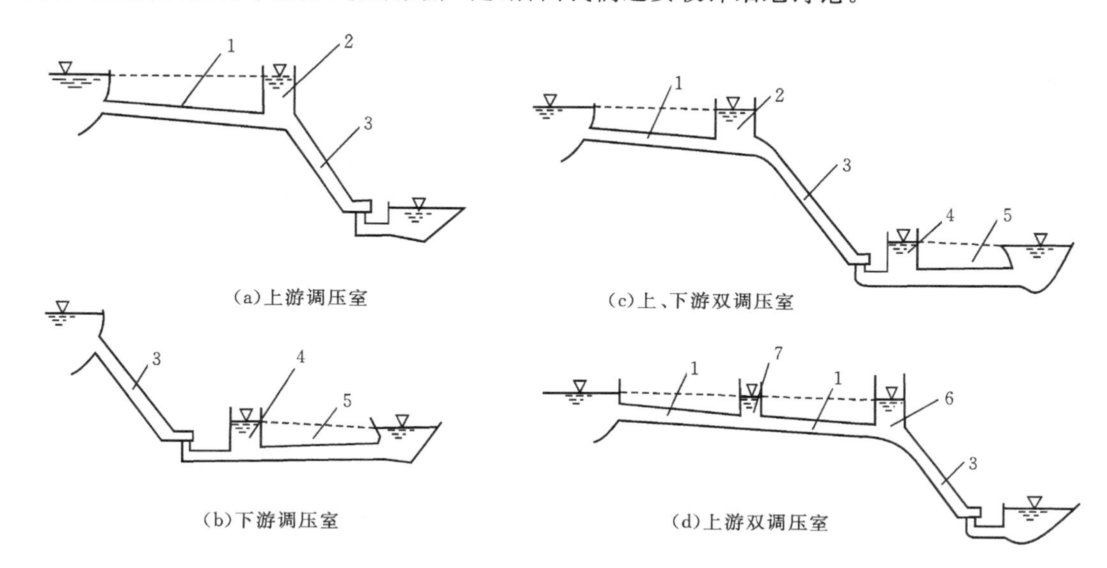

图 7－23　调压室的布置方式

1—压力引水道；2—上游调压室；3—压力管道；4—下游调压室；

5—压力尾水道；6—主调压室；7—副调压室

2. 下游调压室（尾水调压室）

当厂房下游具有较长的有压尾水隧洞时，需要设置下游调压室以减小水锤压力，如图 7－23(b)所示，特别是防止丢弃负荷时产生过大的负水锤，因此尾水调压室应尽可能地靠近水轮机。

尾水调压室是随着地下水电站的发展而发展起来的，均在岩石中开挖而成，其结构型式除了满足运行要求外，常决定于施工条件。

尾水调压室的水位变化过程，正好与引水调压室相反。当丢弃负荷时，水轮机流量减小，调压室需要向尾水隧洞补充水量，因此水位首先下降，达到最低点后再开始回升；在增加负荷时，尾水调压室水位首先开始上升，达到最高点后再开始下降。在电站正常运行时，调压室的稳定水位高于下游水位，其差值等于尾水隧洞中的水头损失。尾水调压室的水力计算基本原理及公式与上游调压室相同，应用时要注意符号的方向。

3. 上、下游双调压室系统

在有些地下式水电站中，厂房的上、下游都有比较长的有压引水道，为了减小水锤压力，改善电站的运行条件，在厂房的上、下游均设置调压室而成为双调压室系统，如图 7－23(c)所示。当负荷变化，水轮机的流量随之发生变化时，两个调压室的水位都将发生变化，而任一个调压室的水位的变化，都将引起水轮机流量新的改变，从而影响到另一个调压室的水位的变化，因此两个调压室的水位变化是相互制约的，使整个引水系统的水力现象大为复杂，当引水隧洞的特性和尾水隧洞接近时，可能发生共振。因此设计上、下游双调压室时，不能只限于推求波动的第一振幅，而应该求出波动的全过程，研究波动的衰退情况，但在全弃负荷时，上、下游调压室互不影响，可分别求出最高和最低水位。

4. 上游双调压室系统

在上游较长的有压引水道中，有时设置两个调压室，如图 7－23(d)所示。靠近厂房的调压室对于反射水锤波起主要作用，称为主调压室；靠近上游的调压室用以反射越过主调压室的水锤波，改善引水道的工作条件，帮助主调压室衰减引水系统的波动，因此称之为辅助调压室。辅助调压室愈接近主调压室，所起的作用愈大，反之，愈向上游其作用愈小。引水系统波动衰减由两个调压室共同担当，增加一个调压室的断面，可以减小另一个调压室的断面，但两个调压室所需要的断面之和应大于只设置一个调压室时所需的断面。当引水道中有施工竖井可以利用时，采用双调压室方案可能是经济的；有时因电站扩建，原调压室容积不够而增设辅助调压室；有时因结构、地质等原因，设置辅助调压室以减小主调压室的尺寸。

上游双调压室系统的波动是非常复杂的，相互制约和诱发的作用很大，整个波动并不成简单的正弦曲线，因此，应合理选择两个调压室的位置和断面，使引水系统的波动能较快地衰减。

7.2.3.2 调压室的基本结构型式

1. 简单式调压室

如图 7－24(a)、(b)所示，简单式调压室包括无连接管与有连接管两种型式，连接管的断面面积应不小于调压室处压力水道断面面积，简单式调压室的特点是结构形式简单，反射水锤波的效果好，但在正常运行时隧洞与调压室的联接处水头损失较大，当流量变化时调压室中水位波动的振幅较大，衰减较慢，所需调压室的容积较大，因此一般多用于低水头或小流量的水电站。

2. 阻抗式调压室

将简单式调压室的底部，用断面较小的短管或孔口与隧洞和压力管道联接起来，即为阻抗式调压室，如图 7－24(c)、(d)所示。由于进出调压室的水流在阻抗孔口处消耗了一部分能量，所以水位波动振幅减小，衰减加快了，因而所需调压室的体积小于简单式，正常运行时水头损失小。但由于阻抗的存在，水锤波不能完全反射，隧洞中可能受到水锤的影响，设计时必须选择合适的阻抗。

3. 水室式调压室

水室式调压室由竖井和上室、下室共同或分别组成(见图 7－24(e)、(f))，其上室供丢弃负荷时蓄水用，下室供增加负荷时补给水量用。当丢弃负荷时，竖井中水位迅速上升，一旦进入断面较大的上室，水位上升的速度便立即缓慢下来；增加负荷时，水位迅速下降至下室，并由下室补充不足的水量，因而限制了水位的下降。由于丢弃负荷时涌入上室中水体的重心较高，而增加负荷时由下室流出的水体重心较低，故同样的能量，可存储于较小的容积之中，所以这种调压室的容积比较小，适用于水头较高和水库工作深度较大的水电站。

4.溢流式调压室

溢流式调压室的顶部有溢流堰,如图7-24(g)所示。当丢弃负荷时,水位开始迅速上升,达到溢流堰顶后开始溢流,限制了水位的进一步高升。有利于机组的稳定运行,溢流出的水量可以设上室加以储存,也可排至下游。

5.差动式调压室

如图7-24(h)、(i)所示,差动式调压室由两个直径不同的圆管组成,中间的圆管直径较小,上有溢流口,通常称为升管,其底部以阻力孔口与外面的大井相通。它综合地吸取了阻抗式和溢流式调压室的优点,但结构较复杂。

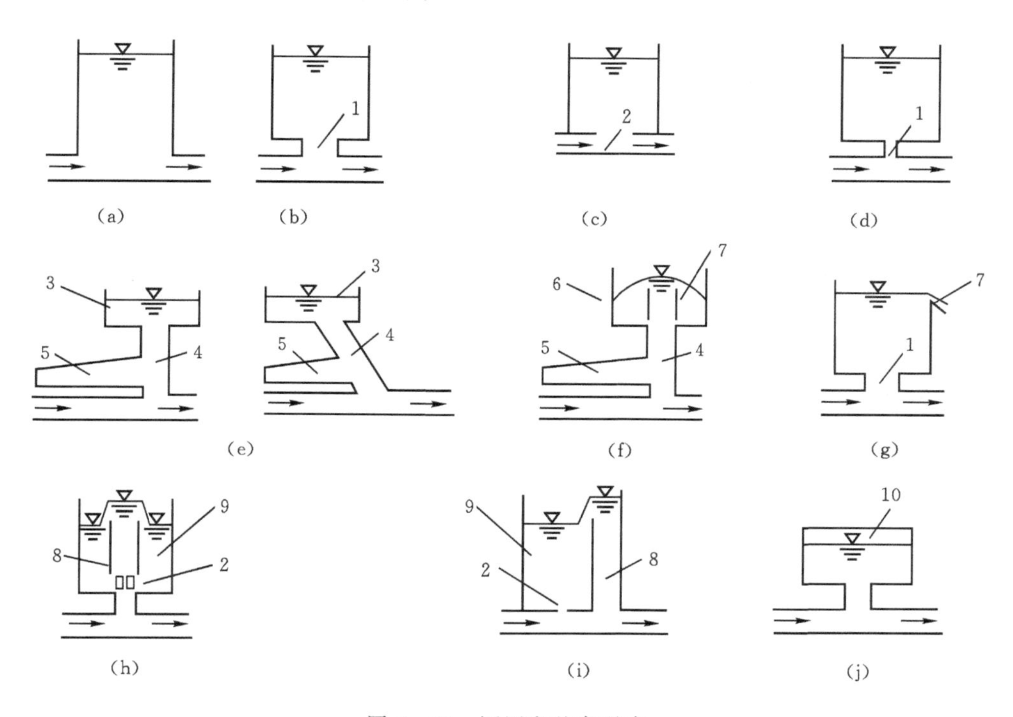

图7-24 调压室基本型式

(a)、(b)简单式;(c)、(d)阻抗式;(e)、(f)水室式;(g)溢流式;(h)、(i)差动式;(j)气垫式

1—连接管;2—阻抗孔;3—上室;4—竖井;5—下室;6—储水室;

7—溢流堰;8—升管;9—大室;10—压缩空气

6.气垫式调压室

在某些情况下,还可采用气垫调压室,如图7-24(j)所示。气垫调压室自由水面之上的密闭空间中充满高压气体,利用调压室中空气的压缩和膨胀,来减小调压室水位的涨落幅度。此种调压室可靠近厂房布置,但需要较大的稳定断面,还需配置压缩空气机,定期向气室补气,增加了运行费用。在表层地质、地形条件不适于做常规调压室或通气竖井较长,造价较高的情况下,气垫调压室是一种可供考虑选择的形式,多用于高水头、地质条件好、深埋于地下的水道。气垫调压室与常规调压室典型布置比较示意图如图7-25所示。

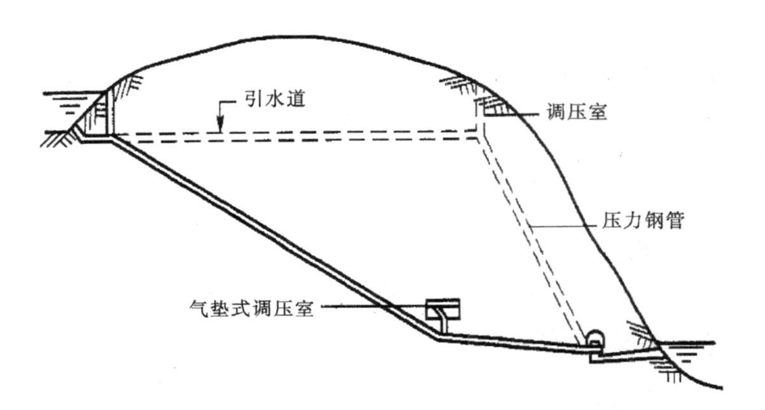

图 7-25　气垫式调压室与常规调压室典型布置比较示意图

7.2.4　简单式和阻抗式调压室的水位波动计算

调压室水位波动计算常用的方法有解析法和逐步积分法。解析法较简便，可直接求出最高或最低水位，有时精度较差，不能求出波动的全过程，常用以初步决定调压室的尺寸。逐步积分法是通过逐步计算以求出最高和最低水位。其最大的优点是可以求出波动的全过程和求解较复杂的问题。逐步积分法可分为图解法和列表法（数学积分法），两者原理相同。图解法简便、醒目，列表法较精确。逐步积分法一般用于后期的设计阶段。近年来随着电子计算机的发展，在工程设计中已越来越多地采用电算法，以同时解决调压室涌波、水锤压力及机组速率上升的复杂计算，特别是研究各参数的影响时，电算法更为优越。下面我们主要介绍解析法和图解法。

7.2.4.1　水位波动计算的解析法

1. 丢弃全负荷情况

当丢弃全负荷后，水轮机的流量 $Q=0$，连续性方程式(7-87)变为

$$fV+F\frac{\mathrm{d}Z}{\mathrm{d}t}=0 \tag{7-90}$$

在水流进出调压室时，如考虑由于转弯、收缩和扩散引起的阻抗孔口水头损失 K，则动力方程式(7-88)变为

$$Z=h_w+K+\frac{L}{g}\frac{\mathrm{d}V}{\mathrm{d}t} \tag{7-91}$$

式中：$h_w=\alpha V^2=h_{w0}\left(\frac{V}{V_0}\right)^2$，其中 α 为水头损失系数（为一常数）；$K=K_0\left(\frac{Q}{Q_0}\right)^2=K_0\left(\frac{V}{V_0}\right)^2$；$h_{w0}$ 和 K_0 分别为流量 Q_0 流过引水道和进出调压室所引起的水头损失。

令 $y=\frac{V}{V_0}$，则 $V=yV_0$，$\mathrm{d}V=V_0\mathrm{d}y$，将以上关系代入式(7-91)，两边除以 h_{w0} 并令 $\eta=\frac{K_0}{h_{w0}}$，易得

$$\frac{Z}{h_{w0}}=(1+\eta)y^2+\frac{LV_0}{gh_{w0}}\frac{\mathrm{d}y}{\mathrm{d}t} \tag{7-92}$$

将 $V=yV_0$ 代入式(7-90)，并和式(7-92)消去 $\mathrm{d}t$，得

$$\frac{Z}{h_{w0}} = (1+\eta)y^2 + S\frac{d(y^2)}{dZ} \tag{7-93}$$

式中：$S=\dfrac{LV_0^2}{2gFh_{w0}}$，$\dfrac{d(y^2)}{dZ}=2y\dfrac{dy}{dZ}$。

再令 $X=\dfrac{Z}{S}$，$X_0=\dfrac{h_{w0}}{S}$，即 $Z=SX$，$dZ=SdX$，代入上式，得

$$\frac{X}{X_0} = (1+\eta)y^2 - S\frac{d(y^2)}{dX} \tag{7-94}$$

式中：系数 S 具有长度因次，用以表示引水道-调压室系统的特性；X 和 X_0 均为无因次的比值。

式(7-94)为变数 X 和 y^2 的一阶线性微分方程式，积分后得

$$y^2 = \frac{(1+\eta)X+1}{(1+\eta)^2X_0} + Ce^{(1+\eta)X}$$

积分常数 C 可由起始条件决定。波动开始时，$t=0$，$V=V_0$，即 $y=1$，$Z=h_{w0}$，$X=X_0$，得

$$C=\frac{(1+\eta)X_0-11}{(1+\eta)^2X_0}e^{(1+\eta)X_0}$$

故式(7-94)的最后解答为

$$y^2 = \frac{(1+\eta)X+1}{(1+\eta)^2X_0} + \frac{(1+\eta)X_0-1}{(1+\eta)^2X_0}e^{-(1+\eta)(X-X_0)} \tag{7-95}$$

对于调压室的任何水位(用 X 表示)，可用上式算出与之对应的引水道的流速 $V=V_0y$，也可以进行相反的计算，但不能求出流速 V 与水位 X 对于时间 t 的关系，因此，不能求出水位波动过程。

(1)最高水位的计算。欲求波动的最高水位 Z_m，只需求出 $X_m=\dfrac{Z_m}{S}$ 即可。在水位达到最高时，$V_0=0$，即 $y=0$，代入式(7-95)得

$$1+(1+\eta)X_m = [1-(1+\eta)\eta X_0]e^{-(1+\eta)(X_0-X)}$$

两边取对数得

$$\ln[1+(1+\eta)X_m]-(1+\eta)X_m = \ln[1-(1+\eta)\eta X_0]-(1+\eta)X_0 \tag{7-96}$$

式中：X_m 的符号在静水位以上为负，在静水位以下为正。

式(7-96)适用于阻抗式调压室。对于简单式调压室，附加阻抗可以忽略不计，即 $\eta=0$，则式(7-96)变为

$$\ln[1+X_m]-X_m = X_0 \tag{7-97}$$

如流量不是减小至零，则不能应用上述公式，只好应用图解法或数学积分法求解。

Z_m 值亦可由图 7-26 中曲线 A，根据 X_0，查出 X_m，算出 Z_m。

有压引水道的水头损失对调压室的最大涌波值影响较大。例如对设有简单调压室的水电站，当机组丢弃全部负荷时，考虑与不考虑引水道水头损失的调压室水位最大升高值为 Z_m 与 Z_0，其比值$\dfrac{Z_m}{Z_0}$与引水道长度的关系曲线如图 7-27 所示。随引水道长度的增大，比值$\dfrac{Z_m}{Z_0}$开始迅速降低，随后则渐趋平缓。例如引水道长 1 km 时，Z_m 比 Z_0 减小 13%，当引水道长 20 km 时，则减小 25%。

(2)波动第二振幅的计算。全弃负荷后，调压室水位先升至最高水位 Z_m 然后又下降至最

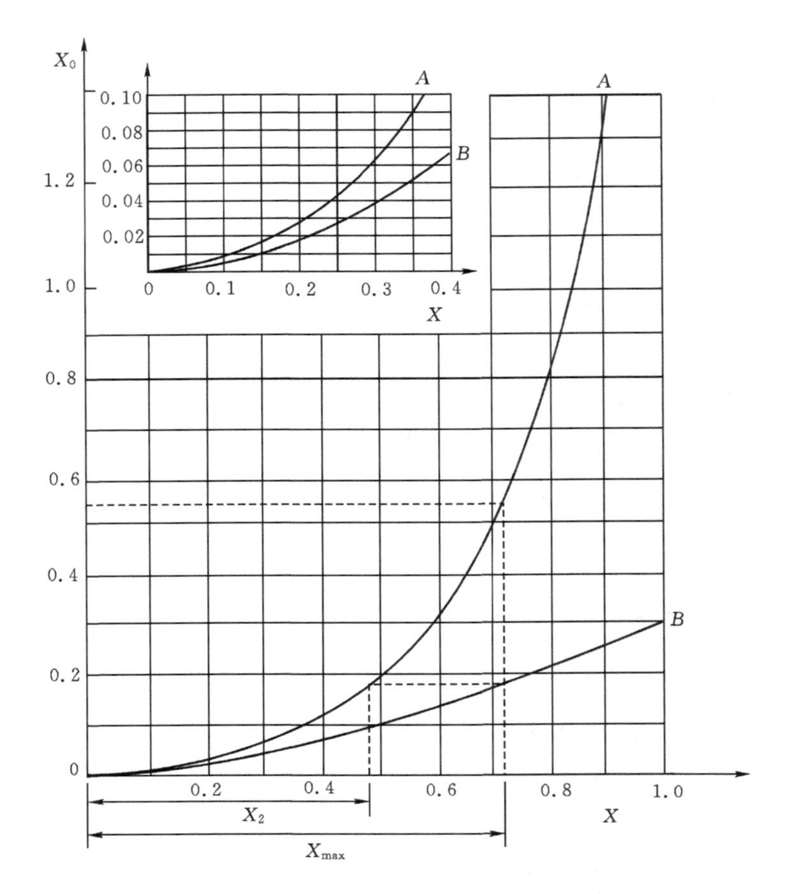

图 7-26 简单式调压室丢弃负荷时最大振幅计算曲线

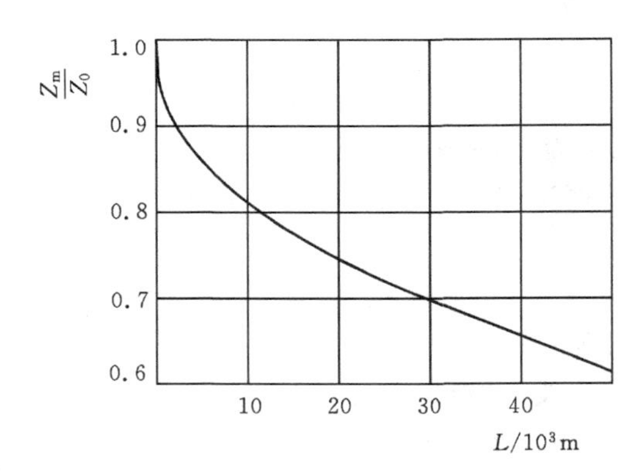

图 7-27 $\frac{Z_m}{Z_0}$与引水道长度的关系曲线

低水位 Z_2，Z_2 称为第二振幅。进行第二振幅的计算，是为了保证调压室水位不致降入隧洞中，以免带入空气。这时水由调压室流出，故 h_w 和 K 的符号与前相反，用相同的方法加以处理后得

$$(1+\eta)X_m-\ln[1-(1+\eta)X_m]=(1+\eta)X_2+\ln[1-(1+\eta)X_2] \tag{7-98}$$

若 $\eta=0$，则

$$X_m-\ln(1-X_m)=X_2+\ln(1-X_2) \tag{7-99}$$

求出 X_m，随即可求出第二振幅 $X_2=\dfrac{Z_2}{S}$。

在应用式(7-98)和式(7-99)时，要特别注意 X_m 和 X_2 的符号，前者为负，后者为正。X_2 值也可从图 7-26 中曲线 A、B 求得。

2. 增加负荷情况

当突然增加负荷时，波动微分方程式不能像丢弃全负荷那样进行积分，只能作某些假定求出近似解。

当水电站的流量由 mQ_0 增至 Q_0 时，若阻抗 $\eta=0$，《水电站调压室设计规范》(NB/T 35021—2014)建议按下面近似公式求解最低涌波水位 Z_{min}。

$$\frac{Z_{min}}{h_{w0}}=1+\left(\sqrt{\varepsilon-0.275\sqrt{m}}+0.025X_0-0.9\right)(1-m)\left(1-\frac{m}{\varepsilon^{0.62}}\right) \tag{7-100}$$

式中：$\varepsilon=\dfrac{LfV_0^2}{gFh_{w0}^2}$，为无因次系数，表示引水道-调压室系统的特性，与前面的 S 相比，$\varepsilon=\dfrac{2S}{h_{w0}}=\dfrac{2}{X_0}$，按式(7-100)可绘出曲线，如图 7-28 所示。

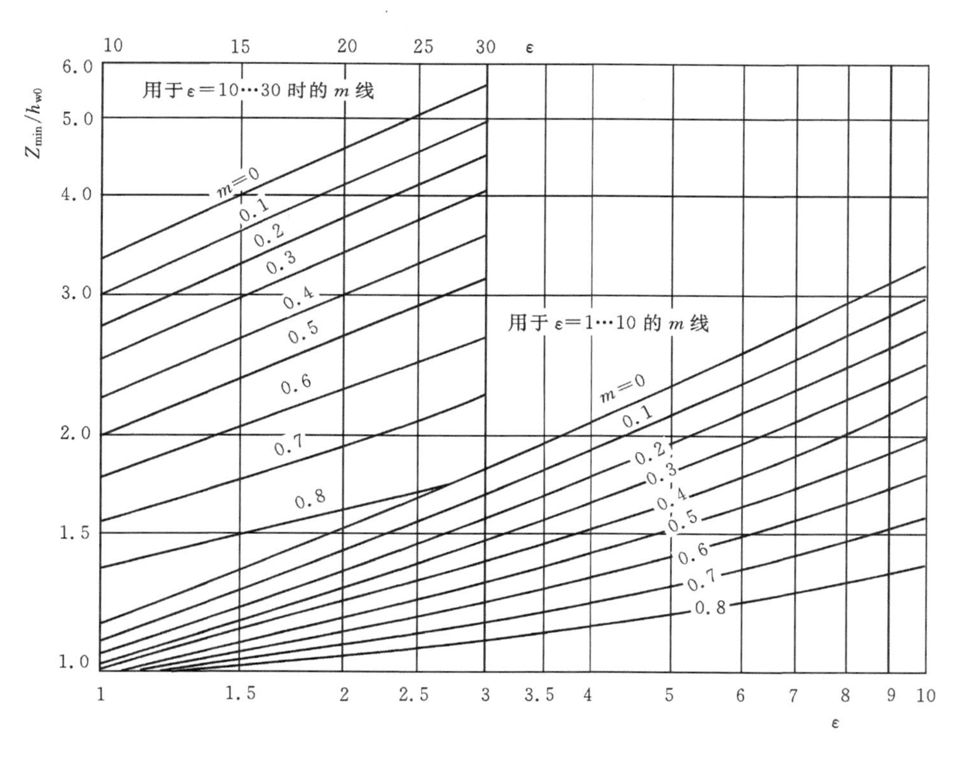

图 7-28　简单式调压室增加负荷最低振幅计算曲线

7.2.4.2　水位波动计算的图解法

1. 图解法的基本原理

图解法是用作图的办法来积分波动微分方程式，其实质是用有限差的比值$\frac{\Delta Z}{\Delta t}$和$\frac{\Delta V}{\Delta t}$代替基本方程中的导数$\frac{\mathrm{d}Z}{\mathrm{d}t}$和$\frac{\mathrm{d}V}{\mathrm{d}t}$，然后逐时段地求解，最后得出水位、流速和时间的关系。连续方程和动力方程可写为：$Q=fV+F\frac{\Delta Z}{\Delta t}$；$Z=h_w+\frac{L}{g}\frac{\Delta V}{\Delta t}$，并进一步改写成

$$\Delta Z = A - \alpha V \tag{7-101}$$

$$\Delta V = \beta(Z - h_w) \tag{7-102}$$

式中：$A=\frac{Q}{F}\Delta t$，$\alpha=\frac{f}{F}\Delta t$，$\beta=\frac{g}{L}\Delta t$。当计算时段 Δt 选定后，A、α、β 均为常数。

计算的基本假定：在时段 Δt 的过程中调压室的水位 Z 和引水道的流速 V 保持不变，而集中变化在时段的末尾。即假定 Z 和 V 的变化是"阶梯式"的，这是图解法近似之处。一般说来，Δt 取得愈小，结果愈精确，但 Δt 太小，不仅加大计算工作量，而且会因图解不便而使误差增大。通常希望从开始作图经过 8～10 个 Δt 后，水位达到最大值。因此，可取 $\Delta t=\frac{T}{25}\sim\frac{T}{30}$，$T$ 为波动的周期，按公式(7－130)计算。

确定计算情况，选择 Δt，求出 A、α、β 值。以引水道的起始流速 V_0 代入式(7－101)，可求出第一时段末的调压室水位变量 ΔZ_1；近似地以 $\Delta Z_1=Z_1-h_{w0}$ 代入式(7－102)，可以求出第一时段引水道的流速变量 ΔV_1，令 $V_1=V_0-\Delta V_1$ 代入式(7－101)，可求出第二时段末调压室的水位变量 ΔZ_2，再根据式(7－102)求出第二时段末引水道的流速变量 ΔV_2。照此类推可求出整个波动过程。上述的计算步骤也可以用图解法进行。

下面将结合几种调压室，介绍图解计算力法。

2. 简单式调压室丢弃负荷时的图解计算

图解计算步骤如下。

(1)定出坐标系。如图 7－29 所示，以横坐标轴表示引水道中流速 V，从原点向左为正(流向调压室)，向右为负(从调压室流向水库)，以纵坐标轴表示调压室水位 Z，向下为正，向上为负，横轴相当于静水位。

(2)作辅助线。

①作引水道的水头损失曲线。

$h_w=\sum\xi\frac{V^2}{2g}+\frac{LV^2}{C^2R}+\frac{V^2}{2g}=f(V)$ 是一条抛物线。其中第一项为进水口、弯道等局部损失，第二项为引水道的沿程损失，第三项为调压室底部的流速水头(可根据具体情况取舍)。假定几个 V 值，求出相应的 h_w，对应于正 V 的正 h_w 绘在第三象限，对应于负 V 的负 h_w 绘在第一象限。

②绘惯性线 $\Delta V=\beta(Z-h_w)$。它是通过原点的一条直线，对纵坐标的斜率为 β。选定 Δt 后，β 值已知，即可绘制。

③绘制 $\Delta Z=\frac{Q}{F}\Delta t-\frac{f}{F}\Delta tV$ 线。在丢弃全负荷后，假定水轮机的流量 $Q=0$，则 $\Delta Z=$

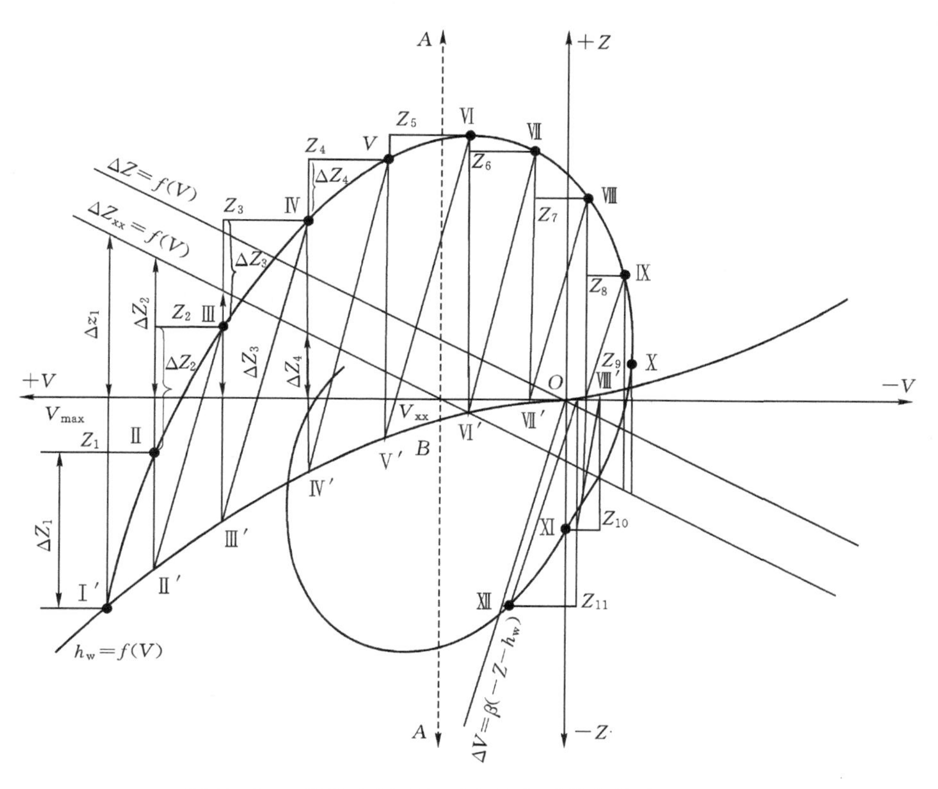

图 7－29　简单式调压室丢弃负荷时的水位波动图解

$-\dfrac{f}{F}\Delta tV=f(V)$，是通过原点的一条直线，其斜率为$-\dfrac{f}{F}\Delta t$，如图 7－29 中的 $\Delta Z=f(V)$ 线。但在一般情况下，当丢弃负荷时，水轮机的流量只减小到空转流量 Q_{xx}，引水道中相应的流速为 V_{xx}，则 $\Delta Z=\dfrac{Q_{xx}}{F}\Delta t-\dfrac{f}{F}\Delta tV$ 为通过横轴上 V_{xx} 点与 $\Delta Z=f(V)$ 线平行的一条直线，如图 7－29 中的 $\Delta Z_{xx}=f(V)$ 线所示。

(3)图解计算。在起始时刻，引水道中的流速为 V_{max}，相应的水头损失为 h_{w0}，调压室的水位可用点Ⅰ表示。在丢弃负荷后，假定水轮机的流量变为 Q_{xx}。调压室水位开始上升，引水道的流速随着调压室水位升高而减小，但因计算时段 Δt 很小，可近似地假定在该时段中流速不变，等于 V_{max}。故在第一时段 Δt 内，调压室水位升高值 $\Delta Z=\dfrac{Q_{xx}}{F}\Delta t-\dfrac{f}{F}\Delta tV_{max}$，等于直线 $\Delta Z_{xx}=f(V)$ 上与 V_{max} 相对应的点的纵坐标。从点Ⅰ向上量取 ΔZ_1 得点 Z_1，此点即为第一时段 Δt_1 末(即第二时段 Δt_2 初)的调压室水位。

第一时段 Δt_1 末引水道的流速变化 $\Delta V_1=\beta(Z-h_{w1})$，其中 $h_{w1}\approx h_{w0}$，$Z_1-h_{w1}=\Delta Z_1$。ΔV_1 可直接从图解法求出。从点Ⅰ作直线平行于直线 $\Delta V=\beta(Z-h_w)$，与经过 Z_1 点的水平线交于点Ⅱ，线段 Z_1Ⅱ的长度即等于 ΔV_1，Ⅱ点的横坐标为 Δt_1 末(Δt_2 初)引水道的流速。

由点Ⅱ作垂线向下与 h_w 曲线交于Ⅱ′。Ⅱ′的纵坐标为第二时段 Δt_2 初引水道的水头损失 h_{w2}。由Ⅱ向上作垂线与 ΔZ_{xx}线相交得 ΔZ_2，从Ⅱ向上量取 ΔZ_2 得点 Z_2，此即为 Δt_2 末调压室的水位。Δt_2 中引水道的流速变化 $\Delta V_2=\beta(Z_2-h_{w2})$。从Ⅱ′作直线平行于 $\Delta V=\beta(Z-h_w)$ 线，与经过 Z_2 点的水平线交于Ⅲ，由于线段Ⅱ′Z_2 的长度等于 Z_2-h_{w2}，不难证明线段 Z_2Ⅲ等于 ΔV_2。

从Ⅲ向上量取 ΔZ_3，得 Δt_2 末调压室的水位 Z_3。

重复以上的步骤可求出以后各时段末的调压室水位Ⅳ、Ⅴ、Ⅵ等等。

连接Ⅰ，Ⅱ，Ⅲ，…即得调压室水位与引水道流速的关系曲线，如图 7－29 所示。由于波动是逐渐衰减的，因此曲线逐渐趋于 B 点。

由于 Δt 已知，各时段末调压室水位是已知的，因此可绘出调压室水位与时间的关系曲线。

3. 简单式调压室增加负荷的图解计算

增加负荷的图解计算与丢弃负荷时无大差别。用同样方法选择坐标系统并绘出辅助曲线 $\Delta V=\beta(Z-h_w)$ 和 $\Delta Z=\frac{Q_k}{F}\Delta t-\frac{f}{F}\Delta tV$。$Q_k$ 为负荷增加后的流量，如 $Q_k<Q_{max}$，则 $\Delta Z_k=f(V)$ 线，如图 7－30 所示。

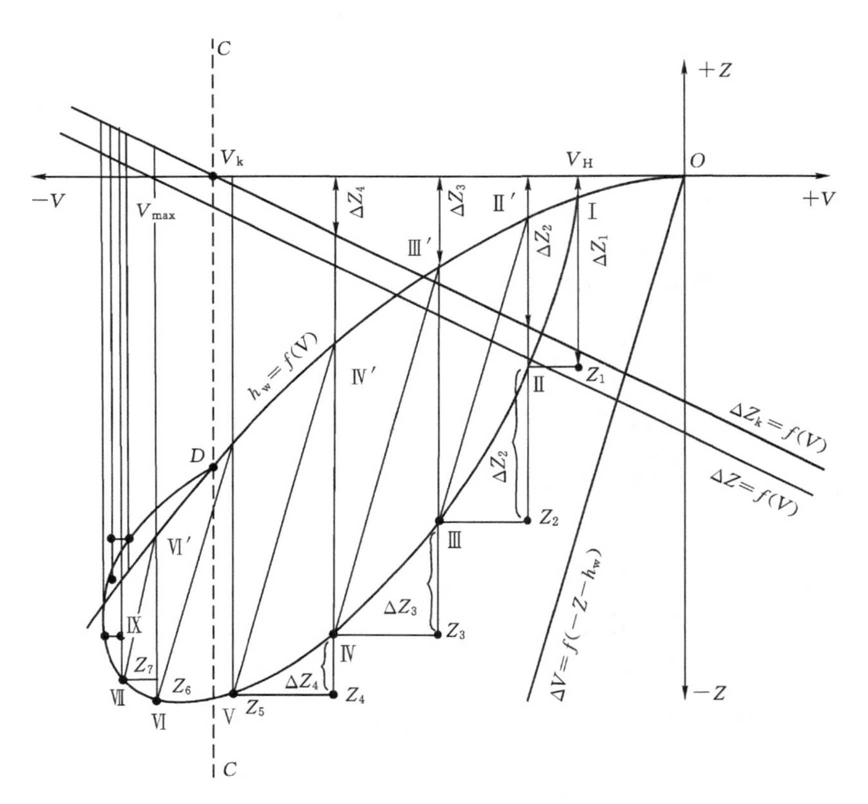

图 7－30　简单调压室增加负荷时水位波动图解

如负荷变化前的流量为 Q_H，引水道中相应的流速为 V_H。在开始时刻，调压室的水位在点Ⅰ。Δt_1 末，水位降落 ΔZ_1，它等于 $\Delta Z_k=f(V)$ 线对应于 V_H 点的纵坐标。自Ⅰ向下量取 ΔZ_1 即得 Δt_1 末调压室的水位 Z_1 点。通过点Ⅰ直线与 $\Delta V=\beta(Z-h_w)$ 线平行，与过 Z_1 点的水平线相交得点Ⅱ。Ⅱ点所对应的横坐标即为 Δt_1 末引水道的流速。其相应的水头损失为点Ⅱ′

的纵坐标。经Ⅱ′作垂线得 ΔZ_2，从Ⅱ向下量取 ΔZ_2 得 Δt_2 末的水位 Z_2。

依此类推，可求出以后各时段末的水位Ⅲ，Ⅳ，Ⅴ，…。连接Ⅰ，Ⅱ，Ⅲ，…即得调压室中水位与引水道中流速关系 $Z-V$ 曲线，如图 7-30 所示。如波动是衰减的，则曲线逐渐趋近于 D 点。D 点为 $V=V_k$ 时调压室的稳定水位。

4. 阻抗式调压室的图解计算

阻抗式调压室的图解计算方法与步骤和简单式调压室没有什么区别，只是水头损失曲线中还应包括阻抗损失 k。总的水头损失：$\sum h = h_w + k = (1+\eta)h_w$，$\sum h$ 曲线是 h_w 和 k 两曲线纵坐标之和。

$$\Delta V = \beta\left(Z - \sum h\right)$$

丢弃负荷之前，水轮机引用流量为 Q_{max}，引水道中相应的流速为 V_{max}，调压室水位在图 7-31 中点Ⅰ（此时 $k=0$），当水轮机的流量突然减至零后，调压室水位在第一时段 Δt_1 内的上升值 ΔZ_1 可以从曲线 $\Delta Z = f(V)$ 上量取，从而求出 Δt_1 末调压室水位 Z_1。在求 Δt_1 中引水道的流速变化时，因 $\Delta V = \beta\left(Z - \sum h\right)$，故必须从 $\sum h$ 线上的Ⅰ′点作平行线求Ⅱ，线段 Z_1Ⅱ即为 ΔV_1。同法求出 Ⅲ，Ⅳ，…。连接Ⅰ，Ⅱ，Ⅲ，… 即得调压室的 $Z-V$ 曲线，如图 7-31 中实线所示。

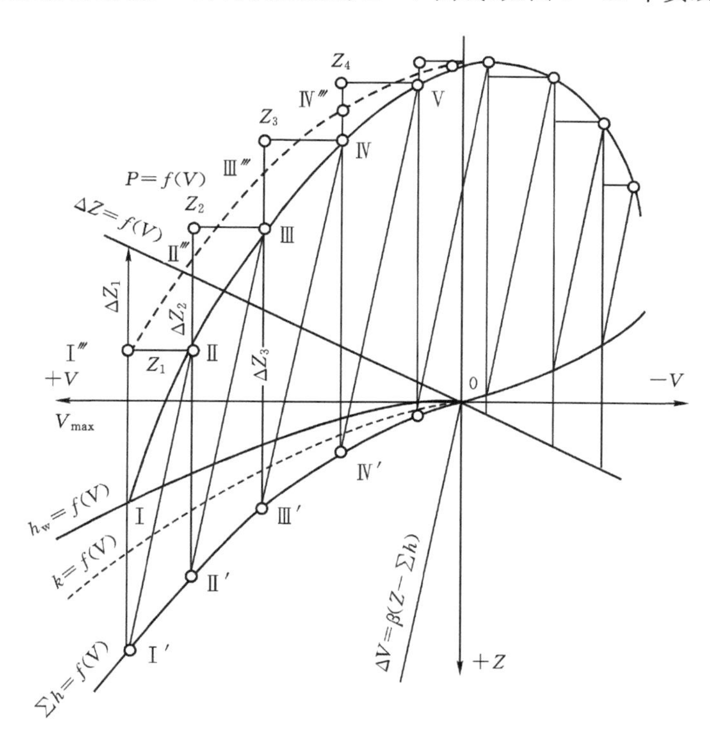

图 7-31　阻抗式调压室丢弃负荷时水位波动图解

在水位上升时，由于阻抗作用，调压室底部的压力升高等于调压室水位升高和阻抗的水头损失之和，即等于$Z+k$。因此，在调压室水位变化曲线之上加上相应的 k 值(如在Ⅰ点之上加上Ⅰ与Ⅰ′之间的距离得Ⅰ″)，即得调压室底部的压力变化曲线，如图 7-31 中虚线所示。

对于增加负荷情况，水轮机的起始流量为 Q_H，引水道中相应的流速为 V_H。增荷后，水轮

机流量为 Q_{max}，在引水道的流量增至 Q_{max} 前，不足的流量必须由调压室补充，故阻抗的水头损失 $k=\xi\frac{(V_{max}-V)^2}{2g}=f(V)$。当 $V=0$ 时，$k=\xi\frac{V_{max}^2}{2g}$；当 $V=V_{max}$ 时，$k=0$，$k=f(V)$ 曲线如图 7－32 所示。

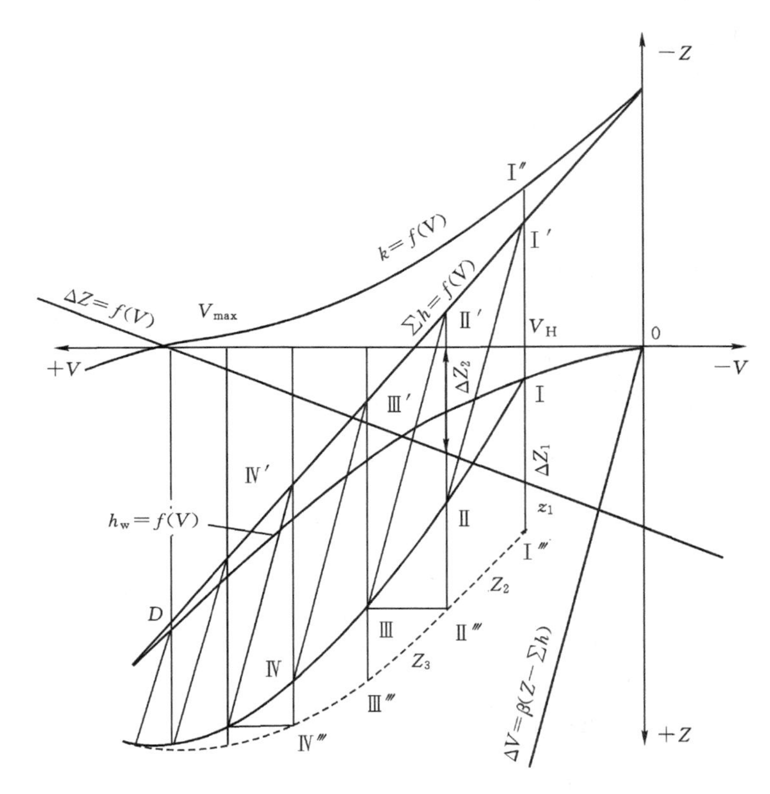

图 7－32　阻抗式调压室增加负荷时的水位波动图解

$h_w=f(V)$ 和 $\Delta Z=f(V)$ 二曲线同前。

绘 $\sum h=h_w+k$ 曲线。调压室水位下降过程中，h_w 为正值，k 为负值，故 $\sum h$ 线的纵坐标实际为 h_w 和 k 两曲线纵坐标之差，如图 7－32 中的 Ⅰ′Ⅱ′Ⅲ′… 线。

在开始时刻，调压室水位在点Ⅰ，Δt_1 内调压室水位降低 ΔZ_1，可以从 $\Delta Z=f(V)$ 线上量取。求 ΔV 时，平行于 $\Delta V=\beta(Z-\sum h)$ 的斜线需从 $\sum h$ 曲线上的 Ⅰ′，Ⅱ′，Ⅲ′，… 开始作起，图解的方法同前。图中经过 Ⅰ，Ⅱ，Ⅲ，… 的曲线表示调压室的水位变化，经过 Ⅰ‴、Ⅱ‴、Ⅲ‴… 的曲线（用虚线表示）为调压室底部的压力变化。

7.2.5　水室式、溢流式和差动式调压室的水位波动计算

7.2.5.1　水室式和溢流式调压室

水室式调压室适用于水电站的水头较高和水库工作深度较大的情况，水头高则要求调压室的稳定断面小，因此竖井可以采用较小的直径。水库的工作深度大，则要求调压室具有较大的高度，采用水室式调压室，只需要增加断面不大的竖井高度即可。

溢流式常和水室式结合使用，在上室中加设溢流堰，如图7－24(i)所示。在丢弃负荷时，水位开始迅速上升，达到溢流堰后开始溢流，在最高水位附近保持一段时间后，才开始缓慢地下降，如图7－33所示。由于上室的水量绝大部分是经溢流堰流出的，其重心进一步提高了，同时最高水位受溢流堰限制，因此，在相同的条件下，所需上室的容积减小了，所以，设置溢流堰能改善水室式调压室的工作条件。

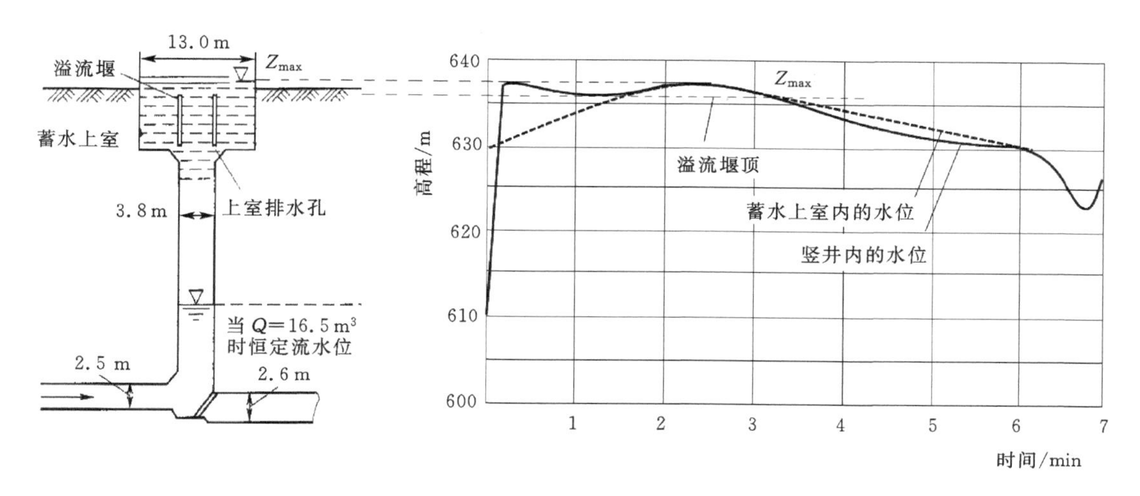

图7－33 丢弃负荷后竖井及上室水位变化过程

水室式调压室，只适宜做成地下结构，其上下室可做成各种形式。图7－34为一双室式调压室的实例。上室呈长槽形，在岩土中开挖而成，因岩石较好，顶部不加衬砌。上室有进出口与外部相通，作为交通与通气之用。上室的轴线和引水道的轴线不在一个铅直面上，交角为27°30′。盲肠形的下室具有圆形横断面，其轴线与引水道垂直，这样对结构较为有利；下室分两段，对称布置在引水道的两侧，这样既减小了下室的长度又使水流对称。

上室的底部应在最高静水位以上，这样才能充分发挥上室的作用。下室的顶部应在最低静水位以下，其底应在最低涌波水位以下。上室和下室的底部应有不小于1％的坡度倾向竖井，以便放空水流；下室的顶部应有不小于1.5％的反坡，当室内水位上升时，便于空气逸出。对下室的容积、高程和形状的设计应特别仔细，不应满足于一般计算，必要时要进行模型试验。

某水电站调压室模型试验表明：细而长的下室工作不够灵敏，当竖井水位迅速下降时，室内要形成一个较大的水面坡降后才能向竖井补水，速度迟缓，迫使竖井水位低于下室内水位，容易使引水道进入空气；当竖井水位回升时，同样要形成一个反向的水面坡降才能使室内充水，迅速上升的水位很快将洞口淹没，致使下室中遗留的空气从水底逸出，水流极不稳定，因此，下室应尽量做成粗而短或对称布置在引水道的两侧。

在满足波动衰减的条件下，竖井断面应尽量减小，将大部分的容积集中于上室和下室。若竖井横断面无限小，而上室容积集中于水位的最大升高 Z_{max} 处，下室容积集中于水位的最大降低 Z_{min} 处，这种双室调压室称为“理想化”调压室。它是进行计算时的一个简化，竖井断面愈小，上室和下室的断面愈大，则愈接近理想化。

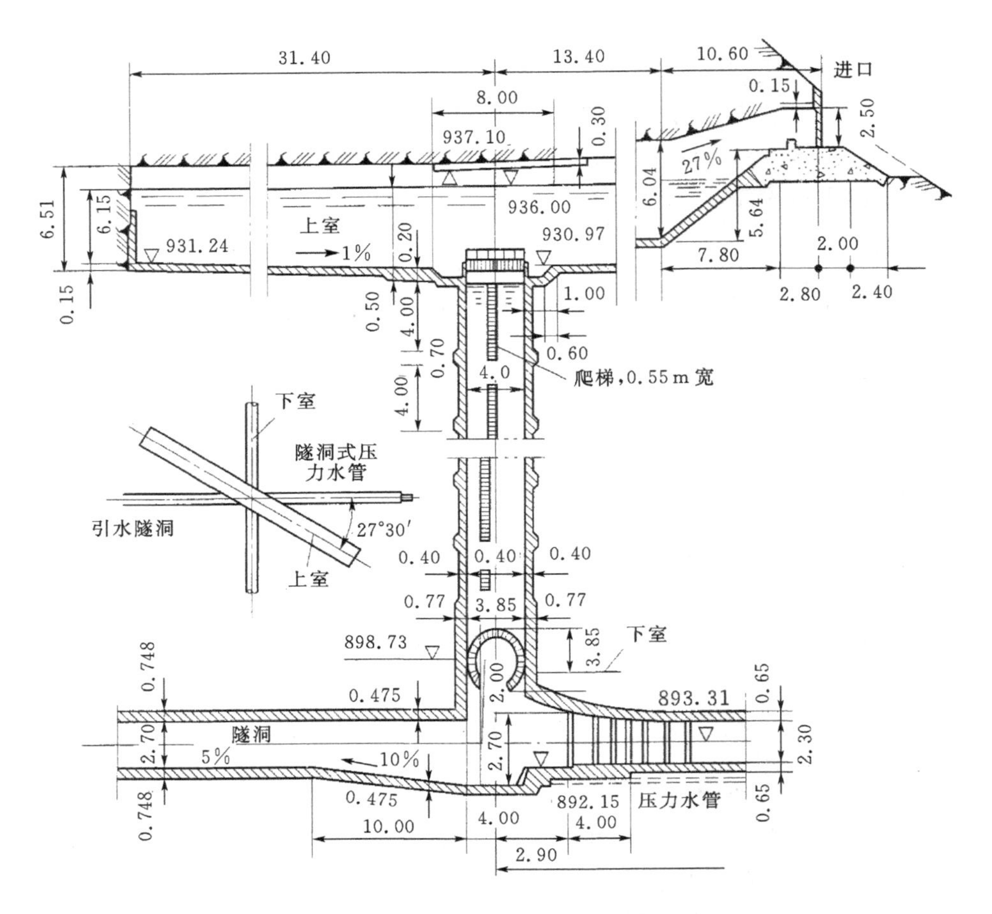

图 7-34　双室式调压室(尺寸单位:m)

如上室底部与上游最高静水位在同一高程(见图 7-35 中的 0—0 线),上室中设溢流堰,堰顶高出静水位 Z_B,则丢弃负荷时的最大水位升高为:$Z_m=Z_B+\Delta h$。式中:Δh 为溢流堰顶溢过最大流量 Q_B 时的水层厚度,可按下式计算

$$\Delta h=\left(\frac{Q_B}{MB}\right)^{\frac{2}{3}} \tag{7-103}$$

式中:M 为溢流堰的流量系数,与堰顶的形式有关;B 为堰顶长度;Q_B 为丢弃负荷时,溢流堰的最大溢流量。

Q_B 值将稍小于 Q_0,因在开始溢流时,引水道中的流速已经减慢。令 $Q_B=Q_0y$,y 值可利用式(7-95)求解。忽略竖井的阻抗,即 $\eta=0$,则式(7-95)变化为

$$y=\sqrt{\frac{X+1}{X_0}-\frac{1}{X_0}e^{-(X_0-X)}} \tag{7-104}$$

式中符号同前。以 $X=\frac{Z_m}{S}=\frac{Z_B+\Delta h}{S}\approx\frac{Z_B}{S}$代入上式,即可求得 y。以 Q_0y 代替式(7-103)中的 Q_0,求得 Δh,从而求出 Z_m。如欲提高计算精度,可将求出的 Z_m 和 X 代入式(7-104)中重复计算一次。因 Z_m 是向上的,故式(7-104)中的 X 以负值代入。

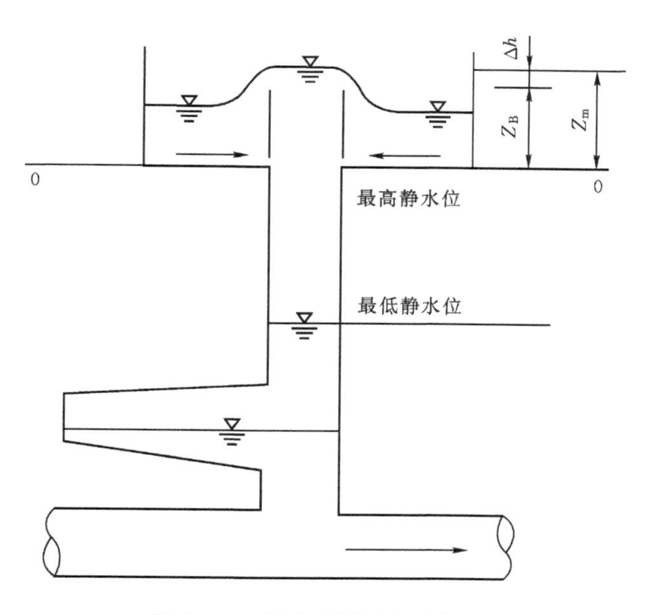

图 7-35　溢流式调压室示意图

丢弃全负荷时，在 Z_m 已知的情况下，溢流式调压室上室容积可按下式计算

$$W_B = \frac{LfV_0^2}{gh_{w_0}}\left[\frac{1}{2}\ln\left(1-\frac{y^2 h_{w_0}}{Z_m+0.15\Delta h}\right)-\frac{\Delta h}{2S}\right] \tag{7-105}$$

如上室无溢流堰，则上室容积可近似地按下式计算

$$W_B = \frac{LfV_0^2}{gh_{w_0}}\ln\left(1-\frac{h_{w_0}}{Z_m}\right) \tag{7-106}$$

在应用以上两式时，应注意 Z_m 的符号，因 Z_m 是向上的，故应以负值代入。

当水电站的流量由 mQ_0 增至 Q_0 时，下室容积按下式计算

$$W_H = \frac{LfV_0^2}{gh_{w_0}}\ln\left[\frac{X'_m-1}{X'_m-m^2}\left(\frac{\sqrt{X'_m}+1}{\sqrt{X'_m}-1}\right)^{\frac{1}{\sqrt{X'_m}}}\right] \tag{7-107}$$

式中：$X'_m=\dfrac{Z_{min}}{h_{w_0}}$，式(7-107)由图表可查。

式(7-105)～式(7-107)都是根据理想化调压室的假定得出的，实际上，上室的容积在最高涌波水位以下，下室的容积在最低涌波水位之上，同时竖井也有一定的容积，因此在设计时，应先根据以上各式确定调压室的初步尺寸，再用逐步积分法加以校核。

水室式调压室水位波动的逐步积分法与简单式调压室无很大区别。计算时仅需考虑调压室沿高度采用不同的断面积即可。在竖井内，由于断面较小，水位升降迅速，计算时段应选得小些，在上下室则应选择大些。

7.2.5.2　差动式调压室

当稳定断面较大而上游水位变化不大时，多采用差动式调压室。

丢弃负荷时的水位变化如图 7-36 所示。开始升管水位迅速上升，升管与大井间形成水位差，同时有部分流量 Q_1 经阻力孔口流入大井，大井水位亦随之缓慢上升，但总落后于升管

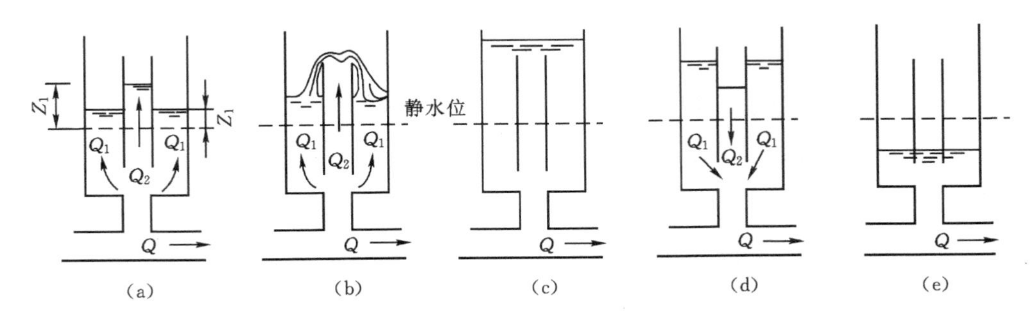

图 7-36　差动式调压室水位变化示意图

水位(见图 7-36(a));升管水位超过溢流顶时,大量水体溢入大井(见图 7-36(b)),此时大井水位由于有升管顶部和底部两部分的流量进入,故以较快的速度开始上升,最后与升管水位齐平而达到最高水位(见图 7-36(c))。然后升管水位迅速下降,大井水位高于升管,有流量 Q_1 经阻力孔口流回升管(见图 7-36(d)),最后大井水位与升管水位齐平而达到最低水位(见图 7-36(e))。此后水位又回升、下降,直至稳定。在水位变化过程中,由于升管和大井经常保持水位差,差动式即由此得名。

引水道末端的水压力主要决定于升管水位,由于升管直径较小,所以升管水位升降迅速,因此能较快地改变引水道中的流量。图 7-37 为差动式调压室水位和引水道流速变化过程线。

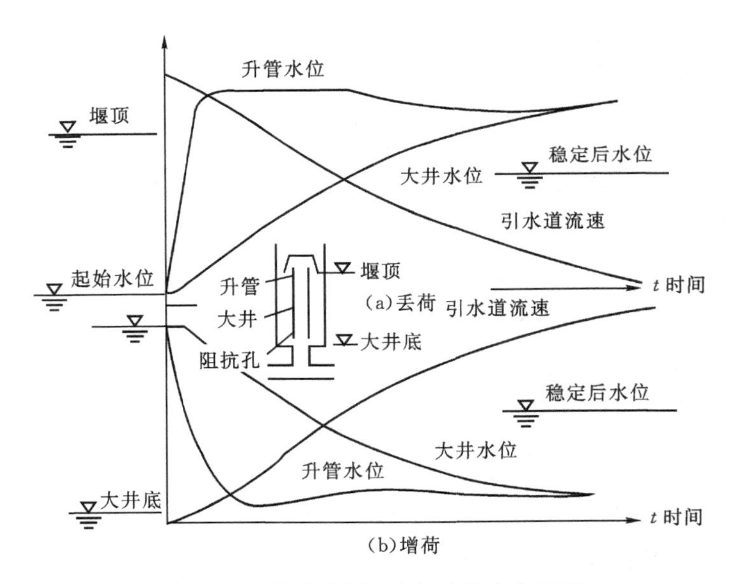

图 7-37　差动式调压室的水位变化过程

差动式调压室波动的衰减是由大井和升管共同保证的,因而升管直径可以做得小些,但为了充分反射水锤波,一般取它等于引水道的直径。大井的断面通常由波动的衰减需要决定。阻抗孔口的大小不但与孔口的尺寸有关,而且与其形状有关。孔口的流量系数,最好根据模型试验决定。经过合理设计的差动式调压室,应使大井和升管具有相同的最高水位和相同的最低水位，这种调压室称为“理想”差动式调压室，如图 7－36 及图 7－37 所示，同时能使波动迅速衰减。

在中等水头的水电站，采用差动式调压室能显示出较多的优点，但结构比较复杂，防震性差。我国黄坛口、官厅、大伙房和狮子滩等水电站都采用了差动式调压室。

图 7－38 为我国某水电站差动式调压室。整个调压室在岩石中开挖而成。升管直径 6.0 m，与引水道的直径相同；大井直径 17.0 m。升管顶部有溢流口，底部有 6 个阻力孔与大井相通。阻力孔在大井一侧做成喇叭口以减小阻抗系数，使大井能流畅地向升管补水，防止升管水位下降过低；升管内侧阻力孔做成锐缘，使其在反方向有较大的阻抗系数，在水位上升时减小流入大井的流量，以加速升管水位上升。升管用横撑与大井壁相连，以增加升管在溢流和地震时的稳定性。

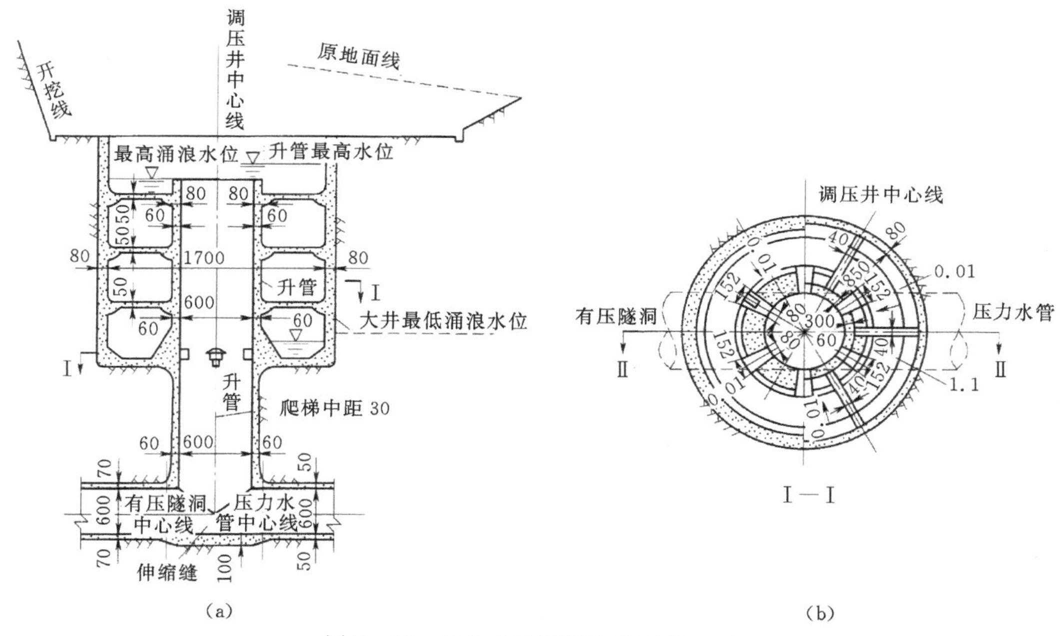

图 7－38　差动式调压室图例(单位：cm)

图 7－39 为我国另一水电站的差动式调压室。升管布置在大井之外做成另一小井，大井直径 18.5 m，用阻力洞与引水道相连，阻力洞直径 3.5 m。升管布置在大井之外，直径 7.8 m，与引水隧洞直径相同，升管与大井顶部用溢流槽相连。这种结构形式的优点是：适应当地地形特点，升管布置在岩石中，可省去较难施工的支撑结构，可充分利用岩石的弹性抗力；大井的布置较灵活，可以避开隧洞和破碎的岩石，因升管在大井之外，大井断面可相应缩小，是一种比较好的布置方式。

差动式调压室的最高与最低水位同大井面积、升管面积、阻抗孔口的大小和流量系数、溢流口高程等因素有关。在设计调压室时，应考虑到这些参数相互的影响。例如，选择大井断面积太大或阻抗孔太小，当升管停止溢流后，大井水位仍未达到升管顶部，不能充分发挥大井的作用；相反，若选择大井断面积太小或阻抗孔口太大，大井过早蓄满，升管被淹没，从而失去升管限制水位上升的作用，此后水位继续上升，其工作情况相当于一个简单圆筒调压室。因此，合理的差动式调压室应是“理想”差动式调压室。下面介绍的计算均从这一要求出发。

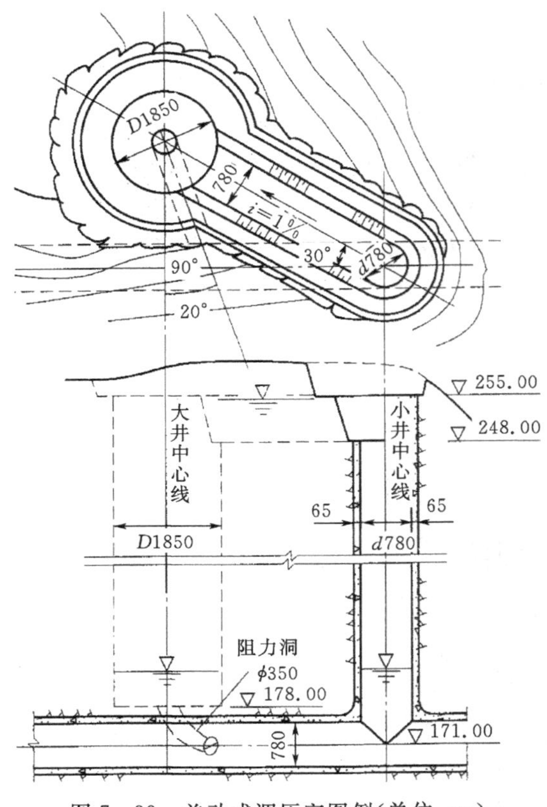

图 7-39 差动式调压室图例(单位:cm)

1.增加负荷

当水电站的流量为起始流量 mQ_0 时,调压室的水位比上游水位低 $h_w = h_{w_0}\left(\dfrac{mQ_0}{Q_0}\right)^2 = m^2 h_{w_0}$;当水电站的流量由 mQ_0 突增至 Q_0 时,升管水位迅速下降,大井开始向升管补水。由于升管水位下降非常迅速,可近似地假定升管水位下降到最低值 $Z_{\min}$时,大井水位和引水道的流量均未来得及变化,此时大井流入升管的流量应为 $Q_0 - mQ_0$,则

$$Q_0 - mQ_0 = \varphi_H w \sqrt{2g(Z_{\min} - m^2 h_{w_0})} \tag{7-108}$$

式中:φ_H 为水流由大井流入升管的孔口流量系数,可初步选择一个数值,而后由模型试验验证;w 为阻力孔口的面积。

设全部流量 Q_0 经过孔口从大井流向升管所需的水头为 $\eta_H h_{w_0}$,η_H 为流入升管的孔口阻抗系数,则

$$Q_0 = \varphi_H w \sqrt{2gh_{w_0}} \tag{7-109}$$

$$\eta_H = \frac{Q_0^2}{\varphi_H^2 w^2 \cdot 2gh_{w_0}} \tag{7-110}$$

式(7-108)和式(7-110)相除,化简后得

$$\eta_H = \frac{\dfrac{Z_{\min}}{h_{w_0}} - m^2}{(1-m)^2} \tag{7-111}$$

对“理想”差动式调压室，大井与升管的最低水位相同，可用下面近似公式表示各项参数之间的关系

$$\frac{Z_{\min}}{h_{w_0}} = 1+\left(\sqrt{0.5\varepsilon_1 - 0.275\sqrt{m}} + \frac{0.1}{\varepsilon_1} - 0.9\right)(1-m)\left(1-\frac{m}{0.6\varepsilon_1^{\ 0.62}}\right) \quad (7-112)$$

式中：$\varepsilon_1 = \dfrac{\dfrac{LfV_0^2}{g(F_{cm}+F_p)h_{w_0}}}{1-\dfrac{F_{cm}/(F_{cm}+F_p)}{2\left[1-\dfrac{2}{3}(1-m)\right]}}$，$F_{cm}$为升管的断面积，$F_p$ 为大井的断面积。

对于突然增加全负荷情况，水电站的流量由零增至 Q_0，式(7-112)中的 $m=0$。

2. 丢弃负荷

当水电站引用的流量为 Q_0 时，调压室的水位低于上游水位 h_{w_0}。突然丢弃全负荷后，升管水位迅速上升。假定在升管开始溢流时，大井水位和引水道流量尚未改变，则引水道流量 Q_0 的一部分 Q_B 经升管顶部溢入大井，另一部分 Q_c 在水头$h_{w_0}-Z_m$的作用下经阻力孔流入大井。

水由升管流入大井的孔口阻抗系数 η_c 与式(7-111)具有相同的形式，即

$$\eta_c = \frac{Q_0^2}{\varphi_c^2 w^2 \cdot 2gh_{w_0}} \quad (7-113)$$

式中：φ_c 为水流由升管进入大井的孔口流量系数，它可能与 η_H 不同，应由设计提出要求经模型试验确定。

$$Q_c = \varphi_c w\sqrt{2g(h_{w_0}-Z_m)} \quad (7-114)$$

$$Q_0 = \varphi_c w\sqrt{2g\eta_c h_{w_0}} \quad (7-115)$$

将式(7-114)与式(7-115)相除得

$$\frac{Q_c}{Q_0} = \sqrt{\frac{h_{w_0}-Z_m}{\eta_c h_{w_0}}} \quad (7-116)$$

由此得溢流量

$$Q_B = Q_0 - Q_c = Q_0\left(1-\sqrt{\frac{h_{w_0}-Z_m}{\eta_c h_{w_0}}}\right) \quad (7-117)$$

由溢流量 Q_B 可求出升管顶部溢流层的厚度 $\Delta h=\left(\dfrac{Q_B}{MB}\right)^{2/3}$。式中：$M$ 为升管顶部的溢流系数，对于薄壁圆环形溢流堰，建议 M 采用 1.75～1.5，对于宽顶堰建议采用 1.55 左右；B 为升管顶部溢流前沿的长度。

升管顶部在静水位以上的高度为 $Z_B-Z_m-\Delta h$。

对于“理想”调压室，可由下面近似公式决定大井容积

$$W = \frac{LfV_0^2}{gh_{w_0}} \frac{\ln\left[1+\dfrac{1}{-X'_m-0.15(X'_B-X'_m)}\right]}{1-\dfrac{0.3-X'_m}{0.3-2X'_m}\dfrac{\dfrac{F_{cm}}{F_{cm}+F_p}}{1-\dfrac{2}{3}\sqrt{\dfrac{1-X'_m}{\eta_c}}}} \quad (7-118)$$

式中：$X'_{\mathrm{m}}=\frac{Z_{\mathrm{m}}}{h_{\mathrm{w}_0}}$；$X'_{\mathrm{B}}=\frac{Z_{\mathrm{B}}}{h_{\mathrm{w}_0}}$。

由式(7-118)所求得的 W 是丢弃负荷前的水位(在静水位以下 h_{w_0})和最高水位(静水位以上 Z_{m})之间所需的大井容积，故大井的断面积 F_{P} 为

$$F_{\mathrm{P}}=\frac{W}{h_{\mathrm{w}_0}-Z_{\mathrm{m}}} \tag{7-119}$$

在上列各式中，Z 的符号永远取在静水位以上为负，静水位以下为正。按式(7-119)求出的大井断面积 F_{P} 和升管断面积 F_{cm} 之和必须满足波动衰减要求。

上列各式说明了调压室各参数之间的关系，在解决实际问题时，可假定一些参数求另一些参数，为了使差动式调压室变为"理想"的，必须经过试算。

从式(7-117)可以看出，若阻抗系数 $\eta_{\mathrm{c}}=1-\frac{Z_{\mathrm{m}}}{h_{\mathrm{w}_0}}$，则 $Q_{\mathrm{B}}=0$，全部流量经阻力孔流入大井，升管不发生溢流，故 η_{c} 不能太小，至少应满足 $\eta_{\mathrm{c}}>1-\frac{Z_{\mathrm{m}}}{h_{\mathrm{w}_0}}$ 的条件(Z_{m} 为负值)。相反，水流由大井流入升管的阻抗系数 η_{H} 应选得小些，使水位下降时大井能及时向升管补水。

从式(7-110)和式(7-113)可看出，在孔口面积一定的情况下，$\frac{\eta_{\mathrm{c}}}{\eta_{\mathrm{H}}}=\frac{\varphi_{\mathrm{H}}^2}{\varphi_{\mathrm{c}}^2}$。设计阻力孔口的形状时，应使 $\varphi_{\mathrm{c}}<\varphi_{\mathrm{H}}$(即 $\eta_{\mathrm{c}}>\eta_{\mathrm{H}}$)，小的 φ_{c} 可以保证升管溢流，大的 φ_{H} 可以防止升管水位下降过低，故常将孔口靠大井一边做成光滑曲线，靠升管一边做成锐缘。但在计算时，为了安全，应取 φ_{H} 的可能最小值和 φ_{c} 的可能最大值。初步设计时，建议取 $\varphi_{\mathrm{H}}=0.8$ 和 $\varphi_{\mathrm{c}}=0.6$，在实际应用时，可根据需要选择能够做到的数值，必要时可进行模型试验予以修正。

阻抗孔口的面积 w 一般由增加负荷控制。差动式调压室的尺寸按以上公式初步确定以后，再用逐步积分法进行校核，具体步骤可参阅有关文献。

7.2.5.3 引水道-调压室系统的工作稳定性

1. 波动的稳定性

水电站有压引水系统设置调压室后，非恒定流的形态发生了变化，在引水道-调压室系统中出现了与水锤波的性质不完全相同的波动，同时也出现了引水道-调压室系统的波动稳定问题，简称为"调压室的稳定问题"。

在水电站正常运行时，调压室水位因种种原因发生变化，影响着水轮机的水头(即水轮机的水头发生变化)，但电力系统要求出力保持固定，调速器为了保持出力不变，必须相应地改变水轮机的流量，而水轮机流量的改变，又反过来激发调压室的波动。如调压室水位下降，水轮机的水头减小，为了保持出力不变，调速器自动地加大了导水叶的开度，使水轮机引用流量增大，但流量的增加，又激发起调压室水位新的下降，这种互相激发的作用，可能使调压室的波动逐渐增大，而不是逐渐衰减。因此，调压室的波动可能有两种：一种是动力不稳定的，这种波动的振幅随着时间逐渐增大；一种是动力稳定的，这种波动的振幅最后趋近于一个常数，成为一个持续的稳定周期波动，它的一个极限情况是波动的振幅最后趋近于零，而成为一个衰减的波动。在设计调压室时，只一般地要求波动稳定是不够的，必须要求波动是衰减的。

调压室波动的不稳定现象，首先发现于德国汉堡水电站，这促使了托马进行研究，提出了著名的调压室波动的衰减条件。它的一个重要假定是波动的振幅是无限小的，即调压室的波动是线性的。因此，托马条件不能直接应用于大波动。

(1)小波动稳定断面的计算公式。如调压室水位发生一微小变化 x,调速器使水轮机相应地改变一微小的流量 q。压力水管的水头损失与流量的平方成正比,当流量为 Q_0+q 时,若略去高次微量 $\left(\frac{q}{Q}\right)^2$,则压力水管的水头损失为

$$h_{w_m}=h_{w_0}\left(\frac{Q_0+q}{Q_0}\right)^2=h_{w_{m_0}}\left(1+2\frac{q}{Q_0}\right) \tag{7-120}$$

代入式(7-89),并略去微量 x 和 q 的乘积和二次项,化简后得

$$q=\frac{Q_0 x}{H_0-h_{w_0}-3h_{w_{m_0}}}=\frac{Q_0 x}{H_1} \tag{7-121}$$

式中:$H_1=H_0-h_{w_0}-3h_{w_{m_0}}$。

当引用流量由 Q_0 变为 Q_0+q 时,引水道流速由 V_0 变为 V_0+y,y 为流速的微增量,式(7-86)变为

$$Q_0+q=f(V_0+y)+F\frac{\mathrm{d}Z}{\mathrm{d}t} \tag{7-122}$$

因水位变化 x 是以电站正常运行时的稳定水位为基点,故 $Z=h_{w_0}+x$,$\frac{\mathrm{d}Z}{\mathrm{d}t}=\frac{\mathrm{d}x}{\mathrm{d}t}$,同时 $Q_0=fV_0$,故上式可简化为

$$q=fy+F\frac{\mathrm{d}x}{\mathrm{d}t}=\frac{Q_0 x}{H_1} \tag{7-123}$$

由此得

$$\left.\begin{aligned}y&=\frac{Q_0 x}{fH_1}-\frac{F}{f}\frac{\mathrm{d}x}{\mathrm{d}t}=\frac{V_0 x}{H_1}-\frac{F}{f}\frac{\mathrm{d}x}{\mathrm{d}t}\\ \frac{\mathrm{d}y}{\mathrm{d}t}&=\frac{V_0}{H_1}\frac{\mathrm{d}x}{\mathrm{d}t}-\frac{F}{f}\frac{\mathrm{d}^2x}{\mathrm{d}t^2}\end{aligned}\right\} \tag{7-124}$$

当流速 $V=V_0+y$ 时,若略去微量 y 的平方项,则引水道的水头损失

$$h_w=\alpha(V_0+y)^2\approx\alpha V_0^2+2\alpha V_0 y=h_{w_0}+2\alpha V_0 y \tag{7-125}$$

又

$$\frac{\mathrm{d}V}{\mathrm{d}t}=\frac{\mathrm{d}(V_0+y)}{\mathrm{d}t}=\frac{\mathrm{d}y}{\mathrm{d}t} \tag{7-126}$$

将 h_w、$\frac{\mathrm{d}V}{\mathrm{d}t}$和 $Z=h_{w_0}+x$ 代入式(7-87),化简后得 $x=2\alpha V_0 y+\frac{L}{g}\frac{\mathrm{d}y}{\mathrm{d}t}$。

将式(7-124)中的 y 和$\frac{\mathrm{d}y}{\mathrm{d}t}$值代入上式,得引水道-调压室系统在无限小扰动下的运动微分方程式为

$$\frac{\mathrm{d}^2x}{\mathrm{d}t^2}+2n\frac{\mathrm{d}x}{\mathrm{d}t}+P^2x=0 \tag{7-127}$$

式中

$$\left.\begin{aligned}n&=\frac{V_0}{2}\left(\frac{2ag}{L}-\frac{f}{FH_1}\right)\\ P^2&=\frac{gf}{LF}\left(1-\frac{2h_{w_0}}{H_1}\right)\end{aligned}\right\} \tag{7-128}$$

运动微分方程式(7-127)代表一个有阻尼的自由振动,其阻尼项可能是正值也可能是负

值。如阻尼为零，即 $n=0$，则波动永不衰减，成为持续的周期性波动。这时如不计水头损失，丢弃全负荷后的波动振幅 Z_* 和周期 T 分别为

$$Z_* = V_0\sqrt{\frac{Lf}{gF}} \tag{7-129}$$

$$T = 2\pi\sqrt{\frac{Lf}{gF}} \tag{7-130}$$

实际上阻尼总是存在的，用式(7-129)求出的振幅一般无实用价值，但研究指出，阻尼对波动周期 T 的影响很小，因而，式(7-130)却常得到应用。例如用逐步积分法进行水位波动计算时，就可先用式(7-130)估算波动的周期，以便选择 Δt。

假定方程式(7-127)的解为 $x=e^{\lambda t}$，代入式(7-127)得

$$\lambda^2 + 2n\lambda + P^2 = 0 \tag{7-131}$$

此即式(7-127)的特征方程，其根：$\lambda_1=-n+\sqrt{n^2-P^2}$；$\lambda_2=-n-\sqrt{n^2-P^2}$ 有以下三种情况。

①$n^2<P^2$，则 λ 具有 2 个复根：$\lambda_1=-n+i\sqrt{n^2-P^2}$；$\lambda_2=-n-i\sqrt{n^2-P^2}$。以此代入 $x=e^{\lambda t}$，方程式(7-127)的两个特解为

$$x_1 = \frac{C_1}{2}(e^{\lambda_1 t}+e^{\lambda_2 t}) = C_1 e^{-nt}\cos\sqrt{P^2-n^2}\,t;\quad x_2 = \frac{C_2}{2}(e^{\lambda_1 t}-e^{\lambda_2 t}) = C_2 e^{-nt}\sin\sqrt{P^2-n^2}\,t$$

故式(7-127)的通解为

$$x = e^{-nt}(C_1 e^{-nt}\cos\sqrt{P^2-n^2}\,t + C_2 e^{-nt}\sin\sqrt{P^2-n^2}\,t) = x_0 e^{-nt}\cos(\sqrt{P^2-n^2}\,t-\theta) \tag{7-132}$$

因此，调压室水位变化为一周期性波动，从上式不难看出：

若 $n>0$，因子 e^{-nt} 随时间减小，波动是衰减的；

若 $n<0$，波动随时间增强，因此是不稳定的(扩散的)；

若 $n=0$，系统的阻尼为零，式(7-132)为一余弦曲线，即为一持续的稳定周期波动，永不衰减。

由以上讨论可知，式(7-132)所代表的波动发生衰减的必要条件为 $n>0$，这一条件显然也是充分的，因为式(7-132)是在 $n^2<P^2$ 的条件下得出的。

② $n^2=P^2$，式(7-127)的通解为 $x=e^{-nt}(C_1 t+C_2)$。波动是非周期性的，衰减的条件为 $n>0$。

③ $n^2>P^2$，即当阻尼很大时，式(7-131)的 2 个根全为实根，代入 $x=e^{\lambda t}$ 得式(7-127)的通解为 $x=C_1 e^{\lambda_1 t}+C_2 e^{\lambda_2 t}$。解中无周期性因子，故波动是非周期的，衰减条件是 $\lambda_1<0$ 和 $\lambda_2<0$，即 $n>0$ 和 $P^2>0$。

通过以上讨论可知，为了使引水道-调压室系统的波动在任何情况下都是衰减的，其必要和充分条件是 $n>0$ 和 $P^2>0$。

根据 $n>0$ 得

$$F > \frac{Lf}{2\alpha g H_1} \tag{7-133}$$

上式指出，波动衰减的条件之一是调压室的断面积必须大于某一数值，令

$$F_k = \frac{Lf}{2\alpha g H_1} \tag{7-134}$$

式中：F_k 为波动衰减的临界断面，通常称为托马断面。差动式调压室是用大井和升管断面之和来保证的。水室式调压室是用竖井的断面来保证的。由上式可知，水电站的水头愈低，要求的调压室断面积愈大。

根据 $P^2>0$ 得

$$h_{w_0} + h_{w_{m_0}} < \frac{1}{3}H_0 \tag{7-135}$$

上式指出，为了保证波动衰减，引水道和压力水管水头损失之和要小于静水头 H_0 的 1/3。由于水头损失过大时极不经济，故此条件一般均可满足。

(2) 大波动的稳定性。当调压室的水位波动振幅较大时，不能再近似地认为波动是线性的。因此，托马条件不能直接应用于大波动。非线性波动的稳定问题是一个困难问题，目前还没有可供应用的严格的理论解答。解决引水道-调压室系统大波动稳定问题的最好方法是逐步积分法，它可以考虑一切必要的因素（如机组效率变化等），求出波动的过程，研究其是否衰减。

研究证明，如小波动的稳定性不能保证，则大波动必然不能衰减。为了保证大波动衰减，调压室的断面必须大于临界断面，并有一定的安全裕量，一般乘以 1.05～1.1，目前偏向于采用较小的数字。

2. 影响波动稳定的主要因素

在以上推导中，引入了以下基本假定：波动是无限小的；电站单独运行，不受其他电站影响；调速器严格地保持出力为常数；机组的效率保持不变等。这些假定没有一个不是近似的。在设计调压室时，不能满足于简单地运用某一理论，重要的是对各种因素的具体分析。下面我们分别讨论影响调压室波动稳定的一些主要因素。

(1) 水电站水头的影响。从式(7-134)可以看出，水电站的水头愈小，要求的稳定断面愈大。因此，中低水头水电站多采用简单式、差动式或阻抗式调压室；在高水头水电站中，要求的稳定断面较小，常受波动振幅控制，多采用水室式调压室。

调压室的稳定断面应采用水电站在正常运行时可能出现的最低水头进行计算。

(2) 引水系统中糙率的影响。引水系统的糙率愈大，水头损失系数 α 愈大，F_k 愈小（虽然 H_i 随糙率的增大而减小，有使 F_k 增大的趋势，但其影响远不如 α 显著），为了安全，计算 F_k 时应采用可能的最小糙率。

(3) 调压室位置的影响。因 $H_1 = H_0 - h_{w_0} - 3h_{w_{m_0}}$，在引水路线不变的情况下，调压室愈靠近厂房，压力水管愈短，H_1 值愈大，有利于波动的衰减。因此应使调压室尽量靠近厂房。

(4) 调压室底部流速水头的影响（见图7-40）。研究证明，调压室底部的流速水头对波动的衰减起有利的影响，其作用与水头损失相似，但并不减小水电站的有效水头。若调压室底部的流速为 V 与引水道其他部分的流速相同，则在式(7-134)的 α 系数中应包括流速水头及局部损失的影响：$\alpha = \frac{1}{C^2R} + \frac{1}{2g} + \frac{\sum\xi}{2g}$。将此 α 值代入式(7-134)中，即可得考虑流速水头后的 F_k 值。

可以看出，引水道的直径愈大，长度愈短，流速水头的影响愈显著，在这种情况下，进口、弯

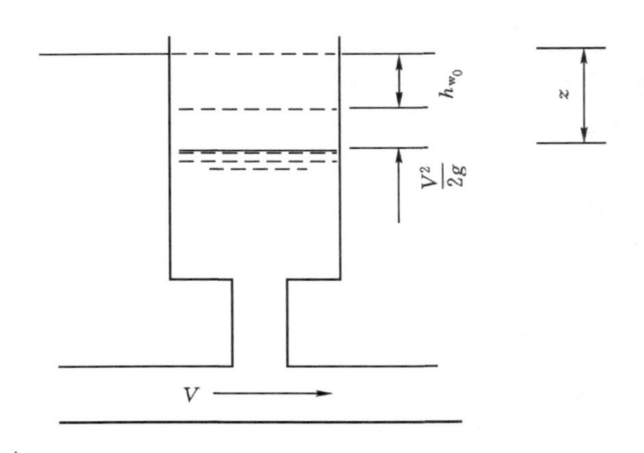

图 7-40 流速水头对调压室水位的影响

段等局部损失也常占很大的比重，不能忽视。

实际上，调压室底部的水流是极其紊乱的，尤其当调压室水位较低时更为显著，因此，考虑全部流速水头可能是不安全的。若调压室底部和引水道的连接处断面较大(如简单调压室)，则不应考虑流速水头的影响。

(5)水轮机效率的影响。在前面的推导中，假定水轮机的效率 η 为常数，实际上，水轮机的效率随着水头和流量的变化而变化，对于单独运行的水电站，当调速机保持出力为常数时，建议按下式计算 F_k

$$F_k = \frac{Lf(1+\Delta)}{2\alpha g[H - 2h_{w_{m_0}}(1+\Delta)]} \tag{7-136}$$

式中：H 为恒定情况下水轮机的净水头；Δ 为水轮机效率变化的无因次系数，其值为 $\Delta = \frac{H}{\eta_0}\frac{\Delta\eta}{\Delta H}$，其中 η_0 为恒定情况下，对应于净水头 H 的机组效率。

根据水轮机综合特性曲线，绘制出力为常数 $\eta = f(H)$ 的关系曲线(见图 7-41)。在此曲线上定出水头为 H 时的水轮机效率 η 和 $\frac{\Delta\eta}{\Delta H}$，$\frac{\Delta\eta}{\Delta H}$ 为曲线在该点的斜率。

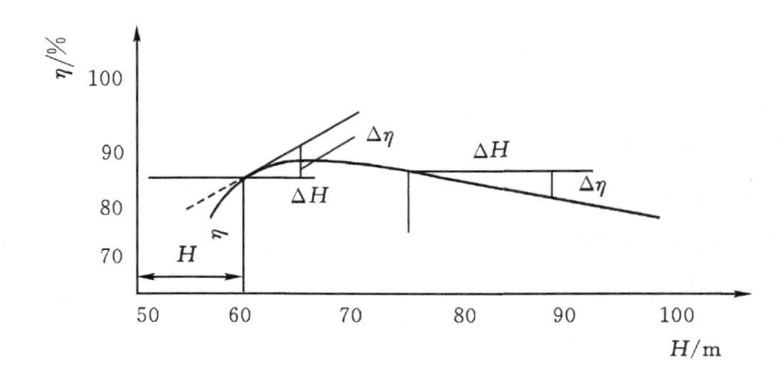

图 7-41 出力为常数时效率与水头的关系曲线

可以看出，在最高效率点左边，$\frac{\Delta\eta}{\Delta H}$为正值，而 η 随 H 的增加而增加，对波动的衰减不利；反之，在最高效率点的右边，$\frac{\Delta\eta}{\Delta H}$为负值，有利于波动的衰减。

调压室的临界断面 F_k 决定于水电站在最低水头运行之时，即相应于效率曲线的左边，故效率的变化对波动衰减不利。托马条件虽有各种近似假定，但目前仍不失为调压室设计的一个重要准则。在设计调压室时应根据具体情况进行具体分析。

(6)电力系统的影响。水电站一般多参加电力系统运行。对于单独运行的水电站，当调压室的水位发生变化时，出力为常数的要求是由自身的调速器单独来保证的。如水电站参加电力系统运行，当调压室水位发生变化时，由系统中各机组共同保证系统出力为常数，而水电站本身的出力只有较小一些的变化，因此，参加电力系统运行有利于调压室波动的衰减。

7.2.6　调压室水力计算条件的选择

调压室的基本尺寸是由水力计算来确定的，水力计算主要包括以下三方面的内容：

(1)研究引水道-调压室系统波动的稳定性，确定所要求的调压室最小断面面积；

(2)计算最高涌波水位，确定调压室顶部高程；

(3)计算最低涌波水位，确定调压室底部和压力水管进口的高程。

进行水力计算之前，需先确定水力计算的条件。调压室的水力计算条件，除水力条件外，还应考虑到配电及输电的条件。在各种情况中，应从安全出发，选择可能出现的最不利的情况作为计算的条件。现讨论如下。

1. 波动的稳动性计算

调压室的临界断面，应按水电站在正常运行中可能出现的最小水头计算。上游的最低水位一般为死水位，但如电站有初期发电和战备发电的任务，这种特殊最低水位也应加以考虑。

引水系统的糙率是无法精确预测的，只能根据一般的经验选择一个变化范围，根据不同的设计情况，选择偏于安全的数值。计算调压室的临界断面时，引水道应选用可能的最小糙率，压力管道应选用可能的最大糙率。

流速水头、水轮机的效率和电力系统等因素的影响，一般只有在充分论证的基础上才加以考虑。

2. 最高涌波水位的计算

上库正常蓄水位，共用同一调压室的(以下简称共调压室)全部机组(n 台)最大引用流量满载运行，同时丢弃全部负荷，导叶紧急关闭，作为设计工况。

上库最高发电水位，全部机组同时丢弃全部负荷，相应工况作校核。

以可能出现的涌波叠加不利组合工况复核最高涌波。例如：共调压室 $n-1$ 台机组满负荷运行，最后 1 台机组从空载 Q_{xx} 增至满负荷 Q_{max}，在流入调压室流量最大时，全部机组丢弃负荷，导叶紧急关闭。计算最高涌波时，压力引水道的糙率取最小值。

3. 最低涌波水位的计算

上库死水位，共调压室机组由 $n-1$ 台增至 n 台满负荷发电或全部机组由 2/3 负荷增至满负荷(或最大引用流量)，作为设计工况，压力引水道的糙率取最大值；对抽水蓄能电站，上库最低水位，共调压室所有蓄能机组在最大抽水流量下，突然断电，导叶全部拒动。

上库死水位，共调压室的全部机组同时丢弃全负荷，调压室涌波的第二振幅，作为校核工况，压力引水道的糙率取最小值。

组合工况可考虑上库死水位，共调压室的全部机组瞬时丢弃全负荷，在流出调压室流量最大时，一台机组启动，从空载增至满负荷；对抽水蓄能电站，上库最低水位，共调压室的蓄能机组由 $n-1$ 台增至 n 台最大功率抽水，在流出调压室流量最大时，突然断电，导叶全部拒动，压力引水道的糙率取最小值。

若电站分期蓄水分期发电，需要对水位和运行工况进行专门分析。

7.2.7 调压室结构布置和结构设计原理

根据电站的具体条件，在初步选定调压室位置和型式，经过水力计算，确定调压室的基本尺寸以后，就需进行结构计算，以决定各构件的具体尺寸和材料的数量并绘制施工图。

调压室可分为塔式和井式两种不同的典型结构。塔式结构是建在地面上犹如给水用的水塔；井式结构是在地下开挖成圆井或廊道，加以衬砌做成。井式结构应用广泛，如湖南镇、黄坛口等水电站的调压室均采用井式。调压室结构承受的荷载可以分为两类：基本荷载和特殊荷载。前者包括围岩压力、设计情况下的内水压力、稳定渗流情况下的外水压力、衬砌自重、设备重量和风荷载（地面塔式结构）等；后者有校核水位时的内水压力、外水压力、温度应力、灌浆压力及地震荷载等。其主要荷载为内水压力和风雪作用力。

调压井的结构主要可分为：①大井（直井）井壁：一般为埋设在基岩中的钢筋混凝土圆筒；②底板：一块置于弹性地基上的圆板或环形板；③升管和顶板等。因此，调压井的结构计算，基本上可以看成是圆筒和圆板的计算问题。计算内力时，先分别计算，然后再考虑整体作用。

7.2.7.1 调压井结构的荷载及其组合

1.调压井结构的主要荷载

(1)内水压力：水面高程由水力计算决定，即调压井的最高和最低水位。

(2)外水压力、上托力：决定于调压井外的地下水位。其大小可采用计算断面在地下水位线以下的水柱高度乘以相应的折减系数，折减系数可按《水工隧洞设计规范》(SL279—2016)选用。常采用排水措施，降低外水位，以保证山坡稳定和减少底板所受的上托力。

(3)灌浆压力：发生在施工灌浆时期，其数值决定于回填灌浆、固结灌浆对衬砌结构产生的压力。

(4)岩石或回填土的主动土压力：当围岩破碎或衬砌完建后，围岩仍有向井内滑动的倾向时，应考虑围岩的主动压力，此时，不再计入围岩弹性抗力。

(5)衬砌自重：一般影响很小，特别是直井部分，往往略而不计。

(6)温度应力、收缩应力和地震力：温度应力是调压井在运行期，由于温度变化产生的应力；收缩应力，是在施工期间，由于混凝土凝固收缩所产生的应力；地震烈度超过 7 度时，应考虑地震力，并作为校核荷载。

2.荷载组合

荷载组合主要有下列 3 种情况。

(1)正常运行情况：最高内水压力＋温度及收缩应力＋岩石弹性抗力。

(2)施工情况：灌浆压力＋岩石或回填土主动压力＋温度及收缩应力。

(3)检修情况：最高外水压力或上托力＋岩石或回填土主动压力＋温度及收缩应力。

第1种通常是最不利的组合情况，配筋计算多由此情况决定。第2、3种情况一般可以不考虑，如遇到底板的上托力很大的不利情况时，可采用排水措施降低外水压力。

7.2.7.2　**调压井的结构设计原理**

调压室绝大部分为地下空间结构，地面塔式结构应用很少，而地下结构受地质条件和地下水压力等因素的影响较大，往往上述因素的影响又难以准确确定，其结构计算一般采用结构力学方法居多，对于大型工程、大尺寸、地质条件或结构形式复杂的调压室一般要用有限元方法进行复核。以下简单地介绍用结构力学法进行调压井结构计算的假定及原理。详细的计算方法可参阅有关文献。

1.计算的基本假定

(1)直井衬砌假定是一个整体，断面上下一致，半径不变。

(2)直井及底板的相对厚度较小，可用薄板和薄壳理论求解。

(3)直井与岩石紧密连接，其间的摩擦力能够维持衬砌自重，因此，可假定筒底垂直变位为零。

(4)岩石为弹性介质，当衬砌变形时，岩石产生的抗力与变形成正比。

(5)底板受井壁传来的对称径向力所引起的变形很小，可忽略不计。

2.直井

直井的衬砌是一个埋在岩石中的圆筒，常分成几段浇成，如图7－42所示。各段间留有水平收缩缝，或整体浇成不留缝。直井与底板大多做成刚接，如图7－43(a)中的固定式；也可做成铰接(见图7－43(b))，但铰接处需设止水且内力较大，故很少采用。

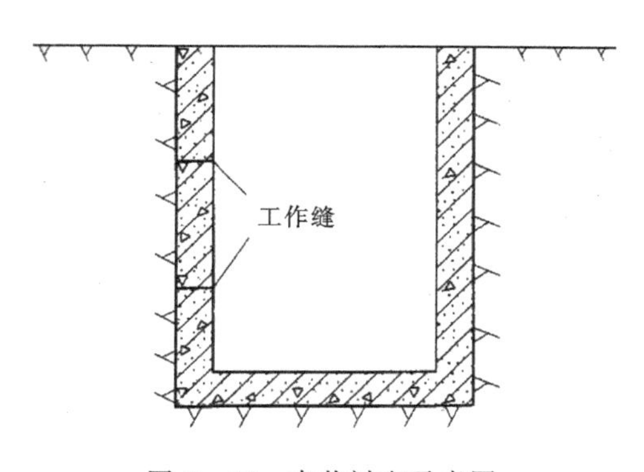

图7－42　直井衬砌示意图

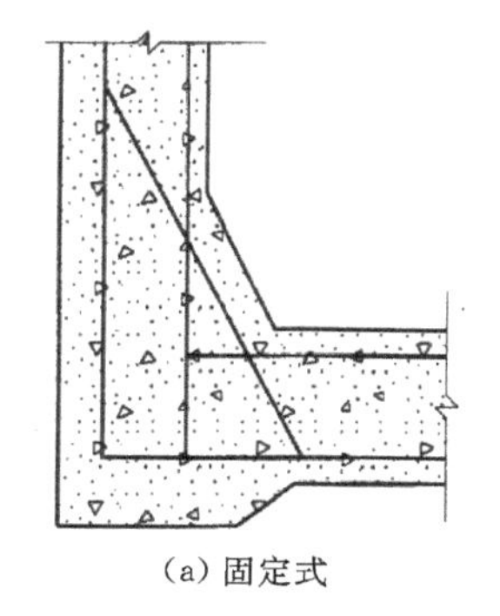

(a)固定式

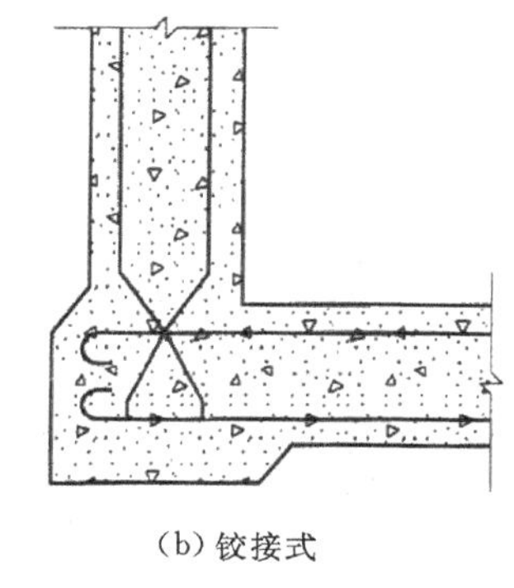

(b)铰接式

图7－43　直井和底板的连接方式

进行直井衬砌应力计算分析时，假定为底部固结、顶部自由的长圆筒，用弹性力学的方法求解。

3.底板

调压井的底板型式有两种，当调压井为简单式时，底板为一四周固结的实心圆板；当调压井为阻抗式和差动式时，底板为一中空的圆板，由于隧洞在底板下通过，这时底板下面有一部分与岩石直接接触，另一部分被隧洞穿过而悬空。环形板内缘与升管相连，外缘与外壁相接，因此，这种环形板的应力分布是很复杂的。计算环形板时，应考虑底板下隧洞穿过处不与岩石接触的影响；当底板承受外水压力时，这部分板不承受外水压力；当底板承受内水压力时，这部分板不受岩石弹性抗力的作用。

板厚与直径相比，小于 1/10 时可以看作薄板，按薄板理论进行计算。最后将直井底部和底板四周的不平衡弯矩和切力进行调整，得到端部的实际应力。

4. 顶板

为了防寒和防止山坡上的石块及杂物落入调压井中，有时在调压井上部设顶板；有时把事故快速闸门布置在调压井内，把闸门的起闭机放在顶板上面，这时顶板还要承受起闭机设备及启门力等荷载。

顶板所承受的荷载与调压井的井壁和底板不同，并按不利的组合情况进行设计。

顶板的结构布置，有圆平顶板和球形顶板 2 种型式，如图 7－44 所示，圆的平顶板适用于调压室的半径不大的情况下，有时还利用差动式调压室升管的突出部分作为支撑，此种型式施工比较简单，其大梁可作施工期间起吊大梁。球形顶板用于半径大的情况，此种型式可减小弯矩，因而比较经济，但施工复杂。

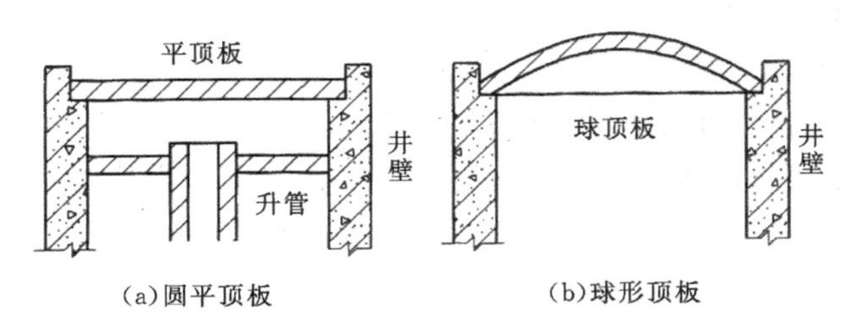

图 7－44 顶板结构型式示意图

圆平顶板多简支在井壁上，可作为一简支圆板计算，亦可采用梁板型式。球形顶板应按球壳进行计算。

调压井顶部应留有通气孔，通气孔流量等于隧洞流量。

5. 断面设计

调压室直井和底板都是水下结构，过去断面混凝土不允许开裂设计。近年来我国设计部门已开始采用允许裂缝开展的断面设计。是否允许裂缝开展的断面设计，应根据调压室附近岩层的厚度及破碎情况而定。以免调压室渗水造成岩层坍滑，危及压力管道和厂房的安全。目前一般仍按不允许开裂计算，但安全系数为 1。当算出的钢筋少于最小配筋率时，可按少筋混凝土设计。

当调压井的高度不大，岩石性质上下均匀时，井壁衬砌上下可用同一厚度，如图 7－45(a) 所示。若井壁较高或沿高度各层岩石的性质相差较大时，也可采用不同的厚度，如图 7－45

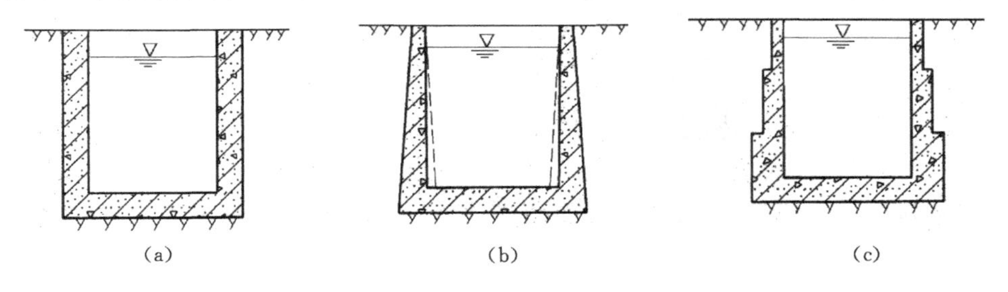

图 7－45 调压井衬砌型式示意图

(b)及(c)所示，后面两种受力较为合理，但开挖量较大，应力分析也比较复杂，为了减少开挖和回填，有时亦可做成井壁向内倾斜的型式，如图 7-45(b)中的虚线所示。

根据岩石的性质，水压力的大小、调压井的高度及断面，先大致决定衬砌的厚度。一般衬砌厚度为 50～100 cm 或更大些，然后进行强度计算和裂缝校核，如不能满足，则修改衬砌厚度重新计算。初步假定衬砌厚度时，可近似地取其等于 0.05～0.1 的调压井直径。

为了使岩石和衬砌能联合工作，增加岩石的整体性，并防止渗漏，在衬砌浇筑完成后，需进行回填灌浆和固结灌浆，前者用 2～3 个大气压，后者用 5～8 个大气压，孔距 2～3 m，孔深 3～5 m。

总之，调压井的衬砌与地质情况关系极大。若井身建造在风化破碎的岩层中，那么衬砌自身应具有足够的强度和刚度，以独立承受各种外加荷载。相反，若建在完整新鲜的岩石中，而且水质对岩石无侵蚀作用，则衬砌可以做得很薄，仅仅起护面作用，或采用喷锚支护。因此，设计时重要的是全面分析各方面的条件，慎重对待影响比较大的因素，选出最好的方案。

7.2.8　调压室水力计算的数值算法简介

数值算法具有计算理论严密，简化假设少，速度快，精度高，可以计算不同类型调压室在各种工况下的涌波全过程，并可与水锤、机组转速变化联合求解等许多优点。尤其在研究某参数对调压室水位变化过程的影响时，数值算法更为便利。

进行调压室水位波动计算时，以水轮机、阀门的出流方程作为边界条件，从某种已知初始状态开始，采用四阶龙格-库塔积分法求解调压室水流连续方程和隧洞水流动力方程。

7.2.8.1　调压室水位波动的基本微分方程

调压室的基本方程如下。

(1)连续方程

$$\frac{dZ}{dt}=\frac{(Q-Q_m)}{F}=f_1(t,Z,Q) \tag{7-137}$$

(2)动力方程

$$\frac{dQ}{dt}=\frac{(H_R-Z-KQ_s|Q_s|-RQ|Q|)gA}{L}=f_2(t,Z,Q) \tag{7-138}$$

上两式中：Q 为隧洞中的流量；Q_m 为压力管道中的流量；F 为调压室的截面积；Z 为调压室水位；H_R 为上游水库水位；K 为调压室阻抗水头损失系数；Q_s 为调压室中的流量，以进入调压室时为正；R 为隧洞的沿程损失和局部损失系数；g 为重力加速度；A 为隧洞的截面积；L 为隧洞的长度。

如已知出流变化规律 $Q_m=f(t)$，则 $Q_s=Q-Q_m$，可以根据四阶龙格-库塔法来逐步求解式(7-137)和式(7-138)。

7.2.8.2　龙格-库塔法计算公式

如已知 t 时刻的 Q、Z 值，则可以根据以下公式来求 $t+\Delta t$ 时刻的 $Q_{t+\Delta t}$、$Z_{t+\Delta t}$ 的值。

$$\left.\begin{aligned}
Z_{t+\Delta t} &= Z_t + \frac{1}{6}(K_1 + 2K_2 + 2K_3 + K_4)\\
K_1 &= \Delta t f_1(t, Z_t, Q_t)\\
K_2 &= \Delta t f_1\left(t + \frac{\Delta t}{2}, Z_t + \frac{K_1}{2}, Q_t + \frac{L_1}{2}\right)\\
K_3 &= \Delta t f_1\left(t + \frac{\Delta t}{2}, Z_t + \frac{K_2}{2}, Q_t + \frac{L_2}{2}\right)\\
K_4 &= \Delta t f_1(t + \Delta t, Z_t + K_3, Q_t + L_3)
\end{aligned}\right\} \tag{7-139}$$

$$\left.\begin{aligned}
Q_{t+\Delta t} &= Q_t + \frac{1}{6}(L_1 + 2L_2 + 2L_3 + L_4)\\
L_1 &= \Delta t f_2(t, Z_t, Q_t)\\
L_2 &= \Delta t f_2\left(t + \frac{\Delta t}{2}, Z_t + \frac{K_1}{2}, Q_t + \frac{L_1}{2}\right)\\
L_3 &= \Delta t f_2\left(t + \frac{\Delta t}{2}, Z_t + \frac{K_2}{2}, Q_t + \frac{L_2}{2}\right)\\
L_4 &= \Delta t f_2(t + \Delta t, Z_t + K_3, Q_t + L_3)
\end{aligned}\right\} \tag{7-140}$$

7.2.8.3 数值计算框图

数值计算框图如图 7-46 所示。

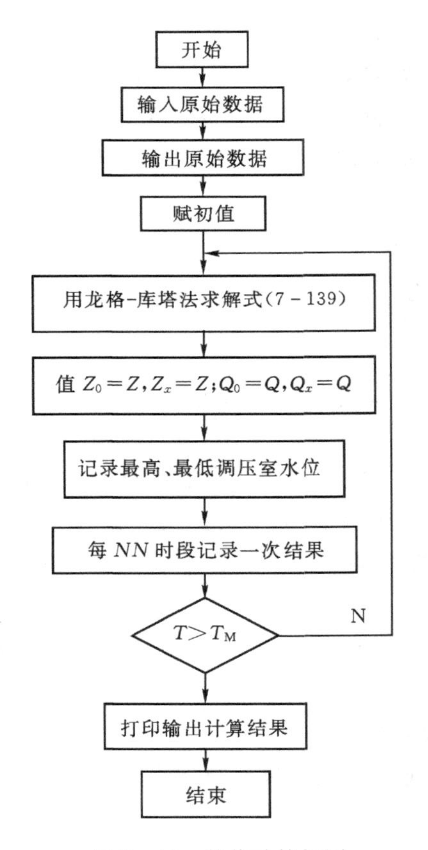

图 7-46 数值计算框图

思考题与练习

7.1　什么是输水系统中的水锤现象？

7.2　调节保证计算的目的有哪些？什么叫调节保证计算？其任务是什么？

7.3　水电站压力管道水锤计算的计算机方法有哪些？分别说明各种方法的区别。

7.4　什么叫直接水锤？其计算公式是什么？水锤现象是如何发生的？直接水锤压强的大小与哪些因素有关？什么叫间接水锤？什么叫第一相水锤和末相水锤？产生的原因是什么？它们沿管长分布规律是怎样的？说说水电站的水锤基本方程和边界条件。

7.5　什么叫复杂管？串联管水锤计算中的波速和流速如何确定？

7.6　在什么条件下水击计算要考虑蜗壳和尾水管的影响？如何计算压力水管末端、蜗壳的水锤压力？

7.7　水锤图解法的基本原理是什么？图解法的步骤如何？它和解析法相比有何优缺点？

7.8　调压室的作用有哪些？调压室布置形式和调压室基本类型有哪些？如何计算调压室的水力计算，以简单调压室为例，说说图解法的步骤。调压室的结构轮廓如何设计确定？

第 8 章

水电站厂房及其布置设计

本章摘要：

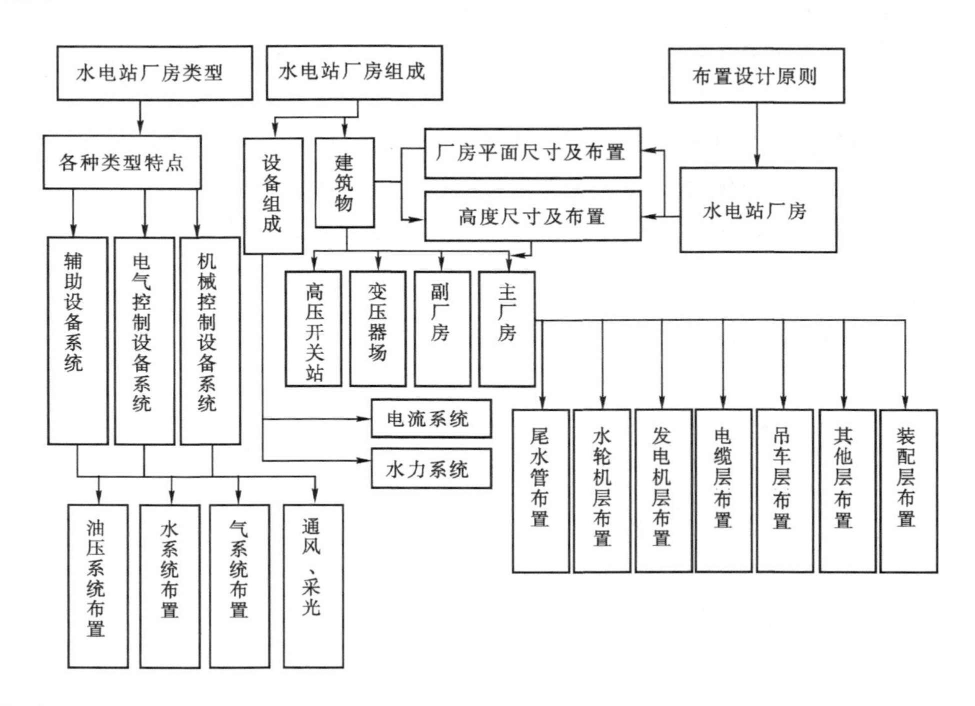

阅读指南：

水电站厂房是水电站厂区核心，是将水能转换为机械能进而转换为电能的场所，它通过一系列工程措施，将水流平顺地引入及引出水轮机，将各种必需的机电设备安置在恰当的位置，为这些设备的安装、检修和运行提供方便有效的条件，也为运行人员创造良好的工作环境。本章介绍了水电站厂房的作用功能、布置型式、组成和布置特征等内容，帮助读者了解水电站厂房的布置设计的基本思路和基本方法。

8.1 水电站厂区布置及厂房的基本类型

8.1.1 水电站厂区布置一般原则

厂区布置应根据地形、地质、环境条件，结合整个枢纽的工程布局，按下列原则进行：

(1)合理确定主厂房、副厂房、开关站、进厂交通及尾水渠等建筑物相对位置,使电站运行安全,管理和维护方便;

(2)妥善协调厂房和泄洪、排沙、通航等其他建筑物的布置,避免干扰,保证电站安全和正常运行;

(3)综合考虑厂区防洪、排水、消防等安全措施,并具备检修的必要条件;

(4)少占或不占用农田,保护天然植被,保护环境,保护文物;

(5)做好总体规划及主要建筑物的建筑艺术处理,美化厂区环境;

(6)综合考虑施工程序、施工导流及首批机组发电的工期要求,优化各建筑物的布置。

8.1.2　水电站厂房的基本类型

水电站厂房是建筑物及机械、电气设备的综合体,在厂房的设计、施工、安装和运行中需要各专业人员通力协作。水工建筑专业人员主要从事建筑物的规划、设计、施工与运行,因而本教材着重从水工建筑的相关观点来研究水电站厂房。

厂区布置的主要目的是确定厂房与其他建筑物的相对位置。由于水电站的自然条件、枢纽布置、水头和机组型式的不同,水电站厂房的型式多种多样。按机组型式不同,又可分为立轴式机组厂房、贯流式机组厂房、水斗式机组厂房、卧式机组厂房;按厂房是否壅水可分为壅水厂房和非壅水厂房;根据机组是否为抽水蓄能可分为抽水蓄能厂房和常规水电站厂房;也根据机组的型式进行分类等。按枢纽布置和结构受力的特点分类,可分为河床式厂房、坝后式厂房、岸边式厂房和地下式厂房;本书编者根据水电站厂房与枢纽建筑物的布置和特性进行分类,将水电站厂房分为:地面厂房、地下厂房和其他厂房。现分别介绍如下。

1.地面厂房

地面厂房按其结构可分为以下几种。

(1)坝后式厂房。厂房位于拦河坝下游坝趾处,厂房与坝直接相连,发电用水直接穿过坝体引入厂房,如图 8-1 所示为 2012 年建成的三峡水电站厂房,该厂房也是坝后式的。在坝后式厂房的基础上,将厂坝关系适当调整,并将厂房结构加以局部变化后形成的厂房型式还包括以下几种。

①挑越式厂房:厂房位于溢流坝坝趾处,溢流水舌挑越厂房顶泄入下游河道,其特点:如果河床较窄,没有足够的位置布置厂房,可采用厂房布置在溢流坝后的溢流式厂房。泄洪时,水流从厂房顶挑出。这种型式的厂房泄洪时,要承受高速水流的冲击而发生振动,厂房的工作环境也较差,存在通风、采光和防潮问题。另外,厂区的布置也受限制,变压器、开关站一般只能布置在岸边。

②溢流式厂房:厂房位于溢流坝坝趾处,厂房顶兼作溢洪道。

③坝内式厂房:厂房移入坝体空腹内。

(2)河床式厂房。厂房位于河床中,本身也起挡水作用,如图 6-6 所示广西西津水电站厂房。若厂房机组段内还布置有泄水道,则称为泄水式厂房(或称混合式厂房)。

(3)岸边式厂房。厂房与坝不直接相接,发电用水由引水建筑物引入厂房。当厂房设在河岸处时称为岸边式地面厂房。岸边式厂房也可以是半地下式的,如浙江百丈漈一级水电站厂房。

2.地下厂房

有压岸边式(主要是混合式)水电站,如因地形地质条件或其他考虑不宜布置河岸式地面

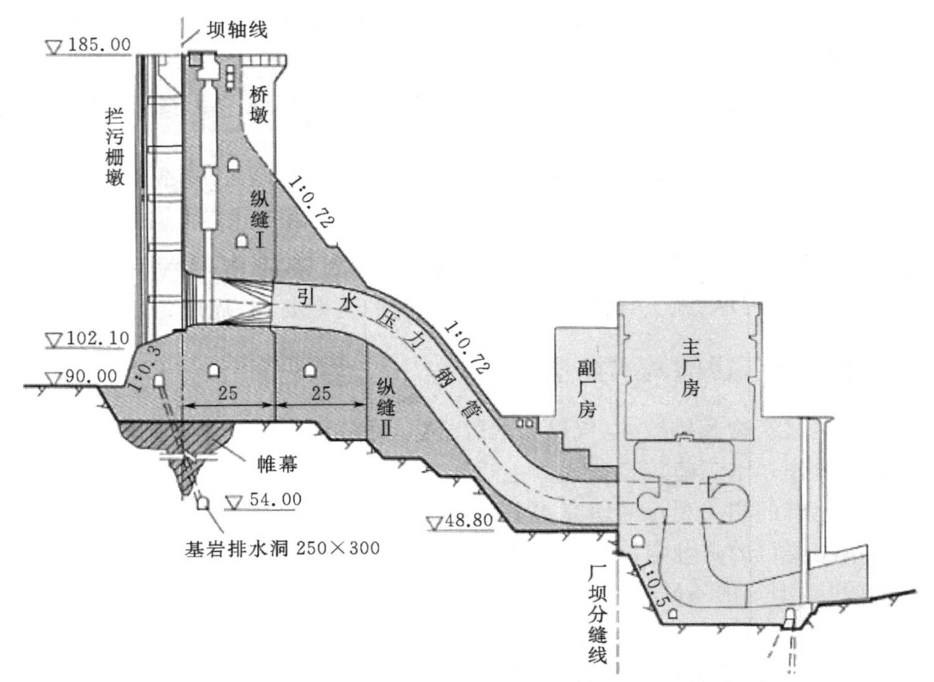

图 8-1　三峡右岸厂房横剖示意图(含坝上取水系统　单位:m)

厂房,则可布置成地下厂房,如图 8-2 所示。地下厂房对地质条件要求较高,对地形没有要求,故厂房的位置比较灵活。但地下厂房厂区的布置、对外交通、通风采光等条件比较差,厂房结构也比较复杂。

引水洞和尾水洞是地下厂房水流系统的主要建筑物。根据厂房与水流系统相对位置的不同,地下厂房可分为:首部式——厂房靠近进水口,引水洞较短;中部式——厂房位于水流系统的中部,引水洞和尾水洞长度接近;尾部式——厂房靠近出水口,引水洞较长。

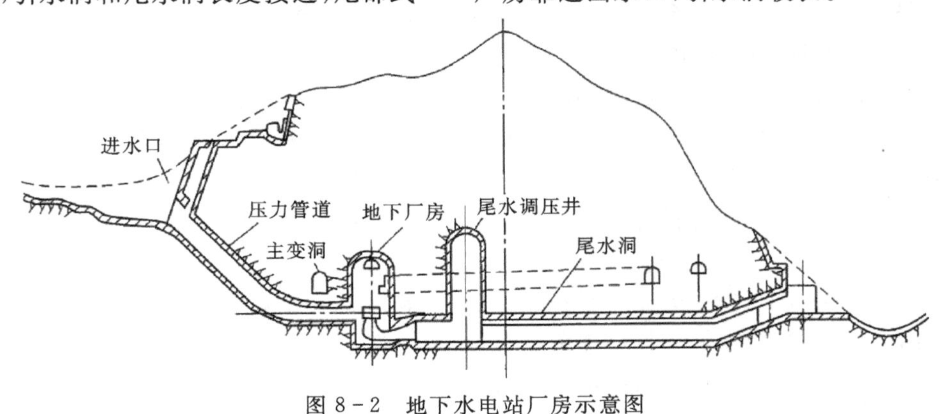

图 8-2　地下水电站厂房示意图

3.其他型式

水电站厂房还可按机组装配方式分为竖轴机组厂房及横轴机组厂房,按厂房上部结构的特点分为露天式、半露天式和封闭式厂房;按水电站资源的性质分为河川电站(常规水电站)厂房、潮汐电站厂房以及抽水蓄能电站厂房等等。

8.1.3 水电站厂房的设计程序

我国大中型水电站设计一般分为四个阶段:预可行性研究、可行性研究、招标设计及施工详图。

预可行性研究的任务是在河流(河段)规划和地区电力负荷发展预测的基础上,对拟建水电站的建设条件进行研究,论证该水电站在近期兴建的必要性、技术上的可行性和经济上的合理性。在这个阶段中,对厂房不进行具体设计,而只基本选定电站规模,初选枢纽布置方式及厂房的型式,绘出厂房在枢纽中的位置,估算工程量。

可行性研究的任务是通过方案比较选定枢纽的总体布置及其参数,决定建筑物的型式和控制尺寸,选择施工方案、进度和总布置,并编制工程投资预算,阐明工程效益。在该阶段中,对厂房设计的要求是根据选定机组机型、电气主结线图及主要机电设备,初步决定厂房的型式、布置及轮廓尺寸,绘出厂区及厂房布置图,进行厂房稳定计算及必要的结构分析,提出厂房工程地质处理措施。

招标设计中要对可行性研究中的遗留问题进行必要的修改与补充,落实选定方案工程建设的技术、施工措施,提出较详细的工程图纸和分项工程的工程量,提出施工、制造与安装的工艺技术要求以及永久设备购置清单,编制招标文件。

在施工详图阶段,则继续对各项结构进行细部设计和结构计算,并拟定具体施工方法,绘出施工详图。对厂房设计而言,虽然厂房的型式、布置及轮廓尺寸在招标设计中已经决定,但机电设备供货合同尚未签订,详细的结构设计尚未进行,故一切决定都还是近似的。在施工详图阶段,要根据更详尽确凿的各种资料,进行每个构件的细部设计和结构计算,最终确定厂房各部分的尺寸。对于招标设计中的基本决定,一般不会有重大的改变。

8.2 水电站厂房的组成

水电站厂房是建筑物和机械、电气设备的综合体,而厂房建筑物是为安置机电设备服务的。在具体讨论厂房布置设计的原理前,本节概述厂房的机电设备的组成和建筑物的组成,并通过实例介绍它们之间的协调配合,使读者对水电站厂房的组成有一个整体概念。

8.2.1 厂房的机电设备

为了安全可靠地完成变水能为电能并向电网或用户供电的任务,水电站厂房内配置了一系列的机械、电气设备,它们可归纳为以下五大系统。

(1)水力系统,即水轮机及其进、出水设备,包括压力钢管、水轮机前的蝴蝶阀(或球阀)、蜗壳(或引水前流道)、水轮机、尾水管(或尾水流道)及尾水闸门等。

(2)电流系统,即所谓电气一次回路系统,包括发电机、发电机引出线、母线、发电机电压配电设备、主变压器、高压开关及配电设备等。

(3)机械控制设备系统,包括水轮机的调速设备,如操作柜、油压装置及接力器、蝴蝶阀(或球阀)的操作控制设备、减压阀或其他闸门、拦污栅等的操作控制设备。

(4)电气控制设备系统,包括机旁盘、励磁设备系统、中央控制室、各种控制及操作设备如互感器、表计、继电器、控制电缆、自动及远动装置、通信及调度设备等。

(5)辅助设备系统,即为设备安装、检修、维护、运行所必需的各种电气及机械辅助设备,包括以下几种。

①厂用电系统：厂用变压器、厂用配电装置、直流电系统。

②起重设备：厂房内外的桥式起重机、门式起重机、闸门启闭机等。

③油系统：透平油及绝缘油的存放、处理、流通设备。

④气系统（又称风系统或空压系统）：高低压压气设备、贮气筒、气管等。

⑤水系统：技术供水、生活供水、消防供水、渗漏排水、检修排水等。

⑥其他：包括各种电气及机械修理室、试验室、工具间、通风采暖设备等。图 8－3 给出了

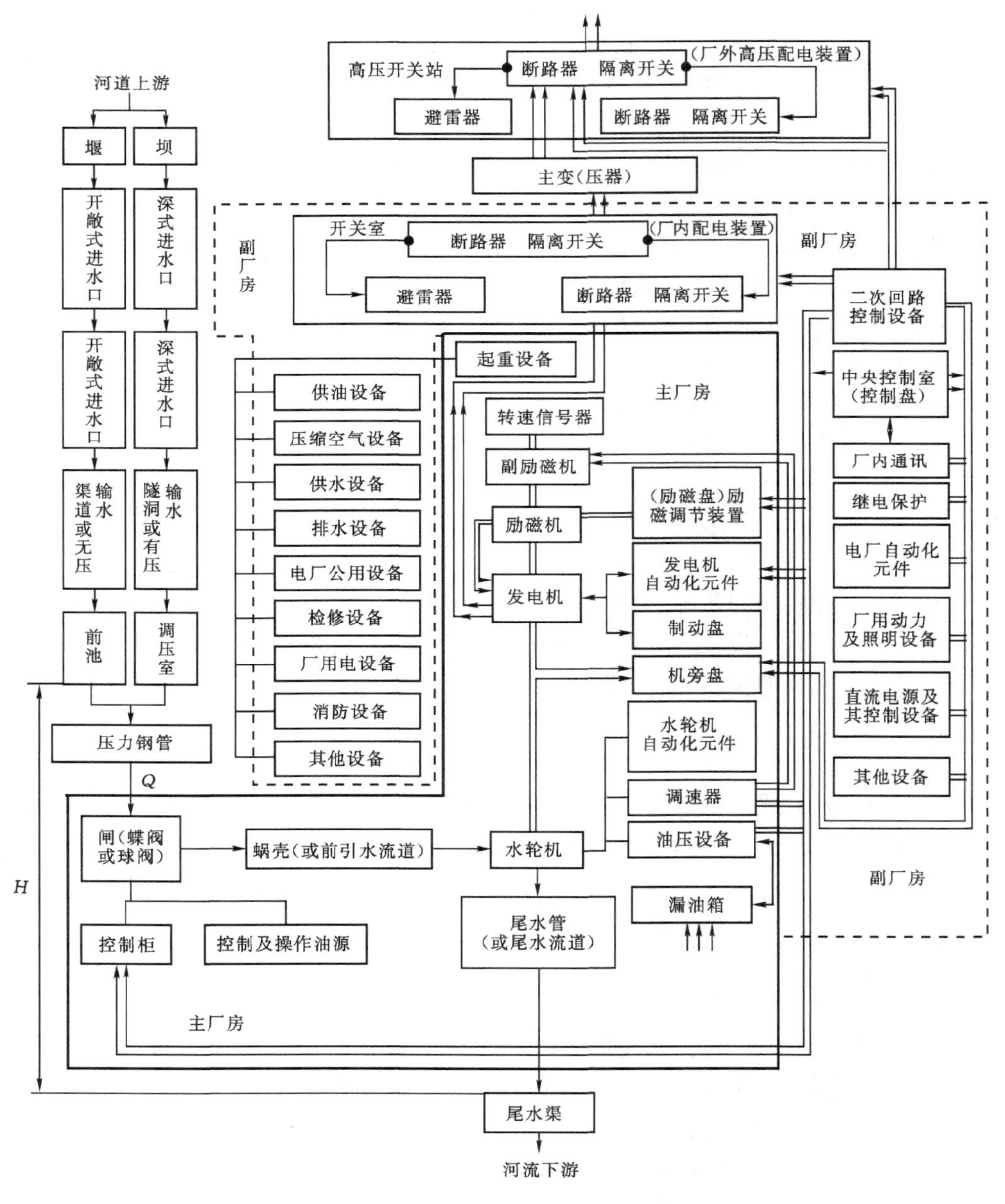

图 8－3 水电站厂房的组成框图

这五大系统构成框图,如图 8-4 所示为主要机械、电气设备位置示意图。

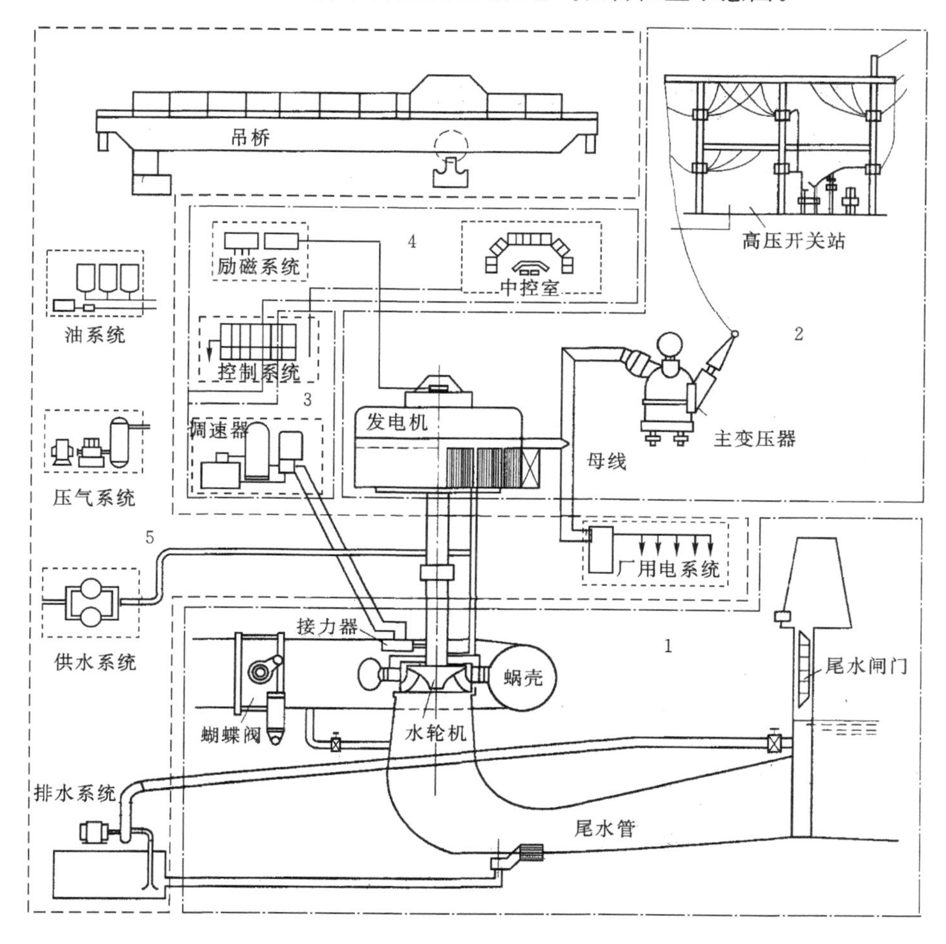

图 8-4　主要机械、电气设备示意图

1—水力系统;2—电流系统;3—机械控制设备系统;4—电气控制设备系统;5—辅助设备系统

8.2.2　厂房的建筑物组成

厂房枢纽的建筑物一般可以分为四部分:主厂房、副厂房、变压器场及高压开关站。主厂房(含装配场)是指主厂房构架及其下的厂房块体结构所形成的建筑物,其内装有水轮发电机组及主要的控制和辅助设备,并提供安装、检修设施和场地。副厂房是指为了布置各种控制或附属设备以及工作生活用房而在主厂房邻近所建的房屋。主厂房及相邻的副厂房习惯上也简称为厂房。变压器场一般设在主厂房旁,场内布置主升压变压器,将发电机输出的电流升压至输电线电压。高压开关站常为开阔场地,安装高压母线及开关等配电装置,向电网或用户输电。

厂房枢纽的四部分建筑物在图 8-5 中表示得很清楚。压力管道在厂房前分为四支,将水流引入主厂房,推动安装在主厂房内的四台水轮发电机组,用过的水则通过尾水渠排入下游河

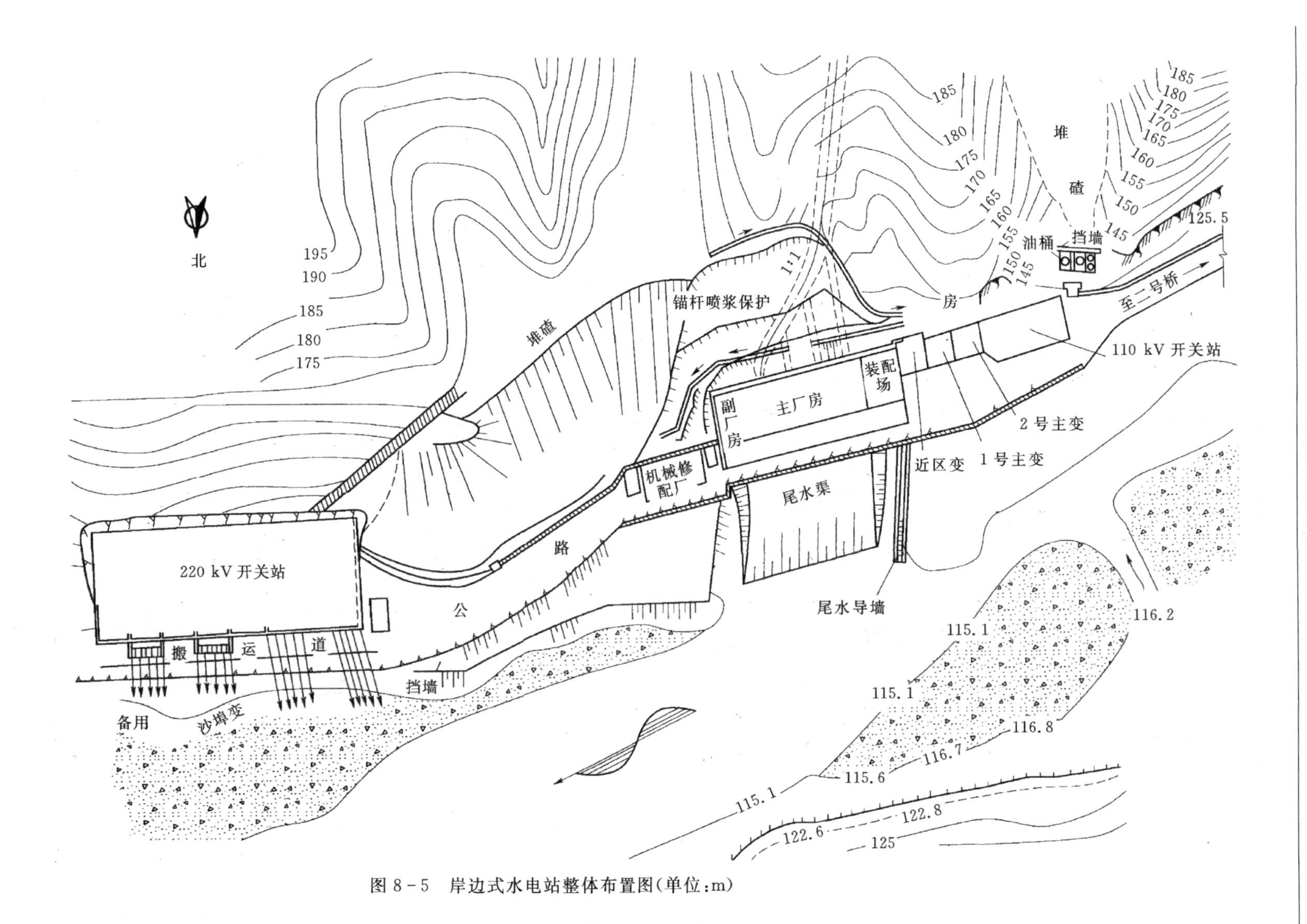

图 8-5 岸边式水电站整体布置图(单位:m)

道。副厂房主要由两部分组成，一部分在主厂房东端(以下称端部副厂房)，另一部分位于尾水管上(以下称下游副厂房)。变压器场位于主厂房西端进厂公路旁。高压开关站也分为两部分，110 kV 开关站位于变压器场之西，而 220 kV 开关站则布置在主厂房之东。

8.3 岸边式水电站厂房布置与设计

8.3.1 岸边式水电站厂房布置说明

以下用某水电站厂房为例，说明水电站厂房组成的整体概念以及机电设备的五大系统与厂房结构布置的关系，可参阅图 8-5 至图 8-11。

图 8-6 为通过机组中心的厂房横剖面图，它较直观地显示了主副厂房、水轮发电机组以

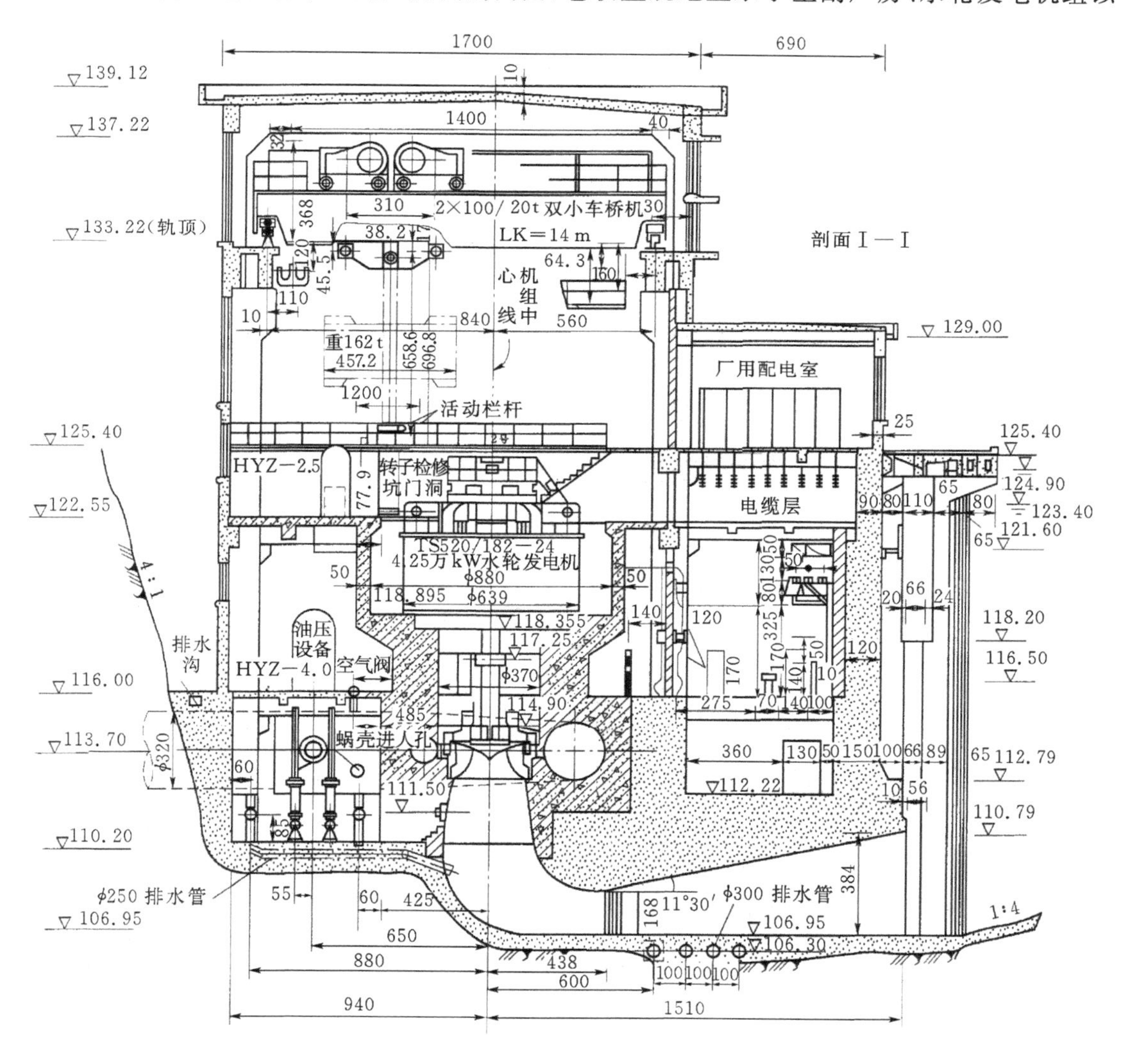

图 8-6 水电站主厂房横剖面图(单位:cm)

及主要控制设备和辅助设备在高度方向的布置。图中主厂房构架及其下的厂房块体结构所形成的建筑物为主厂房，尾水管扩散段以上的建筑物为副厂房。主厂房在高度方向常分为数层，如装配场层（高程为 125.40 m）、发电机层（高程为 122.50 m）、水轮机层（高程为 116.00 m）及阀室层（高程为 110.20 m）。习惯上把发电机层以上的部分称为上部结构及主机房，发电机层以下部分统称为下部结构，而水轮机层以下部分则称为下部块体结构。与主厂房分层大体相对应，下游副厂房也分为 4 层。图 8－7 为通过装配场的厂房横剖面图，它表示了转子、主变压器等大件检修的场地安排以及下游副厂房的空间布置。该电站主、副厂房各层的设备与结构布置则更清楚地表示在相应层的平面布置图中。

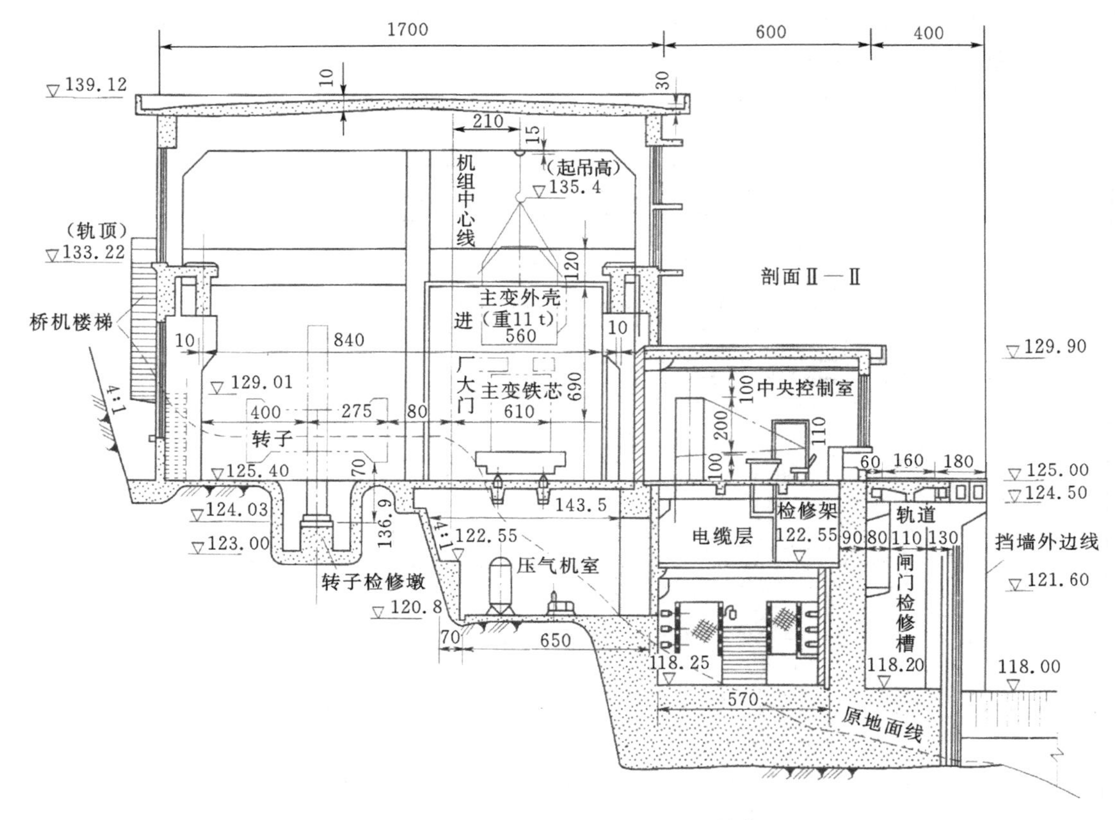

图 8－7 水电站厂房装配场横剖面图（单位：cm）

图 8－8 为装配场层平面布置图。由图可见，主厂房沿其纵轴（即各机组中心连线）方向分为装配场和各个机组段，其中装配场位于主厂房西端，与进厂公路相接。装配场与机组段之间设贯穿至地基的伸缩缝。装配场是全厂主要机件安装和检修的场地，各种设备可经进厂公路直接运抵装配场卸车，主变压器也可沿专用轨道推入进行大修。装配场与主机房同宽，桥式吊车通行其间，以便安装检修。该装配场与公路同高，但比发电机层高 2.85 m，故装配厂东端（主机房侧）没有栏杆，而沿机组段北侧与东端设有走廊，可俯视发电机层，并经两座楼梯通向发电机层。

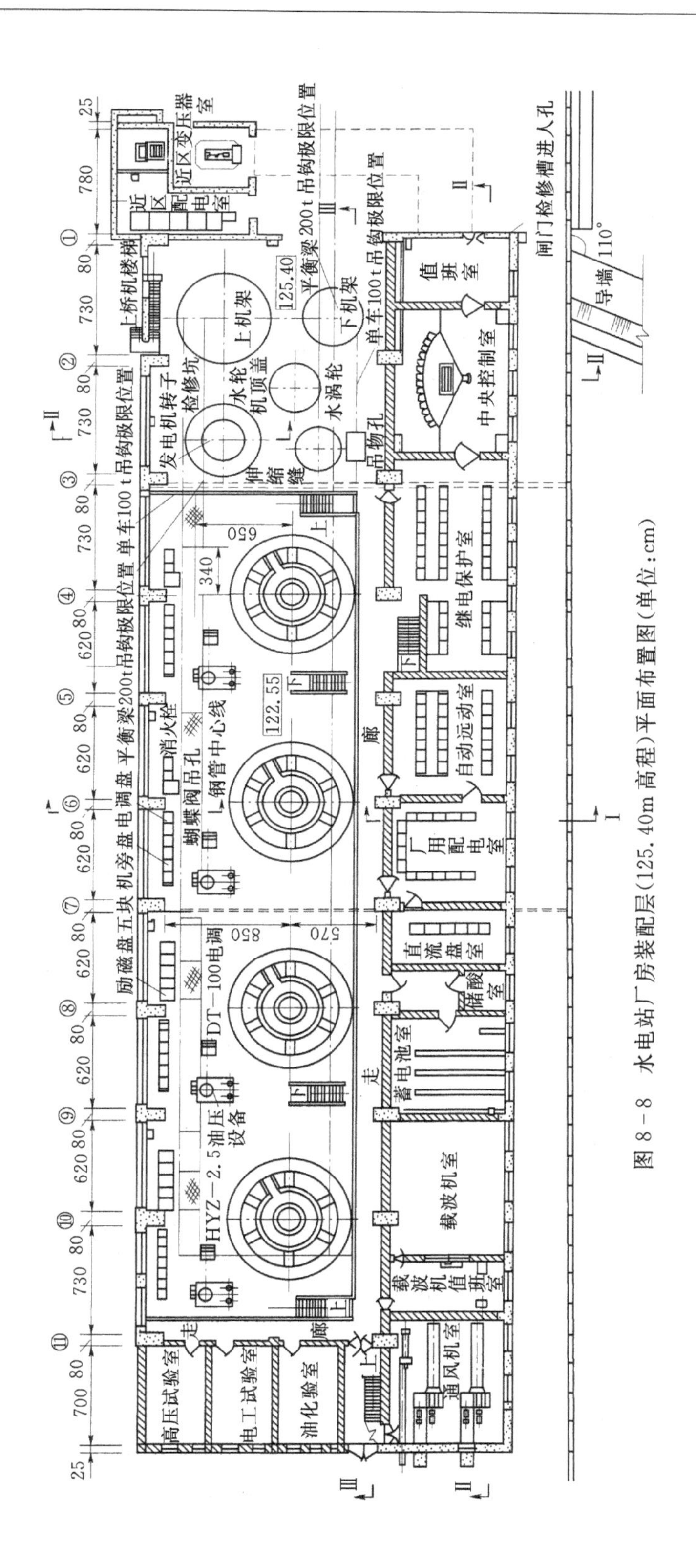

图 8-8　水电站厂房装配层(125.40m高程)平面布置图(单位:cm)

图 8－9 为发电机层平面布置图。由图可见，主厂房内装有四台发电机，每台发电机的上游侧(第二象限)布置 DT—100 型电调机械柜及油压装置，靠墙布置电调电气柜及机旁盘。上游侧(第一象限)针对蝴蝶阀中心设了蝴蝶阀吊孔(兼吊物孔)，靠墙布置了励磁盘。在＃1、＃2和＃3、＃4 机组之间各设一楼梯下至水轮机层，在＃1 机下游侧及＃4 机旁各有一楼梯上达装配场。＃2、＃3 机之间设贯穿至地基的伸缩缝。装配场底层为压气机室及发电机转子承台，均由发电机层进入。

图 8－10 为水轮机层平面布置图。由图可见四台机组的立柱型机墩。每台机组上游侧(第一象限)设蝴蝶阀吊孔及空气阀，＃3、＃4 机之间的上游侧布置了蝴蝶阀操作用油的油压装置(四阀合用)。每台机组下游侧(第四象限)布置发电机引出线，它们悬挂在水轮机层天花板上，通入下游副厂房。＃3、＃4 机旁各设 SK—500 型励磁变压器一台。主厂房东端布置了检修排水及渗漏排水用深井泵各两台，西端设有消防水泵一台。上游侧东端的楼梯下至蝴蝶阀室，＃1、＃2 和＃3、＃4 机组间的楼梯上通发电机层。

图 8－11 为通过蜗壳中心(高程 113.70 m)的水平剖面。图中表示了蜗壳及尾水管的平面尺寸、四台蝴蝶阀及其接力器、旁通管等。东端设有三个集水井及一座楼梯。

图 8－8 至图 8－11 还表示了下游副厂房的平面布置。下游副厂房分为四层，最低层高程为 112.22 m(见图 8－11)、布置了两个事故油池及男女浴室。第二层与水轮机层同高(见图 8－10)，除在东端设了油处理室外，其余均用于布置发电机电压配电装置及母线，母线道延伸至变压器场。第三层与发电机层同高(见图 8－9)，全部用于敷设各种电缆，通往上层各种表盘。最高层与装配场同高(见图 8－8)，布置了值班室、中央控制室、继电保护室、自动远动室、厂用配电室、直流盘室、蓄电池室与载波机室等。

图 8－8 和图 8－11 中还给出了端部副厂房的平面布置。端部副厂房也分为四层，最底层与装配场同高(见图 8－8)，布置有高压试验室、电工试验室、油化验室及通风机室。以上三层(见图 8－11)布置办公室、会议室、夜班人员休息室、图书室及技术档案室，其中经第三层可上桥吊。

总之，上面的介绍勾绘出了岸边式地面厂房组成的整体概念。以下 6 节将按建筑物组成为序，以五大设备系统为线索，较为详细地讨论厂房布置的规律。

8.3.2　岸边式水电站厂房下部块体结构

水电站厂房下部块体结构指水轮机层以下的厂房部分，它的形状及尺寸主要取决于水力系统的布置。中、低水头的水电站的各种机电设备中，过流部件的尺寸相对较大，因此，下部结构的尺寸一般决定了主厂房的长度与宽度。对于图 8－6 所示水电站，下部块体结构即高程 116.00 m 以下部分，水力系统包括压力钢管、蝴蝶阀、蜗壳、水轮机、尾水管、尾水闸门及它们的附属设备。

8.3.2.1　水轮机、蜗壳及尾水管的布置

水轮机选型的原则已在第 3、4 章中作了介绍。同一座水电站上，一般安装相同型号的机组，但有时却由于订货或其他原因不得已安装不同型号的机组。图 8－6 所示水电站即属前者，机组为同种型号。安装不同型号的机组常给设计、安装、运行、检修带来一些额外的麻烦。

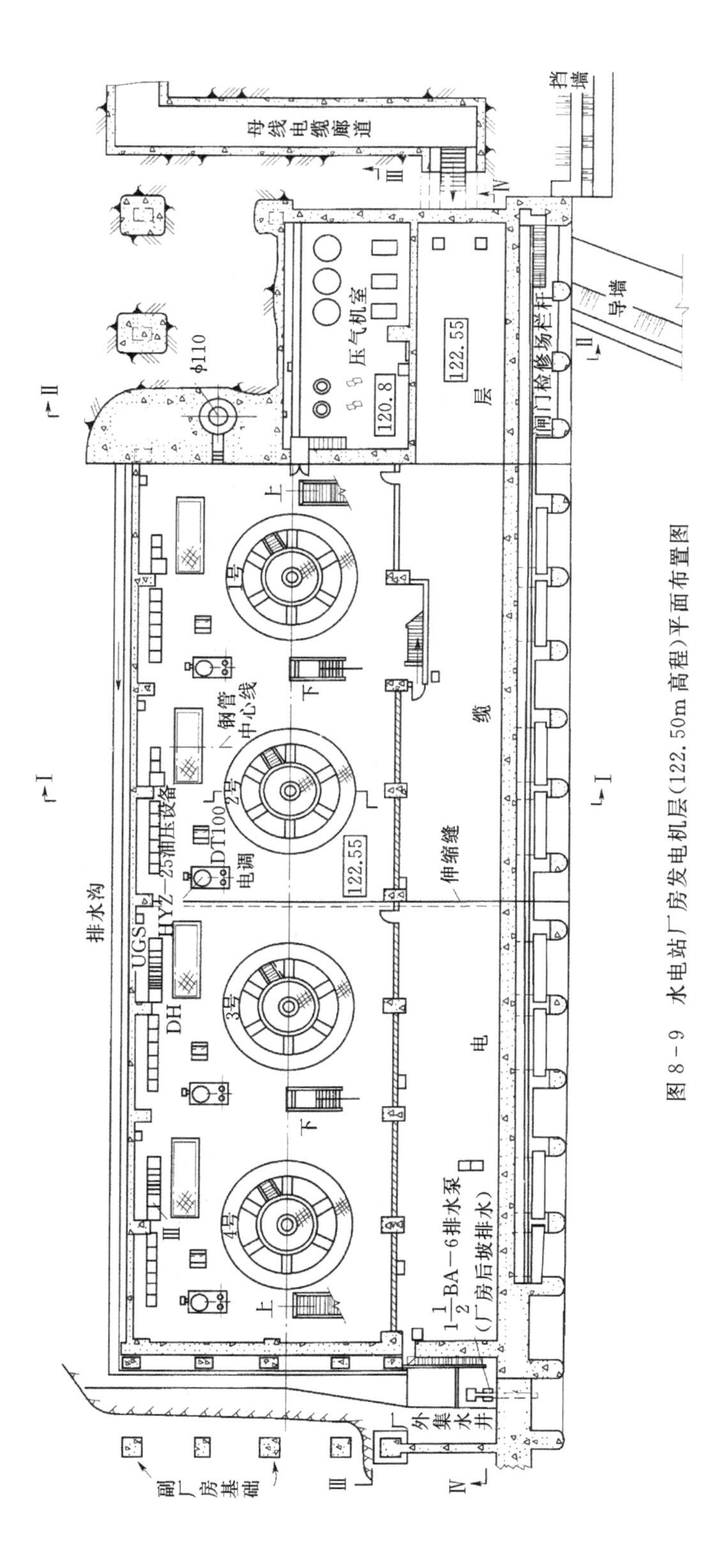

图 8-9　水电站厂房发电机层(122.50m 高程)平面布置图

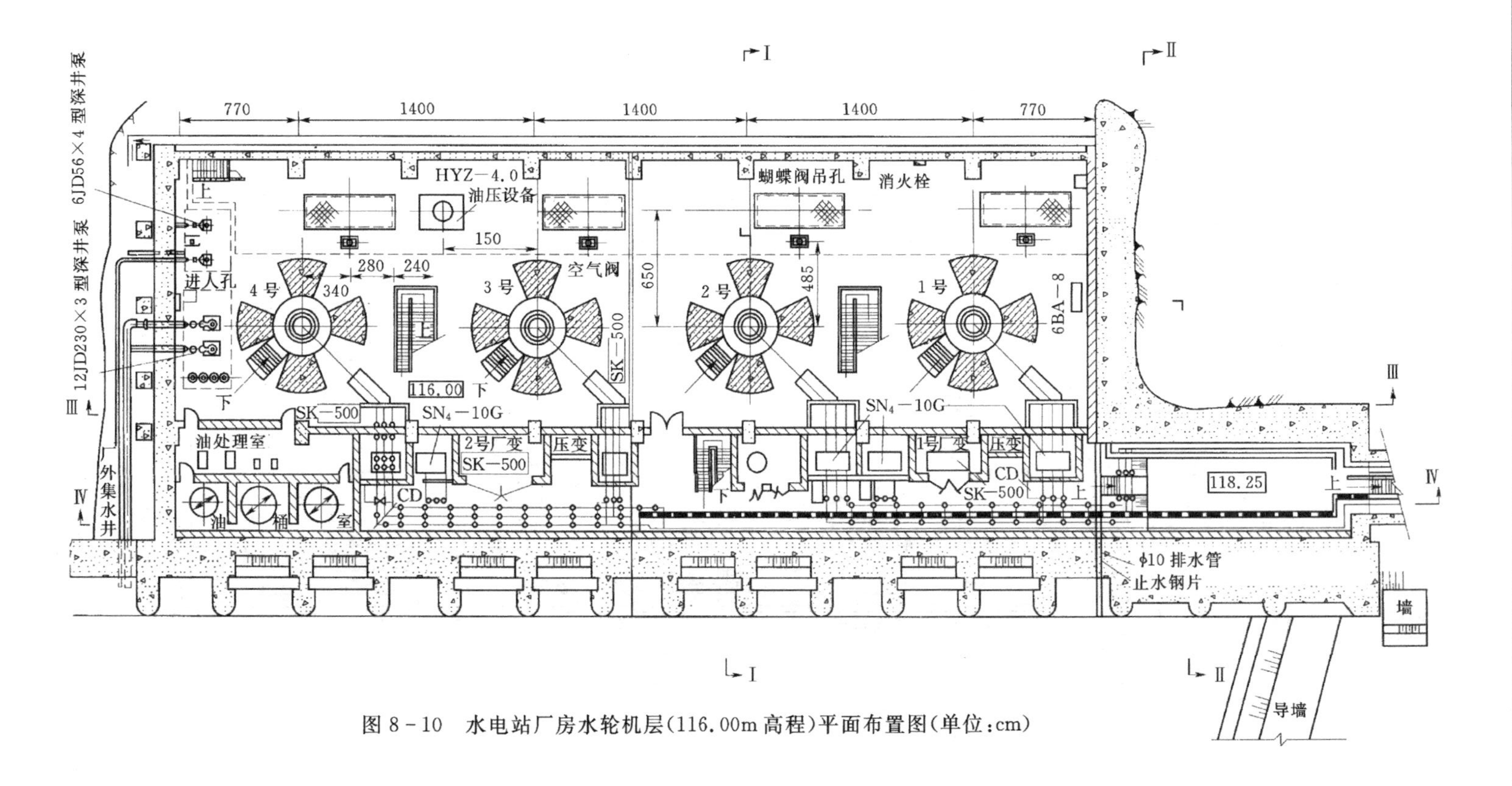

图 8-10 水电站厂房水轮机层(116.00m高程)平面布置图(单位:cm)

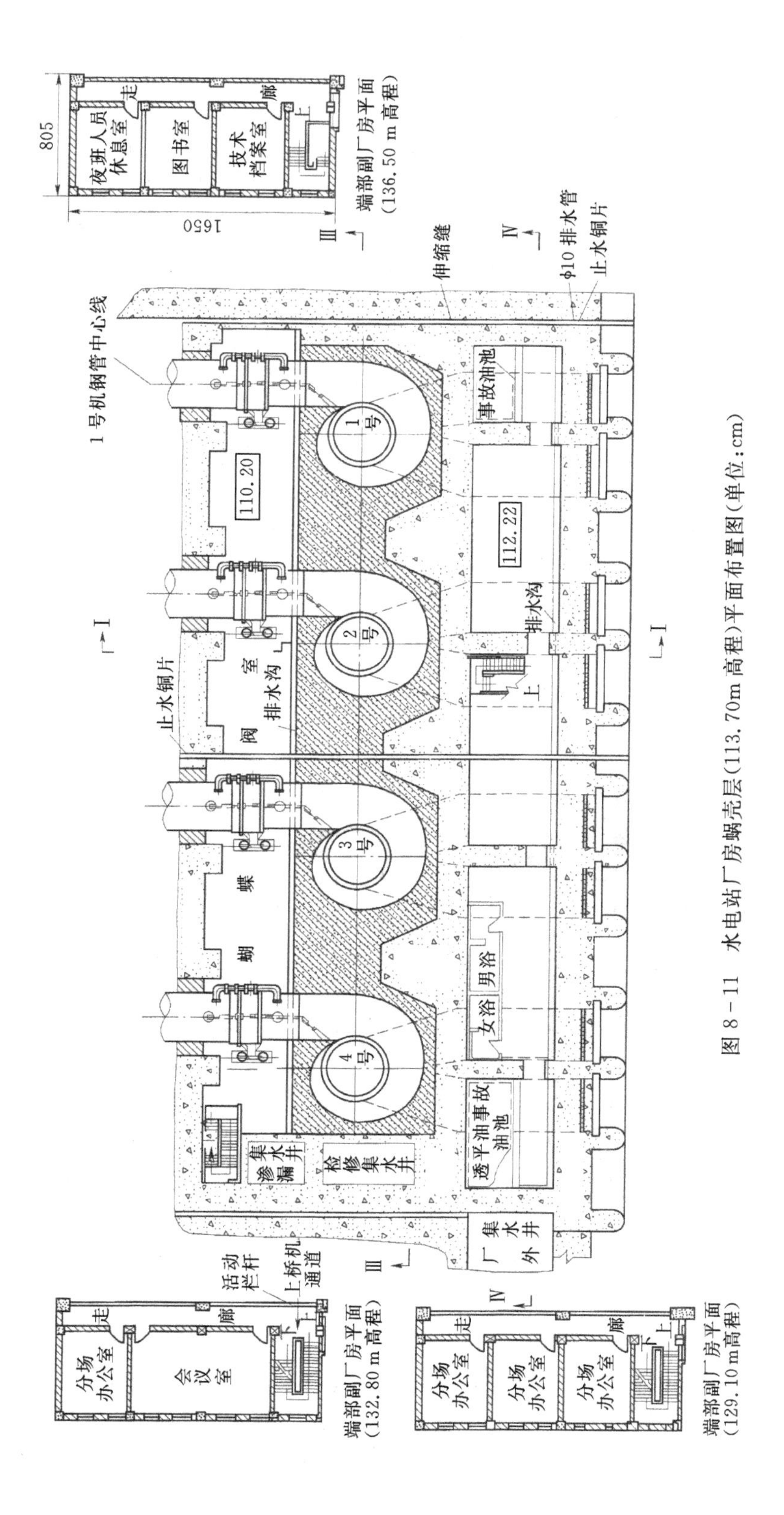

图8-11 水电站厂房蜗壳层(113.70m 高程)平面布置图(单位:cm)

水轮机安装高程是厂房的一个控制性标高。各种水轮机安装高程的定义及确定方法见第2章，其中反击式水轮机的安装高程主要取决于空化。确定安装高程时，下游尾水位常取一台机满发时的尾水位。若水电站建成后下游河床可能会被冲刷而导致水位降低的话，设计下游尾水位还要相应降低。图 8-6 所示水电站采用竖轴混流式水轮机，其安装高程(113.70 m)为一台机满发时的下游尾水位(115.50 m)加上允许吸出高度 H_s，再加上导叶高度的一半。

厂址的地形、地质条件有时也会影响水轮机的安装高程。例如，基岩座落较深时，适当降低安装高程可使得厂房副基础安置在完好基岩上。

岸边式厂房内的混流式水轮机一般均采用钢蜗壳，其几何尺寸由水轮机厂家提供，钢蜗壳常埋入混凝土中以防止振动，并由混凝土承受部分不均衡的作用力。蜗壳上要设进人孔供检修时使用。进人孔常设在蝴蝶阀下游明钢管上，也可设在蜗壳顶部，从水轮机层向下开孔进人。

竖轴水轮机常采用肘形尾水管，其几何尺寸也由水轮机厂家给出，但可在一定范围内修改(需征得厂家同意)，以满足厂房布置的特殊需要。如图 8-6 中，为了在尾水管之上布置副厂房，尾水管水平段长度由原来的 11.25 m 增至 15.10 m，出口高度也略有增加。从图 8-11 中可见，为了结构需要，尾水管出口段增设厂隔墩，同时尾水管出口宽度也略有增加。

尾水管也要设供检修用的进人孔。进人孔常由蝴蝶阀室进入，开口于尾水管的直锥段，因为这里有钢衬，便于开孔，同时便于观察水轮机转轮。主厂房内无蝴蝶阀室时，只能由水轮机层开孔先向下再拐向水平的尾水管进人孔。

尾水管周围的块体结构布置有时还受到水轮机检修方式的影响。水轮机转轮受空化及泥砂磨损后常需补焊或换装新的转轮，对于横轴机组，拆装水轮机不影响发电机；对于竖轴机组，小修小补可在尾水管中进行，稍大一些的修补都要进行机组大解体，吊出转轮后进行，工作量很大。为了减少机组大解体的次数，国内外水电站上曾采用过几种方法。一种是在尾水管相应部分开设检修廊道或门，修补转轮或换装零部件(如转桨式水轮机的叶片)。另一种是设法在不拆除发电机的情况下将转轮从水轮机上部或下部抽出。例如埃若齐水电站(见图 8-12)的尾水管直锥段为活动的，需吊出转轮时，可将此活动直锥段拆除，将转轮向下吊放到特制的小车上，沿转轮运输道推至下游墙边，再用厂房的桥吊经吊孔吊出运至装配场。我国四川渔子溪水电站也采用类似方法，需抽出转轮时，尾水管直锥段可分成两半拆除；正常运行时，直锥段用螺栓上紧，并加橡皮止水，还用四根紧固螺栓将直锥段固定在混凝土块体结构上，以减小振动。

8.3.2.2 阀门及尾水闸门的布置

水电站机组采用联合供水(一管供全部机组)或分组供水(一管供几台机组)时，每台机组前都应装设阀门，以保证一台机组检修时，其他机组可正常运行。该阀门应能在动水中快速关闭，若水轮机发生事故，可迅速切断水流，防止事故扩大。通常水头高时装球阀，水头低时采用蝴蝶阀。

蝴蝶阀常布置在主厂房内的蝴蝶阀室(或廊道)内，其净宽约 4～5 m，如图 8-6 所示。这样可以利用主厂房内的桥吊来安装及检修蝴蝶网，运行管理方便，布置紧凑，但可能因此而加宽、加长主厂房。蝴蝶阀必须十分安全可靠，一旦破裂会导致水淹厂房。因此，对于水头较高的地下厂房，结合考虑厂房布置的其他因素，有时将蝴蝶阀布置在主厂房之外。如图 8-13 所示的浙江黄坛口水电站，蝴蝶阀布置在主厂房上游墙外的蝴蝶阀室内，阀室设有专门的水流出

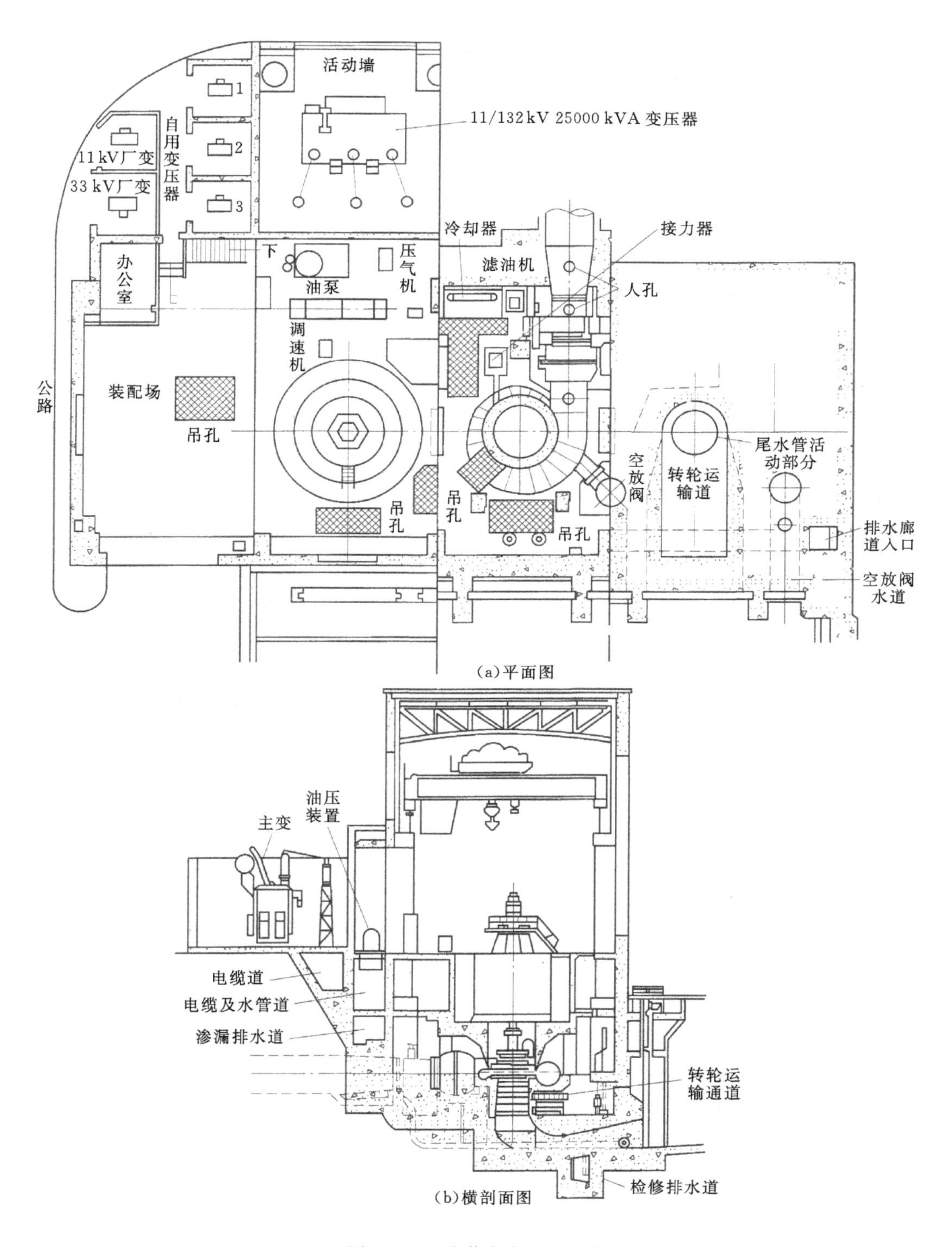

图 8－12　埃若齐水电站厂房

口，万一阀门破裂，涌水得以排走。这种布置方式的缺点是蝴蝶阀的安装检修较困难，运行维护不方便。

蝴蝶阀上游或下游常设伸缩节，以便于安装，并使受力条件明确。阀下游要设空气阀，放空时补气，无水时排气，正常运行时在内水压力作用下关闭。蝴蝶阀上、下游均设排水管，以便放空检修时排除积水及漏水。

尾水管出口一般设有尾水闸门，机组检修时，将蝴蝶阀及尾水闸门关闭，抽去积水，以便检修人员进入。当机组较长时间调相运行而尾水位高于转轮时，也需关闭蝴蝶阀（或导叶）及尾水闸门，排去部分积水，使转轮露出水面。一般水电站上只设1～2套（视机组台数而定）尾水闸门供轮流检修机组用，调相运行电站则按需要配置。

大中型水电站的尾水闸门一般为平板闸门，通过尾水平台上移动式的启闭机（如门式吊车）操作。图8-6所示水电站的尾水平台用作公路桥，尾水闸门由悬挂在尾水平台大梁底部的电动葫芦操作，为此，在尾水平台下高程121.60 m处设了操作平台。尾水闸门需检修时，先吊至118.20 m高程以上，再沿主厂房纵向运往设在装配场下游墙外高程为118.20 m的尾水闸门检修场。操作、检修人员由尾水平台上的人孔进入，经楼梯达操作平台及检修场。

8.3.2.3 下部块体结构中的其他设施

有些水电站厂房内设有减压阀（空放阀），如图8-12所示。减压阀的作用已在第6章中讲过。减压阀一般装在水轮机蜗壳上，经减压阀泄放的水流通过减压阀泄（尾）水管排至尾水渠。

厂房下部块体结构中还可能布置有排水廊道及检修廊道，并设有相应的楼梯及吊物孔。此外，集水井、水泵室、事故油池等也常布置在厂房的最底层。如图8-11所示，该厂房下部块体结构中，除蝴蝶阀室、蜗壳及尾水管外，还布置了楼梯、排水沟、三个集水井及两个事故油池等。

8.3.2.4 下部块体结构的最小尺寸

决定厂房下部块体结构的尺寸时，必须周密考虑厂房的施工、运行及自身结构强度、刚度、稳定性等各方面因素。水电站厂房的施工是分期完成的。第一期浇筑的叫一期混凝土，如尾水管扩散段、肘管段及主厂房的外墙、构架、吊车梁、屋顶等。首先浇筑一期混凝土结构的目的是为了形成封闭的挡水周界，保证汛期施工，同时尽早安装桥吊，以便用它来进行厂房内部的施工及安装。二期混凝土一般包括尾水管的直锥段、座环、蜗壳、发电机机墩及各层楼板，可见图8-8～图8-11中有斜线条的部分。下部块体结构二期混凝土施工时，先给直锥段、座环、蜗壳准备好支墩，然后进行这些部件的组装与焊接，再绑扎钢筋及立模，最后才能浇筑混凝土。各机组段施工进度不一，其块体结构二期混凝土自成体系。

图8-14表示决定主厂房下部块体结构最小尺寸的一般原则：在高度方向，水轮机安装高程及蜗壳、尾水管的尺寸决定后，可将其绘出。根据水轮机安装高程及转轮尺寸可定出尾水管的顶部高程，向下减去尾水管高度得出尾水管底部高程，再减去尾水管底板厚度就得到基岩的开挖高程。尾水管底板厚度可先凭经验估算，以后通过结构计算进行复核。岩基上的尾水管底板厚一般为1～2 m。由水轮机安装高程向上加上蜗壳尺寸，再加上蜗壳顶部外包混凝土的厚度δ得出块体结构的顶部高程（即水轮机层地面高程）z_1。厚度δ也先凭经验估算，以后再进行验算。对于中型机组可取1 m左右。这样就大致确定了块体结构的高度。

块体结构二期混凝土的平面尺寸，首先取决于蜗壳的平面尺寸及施工条件。为了拼装及

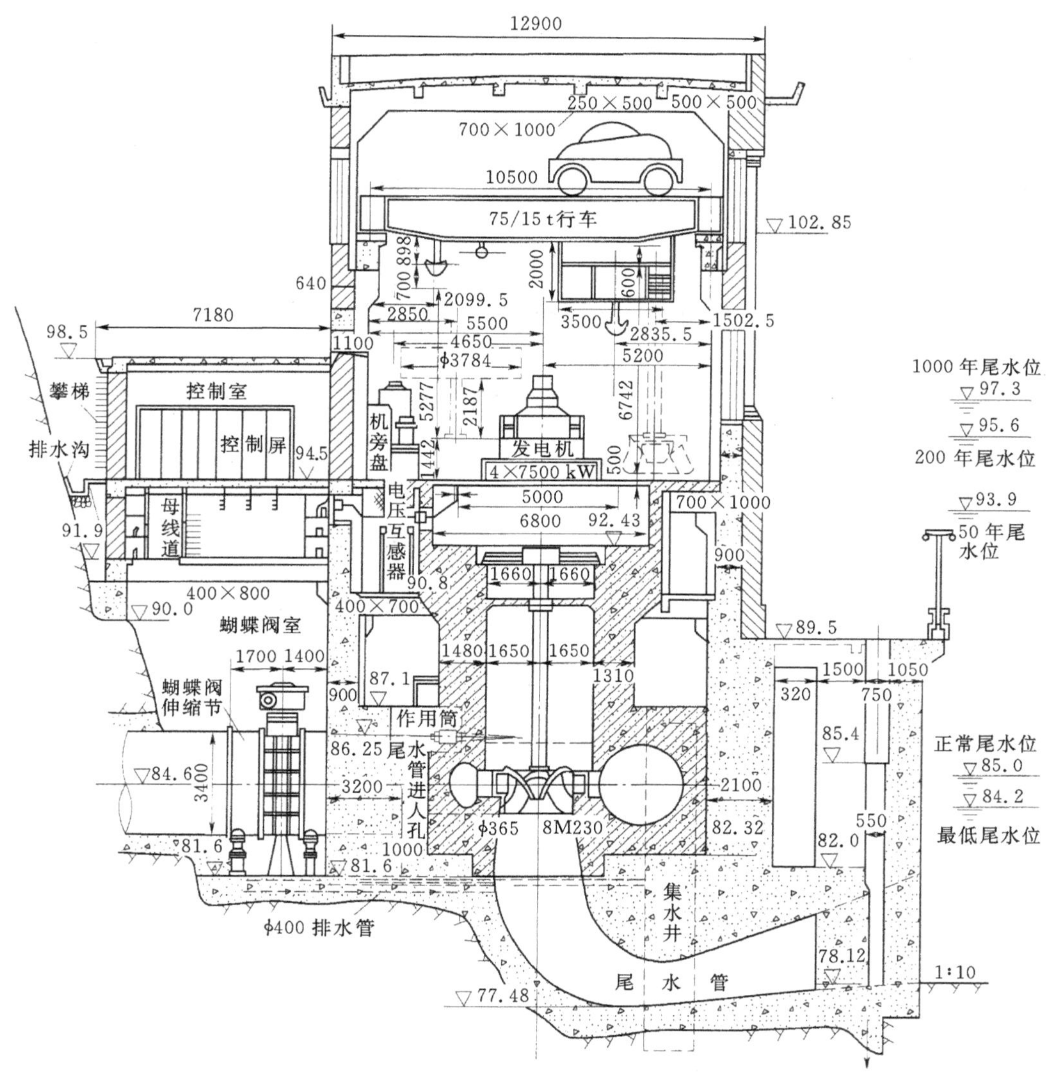

图 8-13　黄坛口水电站主厂房横剖面图(单位:m)

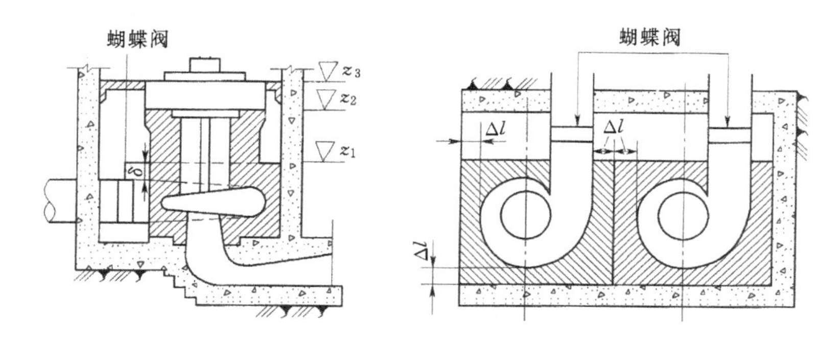

图 8-14　主厂房下部块体结构的最小尺寸

焊接蜗壳、绑扎钢筋及浇筑混凝土，蜗壳四周的混凝土厚度 Δl 至少为 0.8～1.0 m。对于大型机组，该厚度可超过 2 m。蜗壳沿厂房纵轴线方向的尺寸加上两倍 Δl 就得出一个机组段的最小长度，机组中心至下游侧蜗壳外缘的尺寸加 Δl，再加上外墙厚度（一般 1～3 m）得出下游侧块体结构的宽度；机组中心至上游侧蜗壳外缘尺寸加上外包混凝土厚度，再加上蝴蝶阀室的宽度和墙厚度即给出了上游侧块体结构的宽度。这样，又大致确定了块体结构的平面尺寸。

上面确定的尺寸是块体结构的最小尺寸。由于其他因素的影响（见本章下面几节），实际采用的尺寸可能适当加大，此外，所有尺寸还必须经结构计算来校验（见第 9 章）。

在图 8-6～图 8-11 所示厂房中，水轮机安装高程为 113.70 m。向下减去半个导叶高度 0.25 m，再减去尾水管高度 6.5 m，得尾水管底部高程 106.95 m。钢管直径 3.20 m，取 $\delta=0.70$ m 则 $113.70+\frac{3.20}{2}+0.70=116.00$ m 即为水轮机层高程。沿厂房纵轴向蜗壳最大尺寸为 8.61 m，若取 $\Delta l=8.61$ m，则由此定出的机组段最小长度为 10.60 m。图上所示实际长度为 14.00 m，远大于 10.60 m。这是因为该厂房原设计采用 HL160—LJ—330 水轮机，据之定出机组段长为 14.0 m，并已开挖了隧洞及钢管的支洞；后修改设计，改用图中所示的 HL200—LJ—250 水轮机，但支洞已挖好，故维持机组段长 14.00 m。沿厂房横向，机组下游侧蜗壳外包混凝土厚度采用 0.8 m 左右，墙厚取 2.00 m，则机组中心至外墙外侧距离为 7.10 m。若下游侧无副厂房，此即外墙。现设计中由于布置副厂房的要求，将尾水管加长，并加设一道外墙，使得机组中心至外墙外侧距离为 150.00 m。机组上游侧，蜗壳外包混凝土厚为 1.30 m 左右，以承受机墩传下来的力，因此机组中心至二期混凝土外侧距离为 4.25 m，再加上蝴蝶阀室净宽 4.25 m，得到机组中心至构架内侧距离为 8.50 m。

8.3.3　水轮机层与发电机层

水轮机层和发电机层占据了水电站厂房的大部分空间，它们的结构型式和尺寸主要取决于电流系统及电气控制设备的布置，同时布置在这两层中的还有机械控制设备。高水头水电站的各种机电设备中，发电机尺寸相对较大，因此发电机层的尺寸对主厂房的平面尺寸常起控制作用。

8.3.3.1　发电机的类型及励磁方式

1. 发电机的类型

大中型水电站一般均采用立式（竖轴）水轮发电机组，发电机的类型和励磁方式影响到厂房的布置。

根据推力轴承设置的位置，竖轴水轮发电机可分为悬式和伞式（伞式和新型伞式）两种，如图 8-15 所示。悬式水轮发电机的推力轴承位于上机架上，整个水轮发电机组的转动部分是悬挂着的，它的优点是推力轴承损耗较小，装配方便，运行较稳定；缺点是机架尺寸大，机组较高，消耗钢材多。转速在 150 r/min 以上的水轮发电机一般为悬式。伞式水轮发电机的推力轴承设在下机架上，推力轴承好似伞把支撑着机组的转动部分。它的优点是上机架轻便，可降低机组高度及厂房高度，节省钢材，检修发电机时可不拆除推力轴承，从而缩短检修时间；缺点是推力轴承直径较大，易磨损，设计制造较复杂。有时还把推力轴承设于水轮机顶盖支架上，称为低支承伞式水轮发电机。转速 150 r/min 以下的大容量机组的发电机常为伞式。

伞式发电机的推力轴承设在下机架，荷载由推力轴承传给下机架，再传给发电机墩。伞式

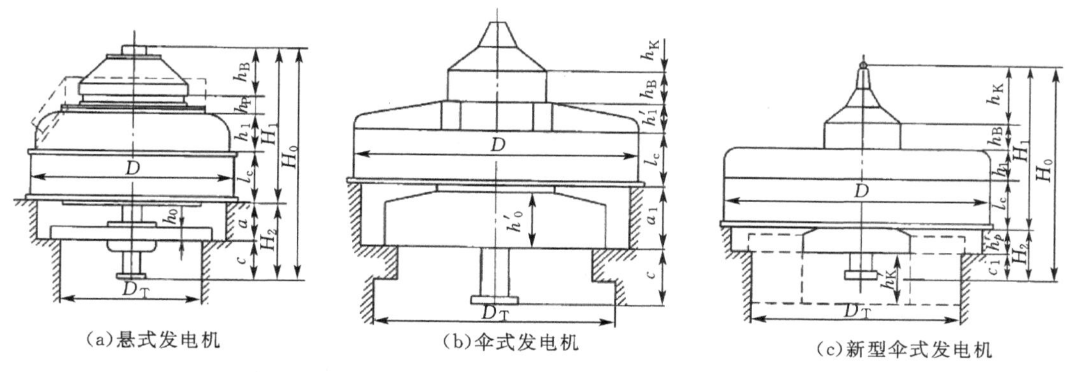

图 8 - 15　发电机外形及主要尺寸

发电机的总高度比较低,可以降低厂房的高度,但由于转动部分的重心在推力轴承之上,发电机转动的稳定性比较差,因此,伞式结构适用于低转速的发电机。伞式发电机根据轴承的设置可细分为:普通伞式——有上、下导轴承;半伞式——有上导轴承,无下导轴承;全伞式——无上导轴承,有下导轴承。

发电机的主要尺寸与参数包括上机架直径与高度、定子内外径与高度、通风道外径、下机架直径与高度、转子带轴的高度、水轮机井内径以及转子带轴的重量等。

2. 发电机的布置方式

发电机一般布置在发电机层或发电机层地面以下,主要型式有三种:埋没式、敞开式和半岛式,如图 8 - 16 所示。埋没式是最常用的型式,发电机布置在发电机层楼板以下,即发电机层楼板位于定子顶部,地面以上只露出发电机上机架和励磁机,如图 8 - 17 所示。这种布置型式的发电机层比较宽敞,便于其他设备的布置,又不受发电机排出的热风影响,所以工作条件比较好。同时,也便于厂房内设备的吊运、安装、检修和发电机出线布置,适用于机组容量比较大的水电站。敞开式的发电机布置在发电机层楼板以上,即发电机层楼板位于定子底部,发电机的大部分都露出在地面以上。这种布置型式的发电机层比较窄,不便于厂房内设备的吊运、安装、检修及其他辅助设备和发电机出线布置,由于受发电机排出的热风影响,所以工作条件比较差,适用于机组容量比较小的水电站。

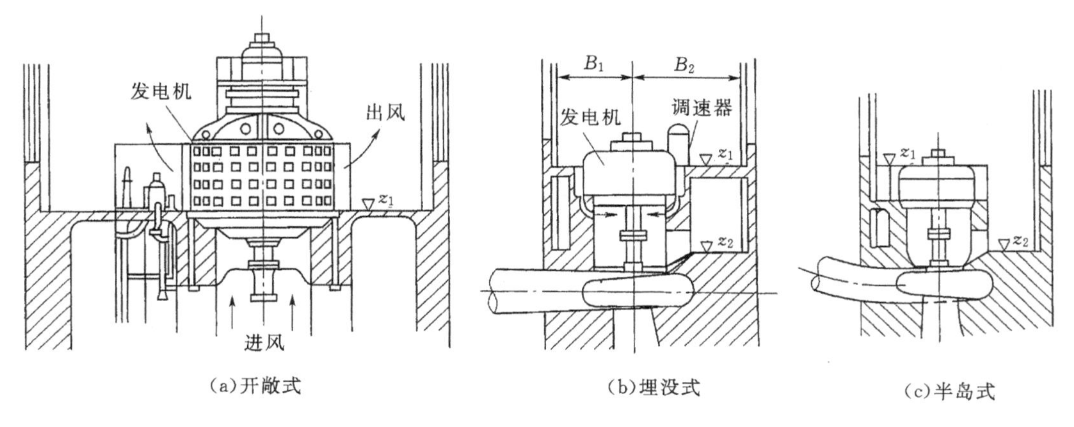

图 8 - 16　发电机的布置方式示意图

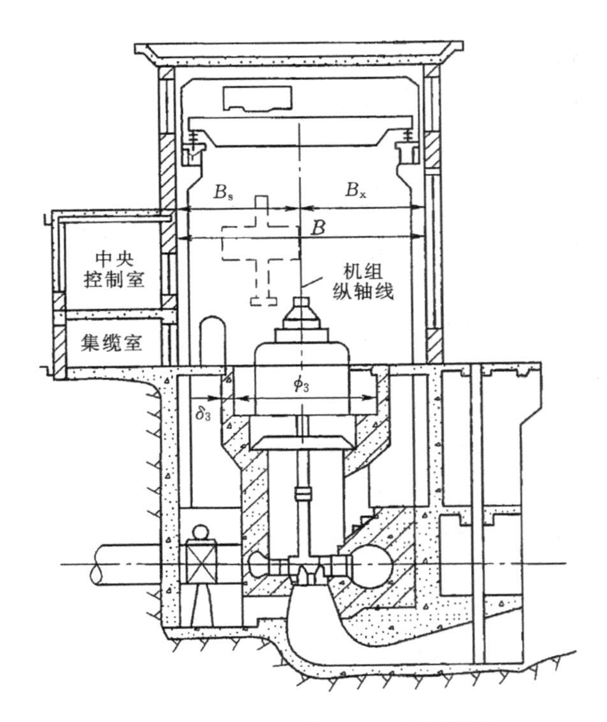

图 8-17　埋没式布置厂房剖面图

单机容量 100 MW 以上的大型机组常采用上机架埋入式布置，即发电机定子及上机架全部埋设在发电机层楼板之下，发电机层只留下励磁机。这样虽要增加一些厂房高度，但发电机层显得宽敞，检修场地大，利于各种控制和辅助设备的布置，因而有可能减小厂房的宽度。发电机层与水轮机层之间高度大，常增设夹层布置发电机引出线及电气设备。

单机容量数万千瓦的发电机组采用定子埋入式布置较多，其上机架出露（或部分出露）在发电机层楼板上，虽占据了一些位置，但便于检修悬式发电机组的推力轴承，观察发电机上导轴承油位和测量机架摆度。

只有开敞式通风的小型发电机才采用定子外露式布置。由于发电机完全出露在发电机层楼板以上，发电机层很拥挤，发电机的引出线布置不便。

3.*发电机的励磁方式*

目前水轮发电机的励磁方式主要有直流电机励磁及可控硅整流励磁两种。前一种情况下，发电机的励磁电流来自于同轴连接在发电机上方（指竖轴机组）的直流电机，即励磁机。后一种情况下，发电机输出电流的一部分经可控硅整流、降压后送回发电机作为励磁电流。从励磁系统的组成上看，采用可控硅励磁后，可省去励磁机，有利于降低厂房高度，但要增加几块励磁盘及励磁变压器。

8.3.3.2　发电机支承结构

发电机支承结构通常称为机座或机墩，其作用是将发电机支承在预定的位置上，并给机组的运行、维护、安装、检修创造有利条件。机组作用在机墩上的力主要有垂直荷载（转动及非转动部分的重量、水推力等）及扭矩（正常及短路扭矩）。机墩必须有足够的强度和刚度，保证弹性稳定，动力作用下振幅小，自振频率高(以免与机组共振)。常见的机墩有以下几种。

(1)圆筒式机墩。这种机墩广泛应用于中型机组，如图8－18所示。它的内部为圆形的水轮机井，外部呈圆形或八角形，圆筒壁厚在1.5 m以上。水轮机井下部的内径决定于水轮机顶盖处各种设备的布置、安装、维护、检修条件及结构传力条件。为了使机墩荷载的一部分经水轮机墩环传至下部块体结构，该内径要略小于座环的外径，一般取转轮直径的1.3～1.4倍左右。水轮机井下部常设一段钢板里衬，由水轮机厂家制造，图8－16机墩也属于圆筒式机墩。

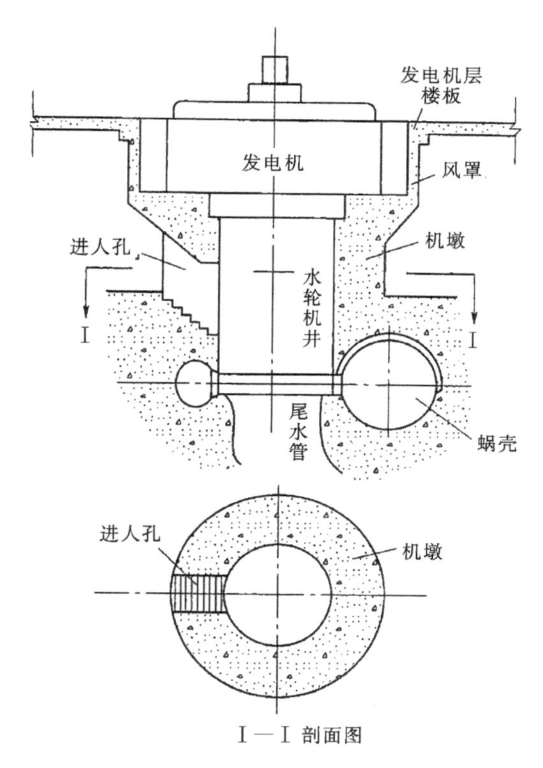

图8－18　圆筒式机墩示意图

水轮机井上部的内径与形状主要取决于发电机的结构。安装机组时，水轮机转轮、顶盖、发电机下支架、转子等依次吊入，所以水轮机井上部直径必须大于转轮外径(最好能大于顶盖的外径，以便整体吊装)且小于下支架的直径。采用伞式发电机(推力轴承设在下支架处)时，尽量减小下支架的跨度对结构有利，因此常令水轮机井上部内径仅比水轮机转轮直径大0.5～0.7 m。

圆筒式机墩的优点是受压及受扭性能均较好，刚性大，一般为少筋混凝土，用钢较省。其缺点是水轮机井内狭小，水轮机的安装、检修、维护较为不便。

(2)环形梁式机墩。对于中小型机组，可将发电机安置在由环形梁(圈梁)和4～6根立柱组成的框架式结构上，荷载通过立柱传给厂部块体结构(因此也称为立柱式机墩)，如图8－19所示。框架式机墩水轮机井尺寸的决定与圆筒式机墩原则上相同。这种机墩的优点是混凝土土方量少，水轮机顶盖处比较宽敞，设备的布置、安装、维护、检修比较方便；缺点是受扭和抗震的性能比圆筒式差，刚性也较小。

图 8－6～图 8－11 给出了这种机墩的例子。该机墩由圈梁及 4 根粗壮的立柱组成，水轮机井内径 3.70 m，为转轮直径的 1.48 倍，比发电机转子直径小 0.88 m，比发电机下支架直径小 0.4 m。发电机型号为 TS520/182—24，容量为 42500 kW，计算及模型试验表明，该立柱式机墩的强度可以保证，但刚度偏小，因而振动的最大振幅偏大。

(3)块体机墩。装置大型机组的厂房，发电机层以下除留有水轮机井及必要的通道以外，全部为块体混凝土，机组直接支承在块体混凝土上，如图 6－4 所示。这种机墩的强度及刚度很大，但混凝土土方量大。

(4)框架式机墩。如图 8－20 所示，框架式机墩由两个平行的混凝土框架和两根横梁组成，发电机直接安装在横梁上，其特点与环形梁式机墩类似，适用于小型机组。

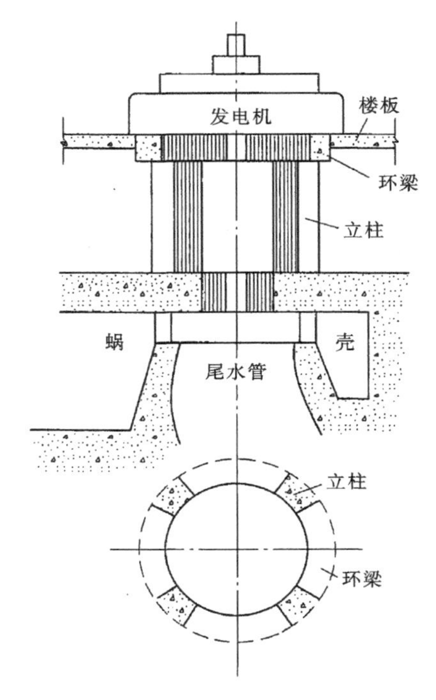

图 8－19　环形梁式机墩示意图

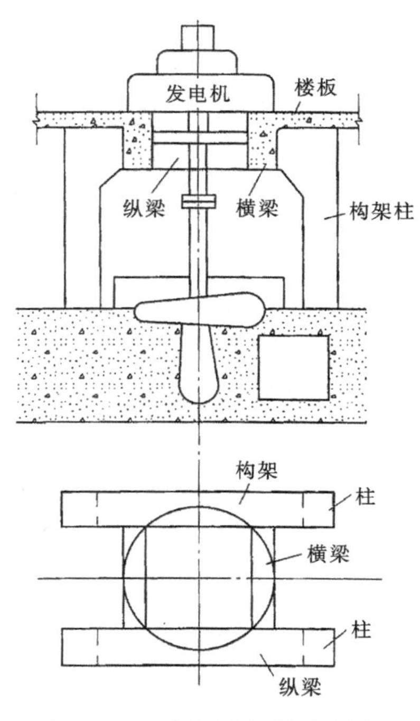

图 8－20　框架式机墩示意图

(5)平行墙式机墩。这也是一种适用于大型机组的机墩，由两平行承重钢筋混凝土墙及其间的两横梁组成，机组支承于平行墙及其间的横梁上。当发电机荷载大时，横梁的梁深可达数米。两平行墙之净距大于水轮机顶盖，平行墙跨过蜗壳，将荷载传至下部块体结构，墙厚可达数米，如图 8－21 所示。这种机墩的优点是水轮机顶盖处宽敞，工作方便，而且可以在不拆除发电机的情况下，将水轮机转轮从平行墙之间吊出。

(6)钢机墩。钢机墩采用钢结构支承发电机并将荷载传至水轮机顶盖、座环或蜗壳上。这种机墩的优点是发电机与水轮机直接配套，结构紧凑，安装方便、迅速，减少了复杂的钢筋混凝土工程；但耗钢材多，我国尚未采用过。

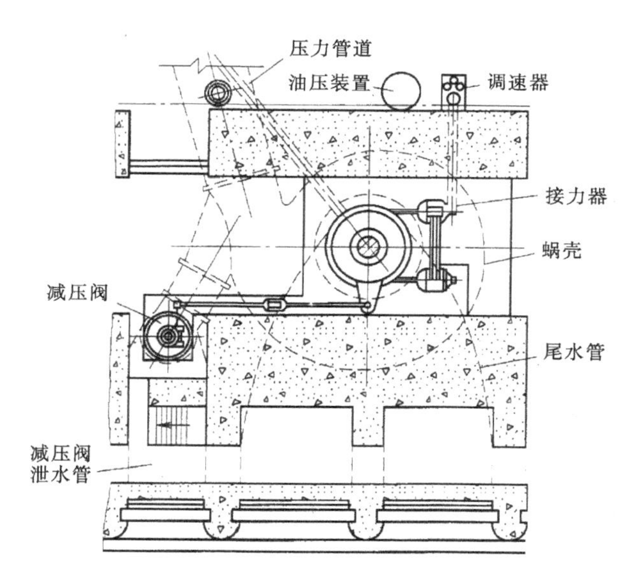

图 8－21　美国包德水电站的平行墙式机墩

8.3.3.3　发电机层楼板高程的确定

根据 8.3.2 节所述的原则，可以定出水轮机层地面高程 z_1（见图 8－14）。在此高程上加上水轮机井进人孔高度（2 m 左右）和进人孔顶部的深梁（1 m 左右），得出发电机定子的安装高程 z_2（即机墩顶面高程），主机组的轴长也随之确定了。若发电机采用定子外露式布置，此即发电机层楼板高程；否则，再加上发电机定子高度，并按上机架埋入程度再加上一部分或全部上机架高度，得出发电机层楼板高程 z_3。

确定发电机层楼板高程时，除考虑机组布置方式的影响外，还要考虑下列因素。

（1）套用现成机组时，发电机与水轮机之间的间距是给定的。

（2）发电机层楼板最好高于下游尾水位，以便于对外交通及开窗采光通风。当下游洪水位过高时，可考虑低于下游最高水位，但高于较常见的下游水位。图 8－13 所示厂房就因为下游尾水位较高而抬高了发电机层楼板高程，并因此增设了出线层。

（3）水轮机层的高度不得小于 3.5～4.0 m；若增设出线层，其高度也不宜小于 3.5 m。

（4）发电机层楼板最好与装配场同高（见 8.3.4 节）。

图 8－6 所示厂房，水轮机安装高程定为 113.70 m 后，根据套用现成机组的尺寸，发电机安装高程定为 118.895 m，发电机层楼板高程定为 122.55 m。机组采用定子埋入式布置，发电机上机架也部分埋设在发电机层楼板下，以便加高水轮机层以及副厂房出线层的高度，便于布置电流系统。

8.3.3.4　电流系统及电气控制设备的布置

水电站的主要电气设备组成及其连接方式常表示在电气主接线图中。图 8－22 即为湖南某水电站（见图 8－6）的电气主接线图。由图可见，该电站采用扩大单元接线，四台 42500 kW 机组用两台 SFP23100000/200 三相三卷变压器结成两个扩大单元。110 kV 高压侧采用旁路母线，220 kV 高压侧采用双母线，发电机电压为 10.5 kV。厂用电由两个扩大单元母线用 SK—500 干式变压器供给，坝区及近区用电由 3 号、4 号机组的扩大单元母线上接出，经

$STL_1 2000/10$ 近区变压器供给。

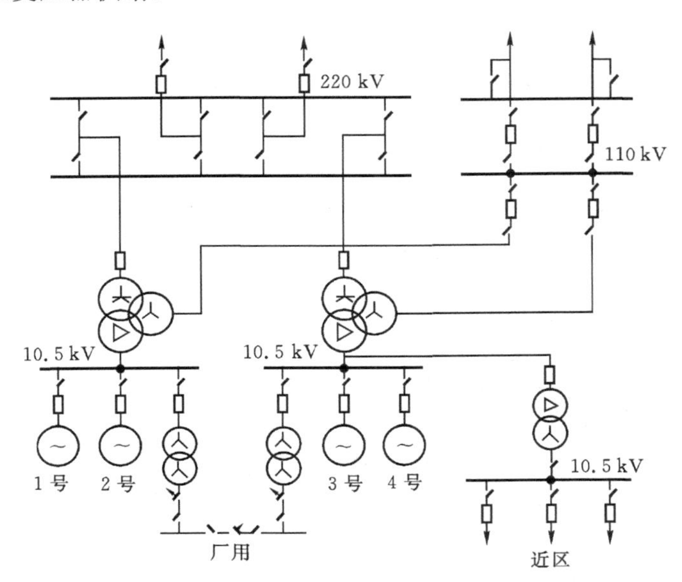

图 8-22　湖南镇水电站电气主接线图

发电机引出线常布置在发电机层楼板下面，即水轮机层上部（见图 8-6）或专设的出线层内（见图 8-13）。要求引出线短，没有干扰，母线道干燥，通风散热条件好。以图 8-10 为例，每台发电机均向下游出线，引出线固定在发电机层楼板下（即水轮机层天花板上），并以铁丝网加以围护，引出线穿墙进入副厂房中的出线层。经断路器 SN_4—10G 并成发电机电压母线，然后沿出线层及母线廊道通至主变压器，升高电压后分别接到 110 kV 及 220 kV 开关站。厂用电来自发电机电压母线，经布置在出线层内的断路器 SN_4—10G 及两台厂用变压器供给。厂用配电室设在 125.40 m 高程的副厂房内，如图 8-8 所示。该图中还表示了布置在装配场墙外的近区用电系统的断路器、近区变压器及配电室。

机旁盘等需经常监视操作的设备一般布置在发电机层，以便值班人员工作。若有位置，励磁盘也可布置于此。由图 8-9 可见，每台机上游侧都布置了 5 块机旁盘（及一块电调盘），1 号、2 号机采用直流励磁机励磁，布置了 3 块励磁盘；3 号、4 号机采用可控硅励磁调节器，布置了 5 块励磁盘，并在水轮机层（见图 8-10）布置了 SK—500 励磁干式变压器。

其他电气设备一般布置在以中央控制室为核心的副厂房内。中央控制室是全厂监视、控制的中心，要求宽敞、明亮、干燥、安静、气温适宜，以利各种仪表正常工作，并给值班人员创造良好的工作环境。中央控制室最好靠近发电机层，与主厂房联系方便，处理故障迅速。它最好又位于主厂房与高压开关站之间。中央控制室的下层要设一层电缆层，全厂各处的各种表计、继电器、控制操作设备都通过电缆经电缆层接入中央控制室的表盘，中央控制室附近常布置继电保护等控制和辅助设备。以图 8-6 的水电站为例，由图 8-7 和图 8-8 可见中央控制室位于装配场下游侧副厂房内，与主机间之间设有伸缩缝，以减小机组振动的影响。由中央控制室穿过继电保护室即可到达主厂房的走廊平台，俯视发电机层，下层楼即可到达机组旁，因此该位置还是适宜的。与中央控制室在同一层的还有各种电气设备用房，如继电保护室、自动远动室、厂用配电室、直流盘室、蓄电池室、载波机室等。而下一层为贯通的电缆层，便于敷设各种电缆。

8.3.3.5　机械控制设备的布置

水电站厂房内的机械控制设备主要包括水轮机的调速器、减压阀、蝴蝶阀和尾水闸门的操作设备。

混流式水轮机组的(单调)机械液压调速器由操作柜、油压装置及接力器(或称作用筒)组成。接力器可以是环形接力器或推拉接力器。环形接力器直接固定在水轮机顶盖上,推拉接力器一般布置在蜗壳断面较小的上游侧,固定在机墩的孔洞中(见图 8-13)。油压装置供应一定压力的操作用油,以压力油管及回油管与操作柜相连接。操作柜是调速器的核心,它以油管与接力器连接并控制油的流向,使接力器动作打开或关小导叶,以满足运行要求。接力器的动作又以回复连杆(或钢丝绳)反馈给操作柜。由此可见,油压装置应尽可能靠近操作柜,而操作柜应尽可能接近接力器,以缩短油管并便于安排回复装置。此外,操作柜应尽可能靠近机旁盘,以便运行人员能同时看见操作柜与机旁盘上的各种仪表,在开、停机及试验时进行手动操作。

电气液压调速器灵敏度高、控制方便、调节性能优良,已得到广泛应用。它由电气柜、机械(液压)柜、油压装置及接力器组成。其布置原则与机械调速器相似,但电调机械柜取代了操作柜的位置,而增加的电气柜常与机旁盘排成一列。

微机调速器因具有优良的调节性能、灵活的运行方式、便于人机对话等一系列优点开始在我国水电站上使用。除了电气柜的内部元件不同之外,它的组成以及在厂房内的布置方式与电气液压调速器相同。

图 8-13 所示厂房采用机械调速器,调速器和机旁盘都布置在主厂房上游侧。由于副厂房设在上游侧,发电机必须向上游出线,加之蝴蝶阀设在主厂房之外,主厂房上游侧宽度很小,十分拥挤,维护检修不便,但仍不失为一种典型的布置方式。

图 8-6 所示厂房采用 DT—100 型电气液压调速器,接力器为环形,采用钢丝绳回复装置。HYI—2.5 型油压装置及电调机械柜设在机组上游侧,电气柜与机旁盘排成一列,靠墙布置。这种布置完全符合前述原则。该厂房中,副厂房在下游,发电机引出线及电气设备布置在厂房下游侧,机械设备及油气水管道布置在上游侧,互不干扰。

减压阀的动作必须与导叶关闭相呼应,因而也受调速器控制,且常兼由水轮机接力器操作,如图 8-21 所示。此时,接力器不一定布置在机墩的上游侧,而应与减压阀的布置统筹考虑。

蝴蝶阀的操作油可以取自调速器的油压装置,如它的容量不够,也可单设油压装置。图 8-10中所示设在水轮机层的 HYI—4.0 油压装置就是操作蝴蝶阀之用。蝴蝶阀可在中央控制室操作,也可就地利用控制柜操作。尾水闸门一般就地操作。

8.3.4　装配场

装配场是水电站厂房主要部件安装检修的地方。厂房的机电设备运抵后,均在装配场卸车、组装,然后吊运到规定地点安装。运行中机电设备(特别是主机组)大修也常在装配场内进行。卸车、安装、检修等每一环节都要用到起重设备,所以主厂房内一般都装有桥式起重机(桥吊)。本节讨论桥吊的选择、布置及装配场高程和尺寸的拟定原则。

8.3.4.1 **桥吊的起重量和台数**

桥吊由横跨厂房的桥形大梁及其上部的小车组成。桥吊的大梁可在吊车梁顶的轨道上沿主厂房纵向行驶，桥吊大梁上的小车可沿该大梁在厂房横向移动，由此桥吊的主副吊钩就可达到主厂房的绝大部分范围。

桥吊的起重量取决于需要由它吊运的最重部件，一般为发电机转子。悬式发电机的转子需带轴吊运，伞式发电机的转子可带轴吊运，也可不带轴。对于低水头电站，最重部件可能是带轴或不带轴的水轮机转轮。在少数情况下，桥吊的起重量决定于需由它吊运的主变压器。

当起重量不大时，一般采用一台双钩桥吊；起重量大于 75 t 时，可考虑采用双小车桥吊。与同规格的单小车桥吊相比，双小车桥吊不仅重量轻、外形尺寸小，而且用平衡梁吊运带轴转子时，大轴可以超出主钩极限位置以上，从而可降低主厂房的高度。双小车桥吊还便于翻转大型重件，其缺点是用平衡梁吊大件时，要求两台主钩同步，吊物由厂房一侧至另一侧时可能要换钩。

当机组较大而且台数多于 6 台时，也可考虑采用两台桥吊。与采用一台双小车桥吊相比，采用两台桥吊可降低主厂房高度，且机动灵活。除吊运最重部件时需两台桥吊联合工作外，平时两台桥吊可单独工作，加快安装及检修速度。其缺点是投资多，厂房要略长些。桥吊的台数最终应根据技术经济比较决定。

8.3.4.2 **桥吊的跨度与安装高程**

桥吊的跨度是指桥吊大梁两端轮子的中心距。选择桥吊跨度时应综合考虑下列因素。

(1)桥吊跨度要与主厂房下部块体结构的尺寸相适应，使主厂房构架直接坐落在下部块体结构的一期混凝土上。

(2)尽量采用起重机制造厂家所规定的标准跨度。

(3)满足发电机层及装配场布置要求，使主机房内主要机电设备均在主、副吊钩工作范围之内，以利安装检修。

起重量决定后，可按系列表选择满足前两个条件的吊车，据此进行发电机层的布置，必要时再行修改。

桥吊的安装高程是指吊车轨道的轨面高程，桥吊的跨度与安装高程决定着发电机层以上主机房的空间大小。该空间内除了布置发电机的上部及机旁盘、调速器等设备外，还要足以吊运机组的最大及最长部件而不影响其他机组的正常运行。最大部件一般是发电机转子或水轮机转轮。主副钩的极限位置由制造厂家给出。吊运部件与周围建筑物及设备之间的最小间隙，水平方向为 0.4 m，垂直方向为 0.6～1.0 m，如采用刚性用具，垂直间隙可减为 0.25～0.5 m。据此，可以在厂房横剖面上绘出吊运大部件时的位置，并确定桥吊的安装高程。在发电机层或装配场层平面图上常绘出主副钩的工作范围(见图 8-8)，主要机电设备均应布置在该范围内。

由上可见，为满足吊运部件及发电机层布置的要求，主厂房可以(在一定范围内)做得窄而高或者宽而低。因此，桥吊的跨度与安装高程必须相互协调、通盘考虑。

8.3.4.3 **装配场的位置与高程**

水电站对外交通运输道路可以是铁路、公路或水路。大中型水电站的部件大而重、运输量大，常铺设专用铁路线；中小型水电站多采用公路运输。对外交通通道必须直达装配场，以便车辆直接开入装配场，利用桥吊卸货。因此装配场一般布置在主厂房有对外道路的一端。

装配场的高程主要取决于对外道路及发电机层楼板的高程。一方面，装配场最好与对外道路同高，且均高于下游最高水位，以保证对外交通在洪水期畅通无阻。另一方面，装配场最好也与发电机层楼板同高，以充分利用场面，工作方便。

发电机层楼板常因某些原因低于下游最高水位及对外道路，此时装配场的布置可有以下几种方案。

(1)装配场与对外道路同高，均高于发电机层，如图6-6及图8-6所示，以保证洪水期对外交通通畅。因装配场与发电机层相邻的场地不能充分利用，装配场可能要加长；同时桥吊的安装高程将取决于在装配场处吊运最大部件的要求，整个厂房将加高。

(2)装配场与发电机层同高，均低于下游水位。此时对外交通又有两种处理方法。一是用斜坡段连接装配场与对外道路，并沿斜坡段外侧全线修筑挡水墙，以保持洪水期对外交通通畅。当下游水位很高时，挡水墙的工程量可能很大。另一种是将主厂房大门做成止水门，洪水时关闭大门，暂时中断对外运输，值班人员则经高处的通道进出厂房。

(3)装配场与发电机层同高，而在装配场上布置一块货车停车卸货处，该停车处高于装配场地坪而与对外道路齐平。这时装配场的场面不能充分利用，而厂房的高度可能因此取决于卸货的要求。

当发电机层楼板高于下游最高水位及对外道路时可采用类似的方法处理。如图8-28所示，装配场低于发电机层，但与对外道路同高。总之要分析具体情况，选择最优方案。

8.3.4.4　装配场的尺寸和布置

装配场的宽度与主厂房相同，以便桥吊通行。装配场的长度(或面积)取决于安装检修的要求。水电站初始安装机组时，虽零部件多、安装量大，但并不控制装配场的大小，因为此时常利用临时起重设备卸货，将部件堆放在临时仓库中，只是最后安装时，才陆续运入装配场。装配场的尺寸主要取决于机组解体大修的需要，当机组台数不多(例如6～10台以下)时，一般考虑一台机解体大修的需要。较小及较轻的部件可灵活堆置于发电机层，所以装配场只按装修以下四大件的要求来考虑。

(1)发电机转子。转子要在装配场进行组装和修理，因此必须布置在吊钩的工作范围内(使用双小车桥吊或两台桥吊时要特别注意)，转子周围还要留出1～2 m的工作场地。转子组装和修理时，大轴要处于直立位置，为此，装配场楼板相应位置要开比大轴法兰稍大的孔(平时覆以盖板)，大轴穿过后支承在特别设置的大轴承台(也称转子检修墩)上。承台顶端预埋底脚螺栓，待大轴法兰套入后，用螺母固定。

(2)发电机上机架。该部件重量不大，但占地不小。

(3)水轮机转轮。四周要留1 m宽的工作场地。

(4)水轮机顶盖。

经验表明，按上述原则决定的装配场长度大约为机组段长度的1.0～1.5倍。

除了机组解体大修要求外，装配场布置中还要考虑以下因素。

(1)装配场内要安排运货台车停车的位置。

(2)堆放试重块或设置试重地锚。厂房内的桥吊在安装完成后或大修后要进行静荷及动荷试验。静荷试验时，桥吊要吊起的荷载为起重量的125%；动荷试验时荷载为起重量的110%，并反复吊起放下。试重块常由钢筋混凝土块所组成，体积很大，常堆放在装配场内的试重块坑内，也可放在厂外。当桥吊起重量很大时，可采用铸铁试重块以减小体积，图8-6所示厂房即采用铸铁试重块。桥吊起重量大于 150 t 时,试重块体积过于庞大,难寻合适之处堆放。此时可在装配场下设置地锚或利用大轴承台的底脚螺栓(它们必须能承受的向上拉力应不小于桥吊起重量的 110%),并在地锚和桥吊主钩之间加设测力器,进行静荷载试验,而略去动荷载试验。此法若不易实施时,可采用起升机构负荷试车装置(即减小滑轮组倍率的方法)及少量试重块对起升机构在使用中易出问题的制动器、变速器、轴承及相应电气设备进行动负荷试验,并试吊机电设备最重件离地 100 mm 左右,对吊车大梁、吊钩、滑轮组、钢丝绳等进行试验。

(3)主变压器大修的要求。若主变压器要推入装配场进行大修,则应考虑主变压器的运入方式及停放地点。因主变压器既重又大,装配场的楼板需专门加固(如在变压器运输轨道下加梁格),大门也可能要放大。主变压器大修时若需吊芯检修,而由吊运机组所决定的桥吊安装高程不足以吊出铁芯的话,可在装配场上设变压器坑,先将整个变压器吊入坑内,再吊芯检查。即使如此,少数情况下还不得不为吊芯而稍许加高厂房。近年来采用的强迫油循环水冷式变压器尺寸大为减小,缓解了这一矛盾。目前的大型变压器常做成钟罩式,吊芯检查改为吊罩,重量大为减轻。桥吊高度不够时,可在厂房屋顶大梁上另设临时起重设备吊罩。

(4)结构布置要求。装配场的基础最好坐落在基岩上。若装配场本身是在基岩中开挖而成,则装配场下部可不必开挖,而只在必要的地方(如转子大轴承台)进行局部开挖。如基岩坐落较深,则装配场常有很大的空间布置各种辅助设备。要注意装配场的结构问题,因其荷载大、梁的尺寸大,还要加设中间支柱。因荷载、高度等各不相同,装配场与主机间之间通常设伸缩缝。

8.3.4.5 **实例**

图 8-6 所示厂房,最重部件为发电机转子,重 162 t,故选用 2×100/20 型双小车桥吊一台。桥吊跨度 14.0 m,构架柱均可直接坐落在一期混凝土上,下部块体结构及蝴蝶阀室尺寸也合适。起吊转子时,去掉大钩改挂平衡梁。下面固定着转子,吊运位置如图 8-6 所示。水轮机转轮尺寸较小,不起控制作用,故未画出。桥吊的安装高程按在装配场上吊运转子的要求定为 133.22 m。转子吊起后离装配场楼板的垂直间隙为 0.8 m,转子通过部位的装配场栏杆是活动的。发电机层高程为 122.55 m,低于下游洪水位,而装配场与对外公路同高(高程 125.40 m),高于下游千年洪水位。装配场比发电机层高 2.85 m,故装配场端部设有栏杆,并在 125.40 m 高程处沿主厂房下游侧及东端建有走廊,便于俯视发电机层,也便于进入副厂房。装配场平面图(见图 8-5)上绘出吊钩极限位置,四台机组、蝴蝶阀、调速器以及装配场上的转子、转轮等均在吊钩工作范围之内。转子检修位置是固定的。装配场楼板上开孔,其下有检修坑(可由发电机层进入),坑内设有大轴承台。装配场上还安排有其他大件的位置,下游侧还设了一个吊物孔,用以吊入装配场下层的设备。装配场敷设有主变压器轨道(注意轨道位置加设的梁格),以便将主变压器推入进行检修。主变压器为钟罩式,吊钟罩时不用桥吊,而用厂房屋顶大梁上另设的临时起重设备,以免为此而加高厂房。装配场大部分坐落在基岩上,只在原基岩较低的下游侧布置了一层地下室作为压气机室。

图 8-13 所示电站最重部件也是发电机转子,重 60 t,故选用 75/20 t 桥吊一台,其跨度 10.5 m,转子由主钩吊运,经厂房上游侧通过;水轮机转轮重 14 t,由副钩吊运,经下游侧通过。装配场与发电机层同高(高程 94.5 m),均低于下游 200 年一遇洪水位(高程 95.6 m),对外公路高程为 96.5 m,公路靠厂房处开始下坡,并筑有挡水墙,墙顶高程 96.0 m 以挡住洪水。

8.3.5　油、水、气系统布置

如前所述，水电站厂房的辅助设备包括厂用电系统，起重设备，油、水、气系统及其他附属设备。厂用电系统及起重设备的布置已分别在8.3.4节中讨论，本节介绍油、水、气系统的布置。

8.3.5.1　油系统

水电站上各种机电设备所用的油主要有两种：各种轴承润滑及油压操作采用的透平油和各种变压器、油开关等电气设备使用的绝缘油。前者的作用是润滑、散热和传递能量；后者的作用是绝缘、散热及消弧。国产透平油和绝缘油的油质较好，水电站所用的油的牌号也趋向一致，常用国产透平油为22号及32号，绝缘油为15号及20号。这两种油性质不同、用途不同，不能相混。为便于管理，均按两个独立油系统分开设置。

油在运行和贮存过程中，因种种原因而发生物理、化学性质的变化，使之不能保证设备的安全经济运行，这种变化称为油的劣化。油劣化的根本原因是油的氧化，其后果是酸价增高、闪点降低、颜色加深、黏度增加，并有胶质状及渣滓状沉淀物析出，影响油的润滑及散热作用，腐蚀金属和纤维，使操作系统失灵。油中含有杂质（水分、空气、金属残渣）、油温升高以及光线和电场的作用等均会加速油的氧化。

根据油的劣化和污染程度不同，可分为污油及废油。污油是轻度劣化或被水及机械杂质污染的油，经过简单的净化处理后仍可使用。废油是深度劣化变质的油，必须经再生处理，即用化学或物理化学方法才能使油恢复原有的性质。水电站上一般均设有污油机械净化设备。常见的机械净化设备有离心分离机、压滤机及真空滤油机。离心机利用离心作用将油与水及杂质分离；压滤机将油加压通过滤纸以除去水及机械杂质；真空滤油机是把油及所含水分在一定温度和真空下汽化，形成减压蒸发，除水脱氧。鉴于再生处理需要完善的设备和熟练的技术，设备投资大、占地多，而水电站废油一般不多，自行进行再生处理几率低、成本高，故一般不设废油再生设备。

一般中型水电站的用油量约数十吨至数百吨，大型水电站可高达数千吨。水电站上的油系统一般包括下列组成部分。

(1)油库。油库内设油桶，以接受及存贮油类。由防火观点考虑，存油总量较小的油库可以设在厂房内，大于200 m^3的则应设在厂外。透平油的用油设备均在厂内，故透平油系统一般布置在厂内，只在油量过大时才在厂外另设存贮新油的油库。绝缘油系统应布置在用油量大的主变压器及高压油开关附近，故常在厂外。厂内油库常布置在装配场下层、水轮机层或副厂房内，要特别注意防火问题（见8.3.6节）。

(2)油处理室。油处理室内设油泵及滤油机等，一般布置在油库旁。透平油与绝缘油常合用油处理设备，相邻几座水电站也可合用一套油处理设备。

(3)中间排油槽。当油库设于厂外时，在厂房下部结构中布置中间排油槽，以存放由各种设备中排放出来的污油。

(4)补给油箱。厂房吊车梁之下有时设补给油箱，以自流方式向用油设备补充新油以抵偿其消耗。无此装置时，可用油泵补油。

(5)废油槽。常设在每台机组的最低点（如蝴蝶阀室），以收集漏出的废油。

(6)事故油槽。充油设备（主要指变压器）及油库发生燃烧事故时需迅速将油排走，以免事故扩大。油应排入专设的事故油槽,不允许直接排入下游河道,以免污染环境及河水。事故油槽应布置在便于充油设备排油的位置,以便于灭火。油槽内的积水要经常排除,以保持必需的储油容积。

(7)油管。油系统各组成部分及用油设备之间以油管相连。常沿水轮机层一侧纵向布置油管的干管,再由它向各部件引出支管。油、水、气管道最好与电气设备及电缆分设在厂房的不同侧或不同层次,以减少干扰;特别要防止将油、水管道布置在电气设备上方,以免滴油、漏水造成电气设备事故。

8.3.5.2 **供水系统**

水电站厂房的供水系统提供技术用水、消防用水及生活用水。技术用水包括冷却及润滑用水,例如发电机空气冷却器或油冷却器、机组各导轴承及推力轴承油冷却器、变压器油冷却器、油压装置油槽冷却器、空气压缩机气缸冷却器等均需用冷却水;水轮机导轴承、水轮机主轴密封处需要润滑水。技术用水中,发电机冷却用水耗水量最大,约占技术用水总量的80%。消防用水流量应有15 L/s,水束应能喷射到建筑物可能燃烧的最高点。生活用水视厂房运行人员多少而定。供水的水质和水温要满足要求,不能含有对管道和设备有破坏作用的化学成分,必要时应设净化设备以保证水质。

供水的方式常决定于水电站的工作水头。当水头在20~80 m之间时,宜采用自流或自流减压供水。取水口可设在上游坝前(若厂房离坝不远时)、厂内压力钢管或水轮机顶盖处。各机组的供水管相互联通,互为备用,并同时供给消防及生活用水,有时还另设水泵供水作备用。当水头低于20 m,自流水水压不足,或高于80 m,自流减压供水已不经济时,宜采用水泵供水。水源可为下游河道或地下水,应设有备用水泵,并有可靠的备用水源。

8.3.5.3 **排水系统**

水电站厂房的排水系统包括渗漏排水系统及检修排水系统。

渗漏排水系统排走厂房内的技术用水、生活用水、各种部件及伸缩缝与沉陷缝的渗漏水。凡能自流排往下游的(如发电机冷却用水)均自流排走,其余用水及渗漏水则先引入集水井内,再用水泵排往下游。

检修排水系统用于机组检修时放空蜗壳及尾水管。机组检修时,先关闭机组前的蝴蝶阀或进水闸门,蜗壳及尾水管中的一部分水经尾水管自流排往下游,待蜗壳及尾水管内水位与下游尾水位齐平时,再关闭尾水闸门,利用检修排水设备排走余水。检修排水可采用以下几种方式。

(1)集水井。各尾水管与集水井之间用管道相连,开设阀门控制,尾水管的积水可自流排入集水井,再用水泵抽走。

(2)集水廊道。在厂房最低处沿纵轴向设一廊道,各尾水管的积水直接排入廊道,再用水泵抽走。由于廊道容积大,尾水管中的积水排出迅速,可缩短检修时间。常用于河床式厂房。

(3)分段排水。每两台机组之间设集水井及水泵,构成一个检修排水系统。

(4)移动水泵。下设集水井,直接将临时移动水泵装在需检修的机组处进行排水。

后两种方式只适用于容量不大的水电站上。

厂内渗漏排水系统及检修排水系统宜分开设置,对中型水电站,经论证可考虑两系统合并,但必须在两系统管路和集水井之间设逆止阀,只允许集水井中的水通过水泵向下游排出,而尾水不得倒灌,以防水淹没厂房。

渗漏及检修集水井可布置在装配场下层、厂房另一端、尾水管之间或厂房上游侧。集水井的底高程要足够低，以便自流集水。每座渗漏集水井的排水泵应不少于两台，其中一台备用，排水泵应能自动操作，集水井要设置水位警报信号装置。每座检修集水井至少配两台排水泵，且均为工作泵，可不考虑自动操作。两系统的排水泵宜采用深井水泵，其电动机在顶端，安装要高，防潮防淹。

8.3.5.4　**压气系统**

水电站厂房压气系统为用气设备提供压缩空气。厂房中的用气设备很多，例如，调速器油压装置的压力油箱中约有 2/3 为压缩空气，以保证调速器用油时油压不会有过大的变动；发电机停机时要用压缩空气进行制动；蝴蝶阀关闭后需向空气围带中充气以减少漏水；机组调相运行时，有时需向水轮机顶盖下充以压缩空气以压低尾水管中的水位；高压开关站的空气开关利用压缩空气灭弧；水电站检修时常使用各种风动工具；闸门及拦污栅有时需用压缩空气来防冻及清理。

厂房内的压气系统可分为高压及低压两个系统。油压装置及空气开关用气为高压系统，一般为 25 个大气压(2.53 MPa)。其他用气设备属低压系统，一般为 5～7 个大气压(0.5～0.7 MPa)。用气设备若远离厂房，如高压开关站或进水口等，应就地另设压气系统。

压气系统由压气机、储气筒及输气管道组成。压气机室一般布置在装配场下层、水轮机层或副厂房中。压气机工作时噪声很大，故应远离中央控制室。储气筒一般与压气机布置在一起，当储气筒特别大时，也可移至厂外以策安全。

8.3.5.5　**实例**

图 8－6～图 8－11 所示厂房的油系统中绝缘油系统设于厂外，透平油系统设在厂内。油处理室及油库均布置在下游副厂房出线层的东端，其中设有 LY—50 型移动式压滤机两台，SLY—50 型真空滤油机一台，齿轮油泵两台，10 m^3 净油桶及污油桶各一只，5 m^3 调速系统油桶一只。油处理室下层布置了透平油事故油池(槽)，而在同一层的西端布置了绝缘油的事故池。

该电厂的供水系统从每台机组钢管的蝴蝶阀上游取水，经滤水器过滤后供全厂技术、消防及生活用水。另在水轮机层西端布置有 6BA—8 型离心泵一台，自下游抽水作为备用水源。

渗漏排水中，除水轮机导轴承冷却水外，其余冷却用水均直接排往下游。在下游副厂房的最底层设有浴室，以利用发电机空气冷却器排出的温水。渗漏排水井设在厂房下部块体结构的东端，井底高程 103.50 m，配备 6JD56×4 型深井泵两台(其电动机在水轮机层)，单泵流量 56 m^3/h，扬程 32 m，自动操作。集水井水位上升至 109.00 m 时一台泵投入，升至 109.40 m(距蝴蝶阀室底 0.8 m)时备用泵投入兼发信号，水位降至 105.20 m 时水泵停止。

检修排水井与渗漏排水井相邻且同高，配备 12JD230×3 型深井泵两台，流量 230 m^3/h，扬程 27 m，只在排除上、下游闸门漏水时才投入液位信号器进行自动操作，水位上升至 106.60 m 时一台泵投入，升至 106.80 m(距尾水管底 0.15 m)时第二台泵投入兼发信号，水位降至 105.00 m 时水泵停止。检修集水井上设四个阀门，分别控制各台机组尾水管的水流流入集水井。

除上述排水系统外，在厂房东端墙外还设有厂外集水井一座及 $1\frac{1}{2}$BA—6 排水泵一台，以排除厂房后坡积水。

压气机室设在装配场下层，包括低压压气机 3 台、储气筒 3 只、高压压气机 2 台、储气筒

2只。

8.3.6 采光、通风、交通及防火问题

本节简介厂房的采光、通风、取暖、防潮、防火保安、交通运输等方面的基本概念，以便在厂房布置设计中能综合考虑和妥善解决这些问题。

8.3.6.1 采光

地面厂房应尽可能采用自然采光，布置主副厂房时要考虑开窗的要求。主厂房很高大，自然采光主要靠厂房两侧的大窗，吊车梁以上的窗子主要起通风的作用，大窗开在构架柱之间的墙上，为长形独立窗。窗宽度不要太小，使照明均匀。窗的高度一般不小于房间进深的1/4。窗下槛在发电机层楼板以上不宜超过1～2 m，以保证窗子附近有足够的光线，并便于通风。日光不要直接照射到仪表盘面上。

夜间及水下部分的房间要安排合适的人工照明。人工照明分为工作照明、事故照明（当交流电源中断时自动投入的直流电照明）、安全照明（设有防触电措施或采用36 V及以下电压的照明）、检修照明及警卫照明。中央控制室及主机房内的照明不能使仪表盘表面上产生反光，以保证运行人员能清晰地观察仪表。

8.3.6.2 通风

地面厂房应尽量采用自然通风。当自然通风达不到要求，或当下游水位过高而不能有效地采用自然通风时，或在产生过多热量的房间（如变压器室、配电装置室等），或在产生有害气体的房间（如蓄电池室、油处理室等），才装设人工通风。

主副厂房的通风量应根据设备的发热量、散湿量和送排风参数等因素决定。要合理安排进、出风口的位置以达到最佳的通风效果。水轮机层、水泵室、蝴蝶阀室等厂内潮湿部位采用以排湿为主的通风方式，对于产生有害气体的房间要设置专用的排风系统，以免有害气体渗入其他房间。人工通风系统的进风口要设在排风口上风，低于排风口但高于室外地面2 m以上，要考虑防虫及防灰、沙的措施。主通风机室的位置除满足通风系统气流组织的合理性外，还应远离中央控制室、载波机室等安静场所，以免噪声干扰。

盛暑酷热地区或人工通风仍不能满足厂内温度、湿度要求时，可采用局部或全部的空气调节装置。空气调节装置的冷源应尽量采用天然低温水或其他天然冷源。无此条件时，经过技术经济论证可局部或全部采用机械制冷设备。

8.3.6.3 取暖

厂房内的温度在冬天不能过低，以保证机电设备的正常运行。冬季如水电站正常发电，则发电机层、出线层、水轮机层、母线道等处靠机电设备发出的热量即可维持必需的温度。发热量不足以维持必需温度的房间，可用电辐射取暖或电热取暖。中央控制室也有装设空气调节器的，以便在冬季取暖、夏季降温。蓄电池室及油处理室的取暖方式必须满足防火、防爆的要求。

8.3.6.4 防潮

地面厂房水下部分的房间要注意防潮，坝内及地下厂房的防潮问题更为重要。过分潮湿可能造成电气设备的短路、误动作或失灵；可能引起机械设备加速锈蚀，并使运行人员的工作条件恶化。防潮的措施不外乎以下四项。

(1)防渗防漏。外墙混凝土要满足抗渗要求，必要时可加设防潮夹层；要减小设备漏水；伸

缩及沉陷缝要加设止水;冷却水管、混凝土墙及岩石表面如有结露滴水则要用绝热材料包扎。

(2)加强排水。已渗漏进厂房或防潮夹层的水要迅速排除,不能让其积存。

(3)加强通风。潮湿部位宜采用以排湿为主的通风方式,减小空气中的湿度。

(4)局部烘烤。以电炉或红外线烘烤,防止设备受潮。

8.3.6.5 **厂内交通**

厂房对外开有大门,以便运输大部件。大门尺寸很大,可采用旁推门、上卷门或活动钢门。为了保持厂房内部的清洁、干燥与温度,不运输大部件时大门应关闭。安排各种房间开门部位时要考虑防火的安全出口,安全出口的门净宽不小于0.8 m,门向外开。某些可能产生负压的房间,如闸门室,门最好向里开,以便出现负压时门可自动开启。

主厂房内各层及副厂房布置机电设备的房间内都要有过道,以便运输设备和进行安装检修,并供工作人员通行。发电机层及水轮机层常设贯穿全长的水平通道,通道一般宽1~2 m。为了吊运各种设备,与通道相应要布置吊物孔,如蝴蝶阀吊孔、水泵吊孔、公用吊孔等。

主、副厂房不同高程各层之间可设斜坡道、楼梯、攀梯、转梯或电梯。斜坡道坡度在20℃以下,一般以12℃为宜。楼梯的坡度为20°~46°,以34°为宜。单人楼梯宽0.9 m,双人并行楼梯宽1.2~1.4 m。每台机组最好有专用楼梯,至少每两台机组要设一座楼梯。楼梯的位置要能使运行人员巡视方便,并要保证发生事故时能迅速到达现场。只供少数人员使用或偶然使用的楼梯可做成钢攀梯,坡度常在60°~90°之间,宽0.7 m。转梯可节省地方,但只适用于不经常上下的地方。电梯用于厂房高度较大或各层间高差太大时。

8.3.6.6 **防火保安**

对于水电站特别是厂房的防火保安问题要特别重视,因为水电站的事故可能给国民经济造成极大的损失。各种建筑物及设备的布置及设计,均应符合防火保安的专门规定,还要满足国防上的特殊要求。

主、副厂房各层至少要有两个安全出口,要布置疏散用的走廊及楼梯、消防用的通道及消防器材,要装设事故照明。

厂内的油库要用防火墙隔开,墙的厚度要大于0.3 m。柱的尺寸要大于0.4 m,门要能防火。为防止事故中燃油外流扩大火势,油库门要设拦油槛,其高度应能使油库形成容纳一只最大油桶油量的容积,并有相应的油、水排出措施。油库内要设足够的消防器材,推荐采用水喷雾灭火。厂房内充油的电气设备如油浸式变压器及油开关,若充油量超过600 kg,则应布置在防爆间隔内,并以防爆走廊通向外面。采用干式变压器是杜绝变压器火灾事故的根本措施。蓄电池室不仅散发有害气体,而且具有燃烧及爆炸的危险。蓄电池室的一切设施都要符合防火防爆的要求。蓄电池室一般应设在地面以上,有对外的窗户以便泄压,减少爆炸的损失。

8.3.7 主厂房轮廓尺寸的决定

主厂房的轮廓尺寸是指主厂房的长度、宽度和高度,它们是在厂房布置设计中逐步确定的。确定主厂房轮廓尺寸的大致步骤如下:机组台数和型号选定后,一般先拟定厂房下部块体结构布置,并估计以上各层的各种要求,定出下部块体结构的尺寸;然后再定出主厂房各层及副厂房的高程及布置,协调各种矛盾,逐步修改设计,最后做出决定。如有不同的方案,则可进行比较,择其优者。

决定主厂房轮廓尺寸的基本原则与规律大多已在前面各节中陆续讨论过,这里再作一概括。

主厂房的长度为装配场的长度与机组段总长度之和。装配场的长度主要取决于安装检修的要求，详见 8.3.4 节机组段总长度等于机组中心距(即标准机组段长)乘以机组台数再加上两端加长。中、低水头水电站厂房的机组中心距主要取决于下部块体结构，参见 8.3.2 节；若彼此决定的中心距不能满足以上各层的布置要求，则应适当加大，此情况常见于高水头水电站厂房，因其发电机尺寸相对较大；有时机组中心距还受到引水隧洞或地下埋管洞间岩壁厚度的控制。两端加长是指主厂房内两端两台机组的机组段因下列原因额外增加的长度。

(1)端部机组段的一侧有外墙，或者与装配场相邻处有边墙及伸缩缝，从而需加长机组段。

(2)远离装配场的端部机组要利用桥吊进行安装检修，往往要增加该机组段端墙一侧的长度，以保证机组位于桥吊主钩范围之内。采用两台桥吊时，增加长度更大。

(3)蜗壳进口装有蝴蝶阀时，也可能因布置要求而加长端部机组段。

主厂房的宽度首先取决于下部块体结构的布置，还取决于各楼层(特别是高水头水电站厂房的发电机层)的布置，同时还受到桥吊标准跨度的制约和最大部件吊运方式的影响。

在高度方面，首先决定水轮机的安装高程，根据转轮、蜗壳及尾水管尺寸，向下可定出尾水管底板高程及厂房底部开挖高程，向上可定出水轮机层高程(参见 8.3.2 节)；进而综合考虑发电机的支承和布置方式、机电设备的布置和尾水位等因素，决定发电机的安装高程和各层楼面高程(参见 8.3.3 节)；再按照吊运最大或最长部件以及卸车等要求，确定桥吊的安装高程(参见 8.3.4 节)。桥吊的外形尺寸由厂家给出，桥吊顶部与厂房屋顶大梁底缘(或吊顶、灯具底)之间应留有不小于 20～30 cm 的净距，在此之上再加上屋顶大梁的高度及屋面板厚度，就得到屋顶高程。

厂房的长、宽、高各尺寸是有机地联系着的，任何一个尺寸的变动都会引起其他尺寸及布置的变动，所以轮廓尺寸与厂房布置要一起研究，同时解决，不能孤立进行，常常还要求反复修改。本章前几节所讨论的厂房布置的基本原则和规律要灵活运用，全面分析，决不能机械地照搬照抄。

在水电站厂房设计的预可行性研究阶段或方案比较中，有时只需要知道主厂房的大致轮廓尺寸而不要求进行厂房布置设计，有时因缺乏机电设备的尺寸资料而难以通过厂房布置设计来决定厂房轮廓尺寸，此时可参考已建同类型厂房的尺寸资料或利用一些经验公式来估算主厂房的轮廓尺寸。这些经验公式一般是根据统计资料得出的，它们往往以拟定的转轮直径为参数直接计算出主厂房的长度、宽度和高度，可参见有关的水电站厂房设计手册。

8.3.8 主厂房的结构布置设计

水电站厂房的布置设计包括机电设备的布置和结构布置两个方面。前者的任务是妥善安排各种机电设备的位置，给它们创造良好的安装、检修及运行条件；而厂房结构布置设计的目的是确定厂房的结构型式，决定各构件的相互连接关系，估计各构件的尺寸，为结构分析打下基础。这两者密切相关、相辅相成，必须同时进行。前面各节主要讨论了机电设备的布置原则和规律，本节简介结构布置设计的基本概念。进行结构布置设计时，先参考已建成的类似厂房初估各构件的尺寸，再按结构计算的成果对这些尺寸进行必要的修改。鉴于副厂房的结构与一般工业与民用建筑相似，以下只讨论主厂房的结构布置。

8.3.8.1　主厂房结构系统传力情况

水电站主厂房结构系统的传力情况大致如图 8－23 所示。

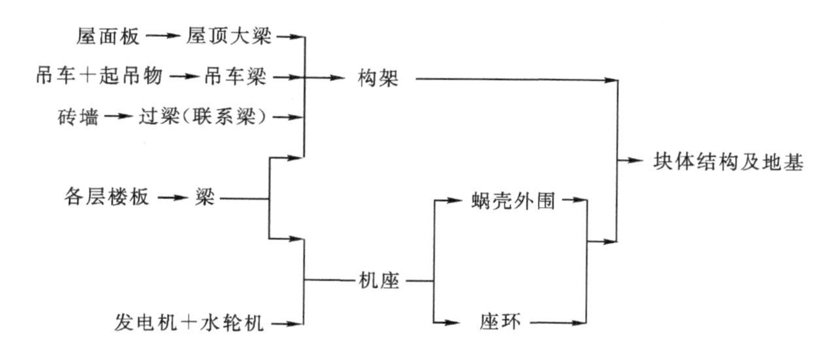

图 8－23　水电站主厂房结构系统示意图

这是基本的但较粗略的传力情况，某些细部结构的传力情况可能各有不同，例如一部分砖墙及各层楼板的荷载可能直接传至上、下游墙而不传给构架；为了减小机组运行时振动对楼板上设备的影响，楼板可能与机墩分开，则各层楼板的荷载就不再传至机墩等。

8.3.8.2　上部结构

水电站主厂房的上部结构包括屋面系统、构架、吊车梁、围护结构(外墙)及楼板，通常为钢筋混凝土结构。其中构架是上部结构的骨骼，它在横向为“Ⅱ”形构架，在纵向则以联系梁、吊车梁等相连接，形成空间骨架。其上支承着屋顶，中间支承着联系梁及吊车梁，四周围装置墙及门窗，下面还可能支承着楼板。此骨架坐落在下部块体结构上。

(1)屋顶。屋顶一般采用预制钢筋混凝土大型屋面板，直接支承在相邻两构架的横梁上，屋面板的长度等于构架的间距。在特殊情况下，也可采用现浇的肋形板梁结构。屋顶的主要作用是隔热、遮阳光及避风雨，故屋面板之上还要设隔热层、防水层及保护层。

(2)构架。我国水电站厂房构架一般为钢筋混凝土结构，大型厂房中也采用钢桁架式构架。厂房构架在结构上分为整体式及装配式两种。整体式构架(刚架)的立柱与横梁浇筑成一整体，成为刚性连接。其结构刚度大，但模板工作量大、施工干扰多、养护时间长。装配式构架(排架)的屋顶横梁是预制的，在立柱浇筑完毕后将横梁吊上去安装，用螺栓将横梁与立柱连接在一起，或将大梁与立柱的钢筋焊在一起再进行填缝。这种构架的立柱与横梁的结点为铰接，其刚度较小，施工中要有合用的吊装设备。整体式及装配式构架的立柱与下部块体结构间一般都做成固接。

整体式构架的横梁常采用矩形断面，梁高一般为跨度的 1/12～1/8。装配式构架的横梁常采用 T 形或工字形断面，横梁顶沿长度方向呈双坡，跨中高度等于跨度的 1/10～1/15。当横梁跨度较大时，可采用预应力结构或桁架式结构。构架立柱一般为矩形断面，也可采用工字形断面以节约材料。

布置厂房构架时要使构架间距与机组段长度协调一致，每一机组段设 2～3 个构架。构架间距一般为 6～10 m，间距不宜过大，以免使吊车梁跨度太大，且尽可能等跨布置，以简化设计与施工。在温度缝处，一般在缝的两侧各设一构架，成为并列构架，使受力状态明确。在地基条件较好，吊车荷载不太大的情况下，可只在温度缝一侧设单构架，另一侧的吊车梁、联系梁、屋面板等跨越温度缝简支在该构架上，如图 8－24 所示。

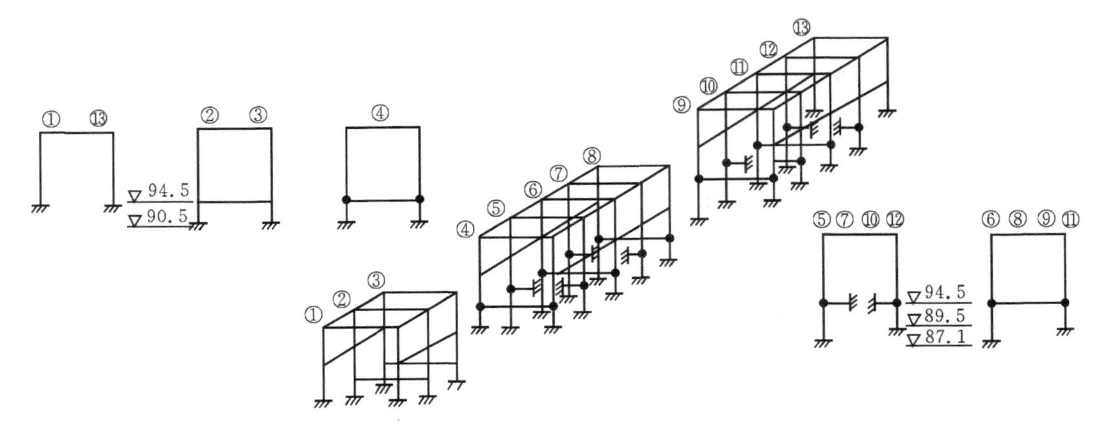

图 8－24　黄坛口水电站主厂房构架示意图

构架布置与下部结构布置也要统筹考虑。构架要固接在下部结构的一期混凝土上，以便尽早浇筑、尽早安装吊车，加速二期混凝土施工及机组安装。但构架立柱要避免直接坐落在尾水管、蜗壳或钢管的顶板上。决定下部结构尺寸时，要保证立柱的固接条件，使基础刚度大于立柱刚度的 12～15 倍，同时尽可能抬高基础高程，缩短立柱，改善受力状态。

在图 8－6～图 8－11 所示厂房中，共设有 11 座横向构架，自装配场西端起依次编号为①～⑩(见图 8－8)。构架为“Ⅱ”形刚架，整体浇筑。屋顶大梁为双坡，梁宽 80 cm，高 130～150 cm。立柱为两段阶形柱，吊车梁以下断面为 80 cm×140 cm，吊车梁以上为 80 cm×80 cm。上游立柱柱脚固定在 110.20 m 高程处，下游立柱固接在水轮机层高程 115.98 m 的一期混凝土上。在屋顶大梁与立柱刚接点处设 50 cm×100 cm 纵向联系梁，吊车梁高程处设 60 cm×160 cm 纵向联系梁，装配场、发电机层等高层处还设有多道纵向过梁。整个主厂房由装配场 1 号、2 号机组段及 3 号、4 号机组段基本上独立的 3 个立体构架组成。但⑦号、⑧号构架间(3 号机组段)的吊车梁、联系梁、过梁、发电机层楼板及次梁等跨越伸缩缝支承在⑦号构架上。③号、④号构架间(1 号机组段)的情况与此类似，有些梁和板跨越伸缩缝支承在③号构架上。

图 8－13 所示厂房亦装有 4 台机组，分缝情况与图 8－12 所示厂房相同，但温度缝两侧构架为并列构架，故共有 13 座构架，通过横梁立柱交点处及吊车梁高程处的纵向联系梁组成 3 个完全独立的空间构架，如图 8－24 所示。这 13 座构架中，①号、⑥号为端构架，底部固接在顶高程为 94.5 m 的混凝土端墙上；②号、③号为装配场构架，底部固接于装配场下层高程为 90.5 m 的底板上，因装配场楼板(高程 94. 5 m)大梁与构架整体浇筑，故该处有刚性支撑。③号、④号构架(及⑧号、⑨号构架)为并列构架，分设在温度缝两侧。④号构架立足于顶高程为 90.5 m 的边墙上，高程 94.5 m 的铰接横向支撑为发电机层楼板大梁。由于发电机层楼板为二期混凝土，该横向支撑在二期混凝土完工前并不存在，故该构架要按有、无横向支撑两种情况设计。⑤～⑥号构架上游立柱固接于 87.1 m，高程的水轮机层块体结构上、下游立柱固接于 89.5 m 高程处的尾水平台支墩上，高程 94.5 m 处的发电机层大梁仍作为铰接横向支撑

(故亦应考虑有、无此支撑两种情况),不过⑤号、⑦号、⑩号、⑥号构架处发电机层楼板大梁被机墩切断而铰接在机墩上。主厂房高程 90.5 m 处虽有出线层楼板大梁,但此大梁简支在构架立柱的牛腿上,大梁与牛腿之间没有油毛毡垫层,因此大梁只将垂直力传给立柱,不传递水平力及弯矩,故对构架无支撑作用,图 8-24 中也就未绘出了。

(3)吊车梁。为节约钢材,我国多采用钢筋混凝土吊车梁,支承在构架立柱的牛腿上。其结构形式可为现浇整体式或预制装配式。前者施工困难,不便预加应力,但可做成多跨连续梁;后者便于施工,便于预加应力,造价低,但需要相应的起吊设备。吊车梁常采用 T 形断面,其高度一般为跨度的 1/5～1/8,梁宽大约为梁高的 1/2～1/3。翼板厚度一般为梁高的 1/6～1/10,宽度不小于 35 cm。

图 8-6 所示厂房中吊车梁为 T 形钢筋混凝土梁,梁高 160 cm,腹板厚 60 cm,翼板宽 120 cm,厚 20 cm。先做成单跨梁,吊装就位后再连成双跨连续梁。

(4)外墙。水电站主厂房上部结构的外墙一般不承重,只起围护和隔离的作用,常采用砖墙。当外墙要承受较大的水压力时,可做成钢筋混凝土墙。

(5)楼板。水电站主厂房楼板的特点是形状不规则、孔洞多、荷载大、有冲击荷载等。楼板多采用板梁式结构,在构架上下游立柱间或构架立柱与机墩间设主梁,当主梁跨度过大时,可在主梁下加设立柱;主梁之间布置次梁;其上支承着楼板。进行厂房平面布置时,要同时考虑梁格的布置方式,因为在各种孔洞周围,如调速器、油压装置、蝴蝶阀吊孔、吊物孔、楼梯等周围最好也布置次梁,且次梁间的楼板最好是单向板,以简化构造、方便施工。楼板的厚度不宜小于 15 cm。有时楼板也可采用纯板式结构,在每一机组段内,除必要的构架横梁外,全部为板,钢筋则按辐射状及环状放置。有的水电站上,为了避免机组振动引起楼板和设备振动,将楼板与机墩完全分开,靠近机组的楼板可布置一个圈梁或按悬臂板进行设计。楼板与机墩完全分开的另一个好处是楼板可以先施工。

装配场楼板承受的荷载特别大,因而均采用整体式板梁结构,而且主梁下常加设中间支柱。在火车轨道或变压器轨道下常设专门的梁柱系统。楼板厚度不小于 25 cm。

图 8-25 绘出了图 8-6 所示水电站 4 号机组段发电机层楼板主、次梁布置情况。由图可知,⑨号构架上下游立柱之间设有断面为 60 cm×100 cm 的主梁,由于跨度大,在其下设有 60 cm×60 cm 立柱一根。发电机风罩与⑩号构架上游立柱之间也有 60 cm×100 cm 主梁一根;风罩与下游立柱之间间距较小,不再设梁。主梁之间布置有 40 cm×80 cm 次梁;在油压装置下加设了两根 25 cm×50 cm 的小梁。楼板厚 25 cm,除布置调速器机械柜的那一块板按双向板计算外,其余均按单向板或连续板计算。副厂房楼板厚 10 cm,设有 40 cm×80 cm 的主梁及 25 cm×50 cm 的次梁,楼板按连续板计算。

由图 8-7 可以看出,装配场仅下游侧有楼板,板厚 20 cm。构架下游立柱与岩石之间设有 60 cm×120 cm 的主梁,变压器轨道下设有两根 40 cm×80 cm 的次梁。

8.3.8.3　下部结构

水电站厂房下部结构主要由机墩、蜗壳、尾水管、基础板和外墙所组成。下部结构中以块体结构为主。其他非块体结构也多是厚实的粗柱、深梁、厚板。机墩、蜗壳、尾水管等结构的尺寸主要决定于布置及运行的要求,见 8.3.2 节。引水式地面厂房的下游墙最高尾水位以下部分要承受较大的水压力,必须满足防渗抗裂要求。它常按底部固接在下部块体结构(如尾水管

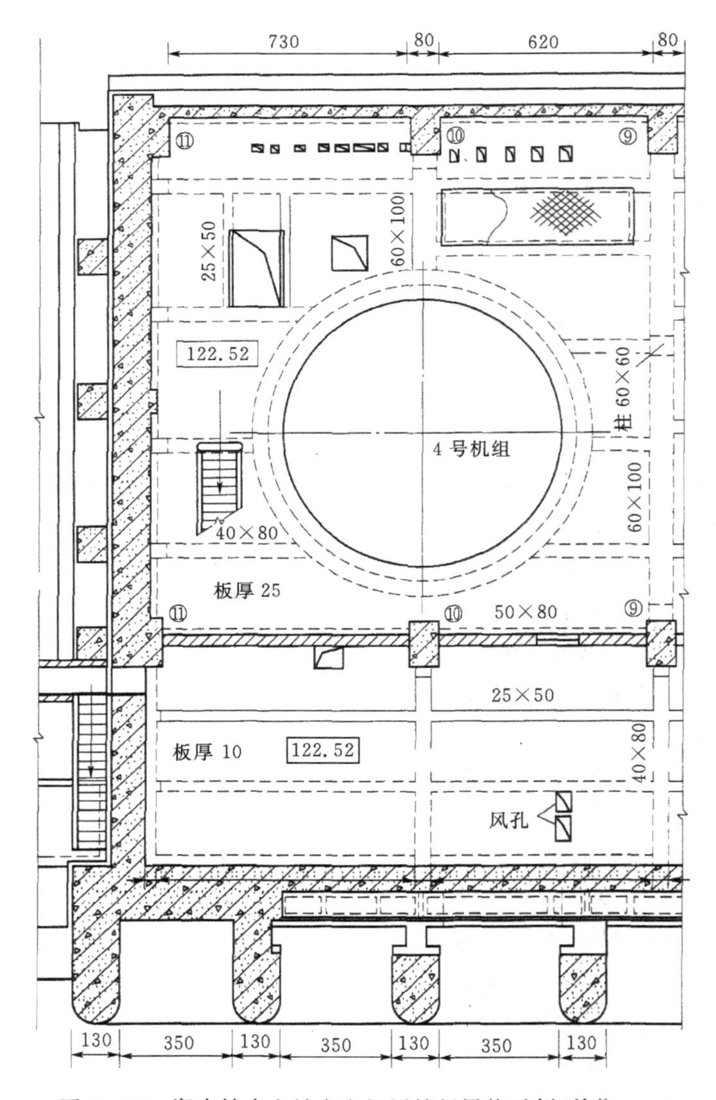

图 8-25　湖南镇水电站发电机层楼板梁格示例(单位：cm)

顶板)、上边自由、左右支承在尾水平台支墩上的连续板(或双向板、单向板)设计,因此要合理拟定尾水平台支墩的净距、块体尺寸及尾水管顶板的刚度,改善下游墙的受力状态。上游墙及端墙一般不直接挡洪,但也可能承受地下水压力和土压力。在结构布置时,要协调上游墙及端墙与下部结构的连接方式,为外墙提供有效的支承条件,改善受力状态。

8.3.9　厂区布置

厂区布置是指水电站主厂房、副厂房、变压器场、高压开关站、引水道、尾水道及交通线等相互位置的安排。进行厂区布置时,要综合考虑水电站枢纽总体布置、厂区地形地质、施工检修、运行管理、农田占用、环境保护等各方面的因素,分析具体条件,拟定出合理的方案。厂区布置的方式很多,图 8-26 所示为可能方案中的几种。

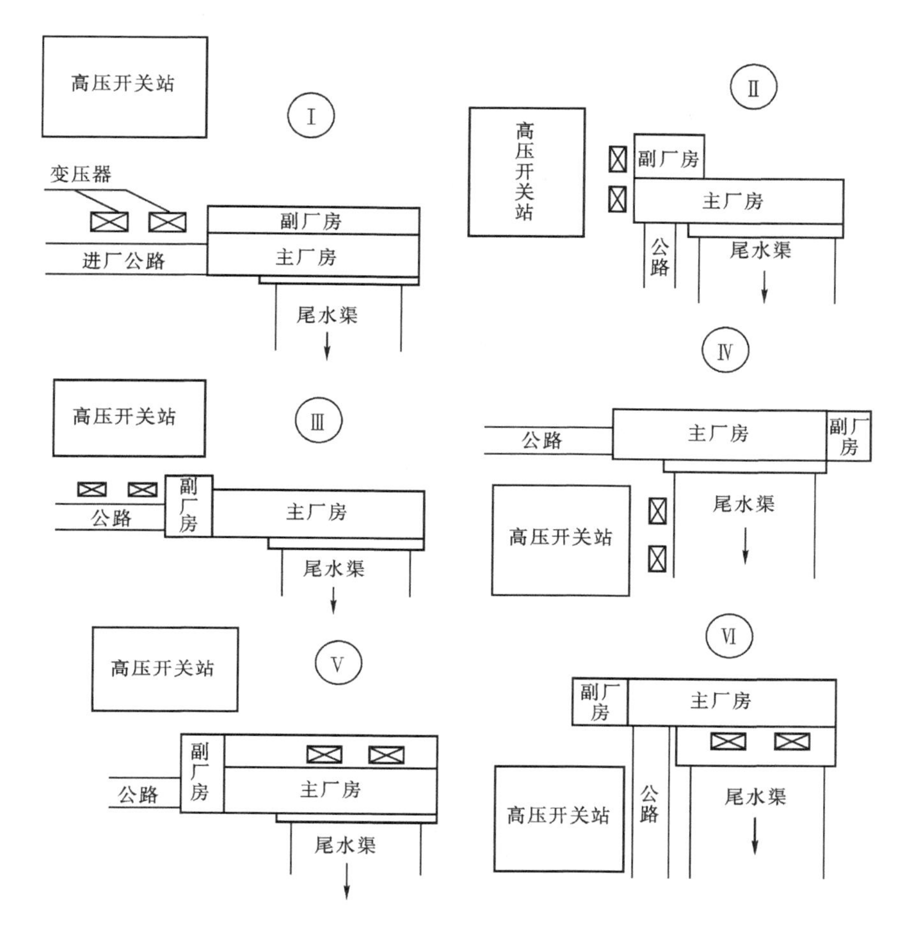

图 8－26　厂区布置可能方案示意图

8.3.9.1　主厂房的位置

主厂房是厂房枢纽的核心，对厂区布置起决定性的作用。主厂房布置的选择主要在水力枢纽总体布置中进行，此时除了要注意厂区各组成部分的协调配合外，还应考虑下列条件。

(1)地形地质条件。地形地质条件常常是决定引水式地面厂房位置的主要因素。主厂房宜建筑在良好的基岩上，新鲜基岩面的高程最好与厂房底高程相接近，以减少挖方。在陡峻的河岸处选择厂房位置时，要特别注意厂房后坡的稳定问题，要尽可能避开冲沟口和容易发生泥石流的地段。

(2)水流条件。主厂房的位置要与压力管道及尾水渠的布置统一考虑，尽可能保证进出水流平顺。当压力管道采用明管时，为减轻或避免非常事故对厂房的危害，宜将厂房避开压力管道事故水流的主要方向，否则要采取其他安全措施。

(3)施工和对外交通条件。厂房位置应选择在对外交通联系方便、容易修建进厂公路(铁路)的地方，厂房附近应有足够的施工场地。

后两个因素下面还要再作讨论。

8.3.9.2　**引水道、尾水道及交通路线**

引水道一般均为正向引水，当压力管道直径小且根数少时也可能端向引水。尾水道也常为正向尾水，少数情况下也可能端向尾水。引水式地面厂房的纵轴常沿河岸等高线布置以减少开挖量，因此尾水渠一般逐渐倾向下游与河道斜交，使水流顺畅。布置尾水渠时要考虑泄洪水流的影响，避免泄洪时在尾水渠中形成较大的壅高和旋涡，避免挟沙淤塞尾水渠，必要时可加设向下游延伸足够长度的导墙。尾水渠宽度一般与机组段出水边宽一致，如需改变宽度时应渐变连接。因水轮机安装高程较低，故尾水渠常为倒坡，坡度约为1∶4～1∶5。尾水渠常设衬砌加以保护，尤其是尾水管出口附近，因为该处水流紊乱、旋涡多，流速分布极不均匀，局部流速可能很大，容易发生淘刷，而尾水渠的检修又很费事。

当厂房布置在河边时，进厂公路常沿等高线自端部进入厂房；若尾水渠较长，厂房不在河边，则进厂公路也可能由下游侧进入厂房，如图8-26Ⅱ和Ⅵ所示。公路、铁路应伸入主厂房装配场，厂前应有平直段，以保证车辆可平稳缓慢地进入厂房。公路最大纵坡宜小于8%，转弯半径不宜小于20 m，厂房附近要设回车场。铁路的坡度、轨距及净空尺寸应符合有关的规范规定，轨道末端要设阻进措施。

进厂交通线路一般应高于厂址处的非常运用洪水位。对于高尾水位的水电站厂房，或者尾水位陡涨陡落、洪峰历时较短的厂房，布置高线进厂交通有困难、经过论证，其进厂交通线也可低于非常运用洪水位(但仍应高于正常运用洪水位)，此时厂房应满足防洪要求，同时要另设非常运用洪水位时不受阻断的人行通道。

8.3.9.3　**副厂房**

副厂房是指为了布置各种机电设备和工作生活之用而在主厂房旁建筑的房屋。副厂房的组成主要根据机电设备布置、维修、试验、操作以及电厂运行管理等方面的要求确定，但不外乎以下三类房间。①直接生产用房，用来布置各种与电能生产直接相关的设备，如配电装置、运行控制设备和辅助设备，并通过电缆或管道与主厂房、变压器场及高压开关站相连接；②检修试验用房，用来布置各种检修、试验设备和仪表；③生产管理的辅助用房。由于水电站的型式及规模各异，所需副厂房的数量与尺寸也不同，即使容量相近的水电站厂房，其副厂房的尺寸也可能相差甚远。表8-1给出了一般中型水电站副厂房的大致组成，其中有些房间可以安排在主厂房内。厂内面积有限时，部分检修试验用房及辅助用房可移至厂外。大多数直接生产用房的内部布置还要满足为保证机电或控制设备安全运行的各种特殊要求。

表8-1　中型水电站副厂房所需面积

副厂房名称	面积/m^2	副厂房名称	面积/m^2
直接生产用房		电工修理间	20～40
中央控制室、电缆室	按需要确定	机械修理间	40～60
继电保护盘室	按需要确定	工具间	15
厂用动力盘室	按需要确定	仓库	15～25
蓄电池室	40～50	油处理室	按需要确定
存酸室和套间	10～15	油化验室	10～20
充电室	15～20	辅助用房	

续表 8-1

副厂房名称	面积/m^2	副厂房名称	面积/m^2
蓄电池室的通风机室	15～20	交接班室	20～25
直流盘室	15～20	保安工具室	5～10
载波电话室	20～50	办公室	每间 10～20
油、水、气系统	按需要确定	会议室	15～20
厂用变压器室	按需要确定	浴室	按需要确定
检修实验用房		夜班休息室	按需要确定
测量表计实验室	30～50	仓库	15
精密仪表修理室	15～25	警卫室	10
仪表室	10～15	厕所	按需要确定
高压实验室	20～40		

副厂房的位置可以在主厂房上游侧、尾水管上、主厂房一端或分设在几个位置上。对于引水式地面厂房，若副厂房布置在主厂房上游侧，当山坡陡峭时会增加挖方，且副厂房通风及采光不好(尽管如此，坝后式厂房常利用厂坝之间的空间布置副厂房)。副厂房设在尾水管上会影响主厂房的通风及采光，尾水管也要加长从而增加工程量。由于尾水平台一般振动很大，该处不宜布置中央控制室及继电保护设备。副厂房也常布置在主厂房一端，机组台数多时，这种布置会加长母线及电缆。总之，要权衡利弊，因地制宜地选择副厂房的位置，充分利用一切空间，降低工程造价。

8.3.9.4　**变压器场**

布置变压器场时应遵循下列原则。

(1)主变压器应尽可能靠近发电机或发电机电压配电装置，以缩短发电机低压母线，减少母线电能损耗，节约工程投资。

(2)主变压器要便于运输、安装及检修。变压器场最好与装配场及对外交通线在同一高程上，并敷设有运输变压器的轨道。应考虑任何一台变压器搬运检修时不妨碍其他变压器及有关设备的正常运行，若主变压器不能推入装配场检修时，应创造就地检修的条件。

(3)便于维护、巡视和排除故障。

(4)土建结构经济合理，基础坚实稳定，能排水防洪，并符合防火、防爆、通风、散热等要求。

根据上述原则，引水式地面厂房的变压器场的可能位置是厂房一端进厂公路旁、尾水渠旁、厂房上游侧或尾水平台上，如图 8-26 所示。鉴于引水式地面厂房一般靠山布置，厂房上游侧场地狭窄，在此布置变压器场常需增加挖方，且通风及散热条件不好；变压器布置在尾水平台上常要加长尾水管，增加厂房工程量，所以这两种布置方式采用较少。在个别水电站上，主变压器布置在主厂房房顶，采用强迫油循环水冷式变压器后，也可将其布置在副厂房内。

8.3.9.5　**高压开关站**

高压开关站的布置原则与变压器场相似，主要是：①要求高压进出线及低压控制电缆安排方便而且短，出线要避免交叉跨越水跃区、挑流区等；②注意选择地基及边坡稳定的站址，避开冲沟口等不利地形；③布置在河谷或山口地段时，应特别注意风速和冰冻的影响；④场地布置要整齐、清晰、紧凑，便于设备的运输、维护、巡视和检修；⑤土建结构经济合理，符合防火保安等要求。

高压开关站一般为露天式。当地形陡峻时，可布置成阶梯式或高架式，以减少挖方；当高压线有不止一种电压时，可分设两处或多处。高压开关站的地面可敷设混凝土或碾压碎石层，其构架可采用钢筋混凝土预制件、预应力环形混凝土杆、金属结构或钢筋混凝土和金属件混合结构，场地四周应设置围墙或围栏。

高压开关站一般均就近布置在变压器场附近的河岸或山坡上，也有将高压开关站或其一部分设在主厂房房顶的。

8.3.9.6 **实例**

图 8-5 所示湖南镇水电站采用正向进水，正向尾水。尾水渠两侧筑有导墙，其方向与河道斜交，以利出水顺畅。主厂房后坡采用锚杆喷浆保护，以保证其稳定性。进厂公路自西端沿等高线方向通入装配场，公路路面与装配场同高，且均高于最高下游尾水位。副厂房分设在主厂房下游侧及东端，下游副厂房共分四层，主要布置各种电气设备及直接生产用房。端部副厂房也分四层，主要为办公室。进厂公路一侧山坡上设有油库，厂房东边另设有机械修理厂。变压器场及 110 kV 高压开关站布置在进厂公路边上，220 kV 高压开关站设在厂房东边相距不到 200 m 处，向河对岸出线。

8.3.10 装置冲击式水轮机的地面厂房

水电站水头超过 400～600 m 时，受气蚀条件的限制，反击式（混流式）水轮机已不大适用，因而多采用冲击式水轮机。与反击式水轮机相比，冲击式水轮机的安装高程高，尾水道结构简单而引水压力管道较复杂，这必然影响到厂房的布置与结构。冲击式水轮发电机组可以是竖轴或横（卧）轴的，但大中型机组常采用竖轴。本节以我国四川磨房沟二级水电站为例。讨论装置竖轴水斗式水轮机组的地面厂房的布置特点。

该水电站设计水头 458 m，装置 3 台 12500 kW 机组，水轮机型号为 CJP_2－1－170/2×15，如图 8-27～图 8-31 所示。由于该水电站的水头较高，管线较长，压力水管采用联合供水布置方式。水电站由一根露天压力钢管供水，斜向引进厂房，钢管在厂房前拐76°的弯，然后分岔为三根通入厂房。这种布置的优点在于万一压力钢管破裂，顺山坡冲下来的水流可从厂房一端排入河道，不至直冲厂房。该水电站的副厂房布置在主厂房的上游侧，主变压器在厂房一端进厂公路旁。公路沿等高线方向由厂房端部接入主厂房装配场。厂房附近，山坡陡峻，高压开关站布置在厂房上游侧，距主变压器约 300 m 处公路旁。

水斗式水轮机喷嘴喷出的水束冲动水斗后落入尾水渠，使尾水渠水面发生波动。特别是当折流板动作使水束直接偏向冲入尾水渠时，水面波动更为剧烈。要保证转轮不受振荡水面的阻挡，转轮的底缘必须比波浪水面至少高出 0.5～1.0 m，该高度称排出高度。水斗式水轮机的安装高程由设计最高尾水位、排出高度和 1/2 转轮直径（卧轴机组）或 1/2 水斗宽度（竖轴机组）之和确定。由于水斗式水轮机无尾水管，转轮高于下游水位的一段水头无法利用。若降低安装高程（见图 8-27），该电站水轮机安装高程虽远高于下游正常尾水位（因常按下游设计洪水位时转轮不受阻来决定安装高程），为此尾水渠中甚至还设置了泄水消能措施，但转轮却仍低于下游 500 年一遇的洪水位。由于水轮机安装高程高，使得水轮机层与装配场及进厂公

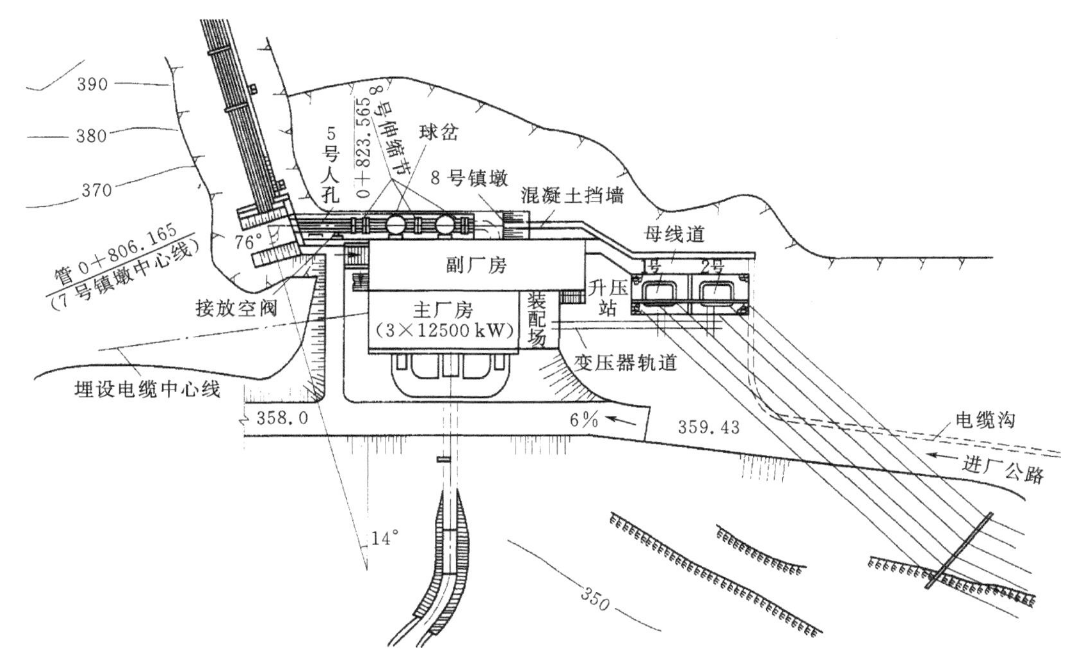

图8-27　磨房沟二级水电站厂区布置图(单位:m)

路同高(高程为359.43 m),发电机层高于装配场(高程为365.16 m)。

主副厂房内各层机电设备的布置原则与装置反击式水轮机的厂房相同。主厂房中,发电机层(见图8-29)下游侧布置调速器,上游侧布置机旁盘和励磁盘。发电机采用定子埋入式布置,发电机引出线挂在水轮机层天花板上(即发电机层楼板下)向上游出线。发电机机墩为立柱式,对于重量较轻又无轴向水推力的水斗式水轮发电机组较为适宜。装配场面积受机组解体大修时安放发电机定子、转子和水轮机转轮的条件控制。装配场与变压器场间设有轨道,主变压器可推入装配场检修。与发电机层同高的上游副厂房主要布置电气设备及控制设备,如近区配电室、厂用配电室、母线道、发电机电压配电装置等,端部(装配场上游侧)为中央控制室,其下设有电缆层、副厂房底层及装配场下层主要布置辅助设备。

由图8-30和图8-31可以看出,三根钢管进入厂房后各设球阀一台,球阀后钢管又分为两支,分别通至两个喷嘴。为了装置喷嘴及针阀,水轮机层相应位置上开有深1.56 m的针阀坑,平时覆以盖板。球阀体积较大,当水轮机有两个以上喷嘴时,球阀后的岔管、支管较长,所以球阀常布置在主厂房以外单独的球阀室内。这种布置还有一个好处,万一球阀破裂,水流可由球阀室一端的大门直接排往下游,不至给主厂房造成过大的损失。其缺点是为了球阀安装检修,阀室内需有单独的超重设备,如图8-28所示。

主厂房下部块体结构中有三条宽4.6 m、高2.5 m的尾水渠,这三条尾水渠在主厂房外约5 m处合并为一条,通往下游河道。尾水闸门槽设于厂外,检修水轮机时人可由尾水渠进入。水轮机下面的尾水渠常需局部加固,尤其是射流经折流板偏向后直接冲击的范围,以免被翻滚的水流冲毁。有可能时可考虑利用尾水坑拆卸、安装水轮机,并经由尾水渠运输,则可减少机组大解体的次数,缩短检修时间。

水斗式水轮发电机组的发电机尺寸和重量较小,也可采用横轴布置,此时还可采用两台水

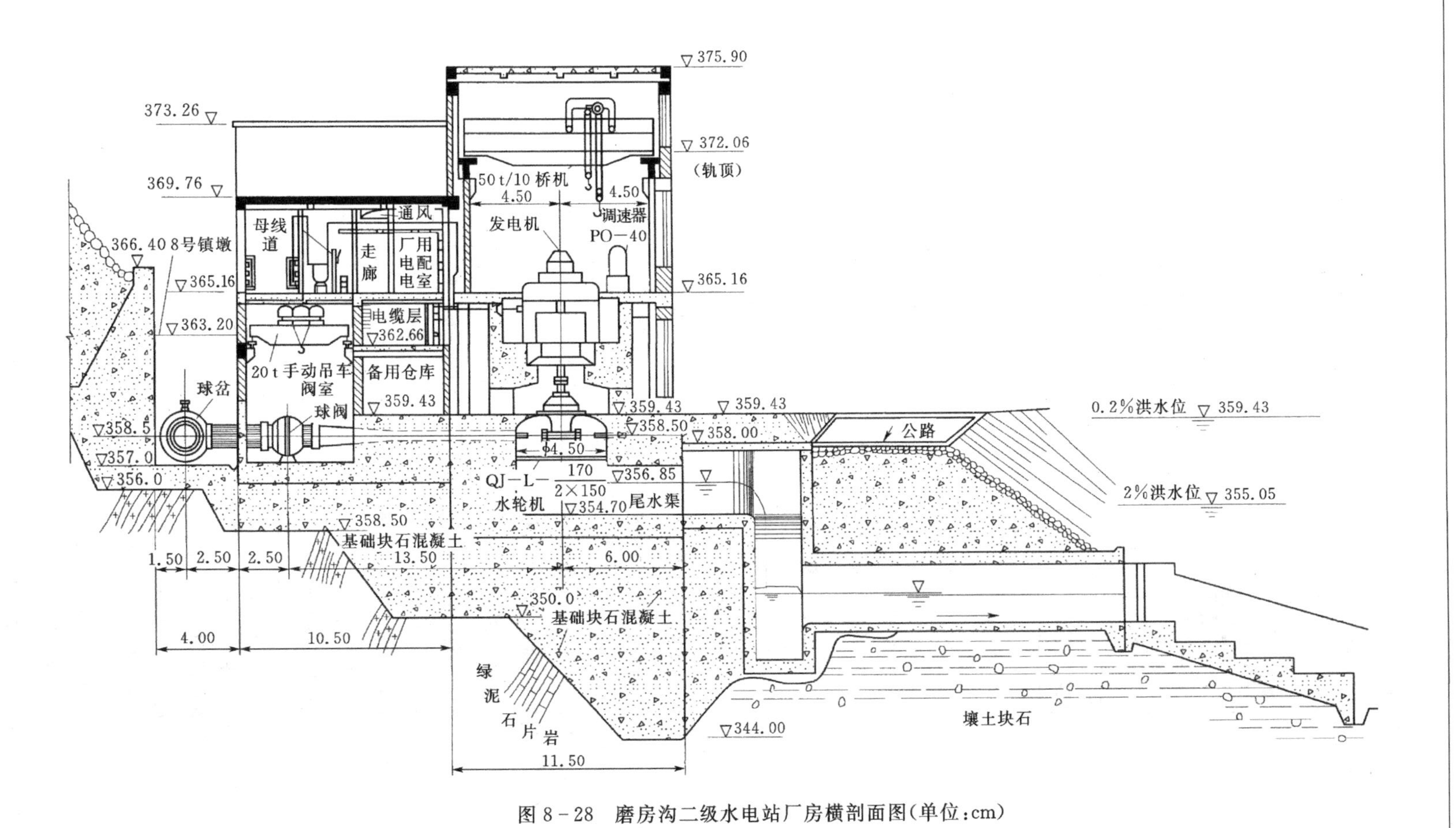

图8-28　磨房沟二级水电站厂房横剖面图(单位:cm)

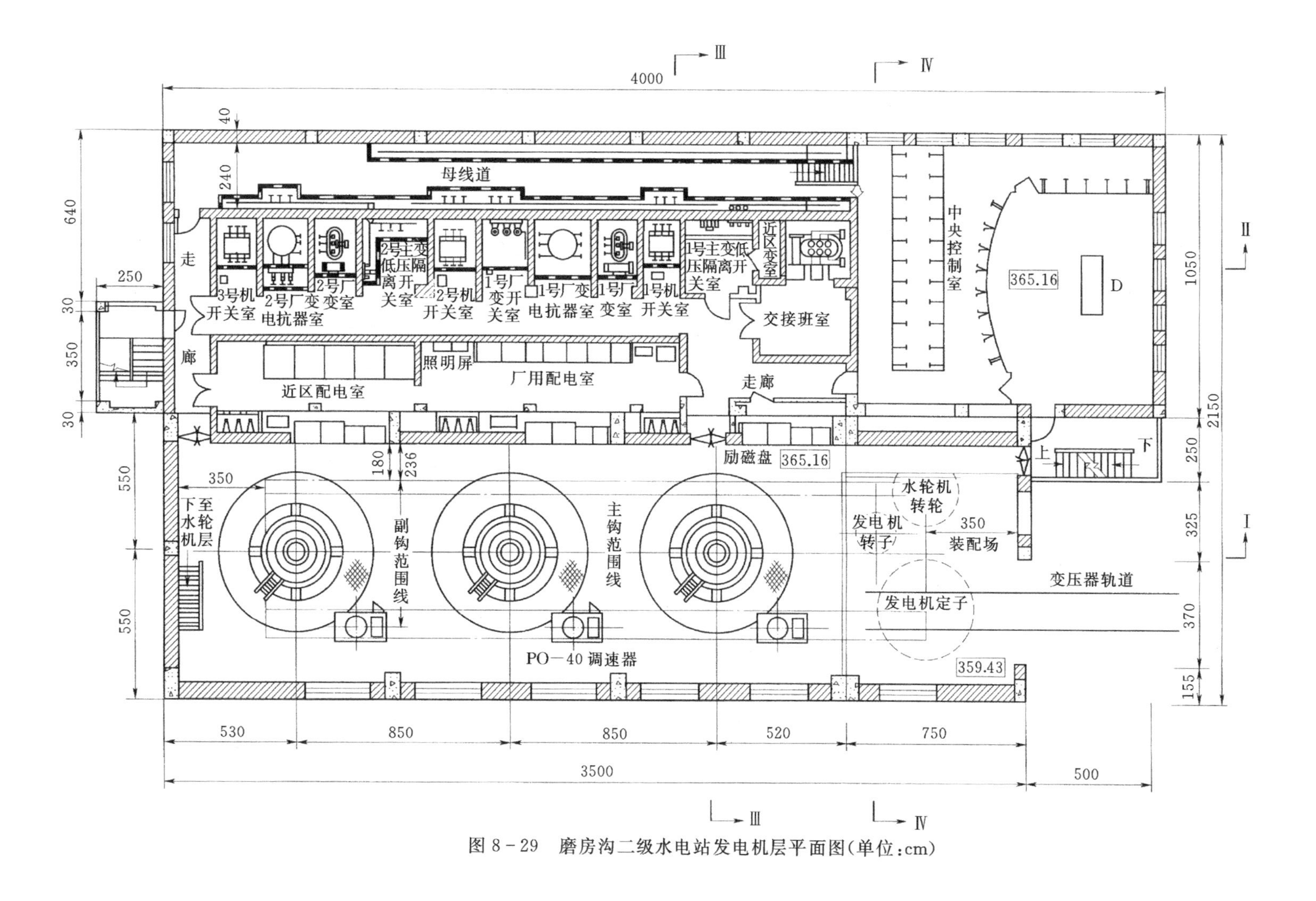

图 8－29　磨房沟二级水电站发电机层平面图(单位:cm)

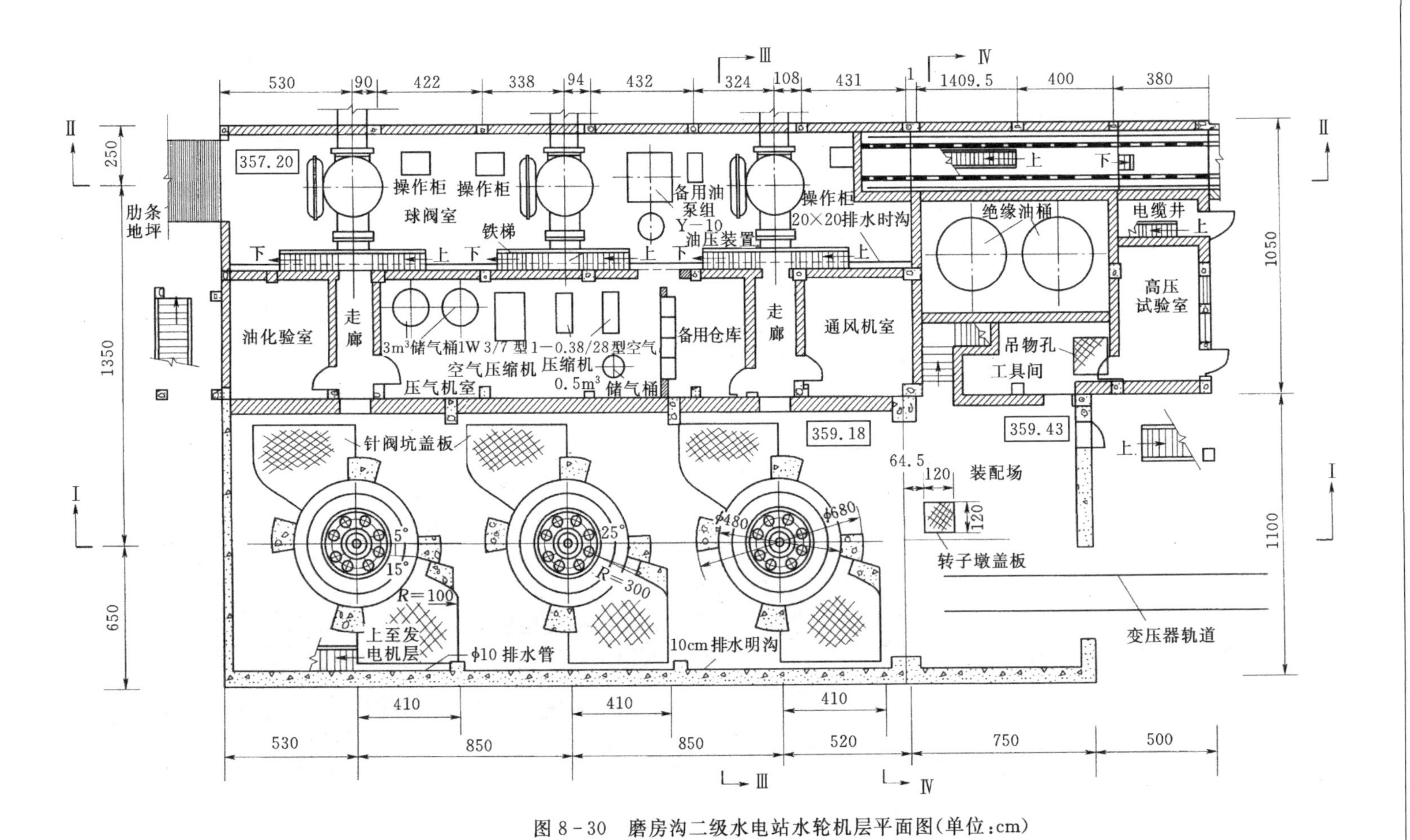

图 8-30 磨房沟二级水电站水轮机层平面图(单位:cm)

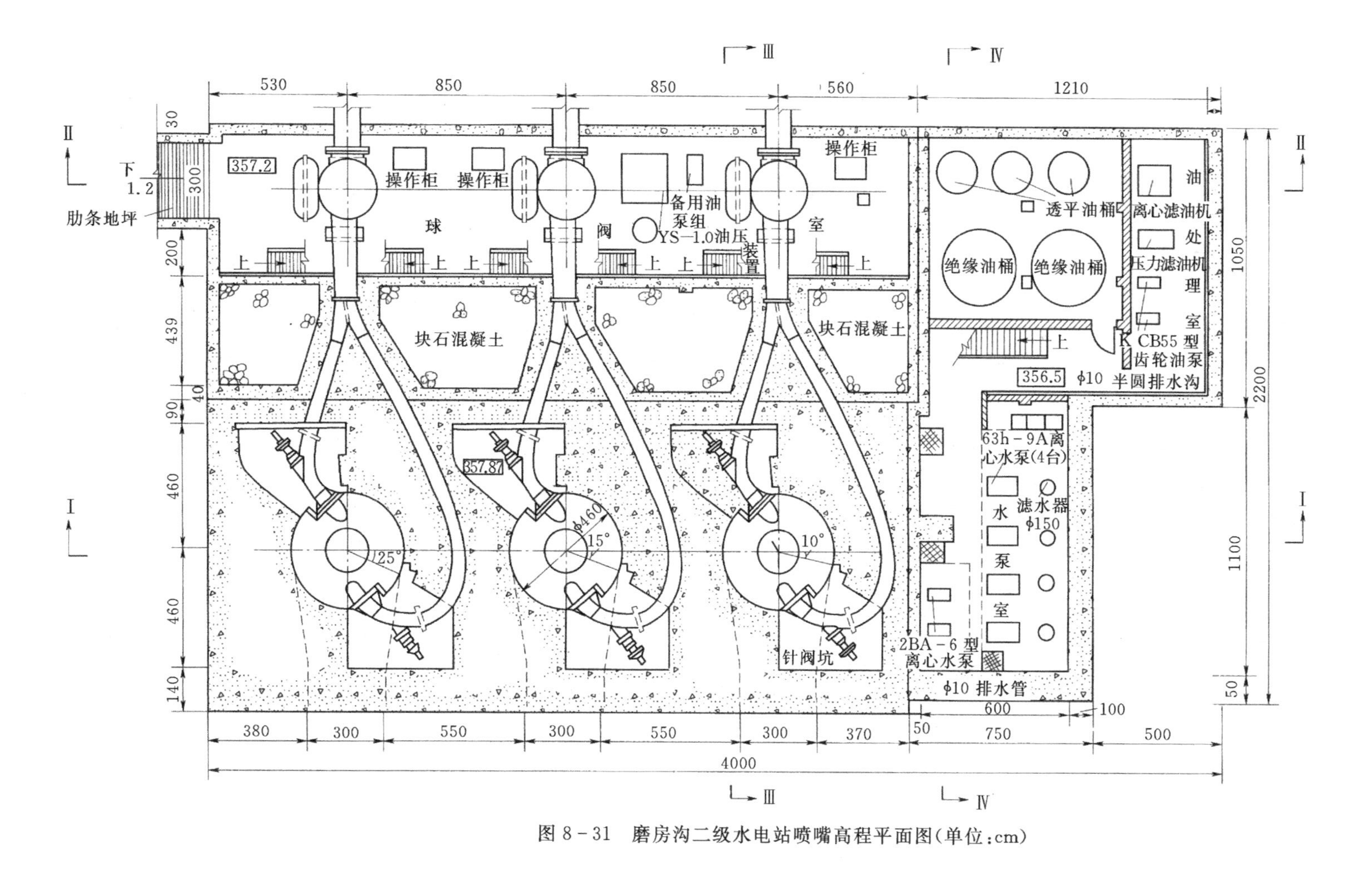

图 8－31　磨房沟二级水电站喷嘴高程平面图(单位:cm)

轮机带动一台发电机的装置方式，加大单机容量。

8.4 其他型式水电站厂房布置与设计

根据前文介绍可知，建于地面的水电站厂房称为地面厂房。地面厂房有三种基本型式：岸边式、坝后式和河床式厂房，随着水电技术的发展和需要，从中又发展出溢流式、坝内式以及泄流式厂房等。建于地下的水电站厂房则称为地下厂房，目前地下厂房已广泛应用于水电建设中。岸边式厂房的布置在8.3节中已作详细阐述，其中布置基本原理对其他型式的厂房也适用。本节主要说明其他类型厂房的特点。此外，8.4.4节对抽水蓄能电站和潮汐电站的厂房也作了简要说明。

8.4.1 坝后式、溢流式和坝内式厂房

8.4.1.1 坝后式厂房

坝后式厂房通常是指布置在非溢流坝后，与坝体衔接的厂房。坝址河谷较宽，河谷中除布置溢流坝外还需布置非溢流坝时，通常采用这种厂房，如图6-2和图6-3所示。河谷虽然不宽，如可采用坝外泄洪建筑物泄洪，河谷中只需布置非溢流坝时，也可采用这种厂房。

位于混凝土重力坝后的厂房，厂坝连接处通常设纵向沉降伸缩缝将厂坝结构分开(见图6-4和图8-1)。采用这种连接方式时，厂坝各自独立承受荷载和保持稳定。连接处允许产生相对变位，因而结构受力比较明确。采用这种连接方式时，压力钢管穿过上述纵缝处应设置伸缩节。在平面布置上，由于钢管一般最好布置在每一坝段的中间，坝段与厂房机组段的横缝往往互相错开，坝段的长度与机组段的长度应相互协调。

厂坝连接处有时可以采用不设纵向沉降伸缩缝的整体连接方式，如图8-32所示。这时厂房的下部结构通常与坝体连接成整体，厂坝共同保持整体稳定。采用这种连接方式，坝体的变位会影响厂房，坝体承受的荷载一部分要传给厂房承担，从而使厂房下部结构的应力状态复杂，厂房机组轴歪斜，因此需要注意研究厂房下部结构的应力和变位情况。为了不至削弱坝体和在厂房下部结构空腔周围引起过大的应力，一般宜将厂房下部结构中的空腔部分(如尾水管等)布置在坝体下游基本剖面线之外，坝高不大时才可将厂房下部空腔切入坝体剖面线内，以求尽量压缩建筑物的尺寸。厂坝整体连接时，连接处需要传递较大的推力和剪力，因而厂坝连接段的结构强度应足够。采用整体连接方式时，厂房紧靠坝体，压力管道可以缩短。

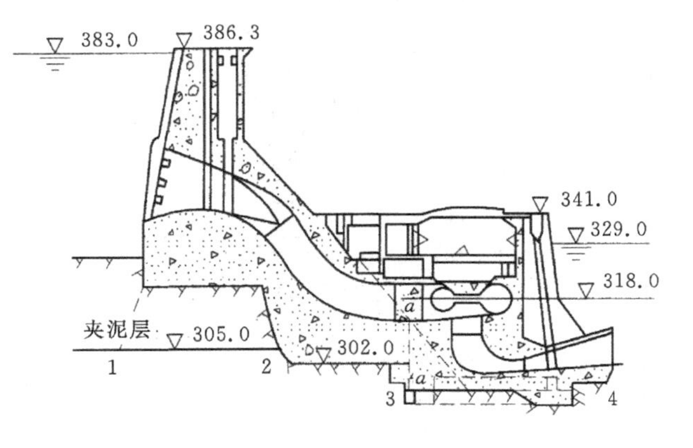

图8-32 厂坝整体连接的坝后式厂房

图8-32所示坝后式厂房采用厂坝整体连接方式。该电站坝高67 m，坝基存在软弱夹层，摩擦系数较低，所以采用厂坝整体连接方式，利用厂房重量帮助坝体稳定。为此，该电站在厂坝间的施工缝面 a—a 上设置键槽，而后通过灌浆将厂坝两部分结合成整体。

图8-33所示为乌江渡水电站厂房的横剖面图。该电站的下游洪水位很高，在设计洪水情况下，厂房在下游水压力的作用下自身不能保持稳定，因而在水库初期蓄水后用灌浆方法将水轮机高程以下厂坝间的纵缝充填，使厂坝整体连接。这样做使厂房在洪水期可以利用坝体帮助稳定，而水库蓄水时坝体变位对厂房的影响又可大大减小。该电站厂坝间的纵缝不设键槽，不留插筋。此外，为了减少扬压力，乌江渡电站在厂房地基中还设置了帷幕灌浆和排水设施。

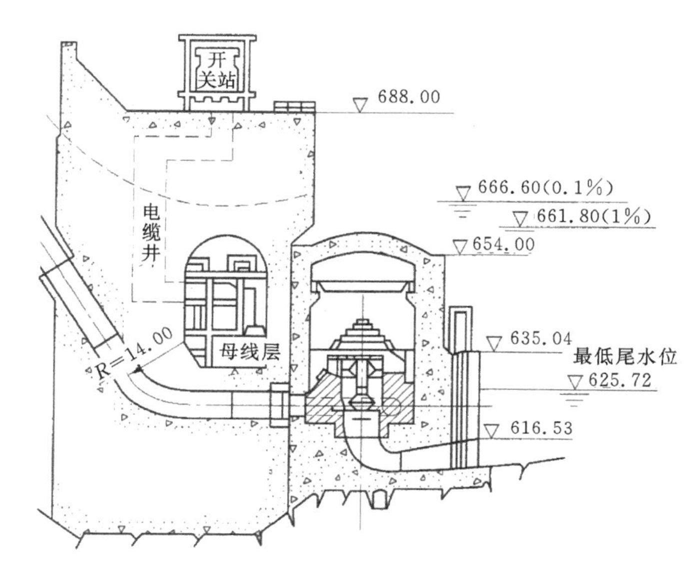

图8-33　贵州乌江渡水电站厂房横剖面图

采用厂坝整体连接方式，通常应用数值计算方法研究连接面以及厂房下部结构的应力状态，并根据应力情况采取相应的工程措施，如连接面上剪应力较大或存在拉应力时，应增设钢筋，保证连接面不致被剪断或脱开。

坝后式厂房，尤其是厂坝间设纵缝分开时，厂房上部与坝体之间的空间较大，主变与副厂房往往可布置于此。有些水电站河岸地形陡峻，不宜布置开关站，开关站也以高架型式布置在坝的下游面上。

8.4.1.2　**溢流式厂房**

厂房布置在溢流坝后，洪水通过厂房顶下泄，这类厂房称为溢流式厂房，如图8-34(a)所示。坝址河谷狭窄、山体陡峻、洪水流量大时，河谷只够布置溢流坝，采用前述坝后式厂房会引起大量土石方开挖，这时可以采用溢流式厂房。

溢流式厂房压力水管进水口的布置方式有两种。图8-34(a)所示厂房，其压力水管的进水口布置在溢流坝闸墩之下，这种布置方式进水口闸门及拦污栅的提降与溢流坝顶闸门的操作互不干扰，布置和运行都比较方便，在工程实践中采用较多。采用这种布置方式时，闸墩的厚度必须考虑布置进水口闸门井和拦污栅的需要，厚度往往因此而需增大，此外，坝段的横缝只能设置在闸墩外。另一种进水口布置方式是布置在溢流堰之下，参见坝内式厂房。

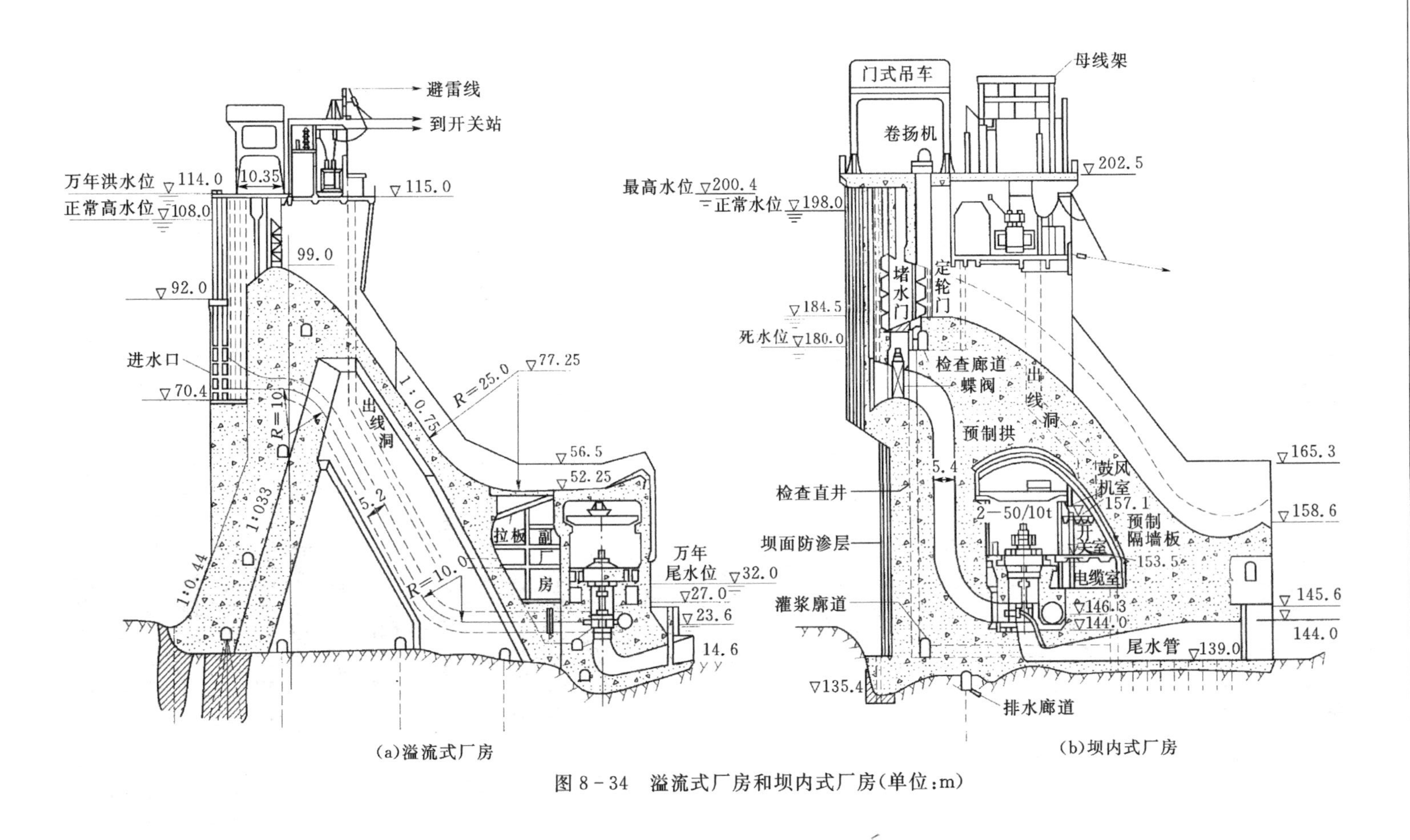

(a)溢流式厂房　(b)坝内式厂房

图 8-34 溢流式厂房和坝内式厂房(单位:m)

溢流式厂房厂坝之间有较大的空间，可用来布置副厂房和主变等。

溢流式厂房在洪水期洪水通过厂房顶下泄。采用何种泄流消能方式以及厂顶溢流面的形状，应通过水力试验选择和确定。采用厂顶挑流泄洪时，应使厂外电气设备远离挑流水舌和严重雾化区，防止出现电晕。同时，选择进厂交通线路时，应避免受泄洪的影响。

溢流式厂房的顶板在泄洪时受到水流作用的时均动水压力、脉动压力和水流摩擦力，厂房下游墙受到因尾水波动而引起的动水压力作用，所以要对厂房的上部结构进行动力分析。上部结构的自振频率一般应大于高速水流脉动优势频率，以免共振。

溢流式厂房与坝的连接方式主要有三种：①厂房上下部均用永久变形缝与坝分开；②厂房上下部均与坝连成整体；③厂房下部与坝分开而上部顶板与坝简支或铰支连接。图 8-34(a)所示厂房在上部设置拉板与坝连接。选用何种连接方式，除要考虑地基条件、坝型和坝高、坝及厂房的抗滑稳定要求外，还要考虑动力需要。厂房上下部均与坝体分离时，厂房结构自振频率低，为了防止出现与高速水流脉动频率共振，有的电站加大厂房上部构架截面的厚度，有的电站在上部设置拉板以提高自振频率并改善构架的受力情况。厂房上下部与坝整体连接时，自振频率可以提高，对防止共振有利。有的试验研究认为，泄洪时厂房顶板上脉动压力的频率很小，厂房构架共振的可能性不大。有的电站为了避免在厂顶泄流，将厂顶布置在溢流坝的挑流鼻坎高程以下，如图 8-33 所示，这种厂房又可称为厂前挑流式厂房。

在溢流式厂房结构设计时，根据结构特点，除选择结构力学法进行静动力分析外，还采用有限元法进行分析，尤其是在采用厂坝整体或部分整体连接方式和结构比较特殊时更应如此。必要时还要进行结构模型试验。

8.4.1.3　坝内式厂房

布置在坝体空腔内的厂房称为坝内式厂房。图 8-34(b)所示为混凝土重力溢流坝内的坝内式厂房，图 8-35 所示为混凝土空腹重力拱坝内的坝内厂房。

河谷狭窄不足以布置坝后式厂房，而坝高足够允许在坝内留出一定大小的空腔布置厂房时，可采用坝内式厂房。坝内式厂房布置在溢流坝内，泄洪以及洪水期的高尾水位不直接作用于厂房。但坝内空腔削弱了坝体，使坝体应力复杂化。

坝内式厂房坝体空腔的大小和形状对坝体的应力影响很大。而空腔的大小和形状还要考虑厂房布置的要求，所以，坝内厂房的布置设计应与大坝剖面形状的拟定密切配合进行。坝体剖面和坝内空腔体形的确定应使坝体应力分布和变化较为均匀，主要部位的应力控制在允许范围之内，坝体混凝土土方量较小，并且能满足厂房布置的需要。坝内式厂房坝体体形复杂，需应用有限元法进行应力分析研究，确定最优剖面和空腔的形状、尺寸。

通过计算和试验研究，图 8-35 所示空腹重力拱坝采用的空腹形状接近为一椭圆，其长轴倾向下游，倾角为 60°，与实体坝的主应力方向基本一致，空腹高度约为坝高的 1/3，空腹的顶拱为一二心圆曲线，空腹的宽度也约为大坝底宽的 1/3。布置坝内厂房的空腔再参照厂房布置要求作适当修改，如图 8-35 所示。

空腔的存在将坝体分为两部分，空腔上游部分称为坝的前腿，下游部分则称为后腿。前腿内布置有压力钢管，管道的布置应考虑尽量减小对前腿结构的削弱。图 8-34(b)所示重力坝内厂房，前腿较厚，钢管直径较小，管道垂直布置；而图 8-35 所示重力拱坝的坝内厂房，前腿相对较薄，采用水平布置管道，以减小对前腿的削弱。

坝内厂房尾水管穿过大坝后腿引出，尾水管出口段的开孔削弱了后腿结构。为了减小开

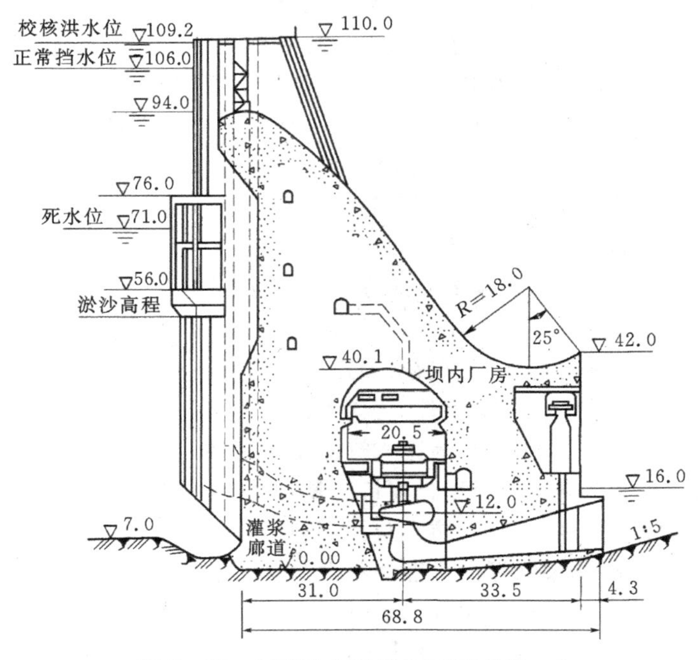

图 8-35　空腹重力坝坝内厂房(单位:m)

孔对后腿的削弱,应减小开孔的宽度。根据经验,应控制开孔的宽度不大于坝段宽度的30%~40%。对于分段的重力坝取值应严,对于整体无横缝的重力坝取值可稍宽,对于重力拱坝可更放宽。为了减小开孔宽度,尾水管出口段往往采用窄高形的断面,图 8-34(b)所示厂房尾水管在肘管段和扩散段的范围内保持标准形状,出口段断面渐变为宽 4 m、高 5 m 的矩形。图 8-35 所示厂房的尾水管在扩散段断面即开始缩窄加高。

坝内式厂房机组容量的确定、机电设备的选择和布置必须与坝内空腔的大小相适应,主厂房的高度或宽度往往需要采取一定的措施予以压缩,例如采用双小车桥吊或双桥吊吊运转子以降低桥吊轨顶高程,采用伞式发电机以缩短水轮发电机的轴长等。

坝内式厂房进水口的布置与溢流式厂房相似。图 8-34(b)所示厂房的进水口布置在溢流堰之下,用油压启闭机操作的蝴蝶阀代替工作闸门,蝶阀室顶即溢流堰顶,用盖板封闭,蝶阀安装及吊出检修时需放下溢流堰检修门,打开盖板。由于蝶阀价格较高,水头损失较大,检修时操作不便,河谷宽度允许增加溢流坝闸墩宽度以将进水口布置在闸墩之下时,一般不采用这种布置方式。

坝内式厂房的副厂房往往可布置在坝体空腔内。图 8-34(b)所示厂房由于空腔宽度较大,副厂房平行布置在同一空腔内主厂房的下游侧。图 8-35 所示厂房空腔宽度较小,将大部分副厂房布置在坝外,运行不便。

坝内厂房需特别注意防渗、防潮。为减少坝体渗水,除严格控制坝体混凝土的施工质量外,图 8-34(b)所示厂房在上游坝面还专门覆盖了厚 4 cm 的沥青防渗层。为防潮,坝内空腔周围需设有隔墙,空腔壁与隔墙间布置排水沟管,主厂房顶部设有顶棚,上铺防水层。坝内厂房应有完善的通风系统。

8.4.2　河床式厂房和泄流式厂房

主厂房与进水口连接成一整体建筑物,在河床中起壅水作用,这样的厂房称为河床式厂房。通过河床式厂房泄水的厂房,称为泄流式河床式厂房,简称泄流式厂房。

8.4.2.1　装置立轴轴流式水轮机的河床式厂房

图 8-36 所示为一装置立轴轴流式水轮机的河床式厂房。该厂房装有 5 台 103 MW 的轴流转桨式水轮机,转轮直径为 8.5 m,最大水头为 32.3 m,机组流量为 556 m^3/s。

装置立轴轴流式水轮机的河床式厂房一般均采用钢筋混凝土蜗壳。厂房机组段的长度由蜗壳前室的宽度加上边墙的厚度予以确定。厂房的下部尺寸与蜗壳的包角和蜗壳的断面形状有关，蜗壳包角和断面形状的选择应考虑对厂房流道水流条件和对厂房尺寸及布置的影响。工程中常见采用的包角为180°，采用这种包角的蜗壳，水轮机效率高，蜗壳前室的宽度小；另一种蜗壳包角135°，其前室的宽度较180°包角的大，因而厂房机组段的长度较大，但采用135°包角时，在机组段长度的方向上，机组轴在机组段内位置居中，便于在厂房下部结构内对称布置泄水孔，泄水孔进出水的水流条件较好，所以包角为135°的蜗壳常在泄流式厂房中采用。

在蜗壳的断面形状上，下伸不对称的梯形断面，利用尾水管肘管段上面的空间布置蜗壳，水轮机层的高程可降低，机组主轴的长度可以缩短，便于厂房在低水位时投入运行。同时，调速机接力器在布置高程上可接近水轮机顶盖，平面位置也较灵活。

采用下伸不对称梯形断面蜗壳的厂房布置情况如图8-36所示。另一种断面为上伸不对称梯形断面，采用这种断面的蜗壳时，便于抬高进水口底槛的高程(见图6-6)，但水轮机层的高程要提高，主轴的长度就要加大，对于在蜗壳下面布置泄水底孔的泄流式厂房，为了泄水底孔布置的需要，可以采用这种断面形状的蜗壳，或者采用上下伸结合的梯形断面蜗壳。

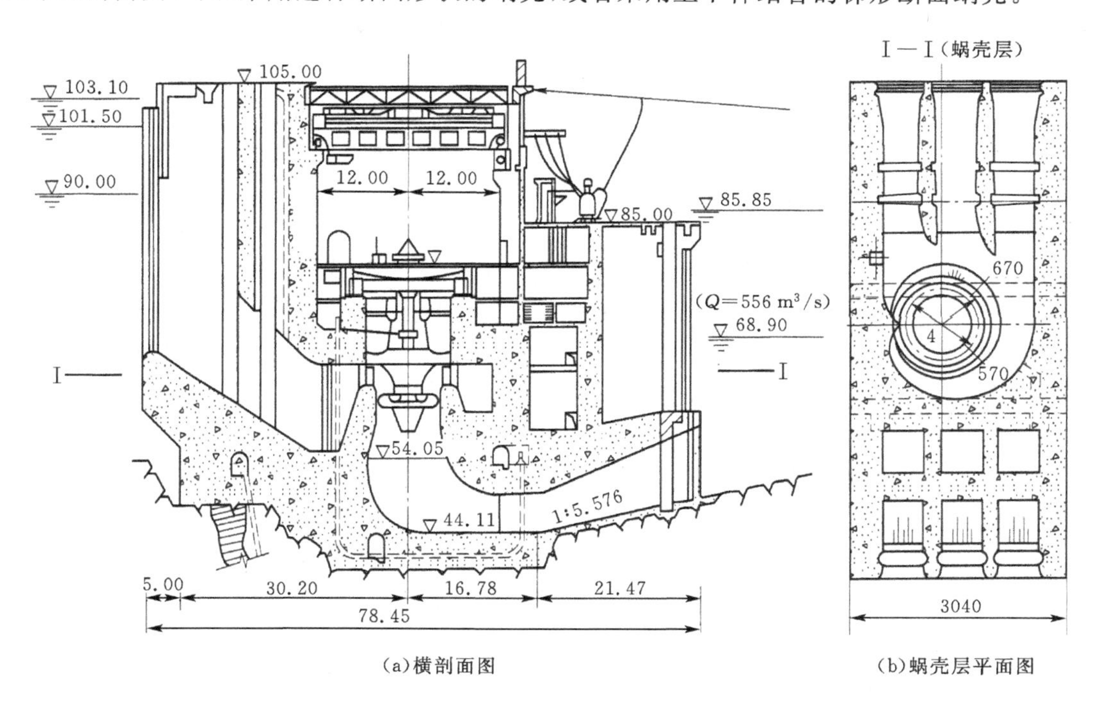

(a)横剖面图 (b)蜗壳层平面图

图8-36 装置立轴轴流式水轮机的河床式厂房(单位：m)

河床式厂房顺水流方向由进水口段、主厂房段和尾水段组成。

进水口段顺流向的尺寸主要由布置进水口闸门和拦污栅的要求，以及连接进口与蜗壳的上唇曲线的需要确定。

采用河床式厂房的水电站一般水库容积不大，水库深度小，洪水期污物漂流严重，进水口拦污和清污的问题突出。例如，我国黄河上的一些河床式厂房，由于洪水期草泥大量下漂，多次发生过因拦污栅封堵和栅条折曲而造成停机的情况。所以，除在枢纽布置上应尽量注意将污物顺畅地随水流引向泄水闸排放，防止污物堆积在河床式厂房前沿之外，还应根据污物的类型和漂浮情况，在厂房进水口上增设副栅，扩大拦污栅过水面积，减小过栅流速，放宽栅距，或在进水口前加强拦污导污设施，同时配置专门的清污及抓污机械。国外有的河床式厂房甚至在厂房进水口上游另设专门的拦污建筑物，或者将进水口拦污栅布置在喇叭口之前一定距离处，使水流在过栅后可纵向流动，这样做即使邻近拦污栅被堵塞，其后的机组仍有水供给，不致停机。

河床式厂房一般可只设能在动水中下降的事故工作闸门和在静水中启闭的检修闸门，但这时应在轴流转桨式水轮机上采取以下措施控制机组飞逸：采用双调节系统，利用转叶制动，每个导叶配置单独的接力器以及设置事故配压阀等。在上述情况下，事故工作闸门可用门机吊落，不必设置快速启闭机，这样整个厂房进水口的闸门和启闭机套数可以减少。国外有的河床式厂房甚至完全取消事故工作闸门，在导叶操作失灵、机组转速超过额定转速的145%时，事故配压阀启动关闭桨叶，桨叶全部关闭时水轮机过水流量很小，这时再放下检修闸门。

进水口段垂直水流方向的宽度即为厂房机组段的长度。进口净宽较大时需设一或两道中间隔墩，以减小闸门和厂房结构的跨度，并用以将厂房上游中间立柱或主机房上游挡墙承受的荷载直接下传。隔墩伸入蜗壳前室的程度对水轮机水流状态有影响，需由水力试验确定。

河床式厂房水头低，水轮机尾水管的长度相对较大，因而厂房尾水段顺流向的尺寸就较大，尾水平台较宽，所以主变往往布置于尾水平台上，并视布置需要适当延长尾水管的长度。和进水口段一样，尾水段的宽度等于机组段的长度，尾水管扩散段孔口宽度较大时也需设置隔墩。隔墩不能过于伸入尾水管肘管段内，否则会恶化尾水管内的流态，降低水轮机的效率，诱发机组振动。

水头较高的河床式厂房，进水口平台远高于发电机层楼板，这时主机房的上游侧为挡水墙。洪枯水位变幅大的河谷，洪水期下游水位很高，这时尾水平台往往也远高于发电机层楼板，主厂房下游侧及两端也需建有挡水墙，厂房成为一封闭结构，大化水电站厂房就是一个例子。该厂房对外交通直达厂房顶上，机电设备由竖井吊入安装间，该厂房的主变、厂内配电设备以及副厂房也布置在厂房顶上。

河床式厂房本身为一壅水建筑物，应妥善进行地下轮廓线的设计，尤其是地基软弱或承受水头较大时，应采取措施减小厂基渗透压力，保证厂房整体稳定，减少渗漏，防止渗透变形，满足地基承载力要求，减少不均匀沉降。厂房上下游沉降差别较大时，机组主轴会产生不允许的倾斜。机组段之间的不均匀沉降会使吊车梁接缝处轨面错开，不均匀沉降过大还会损坏机组段间温度沉降缝中的止水设备。此外，软基上的河床式厂房，其尾水渠须用护坦加固。

河床式厂房的水库小，泥沙极易淤积于厂房前。为防止泥沙堆积和磨损水轮机，最重要的是在枢纽布置中合理安排枢纽建筑物，使多沙季节挟带大量泥沙的水流平顺地导向泄水闸或冲沙闸下泄。同时要注意厂前水流平顺，减少局部淤积；在厂房上游河流中设拦沙槛，拦阻推移质泥沙并引向冲沙闸下泄；在厂房进水口底槛内设冲沙廊道、排沙管或底孔，将淤积在进水口前的泥沙定期冲到下游，减少过机泥沙量和减小过机泥沙的粒度。

河床式厂房进水口的水深不大，在寒冷地区的河床式厂房需采取措施防止拦污栅封冻。

8.4.2.2 装置贯流式机组的河床式厂房

水头低于20 m的大中型河床式水电站往往采用灯泡式贯流机组，装置大中型灯泡式贯流机组的河床式厂房，其布置情况如图8-37所示。

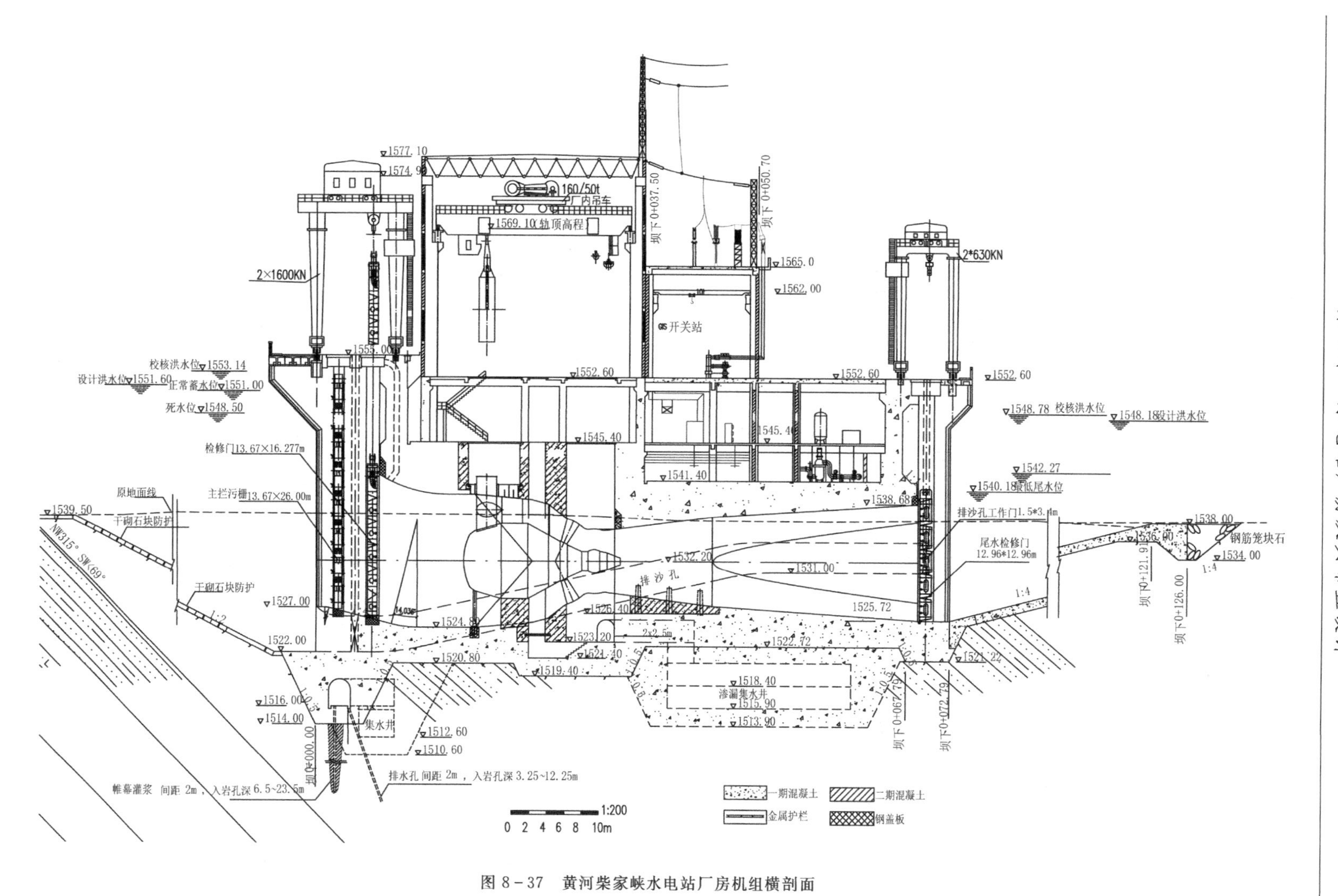

图 8－37　黄河柴家峡水电站厂房机组横剖面

柴家峡水电站位于甘肃省兰州市西固区梁家湾村境内的黄河干流上，是黄河干流龙羊峡-青铜峡河段梯级开发规划的第 18 个梯级，上距八盘峡水电站 17.7 km，下距兰州市中山桥 31 km。工程以发电为主，并可改善八盘峡-柴家峡河段沿岸灌溉条件，同时美化兰州市的生态环境。经过比较，选定正常蓄水位为 1550.5 m，库容 1660 万 m^3，电站装机容量 96 MW，保证出力 49.5 MW，年发电量 4.91 亿 kW·h。在上游河口水电站未开工前，电站初期运行水位 1551.0 m，以获得较大的发电水头和发电效益。

枢纽由河床式电站厂房、泄水闸、左岸土石坝、右岸混凝土挡水坝等建筑物组成。枢纽全长 339.4 m，坝顶高程 1555 m，最大坝高 33 m。厂内安装四台贯流式水轮发电机组，单机容量 24 MW，总装机容量为 96 MW。

机组转轮部分装置于转轮室内，发电机部分设于位于水轮机上游的灯泡体内。灯泡体固定于混凝土墩上，有的水电站厂房中灯泡体用辐射布置的混凝土支承结构固定于流道中，以改善流道中的流态，灯泡体外壳可以拆开以便装卸发电机，电机转子直径不大时可从转轮室吊出灯泡体，否则需在灯泡体流道上方设专用吊孔吊运发电机。灯泡的首尾部设有通道供运行人员进出和引出母线，如图 8－37 所示。通道也可设在灯泡体支撑结构的空腔内。通往厂房上部和下部的水轮机固定支柱，其空腔用以引出各种辅助管道和电缆，尺寸适宜时也可兼作通道。

灯泡式贯流机组的发电机装置在灯泡体内，发电机定子是灯泡体的组成部分，灯泡体的直径由发电机确定。为了压缩灯泡直径，需要采用一系列专门技术，如电机强制冷却、高绝缘材料和加长定子铁芯长度等。由于转子转动惯量小，甩负荷时机组转速升高，水轮机的最大轴向反推力数值可比额定出力时的轴向推力大好几倍。

在水头比较小的河床式厂房中，采用贯流机组与采用立轴轴流机组比较，前者厂房机组段长度和安装场尺寸减小，结构简单，厂基面可以提高，厂房钢筋混凝土和开挖土石方量可减少，施工安装方便。在水轮机方面，贯流机组的效率高于竖轴轴流机组。由于允许将机组装得低些也不致引起深开挖，水轮机的气蚀问题可得以减轻。贯流机组的比转速高于立轴轴流机组，因而转轮直径可以减小，水轮机重量也可减轻。

根据国外的统计数字，水头低于 20 m 的河床式厂房，采用灯泡式贯流机组，土建投资可节约 25%，机电投资可减少 15%。

8.4.2.3　**泄流式河床式厂房**

泄流式河床式厂房简称泄流式厂房，也称混合式厂房。泄水道在厂房中的位置不同，其作用也不相同。泄水道可布置在蜗壳与尾水管之间，以底孔形式泄水，如图 8－38 所示；也可布置在蜗壳顶板上(发电机置于井内)，发电机层上部或主机房顶上，以堰流方式泄水；也可在尾水管之间布置泄水廊道，或将机组段与泄水道间隔布置，后者又称闸墩式厂房。图 8－39 所示为一采用灯泡式贯流机组的泄流式厂房，泄水道布置在发电机层顶部。

利用厂房机组段布置泄水道，可以减少泄水闸的长度，有的工程甚至可以完全不建单独的泄水建筑物。在多沙河流上利用厂房的泄水底孔排沙效果显著。我国某电站进行的现场测验表明，厂房泄水底孔的单位流量排沙能力为水轮机进水口的 7～8 倍，排沙量则为 8～9 倍，底孔排沙时进入水轮机的泥沙颗粒级配较入库泥沙细得多，底孔排沙对厂房起到“门前清”的作用，为专门的冲沙闸排沙所不及。河流漂污问题严重和有排冰要求时，利用厂房的溢流堰泄水可顺畅地排除厂房前的漂污和浮冰，防止或减轻污物、冰块堆积在进水口前封堵拦污栅。

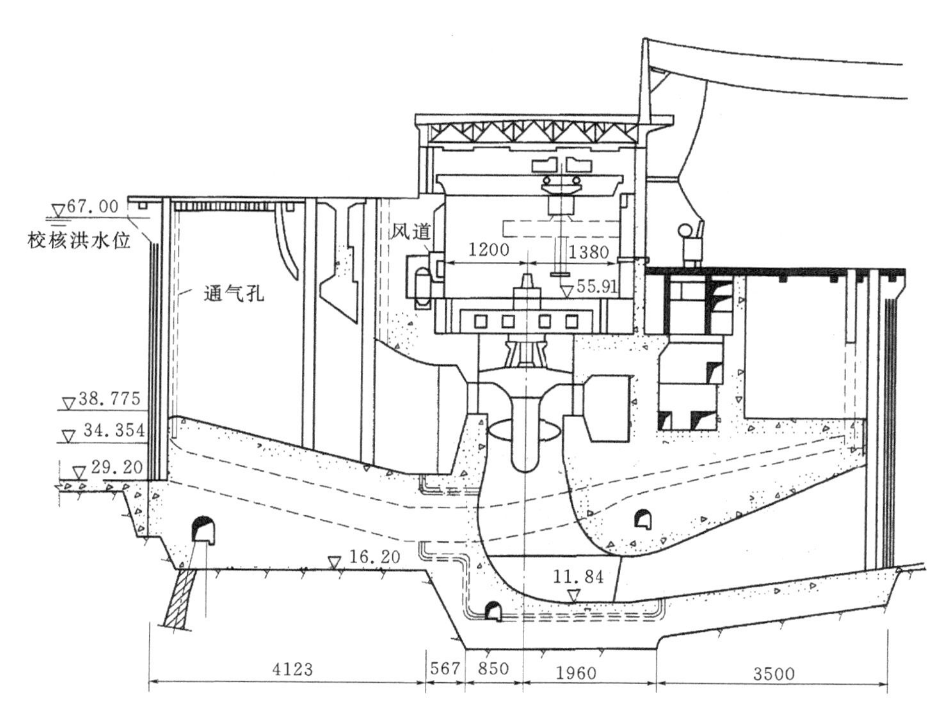

图 8－38　泄流式厂房(两台机组之间布置有泄水　单位:cm)

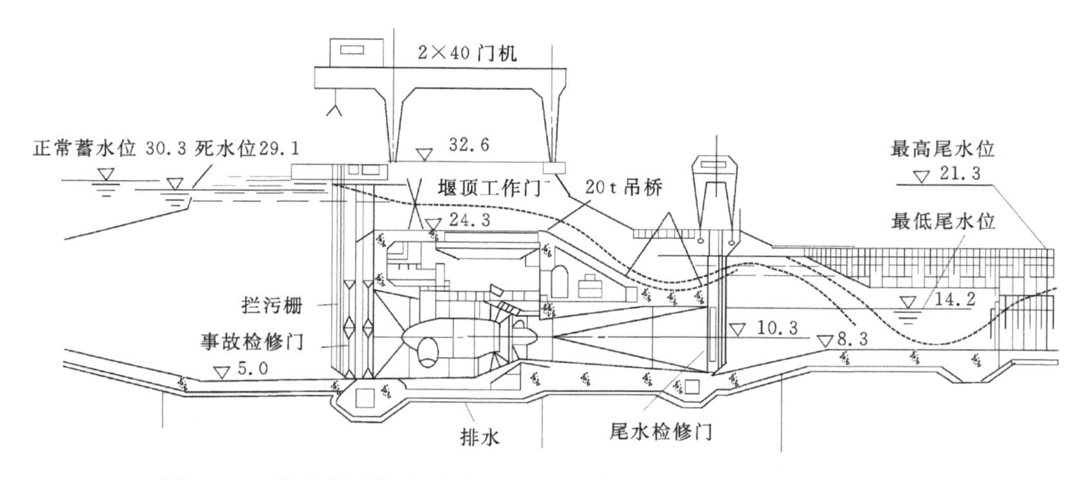

图 8－39　泄流式厂房(灯泡式机组、泄流道布置在发电机层上部　单位:m)

厂房机组段和泄水闸墩段结合,这种厂房称为闸墩式厂房。采用闸墩式厂房时,厂房与泄水闸的总长度小于采用单独河床式厂房时的长度,因而,河床狭窄时采用闸墩式厂房可减少开挖和占用河岸的场地。从流态来看,采用闸墩式厂房的枢纽,不论在洪水期还是在平枯水期,枢纽上下游河流的水流状态几乎与未建枢纽前相同,排沙、排污和排冰的效果较好。闸墩式厂房的缺点是机组分散,施工和运行十分不便。

河床式厂房在洪水期上游水位壅高不多,由于下游洪水位抬高,使得洪水期水轮机的水头大大减小，水头低于设计水头时水轮机出力受阻，河流流量不能充分利用，电能生产受到损失。泄流式厂房利用泄水道泄水时产生的增差作用，可以部分地恢复水头，减少受阻出力，增加发电量。泄水增加落差的原理如图8-40所示。图上 H 为厂房不泄水时厂房上下游的落差，H' 为通过厂房泄水道泄水时的落差，ΔH 即为厂房泄水射流增加的落差。国外某水电站进行的原型测验表明，由于底孔泄水增加落差的效益最大时机组出力增加了7.4%，运行中未出现不良现象。根据推算，利用泄水增加落差的效益，该电站平水年洪水期可增加发电量4.8%。不过，为取得射流效益，厂房泄水道的泄流量应适当，流量过大不仅不能增加落差，还会产生负效应，会诱发水轮机振动，降低效率。所以，为取得射流效益，厂房泄水道和水轮机两者的过流量应有一定比例，该比例以及泄水道和水轮机进出水结构的布置均应通过水力试验研究确定，保证两股水流的分合不会恶化水轮机的运行。根据经验，厂房泄水底孔和水轮机的流量比不宜大于1。

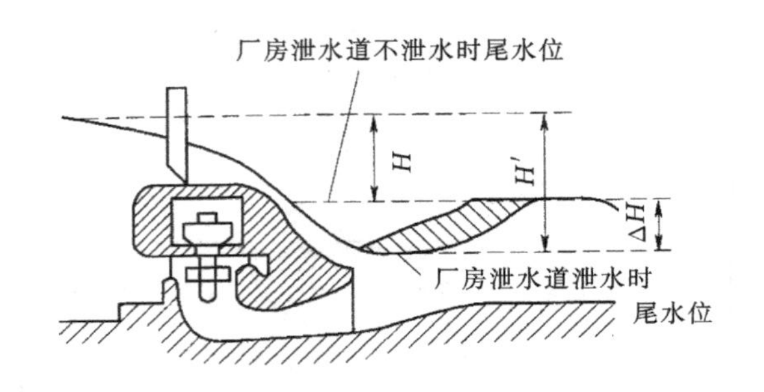

图8-40　泄水容差原理

8.4.3　地下式厂房

布置在地下洞室内的厂房称为地下式厂房，除主厂房布置在地下外，主变以及开关站也往往同时布置在地下。图8-41所示为鲁布革水电站的地下厂房布置图。

鲁布革水电站装机容量为600 MW，共四台机组，水轮机最大水头为372.5 m，额定转速为333.3 r/min，额定流量为53.5 m^3/s，直径为3.442 m。鲁布革水电站的地下厂房位于引水系统的尾部，如图8-41(a)所示。该电站引水隧洞全长9382 m，直径8 m，引水流量214 m^3/s。隧洞末端接具有阻抗孔的上室差动式调压井。调压井以下为两条地下高压管道，中心距为35 m，管道倾角为48°，管径为4.6 m，每条管道的起点各布置一扇事故闸门。每条管道末端分为两支，四条支管斜向进厂向四台机组供水，在水轮机前各布置一个直径2.2 m的球形阀。

鲁布革水电站地下厂房的洞室布置平面图如图8-41(a)所示，厂房横剖面图如图8-41(b)所示。每台水轮机用一条内径5.8 m的尾水洞出水，以便于运行和维修，洞间岩柱厚度9.7 m，尾水闸门设于尾水洞中部，尾水闸门室位于地下。鲁布革水电站主变压器及开关布置于平行主厂房的主变开关洞内，电站出线由四回220 kV和三回110 kV组成，分别由出线洞和主变运输洞引出到出线洞。主变开关室底板高程为785 m，在校核洪水位下冷却水能自流排出。

鲁布革水电站水轮机前的球阀布置于主厂房内，在主厂房布置上采取了一系列措施减小厂房的宽度。主厂房洞室跨度为18 m，高度为39.4 m，地下副厂房布置于厂房一端，两者总长度为125 m，全部采用喷锚支护。根据厂区的地形、地质条件和实测地应力的情况，结合布置需要，确定主厂房位置距岸边约150 m，处于坚硬和整体稳定性较好的岩体中，主厂房纵轴线为N 45°W，与最大主应力方向保持了较小的夹角，同时与厂区内主要的两组小断层的走向也有一定的夹角。

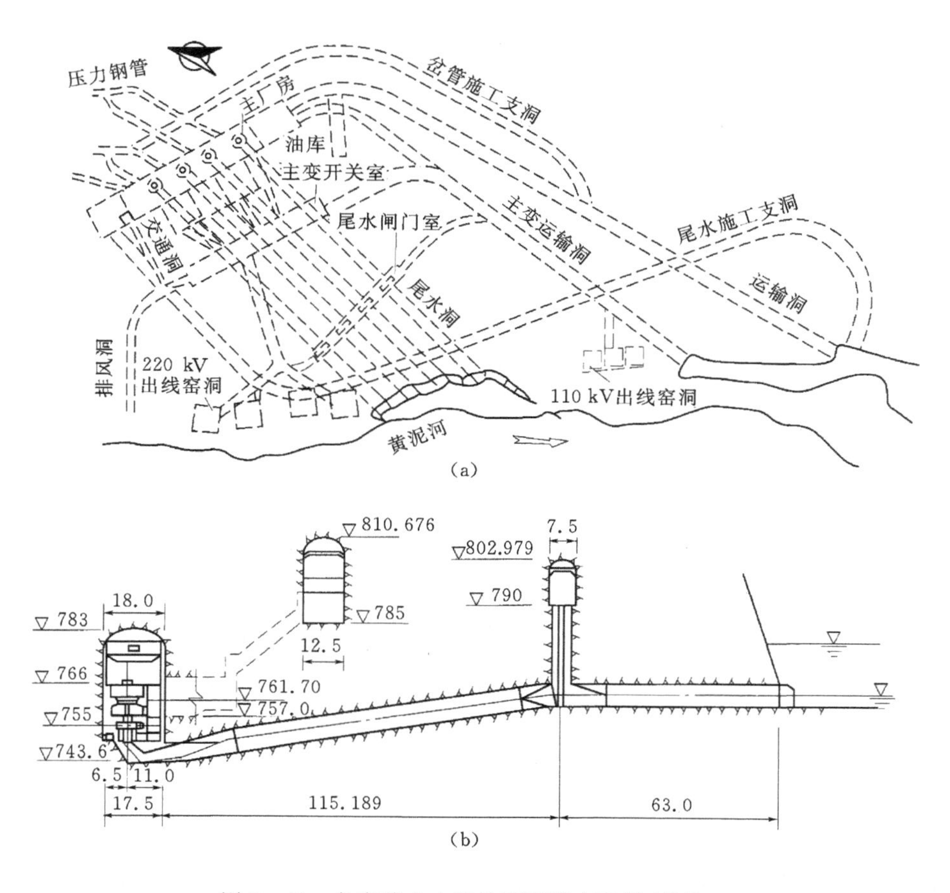

图 8-41　鲁布革水电站地下厂房布置图(单位:m)

8.4.3.1　地下厂房布置类型

采用地下厂房的水电站通常称为地下水电站。

1.引水式水电站地下厂房布置类型

根据地下厂房在输水系统中的位置,地下厂房有首部式、中部式和尾部式三种,即地下厂房分别位于引水系统的首部、中部和尾部。地下厂房布置类型的选择与地形、地质条件密切相关,并要考虑施工和运行条件。

(1)首部式地下厂房。图 8-42 所示为首部式地下厂房的布置图。图中所示电站的输水系统,其首部位于坚固完整的玄武岩中,尾部则处在岩溶严重的石灰岩中,因而采用首部式地下厂房,使厂房坐落于稳定性好的岩体内,避免了在石灰岩中建有压引水隧洞。而代之以用无压的尾水隧洞穿过石灰岩地段。该电站地下厂房的布置反映了首部式地下厂房常见的一些特点。该电站厂房内装有两台机组,用两条竖井式压力管道直接从水库向水轮机供水,在进水口上设快速工作闸门,省去了下端阀门。该电站的副厂房建于地面,厂房设备先运入该副厂房,再通过运输井将设备吊入地下厂房的装配场。装配场布置在两台机组的中间,从而可以加大机组和压力管道竖井的间距,这对竖井受力有利,而且使两台机组的安装、运行、检修互不干扰,地下厂房的高度也可得到减小。该电站运输井中设有地下厂房的通风道、母线道、电缆道以及楼梯和电梯。厂房的新鲜空气由通风道鼓入，热空气则径直由运输井排出。该电站的下游有两个梯级电站利用本电站的尾水发电，因而为了不致因本地事故检修停机影响下级电站的发电，在厂房的南端设有一条旁通水道，旁通水道下设有消力池，本站停机时，由旁通水道将水通过尾水隧洞下泄。

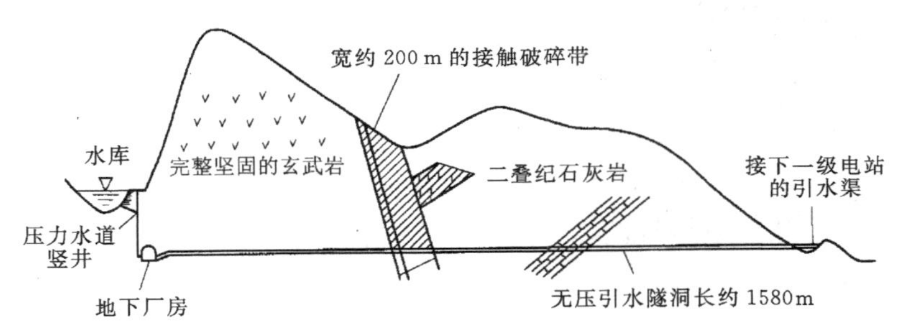

图8-42　首部式地下厂房

首部式地下厂房的特点是不建引水隧洞，而用较长的尾水隧洞，尾水隧洞承压较小或为无压隧洞，压力管道以单元供水方式向水轮机供水，可不设下端阀门，因而可以降低造价。但这种地下厂房靠近水库，需注意处理水库渗水对厂房的影响。由于厂房的交通、出线及通风一般采用竖井，因而水电站水头过大时，采用首部式地下厂房会使厂房埋藏于地下过深，从而增加了交通、出线及通风等洞井的费用，也给施工和运行带来困难。

(2)尾部式地下厂房。尾部式地下厂房如图8-41所示。这种厂房位于引水系统的尾部，靠近地表，尾水洞短，厂房的交通、出线及通风等辅助洞室的布置及施工运行比较方便，因而采用较多。

(3)中部式地下厂房。中部式地下厂房如图8-43所示。当水电站输水系统中部的地质、地形条件适宜，对外联系如运输、出线以及施工场地布置方便时，可采用中部式地下厂房。这种电站往往同时具有较长的上游引水道和下游尾水道，当引水道和尾水道均为有压时需要同时建引水调压室及尾水调压室。

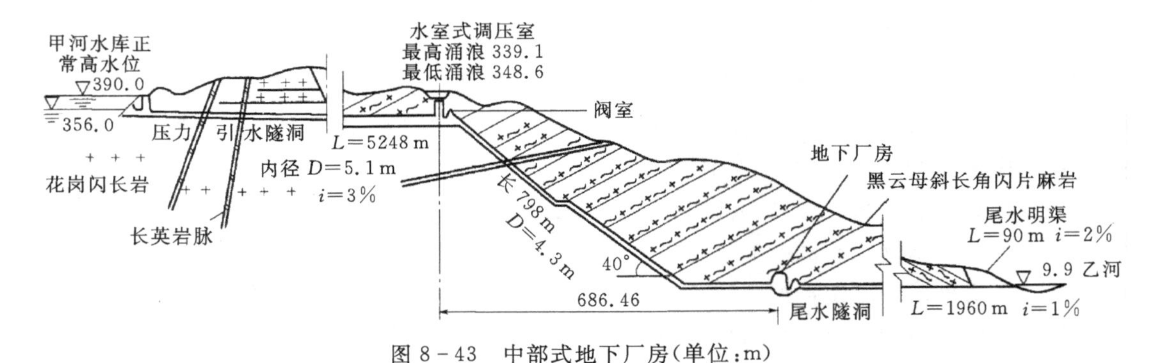

图8-43　中部式地下厂房(单位:m)

图8-43中的电站水头近400 m，采用首部式布置时地下厂房的埋深过大。而引水系统尾部2000 m范围的地段内，地面高程较低，不宜布置引水隧洞，所以不采用首部和尾部式地下厂房。该电站引水系统中部的地形和地质条件适于布置地下厂房和辅助洞井，所以采用了中部式布置方式。该电站尾水洞为无压尾水洞，交通运输用平洞，通风洞为斜井，而出线则用竖井。

2. 坝式水电站地下厂房布置类型

图 8-44 所示为坝式地下水电站的一种布置型式。该电站的大坝为拱坝，地下厂房位于

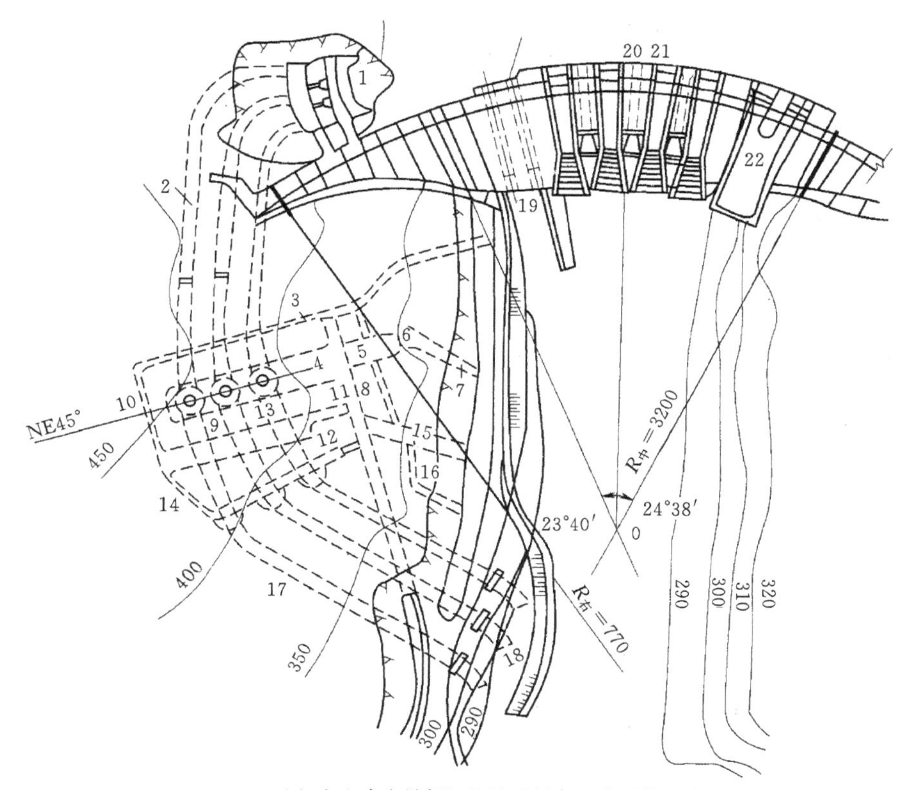

(a) 白山水电站枢纽及地下厂房区平面布置图(单位：mm)

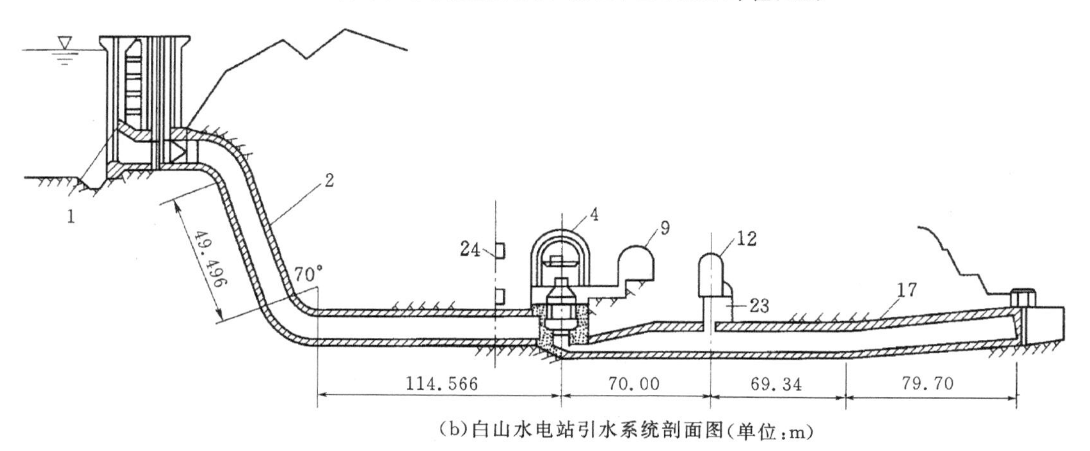

(b)白山水电站引水系统剖面图(单位：m)

图 8-44　白山水电站枢纽

1—进水口；2—压力管道；3—排水廊道；4—主厂房；5—副厂房；6—空调室；7—进风洞；8—控制电缆洞；9—主变洞；10—联络洞；11—进厂交通洞；12—尾水闸门洞；13—尾水调压井；14—排风洞；15—地下开关站兼排风洞；16—高压电缆洞；17—尾水洞；18—尾水渠；19—导流底孔；20—中溢流孔；21—高溢流孔；22—非常洪水溢流孔；23—尾水调压室；24—排水廊道

右岸坝下约 90 m 的山体内，内装 3 台 300 MW 机组。用 3 条压力管道从水库向水轮机供水，3 条尾水洞将水轮机尾水排向河道，每条尾水洞设一尾水调压井。地下厂房洞室长 121.5 m、宽 25 m、高 55 m。该厂房主变及开关站均设于地下，如图 8－44 所示。铁路经交通平洞进到地下厂房的卸货平台。该电站地下厂房靠近水库，为减少水库渗水影响厂房，在厂房与水库间的岩体内设有排水孔和排水廊道。

采用土石坝的坝式地下水电站，引水系统较长，这时也可采用类似尾部式地下厂房的布置方式。

8.4.3.2 **地下厂房的洞室组成**

除了主厂房布置在地下洞室内之外，地下厂房还需要开挖各种洞室，以布置机电设备和作交通运输、出线以及通风的通道。

1. 交通运输洞和装配场

交通运输洞是地下厂房的主要对外通道。交通运输洞一般采用平洞，当受地形条件限制，用平洞作交通运输洞有困难时，可采用竖井作交通运输井。运输洞或井的位置与装配场位置直接关联，两者应一起考虑确定。地下厂房的装配场可布置在主厂房一端，还可考虑布置在厂房中间机组段之间。后者除了具有图 8－42 首部式地下厂房有关说明中所分析的优点外，还有利于主厂房洞室高边墙的稳定。因为装配场段装配场高程以下的岩石可以保留不挖，边墙高度较两边机组段小得多，有助于整个厂房边墙的围岩稳定。

除交通运输洞外，地下厂房至少还应另有一个对外交通的通道，以策安全。

2. 地下副厂房

地下厂房中，一部分必须靠近主机的附属设备可集中布置在紧靠主机房的地下副厂房内，其他则可以利用已有洞室分散布置或放在地面副厂房内。为避免增加主洞室的跨度，地下副厂房往往设于主厂房的一端，由于中控室等电气用房最好不与装配场在同一端，地下副厂房往往布置在另一端。机组尺寸不大，围岩稳定性好时，也可将地下副厂房放在主厂房一侧，主副厂房集中布置在同一主洞室内。

3. 阀门洞（室）

水轮机前设有快速阀门时，阀门往往布置在主厂房内，利用厂房桥吊吊运，以免另开阀门洞和增设专用桥吊。阀门放在厂房内，阀门爆破的后果严重，所以在阀门的设计和制造上必须确保安全。

有需要时，也可将阀门布置在单独的阀门洞（室）内。这种布置有利于减小主厂房洞的跨度，阀门爆破的后果可以减轻，在以往的地下厂房中常有采用。在这种地下厂房中，阀门洞还设有事故排水道，在与主厂房连接的通道上还设置事故密闭门。

4. 尾水闸门洞（室）

确定地下厂房机组段长度时，应使尾水管扩散段间岩体有一定的厚度，以有利于岩体稳定，需要时也可选用窄高型的扩散断面。

尾水隧洞比较长时，可以采用联合出水或分组出水方式，即所有机组尾水管出水后汇合成一条尾水洞或几台机组由一条尾水洞出水。尾水隧洞不长时则采用单独出水，即一机一洞出水。

每台机组尾水管出口一般均应设置尾水闸门井，上部设有尾水闸门洞（室），用以吊运和操纵启闭尾水闸门。采用单独出水方式时，洞口一般需设检修闸门，尾水管出口的尾水闸门井和洞可以不设。尾水闸门洞底应高出下游校核洪水位和负荷变化时闸门井内可能出现的涌浪高度。

尾水隧洞为有压而长度又较长时，尾水隧洞首部还需建尾水调压井。

5. 主变洞、开关洞和出线洞

地下厂房主变压器和开关的位置与地形、地质条件有关。在大中型地下水电站中，主变往往放在地下主变洞内，以缩短发电机母线长度，这时需采取专门的通风、排烟、防火和防爆措施，洞内设防爆门和防爆隔墙。主变洞应靠近主厂房以便于变压器的运输、安装和维修，减小母线长度。地面地形陡峻时，开关站也可放在开关洞内，这时需选用高压封闭绝缘组合电气装置。

地下厂房输电线由出线洞引出，引出线为母线时即称母线洞。出线洞可以采用平洞、斜井或竖井。地下厂房内为了敷设电缆和引出母线去主变洞，需要设置相应的电缆和母线支洞。

6. 通风洞

地下厂房应设有完善的通风系统，包括进风洞、出风洞以及通风机室。

进风洞应安排在较低的位置上，便于通过风管将新鲜空气从厂房各层的底部引入厂房。出风洞的位置则应较高，因为热空气比重轻，热空气上升经厂房顶棚上的出风管引出汇合，由出风洞排出比较方便。

因为通风机噪声大，所以通风机室应远离主、副厂房，一般可放在洞口或单独的洞室内。在地下厂房的洞室安排上，往往考虑一洞多用，减少洞数。通风洞一般应充分利用交通运输洞（井）、出线洞（井）以及无压尾水洞，例如利用交通运输洞或无压尾水洞进风，利用出线洞（井）出风。

8.4.3.3　地下厂房的洞室布置

1. 地下厂房位置的选择

地下厂房位置的选择，不仅要考虑主洞室的需要，还要兼顾各辅助洞室的要求。应尽可能将地下厂房放在地质构造简单、岩体完整坚硬、地应力较小、开挖和运行中岩体稳定以及地下水微弱的地段。地下洞室的上覆岩体应有一定的厚度，应尽量避开较大断层带、节理裂隙发育区和破碎带。此外，地表岸坡应该稳定，便于设置洞、井的出口。在地形上应考虑能缩短地下厂房对外联系的洞井线路长度。

2. 主洞室纵轴线方位选择

地下厂房主洞室纵轴线的方位应考虑地质构造面和地应力场的情况予以确定。纵轴线的走向应尽量与围岩中存在的主要构造薄弱面，如断层、节理、裂隙和层面等保持较大的夹角。同时，还要分析次要构造面对洞室稳定的不利影响。在地应力方面，洞室纵轴线应与水平大主应力方向保持较小的夹角。

3. 洞室布置的一般要求

（1）洞顶的最小埋藏深度，根据岩体的完整和坚硬程度，可取洞室开挖宽度的 1.5～3 倍。

（2）洞室的最小允许间距，与地质条件、洞室规模和施工方法有关，一般不小于相邻洞室中大者开挖宽度的 1～1.5 倍。

（3）洞室相交应尽量保持正交。

（4）上下层洞室之间的岩石厚度，一般不小于洞室开挖宽度的 1～2 倍。

(5)洞室布置应考虑勘探和施工的需要,尽可能互相结合。

4.有限元分析在地下厂房洞室布置中的应用

地下厂房洞室布置对洞室围岩的稳定有很大影响,为了安全合理地确定洞室间距,除了工程地质评价外,目前往往需用地下洞室围岩稳定分析有限元法进行分析研究。

用线弹性有限元法分析计算应用方便,花机时少,目前在工程初步计算中仍有应用。用弹性有限元法进行地下厂房、洞室、围岩稳定分析时,往往用拉应力区的大小进行评估。

图 8-45 所示为丘吉尔瀑布水电站用平面弹性有限元法计算得到的地下厂房、洞室、围岩拉应力区的分布图。该电站水头为 313 m,为首部式地下厂房,总装机 5220 MW,内装 11 台机组,主厂房下游平行布置有尾水调压室,厂房主洞长 297 m、宽 24.8 m、高 45.8 m,厂区水平地应力与垂直地应力之比为 1.5。图 8-45(a)为洞室布置的初始方案,图 8-45(b)为修正方案。计算结果表明主厂房与调压室洞室间距增大时,中间岩柱的拉应力区深度减小;调压室顶的高程降低到接近主厂房洞顶高程时,厂房顶拱下游边的局部拉应力区减小,拱顶应力场比较均匀;调压室宽度增加时,主厂房与调压室间岩柱承担的垂直荷载增大。最后采用的主厂房与调压室洞室间距为 30.5 m。调压室下游边墙倾斜,一方面可以减小调压室下游高边墙围岩的拉应力区,另一方面对水流条件也有利。

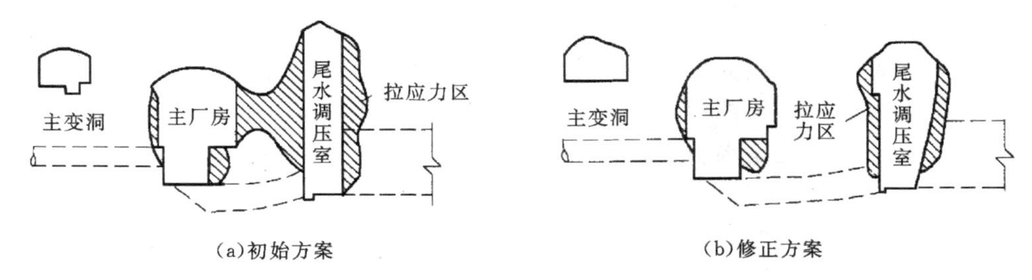

图 8-45　丘吉尔瀑布地下厂房围岩拉应力区分布图(弹性有限元计算结果)

线弹性有限元法认为介质为线弹性体,这与地下洞室围岩所处的力学性状不符合。地下厂房洞室开挖前,岩体中存在初始的应力,随着洞室的开挖和支护,围岩应力重新分布。应力达到屈服准则时,岩石进入塑性状态。此外,拉应力达到抗拉强度的地方会出现拉破裂,岩体中存在断层、软弱夹层和节理裂隙等构造时洞室围岩应力也有很大影响,沿结构面会产生剪切变形和滑移。所以,要更确切地反映围岩的应力和变位状态,必须采用非线性有限元法,如弹塑性有限元法、粘弹塑性有限元法等。采用什么岩体模型应根据围岩情况和可能确定。在非线性分析中,围岩的稳定性用塑性松弛区的大小和洞壁位移来评估。

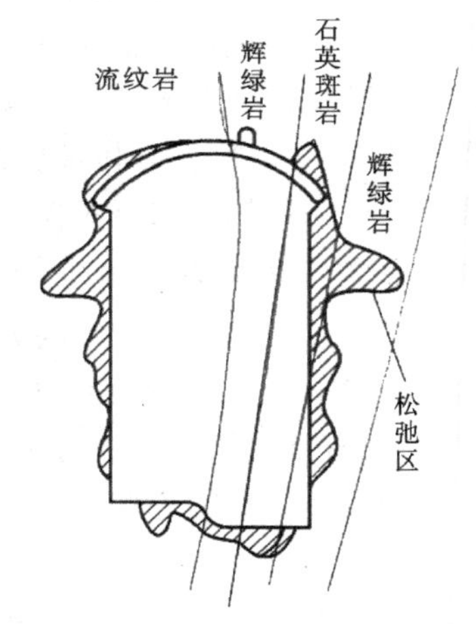

图 8-46　某水电站厂房围岩松弛区分布图(非线性有限元分析)

图 8-46 所示为某水电站厂房洞室布置的一个方案,该水电站厂房洞室围岩松弛区分布图是用非线性平面有限元计算得到的。

8.4.3.4　主厂房的洞形和吊车支承结构

1. 主厂房的洞形

主厂房洞形的确定，除要适应机组设备布置的需要外，洞室围岩松弛区分布图应着重考虑围岩的稳定性和地应力的大小。

主洞室最常采用的断面形状为直墙拱顶形，其边墙为垂直，洞顶为拱形，如图 8-41(b)和图 8-44(b)所示，适用于围岩坚固完整且地应力不大的情况，机组为立式时边墙往往很高。

地应力的侧压力系数较小时，洞室开挖中洞顶容易出现拉应力，如洞顶岩体稳定性较差，抗拉强度低，洞顶岩石会出现拉破坏，在自重作用下松动岩石会塌落冒顶，拱形洞顶可改善洞顶岩体失稳的情况。洞顶岩体稳定性较差时，拱的矢跨比应取得大些；反之矢跨比可取得小一些。顶拱曲线一般为圆形和抛物线形。

地应力的侧压力系数较大时，洞室开挖中侧墙容易出现拉应力。在开始开挖洞室拱顶部分的岩石时，拱顶会出现拉应力。随着洞室的向下扩大开挖，拱顶拉应力会减小和转变为压应力，而侧墙则出现拉应力并增大。如侧墙岩体稳定性较差、抗拉强度低，侧墙岩石会松动坍落而失稳。有的地下厂房为改善侧墙的稳定性，将下部直墙做成略向洞室倾斜。

另一类常见的洞形为椭圆形或马蹄形断面。图 8-47 所示为这类洞形的一种情况。这种洞形主要用于软弱破碎的围岩或水平地应力较大的中等质量围岩。

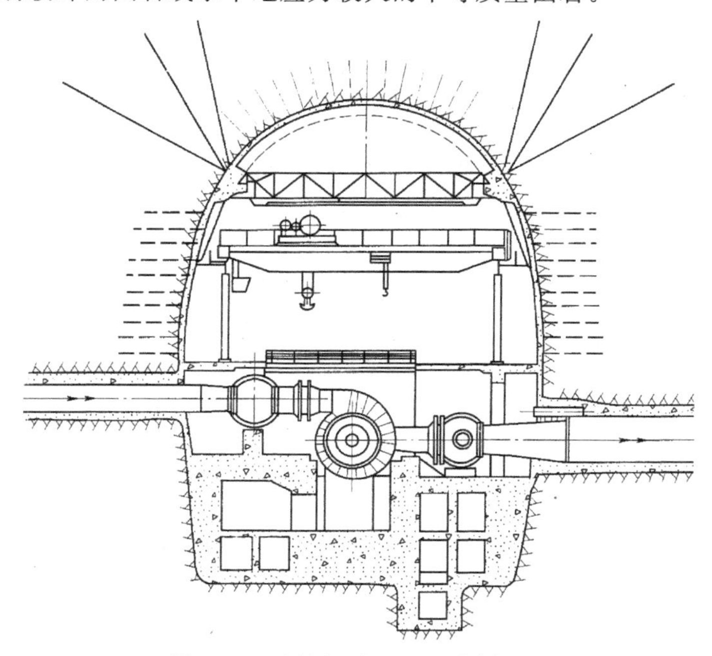

图 8-47　椭圆形断面的厂房剖面图

由于应力集中的存在，洞室轮廓有突变或锐角的部位最易失稳，在洞室轮廓的确定上应尽量避免。

有限元可用以分析洞室的断面形状。图 8-47 所示厂房采用椭圆形断面的洞室，经过有限元分析确定椭圆的长短轴之比为 3∶2，这时周壁围岩不出现拉应力。为避免出现局部拉应力和应力集中，特别要注意保持轮廓光滑，因而采用锚着式支承梁支承厂房吊顶桁架，在洞壁上不开座槽，同时在施工时采用光面爆破，减少开挖面的凹凸不平度。在主厂房布置上，应特别注意紧凑合理，以减小洞室尺寸，尤其是洞室跨度。

2.吊车支承结构

地下厂房中的吊车支承结构除通常地面厂房中采用的吊车梁、柱这种结构型式外，还可有下面几种结构型式。

(1)悬挂式吊车梁，如图 8-48(a)所示，吊车梁悬挂在厂房顶拱的拱座上。

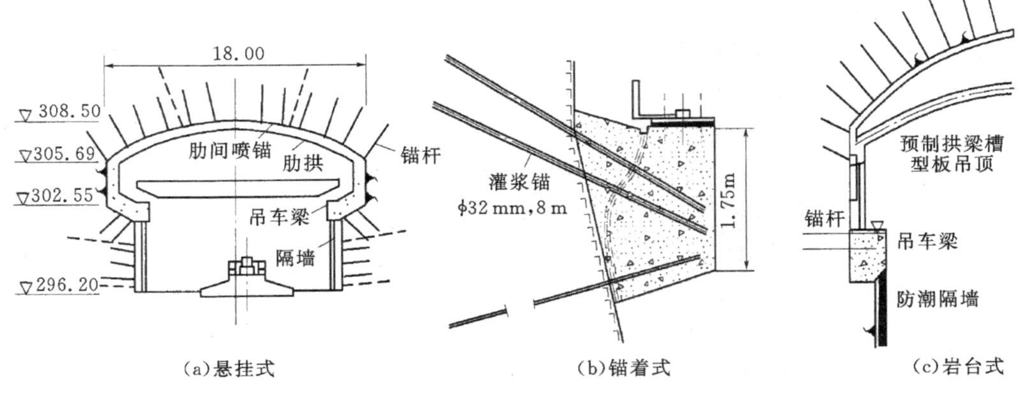

图 8-48 地下厂房吊车梁型式(单位:m)

(2)锚着式吊车梁，如图 8-48(b)所示，吊车梁用锚杆、锚索锚固于岩壁上。

(3)岩台式吊车梁，如图 8-48(c)所示，吊车梁敷设在岩台上。

(4)带形牛腿吊车梁，如图 8-49 所示，在整体式钢筋混凝土衬砌上伸出带形牛腿作为吊车梁。吊车梁也可直接建于钢筋混凝土衬砌墙顶。

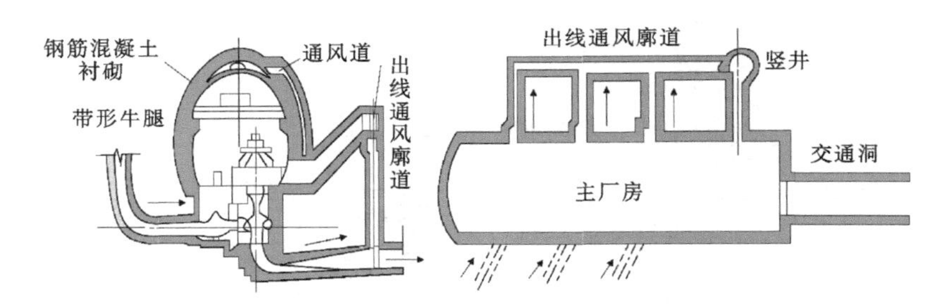

图 8-49 整体式钢筋混凝土衬砌及带形牛腿吊车梁

悬挂式、锚着式和岩台式吊车梁结构的最大优点是不建吊车柱，可在厂房洞室尚未向下扩大开挖时提前施工吊车梁，提早组装吊车，还可以减小厂房的开挖跨度。

8.4.3.5 **地下厂房支护结构**

地下厂房洞室的永久性支护结构作用是提高或充分发挥围岩自身的承载能力，确保围岩稳定，防止岩壁风化，阻止岩块脱落和阻截地下水进入厂房等。

洞室围岩完整、致密、干燥、稳定性好时可不建永久性支护结构。地下厂房洞室常用的支护结构型式有以下 4 种。

1. 喷锚支护

水电站地下厂房中近年来广泛采用喷锚作永久性支护结构。喷锚支护的措施有喷混凝土、钢筋网喷混凝土、锚杆、预应力锚杆和预应力锚索等。喷混凝土的作用是黏结松散岩石颗粒，充填裂缝和凹陷，减少洞室岩壁的应力集中；钢筋网喷混凝土可提高喷层的承载力；锚杆可以将围岩松弛区的岩块连成整体，提高洞室围岩传递应力的能力，在洞顶围岩中形成承载拱，增加层面及裂隙面上的黏结力和摩擦力。

喷锚支护为柔性支护结构。它的优点是可以适应和调整围岩的变形，从而可以充分利用岩体本身的承载能力，减小支护结构承受的围岩压力。喷锚支护施工方便，可以及早地发挥支护作用，可以根据围岩变形发展的情况及时调整支护参数，充分利用支护结构的承载能力，便于分次实施。

喷锚支护结构的待定参数有喷层的厚度，锚杆的直径、间距和长度等等。参数的确定目前主要是根据围岩类别和工程类比先初步确定，再在洞室开挖的过程中通过现场监测，如喷层和锚杆的应力测量、围岩变形量测以及断面收敛量测等，及时控制调整支护参数，确定是否需要实施二次喷混凝土层和提高锚杆参数。在不同的围岩中，喷锚支护结构所起的作用不完全相同，可以根据围岩的条件、失稳的机理和支护的作用，选择一定的方法，对喷锚参数进行计算确定，但是目前在喷锚参数的确定中，计算只起辅助作用。

应用有限元法可以分析喷锚支护对围岩应力和稳定性的影响。

图 8-41 中所示地下厂房完全用喷锚作为永久支护结构，图 8-47 中所示厂房主要用喷锚支护围岩，另在岩石软弱地段每隔一定距离加建钢筋混凝土拱肋支护。该电站主厂房位于带裂隙的页岩和花岗岩中，开挖几天后立即装置锚杆和实施钢筋网喷混凝土，喷层的厚度在坚固岩石的部位为 3～5 cm，在软弱岩石的部位为 7～10 cm。

2. 钢筋混凝土拱肋支护

单一的钢筋混凝土拱肋支护适用于稳定或基本稳定的围岩，利用设置拱肋支护的空间效应，提高洞顶围岩的稳定性。

3. 钢筋混凝土顶拱衬砌

采用钢筋混凝土顶拱衬砌的洞室，洞顶全部用现浇钢筋混凝土衬砌，边墙则不予支护或者采用喷锚支护。这种支护结构在以往的地下厂房中最为常见，主要用于洞顶围岩稳定性差和洞顶围岩压力大的情况。采用这种衬砌的地下厂房横剖面如图 8-46 所示。

由图 8-46 可见，在顶拱衬砌的拱座处，围岩开掘较深，轮廓突变，应力集中严重，该处附近最易出现岩石松动坍塌。图 8-46 表示了该地下厂房用有限元分析计算得到的洞室围岩松弛区分布图，由图所见，顶拱部位的松弛区深度为 2～3 m，而拱座附近边墙的松弛区深度达 11 m。为了改善顶拱附近的这种不利条件，拱的矢跨比不能过大，一般在 1∶4 左右。

此外，钢筋混凝土顶拱在洞室顶拱部开挖后往往立即进行浇筑，开始时顶拱主要承受垂直的围岩压力，如围岩中水平拉应力较大，随着洞室的向下扩大开挖，侧墙向洞室变形位移，拱座内移，顶拱在水平围岩压力作用下，顶拱衬砌断面会产生较大的压应力，设计不周时拱顶衬砌断面处会出现压裂破坏，在顶拱衬砌结构设计中应考虑这方面的荷载。

4. 全断面钢筋混凝土整体衬砌

全断面钢筋混凝土整体衬砌的厂房，顶拱和边墙全部用钢筋混凝土衬砌支护，如图 8-49

所示。这种支护结构应用于围岩稳定性较差、岩石松软破碎、节理发育、地下水较丰或水平围岩压力较大的情况。如图 8-49 所示地下厂房位于泥灰岩内,不仅采用卵形洞室断面,而且厂房的端墙也略具拱形,每台机组的水轮机和主阀布置在各自的井内,发电机层下面井外部分的岩体保留不挖,这样使厂房洞室边墙的高度得以大大减小。

以上 2、3 和 4 三种支护结构为刚性支护结构。遇到复杂的地质结构时应研究采用专门的支护措施。在永久性支护结构的内侧一般顶部建有顶棚,四边建有隔墙,用以防潮、排除渗水、防止岩石碎片掉入厂房,也起到装饰作用。顶棚上和隔墙背后的空间用作检查岩壁和支护结构情况的通道,布置通风管,敷设排水沟管。顶棚一般吊于顶拱下,称为吊顶。有的电站地下厂房围岩很坚固,地下水很少,不设永久性支护,隔墙也仅用高 1～2 m 的矮墙代替。

8.4.4　抽水蓄能电站厂房和潮汐电站厂房

8.4.4.1　抽水蓄能电站厂房

抽水蓄能电站的作用是在电力系统低负荷时,利用电网中其他电站生产的多余电能,通过抽水蓄能电站的可逆式水泵水轮机或水泵,将下水库的水抽蓄于上水库,等到系统高负荷电力不足时,再将这部分水通过蓄能电站的水轮机放到下水库并生产出电能满足需要,只起抽水蓄能作用的电站称为纯抽水蓄能电站。除抽水蓄能作用外,另有水源生产电能的电站称为混合式抽水蓄能电站。此外,也有在有调节水库的水电站上加设抽水蓄能机组参加调峰的电站。

抽水蓄能电站的厂房形式因机组型式不同而有所不同。抽水蓄能机组有两种主要型式:两机式和三机式。两机式机组又称可逆式机组。

1. 装置可逆式机组的抽水蓄能电站厂房

两机式抽水蓄能机组由可逆式水泵水轮机和电动发电机组成。图 8-50 所示为装置可逆式机组的抽水蓄能电站厂房,该厂房内装置两台可逆式机组。

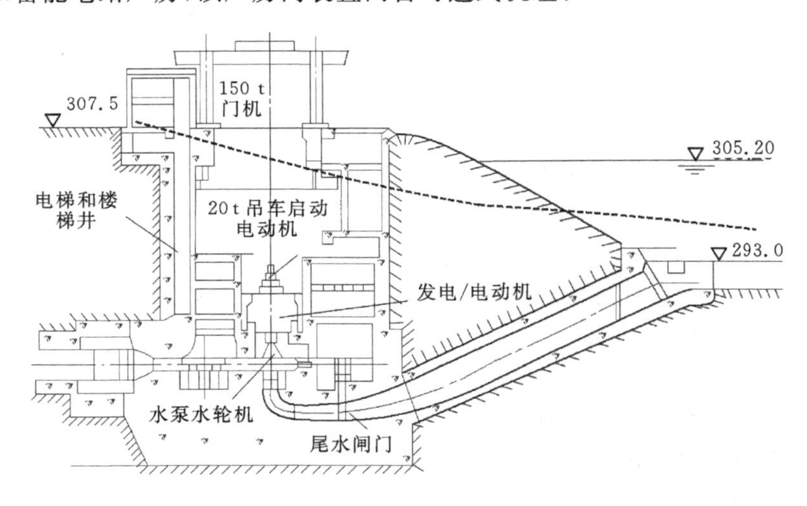

图 8-50　装置可逆式机组的抽水蓄能电站厂房（单位:m）

水泵工况的气蚀系数较水轮机工况大得多,因而抽水蓄能机组的允许吸出高度较小,高水头蓄能电站的装机高程往往要比下水库最低水位低很多。例如,高水头（400～600 m）300 MW的机组,允许吸出高度多半为－50～－60 m,甚至有达－80 m 的。在这种情况下,如采用地面厂房，厂房的高度将很大，厂房结构要承受很大的外水压力和扬压力，厂房的稳定不易保证，厂房结构要求较高。所以图 8-50 中所示厂房，在平面上采用圆形断面，并且将厂房半埋于地下，成为半地下厂房。在更多的情况下，抽水蓄能电站以采用地下厂房较为有利，但是需要对地下水排水系统进行专门设计，如图 8-51 所示。

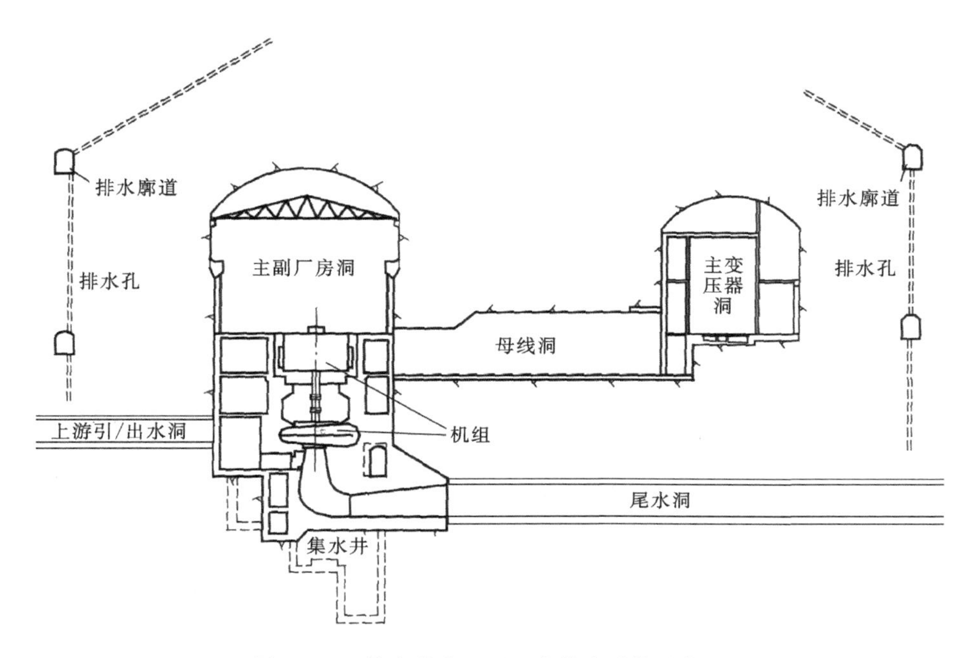

图 8-51　抽水蓄能地下厂房排水系统示意图

可逆式机组的水轮机尾水管与抽水机的吸水管合二为一，尾水管出口即吸水管的进口，需要装置拦污栅，在布置上应更加注意进出水的水流条件。由于装机高程低，尾水管在出厂房后需以一定的仰角与下水库连接。

2. 装置三机式机组的抽水蓄能电站厂房

三机式抽水蓄能机组由发电电动机、水轮机和抽水机等 3 台机器组成，它们串联在同一轴上，此外，在同一轴上还装有固定式或离合式的联轴器。

横轴三机式机组的装置方式如下：水轮机—固定式(或离合式)联轴器—发电电动机—离合式联轴器—水泵，如图 8-52 所示。

立轴三机式机组的装置方式如下：发电电动机(在上端)—固定式联轴器—水轮机—离合式联轴器—水泵(在下端)，如图 8-53 所示。水泵的允许吸出高程低，所以装在最下端。

随着可逆式机组适用水头的提高，现代先进的抽水蓄能电站大都采用可逆式机组。

8.4.4.2　**潮汐电站厂房**

潮汐电站利用潮差发电，水头小，流量大，为了在涨潮落潮时均能发电，还要求机组能双向运行，所以潮汐电站采用贯流式机组最为适宜，潮汐电站的厂房与装置贯流式机组的河床式厂房十分接近。

图 8-54 所示为法国朗斯潮汐电站厂房的剖面图。该电站要求双向发电和双向抽水，厂内装置 24 台 10 MW 灯泡式贯流机组，厂房总长 386 m，厂顶为公路。厂房位于泄水闸和船闸

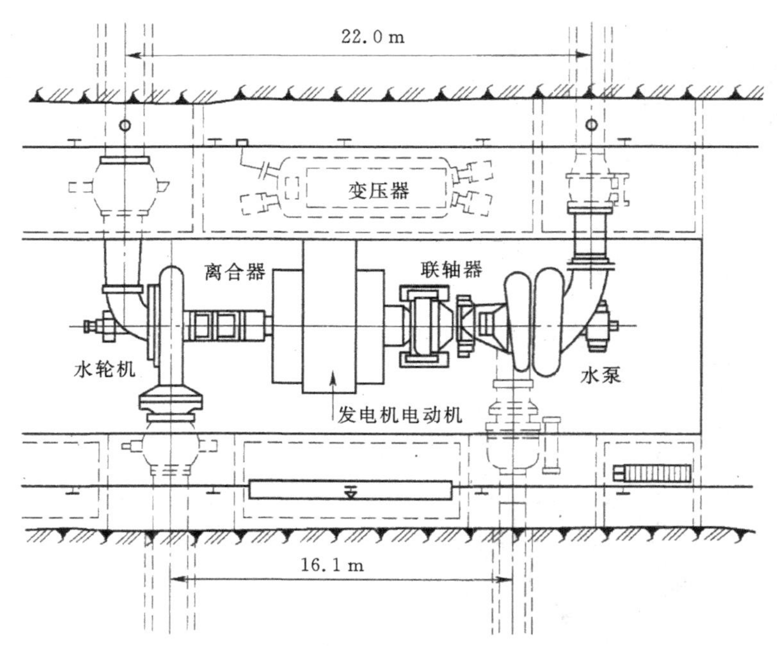

图 8-52　横轴三机式抽水蓄能机组的装置方式

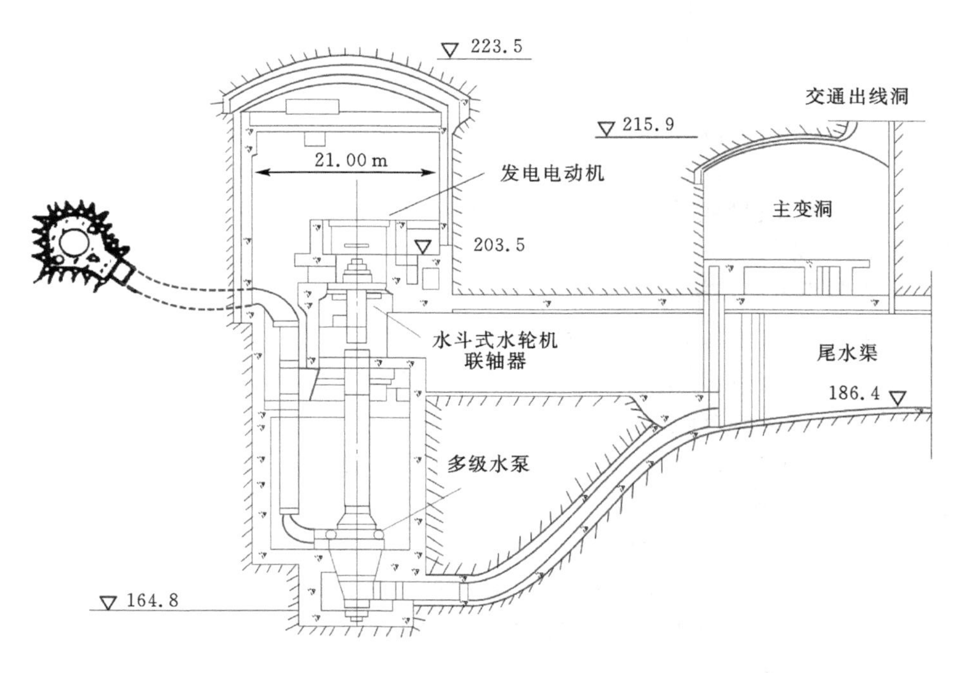

图 8-53　立轴三机式抽水蓄能机组的装置方式(单位:m)

之间,机组设备运到电站后,通过竖井吊入地下,经隧洞穿过船闸基础达到厂房装配场。该电站于 1967 年完建。

我国已建成的江厦潮汐电站,也采用了灯泡式贯流机组。

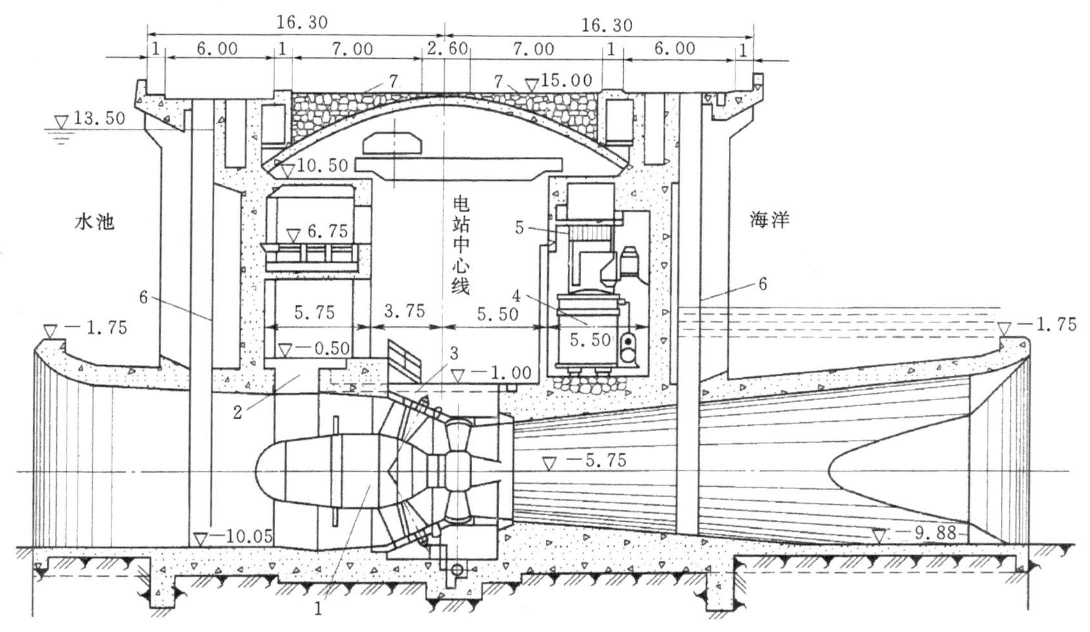

图 8-54　朗斯潮汐电站厂房(单位:m)

1—发电机灯泡;2—交通竖井;3—水轮机接合部;4—变压器;5—高压电缆;6—闸门槽;7—公路

思考题与练习

8.1　根据厂房在水电站枢纽工程中的位置及其结构特征,水电站厂房可分为哪些基本类型,说明各种类型的特点。

8.2　水电站厂房机电设备构成包括哪些?具体说明在厂房什么位置布置。

8.3　水电站厂房建筑物构成包括哪些?说明其主要作用和布置要求;什么是下部块体结构,布置设计需考虑哪些条件?

8.4　岸边式厂房中立轴装配时,平面布置图主要包括哪几个层,说明这些布置图的特点和布置要求。

8.5　发电机立轴布置的厂房的机墩主要有哪几种,试说明其结构特点。

8.6　装配场的面积应满足一台机组大修的需要,如何计算其面积?

8.7　水电站厂房轮廓尺寸如何确定,试说明确定思路。

8.8　水轮发电机的布置方式有哪几种?请说明各种类型的特点。

8.9　厂内交通、供水系统、供气系统、油系统、采光、通风、防火等工程对水电站厂房的设计要求的作用有哪些?

8.10　主厂房结构布置型式有哪些?各种型式的传力情况有什么差别?常见的水电站厂区布置形式有哪些类型?

8.11　副厂房的设计和变压器场设计遵循的基本原则有哪些?如何设计?

8.12　根据本书相应的图,结合教师给的图纸资料,学习水电站厂房图纸。

第 9 章

水电站建筑物结构设计原理

本章摘要:

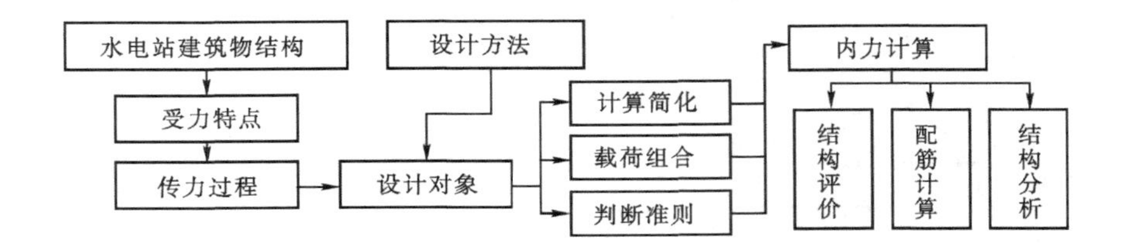

阅读指南:

水电站建筑物结构设计是水电站设计的重要环节,从内容上讲分为厂房梁、板、柱结构设计(与普通厂房设计相似)和水电站专门结构设计。本章主要介绍了水电站建筑物的受力和荷载及其组合、结构设计基本方法、结构设计简化思路、结构内力计算和配筋计算等内容,重点介绍蜗壳混凝土、发电机机墩、尾水管混凝土等专门结构,帮助读者理解水电站建筑物结构设计的方法和技巧。

9.1 概　述

9.1.1 水电站的建筑物及构筑物结构设计简介

水电站建筑物和构筑物种类繁多,没有一个统一的分类标准。功能上总体分为:①取水输水系统建筑物和控制水流的构筑物;②发电、变电和配电建筑物及构筑物;③机组、设备等构筑物。本书第 6 章围绕水流和结构的安全的基本要求,介绍了输水系统建筑物结构设计基础知识,包括了输水建筑物进水口型式、引水渠道、隧洞、压力钢管和平水建筑物等内容,着重介绍压力钢管(明管、地下埋管、岔管和坝内埋管)的设计计算,对控制水流的设备构筑物(钢闸门、启闭机等)没有详细介绍,希望读者查阅相关的资料进行学习。水力发电机组及其相关设备是水电站的核心构筑物,本书主要讲解水力发电机组的工作原理、分类、型式、基本方程和效率、流动特征、空化性能和主要水流流道的主要尺寸计算等基本知识,其重心是结合水力资源的开发和水利工程建筑物设计要求等内容进行机组选型,并对相应的结构设计作介绍,也希望读者参考相关资料进行对应学习。从水利工程设计的角度上讲,发电、变电和配电建筑物及构筑物就构成了水电站厂房结构,即安装水轮发电机组及其控制、辅助设备的厂房、安装变压器的变压器场及安装高压配电装置的高压开关站等。

组成水电站厂房的结构构件如图9-1所示，其作用多属承重传力，也有起遮蔽风、雨、雪侵袭的围护作用。具体结构为：①屋盖结构；②吊车梁；③排架柱；④发电机层和装配场楼板；⑤围护结构；⑥发电机机墩；⑦蜗壳和水轮机座环；⑧尾水管；⑨基础；⑩其他结构。

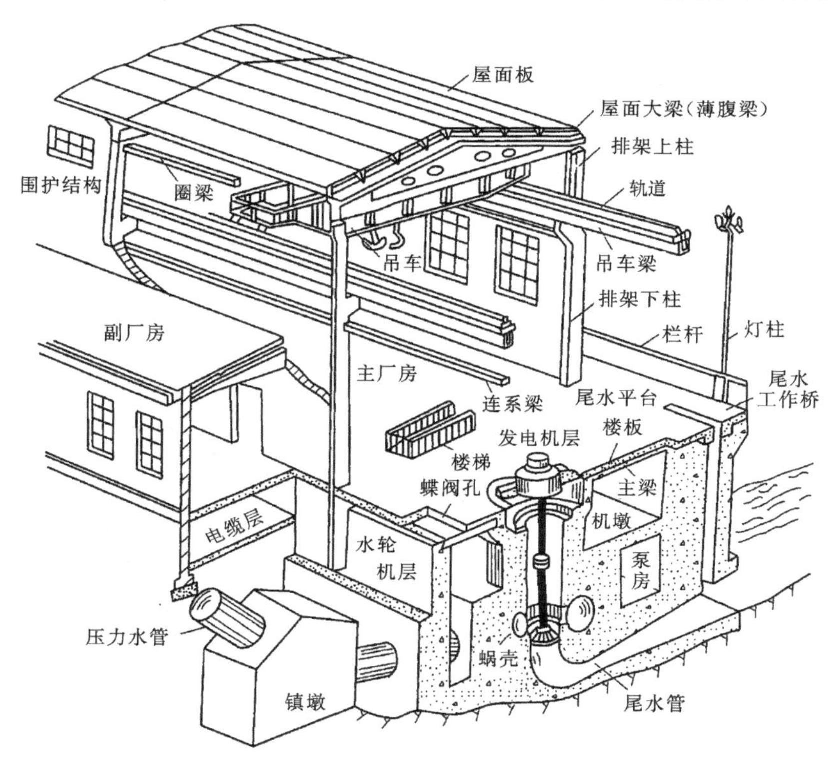

图9-1　水电站厂房结构组成示意图

本章以结构设计的基本原理为重点，介绍水电站厂房建筑物结构设计基本内容，主要内容为厂房整体稳定和地基应力计算，发电机支承结构、蜗壳和尾水管结构的设计原理。水电站厂房结构一般可分为3个组成部分。

1. 上部结构

主厂房的上部结构包括各层楼板及其梁柱系统、吊车梁和构架以及屋顶及围护墙等，其作用主要为承受设备重量、活荷重和风、雪荷载等，并传递给下部结构。

2. 下部结构

厂房的下部结构包括蜗壳、尾水管和尾水墩墙等结构。对于河床式厂房，下部结构中还包括进水口结构。其作用主要为承受水荷载的作用、构成厂房的基础，承受上部结构、发电支承结构，将荷载分布传给地基和防渗等。

3. 发电机支承结构

发电机支承结构的作用是承受机组设备重量以及动力荷载，传给下部结构。

9.1.2　结构设计方法简介

水电站建筑物和构筑物的结构设计与其他设计对象一样，设计方法经历了一条漫长的历程：直觉设计阶段→经验设计阶段→半理论半经验设计阶段→现代设计阶段，而且工程设计过程中综合该历程中多种方法，形成其自身的设计方法。由于水利工程建筑物和构筑物的特殊性，考虑到安全可靠等方面的要求，水工结构设计方法经常采用比较成熟的半理论半经验设计方法，且在水利行业高速发展的过程中占主导地位。随着现代设计方法条件的不断完善，现代设计方法在水电站及其建筑物和构筑物结构设计中愈来愈得到重视并加以使用。如图9-2所示为设计方法的演变示意图。

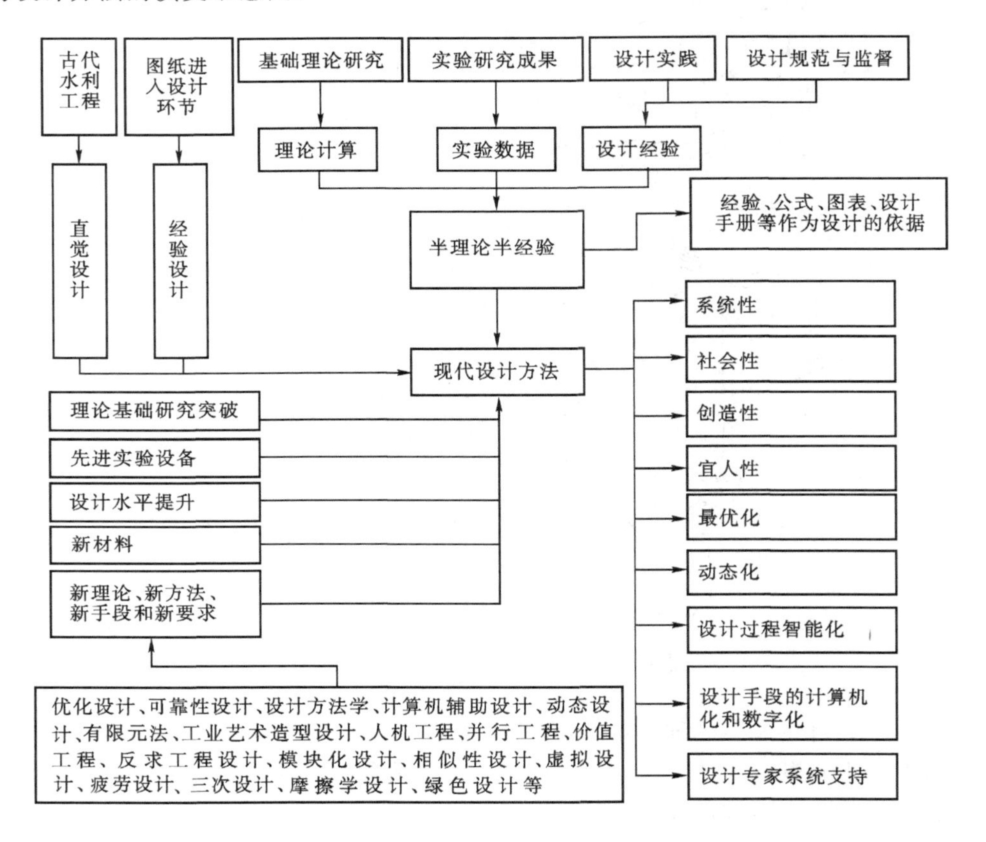

图9-2　设计方法的演变示意图

9.2　地面厂房整体稳定和地基应力计算

地面厂房在水平荷载如水压力和土压力等以及扬压力的作用下应保持整体稳定，厂基面上垂直正应力应满足规范要求。稳定不能保证、地基应力不满足要求时，应采取措施，如设置灌浆帷幕和排水孔降低扬压力，对坝后式厂房可以考虑是否采用厂坝整体连接方式，利用坝体帮助稳定。

厂房整体稳定和地基应力计算的内容一般包括沿地基面的抗滑稳定、抗浮稳定和厂基面垂直正应力计算。河床式厂房本身是壅水建筑物，厂房地基内部存在软弱层面时，还应进行深层抗滑稳定计算。

9.2.1　计算情况和荷载组合

厂房稳定和地基应力计算要考虑厂房施工、运行和扩大检修期的各种不利情况，主要计算情况如下。

1. 正常运行

对河床式厂房来说，正常运行情况中应考虑两种水位组合。

(1)上游正常蓄水位和下游最低水位。这种组合情况厂房承受的水头最大，但扬压力不大。

(2)上游设计洪水位和下游相应水位，这种情况扬压力较大，对稳定不利。

对坝后式厂房和引水式厂房来说，引起稳定问题的水平荷载为下游水压力，正常运行情况中取下游设计洪水位进行组合。厂房上游面作用的荷载有压力管道和下部结构纵缝面上的水压力，后者作用的面积与止水的布置方式有关，水压力的压强则与厂基面扬压力分布图有关，根据具体情况确定。

正常运行情况中厂房内有结构和设备重以及水重。

2. 机组检修

河床式厂房机组检修情况时，上、下游水位分别取上游正常蓄水位和下游检修水位，机组设备重及流道内的水重均不考虑。在这种情况下，厂房承受的水头大，而厂房的重量轻，只有结构自重，对稳定不利。

坝后式和引水式厂房机组在检修情况计算中，下游取检修水位，其余同上。

3. 施工情况

厂房施工一般是先完成一期混凝土浇筑和上部结构，以后顺序逐台安装机组并浇筑二期混凝土，机组安装周期较长，如机组是分期安装的，厂房的施工安装期更长，所以要进行施工情况的稳定计算。在这种计算情况中，二期混凝土和设备重不计，厂房重量最轻，而厂房已经承受水压，对抗滑和抗浮不利。这种计算情况也称为机组未安装情况。

河床式厂房机组未安装情况的上游水位取正常蓄水位或设计洪水位，下游取相应最不利水位。坝后式和引水式厂房下游取设计洪水位。

如厂房位于软基上，地基承载力低，施工期还需考虑本台机组已安装。而吊车满载通过的情况，如厂房尚未承受水压，则厂基面无扬压力作用，流道中也无水重。

4. 非常运行情况

河床式厂房非常运行情况时，上游取校核洪水位，下游取相应最不利水位。坝后式和引水式厂房下游取校核洪水位。

5. 地震情况

河床式厂房地震情况时，上游取正常蓄水位，下游取最低尾水位。坝后式厂房和引水式厂房下游取满载运行尾水位。

以上所述各种情况中，正常运行情况的荷载组合为基本组合，其他为特殊组合。厂房基础设有排水孔时，特殊组合中还要考虑排水失效的情况，以上所述各种情况中，其他应考虑的荷载与混凝土重力坝稳定计算中相同。

厂房整体稳定和地基应力计算应对中间机组段、边机组段和装配场段分别进行。边机组段和装配场段，除了有上、下游水压力作用外，还可能受侧向水压力的作用，或者还有侧向土压力存在，所以必须核算双向水压力作用下的整体稳定性和地基应力。

9.2.2　扬压力的确定

作用在岩基上厂房的扬压力，应按下列原则进行计算。

(1)按垂直作用于计算截面全部截面积上的分布力计算。

(2)河床式厂房底面的扬压力分布图形可按下列3种情况分别确定：

①当厂房上游设有防渗帷幕和排水孔时，扬压力图形按图9-3(a)采用，渗透压力强度系数α取0.25；

②当厂房上游不设防渗帷幕和排水孔时，厂房底面上游处扬压力作用水头为H_1，下游处为H_2，其间以直线连接，如图9-3(b)所示。

③当厂房上游设有防渗帷幕和排水孔，并且在下游侧设有排水孔及抽排系统时，其扬压力图形如图9-3(c)所示，α_1取0.2，α_2取0.5。

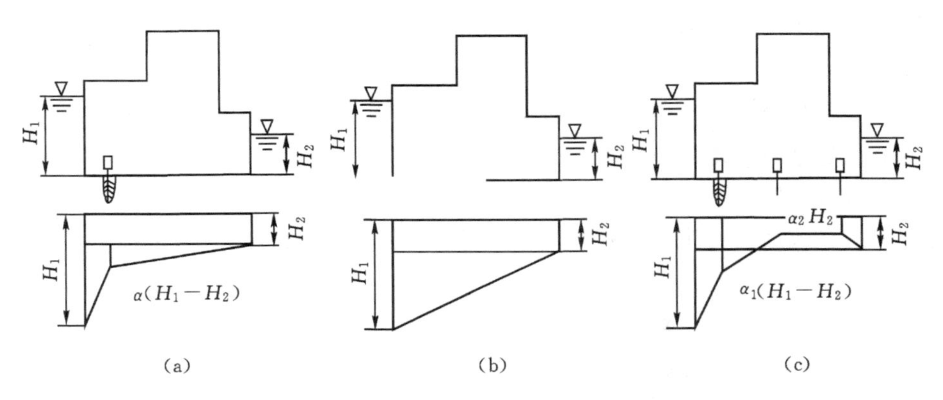

图9-3　河床式厂房扬压力分布图形

(3)坝后式厂房，当厂坝整体连接或厂坝间设有永久变形缝并已用止水封闭时，其扬压力分布图形应与坝体共同考虑。

①实体重力坝坝后厂房，当上游坝基设有防渗帷幕和排水孔，下游坝基无抽排设施时，扬压力图形如图9-4(a)所示，AH由帷幕、排水孔位置及α值计算确定。

②宽缝坝、空腹坝坝后厂房AH为零，如图9-4(b)所示。

(4)岸边式厂房上游侧扬压力作用水头可根据厂区地下水位和排水设施综合确定。

(5)当洪峰历时较短，下游洪水位较高时，经论证，厂房的扬压力分布图形可考虑时间效应予以折减。

非岩基上厂房扬压力分布图形应根据厂房建筑物地下轮廓设计具体情况，以及地基的渗透特性，通过计算或模拟试验研究确定，也可参照《水闸施工规范》(SL27—2014)推荐的改进阻力系数法确定扬压力分布图形。

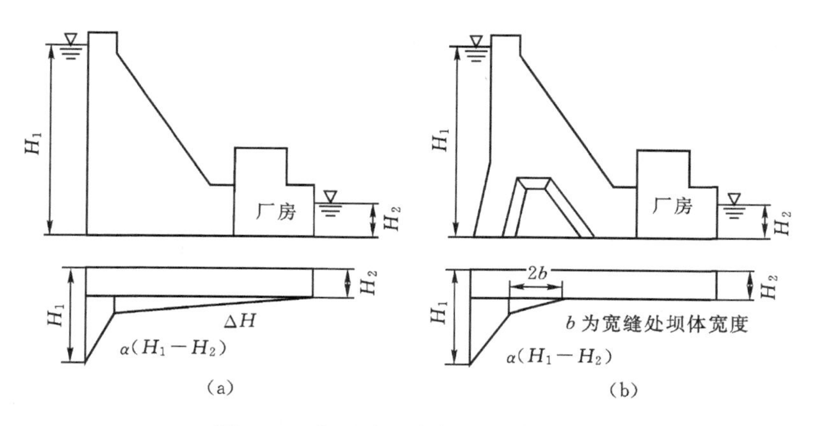

图 9-4　坝后式厂房扬压力分布图形

9.2.3　计算方法和要求

9.2.3.1　厂房整体抗滑稳定

厂房整体抗滑稳定性可按下列抗剪断强度公式或抗剪强度公式计算。式中的 f'、c' 及 f 值，应根据室内试验及野外试验的成果，经工程类比，按有关规范分析研究确定。

1. 抗剪断强度计算公式

$$K' = \frac{f' \sum W + c'A}{\sum P} \tag{9-1}$$

式中：K' 为按抗剪断强度计算的抗滑稳定安全系数；f' 为滑动面的抗剪断摩擦系数；c' 为滑动面的黏结力，kPa；A 为基础面受压部分的计算截面积，m^2；$\sum W$ 为全部荷载对滑动面的法向分值（包括扬压力），kN；$\sum P$ 为全部荷载对滑动面的切向分值（包括扬压力），kN。

2. 抗剪强度计算公式

$$K = \frac{f \sum W}{\sum P} \tag{9-2}$$

式中：K 为按抗剪强度计算的抗滑稳定安全系数；f 为滑动面的抗剪摩擦系数。

厂房整体抗滑和深层抗滑稳定安全系数应不小于表 9-1 规定的数值。

表 9-1　抗滑稳定最小安全系数

地基类别	荷载组合		厂房建筑物级别				适用公式
			1	2	3	4、5	
非岩基	基本组合		1.35	1.30	1.25	1.20	适用于式(9-1)或式(9-2)
	特殊组合	Ⅰ	1.20	1.15	1.10	1.05	
		Ⅱ	1.10	1.05	1.05	1.00	

续表 9-1

<table>
<tr><td rowspan="2">地基类别</td><td colspan="2" rowspan="2">荷载组合</td><td colspan="4">厂房建筑物级别</td><td rowspan="2">适用公式</td></tr>
<tr><td>1</td><td>2</td><td>3</td><td>4、5</td></tr>
<tr><td rowspan="6">岩基</td><td colspan="2">基本组合</td><td colspan="4">1.10</td><td rowspan="3">适用于式(9-2)</td></tr>
<tr><td rowspan="2">特殊组合</td><td>Ⅰ</td><td colspan="4">1.05</td></tr>
<tr><td>Ⅱ</td><td colspan="4">1.00</td></tr>
<tr><td colspan="2">基本组合</td><td colspan="4">3.00</td><td rowspan="3">适用于式(9-1)</td></tr>
<tr><td rowspan="2">特殊组合</td><td>Ⅰ</td><td colspan="4">2.50</td></tr>
<tr><td>Ⅱ</td><td colspan="4">2.30</td></tr>
</table>

注：特殊组合Ⅰ适用于机组检修、机组未安装和非常运行情况，特殊组合Ⅱ适用于地震情况。

9.2.3.2 **抗浮稳定性计算**

厂房抗浮稳定性可选择特殊组合的机组检修、机组未安装、非常运行 3 种情况中最不利的情况按下列公式计算

$$K_f = \frac{\sum W}{U} \tag{9-3}$$

式中：K_f 为抗浮稳定安全系数，任何情况下不得小于 1.1；$\sum W$ 为机组段(或安装间段）的全部重量，kN；U 为作用于机组段(或安装间段）的扬压力总和，kN。

9.2.3.3 **厂房地基应力计算**

1. 计算方法

厂房地基面上的法向应力，可按下列公式计算

$$\sigma = \frac{\sum W}{A} \pm \frac{\sum M_x y}{J_x} \pm \frac{\sum M_y x}{J_y} \tag{9-4}$$

式中：σ 为厂房地基面上法向应力，kPa；$\sum W$ 为作用于机组段(或安装间段）上全部荷载(包括或不包括扬压力）在计算截面上法向分力的总和，kN；$\sum M_x$、$\sum M_y$ 分别为作用于机组段(或安装间段）上全部荷载(包括或不包括扬压力）对计算截面形心轴 X、Y 的力矩总和，kN·m；x、y 分别为计算截面上计算点至形心轴 Y、X 的距离，m；J_x、J_y 分别为计算截面对形心轴 X、Y 的惯性矩，m^4；A 为厂房地基计算截面受压部分的面积，m^2。

如尾水管底板为分离式或厚度较薄，不能将荷载传递到其下地基时，则此部分底板不应计入计算截面。式(9-4)假定厂房基础为刚体，厂基面地基应力为线性分布。

2. 计算要求

厂房地基面上的垂直正应力应符合下列要求。

(1)厂房地基面上所承受的最大法向应力不应超过地基允许承载力。在地震情况下地基允许承载力可适当提高。

(2)厂房地基面上所承受的最小法向应力(计入扬压力)应满足下列条件。

①对于河床式厂房除地震情况外都应大于零，在地震情况下允许出现不大于 0.1 MPa 的

拉应力。

②对坝后式及岸边式的厂房，正常运行情况应大于零，机组检修、机组未安装及非常运行情况允许出现不大于 0.1～0.2 MPa 的局部拉应力，地震情况如出现大于 0.2 MPa 的拉应力，应进行专门论证。

厂房整体稳定和地基应力计算不满足要求时，应在厂房地基中采取防渗和排水措施，如图 9-4 中的厂房。坝后式厂房可以考虑厂坝整体连接，利用坝体帮助稳定。

9.3　发电机支承结构和风罩

发电机支承结构直接承受机组运转中产生的振动荷载，必须具有足够的刚度，防止出现共振和过大的动力变形。立式机组的发电机支承结构中，圆筒形机墩采用最多，下面即以此为例说明发电机支承结构的设计原理。

9.3.1　作用及作用效应组合

结构设计中，静力计算应采用荷载设计值，动力计算应采用荷载标准值。动荷载应乘以动力系数(轴向水推力除外)。动力系数和荷载分项系数按《水工建筑物荷载设计规范》(NB 35047—2015)和现行《水电站厂房设计规范》(SL 266—2014)采用。

9.3.1.1　机墩作用与作用效应组合

1. 垂直静荷载

(1)结构自重。

(2)发电机层楼板自重及其荷载。

(3)发电机定子重。

(4)机架及附属设备重。

2. 垂直动荷载

(1)发电机转子连轴重及轴上附属设备重量。

(2)水轮机转子连轴重。

(3)轴向水推力。

9.3.1.2　水平动荷载

由机组转动部分质量中心和机组中心偏心距 e 引起的水平离心力标准值可按式(9-5)计算

正常运行时

$$P_m = 0.0011 e G_r n_n^2 \tag{9-5}$$

飞逸时

$$P'_m = 0.0011 e G_r n_p^2 \tag{9-6}$$

式中：P_m 为正常运行时水平离心力标准值，N；P'_m 为飞逸时水平离心力标准值，N；e 为质量中心与旋转中心之偏差，当发电机转速小于 750 r/min 时，e 可近似取为 0.35～0.80 mm(转速高时取小值)，当发电机转速为 1500 r/min 和 3000 r/min 时，e 可分别取为 0.2 mm 和 0.05 mm；G_r 为机组转动部分总重，N；n_n 为机组额定转速，r/min；n_p 为机组飞逸转速，r/min。

9.3.1.3 **正常运行扭矩标准值 T**

正常运行扭矩标准值 T 由下式计算

$$T = 9.75\frac{N\cos\varphi}{n_n} \tag{9-7}$$

式中：T 为正常扭矩标准值，N·m；N 为发电机容量，kV·A；$\cos\varphi$ 为发电机功率因数。

9.3.1.4 **短路扭矩标准值 T'**

短路扭矩标准值 T' 由下式计算

$$T' = 9.75\frac{N}{n_n X_z} \tag{9-8}$$

式中：T' 为短路扭矩标准值，N·m；X_z 为发电机暂态电抗，Ω。

9.3.1.5 **机墩作用与作用效应组合**

机墩作用与作用效应组合按表 9-2 采用。

表 9-2 机墩作用与作用效应组合

设计状况	极限状态	作用效应组合	计算工况	作用与作用效应					
				垂直静荷载	垂直动荷载	水平动荷		扭矩	
						正常	飞逸	正常	短路
持久状况	承载能力极限状态	基本组合	正常运行	√	√	√	—	√	—
偶然状况		偶然组合	短路时	√	√	√	—	—	√
			飞逸时	√	√	—	√	—	—
持久状况	正常使用极限状态	标准组合	正常运行	√	√	√	—	√	—

9.3.2 风罩作用与作用效应组合

9.3.2.1 **风罩承受的作用**

风罩承受的作用主要有以下几种。

(1)结构自重。

(2)发电机层楼板自重及其荷载。

(3)发电机上机架千斤顶作用力，包括径向推力和切向力，均应乘以动力系数。

(4)发电机产生短路扭矩时，发电机层楼板对风罩的约束扭矩 M_a

$$M_a = fGR \tag{9-9}$$

式中：f 为楼板支承面的摩擦系数，一般取混凝土与混凝土之间的摩擦系数；G 为发电机层楼板作用于风罩顶的垂直力总和，N；R 为风罩计算半径，m。

(5)温度作用，应同时考虑均匀温差和内外温差。

9.3.2.2 **风罩作用与作用效应组合**

风罩承受的作用及其效应组合，按表 9-3 采用。

表9-3　风罩作用与作用效应组合

设计状况	极限状态	作用效应组合	计算工况	作用与作用效应					
				结构自重	发电机层楼板荷载	温度作用	短路时发电机层楼板约束扭矩	发电机上机架千斤顶作用	
								正常	短路
持久状况	承载能力极限状态	基本组合	正常运行	√	√	√		√	
偶然状况		偶然组合	磁极短路转子半数	√	√	√	√		√
持久状况	正常使用极限状态	标准组合	正常运行	√	√	√		√	

9.3.3　圆筒式机墩动力计算

9.3.3.1　动力计算条件及假定

(1)进行机墩垂直自振频率计算时，在蜗壳进口断面处沿径向切取单宽圆筒与单宽顶板，并把单宽顶板视为水平梁，梁的外端固结于蜗壳外墙，内端铰接于座环。

(2)进行机墩水平横向自振频率和水平扭转自振频率计算时，将机墩视为下端固接、顶端自由的悬臂圆筒，断面形状为圆环。忽略机墩自重，同时用一个作用于圆筒顶的集中质量(机墩混凝土的全部质量的0.35倍)代替原有圆筒的质量，使在此集中质量作用下的单自由度体系的振动频率与原来多自由度体系的最小频率接近。

(3)机墩的振动按单自由度体系计算，在计算动力系数和自振频率时不计阻尼影响。

(4)机墩的振动为在线弹性范围内的微幅振动，作用力和结构位移的关系服从虎克定律。

(5)结构振动时的弹性曲线与静质量荷载作用下的弹性曲线相似，从而可用“动静法”进行动力计算。

9.3.3.2　圆筒式机墩动力计算

圆筒式机墩动力计算包括共振验算、振幅计算和动力系数计算。1、2级水电站厂房的机墩动力计算宜采用有限元法或其他方法进行。

1. 强迫振动频率计算

(1)机组转动部分偏心引起的振动频率 n_1

$$n_1 = n_n \text{ 或 } n_p \tag{9-10}$$

式中：n_n 为发电机正常转速，r/min；n_p 为飞逸转速。

(2)水力冲击引起的振动频率 n_2

$$n_2 = \frac{n_n x_1 x_2}{a} \tag{9-11}$$

式中：x_1、x_2 分别为导叶叶片数和转轮叶片数；a 为 x_1 与 x_2 两数的最大公约数。

2. 机墩自振频率计算

机墩自振频率分垂直、水平和扭转3种。

(1)垂直自振频率 n_{01}。机墩垂直自振频率 n_{01} 按式(9-12)～式(9-17)计算。

$$n_{01}=\frac{60}{2\pi}\sqrt{\frac{g}{G_1\delta_1}}=\frac{30}{\sqrt{G_1\delta_1}} \tag{9-12}$$

$$G_1=\sum P_i+P_0+P_a \tag{9-13}$$

$$P_a=tL_a\gamma_b\frac{r_a}{r_0} \tag{9-14}$$

$$\delta_1=\delta_p+\delta_s \tag{9-15}$$

$$\delta_p=\frac{H_0}{E_cA} \tag{9-16}$$

$$\delta_s=\frac{1}{6B_a}\left[\frac{a^2}{2L_a^2}\left(3-\frac{a}{L_a}\right)(3L_a^2d-d^3)-3a^2d\right] \tag{9-17}$$

式中：n_{01} 为垂直自振频率，r/min；G_1 为作用于单宽机墩上的单宽全部垂直荷载加上单宽机墩自重及单宽蜗壳顶板重(不计动力系数)的标准值，N；δ_1 为单位垂直力作用下的结构垂直变位(包括机墩压缩变位和蜗壳顶板垂直变位)，m/N；$\sum P_i$ 为作用于单宽机墩上的单宽全部垂直荷载标准值，N；P_0 为单宽机墩自重标准值，N；P_a 为单宽蜗壳顶板自重标准值，N；t 为蜗壳单宽顶板厚度，m；γ_b 为钢筋混凝土重度，N/m³；δ_p 为单位垂直力作用下单宽机墩垂直变位，m/N；δ_s 为单宽蜗壳顶板在单位垂直力作用下的挠度，如图9-5所示，m/N；A 为单宽机墩水平截面积，m²；H_0 为单宽机墩高度，m；E_c 为混凝土的受压弹性模量，N/m²；B_a 为蜗壳顶板钢筋混凝土截面的刚度，按《水工混凝土结构设计规范》(SL 191—2008)受弯构件挠度计算的相关规定采用，N·m²；r_a 为蜗壳顶板中心至机组中心线的距离，m；r_0、L_a、a、d 如图9-5所示。

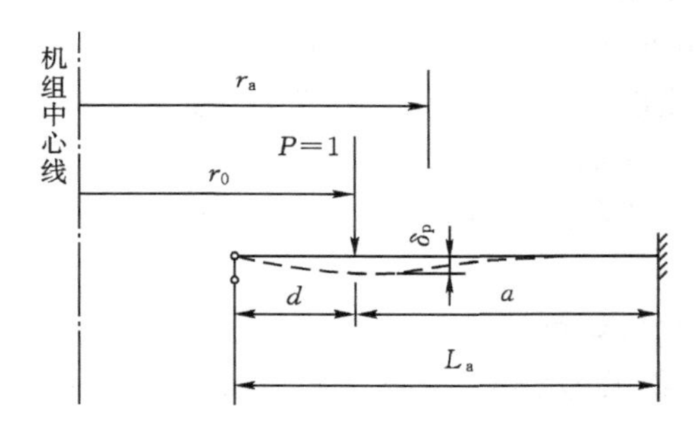

图9-5 蜗壳顶板挠度计算简图

(2)水平横向自振频率 n_{02}。机墩水平横向自振频率 n_{02} 按式(9-18)～式(9-20)计算。

$$n_{02}=\frac{60}{2\pi}\sqrt{\frac{g}{G_2\delta_2}}=\frac{30}{\sqrt{G_2\delta_2}} \tag{9-18}$$

$$G_2=\sum P_i+0.35P_0 \tag{9-19}$$

$$\delta_2=\frac{H_0^3}{3B_p} \tag{9-20}$$

式中：n_{02} 为水平横向自振频率，r/min；G_2 为相当于集中在机墩顶端的当量荷载标准值，N；δ_2 为机墩顶端作用单位水平力时的水平变位，m/N；$\sum P_i$ 为作用在机墩顶端的垂直荷载标准值之和，N；P_0 为机墩自重标准值，N；B_p 为机墩钢筋混凝土环形截面的刚度，按《水工混凝土结构设计规范》(SL 191—2008) 受弯构件挠度计算的相关规定采用，N·m²。

(3)水平扭转自振频率 n_{03}。机墩水平扭转自振频率 n_{03} 按式(9-21)～式(9-23)计算。

$$n_{03}=\frac{60}{2\pi}\sqrt{\frac{g}{I_\varphi\Phi_1}}=\frac{30}{\sqrt{I_\varphi\Phi_1}} \tag{9-21}$$

$$I_\varphi=\sum P_i r_i^2+0.35P_0 r_0^2 \tag{9-22}$$

$$\Phi_1=\frac{H_0}{GI_p} \tag{9-23}$$

式中：n_{03} 为水平扭转自振频率，r/min；I_φ 为相当于集中在机墩顶端的荷载转动惯量，N·m²；P_i 为作用在机墩顶端的垂直荷载标准值，N；r_i 为荷载 P_i 至回转中心的距离，m；P 为机墩自重标准值，N；r_0 为机墩圆筒平均半径，m；Φ_1 为单位扭矩作用下机墩的转角，rad/(N·m)；G 为混凝土剪变模量，$G=0.4E_c$，N/m²；I_p 为机墩极惯性矩，$I_p=\frac{\pi}{32}(D_j^4-d_j^4)$，m⁴；$D_j$ 为机墩外径，m；d_j 为机墩内径，m。

(4)共振校核。机墩自振频率与强迫振动频率之差和自振频率之比值应大于20%～30%，或强迫振动频率与自振频率之差和机墩强迫振动频率之比应大于20%～30%，否则应调整机墩尺寸。

3. 振幅验算

(1)垂直振幅 A_1。机墩垂直振幅 A_1 按式(9-24)～式(9-26)计算。

$$A_1=\frac{P_1}{\frac{G_1}{g}\sqrt{(\lambda_1^2-\omega_1^2)^2+0.2\lambda_1^2\omega_1^2}} \tag{9-24}$$

$$\lambda_1=\frac{2\pi n_{01}}{60}=0.1047n_{01} \tag{9-25}$$

$$\omega_1=0.1047n_1 \text{ 或 } n_2 \tag{9-26}$$

式中：A_1 为垂直振幅，m；P 为作用在机墩上的垂直动荷载标准值，包括发电机转子连轴重及轴上附属设备重量、水轮机转子连轴重、轴向水推力，N；λ_1 为机墩垂直振动的自振圆频率，即 2π 秒内的振动次数，s^{-1}；ω_1 为机墩垂直振动的强迫振动圆频率，s^{-1}；G_1 同式(9-13)；g 为重力加速度，取 10 m/s^{-2}，本章以下各式相同。

(2)水平横向振幅 A_2。机墩水平横向振幅 A_2 按式(9-27)～式(9-29)计算。

$$A_2=\frac{P_2}{\frac{G_2}{g}\sqrt{(\lambda_2^2-\omega_2^2)^2+0.2\lambda_2^2\omega_2^2}} \tag{9-27}$$

$$\lambda_2=\frac{2\pi n_{02}}{60}=0.1047n_{02} \tag{9-28}$$

$$\omega_2=0.1047n_1 \text{ 或 } n_2 \tag{9-29}$$

式中：A_2 为水平横向振幅，m；P_2 为作用在机墩上的水平振动荷载标准值，即水平离心力标准值，按式(9-5)、式(9-6)计算，N；λ_2 为机墩水平振动的自振圆频率，s^{-1}；ω_2 为机墩水平振动的强迫振动圆频率，s^{-1}；G_2 同式(9－19)。

(3)水平扭转振幅 A_3。机墩水平扭转振幅 A_3 按式(9－30)～式(9－31)计算。

$$A_3=\frac{T_k R_j}{\dfrac{I_\varphi}{g}\sqrt{(\lambda_3^2-\omega_2^2)^2+0.2\lambda_3^2\omega_2^2}} \tag{9-30}$$

$$\lambda_3=\frac{2\pi n_{03}}{60}=0.1047n_{03} \tag{9-31}$$

式中：A_3 为水平扭转振幅，m；T_k 为扭转力矩(正常扭矩 T 或短路扭矩 T')标准值，N·m；R_j 为机墩外圆半径，m；λ_3 为机墩水平扭转自振频率，s^{-1}；I_φ 同式(9－22)。

(4)振幅控制。圆筒式机墩强迫振动的最大振幅应满足：垂直振幅 A_1 在标准组合并考虑长期荷载作用的影响时不大于 0.15 mm；水平横向振幅 A_2 与扭转振幅 A_3 之和在标准组合并考虑长期荷载作用的影响时不大于 0.20 mm。

4.动力系数核算

机墩动力系数 η 按式(9－32)计算。

$$\eta=\frac{1}{\sqrt{\left[1-\left(\dfrac{n_i}{n_{0i}}\right)^2\right]^2+\dfrac{\gamma^2}{\pi^2}\left(\dfrac{n_i}{n_{0i}}\right)^2}} \tag{9-32}$$

式中：η 为动力系数；n_i 为机墩强迫振动频率，r/min；n_{0i}为机墩在相应于 n_i 方向的自由振动频率，r/min；γ 为机墩的对数阻尼系数，对钢筋混凝土结构可取 γ＝0.52～0.40。

当$\dfrac{n_{0i}-n_i}{n_{0i}}\geqslant 30\%\sim50\%$时，阻尼影响可忽略不计，即 $\gamma=0$，则式(9－32)可简化为

$$\eta=\frac{1}{1-\left(\dfrac{n_i}{n_{0i}}\right)^2} \tag{9-33}$$

当动力系数 η 计算值小于 1.5 时，取为 1.5。

9.3.4　圆筒式机墩静力计算

9.3.4.1　静力计算条件及假定

(1)荷载沿圆周均匀分布，正应力计算取单宽直条，按矩形截面偏心受压构件进行分析。

(2)任一水平截面的弯矩按底部固定、顶部自由的无限长薄壁圆筒公式计算。

(3)扭矩产生的剪应力按两端受扭的圆筒受扭公式计算。

(4)有人孔部位的扭矩剪力按开口圆筒受扭公式计算。

(5)孔边应力集中(正应力)按圆筒展开后的无限大平板开孔公式计算。

(6)不计算温度作用和混凝土干缩应力。

9.3.4.2　垂直正应力计算

1.计算简图

不论圆筒式机墩顶部的风罩与发电机层楼板采用何种连接方式，计算中均假定圆筒顶部为自由端，底部固结于蜗壳顶板，不考虑蜗壳顶板的变形。机墩顶部的楼板荷载、风罩自重及机组设备荷载均假定为均布，然后把各荷载按实际位置分别简化，换算为沿相当圆筒中心圆周 r_0 上单位宽度的荷载设计值 $P_0=\sum P_i$ 和 $M_0=\sum P_i e_i$(e_i 为各荷载相对于相当圆筒中心圆

周 r_0 的偏心距)。对垂直动荷载,在乘以动力系数 η 后按静荷载考虑,但轴向水推力不乘动力系数 η,如图 9-6 所示。

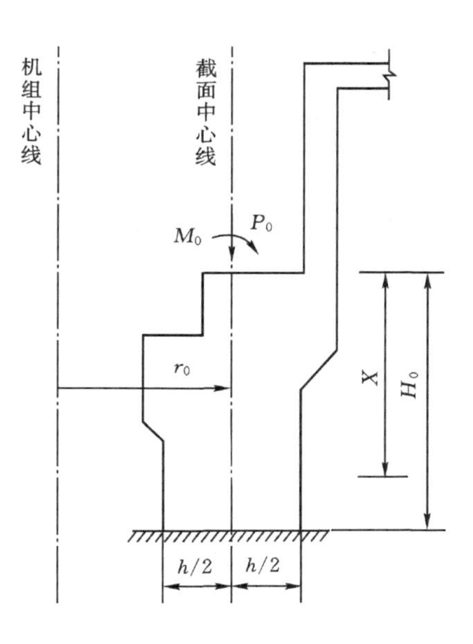

图 9-6　圆筒式机墩计算简图

2. 垂直正应力计算

垂直正应力按式(9-34)进行计算。

$$\sigma = \frac{P}{A} \pm \frac{M_x c}{I} \tag{9-34}$$

式中:P 为相当沿圆筒中心圆周 r_0 上单位宽度的垂直均布荷载设计值,N;A 为单位圆周长度机墩的截面积,m^2;M_x 为作用于计算截面上的弯矩设计值,N·m;c 为计算截面上的应力计算点到截面形心轴的距离,m;I 为计算截面惯性矩,m^4,$I=1\times\frac{h^3}{12}$。

M_x 按以下两种情况分别取值。

(1)当圆筒高度 $H_0<\pi S$ 时$\left[S=\frac{\sqrt{r_0 h}}{\sqrt[4]{3(1-\mu^2)}}\right]$,$r_0$ 为圆筒半径,h 为圆筒壁厚,μ 为泊松比,按上端自由、下端固定的偏心受压柱计算,取 $M_x=M_0$。

(2)当圆筒高度 $H_0\geqslant\pi S$ 时,按有限长薄壁圆筒计算,距圆筒顶部 x 处截面的弯矩 M_x 按式(9-35)~式(9-37)计算

$$M_x = M_0\Phi(\beta x) \tag{9-35}$$

$$\Phi(\beta x) = e^{-\beta x}(\cos\beta x + \sin\beta x) \tag{9-36}$$

$$\beta = \frac{\sqrt[4]{3(1-\mu^2)}}{\sqrt{r_0 h}} \tag{9-37}$$

式中:$\Phi(\beta x)$函数可参见《水工设计手册(第二版)第 8 卷水电站建筑物》取值。

9.3.4.3　**扭矩及水平离心力作用下的剪应力计算**

1. 扭矩作用下的环向剪应力

(1)正常扭矩作用下,环向剪应力为

$$\tau_{x_1} = \frac{T_d r\eta}{J_p}\varphi \tag{9-38}$$

(2)短路扭矩作用下,环向剪应力为

$$\tau_{x_2} = \frac{T'_d r\eta'}{J_p}\varphi \tag{9-39}$$

$$J_p = \frac{\pi}{32}(D^4 - d^4) \tag{9-40}$$

$$\eta' = 2\times\frac{1+\frac{T_a}{l}(1-e^{-\frac{t_1}{T_a}})}{1-e^{-\frac{0.01}{T_a}}} \tag{9-41}$$

$$t_1 = \frac{30}{n_{03}} \tag{9-42}$$

式中：τ_{x_1}、τ_{x_2}分别为正常扭矩和短路扭矩作用下的环向剪应力设计值，Pa；T_d 为正常扭矩设计值，N·m；r 为计算点至圆筒中心的距离，m；η 为动力系数，按动力系数核算结果取值，一般为1.5；J_p 为机墩断面极惯性矩，m^4；φ 为材料疲劳系数，一般取 2.0；T'_d 为短路扭矩设计值，N·m；η'为短路扭矩冲击系数，一般取 2.0；D 为机墩外径，m；d 为机墩内径，m；T_a 为发电机定子绕组时间因素，由厂家提供，一般取 0.15～0.45 s；n_{03}为水平扭转自振频率，r/min。

2.水平离心力作用下的环向剪应力

正常运行

$$\tau_{x_3} = \frac{P_m \eta \varphi}{A} \tag{9-43}$$

飞逸

$$\tau_{x_4} = \frac{P'_m \eta \varphi}{A} \tag{9-44}$$

式中：τ_{x_3}、τ_{x_4}分别为正常运行和飞逸时的水平离心力作用下的环向剪应力设计值，Pa；P_m 为正常运行时水平离心力设计值，N；A 为圆环面积，m^2；P'_m 为飞逸时水平离心力设计值，N；其余符号同前。

3.机墩进人孔部位环向剪应力设计值

(1)短路扭矩作用下，环向剪应力为

$$\tau'_{x_2} = \eta' \frac{T'_d(3l + 1.8h)}{l^2 h^2} \tag{9-45}$$

(2)离心力作用下，环向剪应力为

$$\tau'_{x_4} = \varphi \frac{c_p A_2}{\frac{\pi}{4}(D^4 - d^4) - A_h} \tag{9-46(a)}$$

或

$$\tau'_{x_4} = \eta\varphi \frac{P'_m}{\frac{\pi}{4}(D^4 - d^4) - A_h} \tag{9-46(b)}$$

$$c_p = \frac{l}{\delta_2} \tag{9-47}$$

式中：l 为机墩圆筒中心周长，m；h 为机墩圆筒壁厚度，m；A_h 为圆环上进人孔所占面积，m^2。

9.3.4.4 **机墩强度校核**

根据表 9-2 的规定对机墩在各种作用与作用效应组合下，按第三强度理论进行强度校核

$$\sigma_{zl} = \frac{1}{2}(\sigma_x - \sqrt{\sigma_x^4 + 4\tau^2}) \tag{9-48}$$

$$\sigma_{zl} \leqslant \frac{\sigma_c}{\gamma_d} \tag{9-49}$$

式中：σ_{zl}为主拉应力设计值，Pa；σ_x 为机墩内、外壁计算点的正应力设计值，Pa；τ 为机墩内、外壁计算点的剪应力设计值，正常运行时 $\tau=\tau_{x_1}+\tau_{x_3}$，短路时 $\tau=\tau_{x_2}+\tau_{x_3}$ 或 $\tau=\tau'_{x_2}+\tau_{x_3}$，飞逸时 $\tau=\tau_{x_4}$ 或 $\tau=\tau'_{x_4}$，Pa；γ_d 为素混凝土结构受拉破坏结构系数，取值为 2.0。

当不能满足式(9-49)时，应加大机墩尺寸。

9.3.4.5　**构造要求**

圆筒式机墩应配置构造钢筋，宜采用变形钢筋。计算不需要受力钢筋时，竖向构造钢筋配筋率应大于机墩全截面面积的 0.4%，钢筋直径不小于 16 mm，间距不宜大于 250 mm；环向钢筋直径不小于 12 mm，钢筋间距不宜大于 250 mm，对孔口部位应适当加强。

9.3.5　风罩静力计算

9.3.5.1　**计算假定和简图**

(1)发电机风罩为钢筋混凝土薄壁圆筒结构，当半径与壁厚之比大于 10 且风罩圆筒高度 $H_0 \geqslant \pi S$ 时($S=\dfrac{\sqrt{Rh}}{\sqrt[4]{3(1-\mu^2)}}$，$R$ 为圆筒半径，h 为圆筒壁厚，μ 为泊松比)，按有限长薄壁圆筒计算。

(2)当风罩与发电机层楼板完全脱开时，上端自由，下端固定；当风罩与发电机层楼板整体连接时，上端简支，下端固定，结构计算简图如图 9-7 所示。

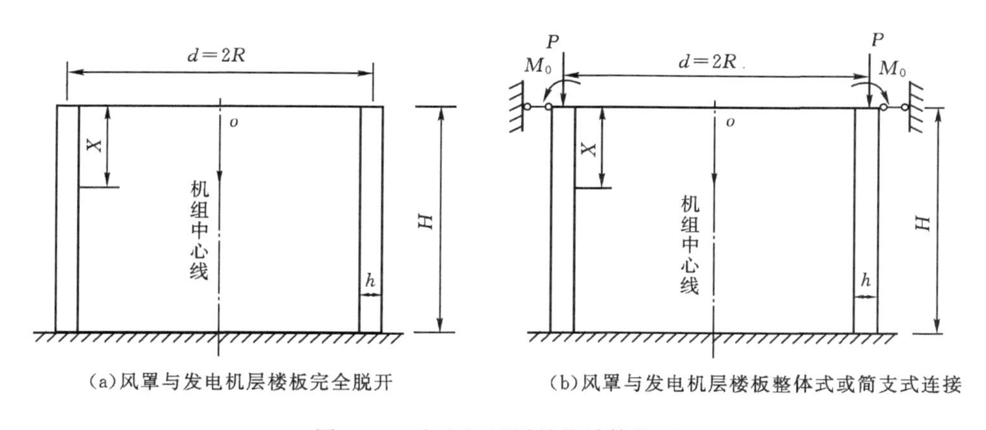

图 9-7　发电机风罩结构计算简图

(3)对作用在风罩顶部的所有荷载均假定为沿圆周均匀分布，将荷载转化为沿圆周单位长度均匀分布的垂直轴向力、水平力和力矩，然后分别计算。

(4)当发电机风罩壁开孔较多且尺寸较大时，则可切取单宽，按“Γ”形框架计算，但环向钢筋应适当加强。

9.3.5.2　**内力计算**

(1)上端简支、下端固定，上端作用力矩设计值 M_0，内力按式(9-50)～式(9-53)计算，各项系数可参见《水电站厂房设计规范》(SL 266—2014)。

$$M_x = K_{M_x} M_0 \tag{9-50}$$

$$M_\theta = \mu M_x \tag{9-51}$$

$$N_\theta = K_{N_\theta} \frac{M_0}{h} \tag{9-52}$$

$$V_x = K_{V_x} \frac{M_0}{h} \tag{9-53}$$

式中：M_x 为竖向弯矩设计值，外壁受拉力为正，kN·m/m；K_{M_x} 为竖向弯矩系数；M_0 为外力矩设计值，外壁受拉力为正，kN・m/m；M_θ 为环向弯矩设计值，外壁受拉力为正，kN・m/m；μ 为混凝土泊松比；N_θ 为环向力设计值，受拉力为正，kN・m；K_{N_θ} 为环向力系数；h 为风罩圆筒厚度，m；V_x 为剪力设计值，向外为正，kN・m；K_{V_x} 为剪力系数；h 为风罩圆筒高，m。

(2)上端简支、下端固定，在均匀温差 t_R 作用下，内力按式(9-54)～式(9-58)计算，各项系数可参见《水电站厂房设计规范》(SL 266—2014)。

$$M_x = \gamma_t K_{M_x} P_t H^2 \tag{9-54}$$

$$M_\theta = \gamma_t \mu M_x \tag{9-55}$$

$$N_\theta = \gamma_t (K_{N_\theta} - 1) P_t R \tag{9-56}$$

$$V_x = \gamma_t K_{V_x} P_t H \tag{9-57}$$

$$P_t = \frac{E_c h \alpha_t t_R}{R} \tag{9-58}$$

式中：γ_t 为温度作用分项系数，按《水工建筑物荷载设计规范》(NB 35047—2015)规定采用；K_{M_x} 为竖向弯矩系数；E_c 为混凝土弹性模量，kN/m^2；α_t 为混凝土温度线膨胀系数，$\frac{1}{℃}$；t_R 为均匀温差，温升为正，℃；R 为风罩计算半径，m；K_{N_θ} 为环向力系数；K_{V_x} 为剪力系数。

(3)上端简支、下端固定，在内外温差 Δt 作用下，内力按式(9-59)～式(9-63)计算，各项系数可参见《水电站厂房设计规范》(SL 266—2014)。

$$M_x = \gamma_t K_{M_x} M_t \tag{9-59}$$

$$M_\theta = \gamma_t \mu (K_{M_x} - 5) M_t \tag{9-60}$$

$$N_\theta = \gamma_t K_{N_\theta} \frac{M_t}{h} \tag{9-61}$$

$$V_x = \gamma_t K_{V_x} \frac{M_t}{h} \tag{9-62}$$

$$M_t = 0.1 E_c h^2 \alpha_t \Delta t \tag{9-63}$$

式中：K_{M_x} 为竖向弯矩系数；K_{N_θ} 为环向力系数；K_{V_x} 为剪力系数；Δt 为内外温差，等于外壁温度减去内壁温度，℃。

(4)发电机短路时，发电机层楼板对风罩的约束扭矩设计值 M_a 产生的水平切向剪应力设计值 τ 按式(9-64)计算。

$$\tau = \frac{3M_a}{2ShR} \frac{R_e}{R} \tag{9-64}$$

式中：S 为风罩中心线周长，应扣除孔洞宽度，m；R_e 为风罩外半径，m。

9.4 蜗 壳

蜗壳指水轮机的过流部分，它的尺寸与断面形状由制造厂家根据水力模型试验确定。蜗壳根据作用水头大小选用金属蜗壳或钢筋混凝土蜗壳。金属蜗壳的断面形状一般为圆形或椭圆形；钢筋混凝土蜗壳断面多采用梯形，如图 9-8、图 9-9 所示。当最大水头在 40 m 以上时宜采用金属蜗壳，若采用钢筋混凝土蜗壳，则应有技术经济论证。

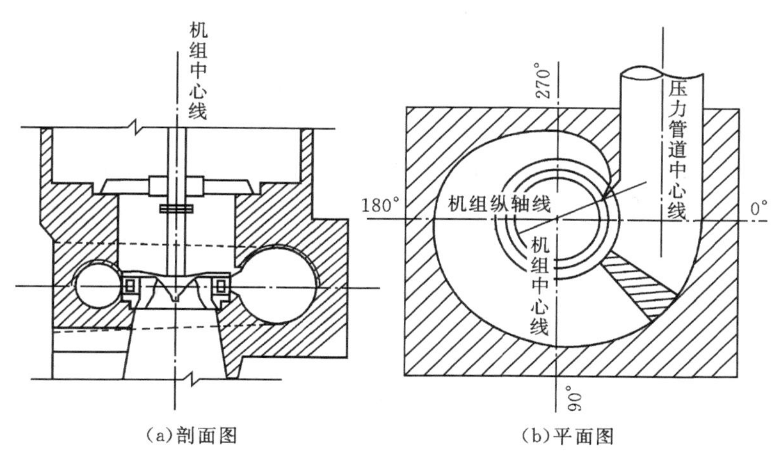

图 9-8　金属蜗壳外围混凝土结构

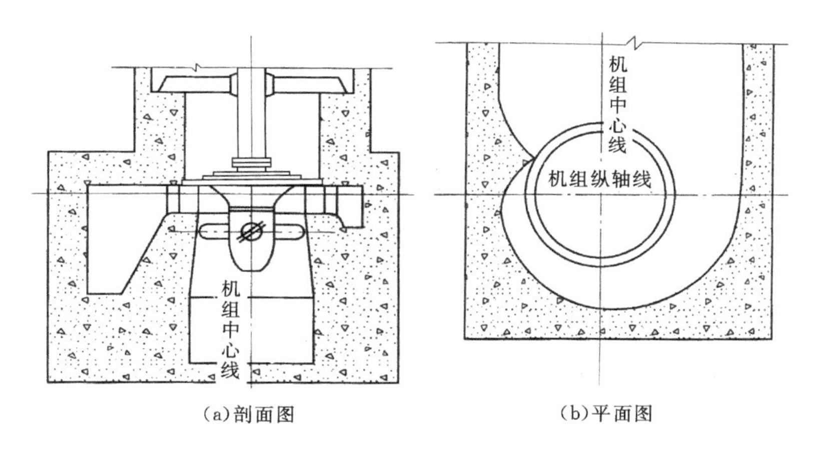

图 9-9　梯形断面钢筋混凝土蜗壳

9.4.1　金属蜗壳

1. 结构型式

金属蜗壳由水轮机厂家设计和制造，水工设计的任务主要是分析外围混凝土的强度和刚度，提出构造及施工要求等。金属蜗壳根据外围混凝土受力状态，主要有三种型式。

(1)垫层蜗壳。金属蜗壳外一定范围内铺设垫层后浇筑外围混凝土。金属蜗壳按承受全部设计内水压力进行设计及制造，对一般工程，外围混凝土结构只承受结构自重和上部结构传来的荷载；对大型或高水头工程，外围混凝土除承受结构自重和上部结构传来的荷载外，还要承受部分内水压力，传至混凝土上内水压力的大小应根据垫层设置范围、厚度及垫层材料的物理力学指标等研究确定。

垫层材料通常敷设于上半圆表面，必要时可对垫层范围进行调整，以减小座环处钢衬应力集中，改善蜗壳外围混凝土薄弱区受力条件。垫层材料应具有弹性模量低、吸水性差、抗老化、抗腐蚀、徐变小且稳定、造价低廉、施工方便等性能，一般采用非金属的合成或半合成材料，如聚胺酯软木垫层、PE 泡沫材料等，弹性模量一般不高于 10 MPa，通常采用 1～3 MPa，其厚度应能满足金属蜗壳自由变形的需要，一般采用 2～5 cm。重要结构可根据外围混凝土结构具体条件分析研究确定垫层。

(2)充水保压蜗壳。金属蜗壳与外围混凝土之间不设垫层，蜗壳在充水加压状态下浇筑外围混凝土。金属蜗壳亦按承受全部设计内水压力设计及制造，外围混凝土结构除承受结构自重和外荷载外，还要承受部分内水压力，其充水加压值可根据外围混凝土结构具体条件分析研究确定。

(3)直埋蜗壳。属于钢衬钢筋混凝土完全联合承载结构，即金属蜗壳外直接浇筑外围混凝土，既不设垫层，也不充内压。金属蜗壳亦按承受部分设计内水压力设计及制造，外围混凝土结构除承受结构自重和外荷载外，还要承受部分内水压力，其分担设计内水压力值可根据外围混凝土结构具体条件分析研究确定。

总结国内外的工程经验，以上三种方式均有应用。对于 HD 值(设计内水压力与钢蜗壳进口管径之积)特别高的蜗壳结构，国外常采用充水保压蜗壳和直埋蜗壳，国内以往通常采用垫层蜗壳。近期的大型工程和抽水蓄能工程多采用充水保压蜗壳，我国从 2005 年起，对云南景洪电站和三峡右岸 15 号机组开展直埋式蜗壳的研究。

大型机组或高水头机组蜗壳型式宜从结构的强度、刚度、控制尺寸、布置、施工、投资效益和运行维护等方面综合比较确定。

2. 计算荷载及组合

金属蜗壳外围混凝土结构承受的作用和作用效应组合可按表 9－4 规定采用。

表 9－4　金属蜗壳作用效应组合表

蜗壳形式	设计状况	极限状态	作用效应组合	计算情况	作用名称					
					结构自重	机墩及风罩传来荷载	水轮机层地面活荷载	内水压力	外水压力	温度作用
金属蜗壳外围混凝土	持久状况	承载能力极限状态	基本组合(一)	正常运行	√	√	√	√		
	短暂状况		基本组合(二)	蜗壳放空	√	√	√			

注：(1)内水压力包括水锤压力。

(2)长期组合中温度作用仅需考虑环境年变幅影响。

(3)短期组合中施工期温度作用，宜采用温控措施及合理分块浇筑予以降低。

3. 计算方法

金属蜗壳外围混凝土结构内力计算通常选择几个控制断面，切取平面框架简化计算或按平面有限元计算，由于忽略空间作用影响，计算结果与实际受力状况存在一定差异，因此，建议大中型电站及蜗壳外包混凝土结构特殊的小型电站尽可能以三维计算方法为主。当考虑与金属蜗壳联合作用时，内力计算还宜分别由三维有限元分析、结构模型试验或由工程类比确定。本节着重介绍平面框架计算方法的一般原则。

(1)按框架计算内力时，常沿蜗壳机组中心线径向切取 3～4 个截面，其中进口断面往往为控制断面。

目前一般采用平面“Γ”形框架进行计算，框架的简化方式可分为等截面框架(见图 9－10(a))和变截面框架(见图 9－10(b))两种。顶板与侧墙刚接，侧墙底部固定于下部大体积混凝土上，顶板与座环一般采用铰接，但对于高水头电站，由于蜗壳较小，其外包混凝土顶板往往不能或仅局部落在座环上，座环对于顶板支撑作用没有或较小，此时，设计人员可考虑平面假设与实际条件的差异、构造措施、结构刚度等情况，根据经验对蜗壳顶板座环侧的约束作用进行假设。

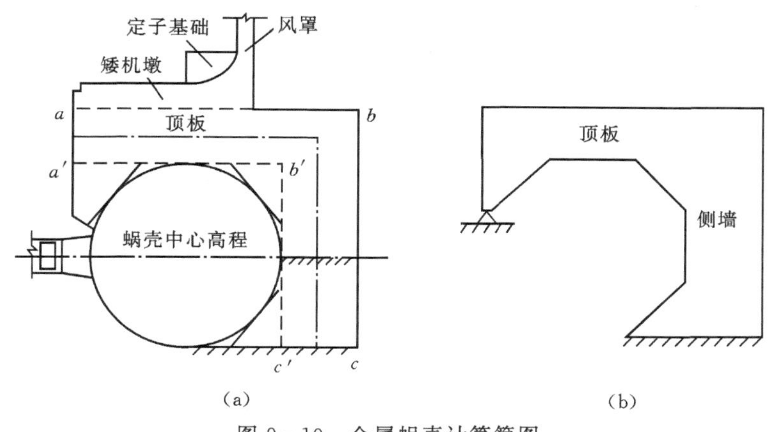

图 9-10　金属蜗壳计算简图

对于蜗壳顶板与侧墙厚度较大时，应考虑节点刚性和剪切变形影响。

蜗壳的环向作用可根据竖向平面与各层环向水平交点变形一致的条件，并通过改变约束作用或设置水平弹性杆等方法体现。

(2)按等截面平面框架计算时，可采用考虑剪切变形及刚性节点影响的杆件形常数和载常数，按一般弯矩分配法计算杆件内力；如果不考虑剪切变形及刚性节点的影响，"Γ"形框架可按一般结构力学公式求解，还可以用有限元法进行应力分析。

(3)按变截面框架计算时，可采用$\frac{I_0}{I}$余图法计算内力，或直接采用力法计算。

4.配筋及构造要求

(1)不承受水压力的混凝土结构可允许开裂，但宜校核其裂缝宽度；对于承受水压力的混凝土结构根据具体情况按抗裂或限裂设计。

(2)不承受内水压力的蜗壳外围混凝土，若按计算不需配筋，对于小型工程，可仅在接近座环处以及转角处的应力集中处配少量构造钢筋，但要提高混凝土的标号到 C25～C30 以上，并核算纯混凝土的拉应力，应不超过规定值；对于大中型工程，宜按构造在蜗壳上半圆垫层部位或周边配筋。由于蜗壳混凝土很厚，按构造配筋时，可参照类似工程经验，一般配双向 ϕ16～ϕ25 @20～@25 cm 的构造钢筋，小型电站选择低值，大型电站选择高值。

(3)受内水压力的蜗壳外围，按计算需要在蜗壳上半圆或周边配筋，若按平面计算时，要注意环向分布钢筋不要太少，一般不少于径向钢筋的 40%～60%，小型电站选择下限值，大型电站选择上限值；按空间有限元或空间框架计算时，环向钢筋宜按计算确定。

(4)对于外包混凝土不能落在座环金属蜗壳上，其顶板为一悬臂结构，因此必须保证顶板有足够的抗剪强度，避免出现斜裂缝影响构件的实用性和耐久性，必要时宜配置一定数量的抗剪钢筋。

(5)对于垫层蜗壳，为确保蜗壳底部密实，浇筑前，可在蜗壳底部、座环及基础环下部等混凝土浇筑较困难的部位预埋回填灌浆系统。蜗壳部位灌浆范围可包括座环及基础环下部、蜗壳内侧及底部、蜗壳进口断面至上游边墙段底部120°。座环和基础环底部可利用预留灌浆孔灌浆;蜗壳内侧及底部(含蜗壳进口断面至上游边墙段)一般采用引管法灌浆。

9.4.2 钢筋混凝土蜗壳

9.4.2.1 结构型式

目前国内已建水电站钢筋混凝土蜗壳统计资料表明,最大水头在 30 m 以上的钢筋混凝土蜗壳,大都采取了防渗措施。其中,盐锅峡、石泉、柘林、大化等水电站,钢筋混凝土蜗壳的最大水头在 40 m 左右。根据蜗壳的工作特点,目前国内外钢筋混凝土蜗壳常用的防渗措施主要有以下几种型式。

(1)采用防渗涂料:在蜗壳内壁涂刷防渗涂料,以防止蜗壳渗水或漏水。该种防渗型式需论证防渗涂料的防渗可靠性和耐久性。

(2)设置钢板衬砌:在蜗壳内壁设置金属护面。该种型式防渗效果较好,由于施工工序较多,可能会增加施工工期。

(3)预应力结构:通过在蜗壳顶板或侧墙施加一定预应力钢筋,改变结构受力特点,以提高防渗性能。该种型式防渗性能好,在国内有少量应用实例,若使用这种结构型式,应进行充分论证。

除上述几种防渗措施外,经充分论证,还可研究钢筋混凝土-型钢混合结构、钢筋-纤维混凝土、高分子材料等新材料、新工艺提高钢筋混凝土蜗壳防渗性能。

9.4.2.2 计算荷载及组合

钢筋混凝土蜗壳外围混凝土结构承受的作用和作用效应组合可按表 9-5 规定采用。

表 9-5 钢筋混凝土蜗壳作用效应组合表

<table>
<tr><th rowspan="2">蜗壳型式</th><th rowspan="2">设计状况</th><th rowspan="2">极限状态</th><th rowspan="2">作用效应组合</th><th rowspan="2">计算情况</th><th colspan="6">作用名称</th></tr>
<tr><th>结构自重</th><th>机墩及风罩传来荷载</th><th>水轮机层地面活荷载</th><th>内水压力</th><th>外水压力</th><th>温度作用</th></tr>
<tr><td rowspan="7">钢筋混凝土蜗壳</td><td>持久状况</td><td rowspan="4">承载能力极限状态</td><td>基本组合(一)</td><td>正常运行</td><td>√</td><td>√</td><td>√</td><td>√</td><td>√</td><td>√</td></tr>
<tr><td rowspan="2">短暂状况</td><td rowspan="2">基本组合(二)</td><td>蜗壳放空</td><td>√</td><td>√</td><td>√</td><td></td><td>√</td><td></td></tr>
<tr><td>施工期</td><td>√</td><td>√</td><td></td><td></td><td></td><td>√</td></tr>
<tr><td>偶然状况</td><td>偶然组合</td><td>校核洪水运行</td><td>√</td><td>√</td><td>√</td><td>√</td><td>√</td><td></td></tr>
<tr><td>持久状况</td><td rowspan="3">正常使用极限状态</td><td rowspan="2">短期或长期组合</td><td>正常运行</td><td>√</td><td>√</td><td>√</td><td>√</td><td>√</td><td>√</td></tr>
<tr><td rowspan="2">短暂状况</td><td>蜗壳放空</td><td>√</td><td>√</td><td>√</td><td></td><td>√</td><td></td></tr>
<tr><td>短期组合</td><td>施工期</td><td>√</td><td>√</td><td></td><td></td><td></td><td>√</td></tr>
</table>

注:(1)内水压力包括水锤压力。

(2)长期组合中温度作用仅需考虑环境年变幅影响。

(3)短期组合中施工期温度作用,宜采用温控措施及合理分块浇筑予以降低。

9.4.2.3　**计算方法**

钢筋混凝土蜗壳结构内力计算主要有平面框架法、环形板筒法及有限元法等。过去一般采用平面框架法计算，该方法计算方便，但忽略了空间作用，使计算结果不够精确，往往致使蜗壳顶板径向钢筋和侧墙竖向钢筋偏多，而环向钢筋不足，从空间有限元计算结果或三维光弹试验及部分现有工程运行情况等表明环向应力是不容忽视的；此外，对于大体积构件，受力钢筋锚固长度按常规处理也不尽合理，宜按应力分布状况确定，建议大中型电站尽可能采用三维分析方法为主，对于进口段尚应考虑中墩及上游墙的约束作用。

1. 平面框架法

沿蜗壳径向切取若干断面(见图 9-11(a)、(b))，计算模型基本同金属蜗壳，但荷载不同。计算中可考虑平面框架之间相互作用(即环向作用)以及蜗壳上下锥体和座环的刚度影响。也可考虑蜗壳上下锥体自身刚度影响，将断面简化成“Π”形框架计算，将蜗壳顶板两端分别与蜗壳侧墙和蜗壳上锥体刚接，将座环模拟成杆，与蜗壳上下锥体铰接。侧墙与下锥体底部因与大体积混凝土相连，均取固端截面(见图 9-11(c))。

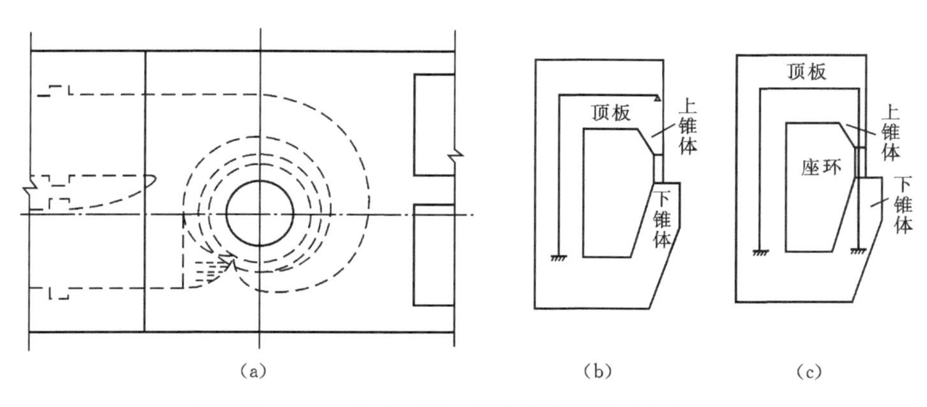

图 9-11　钢筋混凝土蜗壳结构计算示意图

2. 环形板筒法

此法将钢筋混凝土蜗壳各部分分别按其支承条件和荷载图形分开计算，目前已较少使用。

3. 有限单元法

有限单元法又称为有限元法，用有限单元法计算河床式电站钢筋混凝土蜗壳的计算要点如下。

(1)根据研究内容和研究对象，选择合适的有限元程序，目前国内通常采用 ABAQUS、ANSYS 等有限元分析商业软件包。对混凝土蜗壳一般进行有限元线弹性分析；若为了解结构混凝土开裂范围、混凝土裂缝宽度和结构位移等，可采用非线性分析。

(2)计算简图必须遵守反映实际和计算可行的原则：计算范围一般可仅限于水下，一般选用一标准机组段范围，计算对象应包括蜗壳顶板、侧墙、上下锥体、上下座环及固定导叶等，条件允许可以取厂房整体模型计算。至于边界条件可用理想化的约束或荷载取模拟毗邻结构或介质对它的作用。

图 9-12 为葛洲坝电站三维有限元计算模型，限于当时计算机容量限制，在拟定其计算图式时，选取蜗壳及其下排沙底孔作为计算对象，上游侧取至蜗壳顶板与上游挡水墙的连接处；

下游侧取至蜗壳压力墙;左右两侧至机组段边墙的外轮廓;顶部取至蜗壳顶板上缘,底部取至排沙底孔的边墙下端,上游锥体部分取至座环为止,下锥体及尾水管段不参加计算。

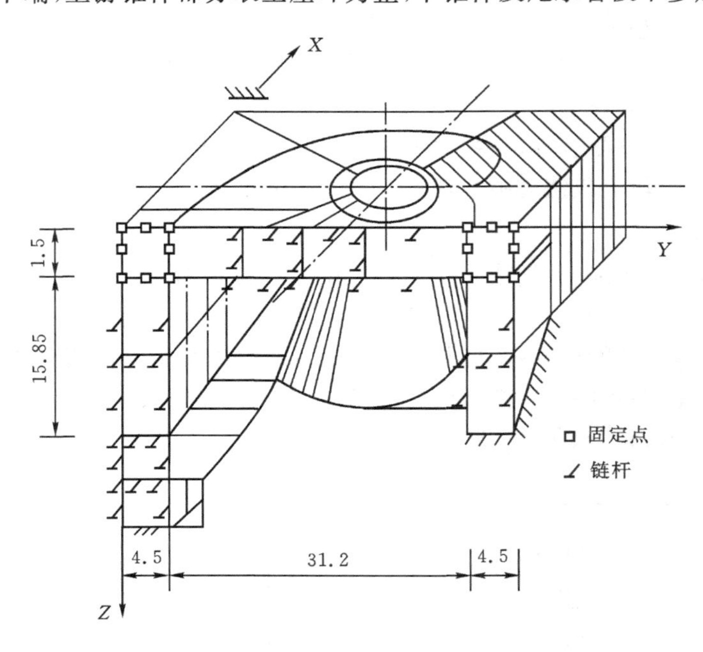

图 9-12 蜗壳三维有限元计算示意图(单位:m)

对于蜗壳计算周界的约束条件作如下假定。①下游侧周界与长而高的厂房下游墩墙连接,故对蜗壳边墙的约束视为顺水流向的连杆。②上游侧周界与刚度很大的上游挡水墙相连,故对蜗壳前进口段顶板的约束适宜采用完全固端。但考虑到蜗壳分层分块设计中,在上挡墙与蜗壳顶板连接处有一施工缝,削弱了两者的联系,故在两侧边墙部位取为固定约束,顶板部位视为顺水流向的连杆。③顶板上部的厂房排架截面尺寸相对较小,不计其约束作用,厂房排架传下的重量对蜗壳应力影响甚小,计算中略去不计。④蜗壳下部的排沙底孔边墙和顶板与大体积连接处假定为固定约束。⑤上倒锥体底部,考虑到该部位的钢筋与座环焊接,而座环的整体刚度又较大,亦视为完全固定约束。上锥体对顶板的约束,曾采用完全固定和竖向刚性连杆连接两种不同条件,两种约束条件只对上倒锥体和顶板附近的应力有影响,对其他部位几乎无影响。

(3)根据计算应力分布及数值,用钢筋混凝土规范的拉应力图法计算结构各部位的配筋。

9.4.2.4 **配筋及构造要求**

(1)根据框架分析得出的杆件体系内力特征,顶板和边墙可按受弯、偏心受压或偏心受拉构件进行承载能力计算及裂缝宽度验算。按弹性三维有限元计算时,宜根据应力图形进行配筋计算。

(2)蜗壳顶板径向钢筋和侧墙竖向钢筋为主要受力钢筋,按计算配置,最小配筋率不应小于钢筋混凝土规范的规定。蜗壳顶板径向钢筋应呈辐射状,分上下两层布置,侧墙竖向钢筋布置在内外两侧。为了保证构件刚度及延性,同时方便施工,纵向钢筋直径不宜过小,数量不宜过少,建议蜗壳配筋每延米长度不少于 5 根,其直径不宜小于 16 mm。顶板与边墙的交角处应设置斜筋，其直径和间距与顶板径向钢筋保持一致。

(3)侧墙底部与大体积混凝土固接，其受力钢筋应伸入大体积混凝土中，拉应力数值小于0.45倍混凝土轴心抗拉强度设计值的位置后再延伸一个锚固长度；当底部混凝土内应力分布不明确时，其伸入长度可参照已建工程的经验确定。

(4)蜗壳顶板和侧墙应配置足够的环向钢筋。按平面框架计算，顶板和侧墙环向钢筋配筋值不宜小于径向钢筋的40%～60%，小型电站选择下限值，大型电站选择上限值；按空间有限元或空间框架计算时，顶板和侧墙环向钢筋宜按计算确定。

(5)对蜗壳混凝土顶板和侧墙应按钢筋混凝土规范进行斜截面受剪承载力验算。当顶板和侧墙为偏心受拉构件时，即使按斜截面承载力计算不需配置钢筋，也宜按构造要求配置抗剪钢筋，以提高结构的延性和抗剪能力。

(6)混凝土蜗壳最大裂缝宽度不宜超过钢筋混凝土规范规定的限值，并宜满足厂房专业规范规定。对于蜗壳内壁增设专门的防渗层时，限制裂缝宽度可适当放宽。若钢筋用量已经很大而计算裂缝仍超过最大裂缝允许值时，宜参照已建工程经验或构造措施满足限裂要求。

(7)对于接力器坑、进人孔等孔洞部位宜配置加强钢筋；对于座环部位应配置适量承压钢筋；对于承受内水压力较大的混凝土蜗壳上环部位宜增加蜗壳混凝土钢筋与座环的连接措施，如配置连接螺栓筋等。

9.5　尾水管

9.5.1　尾水管结构(底板)布置

大中型电站多采用弯曲形尾水管，在结构上分为锥管、弯管和扩散段3部分，是一个由边墙、顶板、底板和中间隔墩组成的复杂空间结构(见图9-13)。

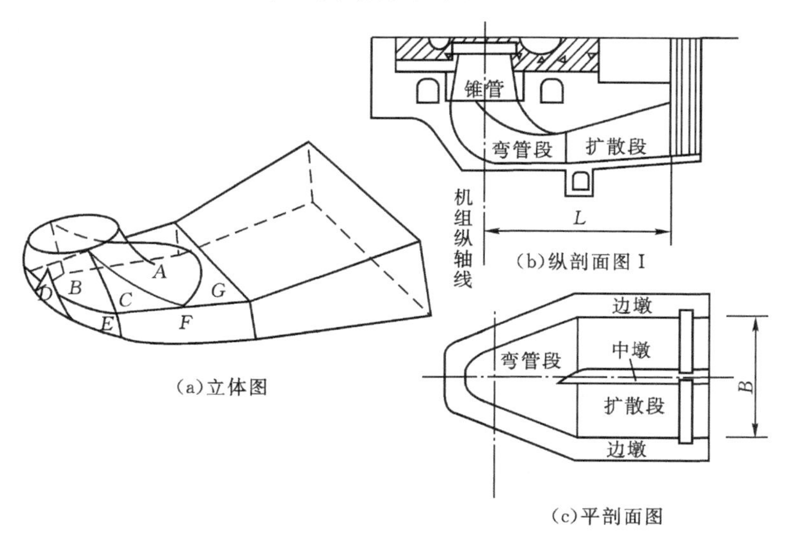

图 9-13　弯曲形尾水管体型图

A—调环面；B—斜圆锥面；C—斜平面；D—水平圆柱面；E—垂直圆柱面；F—立平面；G—曲面

尾水管底板同时也是主厂房的基础板。当地基为坚硬完整的岩石时，可以做成分离式底板，厚度一般为 0.5～1.0 m。对于地质条件差的厂房，一般均做整体式钢筋混凝土底板，厚度常达 2～3 m 以上。图 9-14 是分离式底板的一种布置。

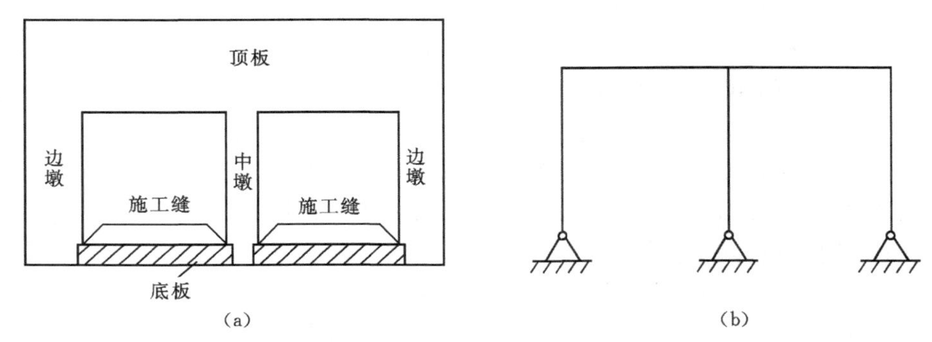

图 9-14　分离式底板尾水管剖面

9.5.2　计算荷载及其组合

尾水管承受的作用及作用效应组合可按表 9-6 规定采用。

表 9-6　尾水管作用效应组合表

设计状况	极限状态	作用组合	计算情况	作用名称										
				结构自重	上部结构及设备重	内水压力		外水压力			扬压力			温度作用
						正常尾水位	校核洪水尾水位	正常尾水位	校核洪水尾水位	检修尾水位	正常尾水位	校核洪水尾水位	检修尾水位	
持久状况	承载能力极限状态	基本组合(一)	正常运行	√	√	√		√		√	√			
短暂状况		基本组合(二)	检修期	√	√					√			√	
			施工期	√	√									√
偶然状况		偶然组合	校核洪水运行	√	√		√		√			√		
持久状况	正常使用极限状态	短期或长期组合	正常运行	√	√	√		√			√			
短暂状况		短期组合	检修期	√	√					√			√	
			施工期	√										√

9.5.3　计算方法

尾水管扩散段的内力一般简化成平面框架分析，即沿水流方向分区切成若干截面，按平面框架计算，计算应考虑节点刚性和剪切变形影响，弯管段为一复杂空间框架结构，通常采用近似方法，如框架法和平板法等。

大中型电站尽可能采用三维分析方法为主。三维计算应结合工程需要选用合适的计算程序和模型，分析方法可参考《钢筋混凝土蜗壳》及有关书籍，以下着重介绍结构力学（平面杆件）计算方法。

1. 计算假定

(1)切取单位宽度结构按平面框架计算，应对不平衡竖向力进行调整。

(2)按平面框架计算时，杆件的计算跨度一般不能取杆件截面中心到中心，支座负弯矩钢筋也不宜按支座中心弯矩值配置，而应按边界弯矩或柔性段的端弯矩配置。

(3)一般在跨高比 $\lambda \leqslant 3.5 \sim 4.0$ 时，要考虑节点刚性和剪切变形影响；当杆件跨高比较大时可不考虑。

(4)当跨高比更小，为 $\lambda \leqslant 2.5$ 时，宜按深梁计算杆件的内力和配筋。

(5)当上部杆件相对刚度和底板刚度比较接近时，按弹性地基上的框架计算。

(6)当底板较厚，相对刚度较大时，可假定上部框架固定于底板，分开计算，底板则按弹性地基上的梁计算。

(7)当按弹性地基上框架计算时，基础对底板的反力图形可以有以下几种处理办法。

①当地基为坚硬岩石，底板相对刚度较小时，可近似地假定反力为三角形分布（见图9-15(a)）。

反力荷载宽度

$$a_0 = \frac{1.5}{\beta}（当\ \beta \geqslant \frac{3}{L}\ 时） \tag{9-65}$$

反力荷载强度

$$q=\frac{W-U}{2a_0}=\frac{V}{2a_0}$$

式中：$\beta=\sqrt[4]{\frac{Kb}{4EI}}$，$b$ 为底板计算宽度，m，K 为基岩弹性抗力系数，kN/m^3，E 为底板混凝土弹性模量，kN/m^2，I 为底板截面惯性矩，m^4；L 为计算跨度，m；W 为上部荷载合力，kN；U 为底板扬压力合力，kN；V 为基础反力的合力，kN。

②当地基软弱，底板相对刚度较大时，可近似地假定反力为均匀分布，如图9-15(b)所示。

③当地基介于上述两者之间时，反力分布图形按弹性地基梁或框架通过计算求得。

2. 弯管段计算

(1)假设底板为一边自由、三边固定的梯形板，按交叉梁法计算（见图9-16）。

(2)弯管段底板通常切取1～2个断面，如图9-17的1—1剖面和2—2剖面，边墩连同底板按倒框架计算，假定底板反力均匀分布。杆件截面较大时，应考虑节点刚性和剪切变形的影响。由于弯管段的顶板一般都很厚，弯管段顶板可按深梁计算，如图9-17的3—3剖面。

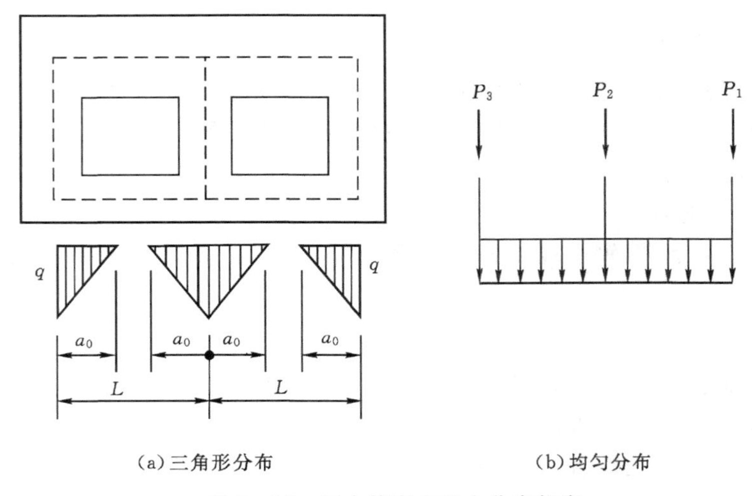

(a)三角形分布　　(b)均匀分布

图 9-15　尾水管底板反力分布假定

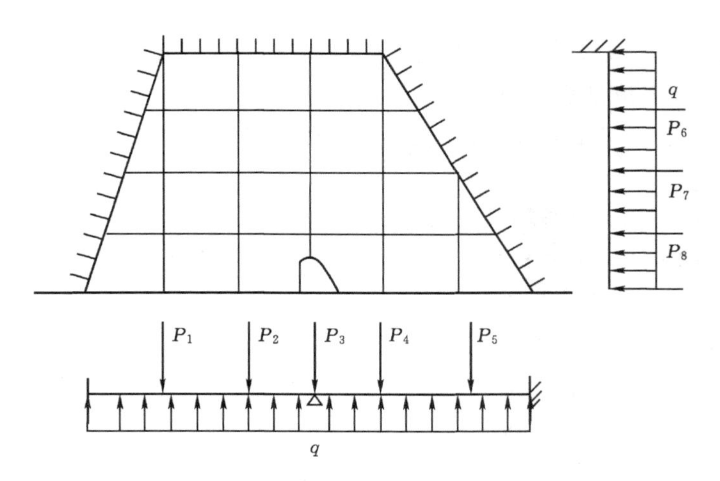

图 9-16　弯管段底板按交叉梁法计算简图

3.扩散段计算

(1)在扩散段选择有代表性的部位沿垂直方向切取 2～3 个断面,如图 9-17 的 4—4 剖面和 5—5 剖面,按平面框架计算框架。杆件截面较大时,应考虑节点刚性和剪切变形的影响。

(2)扩散段相邻平面框架间不平衡剪力系根据总体平衡条件,假定沿水流方向基础反力为直线分布求得的,而剪力系假定尾水管在顺水流方向为一受弯构件求得

$$\tau=\frac{QS}{Ib}\text{ 或 }b\tau=\frac{QS}{I}$$

式中:Q 为不平衡剪力,kN;I 为垂直水流方向的截面惯性矩,m^4;S 为计算截面以上的截面面积对截面重心轴的面积矩,m^3;b 为计算截面处的截面宽度,m;τ 为总的抗剪力,kN/m^2。

不平衡剪力可按框架截面各部分对截面重心轴的面积矩分配到顶板、底板和墩墙上。顶板、底板分担的剪力,按均布荷载处理。墩子分担的剪力还要根据各个墩子的厚度分配,作为集中力处理。

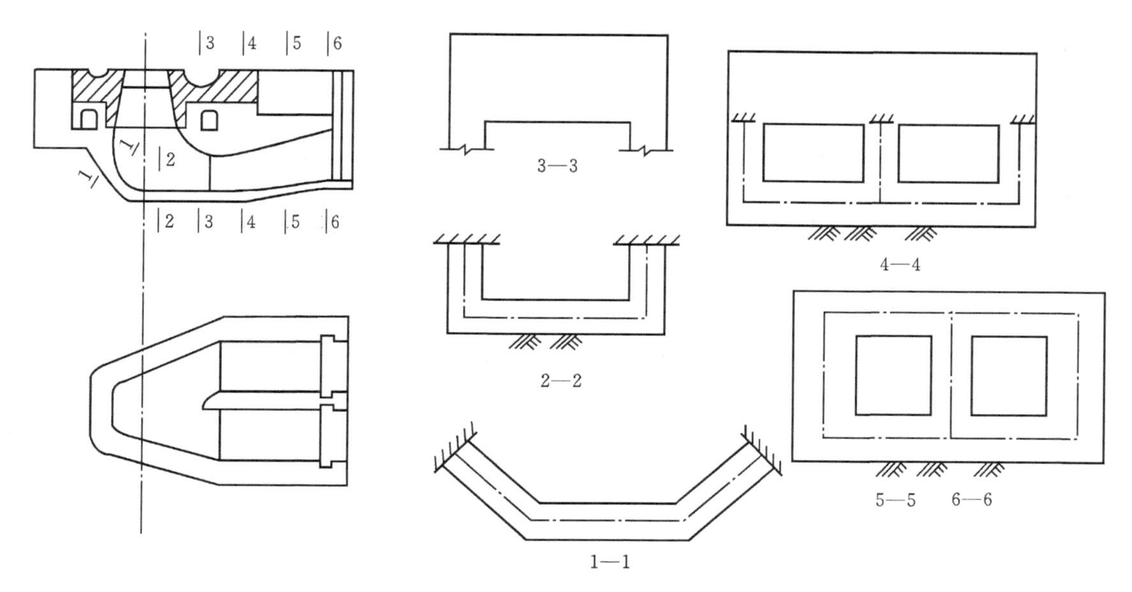

图 9－17　尾水管按平面倒框架计算简图

4. 锥管段计算

锥管段结构为一变厚度圆锥筒，如图 9－18 所示。内力计算时，通常简化为按上端自由、下端固结的等厚圆筒进行分析，圆筒顶面作用有水轮机座环传来的偏心垂直力，外壁作用内外水压力差。

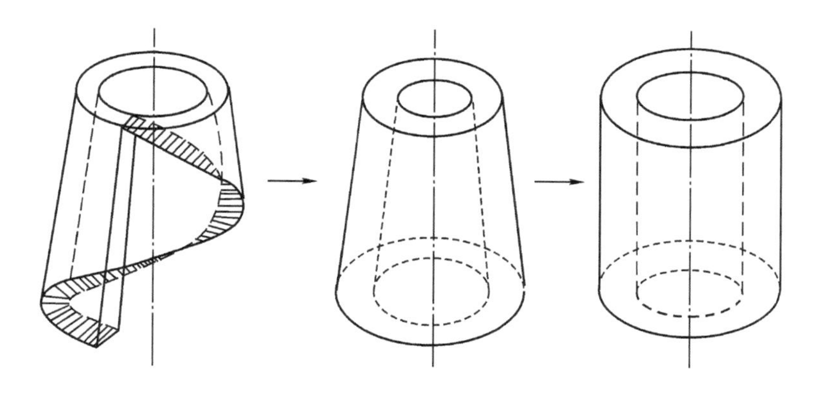

图 9－18　锥管段结构和计算图

从受力情况来看，锥管段结构为一受压圆锥结构，环向也是受压状态，应按受压构件配筋。从国内外一些电站厂房的实际情况看，一般趋势是配筋量随水轮机转轮直径 D 的增大而增大。例如 $D_0=5\sim6$ m 时，圆锥筒内外两侧竖向受压筋为直径 25 mm、间距 25 cm；$D_0=7.2$ m 时，直径为 30 mm、间距为 25 cm；$D_0=9.3$ m 时，直径为 40 mm、间距为 25 cm。水平环向筋可按竖向筋减半配置。

9.5.4 配筋及构造要求

(1)根据框架分析得出的杆件体系受力特征尾水管整体式底板、顶板和边墙等部位一般可按偏心受压、偏心受拉或受弯构件进行承载能力计算及裂缝宽度控制验算。按弹性三维有限元计算时,根据应力图形进行配筋计算。

(2)设计时应对尾水管顶板和底板按钢筋混凝土规范进行斜截面受剪承载力验算。尾水管顶板或整体式底板符合深受弯构件的条件时,宜按深受弯构件要求配置钢筋,以符合深受弯构件要求。

(3)尾水管顶板和底板垂直水流向钢筋为受力钢筋,其按计算配置,最小配筋率不应小于有关规范规定。按平面框架分析时,尾水管顶板和底板还应布置足够的分布钢筋。扩散段底板分布钢筋不应小于受力钢筋的20%～40%,弯管段顺水流向不应小于垂直水流向钢筋的75%～90%,大型电站取高值,中小型电站取低值,且每延米长度不少于5根,其直径不宜小于16 mm。

(4)尾水管顶板如果采用预制梁做浇筑模板时,还应按钢筋混凝土规范有关规定进行设计。

(5)尾水管边墩主要为承压结构,竖向钢筋按正截面承载力计算配置,并满足最小配筋率要求,水平分布钢筋不应小于受力钢筋的30%,且每延米长度不少于5根,其直径不宜小于16 mm。墩墙底部锚固长度可参照有关内容规范选取。

(6)整体式尾水管底板与边墩交角处外侧钢筋应形成封闭。顶板、底板与边墩内侧宜设置加强斜筋,斜筋直径和间距与顶板和底板主筋相同。

(7)对于孔洞等易产生应力集中的薄弱部位应进行局部承载能力极限状态验算,并配置加强钢筋。

思考题与练习

9.1 水电站结构设计的主要内容有哪些?

9.2 新型设计方法的特点有哪些?

9.3 厂房扬压力计算的目的是什么?

9.4 试简述发电机机墩结构计算的思路及其简化的要点。

9.5 蜗壳混凝土结构如何设计,其简化的依据有哪些?

9.6 试简述尾水管结构混凝土配筋计算的步骤。

第 10 章

水电站数值模拟基础

本章摘要：

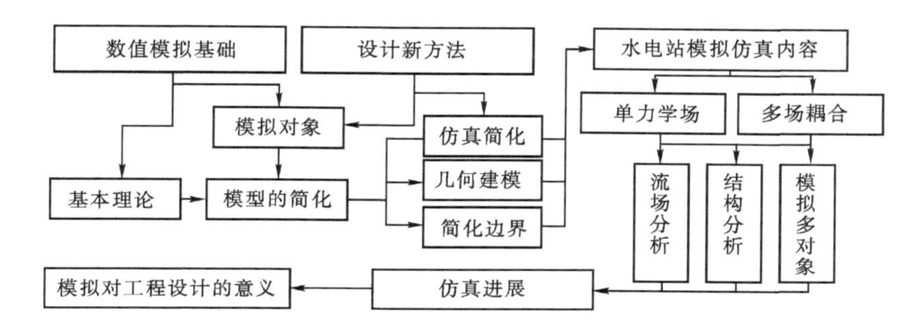

阅读指南：

设计新方法不断进入水电站工程设计领域，数值模拟分析成果也不断支持工程设计。本章介绍了水电站数值模拟分析基础、有限元基本理论、水电站数值模拟的重要性、水电站数学模型基础、水电站数值模拟特点、水电站模拟对象、水电站模拟内容和数值模拟进展等内容，帮助读者了解数值模拟的基本思想，理解水电站数值模拟的意义，也培养学生学习的兴趣，拓展水电站设计的思路。

10.1 水电站数值模拟分析基础

10.1.1 水电站数值仿真的重要性

随着科学技术的不断发展与计算机技术的广泛应用，数值计算越来越显示出其重要作用，科学计算的重要性被愈来愈多的人所认识，而对于当今信息社会的大学生而言，则更应当具备各方面的知识与能力。事实上，数值计算已经成为工程研究和设计的重要保障。

随着国民经济的发展和清洁能源需求的增加，水电站建设正在迅猛发展，其发展趋势是不断地大型化与复杂化，工程的设计计算、施工建设和运行管理难度愈来愈大。如今高速发展的计算机科学、先进的设计方法和精细的数值仿真为水电站解决这些困难提供了重要方案，为传统方法提供有力帮助。完全依靠传统的设计计算方法去得到更为精确的分析结果的可能性愈来愈小，且日新月异的数值仿真在一定程度上逐步成为分析和研究的重要手段。

总之，在水电行业快速发展的过程中，新的设计方法不断进入该行业，数值模拟作为较为可靠的新方法得到了广泛应用。大型水电站设计过程不断尝试数值模拟，并取得了良好的效果。

10.1.2　水利水电工程数学模型基础

水电站数值仿真属于水利水电工程仿真的重要内容。水利水电工程数值仿真需要建立数学模型。如果模型较为复杂或出于数学本身的缺陷或计算机处理的不足，需要对模型进行简化，制定科学、合理、可行的虚拟模型，即仿真模型。

水利水电工程模型除了基本模型的特点外，还具有自身的特点，主要表现在以下五个方面：

①信息源的复杂性、耦合多源数据特点；

②地形、地质、水文、流动等条件变化的复杂性；

③时空尺度的复杂性；

④多学科交互渗透的系统性；

⑤模型的专用性。

在第8章已经介绍了设计方法的演变与水电站建筑物结构设计基本内容，本节主要介绍基于数值模拟分析结果的先进设计方法，其既传承传统的设计方法的成果，又利用了当前研究成果，主要包括以下几点特点。

(1)加强了CAD(Computer Aided Design)辅助设计的设计方法。现行的工程设计中的计算机辅助工程CAE(Computer Aided Engineering)均不断从二维设计拓展为三维设计，建立合理的有限元几何分析模型为CAE分析的前处理，进而拓展了CAD设计方法，从单一的CAD设计到整体工程参数化建模设计服务于CAE分析，模型的无缝对接过程提高了设计效率的同时，也提高了设计质量，同样增强了设计成果数据的可靠性。

(2)采用了动态数据支撑的设计方法。在设计过程中，仿真计算结果的数据是为了服务设计的，高性能计算机仿真数据的快速、及时、准确和科学性保证了实行动态数据支持工程设计的可能性，甚至可以根据仿真结果去进行反演设计、预测预报设计和设计评估等繁杂的工作。目前依赖于仿真模拟计算数据设计的应用领域不断扩大，被广泛采用到水电站设计中。

(3)基于信息模型的设计方法。水电建设广泛应用信息模型，且设计思维和方法不断转型，在一定程度上推动了数据信息的共享和交换，提高了产品质量并降低了其工程项目的成本，巩固了数值模拟分析成果数据的地位。

(4)多种数值模拟成果构建了结构安全可靠性分析的设计方法。结构安全可靠性设计愈来愈受到重视。大型水电站工程的数值模拟计算在不同的研究领域都得到了空前的重视，所得到的模拟成果促使安全可靠性设计更加全面，保证了工程设计的科学性。

(5)可视化设计方法。计算机可视化设计从概念到单个产品设计，再到大型工程设计都离不开数值模拟成果的取得。水电站数值模拟离不开CAD、CAE，也就是离不开可视化设计。

10.2　水电站数值模拟对象

通过10.1节的介绍可知，数值模拟对水电站来讲有较为广泛的对象，总体来讲，有以下几个主要的研究对象，如表10-1所示。

表 10-1　水电站数值模拟的对象

<table>
<tr><th>序号</th><th>描述</th><th>解决主要问题</th><th>特征描述</th></tr>
<tr><td>1</td><td>水轮机流道的流场分析</td><td>水轮机流道运动机理研究，水轮机效率分析，为水轮机强度分析提供荷载，改进水轮机流道设计，为运行提供直接建议等</td><td rowspan="3">计算流体力学(或计算水力学)精细化分析：(1)水轮机流道仿真，(2)水轮机性能分析，(3)机组轴系润滑效果分析，(4)引水系统水力学，(5)上下游水位波动对机组和引水流道的作用，(6)河流泥沙与机组和引水流道作用，(7)平水建筑物水力学问题，(8)水锤机理与工程应用，(9)水工水力学</td></tr>
<tr><td>2</td><td>输水系统流场分析与振动仿真</td><td>引水系统布置设计，引水系统结构设计，引水系统水力学流场计算，确定引水系统尺寸，对引水系统建筑物或构筑物结构可靠性分析等</td></tr>
<tr><td>3</td><td>水电站过渡过程与控制的仿真</td><td>输水系统水流特征(水锤)计算，水电站运行机制研究，水轮机水力振动机理分析，输水系统对过渡过程的特征研究等</td></tr>
<tr><td>4</td><td>水电站建筑物的结构优化设计仿真</td><td>合理布置水电站建筑物和构筑物，分析水电站建筑物和构筑物破坏机理，水电站建筑物及构筑物设计，水电站建筑物优化设计和可靠度设计，仿真分析结果支持系统下的优化设计过程，水电站建筑物新材料、新工艺和新技术论证分析等</td><td rowspan="4">有限元方法的结构分析：(1)建筑物或构筑物结构分析及其振动特性与破坏机理，(2)机组与设备的强度分析，(3)机组轴系动力学问题，(4)水电站专门建筑物(蜗壳结构、尾水管、压力钢管、引水隧洞、发电机机墩、调压室、钢闸门或阀门、大型牛腿、吊车梁等)模拟分析，(5)水电站厂房结构仿真：大跨度厂房结构仿真(桁架结构或预应力钢筋混凝土结构)，(6)水电站厂房梁板柱结构工程，(7)水电站洞室、边坡和围岩等岩土工程，(8)地下水渗流分析，(9)排水系统</td></tr>
<tr><td>5</td><td>水电站厂房结构振动仿真分析</td><td>水电站厂房结构(混凝土结构的)性能分析，水电站厂房建筑物的振动破坏过程与机理研究，水电站厂房结构的寿命分析等</td></tr>
<tr><td>6</td><td>水工结构和构筑物稳定性与破坏机理仿真</td><td>水工结构力学行为有限元分析，水工结构的稳定与破坏机理分析，新型水工结构性能研究和可靠度方法等</td></tr>
<tr><td>7</td><td>水电站厂房地下水流动特性分析</td><td>水电站厂房的稳定系分析(抗滑稳定性分析)，水电站厂房渗流计算分析，水电站厂房基础设计与灌浆设计，水电站厂房防渗设计与排水系统设计等</td></tr>
</table>

续表 10-1

序号	描述	解决主要问题	特征描述
8	水电站优化运行的仿真分析	水电站水能资源优化，水电站优化调度，水电站运行与效益，水电站优化运行与水轮机的性能及其经济寿命等	水电站与水能水资源、电力系统等优化调度：(1)水电站优化运行，(2)梯级电站水能水资源调度与优化运行，(3)电力系统稳定要求下水力发电机组的运行调度，(4)水力发电与电力系统反馈，(5)机组运行过程中的控制策略，(6)水轮机过渡过程对电网的稳定性影响，(7)智能电网与水力发电
9	梯级电站优化调度与优化运行及其水资源配置仿真	梯级电站开发设计与运行，梯级电站水资源最优配置，梯级电站运行与泥沙运移特征分析，梯级电站运行管理策略研究，梯级电站规划投资经济分析等	
10	水力发电对电力系统稳定性的仿真	电网稳定性分析；水力发电发展趋势研究，水力发电对电力系统的冲击，水力发电质量研究，水力发电远程输送研究，水力发电对电力系统的稳定性的研究等	
11	基于监测数据的信息化运行仿真	机组经济性能计算、设备故障诊断以及实时上网电价分析，发电企业管理模型，智能电网，专家支持系统下的设计、施工及其运行	
12	多物理场作用下机组耦合仿真	水流作用下水工建筑物及构筑物的力学性能研究，水力学作用下的水工结构外形设计，水力学视角下的水工结构施工质量的评价	(1)流固耦合分析，(2)热固耦合分析，(3)磁场与结构力学场耦合，(4)渗流场与结构力学场，(5)多振动源作用下的结构分析
13	基于 BIM 技术的水电站施工管理仿真	实现水电站建设项目施工阶段工程进度、人力、材料、设备、成本和场地布置的动态集成管理及施工过程的可视化模拟、可视化运行仿真应用	(1)可视化设计，(2)可视化施工，(3)可视化管理

10.3 有限元基本理论简介

有限元方法的数学原理是泛函变分原理或方程余量与权函数正交化原理。对一般给定的问题，如果能找到相关泛函，则可以建立起泛函极小的变分表达式；对比较复杂的水利水电工程，不论是结构工程还是计算流体力学问题(比如水库大坝溃坝，大坝、土石坝渗流，边坡稳定，地下工程安全，泥石流，河水流动，海潮等)都无法获得泛函。通常是从它所对应的微分方程出发，根据方程余量或者加权函数正交化原理，建立起加权余量积分表达式。有限元方法是将一个连续的求解域任意划分成适当形状的许多微小单元，并且各小单元分片构造插值函数，然后根据极值原理(变分法(Variational mathods)或是加权余量法(Weighted reidual method))，将问题的数学模型转化为所有单元上的有限元方程，把总体的极值作为各单元极值之和，形成嵌入了指定边界条件的代数方程组，求解该方程就获得各节点上待求的函数值。即有限元方法离散求解的主要思想是“分块逼近”。如果属于流动问题，就将流场的求解域剖解分成有限个互不重叠的子区域，将之称为单元；在每个单元体内，选择若干个合适的点作为求解函数的插值点，称之为结点；单元中的求解函数将由一种规则化的线性组合来代替，线性组合的系数正是求解函数在结点的函数值(或是导数值)。如此处理，对单元体积分就得到单元有限方程，通过累加可以获取总体有限元方程。通过求解总体有限元方程，即可以计算出所有结点上的函数值。有限元模拟仿真基本步骤如下。

(1)写出积分表达式。根据变分原理或方程余量与权函数正交化原理，建立与微分方程初边值问题等价的积分表达式。

(2)区域剖分。根据求解区域的形状以及实际问题的物理特点，将求解区域剖解分成若干个大小合适、形状规则的单元，并确定单元的结点数目与位置，然后对单元、结点按一定的要求进行编号。结构的离散化是有限元方法分析的基础，即把求解的区域或实体剖分成网格，把整体离散为各个单元，单元之间依赖于连续条件和平衡条件协调，单元的具体形态要依赖于计算精度、计算时间和结构或区域的特性来确定。

(3)确定单元基函数。根据单元中结点数目及对近似解可微性要求，选择满足一定插值条件的插值函数为单元的基函数。选择位移函数即选择合适的位移函数来近似的模拟结构或区域的实际应力分布，位移函数选择的好坏将直接影响到计算结果，在有限元方法中大多采用多项式作为位移函数。单元刚度矩阵的形成主要取决于位移模型、单元几何形状和材料本构关系。平面的单元刚度矩阵可以表述如下

$$[K]^{e}=\iint[B]^{T}[D][B]t\,dx\,dy \tag{10-1}$$

式中：t 为单元厚度；$[D]$为单元本构关系矩阵；$[B]$为单位应变矩阵。

(4)单元分析。单元分析是为了建立单元有限元方程。将单元中的近似解表示为单元基函数的线性组合，再将它代入积分表达式中，并对其所在单元区域进行积分，就能获得含待定系数的代数方程组(或是常微分方程组)，将之称为单元有限元方程。如果是结构分析，即把结构上受的各种力转换到单元的各个结点上，以集中力的形式出现。

(5)总体合成。总体合成是指将区域中所有单元有限元方程按照一定的法则进行累加处理，形成总体有限元方程。其实质是将剖解的单元积分表达式重新组合起来，构建总体区域上的积分表达式，该方程式中的未知数即是求解函数在各结点上的参数(函数值或是导数值)由第三步形成的单元刚度矩阵$[K]^{e}$，根据单元的连接情况来集成总体刚度矩阵。然后由有限元基本方程 $Ka=P$ 即可求得位移向量。

(6)边界条件的处理。

(7)解总体有限元方程，计算有关物理量。根据本质边界条件修正得到的总体有限元方程，是含有全部未知待定量的封闭方程组，可以采用合适的数值计算方法进行求解，当获取所有待求量后，即可得到近似解的表达式，再根据其他条件计算相关的物理量。即计算由第五步求得的位移向量，再由公式$\{\sigma\}=[S]\{a\}$即可求得结点和单元应力。其中，$[S]$为应力矩阵。

根据有限元模拟的理论和计算机仿真软件的组成可以得到有限元仿真方法及其分析流程图，如图 10－1 所示。

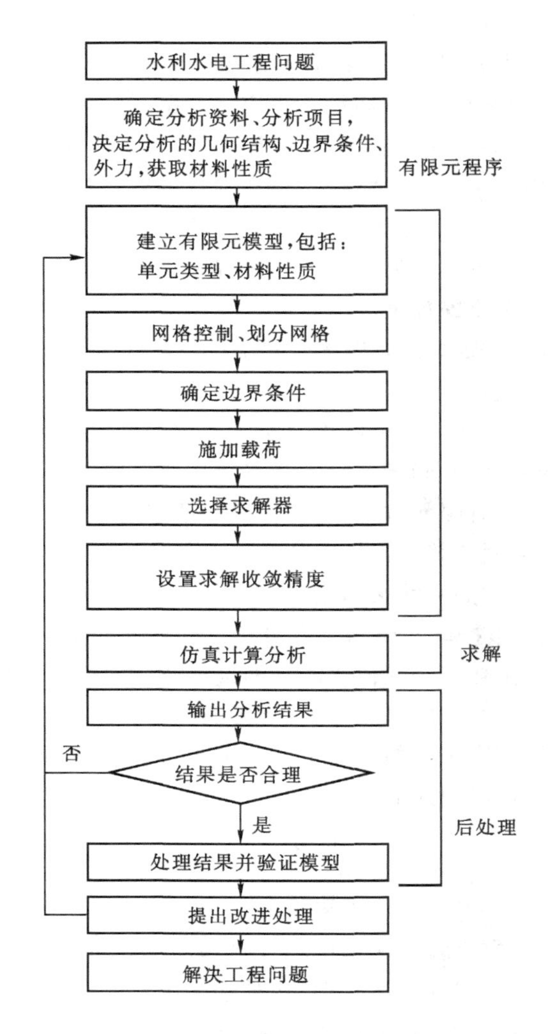

图 10－1　有限元分析流程图

10.4　水电站数值模拟的主要内容

10.4.1　水力发电机组仿真应用

叶片式流体机械内部流体运动是十分复杂的三维流动，过去的数值计算通常将其简化为二维，甚至一维流动求解。对轴流式转轮，假定流体在半径 r 方向的分速度为零，流体在转轮中沿圆柱面流动，各圆柱层之间没有流体穿过，将这些圆柱层展开，使其转化为平面叶栅绕流问题，再用经典理论流体方程求解。对混流式叶轮，由于流面之间的液体厚度不同，于是假定叶片无穷多，因流动是轴对称的，将三维流动简化为二维，并把流体假设为无粘性进行求解。

近年来，计算流体力学 CFD (Computational Fluid Dynamics)得到了迅速的发展，大多处于湍流状态的水力机械内流特性都可用连续性方程和 Navier-Stokes 方程来描述，建立全流道三维湍流计算的数学模型，通过连续方程和 Navier-Stokes 方程的联立求解，可得计算域内各处的流动速度和压力信息。这种方法消除了传统设计理论中的许多假设，更加接近工程实际情况，因此越来越多地应用在水力机械性能预测及优化设计上，并取得了不少的成果。对于水轮机及其过水流道的设计开发，亦可首先采用 CFD 技术进行数值模拟，对水轮机过流部件进行内外特性的流动分析并提供叶轮的综合特性曲线预测，在众多方案中遴选出较优方案，然后再进行模型试验的研究，这样就能为最终决策提供更加准确、科学的依据。同时，对 CFD 技术成果与模型试验结果进行相互印证和比较，可以大大提高水力机械研发能力，也使设计水平跨入一个新的层次。仿真可以得到水流流动的特征，如图 10－2 所示为混流式水轮机转轮三维模型；如图 10－3 所示为立轴装配的座环三维模型；如图 10－4 所示为反击式水轮机金属蜗壳三维模型；如图 10－5 所示为混凝土蜗壳计算三维模型；如图 10－6 所示为贯流式机组有限元模型；如图 10－7 所示为转轮某工况时压力作用下的强度云图；如图 10－8 所示为混流式机组全流道稳态分析的流线图；如图 10－9 所示为贯流式机组尾水管两个工况下的涡带形状。

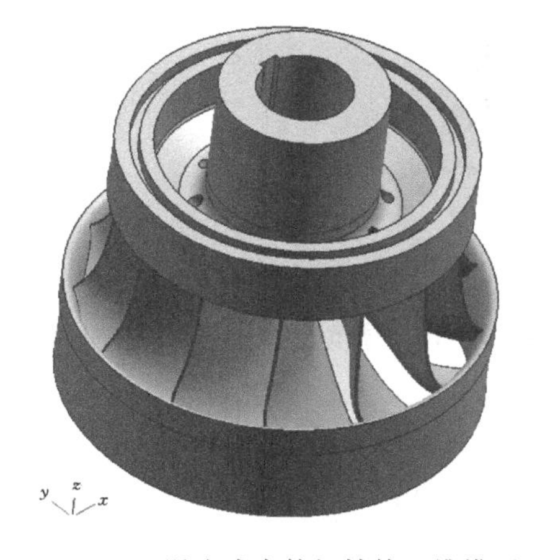

10－2　混流式水轮机转轮三维模型

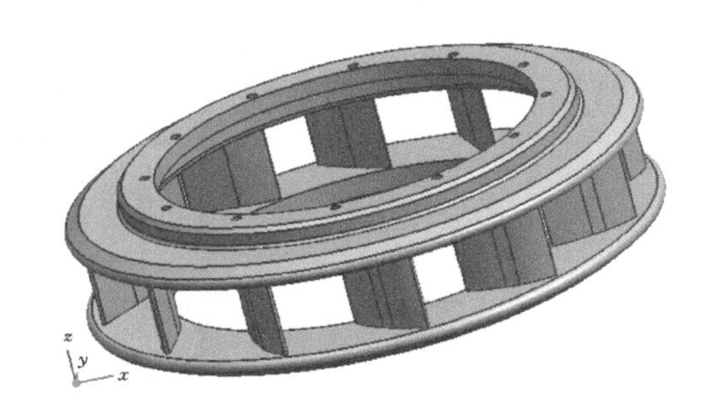

图 10－3　立轴装配座环三维模型

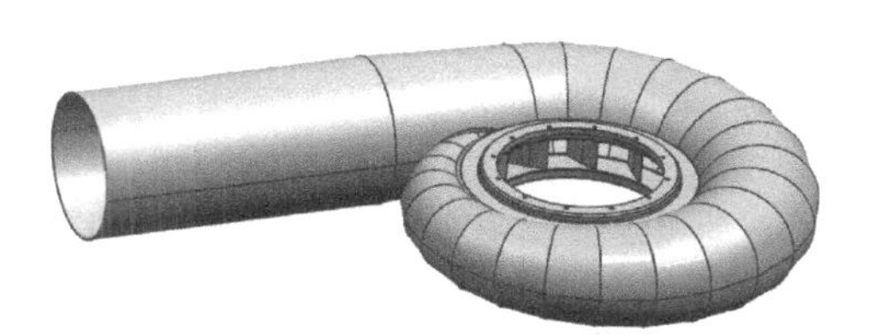

图 10－4　反击式水轮机金属蜗壳三维模型

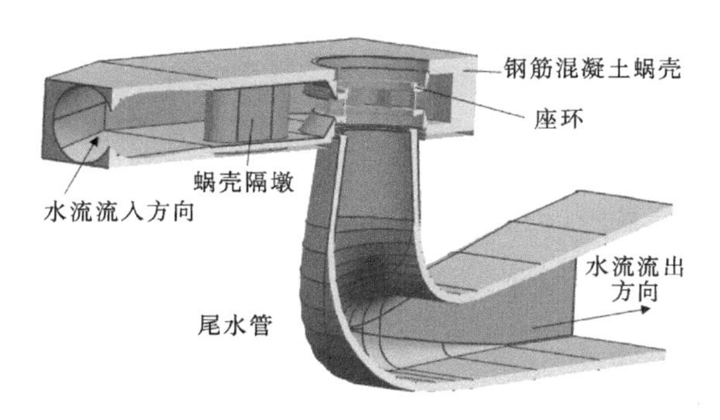

图 10－5　混凝土蜗壳计算三维模型

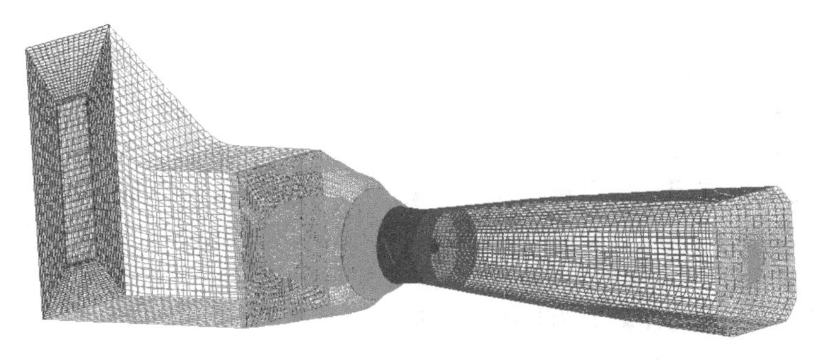

图 10－6　贯流式机组有限元模型

图 10－7　水轮机转轮某工况时压力作用下的强度之图

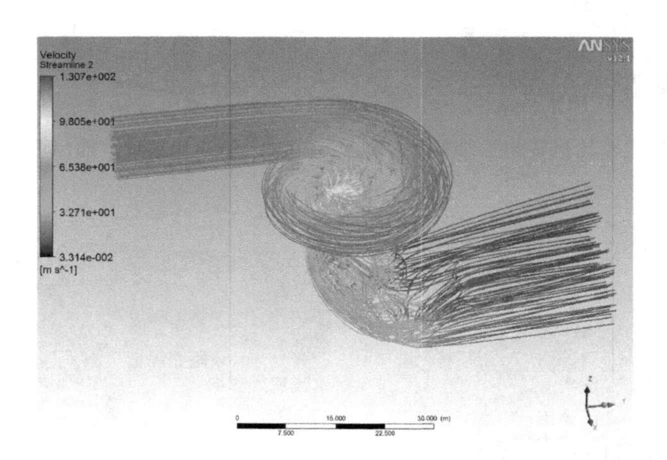

图 10－8　水轮机全流道流动稳态分析的流线图

除了分析水轮机的流场和结构强度外，机组的数值模拟分析还包括机组轴系及其支撑结构、发电机机组结构强度和发电机磁力学等问题。如图 10－10 所示为立轴装配的机组模拟几何模型组件。

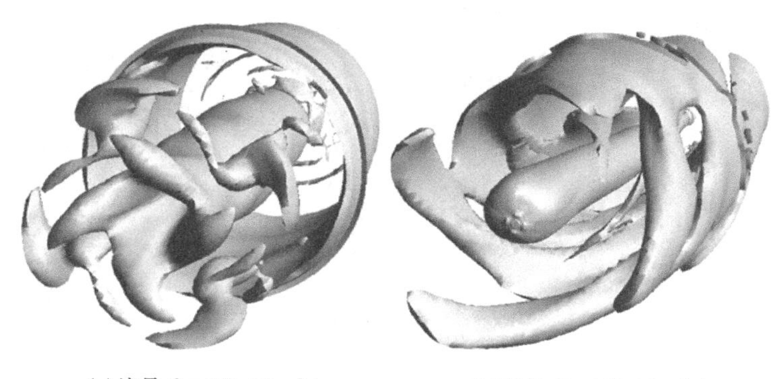

(a)流量 $Q=375.00\ m^3/s$　　(b)流量 $Q=395.00\ m^3/s$

图 10-9　贯流式机组尾水管两个工况下的涡带形状

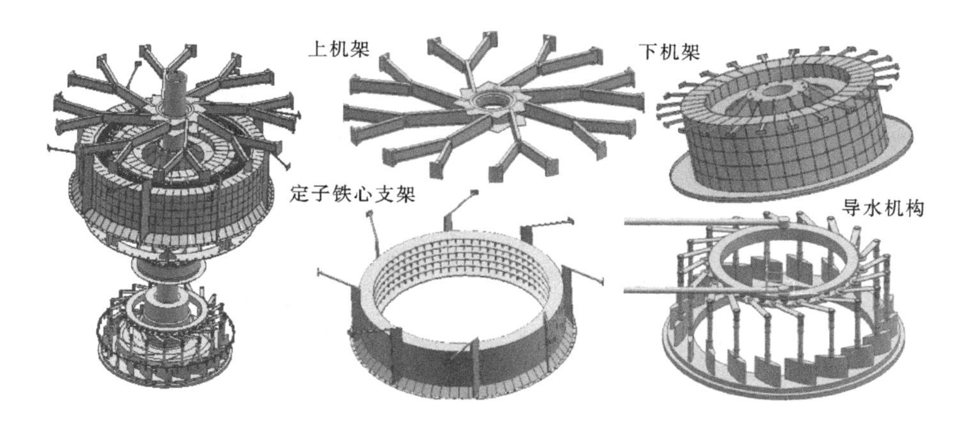

图 10-10　立轴装配的机组模拟几何模型组件

10.4.2　水电站输水系统仿真

1. 渡槽结构分析

渡槽由进出口段、槽身、支承结构和基础等部分组成。①进出口：包括进出口渐变段、与两岸渠道连接的槽台、挡土墙等。其作用是使槽内水流与渠道水流平顺衔接，减小水头损失并防止冲刷。②槽身：主要起输水作用，对于梁式、拱上结构为排架式的拱式渡槽，槽身还起纵向梁的作用。槽身横断面形式有矩形、梯形、U 形、半椭圆形和抛物线形等，常用矩形与 U 形。横断面的形式与尺寸主要根据水力计算、材料、施工方法及支承结构形式等条件选定。也有的渡槽将槽身与支承结构结合为一体。③支承结构：其作用是将支承结构以上的荷载通过它传给基础，再传至地基。按支承结构形式的不同，可将渡槽分为梁式、拱式、梁型桁架式、桁架拱(或梁)式以及斜拉式等。梁式渡槽的支承结构有重力式槽墩、钢筋混凝土排架及桩柱式排架等。④基础：为渡槽下部结构，其作用是将渡槽全部重量传给地基。如图 10-11 所示为渡槽整体分析模型，如图 10-12 所示为设计工况下的渡槽结构 Z 轴方向上的变形云图。

图 10－11 渡槽整体分析模型

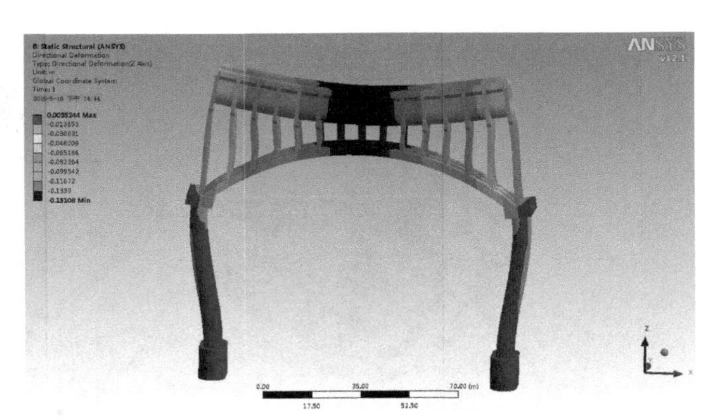

图 10－12 渡槽结构 Z 轴方向上的变形云图

2. 有压水工隧洞施工及运行模拟

通常隧洞支护结构的计算需要考虑地层和支护结构的共同作用，一般都属于非线性的二维或三维问题，且模拟计算还与开挖方法、支护过程有关。对于这类复杂工程问题，必须采用数值模拟方法。目前用于隧洞开挖、支护过程的数值方法主要有：有限元、边界元、有限元-边界元耦合法。如图 10－13 所示为水工隧洞施工期 UX 方向位移云图；如图 10－14 所示为水工隧洞施工期最大主应力云图。

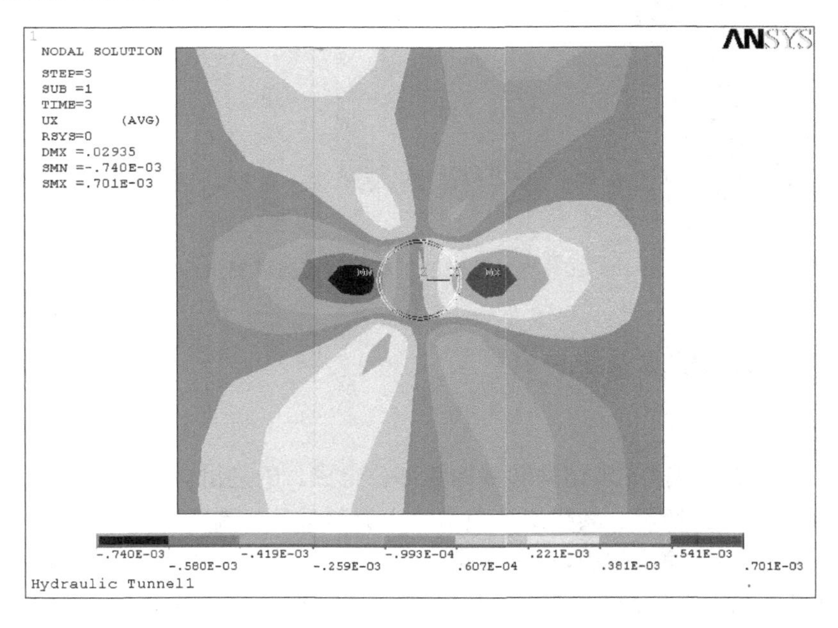

图 10－13 水工隧洞施工期 UX 方向位移云图

3. 引水系统双向流固耦合仿真

如图 10－15 所示为输水系统模拟模型，如图 10－16 所示为双向流固耦合分析得到的水电站输水系统作用下（水动力作用下）对混凝土大坝的瞬间加速度云图。

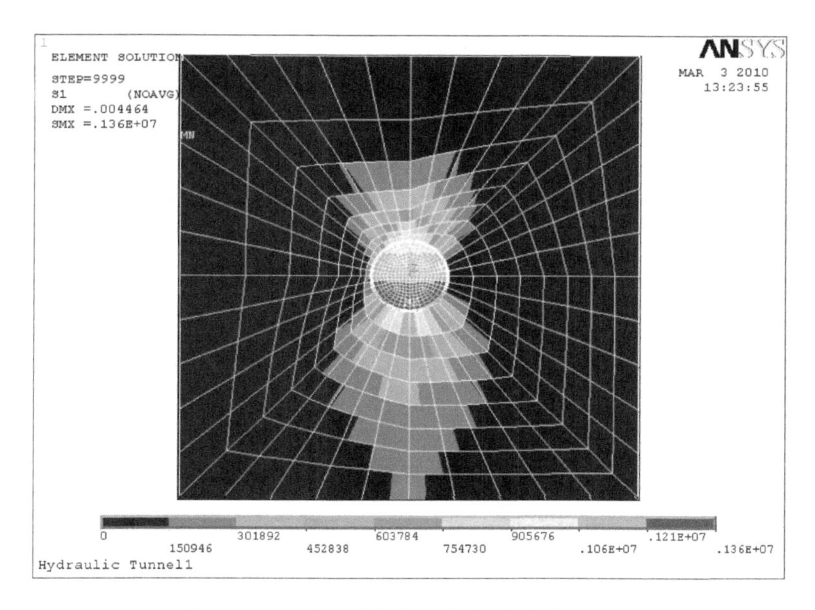

图 10－14　水工隧洞施工期最大主应力云图

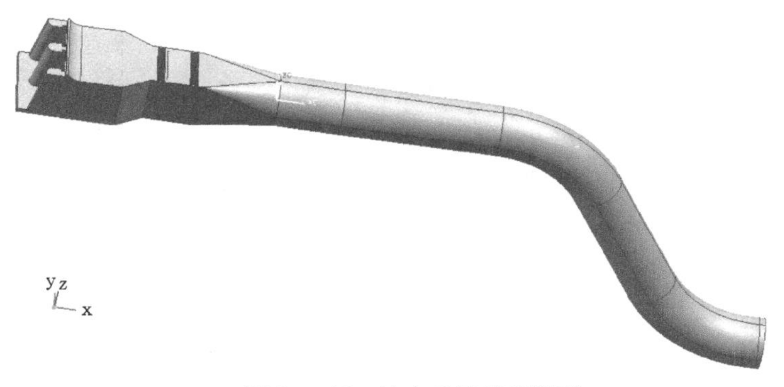

图 10－15　输水系统模拟模型

4. 水电站输水系统中闸门的仿真

如图 10－17 所示为弧形闸门仿真模型。弧形闸门是一个空间薄壁结构，从组成来看，包括面板、梁格和支臂部件，采用有限元方法按整体空间结构体系计算时，其有限元计算模型大致可以分为以下三种。

(1)板梁结构。面板采用板单元模拟，主梁、水平次梁、竖直次梁、底梁、边梁及支臂采用梁单元模拟。

(2)部分空间薄壁结构。面板采用板单元模拟，主梁及竖直次梁的腹板采用板单元模拟，翼缘由于主要受轴向力作用可采用杆单元模拟，水平次梁、底梁、边梁及支臂采用梁单元模拟。

(3)完整空间薄壁结构。将构成闸门结构的所有板件，包括面板、主梁、水平次梁、竖直次梁、底梁、边梁及支臂的腹板和翼缘等均采用板单元模拟。

从以上三种计算模型来看，板梁结构模式最精简，早期进行闸门有限元计算时由于受计算条件的限制多采用此种模型；完整空间薄壁结构模型未对闸门结构进行过多的简化，保留了原

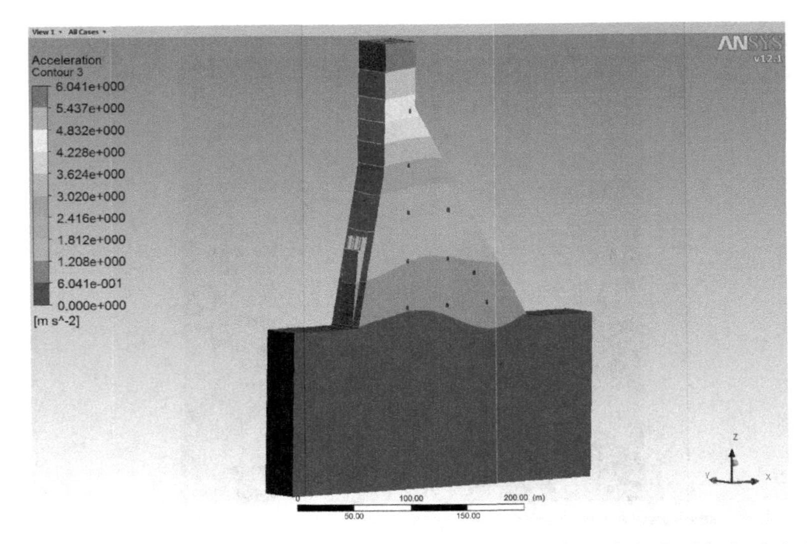

图 10-16 水电站输水系统作用下(水动力作用下)对混凝土大坝的瞬间加速度云图

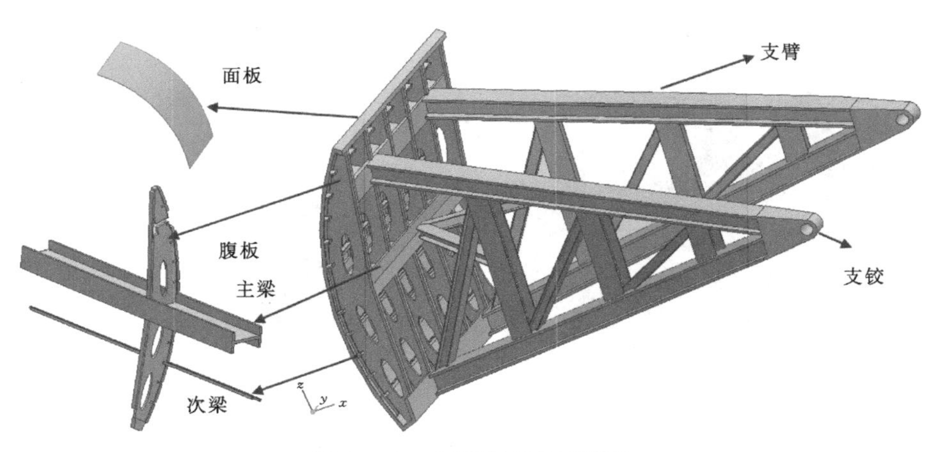

图 10-17 弧形闸门仿真模型

来问题的复杂性,虽计算结果更为精确,但计算量最大,如图 10-18 所示为得到简化后的弧形闸门沿 X 轴方向的位移云图。

5. 引水式水电站有压引水系统(调压室)动态仿真

压力管道是从水库、压力前池或调压室向水轮机输送水量的水管,一般为有压状态。其特点是集中了水电站大部分或全部的水头,另外坡度较陡,内水压力大,还承受动水压力的冲击(水锤压力),且靠近厂房,一旦破坏会严重威胁厂房的安全。所以压力管道具有特殊的重要性,对其材料、设计方法和加工工艺等都有特殊要求。

(1)双向耦合仿真思想。耦合仿真思想就是遵循多场耦合思想,对不同工程领域的多个相互作用综合分析,求解一个完整的工程问题。流固耦合的物理场包括流场分析和结构分析,涉及的物理场为流场和应力场。单向流固耦合的思想考虑流体对固体结构的作用,求解结构应力场必须以求解流场为前提,结构应力场分析依赖流场分析结果。根据物理场相互关系,可以将流固耦合模型和边界关系总结如图 10-19 所示。

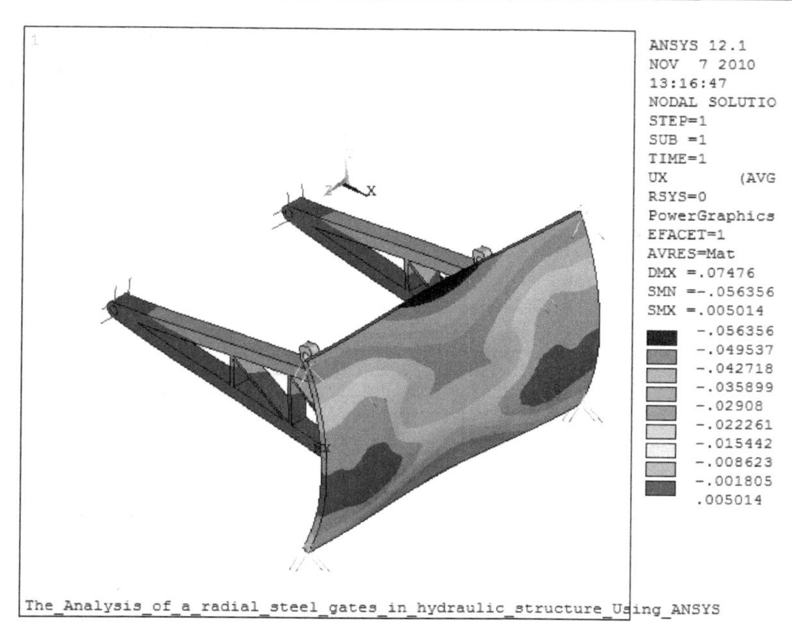

图 10-18 闸门沿 X 轴方向的位移云图

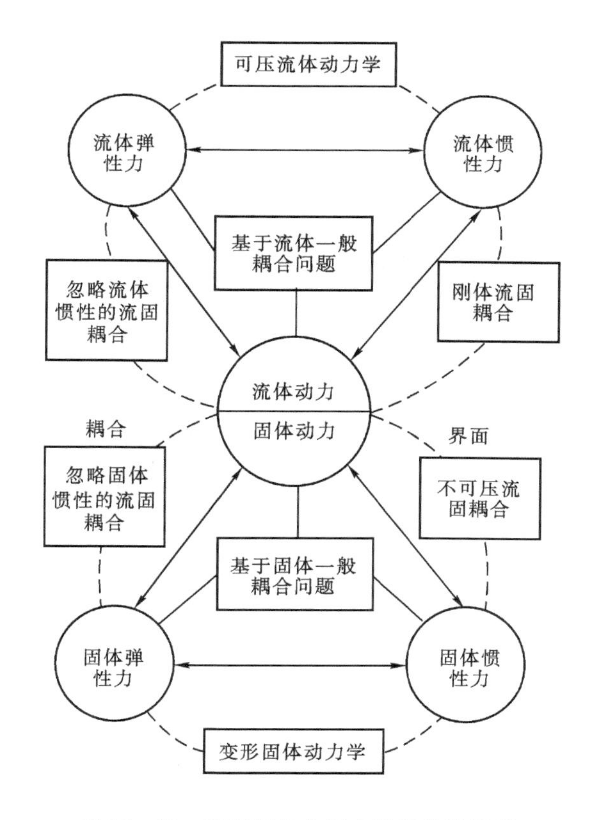

图 10-19 流固耦合分析力学相关性模型

(2)单向流固耦合分析流程。从分析仿真的过程上讲，普通的仿真过程主要工作包括：分析问题并建立几何模型、选用合适的求解模型、建立有限元网格模型、设置仿真分析、求解和后处理。单向流固耦合分析过程主要包括：流场仿真和结构仿真，不仅每一个过程均包括上述几个过程，而且还包括将流场结果施加给结构分析，流场分析是结构分析的准备前提，求解过程始终是先求解流场，再求解结构分析，分成两次求解，但是模型是一一对应的。单向流固耦合分析的基本流程如图 10 - 20 所示。

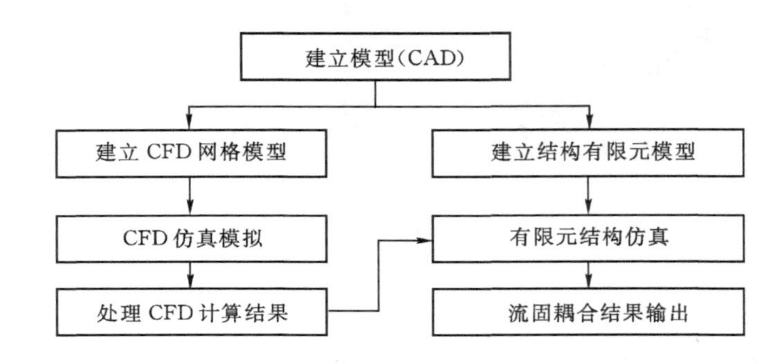

图 10 - 20 单向流固耦合分析的基本流程

本算例阻抗式调压室模拟实体模型如图 10 - 21 所示，其中 1 为流体计算域(水体)，2、3 和 4 为固体计算域，分别为调压井简化结构、钢管外侧混凝土结构和钢管结构。模拟的在水轮机减少负荷的过程中差动式调压室的流线图和速度矢量云图，如图 10 - 22 所示。

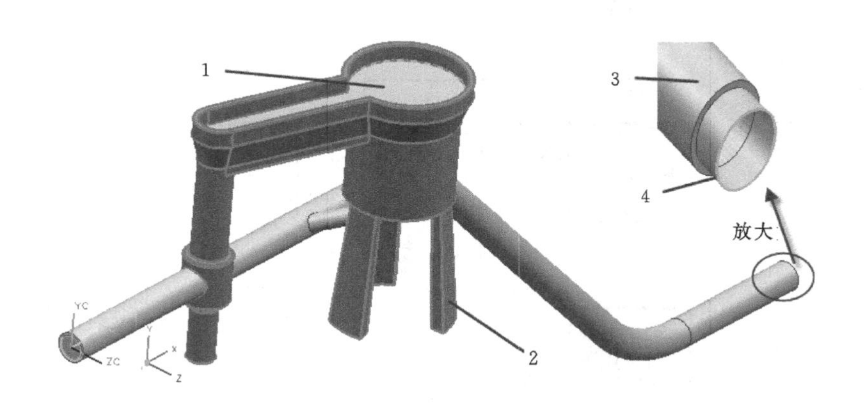

图 10 - 21 阻抗式调压室模拟实体模型

1—调压室中水体；2—调压室中基础；3—压力钢管外侧混凝土；4—压力钢管

6. 输水系统中水锤模拟分析

在本书第 6 章已经讲解了水锤模拟的一个算例，为了增强对输水系统中水力计算知识的理解，本章增加一个采用 MATLAB 模拟水锤分析的案例，求解的方程见第 6 章的相关内容，具体的流程图如图 10 - 23 所示，读者可以从课程网站上将代码下载下来调试学习。

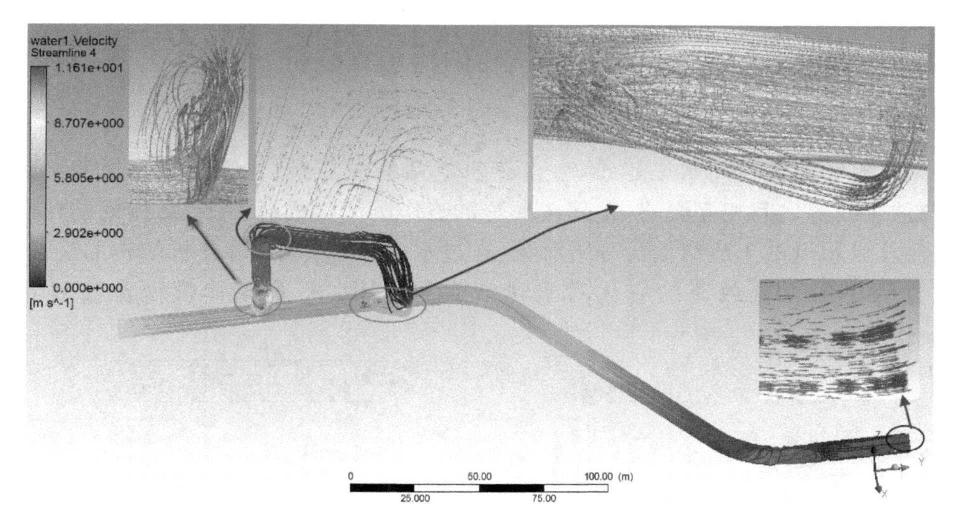

图 10 - 22　流线图和速度矢量云图

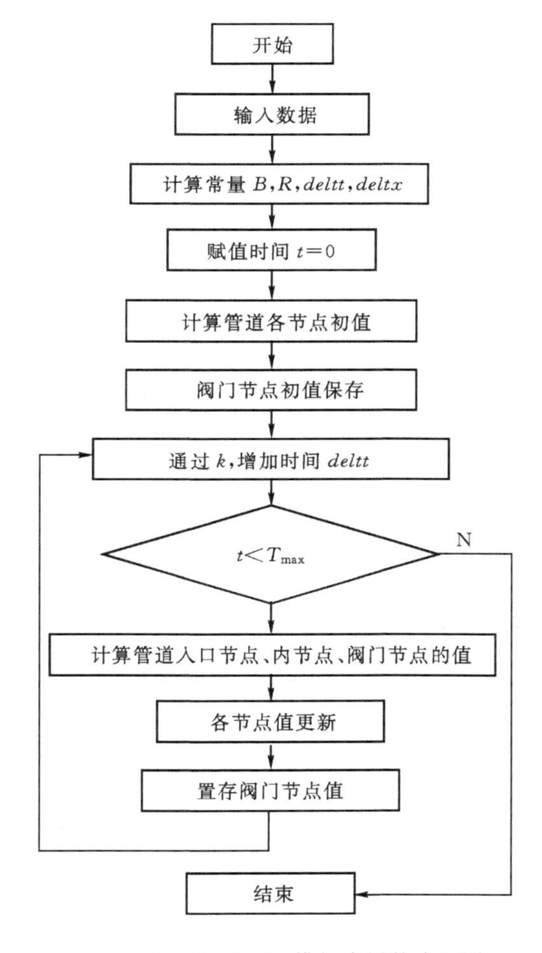

图 10 - 23　MATLAB 模拟水锤的流程图

10.4.3 水电站厂房建筑物及构筑物结构仿真分析

1.水电站厂房建筑物整体仿真

水电站建筑物属于专用水工建筑物，由于水电站构成复杂，建筑物与其他的机械动力设备、电气与油管线等之间相互影响，尤其在水轮机工作所产生的载荷下，结构的响应备受学者和专家关注。以水电站土建结构为分析对象，在过水流道水作用下，分析结构的受力特征，水轮机工作过程中的水流载荷的变化对土建结构的作用。厂房整体模型及其剖面图如图10-24和图10-25所示。

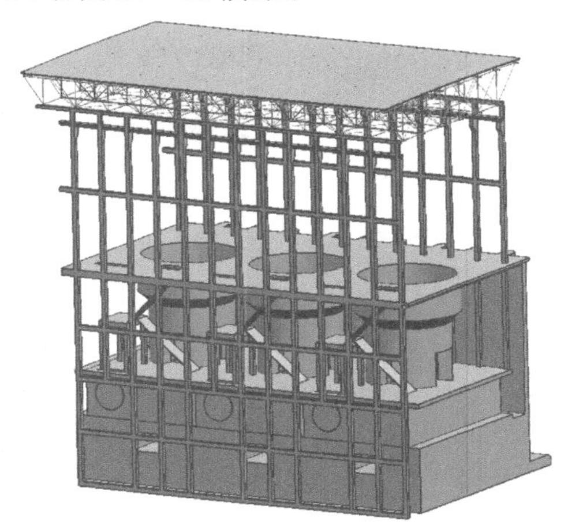

图10-24 厂房整体模型

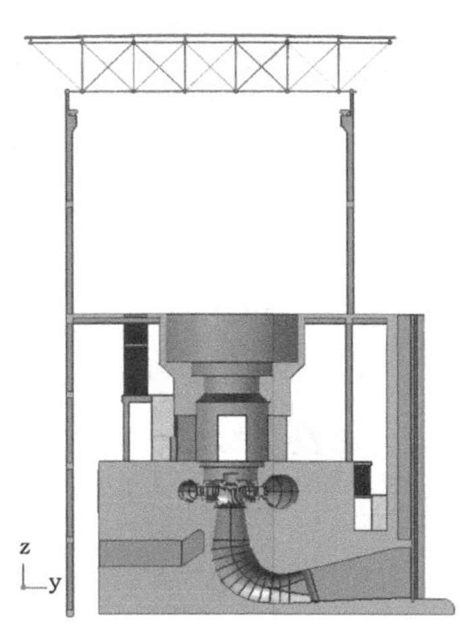

图10-25 厂房整体模型剖面图

2.水轮机蜗壳结构仿真分析

水电站中的蜗壳结构从广义的角度来讲，一般是由座环环板和立柱、蜗壳钢板以及外围钢筋混凝土等组成的空腔渐变复杂系统，形似蜗牛，构成了机组的下部支撑体系，也构成了主厂房上部结构的基础。蜗壳钢板埋入混凝土内的方式的差别，造成了蜗壳结构的整体刚度尤其是动刚度的差别可能很显著，进而对机组轴系的支承刚度、临界转速和振动反应有着重要影响。此外，蜗壳结构系统除承受巨大的内压水头和结构自重等静力荷载外，还直接或间接承受着竖向、径向、切向的不平衡水推力、机械力和电磁力等动力荷载。尤其是水轮机的机械和水力不平衡力等振动荷载，通过水导轴承和轴承支承结构传递到座环和钢板上，由此再向外围钢筋混凝土结构传递；同时，水轮机流道的内部脉动压力也主要由蜗壳结构及尾水管承担并向外传递。因此，蜗壳结构的力学特性直接关系到机组的运行稳定性和厂房各构件的振动水平。

目前，国内外大中型中高水头机组水轮机蜗壳埋设方式主要采取三种方案：①钢蜗壳外在上部一定范围内铺设软垫层后浇筑外围混凝土，简称“垫层”方案；②钢蜗壳在充水保压状态下浇筑外围混凝土，简称“保压”方案；③钢蜗壳外直接浇筑混凝土，既不设垫层，也不充水保压，蜗壳与外围混凝土完全联合承载，简称“直埋”方案。

蜗壳的这三种埋设方式，如果从它承担荷载（主要是蜗壳内水压力）的工作机理分析，可以说都是钢蜗壳和外围混凝土联合承载的结构，只是联合承载的方式和程度不同。如图10-26所示为金属蜗壳外围混凝土模型，如图10-27所示为某一段的有限元网格模型。将如图10-4所示为金属蜗壳某一段网格提取得到如图10-27所示；如图10-28和10-29所示分别为蜗壳外围混凝土中配置的钢筋模型。某个工况下金属蜗壳受到的内水压力如图 10－30 所示。

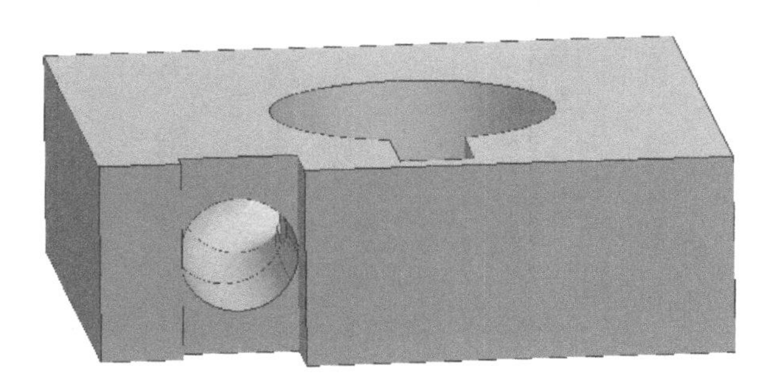

图 10－26　金属蜗壳外围混凝土模型

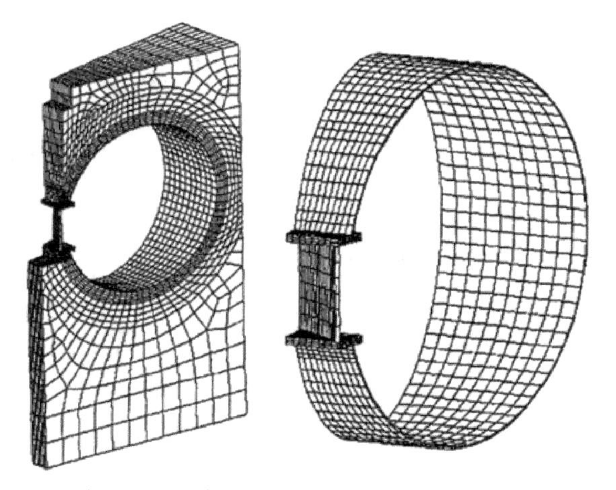

图 10－27　某一段蜗壳混凝土及蜗壳网格

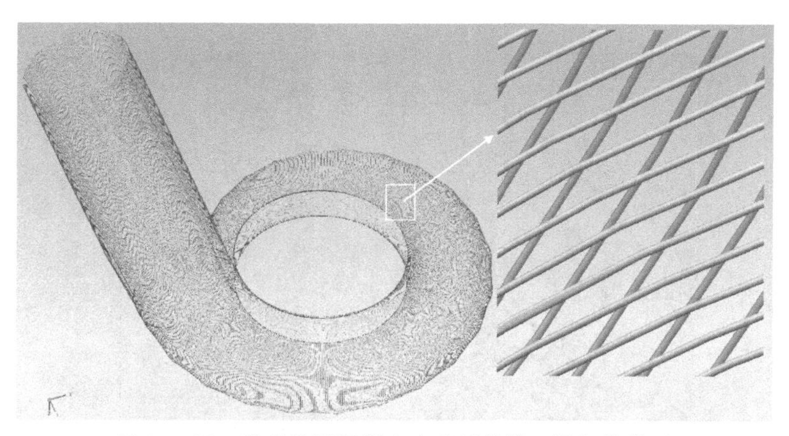

图 10－28　蜗壳外围混凝土中配置的第一层钢筋模型

水电站厂房建筑物的仿真分析除了整体分析和蜗壳结构分析以外，还包括：尾水管闸墩结构模拟分析；水力发电机机墩模拟分析，如图 10－31 所示为发电机机墩钢筋模型；厂房结构中排架域牛腿结构分析、地下厂房洞室结构分析，如图 10－32 和图 10－33 所示分别为厂房洞室模型和剖视图，其为某抽水蓄能电站的地下厂房洞室，包括输水系统洞、主厂房洞、主变洞、主

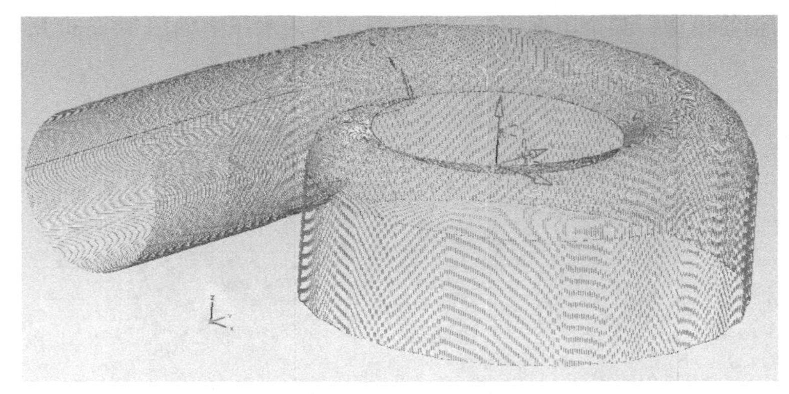

图 10－29 蜗壳外围混凝土中配置的第二层钢筋模型

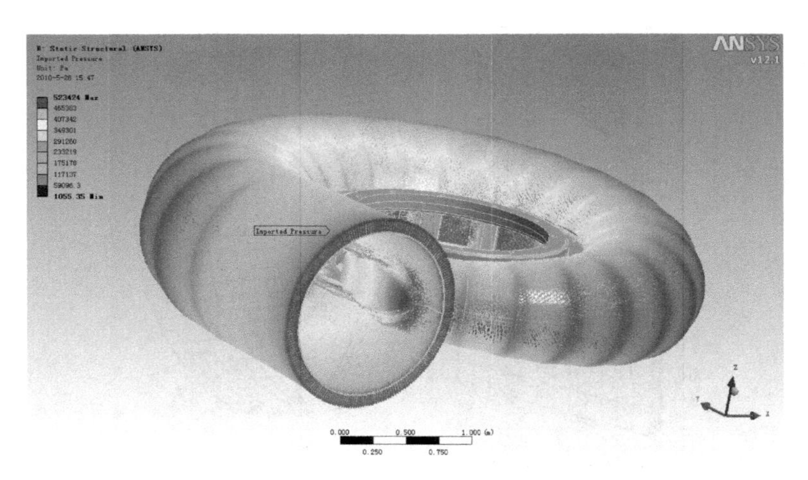

图 10－30 某个工况下金属蜗壳受到的内水压力

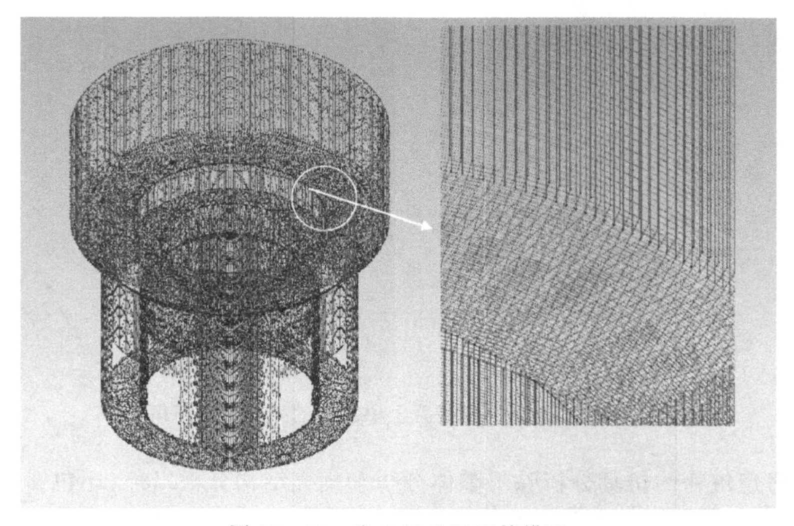

图 10－31 发电机机墩钢筋模型

线洞、通风洞、交通洞；地下洞室围岩中排水系统，如图 10－34 所示为某地下厂房围岩中排水系统模型；厂房桁架结构仿真，如图 10－35 和图 10－36 所示分别为水电站厂房桁架和水电站厂房桁架与楼板模型整体变形云图等内容。

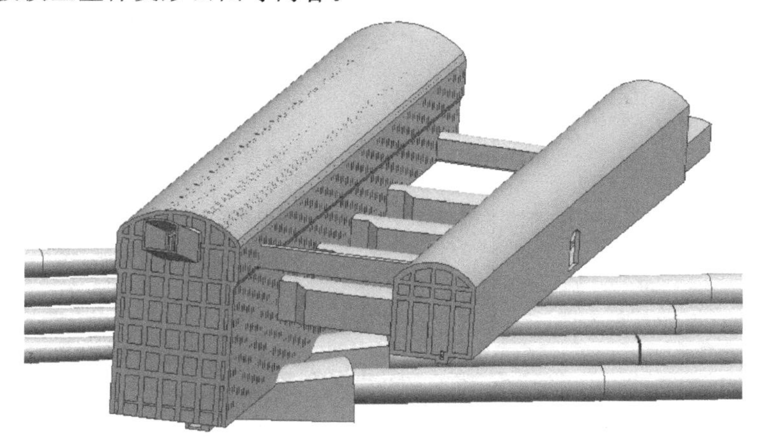

图 10－32　主厂房、主变洞、主线洞和尾水洞等模拟模型

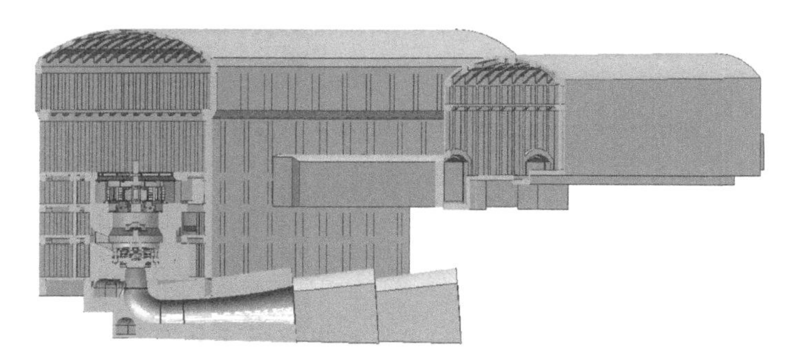

图 10－33　主厂房、主变洞、主线洞和尾水洞等模拟模型剖视图

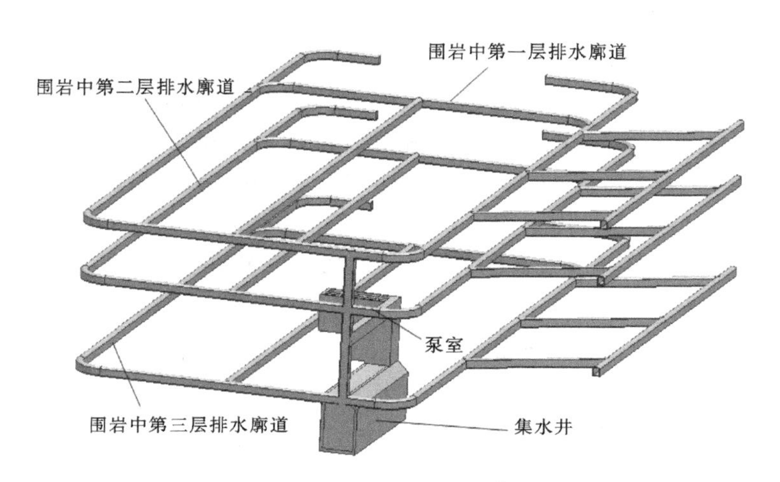

图 10－34　地下厂房围岩中排水系统模型

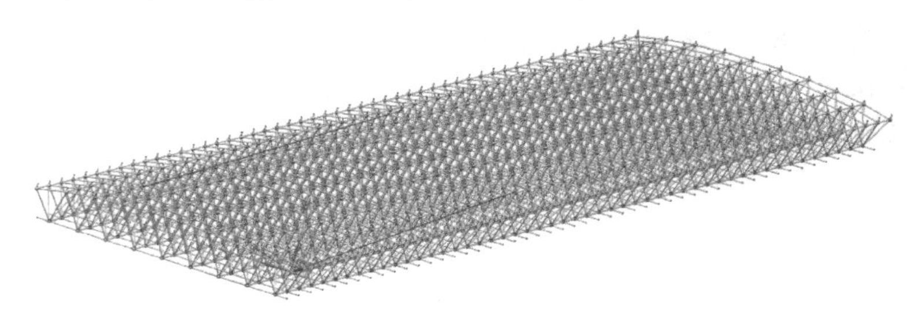

图 10-35　水电站厂房桁架模型

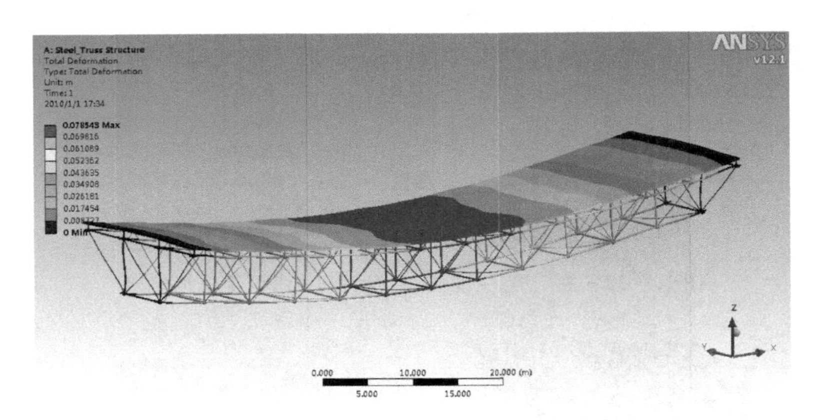

图 10-36　水电站厂房桁架与楼板模型整体变形云图

10.5　数值模拟进展

纵观当今国际上 CAE 软件的发展情况，可以看出有限元分析方法的一些发展趋势。

1. 与 CAD 软件的无缝集成

当今有限元分析软件的一个发展趋势是与通用 CAD 软件的集成使用，即在用 CAD 软件完成部件和零件的造型设计后，能直接将模型传送到 CAE 软件中进行有限元网格划分并进行分析计算，如果分析的结果不满足设计要求则重新进行设计和分析，直到满意为止，从而极大地提高了设计水平和效率。为了满足工程师快捷地解决复杂工程问题的要求，许多商业化有限元分析软件都开发了和著名的 CAD 软件（例如 Pro/ENGINEER、Unigraphics、Solid-Edge、SolidWorks、IDEAS、Bentley 和 AutoCAD 等）的接口。有些 CAE 软件为了实现和 CAD 软件的无缝集成而采用了 CAD 的建模技术，如 ADINA 软件由于采用了基于 Parasolid 内核的实体建模技术，能和以 Parasolid 为核心的 CAD 软件（如 Unigraphics、SolidEdge、SolidWorks）实现真正无缝的双向数据交换。

2. 更为强大的网格处理能力

有限元法求解问题的基本过程主要包括：分析对象的离散化、有限元求解、计算结果的后处理三部分。由于结构离散后的网格质量直接影响到求解时间及求解结果的正确性与否，因此各软件开发商都加大了其在网格处理方面的投入，使网格生成的质量和效率都有了很大的提高，但在有些方面却一直没有得到改进，如对三维实体模型进行自动六面体网格划分和根据求解结果对模型进行自适应网格划分，除了个别商业软件做得较好外，大多数分析软件仍然没有此功能。自动六面体网格划分是指对三维实体模型程序能自动的划分出六面体网格单元，大多数软件都能采用映射、拖拉、扫略等功能生成六面体单元，但这些功能都只对简单规则模型适用，对于复杂的三维模型则只能采用自动四面体网格划分技术生成四面体单元。对于四面体单元，如果不使用中间节点，在很多问题中将会产生不正确的结果，如果使用中间节点将会引起求解时间、收敛速度等方面的一系列问题，因此人们迫切的希望自动六面体网格功能的出现。自适应性网格划分是指在现有网格基础上，根据有限元计算结果估计计算误差、重新划分网格和再计算的一个循环过程。对于许多工程实际问题，在整个求解过程中，模型的某些区域将会产生很大的应变，引起单元畸变，从而导致求解不能进行下去或求解结果不正确，因此必须进行网格自动重划分。自适应网格往往是许多工程问题如裂纹扩展、薄板成形等大应变分析的必要条件。

3. 由求解线性问题发展到求解非线性问题

随着科学技术的发展，线性理论已经远远不能满足设计的要求，许多工程问题如材料的破坏与失效、裂纹扩展等仅靠线性理论根本不能解决，必须进行非线性分析求解。例如薄板成形就要求同时考虑结构的大位移、大应变（几何非线性）和塑性（材料非线性）；而对塑料、橡胶、陶瓷、混凝土及岩土等材料进行分析或需考虑材料的塑性、蠕变效应时则必须考虑材料的非线性。众所周知，非线性问题的求解是很复杂的，它不仅涉及到很多专门的数学问题，还必须掌握一定的理论知识和求解技巧，学习起来也较为困难。为此国外一些公司花费了大量的人力和物力开发非线性求解分析软件，如 ADINA、ABAQUS 等。它们的共同特点是具有高效的非线性求解器、丰富而实用的非线性材料库，ADINA 还同时具有隐式和显式两种时间积分方法。

4. 由单一结构场求解发展到耦合场问题的求解

有限元分析方法最早应用于航空航天领域，主要用来求解线性结构问题，实践证明这是一种非常有效的数值分析方法。而且从理论上也已经证明，只要用于离散求解对象的单元足够小，所得的解就可足够逼近于精确值。用于求解结构线性问题的有限元方法和软件已经比较成熟，发展方向是结构非线性、流体动力学和耦合场问题的求解。例如，由于摩擦接触而产生的热问题，金属成形时由于塑性功而产生的热问题，都需要结构场和温度场的有限元分析结果交叉迭代求解，即“热力耦合”的问题。当流体在弯管中流动时，流体压力会使弯管产生变形，而管的变形又反过来影响到流体的流动……这就需要对结构场和流场的有限元分析结果交叉迭代求解，即所谓"流固耦合"的问题。由于有限元的应用越来越深入，人们关注的问题越来越复杂，耦合场的求解必定成为 CAE 软件的发展方向。

5. 程序面向用户的开放性

随着商业化的提高，各软件开发商为了扩大自己的市场份额，满足用户的需求，在软件的功能、易用性等方面花费了大量的投资，但由于用户的要求千差万别，不管他们怎样努力也不可能满足所有用户的要求，因此必须给用户一个开放的环境，允许用户根据自己的实际情况对软件进行扩充，包括用户自定义单元特性、用户自定义材料本构（结构本构、热本构、流体本构）、用户自定义流场边界条件、用户自定义结构断裂判据和裂纹扩展规律等等。

关注有限元的理论发展，采用最先进的算法技术，扩充软件的性能，提高软件性能以满足用户不断增长的需求，是 CAE 软件开发商的主攻目标，也是其产品持续占有市场，求得生存和发展的根本之道。

思考题与练习

10.1 如何理解水电站数值模拟的重要性？

10.2 水电站数值模拟的特点有哪些？

10.3 水电站数值模拟对水电站工程设计的意义？

10.4 水电站数值模拟的发展趋势有哪些？

10.5 说说水电站数值模拟的主要内容。

10.6 试说明有限元数值模拟的基本流程。

10.7 试说明水电站流场模拟和结构模拟的关系及其意义。

参考文献

[1] 刘启钊,胡明,马吉明.水电站[M].北京:中国水利水电出版社,2010.

[2] 刘大恺.水轮机[M].北京:中国水利水电出版社,1997.

[3] 季盛林,刘国柱.水轮机[M].北京:水利电力出版社,1986.

[4] 金钟元.水力机械(第二版)[M].北京:水利电力出版社,1992.

[5] 武鹏林,霍德敏,马存信,等.水利计算与水库调度[M].北京:地震出版社,2000.

[6] 水电站机电设计手册编写组.水电站机电设计手册-水力机械[M].北京:水利电力出版社,1989.

[7] 顾鹏飞,俞远光.水电站厂房设计[M].北京:水利电力出版社,1987.

[8] 常近时.水力机械装置过渡过程[M].北京:高等教育出版社,2005.

[9] 张春生,姜忠见.抽水蓄能电站设计(上下册)[M]. 北京:中国电力出版社,2012.

[10] 龚成勇,李琪飞. ANSYS Products 有限元软件及其在水利水电工程中仿真应用[M].北京:中国水利水电出版社,2014.

[11] 林继镛.水工建筑物(第五版)[M].北京:中国水利水电出版社,2006.

[12] 王仁坤,张春生.水工设计手册(第二版)第 8 卷水电站建筑物[M].北京:中国水利水电出版社,2013.

[13] 龚成勇,韩伟.岩土力学[M].北京:中国水利水电出版社,2015.

[14] 邱彬如,刘连希. 抽水蓄能电站工程技术[M].北京:中国电力出版社,2008.

[15] 伍鹤皋,马善定,秦继章.大型水电站蜗壳结构设计理论与工程实践[M].北京:科学出版社,2009.

[16] 魏守平. 水轮机调节系统仿真[M].武汉:华中科技大学出版社,2011.

[17] 中华人民共和国国家质量监督检验检疫总局,中国国家标准化管理委员会.水轮机、蓄能泵和水泵水轮机模型验收试验.第 1 部分:通用规定 GB/T 15613.1—2008[S].北京:中国标准出版社,2008.

[18] 中华人民共和国国家质量监督检验检疫总局,中国国家标准化管理委员会.水轮机、蓄能泵和水泵水轮机模型验收试验.第 2 部分:常规水力性能试验 GB/T 15613.2—2008[S].北京:中国标准出版社,2008.

[19] 中华人民共和国国家质量监督检验检疫总局,中国国家标准化管理委员会.水轮机、蓄能泵和水泵水轮机模型验收试验.第 3 部分:辅助性能试验 GB/T 15613.3—2008[S]. 北京:中国标准出版社,2008.

[20] 水利水电规划设计总院.水电站压力钢管设计规范 NB/T 35056—2015[S].北京:中国电力出版社,2016.

[21] 水利水电规划设计总院.水电工程水工建筑物抗震设计规范 NB 35047—2015[S].北京:中国电力出版社,2016.

[22] 水利水电规划设计总院.水电站有压输水系统模型试验规程 SL 162—2010[S].北京:中国水利水电出版社,2011.

[23] 水利水电规划设计总院.水电站分层取水口设计规范 NB/T 35053—2015[S].北京:中国

电力出版社,2015.
[24] 中国水电顾问集团西北勘测设计研究院.水电站进水口设计标准 DL/T 5398—2007[S].北京：中国电力出版社,2013.
[25] 水利水电规划设计总院.水电站气垫式调压室设计规范 NB/T 35080—2016[S].北京：中国电力出版社,2016.
[26] 天津电气传动研究所,哈尔滨大机电研究所.水轮机、蓄能泵和水泵水轮机型号编制方法 GB/T 28528—2012[S].北京：中国标准出版社出版,2008.
[27] 山西省水利水电勘测设计研究院.水电站引水渠道及前池设计规范 SL 205—2015[S].北京：中国水利水电出版社,2015.
[28] 水利水电规划设计总院.水电站调压室设计规范 NB/T 35021—2014[S].北京：中国电力出版社,2015.
[29] 中水东北勘测设计研究有限责任公司.水工隧洞设计规范 SL279—2016[S].北京：中国水利水电出版社,2016.
[30] 中水淮河规划设计研究有限公司.水闸施工规范 SL27—2014[S].北京：中国水利水电出版社,2014.
[31] 中水北方勘测设计研究有限责任公司.水电站厂房设计规范 SL266—201[S].北京：中国水利水电出版社,2014.
[32] 水利部长江水利委员会长江勘测规划设计研究院.水工混凝土结构设计规范 SL 191—2008[S].北京：中国水利水电出版社,2008.
[33] 中水东北勘测设计研究有限责任公司.水工建筑物荷载设计规范 SL744—2016[S].北京：中国水利水电出版社,2016.
[34] 水利水电规划设计总院.水利工程水利计算规范 SL 191—2015[S].北京：中国水利水电出版社,2015.
[35] 中华人民共和国铁道部.工业企业标准轨距铁路设计规范 GBJ 12—2007[S].北京：中国计划出版社,2007.
[36] 蔡晓鸿,蔡勇斌,蔡勇平.水工压力隧洞与坝下涵管结构应力计算[M].北京：中国水利水电出版社,2013.
[37] 高传昌,汪顺生,李君.抽水蓄能电站技术[M].郑州：黄河水利出版社,2011.
[38] 周建中,张勇传同,李超顺.水轮发电机组动力学问题及故障诊断原理与方法[M].武汉：华中科技大学出版社,2013.
[39] 伍鹤皋,马善定,秦继章.大型水电站蜗壳结构设计理论与工程实践[M].北京：科学出版社,2009.
[40] 李炜.水力计算手册[M].2 版.北京：中国水利水电出版社,2006.
[41] 邱彬如,刘连希.抽水蓄能电站工程技术[M].北京：中国电力出版社,2008.
[42] 康忠东.三峡坝后电站工程施工技术[M].北京：中国水利水电出版社,2012.
[43] 李浩良,孙华平.抽水蓄能电站运行与管理[M].杭州：浙江大学出版社,2013.
[44] 马震岳,张运良.水电站厂房和机组耦合动力学理论及应用[M].北京：中国水利水电出版社,2013.
[45] 马文亮.水电站钢筋混凝土岔管结构设计与数值仿真分析[M].北京：中国水利水电出版

社,2015.
[46] 李启章,张强,于纪幸,等. 混流式水轮机水力稳定性研究[M]. 北京:中国水利水电出版社,2014.
[47] 樊启祥.水工隧洞衬砌混凝土温控防裂技术创新与实践[M].北京:中国水利水电出版社,2015.
[48] 中国电建集团成都勘测设计研究院有限公司. 水电站压力管道——第八届全国水电站压力管道学术会议文集[C]. 北京:中国水利水电出版社,2014.
[49] 吕有年.水工压力隧洞结构计算与岩石抗力系数问题[M]. 北京:中国水利水电出版社,2010.
[50] 四川大学水力学与山区河流开发保护国家重点实验室.水力学[M].5版. 北京:高等教育出版社,2016.
[51] 黄虎.水电站薄壁式分层取水口结构动力响应评价[M]. 北京:中国水利水电出版社,2015.
[52] 常近时.水轮机与水泵空化与空蚀[M].北京:科学出版社,2016.
[53] 戴富林,戴健,陈国顺.电站阀门及其选用[M].北京:机械工业出版社,2017.
[54] 中水珠江规划勘测设计有限公司.灯泡贯流式水电站[M]. 北京:中国水利水电出版社,2015.